“十二五”普通高等教育本科国家级规

中级无机化学

（第三版）

主编　唐宗薰

高等教育出版社·北京

内容提要

《中级无机化学》(第三版)是“十二五”普通高等教育本科国家级规划教材，全书共12章。作者以元素周期系为框架来建立教材体系，以体现无机化学的系统性和完整性；将化学热力学、化学动力学和结构理论密切结合起来叙述元素化学，使化学元素和化合物的描述性知识得以系统化、条理化和规律化。本书在深度和广度上、在知识层次和编写方法上都认真地把握住了“中级”这个位置，并重视与相关学科的融合和渗透，具有很强的教学实用性，是一本内容丰富、很有特色、符合教改方向的教材。

本书可用作高等学校化学专业本科高年级无机化学课程和中级无机化学课程教材，也可供其他相关专业选用。

图书在版编目(CIP)数据

中级无机化学/唐宗薰主编.--3版.--北京：高等教育出版社,2022.8

ISBN 978-7-04-058314-4

Ⅰ.①中… Ⅱ.①唐… Ⅲ.①无机化学-高等学校-教材 Ⅳ.①O61

中国版本图书馆CIP数据核字(2022)第035421号

ZHONGJI WUJI HUAXUE

策划编辑 李 颖　责任编辑 李 颖　封面设计 贺雅馨　版式设计 杨 树
插图绘制 邓 超　责任校对 吕红颖　责任印制 赵义民

出版发行 高等教育出版社
社　　址 北京市西城区德外大街4号
邮政编码 100120
印　　刷 三河市春园印刷有限公司
开　　本 787mm×1092mm 1/16
印　　张 40.25
字　　数 890千字
插　　页 1
购书热线 010-58581118
咨询电话 400-810-0598
网　　址 http://www.hep.edu.cn
　　　　 http://www.hep.com.cn
网上订购 http://www.hepmall.com.cn
　　　　 http://www.hepmall.com
　　　　 http://www.hepmall.cn
版　　次 2003年5月第1版
　　　　 2022年8月第3版
印　　次 2022年8月第1次印刷
定　　价 79.00元

物 料 号 58314-00

序

为适应我国教育体系的深刻改革，无机化学将分段设置。唐宗薰教授在多年的教学实践中，经过长时间的锤炼和升华后，适时地编写了这本《中级无机化学》教材。纵观全书，我认为作者自始至终在深度和广度上，在知识层次和编写方法上都认真地把握住了“中级”这个位置。这是一本内容丰富、很有特色、符合教改方向的教材。

首先，中级无机化学这门课程面对的是学过无机化学（也称普通化学）、分析化学、物理化学和结构化学的高年级学生，因此有必要也有可能运用前面所学的理论来解决无机化学的实际问题。教材在理论上有一定深度，使无机化学的元素化学部分摆脱了描述较多、理论偏少的状况，是打破原有模式，将无机化学近代理论与无机化学基本知识相结合的一次很好的尝试。

其次，在教材内容编排上，保持了元素周期系的系统性。在本书开篇作者就安排了元素周期性和周期反常的内容；在过渡金属通论中总结、比较和归纳了第一过渡系金属元素的性质和反应，还专辟章节较系统地介绍了 s 区元素，p 区元素，第二、三过渡系金属元素，以及 4f，5f 元素化学等；同时又在适当的地方介绍了现代无机化学一些重要领域的研究进展，其中包括无机功能材料化学、金属有机化学、生物无机化学、原子簇合物化学和配位化学等。这些都无疑将使学生在无机化学的基本知识的系统化方面得到梳理和提升，同时又会使学生对无机化学领域的新成就有较好的了解。这些都有利于学生开拓视野，增加兴趣。

《中级无机化学》即将出版，在此，我高兴地向唐宗薰教授及在他领导下的编写组的老师们表示衷心的祝贺。这本书的出版本身是我国高校无机化学教学改革的一种体现，我更相信它的出版会大大促进这一改革的进一步发展。

黄春辉

2003 年 2 月

于北大承泽园

为本书第一版所作序

第三版前言

20世纪80年代，西北大学率先在国内进行无机化学分段教学，开设“中级无机化学”课程，于1993年1月正式推出了国内首部《中级无机化学》(成都科技大学出版社)教材。2003年，重编出版的《中级无机化学》(高等教育出版社)被列为高等教育“十五”国家级规划教材，2009年该教材第二版出版，相继再次被列为“十一五”“十二五”国家级规划教材。2010年该教材第二版配套参考书《中级无机化学学习指导》(高等教育出版社)出版。第二版教材已经使用多年。为适应无机化学发展的新形势和当前教材建设的新趋势，再版教材已成必然。本次修订工作在保持上一版教材的可读性、可讲授性和较完整资料性特色的前提下进行，同时根据学科发展，对部分内容进行了更新。

本次修订的原则包括：

(1) 保持原书以元素周期系为框架的元素化学主体描述体系，适当压缩常规化合物和反应内容，增加新化合物、新反应、新应用相关知识。

(2) 保持原书最为必要的理论叙述的特点，适当调整内容和顺序，增加叙述化学必需的某些理论和模型。

(3) 保持原书活跃领域介绍的特点，适当拓展某些活跃的无机化学新领域。

(4) 适应现代信息技术和手段增加完善其在教材体系中的应用，增加学生创新思维和研究性训练形式。

(5) 在各章后增加“拓展学习资源”模块，其目的是帮助读者拓展中级无机化学的内涵，提供更多的学习资料。读者可通过扫描二维码获取。

(6) 对某些语言表述进行调整，对某些符号、插图及数据进行审核、订正和完善。

参加修订和编写工作的有西北大学雷依波(第1章)，王文渊(第2章、第11章和第12章)，崔斌(第4章、第5章和第6章)，李珺、刘肖杰(第3章)，刘萍(第7章和第8章)，韩英锋(第9章)，李成博(第10章)。由唐宗薰负责全书的策划、修改和定稿工作。

本次修订工作得到了武警工程大学马泰儒教授，吉林大学宋天佑教授，西北大学张逢星教授，厦门大学朱亚先教授，大连理工大学孟长功教授、胡涛教授，陕西师范大学房喻教授、胡道道教授、李淑妮教授等的大力支持，这些专家对本书的修订给予了重要指导。

承蒙北京大学王颖霞教授担任本书的主审，她认真审阅全书并提出了许多宝贵的修改意见。高等教育出版社李颖编辑对本书的修订工作自始至终给予了特别的关注，陈琪琳、鲍浩波、郭新华、翟怡、曹瑛等也给予了热情鼓励、支持和帮助。使用本书第一版和第二版的众多师生提出了很多宝贵的修改意见。在此一并表示谢意。

由于编者水平所限,本书难免存在纰漏之处,恳请广大读者和同行批评指正。

编　者
2022 年 1 月
于西北大学

第二版前言

在2003年由高等教育出版社出版的《中级无机化学》(第一版)是普通高等教育"十五"国家级规划教材,是该社出版的第一本"中级无机化学"教材。

该书是一本应无机化学分段设置课程的结构改革和本科生对现代无机化学知识水平要求的需要而建立的课程的知识体系的教材。全书共十二章。主要内容包括原子、分子及元素周期性和周期不规则性,酸碱和溶剂化学,无机化合物的制备和表征,无机材料化学,氢及s区元素,p区元素,d区元素的配位化合物,d区元素的元素化学,d区元素的有机金属化合物和簇合物,f区元素,无机元素的生物学效应,放射性和核现象。可用作理、工科和师范院校高年级学生、研究生的教材或参考书,也可作为从事无机化学教学和科研人员的参考读物。

作者力图使该教材在深度和广度上、在知识层次和编写方法上都认真把握"中级"的位置,并将无机化学近代理论与无机化学基本知识相结合,摆脱无机化学的元素化学部分描述较多、理论偏少的状况,将化学热力学、化学动力学和结构理论密切结合起来叙述元素化学,以元素周期系为框架来建立教材体系以体现无机化学的系统性和完整性,重视与相关学科的融合与渗透和注重教学的实用性。然而,由于作者的知识水平有限,第一版的不足和遗憾随处可见。而且,几年过去,无机化学领域又有了重大发展。因此,修改《中级无机化学》已经成了刻不容缓之事。十分欣喜的是,这种想法得到了有关方面的支持,拟修订出版的《中级无机化学》(第二版)被列入了普通高等教育"十一五"国家级规划教材的出版计划。

为了不使因改动太大而加大使用第一版教材的教师的备课的工作,所以本版教材是在第一版的基础上修改而成的,在框架上没有太大变化。不过,确实是每一章、每一节都有改动,作者努力融入几年的使用实践,减少不足和遗憾,使其更加科学和完善。同时,在第二版教材中增添了最新的无机化学前沿知识,使其更富时代的气息。

除参加第一版编写工作的张逢星、赵建社、蔡少华、胡道道、胡满成、李珺、郝志峰、王文亮、崔斌、李亚红、王建民、房喻、朱亚先和李淑妮等同志继续在本版的编写中工作之外,本版的编写还特别邀请了一些在《中级无机化学》教材和课程建设及教学方面做出了很大贡献并取得丰硕成果的教师,以及在使用第一版《中级无机化学》作为教材并在教学中有颇多体会的教师参加第二版的讨论、修改和重新编写工作,他们是西北大学王飞利、申烨华、刘萍,西北工业大学岳红,中南大学关鲁雄,中山大学梁宏斌,温州大学时茜,首都师范大学李夏,北京工业大学车平,河北大学徐建中,山西省忻州师范学院刘成琪,湖北师范学院韩德艳、刘江燕,南京师范大学吴勇,辽宁大学宋溪明,安阳师范学院武志富。这些同志都付出了大量艰辛的劳动。特别需要指出的是,使用第一版教材的学生们认真阅读该书并提出了很多宝贵意见。编者谨向他们表示衷心的感谢。

仍由唐宗薰同志负责进行全书的策划、修改和定稿工作。

感谢教育部精品课程项目的资助。感谢西北大学教务处和化学学院的领导及老师和同学们的支持和帮助。

西安武警工程学院马泰儒教授,吉林大学宋天佑和徐家宁教授,北京大学姚光庆和杨展澜教授,兰州大学唐宁教授,西安交通大学何培之教授,高等教育出版社朱仁编审都对本书的修订提出了许多有益的建议。在编写过程中还得到了高等教育出版社郭新华、鲍浩波、翟怡、周岳峰的热情鼓励、支持和帮助。在此向他们表示衷心的感谢。

尽管我们做了一些努力,但限于编者水平,错误和不当之处在所难免,恳切地期望专家和同行及使用本书的教师和同学们提出宝贵意见,以便在重版时,得以更正。

编　者

2008 年 10 月

于西北大学

第一版前言

20世纪40年代以来,无机化学进入了一个迅猛复兴并飞跃发展的时期。具有特殊性能和结构的新型无机化合物大量涌现,新的知识、新的发展领域层出不穷,新的理论研究在大踏步前进。而大学化学系本科的无机化学教学,在一年级一次完成式的传统模式依然存在,显得苍老、缺乏活力而不适应。传统的大一无机化学课程,基本上是建立在中学数理化基础之上。它分为两大块:前一块普通化学原理既是为基础元素化学的学习做好理论准备,又是为其他后续化学课程起先导作用;后一块基础元素化学是依元素周期系对元素及其化合物的性质进行介绍。但由于数、理及化学理论知识的局限性,要从结构化学、化学热力学及动力学等理论结合上对无机化学的问题进行深入阐述显然是不可能的,因此无机化学的教学显得不足。一些学校则在化学系四年级开设无机化学专题来补充,但挂一漏万。所以化学专业本科生的无机化学知识水平仍得不到根本提高。近些年来,为了解决这个矛盾,适应突飞猛进发展的形势需要,无机化学教学也开始发生了很大的变化。打破旧传统,代之以无机化学分段设置课程的结构改革,《中级无机化学》就在这样的形势下诞生了。在教学内容上,《中级无机化学》系统介绍现代无机化学所涉及的新理论、新领域、新知识和无机新型化合物,在教学方法上突出结构化学、配位化学及热力学等基础理论在无机化学中的应用。这既是化学专业本科生对现代无机化学知识水平要求的需要,又是初级无机化学和高等无机化学两个层次之间建立相应衔接的必然趋势。

《中级无机化学》面对的是学完了大一无机化学及后续分析化学、有机化学、物理化学和结构化学等基础课的高年级学生,其目标应该是要尽量运用这些先行课所学的理论知识来解决无机化学的问题,它在理论深度上应有一定的高度,因此,《中级无机化学》应该包括有一定分量的近代无机化学理论的内容。我们在有关章节介绍了分子的对称性和群的知识、多原子分子的分子轨道法处理,这就为处理一些复杂配合物准备了充分的条件。在结构化学中已安排有配位场理论的内容,我们在本书中除作适当扩展外,主要是应用配位场理论去处理无机化学中的实际问题。过渡金属离子及其配合物的丰富颜色是过渡元素的显著特征,而电子光谱的理论又是配位场理论最重要的应用,因此我们在有关章节特别安排了光谱选律,Orgel图和T-S图的介绍及无机物光谱的指派。热力学在无机化学上的应用则贯穿于本书的始终,引导学生将宏观的热力学数据与微观的结构因素联系起来。通过晶格能的计算、玻恩-哈伯热化学循环的设计、计算化合物的标准生成焓来预测和判断化合物的稳定性,用交换能来解释过渡元素的特殊价层电子构型,用对水化能的能量分解得出静电作用是水化能的主要能量贡献项,从而说明Cu^{2+}在水溶液中比Cu^{+}更加稳定的原因等。这样做的结果,不仅使学生加深对无机物性质的认识,而且也能使学生加深对结构化学、物理化学中学过的原理的理解。

同时,我们也认为,元素化学应该是无机化学的主体。搞好元素和化合物的教学应该是中级无机化学义不容辞的责任。我们在较深入讨论一些理论问题的同时,也充分重视了元素及其化合物性质的介绍。作为本书的开篇安排了元素周期性和周期反常现象的内容,它既是对大一无机化学中的元素化学的小结,又起到了承前启后的作用。我们除了在过渡金属通论中总结、比较和归纳了第一过渡系元素的性质和反应外,还专辟章节较系统地介绍了s 区元素,p 区元素,第二、三过渡系元素,4f 和 5f 元素,硼烷及其衍生物的化学及元素的生物学效应、重金属元素的生物毒性和解毒等。这样,若将《中级无机化学》同大一《无机化学》的内容联系到一起,我们便在无机化学中较为系统地讨论了周期表中所有各周期的各族元素。

我们还认为,21 世纪的本科大学生,应该对无机化学的新成就、新发展有所了解。为此,本书注意介绍无机化学中的一些新知识和新领域,如广义酸碱定义、溶剂化学、软硬酸碱理论、“超酸和魔酸”、无机晶体结构、快离子导体及其他一些无机功能材料、金属羰基化合物、π-酸配体配合物、π-配体配合物、夹心配合物、有机金属化合物、金属-金属多重键及金属原子簇化合物、冠醚配合物等。通过对这些知识的介绍,可以开阔学生的视野,增加学生学习无机化学的兴趣。

本书将化学热力学、化学动力学和结构理论等密切结合来论述元素化学,得到了较好的体现;其次,仍然以元素周期系为框架来建立课程体系,体现了无机化学的系统性、整体性和连贯性;第三,对现代无机化学的热点问题都给予了足够的重视;第四,体现了化学是一个整体,各个化学学科分支是互相融合、互相渗透的。

无机化学、中级无机化学和高等无机化学是同一学科的三个不同层次的课程,它们既有密切的联系,同时又有明显的区别。《中级无机化学》是介于《无机化学》与《高等无机化学》之间的中级水平的无机化学教材,在深度和广度上,在知识的层次上始终保持在“中等”的水平上。

本书除适应理、工科化学专业高年级学生作为中级无机化学课程教材之外,也适应于高等师范院校化学系无机化学选课和大学后教育的参考教材,对其他化学科研工作者和对无机化学感兴趣的同志也有一定的参考作用。

本书的初稿系西北大学化学系的讲义。从初稿定稿至今,经历的时间较长,在此期间有不少同志审阅过其中的部分章节,用过讲义的老师和历届学生都提出过宝贵意见。课程组的同志更是付出了大量艰辛的劳动。编者谨向他们表示衷心的感谢。

参加本次讨论、修改、重新编写的有张逢星、赵建社、蔡少华、胡道道、胡满成、李珺、郝志峰、王文亮、崔斌、李亚红、王建民、房喻、朱亚先和李淑妮等同志。由唐宗薰同志负责进行全书的策划、修改和定稿工作。

感谢教育部高教司创建名牌课程项目的资助。感谢西北大学教务处和化学系的领导及老师和同学们的支持和帮助。

西安武警工程学院马泰儒教授和吉林大学宋天佑教授对本书的编写提出了许多有益的建议。在编写过程中还得到了高等教育出版社朱仁编审的热情鼓励、支持和帮助。对此向他们表示衷心的感谢。

在本书的编写过程中,参考了国内外出版的一些教材、著作和论文,并从中得到了启发和教益。编者谨向这些作品的作者表示感谢。

尽管我们做了一些努力,但限于编者水平,错误和不当之处在所难免,恳切地期望专家和同行及使用本书的教师和同学们提出宝贵意见,以便在有机会再版时,得以更正。

编　者

2002 年 8 月

于西北大学

目　录

第1章

原子、分子及元素周期性

原子、分子和离子是物质参与化学变化的最小单元。原子结构的周期性变化导致了元素性质的周期性变化。现代原子、分子结构理论均建立在量子力学基础之上,结构理论的核心内容源自微观粒子波动方程(Schrödinger 方程)的求解结果。本章在简要概述原子、分子 Schrödinger 方程的求解思路和主要结果的基础上,对原子结构参数及元素周期性规律、分子结构参数及分子性质作较详尽的介绍和讨论。

1.1 原子结构理论概述

1.1.1 单电子体系 Schrödinger 方程的解

原子由原子核与核外电子组成,由于在化学变化过程中只涉及核外电子的变化,因此化学家更关心核外电子的性质。对原子结构的研究,其实就是对核外电子的能量状态的研究。

通过基础化学的学习我们已经认识到,核外电子这样的微观粒子具有“量子化特性”和“波粒二象性”两大基本特征,运动遵循“测不准原理(即不确定原理)”,即无法同时测准其坐标和动量。对核外电子运动状态的描述,不能沿用传统的牛顿力学原理,而只能使用量子力学方法。

单电子体系是指原子核外只有一个电子的原子或离子,包括氢原子和类氢离子。用量子力学方法处理单电子体系的一般步骤如下:

1. 建立 Schrödinger 方程

根据单电子体系的物理条件,建立相应的 Schrödinger 方程:

$$\left(-\frac{h^2}{8\pi^2 m}\nabla^2-\frac{Ze^2}{4\pi\varepsilon_0 r}\right)\psi=E\psi \tag{1.1}$$

式中∇^2为 Laplace 算符;括号中的第一项为单电子动能算符,第二项为核与电子间的吸引势能算符。

$$\nabla^2=\frac{1}{r^2}\frac{\partial}{\partial r}\left(r^2\frac{\partial}{\partial r}\right)+\frac{1}{r^2\sin\theta}\frac{\partial}{\partial\theta}\left(\sin\theta\frac{\partial}{\partial\theta}\right)+\frac{1}{r^2\sin^2\theta}\frac{\partial^2}{\partial\phi^2} \tag{1.2}$$

2. 求解 Schrödinger 方程

求解单电子体系 Schrödinger 方程的步骤包括：

(1) 坐标变换

为了适应核电荷势场的球形对称特点，将 Schrödinger 方程的直角坐标系形式 $f(x,y,z)=0$ 变换成球极坐标系形式 $f(r,\theta,\phi)=0$。

在坐标变换中，自变量 x,y,z 与自变量 r,θ,ϕ 之间的关系式为

$$\begin{cases} z = r\cos\theta \\ x = r\sin\theta\cos\phi \\ y = r\sin\theta\sin\phi \\ r^2 = x^2+y^2+z^2 \end{cases} \tag{1.3}$$

(2) 变量分离

通过变量分离，将 Schrödinger 方程 $f(r,\theta,\phi)=0$ 分解为径向方程 $f(r)=0$ 和角度方程 $f(\theta,\phi)=0$ 两个部分。

(3) 方程求解

求解径向方程获得径向函数 $R(r)$，求解角度方程获得角度函数 $Y(\theta,\phi)$。Schrödinger 方程的解本征函数 $\psi(r,\theta,\phi)$ 可以写成径向函数与角度函数的乘积：

$$\psi(r,\theta,\phi)=R(r)\cdot Y(\theta,\phi) \tag{1.4}$$

径向函数 $R(r)$ 方程的本征值 E 为轨道的能量：

$$E_n=-\frac{m_e e^4 Z^2}{8\varepsilon_0^2 h^2 n^2}=-R\frac{Z^2}{n^2}=-13.6\frac{Z^2}{n^2}\ \text{eV} \tag{1.5}$$

式中 m_e 为电子质量，$1\ \text{eV}=1.602\times10^{-19}\ \text{J}$。

3. 四个量子数与核外电子的能量状态

核外电子的量子化特征表现在其能量状态的不连续性，换言之，Schrödinger 方程只有在某些特定的条件下，才能得到合理的解 ψ。

单电子体系的本征函数 ψ 就是通常所称的波函数，也称为原子轨道。$|\psi|^2$ 称为电子的概率密度，它代表在核外某点附近的单位体积内发现电子的概率。$|\psi|^2$ 在空间的分布称为电子云。通过对本征函数 $\psi(r,\theta,\phi)$ 及本征值 E 进行讨论，可以了解核外电子的能量状态。

求解 Schrödinger 方程时特定条件的物理量称为量子数。其中表示轨道运动状态的量子数有主量子数(n)、角量子数(l)和磁量子数(m)，它们是在求解 Schrödinger 方程的过程中自

然产生的。核外电子的一种轨道运动状态就对应着一个波函数($\psi_{n,l,m}$),因此,常用带有三个量子数下标的波函数 $\psi_{n,l,m}$ 表示一个原子轨道,如 $\psi_{2,1,0}$ 表示 $2p_z$ 轨道,故又可以表示为 ψ_{2p_z}。表示电子自旋运动状态的自旋量子数(m_s)是在 Stern-Gerlach 的实验基础上提出的假设。

4. 原子轨道与电子云的图形

通过原子轨道(波函数)及电子云的图形,可以认识原子轨道与电子云在核外不同空间位置上(r,θ,ϕ)的分布情况。由于观察问题的角度和范围不同,原子轨道及电子云的图形都可以采用角度分布图、径向分布图和空间分布图三种图形表示。

角度分布图　将 $Y_{l,m}(\theta,\phi)$ 对(θ,ϕ)作图可得原子轨道的角度分布图,它反映原子轨道角度部分随角度变化的情况;将 $|Y_{l,m}(\theta,\phi)|^2$ 对(θ,ϕ)作图可得电子云的角度分布图,它反映电子云概率密度随角度变化的情况。

径向分布图　将 $R_{n,l}(r)$ 对 r 作图可得原子轨道的径向函数图,它表示原子轨道径向部分随半径变化的情况;将 $D_{n,l}(r)$ 对 r 作图[$D_{n,l}(r)=r^2|R_{n,l}(r)|^2$]可得径向分布图,它表示在半径 r 处单位厚度的球壳内发现电子的概率。

空间分布图　将原子轨道 $\psi(r,\theta,\phi)$ 对(r,θ,ϕ)作图可得原子轨道的空间分布图,它表示原子轨道的空间分布情况,由于共价键的方向性与成键性质主要由原子轨道的角度分布决定,故常借用原子轨道的角度分布图讨论问题;将 $|\psi_{n,l,m}(r,\theta,\phi)|^2$ 对(r,θ,ϕ)作图可得电子云的空间分布图,它表示电子云的空间分布情况。

表 1.1 示出的是 1s 原子轨道 $\psi(r,\theta,\phi)$ 的有关函数及对应图形。

表 1.1　1s 原子轨道 $\psi(r,\theta,\phi)$ 的有关函数及对应图形

波函数类别	函数形式	函数及图形	
角度函数 $Y(\theta,\phi)$	$\sqrt{\frac{1}{4\pi}}$	$Y(\theta,\phi)$ 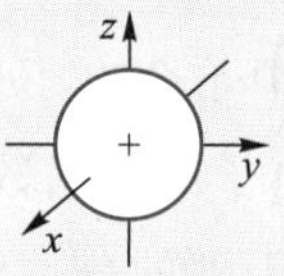	$\lvert Y(\theta,\phi)\rvert^2$ 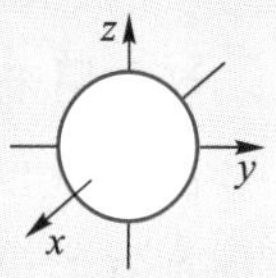
径向函数 $R(r)$	$2\sqrt{\frac{1}{a_0^3}}e^{-r/a_0}$	$R(r)$ 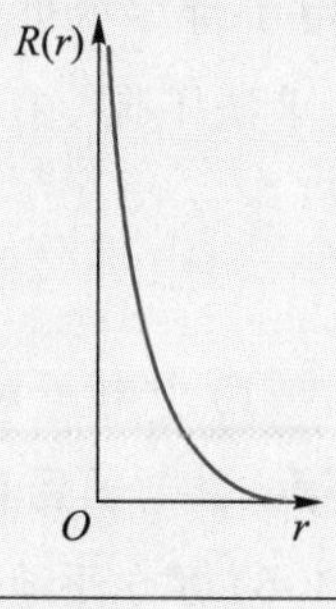	$D(r)=r^2R^2(r)$ 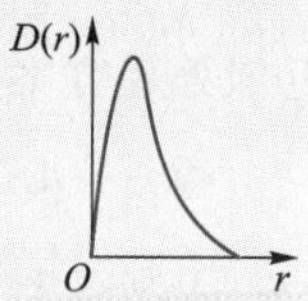
空间函数 $\psi(r,\theta,\phi)$	$\sqrt{\frac{1}{\pi a_0^3}}e^{-r/a_0}$	$\psi(r,\theta,\phi)$ 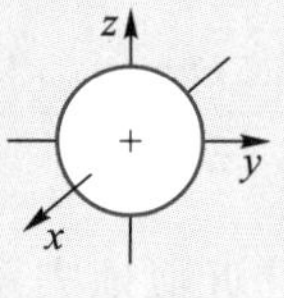	$\lvert\psi(r,\theta,\phi)\rvert^2$ 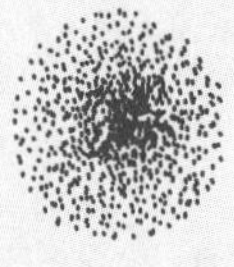

1.1.2　多电子原子 Schrödinger 方程的解

1. 求解方法

多电子原子的特点是有多个核外电子，对一个包含 N 个电子的多电子原子体系，不仅有 N 个电子与原子核之间的吸引作用，还有 N 个电子之间的排斥作用。在采用相对论性效应近似、核固定不动近似和忽略磁矩相互作用的条件下，定态 Schrödinger 方程为

$$\left(-\underbrace{\frac{h^2}{8\pi^2 m}\sum_i \nabla_i^2}_{\text{电子动能项}} - \underbrace{\sum_i \frac{Ze^2}{4\pi\varepsilon_0 r_i}}_{\text{电子-核吸引项}} + \underbrace{\sum_{i<j}\sum \frac{e^2}{4\pi\varepsilon_0 r_{ij}}}_{\text{电子-电子排斥项}}\right)\psi(1,2,\cdots,N) = E\psi(1,2,\cdots,N) \quad (1.6)$$

式中下标 i,j 为电子的标号；r_{ij} 为 i 和 j 电子之间的距离；$\psi(1,2,\cdots,N)$ 为不包括自旋在内的体系总的空间波函数。

由于在多电子原子的 Schrödinger 方程式中存在电子-电子排斥项 $\sum_{i<j}\sum \frac{e^2}{4\pi\varepsilon_0 r_{ij}}$，因而无法直接求解，但是可以建立不同的物理模型，发展相应的近似求解方法。

（1）轨道近似法

轨道近似（也称单电子近似）就是在不忽略电子间相互作用的情况下，仍然采用单电子波函数 ψ_i 来描述多电子体系中单个电子的运动状态，假定每个电子都是在核和其余（N-1）个电子组成的有效平均势场中独立的运动着。在此近似下就可将 $\sum_{i<j}\sum \frac{e^2}{4\pi\varepsilon_0 r_{ij}}$ 项拆分成只与单个电子坐标相关的函数，式（1.6）中的 $\psi(1,2,\cdots,N)$ 就可写成 N 个单电子波函数的乘积，即

$$\psi(1,2,\cdots,N) = \psi_1 \cdot \psi_2 \cdot \cdots \cdot \psi_N \quad (1.7)$$

这种用来描述多电子体系中单个电子运动状态的函数 ψ_i 仍称为原子轨道。此处应注意的是，切不可将包含 N 个电子的波函数 $\psi(1,2,\cdots,N)$ 误作为原子轨道。在用结构理论处理有关化学键问题时经常用到的是原子轨道 ψ_i，而不是 $\psi(1,2,\cdots,N)$。此外，虽然轨道近似法原则上已将电子-电子排斥项拆分成只与单个电子坐标相关的函数，但电子间的排斥作用函数的具体形式及求法不同，由此就产生了中心力场模型和自洽场方法两种近似处理方案。

（2）中心力场模型

中心力场模型认为，其余（N-1）个电子对第 i 个电子的排斥作用平均起来具有球对称的形式，只与径向有关。这样，第 i 个电子受其余电子的排斥作用就可以看作 σ_i 个电子在原子中心与之相互排斥，此时式（1.6）可方便地拆分成 N 个单电子的 Schrödinger 方程：

$$\left[-\frac{h^2}{8\pi^2 m}\nabla^2 - \frac{(Z-\sigma_i)e^2}{4\pi\varepsilon_0 r_i}\right]\psi_i = E_i\psi_i \quad (1.8)$$

式中 ψ_i 就是单电子的波函数，它近似地表示了原子中第 i 个电子的运动状态；E_i 就是该状

态所对应的能量,即原子轨道能。式(1.8)与式(1.1)具有相似的形式,两式的差别仅在于径向函数 $R_{n,l}(r)$ 中将 Z 换成 $(Z-\sigma_i)$ 或 Z^*。角度函数 $Y_{l,m}(\theta,\phi)$ 则完全一致。这样,原子轨道 ψ_i 可表示为

$$\psi_{n,l,m}(i) = R_{n,l}(r_i) \cdot Y_{l,m}(\theta_i,\phi_i) \tag{1.9}$$

与 ψ_i 对应的原子轨道能量为

$$E = -13.6\frac{(Z-\sigma_i)^2}{n^2}\ \text{eV} = -13.6\frac{Z^{*2}}{n^2}\ \text{eV} \tag{1.10}$$

在中心力场近似下,原子的总能量可以用各个电子的能量 E_i 加和求得:

$$E = \sum_i E_i \tag{1.11}$$

原子中全部电子电离能之和等于原子轨道能总和的负值。

式(1.8)中的 σ_i,Z 和式(1.10)中的 Z^* 分别称为屏蔽常数、核电荷和有效核电荷。

1930 年, J. C. Slater 提出了一套计算屏蔽常数的经验规则,按照 Slater 的方法,产生屏蔽的电子与被屏蔽的电子的相对位置不同,屏蔽常数 σ_i 不相同,外层电子对内层电子的屏蔽作用忽略不计($\sigma_i=0$),电子离核越近其屏蔽作用越大,但同层的不同轨道的电子(如 3s 和 3p 电子)没有区别。

Slater 分层的方法是

1s,2s2p,3s3p,3d,4s4p,4d,4f,5s5p,…

位于某层后面的各层电子,对该层的屏蔽常数 $\sigma=0$。

同层电子间的 $\sigma=0.35$(1s 电子例外,1s 电子的 $\sigma=0.30$)。

对于 ns 或 np 上的电子,$(n-1)$电子层中的电子的屏蔽常数 $\sigma=0.85$,小于$(n-1)$的各层中的电子的屏蔽常数 $\sigma=1.00$。

对于 nd 或 nf 上的电子,位于它左边的各层电子对它们的屏蔽常数 $\sigma=1.00$。

1956 年,北京大学徐光宪教授对 Slater 的方法作了改进,提出了更精确的计算方法。该方法不仅考虑了同层的不同轨道的差异,而且还考虑了轨道上电子数的影响,比 Slater 的方法更精确。徐光宪的方法是

主量子数大于 n 的各电子,其 $\sigma=0$。

主量子数等于 n 的各电子,其 σ_i 由表 1.2 求得。其中 np 电子是指半充满和半充满前的 p 电子,np′电子是指半充满后的 p 电子(即第四、第五、第六个 p 电子)。

主量子数等于$(n-1)$的各电子,其 σ_i 由表 1.3 求得。

主量子数等于或小于$(n-2)$的各电子,其 $\sigma=1.00$。

1963 年,Clementi 和 Raimondi 使用氢到氪的自洽场波函数,对 Slater 的方法进行再次改进,得到了一套计算有效电荷的规则。其计算通式为

$$\sigma(1s) = 0.3(n_{1s}-1) + 0.0072(n_{2s}+n_{2p}) + 0.0158(n_{3s}+n_{3p}+n_{3d}+n_{4s}+n_{4p})$$

表 1.2　主量子数等于 n 的各电子的屏蔽常数 σ

被屏蔽电子	屏蔽电子				
$n\geq1$	ns	np	np′	nd	nf
ns	0.30	0.25	0.23	0.00	0.00
np	0.35	0.31	0.29	0.00	0.00
np′	0.41	0.37	0.31	0.00	0.00
nd	1.00	1.00	1.00	0.35	0.00
nf	1.00	1.00	1.00	1.00	0.39

表 1.3　主量子数等于(n-1)的各电子的屏蔽常数 σ

被屏蔽电子	屏蔽电子			
$n\geq1$	(n-1)s	(n-1)p	(n-1)d	(n-1)f
ns	1.00	0.90	0.93	0.86
np	1.00	0.97	0.98	0.90
nd	1.00	1.00	1.00	0.94
nf	1.00	1.00	1.00	1.00

注：1s 对 2s 的 σ=0.85。

$$\sigma(2s)=1.7208+0.3601(n_{2s}-1+n_{2p})+0.2062(n_{3s}+n_{3p}+n_{3d}+n_{4s}+n_{4p})$$

$$\sigma(2p)=2.5787+0.3326(n_{2p}-1)-0.0773(n_{3s})-0.161(n_{3p}+n_{4s})-0.0048(n_{3d})+0.0085(n_{4p})$$

$$\sigma(3s)=8.4927+0.2501(n_{3s}-1+n_{3p})+0.3382(n_{3d})+0.0778(n_{4s})+0.1978(n_{4p})$$

$$\sigma(3p)=9.3345+0.3803(n_{3p}-1)+0.3289(n_{3d})+0.0526(n_{4s})+0.1558(n_{4p})$$

$$\sigma(3d)=13.5894+0.2693(n_{3d}-1)-0.1065(n_{4p})$$

$$\sigma(4s)=15.505+0.8433(n_{3d})+0.0971(n_{4s}-1)+0.0687(n_{4p})$$

$$\sigma(4p)=24.7782+0.2905(n_{4p}-1)$$

其中，等号左边括号内的轨道表示被屏蔽的电子所处的轨道，等号右边括号内的 n 及其所带的下标轨道符号（如 n_{2s}，n_{4p}，n_{3d}）表示在下标轨道中所占据的电子数为 n，即 n_{2s}，n_{4p}，n_{3d} 分别表示在 2s 亚层、4p 亚层、3d 亚层各有 n 个电子占据。以此类推。所以，Clementi 和 Raimondi 的方法对外层电子的影响也给予了考虑。

外层电子对内层电子有屏蔽作用，清楚地说明了外层电子对内层电子壳的穿透作用。

（3）自洽场方法

自洽场（self-consistent field，SCF）方法最早由 Hartree 提出，后被 Fock 改进，故又称为 Hartree-Fock 法。Hartree 提出，第 i 个电子受其余（N-1）个电子排斥的平均位能可采用统计平均的方法表示，导出在多电子原子体系中，第 i 个电子的 Schrödinger 方程为

$$\left(-\frac{h^2}{8\pi^2 m}\nabla_i^2-\frac{Ze^2}{4\pi\varepsilon_0 r_i}+\sum_{i\neq j}\int\frac{e^2\,|\psi_j|^2\mathrm{d}\tau_j}{4\pi\varepsilon_0 r_{ij}}\right)\psi_i=E_i\psi_i \tag{1.12}$$

式(1.12)也称为 Hartree 方程。由式可见，欲从方程中解得第 i 个电子的状态函数 ψ_i，必须先知道第 j 个电子的状态函数 ψ_j，这就相当于在解方程之前要知道方程的解。为了解决这个困难，Hartree 又提出先取 N 个零级近似波函数 $\psi_1^{(0)},\psi_2^{(0)},\cdots,\psi_N^{(0)}$ 作为 ψ_j 代入式(1.12)解得一组 $\psi_i^{(1)}$ 及对应的能量 $E_1^{(1)},E_2^{(1)},\cdots,E_N^{(1)}$。再将这组 $\psi_i^{(1)}$ 作为一级近似波函数 $\psi_1^{(1)},\psi_2^{(1)},\cdots,\psi_N^{(1)}$ 代入式(1.12)，又解得一组 $\psi_i^{(2)}$ 及对应的能量 $E_1^{(2)},E_2^{(2)},\cdots,E_N^{(2)}$。再将 $\psi_1^{(2)},\psi_2^{(2)},\cdots,\psi_N^{(2)}$ 作为二级近似波函数代入式(1.12)求解……如此循环下去，直至 $E_i^{(m)}\approx E_i^{(m+1)}$，或 $\psi_i^{(m)}\approx\psi_i^{(m+1)}$，达到能量自洽或波函数自洽为止。$\psi_i$ 称为自洽场原子轨道(SCF-AO)，E_i 称为 ψ_i 对应的原子轨道能量，又称为 Hartree 轨道能。

应特别指出，与中心力场模型不同，自洽场方法得到的各原子轨道能之和并不等于原子的总能量，这是因为电子 i 和电子 j 的排斥能也就是电子 j 和电子 i 的排斥能，所以在轨道能量求和时实际上是重复计算了一次排斥能，需要将其扣除。即

$$\begin{aligned}E &= \sum_i E_i - \text{全部电子间的平均排斥能}\\ &= \sum_i E_i - \sum_{i<j}\sum\left(\frac{e^2}{4\pi\varepsilon_0 r_{ij}}\right)_{\text{对}i,j\text{平均}}\\ &= \sum_i E_i - \sum_{i<j}\sum J_{ij}\end{aligned} \tag{1.13}$$

式中 J_{ij} 称为库仑积分，通过推导可得到：

$$J_{ij} = \iint \frac{\psi_i^2 e^2 \psi_j^2 \mathrm{d}\tau_i \mathrm{d}\tau_j}{4\pi\varepsilon_0 r_{ij}} \tag{1.14}$$

$\sum\limits_{i<j}\sum J_{ij}$ 是全部电子的平均排斥能，它既包含自旋不同电子间的排斥能，又包含自旋相同电子间的排斥能，按照 Pauli 的要求，自旋相同的两个电子位于同一轨道的概率为零。也就是说，对于每一个电子的近邻可以认为有一个“空穴”存在，在这个空穴中和此电子自旋方向相同的电子进来的概率是很小的，通常称这个空穴为费米空穴。

费米空穴的存在意味着电子间的排斥作用并不像 Hartree 自洽场方法中由库仑积分 J_{ij} 计算的那样大，应从 J_{ij} 中扣除费米空穴存在而多计算的这部分。扣除的方法是从 J_{ij} 中减去交换积分 $K_{ij}^{\uparrow\uparrow}$。所以，原子的总能量可精确地表示为

$$E = \sum_i E_i - \sum_{i<j}\sum\left(J_{ij} - K_{ij}^{\uparrow\uparrow}\right) \tag{1.15}$$

交换积分 $K_{ij}^{\uparrow\uparrow}$ 仅存在于自旋相同的电子间(上标 ↑↑ 即表示自旋相同)。因此，在一个原子或分子中，如有几个能量相同或颇为相近的轨道可供选择，则电子应优先自旋平行地分占不同的空间轨道，使得自旋相同的电子对总数尽可能地多，即 $K_{ij}^{\uparrow\uparrow}$ 尽可能大。同时，因为电子分占不同的空间轨道，电子间保持有效远距离使 J_{ij} 减小，这两方面的原因可使排斥能 $\sum\limits_{i<j}\sum\left(J_{ij} - K_{ij}^{\uparrow\uparrow}\right)$ 减少到最低。

可以证明：式(1.12)解的径向部分 $R_{n,l}(r_i)$ 既不同于类氢体系，也不同于多电子体系的

中心力场近似下的形式，但 SCF-AO 的角度分布仍然与类氢体系的角度分布完全一致。由于共价键的性质主要取决于函数 $Y_{l,m}(\theta,\phi)$ 的性质，所以在关于化学键的讨论中常用类氢轨道的角度分布 $Y_{l,m}(\theta,\phi)$ 代替多电子原子的原子轨道 $\psi_{n,l,m}(r_i,\theta_i,\phi_i)$。常见的“p 轨道为哑铃状”和“有四条 d 轨道为梅花状”的通俗说法实际上是指该轨道的角度部分的形状。显然，对于径向函数 $R_{n,l}(r)$ 相差很大的轨道，这种代替是一种非常粗糙的近似。

虽然 SCF-AO 仍具有 $\psi_{n,l,m}(i)=R_{n,l}(r_i)\cdot Y_{l,m}(\theta_i,\phi_i)$ 的形式，但很难给出各轨道径向部分 $R_{n,l}(r_i)$ 的具体表达式，所以 SCF-AO 使用起来很不方便，在实际的量子化学计算中，为了减少工作量，常采用无径向节点的 Slater 函数来代替 SCF-AO。Slater 函数的形式为

$$\psi_{n,l,m}(i)=Ar_i^{n^*-1}\mathrm{e}^{-(Z-\sigma_i)r_i/n^*} \tag{1.16}$$

式中 n^* 为有效主量子数，它和主量子数 n 有如下对应关系：

n	1	2	3	4	5	6
n^*	1	2	3	3.7	4.0	4.2

因此，式(1.10)变成式(1.17)：

$$E_n=-13.6\frac{(Z-\sigma_i)^2}{n^{*2}}\ \mathrm{eV}=-13.6\frac{Z^{*2}}{n^{*2}}\ \mathrm{eV} \tag{1.17}$$

2. 原子轨道能与原子轨道能级

原子轨道能是指与电子波函数 ψ_i 相对应的能量 E_i，轨道能与该轨道上的电子数目有关，它近似等于这条原子轨道上的电子平均电离能的负值。例如，He 原子基态有两个电子处在 1s 轨道上，它的第一电离能 I_1 为 24.6 eV，第二电离能 I_2 为 54.4 eV，所以 He 原子的 1s 轨道能为

$$E(\mathrm{He},1\mathrm{s})=-\frac{24.6+54.4}{2}\ \mathrm{eV}=-39.5\ \mathrm{eV}$$

原子轨道能级是原子轨道的能量水平，它等于在中性原子中当其他电子均处在可能的最低能态时，1 个电子从指定轨道上电离时所需能量的负值(即对应的电离能的负值)。例如，He 原子的 1s 轨道能级为−24.6 eV。

显然，此处定义的原子轨道能和原子轨道能级是有差别的，这一差别正好反映了电子间相互排斥作用的状况。但现有大多数教材和文献中并未区分轨道能和轨道能级的概念，所说的轨道能实际指的就是轨道能级。在讨论原子轨道有效组成分子轨道的能量相近条件中，也是指轨道能级相近，而不是原子的真实轨道能。

原子轨道能级可由原子光谱实验直接测定。原子轨道能级的高低受屏蔽效应和钻穿效应两方面因素的影响。徐光宪教授结合光谱实验数据归纳得到与 n,l 两个量子数同时相关的轨道能级排序近似规律，即

① 对原子外层电子来说,能级按(n+0.7l)递增;

② 对离子外层电子来说,能级按(n+0.4l)递增;

③ 对原子或离子的较深的内层电子来说,能级的高低基本上取决于 n。

综上所述,原子轨道能级的高低有如下次序:

$$1s < 2s < 2p < 3s < 3p < 4s \leqslant 3d < 4p < 5s < 4d \leqslant 5p < 6s < 4f < \cdots$$

原子结构的问题,也就是将所有电子如何恰当地排布在这些原子轨道上的问题。

3. 原子的电子组态与元素周期表

按照 Pauli 不相容原理、能量最低原理和 Hund 规则三条基本原则,从能量最低的 1s 轨道开始,将电子按照能量从低到高的顺序依次填充。

由于外层轨道的能级大体上由(n+0.7l)决定,因此可按(n+0.7l)计算的能级次序进行填充,例外的情况可以从式(1.15)得到解释。例如,Cr 的电子组态是 $3d^5 4s^1$ 而不是 $3d^4 4s^2$,Nb 的电子组态是 $4d^4 5s^1$ 而不是 $4d^3 5s^2$,Mo 的电子组态是 $4d^5 5s^1$ 而不是 $4d^4 5s^2$ 等,这是因为 4s 与 3d 轨道的能量非常接近,此时组态能量的差别主要取决于 $K_{ij}^{\uparrow\uparrow}$ 的大小。当自旋平行的电子对数目最多时,交换能的贡献达到最大,使这种组态的能量最低,这是 Hund 规则的本质。

得到每个原子的电子结构之后,再将外层轨道属于同一能级组[ns (n−2)f (n−1)d np 属于同一能级组]的元素排在同一周期,将电子组态类似的元素排在同一族,就得到元素周期表。

元素周期表可分为 7 个横行、18 个纵列和 5 个区域,分别对应着 7 个周期、16 个族和 5 个区,它们与原子结构的内在联系如下:

(1) 周期

根据原子基态电子轨道能级图可知,原子轨道按能量高低,可分成 7 个能级组,这些能级组的存在是元素被划分成 7 个周期的根本原因。每个能级组中能容纳的电子数目最大值即该周期中所含元素的数目。

(2) 族

元素周期表中每一个纵列的元素具有相似的价层电子结构(在现在发行的元素周期表中,He 除外),每一个纵列称为元素的一个族(Ⅷ族包含 3 个纵列)。故 18 个纵列分为 16 个族,主族、副族各包含 8 个族。

主族 按电子的填充顺序,凡是最后一个电子填入 ns 或 np 能级的元素称为主族元素。

副族 按电子的填充顺序,凡是最后一个电子填入价电子层的(n−1)d 能级或(n−2)f 能级的元素称为副族元素。

(3) 区

根据原子基态电子组态的特点,将价层电子结构相近的族归为同一个区,元素周期表共划分成 5 个区。

s 区 价电子层具有 $ns^{1\sim2}$ 电子组态的元素称为 s 区元素,包括 ⅠA 和 ⅡA 两个主族的元素。

p 区 价电子层具有 $ns^2np^{1\sim6}$ 电子组态的元素称为 p 区元素，包括ⅢA～ⅦA 及 0 族共 6 个主族的元素。

d 区 价电子层具有 $(n-1)d^{1\sim9}ns^{1\sim2}$（Pd 为 $4d^{10}5s^0$）电子组态的元素称为 d 区元素，包括ⅢB～Ⅷ族 6 个副族的元素。

ds 区 价电子层具有 $(n-1)d^{10}ns^{1\sim2}$ 电子组态的元素称为 ds 区元素，包括ⅠB 和ⅡB 两个副族的元素。

f 区 价电子层具有 $(n-2)f^{0\sim14}(n-1)d^{0\sim2}ns^2$ 电子组态的元素称 f 区元素。

按照这种分区规则，He 的电子组态为 $1s^2$，没有 p 轨道、没有 p 电子，按元素分区的定义应属于 s 区元素，放到 p 区似无道理。

元素周期表的确立是化学发展史上重要的里程碑。在元素周期表中，具有相似性质的化学元素按一定的规律周期性地出现，体现出元素的周期性。

1.2 原子参数与元素周期性

通常把原子的基本性质称为原子参数，原子参数与原子电子结构的周期性变化密切相关，并对元素的物理和化学性质产生重大影响。

原子参数分为两类：一类参数与自由原子的性质相关联，如原子的电离能、电子亲和能、原子光谱线的波长等，它们都是气态原子的性质，与其他原子无关，因而数值单一，准确度高。另一类参数与相邻原子的影响有关，如原子半径、电负性等，同一原子在不同的化学环境中这类参数的大小会有一定的差别，文献中的数据也时有出入，因此常见手册中列出的数值具有统计平均的意义。

1.2.1 原子半径

所谓原子半径，是指在原子的基态电子组态中，占据最高能级上的电子到原子核的距离。然而由于电子运动的波动性，以及不确定原理的限制，原子中的电子到原子核的距离不可能具有确定的数值。即自由原子并不是一个具有明确边界的刚性圆球，所以原子并不存在固定的半径数据。

实际上，原子大小与其所处环境有关，取决于它与环境中原子之间作用力的性质，所以原子半径通常是根据原子与原子之间的作用力的性质来定义的。根据原子间作用力的性质，可将原子半径分为共价半径、金属半径和 van der Waals 半径等，另外还有离子半径的概念。通过实验测定化合物（或单质）中相邻两原子（离子）的间距，并规定该间距为相邻两原子（离子）的半径之和，从而可以计算原子（离子）半径大小。

1. 原子的共价半径

同种元素的原子以共价键结合成分子或晶体时，键联原子间距离的一半即为共价半径。

影响共价半径大小的因素有共价键的键级、共价键的极性、原子轨道杂化态和电荷等。

(1) 键级对共价半径的影响

根据两原子间键级的不同，共价键又分为共价单键、双键、三键。例如，金刚石中 C—C 核间距为 154 pm，故 C 的共价单键半径为 77 pm；乙炔分子中 C≡C 键键长为 122 pm，所以 C 的共价三键半径为 61 pm。一般所说的共价半径常指原子的共价单键的半径。

(2) 键的极性对共价半径的影响

对于异核化学键，共价键键长为两原子的半径之和，但计算值与实验值常不一致，这是因为极性键的键长常较非极性共价半径之和小，Pauling 在 Schömaker 和 Stevenson 工作的基础上提出了一个较为广泛适用的校正公式：

$$r_{AB} = r_A + r_B - c\,|\chi_A - \chi_B| \tag{1.18}$$

式中 χ_A、χ_B 分别为 A、B 原子的电负性；c 为调节因子，根据 A，B 原子间的电子层结构差异取值在 2~9 pm。若实验测定了键长 r_{AB}，并合理假定其中某个原子的共价半径，可以利用上式求出另一个原子的共价半径。

(3) 轨道杂化态对共价半径的影响

共价半径与中心原子的杂化方式有关，按 sp^3、sp^2、sp 次序依次减小。这说明杂化轨道的 s 成分越多，轨道重叠程度越大，共价半径越小。

(4) 电荷对共价半径的影响

一般来说，正电荷增加会使键长变小，负电荷增加会使键长增大。例如，$d(O_2^+) = 122.7$ pm，$d(O_2^-) = 126$ pm，$d(O_2^{2-}) = 149$ pm。

2. 原子的金属半径

金属晶体中两个邻近原子间距离的一半即为金属半径。金属半径与堆积类型和配位数有关。当测定了金属晶体的结构型式和晶胞参数后，就可方便地求得金属半径。例如，Cu 属于面心立方堆积，配位数为 12，晶胞参数 $a = 361.4$ pm，由面心立方的几何关系可求得 $r = \sqrt{2}a/4$，所以 Cu 的半径为 127.8 pm。

另外，金属原子间的距离通常随配位数的增大而增大。一般手册中列出的数据都是配位数为 12 时的半径，当配位数不为 12 时，对实测值应除以校正因子予以修正。

配位数	12	8	6	4
校正因子	1.00	0.97	0.96	0.88

例如，Na 为体心立方堆积，配位数为 8，晶胞参数 $a = 429.0$ pm，由体心立方的几何关系可求得 $r = \sqrt{3}a/4$，所以半径为 185.8 pm，除以 0.97 后为 191.5 pm，这就是一般手册中列出的 Na 的金属半径数值。

3. van der Waals 半径

在稀有气体元素形成的晶体中，两个相邻原子间距离的一半即为 van der Waals 半径。其更广义的定义是，在由 van der Waals 作用力形成的晶体中，属不同分子的两个最邻近原子间距离为 van der Waals 半径之和。例如,在由 Cl_2 分子形成的晶体中,相邻两个分子间的 Cl 原子的最短接触距离为 332 pm,故 Cl 的 van der Waals 半径为 166 pm。显然,同一原子的 van der Waals 半径要比共价半径大很多。现在应用最广泛的 van der Waals 半径是由 Pauling 所给出的数值,而数据最全且被认为较准确的 van der Waals 半径是由 Bondi 所提出的数值。

表 1.4 列出一些原子和基团的 van der Waals 半径。

表 1.4 一些原子和基团的 van der Waals 半径 单位:pm

原子/基团	r_B	r_P	原子/基团	r_B	r_P	原子/基团	r_B	r_P
H	(120)	120	N	155	150	Ar	188	192
Li	(182)		P	180	190	Kr	202	198
Na	(227)		As	185	200	Xe	216	218
K	(275)		Sb	190	220	Cu	(143)	
Mg	(173)		Bi	187		Ag	(172)	
B	(213)		O	152	140	Au	(166)	
Al	(251)		S	180	184	Zn	139	
Ga	(251)		Se	190	200	Cd	162	
In	(255)		Te	206	220	Hg	170	
Tl	(196)		F	147	135	Ni	(163)	
C	(170)	172	Cl	175	180	Pd	(163)	
Si	210		Br	185	195	Pt	(175)	
Ge	219		I	198	215	CH_3		200
Sn	(227)		He	140	140			
Pb	(202)		Ne	154	154			

注:r_B 表示由 Bondi 所给的值,加括号表示精确度较差;r_P 表示由 Pauling 所给的值。

共价半径、金属半径和 van der Waals 半径三者之间的关系如图 1.1 所示,图中 r_1 为 van der Waals 半径,r_2 为金属半径,r_3 为共价半径。显然,不同的半径概念有不同的数据,因此,在比较两种不同原子的相对大小时,应该用同一种概念下的原子半径数据。

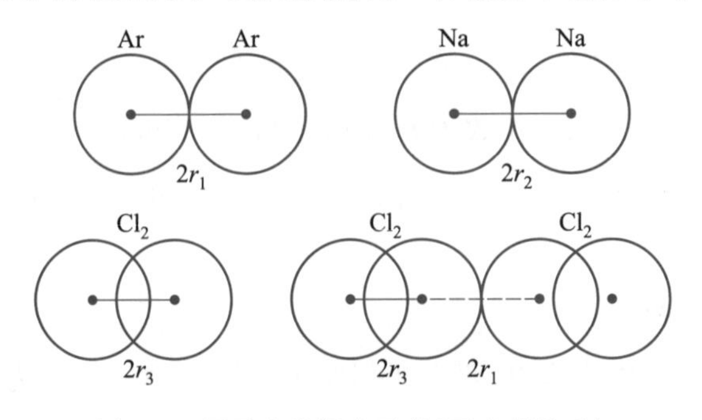

图 1.1 原子半径概念示意(无比例关系)

4. 原子理论半径的周期性递变规律

原子理论半径是一个孤立原子的半径，在理论上可以利用最外层原子轨道的有效半径近似地代表：

$$r_0 = (n^{*2}/Z^*)a_0 \tag{1.19}$$

式中 n^* 为最外层的有效主量子数，Z^* 为有效核电荷，$a_0 = 53$ pm 为玻尔半径。

由于 Z^* 和 n^* 随原子序数递增呈现出周期性变化，所以原子半径也呈现出周期性变化规律。

（1）同周期元素原子半径的递变规律

同周期元素最外层轨道的有效主量子数相同，从左到右原子的有效核电荷 Z^* 依次增大，对最外亚层中电子的吸引力依次增大，相应的原子半径依次减小。但是，元素周期表中不同位置的原子半径递减的幅度并不相同，这是由于不同元素电子填充情况不同所致。

非过渡元素自左至右电子依次填入最外层 ns，np 轨道，同层电子相互屏蔽作用很小（Slater，$\sigma = 0.35$），以致作用于最外层电子的有效核电荷增加显著，原子半径递减幅度最大；而 d 区过渡元素，自左至右，电子依次填入 $(n-1)$d 轨道，对最外层 ns 电子的屏蔽作用较大（Slater，$\sigma = 0.85$），故有效核电荷增加较少，原子半径递减幅度减小；到 f 区元素，电子依次填入 $(n-2)$f 轨道，对最外层电子的屏蔽作用更大，以致有效核电荷增加更少，原子半径收缩幅度更小。

另外，在长周期中，从 d 区过渡到 ds 区ⅠB、ⅡB 族时，原子半径有所回升，这是因为它们的价电子层结构为全充满或半充满，电子云为球形对称，电子互相排斥作用增加，相应地减少了有效核电荷，故半径回升。这种半径回升的现象，在 f 亚层为 f^7 或 f^{14} 时也会出现。

（2）同族元素原子半径的递变规律

同族元素的原子半径，由上而下增大，这是因为由上而下有效主量子数 n^* 递增。但是 d 区第六周期元素的原子半径与第五周期元素的原子半径数值相近，这是镧系收缩影响的结果。p 区第四周期的镓（Ga）和第三周期的铝（Al）相比，半径没有相应地增大，这是因为 Ga 之前的元素，刚刚经过 d 区和 ds 区，$(n-1)$分层有了 d 电子，出现了类似镧系收缩的效应，使紧接着的镓的半径受到影响，此效应也称为“钪系收缩”。

（3）元素周期系中的相对论性效应

① 直接的相对论性效应——原子轨道的相对论性收缩　根据 Einstein 相对论，物质的质量与它的运动速率有关，即

$$m = m_0/[1-(v/c)^2]^{1/2} \tag{1.20}$$

式中 m 为物质在运动中的相对质量，m_0为物质的静止质量，v 为物质的运动速率，c 为光速。

由式(1.20)可见，电子的运动速率越快，它的相对质量越大，尤其是在原子序数较大的原子中。例如，原子序数为 80 的 Hg，其 1s 电子的运动速率与光速之比为 80/137，其相对质

量达到静止质量的 1.23 倍。

$$m = m_0/[1-(v/c)^2]^{1/2} = m_0/[1-(80/137)^2]^{1/2} = 1.23m_0$$

按照玻尔轨道半径理论，电子的相对质量 m 越大，半径 r 越小：

$$r = \frac{n^2h^2\varepsilon_0}{\pi mZe^2} \tag{1.21}$$

也就是说，由于相对论性效应，1s 轨道半径将发生收缩，轨道的能量也相应地降低，电子的稳定性增加。

根据计算，Hg 的 1s 轨道平均半径比非相对论性效应的轨道半径收缩约 20%。

同样，p 轨道也会发生相对论性收缩。

② 间接的相对论性效应——原子轨道的相对论性膨胀　内层 s 和 p 轨道收缩，增大了对外层 d 和 f 电子的屏蔽作用，使作用在 d 和 f 电子上的有效核电荷降低，能量上升，轨道膨胀。由于这种效应是由相对论性收缩派生而来的，故称为“间接性”的。外层的 d 和 f 轨道相对论性膨胀，削弱了它们的屏蔽作用，增大了作用在最外层 s 和 p 轨道上的有效核电荷，又引起轨道的收缩。

综上所述，内层 s、p 轨道的收缩→中层 d、f 轨道的膨胀→外层 s、p 轨道的收缩，这三种相对论性效应都随核电荷增大而增强，所以在重元素中表现得较为明显。

值得注意的是，通常所说的“镧系收缩”影响中有 10% 是来自“相对论性效应”对原子半径的影响。

在 1.8.2 节将看到，用相对论性效应可以解释元素周期表中的许多“反常”现象。

5. 离子半径

典型离子晶体中，阴、阳离子间最短距离定义为阴、阳离子的半径之和。但如何将这个距离划分给阴、阳离子却有多种方法。Goldschmidt 从数种 NaCl 型晶体的晶胞参数出发，推导出 80 多种离子半径。Pauling 从离子的大小与有效核电荷成反比的简单原理出发，用半经验计算方法求得一套半径数据，称为 Pauling 半径或晶体半径，目前被广泛使用。表 1.5 列出一些离子的 Pauling 半径数据。需要强调说明的是，在上述几套离子半径数据中，人们可根据需要选取其中的一套，切不可混用，否则讨论半径变化规律及相关问题是毫无意义的。

表 1.5　一些离子 Pauling 半径　　单位：pm

离子	半径	离子	半径	离子	半径	离子	半径	离子	半径
Ag^{+}	126	B^{3+}	20	C^{4-}	260	Ce^{4+}	101	Cr^{3+}	69
Al^{3+}	50	Ba^{2+}	135	C^{4+}	15	Cl^{-}	181	Cr^{6+}	52
As^{3+}	222	Be^{2+}	31	Ca^{2+}	99	Co^{2+}	74	Cs^{+}	169
As^{5+}	47	Bi^{5+}	74	Cd^{2+}	97	Co^{3+}	63	Cu^{+}	96
Au^{+}	137	Br^{-}	195	Ce^{3+}	111	Cr^{2+}	84	Cu^{2+}	70

续表

离子	半径	离子	半径	离子	半径	离子	半径	离子	半径
Eu^{2+}	112	In^{+}	132	N^{5+}	11	Rb^{+}	148	Ti^{2+}	90
Eu^{3+}	103	In^{3+}	81	Na^{+}	95	S^{2-}	184	Ti^{3+}	78
F^{-}	136	K^{+}	133	NH_4^{+}	148	S^{6+}	29	Ti^{4+}	68
Fe^{2+}	76	La^{3+}	115	Nb^{5+}	70	Sb^{3-}	245	Tl^{+}	140
Fe^{3+}	64	Li^{+}	60	Ni^{2+}	72	Sb^{5+}	62	Tl^{3+}	95
Ga^{+}	113	Lu^{3+}	93	Ni^{3+}	62	Sc^{3+}	81	U^{4+}	97
Ga^{3+}	62	Mg^{2+}	65	O^{2-}	140	Se^{2-}	198	V^{2+}	88
Ge^{2+}	93	Mn^{2+}	80	P^{3-}	212	Se^{6+}	42	V^{3+}	74
Ge^{4+}	53	Mn^{3+}	66	P^{5+}	34	Si^{4+}	41	V^{4+}	60
H^{-}	208 *	Mn^{4+}	54	Pb^{2+}	120	Sr^{2+}	113	V^{5+}	59
Hf^{4+}	81	Mn^{7+}	46	Pb^{4+}	84	Sn^{2+}	112	Y^{3+}	93
Hg^{2+}	110	Mo^{6+}	62	Pd^{2+}	86	Sn^{4+}	71	Zn^{2+}	74
I^{-}	216	N^{3-}	171	Ra^{2+}	140	Te^{2-}	221	Zr^{4+}	80

* 表中 H^{-} 数据(208 pm)偏大,一般常用 140 pm。

影响离子半径的因素包括配位数、离子电荷、电子自旋状况、配位多面体的几何构型等。手册中列出的 Goldschmidt 半径或 Pauling 半径都是以 6 配位为基准的,当配位数不为 6 时,按如下校正因子进行校正:

配位数	12	8	6	4
校正因子	1.12	1.03	1.00	0.94

Shannon 等归纳整理了实验测定的上千种氧化物和氟化物中阴、阳离子间距离的数据,并考虑了配位数、电子自旋状况、配位多面体的几何构型对离子半径的影响,并以配位数为 6 的 O^{2-} 半径(140 pm)和 F^{-} 半径(133 pm)作为出发点,经过多次修正,提出了一套离子半径数据,称为有效离子半径(见表 1.6)。

1.2.2 电离能

1. 电离能的概念

从气态孤立原子移走一个电子成为气态一价阳离子所需的能量称为该原子的第一电离能(I_1),继续移走第二个电子所需的能量为该原子的第二电离能(I_2)。第三、第四电离能的含义以此类推。

$$A(g) \longrightarrow A^{+}(g) + e^{-} \qquad I_1 = E(A^{+}) - E(A)$$

$$A^{+}(g) \longrightarrow A^{2+}(g) + e^{-} \qquad I_2 = E(A^{2+}) - E(A^{+})$$

表 1.6 有效离子半径

单位:pm

离子	配位数	半径值	离子	配位数	半径值	离子	配位数	半径值
Ag^{+}	2	67	Co^{2+}	4(HS)	58	K^{+}	8	151
	4	100		6(LS)	65		12	164
	4(sq)	102		6(HS)	74.5	La^{3+}	6	103.2
	6	115	Co^{3+}	6(LS)	54.5		12	136
Al^{3+}	4	39		6(HS)	61	Li^{+}	4	59
	6	53.5	Cr^{2+}	6(LS)	73		6	76
As^{3+}	6	58		6(HS)	80	Lu^{3+}	6	86.1
As^{5+}	4	33.5	Cr^{3+}	6	61.5	Mg^{2+}	4	57
	6	46	Cr^{6+}	4	26		6	72
Au^{+}	6	137	Cs^{+}	6	167	Mn^{2+}	6(LS)	67
Au^{3+}	4(sq)	68	Cu^{+}	2	46		6(HS)	83
	6	85		4	60	Mn^{7+}	4	25
B^{3+}	3	1		6	77	Na^{+}	6	102
	4	11	Cu^{2+}	4	57	Ni^{2+}	6	69
	6	27		4(sq)	57	Ni^{3+}	6(LS)	56
Ba^{2+}	6	135		5	65		6(HS)	60
	8	142		6	73	O^{2-}	3	136
	9	147	F^{-}	2	128.5		4	138
Be^{2+}	4	27		3	130		6	140
	6	45		4	131		8	142
Br^{-}	6	196		6	133	P^{3+}	6	44
C^{4+}	4	15	Fe^{2+}	4(HS)	63	P^{5+}	4	17
	6	16		4(sq)	64	Rb^{+}	6	152
Ca^{2+}	6	100		6(LS)	61	S^{2-}	6	184
	9	118		6(HS)	78	S^{6+}	4	12
Cd^{2+}	4	78	Fe^{3+}	4(HS)	49	Si^{4+}	6	26
	6	95		6(LS)	55		4	40
Ce^{3+}	6	101		6(HS)	64.5	Ti^{4+}	6	42
Ce^{4+}	6	87	I^{-}	6	220	V^{5+}	6	54
Cl^{-}	6	181	K^{+}	6	138	Zn^{2+}	4	60

注:表中 sq 代表平面四方形配位,HS 和 LS 分别代表高、低自旋状态。

电离能的正、负号与热力学规定一致。电离能总是正值，且有 $I_4 > I_3 > I_2 > I_1$ 的规律。理论上讲，对于最外层只有一个电子的原子或离子，第一电离能 I_1 就近似等于最高占据轨道能量的负值，对于最外层不止有一个电子的原子或离子，轨道能负值与电离能之间有较大差异，原因是电子之间的排斥作用一般使第一电离能 I_1 小于轨道能的负值。

2. 电离能的周期性变化规律

图 1.2 示出原子的第一电离能和第二电离能随原子序数 Z 的变化关系。

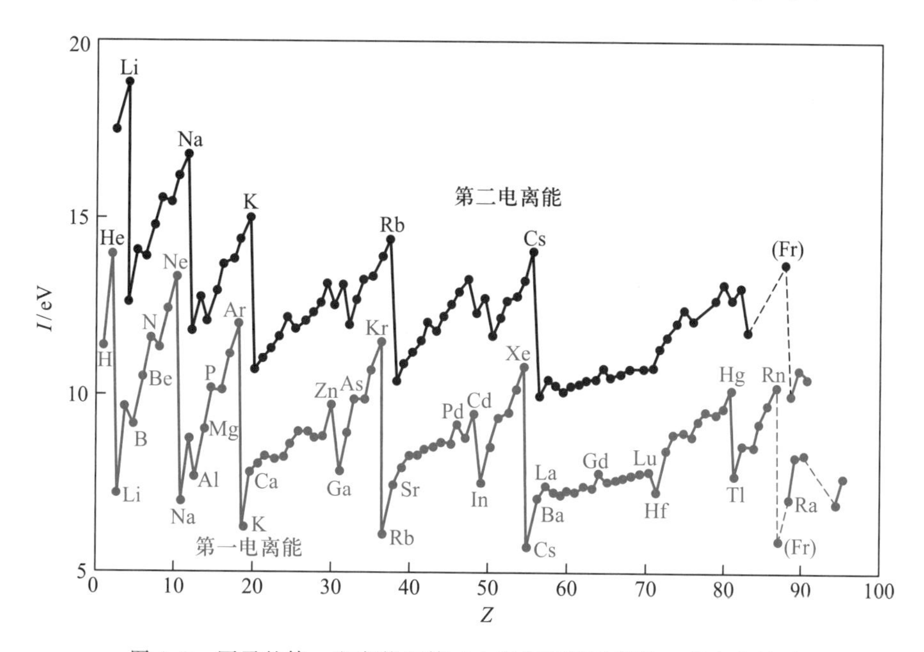

图 1.2 原子的第一电离能和第二电离能随原子序数 Z 的变化关系

由图 1.2 中的 I_1-Z 曲线可见：

① He 和稀有气体的电离能处于各周期元素的极大值，而碱金属元素的电离能处于极小值。这是由于 He 和稀有气体的原子形成全满电子层，从全满电子层上移走一个电子是很困难的。碱金属的原子有一个电子在全满电子层之外，很易失去。但若再移走第二个电子就困难了，所以碱金属容易形成 M^+。碱土金属元素的 I_1 比碱金属元素的稍大一些，I_2 仍比较小，因此碱土金属较易形成 M^{2+}。

② 除过渡金属元素外，同一周期元素的 I_1 从总的趋势上是随着原子序数的增加而增加，如 H→He、Li→Ne、Na→Ar、K→Kr 等。而同一族元素随原子序数的增加，I_1 趋于减小，因此元素周期表左下角的碱金属元素的 I_1 最小，最容易丢失电子形成阳离子，金属性最强。元素周期表右上角的稀有气体元素的 I_1 最大，最不易丢失电子。

③ 过渡金属元素的 I_1 不甚规则地随原子序数增加而增大。对于同一周期的元素，最外层 ns^2 相同，当原子核增加一个正电荷，在 $(n-1)$d 或 $(n-2)$f 轨道增加一个电子，这个电子大部分处在 ns 壳层之内，故随核电荷增加，有效核电荷增加不多，因此，I_1 随原子序数的增加仅稍有增大。

④ 同一周期中，I_1 有曲折和反常的变化。如由 Li→Ne 并非单调上升，其中的 Be、N、Ne

的 I_1 都较相邻元素的高，这是由于能量相同的轨道电子填充出现半满、全满等稳定结构，这些原子的电离将破坏原来的稳定构型，需要消耗更多能量。

由图 1.2 中的 I_2-Z 曲线可见：

① I_2总是大于 I_1，所以 I_2-Z 曲线在 I_1-Z 曲线的上方，曲线形状相似，但峰值向 Z 增大一个单位的方向移动。

② 碱金属元素的 I_2 具有极大值，即 Li^+、Na^+、K^+、Rb^+、Cs^+分别和 He、Ne、Ar、Kr、Xe 为等电子体，具有完整的闭壳层电子组态，而且这些离子比中性稀有气体原子有更多的有效核电荷，可以吸引住电子，使外层电子束缚更紧。在一般化学反应条件下，碱金属不可能变成 M^{2+}。

③ 碱土金属 Be、Mg、Ca、Sr、Ba 在 I_2-Z 曲线上处于极小值，容易电离成 M^{2+}。

可以预见，在 I_3-Z 曲线上碱土金属将处于极大值，不能形成 M^{3+}。

1.2.3　电子亲和能

气态原子 A 获得一个电子成为负一价气态 A^-所放出的能量称为该原子的第一电子亲和能，同理也有第二电子亲和能：

$$A(g) + e^- \longrightarrow A^-(g) \qquad EA_1 = E(A) - E(A^-)$$

$$A^-(g) + e^- \longrightarrow A^{2-}(g) \qquad EA_2 = E(A^-) - E(A^{2-})$$

显然电子亲和能规定的正、负号与热化学规定恰好相反。由于负离子的有效核电荷较原子的少，所以电子亲和能的绝对数值一般约比电离能小一个数量级，个别原子的电子亲和能可能表现为负值，当电子进入一个原子的壳层后受到有效核电荷吸引所放出的能量小于增加的电子间的排斥能时就会出现这种情况。尽管 O 和 S 等原子的第二电子亲和能总为负值，但通常在氧化物和硫化物中氧和硫总是以 O^{2-}和 S^{2-}的状态存在，这是由于氧化物和硫化物有大的晶格能，在形成晶体时放出的能量足以补偿在形成 O^{2-}和 S^{2-}时所需要的能量。

原子所得电子将填入能量最低的未占据轨道，理论上讲，电子亲和能也可以通过量子化学计算方法求得，但因电子亲和能本身是一个较小的数值，所以无论实验测定值，还是理论计算值，其可靠性都较差。

表 1.7 列出部分主族元素的电子亲和能。表中除 N 的电子亲和能外，其余所有负的第一电子亲和能都是理论计算所得（加括号以示与实测值区别）。

1.2.4　电负性

1. 电负性的概念与标度

电负性 χ 表示原子形成阴、阳离子的倾向或化合物中原子对成键电子吸引能力的相对大小。

电负性是判断金属性的重要参数，金属元素的电负性较小，非金属的电负性较大，$\chi = 2$ 可作为近似标志金属和非金属的分界点。

表 1.7 部分主族元素的电子亲和能 单位:eV

H 0.7542							He (-0.5)
Li 0.6180	Be (-0.5)	B 0.277	C 1.2629	N -0.07	O 1.4611 -8.75*	F 3.399	Ne (-1.2)
Na 0.5479	Mg (-0.4)	Al 0.441	Si 1.385	P 0.7465	S 2.0771 -5.51	Cl 3.617	Ar (-1.0)
K 0.5015	Ca (-0.3)	Ga 0.30	Ge 1.2	As 0.81	Se 2.0207	Br 3.365	Kr (-1.0)
Rb 0.4859	Sr (-0.3)	In 0.3	Sn 1.2	Sb 1.07	Te 1.9708	I 3.0591	Xe (-0.8)
Cs 0.4716	Ba (-0.3)	Tl 0.2	Pb 1.364	Bi 0.946	Po 1.8	At 2.8	Rn (-0.7)

* 不同文献中 O 的第二电子亲和能相差较大,另有-9.31 eV 和-6.62 eV 等不同数值。

电负性数据是研究化合物中键型变异的重要参数。电负性相差大的元素之间的化合物以离子键为主;电负性相同或相近的非金属元素相互间以共价键结合;电负性相同或相近的金属元素相互间以金属键结合,形成金属或合金。离子键、共价键和金属键是三种极限键型,它们之间有一系列的过渡性的化学键。

对电负性有多种不同的定义方法,其定量标度各不相同。

(1) Pauling 电负性χ_P

Pauling 认为,若 A 和 B 两个原子电负性相同,形成典型的共价键,则 A—B 键的键能应等于 A—A 键和 B—B 键键能的几何平均值。大多数 A—B 键的实测键能均超过此值,其原因是 A 和 B 原子的电负性不相等,使 A—B 键具有一定离子性成分。因此,Pauling 将 A 和 B 原子的电负性差定义为

$$|\chi_A - \chi_B| = 0.102\Delta^{1/2}$$

式中 $\Delta=E_{AB}-(E_{AA}\cdot E_{BB})^{1/2}$,$E_{AB}$表示 A—B 键的键能。Pauling 指定 F 的电负性为 3.98,其他元素的 Pauling 电负性χ_P便可由热力学数据计算出来。

(2) Mulliken 电负性χ_M

Mulliken 认为,比较原子电负性的大小应综合考虑原子吸引电子的能力和抵抗丢失电子的能力,前者与电子亲和能成正比,后者与电离能成正比。因此,Mulliken 对电负性的定义为

$$\chi_M = (A + I)/2$$

为了和 Pauling 电负性比较，Mulliken 总结出如下关系式：

$$\chi_{P} = 0.336\chi_{M} - 0.207 = 0.168(A + I - 1.23)$$

或

$$\chi_{P} = 1.35\chi_{M}^{1/2} - 1.37$$

(3) Allred 和 Rochow 电负性 χ_{AR}

Allred 和 Rochow 定义电负性为原子核对价电子施加的静电吸引力，可按下式计算：

$$\chi_{AR} = 3590Z^{*}/r^{2} + 0.744$$

式中 Z^{*} 为有效核电荷，r 为原子半径(pm)。

(4) Allen 电负性 χ_{A}

1989 年，Allen 根据光谱数据，以基态自由原子价层电子的平均单电子能量为基础获得主族元素的电负性：

$$\chi_{A} = 0.169\frac{mE_{p} + nE_{s}}{m + n}$$

式中 m 和 n 分别为 p 轨道和 s 轨道上的电子数，E_{p} 和 E_{s} 分别为 p 轨道和 s 轨道上的电子平均能量。

表 1.8 列出部分元素的电负性值。不过在现在流行的教科书和文献中使用的基本上都是 Pauling 电负性值。

2. 电负性的影响因素与变化规律

电负性表示了原子在分子中吸引电子的能力，并非单独原子的性质。那么，原子上所带的电荷、原子在成键时采用的杂化形式，以及原子周围其他环境都会对电负性有不同程度的影响。

(1) 原子的杂化状态对电负性的影响

杂化轨道中 s 成分越多，原子的电负性也就越大。例如，碳原子和氮原子在 sp^3、sp^2 和 sp 杂化轨道中 s 成分分别为 25%、33%、50%，相应的电负性分别为 2.48、2.75、3.29 和 3.08、3.94、4.67。这是因为 s 电子的钻穿效应比较强，s 轨道的能量比较低，有较大的吸引电子的能力。

一般取碳的电负性为 2.55，氮的电负性为 3.04，分别相当于 sp^3 杂化轨道的电负性。当为 sp 杂化时，碳的电负性接近于氧的电负性(3.44)，氮的电负性甚至比氟的电负性(3.98)还要大。

(2) 键联原子的诱导作用对电负性的影响

一个原子的电负性可以因为受周围原子诱导作用的影响而发生变化。例如，CH_3I 中碳的电负性就小于 CF_3I 中碳的电负性。其原因在于，F 的电负性(3.98)远大于 H 的电负性(2.20)，在 F 的诱导作用下，CF_3I 中碳的电负性增加，甚至超过了碘的电负性(2.66)。结果使得在两种化合物中 C—I 键的极性有着完全相反的方向：在 CH_3I 中碳带正电荷，而在 CF_3I 中碳带负电荷，如图 1.3 所示。

表 1.8 部分元素的电负性值*

H 2.20 2.30 2.20							He — 4.16 3.20		
Li 0.98 0.91 0.97	Be 1.57 1.58 1.47	B 2.04 2.05 2.01	C 2.55 2.54 2.50	N 3.04 3.07 3.07	O 3.44 3.61 3.50	F 3.98 4.19 4.10	Ne — 4.79 5.1		
Na 0.93 0.87 1.03	Mg 1.31 1.29 1.23	Al 1.61 1.61 1.47	Si 1.90 1.92 1.74	P 2.19 2.25 2.06	S 2.58 2.59 2.44	Cl 3.16 2.87 2.83	Ar — 3.24 3.3		
K 0.82 0.73 0.91	Ca 1.00 1.03 1.04	Ga 1.81 1.76 1.82	Ge 2.01 1.99 2.02	As 2.18 2.21 2.20	Se 2.55 2.42 2.48	Br 2.96 2.69 2.74	Kr — 2.97 3.1		
Rb 0.82 0.71 0.89	Sr 0.95 0.96 0.97	In 1.78 1.66 1.49	Sn 1.96 1.82 1.72	Sb 2.05 1.98 1.82	Te 2.10 2.16 2.01	I 2.66 2.36 2.21	Xe — 2.58 2.4		
Sc 1.36 1.15 1.20	Ti 1.54 1.28 1.32	V 1.63 1.42 1.45	Cr 1.66 1.57 1.56	Mn 1.55 1.74 1.60	Fe 1.83 1.79 1.64	Co 1.88 1.82 1.70	Ni 1.91 1.80 1.75	Cu 1.90 1.74 1.75	Zn 1.65 1.60 1.66

* 元素符号下面第一个数据为χ_P，第二个数据为χ_M，第三个数据为χ_{AR}。

考虑到如上述CH_3和CF_3基团的中心原子受其他原子影响而改变了电负性的值，Whitmshurst 等提出了基团电负性的概念，一个特定的基团有一个特定的电负性值（见表 1.9）。

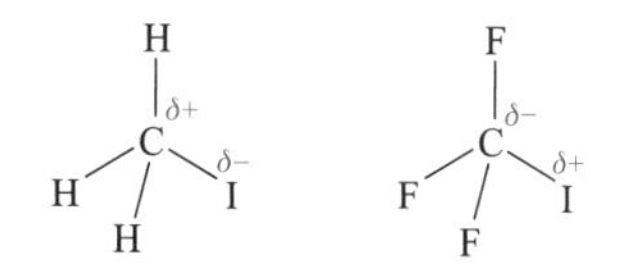

图 1.3 键联原子的诱导作用

表 1.9 一些常见基团的电负性值（Pauling 标度）

基团	CH_3	CH_3CH_2	C_6H_5	$N(CH_3)_2$	NH_2	CI_3	CBr_3	CCl_3
χ	2.30	2.32	2.58	2.61	2.78	2.96	3.10	3.19
基团	CF_3	COOH	OH	$COOCH_3$	CN	NF_2	NO_2	
χ	3.32	3.36	3.42	3.50	3.76	3.78	4.32	

(3) 原子所带电荷对电负性的影响

原子所带电荷对电负性的影响可以通过中性原子的电负性加修正项计算：

$$\chi = a + b\delta$$

式中 δ 为分子中原子所带的部分电荷（中性原子的 $\delta=0$），a 表示中性原子的电负性，b 称为电荷参数，表示电负性随电荷而改变的变化率。大的、易极化的原子的 b 值较小，小的、难以极化的原子的 b 值较大。

(4) 电负性的周期性变化规律

电负性在元素周期表中有一定的递变规律，同一周期的元素的电负性从左向右随着族数的增加而增加。同一族的元素的电负性随着周期的增加而减小。因此，电负性大的元素集中在元素周期表的右上角，电负性小的元素在元素周期表的左下角。稀有气体在同一周期中电负性最高，这是因为它们具有极强的保持电子的能力，即 I_1 特别大。例如，Xe 比 F、O 的电负性小，可以形成氟化物和氧化物；Xe 和 C 的电负性相近，可以形成共价键，这些已被实验所证实。

第四周期的 Ga 和 Ge 的电负性比第三周期的 Al 和 Si 的电负性大，这可用前面介绍原子半径时提到过的“钪系收缩”来解释。

1.3　共价键理论概述

对一个包含 q 个原子核和 N 个电子的多电子分子体系，在与式(1.6)同样的近似条件下，Schrödinger 方程为

$$\Big(\underbrace{-\frac{h^2}{8\pi^2 m}\sum_i \nabla_i^2}_{\text{电子动能项}}\underbrace{-\sum_i\sum_a \frac{Z_a e^2}{4\pi\varepsilon_0 r_{ia}}}_{\text{电子-核吸引项}}+\underbrace{\sum_{i<j}\sum \frac{e^2}{4\pi\varepsilon_0 r_{ij}}}_{\text{电子-电子排斥项}}+\underbrace{\sum_{a<b}\sum \frac{Z_a Z_b e^2}{4\pi\varepsilon_0 R_{ab}}}_{\text{核-核排斥项}}\Big)\psi(1,2,\cdots,N) = E\psi(1,2,\cdots,N) \tag{1.22}$$

式中下标 a、b 为原子核的标号，R_{ab} 为原子核 a 和 b 之间的距离，其余各项符号与式(1.6)相同。

式(1.22)的求解在数学上遇到了困难，即使是 H_2 这样简单的体系也无法得到精确解，而一般的分子都比 H_2 复杂得多，所以就更不能精确求解。因而人们总是根据研究的具体对象及采用的物理模型对式(1.22)进行简化而求得近似解。

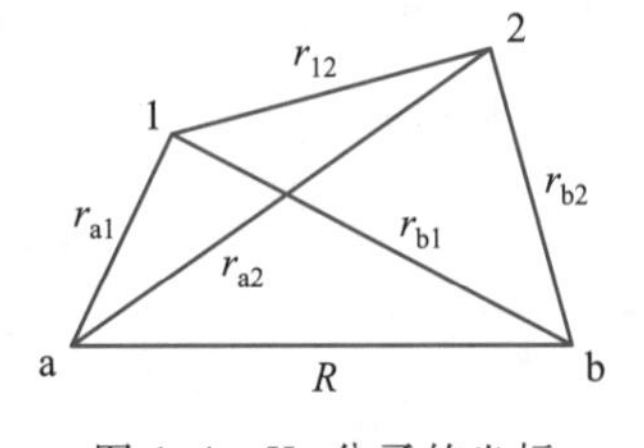

图 1.4　H_2 分子的坐标

对于 H_2 分子，其坐标关系如图 1.4 所示，按式(1.22)展开可得

$$\left[-\frac{h^2}{8\pi^2 m}(\nabla_1^2+\nabla_2^2)-\frac{e^2}{4\pi\varepsilon_0}\left(\frac{1}{r_{a1}}+\frac{1}{r_{a2}}+\frac{1}{r_{b1}}+\frac{1}{r_{b2}}-\frac{1}{r_{12}}-\frac{1}{R}\right)\right]\psi(1,2) = E\psi(1,2) \tag{1.23}$$

在求解此方程时,按照数学处理方法的近似性而推广发展成为三个基本的理论:价键理论(VB)、分子轨道理论(MO)和配位场理论(LF)。

分子轨道理论和价键理论都是用数学上的变分法来解此方程的,但这两种方法的最大差别在于所选变分函数不同。分子轨道理论以轨道近似为基础,采用体系的单电子近似波函数作为变分函数,而价键理论则是以体系的总的近似空间波函数作为变分函数。

1.3.1 H_2分子的分子轨道法处理

1. 轨道近似

与讨论多电子原子结构时所采用的轨道近似的方法类似,分子轨道法也采用轨道近似,即把分子中每个电子的运动看作在所有原子核及其余电子组成的平均势场中独立的运动,因而可用单电子波函数 ψ_i 来描述其第 i 个电子的运动状态,在不忽略电子间相互作用的情况下就可将式(1.23)拆分成两个单电子的 Schrödinger 方程:

$$\left[-\frac{h^2}{8\pi^2 m}\nabla_1^2 - \frac{e^2}{4\pi\varepsilon_0}\left(\frac{1}{r_{\mathrm{a1}}} + \frac{1}{r_{\mathrm{b1}}} - \frac{1}{2r_{1\,\mathrm{av}}} - \frac{1}{2R}\right)\right]\psi_1 = E_1\psi_1 \tag{1.24}$$

$$\left[-\frac{h^2}{8\pi^2 m}\nabla_2^2 - \frac{e^2}{4\pi\varepsilon_0}\left(\frac{1}{r_{\mathrm{a2}}} + \frac{1}{r_{\mathrm{b2}}} - \frac{1}{2r_{2\,\mathrm{av}}} - \frac{1}{2R}\right)\right]\psi_2 = E_2\psi_2 \tag{1.25}$$

式中 $e^2/r_{i\,\mathrm{av}}$ 为电子间的平均排斥能,乘以 1/2 是因为拆分时对同一作用重复计算了一次。因此,对每一个电子来说,有

$$\hat{H}\psi = E\psi \tag{1.26}$$

式中 $\hat{H}$ 代表式(1.24)或式(1.25)方括号中的表达式,称为单电子 Hamilton(哈密顿)算符。

通过上述近似处理,就将求解 H_2 分子的 Schrödinger 方程的问题化成求解单电子分子 Schrödinger 方程的问题了。

2. 变分法处理

在实际中并不直接求解式(1.26),而是采用变分法解决问题,即先选择试探函数(变分函数)代入变分积分公式来计算近似能量 E:

$$E = \frac{\int \phi^* \hat{H}\phi \mathrm{d}\tau}{\int \phi^* \phi \mathrm{d}\tau} \tag{1.27}$$

通过调节变分函数中的参量使能量取极小值,此时 $E_{极小}$ 对应的 ϕ 就可以认为是最接近式(1.26)的真实解 ψ。因为 H_2分子是由 H_a原子和 H_b原子组成,所以不妨选择两个 H 原子的 1s 轨道 ϕ_a 和 ϕ_b 的线性组合为变分函数:

$$\phi = c_a\phi_a + c_b\phi_b \tag{1.28}$$

将式(1.28)代入式(1.27)可得

$$E_1 = \frac{\alpha + \beta}{1 + S_{ab}} \tag{1.29a}$$

$$\psi_1 = \sqrt{1/(2 + 2S_{ab})}\,(\phi_a + \phi_b) \tag{1.29b}$$

$$E_2 = \frac{\alpha - \beta}{1 - S_{ab}} \tag{1.30a}$$

$$\psi_2 = \sqrt{1/(2 - 2S_{ab})}\,(\phi_a - \phi_b) \tag{1.30b}$$

式中 S_{ab}，α，β 分别称为重叠积分、库仑积分和交换积分。

$$S_{ab} = \int \phi_a \phi_b \mathrm{d}\tau \tag{1.31}$$

S_{ab} 的大小与核间距 R 呈单调减函数关系，当 $R=0$ 时，$S_{ab}=1$；当 $R=\propto$ 时，$S_{ab}=0$；R 为适当值时，S_{ab} 为一较小的正值。

$$\begin{aligned}\alpha &= \int \phi_a \hat{H} \phi_a \mathrm{d}\tau = \int \phi_a \left[-\frac{h^2}{8\pi^2 m}\nabla^2 - \frac{e^2}{4\pi\varepsilon_0}\left(\frac{1}{r_a} + \frac{1}{r_b} - \frac{1}{2r_{av}} - \frac{1}{2R}\right) \right] \phi_a \mathrm{d}\tau \\ &= \int \phi_a \left[-\frac{h^2}{8\pi^2 m}\nabla^2 - \frac{e^2}{4\pi\varepsilon_0 r_a} \right] \phi_a \mathrm{d}\tau + \int \phi_a \frac{e^2}{4\pi\varepsilon_0}\left(-\frac{1}{r_b} + \frac{1}{2r_{av}} + \frac{1}{2R} \right) \phi_a \mathrm{d}\tau \end{aligned} \tag{1.32}$$

式中第一个积分恰好就是孤立 H 原子的 ϕ_a 轨道上电子的能量 E_a，第二个积分内各项抵消后也较小，作为近似，可将其略去。因此，近似地可以将 α 看作 ϕ_a 轨道上的电子的能量，数值上近似等于 ϕ_a 轨道上电子电离能的负值。

$$\begin{aligned}\beta &= \int \phi_a \left[-\frac{h^2}{8\pi^2 m}\nabla^2 - \frac{e^2}{4\pi\varepsilon_0}\left(\frac{1}{r_a} + \frac{1}{r_b} - \frac{1}{2r_{av}} - \frac{1}{2R}\right) \right] \phi_b \mathrm{d}\tau \\ &= \int \phi_a \left(-\frac{h^2}{8\pi^2 m}\nabla^2 - \frac{e^2}{4\pi\varepsilon_0 r_b} \right) \phi_b \mathrm{d}\tau + \int \phi_a \frac{e^2}{4\pi\varepsilon_0}\left(-\frac{1}{r_a} + \frac{1}{2r_{av}} + \frac{1}{2R} \right) \phi_b \mathrm{d}\tau \end{aligned} \tag{1.33}$$

式中第一个积分等于 $E_b \cdot S_{ab}$，在正常成键范围内第二个积分内各项抵消后为一较小的负值。因此，β 显然为负值，它在降低体系能量方面起着重要作用。

将 α、β、S_{ab} 代入式(1.29a)和式(1.30a)，可得出 $E_1 < \alpha < E_2$ 的次序，这表明当电子处在 H_2 分子中单电子波函数 ψ_1 状态时，其能量要比它处在 H 原子轨道 ϕ_a 上低，故 ψ_1 称为成键分子轨道（ϕ_a 与 ϕ_b 的组合系数 c_a 与 c_b 同号）。当电子处在 H_2 分子中单电子波函数 ψ_2 状态时，其能量要比它处在 H 原子轨道 ϕ_a 上高，故 ψ_2 称为反键分子轨道（ϕ_a 与 ϕ_b 的组合系数 c_a 与 c_b 异号）。

3. 共价键的本质

作为粗略近似，略去能量表达式中的 S_{ab}，则有

$$E_1 = \alpha + \beta$$

$$E_2 = \alpha - \beta$$

当两个电子以自旋反平行的方式填充到 ψ_1 轨道上时，其能量降低值为

$$\Delta E = 2E_{\mathrm{H}} - 2E_1 = 2\alpha - 2(\alpha + \beta) = -2\beta$$

显然,ΔE 即为 H_2 分子的键能,实验测得 $\Delta E = 432\ \mathrm{kJ \cdot mol^{-1}}$,由此可得 $\beta = -216\ \mathrm{kJ \cdot mol^{-1}}$。当两个电子以自旋平行的方式填充到 ψ_1 和 ψ_2 轨道上时,$\Delta E = 0$,这是一种不稳定状态,不能有效成键。

通过描绘 ψ_1^2 和 ψ_2^2 的等值图(等概率密度图)发现,ψ_1 的成键作用实质是将分子两端原子外侧的电子抽调到两个原子核之间,增加了核间区域的电子云,尽管这种变化会增加电子间的排斥作用,但同时受到两个原子核的吸引所增加的吸引位能大大超过了增加的排斥能。因此,共价键的本质就是核间的电子云把两个原子核结合在一起。

1.3.2 H_2 分子的价键法处理

1927 年,W. Heitler 和 F. London 首先用变分法来求式(1.23)的解,但与分子轨道法不同的是,此处并不采用轨道近似将方程拆分。变分函数的选择以分子体系总的空间波函数为参考,因为电子不可区分,假定两个 H 原子远离无相互作用时,两种极端状态是电子 1 属 a 核,电子 2 属 b 核,或电子 1 属 b 核,电子 2 属 a 核。即

$$\psi_1(1,2) = \phi_{\mathrm{a}}(1)\phi_{\mathrm{b}}(2)$$
$$\psi_2(1,2) = \phi_{\mathrm{a}}(2)\phi_{\mathrm{b}}(1)$$

事实上 ψ_1 和 ψ_2 都是描述分子中电子运动的可能状态,且 ψ_1 和 ψ_2 又都满足状态函数的一般条件,所以根据态叠加原理不妨选择这两种极端状态的线性组合为变分函数:

$$\phi(1,2) = c_1\psi_1 + c_2\psi_2 = c_1\phi_{\mathrm{a}}(1)\phi_{\mathrm{b}}(2) + c_2\phi_{\mathrm{a}}(2)\phi_{\mathrm{b}}(1) \tag{1.34}$$

将此式代入变分积分公式(1.27),通过与前述分子轨道法类似的方法可求得两个近似波函数 ψ_{s} 和 ψ_{A},以及它们对应的能量 E_{s} 和 E_{A}:

$$E_{\mathrm{s}} = \frac{H_{11} + H_{12}}{1 + S_{12}} \tag{1.35a}$$

$$\psi_{\mathrm{s}} = \sqrt{1/(2 + 2S_{12})}\,[\phi_{\mathrm{a}}(1)\phi_{\mathrm{b}}(2) + \phi_{\mathrm{a}}(2)\phi_{\mathrm{b}}(1)] \tag{1.35b}$$

$$E_{\mathrm{A}} = \frac{H_{11} - H_{12}}{1 - S_{12}} \tag{1.36a}$$

$$\psi_{\mathrm{A}} = \sqrt{1/(2 - 2S_{12})}\,[\phi_{\mathrm{a}}(1)\phi_{\mathrm{b}}(2) - \phi_{\mathrm{a}}(2)\phi_{\mathrm{b}}(1)] \tag{1.36b}$$

通过具体计算 H_{11}、H_{12} 和 S_{12} 等积分,发现 ψ_{s} 态对应的能量 E_{s} 比两个无相互作用的 H 原子的能量($2E_{\mathrm{H}}$)要低,而 E_{A} 则比 $2E_{\mathrm{H}}$ 要高。E_{s} 在随 R 变化的势能曲线上有一最低点,此点对应的 R 即为平衡核间距。而 E_{A} 则随 R 的增大单调减小,势能曲线上无最低点。所以 ψ_{s} 描写的状态为吸引态(或称成键态、束缚态),ψ_{A} 描写的状态为推斥态。

$\psi_{\mathrm{s}}(1,2)$ 和 $\psi_{\mathrm{A}}(1,2)$ 仅是体系状态函数的空间部分,按照 Pauli 不相容原理的要求,包含自旋的完全波函数 $\psi_{全}(1,2)$ 应是反对称函数。因为能量较低的空间波函数 ψ_{s} 对交换电子

1,2 的坐标是对称的,所以相应的自旋波函数χ_1必须是反对称的,它们的乘积为

$$\psi_{全}(1,2) = \psi_s \chi_1 = \psi_s \sqrt{1/2}\left[\alpha(1)\beta(2) - \alpha(2)\beta(1)\right] \tag{1.37}$$

由角动量理论推知,电子在这个态下的总自旋角动量量子数 $S=0$,这意味着两个电子必须是自旋反平行的。这就是 H_2光谱中的$^1\Sigma_g$态。

能量较高的 ψ_A对交换电子 1,2 的坐标是反对称的,相应的自旋波函数必须是对称的。包含两个电子体系的对称性自旋波函数有 3 个,即

$$\chi_2 = \alpha(1)\alpha(2)$$

$$\chi_3 = \beta(1)\beta(2)$$

$$\chi_4 = \sqrt{1/2}\left[\alpha(1)\beta(2) + \alpha(2)\beta(1)\right]$$

由角动量理论推知,这 3 个自旋波函数对应的$S=1$,意味着两个电子必须自旋平行。因为 E_A比 $2E_H$高,不能有效成键,即电子仍自旋平行地占据两个原子轨道 ϕ_a和 ϕ_b。

Heitler 和 London 处理 H_2分子问题的结果可简述如下:当两个氢原子由远处接近到较小距离时,原子间的相互作用与其电子自旋状态有密切的关系(图 1.5)。如果两个电子是自旋反平行的,那么在到达平衡距离之前原子间的相互作用是吸引的,即体系的能量随 R 的减小而迅速降低,在到达平衡距离后,则体系的能量随 R 的减小而迅速升高。因此,H_2分子可以振动于平衡距离的左右而稳定存在,此即为 H_2的基态。如果接近时两个电子是自旋平行的,那么原子间的作用永远是排斥的,因此不能形成稳定的分子,此即为 H_2的排斥态。

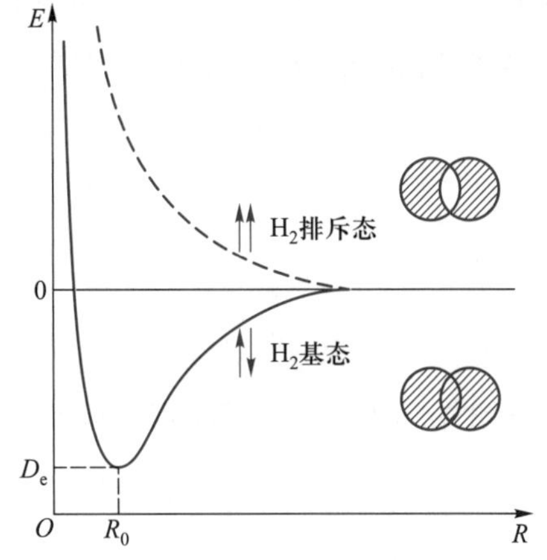

图 1.5　H_2 分子的形成能量与电子自旋状态的关系

1.3.3　价键理论和分子轨道理论要点

1. 价键理论

人们将 Heitler 和 London 用变分法处理 H_2分子问题所得结果简化推广发展为价键理论。

价键理论认为,电子主要定域在两个键联原子间运动。它的物理图像与化学家所熟知的价键概念完全一致,所以发展较早,特别是在 Pauling 引进杂化轨道概念后,价键理论在解决很多典型分子的成键、结构等方面取得了极大的成功。

需指出的是,虽然价键理论曾在一段时间内停滞不前,但近几十年来,价键理论又开始进入一个新的发展时期,价键理论的方法研究和应用研究已重新引起人们的重视,并获得了许多新的进展。当然,现代价键理论的含义已远不同于经典价键理论的含义了。

价键理论的基本要点可概述如下：

(1) 电子自旋反平行配对

由式(1.37)推知，电子自旋反平行配对是形成稳定化学键的必要条件，在原子中已经配对的电子便不再具有形成正常共价键的能力了，只能与有空轨道的原子形成配键。原子中未成对的电子数目是有限的，所以形成共价键的数目是有限的，此为共价键的饱和性。

(2) 轨道最大重叠

通过详细计算可知，能量表达式中的 S_{12} 随核间距 R 减小逐渐增大，且 $S_{12}=S_{ab}^2$，当 S_{12} 达到某一值时，E_s 最低，形成稳定的化学键。所以原子轨道间有较大重叠是形成共价键的另一必要条件。除 s 轨道外，其余所有原子轨道在空间的分布都有一定的方向性，因此，原子间只有在某些方向上相互接近才能保证有较大的有效重叠，此为共价键的方向性。

(3) 轨道杂化

原子轨道的杂化基于电子具有波动性，波可以相互叠加。轨道杂化理论认为中心原子和周围原子在成键时所用的轨道不是纯粹的原来价电子轨道(如 s 轨道、p 轨道)。而是若干能量相近的原子轨道经过叠加混合后，重新分配能量、调整空间方向以满足形成化学结合的需要，成为成键能力更强的新原子轨道。此过程称为原子轨道的杂化，所产生的新原子轨道称为杂化原子轨道，简称杂化轨道。

轨道杂化理论是价键理论的重要组成部分，它克服了电子配对法的不足，成功地解释或预测了很多分子的成键性质与几何构型。

2. 分子轨道理论

人们将在轨道近似基础上用变分法处理 H_2^+ 分子离子的结果简化推广发展为分子轨道理论。分子轨道理论认为，电子的运动范围遍布整个分子。对于多原子分子，ψ 是多中心离域的，这种物理图像与化学家所熟知的概念不一致，因此发展较晚。后来，价键理论在解释某些双原子分子如 O_2、B_2、NO 等和某些多原子分子如 NO_2、O_3、BF_3、B_2F_6、XeF_2 及有机共轭分子时遇到了困难，分子轨道理论才迅速地发展起来。随着量子化学理论和计算技术的发展，出现了多种基于自洽场模型基础之上的分子轨道近似方法和从头计算法，这些方法已成为获得键参数及分子其他性质的重要理论手段。

分子轨道理论可概述如下：

(1) 分子轨道通过轨道近似法由相应的原子轨道线性组合而产生

将式(1.23)拆分成式(1.24)和式(1.25)时曾假设两电子是独立运动的。推广到一般情况则是分子中的每个电子都在所有原子核和其余电子组成的平均势场中独立地运动着。电子的运动状态可以用单电子空间波函数 ψ 来描写，此单电子空间波函数 ψ 就称为分子轨道。

在求解式(1.26)时，曾采用原子轨道 ϕ_a 和 ϕ_b 的线性组合作为变分函数逼近分子轨道 ψ。推广到一般情况则是分子轨道 ψ 可以近似地用原子轨道 ϕ_i 的线性组合来表示，即

$$\psi_j = \sum_{i=1}^{n} c_{ji}^2 \phi_i \tag{1.38}$$

组合系数的平方 c_{ji}^2 反映了原子轨道 ϕ_i 在分子轨道 ψ_j 中的贡献。分子轨道的构造实际上就是确定组合系数 c_{ji} 的问题,分子中的电荷分布、键级等性质都是通过 c_{ji} 来计算的。

(2) 成键三原则

为了有效地组成分子轨道,参与组成分子轨道的原子轨道必须满足能量相近、对称性匹配和最大重叠原则,说明如下:

若 a、b 两个原子分别提供一条原子轨道 ϕ_a 与 ϕ_b 参与线性组合,且 ϕ_a 与 ϕ_b 对应的能量 $E_a(\alpha_a)$ 与 $E_b(\alpha_b)$ 不同,若 $\alpha_a < \alpha_b$,当组成分子轨道时:

$$\psi = c_a\phi_a + c_b\phi_b \tag{1.39}$$

将式(1.39)代入变分积分公式,经过运算整理后得到久期方程式:

$$\begin{cases}(\alpha_a - E)c_a + (\beta - ES_{ab})c_b = 0 \\ (\beta - ES_{ab})c_a + (\alpha_b - E)c_b = 0\end{cases} \tag{1.40}$$

从对应的久期行列式中解出两个能量值:

$$E_{1,2} = \frac{(\alpha_a + \alpha_b - 2\beta S_{ab}) \mp [(\alpha_a - \alpha_b - 2\beta S_{ab})^2 - 4(1 - S_{ab}^2)(\alpha_a\alpha_b - \beta^2)]^{1/2}}{2 - (1 - S_{ab}^2)} \tag{1.41}$$

由于在分子中重叠积分 S_{ab} 的数值较小,一般不超过 0.3,所以在式(1.41)中略去后(即假定 $S_{ab}=0$)不会影响定性结论,这时式(1.41)可以简化为

$$\begin{aligned}E_1 &= \alpha_a - h \\ E_2 &= \alpha_b + h\end{aligned} \tag{1.42}$$

式中 $h = [\sqrt{(\alpha_b - \alpha_a)^2 + 4\beta^2} - (\alpha_b - \alpha_a)]/2 \geqslant 0$。

显然,E_1 为成键分子轨道,E_2 为反键分子轨道。h 的大小可作为成键效应强弱的度量,h 越大,成键效应越强。

将 E_1,E_2 的表达式分别代入久期方程式(1.40)可求出:

$$\begin{aligned}(c_b/c_a)_1 &= -(c_a/c_b)_2 = -h/\beta = k \\ \psi_1 &= N_1(\phi_a + k\phi_b) \\ \psi_2 &= N_2(k\phi_a - \phi_b)\end{aligned} \tag{1.43}$$

式中 N_1、N_2 为归一化常数。成键轨道为同位相结合,无节面。反键轨道为反位相结合,存在节面。

由式(1.42)和图 1.6 示出的成键与反键轨道能级图即可导出有效组成分子轨道的三个条件。

① 能量相近　若 $\alpha_b - \alpha_a \gg |\beta|$,则有 $h \approx 0$,进而推得

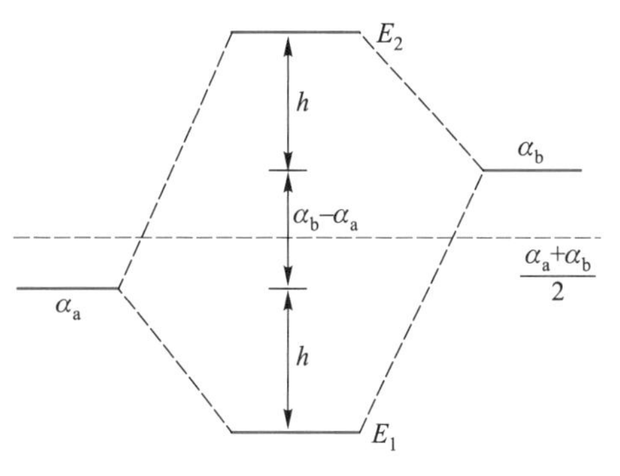

图 1.6 成键与反键轨道能级图

$$E_1 \approx \alpha_a \qquad \psi_1 \approx \phi_a$$

$$E_2 \approx \alpha_b \qquad \psi_2 \approx \phi_b$$

即分子轨道 ψ_1 和 ψ_2 还原为原子轨道 ϕ_a 和 ϕ_b，不能有效组成分子轨道。

当 $\alpha_a = \alpha_b$ 时，$h = |\beta|$，其值最大，成键效应最强。

② 最大重叠　在给定 α_a 和 α_b 时，只有使重叠积分 S_{ab} 越大才能使 $|\beta|$ 越大（因 $\beta \approx \alpha S_{ab}$），进而使 h 越大。

③ 对称性匹配　原子轨道 ϕ_a 和 ϕ_b 对应分子轴 AB 应有相同的对称性，以保证 $\beta \neq 0$，从而使 $h \neq 0$。凡使 $\beta = 0$（或 $S_{ab} = 0$）的 ϕ_a 和 ϕ_b，均不能组成分子轨道，称为对称性禁阻；否则，为对称性允许。

考虑到 A 原子的 s、p、d 九条轨道与 B 原子的 s、p、d 九条轨道两两组合成分子轨道，可有 $9\times8/2+9=45$ 种组合方式。但由于受到对称性匹配条件的限制，其中有 31 种是对称性禁阻的（对称性禁阻指不同对称性不能有效组合），只有表 1.10 中的 14 种组合方式是对称性允许的。

表 1.10　原子轨道 ϕ_a 和 ϕ_b 对称性允许的组合[键轴 A—B 为 $C_2(z)$ 轴]

ϕ_a	ϕ_b	键型	组合方式数	对称性* [键轴为 $C_2(z)$ 轴]
s、p_z、d_{z^2}	s、p_z、d_{z^2}	σ	6	S-S
p_x、d_{xz}	p_x、d_{xz}	π	3	A-A
p_y、d_{yz}	p_y、d_{yz}	π	3	A-A
d_{xy}	d_{xy}	δ	1	S-S
$d_{x^2-y^2}$	$d_{x^2-y^2}$	δ	1	S-S

* 对称者记为 S(symmetry)，反对称者记为 A(antisymmetry)。

所以在成键三原则中，对称性匹配条件是首要的，它决定这些原子轨道是否能组合成分子轨道。能量相近和最大重叠两个条件只影响组合效率。

(3) 电子排布原理

分子轨道 ψ_i 对应的能量 E_i 近似等于处于该分子轨道上的电子电离能的负值（Koopmans 定理）。分子中的电子按能量最低原理、Pauli 不相容原理和 Hund 规则的要求排布在诸分子轨道上。

上述三条要点中，第一条和第三条实际上就是原子轨道概念和原子结构的构造原理的自然推广。第二条是线性变分法求解式(1.33)时选择变分函数的一种方案。目前已发展起来的各种量子化学计算方法都证明这是一种好的近似。

(4) 分子轨道理论的应用

① 应根据具体情况选择分子轨道符号的表示方式。例如，对于 O_2，既可以用

$(\sigma_{2s})^2(\sigma_{2s}^*)^2(\sigma_{2p_z})^2(\pi_{2p})^4(\pi_{2p}^*)^2$来表示，也可以用$(2\sigma_g)^2(2\sigma_u)^2(3\sigma_g)^2(1\pi_u)^4(1\pi_g)^2$来表示。前者清楚地反映了分子轨道的来源和性质，后者则反映了分子轨道的对称性。对于像B_2、C_2、N_2等发生 s-p 混杂使部分能级倒置的双原子分子来说，σ 型轨道中既含有 s 轨道的成分，又含有 p 轨道的成分（轨道能级图中 σ 型轨道与 s、p 轨道均关联），此时，第一种表示方式就不合适，而应选用第二种表示方式。

② 较低能级的原子轨道对成键分子轨道有较大贡献，较高能级的原子轨道对反键分子轨道有较大贡献。即成键分子轨道中较低能级原子轨道的组合系数较大，反键分子轨道中较高能级原子轨道的组合系数较大。熟记这一点对理解分子轨道能级图非常有用。

③ 反键分子轨道并不一定总是处于排斥状态，有时反键分子轨道和其他轨道相互重叠，使轨道性质发生改变，体系的能量降低，甚至形成化学键。在后面讨论多原子分子化学键的性质时，将会经常遇到反键分子轨道作用的问题。

④ 分子轨道对应的能量可用光电子能谱实验测得，根据能谱峰的形状和有关数据可方便地确定分子轨道的成键、非键、反键等特征。该方法的原理是，用高频紫外光（能量为 $h\nu$）照射样品并使其电离（电离能为 I），然后测定光电子的动能 E_k，三者之间有如下关系：

$$I = h\nu - E_k \tag{1.44}$$

电离能的负值近似等于该电子所处分子轨道的能量。

1.4　键参数与分子构型

1.4.1　键参数

分子中决定键的性质如键长、键角、键能、键矩、键的振动力常数等物理量称为键参数。利用这些参数可以搭建分子空间构型和了解分子性质，所以键参数是讨论化学问题不可缺少的基本数据。部分键参数可以通过量子化学计算方法定量获得，更多的则是通过化学键理论给出定性估计，以及通过经验或半经验计算公式求得。Pauling 在这方面作出了卓越的贡献，他在《化学键的本质》一书中就相关内容做了大量的介绍和归纳总结，所给的经验公式大多数都与电负性相关联。

1. 共价键的键级

多重键可用键级的概念来表示。Coullson 定义净成键电子数的一半为键级。即

$$\text{键级 } P = \frac{\text{成键电子数}-\text{反键电子数}}{2} \tag{1.45}$$

E. Hückel 在处理共振分子时，定义 π 键键级 P_{rs} 为

$$P_{rs} = \sum_j n_j C_{jr} C_{js} \tag{1.46}$$

式中 n_j 为分子轨道 ψ_j 上的电子数,C_{jr}和 C_{js}分别为两个键联原子 r 和 s 的原子轨道的组合系数。

Mulliken 布居分析中,定义键联原子 r 和 s 之间的键级 P_{rs} 为

$$P_{rs} = \sum n_j C_{jr} C_{js} S_{rsj} \tag{1.47}$$

式中 S_{rsj} 为 ψ_j 中 r 和 s 的原子轨道间的重叠积分,其余符号的意义同上。目前大多数量子化学计算中常用此式定义键级。

2. 共价键的键长

(1) 键长的概念

分子中键联的任意两原子核间的平衡距离称为该化学键的键长。

(2) 影响键长的因素

① 电负性的影响　对于同核双原子分子,其键长就是两原子的共价半径之和。但是,在不同原子的异核化学键中,由于电负性的差异,电子在不同原子间会发生一定程度的转移,因而原子共价半径之和与键长会有偏离,两原子的电负性相差越大,键的极性越强,离子键成分越多,这种偏离就越大。

② 键级的影响　当原子间形成多重键时,键长会缩短。虽然键级与键长的数值之间并无直接的对应关系,但键级越大,键长越短,相应的键能越大确是成立的。例如,O_2^-、O_2和 O_2^+的键级分别为 1.5、2.0、2.5,键长分别为 126.00 pm、120.74 pm、112.27 pm,键能分别为 392.9 kJ · mol^{-1}、439.54 kJ · mol^{-1}、626 kJ · mol^{-1}。

上述比较只能在同系列分子之间进行,不同系列分子之间不能进行比较。

③ 杂化类型的影响　杂化类型不同,原子间的键长也会发生变化。一般来说,s-p 杂化中 s 成分越多,键能越大,键长越短。表 1.11 列出了不同碳氢化合物中 C 原子的杂化形式与 C—C 键键长(实验测定的平均值)及键能(计算值)的数据。

表 1.11　不同碳氢化合物中 C 原子的杂化形式与 C—C 键键长及键能

键型	C 原子的杂化形式	C—C 键键长/pm	C—C 键键能/(kJ · mol^{-1})
—C—C—	sp^3-sp^3	154	346.3
—C—C=	sp^3-sp^2	151	357.6
—C—C≡	sp^3-sp	146	382.5
=C—C=	sp^2-sp^2	146	383.2
=C—C≡	sp^2-sp	144	403.7
≡C—C≡	sp-sp	137	433.5

3. 共价键的键能与解离能

(1) 键能的概念

按照热化学观点,双原子分子 A—B 键的键能是指在 100 kPa 时,下列反应的热力学能的变化:

$$AB(g) \longrightarrow A(g) + B(g)$$

也即在标准状态下,气态分子解离为中性气态原子时所需要的能量。通常用 E_{A-B} 来表示 A—B 键的键能。A—B 键的键焓用 $\Delta_b H_m^{\ominus}$ 来表示。

(2) 解离能的概念

解离能是指标准状态下,断裂分子中的一条化学键所需要的能量,通常用符号 D 来表示。

对双原子分子来说,100 kPa 时的解离能 D_{298} 就是其键能 E_{A-B}。

对多原子分子来说,解离能与键能是有区别的。

其一,各级解离能并不完全相同。例如,CH_4 中 4 条 C—H 键的逐级解离能分别为 421.1 kJ · mol^{-1}、469.9 kJ · mol^{-1}、415.0 kJ · mol^{-1}、334.7 kJ · mol^{-1}。而 C—H 键的键能实际上是对各种分子中的各种 C—H 键键能数值统计平均后的值,取 415 kJ · mol^{-1}。

其二,当分子被拆成两部分,其中任意一部分内有键或电子发生重排引起能量变化时,解离能是各种能量效应的综合结果,并非仅代表键能。例如:

$$OCS(g) \longrightarrow CO(g) + S(g) \qquad D_{OC=S} = 310\ \text{kJ} \cdot \text{mol}^{-1}$$

$$OCS(g) \longrightarrow O(g) + CS(g) \qquad D_{O=CS} = 130\ \text{kJ} \cdot \text{mol}^{-1}$$

这两个解离能数据远比对应的键能 $E_{C=S}$(578 kJ · mol^{-1})和 $E_{C=O}$(708 kJ · mol^{-1})小得多,原因是反应物中的 C═O 和 C═S 双键在产物中转变成了 C≡O 和 C≡S 三键。

(3) 键能和解离能的相互推算

① 由解离能推算键能

例如,对于环状 S_8 分子:

$$S_8(g) \longrightarrow 8S(g)$$

总解离能等于 2130 kJ · mol^{-1},所以 S—S 键的键能 E_{S-S} = (2130/8) kJ · mol^{-1} = 266 kJ · mol^{-1}。

又如,$H_2S(g) \longrightarrow 2H(g) + S(g)$,总解离能等于 735 kJ · mol^{-1}, S—H 键的键能 E_{S-H} = (735/2) kJ · mol^{-1} = 368 kJ · mol^{-1}。

此处计算得到的 S—S 键及 S—H 键的键能与键能数据表所列的值有差异,是因为键能数据表中的值为大量同类键的统计平均值。

② 由键能推算解离能

例如,由 S—S 键和 S—H 键的键能数据可以估算下列反应的总解离能:

$$H_2S_2(g) \longrightarrow 2H(g) + 2S(g)$$

它等于$(266+2\times368)$ $kJ\cdot mol^{-1}=1002$ $kJ\cdot mol^{-1}$,而实验测得的$H_2S_2(g)$的总解离能为984 $kJ\cdot mol^{-1}$。

(4) 键能的应用

如上所述,键能数据是一种统计平均值,它反映了不同分子中同一种键的共性并忽略其个性。把分子分解为组成它的全部原子所需要的能量,应该等于这个分子全部化学键的键能之和,这是有关键能的各种计算方法的依据,所以,作为一种键参数和热化学近似估算的基本数据,键能是十分有用的。例如,可以通过键能计算反应的焓变。

化学反应过程是旧键断裂和新键形成的过程,如果忽略能与焓的差别,则反应焓应等于全部反应物键能之和减去全部生成物键能之和。

$$\Delta_r H_m^\ominus \approx \sum E(\text{反应物}) - \sum E(\text{生成物})$$

例如,对反应: $CH_2{=\!=}CH_2 + H_2 \longrightarrow CH_3{-\!-}CH_3$

反应前后键的变化是,新生成两条C—H键和一条C—C键,消失了一条H—H键和一条C═C键,反应焓变:

$$\begin{aligned}\Delta_r H_m^\ominus &\approx (E_{C=C} + E_{H-H}) - (2E_{C-H} + E_{C-C})\\ &= [(615+436) - (2\times415+344)]\ kJ\cdot mol^{-1}\\ &= -123\ kJ\cdot mol^{-1}\end{aligned}$$

$\Delta_r H_m^\ominus$的实验测定值为-137 $kJ\cdot mol^{-1}$,两者较为吻合。

(5) 共价键强度的表示方法

共价键的强度除用键级、键能表示外,还可以用键的伸缩振动波数σ或振动力常数k来表示。伸缩振动波数σ、振动力常数k及键联原子的折合质量μ三者之间的关系为

$$\sigma = \frac{1}{2\pi c}\sqrt{\frac{k}{\mu}} \tag{1.48}$$

从红外光谱或拉曼光谱中获得键的伸缩振动波数后,就可以比较同一化学键在不同化合物中的强度变化情况,这是化学研究,特别是配位化合物研究中常用的方法之一。

另外,对于双原子分子,教材和文献中还常用平衡解离能D_e和光谱解离能D_0(也称化学解离能)来表示键的强度。D_e和D_0都是在0 K下分子解离时的能量变化,但D_e与D_0对应的起始态不同,D_e对应势能曲线上的最低点,D_0则对应势能曲线上振动量子数$v=0$的基态,两者之差为体系的零点能,即

$$D_0 = D_e - h\nu/2 \tag{1.49}$$

例如,H_2分子的$D_e=457$ $kJ\cdot mol^{-1}$,$\nu=1.25\times10^{14}$ s^{-1},由此算得$D_0=432$ $kJ\cdot mol^{-1}$。D_{298}与D_0的差别是对应的热力学温度不同,但两者差别较小。例如,对H_2的D_0进行温度校正后,$D_{298}=436$ $kJ\cdot mol^{-1}$。

在不太严格的计算中一般不予区分,但必须注明是D_0还是D_e或D_{298}。文献中给出的双

原子分子的解离能数据时有出入,除了实验精度的原因外,差别还来自不同的作者选用了不同的 D 值。在讨论双原子分子化学键强度问题时,只有同类 D 值间的比较才有意义。

4. 键角

多原子分子中键与键之间的夹角称为键角,它和键长是决定分子立体构型的重要参数。

杂化形式、电负性、中心原子价层孤电子对的对数及多重键的形成等诸因素均对键角有影响。

(1) 杂化形式的影响

根据杂化轨道中所含原子轨道的成分可以计算两个杂化轨道间的夹角,其公式为

$$\cos\theta_{ij} = -\left[\frac{\alpha_i\alpha_j}{(1-\alpha_i)(1-\alpha_j)}\right]^{1/2} = -\left[\frac{(1-\beta_i)(1-\beta_j)}{\beta_i\beta_j}\right]^{1/2} \tag{1.50}$$

式中的 α_i 和 α_j、β_i 和 β_j 分别代表 i 和 j 杂化轨道中所含 s、p 原子轨道的成分。

对于等性杂化,$\alpha_i=\alpha_j$,$\beta_i=\beta_j$。此时:

$$\cos\theta = -\alpha/(1-\alpha) = -\alpha/\beta \tag{1.51}$$

(2) 电负性的影响

在 AB_n 型分子中,中心原子和键合原子电负性的相对大小,也会影响分子键角的大小。对于配位原子相同的情况,中心原子 A 的电负性越大,A—B 间的成键电子对越偏向 A,从而增加成键电子对之间的斥力,键角将增大;对于相同的中心原子,如果配位原子 B 的电负性较大,A—B 间的成键电子将偏向于 B,从而减少成键电子对之间的斥力,键角将减小。

如在 H_2X($X=O$、S、Se、Te)分子中,中心原子的电负性 χ 分别为 3.44、2.58、2.55 和 2.1,因此它们的键角∠HXH 相应为 104.7°、92.2°、91.0°和 89.5°。

(3) 中心原子价层孤电子对的影响

孤电子对对邻近键电子对将产生较大的斥力,迫使键角变小。

(4) 多重键的影响

虽然多重键或 π 键不会改变分子的基本形状,但对键角会有一定的影响。多重键所包含的电子较多,斥力较单键大,排斥作用的大小顺序:三重键 > 双键 > 单键 > 单电子。结果是分子内包含多重键的夹角增大,单键间的夹角变小。

例如,C_2H_4 分子和 CH_2O 分子中,键角∠HCC 和∠HCO 略大于 120°,而键角∠HCH 略小于 120°。

对比以下数据(括号中的数据是该分子的键角):

NF_3(102.4°) < NH_3(107.3°)　　PF_3(97.8°) > PH_3(93.3°)

OF_2(101.5°) < OH_2(104.5°)　　AsF_3(96.2°) > AsH_3(91.8°)

SbF_3(95°) > SbH_3(91.3°)

可以看出,第二周期元素的氟化物的键角小于相应氢化物的键角,而其他周期元素则有相反的规律。

这是因为,在其他周期元素的氟化物中,其中心原子 A 的空 d 轨道还可与 F 原子的 p 轨

道生成 p(F)-d(A)π 键。p(F)-d(A)π 键同原来的 σ 键一起可看作一定程度的多重键(p-d π+σ),因而键角增大。至于氢化物,因 H 原子和第二周期元素原子,前者无 p 轨道,后者无 d 轨道,都不可能生成 p-d π 键,影响键角的因素是电负性。

5. 共价键的极性与键矩

(1) 共价键的极性

电负性不同的原子间形成的共价键具有极性,键的极性用离子性百分数或键矩来衡量。

键的离子性百分数与键联原子的电负性差($\Delta\chi=\chi_A-\chi_B$)成正比。人们曾提出不少经验公式来计算键的离子性百分数,比较常见的有 Hannay 和 Smyth 公式:

$$\text{离子性百分数}\% = 16(\Delta\chi)+3.5(\Delta\chi)^2 \tag{1.52}$$

及 Pauling 公式:

$$\text{离子性百分数}\% = 100[1-e^{-(\Delta\chi)^2/4}] \tag{1.53}$$

(2) 共价键的键矩

共价键的键矩等于原子的净电荷 q 与键长 l 的乘积。即

$$\mu = q\cdot l \tag{1.54}$$

键矩的单位为 C·m(库仑·米)。若电荷量为一个电子电荷量(1.602×10^{-19} C)的正、负电荷相距 10^{-10} m,则键矩 $\mu=1.602\times10^{-29}$ C·m。在 CGS 单位制中,上述情况下 $\mu=4.8\times10^{-18}$ cm·esu = 4.8 D(D 称为德拜,是键矩或偶极矩的一种单位,1 D = 1×10^{-18} cm·esu)。显然,键的极性越大,其偶极矩越大。

1.4.2 分子立体构型的确定

原则上讲,从最大重叠原理或能量最低原理出发,通过量子化学或分子力学计算方法可以获得一般分子的键角数据,但这毕竟过于烦琐。目前,用于解释或预测分子立体构型的经验或半经验规则有杂化轨道理论、价层电子对互斥理论、Walsh 的分子轨道法等。

1. 利用杂化轨道理论预测分子的立体构型

中心原子的杂化轨道类型与杂化轨道的空间构型有一一对应关系。如果多原子分子中端原子的个数等于杂化轨道的条数,这意味着中心原子进行的是等性杂化,不存在孤电子对,分子的空间构型就直接等于杂化轨道的空间构型;如果多原子分子中端原子的个数少于杂化轨道的条数,这意味着中心原子进行的是不等性杂化,存在孤电子对,孤电子对的对数就等于杂化轨道条数与端原子个数之差。分子的空间构型并不直接等于杂化轨道的空间构型。

表 1.12 给出杂化轨道类型与杂化轨道空间构型的对应关系。

2. 利用价层电子对互斥理论预测分子的立体构型

价层电子对互斥(VSEPR)理论是一种预测分子几何形状的立体化学理论,它来源于价键理论和实验观察,但不属于任何一种化学键理论。该理论虽然假设简单,也无法定量,但却能满意地解释和预测很多化合物的几何构型,其要点如下:

表 1.12　杂化轨道类型与杂化轨道空间构型的对应关系

杂化轨道类型	sp	sp^2	sp^3	dsp^2	sp^3d	sp^3d^2
杂化的原子轨道数	2	3	4	4	5	6
杂化轨道的条数	2	3	4	4	5	6
杂化轨道间的夹角	180°	120°	109°28′	90°、180°	120°、90°、180°	90°、180°
杂化轨道空间构型	直线形	三角形	四面体形	正方形	三角双锥形	八面体形

① 在 AX_mE_n 型分子或基团（A 为中心原子，X 为配体，E 为 A 上的价层孤电子对）中，若中心原子 A 的价层不含 d 电子（d^0）或 d 电子仅作球形对称分布（d^5或 d^{10}），则其几何构型完全由价层电子对数所决定。

② 价层电子对包括 σ 键电子对（不计 π 电子，因 π 电子仅影响键角，不影响几何构型）和中心原子 A 上的孤电子对。

$$价层电子对数（VP）= σ 键电子对数（BP）+ 孤电子对对数（LP）$$

显然，σ 键电子对数等于与中心原子成键的配位原子数。而

$$LP=[中心原子的价层电子数-各配位原子的未成对电子数之和 ±离子的电荷（负电荷取+，正电荷取-）]/2$$

若算得的 LP 为小数，则进为整数。

③ 由于价电子之间存在相互排斥力，它们之间应彼此尽量远离，使斥力达到最小。

表 1.13 列出了 AX_mE_n 型分子中价层电子对数与价层电子对分布和分子构型。可见，如果分子中不含孤电子对，则价层电子对的分布就是分子的构型。当有孤电子对时，分子的构型是指成键原子的空间几何构型，亦即成键电子对的空间构型。

表 1.13　AX_mE_n 型分子中价层电子对数与价层电子对的分布和分子构型

分子类型 AX_mE_n	*m*	*n*	价层电子对数	价层电子对的分布	分子构型	实　例
AX_2	2	0	2	直线形	直线形	$BeCl_2(g)$、CO_2、$HgCl_2$、HCN
AX_3	3	0	3	平面三角形	平面三角形	NO_3^-、SO_3、BX_3（X=F、Cl、Br、I）
AX_2E	2	1			弯曲形（V 形）	$SnX_2(g)$、NO_2、SO_2
AX_4	4	0	4	四面体形	四面体形	NH_4^+、CH_4、SiH_4、SO_4^{2-}
AX_3E	3	1			三角锥形	NH_3、H_3O^+、NF_3、SO_3^{2-}
AX_2E_2	2	2			弯曲形（V 形）	H_2O、SCl_2、NH_2^-、H_2S
AX_5	5	0	5	三角双锥形	三角双锥形	$PCl_5(g)$、PF_5
AX_4E	4	1			变形四面体形	$TeCl_4$、$[SbF_4]^-$、SF_4
AX_3E_2	3	2			T 形	ClF_3、BrF_3
AX_2E_3	2	3			直线形	ICl_2^-、I_3^-、XeF_2

续表

分子类型 AX_mE_n	m	n	价层电子对数	价层电子对的分布	分子构型	实例
AX_6	6	0	6	八面体形	八面体形	SF_6、$[PCl_6]^-$、$[AlF_6]^{3-}$
AX_5E	5	1			四方锥形	$[SbF_5]^{2-}$、IF_5、$[BrF_5]^-$
AX_4E_2	4	2			四方形	$[ICl_4]^-$、XeF_4
AX_7	7	0	7	五角双锥形	五角双锥形	IF_7
	7	0		加冠八面体形	加冠八面体形	$[TaF_7]^{2-}$、$[NbOF_6]^{3-}$
	7	0		加冠三棱柱形	加冠三棱柱形	
AX_6E	6	1		五角双锥形	五角锥形	
	6	1		加冠八面体形	畸变八面体形	XeF_6
AX_5E_2	5	2		五角双锥形	平面五边形	$[XeF_5]^-$
AX_8	8	0	8	反四方棱柱形	反四方棱柱形	$[TaF_8]^{3-}$
	8	0		十二面体形	十二面体形	$[Mo(CN)_8]^{2-}$
AX_9	9	0	9	三帽三棱柱形	三帽三棱柱形	$[Nd(H_2O)_9]^{3+}$

3. 利用 Walsh 的分子轨道法预测分子的立体构型

定性分子轨道理论在预测分子构型时，首先需定性估计出各种极限构型下有关分子轨道的能量，并作出有关分子轨道能量随某一键参数（键角、键长或二面角等）的变化曲线。这种变化曲线常称为相关图。

最常见的相关图是轨道能量随键角的变化曲线，即 Walsh 相关图。假定同类分子的 Walsh 相关图定性相似，分子的总能量近似等于各个占据轨道的轨道能之和。能量最低的构型通常为分子的稳定构型。

在这里，不同构型的能级是由群论方法定性得到的，能级的高低可按下列方法大体确定：

① 由组成 MO 的 AO 的能级的高低来判断；

② 由 MO 中的节面数来判断；

③ 由轨道重叠的大小来判断。

现以 AX_2 型分子为例说明（A 为主族元素，X 为 -1 价的配体，如氢或卤素）。

在这种分子中，只有两种可能的构型：直线形（$D_{\infty h}$）和 V 形（C_{2v}）。

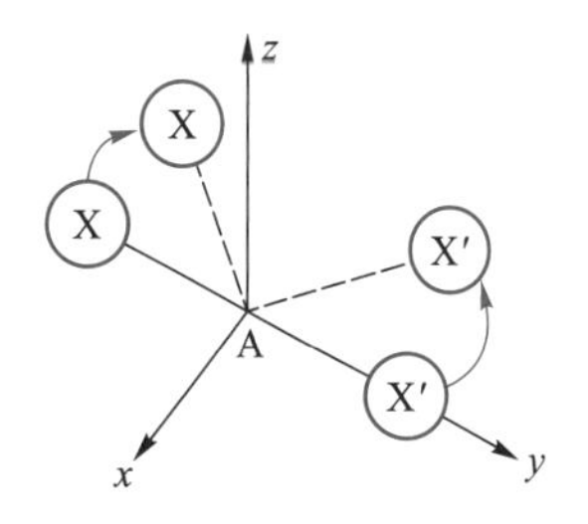

图 1.7　AX_2 型分子坐标系

假定 A 原子以 s 轨道和三条 p 轨道参与成键，X 原子以一条 s 轨道或一条 σ 杂化轨道参与成键。6 条原子轨道进行线性组合，可以组合出 6 条分子轨道，其中能量较低的 4 条成键或非键轨道，在如图 1.7 规定的坐标系下，分别为直线形($D_{\infty h}$)：　$\psi(2\sigma_g)=c_1 s+c_3(\sigma_X+\sigma_{X'})$，$\psi(1\sigma_u)=c_2 p_y+c_4(\sigma_X-\sigma_{X'})$

$\psi(1\pi_{ux})=p_x$，$\psi(1\pi_{uz})=p_z$

V 形(C_{2v})：　$\psi(1a_1)=c_1 s+c_3(\sigma_X+\sigma_{X'})$，$\psi(2a_1)=c_5 p_z+c_6(\sigma_X+\sigma_{X'})$

$\psi(1b_2)=c_2 p_y+c_4(\sigma_X-\sigma_{X'})$，$\psi(1b_1)=p_x$

考虑到随着构型的变化，A 原子的价层轨道与配体 σ 轨道重叠的变化，以及配体 σ 轨道之间重叠的变化，可以得到能级相关图。

图 1.8 示出 AH_2型分子的 Walsh 相关图。其中配体 σ 型轨道为 s 轨道。

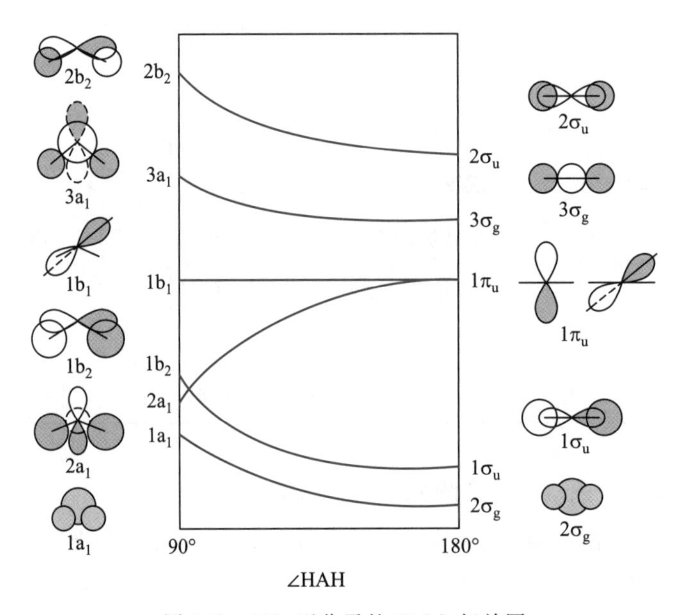

图 1.8　AH_2 型分子的 Walsh 相关图

由此可见，当分子的价层电子数不同，不同构型下总能量也不同，其稳定构型就不同。

从图 1.8 中看出，当分子由直线形(如 BeH_2)变为 V 形(如 H_2O)时，轨道能量有较大幅度下降的是 $1\pi_u$，由非键变为成键。

分子是否为 V 形的一个重要特征是 $2a_1$轨道是否被占据。如果 $2a_1$轨道被占据，总能量就会下降，分子为 V 形。如 CH_2^+(5 个价电子)，根据 Walsh 相关图预测，其基态应为 V 形，而激发态应为直线形，光谱实验结果与理论预测完全一致。

表 1.14 列出用 Walsh 方法预测的某些分子键角。

表 1.14　Walsh 方法预测的某些分子键角

价层电子数	分子	理论预测	实验结果
2	LiH_2^+	直线形	弯曲*
3	BeH_2^+	直线形	直线形*
4	BeH_2	直线形	直线形*
	BH_2^+	直线形	直线形*
5	BH_2	稍弯曲	131°
	AlH_2	稍弯曲	弯曲

续表

价层电子数	分子	理论预测	实验结果
6	CH_2	弯曲	131°(三重态)
			105°(单重态)
	NH_2^+	弯曲	140~150°
			115~120°(激发态)
	BH_2^-	弯曲	100° *
	SiH_2	弯曲	97°
7	NH_2	弯曲	103°
	PH_2	弯曲	92°
8	H_2O	弯曲	104°
	H_2S	弯曲	92°
	H_2F^+	弯曲	135°

* 暂无实验值，由量子化学从头计算得到。

对 OF_2、Cl_2O 和 SCl_2 等分子，尽管配体是卤素而不是 H，但仍可以当作 8 个价层电子的情况按图 1.8 进行处理，预测这些分子为 V 形，与实测结果一致。

对其他 AB_n 型分子，配体 B 的价轨道增多，其分子轨道的组成及轨道能量与键角的关系变得较为复杂，但是基本原理和方法都相同，图 1.9 是 AB_2 型分子的 Walsh 相关图。由图看出，构型发生变化引起轨道能量发生大幅度变化的是 $\pi_u^*-3a_1'$ 和 $\sigma_g^*-a_1'^*$，当 $3a_1'$ 被占据时分子为 V 形，$a_1'^*$ 被占据的 AB_2 型分子，由于配体 B 的价轨道增多，其分子又为直线形。所以总价层电子数在 16 以下的 AB_2 型分子为直线形；17~20 个价层电子时为 V 形；21~22 个价层电子时又是直线形。

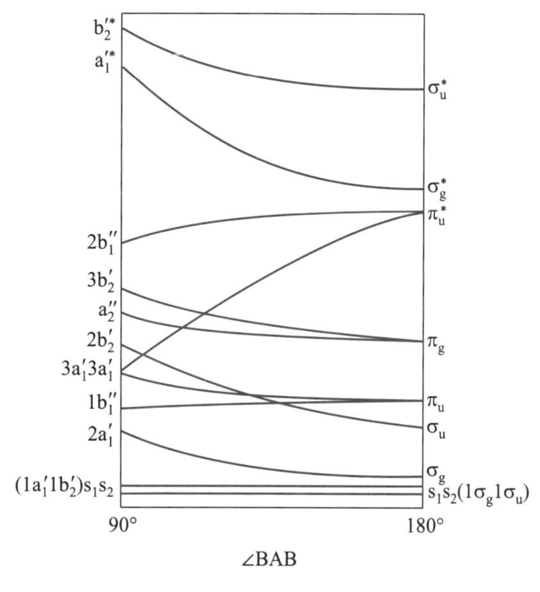

图 1.9 AB_2 型分子的 Walsh 相关图

利用 Walsh 方法已讨论过 AH_2-AH_7 及 AB_2、AB_3 等分子的价层电子数与稳定构型的关系，大多数预测结果都与实验事实相符。Walsh 方法的不足之处是，能级的高低都是定性的，个别情况下，同类分子的 Walsh 相关图也不相似。对于一些较为复杂的分子，当能级交错变化时就难以确定其稳定构型。

1.5 分子对称性与点群

在描述分子的立体构型及晶体的几何构型时，如果引入对称性概念，则可以简明而准确地进行表达。例如，$[Ni(CN)_4]^{2-}$ 具有 D_{4h} 对称性，这可体会到下面几点含义：① 这九个原子完全在同一个平面上；② 四条 Ni—CN 键严格地等同，四条 C—N 键也完全等同；③ Ni—C—N 直线排列，并和相邻的 Ni—C—N 相互垂直。由此可见，用对称性概念和符号描述分子的构型，比用文字叙述更为简明准确。

1.5.1　对称操作和对称元素

1. 基本概念

一切对称性分子或物体都有自己的等同构型。所谓等同构型就是在几何及空间取向上和原始构型都相同，即在直观上和原始构型不能相互辨认的构型。例如，水分子的骨架如图 1.10 所示，H_1和 H_2在直观上是无法辨认的。把水分子的构型（a）沿位于纸面的轴旋转 180°得到构型（b），（b）就是原始构型的等同构型。

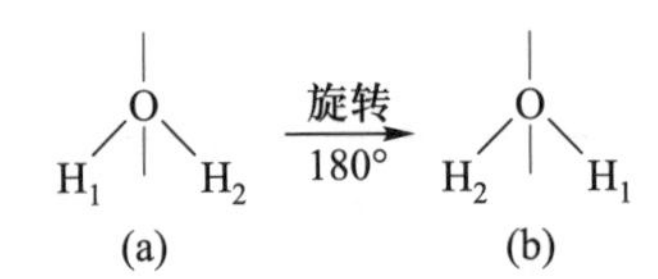

图 1.10　H_2O 分子中的 C_2 对称轴

由上例可以看出，经过某一操作，对称性物体变为自己的等同构型，这种操作称为对称操作。很显然，这种操作的结果是分子中原子的位置作了交换，但分子的构型不变。

在施行对称操作时，必须依赖一定的几何元素，如点、线、面或其组合等。上述对水分子进行的操作依赖的对称元素是一条直线，称为对称轴。对称性物体在依赖一定对称元素进行一定对称操作后，回复到与它原来的构型重合，这称为复原。

2. 对称操作和对称元素的类型

（1）旋转和对称轴

旋转的对称元素是一条直线，称为对称轴。如果每旋转最小角度 $2\pi/n$，就可产生它的等同构型，此时对称轴称为 n 重对称轴，记作 C_n。其中 C 表示旋转，整数 n 表示对称性物体在 2π 范围内做 n 次这样的旋转都能与原来的构型相重合，也即表示旋转 2π 角度产生 n 次等同构型，因此 n 称为旋转操作的阶次。如对于水分子，$n=2$，记作 C_2。有时对称性物体有几个不同阶次的对称轴，则阶次最高的对称轴称为主轴。

（2）反映和对称面

对称性物体依托其中一个平面（称为对称面或镜面）进行操作产生它的等同构型，即物体上的每一个点都对应到该点与镜面垂直线的延长线在镜面的另一侧与镜面等距离的位置，这种操作称为反映，用符号 σ 表示。习惯上把对称性物体的最高阶次对称轴即主轴放在垂直位置。如果对称面包括主轴，则这种对称面称为垂直对称面，记作 σ_v；如果对称面垂直于主轴，则称为水平对称面，记作 σ_h。例如，H_2O 分子中有两个 σ_v，NH_3分子中有 3 个 σ_v，而 C_6H_6分子中有 6 个 σ_v，其中 C_6H_6分子中还有一个 σ_h（即 C_6H_6分子所处的平面）。

（3）反演和对称中心

反演操作的对称元素是点，称为对称中心，记作 i。对称中心处可以有质点，也可以没有质点。反演操作是物体中每一点转移到该点和对称中心连线的延长线上，在对称中心另一侧与对称中心距离相等的位置。例如，C_6H_6分子有一个对称中心（对称中心处并没有原子）；$[PtCl_4]^{2-}$也有对称中心（铂原子是对称中心）。

（4）旋转-反演（反轴）I_n（非独立）

旋转-反演是旋转和反演的复合操作。先将对称性物体沿 C_n轴旋转 $2\pi/n$，再通过轴上的中心点进行反演，反之亦然。其对称元素称为 n 重反轴，记作 I_n。可以证明，$I_1=i$，$I_2=\sigma_h$，$I_3=C_3+i$，$I_5=C_5+i$，$I_6=C_3+\sigma_h$，只有 I_4和 I_8等 n 为 4 的倍数的反轴是独立的。

（5）n 重旋转-反映轴（非真旋转轴）

如果绕一根轴旋转 $2\pi/n$ 后立即对垂直于这根轴的平面进行反映，产生一个不可分辨的构型，那么这根轴就是 n 重旋转-反映轴，称为映轴，记作 S_n。例如，在交错构型的乙烷分子中就有一根与 C_3轴重合的 S_6轴，而 CH_4有 3 根与平分 H—C—H 键角的 3 根 C_2轴相重合的S_4轴。

旋转-反映和旋转-反演是互相包含的，如 $S_4=I_4$，$S_3=I_6$等。

（6）恒等操作

保持分子中所有点的位置都不动，称为恒等操作，用符号 E 表示。例如，旋转 2π 或两次反演、两次反映都会使得分子不动（或变成自己原来的构型），这就是恒等操作。一切分子都具有这种对称元素。

表 1.15 总结了上述各种对称元素和基本对称操作。

表 1.15　对称元素和基本对称操作

符号	对称元素	基本对称操作
E		恒等操作
C_n	旋转轴	绕轴旋转 $2\pi/n$
σ	镜面	按镜面进行反映
i	对称中心	通过对称中心反演
I_n	反轴	绕轴旋转 $2\pi/n$，并通过中心点反演
(S_n)	映轴	绕轴旋转 $2\pi/n$，并通过垂直于该轴的平面进行反映

1.5.2　对称群

1. 对称操作的相乘和群的定义

一般来说，任何两个对称操作都能相乘并给出第三个操作。例如，对水分子建立如图 1.11 所示的坐标系。由图可见，水分子有一根 C_2 旋转轴、一个 σ_{xz}镜面、一个 σ_{yz}镜面和一个恒等操作 E。

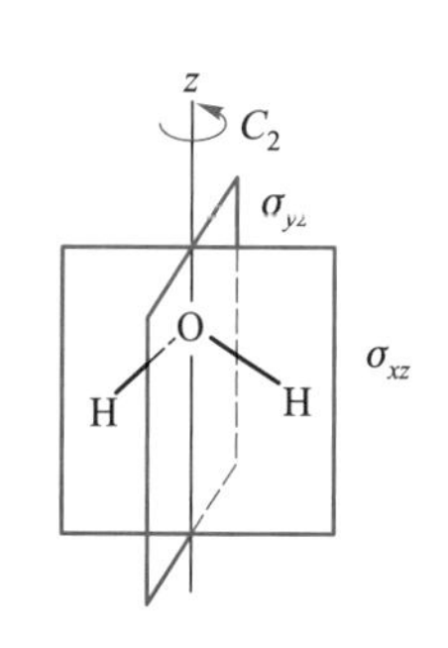

图 1.11　水分子的对称元素

可以进行 C_2、σ_{xz}、σ_{yz}和 E 四种操作，若把这些操作两两相

乘,其结果可以构成表 1.16。应说明的是,因为对称操作的乘法一般是不可交换的,所以要注意施行操作的顺序。

表 1.16　水分子对称操作的乘法表

C_{2v}	E	C_2	σ_{xz}	σ_{yz}
E	E	C_2	σ_{xz}	σ_{yz}
C_2	C_2	E	σ_{yz}	σ_{xz}
σ_{xz}	σ_{xz}	σ_{yz}	E	C_2
σ_{yz}	σ_{yz}	σ_{xz}	C_2	E

从表 1.16 可以看出,对称操作相乘有如下性质:

① 存在一个恒等操作 E,它维持原样不变,它和任何操作的乘积就是那个操作本身。

② 任何两个操作的乘积都是这些操作中的一个,不会超出这些操作。这叫封闭性。

③ 每个操作都有一个逆操作,它们的积就是 E。如 $C_2\times C_2=E,\sigma_{xz}\times\sigma_{xz}=E,\sigma_{yz}\times\sigma_{yz}=E$。在这个例子中,每个操作的本身就是其逆操作。对 C_3来说,$C_3\times C_3^2=E$,C_3^2就是 C_3的逆操作,可见逆操作也不一定是该操作本身。

④ 任意三个操作之间先完成一部分,再完成另一部分,对结果没有影响,即$X(YZ)=(XY)Z$。这叫结合律。

综上所述,对称操作的相乘符合四个条件,即有恒等操作(E),每个操作都有其逆操作,操作相乘有封闭性,满足结合律。在数学上把满足这四个条件的集合定义为群。因此,一个对称元素系对应的对称操作的集就是一个对称操作群。由于分子是有限的物体,其中全部对称元素必须至少通过一个公共点,所以它们的对称操作群亦称为点群。一种点群代表一种对称类型,它所包含的独立操作的数目叫点群的阶。

2. 化学上常见的对称群

在化学上可以将分子的对称性按点群加以分类。点群具有一定的符号,化学上常见的有四类:

(1) C 群

① C_n群:最简单的 C 群是 C_n群,除 C_n轴外再没有其他对称元素,因而 C_n群是 n 阶的群。属于 C_1群的分子,如 SiFClBrI,实际上它并无对称性。

C_n群的 n 个对称操作是

$$C_n, C_n^2, C_n^3, \cdots, C_n^n \equiv E$$

这里的 C_n操作是指旋转 $2\pi/n$,C_n^2是旋转 $2\times2\pi/n$,C_n^3是旋转 $3\times2\pi/n$,等等。

如 *cis*-$[Co(en)_2Cl_2]^+$属于 C_2群,PPh_3属于 C_3群等。

② C_{nv}群:除 C_n轴外还有 n 个通过 C_n轴的 σ_v镜面(下标 v 表示通过主轴),它的阶为 $2n$。属于 C_{nv}群的分子很多,如 H_2O、SO_2(C_{2v});NH_3、PF_3、SiH_3Cl(C_{3v});$[TiCl_4O]^{2-}$(C_{4v})等。

一些无对称中心的线形分子，如 N_2O、HCN、HCl、CO 等属于 $C_{\infty v}$ 群。它们除了具有和键轴方向一致的无穷次旋转轴 C_∞ 外，还有无穷个通过键轴的垂直镜面 σ_v。

③ C_{nh} 群：C_{nh} 群除了有 n 重旋转轴 C_n 外，还有一个垂直于主轴的镜面，其下标 h 就是表示垂直于主轴，其阶为 $2n$。属于 C_{nh} 群的分子也很多。在 C_{nh} 群中，C_{1h} 又称为 C_s。C_s 除了 C_1 轴（$\equiv E$）外，只含有一个镜面 σ_h。C_{2h} 群的实例有 *trans*-N_2F_2。C_{3h} 群的实例有 $B(OH)_3$。

（2）D 群

重要的 D 群有 D_n 群、D_{nh} 群和 D_{nd} 群等。

① D_n 群

在 C_n 基础上加 n 根垂直于主轴的 C_2 轴，其阶为 $2n$。具有 D_n 对称性的分子虽然为数不多，但它却是一类重要的点群。如 $[Co(en)_3]^{3+}$ 和 $[Cr(C_2O_4)_3]^{3-}$ 等含三个相同双齿配体的六配位离子均属 D_3 群。

② D_{nh} 群

在 D_n 基础上加一个垂直于主轴 C_n 的镜面 σ_h 就得 D_{nh} 群。在 D_{nh} 群中，由于 n 根 C_2 轴均在 σ_h 面，所以又产生 n 个通过 C_2 和 C_n 的 σ_v，因而其阶增加一倍，变为 $4n$。D_{nh} 群是一类相当重要的点群，许多重要的分子或离子都具有这种点群对称性。

例如，N_2O_4，$C_2O_4^{2-}$ 属于 D_{2h} 群；BCl_3、SO_3、NO_3^-、PCl_5 属于 D_{3h} 群；XeF_4、$[PdCl_4]^{2-}$、$[AuF_4]^-$、*trans*-$[Pt(NH_3)_4Cl_2]^{2+}$ 属于 D_{4h} 群；气态重叠型二茂铁 $Fe(C_5H_5)_2$ 属于 D_{5h} 群；C_6H_6 属于 D_{6h} 群，等等。此外，各种正棱柱体的几何构型也都有 D_{nh} 群的对称性。

一些具有对称中心的线形分子，如 H_2、CO_2、$HgCl_2$、XeF_2 等则属 $D_{\infty h}$ 群。$D_{\infty h}$ 除了具有无穷次 C_∞ 轴和无穷个镜面 σ_v 外，还有一个水平镜面 σ_h 及无穷根垂直于 C_∞ 的 C_2 轴。

③ D_{nd} 群

在 D_n 群基础上加一个通过主轴 C_n 而又平分两根二重轴夹角的镜面 σ_d，并产生 n 个 σ_d，就得到 D_{nd} 群，其阶为 $4n$。如交错型的 B_2Cl_4 属于 D_{2d} 群，C_2H_6 属于 D_{3d} 群，环状分子 S_8 属于 D_{4d} 群，交错型二茂铁 $Fe(C_5H_5)_2$ 属于 D_{5d} 群等。

（3）四面体群 T_d 群、T 群和 T_h 群

规则 T_d 群的对称元素有四根 C_3、三个 I_4、六个通过 I_4 并平分两根 C_3 之间夹角的镜面 σ_d，其阶为 24。正四面体分子 P_4、CCl_4、SiH_4 等属于 T_d 群。不过，T_d 群虽是一种对称性很高的点群，但它却无对称中心。

若将 T_d 群中的 σ_d 去掉，将 I_4 换成 C_2，这样由四根 C_3 和三根 C_2 形成的点群称为 T 群，其阶为 12。

在 T 群基础上加对称中心 i，产生三个与 C_2 垂直的 σ_h，形成 T_h 群，其阶为 24。

（4）八面体群 O_h 群和 O 群

O_h 群的对称元素有三根 C_4、四根 C_3、六根 C_2、三个 σ_h、六个 σ_v 和 i 等，其阶为 48。具有正八面体和立方体构型的分子如 SF_6 和 $[PtF_6]^{2-}$ 等属于 O_h 群。O_h 群对称性很高，是一类非常重要的点群。

若将 O_h 群中的 23 个真旋转操作加上恒等操作 E 可组成一个新的 24 阶群，即 O 群。属于 O 群的无机分子很少见。

除上述四类点群之外，常见的还有 S_n 群和 I_h 群等。

S_n 群有一根非真旋转轴 S_n，产生 $2n$ 个操作：$S_n^1, S_n^2, \cdots, S_n^{2n-1}, S_n^{2n} \equiv E$。$n$ 为偶数（当 n 为奇数时 S_n 实际就是 C_{nh}）。

$B_{12}H_{12}^{2-}$ 为二十面体结构，属于 I_h 群。I_h 群有 120 种操作。

3. 分子所属点群的划分方法

从前面已经知道了对称性物体的对称性可通过对称元素和对称操作来描述，而对称群则简明准确地表征对称性状况。一个分子应属于哪个点群，可按表 1.17 所列的方法划分。

表 1.17　分子所属点群的划分方法

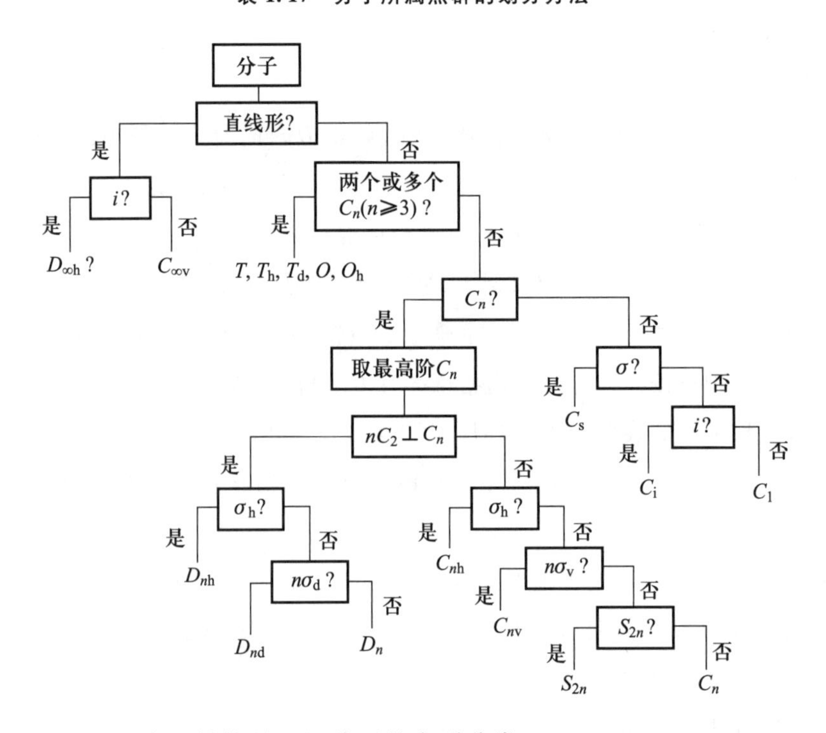

表 1.18 列出一些常见结构的无机分子的点群分类。

表 1.18　一些常见结构的无机分子的点群分类

结构	无机分子	点群	结构	无机分子	点群
直线形	N_2、O_2 CO_2、$CuCl_2^-$	$D_{\infty h}$	平面形	BF_3(△)	D_{nh}
	HCl、CO	$C_{\infty v}$		$[PtCl_4]^{2-}$(□)	
弯曲形	H_2O	C_{2v}		$C_5H_5^-$(⬠)	
T 形	ClF_3			C_6H_6(⬡)	
三角锥形	NH_3	C_{3v}			
四方锥形	TeF_5^-	C_{4v}	三角双锥形	PCl_5	D_{3h}

续表

结构	无机分子	点群	结构	无机分子	点群
正四面体形	SO_4^{2-}、SiH_4	T_d	三帽三棱柱形	$B_9H_9^{2-}$	D_{3h}
正八面体形	SF_6、$[PtCl_6]^{2-}$	O_h	对顶四方反棱柱形	$B_{10}H_{10}^{2-}$	D_{4d}
夹心形	cp_2M、二苯铬等	D_{nh}(重叠形)			
	cp_2M	D_{nd}(交错形)	十六面体形	$B_{11}H_{11}^{2-}$	C_{2v}
五角双锥形	$B_7H_7^{2-}$	D_{5h}	正二十面体形	$B_{12}H_{12}^{2-}$	I_h
加冠八面体形	$Os_7(CO)_{21}$	D_{5h}			
十二面体形	$B_8H_8^{2-}$	D_{2h}			

4. 群表示及轨道对称性分类

在数学上对每个点群都可建立一相应的特征标表。

以 C_{2v}群(表 1.19)为例,在其特征标表的左上角为该表的点群符号。在表的顶端水平列出该点群的各类对称操作,C_{2v}点群的对称操作是 E、C_2、σ_{xz}、σ_{yz}。在对称操作下面列出了称为特征标的几行数字,这些数字并不是普通的数字,而是代表一种操作。

表 1.19 C_{2v}群的特征标表

C_{2v}	E	C_2	σ_{xz}	σ_{yz}	基
A_1	1	1	1	1	z、x^2-y^2、z^2
A_2	1	1	-1	-1	R_z、xy
B_1	1	-1	1	-1	x、R_y、xz
B_2	1	-1	-1	1	y、R_x、yz

其中,1 表示操作不改变符号[一种函数操作不改变符号是指 $f(x,y,z)\to f(x,y,z)$],也即是对称的;-1 表示操作将引起符号的变动[符号变动是指 $f(x,y,z)\to -f(x,y,z)$],意味着是反对称的。在其他点群的情况下还可能会出现其他数字,如 0,2,…。每一水平行的数字都代表了该点群的一种“简化的表达形式”。每种简化的表达形式用一符号表示(如 C_{2v} 中的 A_1、A_2、B_1、B_2),这些符号标在表的左列,它表示原子和分子轨道的对称性、振动方式等。表中右列一栏 z、xy、x、y 等为不可约表示的基,表明 p_z、d_{xy}、p_x、p_y 等轨道分别具有 A_1、A_2、B_1、B_2等的变换方式;而 R_x、R_y、R_z等表示的意义是下标所指定的轴旋转的向量。

上面仅介绍了 C_{2v}的特征标表,对其他点群的特征标表,此处不作介绍,也不打算以附录的形式列于书末,有兴趣的同学可参阅专门的书籍。

下面仅介绍在一些点群特征标表中会见到的一些简化的表达式的符号:

① 所有的一维表示都标记为 A 或 B,二维表示标记为 E,三维为 T(有时也用 F),四维为 G,五维为 H。

② 对于绕主轴 C_n旋转 $2\pi/n$ 角度,对称的一维表示标记为 A,反对称的标记为 B。

③ A 和 B 的下标 1 或 2 用来分别标志它们对于垂直于主轴的 C_2轴是对称的或是反对称的。如果没有这种 C_2轴，就标志它们对于垂直对称面是对称的或是反对称的。A_1又特别称为全对称表示。

④ 如果在字母上加了一撇或两撇，则是分别用来指出它们对于 σ_h是对称的或是反对称的。

⑤ 在有反演中心的点群中，下标 g（来自德文 gerade，偶数）表示对于反演是对称的；下标 u（来自德文 ungerade，奇数）表示对于反演是反对称的。

⑥ 对于 E 和 T，下标数字的用途也遵循某些规则，但不作数学推导是难以说明的。这里仅把它看作一种特定的标记就行了。

为了便于理解记忆，将特征标表中不可约表示记号的意义归纳在表 1.20 中。

表 1.20　特征标表中不可约表示记号的意义

维数和对称性	维数和特征标	记号*
维数	1	A 或 B
	2	E
	3	T
	4	G
	5	H
C_n	1	A
	−1	B
i	1	g
	−1	u
$C_2(\perp C_n)$或 σ_v	1	下标 1
	−1	下标 2
σ_h	1	上标′
	−1	上标″

* 有时使用 a、b、e 等小写英文字母，用以表示分子轨道，如将分子轨道记为 a_1、b_1或 a_{1g}、e_{1u}、t_{2g}等。

下面以 O_3分子为例说明如何确定中心 O 原子的 s 轨道和 p 轨道的简化表达形式。

O_3属于 C_{2v}点群。假定分子位于 yz 平面上。为了导出 s 轨道和 p 轨道的简化表达形式，将其置于直角坐标系，分别对 s 轨道实行 E、C_2、σ_{xz}、σ_{yz}四个对称操作：

$$\mathrm{s}\xrightarrow{E}\mathrm{s}\ ,\ \mathrm{s}\xrightarrow{C_2}\mathrm{s}\ ,\ \mathrm{s}\xrightarrow{\sigma_{xz}}\mathrm{s}\ ,\ \mathrm{s}\xrightarrow{\sigma_{yz}}\mathrm{s}$$

显然，这些操作并未使 s 轨道改变符号，因而得到的简化表达形式的数字（特征标）是 1、1、1、1。这表明，s 轨道是按照 A_1简化表达形式变换的。通常，用小写符号表示轨道的表示标记，因此 s 轨道具有 a_1对称性。当对 p_x轨道实行 C_{2v}四个操作时，则得到数字 1、−1、1、−1；显然，p_x轨道具有 b_1对称性。对 p_y轨道得到 1、−1、−1、1，对应于 b_2对称性。对 p_z轨道得到 1、1、1、1，对应于 a_1对称性。

按照基本相同的过程，可以确定其他任意点群中中心原子轨道的对称性。对于较重要的点群中的 s、p 和 d 轨道所得的结果列于表 1.21 中。

表 1.21 各种点群中原子轨道的对称性

点群	s	p_z	p_x	p_y	d_{z^2}	$d_{x^2-y^2}$	d_{xy}	d_{yz}	d_{xz}
C_s	a′	a″	a′	a′	a′	a′	a′	a″	a″
C_2	a	a	b	a	a	a	a	b	b
C_3	a	a	e		a	e		e	
D_3	a_1	a_2	e		a_1	e		e	
C_{2v}	a_1	a_1	b_1	b_2	a_1	a_1	a_2	b_2	b_1
C_{3v}	a_1	a_1	e		a_1	e		e	
C_{4v}	a_1	a_1	e		a_1	b_1	b_2	e	
C_{5v}	a_1	a_1	e_1		a_1	e_2		e_1	
C_{6v}	a_1	a_1	e_1		a_1	e_2		e_1	
D_{2h}	a_g	b_{1u}	b_{3u}	b_{2u}	a_g	a_g	b_{1g}	b_{3g}	b_{2g}
D_{3h}	a_1'	a_2''	e′		a_1'	e′		e″	
D_{4h}	a_{1g}	a_{2u}	e_u		a_{1g}	b_{1g}	b_{2g}	e_g	
D_{5h}	a_1'	a_2''	e_1'		a_1'	e_2'		e_1''	
D_{6h}	a_{1g}	a_{2u}	e_{1u}		a_{1g}	e_{2g}		e_{1g}	
D_{2d}	a_1	b_2	e		a_1	b_1	b_2	e	
D_{3d}	a_{1g}	a_{2u}	e_u		a_{1g}	e_g		e_g	
D_{4d}	a_1	b_2	e_1		a_1	e_2		e_3	
D_{5d}	a_{1g}	a_{2u}	e_{2u}		a_{1g}	e_{2g}		e_{1g}	
T_d	a_1		t_2		e			t_2	
O_h	a_{1g}		t_{1u}		e_g			t_{2g}	
I_h	a_g		t_{1u}				h_g		
$C_{\infty v}$	a_1	a_1	e_1		a_1	e_2		e_1	
$D_{\infty h}$	σ_g	σ_u	π_u		σ_g	δ_g		π_g	

从表中可以发现，具有 O_h 对称性的 $[CoF_6]^{3-}$ 中的 Co 原子的 5 条 d 轨道分别有 e_g 和 t_{2g} 两种不可约表示。表 1.21 的重要应用之一是构造分子轨道波函数和能级图。在 AB_n 型分子中，只有配体 B 原子的群轨道与中心原子轨道属于相同不可约表示时，才能进行线性组合成分子轨道，能级图中才可进行关联。

5. 群论在无机化学中的应用

(1) 分子的对称性与偶极矩判定

分子偶极矩是分子重要物性参数之一，被用来衡量分子极性的大小。

分子有无偶极矩与其对称性密切有关,根据分子对称性可作出分子有无偶极矩的简明判断:

具有对称中心或两个对称元素仅交于一点者分子的偶极矩为零,分子无极性。因此,属于 C_n 和 C_{nv} 这两类点群的分子都具有偶极矩,而属于其他点群的分子偶极矩为零。

显然,双原子分子的键矩就是分子的偶极矩。对于多原子分子,式(1.54)中的 l 不再是键长,而应是正、负电荷重心之间的距离,分子偶极矩 μ 可由键矩按向量加和规则近似计算而得。

例如,H—O 键键矩 μ_{H-O} 为 5.04×10^{-30} C · m, H_2O 的键角为 104.5°,由此计算得到 H_2O 的偶极矩 $\mu=2\mu_{H-O}\cos(104.5°/2)=6.17\times10^{-30}$ C · m。

(2) 原子轨道和分子轨道的对称性

可以通过原子轨道和同核双原子分子的分子轨道的节面来判断其对称性(表 1.22)。若节面是偶数,则对称性为 g;若节面是奇数,则对称性为 u。

表 1.22 原子轨道和同核双原子分子的分子轨道的节面来判断其对称性

原子轨道或分子轨道	对称性	节面数	节面方位
s	g	0	无节面
p	u	1	节面通过成键原子
d	g	2	节面通过成键原子
f	u	3	节面通过成键原子
σ	g	0	无节面
σ*	u	1	节面位于成键原子之间
π	u	1	节面通过成键原子
π*	g	2	一个节面通过成键原子,另一个节面位于成键原子之间
δ	g	2	节面通过成键原子

(3) 分子的对称性与旋光性判定

旋光性,亦称为光学活性,它是当偏振光射入某些物质后,其振动面要发生旋转的性质。

当物质的分子,其构型具有手征性,亦即分子的构型与它的镜像不能重合,犹如左右手的关系{如图 1.12 中 *cis*-$[Co(en)_2Cl_2]^+$所示},这种物质就具有旋光性。从对称元素来看,只有不具有任何次映轴或反轴的分子才有可能有旋光性,换句话说,如果分子具有镜面或对称中心或 I_{4n}{如图 1.12 中 *trans*-$[Co(en)_2Cl_2]^+$所示},则分子就不可能有旋光性。

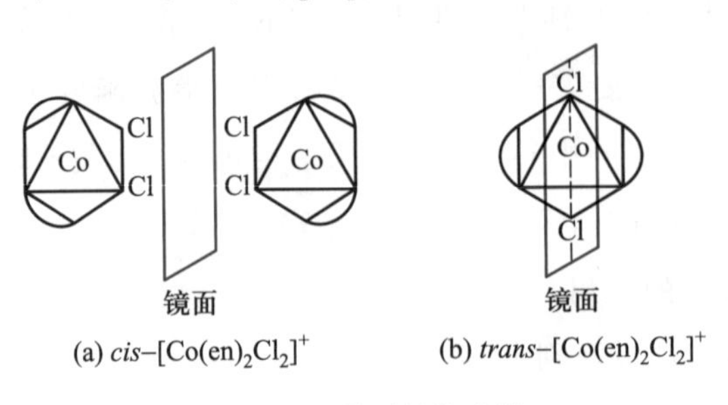

(a) *cis*-$[Co(en)_2Cl_2]^+$ (b) *trans*-$[Co(en)_2Cl_2]^+$

图 1.12 分子的旋光性

(4) 化学反应中的轨道对称性

化学键的形成与否取决于参与成键的轨道的对称性,具有相似对称性的相互作用有利于反应的发生,即是允许的反应。对称性不同的相互作用是禁阻的反应。对于一个双分子的反应,在反应时,在前线轨道中的电子流向是由一个分子的最高占据分子轨道流向另一个分子的最低未占据分子轨道。

在 1967 年以前,H_2与 I_2的反应被认为是一个典型的双分子反应:H_2和 I_2通过侧向碰撞形成一个梯形的活化配合物,然后,I—I 键和 H—H 键同时断裂,H—I 键伴随着生成。

如果是按照这种 H_2与 I_2侧向碰撞的模式,则它们的分子轨道可能有两种相互作用方式:

① H_2分子的最高占据分子轨道即 σ_s 轨道与 I_2分子的最低未占据分子轨道即 σ_z^* 轨道相互作用[图 1.13(a)]。显然,这两种轨道对称性不同,净重叠为零,反应是禁阻的。

② 由 I_2分子的最高占据分子轨道 π_p^* 与 H_2分子的最低未占据分子轨道 σ_s^* 相互作用[图 1.13(b)]。这种作用虽然轨道对称性匹配,净重叠不为零。但从能量看,电子的流动是无法实现的。

这是因为:如果电子从 I_2分子的反键分子轨道流向 H_2分子的反键分子轨道,则对于 I_2分子来讲,反键轨道电子减少,键级增加,I—I 键增强,断裂困难;此外,电子从电负性高的 I 流向电负性低的 H 也是不合理的。

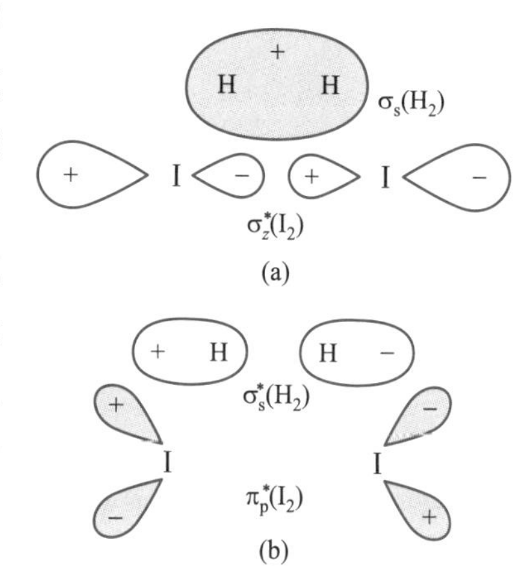

图 1.13 H_2 与 I_2 的分子轨道的两种相互作用方式

可见,这两种作用方式都是不可能的,说明 H_2与 I_2的作用是双分子反应的机理难以成立。

后来的研究表明,H_2与 I_2的反应是一种自由基反应,I_2分子先解离为 I 原子,I 原子再作为自由基同 H_2分子反应。

1.6 单质的性质及其周期性递变规律

1.6.1 单质的结构及其聚集态

主族元素包括 s 区元素和 p 区元素。s 区元素的价电子层只有 1~2 个 s 电子,除氢以外的其他元素都是典型的金属元素,单质中的化学键是金属键,固体是金属晶体。p 区元素可分为三类,从元素 B 到 At 划斜线,线的右上方是典型非金属元素,线的左下方是金属元素,斜线上的元素是两性元素,称为准金属。

p 区非金属元素单质的成键规律一般可按参与成键的价电子数及有关的原子轨道来分析。就价电子数而言,周期表中第 N 族非金属元素,每个原子可以提供 $8-N$ 个价电子与

8−N 个同种元素的原子,形成 8−N 条共价单键。因此在第 N 族非金属单质中,与每个原子邻接的原子数一般为 8−N,称为 8−N 规则。例如,稀有气体(He 除外)的 8−N=0,形成单原子分子;ⅦA 族卤素 8−N=1,形成双原子分子;ⅥA 族的 S,Se 和 Te 的 8−N=2,形成二配位的链形或环形分子;ⅤA 族的 P、As 和 Sb 的 8−N=3,形成三配位的有限分子 P_4、As_4或层状分子;ⅣA 族的 C、Si、Ge 和 Sn 的 8−N=4,则形成四配位的金刚石型大分子结构。图 1.14 说明了 8−N 规则的部分应用。

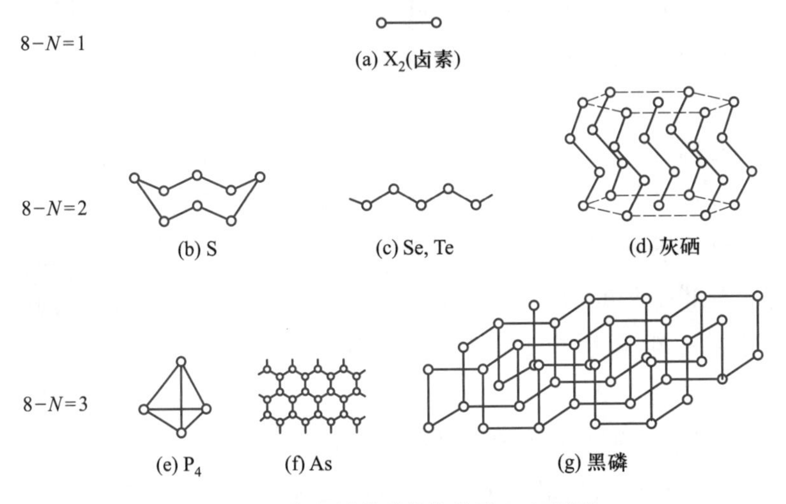

图 1.14　非金属单质的结构及 8−N 规则

在单质结构中若形成了 π 键、多中心键或 d 轨道参与成键,则键型将发生变化,这时形式上就不遵守 8−N 规则。例如,ⅥA 族的 O,ⅤA 族的 N 由于 π 键而形成双原子分子 O_2和 N_2;ⅢA 族的 B 和ⅣA 族的 C 的石墨结构存在多中心键或离域 π 键,键的数目就不等于 8−N 个。

H 的成键数为 2−N=1。

根据上述结构规则,非金属元素的单质结构大致可分为三类:第一类是小分子物质,如单原子的稀有气体及双原子的 X_2(卤素)、O_2、N_2及 H_2分子等,通常状况下是气体,其固体为分子晶体。第二类为多原子分子物质,如 S_8、P_4和 As_4等,在通常状况下是固体,为分子晶体。第三类为大分子物质,如金刚石、晶态硅和硼等,属原子晶体。就周期表来看,ⅠA 族(氢除外)、ⅡA 族及全部副族元素的单质都是金属晶体;0 族元素的单质是分子晶体。其余同族元素的单质从上到下,由分子晶体或原子晶体过渡到金属晶体。

1.6.2　单质的物理性质

单质的晶体结构决定了单质的熔点、沸点和导电性等物理性质。分子晶体的熔点和沸点低、硬度小、不导电;原子晶体的熔点高、硬度大、不导电。同周期主族元素的单质中,金属晶体的熔点、沸点都比原子晶体低,电阻也小,导电能力强。位于周期表阶梯形连线(从 B 到 At)的左下方及右上方元素的单质(碳的单质除外)的熔点、沸点一般都较低。

各周期主族元素以两端元素的熔点及沸点为较低,如第二及第三周期,从左到右,元素单质的熔点逐渐增高,到碳、硅为最高,然后急剧降低。

副族金属单质的熔点、沸点及硬度的变化规律是呈低-高-低形的变化，这种变化是与成单 d 电子参与形成金属键相关，往往 d 电子快达到半满时具有最强的参与成键的作用（d^5半满能量低），因而ⅥB 族的熔点、沸点及硬度达到最高。当 d 轨道全部填满之后，电子占据了金属价轨道组成的全部成键和反键轨道，净成键效应减小，因而使得金属原子间的相互结合力减弱，其结果是ⅡB 族金属具有同一过渡系中最低的熔点、沸点及硬度。

1.6.3 单质的化学性质

1. 金属单质的还原性

大多数金属单质都容易失去价电子显示还原性。

一般说来，s 区元素的单质具有强还原性；Zn 及 p 区元素中的 Al、Sn、Pb 等还原性较强，它们既能与稀酸溶液作用，又能与稀碱溶液作用；第五、第六周期过渡金属的还原性较弱，化学性质稳定，常用于制造耐腐蚀合金。

随着原子序数的增加，同族金属的还原性增强。例如，ⅡA 族金属被 Cl_2 氧化的反应[$M(s)+Cl_2(g) \xlongequal{} MCl_2(s)$]的标准吉布斯自由能变，从上而下负值增加。

M	Be	Mg	Ca	Sr	Ba
$\Delta_r G_m^\ominus/(kJ \cdot mol^{-1})$	-468	-592	-750	-781	-811

随着原子序数的增加，同周期金属的还原性减弱。如果出现不规则性变化，则是另有原因。例如，第四周期从 Sc 到 Zn 元素的电对 M^{2+}/M 的标准电极电势总趋势是负值减小。但 Mn 的还原性大于 Cr 的是 Mn^{2+}的五个未成对 d 电子的特殊的稳定性和 Cr 由 $3d^5 4s^1$转变为 $3d^4$要失去一个 d 电子需消耗较多的能量之故。Cu 的还原性很弱也是因为其电子组态为 $3d^{10}4s^1$。

2. 非金属单质的氧化还原性

大多数非金属元素既可失去电子呈正价，又可得到电子呈负价，所以这些非金属的单质既可能有还原性，又可能有氧化性。

通常，一些非金属单质与另一些非金属元素作用表现出还原性。如 C、S、P 等在一定的条件下被 O_2氧化。

非金属单质与一些金属作用时表现出氧化性。如 O_2、N_2、Cl_2、C 等与金属作用生成氧化物、氮化物、氯化物、碳化物。

在常温常压下，氧与金属的作用的活动性顺序，基本遵守金属的活泼性顺序。即活泼的金属如 K、Na 等容易被 O_2氧化，中等活泼的金属如 Al、Fe 等可以被 O_2氧化。一些较不活泼的金属如 Cu、Hg 等在加热时能被 O_2氧化，一些不活泼的金属如 Pt、Au 等不能被 O_2氧化。

同族非金属元素的氧化性随原子序数的增加而减小，这种变化趋势可以从 Ca 被卤素氧化[$Ca(s)+X_2$(参考态)$\xlongequal{} CaX_2(s)$]的标准吉布斯自由能变看出：

X	F	Cl	Br	I
$\Delta_r G_m^\ominus/(kJ \cdot mol^{-1})$	-1162	-750	-656	-529

一些非金属单质与碱和水作用发生歧化反应，既表现出氧化性，又表现出还原性。例如：

$$3Br_2 + 6NaOH \Longrightarrow 5NaBr + NaBrO_3 + 3H_2O$$

$$P_4 + 3KOH + 3H_2O \Longrightarrow PH_3 + 3KH_2PO_2$$

3. 单质同水的反应

一些化学过程通常是在水介质中进行的，了解单质与水的关系是非常重要的。水的特殊化学性质是其氧化数为+1 的 H^+可以得到电子，氧化数为-2 的 O^{2-}可以失去电子，因而水既可以作为氧化剂，又可以作为还原剂。

单质与水的作用有下列几种类型：

(1) 单质被水氧化伴随释放出 H_2，同时生成水合阳离子

在 pH = 7 时，$E^\ominus(H^+/H_2) = -0.414$ V。所以，凡是还原电极电势 $E^\ominus(M^{n+}/M)$ 小于 -0.414 V 的单质与水作用都有 H_2放出。如 $E^\ominus(Na^+/Na) = -2.714$ V，有

$$2Na(s) + 2H_2O \Longrightarrow 2Na^+(aq) + 2OH^-(aq) + H_2(g)$$

这是碱金属和碱土金属的特征。当生成的氢氧化物能溶于水时反应进行得很快；如果生成的氢氧化物不溶于水或者仅是微溶的，则在金属的表面形成一层薄膜抑制反应的进一步进行。如 $E^\ominus(Zn^{2+}/Zn) = -0.763$ V，pH = 7 时，Zn 却不与 H_2O 作用。这就是因在 Zn 的表面生成了一层氢氧化物薄膜。

这种因反应被抑制或完全被遏制的现象称为钝化。

(2) 单质歧化伴随生成水合阴离子

$$Cl_2(g) + H_2O \Longrightarrow H^+(aq) + Cl^-(aq) + HClO(aq)$$

这是大多数负电性元素单质同水作用的方式。

(3) 单质被水还原伴随释放出 O_2，同时生成水合阴离子

在 pH = 7 时，$E^\ominus(O_2/H_2O) = 0.82$ V。所以，凡是电极电势大于 0.82 V 的单质与水作用都有 O_2放出。如 $E^\ominus(F_2/F^-) = 2.87$ V，有

$$2F_2(g) + 2H_2O \Longrightarrow 4H^+(aq) + 4F^-(aq) + O_2(g)$$

4. 单质与稀酸的作用

单质通过释放 H_2而被氧化，通常在酸溶液中比在水中更普遍、更容易。其理由是：① 体系中 $H^+(aq)$浓度增加可增加电对 H^+/H_2的电极电势，以至于能用这个反应机理同水作用的单质的数量增加；② 体系中大量存在的 $H^+(aq)$可阻止氢氧化物沉淀的生成。例如：

$Co(s) + H_2O$ 不反应[在 pH = 7 时，$E^\ominus(H^+/H_2) = -0.414$ V；$E^\ominus(Co^{2+}/Co) = -0.277$ V]；

$Co(s) + 2H^+ \Longrightarrow Co^{2+}(aq) + H_2(g)$ [在 pH = 0 时，$E^\ominus(H^+/H_2) = 0$ V]。

不过，有些时候，如果单质与酸作用生成了不溶性的或微溶性的产物，会抑制反应的进一步发生。如 $E^{\ominus}(Pb^{2+}/Pb) = -0.126$ V，但 Pb 不与稀盐酸或稀硫酸作用，因为 Pb 同这些酸作用时在其表面上生成了不溶性的 $PbCl_2$ 或 $PbSO_4$ 沉淀，保护 Pb 不受进一步的氧化。

5. 单质同碱的作用

除碱能使有些单质发生歧化作用之外，那些趋向于生成羟基配合物阴离子的元素的单质可以与碱作用。例如：

$$Zn(s) + 2OH^-(aq) + 2H_2O = [Zn(OH)_4]^{2-}(aq) + H_2(g)$$

$$Si(s) + 2OH^-(aq) + H_2O = SiO_3^{2-}(aq) + 2H_2(g)$$

6. 单质与氧化性强于 H^+ 的氧化剂的作用

HNO_3 比 H^+ 具有更强的氧化能力，所以它与 HCl(ag)、稀 H_2SO_4 不同，它不是用 H^+ 进行氧化，而是用 NO_3^- 进行氧化，反应产物与酸的浓度和单质的活泼性有关：

$$Cu(s) + 2NO_3^-(\text{浓}) + 4H^+(aq) = Cu^{2+}(aq) + 2NO_2(g) + 2H_2O$$

$$3Cu(s) + 2NO_3^-(\text{稀}) + 8H^+(aq) = 3Cu^{2+}(aq) + 2NO(g) + 4H_2O$$

$$4Mg(s) + NO_3^-(\text{很稀}) + 10H^+(aq) = 4Mg^{2+}(aq) + NH_4^+(aq) + 3H_2O$$

$$3C(s) + 4NO_3^-(\text{浓}) + 4H^+(aq) = 3CO_2(g) + 4NO(g) + 2H_2O$$

$$S(s) + 6NO_3^-(\text{浓}) + 4H^+(aq) = SO_4^{2-}(aq) + 6NO_2(g) + 2H_2O$$

浓 H_2SO_4 以同样的方式同单质作用，它本身被还原为 SO_2：

$$Cu(s) + SO_4^{2-}(\text{浓}) + 4H^+(aq) = Cu^{2+}(aq) + SO_2(g) + 2H_2O$$

$$P_4(s) + 10SO_4^{2-}(\text{浓}) + 8H^+(aq) = 4PO_4^{3-}(aq) + 10SO_2(g) + 4H_2O$$

1.7 主族元素化合物的周期性性质

1.7.1 分子型氢化物

周期系各主族元素都能生成氢化物。ⅠA 族元素和除 Be、Mg 以外的ⅡA 族元素形成离子型氢化物，其固体是离子晶体。ⅢA→ⅦA 族元素一般形成共价型氢化物，固体为分子晶体。

下面讨论共价型氢化物性质的周期性递变情况。

1. 熔点和沸点

共价型氢化物的熔点和沸点很低，在室温下大多是气态。同周期元素氢化物的熔点和沸点依ⅢA→ⅥA 族逐渐增高，而ⅦA 族元素氢化物的熔点和沸点则较低。同族元素氢化物的熔点和沸点除 NH_3、H_2O 及 HF 外，随元素的原子序数增大而增高。NH_3、H_2O 及 HF 因分子间存在氢键，使它们具有较高的熔点和沸点。

2. 热稳定性

氢化物加热时，能分解为组成元素的单质。元素的电负性越大，与氢形成氢化物的键能越大，生成焓越负，氢化物越稳定。同一周期中，从左到右热稳定性增加；同一族中，自上而下热稳定性减小。这个规律与电负性变化规律一致。

3. 还原性

除了 HF 以外，其他分子型氢化物都有还原性。如果用 H_nA 表示非金属元素的氢化物，显然 H_nA 的还原性是来自 A^{n-}。而 A^{n-} 失电子的能力与其半径和电负性大小有关，在周期表中，从右而左，自上而下，A^{n-} 的半径增大，电负性减小，A^{n-} 失电子的能力依此方向递增，所以氢化物的还原性也按此方向增强。

氢化物的酸碱性将在第 2 章叙述。

1.7.2 氯化物

1. 晶体结构和物理性质

典型电正性金属的氯化物是离子型化合物，固态是离子晶体，熔点和沸点都高，熔融时或溶于水时都能导电。其余主族的金属元素的氯化物都因金属离子的极化作用而具有不同程度的共价性。非金属元素的氯化物是共价型氯化物，固态时为分子晶体，熔点和沸点低，熔融后不能导电。

同周期主族元素可以形成最高氧化态的氯化物，自左而右，从离子型化合物逐渐过渡到共价型化合物。例如，第三周期，NaCl 是离子型化合物，$MgCl_2$ 是以离子键为主的化合物，$AlCl_3$ 由于 Al^{3+} 的电荷高、半径较小、极化力大，故是以共价键为主的化合物，而 $SiCl_4$ 及 PCl_5 都是共价型化合物。所以，自左而右，氯化物的熔点和沸点趋于降低。

同族元素的氯化物，ⅠA 族（除了 Li）都为离子型化合物，固态为离子晶体；ⅦA 族卤素的氯化物都为共价型化合物，固态为分子晶体。其他各族既有非金属的共价型氯化物，又有不同程度离子型的金属氯化物。在同族中自上而下，氯化物中键的离子性增加，熔点和沸点增高。同族共价型氯化物，随相对分子质量增大，分子间力增加，它们的熔点和沸点升高；对于离子型氯化物，一般是随金属半径减小或离子电荷数增高，氯化物的晶格能增加，它们的熔点和沸点升高。

同一金属元素形成氧化态不同的氯化物时，高氧化数的氯化物具有较多的共价性，熔点和沸点较低。这是因为氧化数越高，其极化力越强。

2. 氯化物的水解作用

主族金属元素的氯化物，TlCl 难溶于水，$PbCl_2$ 的溶解度较小，其余的二元氯化物都易溶于水。其中碱金属和碱土金属的氯化物（除 LiCl、$BeCl_2$ 及 $MgCl_2$ 外）溶于水，在水中完全解离而不发生水解；其他金属及 Li、Be、Mg 的氯化物会不同程度地发生水解。

水解一般是分步进行的，有些金属的碱式盐在水中溶解度很小，可沉淀出来：

$$SnCl_2 + H_2O \xlongequal{\quad} Sn(OH)Cl\downarrow + HCl$$

$$SbCl_3 + H_2O \xlongequal{\quad} SbOCl\downarrow + 2HCl$$

$$BiCl_3 + H_2O \xlongequal{\quad} BiOCl\downarrow + 2HCl$$

非金属氯化物，除 CCl_4 和 NCl_3 外均强烈水解生成两种酸：

$$SiCl_4 + 4H_2O \xlongequal{\quad} H_4SiO_4 + 4HCl$$

$$PCl_5 + 4H_2O \xlongequal{\quad} H_3PO_4 + 5HCl$$

$$PCl_3 + 3H_2O \xlongequal{\quad} H_3PO_3 + 3HCl$$

NCl_3 的水解产物是一种酸（HOCl）和一种碱（NH_3），不过，酸和碱不是最终产物，二者还可以发生进一步反应：

$$NCl_3 + 3H_2O \xlongequal{\quad} NH_3 + 3HOCl$$

CCl_4 难水解。

关于主族元素氯化物的水解大致可归纳出以下几条规律：

① 阳离子具有高的电荷和较小的半径，它们对水分子有较强的极化作用，因而易发生水解；反之，低电荷和较大离子半径的离子在水中不易水解。

② 由 8(2)、18 到 18+2 电子构型的阳离子，离子极化作用依次增强，水解变得容易。

③ 共价型化合物水解的必要条件是中心原子必须要有空轨道或具有孤电子对。

上述 $SiCl_4$ 是中心原子具有空轨道的例子，发生的是亲核水解反应。亲核水解的产物是中心原子直接与羟基氧原子成键。水分子中的氧原子上的孤电子对首先进攻中心原子 Si 的空 d 轨道，$SiCl_4$ 作为电子对的接受体接受电子并生成一个配位中间体 $SiCl_4(OH_2)$，其中心原子 Si 的杂化态由 sp^3 变为 sp^3d，而后脱去一个 HCl 分子，变回 sp^3 杂化态；然后再发生类似的亲核水解，逐步脱去氯原子生成 $Si(OH)_4$ 水解产物：

$$\underset{sp^3}{SiCl_4} + H_2O \longrightarrow \underset{sp^3d}{SiCl_4(OH_2)} \xrightarrow{-HCl} \underset{sp^3}{Si(OH)Cl_3} \xrightarrow{+H_2O} \cdots\cdots \xrightarrow{-HCl} \underset{sp^3}{Si(OH)_4}$$

这一过程首先需要中心原子有可提供使用的空轨道（在这里，Si 的空轨道是 d 轨道）。水解过程还包括构型转变（$sp^3 \to sp^3d \to sp^3 \to \cdots \to sp^3$）、键的生成与消去的变化过程。

$$SiCl_4 + 4H_2O \xlongequal{\quad} H_4SiO_4 + 4HCl \qquad \Delta_r G_m^\ominus = -138.9\ kJ \cdot mol^{-1}$$

NCl_3是中心原子具有孤电子对的例子，发生的是亲电水解反应。亲电水解的产物是中心原子直接与氢原子成键。首先由水分子中的氢原子进攻中心原子上的孤电子对，生成$Cl_3N\cdots H\cdots OH$，然后再发生键的断裂与消去的变化过程。

$$NCl_3 + H_2O \longrightarrow Cl_3N\cdots H\cdots OH \xrightarrow{-HOCl} NHCl_2 \xrightarrow{+H_2O} \cdots\cdots \xrightarrow{-HOCl} NH_3$$

NF_3虽与NCl_3同构但却难水解，其原因是：① 由于 F 的电负性很大，使得NF_3的碱性（给电子性）比NCl_3的小，因而亲电水解很难发生；② 由于 N—F 键的键能大，不易断裂。这些原因都使得NF_3不易发生水解作用。

PCl_3是中心原子既有空轨道（d 轨道，可以接受孤电子对进攻）又有孤电子对（可以接受质子的亲电进攻），加上PCl_3中配位数仅为 3，远远未达到第三周期最大的配位数 6 这一数值，所以PCl_3可以同时发生亲核和亲电水解反应：

$$\underset{sp^3}{PCl_3} + H_2O \longrightarrow \underset{sp^3d}{HPCl_3(OH)} \xrightarrow[-HCl]{+H_2O} \underset{sp^3}{HPOCl_2} + H_2O$$

$$\underset{sp^3}{(HPOCl_2\cdot H_2O)} \xrightarrow[-HCl]{+H_2O} \underset{sp^3}{HPOCl(OH)} + H_2O \xrightarrow{-HCl} \underset{sp^3}{HPO(OH)_2}$$

PCl_3在第一步发生亲电水解后，不再具有孤电子对，其后只能发生水分子的亲核进攻，其间也发生了构型转变及键的断裂与消去的变化过程。PCl_3水解的产物是H_3PO_3。

CCl_4难水解是 C 的价轨道已用于成键且又没有孤电子对之故。

④ 温度对水解反应的影响较大，是主要的外因，温度升高水解加剧。

⑤ 不完全亲核水解的产物为碱式盐[如 Sn(OH)Cl、BiOCl]，完全亲核水解的产物为氢氧化物[如$Al(OH)_3$]或含水氧化物、含氧酸（如H_2SiO_3、H_3PO_4）等，这个产物顺序与阳离子的极化作用增强顺序一致。低价金属离子水解其产物一般为碱式盐，高价金属离子水解产物一般为氢氧化物（或含水氧化物），正氧化态的非金属元素的水解产物一般为含氧酸。

⑥ 水解反应也常伴有其他反应，如配位：

$$3SnCl_4 + 3H_2O \longrightarrow SnO_2 \cdot H_2O + 2H_2SnCl_6$$

除碱金属及碱土金属（Be 除外）外的大多数主族金属的氯化物皆能与Cl^-形成配离子。如$[SnCl_6]^{2-}$、$[PbCl_4]^{2-}$、$[BeCl_4]^{2-}$、$[AlCl_4]^-$、$[AlCl_6]^{3-}$、$[InCl_5]^{2-}$、$[TlCl_6]^{3-}$、$[SnCl_3]^-$、$[PbCl_6]^{2-}$、$[SbCl_6]^-$及$[BiCl_5]^{2-}$等。

3. 氯化物的稳定性

同一元素生成氧化态不同的氯化物时,低氧化态的氯化物比高氧化态的氯化物稳定。例如,$PbCl_2$相当稳定,$PbCl_4$却极易分解:

$$PbCl_4 \longequal PbCl_2 + Cl_2$$

PCl_5在 573 K 以上能完全分解为 PCl_3和 Cl_2:

$$PCl_5 \longequal PCl_3 + Cl_2$$

离子型氯化物相对于同一金属离子的其他卤化物的稳定性,一般是氟化物稳定性较大,此后按 Cl—Br—I 次序下降,可以设计一个热化学循环来进行讨论。

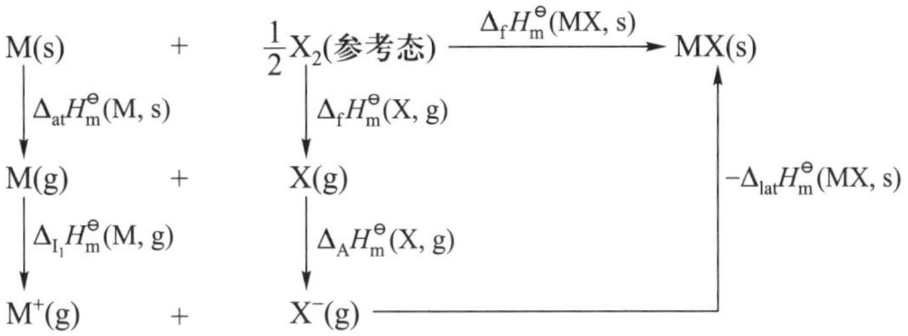

$$\begin{array}{ccccc}
M(s) & + & \frac{1}{2}X_2(\text{参考态}) & \xrightarrow{\Delta_f H_m^\ominus(MX,\,s)} & MX(s) \\
\downarrow \Delta_{at}H_m^\ominus(M,\,s) & & \downarrow \Delta_f H_m^\ominus(X,\,g) & & \uparrow \\
M(g) & + & X(g) & & -\Delta_{lat}H_m^\ominus(MX,\,s) \\
\downarrow \Delta_{I_1}H_m^\ominus(M,\,g) & & \downarrow \Delta_A H_m^\ominus(X,\,g) & & \uparrow \\
M^+(g) & + & X^-(g) & \longrightarrow & \longrightarrow
\end{array}$$

$$\Delta_f H_m^\ominus(MX,s) = [\Delta_{at}H_m^\ominus(M,s) + \Delta_{I_1}H_m^\ominus(M,g)] + [\Delta_f H_m^\ominus(X,g) + \Delta_A H_m^\ominus(X,g)] - \Delta_{lat}H_m^\ominus(MX,s)$$

其中,$\Delta_{at}H_m^\ominus(M,s)$是金属 M 的原子化焓,是过程 $M(s) \longrightarrow X(g)$的焓变;

$\Delta_{I_1}H_m^\ominus(M,g)$气态金属原子 M 的第一电离焓,是过程 $M(g) - e^- \longrightarrow M^+(g)$的焓变;

$\Delta_f H_m^\ominus(X,g)$是气态卤原子 X 的标准生成焓,是过程$\frac{1}{2}X_2(\text{参考态}) \longrightarrow X(g)$的焓变;

$\Delta_A H_m^\ominus(X,g)$是气态卤原子 X 的电子亲和焓,是过程 $X(g) + e^- \longrightarrow X^-(g)$的焓变,符号与热力学习惯相同;

$\Delta_{lat}H_m^\ominus(MX,s)$是 MX(s)的晶格焓,是过程 $MX(s) \longrightarrow M^+(g) + X^-(g)$的焓变;

$\Delta_f H_m^\ominus(MX,s)$是 MX(s)的标准生成焓,是过程$\frac{1}{2}X_2(\text{参考态}) + M(s) \longrightarrow MX(s)$的焓变。

从 F→I,卤化物的标准生成焓依次下降,这是因为对同种金属的不同卤化物,$\Delta_{at}H_m^\ominus(M,s)$和 $\Delta_{I_1}H_m^\ominus(M,g)$是相同的,$\Delta_f H_m^\ominus(X,g)$、$\Delta_A H_m^\ominus(X,g)$和 $\Delta_{lat}H_m^\ominus(MX,s)$不同,它们的大小次序是

$\Delta_f H_m^\ominus(X,g)$:F < Cl > Br > I;

$\Delta_A H_m^\ominus(X,g)$:F < Cl > Br > I;

$\Delta_{lat}H_m^\ominus(MX,s)$:F ≫ Cl > Br > I;

$\Delta_f H_m^\ominus(MX,s)$:MF < MCl < MBr < MI。

从而有稳定性:MF > MCl > MBr > MI。

对分子型卤化物的稳定性同样也可以设计一个热化学循环来讨论,现以 PX_3为例:

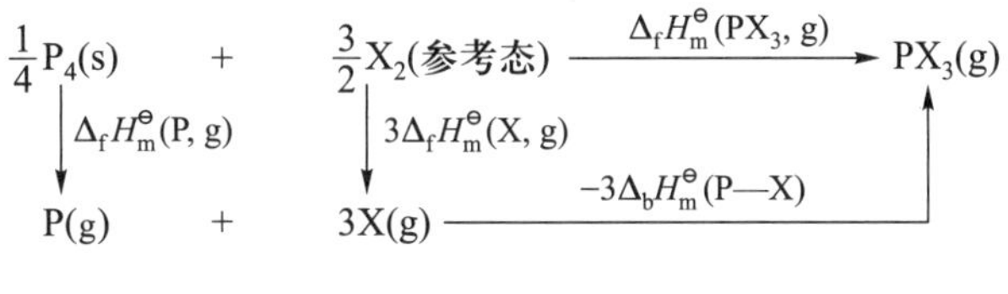

$$\begin{array}{ccccc}
\frac{1}{4}P_4(s) & + & \frac{3}{2}X_2(\text{参考态}) & \xrightarrow{\Delta_f H_m^\ominus(PX_3,\,g)} & PX_3(g) \\
\downarrow \Delta_f H_m^\ominus(P,\,g) & & \downarrow 3\Delta_f H_m^\ominus(X,\,g) & & \uparrow \\
P(g) & + & 3X(g) & \xrightarrow{-3\Delta_b H_m^\ominus(P—X)} & \longrightarrow
\end{array}$$

$$\Delta_f H_m^\ominus(PX_3,g)=\Delta_f H_m^\ominus(P,g)+3\Delta_f H_m^\ominus(X,g)]-3\Delta_b H_m^\ominus(P—X)$$

对于同一元素的不同卤化物来说，$\Delta_f H_m^\ominus(P,g)$是相同的，$\Delta_f H_m^\ominus(PX_3,g)$只取决于$\Delta_f H_m^\ominus(X,g)$和 P—X 键的键焓 $\Delta_b H_m^\ominus(P—X)$，也即分子型卤化物的稳定性与 X 的生成焓和所形成的 P—X 键焓的大小有关。

已知 $\Delta_f H_m^\ominus(X,g)$：$F < Cl > Br > I$；

$\Delta_b H_m^\ominus(P—X)$：$P—F > P—Cl > P—Br > P—I$；

得到 $\Delta_f H_m^\ominus(PX_3,g)$：$PF_3 < PCl_3 < PBr_3 < PI_3$；

稳定性：$PF_3 > PCl_3 > PBr_3 > PI_3$。

1.7.3　氧化物及其水合物

1. 氧化物的晶体结构与物理性质

绝大部分金属氧化物中化学键为离子键，固态是离子晶体。非金属氧化物中化学键为共价键，固态是分子晶体或原子晶体。离子晶体和原子晶体氧化物的熔点和沸点一般都较高，如第二、三周期的这类氧化物的熔点，大多在 1800~3300 K。分子晶体氧化物的熔点和沸点都较低，不少这类化合物在室温时已呈气态。

2. 氧化物在水中的溶解度

ⅠA 族元素的氧化物与水作用，形成可溶性的氢氧化物；ⅡA 族轻元素的氧化物与水作用，生成难溶于水的氢氧化物，如 $Mg(OH)_2$、$Ca(OH)_2$等；其他主族金属元素的氧化物，既不溶于水也不和水作用。

非金属元素中，除 NO 和 CO 不溶于水也不与水作用外，其他非金属氧化物，大多与水作用生成相应的酸。

3. 最高氧化态氧化物的水合物

主族元素最高氧化态氧化物的水合物可用 $E(OH)_n$表示，其中 n 为元素 E 的最高氧化态。但 E 周围结合羟基的数目常常低于 n，这与 E 的电荷及半径大小有关。一般来说，E 的电荷越高，半径越大，能结合的羟基的数目越多。但通常地，E 的电荷很高时，其半径往往很小，其周围的空间就容纳不了很多的羟基，此时便发生脱水。脱水的结果不改变 E 的氧化态，但却能满足空间的限制。这种空间限制具体体现在 E^{n+}的配位数上，一般地，E^{n+}的配位数可由 E^{n+}和 OH^-的半径比决定。例如，半径比在 0.1~0.3 的元素，其配位数通常不超过 4：

E^{n+}	B^{3+}	C^{4+}	N^{5+}	Si^{4+}	P^{5+}	S^{6+}	Cl^{7+}
$r_{E^{n+}}/r_{OH^-}$	0.15	0.11	0.08	0.30	0.25	0.21	0.19
$E(OH)_n$	$B(OH)_3$	$C(OH)_4$	$N(OH)_5$	$Si(OH)_4$	$P(OH)_5$	$S(OH)_6$	$Cl(OH)_7$
		↓$-H_2O$	↓$-2H_2O$	↓$-H_2O$	↓$-H_2O$	↓$-2H_2O$	↓$-3H_2O$
脱水产物	不脱水	H_2CO_3	HNO_3	H_2SiO_3	H_3PO_4	H_2SO_4	$HClO_4$

在脱水后的氢氧化物分子中存在着 E—O 及 O—H 两种极性键，EOH 在水中有两种解离方式：

$$EOH \longrightarrow E^{+} + OH^{-} \quad 碱式解离$$

$$EOH \longrightarrow EO^{-} + H^{+} \quad 酸式解离$$

EOH 究竟按碱式解离还是按酸式解离,取决于元素 E 的 ϕ(ϕ 为离子势,$\phi = Z/r$,r 单位 pm),若 E 的 ϕ 值大,极化作用强,氧原子的电子云偏向 E^{n+},结果是 O—H 键的极性增强,EOH 以酸式解离为主。相反,如果 E 的 ϕ 值小,O—H 的极性小,EOH 倾向于碱式解离。可以按照$\sqrt{\phi}$作定量判断:$\sqrt{\phi} > 0.32$,酸式解离,$0.22 \leqslant \sqrt{\phi} \leqslant 0.32$,两性,$\sqrt{\phi} < 0.22$,碱式解离。

同周期元素从左而右,半径减小、电荷增加;同族元素从上而下,电荷不变,半径增加。因此,元素最高氧化态氧化物的水合物:

① 对于同周期元素,从左而右,酸性增强,碱性减弱。

② 对于同族元素,从上而下,酸性减弱,碱性增强。

一种元素若有不同氧化态的氧化物,若氧化态越低、半径越大,则其水合物的酸性越小,碱性越强。

4. 无机含氧酸的氧化性

无机含氧酸的氧化还原规律比较复杂,它与很多因素有关,其中以无机含氧酸的结构和热力学因素对氧化还原稳定性的影响最大。

无机含氧酸的氧化性是指含氧酸获得电子被还原的能力的高低,更确切地说是指含氧酸的中心原子获得电子变成某一稳定还原态的能力的高低,这一还原态往往是指氧化数为 0 的单质态,但对某些元素如氯来说,因氯单质为气态且氧化能力很强,所以选取了另一个同处于溶液的更稳定的 Cl^{-}作为还原态基准。

无机含氧酸的氧化能力表现在中心原子结合电子被还原的难易。中心原子结合电子的能力越强,酸越容易被还原,即酸的氧化性越强。原子结合电子的能力可用电负性大小来表示。显然,含氧酸中心原子电负性越大,越容易获得电子而被还原,因而氧化性也就越强。考察主族元素电负性随原子序数的变化规律与其最高氧化态含氧酸氧化性变化规律可以发现它们基本上相符合。

副族元素的含氧酸的氧化性比主族元素的要复杂,说明除此之外,还须考虑其他因素。

中心原子与氧原子之间的键(E—O 键)的强度(或键能)也决定含氧酸的氧化性。因为当含氧酸还原为低价或单质的过程必定涉及 E—O 键的断裂。因此,E—O 键越强,破坏 E—O 键所需的能量越高。当然,被破坏的 E—O 的数目越多,所需的能量也会越多,含氧酸也就越稳定,氧化性就越弱。

影响 E—O 键强度的因素有中心原子的电子层结构、成键情况及 H^{+}的反极化作用等。

表 1.23 示出 p 区元素最高氧化态含氧酸的电极电势。同一周期从左到右氧化性递增。例如,第三周期的 H_4SiO_4和 H_3PO_4几乎无氧化性,但是浓 H_2SO_4和 $HClO_4$都有强氧化性。

同类型的低氧化态含氧酸离子也有此趋向,如 $HClO_3$和 $HBrO_3$的氧化性分别比 H_2SO_3和 H_2SeO_3的强。

表 1.23　p 区元素最高氧化态含氧酸的电极电势

周期	ⅢA	$E^\ominus(E^{Ⅲ}/E^{Ⅱ})/V$	ⅣA	$E^\ominus(E^{Ⅳ}/E^{Ⅱ})/V$	ⅤA	$E^\ominus(E^{Ⅴ}/E^{Ⅲ})/V$	ⅥA	$E^\ominus(E^{Ⅵ}/E^{Ⅳ})/V$	ⅦA	$E^\ominus(E^{Ⅶ}/E^{Ⅴ})/V$
2	H_3BO_3	-0.87	H_2CO_3	0.48	HNO_3	0.79				
3	$Al(OH)_3$	-1.47	H_4SiO_4	-0.84	H_3PO_4	-0.28	H_2SO_4	0.17	$HClO_4$	1.19
4	$Ga(OH)_3$	-0.42	H_2GeO_3	-0.36	H_3AsO_4	0.56	H_2SeO_4	1.15	$HBrO_4$	1.76
5	$In(OH)_3$	-0.43	$H_2Sn(OH)_6$	0.15	$HSb(OH)_6$	0.58	H_6TeO_6	1.06	H_5IO_6	1.70
6	$Tl(OH)_3$	1.26	PbO_2	1.46	Bi_2O_5	1.6	PoO_3	~1.5		

在同一主族中，元素的最高氧化态含氧酸的氧化性，多数随原子序数增加呈锯齿形升高，呈现出第二周期性。第三周期元素含氧酸的氧化性有下降趋势，第四周期元素含氧酸的氧化性有升高趋势，有些在同族元素中居于最强地位。第六周期元素含氧酸的氧化性比第五周期元素的强得多，这与它们的中心原子的 $6s^2$ 电子对的惰性有关。这些元素倾向于保留 $6s^2$ 电子而处于低氧化态。

同一元素不同价态的含氧酸，通常是高价态酸的氧化能力弱（指还原为同一低价态而言），但也有例外。其原因据认为是与不同氧化态的中心原子与氧生成的 E—O 键的性质、需要断裂的 E—O 键的数目及结构因素都影响含氧酸（根）的氧化性。E—O 键的强度及它在一个分子中的成键数与中心原子 E 的电子构型、氧化态、原子半径、成键情况，以及分子中的 H^+ 对它的反极化作用等因素有关。

各含氧酸（根）在酸性介质中的氧化性比在碱性介质中的强。这是因为含氧酸在酸性溶液中还原时的产物之一为水，而在碱性溶液中还原时需消耗水。

如 ClO_4^- 在酸性溶液中还原：

$$ClO_4^- + 8H^+ + 8e^- \xlongequal{} Cl^- + 4H_2O \quad E_1^\ominus = 1.34\ V$$

ClO_4^- 在碱性溶液中还原：

$$ClO_4^- + 4H_2O + 8e^- \xlongequal{} Cl^- + 8OH^- \quad E_2^\ominus = 0.51\ V$$

生成水有能量放出，消耗水需要能量。因此，这种能量效应必然对含氧酸的氧化性产生影响。

其次，在酸性介质中，HClO 和 $HClO_2$ 等弱电解质中因 H^+ 产生的强的反极化作用，使 Cl—O 之间的电子向 H^+ 转移，导致中心 Cl 原子正电性增强，接受电子的趋势增大，氧化能力增强。

在碱性介质中，氯的含氧酸（根）的氧化性按 $ClO^- > ClO_2^- > ClO_3^- > ClO_4^-$ 的顺序而变化。其变化规律可从下面两方面的原因进行解释。

（1）结构因素

含氧酸（根）结构的对称性越高，稳定性越高，表现为含氧酸（根）的氧化性越低，原因是外来电子选择最佳位置进攻这一分子或离子并进入中心原子价层轨道的难度越大。

表 1.24 示出氯的各种含氧酸根的结构及其 Cl—O 键的性质参数。

表 1.24 氯的各种含氧酸根的结构及其 Cl—O 键的性质参数

含氧酸根	酸根中的 Cl—O 数目	Cl 上的孤电子对对数	结构	Cl—O 键键长 / nm	Cl—O 键键能 / $kJ \cdot mol^{-1}$
ClO^-	1	3	直线形	0.170	209
ClO_2^-	2	2	V 形	0.164	244.5
ClO_3^-	3	1	三角锥形	0.157	243.7
ClO_4^-	4	0	正四面体形	0.145	363.5

在氯的含氧酸根中,中心氯原子均以 sp^3 杂化(不等性和等性)轨道与氧原子形成 σ 键。

在含有孤电子对的不等性杂化轨道中,由孤电子对占据的杂化轨道的 s 成分较多、能量较低,而由成键电子占据的杂化轨道的 s 成分少、能量较高。

这样,ClO^- 中成键电子的 s 成分最少,能量最高,Cl—O 键强度最小。相反,ClO_4^- 中的成键电子的 s 成分最多,能量最低,Cl—O 键强度最大。

此外,从空间构型看,ClO_4^- 结构对称性好(正四面体形),氯原子被 4 个氧原子包在中心,不易与还原剂接触,所以 ClO_4^- 最稳定。ClO_3^- 和 ClO_2^- 分别为三角锥形和 V 形,ClO^- 为直线形。显然,ClO^- 中的氯原子最容易与还原剂接触而被还原,氧化性最强。

在酸性介质中,$HClO_2$ 的氧化性最强(设还原产物均为 Cl^-)。根据对 $HClO_2$ 的结构的量子化学计算的结果发现其四个原子不在一个平面,HClO 和 OClO 两个三角形平面间的夹角为 80.4°(图 1.15)。所以亚氯酸没有对称元素。而 HClO 的三个原子处于一个平面,该平面就是分子的对称面。$HClO_2$ 的对称性比 HClO 的对称性低。根据此结果,$HClO_2$ 的氧化性强于 HClO 的氧化性不难理解。

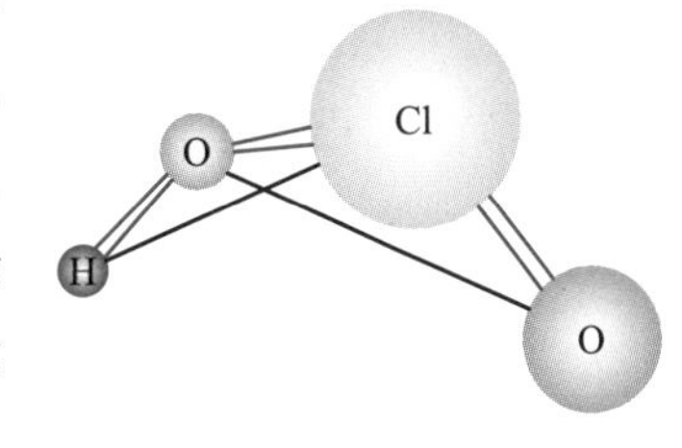

图 1.15 亚氯酸结构计算图

(2) 能量因素

从能量的角度来说,氧化反应放出的能量越多,氧化性越强。设氯的含氧酸根的被还原产物均为 Cl^-,其氧化性的相对强弱主要取决于拆开 Cl—O 键的难易程度。

显然,Cl—O 键的键能越大,氧化性越弱。

根据 Pauling 的电中性原理,每个原子上的形式电荷应等于 0 或近似等于 0。

如 ClO_4^-,其中的 $Cl^{Ⅶ}$,集中了太多的正电荷,显然,只有与能分散其正电荷的原子结合才能稳定存在。作为一种双给配体,O^{2-} 就能满足这个要求,一方面 O^{2-} 能向 $Cl^{Ⅶ}$ 提供 σ 电子生成 σ 键,另一方面又能提供 pπ 电子,生成 p-d π 键。二者均能中和其正电荷。

$$O \xrightarrow[\text{p-d}\pi]{\sigma} Cl^{Ⅶ}$$

由于从 $Cl^{Ⅰ}$ 到 $Cl^{Ⅶ}$,半径变小,杂化轨道和 d 轨道都随之变小,σ 键和 p-d π 键的强度都增大,所以 Cl—O 键的断裂变难,对应的含氧酸根的氧化性变弱。

除此之外,随着含氧酸根含氧数的增加,在被还原过程中,需被断裂的 Cl—O 键的数目越多,因而也越稳定。

含氧酸分子中存在着 H^+对含氧酸中心原子的反极化作用,使 E—O 键易于断裂。所以对于同一元素来说,一般是弱酸的氧化性强于稀的强酸的氧化性。如 H_2SO_3的氧化性强于稀 H_2SO_4的。这是由于弱含氧酸的中心原子的价态低,弱酸的解离度小,稀的强酸可认为 H^+已被完全解离。但在浓的强酸溶液中,也存在着自由的酸分子,因而也表现出强的氧化性,如浓 H_2SO_4等。

1.7.4 无机含氧酸盐的溶解性和热稳定性

1. 含氧酸盐的溶解性

常见的无机含氧酸盐多属于离子化合物,它们中绝大部分钠盐、钾盐、铵盐及酸式盐都是易溶于水的,其他含氧酸盐在水中的溶解性可归纳如下:

硝酸盐、高氯酸盐都易溶于水;硫酸盐大多数溶于水,但ⅡA 族的 Sr^{2+}、Ba^{2+}及 Pb^{2+}的硫酸盐难溶于水,Ca^{2+}、Ag^+及 Hg_2^{2+}的硫酸盐微溶于水;碳酸盐大多数不溶于水,其中又以 Ca^{2+}、Sr^{2+}、Ba^{2+}和 Pb^{2+}的碳酸盐溶解度最小;磷酸盐大多不溶于水。

对于这些不完整的规律,下面将从热力学的角度来进行分析,看能给我们些什么样的启迪。

离子化合物的溶解过程可以设计成如下的热力学循环:

$$\begin{array}{ccccc} M_cX_a(s) & \xrightarrow{\Delta_{sol}H_m^\ominus(M_cX_a,\,s)} & cM^{a+}(aq) & + & aX^{c-}(aq) \\ \downarrow & & \uparrow c\Delta_{hyd}H_m^\ominus(M^{a+},\,g) & & \uparrow a\Delta_{hyd}H_m^\ominus(X^{c-},\,g) \\ & \xrightarrow{\Delta_{lat}H_m^\ominus(M_cX_a)} & cM^{a+}(g) & + & aX^{c-}(g) \end{array}$$

$$\Delta_{sol}H_m^\ominus(M_cX_a,s)=\Delta_{lat}H_m^\ominus(M_cX_a)+c\Delta_{hyd}H_m^\ominus(M^{a+},g)+a\Delta_{hyd}H_m^\ominus(X^{c-},g)$$

其中 $\Delta_{sol}H_m^\ominus(M_cX_a,s)$为 $M_cX_a(s)$的标准溶解焓,是过程 $M_cX_a(s) \longrightarrow cM^{a+}(aq)+aX^{c-}(aq)$的焓变。显然,电荷高、半径小的离子所形成的盐的晶格焓较大,破坏这种晶格所需的能量较高,这对 M_cX_a化合物的溶解是不利的。但电荷高、半径小的离子与水结合形成水合离子所释放的能量也多,这对溶解又是有利因素。

两个互相矛盾的因素综合考虑的结果是:阴、阳离子半径相差大的比相差小的更易溶。这是因为,根据晶格焓和水合焓的经验公式,它们与离子半径的关系可表示为

$$\Delta_{lat}H_m^\ominus(M_cX_a)\propto\frac{1}{r_++r_-},\quad \Delta_{hyd}H_m^\ominus(M^{a+},g)\propto-\frac{1}{r_+},\quad \Delta_{hyd}H_m^\ominus(X^{c-},g)\propto-\frac{1}{r_-}$$

在晶格焓表达式中,r_+或 r_-若某一个小,则容易被另一个大者所覆盖,所得的结果是 $\Delta_{lat}H_m^\ominus(M_cX_a)$ 变化不大。

但在水合焓表达式中,如果 r_+或 r_-某个很小,就意味着 $\Delta_{hyd}H_m^\ominus(M^{a+},g)$或 $\Delta_{hyd}H_m^\ominus(X^{c-},g)$

负值很大，因而有利于 $\Delta_{sol}H_m^{\ominus}(M_cX_a,s)$ 变负。

所以，阴、阳离子大小相差悬殊（即 r_+/r_- 很小），离子水合作用在溶解过程中占优势。结果是在性质相似的大阴离子盐的系列中，阳离子半径越小，该盐越易溶解，如溶解性 $NaClO_4>KClO_4>RbClO_4$。反之，若阴、阳离子半径相差不多，则晶格焓在溶解过程中有较大的影响。离子电荷高、半径小的离子组成的盐一般是难溶的（晶格焓大）。如碱土金属及许多过渡金属的碳酸盐、磷酸盐等都是难溶盐。

然而，如果仅用溶解焓来判断盐的溶解性，有时会得出错误的结论。例如，$NaNO_3$ 溶解焓为 19.4 $kJ\cdot mol^{-1}$，却易溶于水，$Ca_3(PO_4)_2$ 溶解焓为 −51 $kJ\cdot mol^{-1}$，却难溶于水。这是由于盐的溶解性不仅同盐溶解时的焓变有关，而且也同伴随溶解发生的熵变有关。即在溶解时，破坏规则排列的离子晶格和溶剂分子的有序排布，将伴随着大的且有利于晶体溶解的熵变。但另一方面，由于溶剂化作用，溶剂分子有规则地在离子周围取向，这将使伴随溶解而产生的熵变减小。总之，在考察盐的溶解性时，必须考虑溶解焓变和熵变两个因素，即考虑溶解过程的吉布斯自由能变。

例如，KI 溶于水，在溶解过程中，$\Delta_{sol}H_m^{\ominus}=20.63\ kJ\cdot mol^{-1}$，$\Delta_{sol}S_m^{\ominus}=108.8\ J\cdot mol^{-1}\cdot K^{-1}$，则在 298 K 时，$\Delta_{sol}G_m^{\ominus}=\Delta_{sol}H_m^{\ominus}-T\Delta_{sol}S_m^{\ominus}=20.63\ kJ\cdot mol^{-1}-298\ K\times108.8\times10^{-3}\ kJ\cdot mol^{-1}\cdot K^{-1}=-11.8\ kJ\cdot mol^{-1}$。

即在 KI 溶解过程中，$\Delta_{sol}H_m^{\ominus}$ 为正值，但由于熵变增大，故在 298 K 时，$\Delta_{sol}G_m^{\ominus}$ 仍为负值，KI 仍有较大的溶解度［293 K，144 g KI/(100 g H_2O)］。但是，如果某种盐在溶解过程中焓变有足够大的正值，熵效应项不能超过它，则此类盐就难溶于水，如 $BaSO_4$、CaF_2 等便属于此。

一般地，离子电荷低、半径大，溶解过程中熵变多为正值；相反，离子电荷高、半径小，熵变多为负值。

2. 无机含氧酸盐的热稳定性

无机含氧酸盐受热会发生分解反应。分解产物的类型、分解反应的难易由于盐的种类不同而有很大差别。

许多含有结晶水的含氧酸盐受热失水或首先溶化在自己的结晶水中，进一步加热发生逐步脱水，最后变为无水盐。

$$Na_2CO_3\cdot10H_2O\xrightarrow{305\ K}Na_2CO_3\cdot7H_2O\xrightarrow{308\ K}Na_2CO_3\cdot H_2O\xrightarrow{373\ K}Na_2CO_3$$

但也有一些含氧酸盐的水合物受热后并不能获得无水盐，而是发生水解反应生成碱式盐甚至变成氢氧化物。例如：

$$Mg(NO_3)_2\cdot6H_2O\xrightarrow{362\ K}Mg(NO_3)_2\cdot2H_2O\xrightarrow{405\ K}Mg(OH)NO_3$$

一些无水含氧酸盐加热可以得到相应的氧化物或碱和酸的相互作用产物。例如：

$$CaCO_3\xrightarrow{1170\ K}CaO+CO_2\uparrow$$

$$(NH_4)_2SO_4\xrightarrow{\triangle}NH_3\uparrow+NH_4HSO_4$$

在无水含氧酸盐的热分解反应中,这是最常见的一种类型。

许多无水酸式含氧酸盐受热后,其阴离子可能缩合失水,进一步又聚合成多聚离子。例如:

$$\underset{}{NaH_2PO_4} \xrightarrow{523\ K} \underset{\text{二聚体}}{(NaPO_3)_2} \xrightarrow{778\ K} \underset{\text{三聚体}}{(NaPO_3)_3} \xrightarrow{880\ K} \underset{\text{多聚体}}{(NaPO_3)_6}$$

上述热分解反应都没有电子的转移,即它们都不是氧化还原反应。还有两类热解反应,在反应过程中都有电子的转移。其中一类是自身氧化还原反应,另一类是歧化反应。

自身氧化还原反应包括阴离子氧化阳离子的反应和阳离子氧化阴离子的反应。例如:

$$NH_4NO_2 \xrightarrow{>443\ K} N_2 + 2H_2O$$

$$AgNO_2 \xrightarrow{431\ K} Ag + NO_2$$

自身氧化还原反应的特点是不仅含氧酸盐内部有电子的转移,而且这种电子的转移往往是在不同元素之间进行的。

歧化反应包括阳离子的歧化或阴离子的歧化。歧化时,电子的转移发生在同种元素的不同原子之间。例如:

$$Hg_2CO_3 \xrightarrow{\triangle} HgO + Hg + CO_2$$

$$3NaClO \xrightarrow{>348\ K(\text{水溶液})} 2NaCl + NaClO_3$$

常见的无机含氧酸盐的热稳定性与含氧酸的种类有很大的关系,也和金属阳离子的种类密切相关。一般地,含氧酸较稳定时,含氧酸盐的热稳定性也较大。如硫酸、磷酸的热稳定性较大,故形成的盐热稳定性也较大,这些盐发生热分解的温度也较高。相反,碳酸盐、硝酸盐、氯酸盐热稳定性偏低,分解温度相应地也较低。

ⅠA、ⅡA 族金属的硫酸盐、硝酸盐、碳酸盐热稳定性较高,其他族金属的这三类盐易分解。不同金属的含氧酸盐的热稳定性次序是ⅠA 族金属 > ⅡA 族金属 > 过渡金属。

同族元素的同种含氧酸盐,由上到下,热稳定性增大。

下面从ⅡA 族金属的碳酸盐作为代表对含氧酸盐的热稳定性进行热力学分析:

$$\begin{array}{ccccc} MCO_3(s) & \xrightarrow{\Delta_d H_m^\ominus(MCO_3,\,s)} & MO(s) & + & CO_2(g) \\ \Big\downarrow {\scriptstyle \Delta_{lat}H_m^\ominus(MCO_3,\,s)} & & \Big\uparrow {\scriptstyle -\Delta_{lat}H_m^\ominus(MO,\,s)} & & \\ M^{2+}(g)+CO_3^{2-}(g) & \xrightarrow{x} & M^{2+}(g)+O^{2-}(g) & + & CO_2(g) \end{array}$$

$$\Delta_d H_m^\ominus(MCO_3, s) = \Delta_{lat} H_m^\ominus(MCO_3, s) - \Delta_{lat} H_m^\ominus(MO, s) + x$$

式中 $\Delta_d H_m^\ominus$ 为分解焓。x 是指 $CO_3^{2-}(g) \longrightarrow O^{2-}(g) + CO_2(g)$ 的焓变,通常 $x > 0$(可根据各物种的 $\Delta_f H_m^\ominus$ 求出),但对于不同金属的碳酸盐而言,x 相同。这样,碳酸盐分解过程的热效应大小,只与碳酸盐及氧化物的晶格焓的相对大小有关。

根据晶格焓的经验公式，于是得到：

$$\Delta_d H_m^\ominus(MCO_3,s)=f_1\frac{1}{r_{M^{2+}}+r_{CO_3^{2-}}}-f_2\frac{1}{r_{M^{2+}}+r_{O^{2-}}}+x$$

对 MCO_3，其中 f_1、f_2 及 x 均为常数，且 $f_1=f_2$。

已知 CO_3^{2-} 的离子半径大于 O^{2-} 的半径，所以对半径较大的 CO_3^{2-}，随 M^{2+} 半径增大，$\Delta_{lat}H_m^\ominus(MCO_3,s)$ 减小较为缓慢，但对离子半径较小的 O^{2-}，则随 M^{2+} 半径增大，$\Delta_{lat}H_m^\ominus(MO,s)$ 迅速减小。所以，对于分解反应的热效应 $\Delta_d H_m^\ominus$，随着阳离子半径的增大，$\Delta_d H_m^\ominus$ 依次变大，即由 $Mg^{2+}\rightarrow Ba^{2+}$，碳酸盐的热稳定性依次增大，分解温度将逐渐升高。

其具体的分解温度可根据热力学数据算出。对于碱土金属的碳酸盐，要使反应 $MCO_3(s)\longrightarrow MO(s)+CO_2(g)$ 正向进行，必须 $\Delta_d G_{m,T}^\ominus<0$。即

$$\Delta_d G_{m,T}^\ominus=\Delta_d H_m^\ominus-T\Delta_d S_m^\ominus<0$$

式中，$\Delta_d H_m^\ominus(MCO_3,s)=\Delta_f H_m^\ominus(MO,s)+\Delta_f H_m^\ominus(CO_2,g)-\Delta_f H_m^\ominus(MCO_3,s)$，$\Delta_d S_m^\ominus=S_m^\ominus(MO,s)+S_m^\ominus(CO_2,g)-S_m^\ominus(MCO_3,s)$。

常温时碳酸盐的 $\Delta_d G_{m,298}^\ominus$ 远大于 0，因而它们是不可能分解的。要使它们分解须 $\Delta_d G_{m,T}^\ominus<0$，由于 $\Delta_d H_{m,T}^\ominus$、$\Delta_d S_{m,T}^\ominus$ 随温度变化不大，可用 298 K 时的 $\Delta_d H_m^\ominus$、$\Delta_d S_m^\ominus$ 代替，这样可求得理论分解温度（也称转变温度）$T_{转}$，$T_{转}=\Delta_d H_m^\ominus/\Delta_d S_m^\ominus$。

现将 $T_{转}$ 并连同实际分解温度 $T_{分}$ 一并列于表 1.25 中。

表 1.25 反应 $MCO_3(s)$ ══ $MO(s)+CO_2(g)$ 的热力学数据

反应	$\frac{\Delta_d H_m^\ominus}{kJ\cdot mol^{-1}}$	$\frac{\Delta_d S_m^\ominus}{J\cdot K^{-1}\cdot mol^{-1}}$	$\frac{\Delta_d G_m^\ominus}{kJ\cdot mol^{-1}}$	$\frac{T_{转}}{K}$	$\frac{T_{分}}{K}$
$MgCO_3(s)\longrightarrow MgO(s)+CO_2(g)$	117.6	174.7	65.54	673.2	813
$CaCO_3(s)\longrightarrow CaO(s)+CO_2(g)$	178	161	130	1105.6	1170
$SrCO_3(s)\longrightarrow SrO(s)+CO_2(g)$	234.5	170	183.8	1379.4	1462
$BaCO_3(s)\longrightarrow BaO(s)+CO_2(g)$	267.1	171.8	215.9	1554.7	1633

从理论计算的 $T_{转}$ 可看出，它按 $MgCO_3$ 到 $BaCO_3$ 顺序依次增大，与实际分解温度相近。在这个过程中 $\Delta_d S_m^\ominus$ 变化不大，因此理论分解温度主要由 $\Delta_d H_m^\ominus$ 决定。这种热力学分析阐明了问题的本质，其他类型的含氧酸盐也均适用。

为什么含氧酸盐热分解的焓变越大，该盐分解温度越高呢？

Stern 曾研究了多种含氧酸盐的热分解的焓变与阳离子的 $\sqrt{r}/Z^*$（r 为阳离子半径，Z^* 为有效核电荷）的关系，大致呈图 1.16 所示的线性关系。

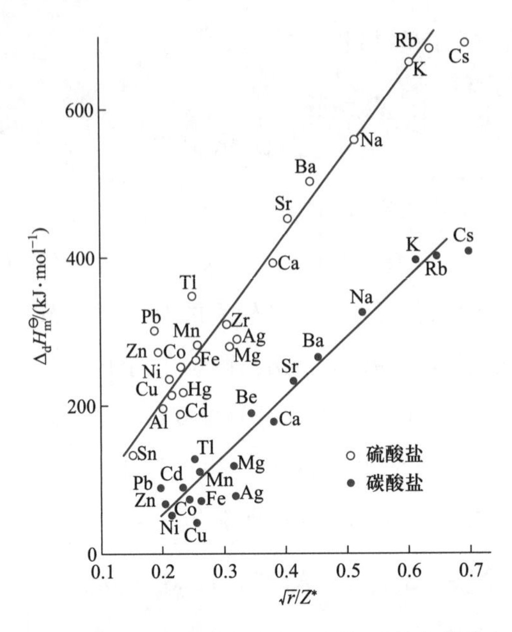

图 1.16　硫酸盐及碳酸盐的热分解的焓变与金属离子的半径及有效核电荷的关系

从图 1.16 看出,金属离子正电场越弱(r 大,Z^* 小),$\Delta_d H_m^\ominus$ 值越大。按照结构理论的观点,正电场弱,意味着含氧酸根阴离子的极化作用小,要使含氧酸根破坏(分解)就不容易,分解温度当然就高。

由图 1.16 还不难看出,碳酸盐和硫酸盐的稳定性都是碱金属(Li 除外)的盐 > 碱土金属的盐 > 其他副族元素的盐。在碱金属或碱土金属各族中,阳离子半径大的盐 > 阳离子半径小的盐。

1.8　元素性质的周期反常现象

前面已经扼要地、有选择地介绍了元素的单质及其化合物性质的周期性变化。然而,随着对元素及其化合物的性质的深入研究,特别是近几十年来对重元素化合物及其性质的研究,表明元素周期性并不是简单地重复。最熟知的实例是镧系收缩使得第二过渡系和第三过渡系同族元素的性质相似,类似的还有锕系收缩。此外,没有 d 轨道的钠前元素,与有 d 轨道的钠后元素在性质的递变上也出现了不连续的现象;不同长度的周期间也存在性质变化的快慢不同,甚至常常出现一些“例外”。这些现象,通称为周期反常现象。

1.8.1　氢和第二周期元素的反常性质

元素周期表前 10 个轻元素与其余元素相比,有许多方面的差异。

1. 氢的特殊性

H 原子的电子结构与碱金属类似,H 为 $1s^1$,碱金属为 ns^1,它们的外层都只有一个 s 电子,均可失去这个电子而呈现+1 氧化态,因此,就这些点而言,H 与 ⅠA 族碱金属元素类似。

但 H(g)的电离能为 1311 kJ · mol^{-1},比碱金属原子的电离能大得多,而且 H^+是完全裸露的,其半径特别小,仅为 1.5×10^{-3} pm,在性质上与碱金属阳离子 M^+相差很大。H^+在水溶液中不能独立存在,常与水结合生成水合离子,如 $H_9O_4^+$(图 1.17)。此外,它也不易形成离子键,而类似于碳形成共价键,这些都和碱金属有明显的差别。

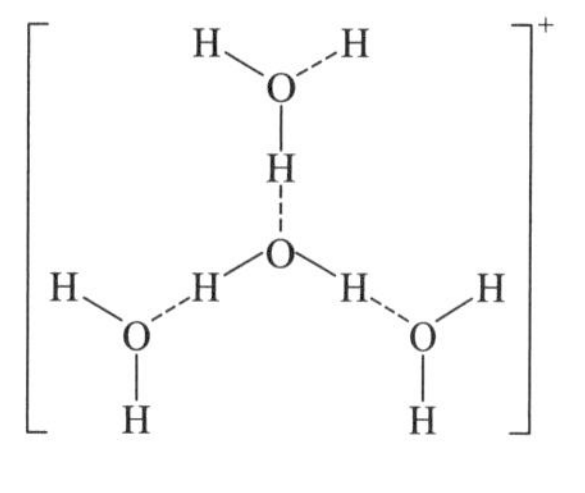

图 1.17 $H_9O_4^+$ 的结构

从获得 1 个电子就能达到稳定的稀有气体结构的 H^-看,H 又与卤素类似,确实氢与卤素一样,都可作为氧化剂。然而,氢与卤素的差别也很大,表现在下面五个方面:

① H 的电负性 2.2,仅在与电负性极小的金属作用时才能获得电子成为 H^-。

② H^-半径特别大(104 pm),比 F^-的半径还要大,显然其性质不可能是同族元素从 I^-到 F^-即由下到上递变的延续,其还原性比卤素阴离子强得多:

	H^-	F^-	Cl^-	Br^-	I^-
r/pm	140	136	181	195	216
$E^\ominus(X_2/X^-)/V$	−2.25	2.87	1.36	1.08	0.535

这和卤素的性质的递变有明显差异。其本质原因在于单个质子构成的原子核对两个相互排斥的电子没有足够的束缚力。

③ 由于 H^-半径很大,很容易被极化,极易变形的 H^-只能存在于离子型的氢化物(如 NaH)中,熔融的 NaH 中有 H^-存在。

④ H^-的碱性很强,在水中与 H^+结合为 H_2,不能形成水合 H^-。

⑤ 在非水介质中,H^-能同缺电子离子如 B^{3+}、Al^{3+}等结合成复合的氢化物。例如:

$$4H^- + Al^{3+} = [AlH_4]^-$$

此外,若将 H 的电子结构视为价层半满结构,则 H 可同 C 相比拟。而且,H 与 C 的电负性相近;H_2同 C 一样,既可作为氧化剂,又可作为还原剂;H_2与金属形成氢化物,碳与金属生成金属型碳化物。

所以,氢既像ⅠA、ⅣA 族元素,又像ⅦA 族元素,但似乎又都不像,把氢放到哪里似乎都不太恰当,所以,在某些作者所编的周期表中氢属于位置不确定的元素,在周期表中没有它的位置,仅以元素示例的方式放到周期表之外。

2. 第二周期元素的特殊性——对角线规则

第二周期元素与较重的同族元素相比,也有许多特殊性。例如,Li^+半径小,电负性大,有较大的极化力,相应的盐不如其他碱金属盐稳定:

$$2LiOH \xrightarrow{红热} Li_2O + H_2O \qquad 2NaOH \xrightarrow{红热} 不反应$$

$$Li_2CO_3 \xrightarrow{红热} Li_2O + CO_2 \qquad Na_2CO_3 \xrightarrow{红热} 不反应$$

相反,它与变形性大的 H^-形成氢化物,呈现较强的共价性,是同族中最稳定的氢化物:

$$LiH \xrightarrow{\triangle} \text{不反应} \qquad 2NaH \xrightarrow{\triangle} 2Na+H_2$$

其他第二周期元素，如 Be，B，…，F 等与同族其他元素间也都出现性质递变不连续的现象。一般地讲，第二周期和第三周期处于斜对角线上的两种元素，其性质的类似性往往大于与同族元素的类似性。这种关系称为对角线关系，也叫对角线规则。例如：

Li-Mg Li 及 Mg 在过量的氧气中燃烧，并不形成过氧化物，只生成正常氧化物；直接和氮气反应生成氮化物 Li_3N 和 Mg_3N_2；碳酸盐加热分解为氧化物；氟化物、碳酸盐、磷酸盐难溶于水；离子有强的水合能力；都易生成有机金属化合物等。Li 的这些性质与同族的 Na、K、Rb 或 Cs 相差甚远。

B-Si B 与同族元素的区别在它几乎不具金属性，在性质上与对角的 Si 相似。B 和 Si 都不能形成简单阳离子；都能形成易挥发的高反应活性的氢化物，而同族铝的氢化物则是多聚固体；它们的卤化物（BF_3除外）水解形成硼酸和硅酸；硼酸和硅酸在化学上也很相似。

C-P、N-S 及 O-Cl 这三对元素都不表现出任何金属性质，但它们的电负性表现出明显的对角线效应：

$$\begin{matrix} \chi(C)=2.55 & \chi(N)=3.04 & \chi(O)=3.44 & \chi(F)=3.98 \\ \chi(Si)=1.90 & \chi(P)=2.19 & \chi(S)=2.58 & \chi(Cl)=3.16 \end{matrix}$$

尽管它们的电负性的接近程度不是太好，但一般说来处在对角线位置的两种元素中，较重的元素总具有较小的电负性，所以它们的相似关系还是成立的。

F 在同族中的特殊性尤为突出。F 原子的半径很小（64 pm），导致 F 的电子云密度高度密集，因而对任何外来的进入 F 的外层的电子产生较强的排斥作用，所以 F 的电子亲和能（$329\ kJ\cdot mol^{-1}$）较小（Cl 的电子亲和能为 $349\ kJ\cdot mol^{-1}$）。

类似的效应在 O 和 N 中也出现。

第二周期元素与第三周期的同族元素性质有明显差异，还表现在第二周期元素在成键中只限于 s 轨道和 p 轨道，而第三周期元素还可使用到 d 轨道。第二周期元素从 Li 到 F，呈现的最大共价数为 4，相应于最大杂化类型 sp^3，然而，第三周期和更重的元素却可以呈现共价数 5，6，7，…，这相应于利用了 d 轨道（以 sp^3d、sp^3d^2、sp^3d^3等杂化轨道成键）。例如：

$$\begin{matrix} CF_4 & NF_3 & OF_2 & FF(F_2) \\ SiF_6^{2-} & PF_6^- & SF_6 & ClF_5,\cdots,IF_7(IF_8^-) \end{matrix}$$

此外，大部分叔膦（R_3P）是不稳定的，易被氧化成磷氧化物：

$$2R_3P + O_2(\text{空气}) \longrightarrow 2R_3PO$$

但叔胺（R_3N）在空气中则相当稳定。相反，Et_3NO 受热却能分解：

$$Et_3NO \longrightarrow Et_2NOH + C_2H_4$$

膦氧化物的偶极矩较胺氧化物的小。例如，Et_3PO 的 $\mu=1.46\times10^{-29}\ C\cdot m$，而 Et_3NO 的 $\mu=1.67\times10^{-29}\ C\cdot m$。若按照电负性差值，P—O 键的偶极矩本应大于 N—O 键，这一点仅从

电负性的角度是无法解释的。其原因据认为与氮原子上无 d 轨道有关，在叔胺氧化物中只有 N→O 的 σ 配位键，而在叔膦氧化物中，除了有一个 P→O 的 σ 配位键外，还形成了 P 原子和 O 原子之间的 p-d π 键，这样一来，σ-π 键的生成使 P—O 键的键能（500～600 $kJ \cdot mol^{-1}$）比 N—O 键的键能（200～300 $kJ \cdot mol^{-1}$）大一倍以上，具有较大的稳定性。

1.8.2 过渡后 p 区元素的不规则性

1. 第四周期非金属元素不易呈最高价

第四周期的非金属元素 As、Se 和 Br 的最高氧化态不太稳定。例如：

在氮族元素中，PCl_5 和 $SbCl_5$ 是稳定的，$AsCl_5$ 的制得比二者晚得多，而至今 $AsBr_5$ 和 AsI_5 还是未知的。

在氧族元素中，SeO_3 和 SO_3 与 TeO_3 相比是热力学不稳定的。SF_6、SeF_6 和 TeF_6 的标准生成焓数据（$-1210\ kJ \cdot mol^{-1}$、$-1030\ kJ \cdot mol^{-1}$ 和 $-1369\ kJ \cdot mol^{-1}$）也说明 SeF_6 不如其他两种氟化物稳定。

这些都说明 $4s^2$ 电子有一定的惰性。

As、Se、Br 高价不稳定被认为是由于第一系列过渡元素的存在，使这些元素的有效核电荷增大，为达最高氧化态所需激发能不能被总键能的增加所抵消。

溴不易呈现最高价是最典型的例证，直到 1968 年才制备出了高溴酸和高溴酸盐：

$$NaBrO_3 + XeF_2 + H_2O \longrightarrow NaBrO_4 + 2HF + Xe\uparrow$$

BrO_4^- 比 ClO_4^- 和 IO_6^{5-} 具有更强的氧化性。这些离子氧化性的差别是 d 轨道参与形成 π 键的能力的体现。Cl 的 3d 与 Br 的 4d 虽然都可与 O 的 2p 轨道形成 p-d π 键，但由于 Cl 的 3d 轨道径向伸展比 Br 的 4d 轨道径向伸展较近，因而 Cl 的 3d 轨道比 Br 的 4d 轨道同 O 的 2p 轨道成键能力强，因而 ClO_4^- 比 BrO_4^- 稳定。尽管 I 的 5d 轨道径向伸展更远，但在 IO_6^{5-} 中，由于 I 的 4f 轨道也参与了成键所以稳定性增高。

2. 惰性电子对效应

p 区第六周期元素突出地不易显示最高族价，而易以比族价小 2 的氧化态存在。Tl(Ⅰ)、Pb(Ⅱ)和 Bi(Ⅲ)都较 Tl(Ⅲ)、Pb(Ⅳ)和 Bi(Ⅴ)稳定，这种特性甚至左延到汞[Hg(0)是稳定的]。

这类重元素低氧化态的稳定性和高氧化态的氧化性还可从其存在形式看出，在氧化物和氟化物中能表现出高氧化态，在硫化物和其他卤化物中则只能出现低氧化态，如 Pb 有 PbO_2、PbF_4，但却不存在 PbS_2 和 PbI_4（而是以 PbS 和 PbI_2 形式存在）；铋有 Bi(Ⅴ)的化合物 $NaBiO_3$，虽然它不稳定，是非常强的氧化剂，可以把 Mn^{2+} 氧化为 MnO_4^-，但其硫化物和氯化物则只有 Bi_2S_3 或 $BiCl_3$ 才是稳定物种；Tl 的 I_1 很小，Tl^+ 像碱金属离子，可以在水溶液中稳定存在。最后，单质汞是在自然界以游离态存在的少数几种元素之一，它的 I_1 是所有金属元素中最大的。从汞与同族 Zn、Cd 的电离能相比：

M	$I_1/(kJ \cdot mol^{-1})$	$I_2/(kJ \cdot mol^{-1})$	$I_3/(kJ \cdot mol^{-1})$
Zn	906	1733	3833
Cd	868	1631	3615
Hg	1007	1810	3300

可见,失去 s 电子难度趋势为 Zn > Cd < Hg,失去 d 电子(I_3)的难度趋势却是 Zn > Cd > Hg。

从以上数据比较可见,$6s^2$电子对不易失去,不易参与成键。$6s^2$电子对的这种特殊的惰性引起的结果,称为“$6s^2$惰性电子对效应”。事实上,惰性电子对效应并非仅为 $6s^2$电子对所特有,其他 ns^2电子对也具有这种特性,只是 $6s^2$电子对更甚。Huheey 将 s^2电子对的稳定性归纳为:亚层轨道(p、d 和 f)第一次填满后,相继出现的元素形成高氧化态的倾向将下降。因此,第一次填满 d 轨道的 p 区元素和第一次填满 f 轨道后的镧系后元素高氧化态的不稳定性都有可比性。不过,较重元素的高氧化态不稳定还可能与其成键能力较差有关。

对惰性电子对效应的解释很多,但据认为均不甚完善。

解释一:在这些族中,随原子半径增大,价轨道伸展范围增大,使轨道重叠减小。

解释二:键合的原子的内层电子增加(4d,4f,…),斥力增加,使平均键能降低。例如:

	$GaCl_3$	$InCl_3$	$TlCl_3$
平均键能/$(kJ \cdot mol^{-1})$	242	206	153

解释三:6s 电子的钻穿效应大,平均能量低,不易参与成键。

还有一种是利用重元素的相对论性收缩更甚来进行解释。

在 1.2.1 节曾提到周期系中的相对论性效应,相对论性效应实际上包括三个方面的内容:

① 自旋-轨道耦合(旋轨耦合),旋轨耦合与本节所要研究的问题无关;

② 相对论性收缩(直接作用);

③ 相对论性膨胀(间接作用)。

Dirac 建立的描述粒子运动的相对论量子力学波动方程为

$$\left(i\hbar\frac{\partial}{\partial t}+i\hbar c\,\vec{\alpha}\cdot\nabla^2-\beta mc^2\right)\psi=0 \tag{1.55}$$

式中$\hbar=h/(2\pi)$,h 为 Planck 常量;c 为光速;∇^2是 Laplace 算符;m 为粒子质量;$\vec{\alpha}$ 包括三个分量,与 β 合称 Dirac 矩阵。

同 Schrödinger 方程相比,Dirac 方程的解 ψ 是四维的,电子自旋及旋轨耦合是 Dirac 方程的自然结果。

在中心力场模型下,求解该方程即可得到氢原子的能级:

$$\varepsilon_{n\kappa}=mc^2\left[1-\frac{\lambda^2}{2n^2}-\frac{\lambda^4}{2n^4}\left(\frac{n}{|k|}-\frac{3}{4}\right)+\cdots\right] \tag{1.56}$$

式中 $\lambda=e^2/(\hbar c)=1/137$,称为精细结构常数,$e$ 为电子电荷;$k=\pm(J+1/2)$,其中 J 为总角动量量子数。由此可见,氢原子的能级不仅与主量子数 n 有关,而且还同总角动量量子数 J

有关。

氢原子能级可以具体表示为 $s_{1/2}, p_{1/2}, p_{3/2}, d_{3/2}, d_{5/2}, f_{5/2}, \cdots$。即除 s 能级之外，p、d、f 等将分别由非相对论的一个能级分裂为相对论的两个能级。

如果略去 $\varepsilon_{n\kappa}$ 方程中的第三项及以后各项（远小于第二项），原方程变为

$$\varepsilon_{n\kappa} = mc^2\left(1 - \frac{\lambda^2}{2n^2}\right) \tag{1.57}$$

同 Schrödinger 方程的解（1.10）相比，在形式上多了一个常数项 mc^2。由此方程可直接导出相对论性收缩（直接作用）和相对论性膨胀（间接作用）的结果。

相对论性收缩指原子的内层轨道能量下降，它意味着轨道将靠近原子核。原子核对内层轨道电子的吸引力增加，电子云收缩，这种作用对 s、p 轨道尤为显著。

相对论性膨胀指原子的外层轨道能量升高，它意味着轨道远离原子核。这是由于内层轨道产生的相对论性收缩，屏蔽作用增加，使得原子核对外层电子的吸引减弱，导致外层轨道能级上升，电子云扩散。相对论性膨胀一般表现在 d、f 轨道上。

轻、重原子相比，重原子的相对论性效应更为显著，这是因为重原子的 m 亦即 mc^2 较大。

图 1.18 示出 Ag 和 Au 的价轨道的相对论性（Rel）和非相对论性（NR）结果。由图可见，重的 Au 比 Ag 有更强的相对论性效应，其 6s 能级下降幅度大于 Ag 的 5s。6s 的收缩使 Au 的原子半径小于 Ag 的原子半径；Au 的第一电离能大于 Ag 的，Au 是比 Ag 更不活泼的惰性金属；Au 具有类似于卤素的性质，与 Cs，Rb 等作用生成显负价的化合物 CsAu、RbAu，而 Ag 却无负价；Au 的化合物的键长比 Ag 的类似化合物键长短。同时，Au 的 5d 能级的相对论性膨胀（间接作用）大于 Ag 的 4d 能级的，因而又可说明为什么 Au 的第二电离能小于 Ag 的；Au 可以形成高价化合物，而 Ag 的高价不稳定。金的颜色来源于 5d→6s 的跃迁，两个能级差较小，吸收蓝紫色光而反射红黄光；而 Ag 的 4d→5s 能级差较大，吸收紫外光，故显银白色。

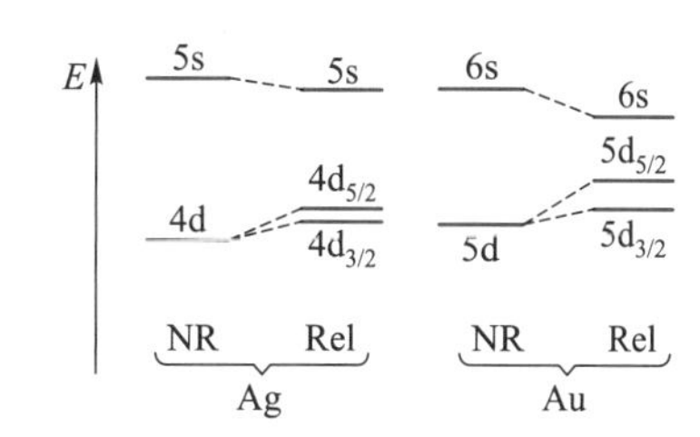

图 1.18 Ag 和 Au 的价轨道的相对论性（Rel）和非相对论性（NR）结果

上述相对论性效应可以进行推广，特别是用于第五、六周期元素的物理化学性质的解释。例如：

① Tl、Pb、Bi 的最高价比 In、Sn、Sb 的最高价不稳定；

② Hg 具有类似于稀有气体的性质，表现在化学性质不活泼，常温下为液体，且易挥发；

③ 镧系元素最高价态数是 Ce、Pr、Tb 呈+4 价；而锕系元素还有+5、+6、+7 等价；

④ 第六周期元素普遍比第五周期元素有更高的氧化数。

上述现象或者用 6s 电子的相对论性收缩，或者用相对论性间接作用（膨胀）使 5d、5f 能级上升，比 4d、4f 更易参与成键，或者是重元素的相对论性效应更显著来解释。

同前三种解释相比，应用相对论性收缩效应对惰性电子对效应进行的解释更令人信服。

1.8.3　第六周期重过渡元素的不规则性

第六周期重过渡元素表现出一些明显的周期性递变的不规则性。同第四、五周期同族过渡元素的性质递变规律相比，第五、六周期重过渡元素性质递变一是相似性多于差异性，出现了同族元素性质递变的不连续性：如原子半径和离子半径非常接近，使 Zr 和 Hf、Nb 和 Ta 的分离成为无机化学的难题；较易形成金属簇状化合物和有机金属化合物等。二是差异性明显，如与同族元素相比，从 Hf 开始的重过渡元素的第一电离能高于第五周期对应元素，金属单质不活泼，难与稀酸反应；高氧化态共价化合物稳定性上升，低氧化态离子化合物稳定性下降；Au 有很多不同于 Ag 的性质；最后，Hg 不仅是唯一常温下以液态存在的金属，而且 Hg^{2+}可以在水溶液中呈游离离子存在。

对这种不规则性，一般用镧系收缩理论来解释，即由于填充在 f 亚层的电子对核电荷不能完全屏蔽，从而使有效核电荷增加。而相对论性效应研究也用镧系收缩理论来解释这种不规则性，但同时还认为，f 电子的不完全屏蔽因素只能使 Lu^{3+} 的半径缩小到大约 90 pm（Y^{3+}的半径），而相对论性效应可使 Lu^{3+}半径进一步收缩到 84.8 pm。所以，通常所说的“镧系收缩”中大约有 10%是相对论性效应的贡献。由于 4f 和 5d 轨道的相对论性膨胀而远离原子核，使 6s 电子受到的屏蔽作用比相对论性效应较弱的 5s 电子小，原子核对 6s 电子的吸引力较大，因而第六周期重过渡元素有较小的原子半径和较大的稳定性。

1.8.4　第二周期性和原子模型的松紧规律

1. 第二周期性

同族元素的物理化学性质，从上到下金属性逐渐增强，电离能、电子亲和能及电负性依次减小，这是周期性递变的基本趋势。但早在 1915 年 Biron 等就注意到，这些性质从上到下并不是直线式递变，而是呈现出“锯齿”形的交错变化。这种现象称为第二周期性或次周期性。简单地说，所谓“第二周期性”是指同族元素，从上到下某些性质出现第二、四、六周期元素相似和第三、五周期元素相似的现象。例如：

① p 区元素化合物的稳定性呈现交替变化。

周期数	化合物		
二	(NCl_5)		
三	PCl_5	SO_3	$HClO_4$
四	($AsCl_5$)	(SeO_3)	($HBrO_4$)
五	$SbCl_5$	TeO_3	H_5IO_6
六	($BiCl_5$)		

其中括号中的化合物或者不存在，或者不稳定。

② ⅠA 族元素的化合物性质呈现交替变化。

如第一电离能：

M	Li		Na		K		Rb		Cs
$I_1/(\mathrm{kJ\cdot mol^{-1}})$	520		496		419		403		376
$\Delta I_1/(\mathrm{kJ\cdot mol^{-1}})$		−24(小)		−77(大)		−16(小)		−27(大)	

元素电负性(Pauling):

M	Li		Na		K		Rb		Cs
χ	0.98		0.93		0.82		0.82		0.79
$\Delta\chi$		−0.05(小)		−0.11(大)		0(小)		−0.03(大)	

原子半径:

M	Li		Na		K		Rb		Cs
r/pm	156		186		231		243		265
Δr/pm		30(小)		45(大)		12(小)		22(大)	

$MMnO_4$的分解温度:

M	Li		Na		K		Rb		Cs
T_d/K	463		443		513		532		594
ΔT_d/K		−20(小)		+70(大)		+19(小)		+62(大)	

括号中的大、小系指相邻两元素有关值差异的相对大小。

③ 主族元素的其他性质也呈现交替变化。

氮族元素含氧酸的氧化性:

HNO_3(强) H_3PO_4(极弱) H_3AsO_4(大) H_3SbO_4(很弱)

卤族元素含氧酸的氧化性:

	$HClO_4$	$HBrO_4$	H_5IO_6
$E^\ominus(XO_4^-/XO_3^-)/V$	1.23	1.76	1.70

$HBrO_4$的氧化性比 $HClO_4$和 H_5IO_6强。高溴酸及其盐的制备百余年屡告失败,直到在 20 世纪 60 年代后才用 XeF_2将溴酸盐氧化得到。

	$HClO_3$	$HBrO_3$	HIO_3
$E^\ominus(XO_3^-/X_2)/V$	1.47	1.51	1.20

标准生成焓:

	SF_6	SeF_6	TeF_6
$\Delta_f H_m^\ominus/(\mathrm{kJ\cdot mol^{-1}})$	−1210	−1030	−1315

卤化物的还原性：

$$\left.\begin{array}{l} -\overset{|}{\underset{|}{C}}-X \\ -\overset{|}{\underset{|}{Si}}-X \\ -\overset{|}{\underset{|}{Ge}}-X \\ -\overset{|}{\underset{|}{Sn}}-X \end{array}\right\} \xrightarrow{Zn+HCl} \left\{\begin{array}{l} -\overset{|}{\underset{|}{C}}-H \\ \text{不生成}-\overset{|}{\underset{|}{Si}}-H \\ -\overset{|}{\underset{|}{Ge}}-H \\ \text{不生成}-\overset{|}{\underset{|}{Sn}}-H \end{array}\right.$$

④ 电离能。

	B	Al	Ga	In	Tl
$\Delta_{I_1+I_2+I_3}H_m^{\ominus}/(kJ\cdot mol^{-1})$	6887	5044	5521	5084	5438

⑤ 四氢化物的水解。

硅烷在少量催化剂羟基离子存在下即发生水解，而甲烷、锗烷即使在大量羟基离子存在下也不发生水解。

$$SiH_4 + 2OH^- \longrightarrow [SiH_4(OH)_2]^{2-}$$

⑥ 有机锂与 Ph_3EH 的反应。

$$Ph_3CH + LiR \longrightarrow LiCPh_3 + RH$$

$$Ph_3SiH + LiR \longrightarrow Ph_3SiR + LiH$$

$$Ph_3GeH + LiR \longrightarrow LiGePh_3 + RH \xrightarrow{Ph_3GeH} Ph_3GeGePh_3 + LiH$$

$$Ph_3SnH + LiR \longrightarrow Ph_3SnR + LiH$$

式中 Ph 为苯基，R 为烷基，产物交替相似。

⑦ 第四周期过渡元素 As、Se、Br 最高氧化态不稳定，第六周期元素 Tl、Pb、Bi 呈现 $6s^2$ 惰性电子对效应。

2. 原子模型的松紧规律

周期表中同族元素的物理化学性质出现的“锯齿”形的交替变化，可用原子模型的松紧规律进行解释。

在处理多电子原子体系时，Slater 把屏蔽效应看作内层电子对外层电子及同层电子对同层电子的屏蔽，并假定电子的运动规律与原子的核电荷无关，但这只是一种理想状态。实际上随着周期数或核电荷的增加，1s 电子逐渐紧缩，因而它对第二层电子的屏蔽常数比理想状态来得大一些。由于第一层电子对第二层电子的屏蔽稍增，必然导致第二层电子比原来的理想状态较为疏松，能级要比原来能级稍微升高一些。由于第二层电子变疏松了，它对于第三层电子的屏蔽相应地变弱，即导致第三层电子比原来状态较为收缩，能级比原来能级稍微降低。第三层电子紧缩了，它对第四层电子的屏蔽又将相应地变强，导致第四层电子比原来稍微变松……以此类推,电子层交替出现紧、松、紧、松……的效应。

对于那些处于原子深部的电子云,层次是分明的,相同主量子数的 s、p、d、f 均属同一层次。但当电子处于最外层及次外层时,具有相同主量子数的 s^2p^6 和 d^{10} 电子云常相距较远,能级也常相差较大,因而有许多迹象表明它们各为独立的层次。正因为如此,周期表中各族元素的外电子层或次外电子层可划为不含 d 次外层和含 d 次外层两类,相应的松紧效应表现为图式 A 和图式 B 两大类(表 1.26)。

表 1.26 松紧效应

	第二周期	第三周期	第四周期	第五周期	第六周期
图式 A(对应于ⅠA 和ⅡA 族元素)	$1s^2$(紧)	$1s^2$(紧)	$1s^2$(紧)	$1s^2$(紧)	$1s^2$(紧)
	$2s^{1\sim2}$(松)	$2s^2$(松)	$2s^2$(松)	$2s^2$(松)	$2s^2$(松)
		$3s^{1\sim2}$(紧)	$3s^2$(紧)	$3s^2$(紧)	$3s^2$(紧)
			$4s^{1\sim2}$(松)	$4s^2$(松)	$4s^2$(松)
				$5s^{1\sim2}$(紧)	$5s^2$(紧)
					$6s^{1\sim2}$(松)
图式 B(对应于周期表中部和右部各族元素)	$1s^2$(紧)	$1s^2$(紧)	$1s^2$(紧)	$1s^2$(紧)	$1s^2$(紧)
	$2s^22p^{1\sim6}$(松)	$2s^22p^6$(松)	$2s^22p^6$(松)	$2s^22p^6$(松)	$2s^22p^6$(松)
		$3s^23p^{1\sim6}$(紧)	$3s^23p^6$(紧)	$3s^2p^63d^{10}$(紧)	$3s^2p^63d^{10}$(紧)
			$3d^{10}$(松)	$4s^24p^6$(松)	$4s^24p^64d^{10}4f^{14}$(松)
			$4s^24p^{1\sim6}$(紧)	$4d^{10}$(紧)	$5s^25p^6$(紧)
				$5s^25p^{1\sim6}$(松)	$5d^{10}$(松)
					$6s^26p^{1\sim6}$(紧)

除了松紧效应外,还有两种影响相邻电子层屏蔽常数的效应:① s^2 屏蔽效应特别小,如 $1s^2$ 的屏蔽小,导致从 Be 到 Ne 电离能猛增;② d^{10} 屏蔽效应也特别小。所以,凡是有 s^2 和 d^{10} 电子排布都将引起偏紧的结果。

综合考虑松紧效应、s^2 屏蔽效应和 d^{10} 屏蔽效应就得到了反映外层电子松紧变化的规律,称为原子模型的松紧规律。如表 1.27 所示,图式 A 对应于周期表ⅠA 和ⅡA 族元素,图式 B 对应于周期表中部及右部各族元素。

一般来说,图式 A 和图式 B 的松紧规律并不表示外层电子云松紧(或能级高低)的绝对值,而只表示这些效应所引起的附加松紧改变。换言之,具有松层电子的元素的性质值减去同族下部具有紧层电子的元素的性质值的差较小;反之,具有紧层电子的元素的性质值减去同族下部具有松层电子的元素的性质值的差较大。

表 1.27　原子模型的松紧规律

周期	图式 A(对应于周期表ⅠA 和ⅡA 族元素)			图式 B(对应于周期表中部和右部各族元素)		
	最外层电子	引起松紧偏离的原因	总效果	最外层电子	引起松紧偏离的原因	总效果
二	$2s^{1\sim2}$	松紧效应	偏松	$2s^22p^{1\sim6}$	松紧效应偏松,s^2屏蔽效应偏紧	偏紧
三	$3s^{1\sim2}$	松紧效应	偏紧	$3s^23p^{1\sim6}$	松紧效应偏紧,s^2屏蔽效应偏紧	偏松*
四	$4s^{1\sim2}$	松紧效应	偏松	$3d^{1\sim10}4s^24p^{0\sim6}$	松紧效应和 d^{10}屏蔽效应都引起偏紧	偏紧
五	$5s^{1\sim2}$	松紧效应	偏紧	$4d^{1\sim10}5s^25p^{0\sim6}$	松紧效应偏松,d^{10}屏蔽效应偏紧	偏松
六	$6s^{1\sim2}$	松紧效应	偏松	$4f^{14}5d^{1\sim10}6s^26p^{0\sim6}$	松紧效应和 d^{10}屏蔽效应都引起偏紧	偏紧

* 相对 $2s^22p^{1\sim6}$和 $3d^{1\sim10}4s^24p^{0\sim6}$而言为偏松。

图式 A 的性质差,如ⅠA 族中电离能和电负性差值均呈现“小大小大”的变化规律。图式 B 的性质差则呈现“大小大小”的变化规律。正因为有松紧规律存在,元素第二周期性的出现就不难理解了。

表 1.28 给出铜分族的一些性质。由表可见,银的不少性质呈现出特殊性,往往不是最大就是最小。第一电离能说明 5s 电子易于失去,而氧化态和第二电离能表明 4d 电子特别稳定。显然这正是表 1.26 松紧效应 4d 紧、5s 松的必然结果。银原子的 4d 电子紧缩,对外层 5s 电子的屏蔽较好,导致对 5s 的有效核电荷比理想状态小,所以银的第一电离能最小。4d 电子紧缩导致银的第二电离能为最大,这种影响决定了银的特征氧化态为+1。

其他性质同样可用原子模型的松紧规律进行解释。

表 1.28　铜分族的一些性质

元素	Cu	Ag	Au
周期	四	五	六
电子排布	$3d^{10}4s^1$	$4d^{10}5s^1$	$5d^{10}6s^1$
$(n-1)d^{10}$的松紧	松	紧	松
ns^1的松紧	紧	松	紧
氧化态	+1,+2	+1	+1,+3
原子半径/pm	127.8	144.4	144.2
$I_1/(kJ\cdot mol^{-1})$	745.5	731	890
$I_2/(kJ\cdot mol^{-1})$	1957.9	2074	1980
水合焓/$(kJ\cdot mol^{-1})$	-582	-485	-644
升华焓/$(kJ\cdot mol^{-1})$	340	285	385
电负性	1.9	1.93	2.54
导电性(Hg 为 1)	57	59	40
导热性(Hg 为 1)	51	57	39
地壳中的分布	集中	分散	集中

拓展学习资源

资源内容	二维码
◇ 离子性盐类溶解性的热力学讨论	
◇ 元素周期表解惑	
◇ 怎样认识氧化性	
◇ 周期反常性	
◇ 群论在无机化学中的应用	

习　题

1. 分别用 4 个量子数表示磷原子的 5 个价电子 $3s^2 3p^3$ 所处的原子轨道(或单电子波函数)。

2. 已知氢原子基态的波函数为 $\psi = [1/(\pi a_0^3)]^{1/2} \cdot e^{-r/a_0}$。式中 r 是电子离核的距离;a_0 的数值为 52.9 pm,是氢原子的第一个玻尔轨道的半径。计算在离核为 52.9 pm(即 a_0)的空间某一点上:

(1) ψ_{1s}的数值。

(2) 电子出现的概率密度。

(3) 在 1 pm^3体积中电子出现的概率 P。

3. 外围电子构型满足下列条件之一的是哪一类或哪一种元素？

（1）有 2 个 p 电子。

（2）有 2 个 $n=4$ 和 $l=0$ 的电子，6 个 $n=3$ 和 $l=2$ 的电子。

（3）3d 轨道全充满，4s 轨道只有 1 个电子。

4. 某元素 A 能直接与ⅦA 族中某元素 B 反应生成 A 的最高氧化值的化合物 AB_n，在此化合物中 B 的含量为 83.5%，而在相应的氧化物中，氧的质量分数为 53.3%。AB_n 为无色透明液体，沸点为 57.6 ℃，对空气的相对密度约为 5.9。试回答：

（1）元素 A，B 的名称。

（2）元素 A 属第几周期、第几族。

（3）最高价氧化物的化学式。

5. 说明下列等电子离子的半径在数值上为什么有差别：

（1）F^-（133 pm）与 O^{2-}（136 pm）

（2）Na^+（98 pm）、Mg^{2+}（74 pm）与 Al^{3+}（57 pm）

6. 为什么镓（Ga）的原子半径比铝（Al）的小？

7. 试解释硼的第一电离能小于铍，而硼的第二电离能却大于铍的事实。

8. 根据 I_1-Z 关系图，指出其中的例外并解释原因。

9. 试用改进的 Slater 法计算第二周期元素的屏蔽常数 σ，并以此对原子半径变化给以解释。

10. 用 Slater 规则分别计算 Li 原子的 I_1、I_2、I_3。

11. 已知 Ca（$Z=20$）原子的电子结构为 $1s^22s^22p^63s^23p^64s^2$，用徐光宪的方法确定 3s 轨道上的 1 个电子的屏蔽常数 σ，并计算该电子的有效核电荷 Z^* 和以 eV 为单位的能量 $E(3s)$。

12. 讨论ⅤA 族元素电负性交替变化的原因。

13. 已知在 $Cl_3P—O—SbCl_5$ 中 P—O—Sb 的键角为 165°，写出 P、O、Sb 的杂化态。

14. 偶氮染料是一种有许多用途的有机染料，许多偶氮染料是由偶氮苯（$C_{12}H_{10}N_2$）衍生的，其中一种与偶氮苯分子很相近的物质是氢化偶氮苯（$C_{12}H_{12}N_2$），这两种物质的 Lewis 结构如下：

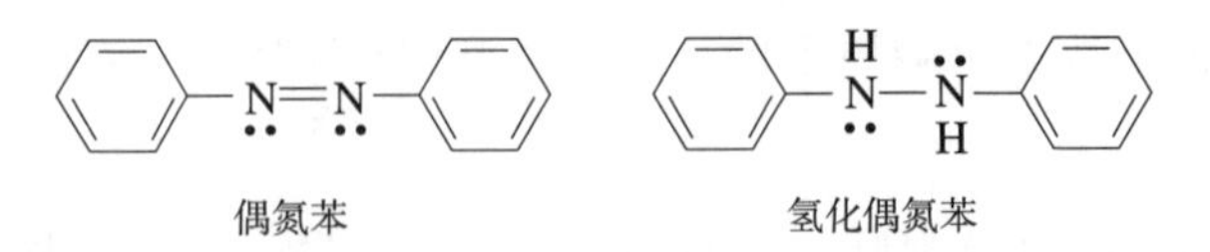

偶氮苯　　　　氢化偶氮苯

（1）在每种物质中，N 原子的杂化方式是什么？

（2）在每一种物质中，N 和 C 原子还有多少价轨道未被杂化？

（3）预测每一种物质中 N—N—C 的键角。

（4）有人说 $C_{12}H_{10}N_2$ 的 π 电子比 $C_{12}H_{12}N_2$ 的有更大程度的重叠，讨论这种观点，并说出你的答案。

(5) $C_{12}H_{10}N_2$的所有原子在同一个平面,而 $C_{12}H_{12}N_2$的不是。这种现象是否与(4)中的观点一致。

(6) $C_{12}H_{10}N_2$呈深橘红色,而 $C_{12}H_{12}N_2$几乎无色,试讨论这种现象。

15. 讨论有关 H_2CO_3分子中各原子间的成键情况。

16. 写出下面阳离子的分子轨道的电子结构式:(1) B_2^+,(2) Li_2^+,(3) N_2^+,(4) Ne_2^{2+}。

17. 考虑 H_2^+和 H_2^-。

(1) 画出其分子轨道能级图。

(2) 用分子轨道写出它们的分子轨道电子结构式。

(3) 它们的键级各是多少?

(4) 假设 H_2^+被光激发,使得其电子由低能级轨道跃迁到高能级轨道,猜测激发态的 H_2^+是否将消失,并进行解释。

18. 判断下列离子的磁性:O_2^+、N_2^{2-}、Li_2^+、O_2^{2-}。

19. 计算第三周期双原子分子 Na_2→Cl_2的键级。

20. 查阅相关键能数据,计算下列各气相反应的焓变 $\Delta_r H_m^\ominus$。

(1) $CHBr_3 + Cl_2 \longrightarrow CBr_3Cl + HCl$

(2) $C{=}O + H{-}O{-}H \longrightarrow O{=}C{=}O + H{-}H$

21. 利用键能数据求出合成氨反应 $3H_2 + N_2 \xlongequal{} 2NH_3$的反应焓。

22. 下列各对分子中哪一个的键长较长,为什么? 哪一个的键角较大,为什么?

CH_4,NH_3;OF_2,OCl_2;NH_3,NF_3;PH_3,NH_3;NO_2,NO_2^-;PI_3,PBr_3

23. 什么叫偶极矩? 为什么 NH_3的偶极矩(5.0×10^{-30} C·m)比 NF_3的(0.7×10^{-30} C·m)要大得多?

24. H_2O 分子,O—H 键键长 96 pm,H—O—H 键角 104.5°,偶极矩 1.85 D。

(1) O—H 键偶极矩指向哪个方向? 水分子偶极矩的矢量和指向哪个方向?

(2) 计算 O—H 键偶极矩的大小。

25. 预测 CO、CO_2和 CO_3^{2-}中 C—O 键长度的顺序。

26. 按键的极性从大到小的顺序排列下列每组键:

(1) C—F,O—F,Be—F

(2) N—Br,P—Br,O—Br

(3) C—S,B—F,N—O

27. 用杂化轨道理论说明下列化合物由基态原子形成分子的过程并判断分子的空间构型和分子极性:$COCl_2$,NCl_3,PCl_5。

28. 分别用杂化轨道理论和价层电子对互斥理论说明下列分子或离子的几何构型:PCl_4^+,HCN,H_2Te,Br_3^-。

29. 根据下列物质的 Lewis 结构判断其 σ 键和 π 键的数目。(1) CO_2;(2) NCS^-;(3) H_2CO;(4) HCO(OH),其中碳原子连接了一个氢原子和两个氧原子。

30. 写出下列分子中 Sb 的价电子结构和 Sb 周围各原子的几何排布。

(1) $(Me_3P)SbCl_3$　　(2) $(Me_3P)_2SbCl_3$

(3) $(Me_3P)SbCl_5$　　(4) $(Me_3P)_2SbCl_5$

31. $(Cl_5Ru)_2O$ 中 Ru—O—Ru 的键角为 180°,写出 O 原子的杂化态,说明 Ru—O—Ru 有大键角的理由。

32. 写出下列分子或离子的几何构型和其中心原子的杂化状态:F_2SeO,$SnCl_2$,I_3^-,$IO_2F_2^-$。

33. 写出下列分子或离子所属点群:C_2H_4,CO_3^{2-},*trans*-N_2F_2,NO_2^-,B_2H_6,HCN。

34. 用价层电子对互斥理论预言下列分子或离子的结构,并写出它们所属的点群:$SnCl_2$,$SnCl_3^-$,ICl_2^-,ICl_4^-,$GaCl_3$,TeF_5^-。

35. 用 Walsh 相关图解释下列事实:

(1) N_3^-和 I_3^-是直线形。

(2) NO_2^+是直线形,NO_2是弯曲形。

36. p 区和 d 区各族元素由上而下氧化态的变化规律有何不同? 试用相对论性效应作出解释。

37. CH_3I 和 CF_3I 两种化合物在碱性溶液中水解产物不同? 为什么?

(1) $CH_3I + OH^- \longrightarrow CH_3OH + I^-$

(2) $CF_3I + OH^- \longrightarrow CF_3H + IO^-$

38. 说明 CCl_4不与水作用,而 BCl_3在潮湿空气中水解的原因。

39. ⅡA 族金属硫酸盐的分解反应式为 $MSO_4(s) \longrightarrow MO(s) + SO_3(g)$,试估计反应中最不稳定的是哪种? 最稳定的是哪种?

40. 试述氯的各种价态的含氧酸的存在形式,并说明酸性、热稳定性和氧化性的递变规律及原因。

第2章

酸碱和溶剂化学

酸碱和溶剂化学是现代化学的重要组成部分,是无机化学最重要的基础。众所周知,大部分化学反应都发生在富电子和缺电子物质之间,所以,广义的酸碱反应实际是讨论发生在这两类物质之间的反应。人们在认识酸和碱的过程中,逐步发展和创立了多种理论。最初,人们根据味道和感觉认识酸碱;随后,瑞典化学家 Arrhenius 提出了解离概念,从而使人们从化学观点认识了酸碱,这是现代酸碱理论的开端。之后有 Brønsted 和 Lowry 的酸碱质子理论、Lux 的氧化物-离子理论、Lewis 的电子理论和 усановеч(乌萨诺维奇)的正负离子理论等。

2.1 酸碱理论

2.1.1 早期的酸碱概念

现在被称为酸碱的物质最早是根据物质的味道和感觉来认识的。当时发现有一类物质在水溶液中表现出强烈的“酸味”,人们称之为酸;而把另外一类在水溶液中具有肥皂一样滑腻感的物质称为碱。当把酸、碱物质混合时,它们能相互中和生成既没有酸的特征又没有碱的特征的产物,该产物因具有“盐味”而称为盐。

18 世纪末,法国化学家 Lavoisier 根据他的“燃素”学说认为,所有的酸都含有“酸素”——氧,当时的化学家普遍接受了这种“酸素”观点。但是,后来人们发现,如盐酸这样重要的酸并不含氧。1838 年,德国化学家 Liebig 提出:“含有能被金属置换的氢的化合物是酸”,此定义一直沿用了 50 多年,而在此过程中,人们对碱的认识仍停留在原有的观点,即“碱是能中和酸生成盐的物质”。

19 世纪 80 年代,德国物理化学家 Ostwald 和瑞典化学家 Arrhenius 提出了电解质的解离理论,在此基础上,人们才从化学观点认识到酸碱的特征,建立了现代酸碱理论的概念。

2.1.2　水-离子理论

Arrhenius 的水-离子理论是建立在解离理论基础之上的。该理论认为，酸是能在水溶液中解离产生 H^+ 的物质，碱是能在水溶液中解离产生 OH^- 的物质，酸碱中和反应就是 H^+ 和 OH^- 结合生成 H_2O 的过程。这是大家所熟悉和广泛应用的一种酸碱理论。

该理论的优点是适宜于处理在水溶液中的酸碱化学，而且提供了一个描述酸碱强度的定量标度。利用测量的 H^+ 浓度、酸碱解离的标准解离平衡常数可以确定酸碱的相对强度。水-离子理论的优点，同时也是其最大的缺点，该理论仅限于水溶液，而不能说明发生在非水溶剂和非质子溶剂中的酸碱反应，更无法阐述根本不存在溶剂的酸碱反应体系，如 $BaO(s)$ 和 $SO_3(g)$ 反应生成 $BaSO_4(s)$ 等。

2.1.3　酸碱质子理论

1923 年，丹麦化学家 Brønsted 和英国化学家 Lowry 各自独立提出了他们的酸碱定义：任何可以作为质子给予体的物质叫做酸，任何可以充当质子接受体的物质叫做碱。即酸是质子给予体，碱是质子接受体。酸失去一个质子后成为它的共轭碱，碱结合一个质子后成为它的共轭酸。即

$$\underset{\text{酸}}{A} \rightleftharpoons \underset{\text{碱}}{B} + H^+$$

式中 A 是 B 的共轭酸，B 是 A 的共轭碱，A 与 B 称为共轭酸碱对。

根据质子理论，酸碱中和反应是两个共轭酸碱对的相互作用，即质子从酸$_1$ 转移到碱$_2$ 生成共轭碱（碱$_1$）和共轭酸（酸$_2$）的过程。例如：

$$H_2O(\text{酸}_1) + NH_3(\text{碱}_2) \rightleftharpoons OH^-(\text{碱}_1) + NH_4^+(\text{酸}_2)$$

$$HNO_3(\text{酸}_1) + H_2O(\text{碱}_2) \rightleftharpoons NO_3^-(\text{碱}_1) + H_3O^+(\text{酸}_2)$$

$$HAc(\text{酸}_1) + NH_3(\text{碱}_2) \rightleftharpoons Ac^-(\text{碱}_1) + NH_4^+(\text{酸}_2)$$

式中，角标相同的酸碱具有共轭关系，正反应表示质子由酸$_1$ 向碱$_2$ 的转移，逆反应表示质子从酸$_2$ 向碱$_1$ 的转移。这样的话，酸碱的中和反应只是质子的转移，不再有盐的概念。

同水-离子理论相比，质子理论最大的优点是扩大了酸和碱的范围，酸可以是分子酸（如 HCl、H_2SO_4、HNO_3、H_2O），也可以是多元酸式阴离子（如 HSO_4^-、HPO_4^{2-}、$H_2PO_4^-$、HCO_3^-）和阳离子（如 H_3O^+、NH_4^+、$[Cr(H_2O)_6]^{3+}$）。同理，碱除了分子碱（如 NH_3、H_2O、胺）外，还有弱酸的酸根阴离子（如 Ac^-、S^{2-}、HS^-、HPO_4^{2-}、$H_2PO_4^-$）和阳离子碱（如 $[Al(H_2O)_5(OH)]^{2+}$、$[Cu(H_2O)_3(OH)]^+$）。对于某些物质，既具有酸性，又具有碱性，称为两性物质。例如，H_2O 分子、$H_2PO_4^-$ 和 HPO_4^{2-} 等既可以是质子接受体，也可以是质子给予体，因而都具有酸碱两性。

酸碱质子理论同样也扩大了酸碱反应的范围，不再限定以水为溶剂，适用于任何溶剂体系和无溶剂体系（如气相反应体系）。例如：

$$NH_4^+ + NH_2^- \rightleftharpoons NH_3 + NH_3(\text{液氨中})$$

$$HCl(g) + NH_3(g) \longrightarrow NH_4^+Cl^-(s)$$

$$2NH_4NO_3(l) + CaO \longrightarrow Ca(NO_3)_2 + 2NH_3(g) + H_2O(g)$$

从前面的讨论可知，水-离子理论和质子理论所定义的酸碱物质，都具备共同的特性：一种酸或碱能从化合物中置换出另一种较弱的酸或较弱的碱。

此外，酸碱反应能迅速完成；借助指示剂，酸碱可以互相滴定；酸碱能用作催化剂。

上述这些判据正是人们普遍接受和应用的关于酸和碱的传统概念，因此，水-离子理论和质子理论得到了广泛的应用。

2.1.4 溶剂体系理论

许多溶剂能发生自解离过程，且会对溶质的性质产生很大的影响。溶剂体系理论认为，凡是能产生该溶剂的特征阳离子的物质是酸，能产生该溶剂的特征阴离子的物质是碱。例如，在水中 NH_3 是碱，而 HAc 是酸。因为它们分别在水中（通过解离或反应）会产生溶剂水的特征阴离子 OH^- 和特征阳离子 H_3O^+。

$$H_2O + H_2O \rightleftharpoons \underset{\text{特征阳离子}}{H_3O^+} + \underset{\text{特征阴离子}}{OH^-}$$

$$NH_3 + H_2O \rightleftharpoons NH_4^+ + OH^-$$

由于产生了溶剂 H_2O 的特征阴离子 OH^-，所以 NH_3 是碱；

$$HAc + H_2O \rightleftharpoons Ac^- + H_3O^+$$

由于产生了溶剂 H_2O 的特征阳离子 H_3O^+，所以 HAc 是酸。

在不同溶剂中有许多不同的酸和碱。在水溶液中能产生溶剂 H_2O 的特征阳离子 H_3O^+ 的物质皆是酸，能产生溶剂 H_2O 的特征阴离子 OH^- 的物质皆是碱。在液氨溶液中所有的铵盐（如 NH_4Cl）都是酸（能产生溶剂 NH_3 的特征阳离子 NH_4^+），所有的氨基盐（如 $NaNH_2$）都是碱（能产生溶剂 NH_3 的特征阴离子 NH_2^-）。酸碱中和反应的实质是溶剂的特征阳离子和溶剂的特征阴离子结合生成溶剂分子，因而溶剂体系理论可看作水-离子理论在其他溶剂中的扩展。

溶剂体系理论可以把酸碱概念扩展到完全不涉及质子的溶剂体系中。例如，在液态 SO_2 溶剂中，可用 Cs_2SO_3 滴定 $SOCl_2$，因为 SO_2 按下式自解离：

$$2SO_2 \rightleftharpoons SO^{2+} + SO_3^{2-}$$

Cs_2SO_3 和 $SOCl_2$ 在 $SO_2(l)$ 中分别按下式解离：

$$Cs_2SO_3 \rightleftharpoons 2Cs^+ + SO_3^{2-}$$

$$SOCl_2 \rightleftharpoons SO^{2+} + 2Cl^-$$

因此，两者可进行酸碱中和反应和滴定：

$$Cs_2SO_3 + SOCl_2 \longrightarrow 2CsCl + 2SO_2$$

从上面的讨论可以看出,溶剂体系理论在解释许多非水溶剂中的酸碱反应是非常有用的,但该理论的最大缺陷是只适用于能发生自解离溶剂的体系,而不能解释在烃类、醚类等溶剂中的酸碱行为。

2.1.5　电子理论

1923 年,美国化学家 Lewis 提出了一个更为广泛的酸碱定义,即电子理论。Lewis 定义的酸是能接受电子对的物种,碱则是能提供电子对的物种。因此,Lewis 酸是电子对的接受体,Lewis 碱是电子对的给予体。酸碱反应的实质是通过配位键,形成酸碱加合物或配合物,即

$$\underset{\text{酸}}{A} + \underset{\text{碱}}{B:} \rightleftharpoons \underset{\text{酸碱加合物(配合物)}}{A:B(A \leftarrow B)}$$

按上述定义,Lewis 酸必须能接受电子对,所以 Lewis 酸必须具有空的低能级轨道和配位位置,以便与 Lewis 碱形成配位共价键。这样,含有可用于成键的未被占据的价轨道的阳离子(如 Ni^{2+}、Cu^{2+}、Fe^{3+}、Al^{3+}等)、含有价层未充满的原子的缺电子化合物(如 BF_3、$AlCl_3$ 等)和含有价层可扩展的原子的化合物(如 $SnCl_4$ 可利用外层空 d 轨道)都是 Lewis 酸。Lewis 碱必须具有一对 σ 对称的非键电子或填有电子的弱 π 键轨道的电子。可作 Lewis 碱的物种有阴离子,具有 σ 孤电子对的分子(如 CO、NH_3、H_2O 等),含有 π 键的分子(如乙烯、乙炔)等。

Lewis 酸碱电子理论摆脱了体系必须含有某种离子或元素和溶剂的限制,而立论于物质的普遍组分及电子的授受关系,这是该理论的最大优点,因而 Lewis 酸碱电子理论的应用更广泛。

2.1.6　正负离子理论

1938 年,усановеч 提出了范围更广的酸碱理论,即正负离子理论。该理论认为,任何能中和碱形成盐并放出阳离子或结合阴离子(电子)的物质为酸,任何能中和酸放出阴离子(电子)或结合阳离子的物质为碱。这个定义可包容前面讨论的所有酸碱的定义。它的优点是能包括涉及任意数目(单电子、双电子、…、多电子)的电子转移的反应,即不必只局限于一对电子的授受的反应。根据这个定义,几乎所有的无机反应都包括在这个酸碱理论所定义的反应中。表 2.1 列出了正负离子理论的一些酸碱中和反应的实例。

表 2.1　正负离子理论的一些酸碱中和反应的实例

酸 + 碱 ⟶ 盐	解释说明
$CO_2+Na_2O \longrightarrow Na_2CO_3$	Na_2O 放出 O^{2-} 阴离子,是碱;CO_2 结合 O^{2-} 阴离子,是酸
$Fe(CN)_2+4KCN \longrightarrow K_4[Fe(CN)_6]$	KCN 放出 CN^- 阴离子,是碱;$Fe(CN)_2$ 结合 CN^- 阴离子,是酸
$Cl_2+2Na \longrightarrow 2NaCl$	Na 放出电子,是碱;Cl_2 结合电子,是酸
$AgNO_3+NaCl \longrightarrow AgCl\downarrow+NaNO_3$	NaCl 放出 Cl^- 阴离子,是碱;$AgNO_3$ 结合 Cl^- 阴离子,是酸

2.1.7　Lux 酸碱理论

Lux 将碱定义为 O^{2-} 给予体，酸定义为 O^{2-} 接受体，酸和碱之间的反应是 O^{2-} 转移的反应。因此，这个理论又被称为酸碱的氧离子理论。下面是几个 Lux 酸碱反应的例子：

$$Ba^{2+}O^{2-}(s) + SO_2(l或g) \rightleftharpoons Ba^{2+}SO_3^{2-} \quad (O^{2-}\ 转移)$$

$$Ca^{2+}O^{2-}(s) + SiO_2(s) \xlongequal{熔融} Ca^{2+}SiO_3^{2-} \quad (O^{2-}\ 转移)$$

$$3TiO_2(s) + 4AlCl_3(s) \rightleftharpoons 3TiCl_4 + 2Al_2O_3 \quad (O^{2-}\ 转移)$$

事实上，可以将 Lux 酸、碱归入 Lewis 酸、碱的范畴，只要把氧离子的提供者看成电子对的给予体，而把氧离子的接受体看成电子对的接受体就可以了。

前面介绍的各种酸碱理论，各自有其优缺点及适用范围。

Arrhenius 的水-离子理论适用于水溶液中的 H_3O^+ 和 OH^- 的反应；Brønsted 和 Lowry 的酸碱质子理论则除了适用于水溶液体系外，还特别适用于涉及质子转移的酸碱反应。

Lewis 的电子理论无论是在无机化学中还是在有机化学中都有广泛的应用，它适合于讨论含有或可以形成配位键的任何物种，适用于置换反应及任何其他类型的富电子和缺电子物种之间的反应。

溶剂体系理论适合于讨论非水溶剂中的反应，而 усановеч 的正负离子理论则几乎适用于所有无机反应。

由此可见，不同的酸碱理论，都各自强调了某个方面，它们之间既相互联系又有区别。对于不同情况下的反应，应选用适当的理论来加以说明。这些理论没有正误之区分，只有方便与否的差别。例如，在处理水溶液体系中的一般酸碱反应时，可以使用酸碱质子理论或 Arrhenius 的水-离子理论；而在处理配位化学中的问题时，则要选择 Lewis 的电子理论。

2.2　质子酸的酸性与周期性

2.2.1　质子酸的酸性

在 Brønsted 和 Lowry 定义的酸、碱（经常称为质子酸、碱）中，任何酸碱反应都是由质子给予体向质子接受体转移质子的过程。

显然，酸给出质子的能力（即酸性）越强，其共轭碱结合质子的能力（即碱性）就越弱；反之，碱结合质子的能力越强，其共轭酸给出质子的能力就越弱。

表 2.2 列出了一些共轭酸碱对，自下而上，酸的酸性逐渐增强，其共轭碱的碱性逐渐减弱。

表 2.2　共轭酸碱对

酸(共轭酸)	共轭碱(碱)
$HClO_4$	ClO_4^-
H_2SO_4	HSO_4^-
HI	I^-
HBr	Br^-
HCl	Cl^-
HNO_3	NO_3^-
H_3O^+	H_2O
Cl_3CCOOH	Cl_3CCOO^-
HSO_4^-	SO_4^{2-}
H_3PO_4	$H_2PO_4^-$
HNO_2	NO_2^-
HF	F^-
HCOOH	$HCOO^-$
HAc	Ac^-
CO_2+H_2O	HCO_3^-

(左侧标注：酸性增强↑；右侧标注：碱性增强↓)

在任何质子酸碱反应中

$$酸_1 + 碱_2 \rightleftharpoons 碱_1 + 酸_2$$

酸只有和位于它右下方的碱(碱只有和位于它左上方的酸)才能反应，生成它的共轭碱(共轭酸)，即总是由相对较强的酸和碱向生成相对较弱的酸和碱的方向进行。反应按正、逆方向进行的程度取决于酸$_1$和酸$_2$给出质子及碱$_1$和碱$_2$争夺质子趋势的强弱程度。

2.2.2　质子酸的强度

(1) 影响质子酸碱强度的因素

① 热力学讨论　根据热力学原理来研究化合物解离出质子的趋势是十分有启发性的，以气态二元氢化物为例：

$$H_nX(g) \longrightarrow H_{n-1}X^-(g) + H^+(g)$$

上述各物种都取气相是为了避免氢键和水合焓对解离所产生的影响。

该解离反应的热力学循环式为

$$\begin{array}{ccccc} H_nX(g) & \xrightarrow{\Delta_r H_m^\ominus} & H_{n-1}X^-(g) & + & H^+(g) \\ \downarrow \Delta_D H_m^\ominus(H_{n-1}X—H) & & \uparrow \Delta_A H_m^\ominus(H_{n-1}X, g) & & \uparrow \Delta_I H_m^\ominus(H, g) \\ & \longrightarrow & H_{n-1}X(g) & + & H(g) \end{array}$$

$$\Delta_r H_m^\ominus = PA(H_{n-1}X^-, g) = \Delta_A H_m^\ominus(H_{n-1}X, g) + \Delta_I H_m^\ominus(H, g) + \Delta_D H_m^\ominus(H_{n-1}X—H)$$

式中，自由基 $H_{n-1}X$ 的电子亲和焓 $\Delta_A H_m^\ominus(H_{n-1}X, g)$ 与元素 X 的电负性有关；X—H 键的解离焓 $\Delta_D H_m^\ominus(H_{n-1}X—H)$ 与 X—H 键的键长(即与 X 原子的原子半径)有关。$\Delta_I H_m^\ominus(H,g) = 1312\ kJ \cdot mol^{-1}$。

PA 为质子亲和焓，它是物质对质子的竞争能力的表征，直接反映酸碱的相对强弱。一般用阴离子的 *PA* 来度量氢化物的酸性和用中性分子的 *PA* 来度量物质的碱性。质子亲和焓 *PA* 与热力学符号相反，所以此过程的焓变即为 $H_{n-1}X^-$ 的质子亲和焓 *PA*。此式表明可以用氢化物阴离子的质子亲和焓 *PA* 来判断二元氢化物气相酸式解离的热力学趋势。

表 2.3 给出某些二元氢化物及其阴离子的 *PA*，$\Delta_D H_m^\ominus(H_{n-1}X—H)$ 和 $\Delta_A H_m^\ominus(H_{n-1}X)$ 值。

表 2.3　某些二元氢化物及其阴离子的 *PA*，$\Delta_D H_m^\ominus(H_{n-1}X—H)$ 和 $\Delta_A H_m^\ominus(H_{n-1}X)$

	CH_4	NH_3	H_2O	HF
$PA(H_nX)/(kJ \cdot mol^{-1})$	527	866	686	548
	CH_3^-	NH_2^-	OH^-	F^-
$\Delta_D H_m^\ominus(H_{n-1}X—H)/(kJ \cdot mol^{-1})$	435	456	498	569
$\Delta_A H_m^\ominus(H_{n-1}X)/(kJ \cdot mol^{-1})$	≥-50	-71	-176	-331
$PA(H_{n-1}X^-)/(kJ \cdot mol^{-1})$	≥1697	1697	1634	1550
	SiH_4	PH_3	H_2S	HCl
$PA(H_nX)/(kJ \cdot mol^{-1})$	≤611	774	711	586
	SiH_3^-	PH_2^-	HS^-	Cl^-
$\Delta_D H_m^\ominus(H_{n-1}X—H)/(kJ \cdot mol^{-1})$	335	351	377	431
$\Delta_A H_m^\ominus(H_{n-1}X)/(kJ \cdot mol^{-1})$	-100	-121	-222	-347
$PA(H_{n-1}X^-)/(kJ \cdot mol^{-1})$	1547	1542	1467	1396
		AsH_3	H_2Se	HBr
$PA(H_nX)/(kJ \cdot mol^{-1})$		732	711	590
		AsH_2^-	HSe^-	Br^-
$\Delta_D H_m^\ominus(H_{n-1}X—H)/(kJ \cdot mol^{-1})$		301	318	368
$\Delta_A H_m^\ominus(H_{n-1}X)/(kJ \cdot mol^{-1})$		-121	-209	-326
$PA(H_{n-1}X^-)/(kJ \cdot mol^{-1})$		1492	1421	1354
				HI
$PA(H_nX)/(kJ \cdot mol^{-1})$				607
				I^-
$\Delta_D H_m^\ominus(H_{n-1}X—H)/(kJ \cdot mol^{-1})$				298
$\Delta_A H_m^\ominus(H_{n-1}X)/(kJ \cdot mol^{-1})$				-295
$PA(H_{n-1}X^-)/(kJ \cdot mol^{-1})$				1315

对不同 H_nX，$\Delta_I H_m^\ominus(H,g)$ 为常数。这样，阴离子 $H_{n-1}X^-(g)$ 的质子亲和焓 *PA*［即气态二元氢化物解离出 $H^+(g)$ 过程的焓变］就与 X—H 键的解离焓 $\Delta_D H_m^\ominus(H_{n-1}X—H)$ 和 $H_{n-1}X$ 的电子亲和焓$\Delta_A H_m^\ominus(H_{n-1}X,g)$之和有关。

在同一周期中，从左到右 $H_{n-1}X$ 的电子亲和焓的变化一般比相应的 X—H 键的解离焓变化幅度要大一些。

	CH_3	NH_2	OH	F
$\Delta_A H_m^\ominus(H_{n-1}X,\ g)\ /(kJ\cdot mol^{-1})$	≤−50	−71	−176	−331
$\Delta_D H_m^\ominus(H_{n-1}X—H)\ /(kJ\cdot mol^{-1})$	435	456	498	569

$H_{n-1}X$ 的电子亲和焓从 CH_3 的−50 $kJ\cdot mol^{-1}$到 F 的−331 $kJ\cdot mol^{-1}$,减小了 281 $kJ\cdot mol^{-1}$;而 X—H 键的解离焓从 C—H 键的 435 $kJ\cdot mol^{-1}$到 F—H 键的 569 $kJ\cdot mol^{-1}$,增加了 134 $kJ\cdot mol^{-1}$。所以,*PA* 将随 $\Delta_A H_m^\ominus(H_{n-1}X,g)$的减小而逐渐减小。即同一周期从左到右,气态二元氢化物的酸性强度表现为缓慢增加。

而在同一族中,从上到下,解离焓减小的幅度比电子亲和焓快。

	HF	HCl	HBr	HI
$\Delta_A H_m^\ominus(H_{n-1}X,\ g)\ /(kJ\cdot mol^{-1})$	−331	−347	−326	−295
$\Delta_D H_m^\ominus(H_{n-1}X—H)\ /(kJ\cdot mol^{-1})$	569	431	368	298

如从 HF 到 HI,解离焓从 569 $kJ\cdot mol^{-1}$到 298 $kJ\cdot mol^{-1}$减少了 271 $kJ\cdot mol^{-1}$,而电子亲和焓从−331 $kJ\cdot mol^{-1}$到−295 $kJ\cdot mol^{-1}$只增加了 36 $kJ\cdot mol^{-1}$。所以,同一族的二元氢化物的酸性从上到下,随解离焓的逐渐减小而增大。

② 诱导效应和阴离子的电荷分配性对酸强度的影响　诱导力是分子间作用力的一种。诱导效应是指一个分子的固有偶极使另一个分子的正、负电荷重心发生相对位移,或是在一个分子内一部分对另一部分的诱导现象。

对后者,以 HAR_n($H_{n+1}A$ 被 *n* 个取代基 R 取代后的产物)分子为例。如果取代基 R 的电负性比 A 大,R 对电子的吸引作用比 A 强,则这种取代基称为吸电子基团。反之,称为斥电子基团。

由于取代基 R 的吸电子或斥电子作用,使得邻近化学键的电子密度发生改变,这是在一个分子内存在的诱导效应。诱导效应对 HAR_n的酸性有显著影响。以 HAR_n的解离为例,假定可以将它的解离分为两步:

$$HAR_n \xrightarrow{\text{I}} H^+ + AR_n^{-*} \xrightarrow{\text{II}} H^+ + AR_n^-$$

中间体 AR_n^{-*}是假定二元取代氢化物刚移去质子,但还未发生电子重排的物种(这只为讨论的方便而假设,并不一定能为实验所证实)。显然第一步的难易将取决于取代基的电负性。

若 R 的电负性比 A 大(即 R 是一个吸电子基团),A—R 键中的电子靠近 R,H⇀A⇀R,A 带部分正电荷,从而吸引 A—H 键中的电子使得 H 原子的电子容易失去,化合物酸性增加。所以 R 的电负性越大,化合物的酸性就越强。

相反,若 R 的电负性比 A 小(R 是一个斥电子基团),A—R 键中的电子靠近 A,H↽A↽R,A 带部分负电荷,结果将排斥 H—A 键中的电子,从而使 H 原子的电子不易失去,化合物酸性就减弱。所以 R 的电负性越小,化合物的酸性就越弱。

第二步是中间体 AR_n^{-*} 发生电子的重排过程,第一步氢原子失去电子以 H^+ 解离出来,剩下的电子留在原子 A 上。如果这个电子能从原子 A 分布到整个基团,或者说,电子密度容易从原子 A 流向取代基 R,使得 A 有较高的电正性,那么该酸的酸性就较强。

例如,HCF_3 与 HCH_2NO_2 都可被认为是二元氢化物 CH_4 的取代物,前者三个氢被 F 取代,后者一个氢被 NO_2 基团取代。按照诱导效应,取代基 F 的电负性明显大于 NO_2 基团的电负性,似乎 HCF_3 的酸性应比 HCH_2NO_2 的酸性强。但是,在 CF_3^- 中,由于 F 的半径小,电子密度已经很大,且它同 C 是以 σ 键键合,没有 π 重叠,即 H^+ 解离后在 C 上留下来的负电荷不能向 F 上流动,结果影响了 HCF_3 上 H^+ 的解离;而对于 HCH_2NO_2,由于 NO_2 基团上存在 π^* 反键分子轨道,因而 C 上的负电荷容易离域到 π^* 反键轨道之中,结果反而是 HCH_2NO_2 的酸性大于 HCF_3 的酸性。

再如,C_2H_5OH 和 CH_3COOH 都可以被看作 H_2O 分子上的氢被乙基和乙酰基取代的产物,由于 $C_2H_5O^-$ 中只有 σ 键,而 CH_3COO^- 中存在三中心 π 键,因而氧原子上的负电荷可以通过这个三中心 π 键得到离域化,所以 CH_3COOH 的酸性远大于 C_2H_5OH 的酸性。

(2) 水溶液中质子酸的强度

根据前面用氢化物阴离子的质子亲和焓来判断氢化物气相酸式解离的热力学趋势的方法,对 HCl 气体有

$$HCl(g) \longrightarrow H^+(g) + Cl^-(g) \quad \Delta_r H_m^{\ominus} = PA(Cl^-,g)$$

$\Delta_D H_m^{\ominus}(H—Cl)$　　$\Delta_I H_m^{\ominus}(H,g)$　　$\Delta_A H_m^{\ominus}(Cl,g)$

$$\longrightarrow H(g) + Cl(g)$$

$$\Delta_r H_m^{\ominus} = PA(Cl^-,g) = \Delta_D H_m^{\ominus}(H—Cl) + \Delta_A H_m^{\ominus}(Cl,g) + \Delta_I H_m^{\ominus}(H,g)$$

代入相应值得 Cl^- 的质子亲和焓亦即 HCl(g) 的解离焓 $\Delta_r H_m^{\ominus}$ 为 1393 $kJ \cdot mol^{-1}$,一个很大的正值,所以在热力学上 HCl 气体不进行酸式解离。

然而,在水溶液中,由于离子和分子都是水合的,而水合过程通常是放热的,所以,水合过程使得在气相中为非自发的过程在水中变成了自发。例如:

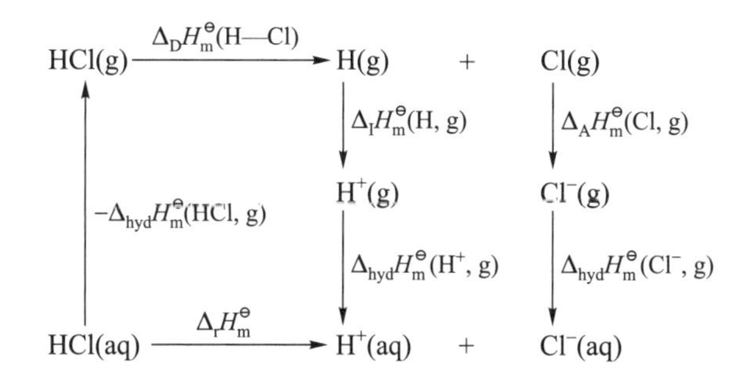

$$\Delta_r H_m^{\ominus} = -\Delta_{hyd} H_m^{\ominus}(HCl,g) + \Delta_D H_m^{\ominus}(H—Cl) + \Delta_I H_m^{\ominus}(H,g) + \Delta_{hyd} H_m^{\ominus}(H^+,g) + \Delta_A H_m^{\ominus}(Cl,g) + \Delta_{hyd} H_m^{\ominus}(Cl^-,g)$$

代入相应值得 $HCl(aq) \longrightarrow H^+(aq)+Cl^-(aq)$ 过程的 $\Delta_r H_m^\ominus$ 等于 $-54\ kJ \cdot mol^{-1}$。显然，同气相解离相比，它多了三项水合焓项，正是由于水合焓的影响，才使 HCl 的酸式解离成为可能。

对 HF、H_2O 和 NH_3 同周期非金属元素氢化物的酸性递变规律也可以设计出热力学循环：

$$
\begin{array}{ccccc}
H_nX(aq) & \xrightarrow{\Delta_r H_m^\ominus(H_nX,\ aq)} & H^+(aq) & + & H_{n-1}X^-(aq) \\
\downarrow -\Delta_{hyd} H_m^\ominus(H_nX,\ g) & & \uparrow \Delta_{hyd} H_m^\ominus(H^+,\ g) & & \uparrow \Delta_{hyd} H_m^\ominus(H_{n-1}X^-,\ g) \\
 & & H^+(g) & & H_{n-1}X^-(g) \\
 & & \uparrow \Delta_I H_m^\ominus(H,\ g) & & \uparrow \Delta_A H_m^\ominus(H_{n-1}X,\ g) \\
H_nX(g) & \xrightarrow{\Delta_D H_m^\ominus(H_{n-1}X—H)} & H(g) & + & H_{n-1}X(g)
\end{array}
$$

$$
\Delta_r H_m^\ominus(H_nX,aq) = -\Delta_{hyd} H_m^\ominus(H_nX,g) + \Delta_D H_m^\ominus(H_{n-1}X—H) + \Delta_A H_m^\ominus(H_{n-1}X,g) + \Delta_{hyd} H_m^\ominus(H_{n-1}X^-,g) + \Delta_I H_m^\ominus(H,g) + \Delta_{hyd} H_m^\ominus(H^+,g)
$$

式中，$\Delta_{hyd} H_m^\ominus(H_nX,g)$ 是氢化物的水合焓，是过程 $H_nX(g) \longrightarrow H_nX(aq)$ 的焓变。

各氢化物之间的差别只在前四项，将 NH_3、H_2O 和 HF 的各数据列于下：

	$\dfrac{-\Delta_{hyd} H_m^\ominus(H_nX,g)}{kJ \cdot mol^{-1}}$	$\dfrac{\Delta_D H_m^\ominus(X—H)}{kJ \cdot mol^{-1}}$	$\dfrac{\Delta_A H_m^\ominus(H_{n-1}X,g)}{kJ \cdot mol^{-1}}$	$\dfrac{\Delta_{hyd} H_m^\ominus(H_{n-1}X^-,g)}{kJ \cdot mol^{-1}}$
NH_3	35	456	−71	−378
H_2O	44	498	−176	−347
HF	48	569	−331	−524

计算得到

	NH_3	H_2O	HF
$\Delta_r H_m^\ominus(H_nX,aq)/(kJ \cdot mol^{-1})$	264	241	−16

从上面的比较可见，同周期非金属元素氢化物，其酸性按 $NH_3 < H_2O < HF$ 顺序增强。

综合这些数据发现，造成这些差别的主要原因是 X—H 键的键焓、生成阴离子时的电子亲和焓和阴离子的水合焓。按键焓看，酸性递变顺序应是 N > O > F。然而，后二者之和，HF 的比 H_2O 的小，H_2O 的又比 NH_3 的小得多。因而造成总的结果是，氢氟酸的解离焓小于 H_2O 的，H_2O 的解离焓又比 NH_3 的小。所以，其酸性递变顺序为 $HF > H_2O > NH_3$。

NH_3 的酸式解离焓的数据表明，这种解离在热力学上是不允许的。事实上，NH_3 在水溶液中是作碱式解离的：

$$
\begin{array}{ccccccc}
NH_3(aq) & + & H_2O(l) & \xrightarrow{\Delta_r H_m^\ominus} & NH_4^+(aq) & + & OH^-(aq) \\
\downarrow -\Delta_{hyd} H_m^\ominus(NH_3,\ g) & & \downarrow -\Delta_{hyd} H_m^\ominus(H_2O,\ g) & & \uparrow \Delta_{hyd} H_m^\ominus(XH_4^+,\ g) & & \uparrow \Delta_{hyd} H_m^\ominus(OH^-,\ g) \\
 & & H_2O(g) & & & & OH^-(g) \\
 & & \downarrow \Delta_D H_m^\ominus(HO—H) & & & & \uparrow \Delta_A H_m^\ominus(OH,\ g) \\
NH_3(g) & + & \underbrace{H(g)+OH(g)} & \xrightarrow{x} & NH_4^+(g) & + & OH(g)
\end{array}
$$

式中，$x=\Delta_I H_m^\ominus(H, g)-PA(NH_3, g)$，$PA(NH_3, g)$是过程 $NH_3(g)+H^+(g) \longrightarrow NH_4^+(g)$的焓变的负值。

$$\Delta_r H_m^\ominus = -\Delta_{hyd} H_m^\ominus(NH_3, g) - \Delta_{hyd} H_m^\ominus(H_2O, g) + \Delta_D H_m^\ominus(HO—H) + \Delta_I H_m^\ominus(H, g) - PA(NH_3, g) + \Delta_{hyd} H_m^\ominus(NH_4^+, g) + \Delta_A H_m^\ominus(OH, g) + \Delta_{hyd} H_m^\ominus(OH^-, g)$$

代入热力学数据得 $\Delta_r H_m^\ominus = -9\ kJ \cdot mol^{-1}$。即热力学允许 NH_3 在水中作碱式解离，尽管这种趋向并不大。事实上也正是这样，在水中，NH_3 是弱碱。

显然，NH_3 在水溶液中作碱式解离比作酸式解离要容易得多。这是因为，当 NH_3 作酸式解离时，由于 NH_2 基团的电子亲和焓较小($-71\ kJ \cdot mol^{-1}$)，尽管质子和 NH_2^- 的水合焓都很大，但也不能补偿解离过程中的不利因素，从而使解离过程的热效应为正值。相反，NH_3 作碱式解离时，NH_3 的质子亲和焓负值较大($-866\ kJ \cdot mol^{-1}$)，正是这一项起了关键性的作用，它补偿了解离过程中的不利因素，并使得 NH_3 作碱式解离过程成了放热的过程。

类似地可以讨论同族元素氢化物的酸性递变。对于各氢卤酸：

	$\frac{-\Delta_{hyd} H_m^\ominus(HX, g)}{kJ \cdot mol^{-1}}$	$\frac{\Delta_D H_m^\ominus(X—H)}{kJ \cdot mol^{-1}}$	$\frac{\Delta_A H_m^\ominus(X, g)}{kJ \cdot mol^{-1}}$	$\frac{\Delta_{hyd} H_m^\ominus(X^-, g)}{kJ \cdot mol^{-1}}$
HF	48	569	-331	-524
HCl	18	431	-347	-378
HBr	21	368	-326	-348
HI	23	298	-295	-308

计算得到

	HF	HCl	HBr	HI
$\Delta_r H_m^\ominus(HX, aq)/(kJ \cdot mol^{-1})$	-16	-54	-63	-60

从以上数据可见，氟的各步骤之 $\Delta_r H_m^\ominus$ 都比较特殊，其中 HF 的键解离焓特别大，近乎是 HI 的键解离焓的两倍，此外，由于 HF 中存在氢键，使得 HF(aq) 脱水吸热量为最高。因此，尽管 F^- 的水合焓较其他卤离子大也不足以补偿上述因素的影响。造成氢氟酸酸性较弱是前述诸种原因的综合表现，那种认为氢氟酸酸性较弱仅是因为 HF 的键解离焓特别大的看法显然是不全面的。须知，尽管 $\Delta_D H_m^\ominus(F—H)$ 特别大，但 $\Delta_{hyd} H_m^\ominus(F^-, g)$ 却特别负。对于 HF 来说，二者的值都比 HCl 的相应值大许多，但二者之和却相差不多。HF 同 HCl 相比，HF 的$[-\Delta_{hyd} H_m^\ominus(HX, g) + \Delta_A H_m^\ominus(X, g)]$值却比 HCl 的要大得多。

除此之外，确定酸的强度，不能只看解离过程的焓变化，须进一步考虑其熵变。HF 解离过程熵减较大，这既和 F^- 半径最小、水化程度最大有关，也和溶液中形成方向性氢键有关。

焓效应和熵效应的综合结果，使得 HF 解离的 $\Delta_r G_m^\ominus$ 成了正值，而其他 HX 的为负值，所以 HF 的标准解离常数在数量级上有质的差别，其他 HX 酸都是强酸。尽管如此，从 HCl 到 HI，解离过程的 $\Delta_r G_m^\ominus$ 逐渐变小，酸性逐渐变得更强。所以 HX 酸性递变规律是

$$HF \ll HCl < HBr < HI$$

在水溶液中,质子酸的强度常常直接用酸度常数来表示,酸度常数是酸与 H_2O 之间质子转移反应的标准平衡常数[说明:在标准平衡常数表达式中,其浓度均应为相对浓度(相对于标准浓度),压力均应为相对压力(相对于标准压力),在相对浓度的情况下,相对的结果是数值不变,只是单位为 1。为简化表达,在本书所有涉及 $c^{\ominus}$ 的表达式中均将 $c^{\ominus}$ 略去,而压力可以有不同的单位,可视情况不同分别处置]:

$$HA(aq) + H_2O(l) \rightleftharpoons A^-(aq) + H_3O^+(aq)$$

$$K_a^{\ominus} = \frac{c(A^-) \cdot c(H_3O^+)}{c(HA)}$$

由于物质的量浓度和酸度常数的变化区间跨越多个数量级,因而以 $pK_a^{\ominus}$ 来描述酸的强度更为方便,$pK_a^{\ominus} = -\lg K_a^{\ominus}$。表 2.4 列出了 25 ℃水溶液中一些常见酸的酸度常数,$pK_a^{\ominus}$ 为负值(相应于 $K_a^{\ominus} > 1$)的物质被列为强酸,$pK_a^{\ominus}$ 为正值(相应于 $K_a^{\ominus} < 1$)的物质被列为弱酸,反过来,强酸的共轭碱是弱碱,而弱酸的共轭碱是强碱。

表 2.4　25 ℃水溶液中一些常见酸的酸度常数

HA	A^-	$K_a^{\ominus}$	$pK_a^{\ominus}$	HA	A^-	$K_a^{\ominus}$	$pK_a^{\ominus}$
HI	I^-	10^{11}	−11	$HC_5H_5N^+$	C_5H_5N	5.6×10^{-6}	5.25
$HClO_4$	ClO_4^-	10^{10}	−10	H_2CO_3	HCO_3^-	4.3×10^{-7}	6.37
HBr	Br^-	10^9	−9	H_2S	HS^-	9.1×10^{-8}	7.04
HCl	Cl^-	10^7	−7	$B(OH)_3$	$B(OH)_4^-$	7.2×10^{-10}	9.14
H_2SO_4	HSO_4^-	10^2	−2	NH_4^+	NH_3	5.6×10^{-10}	9.25
H_3O^+	H_2O	1	0.0	HCN	CN^-	4.9×10^{-10}	9.31
H_2SO_3	HSO_3^-	1.5×10^{-2}	1.82	HCO_3^-	CO_3^{2-}	4.8×10^{-11}	10.32
HSO_4^-	SO_4^{2-}	1.2×10^{-2}	1.92	$HAsO_4^{2-}$	AsO_4^{3-}	3.0×10^{-12}	11.52
H_3PO_4	$H_2PO_4^-$	7.5×10^{-3}	2.12	HS^-	S^{2-}	1.1×10^{-12}	11.96
HF	F^-	3.5×10^{-4}	3.46	HPO_4^{2-}	PO_4^{3-}	2.2×10^{-13}	12.66

(3) 非水溶剂中质子酸的强度

水作为质子酸时,通过自身的质子转移,存在以下平衡:

$$H_2O(l) + H_2O(l) \rightleftharpoons H_3O^+(aq) + OH^-(aq)$$

$$K_w^{\ominus} = c(H_3O^+) \cdot c(OH^-) \qquad pK_w^{\ominus} = -\lg K_w^{\ominus}$$

$K_w^{\ominus}$ 称为水的质子自递常数。25 ℃时,$K_w^{\ominus} = 10^{-14}$,$pK_w^{\ominus} = 14$。

对于其他非水质子溶剂,溶剂分子像水一样也可以发生质子自递作用,生成溶剂化的质子和溶剂化的去质子后的阴离子,即存在下列平衡:

$$BH + BH \rightleftharpoons BH_2^+ + B^-$$

$$K^{\ominus}(BH) = c(BH_2^+) \cdot c(B^-)$$

式中,$K^{\ominus}(BH)$称为自质子化常数。

像在稀水溶液中用 pH 来描述酸度一样,在非水质子溶剂及在无水纯酸溶液、浓水溶液中,常用 Hammett 提出的酸度函数 H_0来描述酸的强度。酸度函数 H_0可通过一种与强酸反应的弱碱指示剂的质子化程度来表示:

$$B + H^+ \rightleftharpoons BH^+$$

$$H_0 = pK^{\ominus}(BH^+) + \lg \frac{c(B)}{c(BH^+)}$$

式中 B 代表弱碱指示剂,$K^{\ominus}(BH^+)$是 BH^+的标准解离常数,该式的物理意义是指某强酸的酸度可通过一种与强酸反应的弱碱指示剂的质子化程度来量度。显然,在水溶液中,H_0相当于 pH,因而 H_0标度可以看作更一般的 pH 标度。H_0越小,酸度越大;相反,H_0越大,碱性越强。

表 2.5 列出一些具有不同 H_0的溶液的组成。可见,通过适当地选择溶剂和酸或碱的浓度,可以得到不同强度 H_0的溶液体系。

表 2.5 一些具有不同 H_0的溶液的组成

溶 液	H_0
在 HSO_3F 中含 7% $SbF_5 \cdot 3SO_3$	-19.35
在 HSO_3F 中含 10% SbF_5	-18.94
HSO_3F(纯)	-15.07
$H_2S_2O_7$(纯)	-14.14
H_2SO_4(纯)	-11.93
H_2SO_4(98%水溶液)	-10.44
HF(纯)	-10.20
H_3PO_4(纯)	-5.00
H_2SO_4(60%水溶液)	-4.46
5 $mol \cdot L^{-1}$ KOH(水溶液)	15.44
10 $mol \cdot L^{-1}$ KOH(水溶液)	16.90
15 $mol \cdot L^{-1}$ KOH(水溶液)	18.23
10^{-2} $mol \cdot L^{-1}$ KOEt; 20% EtOH; 80% $SO(CH_3)_2$	18.97
10^{-2} $mol \cdot L^{-1}$ KOEt; 10% EtOH; 90% $SO(CH_3)_2$	19.68
10^{-2} $mol \cdot L^{-1}$ KOEt; 5% EtOH; 95% $SO(CH_3)_2$	20.68

(4) 溶剂的拉平效应

对于质子溶剂,由于溶剂分子本身可以发生质子自递作用,即溶剂本身可能是酸或碱,那么在这类溶剂中研究的酸度范围就可能会受到限制。如 H_2SO_4 和 HNO_3 这类强酸在水溶液中都给出全部质子,在水溶液中不可能区分它们的强弱,也就是说,任何强酸在水中都能

将其质子转移给 H_2O 形成 H_3O^+，表现出相同的强度。如 1 mol · L^{-1} $HClO_4$、HCl、HNO_3 和 0.5 mol · L^{-1} H_2SO_4 的水溶剂体系的 pH 均为 0，即这些强质子酸被水“拉平”到水合质子的水平，显示不出这些酸的强度差别。或水拉平了这些酸，这种效应叫做水的“拉平效应”。同样地，水对碱也有类似的效应。也就是说，在水溶剂中，强度为 $pK_a^\ominus = 0 \sim 14$ 的酸（或碱）可以被区分，而强度为 $pK_a^\ominus < 0$ 和 $pK_a^\ominus > 14$ 的酸（或碱）不能被区分，即溶剂水可以区分 $pK_a^\ominus$ 为 $0 \sim 14$ 的质子酸的强度，这个区间被称为水的分辨区，宽度为 14 个单位（联想到 $pK_w^\ominus = 14$）。

事实上，一般溶剂对酸碱强度的分辨区宽度就是它们的自递常数的负对数，即溶剂的质子自递常数确定各溶剂的分辨区的宽度。水的分辨区宽度为 14 个单位，而液氨的分辨区（$pK_a^\ominus = 27$）要宽得多。图 2.1 给出了几种溶剂的酸碱分辨窗。至于溶剂的分辨窗在图中的位置则取决于溶剂的酸碱性。按溶剂在水中的近似 $pK_a^\ominus$ 排列其顺序，从左到右酸性减弱。

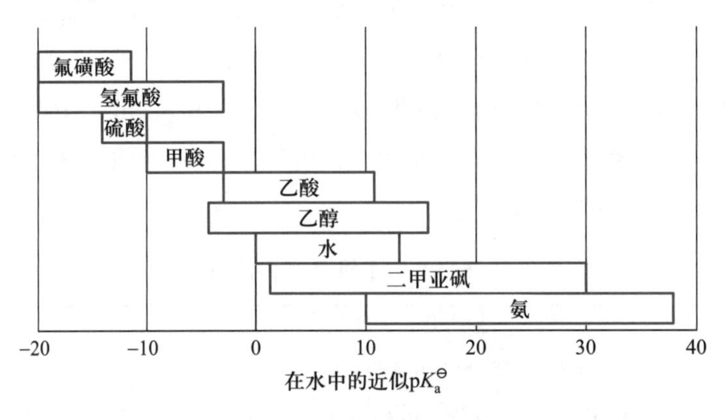

图 2.1　几种溶剂的酸碱分辨窗（窗的宽度等于酸碱的质子自递常数的负对数）

某种质子酸或质子碱，只要它的 $pK_a^\ominus$ 落到某种溶剂的分辨窗之中，该溶剂就能对这种酸或碱的强度作出区别。相反，其 $pK_a^\ominus$ 超出了该溶剂的分辨区范围，该溶剂对这种酸或碱的强度就不能作出区别。若有一种由两种酸或两种碱组成的混合物，只要它们中至少有一种 $pK_a^\ominus$ 落在这些范围之中，就可把它们区分开。例如，H_2CO_3 和 HCO_3^- 在水中都是质子酸，前者 $pK_{a_1}^\ominus = 6.37$，后者 $pK_{a_2}^\ominus = 10.25$，由于它们的 $pK_a^\ominus$ 都落在水的分辨区范围之内，所以溶剂水可以区分它们。只要选取合适的指示剂，就可以在水溶剂中对 H_2CO_3，HCO_3^- 分别进行滴定。事实上在水溶液中分别使用酚酞和甲基橙指示剂，就可以用 NaOH 对它们进行分别测定。相反，要在水溶剂中区分开 $HClO_4$（$pK_a^\ominus = -10$）和 HCl（$pK_a^\ominus = -7$）却是办不到的。

对于某给定的强酸，其 $pK_a^\ominus$ 很小，要区分它必须选取氢碘酸、氢氟酸、硫酸、甲酸或乙酸作溶剂。例如，在乙酸中，一些强酸的酸性显示出差异，其强度次序为 $HClO_4 > H_2SO_4 > HCl > HNO_3$。在乙酸中，这些酸的摩尔（氢）电导率（$\Lambda_m$）的比值为

$$\Lambda_m(HClO_4) : \Lambda_m(H_2SO_4) : \Lambda_m(HCl) : \Lambda_m(HNO_3) = 400 : 30 : 9 : 1$$

换句话说，乙酸对这些酸具有“区分效应”（亦有称为“拉开效应”的）。类似地，液氨溶剂能够区分一些强碱的相对强弱。因此，选取适当的溶剂，利用“区分效应”（或“拉开效应”），就可以实现对许多弱酸或弱碱、强酸和强碱的滴定，这就是非水溶剂滴定法的依据。

由图 2.1 可见，溶剂的自质子化程度越小，$pK_a^\ominus$ 越大，相应的分辨区范围就越宽。例如，二甲亚砜（DMSO）的 $pK_a^\ominus=27$，其分辨窗比较宽，因此 DMSO 可以用来研究大范围内的各种酸。相反的例子是 H_2SO_4，其 $pK_a^\ominus=3.5$，分辨区范围十分窄，在其中能区分的酸的数目有限。

2.2.3 质子酸酸度变化的周期性趋势

在这里，主要讨论周期表不同区域元素在水溶液中形成的羟基质子酸（由于羟基酸均含氧原子，因而又叫含氧酸）。羟基质子酸组成可分为三大类：

（1）水合酸

酸质子在一个与中心金属离子配位的水分子上，如六水合铁（Ⅲ）离子 $[Fe(H_2O)_6]^{3+}$。

$$[Fe(H_2O)_6]^{3+}(aq)+H_2O \rightleftharpoons [Fe(OH_2)_5(OH)]^{2+}(aq)+H_3O^+(aq)$$

（2）羟合酸

羟合酸的酸质子处在相邻位置上没有氧基（=O，非羟基氧）的羟基上，如 $Si(OH)_4$。

（3）氧合酸

氧合酸的酸质子在羟基上，但与羟基相连的中心原子上也带有若干个氧基，如 $H_2SO_4[SO_2(OH)_2]$。

图 2.2 给出了 $[Fe(H_2O)_6]^{3+}$，$Si(OH)_4$，H_2SO_4 三类羟基质子酸的结构。

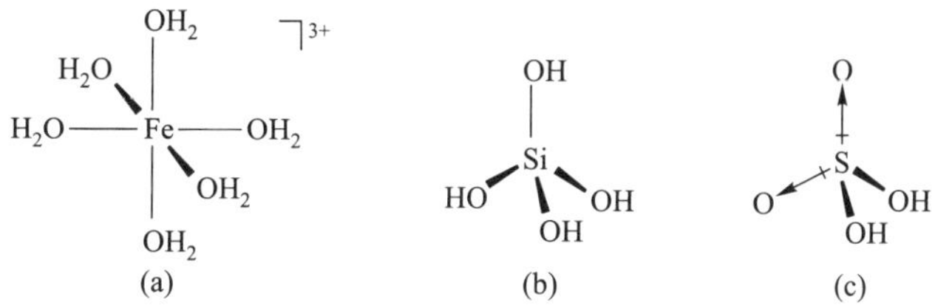

图 2.2 $[Fe(H_2O)_6]^{3+}$(a)，$Si(OH)_4$(b)，H_2SO_4(c) 三类羟基质子酸的结构

事实上，羟合酸和氧合酸都可以看作水合酸脱去质子的不同阶段的产物：

$$\underset{\text{水合酸}}{H_2O—E—OH_2} \xrightarrow{-2H^+} \underset{\text{羟合酸}}{[HO—E—OH]^{2-}} \xrightarrow{-H^+} \underset{\text{氧合酸}}{[HO—E \rightarrow O]^{3-}}$$

一般而言，s 区金属离子、p 区左部金属离子和过渡金属的低氧化态的离子在水溶液中形成的水合离子就是水合酸。只有高氧化态的元素作中心原子时才形成氧合酸（如 H_2SO_4、$HClO_4$、$HMnO_4$ 等），有时，中间氧化态的 p 区右部元素也可以形成氧合酸（如 $HClO_2$）。

1. 水合酸强度的周期性变化规律

水合酸的强度可以用一种离子模型来解释。该模型将金属离子看作一个带有正电荷的球，水合酸的强度 $pK_a^\ominus$ 与离子半径 r、离子所带的正电荷 Z 有关。金属阳离子的电荷越高、半径越小，对配位水分子中氢原子的斥力越大，质子越易移去，因而酸度随着中心原子正电荷的增加和半径的减小而增大。

该离子模型对于形成离子型固体的那些元素（如 s 区元素）的水合酸，其 $pK_a^\ominus$ 与模型的判断基本一致。而 d 区和 p 区有些金属（如 Cu^{2+} 和 Sn^{2+}）的水合酸的强度严重偏离离子模型的预期结果，这主要是因为假定的阳离子电荷不是完全定域在中心离子而是离域到了配体之上的缘故，也就是说 E—O 键具有明显的共价性，因而它们偏离了离子模型的判断。

2. 氧合酸酸度的变化规律

含氧酸的酸性大小可通过其酸度常数 $K_a^\ominus$ 的大小来判断。$K_a^\ominus$ 越大、酸性越强，而 $K_a^\ominus$ 的大小则与解离过程的标准吉布斯自由能变 $\Delta_r G_m^\ominus$ 有关，二者的关系为

$$\Delta_r G_m^\ominus = -RT\ln K_a^\ominus$$

Pauling 提出的两条规则可以用来判断单核氧合酸 $(OH)_k EO_m$（m 和 k 分别代表氧基和羟基的数目）强度：

① 电中性氧合酸 $(OH)_k EO_m$ 的 $pK_a^\ominus$ 约等于 $7-5m$。即 $m=0$ 时的 $pK_a^\ominus \approx 7$，$m=1$（含一个氧基）时，$pK_a^\ominus \approx 2$，$m=2$（含两个氧基）时，$pK_a^\ominus \approx -3$。

② 多元酸（$k>1$）多步质子转移反应的 $pK_a^\ominus$ 逐级增加 5 个单位。例如，硫酸 $(OH)_2SO_2$（$m=2, k=2$）的 $pK_{a_1}^\ominus \approx -3$，而 $pK_{a_2}^\ominus \approx 2$。

应用 Pauling 规则于一些含氧酸，发现 $pK_a^\ominus$ 的估算值和实际值误差仅约为±1。

第①条规则表明，从 $(OH)_k EO_m$ 解离出 H^+ 时，使 H^+ 摆脱的引力不是 $(OH)_{k-1}EO_{m+1}^-$ 所带的全部负电荷（-1），而是在 O—H 键中直接吸引 H^+ 的氧原子所带的负电荷。如果考虑一下 HOX、HOXO、$HOXO_2$ 和 $HOXO_3$ 的话，那么 OX^-、XO_2^-、XO_3^-、XO_4^- 的负电荷（-1）分散到氧原子的名下可近似地认为：$X(O^-)$、$X(O^{0.5-})_2$、$X(O^{0.33-})_3$ 和 $X(O^{0.25-})_4$。因此，由于氧原子上的电子密度依次降低，所以酸性也就依次升高。

第②条规则是很容易理解的。因为随着解离的逐步进行，整个酸的负电荷越来越大，从而使 O—H 键中的氧原子上的电子密度越来越大，因而酸性逐渐减弱。

Pauling 规则最有趣的应用不是预测含氧酸的强度，而是发现结构的异常现象。例如，应用 Pauling 规则预言碳酸 $OC(OH)_2$ 的 $pK_{a_1}^\ominus=3$，而实际值为 $pK_{a_1}^\ominus=6.4$，显然，实验值远远偏离了估算值，这是因为测量实验数据时把溶解的 CO_2 浓度当成了 H_2CO_3 的浓度，而实际上溶解的 CO_2 仅 1%转化为 H_2CO_3，若采用 H_2CO_3 的实际浓度，H_2CO_3 真实的 $pK_{a_1}^\ominus$ 约为 3.6，与 Pauling 规则预言的结果一致。

另一个例子是亚磷酸（H_3PO_3），实测的亚磷酸 $pK_{a_1}^\ominus$ 更接近于 $m=1$ 时的估算值，也就是说分子中存在一个氧基。事实上，亚磷酸不是三元酸 $P(OH)_3$，而是二元酸 $OPH(OH)_2$，有一个 H 原子直接与 P 原子键合，这种结构已被核磁共振和拉曼光谱研究所证实。

氧合酸的一个或多个羟基被其他基团取代生成一系列取代氧合酸，取代氧合酸的酸性与取代基的电负性（或斥、吸电子能力）有关。如硫酸 $O_2S(OH)_2$ 中的一个 OH 被 F 取代生成氟磺酸 $O_2SF(OH)$，由于电负性大的 F 原子吸引中心 S 原子上的电子云而使 S 原子具有更高的有效正电荷，因而它的酸性比硫酸更强。相反地，硫酸中的 OH 被 NH_2 取代生成氨基

磺酸 $O_2S(NH_2)(OH)$，由于 NH_2 可以通过 p-d π 成键作用向 S 授出电子，导致中心 S 原子正电荷减少，因而氨基磺酸的酸性比硫酸弱。

2.3　Lewis 酸与 Lewis 碱

2.3.1　Lewis 酸、碱的实例

Lewis 酸、碱分别是指可作为电子对接受体和电子对给予体的物质。由于 Lewis 酸要接受电子，所以必须具有空的低能级轨道和配位位置，以便形成配位共价键，而 Lewis 碱要给予电子，因而必须具有非键电子，或者是具有填有电子的弱 π 键轨道。这样，任何质子酸因能提供质子而都是 Lewis 酸，所有的质子酸的共轭碱也都是电子对给予体而显 Lewis 碱性。但是 Lewis 酸、碱的范围比质子酸、碱的范围要大得多，Lewis 酸包括了所有的质子酸，也包括了某些其他物种。如中性分子 BF_3、SO_3、$SnCl_2$；离子 Ag^+；金属 Ni 等。绝大多数的 Lewis 碱同时也是质子酸的共轭碱，具有结合质子的能力，只有极少数 Lewis 碱如 CO 实际上不能接受质子。下面是一些具体的 Lewis 酸、碱实例。

1. 硼族 Lewis 酸

$$BX_3 + :N(CH_3)_3 \longrightarrow X_3B \leftarrow N(CH_3)_3$$

硼族化合物属于缺电子化合物，垂直于分子平面的空 p 轨道能接受电子对，所以是 Lewis 酸。如 B 和 Al 的卤化物便是最常见的 Lewis 酸。

BX_3 与 Lewis 碱形成的配合物的稳定性顺序是 $BF_3 < BCl_3 < BBr_3$。根据卤素原子的电负性来判断，F 电负性最大，吸电子能力最强，BF_3 中的 B 的缺电子性最强，因而应该酸性最强，但实际表现出来的顺序刚好相反。这可以用 BX_3 分子中卤素原子与 B 的 2p 空轨道形成的大 π 键 Π_4^6 来解释。形成配合物必须破坏这种大 π 键从而使接受体轨道摆脱束缚。由于卤素原子的体积按 F、Cl、Br 顺序增大，原子体积越小，与 B 的 2p 轨道形成大 π 键的能力越强。所以，BX_3 分子中的大 π 键按 F、Cl、Br 顺序减弱，因而它与 Lewis 碱形成的配合物的稳定性顺序是 $BF_3 < BCl_3 < BBr_3$。

与 BX_3 不同，AlX_3 在气态时一般以双聚分子的形式存在，如 Al_2Cl_6。可以把 Al_2Cl_6 看作"自身酸碱配合物"。其中，氯原子是碱，铝原子是酸，每个 Al 原子与键合于另一 Al 原子上的 Cl 原子通过形成配位键而达到八电子稳定结构。

$AlCl_3$ 是用途广泛的催化剂，在有机反应中的烷基化和酰基化反应都用 $AlCl_3$ 作为 Lewis 酸，拉开键合于碳上的 Lewis 碱而产生碳正离子中间体，例如：

$$2H_3C-C(=O)Cl + Al_2Cl_6 \longrightarrow 2H_3C-C^+{=}O + 2[AlCl_4]^-$$

2. 碳族 Lewis 酸

碳族的分子和离子一般满足八隅体结构，但有些分子或离子可通过扩展其八隅体结构而接受电子对。如 SiF_4 可以和两个 F^- 结合形成 $[SiF_6]^{2-}$。SiX_4 的酸性变化有这样的顺序：$SiI_4 < SiBr_4 < SiCl_4 < SiF_4$，即酸性随卤素吸电子能力增强而增强，这刚好与 BX_3 的酸性顺序相反。

碳族元素的分子中另一种常见的 Lewis 酸是 CO_2，显然 CO_2 已满足 8 电子稳定结构，但是它可以通过价层电子重排而接受外加电子对。如 CO_2 接受 OH^- 中 O 原子上的孤电子对而形成 HCO_3^-。

3. 氮族和氧族的 Lewis 酸和 Lewis 碱

氮族和氧族元素，在其氧化态低于最大氧化态时，都有孤电子对，因而都是典型的 Lewis 碱，如 NH_3、NR_3、H_2O 等。另一方面，氮族和氧族的较重元素也可以形成一些重要的 Lewis 酸。如 SbF_5，它是氮族元素的重要 Lewis 酸：

$$SbF_5 + 2HF \longrightarrow [SbF_6]^- + [H_2F]^+$$

利用上述 Lewis 酸碱反应可以产生一些更强的质子酸，如在 HSO_3F 中加入 SbF_5，则 HSO_3F 的酸性大大增强就是一例。

单质氟是最强的氧化剂，具有很高的化学活性，能和水发生剧烈反应而爆炸，长期以来一直使用电解 KHF_2 熔盐的方法来制备：

$$2KHF_2 \xrightarrow{\text{电解}} 2KF + H_2 + F_2$$

化学家巧妙地利用了 Lewis 酸 SbF_5 能将另一种较弱的 Lewis 酸 MnF_4 从其稳定配离子的 MnF_6^{2-} 的盐中置换出来，而 MnF_4 在热力学上不稳定易分解为 MnF_3 和 F_2 的原理，使用化学方法制得了单质氟，这是 1986 年合成化学研究上的一大突破：

$$4KMnO_4 + 4KF + 20HF = 4K_2MnF_6 + 10H_2O + 3O_2$$

$$2K_2MnF_6 + 4SbF_5 \xrightarrow{423\ K} 4KSbF_6 + 2MnF_4$$

$$2MnF_4 \longrightarrow 2MnF_3 + F_2$$

在氧族元素的化合物中，SO_2 既是 Lewis 酸又是 Lewis 碱，作为酸时，S 原子作为电子对接受体，但其酸性较弱。作为碱时，SO_2 既能提供 S 原子上的孤电子对，也能提供 O 原子上的孤电子对。例如，SO_2 与 SbF_5 形成配合物时以 O 原子相结合，而与 Ru(Ⅱ)的化合物结合时则以 S 原子相结合。

SO_3 主要显示强的 Lewis 酸性，而 Lewis 碱性很弱。在 H_2SO_4 的工业生产中，最后用浓硫酸来吸收 SO_3 的步骤就是利用了 SO_3 的 Lewis 酸性：

$$SO_3 + H_2SO_4 \longrightarrow H_2S_2O_7$$

生成的 $H_2S_2O_7$发生水解制得 H_2SO_4，这样就解决了直接用 H_2O 与 SO_3 反应生成 H_2SO_4 放出大量热的问题。

4. 卤素 Lewis 酸和 Lewis 碱

卤离子 X^-是典型的 Lewis 碱，而双原子卤素分子（如 Br_2 和 I_2）却显示 Lewis 酸性，Br_2 和 I_2 虽然是闭壳层分子，但其反键分子轨道的能级很低，从而可以作为空轨道而接受电子对。I_2 在水、丙酮或乙醇溶剂（Lewis 碱）中呈现棕色而在四氯化碳溶剂中呈现特有的紫色就是由于 I_2 分子作为 Lewis 酸接受水、乙醇或丙酮等溶剂分子中氧原子的孤电子对，形成 1 : 1 的配合物具有较强的光吸收性从而显示出颜色。I_2 作为 Lewis 酸的另一个例子是 I_3^- 的形成，其中 I_2 作为 Lewis 酸，而 I^-是 Lewis 碱。

2.3.2 Lewis 酸碱反应

最简单的 Lewis 酸碱反应是酸和碱形成配位键，生成酸碱加合物或配合物。即

$$\underset{\text{酸}}{A} + \underset{\text{碱}}{:B} \longrightarrow \underset{\text{配合物}}{A:B}$$

这种最简单的 Lewis 酸碱反应在本质上是配位反应，以下几个实例都属这种类型：

$$BF_3 + :NH_3 \longrightarrow F_3BNH_3$$

$$AlCl_3 + :Cl^- \longrightarrow [AlCl_4]^-$$

$$CO_2 + :OH^- \longrightarrow HCO_3^-$$

除此之外，Lewis 酸碱反应还有以下两种类型：

$$B—A + :B' \longrightarrow :B + A—B' \tag{2.1}$$

$$A—B + A'—B' \longrightarrow A—B' + A'—B \tag{2.2}$$

式（2.1）所示的反应表示用一种 Lewis 碱来置换另一种碱，这样的反应叫置换反应（或取代反应）。所有的质子转移反应都属于这种类型。

$$H_2O + CO_3^{2-} \longrightarrow OH^- + HCO_3^-$$

当然，置换反应也可以是一种 Lewis 酸置换另一种 Lewis 酸。例如：

$$[MnF_6]^{2-} + 2SbF_5 \longrightarrow 2[SbF_6]^- + MnF_4$$

此反应可以看作 Lewis 酸 SbF_5将另一种 Lewis 酸 MnF_4 从它与 F^-形成的配合物中置换了出来。

式（2.2）表示的反应叫复分解反应。例如：

$$(C_2H_5)_3Si—I + AgBr \longrightarrow (C_2H_5)_3Si—Br + AgI$$

在该反应中，碱 Br^-置换出碱 I^-，或者是两种 Lewis 碱彼此取代，交换了位置。

2.3.3　Lewis 酸碱的热力学标度

使用 Drago 热力学参数可以定量地计算 Lewis 酸碱的强度。该方法是将电子因素、结构重排因素和空间因素归在一起，从酸碱配合物的生成反应来定义热力学参数。

Drago 提出，对于 Lewis 酸碱反应：

$$\mathrm{A} + :\mathrm{B} \longrightarrow \mathrm{A{-}B} \qquad \Delta_r H_m^\ominus = -(E_A \cdot E_B + C_A \cdot C_B) \times 4.184\ \mathrm{kJ \cdot mol^{-1}}$$

式中，E_A 和 C_A 分别为 Lewis 酸的静电参数和共价参数，E_B 和 C_B 分别为 Lewis 碱的相应参数，$\Delta_r H_m^\ominus$ 是在没有显著晶格能或溶剂化能时，即在气相或惰性溶剂中所进行的酸碱反应的焓变。对任何酸碱反应，四个参数都是来自实验而不是理论。通常是人为地选取一个参比酸或碱的 E，C 参数，通过计算置换反应和复分解反应的反应焓来确定其他酸、碱的 E，C 值。

表 2.6 和表 2.7 分别列出了某些 Lewis 酸和碱的 E，C 参数值。以这些参数可以计算 1500 多种酸碱反应的焓变，其中大多数计算值和实验结果的误差只有 0.4184 kJ · mol^{-1}，少部分误差达 1.2551 kJ · mol^{-1}。

表 2.6　某些 Lewis 酸的 E，C 参数值

酸	E_A	C_A	酸	E_A	C_A
I_2	1.00	1.00	CF_3CF_2OH	4.00	0.434
ICl	5.10	0.830	C_3F_6HOH	5.56	0.509
IBr	2.41	1.56	C_4H_4NH	2.54	0.295
C_6H_5SH	0.987	0.198	HNCO	3.22	0.258
p-$C_4H_9C_6H_4OH$	4.06	0.387	HNCS	5.30	0.227
p-$CH_3C_6H_4OH$	4.18	0.404	BF_3	7.96	3.08
C_6H_5OH	4.33	0.442	$BF_3(g)$	9.88	1.62
p-FC_6H_4OH	4.17	0.446	BMe_3	6.14	1.70
p-ClC_6H_4OH	4.34	0.478	$AlMe_3$	16.9	1.43
m-FC_6H_4OH	4.42	0.506	$AlEt_3$	12.5	2.04
m-$F_2CH_3C_6H_2OH$	4.48	0.530	$GaMe_3$	13.3	0.881
C_4H_9OH	2.04	0.300	$GaEt_3$	12.6	0.593
$InMe_3$	15.3	0.654	$SbCl_5$	7.38	5.13
$SnMe_3Cl$	5.76	0.029 6	$CHCl_3$	3.31	0.150
SO_2	0.920	0.808	$CF_3(CF_2)_6H$	2.45	0.226

表 2.7 某些 Lewis 碱的 E,C 参数值

碱	E_B	C_B	碱	E_B	C_B
C_5H_5N	1.17	6.40	Me_2CO	0.987	2.33
NH_3	1.30	3.46	Et_2O	0.963	3.25
$MeNH_2$	1.36	5.88	i-$(C_3H_7)_2O$	1.11	3.19
Me_2NH	1.09	8.73	n-$(C_4H_9)_2O$	1.06	3.30
Me_3N	0.808	11.54	p-$O(CH_2)_4O$	1.09	2.38
$EtNH_2$	1.37	6.02	$(CH_2)_4O$	0.978	4.27
Et_2NH	0.866	8.83	$(CH_2)_5O$	0.949	3.91
Et_3N	0.991	11.09	Me_2SO	1.34	2.85
MeCN	0.886	1.34	$(CH_2)_4SO$	1.38	3.16
$ClCH_2CN$	0.940	0.530	Me_2S	0.343	7.46
Me_2NCN	1.10	1.81	Et_2S	0.339	7.40
$(Me_2N)(H)CO$	1.23	2.48	$(CH_2)_3S$	0.352	6.84
$(Me_2N)(CH_3)CO$	1.32	2.58	$(CH_2)_4S$	0.341	7.90
$MeCO_2Et$	0.975	1.74	$(CH_2)_5S$	0.375	7.40
$MeCO_2Me$	0.903	1.61	C_5H_5NO	1.34	4.52
p-$CH_3C_5H_4NO$	1.36	4.99	C_6H_6	0.486	0.707
p-$CH_3OC_5H_4NO$	1.37	5.77	p-$Me_2C_6H_4$	0.416	1.78
$(Me_2N)_2CO$	1.20	3.10	m-$Me_3C_6H_3$	0.574	2.19
Me_3P	0.838	6.55	$HC(C_2H_4)_3N$	0.704	13.2

虽然 Drago 热力学参数用来定量表征酸碱反应的焓变十分有用,但它的缺点是只能用于研究气相或“惰性”溶剂中的物质。

2.4 软硬酸碱

2.4.1 软硬酸碱的分类

在 Lewis 的电子理论中,不同的 Lewis 碱与 Lewis 酸的亲和力强烈地依赖于酸的种类,人们发现有些 Lewis 酸对碱的亲和力顺序相似,而另一些 Lewis 酸得出的顺序差别较大甚至完全相反,利用逐步积累的有关 Lewis 酸碱反应的热力学数据,Pearson 把 Lewis 酸分成“软”“硬”两大类。

硬酸对碱的亲和力有以下顺序：

ⅤA 族碱　N ≫ P > As > Sb

ⅥA 族碱　O ≫ S > Se > Te

ⅦA 族碱　F ≫ Cl > Br > I

软酸对碱的亲和力的顺序为

ⅤA 族碱　N ≪ P > As > Sb

ⅥA 族碱　O ≪ S ≈ Se ≈ Te

ⅦA 族碱　F ≪ Cl < Br < I

硬酸包括了周期表中的ⅠA 族($Li^+ \sim Cs^+$)，ⅡA 族($Be^{2+} \sim Ra^{2+}$)，ⅢA 族($Al^{3+} \sim Tl^{3+}$)和ⅢB 族的 Sc^{3+} 及 Y^{3+}，以及一些镧系金属离子等具有闭壳层结构的离子，也包括较轻的过渡金属离子，这类酸的共同特点是体积较小，正电荷较多，在外电场作用下难以变形，故而称为“硬酸”。

软酸是具有较低氧化态的 p 区元素的阳离子和低于+3 价的较重的过渡金属离子，这类酸一般是体积较大，具有较低的电荷，在外电场中易极化变形，因而称为“软酸”。

同样地，碱也可以分为“硬碱”和“软碱”。硬碱是分子中的配位原子具有高的电负性，难极化和氧化的物质；而软碱则是配位原子具有低的电负性，容易极化和氧化的物质。

表 2.8 给出某些软硬酸碱的示例，一些极化力和变形性介于软、硬酸碱之间的酸碱称为交界酸、碱。

表 2.8　某些软硬酸碱的示例

酸		
硬酸	交界酸	软酸
H^+, Li^+, Na^+, K^+(Rb^+, Cs^+)	Fe^{2+}, Co^{2+}, Ni^{2+}, Cu^{2+}, Zn^{2+}	$[Co(CN)_5]^{3-}$, Pd^{2+}, Pt^{2+}, Pt^{4+}
Be^{2+}, $BeMe_2$, Mg^{2+}, Ca^{2+}, Sr^{2+}(Ba^{2+})	Rh^{3+}, Ir^{3+}, Ru^{3+}, Os^{2+}	Cu^+, Ag^+, Au^+, Cd^{2+}, Hg_2^{2+}, Hg^{2+}, $HgMe^+$
Sc^{3+}, La^{3+}, Ce^{3+}, Gd^{3+}, Lu^{3+}, Th^{4+}, U^{4+}, UO_2^{2+}, Pu^{4+}	BMe_3, GaH_3	BH_3, $GaMe_3$, $GaCl_3$, $GaBr_3$, GaI_3, Tl^+, $TiMe_3$
Ti^{4+}, Zr^{4+}, Hf^{4+}, VO^{2+}, Cr^{3+}, Cr^{6+}, MoO^{4+}, WO^{4+}, Mn^{2+}, Mn^{7+}, Fe^{3+}, Co^{3+}	R_3C^+, $C_6H_5^+$, Sn^{2+}, Pb^{2+}	CH_2(卡宾)
BF_3, BCl_3, $B(OR)_3$, $AlMe_3$, $AlCl_3$, AlH_3, Ga^{3+}, In^{3+}	NO^+, Sb^{3+}, Bi^{3+}	HO^+, RO^+, RS^+, RSe^+, Te^{4+}, RTe^+
CO_2, RCO^+, NC^+, Si^{4+}, Sn^{4+}, $SnMe^{3+}$, $SnMe_2^{2+}$	SO_2	Br_2, Br^+, I_2, I^+, ICN 等
		O, Cl, Br, I, N, RO, RO_2
		M^0(金属原子和大块金属)
N^{3+}, RPO_2^+, $ROPO_2^+$, As^{3+}		
SO_3		
Cl^{7+}, I^{5+}, I^{7+}		
HX(键合氢的分子)		

续表

碱		
硬碱	交界碱	软碱
NH_3, RNH_2, N_2H_4	$C_6H_5NH_2$, C_5H_5N, N_3^-, N_2	H^-
H_2O, OH^-, O^{2-}, ROH, RO^-, R_2O	NO_2^-, SO_3^{2-}	R^-, C_2H_4, C_6H_6, CN^-, RNC, CO
CH_3COO^-, CO_3^{2-}, SO_4^{2-}, PO_4^{3-}, NO_3^-, ClO_4^-	Br^-	SCN^-, R_3P, $(RO)_3P$, R_3As
		R_2S, RSH, RS^-, $S_2O_3^{2-}$
F^-, Cl^-		I^-

溶液中的酸碱反应存在这样的一条经验规则:硬酸倾向于与硬碱反应,软酸倾向于与软碱反应,这就是软硬酸碱原理(HSAB),可以用它来判断酸与碱形成的化合物的稳定性。

2.4.2 软硬酸碱原理的应用

软硬酸碱原理在化学上有广泛应用。首先,利用该原理可以粗略判断反应进行的方向。例如:

$$KI + AgNO_3 \longrightarrow KNO_3 + AgI$$

$$AlI_3 + 3NaF \longrightarrow AlF_3 + 3NaI$$

$$BeI_2 + HgF_2 \longrightarrow BeF_2 + HgI_2$$

这些反应能够向右进行,是由于反应物都是软(较软)-硬结合,反应向着生成硬-硬和软(较软)-软结合的产物进行。

软硬酸碱原理也可以有效地用来定性估计盐类在水溶剂和其他非水溶剂中的溶解度。例如,应用该原理来分析表 2.9 中的 Ag^+和 Li^+的卤化物在水溶剂中和 SO_2 溶剂中的溶解度。

表 2.9 Ag^+和 Li^+的卤化物在水溶剂中和 SO_2 溶剂中的溶解度 单位:g/(100 g 溶剂)

离子	F^-	Cl^-	Br^-	I^-
Li^+(在水溶剂中)	0.27	64	145	165
Li^+(在 SO_2 溶剂中)	0.06	0.012	0.05	20
Ag^+(在水溶剂中)	182	10^{-4}	10^{-5}	10^{-7}
Ag^+(在 SO_2 溶剂中)		0.29	10^{-3}	0.016

在水溶剂中,H_2O 分子中给体氧原子电负性大,是硬碱,但它的硬度比 F^-的小,而比其他卤离子的大。Li^+是典型的硬酸,在水溶剂中,Li^+更倾向于和比水更硬的碱 F^-结合,因而 LiF 的溶解度很小;而遇到 Cl^-、Br^-、I^-时,Li^+却趋向于与硬度较大的水结合,因而这

些盐在水溶剂中的溶解度较大。对于卤化银，Ag^+是软酸，它倾向于和比水软的 Cl^-、Br^-、I^-键合，因而这些盐的溶解度小。而 F^-与 Ag^+的键合比 Ag^+同 H_2O 的键合弱，所以 AgF 的溶解度就大。

对在 SO_2 溶剂中的溶解度也有同样的估计。SO_2 是较软的碱，因此硬-硬结合的 LiF、LiCl 在 SO_2 溶剂中的溶解度较小，而 LiI 是硬-软结合，I^-是比 SO_2 较软的碱，因此在 SO_2 溶剂中，LiI 的溶解度就大。相反，对于软-软结合的 AgI 在 SO_2 溶剂中的溶解度就小。

应用软硬酸碱原理还可以说明矿物在自然界的存在状态。例如，亲氧元素如 Ti、Al 和 Cr 等主要与硬碱 O^{2-}结合形成含氧酸盐；亲硫元素如 Ag、Zn、Cd、Pb、Sb 和 Bi 等则主要与软碱 S^{2-}结合而生成硫化物矿。

软硬酸碱原理也可以说明含有金属催化剂的多相催化，由于体积较大的过渡金属是软酸，它们选择性地吸附软碱(如烯烃和 CO)。如果催化体系中含有一些像 P、As、Sb、Se 和 Te 的低氧化态的软碱，金属催化剂就会与这些软碱结合而中毒，但是含配位 O 和 N 原子的硬碱则对催化剂没有影响。

软硬酸碱原理在解释和预测酸碱的化学性质方面用途很大，但它毕竟只是一条经验性的定性规律，而且只考虑了影响稳定性的电子因素，因此，在应用中应当考虑到它的局限性和可靠性。

2.4.3　软硬酸碱基本理论

软硬酸碱原理虽然是一个经验规则，到目前还没有一个完全满意的理论加以说明，但有些理论解释还是得到了人们的公认。

硬酸和硬碱之间的相互作用通常用离子间(或偶极间)的相互作用来描述，可以理解为是形成离子键。由于阴、阳离子的静电能与离子间的距离成反比，因此阴、阳离子的体积越小，硬酸硬碱间的相互作用力越大。

软酸和软碱之间的相互作用可以理解为是形成共价键。离子的极化力和变形性越强，形成的共价键越强。

对于软酸-硬碱(或硬酸-软碱)结合，因酸和碱各自的键合倾向不同，不相匹配，所以作用力弱，得到的酸碱化合物稳定性小。

Klopman 应用前线分子轨道理论对硬-硬和软-软相互作用作出了简单的解释：酸与碱相互作用与前线分子轨道之间的能量有关，酸的前线分子轨道是指最低未占据轨道(LUMO)，而碱的前线分子轨道是指最高占据轨道(HOMO)。硬酸和硬碱的前线分子轨道能量相差较大，电子结构几乎不受扰动，酸和碱之间几乎没有电子的转移，从而产生一个电荷控制的反应，因此它们之间的相互作用主要为静电作用[见图 2.3(a)]。相反，软酸和软碱的 LUMO 和HOMO 能量接近，从而产生一个轨道控制的反应，酸碱之间有显著的电子转移，形成了共价键[见图 2.3(b)]。

离子-共价理论和 Klopman 的前线分子轨道理论都对硬-硬和软-软相互作用给出简单的解释，但酸碱反应的成键作用还有其他多方面的因素，如酸和碱上取代基的空间排斥作

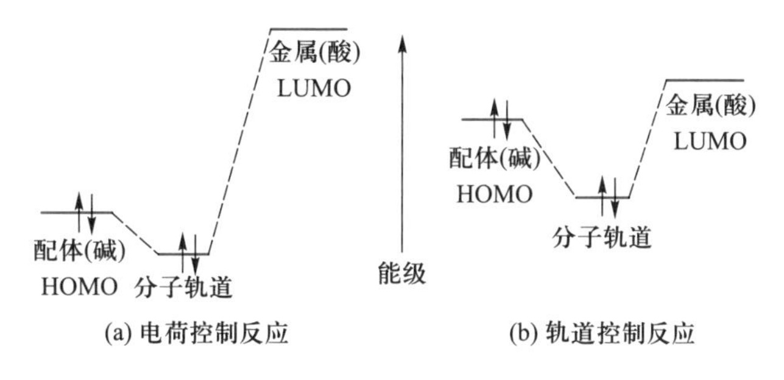

图 2.3 酸碱的两种不同类型反应

用、酸和碱在溶液中的溶剂化能等。因而,迄今为止,对软硬酸碱理论还没有一个完满的统一理论解释。

2.5 非水溶液体系

大多数化学反应是在溶剂中进行的,水是最常用的溶剂。大多数非水溶剂要么是电子对给予体,要么是电子对接受体,因而在水溶液中进行的反应与在非水介质中进行的反应必然有差异,溶剂的作用会对反应历程和反应产物起着重要的影响。

2.5.1 非水质子溶剂

1. 碱性溶剂——液氨

液氨是重要的碱性溶剂,也是非水溶剂中研究得较多的溶剂。它是一种无色的液体。NH_3 分子的偶极矩 μ (4.88×10^{-30} C · m)比水分子的(6.13×10^{-30} C · m)小,分子极化变形性(2.21×10^{6} pm^3)比水分子的($1.48\times10^{6}pm^3$)大。NH_3 分子也能发生类似 H_2O 分子的缔合作用,但液氨分子间的氢键比水分子间的氢键弱,因而液氨的沸点比较低。

液氨中质子自递的结果形成铵和氨基离子:

$$2NH_3 \rightleftharpoons NH_4^+ + NH_2^- \qquad K^\ominus = 10^{-27}$$

其自递常数比 H_2O 的 $K_w^\ominus$(通常略去"$\ominus$"符号,$K_w = 10^{-14}$)小得多。

由于液氨的相对介电常数($\varepsilon = 22$)比水的($\varepsilon = 81$)要小,因而这就降低了溶解离子化合物的能力,特别是一些带有较高电荷的离子化合物。

表 2.10 列出了一些离子化合物在液氨和水中的溶解度。

另一方面,由于 NH_3 分子中的 N 的电负性比 H_2O 分子中的 O 的电负性要小一些,因而 NH_3 比 H_2O 的碱性强,易与一些金属离子如 Ni^{2+}、Ag^+、Cu^{2+}、Zn^{2+}等配位,从而增加了这些离子化合物在液氨中的溶解度。此外,在液氨中,溶剂 NH_3 分子之间的 van der Waals 力和 NH_3 与一些非极性物质(特别是有机物)和易极化物质溶质分子之间的偶极作用大致相等,因而这些物质在液氨中的溶解能力比在水中的要大。

表 2.10　一些离子化合物在液氨和水中的溶解度(273 K)　　单位:g /(100 g 溶剂)

离子化合物	液氨中	水中	离子化合物	液氨中	水中	离子化合物	液氨中	水中
LiCl	1.4	63.7	CsCl	0.4	162.2	$CaCl_2$	~0	59.5
LiI	~7	151	CsI	151.8	44.0	CaI_2	4.0	181.9
$LiNO_3$	138	53.4	$CsNO_3$	—	9.2	$Ca(NO_3)_2$	84.1	102.0
KCl	0.1	27.6	NH_4Cl	66.4	29.7	AgCl	0.3	~0
KI	184.2	127.5	NH_4I	335	154.2	AgI	84.2	~0
KNO_3	10.7	13.3	NH_4NO_3	274	118.3	$AgNO_3$	~80	122

由于 NH_3 的碱性强于水,某些物质在液氨中的酸碱行为明显不同于在水中的行为。例如,在水中呈弱酸的某些物质,在液氨中变成了强酸:

$$HAc + NH_3 \longrightarrow NH_4^+ + Ac^-$$

某些根本不显酸性的分子也可以在液氨中表现为弱酸:

$$CO(NH_2)_2 + NH_3 \rightleftharpoons NH_4^+ + H_2NCONH^-$$

大部分在水中被认为是碱的物质在液氨中要么不溶解,要么表现为弱碱,只有在水中为极强的碱才能在液氨中表现为强碱。

$$H^- + NH_3 \longrightarrow NH_2^- + H_2\uparrow$$

在液氨中,通常可以发生下列几类反应:

(1) 氨合反应

溶剂 NH_3 分子与 Lewis 酸的直接配位的反应。例如:

$$CrCl_3 \xrightarrow{\text{液氨}} [Cr(NH_3)_6]Cl_3$$

$$BF_3 \xrightarrow{\text{液氨}} F_3BNH_3$$

(2) 氨解反应

在液氨中,可以发生与水解反应类似的氨解反应,但由于 NH_3 的解离作用比水小,氨解反应不如水解反应普遍。例如:

$$Cl_2 + 2NH_3 \longrightarrow NH_2Cl + NH_4^+ + Cl^-$$

对比　$Cl_2 + 2H_2O \longrightarrow HOCl + H_3O^+ + Cl^-$

$$BCl_3 + 3NH_3 \longrightarrow B(NH_2)_3 + 3HCl$$

对比　$BCl_3 + 3H_2O \longrightarrow B(OH)_3 + 3HCl$

(3) 酸碱反应

即酸(NH_4^+)与碱(NH_2^-)反应生成溶剂氨分子的反应。例如:

$$NH_4I + KNH_2 \longrightarrow KI + 2NH_3$$

由于液氨是碱性溶剂,在水中为强酸和弱酸的物质,在液氨中都被“拉平”成强酸,如 $HClO_4$ 和 HAc 在液氨中都是强酸。“拉平效应”同样也表现在碱与液氨的反应,在水中为强碱的物质在液氨中被“拉平”到氨基阴离子的水平。

$$H^- + NH_3 \longrightarrow NH_2^- + H_2\uparrow$$

$$O^{2-} + NH_3 \longrightarrow NH_2^- + OH^-$$

(4) 非酸碱反应

由于溶解度的差异,一些反应在液氨中和在水中完全不同。例如,在水中 KCl 和 $AgNO_3$ 的反应为

$$KCl + AgNO_3 \longrightarrow AgCl\downarrow + KNO_3$$

而在液氨中反应为

$$AgCl + KNO_3 \longrightarrow KCl\downarrow + AgNO_3$$

AgCl 和 KCl 在两种溶剂中的溶解度差异主要是水和液氨溶剂对阳离子的溶剂化作用不同而导致的。

2. 酸性溶剂——硫酸和醋酸

硫酸是重要的酸性质子溶剂,有较大的黏度($\eta = 24.54$ mPa·s),这是由于 H_2SO_4 分子之间可形成氢键,有较高程度的缔合作用。硫酸的相对介电常数($\varepsilon = 170$)比水的还大,自解离常数(10^{-4})比水的高出 10 个数量级,因而它是离子化合物的良好溶剂。硫酸有强的给质子能力,是一种酸性很强的溶剂。一些在水溶剂中不显碱性的物质在硫酸中能从硫酸夺得质子而显示碱性,如 H_2O、醇、醚、酮等物质都显碱性。不仅如此,一些平常在水溶剂中作为酸的物质,如醋酸和硝酸,在硫酸中却表现为碱。

$$H_2O + H_2SO_4 \longrightarrow H_3O^+ + HSO_4^-$$

$$HAc + H_2SO_4 \longrightarrow H_2Ac^+ + HSO_4^-$$

$$HNO_3 + 2H_2SO_4 \longrightarrow 2HSO_4^- + NO_2^+ + H_3O^+$$

在硫酸中作为酸的物质不多,在水中很强的酸如 $HClO_4$ 和 HSO_3F 也只显弱的酸性,唯一的强酸是在硫酸溶剂中 SO_3 脱掉硼酸分子中的羟基而得到的溶液。

$$B(OH)_3 + 3SO_3 + 2H_2SO_4 \longrightarrow B(OSO_3H)_4^- + H_3SO_4^+$$

醋酸是酸性较弱的一种酸性质子溶剂,其自解离常数为 10^{-14}。它的极性大,分子间可以形成较强的氢键。醋酸的相对介电常数较低($\varepsilon = 6.2$),因而离子化合物在其中的溶解度很低。

通常在水中为碱的物质在醋酸中也是碱，但弱碱变为强碱，如磷酸二氢钾在醋酸中就为强碱。

$$KH_2PO_4 + HAc \longrightarrow KAc + H_3PO_4$$

在水中为强酸的物质如 H_2SO_4、$HClO_4$、HBr 和 HNO_3，在醋酸中酸性强弱有如下的顺序：

$$HClO_4 > HBr > H_2SO_4 > HNO_3$$

2.5.2 非质子溶剂

非质子溶剂的种类多、范围广，通常根据液态分子起支配作用的力可将溶剂分成三类：

1. van der Waals 溶剂

一些非极性物质，如 CS_2、CCl_4、正己烷、苯等，都属于这类溶剂。

这类溶剂的溶剂分子间只存在弱的色散力作用，溶剂-溶质分子间也只存在分子间力。因而离子化合物和强极性分子化合物在此类溶剂中是难溶的，而非极性化合物的溶解度较大。当非极性溶质溶于非极性溶剂时，由于非极性的溶质之间的相互作用也很弱，溶质易于分散，溶剂与溶剂之间的弱相互作用被分散的溶质所破坏，结果是原来溶质分子之间的有序状态和溶剂分子之间的有序状态都被解体，因而溶解过程是熵增加的过程。熵增使溶解度变大。

2. Lewis 碱溶剂

这类溶剂分子有高的极性，分子间存在强的相互作用，如二甲亚砜（DMSO）、二甲基甲酰胺（DMF）等。这类溶剂在性质上类似于水，但通常在空间的突出位置上键合有氧或氮原子，可以作为 Lewis 碱提供电子，是良好的配位溶剂。

Lewis 碱溶剂的介电常数应有一定范围以使其既能增加离子化合物在其中的溶解度，又能减弱离子对的生成。

表 2.11 列出了某些 Lewis 碱溶剂的物理常数，这些溶剂分子一般是有机小分子，相对介电常数和溶剂化能都能达到要求。

表 2.11 某些 Lewis 碱溶剂的物理常数

名称（一般缩写代号）	mp/K	bp/K	$\mu/(10^{-30}\ C \cdot m)$	ε
N-甲基乙酰胺（NMA）	301	479	12.44	165
丙烯基酸酯（PC）	218	513	16.60	89
二甲亚砜（DMSO）	291	463	13.20	45
乙腈（MeCN）	225	355	13.07	39
二甲基乙酰胺（DMA）	253	438	12.70	38
二甲基甲酰胺（DMF）	212	426	12.74	37
硝基甲烷（$MeNO_2$）	244	374	11.67	36
六甲基磷酰胺（HMPA）	281	505	17.90	30
丙酮	178	329	9.47	20
吡啶（py）	231	388	7.30	12

Lewis 碱溶剂在溶解溶质的过程中，一般是形成配位阳离子。如表 2.11 中的溶剂（除吡啶外）都能溶解 $FeCl_3$ 而形成 $FeCl_2S_4^+$（S 指溶剂分子）类型的配合物。

$$2FeCl_3 + 4S \longrightarrow [FeCl_2S_4]^+[FeCl_4]^-$$

生成配位阳离子是这类溶剂溶解溶质的共同特点。

3. 离子自递溶剂

溶剂分子极性大，容易发生溶剂分子之间、溶剂和溶质分子之间及溶质分子之间的离子转移反应。$POCl_3$、BrF_3、$SbCl_3$、IF_5、SO_2 等都属于这类溶剂。在这类溶剂中进行解离时，电负性大的阴离子如 F^-、O^{2-} 和 Cl^- 从一个溶剂分子传递到另一个溶剂分子。例如：

$$POCl_3 + nPOCl_3 \rightleftharpoons POCl_2^+ + [Cl(POCl_3)_n]^- \qquad K^\ominus = 2\times10^{-8}$$

$$SbCl_3 + SbCl_3 \rightleftharpoons SbCl_2^+ + SbCl_4^- \qquad K^\ominus = 8\times10^{-7}$$

$$BrF_3 + BrF_3 \rightleftharpoons BrF_2^+ + BrF_4^- \qquad K^\ominus = 8\times10^{-3}$$

$$IF_5 + IF_5 \rightleftharpoons IF_4^+ + IF_6^- \qquad K^\ominus = 5\times10^{-6}$$

由于 F^-、Cl^- 等阴离子的自由解离，这些溶剂是强的氯化剂和氟化剂。在实际中，任何物质在溶剂 BrF_3 中都会转变为相应的最高价氟化物。例如：

$$2KCl + 2Ta + 4BrF_3 \longrightarrow 2KTaF_6 + 2Br_2 + Cl_2$$

$$2Au + 2BrF_3 \longrightarrow 2AuF_3 + Br_2$$

这些溶剂除可作卤化试剂外，还可作配位试剂。例如：

$$SbCl_5 + POCl_3 \longrightarrow POCl_2^+ + SbCl_6^-$$

$$TiCl_4 + 2POCl_3 \longrightarrow TiCl_4(OPCl_3)_2$$

$$TiCl_4(POCl_3)_2 + POCl_3 \longrightarrow [TiCl_3(OPCl_3)_3]^+ + Cl^-$$

$$TiCl_4(POCl_3)_2 + Cl^- \longrightarrow [TiCl_5(OPCl_3)]^- + POCl_3$$

$$[TiCl_5(OPCl_3)]^- + Cl^- \longrightarrow TiCl_6^{2-} + POCl_3$$

2.5.3 超酸和魔酸

“超酸”最早见于 1927 年 Conant 和 Hall 的一篇研究非水酸性溶剂中 H^+ 活度的论文中。他们发现 H_2SO_4 和 $HClO_4$ 在冰醋酸中可以跟许多非常弱的碱，如酮和羰基化合物形成盐。但同样的物质在水溶液中并不发生上述反应。于是他们称这种酸性体系为超酸或超强酸。

1966 年圣诞节，美国的博士研究员 Lukas 不小心将圣诞节晚会上用过的蜡烛扔进一种酸性溶液（SbF_5-HSO_3F）中，结果发现蜡烛很快溶解了，这一意外发现促使他进行了进一步的研究。他惊奇地发现其 ^1H NMR 谱图上竟出现了一个尖锐的叔丁基阳离子（碳正离子）峰。多么稀奇的现象，饱和烃竟能溶解在酸中！碳正离子竟可以如此稳定地存在于溶液中！

这种酸实在是“魔力”无穷，从那时起，Lukas 所在的 Olah 实验室的人员就给 SbF_5-HSO_3F 取了个绰号“魔酸”。现在人们习惯地将强度超过 100% H_2SO_4 的酸或酸性介质叫超酸或超强酸，将 SbF_5-HSO_3F 特称为“魔酸”。

1. 超酸的酸度

超酸具有极强的质子化能力，极高的酸度，一般比无机酸强 $10^6 \sim 10^{10}$ 倍。因此必须要用酸度函数 H_0 来衡量其酸度。由于 100% H_2SO_4 的 H_0 为 −11.9，所以可以说凡 $H_0 < -11.9$ 的酸性体系就是超酸。

某些重要超酸的 H_0 值列于表 2.12 中。某些固体超酸的 H_0 值列于表 2.13 中。

表 2.12　某些重要超酸的 H_0 值

超酸	化学式	H_0
硫酸	H_2SO_4	−11.9
高氯酸	$HClO_4$	−13.0
氯代磺酸	HSO_3Cl	−13.8
三氟甲烷磺酸	HSO_3CF_3	−14.0
焦硫酸	$H_2S_2O_7$	−14.4
氟代磺酸	HSO_3F	−15.1
氟化氢	HF	−15.1
魔酸	SbF_5-HSO_3F	−27

表 2.13　某些固体超酸的 H_0 值

超酸的化学式	H_0
$SbF_5-SiO_2-ZrO_2$	−13.75 ~ −13.16
$SbF_5-SiO_2-TiO_2$	−13.16
$SbF_5-SiO_2-Al_2O_3$	−13.75 ~ −13.16
$SbF_5-TiO_2-ZrO_2$	−13.16
$H_3PW_{12}O_{40}$	−13.20 ~ −13.00

2. 超酸的主要类型

超酸大多是无机酸。按状态讲，既有液体，也有固体。固体超酸只是近几年才得到人们的充分研究和重视。按组成来讲，超酸又可以分为 Brønsted 超酸、Lewis 超酸、共轭 Brønsted-Lewis 超酸等。

（1）Brønsted 超酸

这类超酸包括 HF、$HClO_4$、HSO_3Cl、HSO_3F 和 HSO_3CF_3 等。在室温下它们都是液体，都是酸性极强的溶剂。如 HSO_3F 具有很宽的液态温度范围（−163 ~ −89.0 ℃）、低凝固点（−89.0 ℃）和低黏度等特点。由于它们的酸度很高，可用作各种弱碱的质子化溶剂。而且只要不含水，还可在普通玻璃器皿中操作。

（2）Lewis 超酸

SbF_5、AsF_5、TaF_5和 NbF_5等都是 Lewis 超酸。其中 SbF_5是目前已知的最强的 Lewis 超酸。可用于制备碳正离子和制备魔酸等共轭超酸。

（3）共轭 Brønsted-Lewis 超酸

这类超酸包括一些由 Brønsted 酸和 Lewis 酸组成的体系，如 $H_2SO_4-SO_3(H_2S_2O_7)$，$H_2SO_4-B(OH)_3$、HSO_3F-SbF_5、HSO_3F-SO_3 等。将 SO_3 加入 H_2SO_4 中［各 50%（摩尔分数）］时，体系的 H_0降低至-14.5，这时主要生成焦硫酸（$H_2S_2O_7$）。在 H_2SO_4 中焦硫酸按下式解离：

$$H_2S_2O_7 + H_2SO_4 \longrightarrow H_3SO_4^+ + HS_2O_7^-$$

SO_3 浓度增高时，还会生成 $H_2S_3O_{10}$、$H_2S_4O_{13}$等。

所谓魔酸，就是 HSO_3F 中含有 SbF_5［90%（摩尔分数）］的混合酸，H_0为-27，是目前测得的最高酸度的酸。SbF_5-HSO_3F 同时也是研究得最充分、应用最广泛的共轭 Brønsted-Lewis 超酸。

魔酸的组成很复杂，且依 SbF_5含量的不同而含有不同浓度的 $SbF_5SO_3F^-$、$Sb_2F_{10}SO_3F^-$、SO_3F^-和 SbF_6^-等。

（4）固体超酸

常见的固体超酸（负载型）列于表 2.14。包括一些用 Lewis 酸处理的金属氧化物如 $SbF_5-SiO_2-TiO_2$、$SbF_5-SiO_2-Al_2O_3$ 等，以及一些用硫酸处理过的金属氧化物如 $TiO_2-H_2SO_4$、$ZrO_2-H_2SO_4$ 等。其 H_0约为-16。

表 2.14 常见的固体超酸（负载型）

吸附物体	载体种类
SbF_5	$SiO_2-Al_2O_3$，SiO_2-TiO_2，SiO_2-ZrO_2，TiO_2-ZrO_2，$Al_2O_3-B_2O_3$，SiO_2，SiO_2-WO_3，Al_2O_3-HF，Al_2O_3，MoO_3，ThO_2，Cr_2O_3，Al_2O_3-WB
SbF_5，BF_3	石墨，Pt-石墨
BF_3，AlF_3	离子交换树脂，硫酸盐，氯化物
SbF_5-HF	金属（Pt，Al），合金（Pt-Au，Ni-Mo，Al-Mg）
SbF_5-FHSO_3	聚乙烯，$SiO_2-Al_2O_3$，高岭土，活性炭，石墨
$SbF_5-CF_3HSO_4$	Al_2O_3，$AlPO_4$，木炭
$H_3PW_{12}O_{40}-SbCl_5$	
$H_4SiW_{12}O_{40}-SbCl_5$	

3. 超酸的用途

超酸具有高强度的酸性（H_0为-27～-11.9）和很高的相对介电常数，能使非电解质成为电解质，使很弱的碱质子化。因此，超酸在化学研究中和化工生产上有着广泛的应用。

人们很早就预言烷烃碳正离子的存在，但直到 20 世纪 60 年代后期，才在氟磺酸体系中制得了稳定的烷烃碳正离子。在此基础上人们才能对一系列涉及碳正离子的反应进行详细研究，从而解决了长期争论的问题。因此，制备稳定的烷烃碳正离子溶液是超酸的最重要的应用。例如：

$$(CH_3)_3COH \xrightarrow{SbF_5-HSO_3F,\ H^+} (CH_3)_3C^+ + H_2O$$

大量有机化合物如酮、羧酸、醇、醚、酰胺和硝基化合物等可在超酸介质中质子化。例如：

$$H_3C-\underset{\underset{O}{\|}}{C}-NH_2 \xrightarrow{HSO_3F,\ -80\ ℃} H_3C-\underset{\underset{OH^+}{\|}}{C}-NH_2$$

在超酸溶液中，可以制备出许多卤素阳离子，如 I_2^+、I_3^+、Br_2^+ 和 Br_3^+ 等。甚至还可以获得这些离子的稳定的晶体盐。如 $I_2^+Sb_2F_{11}^-$ 就是由 I_2^+ 和 $Sb_2F_{11}^-$ 构成的。后者可在 SbF_5-HF 体系中得到。

$$2SbF_5 + 2HF \longrightarrow H_2F^+ + Sb_2F_{11}^-$$

单质硫、硒溶于发烟硫酸时，可被逐步氧化成 S_{16}^{2+}（橙黄）、S_8^{2+}（蓝）、S_4^{2+}（黄）、Se_8^{2+}（绿）和 Se_4^{2+}（橙）等阳离子。

超酸作为良好的催化剂，使一些本来难以进行的反应能在较温和的条件下进行，故在有机合成中得到广泛应用。如液体超酸可以用作饱和烃裂解、叠合、异构化、烷基化的催化剂，固体超酸在石油工业上用作正己烷异构化、低相对分子质量聚合反应的催化剂等。

2.5.4 一元超级碱与固体超级碱

超级碱又叫做超强碱，其碱性比任何水溶液中的碱都要强。超级碱不能与水共存，遇水夺取水中的质子，生成氢氧根离子，自身转化为相应的共轭酸。

根据周期律和金属活动性可知，氢氧化铯应该是水溶液中最强的碱。但在事实上，钾、铷、铯的氢氧化物的碱性差别并不大，且铷和铯的氢氧化物使用非常少，因此就把氢氧化钾作为水溶液中最强的碱。以此把超级碱定义为能够从饱和氢氧化钾溶液中（约 14 mol · L^{-1}）持续夺取质子，并释放出氢氧根离子的物质。

在处理超级碱的问题时，酸碱电子理论（Lewis 酸碱理论）普遍适用，而酸碱质子理论则适用于有质子交换的情况。超级碱的中心原子至少含有一对孤电子对，其具有超强的夺取质子的能力，表现 Brønsted 碱性，也可以有超强的与空轨道成键的能力，表现 Lewis 碱性。

1. 超级碱的强度

酸碱中和反应的一个基本原理是，强的酸和碱中和以后产生弱的共轭碱和酸。根据这一原理就能够通过最弱的酸来确定最强的碱。以酸碱质子理论来讨论，弱酸不容易解离出氢离子。这就意味着弱酸中的氢与另一元素原子之间的化学键的极性很小、键能很大，氢离子的解离困难。

在众多的化学物质中，氢分子具有同核双原子间最强的单键（436 kJ · mol^{-1}），且无极性。而甲烷中的碳氢键的解离能（439 kJ · mol^{-1}）是含氢弱极性键中最大的。虽然氮氢键、氧氢键、氟氢键和乙炔中的碳氢键的解离能更大，但是这些化学键的极性也大，显然，作为酸，这些酸的酸性明显增加。由此可以确定，氢气和烷烃属于最弱的酸。

表 2.15 列出的是一些极弱酸在水溶液中或校准为与水争夺质子的条件下的 $pK_a^\ominus$ 及其共轭碱，可用于参考和对比超级碱的碱性。

表 2.15　一些极弱酸的 $pK_a^\ominus$ 及其共轭碱[a]

极弱酸	$pK_a^\ominus$	共轭碱	极弱酸	$pK_a^\ominus$	共轭碱
$(CH_3)_3CH$	~53	$(CH_3)_3C^-$	i-Pr_2NH	36	i-Pr_2N^-
$(CH_3)_2CH_2$	~51	$(CH_3)_2CH^-$	CH_3NH_2	34	CH_3NH^-
CH_3CH_3	50	$CH_3CH_2^-$	NH_3	33	NH_2^-
CH_4	48	CH_3^-	$(Me_3Si)_2NH$	30	$(Me_3Si)_2N^-$
$H_2C{=}CH_2$	44	$H_2C{=}CH^-$	$PhNH_2$	28	$PhNH^-$
C_6H_6	43	$C_6H_5^-$	Ph_2NH	24	Ph_2N^-
$PhCH_3$	41	$PhCH_2^-$	$AcNH_2$	15	$AcNH^-$
H_2	~36	H^-	$(CH)_4NH$	15	$(CH)_4N^-$
Ph_2CH_2	34	Ph_2CH^-	$(CH_2C{=}O)_2NH$	9.6	$(CH_2C{=}O)_2N^-$
$O{=}S(CH_3)_2$	33	$O{=}S(CH_3)CH_2^-$	t-BuOH	18	t-BuO^-
Ph_3CH	32	Ph_3C^-	EtOH	16	EtO^-
CH_3CN	25	$NCCH_2^-$	CH_3OH	15.5	CH_3O^-
$HC{\equiv}CH$	24	$HC{\equiv}C^-$	Me_3SiOH	13	Me_3SiO^-
$PhC{\equiv}CH$	23	$PhC{\equiv}C^-$	PhOH	10	PhO^-
$O{=}C(CH_3)_2$	19	$O{=}C(CH_3)CH_2^-$	OH^-	>33[b]	O^{2-}
$PhC{=}OCH_3$	16	$PhC{=}OCH_2^-$	H_2O	15.7[c]	OH^-
$(CH)_4CH_2$	16	$C_5H_5^-(Cp^-)$	HS^-	14	S^{2-}
HCN	9.3	CN^-	HSe^-	11	Se^{2-}

a. 表格数据引自邢其毅《基础有机化学》、夏玉宇《化学实验室手册》第三版、Warren“Organic Chemistry”、Holleman“Lehrbuch der Anorganischen Chemie”，以及部分化合物相关文献。

b. 根据酸碱反应 $Na_2O + NH_3 \longrightarrow NaOH + NaNH_2$ 确定 OH^- 的 $pK_a^\ominus$ 下限值大于 NH_3 的。

c. 纯水的浓度是 55.6 mol · L^{-1}，水的解离平衡常数就是 $K_a^\ominus = K_w^\ominus / c = K_w^\ominus / 55.6 = 1.8\times10^{-16}$，$pK_a^\ominus = 15.7$。

下式为超级碱 B 夺取质子后生成极弱酸 HB 的反应：

$$B+HA \rightleftharpoons HB+A$$

共轭酸 HB 的 $pK_a^\ominus$ 越大其酸性越弱，则超级碱 B 的碱性越强。例如，氢氰酸（HCN）的 $pK_a^\ominus$ 为 9.3，其水溶液的 pH 接近 5，酸性极弱。当 $pK_a^\ominus$ 接近 15 时，物质的共轭碱就属于水溶液中很强的碱。通常 $pK_a^\ominus$ 大于 16 的极弱酸的共轭碱就属于超级碱。

2. 超级碱的主要类型

（1）碳基超级碱

碳负离子超级碱在理论上有很大的数量，其中，有机锂试剂是很常用的超级碱。根据前述的碱性原理和 $pK_a^\ominus$ 值，可以得到叔丁基锂、正丁基锂、甲基锂、苯基锂的超级碱性递减的规律。

1988 年，Schlosser 等人发现将正丁基锂与叔丁醇钾在己烷中混合，可以发生基于锂氧亲和的锂钾交换反应，定量地制备出正丁基钾：

$$Li^nBu + KO^tBu \longrightarrow K^nBu + LiO^tBu$$

所得正丁基钾和叔丁醇锂的混合碱称为 Schlosser 超级碱。

碳基超级碱还包括一类氮杂环卡宾分子。氮杂环卡宾是中性分子，在各种非质子化溶剂中均有较好的溶解性，亲核性弱，Brønsted 碱性和 Lewis 碱性都很强，是非常难得的单分子态超级碱。

（2）氢负离子超级碱

碱金属和除铍外的碱土金属都可以直接与氢气化合，生成离子型氢化物。这些氢化物都具有超级碱性。碱金属氢化物还可以与第ⅢA 族的某些化合物形成 Lewis 酸碱配合物：

$$LiH + AlH_3 \longrightarrow LiAlH_4$$

此类配合物中的负性氢的超级碱性降低，更多的时候是用作氢化试剂。

碱土金属氢化物如 CaH_2，它具有超级碱性，在反应时能比较温和地释放氢负离子，故适合用作很多溶剂的除水剂和小规模的制氢试剂。

（3）氮负离子超级碱

锂、钠、钾的氨基化合物都是常用的超级碱，用碱金属与热的氨气流反应来制备：

$$2M + 2NH_3 \longrightarrow 2MNH_2 + H_2 \qquad (M=Li、Na、K)$$

但是这些氨基化合物在有机溶剂中的溶解性都不好，它们的使用受到了限制。

金属锂在常温下可以持续地与氮气反应生成氮化锂。氮化锂的氮上积累了大量的负电荷，超级碱性极强，可以将氢分子极化为正氢和负氢，生成氨基锂和氢化锂：

$$Li_3N + 2H_2 \longrightarrow LiNH_2 + 2LiH$$

（4）醇负离子超级碱

醇遇到上述超级碱或与碱金属反应时，都会顺利地生成醇负离子（烷氧负离子）超级碱：

$$HOEt + NaH \longrightarrow NaOEt + H_2$$

$$2K + 2HO^tBu \longrightarrow 2KO^tBu + H_2$$

烷基的给电子作用增加了氧原子上的负电荷密度，使醇负离子的碱性都强于氢氧化钾。

（5）固体超级碱

固体碱可以是单组分固体碱和混合固体碱。以碱金属、活泼金属氧化物与氢氧化物，以及一些其他金属氧化物或盐类为原料，经过化学混合过程而制成的固体凝聚物就属于混合固体碱。如果固体碱的碱性超过固体 KOH，就属于固体超级碱。有时以 CaO 为参照，认为碱强度（用酸度 H_0 衡量）超过 26 时就属于固体超级碱。

从微观结构来看，固体碱的强度由固体碱界面上的碱性原子所决定。大多数情况下，这些碱性原子就是氧或氮的阴离子和复合阴离子。而这些界面上的固体碱阴离子和阳离子的自由程度，都对固体碱的碱性有很大影响。

拓展学习资源

资源内容	二维码
◇ 酸碱电离理论和诺贝尔化学奖	
◇ 酸涩碱滑与氢键的关系	
◇ 酸雨和预防办法	
◇ 质子酸酸度的拓扑指数法确定及其酸、碱软硬标度的建立	

习　　题

1. 下列化合物中，哪些是 Lewis 酸？哪些是 Lewis 碱？

BH_4^-，PH_3，$BeCl_2$，CO_2，CO，$Hg(NO_3)_2$，$SnCl_2$

2. 写出下列物种的共轭酸或共轭碱：

NH_3，NH_2^-，H_2O，HI，HSO_4^-

3. 下列各对中哪种酸性较强？并说明理由。

(1) $[Fe(OH_2)_6]^{3+}$ 和 $[Fe(OH_2)_6]^{2+}$　　(2) $[Al(OH_2)_6]^{3+}$ 和 $[Ga(OH_2)_6]^{3+}$

(3) $Si(OH)_4$ 和 $Ge(OH)_4$　　(4) $HClO_3$ 和 $HClO_4$

(5) H_2CrO_4 和 $HMnO_4$　　(6) H_3PO_4 和 H_2SO_4

4. 应用 Pauling 规则：

(1) 判断 H_3PO_4($pK_a^\ominus$ = 2.12)、H_3PO_3($pK_a^\ominus$ = 1.80) 和 H_3PO_2($pK_a^\ominus$ = 2.0) 的结构。

(2) 粗略估计 H_3PO_4、$H_2PO_4^-$ 和 HPO_4^{2-} 的 $pK_a^\ominus$。

5. 指出下列反应中的 Lewis 酸和碱，并指出哪些是配位反应，哪些是取代反应，哪些是复分解反应。

(1) $FeCl_3 + Cl^- \longrightarrow [FeCl_4]^-$

(2) $I_2 + I^- \longrightarrow I_3^-$

(3) $KH + H_2O \longrightarrow KOH + H_2$

(4) $[MnF_6]^{2-} + 2SbF_5 \longrightarrow 2[SbF_6]^- + MnF_4$

(5) $Al^{3+}(aq) + 6F^-(aq) \longrightarrow [AlF_6]^{3-}(aq)$

(6) $HS^- + H_2O \longrightarrow S^{2-} + H_3O^+$

(7) $BrF_3 + F^- \longrightarrow [BrF_4]^-$

(8) $(CH_3)_2CO + I_2 \longrightarrow (CH_3)_2CO \cdot I_2$

6. 根据软硬酸碱原理，判断下列化合物哪些易溶于水。

CaI_2，CaF_2，$PbCl_2$，$PbCl_4$，CuCN，$ZnSO_4$

7. 何谓拉平效应？用拉平效应概念讨论水溶液中的碱：CO_3^{2-}，O^{2-}，ClO_4^-，NO_3^-。

(1) 哪些碱性太强以致无法用实验研究？

(2) 哪些碱性太弱以致无法用实验研究？

(3) 哪些可直接测定其强度？

8. 有下列三种溶剂：液氨、醋酸和硫酸。

(1) 写出每种纯溶剂的解离方程式。

(2) HAc 在液氨和硫酸溶剂中是以何种形式存在，用什么方程式表示？

9. 卤化银在液氨和水溶液中的溶解度有何变化规律？为什么？

10. 解释为何碳的电负性小于氧的，而碳负离子碱比醇负离子碱的碱性要强得多。

11. 观察表 2.15 中的 $pK_a^\ominus$ 值，对照总结超级碱的碱性变化规律，并讨论碱中心原子上的官能团对碱性的影响。

第 3 章

无机化合物的制备和表征

无机合成是无机化学中的一个重要分支,是发展无机材料科学的重要基础。本章就无机化合物的主要制备方法、分离及表征做简单介绍。

3.1 无机化合物的制备方法

3.1.1 高温无机合成

1. 高温的获得和测量

高温技术是无机合成的一个重要手段。虽然在合成过程中并不是所有的操作都需要很高的温度,然而对高熔点金属粉末的烧结、难熔化合物的熔化和再结晶、陶瓷体的烧成等都需要很高的温度。为了进行高温无机合成,就要熟悉一些能产生各种高温的设备及其测温、控温方法,并在实践中加以灵活运用。

一般的高温可借燃烧获得。如用煤气灯可把较小的坩埚加热到 700~800 ℃。而要达到较高的温度,可以使用喷灯。更高的高温则需使用其他高温设备。

表 3.1 列出了一些获得高温的设备、方法和能达到的温度。

用得较多的高温测温仪是热电偶,一般可在室温到 2000 ℃之间应用,某些情况下甚至可达 3000 ℃。在更高的温度下可用光学高温计,它的测量范围是 700~6000 ℃。光学高温计只能测量高温,低温段则测不准确。

2. 高温固相反应的特点

高温下的固相反应不同于溶液中的反应,它们在常温常压下很难进行。例如,从热力学角度讲,MgO(s)和 Al_2O_3(s)反应生成尖晶石 $MgAl_2O_4$(s)完全可以自发进行。然而,在实际上,在 1200 ℃以下反应几乎不能进行,在 1500 ℃时反应也需数天才能完成。

表 3.1 一些获得高温的设备、方法和能达到的温度

获得高温的设备和方法	温度/℃
各种高温电阻炉	1000～3000
聚焦炉	4000～6000
闪光放电灯	4000 以上
等离子体电弧	20000
激光	10^5～10^6

为什么这类反应对温度的要求如此之高？下面就以 $MgO(s)$ 和 $Al_2O_3(s)$ 的反应为例说明固相反应的一些特点。

在一定的高温条件下，在 $MgO(s)$ 和 $Al_2O_3(s)$ 的晶粒界面间将产生反应生成尖晶石 $MgAl_2O_4(s)$ 的产物层。反应的第一阶段是在反应物晶粒界面上或与界面邻近的晶格中生成 $MgAl_2O_4$ 晶核，由于晶核与反应物的结构不同，成核反应需要通过反应物界面结构的重新排列，其中包括结构中阴、阳离子间原有作用力的解除和新的组合，$MgO(s)$ 和 $Al_2O_3(s)$ 晶格中的 Mg^{2+} 和 Al^{3+} 的脱出、扩散和进入缺位等，因而实现这步是相当困难的。高温有利于这些过程的进行。

同样，进一步实现在晶核上的晶体生长也有相当的难度。因为原料晶格中的 Mg^{2+} 和 Al^{3+} 分别需要通过各自的晶体界面进行扩散才有可能在尖晶石核上进行晶体生长并使原料界面间的产物层加厚。显然，决定此反应的控制步骤应该是晶格中 Mg^{2+} 和 Al^{3+} 的扩散，而高温则有利于晶格中离子的扩散从而可以加快反应速率。

3. 前驱体法

常规的固-固机械性混合高温制备无机功能材料的方法需要较高的温度，存在制备出的材料纯度和均匀性差、难以实现超细微化及粒度分布均匀化等缺点。

前驱体法是指将反应物充分破碎和研磨，或通过各种化学途径制备成粒度细、比表面积大、表面具有活性的反应物原料；然后通过加压成片，甚至热压成型使反应物颗粒充分均匀接触，或通过化学方法使反应物组分充分接触，制成前驱体，然后再进行烧结。

这种方法可使烧结温度大大降低，且材料性能稳定，所以，近年来前驱体法已渐渐成为大多数无机功能材料合成的主要手段。

其中共沉淀法是获得均匀反应前驱体的常用方法。将合成固体所需的成分，以其可溶性盐配成确定比例的溶液，选择合适的沉淀剂，共沉淀得到固体。共沉淀颗粒越细小，混合均一化程度越高。

例如，合成尖晶石的 $ZnFe_2O_4$，可采取锌和铁的草酸盐为前驱体。以 1∶1 的锌(Ⅱ)和铁(Ⅱ)盐配成水溶液，加入草酸使锌和铁的草酸盐一起产生共沉淀，将沉淀过滤、加热除水得到前驱体，之后焙烧得到产物。由于混合的均匀程度很高，反应所需的温度可以降低很多，反应式如下：

$$Zn^{2+}(aq)+2Fe^{2+}(aq)+3C_2O_4^{2-}(aq) \longrightarrow ZnFe_2(C_2O_4)_3(s) \xrightarrow{700\ ℃} ZnFe_2O_4(s)+4CO(g)+2CO_2(g)$$

加碱使金属离子以氢氧化物形式共沉淀下来也较常见。例如,使用下面反应制备 La_2CuO_4:

$$2La^{3+}(aq)+Cu^{2+}(aq) \xrightarrow{OH^-(aq)} 2La(OH)_3 \cdot Cu(OH)_2(s) \xrightarrow{600\ ℃} La_2CuO_4(s)+4H_2O(g)$$

共沉淀法可以成功地用于制备许多诸如尖晶石类的材料。但也受到一些限制,主要的原因是:① 两种或几种反应物在水中溶解度相差很多时,会发生分步沉淀,造成沉淀成分不均匀;② 反应物沉淀时速率不同,也会造成分步沉淀;③ 常形成过饱和溶液。所以,制备高纯度的精确化学计量比的物相,采用化合物前驱体法就要好得多。

形成单一化合物可以避免某种成分的损失,可以克服共沉淀法的缺点。例如,制备 $NiFe_2O_4$ 尖晶石时,是以镍和铁的碱式双醋酸盐和吡啶(C_5H_5N)反应形成化学式为 $Ni_3Fe_6(CH_3COO)_{17}O_3OH \cdot 12C_5H_5N$ 的中间体化合物,中间体化合物中 Ni 和 Fe 的比例精确为 1 : 2,且可以在吡啶中重结晶。然后将该吡啶化合物晶体缓慢加热到 200~300 ℃,除去有机物质,再在空气中约 1000 ℃加热 2~3 天便得到尖晶石相。

亚铬酸盐尖晶石 MCr_2O_4(M = Mg, Zn, Cu, Mn, Fe, Co, Ni)也可以通过此法制备。如 $MnCr_2O_4$ 是在富氢气氛中在 1100 ℃加热前驱体 $MnCr_2O_7 \cdot 4C_5H_5N$ 来制备的。在加热期间,重铬酸盐中的+6 价铬被还原到+3 价,并保证所有锰均处于+2 价状态。

4. 溶胶-凝胶合成法

溶胶-凝胶合成法就是用含高化学活性组分的化合物(如金属醇盐)作前驱体,在液相下将这些原料均匀混合,并进行水解、缩合化学反应,在溶液中形成稳定的透明溶胶体系,溶胶经陈化胶粒间缓慢聚合,形成三维空间网络结构的凝胶,凝胶经过干燥、烧结固化制备出纳米结构的材料。

$$\text{金属醇盐} \xrightarrow{\text{水解}} \text{溶胶} \xrightarrow{\text{缩聚}} \text{凝胶} \xrightarrow{\text{加热干燥}} \text{干凝胶} \xrightarrow{\text{煅烧}} \text{产品}$$

金属醇盐的水解、缩聚反应可表示如下:

水解反应: $—M—OR + H_2O \longrightarrow M—OH + ROH$

缩聚反应: $—M—OH + HO—M— \longrightarrow —M—O—M— + H_2O$ (失水缩聚)

$—M—OR + —M—OR + HO—M— \longrightarrow —M—O—M— + ROH$ (失醇缩聚)

反应通式: $M(OR)_n + mXOH \longrightarrow [M(OR)_{n-m}(OX)_m] + m\ ROH$ (X=H 水解,M 缩聚)

常见的金属醇盐有 $Ti(OC_4H_9)_4$、$Si(OC_2H_5)_4$、$Al(O\text{-}i\text{-}C_3H_7)_3$、$Y(OC_3H_7)_3$ 等,如果没有合适的金属醇盐,也可以通过先制备各种金属盐的水溶液,然后加入合适的络合剂(如柠檬酸、乙二醇等),最后缓慢蒸发掉水分即得到黏稠的溶液或凝胶。

溶胶-凝胶合成法具有多方面优点,如操作温度低,制备过程易于控制;制备的材料能在分子水平上达到高度均匀;具有流变特性,有利于通过某种技术如喷射、浸涂、浸渍等方法制备成各种膜、纤维或沉积;制备过程中引进的杂质少,所得的产物纯度高。这样,一些在以前必须用特殊条件才能制得的特种聚集态（如 $YBa_2Cu_3O_{7-x}$ 超导氧化物膜）等就可以用此法获得了。

应用溶胶-凝胶合成法制备 $YBa_2Cu_3O_{7-x}$ 超导氧化物膜可以采用两条不同的原料路线：

一条路线是以化学计量比的相关硝酸盐 $Y(NO_3)_3 \cdot 5H_2O$、$Ba(NO_3)_2$、$Cu(NO_3)_2 \cdot H_2O$ 作起始原料，将它们以一定的比例溶于乙二醇中生成均匀的混合溶液，然后在一定的温度下（如 130～180 ℃）反应，蒸发出溶剂，生成的凝胶在 O_2 氛下进行高温（950 ℃）灼烧即可获得纯的正交型 $YBa_2Cu_3O_{7-x}$。

另一条路线是以化学计量比的有机金属化合物 $Y(OC_3H_7)_3$、$Cu(O_2CCH_3)_2 \cdot H_2O$ 和 $Ba(OH)_2$ 为起始原料，在加热和剧烈搅拌下将它们溶于乙二醇中，蒸发后得到的凝胶在 O_2 氛下经高温灼烧便得到 $YBa_2Cu_3O_{7-x}$。

如将上述二法制得的凝胶涂在一定的载体如蓝宝石的（110）面上，然后在 O_2 气氛中，先慢后快逐步程序升温至 400 ℃、950 ℃，再程序降温至室温，如此步骤重复 2～3 次。最后将膜在 O_2 气氛中 800 ℃退火 12 h，再程序降温至室温。或者将涂好的膜在空气中 950 ℃下灼烧 10 min，再涂再灼烧重复数次，以同样的方式退火和冷却。上述方法均可制得 10～100 μm 厚度的均匀的 $YBa_2Cu_3O_{7-x}$ 超导氧化物薄膜。

事实上，超导氧化物可用不少的合成路线来制备，如传统的高温固相反应合成技术、共沉淀技术、电子束沉积、溅射和激光蒸发等。其中，在高温固相反应合成技术中，为使产品均匀须将半成品进行多次反复的研磨和熔结，而用其他方法则必须在特殊条件下进行。与这些方法相比，溶胶-凝胶合成法不仅方法简单而且花费较低。

5. 化学转移反应

所谓化学转移反应是一种固体或液体物质 A 在一定的温度下与一种气体 B 反应，形成气相反应产物。这个气相反应产物在另外的温度下发生逆反应，重新得到 A。化学转移反应装置示意图见图 3.1，反应方程可表示为

$$iA(s\text{ 或 }l) + kB(g) + \cdots \underset{T_2}{\overset{T_1}{\rightleftharpoons}} jC(g) + \cdots$$

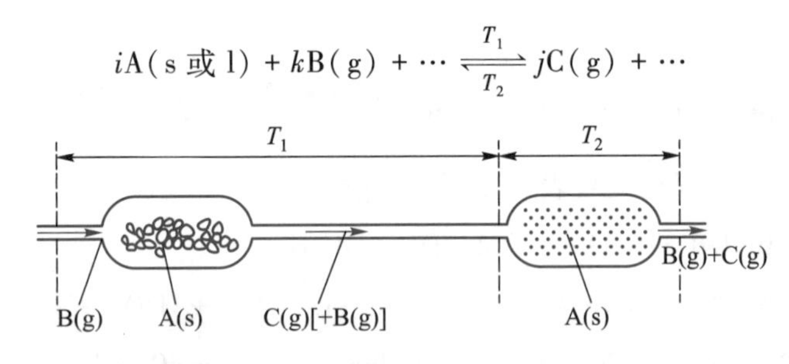

图 3.1　化学转移反应装置示意图

例如，在一个密封的石英管中，铝可以通过形成挥发性的低价卤化物而转移。

$$Al(s) + 2AlCl_3(g) \underset{1000\ ℃}{\overset{1300\ ℃}{\rightleftharpoons}} 3AlCl_2(g)$$

转移试剂（传输剂）在转移反应中具有非常重要的作用，它的使用和选择是化学转移反应能否进行及产物质量控制的关键。如通过下面的反应，可以得到美丽的钨酸铁晶体：

$$FeO(s) + WO_3(s) \xrightleftharpoons{HCl(g)} FeWO_4(s)$$

这个反应必须用 HCl 作转移试剂。如果没有 HCl，则因 FeO 和 WO_3 都不易挥发，所以转移反应并不发生。当有 HCl 时，由于生成了 $FeCl_2$、$WOCl_4$ 和 H_2O 这些挥发性强的化合物，使得化学转移反应能够进行。

化学转移反应有着广泛的用途，如用来分离提纯物质、生长单晶、合成新化合物及测定热力学数据等，近年来，以化学转移反应为基础发展起来的化学气相沉积(CVD)方法，获得了广泛的应用，在制备表面复合材料和表面涂层，以及制造超细、超纯金属粉末等方面，化学转移反应发挥着独特的作用。

对化学转移反应的条件进行控制，还可以制得某些特种组成和结构的中间价态化合物。

6. 彩色电视机三基色稀土荧光粉的制备

彩色电视机的显像屏是由红、绿、蓝三种颜色(三基色)的荧光粉所组成的。它们按一定的几何结构涂布在显像屏的内表面上，显像管中的电子枪有选择地激发三种荧光粉，从而复现摄像机传送来的各种彩色图像和信号。

近年来国内外使用的红粉主要是 $Y_2O_2S:Eu$，其中 Y_2O_2S 为基质，是发光材料主要成分，Eu 为发光活性中心，称为激活剂离子，其发射的荧光位于红色区域的窄带光谱(约 610 nm)。此荧光粉的化学稳定性及涂覆性能好，发光效率较高，可通过选择合适的 Eu 浓度获得好的色度。

$Y_2O_2S:Eu$ 的制备方法为：用一定浓度的 HNO_3 或 HCl 溶液溶解质量比为 1∶(0.062~0.07)的 Y_2O_3 和 Eu_2O_3 的混合稀土氧化物，用去离子水稀释到 1 mL 含 Y_2O_3 约 10 mg，再用稀氨水调节 pH 到 2~3，并加热到 80 ℃。慢慢加入过量的草酸，使 Y^{3+}、Eu^{3+} 以草酸盐完全共沉淀下来，沉淀静置几小时后抽滤，水洗至中性。其反应过程(反应方程式仅表示过程，未配平)如下：

$$Y_2O_3 + Eu_2O_3 + H^+ \longrightarrow Y^{3+} + Eu^{3+} + H_2O$$

$$Y^{3+} + Eu^{3+} + H_2C_2O_4 \longrightarrow (Y, Eu)_2(C_2O_4)_3 \cdot xH_2O$$

将草酸钇铕 $(Y, Eu)_2(C_2O_4)_3 \cdot xH_2O$ 于 120 ℃下烘干脱水，再于 800~1000 ℃下灼烧 1 h，便得到制备红色发光粉的原料 $(Y, Eu)_2O_3$：

$$(Y, Eu)_2(C_2O_4)_3 \cdot xH_2O \longrightarrow (Y, Eu)_2O_3 + CO_2\uparrow + CO\uparrow + H_2O\uparrow$$

然后，将质量比为 100∶30∶30∶5 的 $(Y, Eu)_2O_3$∶S∶Na_2CO_3∶K_3PO_4(作助熔剂)混磨均匀，装入石英管中压紧，覆盖适量的硫黄及次料，加盖盖严，于 1150~1250 ℃下恒温 1~2 h，高温出炉，冷至室温。在 365 nm 紫外光激发下选粉，用水或浓度为 2~4 $mol \cdot L^{-1}$ 的 HCl 溶液浸泡后再用热水洗至中性，抽滤、烘干、过筛，即得 $Y_2O_2S:Eu$ 红色发光粉。反应为

$$Na_2CO_3 + S \longrightarrow Na_2S + Na_2S_x + CO_2\uparrow$$

$$(Y, Eu)_2O_3 + Na_2S + Na_2S_x \longrightarrow Y_2O_2S:Eu$$

使用效果最好的绿粉是 $(Ce, Tb)MgAl_{11}O_{19}$。按一定的比例将 Al_2O_3、$MgCO_3$、CeO_2、Tb_4O_7、H_3BO_3(作助熔剂)混合研磨均匀后，装入石英坩埚，先在 1350 ℃下灼烧 2 h，取出粉

碎磨匀，再装入刚玉坩埚于 1400 ℃下灼烧 1 h，粉碎，过 200 目筛即为产品。

蓝粉 $(Ba, Mg, Eu)_3Al_{14}O_{24}$（一种含稀土的荧火粉）的制备主要包括高温灼烧和还原。按一定比例称取 $BaCO_3$、$MgCO_3$、$Mg(OH)_2 \cdot 5H_2O$、Eu_2O_3、Al_2O_3、H_3BO_3（作助熔剂），混合磨匀，然后装入石英管中，并通入 CO，在 1300 ℃下灼烧还原 1.5 h，出炉冷却后，粉碎，过 200 目筛，即为产品。高温灼烧，是使物料发生高温固相反应生成相应晶体。还原是使晶体中的 Eu(Ⅲ)还原成Eu(Ⅱ)，还原剂是 CO。

3.1.2 低温合成

使用低温合成的化合物主要是一些易挥发的化合物，如 C_3O_2、CNCl、HCN，稀有气体化合物等。

获得低温的方法主要有以下几种：

冰盐共熔体系 将冰块和盐弄细充分混合可以达到比较低的温度。例如，3 份冰和 1 份 NaCl（质量比，下同）混合可获得-20 ℃低温；3 份冰和 3 份 $CaCl_2$ 混合可获得-40 ℃低温；2 份冰和 1 份浓 HNO_3 混合可获得-56 ℃低温。

干冰浴 干冰（固态 CO_2）的升华温度为-78.3 ℃，使用时通常把干冰加到搅拌着的乙醇或丙酮冷浴中。

液氮 氮气液化的温度是-195.8 ℃，液氮是低压化学气相沉积和物化性能试验中经常用到的一种低温浴。

另外，利用绝热膨胀、减压蒸发和压缩相变等原理制备的制冷机也是实验室常常用到的低温源。利用绝热去磁原理可以获得 10^{-6} K 的低温。

低温的测定一般使用蒸气压温度计，这种温度计是根据液体的蒸气压随温度的变化而改变的原理而制成的。除此之外，低温热电偶和电阻温度计也经常使用。

以 XeF_4 为例，它是通过低温放电法来制备的。具体过程是：将通入氙和氟的反应器浸入-78 ℃的冷却槽中，放电条件为 1100 V、31 mA 至 2800 V、12 mA，经过 3 h 可以得到 XeF_4。其反应为

$$2F_2 + Xe \xrightleftharpoons[-78\ ℃]{\text{放电}} XeF_4$$

3.1.3 高压合成

高压合成，就是利用高压力使物质产生多型相转变或发生不同元素间的化合得到新相或新化合物的方法。1955 年，Budy 等人首次利用高压手段人工合成出只有在地球内部条件下才能形成的、具有重大应用价值的金刚石。之后，人们借助高压方法合成出了自然界中未曾发现的、与碳具有等电子结构的、硬度仅次于金刚石的立方氮化硼。

通常的高压合成都采用高压和高温两种条件交加的高压高温合成法，目的是寻求经卸压、降温以后的高压高温合成产物能够在常压常温下保持其高压高温状态的特殊结构和性能的新材料。此外，高温也能加快反应速率。

高压合成最成功的例子就是金刚石的合成。在没有催化剂时，石墨转化为金刚石的压力和温度都很高，在金属催化剂（如 Fe、Co、Ni、Mn、Cr 等）的存在下，石墨在较低的压力和温度下就可以生成金刚石。目前常用的温度和压力是 1600 ℃和 6 GPa。在常态下，合成的金刚石虽然是处于热力学亚稳态，但因金刚石向石墨的转变极其缓慢以至于基本觉察不出来，因此，可以在常态下保持金刚石结构。

当然，金刚石薄膜的制备也可以采用激活化学气相沉积（CVD）法在较低温度和压力下得到。

一般地说，在高压或超高压下某些无机化合物往往由于下列原因导致相变，生成新结构的化合物或物相：

（1）阳离子配位数变化

晶体中离子的配位数和配位态与阳离子和阴离子的半径之比（r_+/r_-）关系密切。然而在高压下，阳离子的配位数和配位态就往往不遵守这种关系，高压下阳离子的配位数往往变大。如常压下锗酸根中由于 $r_{Ge^{4+}}/r_{O^{2-}}=0.386$，$Ge^{4+}$ 对 O^{2-} 的配位数应该是 4，而在高压条件下 Ge^{4+} 对 O^{2-} 的配位数变成了 6。高压相的体积也往往因阳离子配位数的增加而明显减小（一般减小幅度大于 10%）。

（2）阳离子配位数不变下的结构排列变化

在高压下一级基本结构单元如四面体、八面体等一般保持不变，只是连接的方式可以发生变化，结果导致高密度高压相的生成。已知有相当数量的 ABO_3 型复合氧化物具有此类现象。因为 ABO_3 复合氧化物都是由密堆积的 AO_3 层和占据 O_6 八面体空隙的 B 构成的。排列的不同导致大量的多型体存在。所谓多型体是指组成相同而结构不同的物相。如在高压下，$Ba_{1-x}Sr_xRuO_3$ 的多型体的结构由六方密堆积变为立方密堆积，其中 Ba、Sr、Ru 的配位数并不发生变化，只是排列的改变导致了多型体结构发生了变化。

（3）结构中电子结构的变化和电荷的转移

在高压或超高压下，某些化合物的电子结构会发生明显的变化，甚至产生组成元素间的电荷转移导致另一种类型的化合物的生成。如据电学和磁学性能的研究，在 RETe 系列化合物的高压相中仅 EuTe（或 SmTe）被证实为具有 $RE^{2+}Te^{2-}$ 的结构，而其他相应的稀土化合物 RETe 则形成“$RE^{3+}Te^{2-}+e^-$”结构的电子合物。

传统油压的两面顶、六面顶高压设备可以获得的压力一般在 5~10 GPa，近年来，开发的金刚石对顶砧高压装置可以达到几十到三百多吉帕的高压，并可以与多种探测仪器联用，开展高压条件下的物质相变、高压合成的原位测试。例如，科学家预测“金属氢”是一种室温超导体，所以多年来，人们一直致力于金属氢的合成，2017 年哈佛大学的科学家将 H_2 冷却到略高于绝对零度的温度，在比地球中心压力还高的极高压下，用金刚石对固体氢进行压缩，证明了金属氢的生成（后来又报道说由于操作失误，世界上唯一一块金属氢消失了）。

3.1.4 水热合成

1. 水热合成法分类

水热合成法是一个世纪以前由地质学家模拟地层下的水热条件研究某些矿物和岩石的

形成原因,在实验室进行的仿地水热合成时产生的方法。它是指在特制的密闭反应器(高压釜)中,采用水溶液作为反应体系,通过对反应体系加热、加压(或自生蒸汽压),创造一个相对高温高压的反应环境,使得通常难溶或不溶的物质溶解,并且重结晶而进行无机合成与材料处理的一种有效方法。

水热合成法按反应温度进行分类,可分为低温水热合成法、中温水热合成法和高温高压水热合成法。

低温水热合成法是指温度在 100 ℃以下进行的水热合成反应。

温度在 100~300 ℃下的水热合成称为中温水热合成,分子筛的人工合成工作中的绝大部分工作都是在这一温度区间进行的。

高温高压水热合成实验温度可高达 1000 ℃,压力高达 0.3 GPa。高温高压水热合成是一种重要的无机合成和晶体制备方法,它是利用了作为反应介质的水在超临界状态下的性质和反应物质在高温高压水热条件下的特殊性质而进行的合成反应。这种方法广泛用于制备许多铁电、磁电、光电固体材料和复杂的无机化合物的合成,得到了许多无法用其他方法制备的无机物的单晶。如应用广泛的非线性光学材料 $NaZr_2P_3O_{12}$和 $AlPO_4$,声光晶体铝酸锌锂,激光晶体和多功能的 $LiNbO_3$ 和 $LiTaO_3$,某些具有特殊功能的氧化物晶体(如 ZrO_2、GeO_2、CrO_2),人工宝石等都是通过高温高压水热合成法来合成的。曾有报道,在水热条件下甚至还合成出了质量达 17 g 的祖母绿宝石。

2. 水热体系

高压釜是进行水热合成基本设备(或称为水热反应釜),它通常用特种不锈钢制成,釜内衬有化学惰性材料,如聚四氟乙烯等耐酸碱材料。

图 3.2 示出水在不同温度和压力下的相图,可以看出,水的临界温度为 374 ℃,临界压力为 22.1 MPa,高于 374 ℃,水处于超临界状态。超临界水具有很强的反应活性和与其他物质的融合能力。

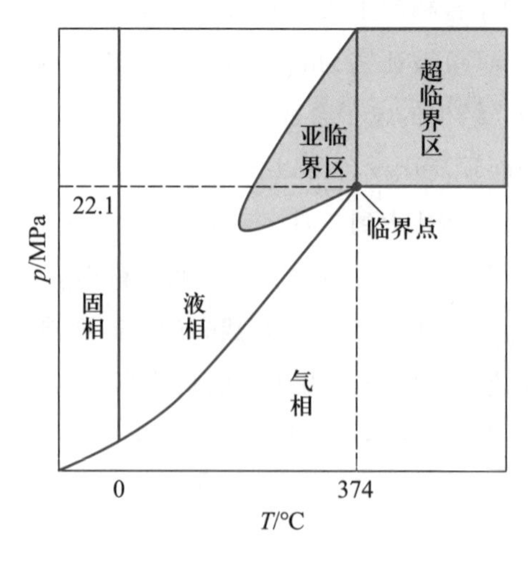

图 3.2　水在不同温度和压力下的相图

总的来说,水热条件下水的主要作用如下:

① 溶剂作用,提高物质的溶解度。

在高温高压下绝大多数反应物均能部分地溶解于水中,这就能使反应在液相中进行,使原来在无水情况下必须在高温进行的反应得以在水热条件下进行,因此,这种方法特别适用于合成一些在高温下不稳定的物相。

② 起压力传递介质的作用。

③ 促进反应和重排的作用。

④ 有时作为反应物参与反应。

基于上述水的作用,很多物质合成或反应都可以用水热合成法进行,其中应用最多的就是单晶材料的水热合成或生长,以及各种分子筛的合成。此外,一些材料在水的存在下不稳定(如ⅢA-ⅤA族半导体化合物、氮化物、硫族化合物等)或很难溶解(如金属有机框架材料合成中的一些有机配体),这样,人们又将水热体系扩展到非水溶剂热体系,合成出了很多性能优良的无机材料,如金属有机框架(MOFs)晶体材料。

3. 应用

(1) 中温中压下无机物的造孔合成

一些孔结构不同的微孔分子筛型无机固体材料可以在不同的水热晶化条件下合成。在密闭容器中,水热反应温度可依需要进行调节,这样就可使水溶液中的硅酸根离子与铝酸根离子的聚合状态及其分布、凝胶的转变和溶解、成核和晶化“造孔”,以及亚稳态间的转型等步骤可随温度的变化而变化,结果可以在同一体系中得到不同孔结构类型的微孔晶体。

以不同温度下 $Na_2O-SiO_2-Al_2O_3-H_2O$ 体系中不同孔结构分子筛的生成为例,研究表明当温度处于100~150 ℃,在密闭容器中水的自生水蒸气压强下,$Na_2O-SiO_2-Al_2O_3-H_2O$ 体系中主要可生成A型、P型、X型、Y型、菱沸石、钠菱沸石等分子筛型微孔晶体。当晶化温度提高至200~300 ℃时,主要生成的沸石相为方钠石和小孔丝光沸石。当晶化温度上升至高于300 ℃时,主要晶体产物为方沸石、钠沸石等小孔分子筛型微孔晶体及无孔结构的钠长石和黝黑石水合物。随水热晶化温度和压强的增高,从 $Na_2O-SiO_2-Al_2O_3-H_2O$ 体系中晶化产生的微孔型晶体分子筛的微孔孔道尺寸和孔体积明显缩小,晶体的骨架密度相应增大,当温度高于300 ℃时的晶化产物钠长石、黝黑石等已变成无孔结构了。可见,在高温水热条件下,无机物(主要是硅铝酸盐)的造孔规律和晶化时的温度与水蒸气压之间存在着密切的关系。除此之外,晶化体系中存在的阳离子与其他有机客体如季铵盐阳离子、醇、醇胺及强离子型的有机高分子等,它们的尺寸大小、空间构型的特点也会使微孔晶体的孔道结构发生变化。

近年来,人们用水热法合成了大量自然界没有的人工分子筛,如采用有机胺作模板剂,合成了含十元环孔道的高硅铝比ZSM-5,它具有很高的热和化学稳定性,在石油化工中是优良的催化剂,具有不易积炭、选择性好等优点。采用表面活性剂作模板剂,合成了具有介孔的MCM-41系列分子筛,它具有六方有序的孔道结构,孔径尺寸可随合成时加入导向剂及合成件的不同在1.5~10 nm变化,是优良的载体。此外,非硅型无机微孔材料的水热合成也取得了很大进展,如磷酸盐、钛酸盐、硼酸盐和砷酸盐类的微孔分子筛也得以合成。

（2）单晶生长

用水热法生长单晶常需加一种矿化剂。矿化剂可以是任意的化合物，但它能加速结晶。其作用机制是通过生成某些在水中通常是不存在的可溶性物质以增加溶质的溶解度。例如，石英即使在 400 ℃、200 MPa 的水中溶解度也很小，以至于很难进行石英的重结晶。但是，当加入 NaOH 作为矿化剂时，石英的溶解度增加。如图 3.3 所示，将石英和 1.0 mol · L^{-1} NaOH 溶液保持在 400 ℃、170 MPa 气压下使其部分溶解，通过对流到达反应容器较冷区域（330～350 ℃），由于石英在较低温度水中的溶解度降低从而可以在预先放置的籽晶上沉淀聚集成质量可达几千克的大块晶体。得到的石英单晶常用于雷达或声呐仪等设备中，也用于压电传感器、X 射线衍射的单色器等。

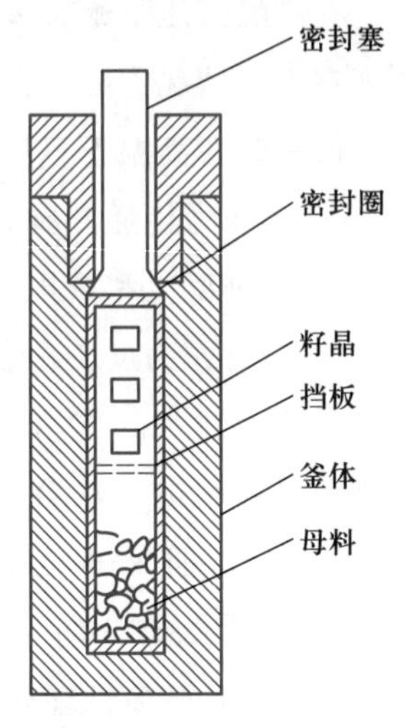

图 3.3　人工合成石英高压釜示意图

用同样的方法可以制备出许多其他的高质量的单晶材料，如刚玉（Al_2O_3）和红宝石（用 Cr^{3+} 掺杂 Al_2O_3）等。

3.1.5　无水无氧合成

空气敏感化合物的合成最广泛使用的方法是无水无氧合成技术，它基于用惰性气体排出并代替装置中的空气。这种方法可进一步细分为三种：

（1）用特殊玻璃装置在工作台上进行的操作技术（通常称为 Schlenk 技术）

常规操作的 Schlenk 技术常使用成套的 Schlenk 仪器，加盖的反应器。所用仪器均先装好且具严密性，然后利用“抽换气”技术使整个反应装置充满经过无水无氧处理过的 Ar 气体或其他惰性气体。所用试剂均需干燥除水，液体在“抽换气”前加入，反应过程中加入试剂或调换仪器而需开启反应瓶时，都应在较大 Ar 气流下进行，有些简单反应可直接在惰性气体封管内进行。产物的分离纯化及转移、分装贮存均采用 Schlenk 仪器或相当的仪器进行操作。

（2）在惰性气体箱内进行的常规操作

常用的惰性气体箱为手套箱，它可用于操作大量固体或液体。它是将高纯惰性气体（如 Ar、He、N_2）充入箱体内，并循环过滤掉其中的活性物质的实验室设备，广泛应用于无水、无氧、无尘的超纯环境，如在手套箱中进行敏感固体的称量、红外样品研磨及 X 射线样品装管。此外，手套箱也可用于转移放射性物质、有毒物质和具有危险性的生物制剂。同 Schlenk 管线相比，手套箱的主要优点是能用于复杂固体操作，并可控制放射性和高毒性物质的污染。

（3）真空线操作技术

抽真空可以更严格地排出装置中的空气，真空线操作技术在空敏化合物的合成与分离操作（包括真空过滤、真空线上的气相色谱、产物的低温分馏、气体和溶剂的贮存、封管反应等）中占有重要的地位。它已成功地用于氢化物、卤化物和许多其他挥发性物质的合成与操作。但不适用于氟化氢和某些其他活性氟化物的合成与操作，这些化合物的操作一般在金属材料或碳氟材料仪器中进行。

金属与不饱和烃反应是一个典型的使用真空线操作技术的例子。

在真空和高温条件下,挥发性的金属原子蒸气与有机不饱和烃反应,可形成各种有机金属化合物,这类反应称为金属蒸气合成(metal vapor synthesis,MVS)。气态金属原子在没有动力学势垒的条件下与不饱和烃配位加成,无论从动力学角度还是从热力学角度来看,相对于固态金属参加的反应都是有利的。例如,气态的 Cr 或 Ti 原子与苯反应形成二苯铬和二苯钛,二者的产率分别为 60% 和 40%,而采用通常使用的固态金属来合成则得不到上述化合物。

金属蒸气合成方法的基本条件是将获得的金属原子带到反应位置,在该位置与共反应物分子(如有机不饱和烃分子)反应,然后取走产物并加以鉴定。因此,在这种合成方法中,金属原子源、共反应物单体源和反应位置是三个重要方面。

金属原子源由真空系统中金属蒸发容器提供。当加热盛有金属的炉子至需要的蒸发温度时,在压强低于 10^{-1} Pa 的条件下,金属原子将按照无碰撞路程从金属蒸发容器扩散到反应位置。

将共反应物以蒸气束的方式通过喷嘴连续地引入反应位置。对于非挥发性共反应物,或者是应用喷雾的方法使其与金属原子反应,或者将金属原子束直接凝聚到搅拌下的共反应物冷溶液中。

反应位置通常就是真空系统中的金属蒸发入口的器壁。由于反应位置远比炉子的温度低,所以金属原子可能在反应位置(器壁上)凝聚成金属晶格。为了尽可能抑制金属原子间的作用,就需要使用过量的共反应物分子,以使金属原子处于共反应物分子的包围之中,通常共反应物分子需过量 10~100 倍。为了维持产生金属原子的低压条件,共反应物分子的蒸气压必须小于 10^{-2} Pa。对于大多数共反应物来说,要达到这种蒸气压所需要的温度区间为 −196 ℃(液态 N_2)~ −78 ℃(固态 CO_2)。因此,反应位置,即容器壁需要冷却。但有些反应,则不需要很低的温度,有时甚至室温也是合适的。如金属原子 Ni 可以在 0 ℃硅油冷却条件下凝聚于 PPh_3 溶液中形成 $Ni(PPh_3)_3$。

图 3.4 列出几种金属原子与烯烃类化合物的反应实例。大多数金属原子与不饱和烃类反应的第一步是加成反应,配体从金属原子的一侧通过电子重排形成配键。在加成反应之

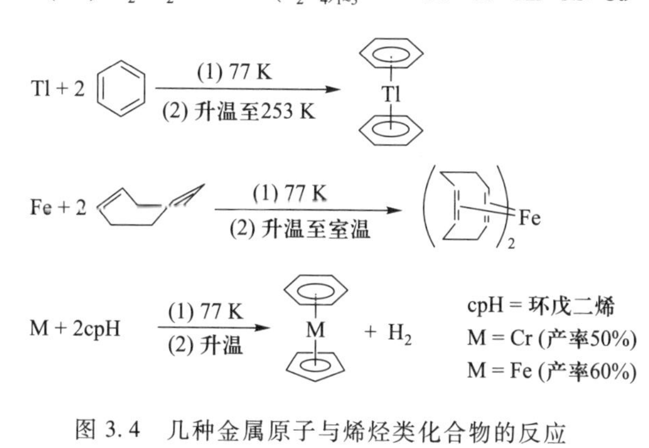

$M + (1\sim3)CH_2CH_2 \longrightarrow M(C_2H_4)_{1\sim3}$　　M = Co、Rh、Ni、Cu

Tl + 2 [苯] —(1) 77 K; (2) 升温至253 K→ (苯)Tl(苯)

Fe + 2 [烯烃] —(1) 77 K; (2) 升温至室温→ (…)$_2$Fe

M + 2cpH —(1) 77 K; (2) 升温→ (cp)M(cp) + H_2

cpH = 环戊二烯
M = Cr (产率50%)
M = Fe (产率60%)

图 3.4　几种金属原子与烯烃类化合物的反应

后，或者形成自由基、发生嵌入反应，或者发生电子转移反应，或者形成的配合物进一步发生与配合物特性有关的其他反应（如配体转移等），或者发生形成的有机金属化合物的活化作用。在某些反应中将发生重排、加氢、异构化等不饱和烃类的催化反应。

另一个使用真空线操作技术的例子是低压化学气相沉积（LPCVD）。

低压化学气相沉积技术已广泛用于半导体材料如 SiO_2、GaAs 等的晶体生长和成膜。

过去沉积 SiO_2 膜通常采用的是在标准气压下使硅烷与 O_2 或 N_2O 的反应来进行的，而目前则普遍采用低压化学气相沉积法。

利用硅的化合物在真空条件下进行热分解，然后进行气相沉积。衬底材料可以是硅，也可以是金属或陶瓷，常用的硅化合物有烷氧基硅烷、硅烷和 SiH_2Cl_2 等。

烷氧基硅烷一般在 650～800 ℃下发生热分解反应，其热解反应方程为

$$\text{烷氧基硅烷} \longrightarrow SiO_2 + SiO + \text{气态有机原子团} + C$$

反应中的氧必须来源于烷氧基硅烷本身而不能由外界引入。如果用于化学气相沉积的真空系统中有外来的氧或水汽，则沉积出来的 SiO_2 表面阴暗，腐蚀时会出现反常现象。反应产物中的 SiO 和 C 是不希望的产物，它们的含量取决于反应的条件。其中，碳的含量取决于炉温，如果炉温过高则会产生大量碳。而原始化合物分子中的氧原子数目直接影响产物中 SiO_2 的含量。当采用含有 3 个或 4 个氧原子的烷氧基硅烷分子时，对生成 SiO_2 有利。因此常用正硅酸乙酯作源来沉积 SiO_2 膜。

用正硅酸乙酯法低压化学气相沉积 SiO_2 的反应是在一个长 170 cm、内径 11.5 cm 的石英管中进行的。石英管用三段温区的扩散炉加热，沉积发生在炉管中心 55 cm 处，石英管端用水冷法兰密封。硅片从石英管的进气端装入和取出，以避免被来自沿着石英管末端的出气口所沉积的固体产物所沾污。其沉积条件为：温度 700～750 ℃，压力 26.6～66.6 Pa，沉积速率 20～30 $nm \cdot min^{-1}$，SiO_2 膜厚不均匀性±（1%～3%）。

3.1.6　电化学无机合成

电化学合成法包括电解合成、电氧化和电还原方法。电流通过电解质溶液或熔融电解质时，在两个电极上引起化学变化，电能转变为产物蕴含的化学能。

电化学合成有许多优点：① 利用不同电极材料、介质和严格控制电位等方法能得到所需要的产品；② 利用电位等强有力手段可使其他方法不易实现的反应能够进行，从而得到其他方法不能制备的许多物质和聚集状态；③ 通过电极进行电子交换，不另加还原剂或氧化剂，因而产物容易分离。因此，电化学合成在无机合成中的作用和地位日益重要，也为有机合成开辟了新的途径。

许多有色金属、稀有金属和合金都可利用电化学方法进行制备，各种聚集状态的高纯金属、金属合金、金属镀层和膜也可以通过电化学方法得到。利用电化学合成方法还可以制备其他方法大多很难得到的强氧化性化合物如 F_2、O_3、OF_2；特殊高价态化合物如 $[M^{III}(IO_6)_2]^{7-}$ (M = Ag、Cu)、$H_2S_2O_8$、$Na_2S_2O_8$；特殊低价态化合物及某些中间价态非金属元素的酸或盐类如

$[MoOCl_2]^{2-}$、K_3MoCl_5,$K_2[MoCl_5(H_2O)]$、K_3MoCl_6,$Mo(OH)_4$,$[MoOCl_5]^{2-}$及 HClO、$HClO_2$、BrO^-、BrO_2^-、IO^-、$H_2S_2O_4$、H_2PO_3、$H_4P_2O_6$、H_3PO_2、HCNO、HNO_2、$H_2N_2O_2$ 等;合成混合价态化合物、簇化合物、嵌插型化合物和非计量氧化物、非金属元素间化合物;C、B、Si、P、S、Se 等的二元或三元金属陶瓷等。在国民经济中,使用电化学方法进行铝、镁的冶炼,铜、镍的精炼,基本化学工业产品(如 H_2、O_2、Cl_2、NaOH、$KClO_3$、H_2O_2)的制备合成及电镀制品的生产等都有相当的规模。在科学研究中,使用电化学方法制备导电高聚物、手性化合物及选择性改变 C_{60}的官能团等。用电化学合成方法得到的新材料和新体系还在不断地涌现。

3.1.7 等离子体合成

众所周知,随着温度的升高,物质的聚集态可由固态变为液态、气态。如果进一步提高温度,其中的部分粒子将发生电离。当电离部分超过一定限度($>0.1\%$),则成为一种电导率很高的流体,这种流体与一般固态、液态、气态完全不同,被称为物质第四态。由于其中负电荷总数等于正电荷总数,宏观上仍呈电中性,所以又称等离子体。

等离子体一般分为两种类型:高压平衡等离子体(或称热等离子体或高温等离子体)和低压非平衡等离子体(或称冷等离子体或低温等离子体)。热等离子体主要通过高强度电弧、射频放电、等离子体喷焰及等离子体炬等获得,其中电子的温度和气体温度高(6000~10000 K),且几乎相等。冷等离子体主要依靠低压放电获得,包括低强度电弧、辉光放电、射频放电和微波诱导放电等,电子温度较高(10^4 K),而气体的温度相对较低(10^2~10^3 K)。

等离子体合成是利用等离子体的特殊性质进行化学合成的一种技术。热等离子体适用于金属及合金的冶炼,超细、耐高温材料的合成,制备金属超微粒子,用于 NO_2 和 CO 的生产等。

C_2H_2 和 CO 的合成是使用热等离子体合成的最好实例。

在 20 世纪 60 年代,德国的 AVCO 和 Huels 厂分别建立了用煤粉作原料合成乙炔的 1 MW 和 0.5 MW 反应器,英国的 Sheffield 大学也在 1962 年开始了这方面的研究。它们的实践表明,利用 Ar 等离子体喷焰采用程序热解法仅可使 36%的煤中的炭转化为乙炔,改用含有 10%(按体积计)H_2 的 Ar 等离子体喷焰,可使 74%的煤中的炭转化为乙炔。所用的气体总流量为 25 $L\cdot min^{-1}$,输入功率为 15 kW。

由煤合成 CO 的工作也已进行多年,美国 Cardox 公司发表了用等离子体喷焰反应器由 CO_2 和炭粉合成 CO 的研究成果:

$$C(s) + CO_2(g) = 2CO(g)$$

采用从电弧上部往里加炭粉的新工艺,使 CO 的产率得到了很大的提高。使用此装置消耗 26 kW 电,就可以 9000 $L\cdot h^{-1}$的速率生产 CO,即每千瓦时可生产 346 L CO,CO 在所得气体中的平均含量可达 80%~87%。

O_3 有很多工业应用,且还是一种潜在的能源。迄今合成 O_3 的唯一实用方法就是冷等离子体合成法,这也是冷等离子体合成的最好实例。O_3 的理论产量应为 1200 $g\cdot(kW\cdot h)^{-1}$,而实际产量为 30~50 g·(kW·h)$^{-1}$,二者相差很大。其原因主要是在等离子体中既存在形成 O_3 的正反应,也存在 O_3 分解的逆反应。此外,从能量的角度来看,吸热反应 $2O_2 = O_3 + O$ 的热效应虽只为 39.1 kJ·mol^{-1},但 O_2 从基态到允许的激发态最概然跃迁对应能量为 78.2 kJ·mol^{-1},所以,使 O_2 活化的轰击电子能量应至少大于 78.2 kJ·mol^{-1},这也是 O_3 产量远低于理论值的原因。

利用微波产生的冷等离子体(也称微波等离子体)在材料制备上发挥着越来越重要的作用。例如,荷兰 Philips 电气公司率先利用微波等离子体化学气相沉积(MPCVD)法代替传统的高温氢氧火焰加热,成功制成了光导纤维棒,至今它已成为世界上光纤产量最高的厂家。MPCVD 法生产光纤,沉积温度低、沉积速度快、效率高、质量好。制出的光纤,损耗低、频带宽、光学特性好。近年来,MPCVD 法在膜材料和碳纳米管等的制备上应用也较广。例如,用 MPCVD 法制备金刚石薄膜,在石英管中充以适当比例的 CH_4 和 H_2(0.5%和 95%),在 13.33 Pa 的低气压下,用 1 kW 的微波功率激发产生等离子体,数小时后即可在 900 ℃左右的基片上沉积出金刚石薄膜。用此方法日本大阪大学沉积出了直径 70~80 mm 的大面积金刚石薄膜,美国的 Roy 等在 Si 片、MgO、石英玻璃片等多种基片上于低温(365 ℃)、低气压(799.8 Pa)条件下合成了光滑透明的金刚石薄膜。我国在这方面的研究进展也较快。用微波等离子体法合成金刚石薄膜具有设备简单、操作方便、较容易控制反应条件、沉积速度快等特点,但是如何获得附着力强、大面积平滑均匀的金刚石薄膜,降低基片温度,仍是目前研究所面临的一大问题。

3.1.8 光化学反应

太阳能是一种来源丰富且不污染环境的可再生清洁能源。近年来,煤炭、天然气、石油等化石燃料被过度开发和利用,从而带来了一系列环境问题。利用光能来进行化合物合成为化学合成提供了一条绿色清洁道路。光化学合成是通过催化剂或底物吸收紫外光、可见光或红外光,产生激发态分子,从而诱导化学反应发生的合成方法。

光化学反应,又称光化作用,是指在光的作用下,电子从基态跃迁到激发态,此激发态再进行各种各样的光物理和光化学过程。光化学反应的实质是光致电子激发态的化学反应,是原子、分子、自由基或离子吸收光子后所引发的化学反应。光化学和热化学反应的主要区别在于,热化学反应为基态化学反应而光化学反应为激发态化学反应,亦即尽管反应物相同,但发生反应时两者分子中的电子排布不同。

光化学反应的特点包括:

① 在等温等压下,$\Delta_r G_m > 0$;

② 反应温度系数很小,有时升高温度,反应速率反而下降;

③ 反应的平衡常数与光强度有关。

光化学在有机合成中已有半个世纪的历史,利用光化学反应合成出了大量的有机化合物和高分子材料,在此基础上也形成了较完善的光化学反应理论体系。近年来,光化学在无机材料的合成与制备中也逐渐发展起来。例如,贵金属纳米粒子和半导体材料的光化学合成,光催化分解水制氢、光催化 CO_2 还原及光催化降解有机污染物等。

光催化分解水制氢需要在光催化剂(或光敏剂+催化剂)的条件下进行。光催化剂是指在光照下,光催化剂产生光生电子(e^-)和空穴(h^+),合理捕捉和利用光生电子(强还原剂)和空穴(强氧化剂),就可以进行光化学反应,光催化剂中研究和应用最多的就是纳米 TiO_2,但是它只能吸收紫外光(< 387 nm),光生电子和空穴寿命短,所以如何拓展和提高 TiO_2 的光吸收,以及延长光生电子和空穴的寿命,是人们一直以来研究的课题。近期的光催化剂研究已经拓展到敏化、复合、掺杂过程,以及各类半导体材料。例如,2016 年,Domen 等人将 La 和 Rh 共掺杂的产氢光催化剂 $SrTiO_3$($SrTiO_3$: La,Rh)和 Mo 掺杂的水氧化光催化剂 $BiVO_4$($BiVO_4$: Mo)组合,利用金为固态电荷传输体制成了 Z 型光解水催化体系。他们通过退火降低半导体材料和金层的接触电阻,以及利用表面修饰的手段抑制体系的副反应,实现了可见光催化全解水(pH=6.8)制氢,能量转换效率达到 1.1%,且在 419 nm 处的产氢表观量子产率超过 30%。图 3.5 示出 $SrTiO_3$:La, Rh/Au/$BiVO_4$:Mo 全解水产氢示意图。该图纵坐标 E 是复合光催化剂(真空条件下)中各组分导带(CB)和价带(VB),以及金的能级,H^+/H_2 和 O_2/H_2O 电对的能级的能量。可看出由光在导带产生的电子、由光在价带产生的空穴在金层复合,由 $BiVO_4$:Mo 的光生空穴作为氧化剂将水氧化放出氧气,由 $SrTiO_3$:La,Rh 的光生电子将 H^+ 还原为 H_2。

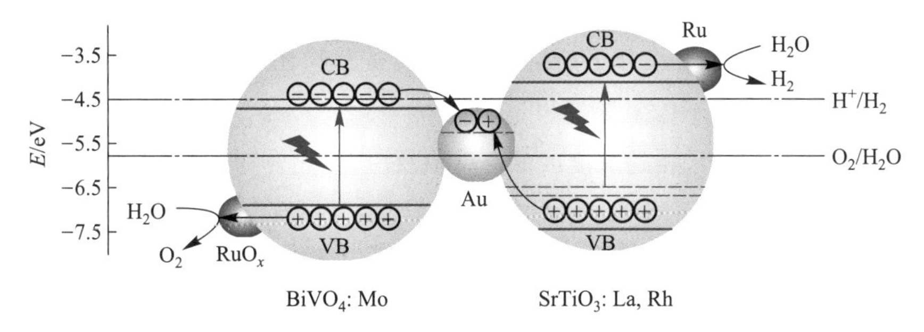

图 3.5 $SrTiO_3$:La, Rh/Au/$BiVO_4$:Mo 全解水产氢示意图

3.2 无机分离技术

合成和分离是两个紧密相连的问题,解决不好分离问题就不能得到预期的合成结果。在无机制备中,原料、设备和环境都可能引进杂质,并且制备反应中常常伴随一些副产物,因此,分离和提纯物质是非常重要的。简单的分离提纯方法有重结晶、蒸馏和沉淀等,这些是大家所熟知的。本节主要介绍溶剂萃取法、离子交换分离法和膜法分离技术。

3.2.1 溶剂萃取法

溶剂萃取法是分离提纯物质的基本方法之一,是指在被分离物质的水溶液中,加入与水互不混溶的有机溶剂,借助于萃取剂的作用,使一种或几种组分进入有机相,而另一些组分仍留在水相,从而达到分离目的的方法。萃取体系的水相和有机相基本不互溶,且有一定的密度差异。

萃取原液中含有被萃物、配体、盐析剂、酸(或碱)及其他杂质等。

被萃物是指原先溶于水相后来被有机相萃取过去的物质,即在萃取过程中需要转移的物质。被萃物与萃取剂结合形成的易溶于有机相的化合物叫做萃合物。

配体分为抑萃配体和助萃配体两种。

抑萃配体是指溶于水,且与被分离金属离子形成溶于水而不溶于有机相的配合物的试剂,它能降低被萃离子的萃取率,故称为抑萃配体,它的加入常能增大两种金属离子间的分离系数,提高萃取分离效果。抑萃配体有时也叫掩蔽剂。如用 TBP(磷酸三丁酯)萃取稀土硝酸盐时,可向水相中加入 EDTA 或氮三乙酸作抑萃配体,它与稀土离子生成 1∶1 的螯合物,这些螯合物含有很多亲水基团,易溶于水,不溶于有机相,因而使萃取率降低。

助萃配体是溶于水,且与被萃离子形成易溶于有机相的配合物的试剂,它能提高被萃离子的萃取率。例如,用 P_{350}(甲基膦酸二甲庚酯)萃取稀土硝酸盐时,NO_3^- 是助萃配体,它与稀土离子生成各级配离子 $[RE(NO_3)_x]^{(3-x)+}$($x=1\sim4$),其中不带电荷的 $RE(NO_3)_3$ 可被萃取,因而适量 NO_3^- 的存在,可以提高萃取率。

盐析剂是溶于水相,不与金属离子配位,本身不被萃取,但能促使萃合物转入有机相的无机盐类。例如,用 TBP 萃取 $UO_2(NO_3)_2$ 时,向水相中加入 $NaClO_4$,其由于水合作用,吸引了一部分自由水分子,使自由水分子的量减少,因而被萃物在水中的浓度相应地增大,有利于萃取。

无机酸(或碱)可控制水相的酸度或参与萃取反应,使化合物能获得较好的分离。

有机相一般由萃取剂、稀释剂和添加剂三部分组成。但有时仅包含萃取剂和稀释剂,甚至只是单一的萃取剂或有机溶剂。

萃取剂是能与被萃物发生化学作用形成易溶于有机相的萃合物的有机试剂。前面提到的 TBP、P_{350}及 N_{235}(三烷基胺)等为液体萃取剂,但在常温下萃取剂也有是固体的,如 N_{263}(氯代三烷基甲胺)、HTTA(噻吩甲酰三氟丙酮)、HOX(8-羟基喹啉),当然这些固体萃取剂总是溶解在某种有机溶剂中之后才能使用。

稀释剂一般是和水难以混溶,且能构成连续有机相的液体。在工业中常用的稀释剂有煤油、重溶剂油、苯、二乙苯、四氯化碳、氯仿等,其中最重要的是煤油。

添加剂是指在有机相中为了增大萃取剂在稀释剂中的溶解度或为了避免产生乳化现象或第三相而加入的试剂。添加剂在萃取过程中,有时也起化学作用,影响萃取分离效果。常用的添加剂是高碳醇类,如仲辛醇等。

破坏有机相中萃合物的结构、生成易溶于水相的化合物(或生成既不溶于有机相也不溶于水相的沉淀),而使被萃物从有机相(萃取液或叫富有机相)转入水相的过程称为反萃取。例如,用碳酸钠水溶液可从含有硝酸铀酰的磷酸三丁酯的萃取液中把铀反萃取到水相。反萃取所得到的水溶液叫做富水相。此时,Na_2CO_3 叫做反萃取剂,含 Na_2CO_3 的水溶液叫做反萃取液,有时纯水可作反萃取液。

富有机相在反萃取前,为了消去机械夹带的或部分萃取的杂质,通常用选定的溶液进行洗涤。这种能洗去富有机相中其他杂质和不使被萃物转入水相的溶液叫做洗涤液。洗涤液可以是纯水、稀酸或稀氨水。

萃取分离后的平衡水相叫做萃余液，一般指经过多次连续萃取后的水相，其中残留的被萃物极少，可弃去或另作其他处理。

在萃取化学中，一般常用萃取分配比(D)、分离系数(β)、相比(R)及萃取率(E)等参数来表示萃取分离的好坏。

萃取分配比(D)是指当萃取体系达到平衡时，被萃物在有机相中的总浓度与在水相中的总浓度之比，表示被萃物在两相中的实际分配情况，D 值越大，说明被萃物越易进入有机相。D 不是一个常数，它随被萃物的浓度、萃取剂的浓度、溶液的酸度、稀释剂的性质、盐析剂的浓度等而改变。

分离系数(β)是指两种被分离的元素在同一萃取体系内，在同样萃取条件下分配比的比值。以 A 表示易萃元素，B 表示难萃元素，则 β 值的大小表示 A、B 两种元素分离效果的好坏，β 值越大，分离效果越好，即萃取剂对某元素的选择性越高。若 $D_A=D_B$，$\beta=1$，说明该萃取剂不能把 A、B 两元素分离。例如，用一种胺类萃取剂萃取稀土元素的硝酸盐时，在一定条件下镧、镱和铥的分配比分别为：$D_{La}=15.96$、$D_{Yb}=0.25$、$D_{Tm}=0.24$。则它们之间的分离系数分别为：$\beta_{La/Yb}=D_{La}/D_{Yb}=63.8$、$\beta_{La/Tm}=D_{La}/D_{Tm}=66.5$、$\beta_{Yb/Tm}=D_{Yb}/D_{Tm}=1.04$，这说明在这个萃取体系中，镧和镱、铥两元素能得到较好的分离，而镱和铥则不能得到分离。

相比(R)是指在一个萃取体系中，有机相和水相体积之比，即 $R=V_{有}/V_{水}$。

在生产上，还往往用萃取率(E)来表示一萃取剂对某物的萃取能力，计算萃取的效果。E 是萃入有机相物质的量与物质在萃取前原始水溶液中物质总量的百分数：

$$E=\frac{\text{被萃物在有机相中的量}}{\text{被萃物在萃取前原始水溶液中的总量}}\times 100\%$$

不难推出，$E=[D/(D+1/R)]\times 100\%$，如果相比 $R=1$，则 $E=[D/(D+1)]\times 100\%$。可见，被萃物的萃取分配比 D 越高，$V_{有}/V_{水}$ 越小，则萃取率越高，萃取效果越好。

萃取剂的种类很多，且还在不断增添，常用的萃取剂有 TBP、MIBK(甲基异丁基酮)、N_{263}、HTTA、P_{204}[二(2-乙基己基)磷酸酯]等。

根据萃取剂的性质和萃取机理及萃取过程中生成萃合物的性质可以将萃取体系分为六大类(表 3.2)。

表 3.2 萃取体系分类

名称	特点	举例	按萃取剂种类数目的分类
简单分子萃取体系	① 在水相和有机相中，被萃物都以分子形式存在 ② 溶剂和被萃物之间没有化学反应发生，一般也不外加萃取剂	$I_2/H_2O/CCl_4$	零元萃取体系(物理分配)
中性配位萃取体系	① 被萃物是以中性分子形式被萃取的 ② 萃取剂及生成的萃合物也是中性的	$Zr^{4+}/HNO_3-NaNO_3/$ $TBP-C_6H_6$	单元萃取体系

续表

名称	特点	举例	按萃取剂种类数目的分类
螯合萃取体系	① 萃取剂一般都是弱酸(HA 或 H_2A) ② 在水相中被萃金属离子以阳离子 M^{n+} 或能解离为 M^{n+} 的配阴离子 $ML_x^{(xb-n)-}$ 的形式存在(b 为 L 所带的电荷数) ③ 生成的萃合物以 MA_n 或 $M(HA)_n$ 等中性形式存在 ④ 萃取机理是阳离子交换	Sc^{3+}/H_2O (pH=4~5)/ HOX-$CHCl_3$	单元萃取体系
离子缔合萃取体系	金属离子是以配阴离子与质子化的萃取剂以离子缔合体被萃取,或者以金属阳离子与中性萃取剂形成的配阳离子再与 ClO_4^- 等阴离子形成的离子缔合体被萃取	$Fe^{3+}/HCl/R_2O$	单元萃取体系
协同萃取体系	两种或两种以上萃取剂的混合物同时萃取某一金属离子或其化合物的分配比显著大于每一种萃取剂在相同浓度和条件下单独使用时分配比之和	RE^{3+}/HNO_3-$NaNO_3$/ HTTA-TBP(C_6H_6)	二元萃取体系
高温萃取体系	包括熔融盐萃取、熔融金属萃取和高温有机溶剂萃取	$RE(NO_3)_3/LiNO_3$-KNO_3 (熔融)/TBP-多联苯 (150 ℃)	单元萃取体系

利用 P_{204} 对稀土元素的萃取能力随原子序数增大而单调递增的性质及同价态不同稀土离子的分配比的对数值 lg$D$ 与 lg$c(H^+)$ 的关系曲线形状相同而相对位置不同的性质可以对稀土进行萃取分组,见图 3.6 所示。

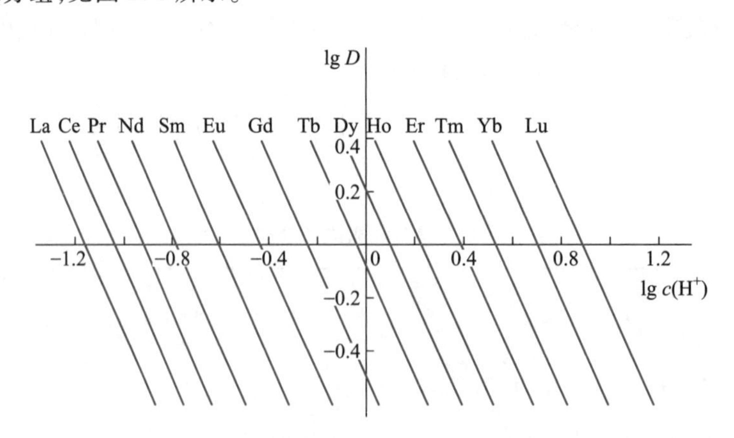

图 3.6 P_{204} 萃取各稀土元素时 lg$D$ 与 lg$c(H^+)$ 的关系

由图 3.6 可见,在同一水相酸度下,各稀土元素的分配比的对数值 lg$D$ 差别较大,即在某一酸度下,有些稀土元素易被萃取,而另一些则不易被萃取,在图上可以找到每种稀土元

素的分配比 $D=1(\lg D=0)$ 时的水相酸度。例如,当 $D_{Sm}=1$ 时,$\lg c(H^+)=-0.6$,即 $c(H^+)=0.25\ mol\cdot L^{-1}$,此时,凡原子序数比 Sm 小的轻稀土元素的 D 值均小于 1,因而在水相中富集,而原子序数比 Sm 大的中稀土和重稀土元素的 D 值均大于 1,优先被萃取而在有机相中富集。因此,通过控制水相酸度可以达到轻稀土与中、重稀土分离的目的。若将分离切割线选在 Tb 处,水相酸度应控制在 $\lg c(H^+)=-0.08$,即 $c(H^+)=0.83\ mol\cdot L^{-1}$,这时可以进一步把中、重稀土分成两组。应当指出,欲使稀土元素按所规定的切割线两侧较完全地分离开来,除严格控制酸度外,还必须与其他因素相互配合。例如,两相流量比、总级数、有机相 P_{204} 的浓度等也要严格控制。

个别稀土元素如铈、铕可以利用价态变化的特殊性进行分离。

图 3.7 示出用 TBP 萃取分离铀、钍和稀土元素的工艺流程。

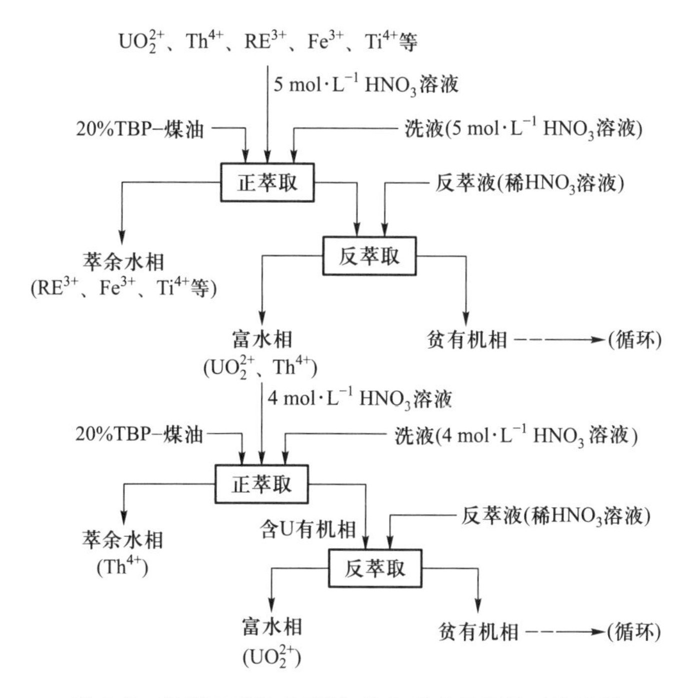

图 3.7 用 TBP 萃取分离铀、钍和稀土元素的工艺流程

3.2.2 离子交换分离法

离子交换分离法是目前最重要和应用最广泛的化学分离方法之一,是应用离子交换剂进行物质分离的一种现代操作技术。就其适用的对象而言,该法不仅可以用来分离几乎所有的无机离子,同时也能用于分离许多结构复杂、性质相似的有机化合物。就其适用的规模而言,该法不仅能适应工业生产中大规模的分离要求,而且也可以用于实验室超微量物质的分离。迄今为止,或从自然界,或通过人工合成,已经找到了许多可以作为离子交换剂的物质。按其性质可以将这些离子交换剂分为两大类:一类为无机化合物,称为无机离子交换剂,自然界中存在的黏土、沸石、人工制备的某些金属氧化物或难溶盐类,都属这一类;另一大类是有机化合物,称为有机离子交换剂,其中应用最为广泛的离子交换树脂就是人工合成

的带有离子交换功能基团的有机高分子聚合物。

离子交换树脂不溶于一般的酸、碱及乙醇、丙酮和烃等有机溶剂，结构上属于既不溶解、也不熔融的多孔性海绵状固体高分子物质。每个树脂颗粒都由交联的具有三维空间立体结构的网络骨架构成，在骨架上连接有许多能解离出离子的功能基团。外来离子可以同这些离子进行交换，所以叫做可交换离子。在再生的条件下，这种可交换离子又可以将外来离子换出。人们通过创造适宜条件，如改变浓度差、利用亲和力差别等控制树脂上的这种可交换离子，使它与相接近的同类型离子进行反复交换，达到不同的使用目的，如浓缩、分离、提纯、净化等。

离子交换树脂大致可分为阳离子交换树脂、阴离子交换树脂、螯合型离子交换树脂、萃淋树脂等几大类。离子交换树脂的骨架，最常用的有苯乙烯-二乙烯苯共聚物，甲基丙烯酸与二乙烯苯反应得到的含有羧基的树脂，酚醛树脂，乙烯吡啶系、环氧系、脲醛系、氯乙烯系树脂等。按照基体内网孔的大小，可将离子交换树脂分为微网树脂和大网树脂两大类。微网树脂是凝胶型树脂，它在整个树脂的基体内都布满了较细的网孔，通常其网孔的大小为 2000~4000 pm。大网树脂也称大孔树脂，孔径可达 20000~100000 pm。基体内网孔的大小对树脂的许多物理化学性质都有影响，大网树脂可吸附比较大的离子或分子，其离子交换动力学性质比较好，应用已日趋广泛。

阳离子交换树脂的功能基团都是一些酸性基团，最常见的一些阳离子交换功能基团有

强酸性基团：$—SO_3H$；

弱酸性基团：$—CO_2H$；

中等酸性基团：$—PO_3H_2$，$—AsO_3H_2$。

据此，阳离子交换树脂还可以按其酸性强弱区分为强酸性树脂、弱酸性树脂和中等强度酸性树脂。在溶液中，这些交换功能基团中的氢可以与其他阳离子发生交换反应。例如：

$$R—SO_3H + Na^+ \longrightarrow R—SO_3Na + H^+$$

式中 R 代表树脂的骨架。

阴离子交换树脂所带的功能基团都是一些碱性基团，其中常见的有

强碱性基团：$—CH_2—\overset{+}{N}(CH_3)_3$，$—\underset{\displaystyle C_2H_4OH}{\underset{|}{CH}}—\overset{+}{N}(CH_3)_3$，（N-甲基吡啶鎓基，$N^+—CH_3$）；

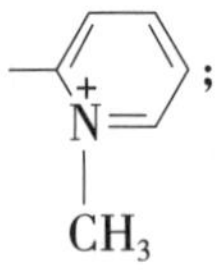

弱碱性基团：（4-甲基吡啶鎓基，$N^+—H$，环上带 CH_3）。

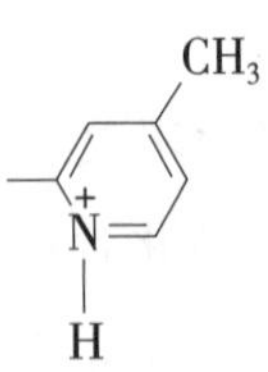

据此，阴离子交换树脂也可按其碱性强弱区分为强碱性树脂和弱碱性树脂等。

以稀土元素的分离为例。首先将除去了 Ce 以后的混合稀土溶液吸附于苯乙烯强酸性铵型阳离子交换柱上（之所以使用铵型柱而不用氢型柱，是因为 EDTA 在酸性介质中会析出沉淀，堵塞树脂柱）。这一过程是+3 价 RE^{3+}将+1 价 NH_4^+ 顶替下来。淋洗所用的配体为多元酸，

如乙二胺四乙酸(H_4EDTA,表示为 H_4Y)、柠檬酸等。RE^{3+} 与 H_4Y 形成的配合物的稳定常数 $K^{\ominus}_{稳}$ 有很大差别,RE^{3+} 的半径越小生成的配合物越稳定。为了增加 RE^{3+} 的交换次数,在实践中常采用 Cu^{2+} 型柱作为分离柱。Cu^{2+} 与 H_4Y 能形成比 RE^{3+} 更稳定的配合物,当 RE^{3+} 的配合物溶液与 Cu^{2+} 型树脂接触时,RE^{3+} 便为 Cu^{2+} 所置换,失去配体的 RE^{3+} 再被树脂吸附。这种置换作用遵循着 RE^{3+} 配合物的稳定顺序而发生。控制 H_4Y 淋洗液 pH=8,此时,虽然 NH_4^+ 占显著的优势,但仍存在一定数量的 H^+(因而淋洗剂可视为$(NH_4)_3HY$ 盐),由于交换能力 $NH_4^+ > H^+$,所以,进入流出液中的稀土配合物主要是含氢离子的配合物($H[REY]$),而不是含铵的配合物($NH_4^+[REY]$)。交换的结果为,溶液 pH 由 8 降为 2~3。所以,在柱上的交换反应存在以下平衡:

$$R_3RE + (NH_4)_3HY\ (淋洗液) \rightleftharpoons 3RNH_4 + H[REY]$$

$$2R_2Cu + H[REY] \rightleftharpoons Cu[CuY] + RH + R_3RE$$

$$2R_2Cu + NH_4[REY] \rightleftharpoons Cu[CuY] + RNH_4 + R_3RE$$

在 Cu^{2+}/H^+ 柱中存在一定数量的 H^+ 对分离是必要的,因为稀土配合物自身有下列转化反应:

$$4H[REY] \rightleftharpoons H_4Y + RE[REY]_3$$

在配合物 $RE[REY]_3$ 外界中的 RE^{3+} 要比 $NH_4[REY]$ 内界中的 RE^{3+} 易于与树脂交换而被吸附在树脂上,当 Cu^{2+} 柱中还有 Cu^{2+} 时,进入溶液中的就只有 Cu^{2+},而 RE^{3+} 仍被吸附在树脂上,因此,Cu^{2+} 成为 RE^{3+} 沿柱移动的“减速剂”,这有助于平衡的建立。最后按照强弱置换、吸附、解吸的原理,经无数次反复的交换,使 RE^{3+} 依重稀土到 La^{3+} 的顺序自下而上排成色层,继续淋洗,则 RE^{3+} 依顺序而下,从而得以富集分离。

淋洗剂的解离度和淋洗液的 pH 关系很大。若 pH 太高,则 H_4Y 都形成$(NH_4)_4Y$ 溶液,即生成很多酸根阴离子(Y^{4-}),使所有 RE^{3+} 成为稳定的配合物 $NH_4[REY]$ 而一起被淋洗下来,达不到分离的目的。若 pH 太低,则或使配体沉淀,或因生成 H_4Y 使配位能力过弱,各离子都留在柱上,洗不下来。因此,需要适当的 pH 范围。合适的 pH 取决于配体的配位能力和配体的浓度。配体的配位能力越强、浓度越高,所需的 pH 就越小,反之则越大。例如,用柠檬酸作淋洗剂时,5%溶液需 pH 2.7~3,1%溶液需 pH 4~4.5,0.1%溶液需 pH 6~8。若换用 H_4Y 作淋洗配体,则相应的 pH 可更高,1%溶液需 pH 7.5~8.6,0.44%溶液需 pH 8.0~8.5。

下面三个例子是用离子交换技术制备高纯物质的实例。

制备高纯 CsCl 我国某厂在制备高纯 CsCl 过程中为去除 CsCl 中的碱金属等杂质,曾将含杂质的 CsCl 溶液吸附在强酸性阳离子交换柱上,然后用 4 mol · L^{-1} 高纯 HCl 溶液淋洗。这样,半径比 Cs^+ 小的碱金属离子首先被淋洗下来,而 Cs^+ 则被最后淋洗,从而依 $Na^+ \rightarrow K^+ \rightarrow Rb^+ \rightarrow Cs^+$ 的顺序淋出,可制得高纯的 CsCl。

金属氧化物的提纯 为了从 MoO_3 和 WO_3 中除去痕量金属杂质,可把它们分别转变成钼酸铵或钨酸铵溶液,并在 pH=9 时,用螯合型交换剂(亚氨基二醋酸树脂 IDE-Cnelonite 或 Wofatlt YZO)处理此溶液,所有痕量重金属阳离子杂质都可被除去。此时,树脂上的羧基和亚氨基与杂质重金属离子配位留在柱上。经交换净化后得到的钼酸铵或钨酸铵分别在 80~500 ℃煅烧可得纯的 MoO_3 或 WO_3。

制备高纯金属硒　将粗制的硒溶解在计算量的纯 HNO_3 中，滤液用去离子水稀释并调至 pH=5.5，然后通过聚烃基亚胺 Wofatlt L150(OH 型)柱，再用 $NH_3 \cdot H_2O$ 或 NaOH 溶液淋洗，流出液经酸化后，继续通过聚苯乙烯强酸性 Wofatlt KPS200 或聚苯乙烯强酸性 Zerolit 225(H 型)树脂柱，流出液(除去了 Te、Hg、Pb、Sb、Sn、Cu、Zn、Ca、Bi 等杂质)用 HCl 溶液酸化，再用 SO_2 处理，并洗涤沉淀、干燥、压碎成纯的硒粉。

3.2.3　膜法分离技术

膜是指在一种流体相内或是在两种流体相之间有一层薄的凝聚物物质，它把流体相分隔为互不相通的两部分，但这两部分之间能产生传质作用。膜可以是固体的，也可以是液体的。被膜分隔的流体相可以呈液态，也可以呈气态。

膜具有两个明显的特征：其一，不管膜有多薄，它必须有两个界面，通过两个界面分别与两侧的流体相接触；其二，膜应有选择透过性，可以使流体相中的一种或几种物质透过，而不允许其他物质透过。

膜是膜分离技术的关键，根据膜的功能和结构特征可分为反渗透膜、超过滤膜、微孔膜、离子交换膜、气体分离膜、液态膜、蒸馏膜、生物酶膜、渐放膜(控制释放膜)和压渗析膜等。

在液相中，膜能使溶剂(如常见的水)透过的现象通常称为渗透，膜能使溶质透过的现象通常称为渗析。利用膜的选择透过性进行分离或浓缩的方法称为膜法分离技术。要实现此法分离物质必须要有能量作为推动力，根据所给予能量的不同形式，膜法分离也就有了不同的名称，如表 3.3 所示。其中最常用的技术是电渗析、反渗透、超过滤，其次是微滤和自然渗析。

表 3.3　膜法分离推动力与膜法分离技术名称

能量形式	推动力	膜法分离技术名称	
		渗析	渗透
力学能	压力差	压渗析	反渗透、超过滤、微滤
电能	电势差	电渗析	电渗透
化学能	浓度差	自然渗析	自然渗透
热能	温度差	热渗析	热渗透、膜蒸馏

膜法分离技术具有在分离浓缩过程中，不发生化学反应和相变化，仅使物质分离和纯化，不改变它们原有的属性；不需要从外界加进其他物质；当一种物质得到分离，另一些(或种)物质则被浓缩，分离与浓缩可以同时进行；膜分离可以在常温下进行，从而不损坏对热敏感和对热不稳定的物质等特点。此外，膜分离工艺耗能少，适应性强，处理规模可大可小，操作及维护方便，易于实现自动化控制。

下面以反渗透原理和电渗析原理说明膜法分离技术的应用。

(1) 反渗透技术及应用

图 3.8 示出一个水槽,被一张半透膜隔为彼此不通的两部分。左侧放置有纯水,右侧装有废水。根据热力学原理,纯水的化学势高于废水的化学势,因此纯水通过半透膜向废水方向渗透[图 3.8(a)]。渗透的结果,使槽内右侧的废水液面不断上升,直到膜两侧的液面压差为 Π 时为止[图 3.8(b)]。此时两侧液体能量相同,维持动态平衡,这种现象称为正渗透。膜两侧的液面压差 Π 称为渗透压。

当在槽的废水侧施加一个压力 p,使 $p>\Pi$,此时废水中的水分子将通过具有选择性的半透膜(溶质被截留)向纯水一侧渗透,这种现象称为反渗透[图 3.8(c)]。

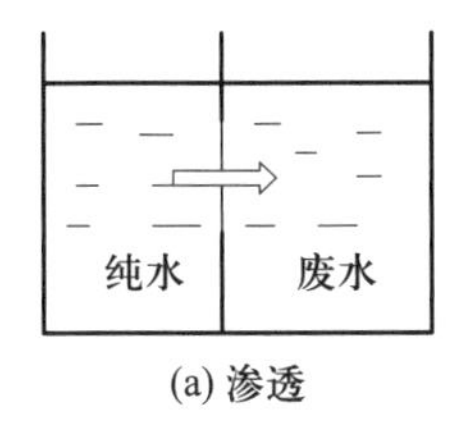

(a) 渗透

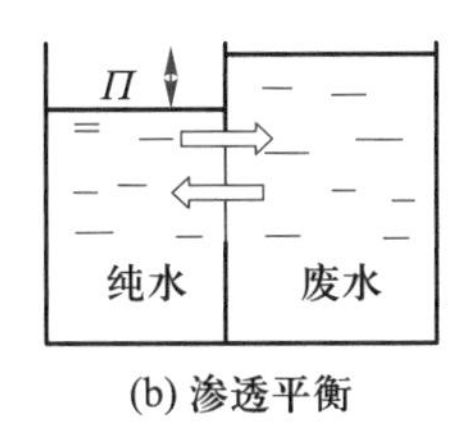

(b) 渗透平衡

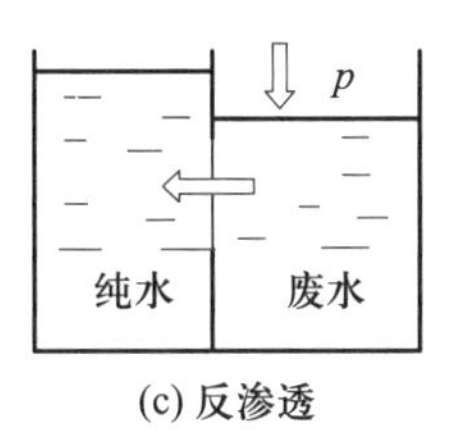

(c) 反渗透

图 3.8 反渗透原理

海水淡化、废水净化就是依据反渗透原理实现的。海水的含盐量一般在 35~36 mg·L^{-1},其渗透压约为 2.4 MPa。其淡化途径可分为一级脱盐和二级脱盐,所谓一级脱盐是指海水经泵一次加压通过反渗透装置处理,通常泵的操作压力设计为 5.6~10 MPa。一级脱盐要求膜的脱盐率要在 90%以上,透过水的含盐量降低到 4 mg·L^{-1}以下。一级脱盐的优点是操作较简单,但要求膜要有较高的耐压能力,需要有高强度的配管、水泵及其附件,且淡水的回收率一般不超过 30%。二级脱盐是指海水经泵二次加压,操作压力只需 4.0~5.6 MPa 即可。二级透过水的含盐量可降低到 0.5 mg·L^{-1}以下。二级脱盐的优点是运行较稳定,操作压力较低,淡水回收率高。

(2) 电渗析技术及其应用

使溶质透过膜的现象称为"渗析"。在电场的作用下,溶液中的离子透过膜进行的迁移可以称为"电渗析"。然而,通常所称的电渗析是指使用具有选择透过性能的离子交换膜进行的电渗析。在电解质溶液中,阳离子交换膜(简称阳膜)允许阳离子透过而排斥阻挡阴离子,而阴离子交换膜(简称阴膜)则只允许阴离子透过而排斥阻挡阳离子,这是离子交换膜的选择透过作用。在电渗析过程中,膜的作用并不仅是像离子交换膜那样对电解质溶液中的某种离子起交换作用,而是对不同电性的离子起选择透过的作用,因而这时的离子交换膜实际上应称为电性离子选择性透过膜。

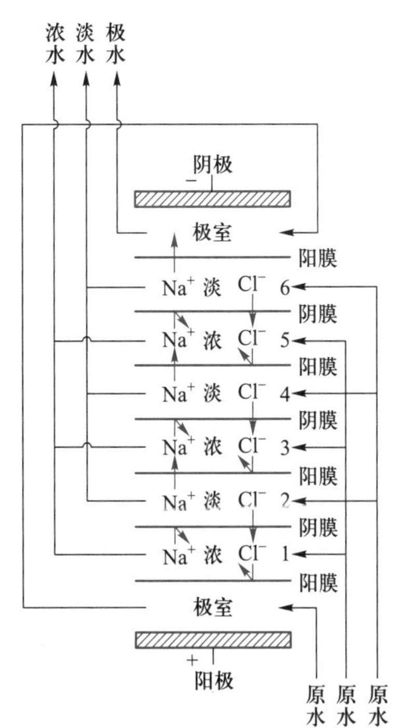

图 3.9 电渗析原理

电渗析的原理示意见图 3.9。

以 NaCl 的水溶液为例。在阳极和阴极之间,阳膜与阴膜交替排列，在相邻的阳膜与阴膜之间形成隔室，其中充满浓度相同的 NaCl 水溶液。通直流电之后，离子定向迁移。带正电荷的 Na^+ 向阴极迁移，带负电荷的 Cl^- 向阳极迁移。由于离子交换膜的电性选择透过性使 2、4、6 隔室中的离子透过膜，迁移到 1、3、5 隔室中去。结果，2、4、6 隔室中的离子数量减少，含盐水被淡化，而 1、3、5 隔室中的离子数量增多，水溶液的浓度增加。

由电极和膜组成的隔室称为极室。极室中发生的电化学反应与普通的电极反应相同。阳极室内发生氧化反应，阴极室内发生还原反应。

现代科学技术和工业需要大量使用接近理论纯水的高纯度水，目前普遍采用离子交换法来制备。然而，离子交换树脂工作一定时间后需要再生，要消耗大量的再生试剂。不过，由电渗析除盐后水的电阻率最高为 $2\times10^5\ \Omega\cdot cm$，无法直接制取水的电阻率在 $5\times10^6\ \Omega\cdot cm$ 以上的高纯度水。为此提出电渗析-离子交换除盐的联合工艺，简称 ED-DI 工艺。电渗析作为离子交换法的前处理，发挥电渗析能量消耗低、不使用酸和碱、无污染、制水成本低等优点，尽量减轻离子交换的负担。也可以认为电渗析是粗加工，离子交换是精加工。由于电渗析的除盐，使离子交换再生剂消耗量大幅度降低，节约了能源，同时也大幅度减少了废液中酸、碱、盐的排放。

3.3　表征技术

对一种制得的新化合物，通过各种手段对其进行结构、性能表征是非常重要的，常用的方法有 X 射线衍射法、紫外-可见光谱法、红外光谱法、拉曼光谱法、氢核磁共振波谱法、电子顺磁共振波谱法、X 射线光电子能谱法、热分析技术、透射电子显微镜技术和扫描电子显微镜技术等。

3.3.1　X 射线衍射法

X 射线是波长在 0.1～10 nm 的电子辐射，处于 γ 射线区和紫外光区之间的电磁波谱区，当高能带电粒子（如被 30 kV 高压加速的电子）碰撞金属靶时，由于入射电子有足够的能量，使靶金属原子的内层电子激发电离，被轰出电子层，在内层形成空穴，该空穴会立即被较高能级电子层上的电子回跃填充，所释放的能量表现为 X 辐射。对于 Cu 靶，它的 2p→1s 的跃迁波长为 0.15418 nm，称作 CuK_α。作为 X 射线产生的靶金属，除了 Cu 之外，还有 Cr、Fe、Mo、Ag 等，它们的跃迁波长各不相同。可根据样品的不同而选用不同的靶金属。

当一束单色 X 射线照射到晶体时，会受到晶体中原子的散射，而散射波就像从原子中心发出，每个原子中心发出的散射波类似于球面波，由于原子在晶体中是周期排列的，这些散射球面波之间存在固定的相位关系，会导致在某些散射方向的球面波相互加强，而在某些方向上相互抵消，从而出现衍射现象，这就是 X 射线衍射（X-ray diffraction，XRD）的基本原理。

一束波长为 λ 的单色 X 射线照射晶体时观察到的衍射遵从 Bragg 方程：

$$2d\sin\theta = n\lambda \tag{3.1}$$

式中，d 是晶面间距；θ 为入射 X 射线与晶面的夹角，称为 Bragg 角；n 为衍射级数。因 λ 已知，θ 可以测得，利用式(3.1)可以计算各组晶面的 d 值。

原子或离子散射 X 射线的能力与其电子数成正比，而测得的衍射强度正比于该数值的平方。衍射图案是晶体化合物中原子位置和原子类型(依原子中电子数的不同而不同)特征的反映，X 射线衍射角和衍射强度的测量提供了结构方面的信息。由于原子的散射能力与电子数目有关，X 射线衍射法对化合物中原子都很敏感。例如，$NaNO_3$ 的 X 射线衍射显示，三种原子(所含的电子数几乎相同)的散射能力接近，而 $Pb(OH)_2$ 的散射和结构信息则主要是由铅原子决定的。

X 射线衍射法通常分为粉末法和单晶法。

粉末法应用于多晶粉末样品，当一束单色 X 射线照到样品上时，在理想情况下，样品中晶体按各种可能的取向随机排列，各种点阵面也以各种可能的取向存在，对每套点阵面，至少有一些晶体的取向与入射束成 Bragg 角，于是这些晶体面发生衍射。粉末法的重要用途是对化合物进行晶相鉴定，同时也可以定量和做结构分析。每种晶相都有其固有的特征粉末衍射图，它们像人们的指纹一样，可用于对晶相的鉴定。国际衍射数据中心(ICDD)目前已收集了 70 多万种化合物的粉末衍射数据。粉末 X 射线衍射法通常用于研究固态结构中相的形成和变化。例如，某一金属氧化物的合成是否成功，可将采集到的粉末衍射图与该氧化物单一纯相的衍射数据进行比较得到验证。实际上，在反应物被消耗的同时对产物相的形成进行观测，可以监控化学反应的进程。

单晶法的对象是单晶样品，主要应用于测定晶体结构，可以获得单胞和空间群等结构信息，给出晶胞中所有非氢原子的坐标、热振动参数及键长、键角等数据。所用仪器为 X 射线单晶衍射仪，包括恒定波长的 X 射线源，安放样品单晶的支架和 X 射线检测器。检测器和晶体样品的转动由计算机控制，晶体相对于入射 X 射线取某些方向时以特定角度发生衍射，衍射强度由衍射束方向上的检测器测量并被记录、存储。根据晶体及其结构不同设置数据采集策略，通常至少需要收集 1000 个以上的衍射的强度和方向的数据，通过直接法程序或者根据衍射数据提供的信息结合原子排布的知识选定一种尝试结构，通过原子位置的系统位移对尝试结构模型进行调整，直到计算的 X 射线衍射强度与观测值相符合。图 3.10 给出了用 X 射线单晶衍射仪测得的 $Cu(7-碘-8-羟基喹啉)_2$ 分子的晶体结构图。图中清楚地显示了各原子间的连接方式。

3.3.2 紫外-可见光谱法

紫外-可见光谱法(ultraviolet-visible spectroscopy)是在光谱的紫外光区和可见光区(波长 200~800 nm)观察电磁辐射吸收的方法。因为吸收的能量被用来将电子激发到更高的能级，所以也叫电子光谱法(electronic spectroscopy)。紫外-可见光谱法是研究无机化合物及其反应使用最广泛的技术。

紫外-可见光谱法测定的样品通常是溶液，但也可以是气体或固体。气体或液体放置在一个由透光材料(如石英)制作的小器皿(比色皿)中。入射光束通常被分成两部分，一部分

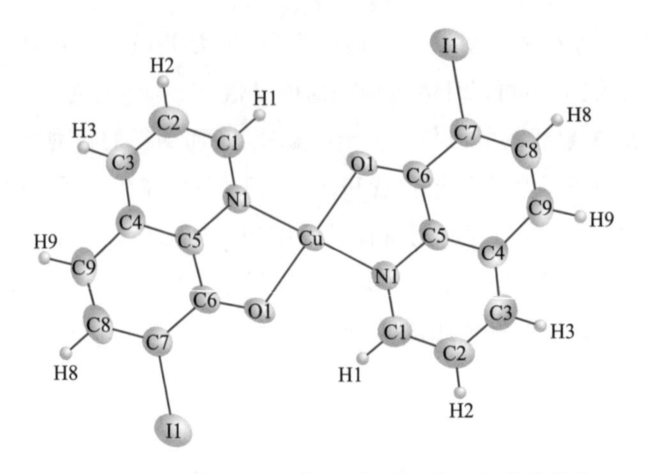

图 3.10　配合物 Cu(7-碘-8-羟基喹啉)$_2$ 的晶体结构

穿过样品,而另一部分穿过同样器皿但不含样品的空白。穿过器皿的光束在检测器进行对比,进而得到作为波长函数的光吸收。传统分光计通过改变衍射光栅的角度扫描入射光束的波长,但现在更常见的方法是通过二极管阵列一次记录整个频谱。对固体样品而言,从样品反射的紫外-可见光的强度比透过固体的光更易测量,从入射光强度减去反射光强度可得到吸收光谱。

吸收强度以吸光度(A)的形式进行测量,A 定义为

$$A = \lg(I_0/I) \tag{3.2}$$

式中,I_0为入射光强度,I 为通过样品后所测得的强度。

经验上的 Lambert-Beer 定律将吸光度、光路长度(L)和吸光物质 J 的物质的量浓度(c_J)相关联:

$$A = \kappa L c_J \tag{3.3}$$

式中,κ 是摩尔吸收系数,也叫消光系数。κ 值的变化范围很大:最大值可大于$10^5\ dm^3 \cdot mol^{-1} \cdot cm^{-1}$(完全的允许跃迁,如从原子的 3d 轨道能级转移至 4p 轨道能级),最小值可小于 $1\ dm^3 \cdot mol^{-1} \cdot cm^{-1}$(对"禁阻"的原子跃迁)。

利用紫外-可见光谱可以研究过渡金属配合物的电子跃迁、荷移吸收和配体内电子跃迁,因而能够应用于金属配合物的鉴定。图 3.11 示出$[Ti(H_2O_6)]^{3+}$ 的紫外-可见光谱图。可计算其最大吸收峰较宽,相当于 Ti^{3+}的 d 轨道能级分裂值 Δ_o。从吸收光的波长可以推断化合物的能级,包括配体环境对 d 金属原子的影响。所涉及的跃迁类型往往可从 κ 值作出推断。吸光度与浓度之间的正比关系为一些依赖于浓度的性质(如平衡状态的组成和反应速率)提供了测量方法。

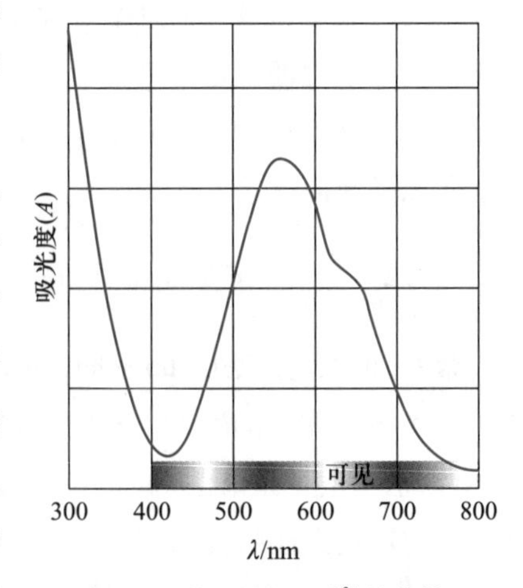

图 3.11　$[Ti(H_2O_6)]^{3+}$的紫外-可见光谱图

3.3.3 红外光谱法

红外光谱法(infrared spectroscopy)是一种根据分子内部原子间的相对振动和分子转动等信息来确定物质分子结构和鉴别化合物的分析方法,也称为分子振动转动光谱。

通常将红外光谱分为三个区域:近红外光区(4000~14000 cm^{-1})、中红外光区(400~4000 cm^{-1})和远红外光区(10~400 cm^{-1})。由于绝大多数有机物和无机物的基频吸收带都出现在中红外光区,因此中红外区是研究和应用最多的区域,通常所说的红外光谱即指中红外光谱。

当一束具有连续波长的红外光照射物质,物质分子中某个基团的振动频率或转动频率和红外光的频率一样时,分子就吸收能量由原来的基态振(转)动能级跃迁到能量较高的振(转)动能级,分子吸收红外辐射后发生振动和转动能级的跃迁,该处波长的光就被物质吸收。因此,可将分子吸收红外光的情况用仪器记录下来,这就是红外光谱图。红外光谱图通常用波长(λ)或波数(σ)为横坐标,表示吸收峰的位置,用透光率(T)或吸光度(A)为纵坐标,表示吸收强度。

一种振动并不一定必须伴随有红外吸收谱带的产生,只有当振动能引起分子内电荷分布发生变化时,即只有偶极矩发生变化的振动才能引起可观测的红外吸收,这种振动称为红外活性振动。偶极矩等于零的分子振动不能产生红外吸收,称为红外非活性振动。

一个由质量分别为 m 和 m'原子组成的双原子分子,其伸缩频率 ν 可用下列方程表示:

$$\nu = \frac{1}{2\pi c}\sqrt{\frac{f(m+m')}{mm'}} \tag{3.4}$$

式中,c 是光速,f 是力常数(表征键的强度或键级)。大分子中的 X—H 键和多重键的伸缩频率也可用此式近似表示。可见,键强度和成键原子的质量决定了谱带位置。键强度越大,质量越小,则这条键的吸收频率越高,也就是说该键的振动需要较大能量。如果成键原子的质量相同,则键级越高的键,吸收频率越高,如从 C—C、C═C 到 C≡N,键的伸缩频率以 700~1500 cm^{-1}、1600~1800 cm^{-1}、2000~2500 cm^{-1}的顺序增加(图 3.12)。而 O—H 键的伸缩振动在 3600 cm^{-1},O—D 键的降到 2630 cm^{-1}。显然,这是由于连接的原子越重,则频率越低。

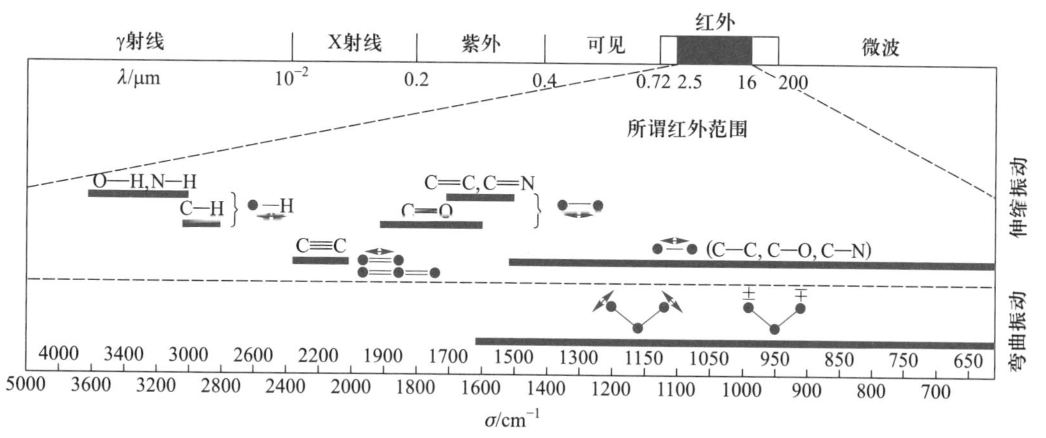

图 3.12 各种键的伸缩和弯曲振动范围

虽然分子中各个键的振动频率受整个分子环境的影响,但有些键却具有较为固有的特征。如多重键比单键键强;X—H类型(N—H,O—H,C—H等)的键有特别轻的末端氢原子,其振动受分子其余部分的影响较少。因此,这些键的伸缩频率总在一定的区域出现,通常是在3600~1500 cm^{-1}范围内(图3.12)。一般地,由于单键具有相同数量级的键强度,而且,这些键常常连续连接,如C—C—C—O,因而能产生较强的相互作用,使得谱带出现的范围较宽。C—C、C—O、C—N、C—X等单键的伸缩振动谱带和各种键的弯曲振动谱带通常出现在1600 cm^{-1}以下的区域。C═O伸缩频率出现在2000~1500 cm^{-1},其范围反映了环境的差别。仅由碳和氢原子构成的烃类的谱带是弱的,而由电负性差异较大的原子形成的键,如C—N、C—O单键和C═O、C≡N等多重键所产生的谱带通常是较强的。尽管各类单键的弯曲振动频率和伸缩振动频率常出现在同一区域,但由于C—O键和C—N的谱带较C—C键的谱带强,所以对C—O键和C—N键的鉴定还是比较容易的。低于1300 cm^{-1}的红外光谱频率区域称为指纹区。在指纹区,每一化合物均具有它自己的特殊图形。但如利用指纹区来鉴定化合物,仍应谨慎,因为不同化合物可以有非常相似的谱图,而同一化合物又可能由于样品制作条件、多晶现象等不同而得到不同的谱图。

凡属于某一基团所特有、且有较高强度的吸收谱带,能用于该基团的鉴定的频率称为特征频率或特征吸收谱带。目前已经收集了大量的这样的谱带数据。

虽然红外光谱法的最大用途在于研究有机化合物,但是对于多种其他化合物,包括配位化合物,也是很有用的。在配位化合物中许多配体是有机化合物,它们能产生红外吸收,除此之外,许多其他配体也能产生红外谱峰,如硝基(—NO_2)就是一个例子。此外,配体的红外振动光谱在形成配合物后会发生较明显的变化,一般是在配位后基团的振动吸收会向低波数方向移动,因此,比较自由配体与配合物的红外光谱,就可以获得许多关于配位作用和配合物结构方面的信息。

红外光谱对金属配位化合物的另一种有趣的应用是区别给定配合物的顺、反异构体。顺、反异构体的红外光谱虽然有许多类似性,但也有细微差别。颇为常见的情况是对称性较低的顺式异构体的谱图比反式异构体的谱图复杂,有较多的谱峰。

此外,在一个金属配合物中甚至一个配体以不同原子与中心金属离子相连接时,都可以在红外光谱中引起变化。典型的例子是二氯化一亚硝酸根·五氨合钴(Ⅲ),它有两种键合异构体:$[Co(NH_3)_5(NO_2)]Cl_2$,其中的亚硝酸根离子通过氮原子与钴离子配位;而$[Co(NH_3)_5(ONO)]Cl_2$,其中的亚硝酸根离子通过它的一个氧原子与钴离子配位。

3.3.4　拉曼光谱法

拉曼光谱分析法是基于印度科学家Raman所发现的拉曼散射效应,对与入射光频率不同的散射光谱进行分析以得到分子振动、转动方面信息,并应用于分子结构研究的一种分析方法。

在现代无机化合物的研究中,人们通常将拉曼光谱配合红外光谱使用,它们是互为补充的两种光谱技术。拉曼光谱在本质上与红外光谱类似,也是关于分子振动和转动跃迁的光谱,只是拉曼光谱的选律有别于红外光谱的选律。

拉曼散射是一种分子对光子的非弹性散射效应。非弹性散射即当单色光与样品相互作用时,光子被样品吸收,然后发射,光子频率与原来的单色光相比发生变化,这种效应称为拉曼效应。

当单色激光照射在样品上时,分子的极化率将发生变化,大部分光透过而小部分光会被样品向各个方向上散射,这些光的散射又分为瑞利散射和拉曼散射两种,其机理示意图如图3.13所示。

光子和样品分子发生弹性碰撞时,光子和分子之间没有能量交换,散射光能量和入射光能量相同,这种光的弹性碰撞叫做瑞利散射。当光子和样品分子发生非弹性碰撞时,散射光能量和入射光能量大小不同,光的频率和方向都有所改变,这种散射称为拉曼散射。

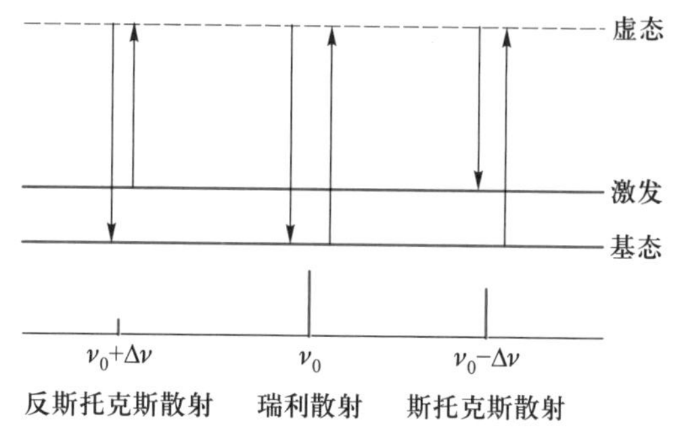

图3.13 瑞利散射和拉曼散射机理示意图

当单色激光照射在样品上时,如果被光子从基态能级激发到高能级的分子跃迁回到的不是原来的基态能级,则释放的光子频率小于原来光子的频率,拉曼光谱上对应的是斯托克斯线;如果被光子激发的是处于高能级而非基态能级的分子,则当分子跃迁回基态时,释放光子的能量大于原来光子的能量,频率增加,拉曼光谱上对应的是反斯托克斯线。

一张拉曼谱图通常由一定数量的拉曼峰构成,每个拉曼峰代表了相应的拉曼散射光的波长位置和强度。每个谱峰对应于一种特定分子键的振动,其中既包括单一化学键的振动,如C—C、C═C、N—O、C—H等的振动,也包括由数个化学键组成的基团的振动,如苯环的呼吸振动、多聚物长链的振动及晶格振动等。

相比于红外光谱,拉曼光谱的缺点是线宽通常大得多。在常规拉曼光谱法中,光子先将分子中的电子激发至一个虚激发态,然后折回到真实的、能级较低的状态,被检测的光子是在返回过程中发射出来的。这种方法的灵敏度低,但如果被研究的化合物有颜色而且将激发用激光调节至电子跃迁所需的实际频率,灵敏度就可大大提高,这一种方法称为共振拉曼光谱法,对研究酶中过渡金属原子的环境特有价值,因为只有接近电子生色基团的振动被激发,而分子中成千上万的其他键对激发无响应。

拉曼光谱的范围类似于红外光谱(200~4000 cm^{-1}),它们在样品的结构研究中往往互相补充。测试拉曼光谱不需要对样品进行前处理,也没有样品的制备过程,样品数量的多少也无所谓,在探测样品时拉曼散射采用光子探针,这种探针不会损伤样品,可使样品保持完整,避免误差的产生;并且在分析过程中具有操作简便,测定时间短,灵敏度高等优点。

图3.14示出在514.5 nm激光激发下单层石墨烯的典型拉曼光谱图。石墨烯的拉曼光谱由若干峰组成,主要为G峰、D峰及G′峰。G峰是石墨烯的主要特征峰,是由sp^2杂化的碳原子的面内振动引起的,它出现在1580 cm^{-1}附近,该峰能有效反映石墨烯的层数,但极易受应力影响。随着层数的增加,G峰朝低位移方向移动,亦即朝低能量方向移动。位于1350 cm^{-1}

左右的D峰通常被认为是石墨烯的无序振动峰,该峰出现的具体位置与激光波长有关,用于表征石墨烯样品中的结构缺陷或边缘。石墨和高质量石墨烯中,D峰一般非常弱。如果D峰很明显,说明材料中存在许多缺陷。D′峰通常也被认为是石墨烯的边界或缺陷峰。该峰出现在1620 cm^{-1}附近,但强度较弱,在G峰较强的情况下往往较难分辨。G′峰,也被称为2D峰,是双声子共振二阶拉曼峰,用于表征石墨烯样品中碳原子的层间堆垛方式,它的出峰频率也受激光波长影响。常认为该峰与缺陷无关,但与层结构和堆积方式存在着较大的相关性,因此可以用作鉴别石墨烯和石墨的特征峰。

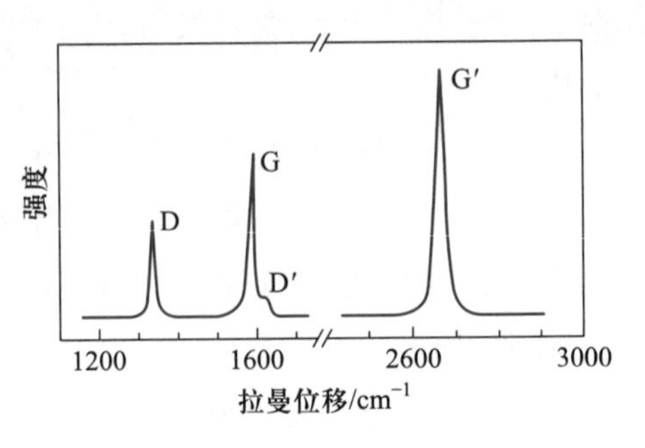

图3.14 514.5 nm激光激发下单层石墨烯的典型拉曼光谱图

3.3.5 氢核磁共振波谱法

氢核磁共振波谱法(^{1}H nuclear magnetic resonance spectroscopy,^{1}H NMR)是将分子中^{1}H的核磁共振效应体现于核磁共振波谱法中的应用,可用于确定含氢样品的分子结构。

根据量子力学原理,与电子一样,原子核也具有自旋角动量,其自旋角动量的具体数值由原子核的自旋量子数I决定。由于原子核携带电荷,当原子核自旋时,会产生一个磁矩,这一磁矩的方向与原子核的自旋方向相同,大小与原子核的自旋角动量成正比。将原子核置于外加磁场中,若原子核磁矩与外加磁场方向不同,则原子核磁矩会绕外磁场方向旋转,这一现象类似陀螺在旋转过程中转动轴的摆动,称为进动。进动具有能量也具有一定的频率,这一频率又称Larmor频率。原子核进动的频率由外加磁场的强度和原子核本身的性质决定,也就是说,对于某一特定原子,在已知强度的外加磁场中,其原子核自旋进动的频率是固定不变的。自旋量子数为I的核在外加磁场中有$2I+1$个不同的取向,原子核磁矩的方向只能在这些磁量子数之间跳跃。对于氢核,其自旋量子数为$I=1/2$,在外加磁场中产生$+1/2$和$-1/2$的两种取向能级。若在垂直于磁场方向上再加一个射频场(频率为ν),当外加射频场的频率ν与原子核自旋进动的频率(Larmor频率)相同的时候,将发生核能级的跃迁,即产生NMR现象。这就是氢核磁共振的原理,它是应用最广泛的核磁共振谱。此外,较常用的还有^{13}C、^{19}F和^{31}P等核磁共振谱。

测定样品的氢核磁共振谱时,常用氘代溶剂配制成相应溶液。常用氘代溶剂有:氘代水D_2O、氘代丙酮$(CD_3)_2CO$、氘代甲醇CD_3OD、氘代二甲亚砜$(CD_3)_2SO$和氘代氯仿$CDCl_3$等。此外,一些不含氢的溶剂,例如四氯化碳CCl_4和二硫化碳CS_2,也被用于制备测试样品。

信号的位置 NMR信号的位置告诉有什么“种类”的质子。例如,芳香系中的质子、脂肪系中的质子以及连接在卤素或其他原子或原子团上的质子都有不同的电子环境,因而能产生具有不同能量的NMR信号。

如果一个质子所感受到的有效磁场小于外加磁场时,我们就说这个质子是被屏蔽的。对于一个受屏蔽的质子来说,为使达到发生能量吸收所必需的有效磁场,外加磁场所需要的能量就要大一些，和未受影响的质子需要的能量相比，信号移向了高场强。相反，如果一个质子因受环境的作用使感受到的有效磁场大于外加磁场时，我们就说这个质子是反屏蔽的。一个反屏蔽的质子产生吸收所需的外加磁场小于没有受影响的质子所需的场强，这时信号移向低场强。在 NMR 谱中这种向高场强和向低场强位移的现象叫做化学位移。

^{1}H NMR 化学位移的参比点往往是来自一种参比化合物的信号，这种参比化合物是作为内标而加入体系中的。最常用的参比化合物是四甲基硅烷[TMS，$Si(CH_3)_4$]，它只有一种质子环境，因此只有一个信号。在 TMS 中，质子存在着相当大的屏蔽作用，结果使这一个信号远比大多数其他化合物的^{1}H NMR 信号移向更高的高场强。因此，大多数化合物质子的^{1}H NMR 信号都比 TMS 的信号处于低场强。在一个共同的化学位移测量标度即 δ 标度之下，人为地把 TMS 的信号规定为零，把某一质子吸收峰的位置与标准物质质子吸收峰的位置之间的差异称为该质子的化学位移，大多数的化学位移都小于 10。一种特征的结构构成特征的位移。举例说，连接在碳原子上的氯原子使连在同一碳原子上的质子产生一个向低场强的位移，而两个氯原子引起更大的向低场强的位移。连在相邻碳原子上的氯原子也引起向低场强的位移，但比氯原子连接在同一碳原子上所产生的位移要小些。在一种有机酸 RCOOH 中—COOH 基团上的质子所产生的^{1}H NMR 峰比具有相同 R 的醛 RCHO 中—CHO 基团的质子处于较低的场强。而—CHO 中质子的化学位移又比连接在芳环上的质子的位移处于较低的场强。

信号的数目 信号的数目表明存在有多少种不同的质子环境。在一个分子内部，具有相同环境的质子叫做等当质子，等当质子在相同的外加磁场强度下吸收无线电频率的能量。因此，数出^{1}H NMR 信号的数目就能依照它们的环境确定出分子中质子的“种类”数。

举例说，乙醇按环境来说有三类不同的质子，甲基 CH_3中的三个质子是等当的，它们的环境是由—CH_2OH 基团构成的；同样，亚甲基—CH_2—中的两个质子是等当的，但它与甲基中的质子处于不同的环境中；最后，在—OH 基团中连在氧原子上的一个质子所处的环境与前述两个类型都不相同。图 3.15 示出在乙醇的低分辨率^{1}H NMR 谱图中同三类质子相对应的三个峰。图 3.16 示出在高分辨率谱图中的这三个峰。在电负性大的氧原子上的质子受到的屏蔽最小，因而它的信号出现在低场强处。两个亚甲基质子被屏蔽的程度大于—OH 基团质子，它们的信号比—OH 基团质子的信号移向高场强，三个甲基质子受屏蔽的程度更高，因此它们的信号移向更高场强处。

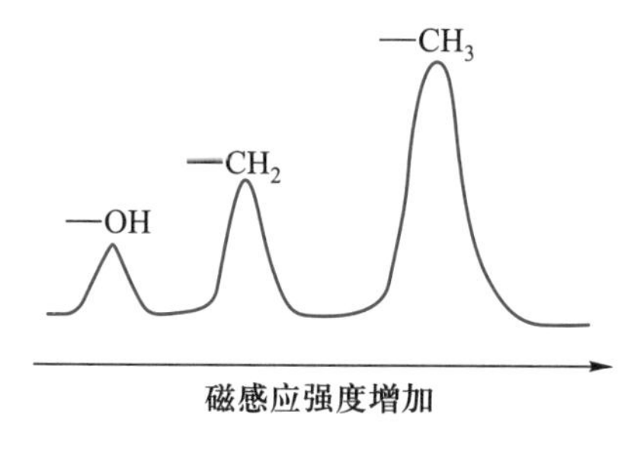

图 3.15 乙醇的低分辨率^{1}H NMR 谱图

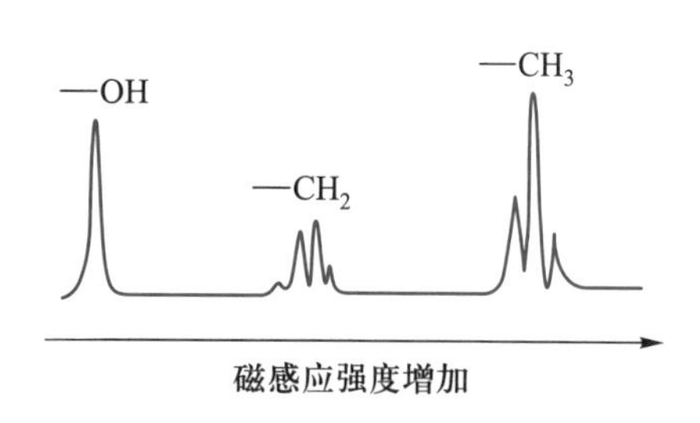

图 3.16 乙醇的高分辨率^{1}H NMR 谱图

信号的强度　在图 3.16 中明显地看到，峰的大小与每个峰所对应的质子数近似地成正比。这是可以理解的，因为质子数目越多，所吸收的能量就越大因而将产生一个较大的吸收峰。因此，不论是在低分辨率谱图还是高分辨率谱图中，在乙醇的三个 ^{1}H NMR 峰下的面积对于羟基质子、亚甲基质子和甲基质子来说其比值是 1 : 2 : 3。常规的核磁谱仪都包括有一个积分器，它能在光谱图上叠加地画出阶梯曲线，曲线中各阶梯的高度和峰下的面积成正比。

信号的分裂和自旋-自旋耦合　把图 3.15 中乙醇的低分辨谱图与图 3.16 中的高分辨谱图进行对比可以看出，在两个图中—OH 基团质子的信号都只记录下一个峰，但是—CH_2基团质子的信号在高分辨率谱图中却分裂成四个峰，而—CH_3基团质子的信号分裂成三个峰。信号的分裂缘于分子中相邻质子的影响。相邻质子的自旋使一个特定质子所感受的磁场稍有增大或稍有减小，结果造成信号的分裂。分裂后的峰的数目等于相邻的质子数加 1。

在乙醇的高分辨率谱图中，—CH_3基团质子的信号由于相邻亚甲基上的两个等当质子的作用而分裂成(2+1)= 3 个峰。对于亚甲基质子，由于有三个相邻甲基质子而使它分裂成(3+1)= 4 个峰(当然，亚甲基质子的信号多少也受相邻—OH 基团质子的影响)。在没有酸或碱杂质的极纯乙醇样品中，—OH 信号因两个相邻等当亚甲基质子而分裂成(2+1)= 3 个峰，但是，极少量的酸或碱杂质催化乙醇分子的羟基之间发生迅速的质子交换作用，使得乙醇中—OH 只有一个平均信号(一个峰)能够被检出。

3.3.6　电子顺磁共振波谱法

电子顺磁共振(EPR)波谱法又叫电子自旋共振(ESR)波谱法，该法是通过观察未成对电子在磁场中的共振吸收来研究顺磁性物种(如有机自由基)的一种技术，无机化学中主要用于表征含有 d 区和 f 区元素的化合物。

任何一个电子均具有特征的自旋角动量 S 和相应的自旋磁矩 μ_S，$\mu_S = gS\mu_B$，式中 g 称为"g 因子"或"朗德因子"。对自由电子，$g = 2.0023$，$S = 1/2$。在没有外磁场的情况下，自由电子在任何方向均具有相同的能量，故可以自由取向。但当处于外磁场中时，电子的自旋磁矩和外磁场发生作用，使得电子的自旋磁矩在不同方向上就具有不同的能量：

$$E(M_J) = -gHM_J\mu_B \tag{3.5}$$

式中，H 为磁场强度，对于自由电子，$M_J = m_S = -1/2$ 或 $+1/2$。因此，电子在外磁场中将分裂为两个能级，$E(+1/2) = (-1/2)gH\mu_B$(电子自旋磁矩和外磁场方向相同)和 $E(-1/2) = (1/2)gH\mu_B$(电子自旋磁矩和外磁场方向相反)，这种分裂称为 Zeeman(塞曼)分裂。磁能级跃迁的选择定则是：$\Delta m_S = 0$，± 1。故若在垂直于外磁场的方向上加上频率为 ν 的电磁波，使电子得到能量 $h\nu$，则若 ν 和 H 满足如下条件：

$$h\nu = E(-1/2) - E(+1/2) = gH\mu_B \tag{3.6}$$

时就发生磁能级间的跃迁，发生顺磁共振吸收，在相应的吸收曲线(即 EPR 谱)上出现吸收峰。

化合物中的未成对电子在磁场中的共振吸收必然要受到其所处的化学环境的影响，于是，EPR 谱呈现各种复杂的情况。

（1）自旋-轨道耦合

原子中的未成对电子不仅有自旋磁矩，而且还有轨道磁矩，由于电子的自旋-轨道耦合，未成对电子的能级受电子的轨道角动量的影响，于是谱线发生分裂。

如果配位场很强，过渡元素离子的 d 轨道受配位场的影响强烈，轨道的简并性受到破坏而发生能级分裂，此时轨道磁矩被冻结，自旋-轨道耦合作用可以忽略，这时的 g 值与自由电子的 g 值 2.0023 相近。如果配位场很弱，自旋-轨道耦合作用很强，则轨道简并性会保持，轨道磁性不会被冻结，这时未成对电子发生共振吸收时所处的实际磁场就是外磁场与轨道磁场的总和。因此，由实验 H_0和 ν_0算出的 g 值大于电子的 g 值 2.0023。而稀土离子的未成对 f 电子受外层 s、p 电子屏蔽，受配位场影响很小，因此稀土离子的 g 值与自旋角动量 S、轨道角动量 L 和总角动量 J 都有关。可见，g 值由未成对电子所处的化学环境即化合物的结构所决定。此外，核电荷增加，自旋-轨道耦合作用加强，g 值更大。所以，每种化合物均具有特定的 g 值，由 g 值可以探讨化合物的结构及其他信息。

（2）谱线变宽

当体系中有几个未成对电子时，每个未成对电子所处的实际磁场强度为外磁场与其他电子的磁矩在该电子处建立的局部磁场强度之和。所以体系中每点的实际磁场强度不同，使得在发生共振吸收时，虽然实际磁场强度是符合能量公式的，但所加外磁场却有一个分布范围，于是谱线变宽。

（3）零场分裂（精细分裂）

若离子含有两个未成对电子，则 $S=1$，这两个未成对电子磁矩的相互作用使自旋能级在没有外磁场时就已分裂，即 $M_S=0$ 和 $M_S=\pm1$。当加上外磁场后，$0\to1$ 和 $-1\to0$ 两个跃迁的能量不相等，于是出现两个峰，这种现象称为零场分裂。由于电子的磁矩比核磁矩约大三个数量级，因此零场分裂（电子与电子的磁相互作用）比超精细分裂（电子与核的磁相互作用）约大三个数量级，称为精细分裂，以别于超精细分裂。

（4）超精细分裂

未成对电子与附近的核磁矩的相互作用也会引起能级的分裂，这种分裂称为超精细分裂。在 EPR 谱上，超精细分裂峰之间的距离称为超精细耦合常数，用 A 表示。超精细分裂使 EPR 谱更为复杂，但提供了更多的信息。

（5）g 值和 A 值的方向性

既然 g 值和 A 值受轨道磁矩和核磁矩的影响，而轨道磁矩和核磁矩又都是有方向的，因此 g 值和 A 值也是各向异性的。g 值有 g_x、g_y 和 g_z 三个值，A 值也有 A_x、A_y 和 A_z 三个值，其中 z 为外磁场方向。对于轴对称性的晶体，则 g 值有 $g_{/\!/}$ 和 $g_\perp$ 两个值，A 值有 $A_{/\!/}$ 和 $A_\perp$ 两个值（其中 $/\!/$ 和 $\perp$ 分别表示平行和垂直于外磁场）。对称性高的晶体 g 值和 A 值相同，表现为各向同性。

3.3.7　X 射线光电子能谱法

X 射线光电子能谱(XPS)又称为化学分析电子能谱法(ESCA),是近年来发展最快的仪器分析技术之一。它是依据具有足够能量的入射光子和样品中的原子相互作用时,单个光子把它的全部能量转移给原子中某壳层上的一个受束缚的电子,如果能量足以克服原子的其余部分对此电子的作用,电子即以一定的动能发射出去,利用检测器测量发射出的电子动能,可以得到样品中原子的电子结合能。

原子(或分子)相互结合成固体后,外层电子轨道相互重叠形成能带,但内层电子能级基本保持原子的状态,所以可以利用每种元素的特征电子结合能来标识元素,元素的特征电子结合能在一些手册中可以查到。当原子的化学环境变化时,可以引起内层电子结合能的位移。在 XPS 定性分析中,根据化学位移可以判定元素的价态,计算分子中电荷的分布。例如,在对 $Na_2S_2O_3$ 的研究中观测到 2p 结合能的化学位移,发现 $Na_2S_2O_3$ 的 XPS 谱图中出现两个完全分开的 2p 峰,而且两峰的强度相等。但在 Na_2SO_4 的 XPS 谱图中只有一个 2p 峰。这表明 $Na_2S_2O_3$ 中的两个硫原子价态不同(图 3.17)。

应用 XPS 研究配合物,能直接了解中心金属离子内层电子状态及与之相结合的配体的电子状态和配位情况,可获得有关配合物的立体结构、中心离子的电子结构、电负性和氧化态、配体的电荷转移、配位键的性质等的信息。

例如,在配合物 *cis*-$[Pt(PPh_3)_2L_2]$ (L 为 HC≡CH、MeC≡CH、PhC≡CH、$H_2C{=}CH_2$)中,当 L 是炔烃或烯烃时,Pt 的 4f 结合能比 L 为烷烃时大,这是因为 Pt 的 d 轨道上的电子反馈到炔烃或烯烃的 π^* 反键空轨道,使 Pt 的电子云密度降低,结合能升高。而配合物 *trans*-$[M_2(MeCH{=}CH_2)_2Cl_4]$ (M=Pd,Pt)的金属离子的结合能[Pt($4f_{7/2}$),Pd($3d_{5/2}$)]高于 *trans*-$[M_2(PPh_3)_2Cl_4]$ (M=Pd,Pt)的金属离子的结合能,表明金属与 $MeCH{=}CH_2$ 形成的反馈 π 键比与 PPh_3 形成的反馈 π 键要强。

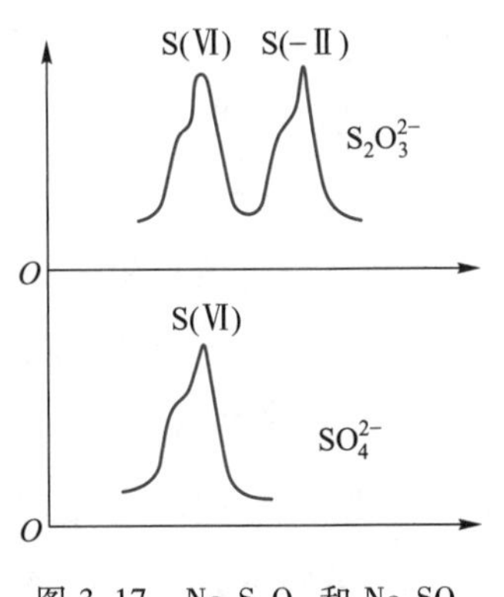

图 3.17　$Na_2S_2O_3$ 和 Na_2SO_4 的 2p XPS 谱图

X 射线光电子能谱法是一种表面分析方法,提供的是样品表面的元素含量与形态,而不是样品整体的成分。其信息深度为 3~5 nm。

3.3.8　热分析技术

热分析是测试物质的物理和化学性能随温度变化的技术。常用的有热重分析(TGA)、差热分析(DTA)和差示扫描量热分析(DSC)、逸出气体分析(EGA)、动态力学分析(DMA)及其他一些热分析方法。近年来,热分析已经发展成了一种综合性的技术,并具有非常完备的多功能仪器,每次测试的样品量只需要几毫克。

(1) 热重分析

热重分析是在程序控制温度下测量物质质量与温度关系的一种技术。热重分析实验得到的曲线称为热重(TG)曲线。TG曲线以温度作横坐标,以样品的失重作纵坐标,显示样品的绝对质量随温度的恒定升高而发生的一系列变化。这些变化表征了样品在不同温度范围内发生的挥发组分的挥发,以及在不同温度范围内发生的分解产物的挥发。从图3.18可以看到,$CaC_2O_4 \cdot 2H_2O$ 的TG曲线有三个非常明显的失重阶段。第一阶段表示2个 H_2O 分子的失去,第二阶段表示 CaC_2O_4 分解为 $CaCO_3$,第三阶段表示 $CaCO_3$ 分解为CaO。当然,$CaC_2O_4 \cdot 2H_2O$ 的热失重比较典型,在实际上许多物质的TG曲线很可能是无法如此明了地区分为各阶段的,甚至会成为一条连续变化的曲线。这时,测定曲线在各个温度范围内的变化速率就显得格外重要,它是TG曲线的一阶导数,称为微分热重(DTG)曲线。DTG曲线能很好地显示这些速率的变化。

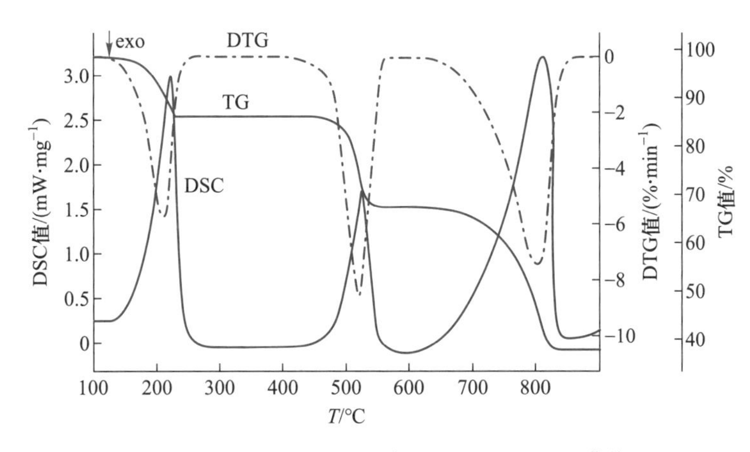

图3.18 $CaC_2O_4 \cdot 2H_2O$ 的TG,DTG和DSC曲线

(2) 差热分析和差示扫描量热分析

差热分析(DTA)是在样品与参比物处于控制速率下进行加热或冷却的环境中,在相同的温度条件时,记录两者之间的温度差随时间或温度的变化。差示扫描量热分析(DSC)记录的则是在样品与参比物之间建立零温度差所需的能量随时间或温度的变化。

DTA和DSC所得到的谱图或曲线常画成在恒定加热或冷却的速度下随时间或温度变化的形式,其横坐标相应于时间或温度,作DTA测量时,纵坐标为样品与参比物之温度差,而作DSC时,纵坐标为样品池与参比池之功率差($\mathrm{d}\Delta C/\mathrm{d}t$)。从图3.18可以看出,$CaC_2O_4 \cdot 2H_2O$ 的DSC曲线有三个向上的峰(DTA曲线与DSC曲线相似,图中未画出),分别表示 $CaC_2O_4 \cdot 2H_2O$ 热分解时发生了三个吸热反应。所以DSC(或DTA)反映的是所测样品在不同的温度范围内发生的一系列伴随着热现象的物理或化学变化,换言之,凡是有热量变化的物理和化学现象都可以借助于DTA或DSC的方法来进行精确的分析,并能定量地加以描述。

3.3.9 透射电子显微镜技术

透射电子显微镜(transmission electron microscopy,TEM),简称透射电镜,其原理是把经加速和聚集的电子束投射到非常薄的样品上,电子与样品中的原子碰撞而改变方向,从而产生立体角散射。散射角的大小与样品的密度、厚度相关，因此可以形成明暗不同的影像。通常，透射电子显微镜的分辨率为 0.1～0.2 nm，放大倍数为几万至百万倍，适于观察超微结构。透射电镜是一种高分辨率、高放大倍数的显微镜，是材料科学研究的重要手段，能提供极微细材料的组织结构、晶体结构和化学成分等方面的信息。

透射电镜主要应用于样品的形貌观察，若是晶态材料，还可以进行物相分析，配合选区电子衍射（SAED），对结晶度差或样品中某物相含量很低（XRD 检测不到）的样品，这时电子衍射就是一种很好的补充方法。同时结合样品形貌，还可以得到这一物相的分布情况。

由于电子易散射或被物体吸收，故穿透力低，样品的密度、厚度等都会影响最后的成像质量，必须制备更薄的超薄切片，通常为 50～100 nm。所以用透射电镜观察时的样品需要处理得很薄。

3.3.10　扫描电子显微镜技术

扫描电子显微镜（scanning electron microscopy，SEM）是继透射电镜之后发展起来的一种电子显微镜，1965 年第一台商用 SEM 问世。扫描电子显微镜的成像原理和光学显微镜或透射电镜不同，它是以电子束作为照明源，把聚焦的很细的电子束以光栅状扫描方式照射到样品上，通过电子与样品相互作用产生的二次电子、背散射电子等对样品表面或断口形貌进行观察分析。现在的 SEM 都与能谱组合，可以进行成分分析，已广泛用于材料、冶金、矿物、生物学等领域。

扫描电子显微镜的最大优点是样品制备方法简单，对金属和陶瓷等块状样品，只需将它们切割成大小合适的尺寸，用导电胶将其粘接在电镜的样品座上即可直接进行观察。对于非导电样品如塑料、矿物等，在电子束作用下会产生电荷堆积，影响入射电子束斑和样品发射的二次电子运动轨迹，使图像质量下降。因此这类样品在观察前要喷镀导电层进行处理。

SEM 和 TEM 各自有其优点，SEM 看表面形貌更清晰，但对于某些具有空心的样品，TEM 因为是电子透过样品的成像，就有比 SEM（看不出空心）更清晰的形貌。图 3.19 示出碳纳米管的 TEM 图像和 SEM 图像的比较。

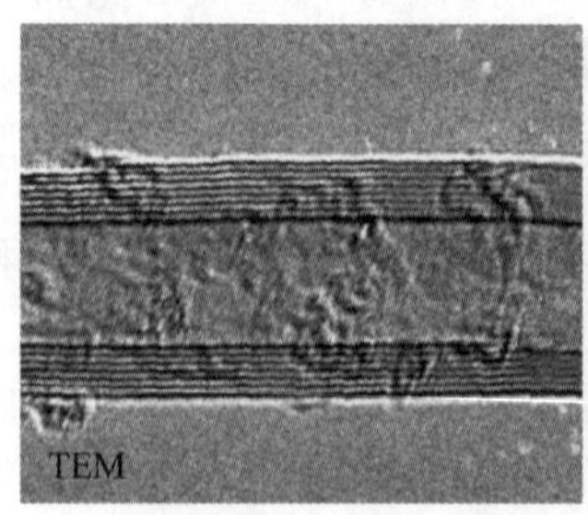

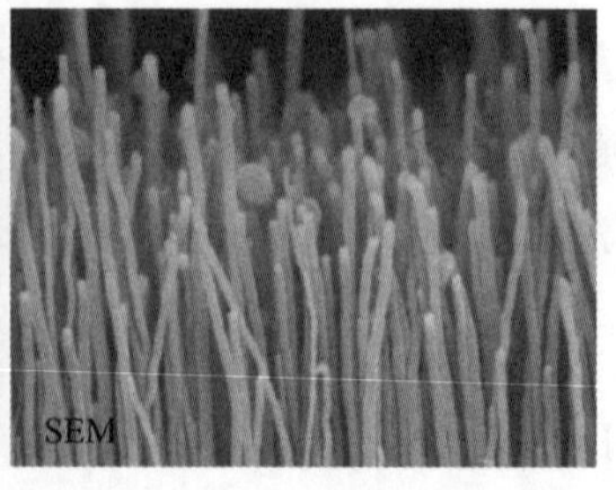

图 3.19　碳纳米管的 TEM 图像和 SEM 图像的比较

拓展学习资源

资源内容	二维码
◇ 纳米材料及其制备	
◇ 荧光光谱或发射光谱	
◇ 紫外-可见光谱的滴定操作和动力学上的光谱监测	

习　题

1. 试解释为什么在大多数情况下固体间的反应都很慢，怎样才能加快反应速率？

2. 化学转移反应适合提纯具有什么特点的金属？你能举例说明吗？

3. 低温合成适用哪类物质的合成？常用的制冷浴有哪些？

4. 高温合成包括哪些类型？

5. 彩色三基色稀土荧光粉是如何制备的？分别举例予以说明。

6. 画出下列萃取剂的结构：

MIBK　　TBP　　N_{263}　　P_{204}　　HTTA

7. Xe（bp −109 ℃），AsH_3（bp −62.5 ℃）和 As_2H_4（bp 100 ℃）的混合物通过蒸馏分离进入三个串联的冷阱里，在每一个冷阱处，你要采用哪种糊状浴或制冷剂？

8. 获得等离子体较实用的方法有哪些？

9. 由氯化钾的电解氧化来制备氯酸钾，通 1 A 电流 2 h，假设电流效率为 50%，可以得到多少克氯酸钾？

10. 说明为什么在汞阴极上还原钠离子是可能的，虽然水还原成氢是热力学上最有利的过程。你应该怎样改变 pH 和温度去影响电流效率？

11. 用含氧酸盐煅烧制取氧化物时，常使用挥发性酸的盐，特别是碳酸盐，为什么？

12. 为什么紫外-可见光谱能应用于金属配位化合物的研究?

13. 有以下反应:

$$Mo(CO)_6 \xrightarrow{\text{环庚三烯}} A + MoC_{10}H_8O_3(B)$$

$$\downarrow Ph_3CBF_4(\text{惰性溶剂中})$$

$$Ph_3CH + MoC_{10}H_7O_3BF_4(C)$$

A 是气体,相对分子质量为 28,B 的红外光谱在 1880~2000 cm^{-1}处有三个吸收带,B 的氢核磁共振波谱有四个相等强度的峰,B 为非电解质,C 为电解质,C 的红外光谱图在 1950~2030 cm^{-1}处有三个吸收带,其氢核磁共振波谱只有一个峰,试推测 B 和 C 的结构。

14. 本题附图所示为 $MnCO_3$ 的热分析曲线。试分析 TG 曲线上每一阶段和 DTA 曲线上每个峰对应的热分解过程,写出热分解反应方程式。

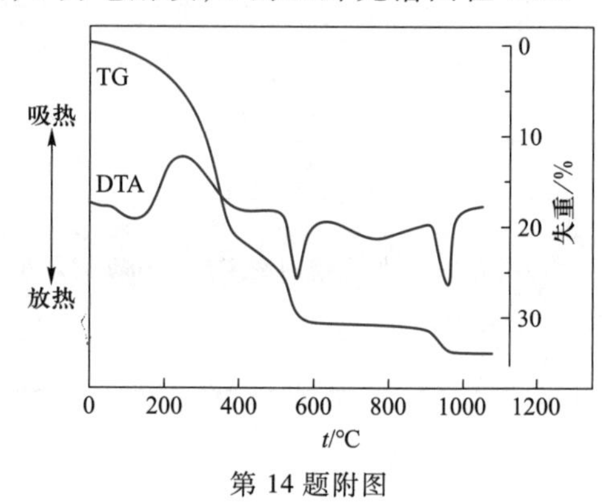

第 14 题附图

15. 在高温合成反应中,为了降低烧结温度,提高材料的性能,常采取改善固相反应原料的手段,即前驱体法。试以实例说明常用的几种前驱体法。

第4章

无机材料化学

固态是一种重要的凝聚态。很多材料都是无机固体。这些固体具有特异的性质,如光、电、磁、声、热、力等性能。还有一些固体具有催化、吸附、离子交换等特性。因此,这些无机固体作为重要的新技术材料,在科学技术、经济生活和社会发展中起着重要的作用。本章将对无机固体的结构、固体缺陷及几种作为材料的固体的性能和结构的关联做简单介绍。

4.1 离子晶体结构的 Pauling 规则

按照晶体结构的局部电中性要求,在20世纪30年代初,Pauling 提出了确定离子晶体中某一离子周围异号电荷的粒子数的5条规则。这5条规则有效地用于描述离子的晶体结构。

1. Pauling 第一规则——阴离子配位多面体规则

一般说来,阳离子的半径总小于阴离子的半径。所以,在离子晶体中,阴离子作一定方式堆积,阳离子则充填在其形成的空隙中。这样,在一个阳离子的周围就形成了一个阴离子的配位多面体,阳离子的配位数,即阴离子配位多面体的类型取决于阳离子和阴离子的半径比值。

这种阴离子配位多面体的类型,可以看作等径球密堆的结构。在该结构中,相互在三维空间毗邻相切的数个球构成了一个空隙。这个空隙恰好是放置阳离子的位置。

图4.1示出离子半径大小与晶体稳定性的关系。一般地,阴、阳离子之间的距离大于阴、阳离子的半径之和时,阴、阳离子互不接触,排斥力大,吸引力小,这种晶体最不稳定。

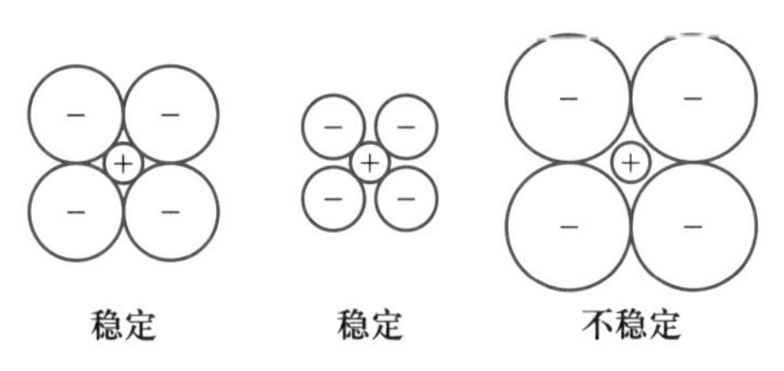

图4.1 离子半径大小与晶体稳定性的关系

下面导出配位多面体(空隙)的类型和阳离子、阴离子半径比之间的关系。

三角形空隙　3 个球在平面互相相切形成空隙,3 个球的球心连线为正三角形。

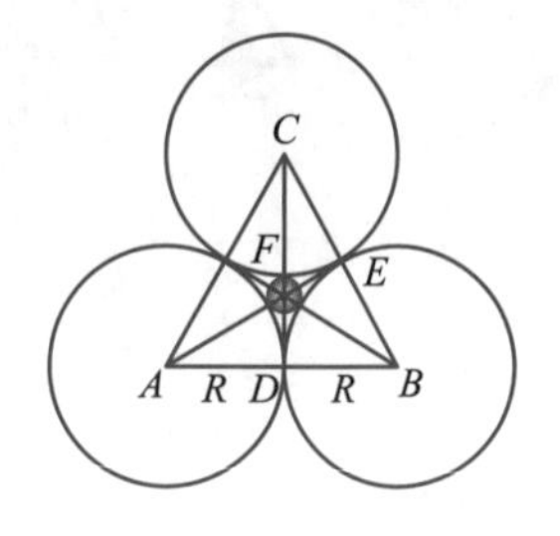

图 4.2　三角形配位

设阳离子、阴离子的半径分别是 r,R。由图 4.2 可见:

$AF=R+r$, $AD=R$

在直角$\triangle AFD$中,$\angle FAD=30°$

$AD:AF=R:(R+r)=\cos 30°=\sqrt{3}/2$

$r/R=(2/\sqrt{3})-1=0.155$

四面体空隙　4 个球排列形成的四面体配位,用符号 T 来表示。将四面体放置在平面上,四面体体心距底面中心的距离占 1/3,距顶点的距离占 2/3。

如图 4.3 所示,四面体空隙(T)可看作立方体中交替的 4 个顶点所形成的配位多面体,其中心落在立方体的体心。设立方体的边长为 a,其面对角线就是四面体的棱长为$\sqrt{2}a$,$2R=\sqrt{2}a$,这样求得配位球的半径 $R=\sqrt{2}a/2$,即 $a=\sqrt{2}R$;立方体的体对角线为$\sqrt{3}a$,即 $2(r+R)=\sqrt{3}a=\sqrt{6}R$,所以,$r+R=\sqrt{6}R/2$,即 $r=(\sqrt{6}/2-1)R=0.225R$。$r/R=0.225$。

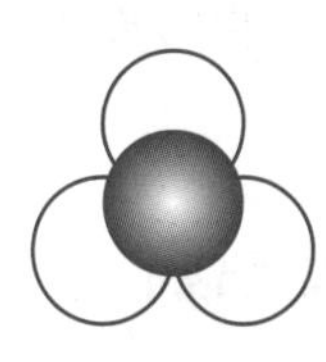
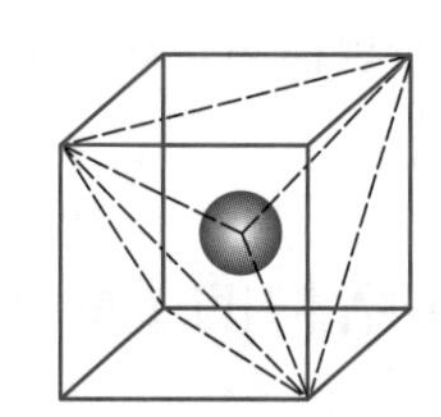
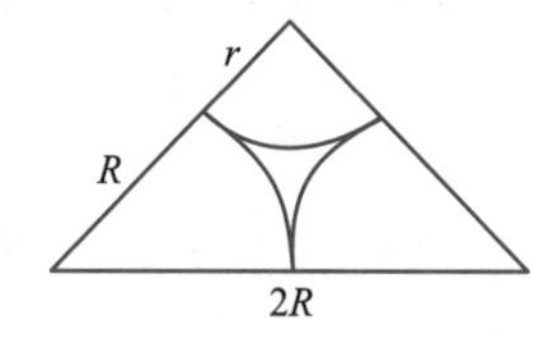

图 4.3　四面体配位及其离子半径比关系

八面体空隙　由 6 个球按八面体配位所形成的空隙,用符号 O 来表示。八面体配位多面体晶胞及其离子半径关系见图 4.4。

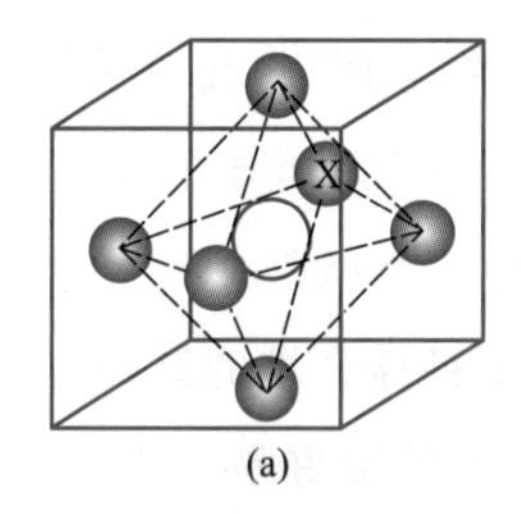

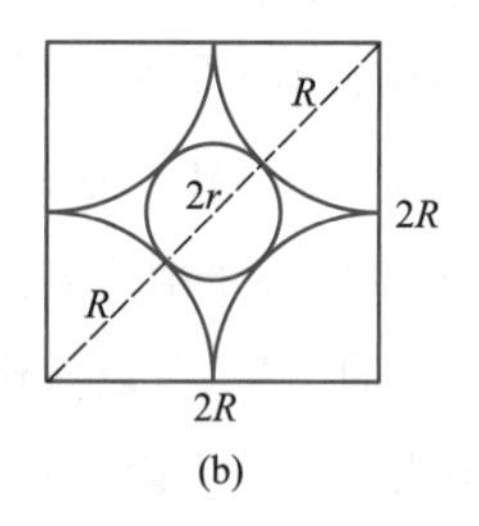

图 4.4　八面体配位多面体晶胞及其离子半径关系

八面体配位多面体在立方体中是由其 6 个球面心排列而成的。其中赤道面如图 4.4(b)所示。由此可见,$R+r=\sqrt{2}R$,所以 $r=(\sqrt{2}-1)R=0.414R$,$r/R=0.414$。

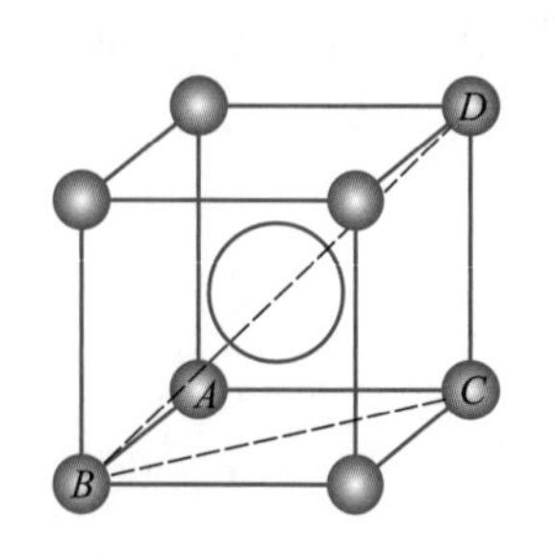

图 4.5　立方体配位多面体

立方体空隙　8 个球排列形成立方体配位。

由图 4.5 可见,$BD=2(R+r)$

$(BD)^2=(BC)^2+(CD)^2$

即 $$[2(R+r)]^2=(2\sqrt{2}R)^2+(2R)^2$$

所以 $$(R+r)^2=3R^2,r=(\sqrt{3}-1)R=0.732R,r/R=0.732$$

三棱柱空隙 6 个球上下两列球心相对排列形成三棱柱配位。也可推出阴、阳离子半径之间的关系为 $r=0.528R,r/R=0.528$。

将上述计算结果总结在表 4.1 中。

表 4.1 半径比规则

空隙	三角形	四面体	八面体	立方体	三棱柱
r/R	0.155	0.225	0.414	0.732	0.528
配位数	3	4	6	8	6

表 4.1 中的结果正是在结构化学中所说的半径比规则，当阳离子和阴离子半径比处于一定范围内时，在能量上有利于某种晶体构型的稳定存在。例如，在半径比为 <0.414 的情况下，以八面体配位构型排布的氯化钠晶型，从热力学上讲，都是可以存在的；不过，当半径比 <0.225 时，则以 ZnS 构型存在在能量上更有利，因此，只有半径比在 0.225~0.414 范围内，以氯化钠构型存在才是稳定的。同理，CsCl 和 ZnS 构型的稳定存在也有相应的半径比范围。这样，半径比规则不仅从晶体几何学角度上是有依据的，而且在热力学上也是有依据的。

2. Pauling 第二规则——电价规则

在一个稳定的离子化合物中，一个离子的电价 x 等于或近似等于其周围异号离子静电价强的总和。即 $x=\sum S_i$。

离子 i 的静电价强 S_i 定义为 $S_i=m/n$，其中 m 为离子的电价，n 为阳离子的配位数。例如，在 NaCl 中，每个 Na^+ 与 6 个 Cl^- 相连，因此 Na^+ 的电价为 $6\times1/6=1$，正好为 1 个 Cl^- 的电价。

利用电价规则可以决定阴离子配位多面体相连接时的共用顶点数。例如，在正硅酸盐晶体中，Si^{4+} 处于氧阴离子的四面体空隙中。其静电价强度：$S_i=4/4=1$。O^{2-} 呈 −2 价，即 $x=2$。因此，每个 O^{2-} 与 2 个 Si^{4+} 配位，才能使其诸价强之和（2×1）正好等于 O^{2-} 的电荷。由此可见，在硅酸盐晶体中，硅氧四面体是共顶点连接的，每个顶点为 2 个四面体所共用。

表 4.2 给出四面体和八面体的连接方式示例。

表 4.2 四面体和八面体的连接方式示例

四面体阴离子配位多面体		八面体阴离子配位多面体	
方式	通式	方式	通式
两个四面体共顶点	A_2X_7	两个八面体共顶点	A_2X_{11}
	$(AX_3)_n$		A_4X_{20}
	$(A_2X_5)_n$		AX_5（链）
	$(AX_2)_n$		AX_4（层）
三个四面体共顶点	$(AX_2)_n$		AX_3（三维）

续表

<table>
<tr><th colspan="2">四面体阴离子配位多面体</th><th colspan="2">八面体阴离子配位多面体</th></tr>
<tr><th>方式</th><th>通式</th><th>方式</th><th>通式</th></tr>
<tr><td>四个四面体共顶点</td><td>$(AX)_n$</td><td rowspan="3">两个八面体共棱</td><td rowspan="2">A_2X_{10}
AX_4(链)
AX_3(层)</td></tr>
<tr><td rowspan="3">四面体共棱</td><td rowspan="2">A_2X_6
$(AX_2)_n$
$(A_2X_3)_n$</td></tr>
<tr><td>AX_3(双链)</td></tr>
<tr><td>$(AX)_n$</td><td>两个八面体共面</td><td>A_2X_9</td></tr>
</table>

3. Pauling 第三规则——阴离子多面体共棱、共面规则

在配位多面体连接中，共用多面体的棱，特别是共用多面体的面将会降低结构的稳定性。因此，阴离子配位多面体连接时应尽可能少共棱、尤其是少共面。这可以从表 4.3 由2 个四面体或八面体共棱、共面连接时中心(即阳离子)的间距的变化看出(假定共顶点的距离为 1)。

表 4.3　配位多面体共顶点、共棱和共面时两个阳离子的间距

	共顶点	共棱	共面
四面体	1	0.58	0.33
八面体	1	0.71	0.58

4. Pauling 第四规则和第五规则

第四规则是说，在含有一种以上阳离子的晶体中，电价大、配位数低的阳离子倾向于不共用多面体的点、棱、面等几何因素。这实际是第三规则的延伸。

第五规则认为，晶体中不同类型的配位多面体数目倾向于最少。这意味着结构中一切化学性质类似的原子，其周围环境尽可能相同。

4.2　晶体中的缺陷

晶体中如果原子的有序排列在三维空间无限延伸并且具有严格的周期性循环，这种晶体被称为完美晶体。由于以下原因，实际晶体的结构往往偏离完美晶体的结构。

① 由于热力学原因，原子会离开它自身原本应在的格点；

② 由于堆垛的原因，不同的原子错占了位置；

③ 化学过程引入了杂质原子。

这些不完美性都称为晶体中的缺陷。这种晶体称为缺陷晶体。

晶体中的缺陷有许多种类，仅举其中几例。

4.2.1　热缺陷

完美晶体在温度高于 0 K 时，其原子存在着振动。振动时原子可视为谐振子，其能量有

涨落。当能量大到某一程度时,原子就会离开平衡位置,即脱离其格点。这种热运动有以下几种方式:

① 晶体表面上的原子蒸发到晶体表面形成一个新的原子层,而邻近的原子占据其离开后所留下的空位而出现新的空位。由于热运动,出现的这个新空位又可被邻近的原子占据。而最后出现的空位有可能留在晶体内部并被固定下来。这种只出现空位的缺陷称为 Schottky 缺陷。当然,在表面上的新的原子层的原子也可以回到原来的格点与空位复合。

在一定温度下,这种缺陷保持一定的浓度,因而是一种热缺陷。

② 脱离格点的原子跑到邻近原子的间隙中从而产生一个空格点,称为空位。进入间隙的原子失去能量后就被束缚在那里,形成间隙原子。但由于它们距离很近,又可以回到原来的空位,称为间隙原子和空位的复合。有一些间隙原子可以在间隙中移动,离空位较远,就在晶格中长期存在下来。这种空位和间隙原子成对出现的缺陷称为 Frenkel 缺陷。

这种缺陷的浓度依照温度高低而存在,也是一种热缺陷。

由此可见,热缺陷分为两大类:Schottky 缺陷,“空位”缺陷单独出现;Frenkel 缺陷,“空位+间隙原子”成对出现。

例如,金属 Al 属于立方晶胞,根据晶胞参数可计算其理论密度:

$$d_{理论} = 单位晶胞中原子数(n) \times 原子摩尔质量(M_r) / (N_A \times a^3)$$

式中,a 为晶胞常数。将 Al 的有关数据 $n=4$,$M_r=26.98\ \mathrm{g \cdot mol^{-1}}$,$N_A=6.022\times10^{23}\ \mathrm{mol^{-1}}$,$a=4.049\times10^{-8}\ \mathrm{cm}$ 代入,可求出 $d_{理论}=2.7000\ \mathrm{g \cdot cm^{-3}}$。实测金属 Al 的密度为 $2.6790\ \mathrm{g \cdot cm^{-3}}$。那么,空位缺陷浓度分数即为 $(2.7000-2.6790)/2.7000=7.778\times10^{-3}$。即 1 $\mathrm{cm^3}$体积中有空位4.684×10^{20}个。

对于 AB 型二元离子晶体,由于其化学计量性,这时有如下缺陷:

Schottky 缺陷 A,B 两种原子同时出现空位。如在 KCl 中,K^+和 Cl^-同时出现空位。

Frenkel 缺陷 同种原子的空位和间隙缺陷同时出现。如在 AgBr 中每出现一个 Ag^+的空位就会有一个间隙 Ag^+出现。

显然,间隙的大小决定着 Frenkel 缺陷形成的难易程度,而影响 Schottky 缺陷形成的几何因素就要小得多。例如,在 AgBr 晶体中,Ag^+(126 pm)和 Br^-(195 pm)半径相差较大($\Delta r=69$ pm),容易形成 Frenkel 缺陷[如图 4.6(b)所示]。而在 KCl 晶体中,K^+和 Cl^-的半径分别为 133 pm 和 181 pm,相差仅 48 pm,则形成 Frenkel 缺陷较难,主要形成的是 Schottky 缺陷[图 4.6(a)]。

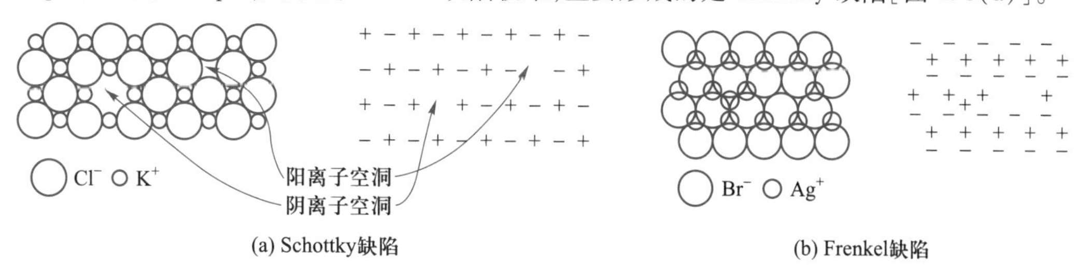

图 4.6 KCl 中的 Schottky 缺陷和 AgBr 中 Frenkel 缺陷

4.2.2　杂质缺陷

1. 形成过程及类型

杂质缺陷就是晶体组成以外的原子(离子)进入晶体中。这种缺陷属于非本征缺陷,往往是由于化学制备过程而带来的,故又称为化学杂质缺陷(图 4.7)。

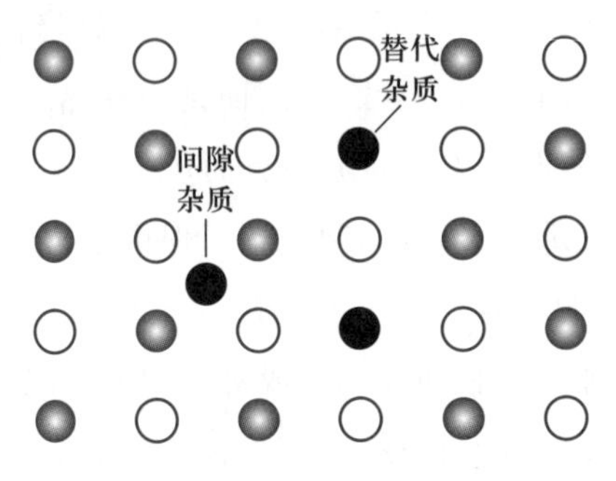

图 4.7　化学杂质缺陷及其类型

杂质原子进入晶格中有两种位置,分别是:杂质原子占据晶格中的间隙位置,称为间隙杂质;杂质原子进入晶格中时替代原晶体中的一种原子而占据其所在晶格格点的位置,称为替代杂质。

2. 影响形成杂质缺陷的因素

(1) 替代杂质形成的影响因素

一个杂质原子能否进入晶格中替代其中的某种原子,其影响因素尽管很多,但主要还是电负性和半径。不过,从本质上讲应该是取代时的能量变化。

电负性　在离子化合物中,离子间的相互作用主要是静电引力,掺杂过程能量的变化主要取决于掺杂离子与其所替代的离子的电负性关系。一般而言,杂质离子应当进入与其电负性相近的离子的位置而形成替代杂质缺陷。换言之,由于阴、阳离子的电负性的原因,金属杂质离子应该取代并占据晶格中原来金属离子的位置,非金属杂质离子取代并占据原来晶格中非金属离子所占据的位置。

如照明用的日光灯,其荧光粉的组成为 $3Ca_3(PO_4)_2 \cdot Ca(F, Cl)_2:(Sb^{3+}, Mn^{2+})$,具有磷灰石的结构。其中掺杂的激活剂 Sb^{3+} 和 Mn^{2+} 应当取代基质晶格中的 Ca^{2+};反过来,如果掺杂离子为 OH^-、O^{2-},则它们会占据基质晶格中 F^- 或 Cl^- 的位置。

半径　化合物的组成元素之间的电负性差别不大时,或者掺杂元素的电负性介于组成元素的电负性数值之间时,这时的掺杂过程能否进行主要取决于这些元素的原子的相对大小。一般来说,杂质原子倾向于替代与其半径相近的组分原子。如在各种金属(元素)间化合物中,原子半径相近(相差不大于 15%)的元素就可以相互取代,形成替代杂质缺陷。

(2) 间隙杂质缺陷形成的影响因素

对于间隙杂质缺陷,杂质原子占据晶格中的间隙位置,并不改变基质晶体原来的结构。这时,外来杂质原子能否进入晶格中的间隙位置,起决定作用的是间隙的数量和杂质离子的大小。

作为溶剂的基质晶格中的间隙数量是有一定限度的。例如:

	原子数	八面体间隙	四面体间隙
体心立方	1	3	6
面心立方	1	1	2
六方密堆	1	1	2

随着杂质原子的溶入,溶剂晶格会发生畸变,溶入的溶质原子越多,所引起的畸变就越大。当晶格畸变超过一定界限时,溶剂的晶格就会变得不稳定,于是溶质原子就不能继续进入溶剂晶格中。这就是说间隙固溶体的溶解度都有一定的限度。

间隙的尺寸是很小的,按照 Hagg 的观点,只有当 r_A/r_B 小于 0.59 时,才能形成间隙杂质缺陷。因此,间隙杂质的原子半径常小于 100 pm,如 Zr 晶体中的四面体间隙可以溶入 H 原子(46 pm)形成半金属氢化物 ZrH_{2-x};H 原子及 Li^+(60 pm)都可以进入 ZnO 晶体等。

4.2.3 非化学整比离子化合物中的杂质缺陷

在计量化合物中引入一种或两种杂质离子,造成了化合物不再具有化学整比性,但仍然必须维持整个晶体的电中性。这样,当引入与本体价态不同的离子时,为了维持电中性就必须通过某些离子在晶格中空位或形成间隙离子来满足。以阳离子杂质缺陷形成为例:

(1) 外来杂质离子的电荷高于原基质晶体中被替代离子的电荷。显然,发生这种替代杂质缺陷时,会造成晶体局部正电荷过剩。为了维持整个晶体的电中性,可以通过三种方式来达到:

① 在替代的同时出现被替代离子的空位;

② 形成与被替代离子电荷相反的异号离子的填隙来平衡过剩电荷;

③ 在替代的同时,发生外来阳离子的电荷低于原基质晶体中替代离子的电荷的双(并)重替代。

例如,用 Cd^{2+} 取代 AgCl 晶体中的 Ag^+,每取代一个 Ag^+ 就多余一个正电荷,相应地可以通过出现一个 Ag^+ 空位[图 4.8(a)],或通过一个间隙阴离子来满足电中性原则[图 4.8(b)]。在这两种取代中,前一种情形比较普遍。第二种很少见,目前只发现 UO_2 中有这种替代杂质形成。

第三种情形是一个高价杂质阳离子和一个低价杂质阳离子同时取代基质晶体中的阳离子,构成双(并)重取代杂质缺陷,如图 4.8(c)中所示 NiO 的情况。由于在氧气氛中,Ni^{2+} 可以氧化为 Ni^{3+} 形成杂质缺陷,这时通过加入 Li^+ 替代 Ni^{2+} 来保持电中性。

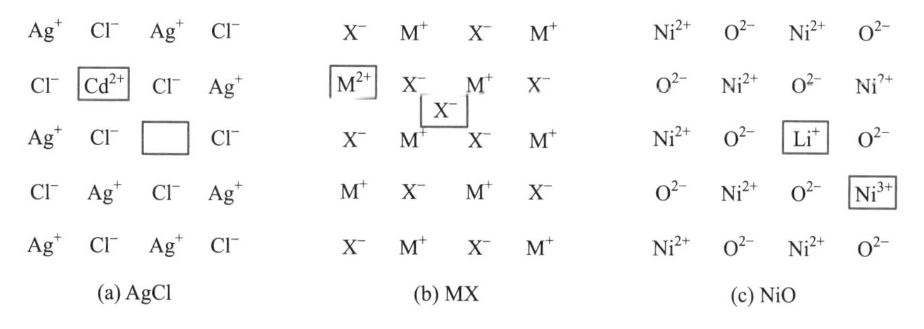

图 4.8 高价阳离子替代低价阳离子形成缺陷的情况

这种通过加入 Li^+ 的量来控制 Ni^{2+} 的氧化，被称作价态控制取代杂质。

(2) 外来杂质阳离子的价态低于原基质晶体阳离子的价态。显然，发生这种替代杂质缺陷时，每替代一个阳离子就会富余一个负电荷，总体造成晶体局部负电荷过剩。为了维持整个晶体的电中性，也可以通过三种方式来达到：

① 在替代的同时出现阴离子的空位；

② 形成间隙阳离子来平衡过剩电荷；

③ 发生替代的同时还发生外来杂质离子的电荷高于原基质晶体中替代离子的电荷的双(并)重替代。

例如，立方晶体 ZrO_2 作为快离子导体(见 4.3.1)常加入稳定剂 CaO，这时 Ca^{2+} 替代 Zr^{4+} 是通过出现 O^{2-} 空位来平衡电荷。硅石 SiO_2 和铝硅酸锂形成固溶体时，部分 Al^{3+} 替代 Si^{4+}，这时需要 Li^+ 进入间隙位置。每进行一个 Al^{3+} 替代 Si^{4+}，就需要有一个 Li^+ 进入间隙位置。

类似地，对于阴离子的取代，也会出现类似的情况来满足电中性。具体情形不再赘述，仅将一般原则总结如下：

高价阴离子替代较低价态的阴离子	低价阴离子替代较高价态的阴离子
↓ 平衡电荷满足电中性方式	↓ 平衡电荷满足电中性方式
① 间隙阳离子 ② 高价阳离子双(并)重替代 ③ 阴离子空位	① 间隙阴离子 ② 低价阳离子双(并)重替代 ③ 阳离子空位

4.2.4　固溶体

含有杂质点缺陷的晶体也称为固溶体，它是作为溶质的杂质离子溶解在作为溶剂的晶体中而得到的固体。固溶体保持溶剂的结构而与溶质的结构无关。杂质的存在会使原始晶体的性质发生很大的变化，为新材料的开发提供了新的途径，所以固溶体的研究是近年来的热点问题之一。

通常用 Vegard(费伽德)定律来判断所制备的样品是固溶体还是混合物。

按照 Vegard 定律，如果所制备的样品形成了固溶体，其晶胞体积的变化应与杂质浓度线性相关。对于薄膜等特殊样品，也可以利用样品的某些特殊衍射峰的 d 值变化是否与杂质浓度线性相关来作出判断。

按杂质离子的位置可将固溶体分为替代式固溶体和填隙式固溶体。现有的固溶体以替代式居多。杂质离子在晶体中的浓度受溶解度的限制。一般来说，与被替代的离子电荷相同、半径相似的杂质离子可以获得更大的溶解度，有的甚至可以无限制地替代。如 MgO-NiO 体系，Mg^{2+} 和 Ni^{2+} 电荷相同、半径也相差不大，故可以互为溶剂无限互溶形成无限固溶体或连续固溶体。但在一般的体系中，杂质的溶解度是有限的，称为有限固溶体。当杂质浓度超出了溶解度就会生成第二相，这时样品的 X 射线衍射谱图上就会有杂相峰出现，电子衍射也会出现两套斑点。

4.2.5 伴随电子、空穴的点缺陷

1. 伴随电子、空穴的本征点缺陷

(1) F-心

F-心是一种在阳离子过剩的非整比离子晶体中形成的电子缺陷。

当在金属钠的蒸气中加热 NaCl 晶体时，晶体吸收钠原子，钠原子占据正常 Na^+的格点位置并变为 Na^+同时释放出一个电子。此时，晶体晶格中多排了 Na^+就相当于晶体中出现了 Cl^-的空位。Cl^-的空位便成为一个具有正电荷的势场中心。这个静电势场具有束缚电子的能力，便把钠原子释放出来的那个电子束缚在该空位。这种俘获电子的阴离子空位就成为一种新的缺陷。激发正电荷势场中的电子所需的能量一般较小，可以吸收可见光从而使离子晶体显示出颜色，因而这种缺陷被称为色中心，并常用德文名称的首写字母表示为 F-心。图 4.9(a) 给出 F-心的形成示意图。

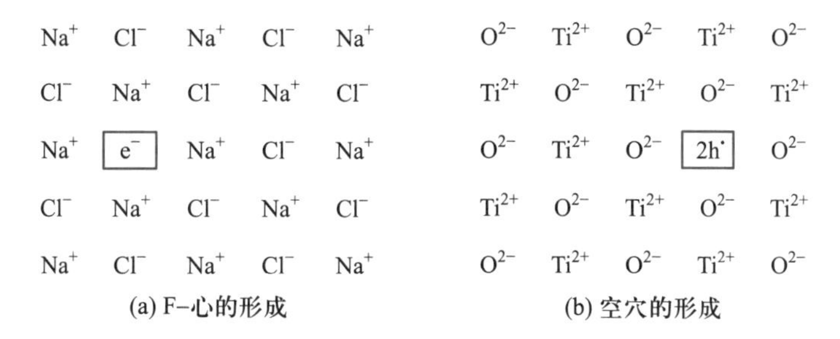

图 4.9 F-心的形成示意图和空穴的形成示意图

NaCl 晶体中随着 Na^+过剩、F-心浓度增大，其颜色由白色变到棕色并不断加深。

这种阴离子空位俘获的电子十分类似于金属能带中的自由电子，可以导电，故称为准自由电子。这种以电子作载流子的导体称为 n 型导体(n 代表 negative electrons)。

F-心缺陷物质实质上是一种非整比化合物。在 19 世纪初曾经发生过 Dalton 和 Berthollet 的化合物的化学计量整比性之争。当时是 Dalton 取得了胜利，肯定了化合物的组成服从定组成定律。但是，在进入 20 世纪以后，人们发现许多固体都具有非整比计量的特征。人们为纪念 Berthollet 就将具有这种非整比计量特征的化合物称为贝托莱体(Berthollide)，对具有整比性计量特征的化合物称为道尔顿体(Daltonide)。显然，F-心缺陷，或更广义地说是点缺陷，是造成非计量化合物的重要原因。

(2) 空穴

空穴是一种阴离子过剩的非化学整比离子晶体中形成的正电荷缺陷。

在离子晶体中，若阴离子过剩，这时晶体中出现的阳离子空位就成为负电场中心，它们可以俘获正电荷。这种缺陷类似于金属能带中的空穴，称为正空穴。这样的空穴可以在晶体中运动，起导电作用，这种以空穴作为载流子的导体称为 p 型导体(p 代表 positive holes)。

如 TiO[图 4.9(b)]晶体，随着制备条件不同，可以使氧过剩，即 O^{2-} : Ti^{2+} 数量比大于 1，这时就会出现阳离子空位。

2. 伴随电子和空穴的非本征杂质缺陷

周期表中 p 区的半金属元素可以相互置换形成固溶体。如在半导体元素锗和硅中加入ⅢA 族元素 B、Al、Ga、In 或ⅤA 族元素 P、As、Sb 就可以形成不等价元素置换的固溶体，它们分别具有明显的电子和空穴缺陷特征。下面举两个例子来说明。

(1) 在本征半导体 Si 中掺入ⅤA 族元素 As

半导体硅为金刚石型共价结构，Si 原子基态构型为 $2s^2 2p^2$，以 sp^3 杂化轨道成键，每个 Si 原子与周围 4 个 Si 原子相连接。如果在此晶体中掺入 As(价电子结构为 $4s^2 4p^3$)来替代 Si 原子，As 以 sp^3 杂化轨道成键后还多余一个电子。这个电子非常松散地束缚在 As 原子上，实际可以看作 $As^+(4s^2 4p^2)+e^-$。这种缺陷可以提供载流子起导电作用，故属于 n 型半导体。由于杂质 As 能够提供电子，故称为施主型杂质。

(2) 在本征半导体 Ge 中掺入ⅢA 族元素 Ga

半导体锗也是金刚石型结构，以 sp^3 杂化轨道成键，每个 Ge 原子与周围 4 个 Ge 原子相连接。若在其中掺入电子构型为 $4s^2 4p^1$ 的ⅢA 族元素 Ga，形成四条杂化轨道时，还缺少一个电子。这时 Ga 原子再结合一个电子形成 Ga^-，而在能带中留下一个空穴，如图 4.10 所示。其导电时以空穴作为载流子，故属于 p 型半导体。由于杂质 Ga 能够接受电子，故称为受主型杂质。

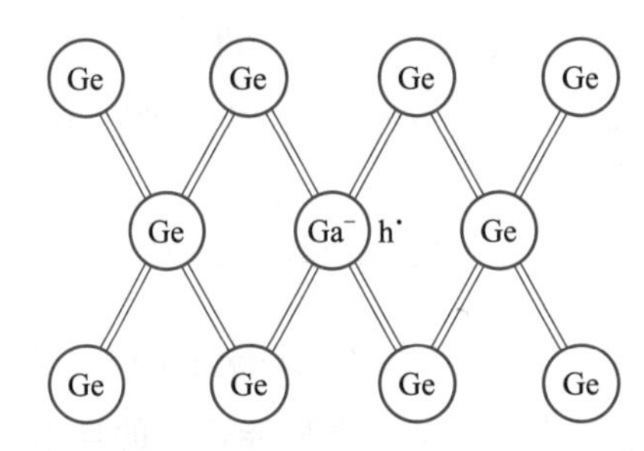

图 4.10　Ge 中掺杂 Ga 形成的缺陷

3. 双重价态控制的本征半导体

这种半导体与前述杂质半导体的不同点是它没有杂质原子，属于电子缺陷。产生于化学计量晶体中存在的同一元素的两种价态离子。这种化合物在材料中有重要的作用。已发展成为混合价态的固体化学和材料化学学科。举几种化合物为例。

(1) 天然磁铁矿 Fe_3O_4

该矿物属于反尖晶石结构(反尖晶石通式为$[B^{Ⅲ}]_T[A^{Ⅱ}, B^{Ⅲ}]_O O_4$，式中 T 表示四面体配位，O 表示八面体配位)，可表示为$[Fe^{Ⅲ}][Fe^{Ⅱ}, Fe^{Ⅲ}]O_4$。晶体中有 $Fe^{Ⅱ}$—O—$Fe^{Ⅲ}$ 链存在。该链可以传递电子：

$$Fe^{Ⅱ}\overset{e^-}{—}O\overset{e^-}{—}Fe^{Ⅲ} \longrightarrow Fe^{Ⅲ}—O—Fe^{Ⅱ}$$

因此，该化合物有特殊的导电性、磁性和光学性质。

(2) 氧化铬 Cr_5O_{12}

氧化铬 Cr_5O_{12} 中的铬原子有两种价态 $Cr^{Ⅲ}$,$Cr^{Ⅵ}$,组成可以写为 $Cr_2^{Ⅲ}[Cr^{Ⅵ}O_4]_3$。其晶体中 O^{2-} 作近似立方密堆,也可形成 $Cr^{Ⅲ}$—O—$Cr^{Ⅵ}$ 链,可以导电。

(3) 双重价态配位化合物 $CsAuCl_3$

配位化合物 $CsAuCl_3$ 中存在金原子的两种价态,各自形成配位离子$[Au^{Ⅰ}Cl_2]^-$和$[Au^{Ⅲ}Cl_4]^-$,实际组成式为 $Cs[Au^{Ⅰ}Cl_2]\cdot Cs[Au^{Ⅲ}Cl_4]$。这样,该配位化合物晶体中存在电子传递链:$Au^{Ⅰ}$—Cl—$Au^{Ⅲ}$,因而也具有半导体性。

4.2.6 离子晶体中的线缺陷、面缺陷和体缺陷

除了点缺陷之外,还有由晶格的一维位错所引起的线缺陷。常见的位错有两种,一是刃位错,二是螺形位错。图 4.11 示出刃位错缺陷。图中,在倒 T 处垂直于纸面的方向上缺了一列原子。

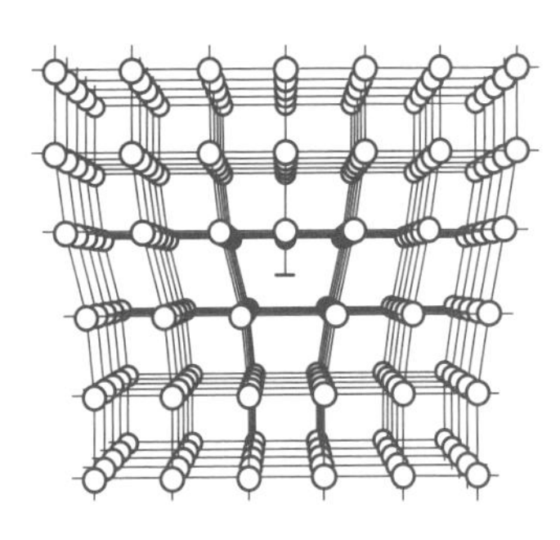

图 4.11 刃位错缺陷

面缺陷是晶体产生了层错。例如,立方密堆积有 ABCABC…的堆积,但是如果在晶体中缺了一层如 C 层,就成了 ABABC…堆积,这就是层错,这种层错造成的缺陷就是面缺陷。

体缺陷是晶体中有包裹物、空洞等包在晶体内部的缺陷。

4.2.7 缺陷对物质性质的影响

根据缺陷的定义,可以看到,在晶体的缺陷的部位,由于它破坏了正常的点阵结构,因而能量较高,它将对晶体的一系列物理的和化学的性质产生影响,所以晶体的缺陷往往是理解物质的光、电、磁、热、力等敏感性质的一个关键。一般而言,晶体越完美,其用途越单一。缺陷的化学是固体化学的核心,因而具有巨大的技术重要性。

一般地,点缺陷对材料的光、电、磁等性质有很大影响,而线缺陷、面缺陷和体缺陷等对材料的机械性能影响较大。当然,在线缺陷、面缺陷和体缺陷附近也常常出现大量点缺陷,也会对材料的光、电、磁等性质产生影响。

(1) 对力学性质的影响

研究表明,一些金属的强度对杂质的影响十分敏感,金属中的微量杂质既可大大提高这类金属的屈服强度,也可显著降低它的韧性,微量杂质尤其是填隙杂质原子对金属的脆性起决定性的作用。

一个十分典型的例子是生铁和熟铁,前者含碳多,后者含碳少,生铁硬而脆,而熟铁则相反,软而韧。

(2) 对电学性质的影响

一般地,如果导体是属于电子导电的金属材料,显然,它内部的缺陷浓度越大,电阻就越

大，因为它影响电子的移动。因此，各种金属导线在拉丝之后都要经过热处理退火，目的就是减少其中的缺陷。

如果导体是属于离子导电的各种离子晶体，则内部缺陷浓度增加电阻降低。

而半导体材料，如 Si、Ge 等在做成器件前都要掺杂。杂质元素的引入，改变了半导体材料的特性，控制掺杂元素的种类和浓度可以得到不同类型、不同电阻率的半导体材料。例如，在 Si、Ge 中掺入ⅢA 族元素的 B、Al、In 等都可得到 p 型半导体，而掺入ⅤA 族元素的 P 和 As 可以得到 n 型半导体。

（3）对光学性质的影响

当在离子晶体中出现过量的金属原子，一般地其量只要超过万分之一，就可以使本来无色透明的晶体产生一种深的颜色。

例如，非计量化合物 $Na_{1+\delta}Cl$ 显示黄色，$K_{1+\delta}Cl$ 显示蓝色。

再如，各种硫化物磷光体的发光现象也与缺陷的存在有很大的关系。作荧光屏用的硫化锌镉 $Zn_xCd_{1-x}S$ 当掺入万分之几的杂质元素 Ag 时，可大大提高发光性能，而少量 Ni 的存在却会显著降低其发光效率。

（4）对催化性能的影响

广义地说，作为催化剂的晶体，其晶体的表面意味着就是缺陷，因为处于表面的原子、离子，其化合价往往没有得到满足，显现出一定的余价，因而能够吸附其他原子、分子，从而使原子和分子的成键性能和反应活性发生变化。此外，催化剂表面的晶格畸变、原子空位等往往就是反应的活性中心，许多催化反应都是在这些活性中心上进行的。

4.3　无机新材料

4.3.1　快离子导体

离子晶体之所以能导电，是由于在实际晶体中存在着缺陷，离子可以在晶体中迁移。事实上，离子晶体都有一定的电导率，只是在一般情况下电导率比较小，不过，也有些离子晶体具有比较大的电导率，甚至几乎与强电解质水溶液的导电能力相等，这种晶体被称为固体电解质。当固体电解质的电导率为 $10^{-3} \sim 10^{-1}\ \Omega^{-1} \cdot cm^{-1}$、活化能小于 0.5 eV 时，这种离子晶体便有实用价值，人们将这种固体电解质称为快离子导体。

无论是从电导上还是从结构上来看，快离子导体都可以视为普通离子固体和离子液体之间的一种过渡状态：

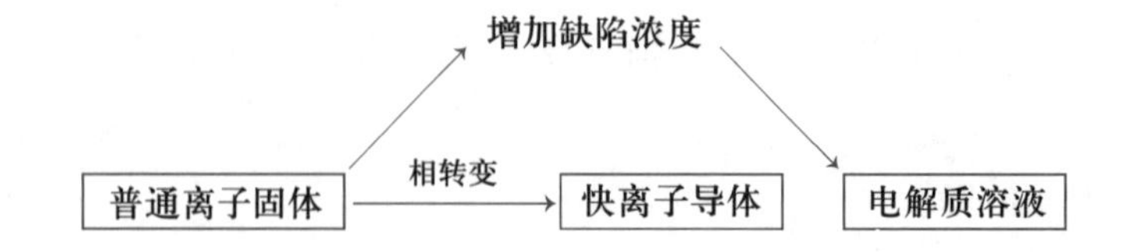

快离子导体中的载流子主要是离子,且其在固体中可流动的数量相当大。如经典的 NaCl、AgCl、KCl 及 β-AgI 晶体中可流动的离子的数量 1 cm^3 中一般少于 10^{18} 个,而快离子导体中可流动的离子数目达到 1 cm^3 中约 10^{22} 个,大了 10000 倍。

按照载流子的类型可将快离子导体分为以阳离子作载流子和以阴离子作载流子的两种:

阳离子作载流子的快离子导体包括银离子导体、铜离子导体、钠离子导体、锂离子导体及氢离子导体等。这些一价阳离子,由于电荷少,因而它们与不迁移的晶格离子之间的静电引力较小,而晶体结构中的合适通道、特定的结构和离子的性质的组合就共同决定着离子的传导作用。

其中,银离子导体是发现最早、研究较多的快离子导体。

早在 1913 年就发现 AgI 的高温相(α-AgI)的电导率比低温相的电导率高三个数量级。结构研究表明,α-AgI 是一种碘离子按体心立方堆积,晶体中有八面体空隙、四面体空隙和三角双锥空隙。Ag^+ 主要分布于四面体空隙中,但也可以进入其他空隙,故在电场作用下可进行阻力较小的迁移而导电。

可以根据图 4.12 AgI 的 Frenkel 缺陷来理解 AgI,广义地是一些离子晶体的导电行为。由于在 AgI 晶格中的 Ag^+ 离开了原来的位置并移动到了其右上方晶格的间隙位置但未脱离晶体,在原位处出现了一个 Ag^+ 空位和在间隙位多出一个 Ag^+。

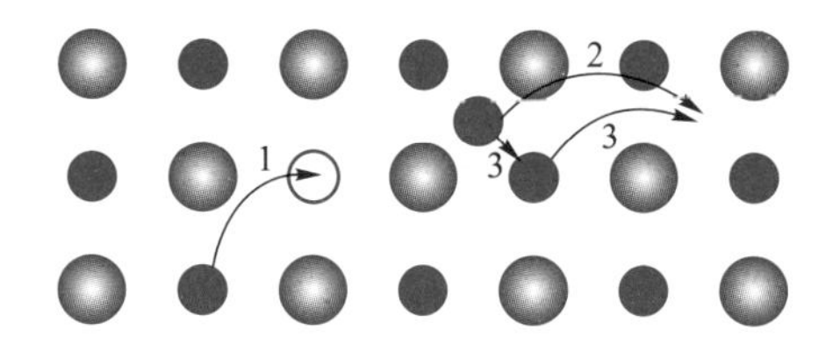

1—空穴机制;2—空隙机制;3—堆填子机制

图 4.12 AgI 晶体中离子迁移方式

正是这种缺陷的存在,使得 Ag^+ 可以在晶格中迁移,其迁移方式可按空位机制、间隙机制和堆填子机制三种方式进行。

空穴机制模式涉及晶格中的空位的运动,当晶格中出现空位时,它附近的离子跃入这个空位,这时原来充填离子的位置上又出现了新的空位;间隙机制是原来处于间隙位置的 Ag^+ 跃入另一个相邻的间隙空位;堆填子机制是原来处于间隙位置的 Ag^+ 造成同它相邻的一个 Ag^+ 离开其正常晶格位置进入相邻的间隙位置,留下的空位被原来处于间隙位置的 Ag^+ 所占据。

显然,第三种机制是空位机制和间隙机制的协同模式。

当温度升高,晶体中的离子有足够的能量在晶格中迁移,因而晶体的电导率增加;当对晶体加一个电场,于是在电场的作用下,这种移动变成定向运动,从而可观察到离子的导电现象。

$RbAg_4I_5$ 是迄今为止电导率最高的常温银离子导体,在室温时的电导率为 0.27 $\Omega^{-1} \cdot cm^{-1}$。付诸实用的银-碘固体电池是以金属银为负极,以 RbI_3 为正极,$RbAg_4I_5$ 为固体电解质。其电池

反应是

$$4Ag + 2RbI_3 \longrightarrow RbAg_4I_5 + RbI$$

其中银失去电子被氧化，因而是电池的负极，I_3^- 得到电子被还原是电池的正极。这种电池适用于-55～+200 ℃，它的寿命长，抗震能力强，可作为微型器件电源。

很早以前就发现了钠离子导体，它是 Na、$\beta-Al_2O_3$ 的非计量化合物。如有一种组成为 $Na_{1.2}Al_{11}O_{17.1}$ 的钠离子导体，其中 Na_2O 多了 1/11。以 Al^{3+} 和 O^{2-} 组成的 $\beta-Al_2O_3$ 的晶体中显然存在大量 Al^{3+} 的空位，同时在晶体中还存在有垂直于主轴的钠离子迁移的通道，从而使 Na^+ 的迁移变得十分容易。

$\beta-Al_2O_3$ 也用作新型高能钠硫蓄电池，电池的结构为

$$(-)\ Na\,|\,\beta-Al_2O_3\,|\,Na_2S_x, S(\text{石墨})\ (+)$$

放电时，Na 失去电子变为 Na^+，Na^+ 通过 $\beta-Al_2O_3$ 电解质和 S 反应，电子则通过外电路到达正极。该电池的理论比容量是铅蓄电池的 10 倍，无自放电现象，充电效率几乎可达 100%，而且价格低廉，结构简单，无环境污染。

阴离子作载流子的快离子导体包括氧离子导体和氟离子导体等。

快离子导体中应当存在大量的可供离子迁移占据的空位置。这些空位置往往连接成网状的敞开隧道。

根据隧道的特点或载流子的迁移通道又可将快离子导体划分为：一维导体，其中隧道为一维方向的通道，如四方钨青铜；二维导体，其中隧道为二维平面交联的通道，如 $Na-\beta-Al_2O_3$ 快离子导体；三维导体，其中隧道为三维网络交联的通道，如 $NaZr_2P_3O_{12}$ 等。

快离子导体材料通常不是某一组成或某一类材料，而是某一特定的相。如碘化银，它有 α、β、γ 三个相，其中只有 α 相为快离子导体。因此，相变是快离子导体普遍存在的一个过程。换言之，某一组成物质，存在有由非传导相到传导相的转变。

以具有萤石型结构的氧化锆快离子导体为例。

在萤石 CaF_2 的晶胞中，阴离子构成简单立方格子，阳离子位于阴离子的立方体空隙的中央，只是占据其中的一半位置（图 4.13）。对氧化锆（ZrO_2）而言，Zr^{4+} 代替了萤石中 Ca^{2+} 的位置和 O^{2-} 代替了 F^- 的位置。

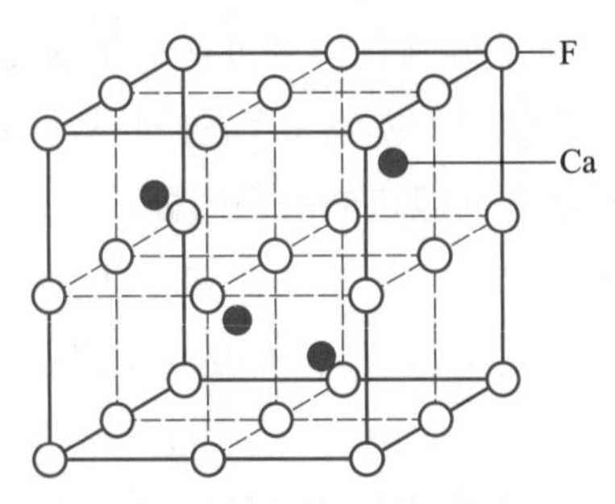

图 4.13　萤石的结构

纯氧化锆有多种晶型：

$$\text{单斜 } ZrO_2 \underset{850\ ℃}{\overset{1150\ ℃}{\rightleftharpoons}} \text{四方 } ZrO_2$$

室温相　　　　　　　　高温相

密度 5.72 $g \cdot cm^{-3}$　　密度 5.31 $g \cdot cm^{-3}$

在由低温相转变为高温相时，样品体积会膨胀约 8%。因此，样品热处理时常因破裂而无法使用。常在氧化锆中掺入稳定剂来改善其机械性能，稳定剂主要是低价的碱土金属氧化物或稀土金属氧化物。

碱土金属氧化物或稀土金属氧化物的加入同时还改善了样品的导电性。例如：

每掺杂 1 个+2 价碱土金属离子就会产生 1 个 O^{2-} 空位，此时的材料组成式可以表示为 $Zr^{\mathrm{IV}}_{1-x}M^{\mathrm{II}}_{x}O_{2-x}(V_O)_x$，式中 V_O 表示 O^{2-} 空位。

每掺杂 1 个+3 价稀土金属离子就会产生 1/2 个 O^{2-} 空位，此时的材料组成式可以表示为 $Zr^{\mathrm{IV}}_{1-2x}RE^{\mathrm{III}}_{2x}O_{2-x}(V_O)_x$。

这样，形成的氧化锆基固溶体就比纯氧化锆中含有更多的空位，使得氧离子的迁移更加容易，也就改善了材料的导电性。

掺杂后的氧化锆也有单斜相和四方相。此外，在室温时还生成一个稳定的立方固溶体相。后者是最好的传导相。

利用原电池原理，采用快离子导体制成的化学传感器，可将化学信息转化为电信号，然后再还原为化学信息。这种传感器使得化学分析测试温度应用范围变宽，且能将静态取样分析变为即时在线分析。如以氧化锆快离子导体制成的对氧敏感的浓差电池可在 500~1000 ℃时使用，检出下限小于 10^{-21} Pa 氧分压，应用在钢水现场分析及污染物和废气分析等方面。该化学传感器的构成和作用原理如图 4.14 所示。

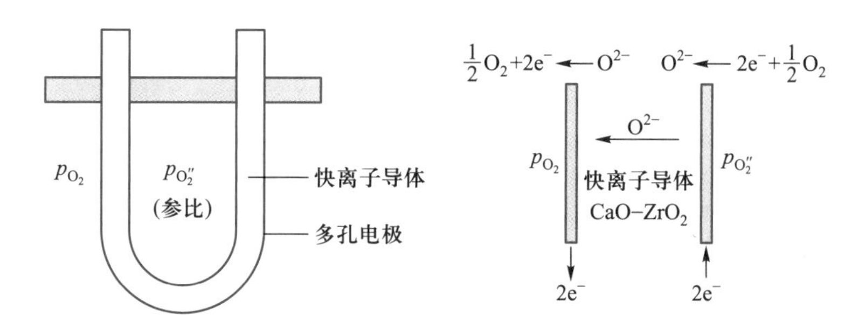

图 4.14　用于氧气测定的化学传感器的构成和作用原理

4.3.2　陶瓷材料

陶瓷是一类无机非金属固体材料，其典型代表有瓷器、耐火材料、水泥、玻璃和研磨材料等。陶瓷材料的形态可以分为单晶、烧结体、玻璃、复合体和结合体。这些形态各有利弊。例如，单晶具有精密功能，但成型加工困难，成本高、硬而脆。因此，单晶陶瓷要与树脂进行复合，再用纤维增强后才能使用。多晶陶瓷材料往往采用烧结方式成型。

传统陶瓷的制作往往采用杂质较多的天然原料(如硅酸盐),在常温下成型,在高温下烧结而成为烧结体。这种陶瓷材料多为结构陶瓷。近几十年来制陶工艺发展迅速,制得了广泛应用在电子、能源诸多领域的耐热性高、机械强度好、耐腐蚀、绝缘及各种电、磁优越性能的新型陶瓷材料,称为精细陶瓷或无机非金属材料。

表 4.4 给出了某些精细陶瓷的应用实例。

表 4.4　某些精细陶瓷的应用实例

材料	特　性	应用领域	用　途	代表物质
电子材料	压电性	点火元件,压电滤波器,表面波器件,压电变压器、压电振动器	引燃器,FM,TV,钟表,超声波,手术刀	$Pb(Zr,Ti)O_3$,ZrO,$LiNbO_3$,水晶
	半导体	热敏电阻、非线性半导体,气体吸附半导体	温度计,加热器,太阳电池,气体传感器	Fe-Co-Mn-Si-O,$BaTiO_3$,$CdS-Cu_2S$
	导电性	超导体,快离子导体	导电材料,固体电解质	$YBa_2Cu_3O_{7-x}$,$Na-\beta-Al_2O_3$,$\alpha-AgI$
	绝缘体	绝缘体	集成电路衬底	Al_2O_3,$MgAl_2O_4$
磁性材料	磁性	硬质磁性体	铁氧体磁体	$(Ba, Sr)O \cdot 6Fe_2O_3$
		软质磁性体	存储元件	$(Zn, M)Fe_3O_4$ (M=Mo, Co, Ni, Mg 等)
超硬材料	耐磨损性		轴承	Al_2O_3,B_4C
	切削性		车刀	Al_2O_3,Si_3N_4
光学材料	荧光性	激光二极管,发光二极管	全息摄影,光通信,计量测试	GaP,GaAs,GaAsP
	透光性	透明导电体	透明电极	SnO_2,In_2O_3
	透光偏光性	透光压电体	压电磁器件	$(Pb, La)(Zr, Ti)O_3$
	导光性		通信光缆	玻璃纤维

陶瓷材料有各种化学成分,包括硅酸盐、氧化物、碳化物、氮化物及铝酸盐等。大多数陶瓷材料含有金属离子,但也有例外。

溶胶-凝胶工艺(参见第 3 章)是一种制备均匀尺寸的超微细粒子材料的重要方法,因而广泛用于精细陶瓷粉体材料的制备过程中。

4.3.3　超导陶瓷材料

通常材料的电阻随着温度的降低而降低。当温度降低到某一程度时某些材料的电阻突然消失,这种现象称为超导现象。人们将这种以零电阻为特征的材料状态称为超导态。超导体从正常状态(电阻态)过渡到超导态(零电阻态)的转变称为正常态-超导态转变,转变时的温度 T_c 称为这种超导体的临界温度。也就是说,零电阻和转变温度 T_c 是超导体的第一特征。

1908 年,荷兰物理学家 Onners 成功地获得了液氦,使得可以获得低达 4.2 K 的低温技术。他利用这项技术试验金属在低温时的电阻。三年后,他发现当 Hg 温度下降到 4.2 K 时,其电阻迅速降低到无法检测的程度(图 4.15)。这是人类第一次发现超导现象。以后又发现了几十种金属、合金及化合物也具有超导现象,不过发生超导现象的温度只有几开(K)。1966 年,Mattthias 发现缺氧钙钛矿型 $SrTiO_3$ 有超导性,温度虽然只在 0.55 K,但其意义在于超导物质已扩充到了无机非金属材料。

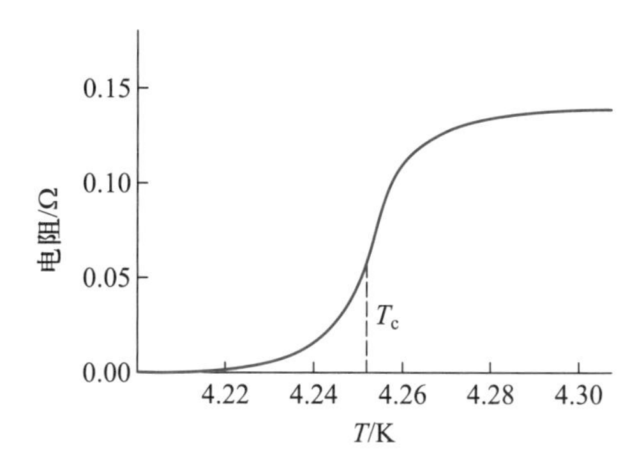

图 4.15 Hg 的零电阻现象

1985 年,发现 Nb_3Ge 超导临界温度达到 23.2 K,操作温度已进入液氮。1986 年,美国 IBM 的 Zurich 实验室的 Bednorz 和 Müller 报道钡、镧、铜氧化物超导体的临界温度可达 30 K,这掀开了氧化物超导体的研究序幕。同年 11 月和 12 月,日本京都大学宣布观察到 $(La, Ba)_2CuO_{4-y}$ 的临界温度大于 35 K,并有抗磁现象。同期,美国 Houston 大学朱经武教授也报道了他们的工作。1987 年,中国科学院赵忠贤等人报道了超导体系 Sr-La-Cu-O 和 Ba-La-Cu-O 中组成为 $Sr_{0.5}La_{4.5}Cu_5O_{5(3-y)}$ 和 $Ba_{0.5}La_{4.5}Cu_5O_{5(3-y)}$ 的化合物的超导临界温度达到了 48.6 K,不久朱经武教授又把临界温度提高到了 78 K,两周后赵忠贤等人报道已把临界温度提高到 90 K,并宣布超导体系为 Y-La-Cu-O。

如果把处于超导态的超导体置于一个不太强的磁场中,磁力线无法穿过超导体,超导体内的磁感应强度为零,这种现象称为超导体的完全抗磁性,这是超导体的第二特征。这种抗磁现象最早是在 1933 年由 Merssner 和 Ochenfeld 所发现的,因而又被称为迈斯纳效应(图 4.16)。不过,当加大磁场强度时也可以破坏超导态。这样,超导体在保持超导态不至于变为正常态时所能承受的外加磁场的最大磁场强度 H_c 被称为超导体的临界磁场 $H_c(T)$。

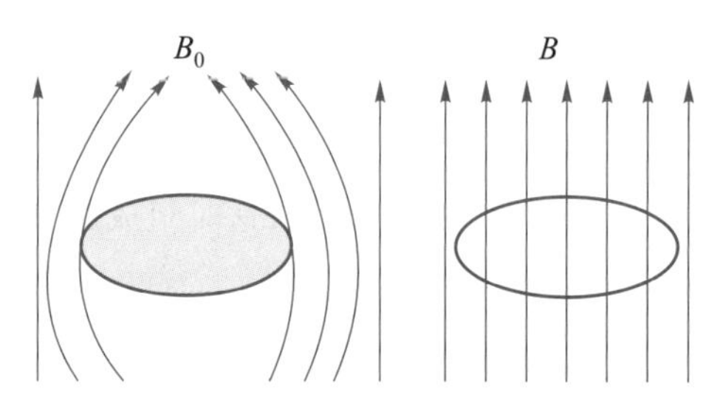

图 4.16 超导体的迈斯纳效应

在临界温度 T_c 以下，超导态不至于被破坏而容许通过的最大电流称为临界电流 I_c。

T_c，H_c，I_c 是评价超导材料性能的重要指标，对理想的超导材料，这些参数数值越大越好。

在 Y-Ba-Cu-O 体系中可形成 3 种三元化合物：Y_2BaCuO_x（211 化合物）；$YBa_2Cu_3O_{7-x}$（123 化合物）；$YBa_3Cu_2O_x$（132 化合物）。其中，123 化合物 $YBa_2Cu_3O_{7-x}$（$x=0\sim1$）是一种超导化合物。

图 4.17 示出钙钛矿和 123 化合物 $YBa_2Cu_3O_{7-x}$ 的晶体结构。由图可见，该结构类似于钙钛矿型，只是某些层中缺少了氧原子。Ba^{2+} 和 Y^{3+} 占据了相当于钙钛矿中的 Ca^{2+} 的位置，交替两层间隔排列 Ba^{2+} 层和 Y^{3+} 层，Cu^{2+} 则相当于占据钙钛矿中 Ti^{4+} 的位置。

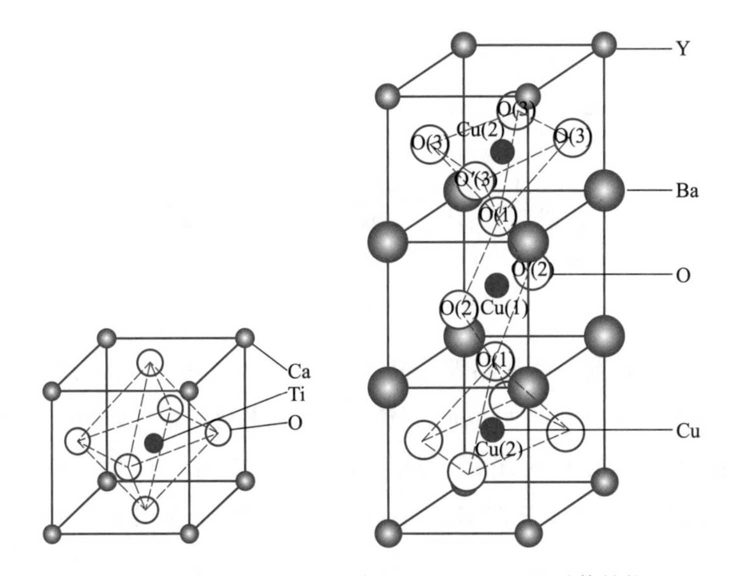

图 4.17　钙钛矿和 123 化合物 $YBa_2Cu_3O_{7-x}$ 的晶体结构

在一个单胞中，Y 原子数为 8×1/8=1，Ba 原子数为 8×1/4=2，Cu 原子数为 3。O 原子在上下两层中各有 4×1/2=2 个；在中间层的 O 原子有两对，其数为 2+2/2=3 个；故总计有 O 原子 7 个。换句话说无缺陷的 123 化合物的化学计量组成为 $YBa_2Cu_3O_7$。而实际上的超导相在 O_2 的位置上出现了 O 的缺位，这样就成了非化学计量相 $YBa_2Cu_3O_{7-x}$。

从 $YBa_2Cu_3O_{7-x}$ 化合物的结构可见，上下两层铜离子的配位数等于 5，中间层铜离子的配位数≤4。从价态看，铜离子的价态介于+2～+3，即属于非正常态。

这种非化学计量相有下面两种晶型：

（1）四方对称性结构（T）

中间 O(2) 的位置氧原子层的氧原子全部缺位，这时组成为 $YBa_2Cu_3O_6$，由于在垂直方向存在 C_4 旋转轴，故称为四方对称结构。

（2）正交型结构

中间 O(2) 的位置氧原子层的氧原子部分缺位，这时组成为 $YBa_2Cu_3O_{7-x}$。

按照缺位氧原子的位置又可以分为两种晶型：

缺位氧原子完全处在一种空圈氧原子处，这种晶型称为有序正交晶型（OO 型）；

缺位氧原子随机地分布在两个空圈氧原子的位置，这种晶型称为无序正交晶型

(DO 型)。

含氧较多的 T 形结构和无序正交晶型具有超导性,但临界温度 T_c 不够高,在 55~77 K 范围内。而有序正交结构呈现出最高的临界温度,T_c 在 90 K 以上。

4.3.4 压电晶体材料

以石英(SiO_2)为例。石英晶体以 SiO_4 四面体为结构单元构成晶胞,Si 原子的配位数为 4。晶体属于三方晶系,有 3 条 2 次对称轴,属于无对称中心的晶体。为描述方便起见,使用六方晶胞来描述其结构。六方晶胞的[100]晶面的投影图如图 4.18(a)所示。

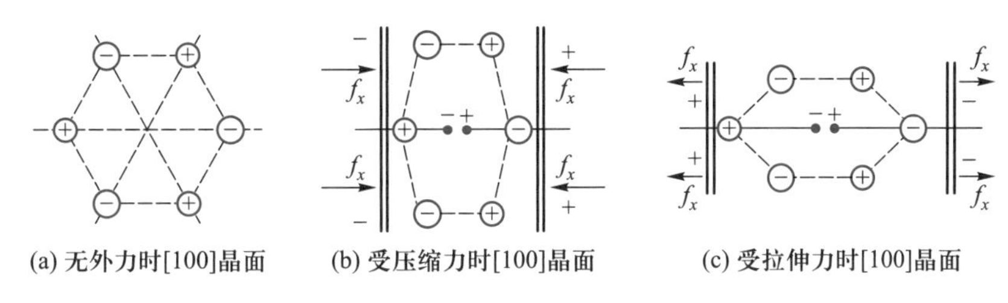

图 4.18 石英晶体的压电效应

当晶体不受外力作用时,3 个氧阴离子呈正三角形排列,负电中心在三角形的中心,3 个硅阳离子也呈正三角形排列,正电中心也在三角形的中心。因此,正、负电荷中心重合,这时保持总电矩为零,晶体表面的电荷亦为零[图 4.18(a)]。

如果晶体沿着 x 轴方向受力(f_x)时,这时两种电荷中心沿着 x 轴向相反方向移动,结果产生了偶极。图 4.18(b)、图 4.18(c)分别为受压缩力(相当于在 y 轴施加拉伸力)与受拉伸力(相当于在 y 轴施加压力)的情况,这两种受力情况所引起晶体表面所带电荷的符号正好相反。但无论是在哪个方向施加机械力,偶极总在 x 轴上,因此将 x 轴称为电轴,将 y 轴称为机械轴。

这种晶体在受到机械力时,表面能感应出电荷,且晶体表面的一侧为正电荷、另一侧为负电荷的现象称为正压电效应。反过来,若是使电场作用于晶体,晶体在电场作用下,会发生应力变化,即尺度发生改变,换句话说产生上述过程的逆过程,这种现象称为逆压电效应。逆压电效应实际上是压电材料在电场作用下发生的电致伸缩。

这种压电效应是在 1880 年由 J. Curie 和 P. Curie 兄弟发现的。

具有压电性质的晶体在外加应力 σ 作用下,产生电偶极 P,两者成线性关系:

$$P=\alpha\sigma$$

式中,比例系数 α 称为压电系数,是压电材料的特征参数。

从压电效应可以看出,产生压电效应的材料的结构特征是其不具有对称中心。在晶体 32 个点群中,有 21 个点群没有对称中心,这些晶体就可能具有压电性质。其他 11 个点群具有对称中心,是非极性的。具有对称中心的晶体受到外力作用时,会产生对称的离子位移,因此其偶极矩不发生净变化,具有这些结构的材料就没有压电性质。

除石英外，酒石酸钾钠、磷酸二氢铵、钼酸银、铌酸锂、碘酸锂等晶体也都是比较好的压电晶体材料。一些压电半导体，如 CdS、CdSe、ZnO、ZnS、ZnTe、CdTe 等ⅡB-ⅥA 族化合物，以及 GaAs、GaSb、InAs、InSb、AlN 等ⅢA-ⅤA 族化合物，以钛酸钡系列为代表的压电陶瓷材料都能产生压电效应。

利用材料的压电效应可以制作多种功能转换器件。如用于燃气点火装置[图 4.19(a)]和压电变压器[图 4.19(b)]等。

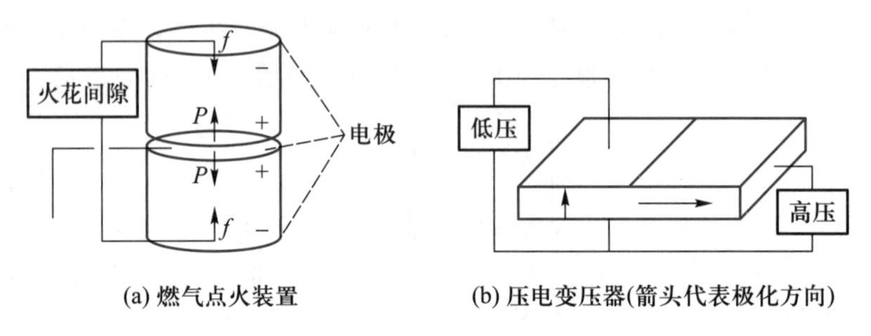

(a) 燃气点火装置　(b) 压电变压器(箭头代表极化方向)

图 4.19　压电材料应用

利用材料的逆压电效应可以制作超声波器件。在电场作用下，材料发生应力变化，产生特定的超声波，用于医疗、声呐及材料无损探伤等。这些技术上使用最多的是纤维锌矿晶体 CdS、CdSe、ZnO 等，它们的机械-电耦合系数大，且具有光导电性，通过光照可以控制其载流子浓度。

4.3.5　发光材料

1. 荧光和磷光

(1) 光致发光材料的基本组成

光致发光材料一般需要一种基质晶体，如 ZnS、$CaWO_4$ 和 Zn_2SiO_4 等，然后在基质中掺入少量的诸如 Mn^{2+}、Sn^{2+}、Pb^{2+}、Eu^{2+} 等阳离子。这些阳离子往往是发光活性中心，称为激活剂。有时还需要掺入其他杂质阳离子，称为敏化剂。

图 4.20 示出荧光体和磷光体的发光机制。图中 H 为基质，A 为激活剂，S 为敏化剂。当某种常温物质经某种波长的入射光(通常是紫外光或 X 射线)照射，吸收光能后进入激发

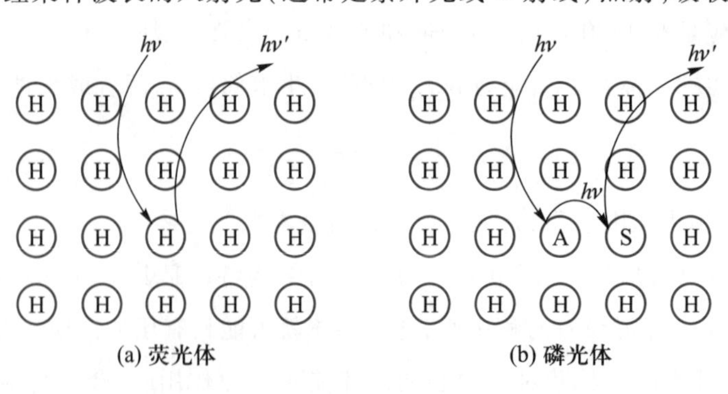

(a) 荧光体　(b) 磷光体

图 4.20　荧光体和磷光体的发光机制

态，并且立即退激发并发出比入射光的波长长的出射光（通常波长在可见光波段）；很多荧光物质一旦停止入射光，发光现象也随之立即消失。具有这种性质的出射光就被称为荧光。另外有一些物质在入射光撤去后仍能较长时间发光，这种现象称为磷光，又叫余晖。简而言之，就是激发一停，发光立即停止的就是荧光；当激发停止后，发光现象持续存在的就是磷光。

（2）斯托克斯磷光体和反斯托克斯磷光体

一般说来，发光固体吸收了激活辐射的能量 $h\nu$，发射出能量为 $h\nu'$的光，而 ν'总小于 ν，即发射光波长比激活光的波长长，$\lambda' > \lambda$。这种效应称为斯托克斯位移。具有这种性质的磷光体称为斯托克斯磷光体。

新的一类引起广泛兴趣的发光材料是反斯托克斯磷光体。这种材料的特点是能发射出高于激活辐照能量的光谱。利用这种磷光体就可能将红外光转变为高能量的可见光，这具有十分重要的意义，可以用于红外摄像和监测仪等。研究得较为透彻的反斯托克斯磷光体材料之一是以 $YF_3 \cdot NaLa(WO_4)_2$ 和 $\alpha-NaYF_4$ 等为基质，以 Eu^{3+} 为激活剂，以 Yb^{3+} 为敏化剂的双重掺杂材料。这些材料可以把红外辐射转化为绿色光。

反斯托克斯磷光体是否违反能量守恒定律呢？其实不然。从发光机理来看，激活过程采用了多级激活机制，激活剂逐个接受敏化剂提供的光子，激发到较高的能级[图 4.21(a)]；或者是采用合作激活机制，激活剂可以同时接受敏化剂提供的 2 个光子，激发到较高的能级[图 4.21(b)]。

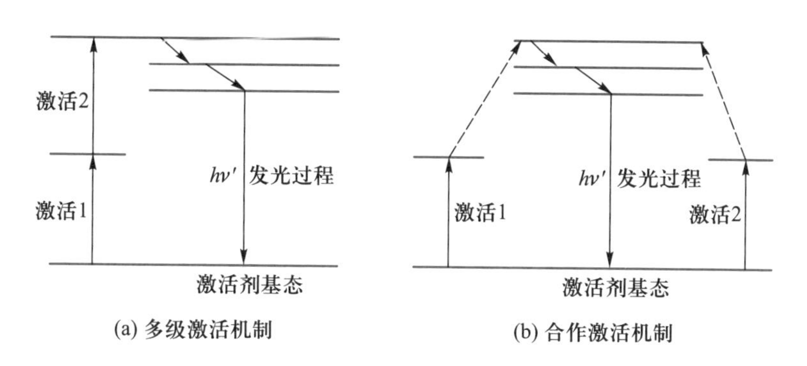

图 4.21 反斯托克斯磷光体的多级激活机制和合作激活机制

（3）磷光和荧光材料

可以从基质晶体和掺杂活性粒子两个方面来讨论灯用磷光材料的组成。

常用的基质晶体有两类：

① 离子型绝缘材料，如 $Cd_2B_2O_5$、Zn_2SiO_4、$3Ca_3(PO_4)_2 \cdot Ca(Cl, F)_2$ 等。离子型磷光体的发光过程可用前述的位形坐标来说明，相应的激活离子有一套不连续的能级，且受基质晶体环境的影响而有所修正。

② 共价型半导体化合物，如 ZnS 等。这种基质的能带结构会因加入激活剂离子伴随的定域能级而有所改变。例如，分别掺杂 Ag^+、Sb^{3+} 和 Eu^{2+} 的 ZnS 磷光体由于激活剂不同而产生特征的光谱和颜色。对应的电子跃迁如下：

离子	基态	激发态
Ag^{+}	$4d^{10}$	$4d^{9}5p^{1}$
Sb^{3+}	$4d^{10}5s^{2}$	$4d^{10}5s^{1}5p^{1}$
Eu^{2+}	$4f^{7}$	$4f^{6}5d^{1}$

在荧光灯中广泛应用的材料是双重掺杂了 Sb^{3+} 和 Eu^{2+} 的磷灰石。在磷灰石基质 $Ca_5(PO_4)_3F$ 中掺入 Sb^{3+} 发蓝荧光，掺入 Eu^{2+} 后发橘黄色光，两者都掺入则发出近似白色光。用 Cl^- 部分取代氟磷灰石中的 F^-，可以改变发射光谱的波长分布。这是由于基质变化改变了激活剂离子的能级，也就改变了其发射光谱的波长。以这种方式小心控制组成比例，可以获得较佳的荧光颜色。

彩色电视机显像管用发光材料由红、绿、蓝三种成分组成。在阴极射线发光材料中，近年来发展极快、具有前途的一类材料是稀土型发光材料。稀土型发光材料既能承担激活剂的作用，也能作为发光材料的基质，而且具有极短余晖、颜色饱和度和性能稳定的特点，且能在高密度电子流激发下使用，因此在彩色电视机显像管中得到广泛使用。

在稀土型发光材料中，作基质材料的有 YVO_4、Y_2O_3 及 Y_2O_2S 等，这些都是较好的基质材料。若以 Eu^{2+} 作为激活剂可以制得发红光的材料，若以 Tb^{3+}、Ho^{3+}、Er^{3+} 作为激活剂可以制得发绿光的材料。稀土蓝色材料一直研究得较少，其原因在于已用于彩色电视机显像管的蓝色材料 ZnS：Ag，在目前看还是最好的。现在研制的 YVO_4：Tm 等，尽管其辐射光当量几乎比 ZnS：Ag 大两倍，但能量效率非常低，并且色坐标不如后者。还开发了由 Eu^{2+} 作为激活剂的硼酸锶、硼酸钙和硼酸钡的固溶体，以及硼磷酸钙、硼磷酸锶和硼磷酸钡的固溶体等发蓝色光的材料，其中效率较高的是 $Sr_3(PO_4)_2$：Eu。

2. 激光材料

激光器简称镭射（Laser），镭射是英文“light amplification by stimulated emission of radiation（受激发射光放大器）”首写字母的缩写的中文译名。激光器发射的光就是激光，它有三大特点：

① 亮度极高，有些可以调控到比太阳的亮度高几十亿倍；

② 单色性好，谱线宽度与单色性最好的氪灯发出的光相比，只是后者的十万分之一；

③ 方向性好，光束的散射角可达到毫弧度。

激光束可用于加工高熔点材料，也可用于医疗、精密计量、测距、全息检测、农作物育种、同位素分离、催化、信息处理、引发核聚变、大气污染监测及基本科学研究各方面，有力地促进了物理、化学、生物、信息等诸多学科的发展。

激光器按其工作物质可以分为固体激光器、气体激光器和液体染料激光器。激光工作物质对激光器的发展起着决定性的作用。

固体激光材料实际上是一些能满足一定的特殊条件的发光固体。激光晶体也是一种晶体材料作基质，向其中引入某种杂质离子作活化发光中心。与荧光材料和磷光材料不同，激光晶体具有特殊的激活和发光过程。激活过程是将活化中心注入激发态，称为激励。这样的活化中心具有合理的寿命。换句话说，这些活化中心受激后并不立即发射能量回到基态，而是待激励遍及“全域”。因而激发态比基态具有更多的活化中心。发光时，从一个活化中心发出的光刺激其他活化中心，以致辐射在整个相中进行，于是就构成了相干辐射的强烈光束或脉冲。

最早的激光系统是红宝石激光器，它是在1960年由Maiman所发现的，至今仍然是一个重要的激光系统。红宝石激光器以刚玉为基质晶体，掺入0.05%的Cr^{3+}作活化中心。图4.22是红宝石晶体活化中心Cr^{3+}的能级结构及激发和发射原理。

由图4.22可见，假如用氙光灯的强可见光照射到红宝石晶体上，Cr^{3+}的d电子从基态$^4A_2$激发到较高的激发态$^4F_1$、$^4F_2$能级。激发态能级$^4F_1$、$^4F_2$的寿命较短，其上的电子很快通过非辐射跃迁（非辐射跃迁放出的能量以热能方式转移给Cr^{3+}周围的基体晶体）回到稍低一些的能级^2E。^2E激发态能级的寿命较长，这意味着有足够的时间可以将这种激发状况普遍化。这时，若用波长和位相相当于^2E和$^4A_2$能量差的光进行诱导，光子就会像打开了开关一样，猝然从^2E激发态返回到^4A基态，这就是所谓的激光。在这一转变过程中，便产生了强的波长为693.3 nm的相干红光脉冲。

图4.23示出的红宝石激光器的构造是为适应活化离子的机理和激光光束强度加强的需要而设计的。红宝石激光器的主体是一根长数百厘米、直径1~2 cm的红宝石晶体棒，周围环绕着闪烁灯，使得它能从各方向都受到有效的辐照。晶体棒的一个侧端装有一面镜子，它使发出的光又返回到晶体棒中。另一侧端装有Q阀。其实Q阀也是一面可旋转的镜子，它既可以将光束返回晶体棒中，也可以允许激光束从系统中射出。只是当光束强度达到最佳要求时才被允许发射。这样，由于激光束在晶体棒中往返通过，形成了更多的活化中心，就使初始相干辐射脉冲强度变大。

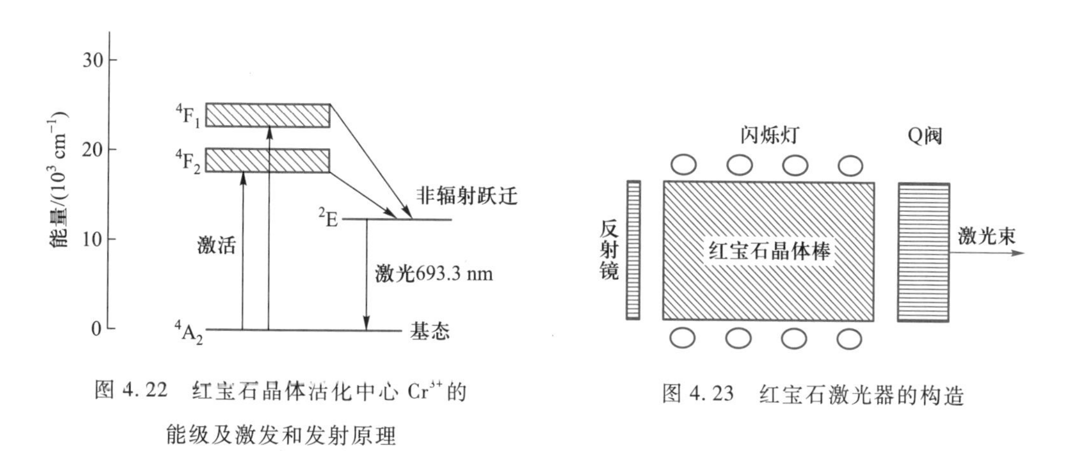

图4.22 红宝石晶体活化中心Cr^{3+}的能级及激发和发射原理

图4.23 红宝石激光器的构造

Nd^{3+}也是重要的激光活化中心离子，基质可采用玻璃，还可以用钕钇铝石榴石（YAG）。图4.24是钕钇铝石榴石晶体中Nd^{3+}的能级。A、B、C、D、E、F是Nd^{3+}的吸收谱带，λ_1、λ_2、λ_3是辐射谱线，其中λ_2概率最大。当光源照射在钕钇铝石榴石上时，原来处于基态$^4I_{9/2}$能级上的电子吸收能量后被激发到$^4F_{3/2}$及其上方各能级之上，在这些能级中，平均寿命为 10^{-9} s，唯$^4F_{3/2}$的寿命较长，约为 2.3×10^{-4} s。寿命较短的激发态分别快速地通过非辐射跃迁而集中到$^4F_{3/2}$能级上，然后再由$^4F_{3/2}$集中向下跃迁，这种跃迁既可以到$^4I_{13/2}$、$^4I_{11/2}$，也可到$^4I_{9/2}$，但到$^4I_{11/2}$的概率最大。这样，瞬间就得到了强度很大、波长一定、位相相同的激光光束。当以玻璃为基质时激光的波长为 1060 nm，以钕钇铝石榴石为基质时激光的波长为 1064 nm。

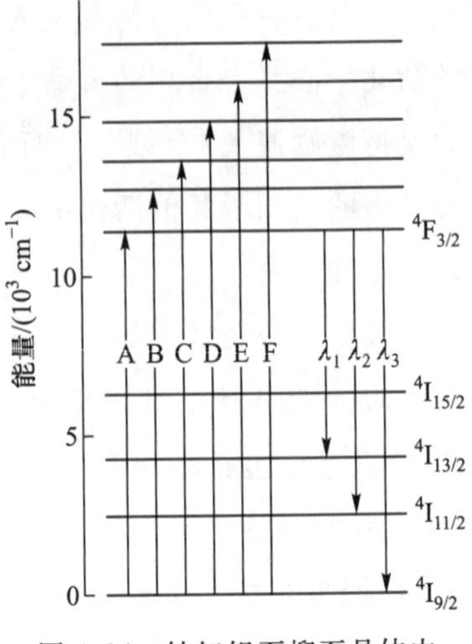

图 4.24　钕钇铝石榴石晶体中 Nd^{3+} 的能级

4.3.6　磁性材料

磁性材料在促进社会科技发展中有着重要的地位，我国古代就有了根据物质磁性而发明指南针的伟大创举。在现代社会生活的实际中，磁性材料也得到广泛应用，如工业上的磁力机械、磁屏蔽和电磁吸收材料、扬声器、电话通信器材、电动机、高科技中的磁开关、敏感器件、信息储存材料、磁碟或磁带、智能磁性材料等。

人们熟知的磁体大都为具有 d 或 f 轨道的过渡金属为基础的磁体。它们大都是用高温冶炼的方法制备的无机物质。

近些年来发展了一类分子磁体。它们是以顺磁性分子作为基块按某种有序的方式使分子自旋在空间排列的磁体，是通过有机金属或金属的配合物的低温合成方法制得的。

与通常的磁铁相比，分子磁体的特点如下：

① 易于用化学方法对分子进行修饰和剪裁而改变其磁性；

② 可以将磁性和其他机械、光、电等特性相结合；

③ 可以用低温的方法进行合成。

这些特点使分子磁体特别适用于未来作光电子器件。

从量子力学来看，每个电子的运动都关联一个小磁矩(μ)。分子中的电子在绕核的轨道运动和电子本身的自旋运动都会产生磁效应。电子自旋运动产生自旋角动量，从而产生自旋磁矩；电子的轨道运动产生轨道角动量，产生轨道磁矩。当把分子作为一个整体看时，构成分子的各个电子对外界产生的磁效应的总和可用一个等效的环电流（称为分子电流）表示，这个环电流具有一定的磁矩，称为分子磁矩。

当分子中所有电子都自旋配对时，其净自旋为零，这些配对的电子由各自的自旋运动所产生的相反磁场彼此相消。这些分子，它们虽然不含未成对电子，但却有闭壳层的电子，在外磁场的作用下，成对电子的轨道平面被稍微扭斜，因而产生出一个与外磁场反向的小的净轨道磁矩，物质表现为抗磁性而受到外磁场的排斥。因此，没有未成对电子的原子、分子或离子都具有抗磁性或反磁性。H_2，Cl_2 等就属于具有反磁性的分子。

当分子含有未成对电子时，物质的分子有净的磁矩，且该净磁矩常为未成对电子的自旋磁矩和轨道磁矩的组合。这种由净磁矩分子组成的物质在没有外加磁场时，由于热运动，分子的固有磁矩处于无序状态，指向各个方向的概率相同，因而平均磁矩为零。当置于外磁场中时，分子的固有磁矩趋向于顺着外磁场的方向转向，使体系的能量降低。这时物质内部产生一个附加的磁场，物质表现为顺磁性。所以，具有未成对电子的分子都具有顺磁性，如 NO、O_2 等。

顺磁性物质通常也具有闭壳层电子，从而也具有抗磁性行为，只是抗磁性比顺磁性低几个数量级，所以，在多数情况下，分子磁矩主要是由电子的自旋运动所产生的。因而凡是具有未成对电子时分子总是表现出顺磁性。此外，一种顺磁性离子在抗磁性溶剂如水的极稀溶液中也可能是抗磁性的，因为其中抗磁性物质与顺磁性物质的比值太大。

当含有未成对电子的分子形成固体时，分子所表现的宏观磁性质（用摩尔磁化率χ_m 来表示），与各个分子中的自旋在空间的相互取向后而形成的总自旋 S 有关。这种不同的自旋相互作用使得它们表现出不同的磁性质，特别表现在它们在外磁场作用下有不同的响应。

通常有下列几种磁化特性：

当分子间相互离得较远（当过渡金属离子被体积大的配体所配位时，就是这种情况）时，自旋间耦合的能量小于热能，这时的行为体现为顺磁性。即使配合物分子本身的排列是有序的，其自旋在磁场中的排列也受温度的干扰而并非完全有序取向。其特征是其分子摩尔磁化率χ_m服从 Curie 定律：

$$\chi_m = C/T$$

式中，C 为常数。

当分子间相互靠得很近，若导致自旋相互平行，则称为铁磁性耦合。具有这种性质的材料称为铁磁性物质，像 Fe、Co、Ni 和某些稀土金属等都具有铁磁性。相反，当自旋耦合导致自旋反平行时称为反铁磁性耦合。具有这种性质的材料称为反铁磁性物质，如 Mn、Cr、MnO 等属于此。

铁磁性物质也能被磁场所吸引，只是磁场对铁磁性物质的作用要比对顺磁性物质的作用大得多，在铁磁性物质中，存在着称为磁畴的区域。在磁畴内含有大量的顺磁原子，它们全都按同样的方向排列。相邻磁畴之间的界叫畴壁，畴壁是一个有一定厚度的过渡层，在过渡层中磁矩方向逐渐改变。在通常的情况下，磁畴的取向是混乱的，尽管每个磁畴都相当于一个磁体，但由于取向混乱，磁矩相互抵消。当铁磁性物质置于磁场中时，各个磁畴沿磁场方向定向排列，产生巨大的磁矩。因而铁磁性物质与磁场的相互作用要比顺磁性物质大得多。当撤去外加磁场时，顺磁性物质中定向排列的“小磁体”因热运动而迅速变得混乱从而没有永久磁性，但铁磁性物质仍因磁畴趋向于保持其在外加磁场时的取向而使物质具有残余磁性。在所有的金属中，只有铁、钴、镍和一些稀土金属具有铁磁性。

如果在磁场中“小磁体”的磁矩是反平行排列的，则每个磁矩都被大小一样、方向相反的磁矩所抵消，物质就表现出反铁磁性。

铁磁性和反铁磁性耦合的分子摩尔磁化率χ_m通常都服从 Curie-Weiss 定律：

$$\chi_m = C/(T - \theta)$$

二者的区别是铁磁性物质的 Weiss 常数 θ 为正值，反铁磁性物质的 θ 为负值。

当具有大小不相等的自旋 S_1 和 S_2 的两个分子相互靠近而形成反铁磁性耦合时，它们的自旋不能完全抵消，表现出相当于 $S = |S_2 - S_1|$ 的磁性，这种物质称为亚铁磁性物质。

当铁磁性物质或反铁磁性物质等宏观磁有序物质颗粒的尺寸减小到一定的临界尺寸以下时，由于热扰动的影响，使这些磁有序颗粒体系表现出一些特别的磁性，如类似于顺磁性的超顺磁性，类似于铁磁性的超铁磁性，以及具有反铁磁性特点的超反铁磁性等。因为这些超磁性大多出现在纳米材料中，故也称为纳米磁性。

磁性是物质的一种基本属性。物质按照其内部结构及其在外磁场中的性状可分为抗磁性、顺磁性、铁磁性、反铁磁性和亚铁磁性物质。铁磁性和亚铁磁性物质为强磁性物质，抗磁性和顺磁性物质为弱磁性物质。磁性材料按性质分为金属和非金属两类，前者主要有电工钢、镍基合金和稀土合金等，后者主要是铁氧体材料。

金属磁性材料按用途不同可分为软磁材料和永磁材料。软磁材料具有高的初始磁化强度、饱和磁化强度和最大磁化率，低的剩余磁通密度和矫顽力。硅钢是软磁材料的典型例子。永磁材料具有高饱和磁化强度、高矫顽力，如 $SmCo_5$、Sm_2Co_{17}、Nd-Fe-B 等。

铁氧体磁性材料是以氧化铁为主要成分的磁性复合氧化物。从结构来分类，主要有尖晶石铁氧体和稀土石榴石铁氧体。

（1）尖晶石铁氧体

许多重要的商品铁氧体磁性材料都具有尖晶石（通式为$[A^{II}]_T[B_2^{III}]_O O_4$）结构。铁氧体的通式为 MFe_2O_4，其中 M 为+2 价金属离子，如 Ni^{2+}、Cu^{2+}、Zn^{2+}、Mn^{2+}、Co^{2+}、Mg^{2+}等，Fe^{3+}为+3 价离子。在尖晶石结构中，有 2 种位置适合阳离子的占据：氧阴离子四面体空隙，每个晶胞中有 64 个 A 位，其中只有 8 个位置上允许有阳离子；氧阴离子八面体空隙，每个晶胞中有 32 个 B 位，其中仅有 16 个位置上允许有阳离子。

磁赤铁矿 γ-Fe_2O_3 也具有尖晶石结构，但是相比四氧化三铁磁铁矿，它没有+2 价离子，本应由+2 价的 Fe^{2+}占位的八面体空隙中有 2/3 被+3 价的 Fe^{3+}占据，其余 1/3 空隙仍空着。

其他具有尖晶石结构的简单铁氧体还有锰铁氧体、钴铁氧体、镍铁氧体、铜铁氧体、镁铁氧体等。当两种铁氧体复合时，可以得到优异磁性能的复合铁氧体，它可以看作一种铁氧体溶于另一种铁氧体的固溶体。典型的复合铁氧体是复合锌铁氧体，如镍锌铁氧体（$Zn_{1-x}Ni_xFe_2O_4$）、锰锌铁氧体（$Zn_{1-x}Mn_xFe_2O_4$）、钴锌铁氧体（$Zn_{1-x}Co_xFe_2O_4$）。它们一般都有高的磁导率、高的饱和磁化强度以及高的磁致伸缩性质。这些铁磁体的磁结构示意在图 4.25 中画出，8 个四面体空隙中的离子的磁自旋与 16 个八面体空隙中的离子的磁自旋反平行。

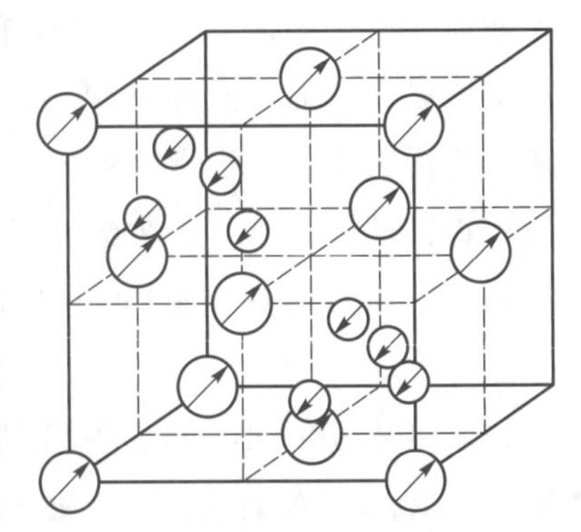

图 4.25　铁磁体的磁结构（未画完）

(2) 稀土石榴石铁氧体

石榴石型矿物是一类通式为 $A_3B_2X_3O_{12}$ 的复杂氧化物，许多重要的铁磁性材料具有此结构类型。稀土石榴石的组成可以表示为 $(3M_2O_3)_c(2Fe_2O_3)_a(3Fe_2O_3)_d$，M 为稀土离子，晶体结构是立方的。每个晶胞中含有 8 个 $M_3Fe_2Fe_3O_{12}$ 分子，有 160 个原子。图 4.26 展示了不含氧离子的石榴石结构单元。晶胞由 8 个这样的单元所组成，每个晶胞有 3 个 c 单元、2 个 a 单元和 3 个 d 单元。a 单元排列在体心立方点阵上；c、d 单元则位于立方体的面上。每个 a 单元周围有 6 个氧阴离子，形成一个八面体配位；每个 c 单元周围有 4 个氧阴离子，形成四面体配位。这些配位多面体中没有一种是规则的，氧点阵严重畸变。a 和 d 单元的总磁矩是反平行排列的，c 单元的磁矩与 d 单元的磁矩是反平行的。因此，式 $(3M_2O_3)_c(2Fe_2O_3)_a(3Fe_2O_3)_d$ 的净磁矩（玻尔磁子/单位单元）为 $m_{总}=6m_M-(6m^d-4m^a)=(6m_M-10)\mu_B$（假设每个铁离子为 $-5\ \mu_B$ 的磁矩）。

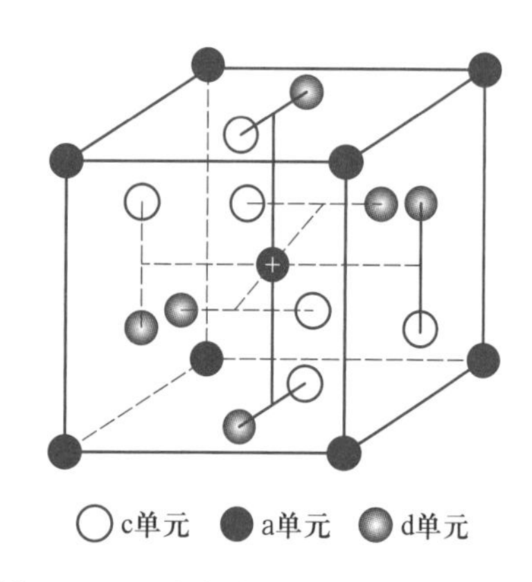

图 4.26 不含氧离子的石榴石结构单元

4.4 纳米材料

纳米科学技术是 20 世纪 80 年代末期诞生的新科技，$1\ nm=10^{-9}\ m$。纳米材料是指尺寸在 1~100 nm 的超细微粒。其尺寸不及红细胞的百分之一，为细菌的几十分之一，与病毒大小相当或略小些，也就是三四个原子的宽度。这是肉眼和一般显微镜看不见的微小粒子，这样小的物体只能用高倍的电子显微镜进行观察。

4.4.1 纳米材料特征

大多数纳米粒子呈现为单晶，但存在缺陷；也有呈非晶态或亚稳态的纳米粒子。

纳米材料又称为超微粒子材料，由纳米粒子组成。纳米粒子也叫超微粒子，纳米粒子属于原子簇与宏观物体交界的过渡区域，这样的系统既非典型的微观系统亦非典型的宏观系统。

纳米粒子只包含有限数目的晶胞，不再具有周期性的条件。当小颗粒尺寸进入纳米量级时，其本身和由它构成的纳米固体主要具有如下三个方面的效应，并由此派生出传统固体不具备的许多特殊性质。

1. 小尺寸效应

当超微粒子的尺寸与光波波长、de Broglie 波长及超导态的相干长度或透射深度等物理特征尺寸相当或更小时，由于周期性的边界条件被破坏，声、光、电、磁、热、力学等特性均会呈现新的小尺寸效应。产生一些新奇的性质。

（1）特殊的光学性质

当黄金被细分到小于光波波长的尺寸时，即失去了原有的金色光泽而呈黑色。事实上，所有的金属在超微粒子状态都呈现为黑色。尺寸越小颜色越黑，银白色的铂变成铂黑，金属铬变成铬黑。由此可见，金属超微粒子对光的反射率很低，通常可低于1%，大约几微米的厚度就能完全消光。利用这个特性可以制作高效率的光-热、光-电等转换材料，可以高效率地将太阳能转变为热能、电能。此外又有可能将其应用于红外敏感元件、红外隐身技术等。

（2）特殊的热学性质

固态物质在其形态为大尺寸时，其熔点是固定的，超细微化后却发现其熔点显著降低，当粒子小于10 nm量级时尤为显著。例如，Au的常规熔点为1064 ℃，当粒子尺寸减小到10 nm时，则熔点降低27 ℃，2 nm尺寸的Au的熔点仅为327 ℃左右；而Ag的常规熔点为670 ℃，超微Ag粒子的熔点可低于100 ℃。

（3）特殊的磁学性质

小尺寸的超微粒子磁性与大块材料显著不同，大块的纯铁矫顽力[①]约为80 $A \cdot m^{-1}$，而当粒子尺寸减小到20 nm以下时，其矫顽力可增加1000倍，若进一步减小其尺寸，大约小于6 nm时，其矫顽力反而降低到零，呈现出超顺磁性。

利用磁性超微粒子具有高矫顽力的特性，已将其制作成高贮存密度的磁记录磁粉，大量应用于磁带、磁盘、磁卡及磁性钥匙等。利用超顺磁性，人们已将磁性超微粒子制成用途广泛的磁性液体。

（4）特殊的力学性质

陶瓷材料在通常情况下呈脆性，然而由纳米超微粒子压制成的纳米陶瓷材料却具有良好的韧性。因为纳米材料具有大的界面，在界面上的原子的排列是相当混乱的，这些原子在外力变形的条件下很容易迁移，因此表现出甚佳的韧性与一定的延展性，使陶瓷材料具有新奇的力学性质。研究表明，人的牙齿之所以具有很高的强度，是因为它是由磷酸钙等纳米材料构成的。晶粒呈纳米尺寸的金属要比传统的粗晶粒金属硬3~5倍。至于金属-陶瓷等复合纳米材料则可在更大的范围内改变材料的力学性质，其应用前景十分宽广。

超微粒子的小尺寸效应还表现在超导电性、介电性能、声学特性及化学性能等方面。

2. 表面与界面效应

纳米粒子尺寸小、比表面积大、位于表面的原子占相当大的比例。随着粒径减小，表面急剧变大。例如，粒径为10 nm时，比表面积为90 $m^2 \cdot g^{-1}$；粒径为5 nm时，比表面积为180 $m^2 \cdot g^{-1}$；粒径小到2 nm时，比表面积猛增到450 $m^2 \cdot g^{-1}$。这样高的比表面积，使处于表面的原子数越来越多，大大增强了纳米粒子的活性。例如，金属的纳米粒子在空气中会燃烧，无机材料的纳米粒子暴露在大气中会吸附气体，并与气体进行反应。利用表面活性，金属超微粒子可望

① 矫顽力是为使已磁化的铁磁性物质失去磁性而必须施加的与原磁化方向相反的外磁场强度。在制造变压器的铁芯或电磁铁时，需要选择矫顽力小的材料，以使电流切断后尽快消失磁性；在制造永磁体时，需要选择矫顽力大的材料，以求尽可能保存磁性，不使之消失。

成为新一代的高效催化剂和贮气材料及低熔点材料。

超微粒子的表面与大块物体的表面是十分不同的，若用高倍率电子显微镜对 2 nm 的金超微粒子进行分析，实时观察发现这些粒子没有固定的形态，随着时间的变化会自动形成各种形状（如立方体、八面体、十二面体、二十面体、多孪晶等），它既不同于一般固体，又不同于液体，是一种准固体。在电子显微镜的电子束照射下，表面原子仿佛进入了“沸腾”状态。只有当尺寸大于 10 nm 后才看不到这种粒子结构的不稳定性，这时超微粒子才具有稳定的结构状态。

3. 量子尺寸效应

各种元素的原子具有特定的光谱线，如 Na 原子具有黄色的光谱线。原子模型与量子力学已用能级的概念进行了合理的解释，由无数的原子构成固体时，单独原子的能级就并合成能带，由于电子数目很多，能带中能级的间距很小，因此可以把这种能带看作是连续的。

从能带理论出发成功地解释了大块金属、半导体、绝缘体之间的联系与区别。

对介于原子、分子与大块固体之间的超微粒子而言，大块材料中连续的能带将分裂为分立的能级；能级间的间距随粒子尺寸减小而增大。当热能、电场能或者磁场能比平均的能级间距还小时，就会呈现一系列与宏观物体截然不同的反常特性。例如，磁矩的大小和粒子中电子是奇数还是偶数有关，导电的金属在超微粒子时可以变成绝缘体，比热容亦会反常变化。实验发现，一种材料，它的光吸收或者发光带的特征波长随着粒子尺寸的减小而变化，发光的颜色从红色→绿色→蓝色，即发光带的波长由 690 nm 移向 480 nm。这种随着粒子尺寸减小，能隙加宽发生蓝移的现象称为量子尺寸效应。

上述三个效应是纳米粒子与纳米固体的基本特性。它使纳米粒子和纳米固体显现出许多奇异的物理、化学性质，出现一些“反常现象”。

例如，金属为导体，但纳米金属粒子在低温下，由于量子尺寸效应会呈现绝缘性；一般钛酸铅、钛酸钡和钛酸银等是典型铁电体①。但当尺寸进入纳米数量级时铁电体就会变成顺电体②；铁磁性物质进入纳米尺寸，由于多磁畴变成单磁畴显示出极高的矫顽力；当由粒径为十几纳米的氮化硅粒子组成纳米陶瓷时，已不具有典型的共价键特征，界面键结构出现部分极性，在交流电下电阻变小。

4.4.2 纳米粒子的制备

纳米粒子的制备方法很多，可分为物理方法和化学方法两类：

（1）物理方法

制备纳米粒子的物理方法包括：

真空冷凝法 用真空蒸发、加热、高频感应等方法使原料气化或形成等离子体，然后骤冷。其特点是纯度高、结晶组织好、粒度可控，但技术设备要求高。

---

① 铁电体是一种即使在无外加电场时也具有电偶极矩的物质，铁电晶体的这种性质是晶体中正电荷中心与负电荷中心不重合所造成的。

② 顺电体是一类特殊的电介质，其介电常数在低温时呈现类似于 Curie-Weiss 定律的行为。

物理粉碎法　通过机械粉碎、电火花爆炸等方法得到纳米粒子。其特点是操作简单、成本低,但产品纯度低,颗粒分布不均匀。

机械球磨法　采用球磨方法,控制适当的条件得到纯元素、合金或复合材料的纳米粒子。具有同物理粉碎法相同的特点。

(2) 化学方法

制备纳米粒子的化学方法大部分在第 3 章已经介绍过,包括:

气相沉积法　利用金属化合物蒸气的化学反应合成纳米粒子。其特点是产品纯度高、粒度分布窄。例如,以 H_2 稀释的 SiH_4 为气源,在射频频率为 10~20 MHz 的电磁场作用下,使 SiH_4 经过解离、激发、电离及表面反应等过程,在衬底表面生长成纳米硅薄膜。也可以采用激光增强等离子体技术,在激光作用下分解高度稀释的 SiH_4 气体,产生等离子体,然后淀积生长纳米薄膜。

沉淀法　把沉淀剂加入盐溶液中反应后,将沉淀热处理得到纳米粒子。其特点简单易行,但纯度低、颗粒半径大,适合制备氧化物。

水热合成法　高温高压下在水溶液或蒸汽等流体中合成,再经分离和热处理得纳米粒子。其特点是纯度高、分散性好、粒度易控制。

溶胶凝胶法　金属化合物经溶液、溶胶、凝胶而固化,再经低温热处理而生成纳米粒子。其特点反应物种多、产物颗粒均一、过程易控制,适于氧化物和ⅡA—ⅥA 族化合物的制备。

微乳液法　两种互不相溶的溶剂在表面活性剂的作用下形成乳液,在微泡中经成核、聚结、团聚、热处理后得纳米粒子。其特点是粒子的单分散和界面性好,ⅡA—ⅥA 族半导体纳米粒子多用此法制备。

4.4.3　纳米材料的应用

纳米粒子可以用于催化方面。催化反应是指物体表面部分形成有效活化中心、提高反应效率、选择反应路径。纳米粒子表面有效反应中心多,这就提供了纳米粒子作催化剂的必要条件。目前用纳米粒子进行催化反应有三种类型:

① 直接用纳米粒子铂黑、银、Al_2O_3 和 Fe_2O_3 等在高分子化合物氧化、还原及合成反应中作催化剂,可大大提高反应效率,能很好控制反应速率和温度;

② 把纳米粒子掺和到发动机的液体和气体燃料中,可提高发动机的效率;

③ 在火箭固体燃料中掺和 Al 的纳米粒子,可提高燃烧效率。

磁性纳米粒子由于尺寸小、具有单磁畴结构、矫顽力很高等特性,用于制作磁记录材料可以提高信噪比、改善图像质量。

纳米粒子和纳米固体是应用于传感器的最有前途的材料,由于它们的巨大比表面积,对外界环境如温度、光、湿、气等十分敏感。外界环境的改变会迅速引起表面离子价态和电子运输的变化,特点是响应快、灵敏度高。纳米级 NiO、FeO、CoO 等可制成温度传感器;利用纳米级 Li_3NbO_3、Li_2TiO_3、$SrTiO_3$ 的热电效应,可制成红外检测传感器;利用纳米级 ZnO、SnO_2、γ-Fe_2O_3 的半导体性质,可制成氧敏传感器;纳米级 TiO_2、CoO、MgO 可用于制作汽车排气传感器。

4.5 薄膜和非晶态固体

4.5.1 薄膜

1. 薄膜及其应用

薄膜最初用于装饰方面。在 17 世纪时,艺术家学会了在陶瓷物件上用银盐溶液描上画,然后加热绘上画的物品使银盐分解,留下了金属银薄膜。在现代,除继续将薄膜用于装饰之外,更多的是将薄膜用于保护和发挥其功能作用。例如,在金属上镀膜用来作为金属保护涂层等;在望远镜的光学镜上镀层以产生镜面的光反射并保护透镜;在金属工具表面覆盖氮化钛或碳化钨陶瓷薄膜以增加其硬度。此外,薄膜在微电子学方面用作微电子线路板上的导电体、电阻和电容器;还用于构建太阳能转化为电能的光电转化装置等。

薄膜一词并没有一个特别的定义。但一般说来,并不包括刷出的或涂出的涂层,因为这种涂层比较厚,而薄膜的厚度一般是从 0.1 μm 到 300 μm。

从薄膜的应用角度来说,它们应具有如下性质:

① 对于所使用的环境具有化学稳定性;

② 能与覆盖的材料表面有好的附着力;

③ 有均匀的厚度;

④ 存在极低的不完美性或缺陷。

除此以外,对于不同用途,还需要具备某些特殊性质。例如,某些光学材料和磁学材料必须是绝缘体或半导体。

必须小心地将薄膜黏附在它的底层材料上,因为薄膜较脆,它必须依附结构支撑物。要使薄膜连接到支撑物上,应当使得薄膜与支撑物通过强作用力键合。这种键合力可以是化学类型的力,即膜与底层材料通过其界面上的化学反应相连接。如将金属氧化物沉积到玻璃上,金属氧化物的氧离子晶格和玻璃在界面融合在一起,形成了一个薄薄的过渡组分面,在这种情况下,薄膜与其支撑物之间的作用力与化学键能大小相似,一般在 250~400 $kJ\cdot mol^{-1}$范围。然而,在另外一些情况下,膜与其支撑物之间的作用力基本上是分子间的 van der Waals 力和静电力,如在金属表面沉积有机高分子膜就属于这种情况,这时,膜与其支撑物之间只存在弱的结合,没有强的化学键。其作用力只是在 50~100 $kJ\cdot mol^{-1}$范围。

2. 薄膜的制备

可以通过多种方法形成或者制备薄膜。其中最流行的薄膜形成方法是化学气相沉积法、真空沉积法、溅射法。

图 4.27 说明气相沉积过程,为了得到均匀厚度的薄膜,待镀层的表面的各部分都应当等同地接受到气相,有时设计成旋转镀件以实现均匀性涂层。

真空沉积法的特点是用于形成薄膜的物质在蒸发或者汽化时不改变原物质的化学本

质。这些物质包括金属、金属合金和简单无机化合物如氧化物、硫化物和氯化物等。

溅射法涉及利用高压从称为靶或源的物质上移走材料。从靶上移走的原子在腔室内成为离子化气体弥散在室内，并能在基质上沉积。靶表面作为阴极或阳极连入电路，基质则连接在正极或负极，如图 4.28 所示。溅射腔室内充有惰性气体如氩气，在高压下惰性气体也可以电离。荷正电荷的离子在靶的表面得到加速，因而有足够的能量可以撞击靶使得其上的原子离开靶材料，其中大多数原子趋向基质材料并在其表面加速，接二连三的撞击、沉积就形成了薄膜。

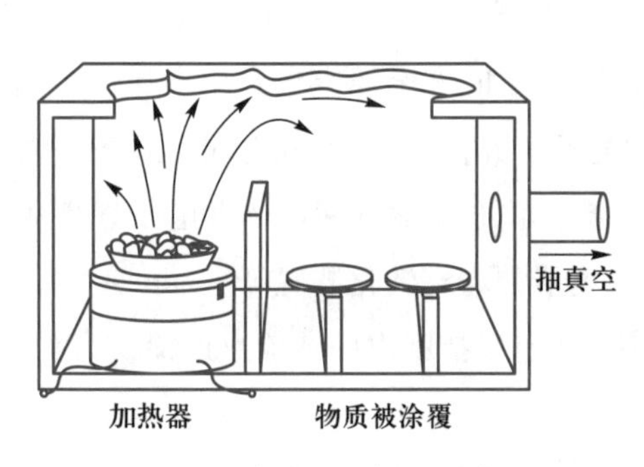

图 4.27　气相沉积设施示意图

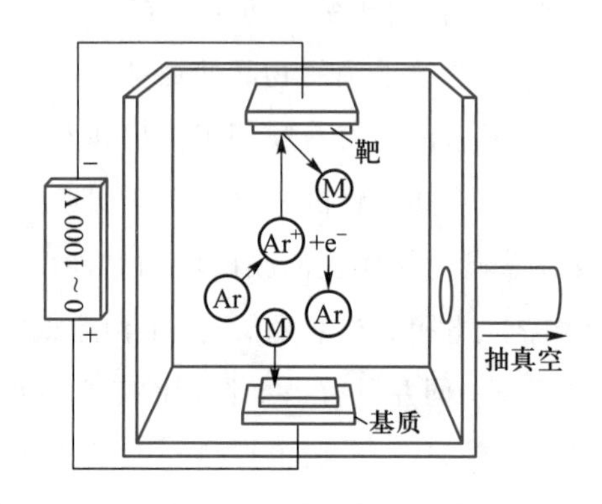

图 4.28　溅射制薄膜设施示意图

溅射的原子有大的能量，初始原子撞击基质表面即进入几个原子层深度，这有助于薄膜层与基质间的良好附着力。溅射法的另一个优点是可以改变靶材料产生多种溅射原子，并不破坏原有系统，因此可以形成多层薄膜。

溅射法广泛应用在诸如由元素硅、钛、铌、钨、铝、金和银等形成的薄膜，也可以用于形成包括耐火材料，如碳化物、硼化物和氮化物在金属工具表面形成薄膜，以及形成软的润滑膜如硫化钼，还用于光学设备上防太阳光的氧化物薄膜等。相似的设备也可以用于非导电的有机高分子薄膜的制备。

4.5.2　非晶态固体

非晶态固体也叫无定形固体或非晶体，是由不呈周期性排列的原子所形成的凝聚体，根据形成条件不同而呈粉末状、薄膜或块状、鱼卵状。其 X 射线衍射图为宽幅的、模糊的晕圈图形。

由于人们最为熟悉的玻璃是非晶态的，所以也把非晶态称为玻璃体。

非晶态材料的应用有悠久的历史，早在两千多年以前，我们的祖先就开始使用玻璃和陶釉。不过非晶态材料的物理和化学理论的产生和发展只是近几十年的事。如果从 1947 年 Brenner 等人用电解和化学沉积方法获得 Ni-P、Co-P 等非晶态薄膜用作金属保护层算起，也只是 70 多年。有关非晶态材料的理论还不算成熟。然而，非晶态材料的发展和应用却很迅速。

非晶态材料受到人们的重视是从 20 世纪 60 年代开始的。1958 年召开了第一次非晶态固体国际会议，尤其是 1960 年从液态骤冷获得金-硅（$Au_{79}Si_{80}$）非晶态合金，开创了非晶态合金研究的新纪元。此后，一系列"金属玻璃"被开发出来，几乎同时也发展了非晶态理论模型，Mott-CFO 理论模型的奠基者在 1977 年获得了诺贝尔物理学奖。

非晶态材料有着其十分优越的价值,应用范围也十分广泛,从日常用品保护和装饰层,再到功能材料的功能膜层等。以非晶态硅太阳能电池发展为例,研发单晶硅太阳能电池耗资了数十亿美元,该电池转化率高,但成本较高,广泛推广尚需进一步研究。1975 年开始研发掺杂非晶硅太阳能电池,转化率不断提高。假定能将转化率提高到 10%~12%,就可以代替单晶硅太阳能电池;如果能将组件的成本降低甚至还可以与核能相抗衡。金属玻璃材料也受人瞩目,它比一般金属的强度还要大,如非晶态 $Fe_{56}B_{56}$的断裂强度达到 370 $kg \cdot mm^{-2}$,是一般玻璃钢强度的 7 倍,已接近理想晶体的水平,并具有好于金属的弹性、弯曲性、韧性、硬度、抗腐蚀性和良好的电学性能。

长程无序、短程有序是非晶态固体的基本特征之一。

从热力学观点来看,非晶态不是平衡的稳定相。许多非晶体经热处理或长时间放置后,就慢转变为晶体。但是,因为其中相变要求的活化能较大,所以也有不少非晶态固体是表观上稳定的。

1. 无机凝胶

溶胶中的分散质凝聚而成为凝胶固体。氢氧化铝、氢氧化铬、氢氧化铁等的沉淀和硅胶等属典型的无机凝胶。由于凝固时保持着一定形状,故凝胶多为三维网状结构骨架的多孔性固体。干凝胶的内表面积大,可用作气体吸附剂和干燥剂。

氢氧化铁凝胶　众所周知,Fe^{3+}在水溶液中有明显的水解作用:

$$[Fe(H_2O)_6]^{3+} + H_2O \rightleftharpoons [Fe(H_2O)_5(OH)]^{2+} + H_3O^+$$

$$[Fe(H_2O)_5(OH)]^{2+} + H_2O \rightleftharpoons [Fe(H_2O)_4(OH)_2]^+ + H_3O^+$$

……

随着 pH 增大,水解加剧并伴随缩合反应:

$$[Fe(H_2O)_5(OH)]^{2+} + [Fe(H_2O)_6]^{3+} \rightleftharpoons [(H_2O)_5Fe{-}\overset{\displaystyle H}{O}{-}Fe(H_2O)_5]^{5+} + H_2O$$

$$2[Fe(H_2O)_5(OH)]^{2+} \rightleftharpoons [(H_2O)_4\,Fe\begin{matrix} \overset{H}{O} \\ \underset{H}{O} \end{matrix}Fe(H_2O_4)]^{4+} + 2H_2O$$

当 pH 为 2~3 时,缩合程度增大,形成聚合度大于 2 的多聚体进而得到水合三氧化二铁凝胶(通常称为氢氧化铁凝胶)。由于这种脱水缩合反应随机产生,使得在氢氧化铁凝胶中不产生周期性的原子排列,故而成为非晶态固体。

氢氧化铝凝胶表现出和氢氧化铁凝胶相似的性质,它也是一种多孔性固体,用作干燥剂和催化剂载体。

硅胶　可用通式 $m\mathrm{SiO_2} \cdot n\mathrm{H_2O}$ 表示,又称为氧化硅胶或硅酸凝胶。在水玻璃的水溶液中加入稀硫酸(或盐酸)并静置,便成为含水硅酸凝胶而固态化。以水洗清除溶解在其中的电解质 Na^+和 SO_4^{2-}(Cl^-),干燥后就可得硅胶。一般硅胶吸湿量可达 40%。用于气体干燥、气体吸收、液体脱水、色层分析等,也用作催化剂。

二氧化硅在水中的溶解度极小,但一旦溶于水便成为硅酸。硅酸经脱水缩合就形成了共用 O 原子的四面体型缩合酸。若缩合成链状、环状或层状就构筑成三维网状织构。这种织构构筑若进行到胶体大小程度的状态即硅酸溶胶,如更进一步构筑下去,就变成硅酸凝胶。如此生成的硅酸凝胶,在表面上残留有 Si—OH 键。Si—OH 呈现酸的作用,与醇反应进行酯化。去除了包藏水和吸附水的硅胶和醇 R—OH 加热到约 200 ℃表面就发生酯化得到硅酯,后者具有憎水性和亲有机溶剂的特征。

硅胶表面上的—OH 和水分子易于生成氢键,用干燥硅胶吸湿,就是因为这种氢键的实际应用。

将硅胶加热到 600~700 ℃则烧固,体积收缩。继续加热至 1000 ℃也不结晶化而仍保持着多孔性。多孔体的毛细管特性,可在水蒸气中加热而改性。改性是借调节硅酸凝胶的脱水缩合的程度而达到:

$$\xrightleftharpoons[-H_2O]{+H_2O}$$

二氧化硅-氧化铝凝胶　用 Al 置换一部分硅胶结构中的 Si 所形成的凝胶是二氧化硅-氧化铝凝胶。为了保持电中性,将 H^+松弛地束缚于邻近 Al^{3+}的 O^{2-}上。这种键合状态的 H^+便成为电子对接受体,为 Lewis 酸;吸附水变成 H_3O^+就成了 Brønsted 酸。潮湿状态的二氧化硅-氧化铝凝胶呈现的酸性就是由于在多孔体内部表面生成了 H_3O^+所致。

用酸处理蒙脱石,Na^+就溶解出来,与二氧化硅-氧化铝凝胶表面的 H^+同样的键便局部地产生了。将沸石进行酸处理去除掉阳离子所得到的去阳离子沸石,在$(AlO_2 \cdot SiO_2)_\infty^-$骨架的部分空腔内壁上产生了$(AlO_2 \cdot H \cdot SiO_2)_\infty$。虽然这种“酸性白土”和去阳离子沸石是一种结晶态,但却呈现出和二氧化硅-氧化铝凝胶同样的催化作用。

2. 玻璃

将水晶或硅胶加热熔融、冷却凝固得到的无定形物就是玻璃。

当熔体冷却到熔点以下时,有的熔体变为晶态固体,有的熔体先变为过冷状态的黏稠液体,然后再渐渐固化。玻璃就是固化了的过冷液体(图 4.29)。

在熔体冷却而结晶的时候,体积一般是不连续地减少的。但是,过冷液体在经过晶态固体的熔点(T_m)时,并不显示不连续的体积变化。进一步冷却,则在某温度附近,体积-温度曲线的斜率改变。这一温度叫做玻璃化温度(T_g)。如果将玻璃长时期保持于该温度,体积进一步收缩,这叫做玻璃的稳定化。在玻璃化温度以上,原子运动还没有完全被冻结,在该温度以下,大体被冻结。在玻璃化温度以下的玻璃是脆的,在玻璃化温度以上玻璃软化而可以精细加工。

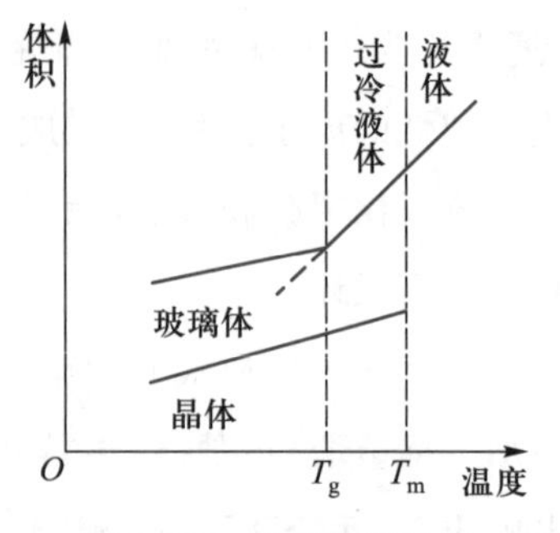

图 4.29　出现玻璃态的体积-温度图

对玻璃体的研究表明：

① 虽然玻璃状态比结晶状态的吉布斯自由能高，但其差值并不很大，为此，过冷液体的结晶化速率很慢；

② 使玻璃体的三维骨架结构稍微变形，其吉布斯自由能几乎不变。

由石英质二氧化硅得到的玻璃叫石英玻璃。石英玻璃的 X 射线衍射图形为宽幅的、非晶态的晕圈，所以可以认为固体内部的原子不呈周期性排列。但是，石英玻璃的红外吸收和晶态石英及方英石的红外吸收极为相似。这种类似是表示在 Si—O 键的范围内，非晶态硅石与晶态硅石之间并无显著不同的差别。所以可认为，至少在几个纳米以上的长距离内，玻璃中的原子不能保持周期性的排布，但在近距离内，则有着硅氧四面体（SiO_4）共用 O 原子的连接。因此，玻璃是一种长程无序、短程有序的原子排布。

普通玻璃是苏打石灰玻璃，组成接近于 $Na_2O \cdot CaO \cdot 5SiO_2$，并含有 1%左右的 Al_2O_3。石英玻璃中，部分 Si—O—Si 键断裂，成为 $Si—O^-$，出现了仅同一个 Si 原子相结合的 O 原子。如果使 Ca^{2+} 或 Na^+ 和这个 $Si—O^-$ 以离子键相结合就成了普通玻璃。所以，普通玻璃实质上是缩合的硅酸盐固体。

折射率高的铅玻璃是含有大量氧化铅（PbO）的硅酸盐玻璃。

在定性分析中的熔珠反应是将硼砂或磷酸盐加热熔融，形成各自的含氧酸盐玻璃，其中熔有过渡金属氧化物就会呈现特有的颜色。

3. 特殊非晶态固体

非晶态固体并不一定限于凝胶物质或玻璃体。急剧冷却气体分子而形成的冷凝体和由于黏稠的高分子流体加热分解而生成的固体及高度急剧冷却熔融金属而成的冷凝体等都不呈现稳定晶相的原子排布，而是原子排布紊乱的非晶态固体。这种不稳定固相可以因加热而引起原子重排，转变为稳定的晶相。

一氧化硅　SiO 仅以非晶态存在。它是将 Si 和 SiO_2 共同加热到 1250 ℃以上所生成的物质，用真空镀膜法能制成 SiO 的固体非晶态薄膜。

非晶态碳　天然气或石油等烃类不完全燃烧时生成的煤烟或分解产物得到的黑色碳粉称为炭黑。炭黑的 X 射线衍射图形是晕圈，所以它是非晶态的。进一步研究表明，炭黑是由石墨结构的“碎片”（图 4.30）相互连接而成的三维网络织构。根据石墨结构“碎片”即微晶的取向和连接不同而决定其机械特性。碳素纤维和空心碳素球等“无定形碳”与其叫做非晶态，不如叫做结晶性不良的石墨。隔绝空气并长时间保持在 2000 ℃以上使炭黑进行石墨化，渐渐长成层状结构的石墨。

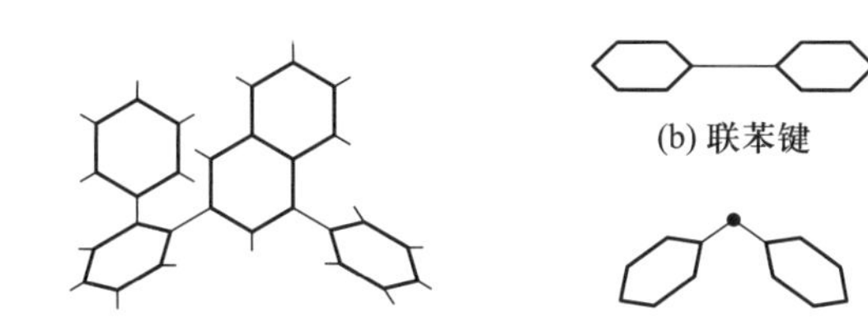

图 4.30　炭黑的键合模型

将固体碳在真空中加热则碳原子于容器内飞散，在冷衬底上冷凝而生成薄膜，这种薄膜也是非晶态碳。

非晶态硅 在直流电场或高频交流电场中，在低压下用辉光放电，让硅烷(SiH_4)的气体分子分解，在预热衬底上制成硅膜，这种膜是非晶态硅的膜。这种硅膜是含有相当量氢的氢化硅半导体薄膜。因为含有氢，所以比晶体硅的电阻更高。预先加入乙硼烷(B_2H_6)或磷化氢(PH_3)使之分解，所生成的硅膜就成为掺有B或P的半导体。

非晶态金属 同金属晶体相比，非晶态金属在微观结构上有序性低；从热力学讲，是生成吉布斯自由能高，因而是一种亚稳态。基于这样的特点，制备非晶态金属必须解决两个问题：

① 必须使金属原子形成混乱排列的状态；

② 必须将这种热力学上的亚稳态在一定的温度范围内保存下来，使之不向晶态转变。

基于上述特点，最常见的非晶态金属的制备方法是液相骤冷法。该法是目前制备各种非晶态金属和合金的主要方法之一，并已经进入工业化生产阶段。它的基本特点是先将金属或合金加热熔融成液态，然后通过不同途径使它们以 $10^5 \sim 10^8$ K·s^{-1} 的速度快速冷却，这时，液态的无序结构得以保存从而形成非晶态，样品因制备方法不同可以成几微米到几十微米的薄片、薄带或细丝状。

快速冷却可以采用多种方法。例如：

① 将熔融的金属液滴用喷枪以极高的速度喷射到导热性好的大块金属冷砧上；

② 让金属液滴被快速移动活塞移到金属砧座上，形成厚薄均匀的非晶态金属箔片；

③ 用加压惰性气体把液态金属从直径为几微米的石英喷嘴中喷出，形成均匀的熔融金属细流，连续喷到高速旋转(2000~10000 r/min)的一对轧辊之间("双辊急冷法")或者喷射到高速旋转的冷却圆筒表面("单滚筒离心急冷法")而形成非晶态。

例如，在金(熔点 1064 ℃，十二配位的面心立方晶格)中加入百分之几的硅(熔点 1414 ℃，四配位的金刚石晶格)，其熔点降低到 500 ℃以下。将这种熔融体用高压气体喷镀到铜冷却板上，就可得到薄片状的非晶态固体。

B、C、Si、P 等非金属元素的过渡金属的非晶态带，如 $Fe_{85}C_{15}$、$Fe_{75}P_{15}C_{10}$、$Ni_{75}P_{15}B_{10}$、$Co_{73}P_{15}B_{12}$等则是将熔融体用滚筒间骤冷凝固得到的。这些带状非晶态金属用作特种磁性材料。

Au-Ge、Au-Pb、Pd-Si、Pt-Ge、Gd-Co、Mn-Bi 等体系的非晶态薄膜则是用溅射法制得的。

4.6 准 晶 体

准晶体又称为"准晶"或"拟晶"，是一种介于晶体与非晶体之间的固体。20 世纪 80 年代初以前，科学界对固态物质的认识仅限于晶体与非晶体，而随着以色列化学家 Shechtman 的一次偶然发现，固体物质中一种"反常"的原子排列方式跳入科学家的眼界。

他和以色列理工学院的同事们在快速冷却的铝锰合金中发现了一种新的金属相,其电子衍射斑具有明显的五次对称性。从此,这种徘徊在晶体与非晶体之间的“另类”物质闯入了固体家族,并被命名为准晶体。Shechtman 也因发现准晶体而获得 2011 年诺贝尔化学奖。

物质的构成由其原子排列特点而定。原子呈周期性排列的固体物质叫做晶体,原子呈无序排列的叫做非晶形固体。准晶体具有与晶体相似的长程有序的原子排列,但是准晶体不具备晶体的平移对称性。根据晶体局限定理,普通晶体只能具有二次、三次、四次或六次旋转对称性,但是准晶体的电子衍射图具有其他的对称性,如五次对称性或者更高的如六次以上的对称性。

银铝准晶体的原子模型如图 4.31 所示。

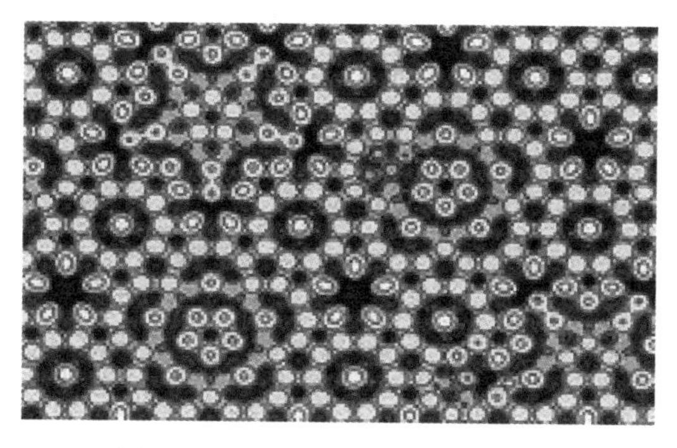

图 4.31 银铝准晶体的原子模型

4.7 超 材 料

超材料(metamaterial)指的是一类具有特殊性质的人造材料,这些材料是自然界没有的。它们拥有一些特别的性质,比如让光、电磁波改变它们的通常性质,而这样的效果是传统材料无法实现的。超材料在成分上没有什么特别之处,它们的奇特性质源于其精密的几何结构及尺寸大小。其中的微结构,大小尺度小于其作用的波长,因此得以对波施加影响。对于超材料的初步研究是负折射率超材料。

超材料的奇异性质使之具有广泛的应用前景,从高接收率天线,到雷达反射罩甚至是地震预警。超材料是一个跨学科的课题,囊括电子工程、凝聚态物理、微波、光电子学、经典光学、材料科学、半导体科学及纳米科技等。

例如,除晶体硅外,钙钛矿也可用来制作太阳能电池的替代材料。钙钛矿是由特定晶体结构所定义的一种材料类别,它们可以包含任意数量的元素,用在太阳能电池当中的一般是铅和锡。相比晶体硅,这些原材料要便宜得多,且能被喷涂在玻璃上,无须在清洁的房间当中精心组装。

在 2009 年,使用钙钛矿制作的太阳能电池具备 3.8%的太阳能转化率。到了 2014 年,这一数字已经提升到 19.3%。

2019 年，韩国某研究所系统地研究了甲基氯化铵（MACl）添加剂在甲脒碘化铅（$FAPbI_3$）钙钛矿中的作用。添加 MACl 制备的薄膜晶粒尺寸增大了 6 倍。有趣的是，在没有退火的情况下，MACl 仅通过阳离子位点取代就能有效地稳定 $FAPbI_3$ 中间体的 α 相，从而制造出具有超纯 α 相的高结晶度 $FAPbI_3$ 钙钛矿。优化的太阳能电池获得了 24.02% 的最高太阳能转化率。短短十年内，随着高效钙钛矿电池的海量涌入，钙钛矿电池的平均太阳能转化率门槛在不断抬升。图 4.32 示出 $FAPbI_3$ 钙钛矿薄膜太阳能电池性能提升示意图。甲基氯化铵通过四甲基铵根离子（MA^+）在阳离子位点取代甲脒离子（FA^+）诱导出超纯 α 相的甲脒碘化铅中间体，同时 Cl^- 增强 FA^+ 和 I^- 的相互作用，抑制相变，有效稳定钙钛矿结构，从而提升了 $FAPbI_3$ 钙钛矿薄膜太阳能电池的性能。

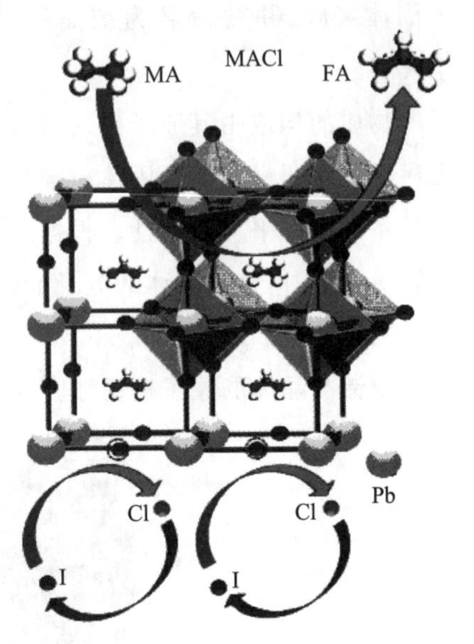

图 4.32　$FAPbI_3$ 钙钛矿薄膜太阳能电池性能提升示意图

拓展学习资源

资源内容	二维码
◇ 介电储能材料简介	
◇ 燃料电池	

习　题

1. 根据半径比规则预测下列晶体的结构：

LiF　NaBr　KCl　CsI　MgO　AlN　PbO_2　$BaCl_2$　SiO_2

2. 下列各对离子晶体哪些是同晶形的(晶体结构相同)？并提出理由。

(1) ScF_3 和 LaF_3　　(2) ScF_3 和 LuF_3

(3) YCl_3 和 $YbCl_3$　　(4) LaF_3 和 LaI_3

(5) $PmCl_3$ 和 $PmBr_3$

3. 计算阴离子作三角形排布时 r_+/r_- 的极限比值。

4. 如果 Ge 加到 GaAs 中,Ge 均匀地分布在 Ga 和 As 之间,那么 Ge 优先占据哪种位置？当 GaAs 用 Se 掺杂时形成 p 型半导体还是 n 型半导体？

5. 在下列晶体中主要存在何种缺陷？

(1) NaCl 中掺入 $MnCl_2$　　(2) ZrO_2 中掺入 Y_2O_3

(3) CaF_2 中掺入 YF_3　　(4) WO_3 在还原气氛中加热

6. 为什么过渡金属比非过渡金属的氧化物更易形成非整比化合物？

7. 写出下列体系的可能的化学式：

(1) $MgCl_2$ 在 KCl 中的固溶体　　(2) Y_2O_3 在 ZrO_2 中的固溶体

(3) Li_2S 在 TiS_2 中的固溶体　　(4) Al_2O_3 在 $MgAl_2O_4$ 中的固溶体

8. 预测少量下列杂质对 AgCl 晶体的电导率将会有什么影响(如果有的话)：

(1) AgBr　　(2) $ZnCl_2$

(3) Ag_2O　　(4) KCl

(5) NaBr　　(6) $CaCl_2$

(7) AgCl　　(8) Na_2O

9. 简述下列概念：

受主缺陷　施主缺陷　色心　热缺陷　化学缺陷　n 型半导体　p 型半导体

10. 试设计一个对氟气敏感的含有快离子导体的装置,选择电极材料,画出示意图,写出反应原理。

11. 能用作激光源的固体一般需要满足哪些条件？

12. 反斯托克斯发光体发射的波长较短于激发光的波长。试说明为什么能量守恒并没有被违反。

13. 为什么含有未成对电子壳层的原子组成的物质只有一部分具有铁磁性？

第5章

氢 s区元素

5.1 氢及其化合物

氢是宇宙中含量最丰富的元素,也是地球上最常见的元素之一,仅次于氧和硅,居第三位。

尽管氢的电子构型十分简单,但由于氢有三种同位素——^1H、^2H(氘或D)和^3H(氚或T),且在气相中有如下存在形式:H、H_2、H^+、H^-、H_2^+、H_3^+;D、D_2、D^+、D^-等;T、T_2、T^+、T^-等;HD、DT等。所以氢有40多种不同的型体。

地球上的氢中含氘约0.0156%。氚由于含有两个中子而不稳定,具有放射性,其半衰期为12.35年。由于氘在自然界分布的差异,使由质谱仪测定的氢的相对原子质量常常在变化之中,前几年的出版物中采用的数据为1.00794(±7),而现在的出版物中多变为1.008。

在常态下,氢元素常以双原子分子形式存在,如H_2、D_2、T_2、HD、HT和DT。

分子形式的H_2、D_2和T_2是一种稳定的、无色、无味、无臭的气体,熔点、沸点较低(mp H_2: 13.957 K,D_2: 18.73 K,T_2: 20.62 K;bp H_2: 20.39 K,D_2: 23.67 K,T_2: 25.64 K)。氢分子的解离能在单键中较大,其中$D_{H-H} = 435.88\ kJ \cdot mol^{-1}$,$D_{D-D} = 443.35\ kJ \cdot mol^{-1}$,$D_{T-T} = 446.9\ kJ \cdot mol^{-1}$。$T_2$、$D_2$的解离能大于$H_2$的解离能是因为$T_2$、$D_2$比$H_2$有较大的零点能,$T_2$、$D_2$和$H_2$的解离能的差别决定了它们的活泼性的差别。

H_2、D_2和T_2的化学性质除反应速率和反应平衡常数以外,在其他方面基本上是相同的,不过,由于^2H和^3H的量都很少,因此T_2、D_2和H_2的性质上的差异一般都忽略不计。

在高温时氢会热裂解为氢原子。在2000 K时氢原子的百分比为0.081%,3000 K时为7.005%,5000 K时为95.5%。当氢原子结合成氢分子时将会放出大量的热,可以利用这一原理产生的高温(可获得4000 K左右的高温)去焊接熔点很高的金属如Ta、W等。先在焰弧中解离氢分子获得氢原子,再用氢原子喷枪使氢原子在金属表面重新结合放出热量,从而使金属熔化并进行焊接。

5.1.1 正氢和仲氢

当氢分子中的两个原子核自旋处于平行时称为正氢,其总的核自旋量子数 $S=1/2+1/2=1$,这种状态是三重简并的(三重态,$2S+1=3$)。当氢分子中的两个原子核自旋处于反平行时,总的核自旋量子数 $S=1/2+(-1/2)=0$,这种状态的简并度为 1 ($2S+1=1$),是单重态的,称为仲氢。正氢和仲氢分子互为核自旋异构体(所有具有非零自旋原子核的同核双原子分子都会有核自旋异构体,如 H_2、D_2、T_2、$^{14}N_2$、$^{15}N_2$、$^{17}O_2$ 等)。正氢、仲氢之间的转化要经过禁阻的三重/单重态跃迁的缓慢过程,但在与某些固态物质(如 Pd、Pt、活性 Fe_2O_3)或顺磁性物质(如 NO)相互作用时,由于催化作用或磁场作用使 H—H 键减弱或破坏,使这一过程能加速进行。由于核自旋反平行的仲氢能量较低,低温对此状态是有利的。0 K 时 100%为仲氢,0 K 以上正氢的平衡浓度逐渐增大,一直到室温以上,正氢与仲氢的比例达到 3∶1 时为止。这表明,人们可以得到基本上是纯的仲氢,但却不能得到含正氢多于 75%的样品。

根据同一原理,D_2 也有正氘及仲氘。这些核自旋异构体在物理性质上没有太大的差别,但可用气相色谱法使之分离。

5.1.2 氢的成键特性

氢在化学过程中主要有以下几种变化形式:

(1) 失去价电子成为质子

氢原子失去电子生成质子(H^+),耗能 1312 $kJ\cdot mol^{-1}$。质子的半径仅为 1.5×10^{-3} pm,与一般离子半径($r_{M^+}=50\sim220$ pm)相比差之甚远,有很大的离子势,极化力很大,具有使其他阴离子电子云变形的能力。因而,除了可以在气态离子束中存在以外,质子是不能单独存在的。在凝聚相中,质子必定是与其他原子或分子相结合,如 H_3O^+、NH_4^+ 等。$H_2O(g)$ 与质子的亲和焓变为

$$H_2O(g)+H^+(g)=\!=\!=H_3O^+(g) \qquad \Delta_r H_m^\ominus=-720\ kJ\cdot mol^{-1}$$

$H^+(g)$的水合焓为

$$H^+(g)\xrightarrow{H_2O}H_3O^+(aq) \qquad \Delta_r H_m^\ominus=-1090\ kJ\cdot mol^{-1}$$

由此,可得氧鎓离子[$H_3O^+(g)$]在水中的水合焓为

$$H_3O^+(g)\xrightarrow{H_2O}H_3O^+(aq) \qquad \Delta_r H_m^\ominus=-370\ kJ\cdot mol^{-1}$$

(2) 获得一个电子生成 H^-

氢原子获得一个电子生成 H^-的过程是放热的,$\Delta_r H_m^\ominus=-72.9\ kJ\cdot mol^{-1}$,它明显地小于 F 的电子亲和焓$-333\ kJ\cdot mol^{-1}$,这预示了 H^-的不稳定性。H^-只存在于与电正性大的金属形成的盐型氢化物中。

(3) 形成共用电子对的化学键

氢与大多数金属性较弱的元素形成的氢化物属于有共用电子对的化合物,这一类化合物又称为共价型氢化物。一些金属氢化物如 $CoH(CO)_4$ 中存在的 Co—H 键也属于这一类化学键。

(4) 形成独特的键合状态

如与金属形成非化学计量比的氢化物,常见的是 d 区过渡金属氢化物如 $TiH_{1.7}$、$ZrH_{1.9}$ 等;在一些缺电子化合物如乙硼烷及某些过渡金属配合物中[如 $Cr_2(\mu_2\text{-}H)(CO)_{10}$]形成三中心两电子的氢桥键等。

此外,在放电管中发现了 H_2^+ 及 H_3^+。$r(H_2^+)=106$ pm。实验测得氢分子离子 H_2^+ 的解离能 $\Delta_D H_m^\ominus(H—H^+)=255\ kJ\cdot mol^{-1}$,而对应的 H_2 的 $r(H_2)=74.2$ pm,$\Delta_D H_m^\ominus(H—H)=436\ kJ\cdot mol^{-1}$,表明了 H_2^+ 的不稳定性。

H_3^+ 具有平面三角形的三中心二电子结构(三个 H 呈平面三角形排列),可以按照不同的方式解离:

$$H_3^+(g) = H(g) + H(g) + H^+(g) \qquad \Delta_D H_m^\ominus = 770\ kJ\cdot mol^{-1}$$

$$H_3^+(g) = H_2(g) + H^+(g) \qquad \Delta_D H_m^\ominus = 337\ kJ\cdot mol^{-1}$$

$$H_3^+(g) = H(g) + H_2^+(g) \qquad \Delta_D H_m^\ominus = 515\ kJ\cdot mol^{-1}$$

这些数据表明,H_3^+ 是相当稳定的。

由于物种 H_2^+ 和 H_3^+ 涉及的化学问题不多,在此不作讨论。

(5) 形成金属键

1935 年,英国物理学家 Benard 预言,在一定的高压下,任何绝缘体都能变成导电的金属。从此开始了金属氢的理论和制备研究。从理论上来看,得到金属氢是确实可能的,在超高压下对固态氢施压,氢分子就被压裂成单个氢原子,而氢原子上的电子就从一个原子滑到另一个相邻原子。这种电子的自由运动,使氢具有了金属的导电特性。根据理论推断,金属氢是一种高温超导体,是高密度、高储能的材料。

2017 年 1 月 26 日《科学》杂志报道,哈佛大学实验室利用金刚石对顶砧容器技术在 495 GPa 的压力下获得了金属氢,但在随后的 2017 年 2 月 22 日又报道,由于操作失误,这块地球上唯一的金属氢样本消失了。

将氢制成金属,关键就是把电子从原子的束缚下解放出来,把共价键转变为金属键。

但人们对于这种在苛刻条件下才能制备和保存的金属氢一直持有怀疑态度。

5.1.3　氢的化学性质

由于 H_2 的解离能较大,所以氢在室温下不活泼。但氢与氟可在常温暗处反应:

$$H_2(g) + F_2(g) = 2HF(g)$$

氢还可以迅速地使 $Pd^{2+}(aq)$ 还原为 Pd 单质，该反应可用于 H_2 的检出。

$$PdCl_2(aq) + H_2(g) \xlongequal{\quad} Pd(s) + 2HCl(aq)$$

在较高温度下，氢可与许多金属和非金属剧烈地反应，反应有时是爆炸性的，得到相应的氢化物。

氢还可以迅速地还原烯、炔及其他不饱和化合物。

5.1.4 氢的化合物

元素与氢的二元化合物叫氢化物。氢与元素周期表中的元素（除稀有气体、In、Tl 以外）基本都可以形成氢化物。根据其成键的性质不同，氢化物可分为离子型（盐型）、金属型、共价型、多聚型和中间型（边缘型）等类型。

离子型（盐型）氢化物是指大部分 ⅠA 和 ⅡA（Ca、Sr、Ba）元素的氢化物。LiH，MgH_2，BeH_2，尤其是 BeH_2，共价性更明显一些，属于多聚型共价键，其结构为

```
        H     H     H
   \   / \   / \   /
    Be    Be    Be
   /  \  /  \  /  \
  H     H     H
```

离子型氢化物的密度比相应金属密度大，都有较高的生成焓和稳定的化学组成。由于是离子型晶体，因而具有较高的熔点，且在熔化时能导电，并在电极（阳极）上放电，放出 H_2。

在离子型氢化物中，氢负离子 H^- 的半径较大、易变形，因此，H^- 的半径随阳离子极化力不同而不同（表 5.1）。

表 5.1 离子型氢化物中 H^- 的半径

化合物	MgH_2	LiH	NaH	KH	RbH	CsH	自由 H^-
r_{H^-}/pm	130	137	145	152	154	152	208

在离子型氢化物中，金属原子间的距离 d_{M-M} 比金属中的 M 与 M 之间的距离还要小。例如，金属钙中 Ca 与 Ca 之间距离为 393 pm，而在 CaH_2 中，$d_{Ca-Ca}=360$ pm。

碱金属、碱土金属氢化物的热分解温度列于表 5.2，显然，热分解温度与晶格能大小密切相关。

表 5.2 碱金属、碱土金属氢化物的热分解温度（$p=1.3$ kPa）

氢化物	LiH	NaH	KH	RbH	CsH	MgH_2	CaH_2	SrH_2	BaH_2
热分解温度 t/℃	550	210	210	170	170	85	885	585	230

离子型氢化物的化学性质主要为还原性[$E^{\ominus}(H_2/H^-)=-2.25\ V$]。

$$2CO + NaH \xlongequal{} HCOONa + C$$

$$PbSO_4 + 2CaH_2 \xlongequal{} PbS + 2Ca(OH)_2$$

其他的反应有

$$SiCl_4 + 4NaH \xlongequal{} SiH_4 + 4NaCl$$

$$B(OCH_3)_3 + 4NaH \xlongequal{} NaBH_4 + 3NaOCH_3$$

氢更多地与 p 区元素形成共价型氢化物,因为氢与 p 区元素的电负性差较小,有利于共价键的生成。除ⅢA 族外,共价型氢化物的通式为 XH_{8-n}(n 为主族元素的族数)。这些氢化物在固态时为分子晶体,所以熔点、沸点较低,有挥发性,不导电。

硼族元素由于是“四轨道三电子”元素,其氢化物是缺电子化合物,因而是多聚型化合物,如 B_2H_6 $\left(\begin{array}{c}H\quad H\quad H\\ B\quad\quad B\\ H\quad H\quad H\end{array}\right)$,$(AlH_3)_2$ $\left(\begin{array}{c}H\quad H\quad H\\ Al\quad\quad Al\\ H\quad H\quad H\end{array}\right)$。

Ga 在-15 ℃下形成的 GaH_3 是一种不稳定的油状液体:

$$Me_3N \cdot GaH_3(s) + BF_3(g) \xrightarrow{-15\ ℃} GaH_3(l) + Me_3NBF_3(g)$$

In 及 Tl 的氢化物是否存在,尚无充分证据。

除卤素外,p 区其他较轻的元素(如 N、C、P、S 等)还能生成多核氢化物,其结构中的两个或多个非金属原子结合在一起,如 $H_2N—NH_2$、$H_2P—PH_2$ 等,这种倾向以碳为最突出,形成无限多个碳的氢化合物。

在 d 区元素中,Sc 族元素与氢形成符合化学计量比的氢化物 MH_3。其他过渡金属与氢生成金属型(或过渡型)氢化物。在金属型氢化物中,氢以 H_2 分子的形式(但也有学者认为在这些化合物中 H^+与 H^-同时存在)存在于金属的晶格中,占据间充的位置,所以也称为间充型氢化物。由于氢常常是被金属可逆地吸收,因此这些化合物的化学组成是可变的非整比化合物。

金属型氢化物都是浅灰黑色固体粉末,其密度比原金属母体的密度小,在性质上一般都与粉末状的母体金属一致,在空气中十分稳定,加热时性质活泼。Ti、Zr 氢化物 $TiH_{1.7}$和 $ZrH_{1.9}$在冶金中用作还原剂。

f 区元素的氢化物是处于离子型氢化物和间充型氢化物之间的过渡型。

一些过渡金属离子能直接与氢负离子作用生成共价键键合的氢配合物。这些配合物大多数符合通式 MH_xL_y。其中,M 是一种过渡金属,L 是一个能同时起 σ 电子给予体和 π 电子接受体作用的配体。如 $K_3[CoH(CN)_5]$(一种用于使炔类转变为烯类的均相氢化催化剂)、*trans*-$PtHCl[P(C_2H_5)_3]_2$(一种能在真空中升华而不分解的化合物)、$OsHCl_2[P(C_4H_9)_2(C_6H_5)]_3$(一种具有奇数电子因而显顺磁性的配合物)和 K_2ReH_9(一种由于异常多的氢原子与过渡金属键合而没有其他配体的配合物)。

一些过渡金属离子和配合物也能直接与分子氢反应形成含有金属-氢分子键的配合物，如 $W(H_2)(CO)_3[P(i\text{-}Pr)_3]_2$。分子氢配合物的获得是无机化学的重大进展之一。

氢配合物中的氢可以利用 1600~2500 cm^{-1}的由于 M—H 的伸缩振动红外吸收和 τ 值在 15~50 的很高磁场强度下的质子磁共振信号来确定。

5.1.5 氢键

当氢原子和电负性大的原子 A(如 F、O、N 等)以共价键形成共价键分子(如 HF、H_2O 及 NH_3 等)时,由于成键电子对强烈地偏向于电负性大的原子 A 一边,将使氢原子几乎成为“裸离子”,它可以强烈地吸引另一分子中的原子 B(如 F、O、N 等)上的孤电子对而成为氢键 A—H┈B,其结果是产生分子的缔合。形成氢键时,A、B 两原子间的距离靠得更近,体系具有更低的能量。

产生氢键的条件是 A(质子授体)的电负性大到使 H 有足够强的酸性,而 B(质子受体)具有能与酸性氢原子强烈作用的高电子密度的区域(如孤电子对)。实验表明,原子 A 是 F、O 或 N 时,能形成很强的氢键,而当原子 A 是 C*①或第三周期的元素 P、S、Cl 甚至是 Br、I 时,则有时能形成较弱的氢键。当原子 B 是 F、O 或 N(C 是绝不可能作质子受体的)时,有利于形成较强的氢键。原子 B 是其他卤素 Cl、Br、I 时,除非带有负电荷,否则不形成氢键。原子 S 和 P 虽有孤电子对,但由于半径太大,只能在某些条件下起到质子受体作用,因而能形成弱氢键。

很多实验事实可以说明氢键的存在。例如,在对比ⅢA、ⅣA、ⅤA、ⅥA 族元素氢化物的熔点、沸点中观察到的 NH_3,H_2O,HF 的反常的高熔点、沸点[图 5.1(a)、(b)]及 NH_3、H_2O、HF 异乎寻常高的汽化热[图 5.1(c)]都可以用氢键理论很好的解释。

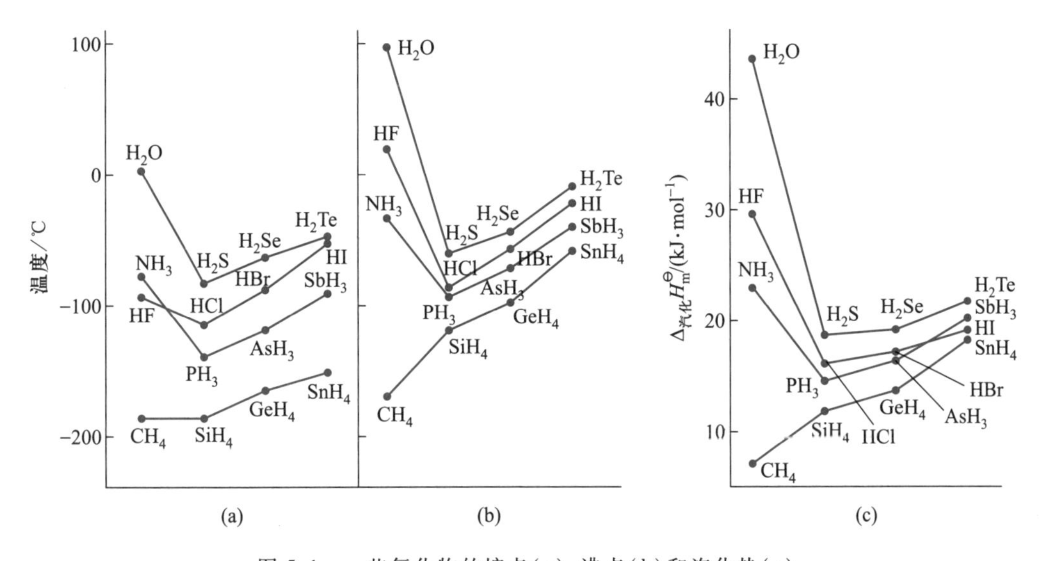

图 5.1 一些氢化物的熔点(a)、沸点(b)和汽化热(c)

① C* 是指 Cl_3CH、HCN、RC≡CH 中的 C;与 N≡C—H、RC≡C—H 类似,$Cl_3C\leftarrow H$ 中的 H 的酸性较大,能起质子授体的作用。

此外，氢离子和氢氧根离子在水溶液中的离子电导比其他离子的电导要高得多，这是由于水中的氢键和 H^+ 及 OH^- 受到强烈的氢键键合而引起的。研究氧鎓离子及与其相结合的一些水分子的图形可以很容易地理解这点：

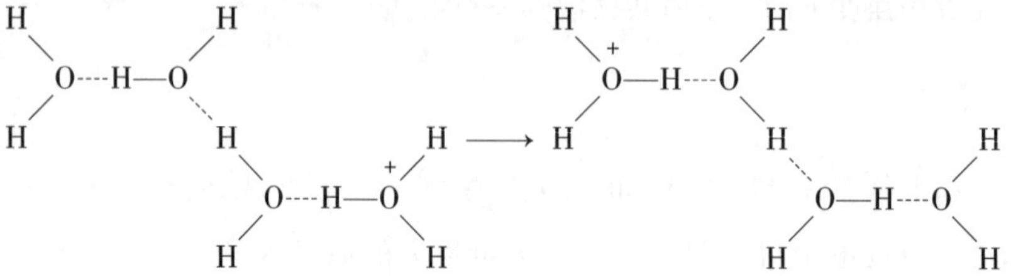

可见，不需要推开水分子，不需要带走配位水分子层，只需要通过三个氢键质子的微小移动，氧鎓离子就可以通过水溶液进行迁移，从水分子链的这一端移动到另一端。

现代仪器检测手段如 X 射线及中子衍射实验对于固体内的氢键的存在提供了证据。而红外光谱及核磁共振技术则为固体、液体及溶液中的氢键作出了解释。当有 A—H┄B 氢键存在时，红外光谱有以下四种变化：

① $\nu_{A—H}$ 伸缩振动频率下降；

② $\nu_{A—H}$ 伸缩振动谱带加宽，有时可达数百波数（cm^{-1}），谱带强度也明显增加；

③ $\delta_{A—H}$ 弯曲振动频率升高；

④ 在低频区（20 ~ 200 cm^{-1}）有时也可以观察到 $\nu_{H—B}$（伸缩振动）及 $\delta_{H—B}$（弯曲振动）频率。

氢键越强这些变化越明显。例如，在不含有氢键的情况下，$\nu_{O—H}$ 通常出现在 3500 ~ 3600 cm^{-1}，谱带的宽度约为 10 cm^{-1}；而存在氢键时（O—H┄O），$\nu_{O—H}$ 向长波方向移动，出现在 1700 ~ 2000 cm^{-1}，谱带较宽，且强度大。

氢键多数是在分子间形成的，但也可以出现分子内氢键。例如，邻硝基苯酚就形成分子内氢键[图 5.2(a)]。氢键还可以在强极性基团（如 O—H）和可极化的双键化合物[图 5.2(b)]或芳环体系[图 5.2(c)]之间形成。

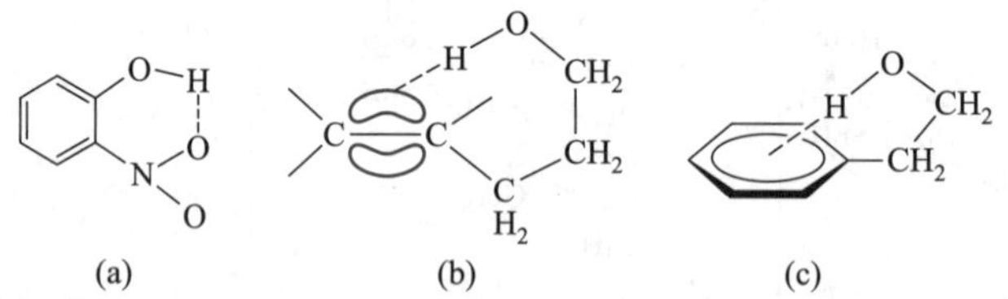

(a)　(b)　(c)

图 5.2　邻硝基苯酚中的分子内氢键和双键化合物或芳环体系之间的氢键

KH_2PO_4 晶体在低温时是一种“铁电体”晶体。其铁电性是由于其所有的—OH 键都处于 PO_4^{3-} 四面体单元的同一侧，使得晶体中正电荷中心与负电荷中心不重合所造成的。其电偶极矩随温度变化而变化，在温度低于 KH_2PO_4 晶体的居里温度 T_C（123 K）时电偶极矩随温度下降而下降；而当 $T > T_C$ 时晶体由于热扰动破坏了氢键的有序化而产生一种没有净自发极化的无序结构而失去了铁电性。因此，在这个温度以上，此晶体被称为“顺电体”（见

图 5.3)。正是这种自发的和可逆的电极化作用才使它被称为“铁电体”。

在低于 123 K 时,KH_2PO_4 化合物中的每个$[PO_2(OH)_2]^-$四面体单元借助于氢键与另外的四面体$[PO_2(OH)_2]^-$相连(图 5.4)。当施加一个电场时,氢键发生转向。

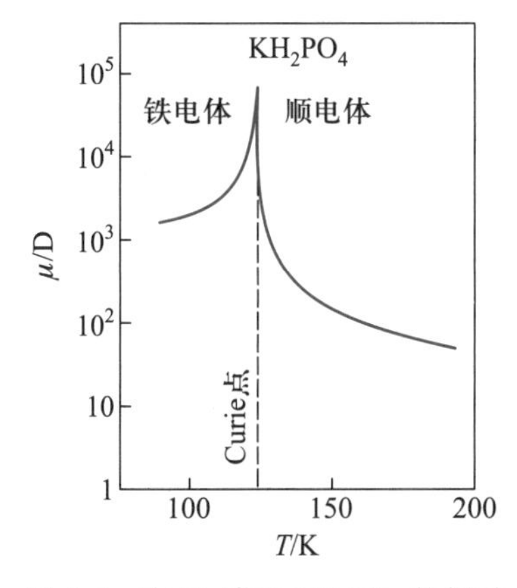

图 5.3 在 T_C 附近 KH_2PO_4 的相对电偶极矩与温度的关系

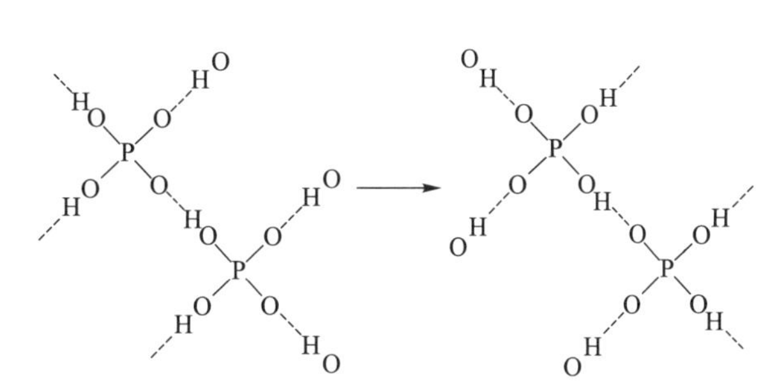

图 5.4 KH_2PO_4 晶体的氢键转向

像 KH_2PO_4 这一类氢键铁电体还有 $NH_4H_2PO_4$、$NH_4H_2AsO_4$、$Ag_2H_3IO_6$及$(NH_4)_2SO_4$ 等。

铁电性物质有多方面的应用。例如,铁电性物质由于具有很大的电容量而用作微型陶瓷电容器;由于其光电性能,可控制和折射激光束;由于其自身极化强度与温度的关系而产生的热电效应可应用于热探测式红外探测;由于其具有压电性质而可应用于超声波发生器、扩音器、频率控制器、滤波器、传频器及计算机中的转换器、计数器等方面。

5.2 锂及铍的化学

锂及铍的内层电子结构为 $1s^2$,有别于同族重元素的内电子层的 8 电子结构。加上 Li^+(或 Be^{2+})的离子半径小,因此离子极化力较大,在性质上 Li 更多地似 Mg 而不似ⅠA 族其他元素,Be 更多地似 Al 而不似ⅡA 族其他元素。

5.2.1 锂的特性及锂、镁相似性

锂的天然同位素有两种,而且其同位素在组成上差异较大,因此,Li 是具有可变相对原子质量的元素之一。锂在ⅠA 族中具有最高的熔点(180.5 ℃)、最高的电离能(I_1 = 520.1 kJ · mol^{-1})、最大的原子化焓($\Delta_{at}H_m^\ominus$ = 148 kJ · mol^{-1})。金属锂的密度是所有的固体单质中最低的[ρ(20 ℃) = 0.534 g · cm^{-3}]。

锂的标准电极电势[$E^\ominus(Li^+/Li) = -3.03$ V]是碱金属元素中负值最大的。该性质似乎与 Li 的 I_1 是碱金属中最大的事实相矛盾,其实只要注意到电极电势只是物质在水溶液中得失电子能力的量度而设计一个热力学循环就可以理解了:

$$
\begin{array}{ccc}
\text{Li(s)} - e^- & \xrightarrow{\Delta_r H_m^\ominus} & \text{Li}^+\text{(ag)} \\
\downarrow \Delta_{at} H_m^\ominus & & \uparrow \Delta_{hyd} H_m^\ominus \\
\text{Li(g)} - e^- & \xrightarrow{\Delta_I H_m^\ominus} & \text{Li}^+\text{(g)}
\end{array}
$$

$$\Delta_r H_m^\ominus = \Delta_{at} H_m^\ominus(\text{Li,s}) + \Delta_I H_m^\ominus(\text{Li,g}) + \Delta_{hyd} H_m^\ominus(\text{Li}^+,\text{g})$$

$$\Delta_r H_m^\ominus \approx \Delta_r G_m^\ominus = FE^\ominus(\text{Li}^+/\text{Li})$$

式中，$\Delta_r H_m^\ominus$代表 Li(s)失电子过程的反应焓变，$\Delta_r H_m^\ominus$越负，金属越易失去电子。而 $\Delta_r H_m^\ominus$亦或 $E^\ominus(Li^+/Li)$在数值上很大程度取决于 Li^+的水合焓 $\Delta_{hyd} H_m^\ominus$。由于在碱金属中 Li^+的半径是最小的，其水合焓 $\Delta_{hyd} H_m^\ominus$在所有碱金属中是最负的($-520\ kJ \cdot mol^{-1}$)。因此，在碱金属元素中，$E^\ominus(Li^+/Li)$"反常地负"[$E^\ominus(Na^+/Na) = -2.713\ V$，$E^\ominus(K^+/K) = -2.925\ V$，$E^\ominus(Rb^+/Rb) = -2.93\ V$，$E^\ominus(Cs^+/Cs) = -2.92\ V$]。

由于锂原子半径小，原子结构特殊，其化合物的性质较为特殊，常被称为"反常的元素"。在第一章已经介绍过，Li 在性质上不似碱金属而更多地与其对角元素 Mg 相似。

5.2.2 铍的特性及铍、铝相似性

Be^{2+}由于半径小($r_{Be^{2+}} = 27\ pm$)且具有高的电荷密度因而具有很强的生成共价化合物的趋向。其性质与 Al 的相似性多于同ⅡA 族元素的相似性，表现为

① 标准电极电势相似，$E^\ominus(Be^{2+}/Be) = -1.85\ V$，$E^\ominus(Al^{3+}/Al) = -1.60\ V$，但 Be 在空气中不易被腐蚀，与酸的作用比较缓慢。而ⅡA 族其他元素分别为 $E^\ominus(Mg^{2+}/Mg) = -2.37\ V$，$E^\ominus(Ca^{2+}/Ca) = -2.87\ V$，$E^\ominus(Sr^{2+}/Sr) = -2.89\ V$，$E^\ominus(Ba^{2+}/Ba) = -2.91\ V$。

② BeO，Al_2O_3 及 $Be(OH)_2$，$Al(OH)_3$ 都具有两性。

③ $BeCl_2$ 及 $AlCl_3$ 都为共价化合物，易升华，呈现相当的 Lewis 酸性，皆可溶于有机溶剂中，在固态时 $BeCl_2$ 为无限链状($[BeCl_2]_n$)结构，$AlCl_3$ 为双聚体(Al_2Cl_6)。聚合体中均有三中心四电子氯桥键。在气相条件下，$AlCl_3(g)$仍保持双聚体结构，温度升高 Al_2Cl_6解聚为 $AlCl_3(g)$。

④ Be，Al 均为亲氧元素，易与氧结合，金属表面易生成氧化物保护膜。对冷、浓的 HNO_3 有钝化作用。

⑤ BeO、Al_2O_3 都是具有高硬度、高熔点的化合物。

⑥ Be、Al 的许多盐可溶于有机溶剂，碳酸盐不稳定。可溶性的 Be^{2+}、Al^{3+}盐易水解：

$$Be^{2+} + 2H_2O \longrightarrow Be(OH)_2 + 2H^+$$
$$Al^{3+} + 3H_2O \longrightarrow Al(OH)_3 + 3H^+$$

当 OH^-和 $Be^{2+}(aq)$的比例大于 1 时，开始出现沉淀，进一步加碱则沉淀重新溶解，所得

溶液的性质与均聚阴离子$\left[\begin{matrix} HO & & \overset{H}{O} & & OH \\ & Be & & Be & \\ HO & & \underset{H}{O} & & OH \end{matrix}\right]_n^{2-}$一致(至少在定性上是如此)。

进一步加碱,这种链式结构逐渐解聚,最后形成单核的$[Be(OH)_4]^{2-}$。

⑦ 碳化合物 Be_2C、Al_4C_3 易水解,产物都为 CH_4。

⑧ Be 与 Al 都可以形成许多配合物,但 Be^{2+}遇 CO_3^{2-} 产生配位而 Al^{3+}遇 CO_3^{2-} 产生的却是双水解作用:

$$Be^{2+} + 2CO_3^{2-} \longrightarrow [Be(CO_3)_2]^{2-}$$

$$2Al^{3+} + 3CO_3^{2-} + 3H_2O \longrightarrow 2Al(OH)_3\downarrow + 3CO_2\uparrow$$

由于铍没有 d 轨道用来进行 sp^3d 和 sp^3d^2之类的杂化,所以不形成配位数大于 4 的化合物。Be^{2+}配合物的配位数几乎都是 4,其他配位数的配合物很少见,除非是因为配体的体积效应有时使得配位数成为 3 或 2,有些乍看起来似乎具有其他配位数的化合物,如 $BeMe_2$、$CsBeF_3$ 等实际上是通过聚合而达到四配位。这一点在分析化学中十分重要,它可以保证 EDTA 不与 Be^{2+}明显地螯合却能牢固地与 Mg^{2+}、Ca^{2+}(及 Al^{3+})配位。

5.3 氨合电子及电子化合物

电极电势小于-2.5 V 的碱金属、部分碱土金属(Ca、Sr、Ba),以及镧系元素 Eu 和 Yb 可溶于液氨,形成蓝色的具有异乎寻常性质的亚稳定态溶液,这种溶液具有磁性和导电性,溶液的密度比纯溶剂的密度小得多。

研究发现在金属 Na 的液氨溶液中存在着以下反应:

$$Na(s) \xrightleftharpoons{NH_3} Na(NH_3) \qquad 或 \qquad Na(s) + (NH_3) \rightleftharpoons Na(NH_3)$$

$$2Na(NH_3) \rightleftharpoons Na_2(NH_3) + (NH_3) \qquad K^\ominus \approx 5\times10^3$$

$$Na(NH_3) + (NH_3) \rightleftharpoons Na^+(NH_3) + e^-(NH_3) \qquad K^\ominus \approx 10^{-2}$$

$$Na^-(NH_3) + (NH_3) \rightleftharpoons Na(NH_3) + e^-(NH_3) \qquad K^\ominus \approx 10^{-3}$$

$$2e^-(NH_3) \rightleftharpoons e_2^{2-}(NH_3) + (NH_3)$$

碱金属在 NH_3 溶剂中电离生成氨合金属 $M(NH_3)$和 $M_2(NH_3)$、氨合阳离子 $M^+(NH_3)$、氨合阴离子 $M^-(NH_3)$及氨合电子 $e^-(NH_3)$和 $e_2^{2-}(NH_3)$等物种。根据各物种之间的平衡可以较好地解释碱金属氨溶液的性质。

溶剂合电子 $e^-(NH_3)$呈现蓝色的颜色。这种氨合电子在光谱中有一个宽而强的吸收带(图 5.5),其最大波长一直延伸到红外区,这一吸收带的短波长尾部使 $e^-(NH_3)$溶液呈现蓝色。

金属液氨溶液的摩尔电导率(图 5.6)比任一已知电解质在水中完全电离时的摩尔电导率高一个数量级,这是由于电子的高的迁移率(约为阳离子的 280 倍);在非常稀的溶液中,金属液氨溶液的摩尔电导率接近 $Na^+(NH_3)$ 和 $e^-(NH_3)$ 所特有的极限值,随着溶液浓度增加,电导率减小,在约 0.05mol · L^{-1}时减小到最小值。

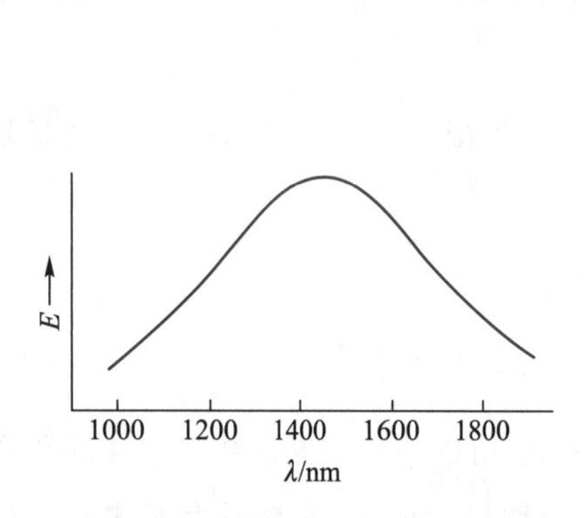

图 5.5　金属液氨溶液的吸收光谱

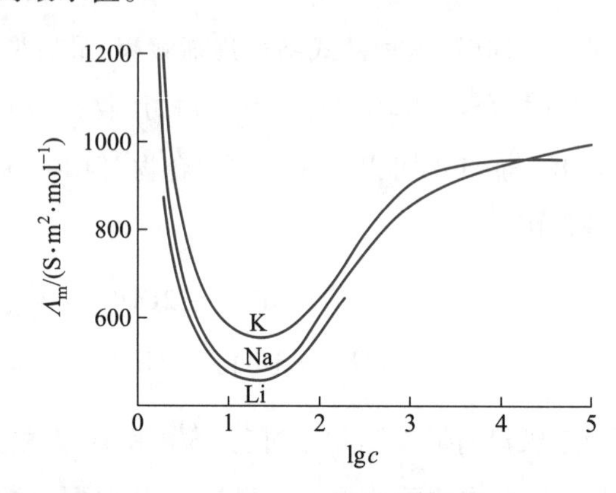

图 5.6　金属液氨溶液的摩尔电导率(-33 ℃)

根据平衡

$$Na(NH_3) + NH_3 \rightleftharpoons Na^+(NH_3) + e^-(NH_3)$$

可以将液氨中的碱金属视为由 $M^+(NH_3)$与 $e^-(NH_3)$之间的库仑作用力而形成的离子对化合物 $M^+(NH_3) \cdot e^-(NH_3)$,也称为“电子化合物”。当 $M(NH_3)$浓度增大时,平衡

$$M^-(NH_3) + (NH_3) \rightleftharpoons M(NH_3) + e^-(NH_3)$$

向左移动生成 $M^-(NH_3)$,自由移动的 $e^-(NH_3)$数目减少,电导率下降。与此同时,$M(NH_3)$开始双聚为二聚体:

$$2M(NH_3) \rightleftharpoons M_2(NH_3) + NH_3$$

浓度再大一些时,电导率又增大,直到接近典型液态金属的电导率值。事实上,浓的金属液氨溶液的外观像熔融金属,如浓度大于 3 mol · L^{-1}的 $Na(NH_3)$溶液呈现铜色并有金属光泽,性质上似液态金属。

金属液氨溶液的磁性是因为溶剂合电子未被配对。随着溶液浓度增大溶液的顺磁成分减少,这是因为 $e^-(NH_3)$彼此能结合成反磁性的氨合电子对 $e_2^{2-}(NH_3)$。

此外,在形成氨合电子后,溶液的密度比纯溶剂的密度小得多。这一实验事实可用“空洞理论”给予解释。该理论认为,在溶液中,电子不是定域分布而是广泛分布于整个大体积内,由于溶剂分子间极性的取向作用及电子对溶剂分子的极化作用,使得电子被束缚在一定的由氨分子所构成的空洞中。空洞的直径为 300~340 pm,其行为与溶液中的阴离子行为类似,易与阳离子成对,如图 5.7 所示。

碱金属的液氨溶液或氨合电子是可供选择使用的强还原剂,广泛地应用于有机物及无机物的合成上。例如:

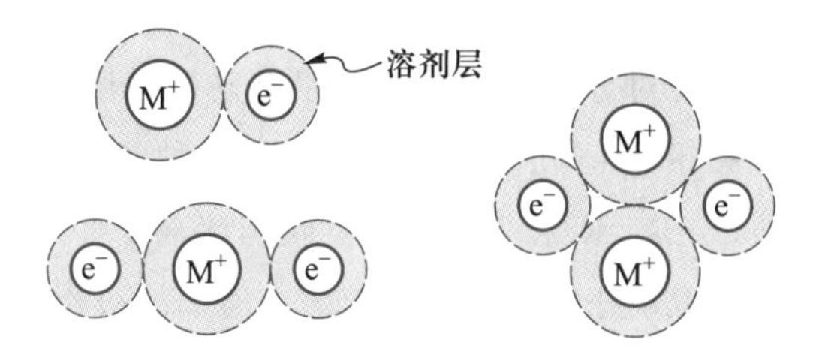

图 5.7　溶剂化的离子和电子

$$K_2[Ni(CN)_4] + 2K \xrightarrow{NH_3(-33\ ^\circ C)} K_4[Ni(CN)_4]$$

$K_2[Ni(CN)_4]$与碱金属的液氨溶液的反应仅仅是接受电子而没有发生键的断裂或几何形状的改变。通常,这种反应可作为合成还原物种的有用方法。

$$2RC\equiv CH + 2e^-(NH_3) = 2RC\equiv C^- + H_2\uparrow + (NH_3)$$

$$2NH_3 + 2e^-(NH_3) = 2NH_2^- + H_2\uparrow + (NH_3)$$

$$2NH_4^+ + 2e^-(NH_3) = 2NH_3 + H_2\uparrow + (NH_3)$$

上述反应是反应物添加一个电子,发生键分裂,产生的一种碎片聚合成二聚体。其中,第二个反应是合成碱金属氨基化物的有用方法;第三个反应进行得很快,因而在用金属液氨溶液进行的还原反应完成之后,用它作为破坏过量金属的一种廉价手段。

$$Mn_2(CO)_{10} + 2e^-(NH_3) = 2[Mn(CO)_5]^- + (NH_3)$$

该反应是两个电子添加到一个分子上,生成了两个阴离子:

$$N_2O + 2e^-(NH_3) + NH_3 = N_2 + OH^- + NH_2^- + (NH_3)$$

该反应是两个电子添加到一个分子上,生成的阴离子发生了氨解:

$$N_2O + 2NH_2^- = N_3^- + OH^- + NH_3$$

这是在上述反应中生成的 NH_2^- 又与原始反应物发生的副反应。

$$2C_6H_5I + 3e^-(NH_3) = C_6H_5—C_6H_5^- + 2I^- + (NH_3)$$

$$ArX + 3e^-(NH_3) + NH_3 = ArH^- + X^- + NH_2^- + (NH_3)$$

这两个反应生成了芳香基阴离子,那个单电子占据了烃的一条高度非定域的 π 轨道。

5.4　碱金属阴离子

第一种 Na^-的化合物是在 $EtNH_2$ 溶剂存在时 Na 与穴状化合物反应得到的:

$$2Na + N\{(C_2H_4O_2)_2C_2H_4\}_3N \longrightarrow [Na(N\{(C_2H_4O_2)_2C_2H_4\}_3N)]^+Na^-$$

光谱实验及钠化物的反磁性证实了 Na^- 的存在。

当碱金属溶于某些醚、低相对分子质量胺和六甲基磷酰三胺时所得到的溶液有两种类型的吸收谱带：一种是红外频带，归属于溶剂合电子；另一种是 V 频带，归因于金属阴离子 M^- 物种。在 25 ℃时，e^-(sol)、Cs^-、K^- 和 Na^- 在四氢呋喃溶液中的光谱如图 5.8 所示。V 频带强度对红外频带强度之比，取决于溶剂和金属双方。溶剂的极性越小，或者金属的相对原子质量越小，V 频带强度对红外频带强度之比就越大。

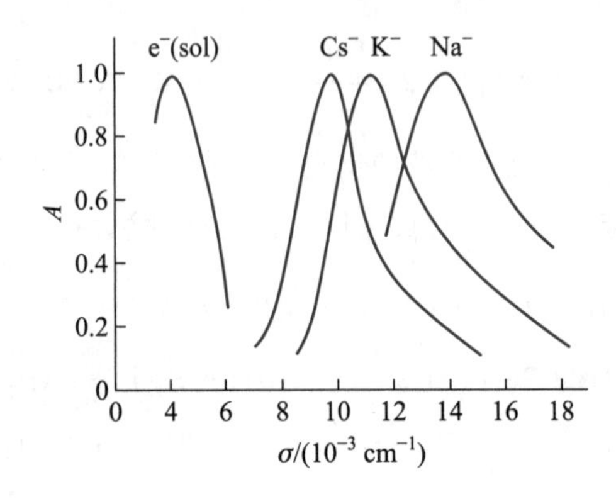

图 5.8　在 25 ℃时，e^-(sol)、Cs^-、K^- 和 Na^- 在四氢呋喃中的光谱

碱金属阴离子的存在证据，可从下面的结果得出：

(1) V 频带对红外频带强度比率高的溶液是抗磁性的，正如对 M^- 自旋成对的基态所预期的。

(2) V 频带对溶剂和温度的相关性，和对 M^- 所预期的电荷传递到溶剂的频带的相关性一致。

(3) 钠溶液的摩尔电导率随浓度的增加而缓慢减小，正如对于一个和很大阴离子形成离子对 Na^+Na^- 的溶质所预期的一致。

(4) Na 不溶于 1, 2-二甲氧基乙烷，但 Na/K 合金却能溶解于 1, 2-二甲氧基乙烷，且溶液中的 Na 和 K 是等物质的量的，这是因为生成了 K^+ 和 Na^- 的结果。

(5) 碱金属阳离子与称为"冠醚"(缩写为 C)和"穴醚"(缩写为 C)的大环多元醚配位剂可以生成非常稳定的配合物。添加冠醚或穴醚于乙胺或四氢呋喃中，由于下面的平衡向右移动，大大地增加了碱金属的溶解性和 M^- 的生成量：

$$2M(s) \rightleftharpoons M^+ + M^-$$

这个溶解作用的净反应实际上是

$$2M(s) + C \rightleftharpoons MC^+ + M^-$$

这种"盐"(如 $[NaC]^+Na^-$)的晶体结构是由交替的 NaC^+ 和 Na^- 层以六方堆积排列组成的。

这种 M^- 物种可能在合成化学中有作为两个电子还原剂的实用价值。

5.5　离子化合物形成的热力学讨论

5.5.1　气相离子键形成的热力学讨论

将电负性差较大的两种元素(如 Na 及 Cl)的气态原子放在一起,假设发生了以下反应:

$$Na(g) + Cl(g) \xlongequal{} Na^+(g) + Cl^-(g)$$

该反应的 $\Delta_r H_m^\ominus = \Delta_I H_m^\ominus(Na,g) + \Delta_A H_m^\ominus(Cl,g) = [496+(-349)]\ kJ\cdot mol^{-1} = 147\ kJ\cdot mol^{-1}$。由于该反应 $\Delta_r S_m^\ominus \approx 0$,所以 $\Delta_r G_m^\ominus = \Delta_r H_m^\ominus - T\Delta_r S_m^\ominus \approx \Delta_r H_m^\ominus$,可以预料该反应是不可能发生的。但是,尽管在能量上($\Delta_r H_m^\ominus = \varepsilon_1$)对生成 $Na^+(g)$ 及 $Cl^-(g)$ 是不利的,但 $Na^+Cl^-(g)$ 离子对确能稳定存在,这是因为在形成离子对 $Na^+Cl^-(g)$ 时还涉及两个能量项,即离子间在一定核间距时(实验测出 Na^+Cl^- 核间距为 236.06 pm)的正、负点电荷间的库仑引力(ε_2),以及由于离子间距离太小,电子云的穿插导致的强排斥能(ε_3)。

假设离子为球状,则阴、阳离子的库仑引力为

$$\varepsilon_2 = -q_{Na^+} \cdot q_{Cl^-}/r \tag{5.1}$$

式中,q_{Na^+} 与 q_{Cl^-} 分别为 Na^+ 及 Cl^- 的净电荷,r 为 Na^+ 及 Cl^- 的核间距。

排斥能的表达式为

$$\varepsilon_3 = b e^{-r/\rho} \tag{5.2}$$

式中引入了两个参数,ρ 及 b,对于碱金属的大多数卤化物来说,取 ρ 为 34.5 pm 时结果较为准确。因此,离子对 Na^+Cl^- 的总势能为

$$\varepsilon = \varepsilon_1 + \varepsilon_2 + \varepsilon_3 \approx 147\ kJ\cdot mol^{-1} - q_{Na^+}\cdot q_{Cl^-}/r + b e^{-r/\rho} \tag{5.3}$$

式中,参数 b 可假定在 $r = r_0 = d_{Na^+Cl^-} = 236.06$ pm 时 ε 有极小值[在这个距离时 $Na^+Cl^-(g)$ 最稳定],而由 $d\varepsilon/dr = 0$ 求得

$$d\varepsilon/dr = 0 = +(q_{Na^+}\cdot q_{Cl^-}/r_0^2) - b e^{-r_0/\rho}/\rho$$

$$b = (\rho/r_0)(q_{Na^+}\cdot q_{Cl^-}/r_0) e^{r_0/\rho} \tag{5.4}$$

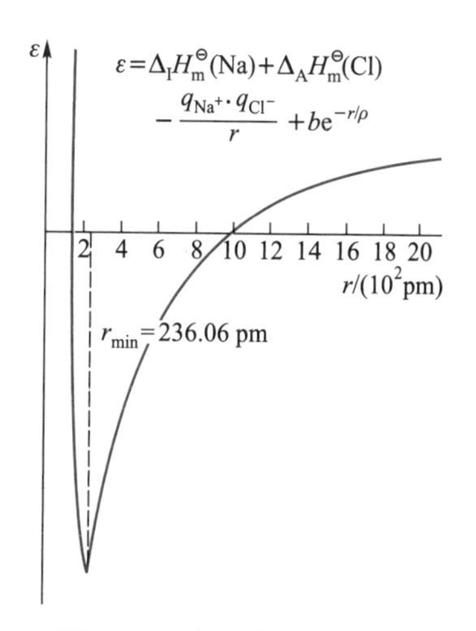

图 5.9　Na^+Cl^- 离子对的势能随核间距的变化

图 5.9 示出了 Na^+Cl^- 离子对的势能随核间距的变化。由图可见,在 r 为 170~1000 pm 时其总势能 $\varepsilon < 0$,属于稳定区域。当 $r_0 = 236$ pm 时,体系总势能最低,其 $\varepsilon = -355\ kJ\cdot mol^{-1}$。这个数值与实验值($-403.7\ kJ\cdot mol^{-1}$)不太符合。这表明,即使在气态下,$Na^+Cl^-$ 分子中除离子键外还有相当的共价键成分。一般说来,即使是最典型的离子化合物,也有

一定的共价键成分,完全的、纯粹的 100%的离子化合物是不存在的。

5.5.2　晶体中离子键形成的热力学讨论

由于晶体中离子以三维方式排列。相互间的引力及斥力也存在于三维空间,计算较为复杂。因此,先假设一维 NaCl 晶体的几何排列如图 5.10 所示,再推出 Na^+ 与相邻 Cl^- 及相间 Na^+ 的库仑作用力(吸引能与排斥能)。例如,1 个离子与 4 个紧邻离子的库仑引力为

$$\begin{aligned}\varepsilon_{库} &= (-2q_{Na^+} \cdot q_{Cl^-}/r_0) + 2q_{Na^+} \cdot q_{Cl^-}/2r_0 \\ &= -2\frac{q^2}{r_0}\left(1-\frac{1}{2}\right)\end{aligned} \tag{5.5}$$

因此,一维晶体的库仑引力为

$$\begin{aligned}\varepsilon_{库} &= -2\frac{q^2}{r_0} + 2\frac{q^2}{2r_0} - 2\frac{q^2}{3r_0} + 2\frac{q^2}{4r_0} - \cdots \\ &= -2\frac{q^2}{r_0}\left(1 - \frac{1}{2} + \frac{1}{3} - \frac{1}{4} + \cdots\right) \\ &= -2 \times 0.693147\frac{q^2}{r_0} = -1.38629\frac{q^2}{r_0}\end{aligned} \tag{5.6}$$

式中的 0.693147 为级数$(1 - 1/2 + 1/3 - 1/4 + \cdots)$之和,1.38629 是一维离子排列中引力和斥力的几何加权总和,称为 Madelung(马德隆)常数(M)。显然,将 NaCl 换成具有相同晶格类型的 KBr 或 MgO,在 $\varepsilon_{库}$ 中只有 q 及 r_0 发生变化而 Madelung 常数不会改变。Madelung 常数是晶体几何排列的因子,不同的晶格有不同的 Madelung 常数。另一方面,若将 Na^+Cl^- 作二维排列,则 q、r_0 不变,但 Madelung 常数会因级数表达式的不同而不同。

对于三维晶体,用同样方法处理,先考虑紧邻的离子,再考虑次邻的离子,等等。例如,在 NaCl(s) 晶格中(图 5.11),中心 Na^+ 周围有 6 个紧邻的 Cl^-、12 个次邻的 Na^+、再次邻是 8 个 Cl^-,等等。

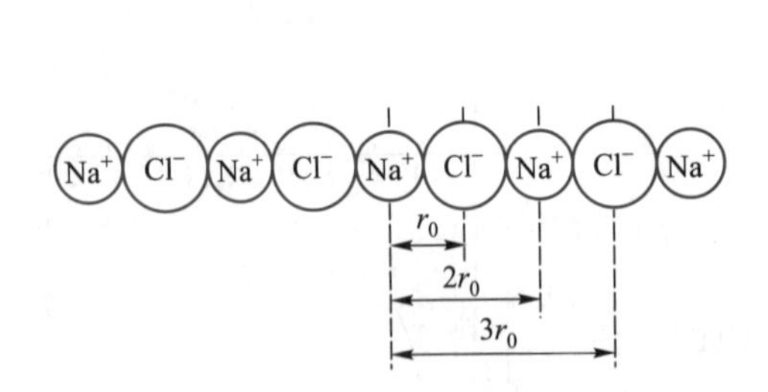

图 5.10　一维 NaCl 晶体的几何排列

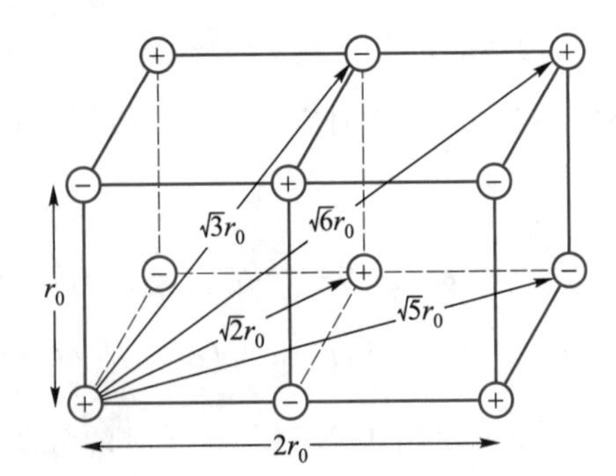

图 5.11　NaCl(s) 晶格中邻近离子间的距离

经推算 NaCl 晶胞的库仑势能为

$$\varepsilon_{库} = -M\frac{q^2}{r_0} = -1.7518\frac{q^2}{r_0} \tag{5.7}$$

已求得 NaCl 及其具有相同三维晶格晶体的 Madelung 常数的精确值为 1.74756。其他晶格的 Madelung 常数也已得到并列于表 5.3 中。

除了库仑引力外，晶体的总势能还应包括短程排斥能。在此，仍使用气态离子对的排斥能表达式，即

$$\varepsilon_{斥}=b\mathrm{e}^{-r/\rho} \tag{5.8}$$

表 5.3　某些晶体的 Madelung 常数

晶格类型	Madelung 常数值(M)	M/ν
NaCl	1.74756	0.83
CsCl	1.76267	0.88
ZnS(α，纤维锌矿)	1.64132	0.82
ZnS(β，闪锌矿)	1.63805	0.82
PbS	1.58021	0.79
CaF_2(萤石)	2.51939	0.84
$CaCl_2$	2.365	0.79
CdI_2	2.1915	0.72
TiO_2(金红石)	2.4080	0.80
TiO_2(锐钛矿)	2.400	0.80
SiO_2(β-石英)	2.2197	0.75
Al_2O_3(刚玉)	4.17187	0.83

当 $r\to r_0$时，总势能 ε 有极小值，即 $\mathrm{d}\varepsilon/\mathrm{d}r=0$。

由于
$$\varepsilon=\varepsilon_{库}+\varepsilon_{斥}=-M\frac{q_+q_-}{r_0}+b\mathrm{e}^{-r/\rho} \tag{5.9}$$

所以有
$$\mathrm{d}\varepsilon/\mathrm{d}r=0=M\frac{q_+q_-}{r_0^2}-\frac{b}{\rho}\mathrm{e}^{r/\rho}$$

解之，得到
$$b=\left(M\frac{q_+q_-}{r_0}\right)\frac{\rho}{r_0}\mathrm{e}^{r/\rho} \tag{5.10}$$

代入式(5.9)
$$\varepsilon=-M\frac{q_+q_-}{r_0}\left(1-\frac{\rho}{r_0}\right) \tag{5.11}$$

对于 1 mol 晶体，总势能为

$$\varepsilon=-N_0M\frac{q_+q_-}{r_0}\left(1-\frac{\rho}{r_0}\right) \tag{5.12}$$

式中，N_0为 Arogadro 常数。

在离子晶体中,晶格能(或点阵能)是一个很重要的概念,它表征离子键的强度,被定义为在 0 K 及 100 kPa 下 1 mol 离子晶体转化为无限远离的气态离子时的热力学能变化,用 U_0 表示,其数值上等于总势能的负值。即

$$U_0 = -\varepsilon = N_0 M \frac{q_+ q_-}{r_0}\left(1 - \frac{\rho}{r_0}\right) \tag{5.13}$$

式中,ρ/r_0 与离子的构型有关,常以 $1/n$ 表示,n 称为 Born 指数。Pauling 通过计算确定的不同构型的晶体的 Born 指数数值列于表 5.4 中。

表 5.4　不同构型的晶体的 Born 指数

不同构型的晶体	n
He	5
Ne	7
Ar, Cu^+	9
Kr, Ag^+	10
Xe, Au^+	12

这样,晶格能的计算公式变为

$$U_0 = N_0 M \frac{q_+ q_-}{r_0}\left(1 - \frac{1}{n}\right) \tag{5.14}$$

式(5.14)称为 Born-Lande 方程。若以 pm 为 r_0 的单位,以 $kJ \cdot mol^{-1}$ 为 U_0 的单位,将 q_+、q_- 换为 Z_+、Z_-(Z_+、Z_- 为阳离子和阴离子的电荷)。再代入 N_0 及其他各值,则(5.14)可表示为

$$U_0 = 1.389 \times 10^5 \times M \frac{Z_+ Z_-}{r_0}\left(1 - \frac{1}{n}\right) \tag{5.15}$$

对于 NaCl,$Z_+ = Z_- = 1$,$r_0 = 276$ pm。n 值由表 5.4 数据计算得到,由阳离子和阴离子构成的晶体,n 为阴、阳离子的 n 值的算术平均值。

$$n = [n(Na^+) + n(Cl^-)]/2 = 8$$

查表 5.3 得 Madelung 常数 $M = 1.74756$,则 NaCl(s) 晶格能为

$$U_0/(kJ \cdot mol^{-1}) = 1.389 \times 10^5 \times 1.74756 \times \frac{1 \times 1}{276}\left(1 - \frac{1}{8}\right) = 770$$

Капустиский 注意到 Madelung 常数 M 与每“分子”离子化合物中的阴、阳离子总数和 ν $(=n_+ + n_-)$ 之比 M/ν 近似于一个常数($M/\nu \approx 0.8$,见表 5.3)。由此,他以 ν 代替 M 并取 Born 指数 n 为 9 得到以下二元化合物的晶格能计算的半经验公式:

$$U_0/(\text{kJ}\cdot\text{mol}^{-1}) = 1.079\times10^5\times\frac{\nu Z_+ Z_-}{r_+ + r_-} \tag{5.16}$$

式中，$r_+ + r_- = r_0$。后来，再经改进，提出以下更精确公式：

$$U_0/(\text{kJ}\cdot\text{mol}^{-1}) = 1.214\times10^5\times\frac{\nu Z_+ Z_-}{r_+ + r_-}\left(1-\frac{34.5}{r_+ + r_-}\right) \tag{5.17}$$

对于不知道晶体结构的晶体的晶格能的计算，式(5.16)和式(5.17)特别有用。例如，对于 NaCl 晶体，$r_+ = 95$ pm，$r_- = 181$ pm，$\nu = 2$，用式(5.16)计算：

$$U_0/(\text{kJ}\cdot\text{mol}^{-1}) = 1.079\times10^5\times\frac{2\times1\times1}{95+181} = 781.9$$

用式(5.17)计算：

$$U_0/(\text{kJ}\cdot\text{mol}^{-1}) = 1.214\times10^5\times\frac{2\times1\times1}{95+181}\left(1-\frac{34.5}{95+181}\right) = 769.7$$

同实验确定的 NaCl(s)的晶格能值 767 $\text{kJ}\cdot\text{mol}^{-1}$ 相比，式(5.17)的计算结果要更精确一些。

式(5.15)、式(5.16)和式(5.17)从理论上给出了晶格能的计算公式，这种由理论公式计算得到的晶格能称为晶格能理论值，记作 U(理)。

在第 1 章讨论卤化物的稳定性时定义了“晶格焓”，对 NaCl(s)来说，有

$$\text{NaCl(s)} \longrightarrow \text{Na}^+(\text{g}) + \text{Cl}^-(\text{g}) \qquad \Delta_{\text{lat}}H_{\text{m}}^{\ominus}(\text{NaCl, s})$$

$\Delta_{\text{lat}}H_{\text{m}}^{\ominus}$ 可由 Born-Haber 热化学循环通过其他由实验测得的热力学函数间接求出。如果忽略能与焓的差别，以及温度对晶格能的影响，则

$$\Delta_{\text{lat}}H_{\text{m}}^{\ominus}(\text{NaCl, s}) \approx U_{298\text{ K}} \approx U_0$$

这种由 Born-Haber 循环通过其他热力学函数间接求出的晶格能称为晶格能实验值，记作 U(实验)。

很明显，晶格能的大小与离子化合物的键强有密切关系。而离子键的强度强烈地影响离子化合物的物理性质，晶格能越大，晶体熔点越高，硬度越大，热膨胀系数越小。

从静电作用出发，晶格能的大小应随离子的半径增大而减少。但由表 5.5 中所示ⅢA 族元素离子的半径及氯化物(MCl_3)的晶格能 U(实验)数值可以发现，晶格能并非严格地随半径增大而减小。这说明了实验晶格能中包含了共价键对晶格能的贡献。共价成分越高，这种贡献越大，实验晶格能比理论计算晶格能高出越多。因此，将由热力学循环得到的晶格能实验值与由理论公式计算得到的晶格能理论值相比较，其差值可以作为化合物共价键成分大小的一个重要判断依据，通常，典型离子键化合物晶体，两者差值不超过 50 $\text{kJ}\cdot\text{mol}^{-1}$。表 5.6 列出了 AgX(X = F、Cl、Br、I)的 U(实验)与 U(理论)的差别。

表 5.5 ⅢA 族元素离子的半径及氯化物(MCl_3)的晶格能

离 子	Al^{3+}	Ga^{3+}	In^{3+}	Tl^{3+}
半径/pm	53	62	80	88
U(实验)/($kJ \cdot mol^{-1}$)	5443	5598	5134	5258

表 5.6 AgX(X=F、Cl、Br、I)的 U(实验)与 U(理论)的比较

离 子	F^-	Cl^-	Br^-	I^-
r/pm	133	181	196	216
U(实验)/($kJ \cdot mol^{-1}$)	951	902	897	886
U(理论)/($kJ \cdot mol^{-1}$)	925	833	808	774
ΔU/($kJ \cdot mol^{-1}$)	26	69	89	112

应用晶格能数据,可以计算一些复杂离子的半径。例如,欲计算 ClO_4^- 半径,可先确定 $KClO_4$ 晶格能,由 Born-Haber 循环通过其他热力学函数得到 $U(KClO_4) = 591\ kJ \cdot mol^{-1}$,由式(5.17)计算得到 $r_0 = r(K^+) + r(ClO_4^-) = 372.8\ pm$,已知 $r(K^+) = 133\ pm$,得到 $r(ClO_4^-) = 239.8\ pm$。

这种由实验求出的复杂离子的半径数据称为离子的热化学半径,一些复杂离子的热化学半径列于表 5.7 中。

表 5.7 一些复杂离子的热化学半径 单位:pm

离子	半径	离子	半径	离子	半径
Ac^-	159	CN^-	182	ClO_2^-	236
NH_2^-	130	BeF_4^-	245	IO_4^-	249
AsO_4^{3-}	248	BF_4^-	228	MnO_4^-	240
SbO_4^{3-}	260	$HCOO^-$	158	O_2^{2-}	180
BiO_4^{3-}	268	HCO_3^-	163	PO_4^{3-}	238
BO_3^{3-}	191	HS^-	195	SeO_4^{2-}	243
BrO_3^-	191	OH^-	140	SiO_4^{4-}	240
CO_3^{2-}	185	IO_3^-	182	SO_4^{2-}	230
ClO_3^-	200	MoO_4^{2-}	254	TeO_4^{2-}	254
CrO_4^{2-}	240	NO_3^-	189	CNS^-	195
CNO^-	199	NO_2^-	155	$C_6H_3(NO_2)O^-$	223

应用晶格能数据,还可以利用 Born-Haber 循环去计算其他热力学数据。

例如,从 Cr 原子的价层结构 $3d^54s^1$ 来看,Cr 失去 1 个 4s 电子后成为 $3d^5$ 半充满构型。

这种结构似应是稳定的,因而似应有 CrX (X=F、Cl、Br、I)化合物存在,但实际上却未能制造出这类化合物。下面以 CrCl(s)为例,通过计算它的生成焓来说明其稳定性。先写出生成 CrCl 的 Born-Haber 热化学循环。

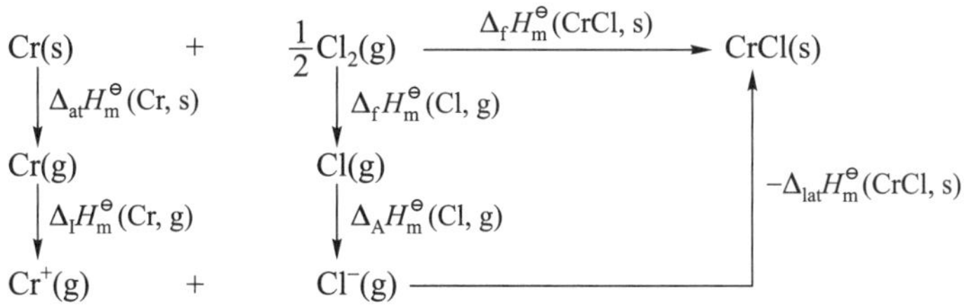

$$
\begin{array}{ccccc}
\mathrm{Cr(s)} & + & \frac{1}{2}\mathrm{Cl_2(g)} & \xrightarrow{\Delta_f H_m^\ominus(\mathrm{CrCl,\ s})} & \mathrm{CrCl(s)} \\
\downarrow \Delta_{at}H_m^\ominus(\mathrm{Cr,\ s}) & & \downarrow \Delta_f H_m^\ominus(\mathrm{Cl,\ g}) & & \uparrow \\
\mathrm{Cr(g)} & & \mathrm{Cl(g)} & & -\Delta_{lat}H_m^\ominus(\mathrm{CrCl,\ s}) \\
\downarrow \Delta_I H_m^\ominus(\mathrm{Cr,\ g}) & & \downarrow \Delta_A H_m^\ominus(\mathrm{Cl,\ g}) & & \\
\mathrm{Cr^+(g)} & + & \mathrm{Cl^-(g)} & \longrightarrow &
\end{array}
$$

$$\Delta_f H_m^\ominus(\mathrm{CrCl,\ s}) = \Delta_{at}H_m^\ominus(\mathrm{Cr,\ s}) + \Delta_I H_m^\ominus(\mathrm{Cr,\ g}) + \Delta_f H_m^\ominus(\mathrm{Cl,\ g}) + \Delta_A H_m^\ominus(\mathrm{Cl,\ g}) - \Delta_{lat}H_m^\ominus(\mathrm{CrCl,\ s})$$

Cr^+的半径估计约为 100 pm,$r_{Cl^-}=181$ pm,根据晶格能的理论计算公式可得

$$\begin{aligned}\Delta_{lat}H_m^\ominus(\mathrm{CrCl,\ s}) &\approx U_{298\ K} \approx U_0 \\ &= [1.214\times10^5\times2\times1\times1\times(1-34.5/281)/281]\ \mathrm{kJ\cdot mol^{-1}} \\ &= 758\ \mathrm{kJ\cdot mol^{-1}}\end{aligned}$$

代入其他热力学数据,有

$$\Delta_f H_m^\ominus(\mathrm{CrCl,s}) = [397+653+(121.7-368.5)-758]\ \mathrm{kJ\cdot mol^{-1}} = 45\ \mathrm{kJ\cdot mol^{-1}}$$

计算出来的生成焓是正值,且由 Cr(s)和 Cl_2(g)生成 CrCl(s)是熵减的反应,所以 $\Delta_f G_m^\ominus$(CrCl,s)大于 45 $kJ\cdot mol^{-1}$,表明 CrCl(s)即使能生成也是一种不稳定的化合物。事实上,它可能发生下述歧化反应:

$$2\ \mathrm{CrCl(s)} = \mathrm{CrCl_2(s)} + \mathrm{Cr(s)}$$

$$\Delta_f H_m^\ominus/(\mathrm{kJ\cdot mol^{-1}}) \qquad 45 \qquad -396 \qquad 0$$

$$\begin{aligned}\Delta_r H_m^\ominus &= [(-396)-2\times45]\ \mathrm{kJ\cdot mol^{-1}} \\ &= -486\ \mathrm{kJ\cdot mol^{-1}} \\ &\approx \Delta_r G_m^\ominus\end{aligned}$$

此歧化反应的吉布斯自由能变为较大的负值,说明向右进行的趋势很大。因此,即使生成了 CrCl(s),它也会按上式发生歧化反应。所以 CrCl(s)是不可能制得的。

可见,通过晶格能的估算,预测未知化合物制备的可能性,这在指导新的化合物的制备来说是很有意义的。

应用晶格能数据还可以判断复分解反应进行的方向。由于晶格能是衡量离子化合物稳定性的一种标度,因此,离子交换反应进行的方向总是向生成物有较大的晶格能方向进行。晶格能又正比于阴、阳离子的电荷乘积,反比于阴、阳离子核间距,由此推出以下规律,即

半径小的阳离子趋向于与半径小的阴离子相结合;

半径大的阳离子趋向于与半径较大的阴离子相结合。

电荷高的阳离子趋向于与电荷高的阴离子相结合；

电荷低的阳离子趋向于与电荷低的阴离子相结合。

由于电荷和半径的等效性，又可以推出：

半径小的阴离子趋向于和电荷高的阳离子相结合；

半径大的阴离子趋向于和电荷低的阳离子相结合。

例如：

$$KF + LiBr \longrightarrow KBr + LiF$$ （半径：大-大、小-小更稳定）

$$Na_2SO_4 + BaCl_2 \longrightarrow BaSO_4 + 2NaCl$$ （电荷：高-高、低-低更稳定）

$$2NaF + CaCl_2 \longrightarrow 2NaCl + CaF_2$$ （高电荷-小半径更稳定）

5.6　二元化合物

碱金属及碱土金属可以形成一系列的二元化合物，如氢化物、氧化物、卤化物、硫化物、氮化物、硼化物、石墨夹层化合物（如 C_8M，M＝K、Rb、Cs）、碳化物 M_2C_2（M＝Li、Na、K、Rb）和 MC_2（M＝Be、Mg、Ca、Sr、Ba）、硅化物（如 Mg_2Si 及 Ca_2Si）、锗化物、磷化物、砷化物、硒化物、碲化物等。

下面仅对氧化物、氢氧化物、卤化物和碳化物进行介绍。

5.6.1　碱金属氧化物、倍半氧化物

碱金属与氧形成多种氧化物。当碱金属在空气中充分燃烧时，Li 生成普通氧化物 Li_2O 和少量过氧化物 Li_2O_2，Na 生成过氧化物 Na_2O_2 和少量氧化物 Na_2O，钾、铷、铯生成超氧化物 MO_2。当控制适当的反应条件，五种碱金属（Li、Na、K、Rb、Cs）的纯化合物 M_2O、M_2O_2、MO_2 都可以被制备。

Li_2O 可以由 Li_2O_2 加热至 195 ℃以上热分解制备：

$$Li_2O_2 \xrightarrow{\triangle} Li_2O + (1/2)O_2$$

Na_2O 则可用金属钠与 Na_2O_2，NaOH 或 $NaNO_2$ 反应制备：

$$2Na + Na_2O_2 = 2Na_2O$$

$$Na + NaOH = Na_2O + (1/2)H_2$$

$$3Na + NaNO_2 = 2Na_2O + (1/2)N_2$$

普通氧化物 M_2O 的颜色依原子序数的增大而加深。Li_2O、Na_2O 是纯白色；K_2O 是浅黄白色；Rb_2O 是亮黄色；Cs_2O 橘黄色。这些氧化物对热有相当的稳定性，在 500 ℃时都不分解。

通常，碱金属过氧化物可以看作 H_2O_2(二元酸)的正盐，因此它们与酸或水作用时都定量地生成 H_2O_2：

$$M_2O_2 + H_2SO_4 \longrightarrow M_2SO_4 + H_2O_2$$

$$M_2O_2 + 2H_2O \longrightarrow 2MOH + H_2O_2$$

碱金属的过氧化物 M_2O_2 含有与 F_2 等电子的过氧离子 O_2^{2-}，具有抗磁性、氧化性和碱性。

在无氧或不存在氧化性介质时碱金属过氧化物(Li_2O_2 除外)是相当稳定的，Na_2O_2 和 Cs_2O_2 热分解释放 O_2 的反应温度分别是 675 ℃及 590 ℃。

Li_2O_2 是一种白色的晶形固体，加热分解为 Li_2O。工业上是应用 LiOH 与 H_2O_2 的酸碱反应，然后在减压条件下缓慢加热脱去 $Li_2O_2 \cdot H_2O$ 中的结晶水来制备的：

$$2\ LiOH + H_2O_2 \longrightarrow Li_2O_2 \cdot H_2O + H_2O$$

$$Li_2O_2 \cdot H_2O \longrightarrow Li_2O_2 + H_2O$$

Na_2O_2 是浅黄色粉末，在限量供应干燥氧气(空气)的情况下，Na 先氧化成 Na_2O，进一步反应后才得到 Na_2O_2。

$$2Na + (1/2)O_2 \longrightarrow Na_2O$$

$$Na_2O + (1/2)O_2 \longrightarrow Na_2O_2$$

应用同一方法可以制备纯净的 K_2O_2，而 Rb_2O_2 及 Cs_2O_2 在空气中迅速地被氧化生成超氧化物 RbO_2 及 CsO_2。

Na_2O_2 在工业上用作纤维、纸浆、木材等的漂白剂。Na_2O_2 与 CO 反应生成碳酸盐，与 CO_2 反应释放出 O_2，因此它在飞行员、潜水员、消防员及潜水艇的供氧设备中有重要应用。

$$Na_2O_2 + CO \longrightarrow Na_2CO_3$$

$$Na_2O_2 + CO_2 \longrightarrow Na_2CO_3 + (1/2)O_2$$

Na_2O_2 作为强氧化剂得到广泛的应用。分析化学中常用 Na_2O_2 与矿石一起熔融使矿物氧化分解，如与铬铁矿一起共熔可将 Cr(Ⅲ)氧化为可溶性的 Cr(Ⅵ)；与软锰矿共熔可将 MnO_2 转化为可溶性的锰酸盐：

$$2(FeO \cdot Cr_2O_3) + 7Na_2O_2 \xrightarrow{\text{熔融}} Fe_2O_3 + 4Na_2CrO_4 + 3Na_2O$$

$$MnO_2 + Na_2O_2 \xrightarrow{\text{熔融}} Na_2MnO_4$$

熔融的 Na_2O_2 遇棉花、硫粉、铝粉等还原性物质会爆炸，使用时要倍加小心。

碱金属的超氧化物 MO_2 中由于存在半径较大的超氧离子 O_2^-，因此只有与半径较大的阳离子如 K^+、Rb^+、Cs^+等结合时才能稳定存在。相反，对于半径较小的阳离子如 Li^+、Na^+，由于离子极化作用大，相应的化合物不那么稳定。因此，上述较重的碱金属在空气中燃烧的正常产物是超氧化物，而 Li、Na 的超氧化物必须在特殊的条件下才能制备。LiO_2 的制备条件是在15 K时由Li_2O氧化制取。NaO_2可以由金属钠在450 ℃和1.52×10^4kPa压力下与O_2作用制取。

钾的超氧化物KO_2为橘黄色，熔点653 K；RbO_2为深棕色，熔点685 K；CsO_2为橘黄色，熔点705 K。它们的热稳定性依次增加。

因超氧离子O_2^-含有单电子，所以MO_2是顺磁性的。

同过氧化物M_2O_2的性质相似，碱金属的超氧化物MO_2亦为强的氧化剂，也可与CO_2反应生成O_2。例如：

$$2\,KO_2 + CO_2 \longrightarrow K_2CO_3 + (3/2)O_2$$

因此可用于宇宙飞船船舱、潜艇、矿井等处消除CO_2并再生O_2。

小心加热K、Rb、Cs的超氧化物令其热分解，或以氧气氧化这些金属的液氨溶液，或在一定的条件下氧化过氧化物都可生成具有顺磁性的M_2O_3深色粉末：

$$2MO_2 \xrightarrow{\triangle} M_2O_3 + (1/2)O_2$$

$$4M + 3O_2 \xrightarrow{NH_3} 2M_2O_3$$

$$2M_2O_2 + O_2 = 2M_2O_3$$

在组成上M_2O_3可以视之为过氧基O_2^{2-}及二超氧基O_2^-的配合物$[(M^+)_4(O_2^{2-})(O_2^-)_2]$，故$M_2O_3$又称为倍半氧化物。但实验表明，$M_2O_3$具有立方系结晶，这表明三个氧具有等价性，因此其结构有待进一步研究。

碱金属Na、K、Rb、Cs的臭氧化物MO_3是在低温下令臭氧O_3与粉末状无水MOH反应，并用液氨提取而得到的红色固体：

$$3MOH(s) + 2O_3(g) \longrightarrow 2MO_3(s) + MOH\cdot H_2O(s) + (1/2)O_2(g)$$

在类似的反应条件下，Li生成$[Li(NH_3)_4]O_3$。如一旦除去配位的氨，化合物LiO_3由于Li^+的极化力太大而使O_3^-分解故不能稳定存在。

碱金属臭氧化物在常态下缓慢分解为氧及超氧化物：

$$MO_3 = MO_2 + (1/2)O_2$$

在水的作用下，碱金属臭氧化物直接生成氢氧化物：

$$4MO_3 + 2H_2O = 4MOH + 5O_2$$

5.6.2 碱土金属氧化物

碱土金属与氧形成一系列氧化物MO。获取MO的最好方法是煅烧相应的碳酸盐或在红热条件下使氢氧化物脱水制取。BeO具有闪锌矿结构，其余碱土金属氧化物MO都具有NaCl晶体结构。由于BeO熔点较高[为(2530±30) ℃]，受热时，在熔点以下温度范围内，其蒸气压近乎为零，化学稳定性好，是一种极好的耐火材料。其他的碱土金属氧化物的晶格能与熔点也都很高:MgO 的熔点为(2826±30) ℃;CaO 的熔点为(2613±25) ℃;SrO 的熔点为 2430 ℃;BaO 的熔点为 1923 ℃。因此,MgO 被广泛用作耐火材料。BeO、MgO 的热传导率很高(甚至高于某些金属的热传导率),它们既是一种极好的导热体,又是一种优质的电绝缘体。

碱土金属氧化物都是无色的,但有时因晶体缺陷而显示出颜色,如 BaO 中当 Ba^{2+} 过量 0.1%时便呈深红色。

除了生成氧化物 MO 之外,Ca、Sr、Ba 还可以生成过氧化物 MO_2,以及黄色的超氧化物 $M(O_2)_2$,甚至有臭氧化物 $Ca(O_3)_2$ 及 $Ba(O_3)_2$。与碱金属的情况一样,这一类化合物的稳定性随金属原子电正性增大及原子半径增大而增强。例如,Be 没有过氧化物;无水过氧化镁只能在液氨中制得;CaO_2 可以用 $CaO_2 \cdot 8H_2O$ 加热脱水制得,而不能用 Ca 直接氧化制取;但是,SrO_2 可以在高压下用氧气直接合成;BaO_2 则在 500 ℃的空气中就可以制备。

5.6.3 碱金属及碱土金属的氢氧化物

当蒸发 LiOH 水溶液时得到的是 $LiOH \cdot H_2O$。$LiOH \cdot H_2O$ 在惰性气氛下减压加热脱水成为无水 LiOH。$LiOH \cdot H_2O$ 具有双链的结构(图 5.12)。其中 Li 及 H_2O 上的 O 都是四配位的,Li 与 2 个 OH 和 2 个 H_2O 呈四面体配位,每个四面体共享一条边(2OH)和两个顶点(H_2O)以形成被氢键横向结合的双链。无水的 LiOH 具有共边 $Li(OH)_4$ 的层状晶体结构(图 5.13)。中子衍射实验表明,层内的 O—H 键是正常的,层之间也没有氢键。

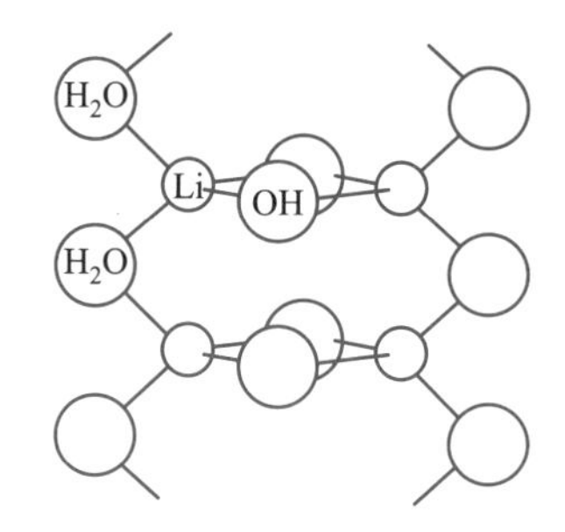

图 5.12 $LiOH \cdot H_2O$ 的双链结构

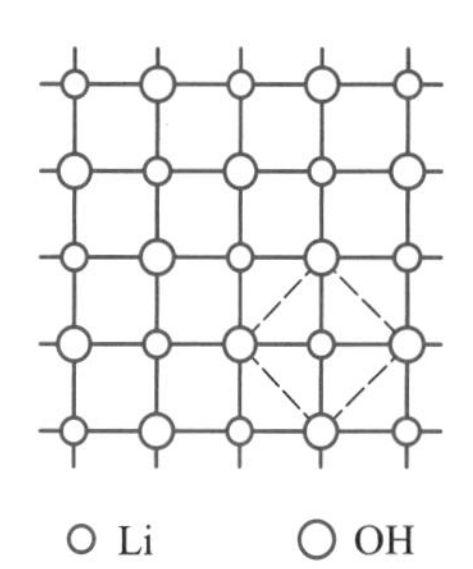

图 5.13 共边 $Li(OH)_4$ 的层状晶体结构

Na、K、Rb、Cs 的氢氧化物是白色的晶体,它们在 350~400 ℃升华而不发生其他的变化,且其蒸气主要以$(MOH)_2$ 双聚形式存在。它们都是极强的碱,与酸反应生成盐,与醇反应生成 MOR。

与碱金属氢氧化物相比,碱土金属氢氧化物的碱性较弱。其碱性及在水中的溶解度都随原子序数的增大而增加。例如,$Be(OH)_2$ 为两性,在水中难溶,室温下溶解度仅为 $3\times10^{-4} g \cdot L^{-1}$;$Mg(OH)_2$ 是弱碱,微溶于水,溶解度为 $3\times10^{-2}\ g \cdot L^{-1}$;$Ca(OH)_2$ 及 $Sr(OH)_2$ 是中强碱,在水中的溶解度分别为 $1.3\ g \cdot L^{-1}$和 $8.9\ g \cdot L^{-1}$(20 ℃);$Ba(OH)_2$ 是相当于碱金属氢氧化物强度的碱,在水中的溶解度为 $38\ g \cdot L^{-1}$(20 ℃)。

5.6.4 卤化物

碱金属的卤化物都是高熔点的无色晶形固体,除某些铯盐外,它们的熔点和沸点总遵循 F > Cl > Br > I 的递变趋势(图5.14),且卤化锂(LiX)的熔点、沸点总比相应 NaX 的熔点、沸点低,而在每一序列中,NaX 的熔点、沸点都是最高的(KI 的熔点除外)。

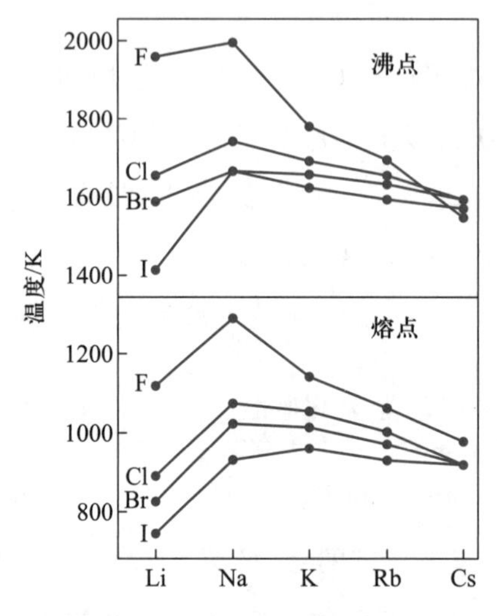

图5.14 碱金属卤化物的熔点、沸点

碱土金属无水卤化物通常可以由其水合物加热脱水而制得,但 BeX_2 除外。由于 Be^{2+} 极化力大,在加热 BeX_2 的水合物时,会发生高温水解而得不到无水卤化物。BeF_2 最好是由 $(NH_4)_2BeF_4$ 热分解来制取,而 $BeCl_2$ 则可以由 BeO 氯化得到,不过,直接氯化在热力学上是不允许的,加入碳粉能降低反应吉布斯自由能,使反应的 $\Delta_r G_m^\ominus$ 变得更负。

$$BeO + Cl_2 + C \xrightarrow{600 \sim 800\ ℃} BeCl_2 + CO$$

无水 $BeCl_2$ 也可以由金属单质或 Be_2C 直接与 Cl_2 作用制取:

$$Be_2C + 4Cl_2 = 2BeCl_2 + CCl_4$$

$BeCl_2$ 有无限长的链状结构[图5.15(a)]。它能被配体所分解:当与弱配体(如 Et_2O)反应时生成分子型配合物 BeL_2Cl_2;当与强配体(如 H_2O 或 NH_3)反应时生成离子型配合物 $[BeL_4]Cl_2$。

由于在 $BeCl_2$ 中键角∠ClBeCl 仅为98°,这比 sp^3 杂化的键角109°28′小,因此,可以认为中心体 Be^{2+} 是以 s、p_x、p_y、p_z 轨道成键的,这是为了减小链中相邻两个 Be^{2+} 之间的斥力而使它们的间距加大的结果,也是为使每个 Cl 原子处的角度(∠BeClBe)比71°大,以符合 Cl 主要是用两条 p 轨道成键的特点。这样一来,在 $BeCl_2$ 中,各种原子间距和角度[图5.15(a)]明显地不同于同类的链式结构。在气相中,$BeCl_2$ 倾向于 Be^{2+} 以 sp^2 杂化轨道形成 Cl 桥联的双聚体[图5.15(b)]。在温度低至900 ℃以下时,双聚体会部分地解离为直线形的单体,Be^{2+} 以 sp 杂化态成键[图5.15(c)]。BeF_2 与 $BeCl_2$ 相反,在气态时 BeF_2 为单体,聚合为二聚物的趋势很小。

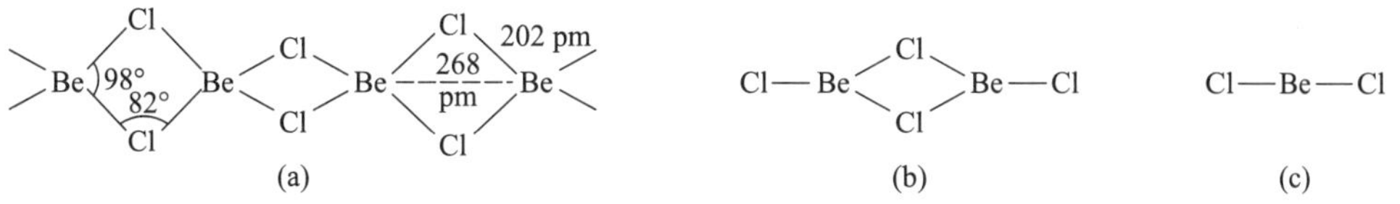

Cl Be 98° 82° Cl Be Cl Cl Be Cl 268 pm 202 pm Be Cl

(a)

Cl—Be Cl Cl Be—Cl

(b)

Cl—Be—Cl

(c)

图 5.15 $BeCl_2$ 的结构

碱土金属中最重要的氟化物是 CaF_2，天然的 CaF_2 又称为萤石，是氟的最重要来源。CaF_2 是一种白色、高熔点的固体(熔点 1418 ℃)，在水中溶解度很低。其他氟化物熔点都较高(BeF_2 除外)，在水中几乎不溶。与此相反，碱土金属氯化物在水中极易溶解，且熔点要低得多(715~960 ℃)，也可以形成大量的水合物且易溶于乙醇中。这些都说明了碱土金属氯化物的共价性。溴化物和碘化物熔点更低，在水中溶解度更大，更易溶于乙醇、乙醚等有机极性溶剂，可形成多种晶形的溶剂合物，如 $MgBr_2 \cdot 6ROH$ (R = Me、Et、Pr)、$MgBr_2 \cdot 6Me_2CO$、$MgBr_2 \cdot 3Et_2O$ 等。

5.6.5 碳化物

碱金属、碱土金属等电正性大的元素均能与碳形成不同的碳化物，其中有离子型碳化物、共价型碳化物、石墨间隙型化合物，及 K、Rb、Cs 的球烯化合物。

通常，制备金属碳化物的一般方法有：

① 单质在适当的温度下直接反应 如 C_8K 等石墨间隙化合物的制备(见第 6 章)。

② 碱(碱土)金属氧化物与碳在高温下反应 例如：

$$2BeO + 3C \xrightarrow{1980 \sim 2000\ ℃} Be_2C + 2CO$$

③ 金属与气态烃的热反应 例如：

$$Ca + C_2H_4 \xrightarrow{500\ ℃} CaC_2 + 2H_2$$

④ 乙炔与电正性金属在液氨中反应 例如：

$$Ca(NH_3) + 2C_2H_2 \xrightarrow{-80\ ℃} H_2 + CaC_2 \cdot C_2H_2 + (NH_3)$$

$$CaC_2 \cdot C_2H_2 \xrightarrow{325\ ℃} CaC_2 + C_2H_2$$

根据碳化物水解产物的不同，碳化物可分为“甲烷化合物”和“乙炔化合物”。前者是如 Be_2C 等含 C^{4-} 的碳化物，水解时产生 CH_4：

$$Be_2C(s) + 4H_2O(l) \longrightarrow 2Be(OH)_2(s) + CH_4(g)$$

后者则是一些含有$[:C\equiv C:]^{2-}$单元的碳化物，如 M_2C_2(M = Li、Na、K、Rb、Cs)及MC_2(M = Be、Mg、Ca、Sr、Ba)等，水解时生成乙炔。

$$CaC_2(s) + 2H_2O(l) \longrightarrow Ca(OH)_2(s) + C_2H_2(g)$$

CaC_2 的晶体结构如图 5.16 所示，由于$[:C\equiv C:]^{2-}$在晶体中在方向上保持一致，使立方晶体产生畸变成为正交面心结构。

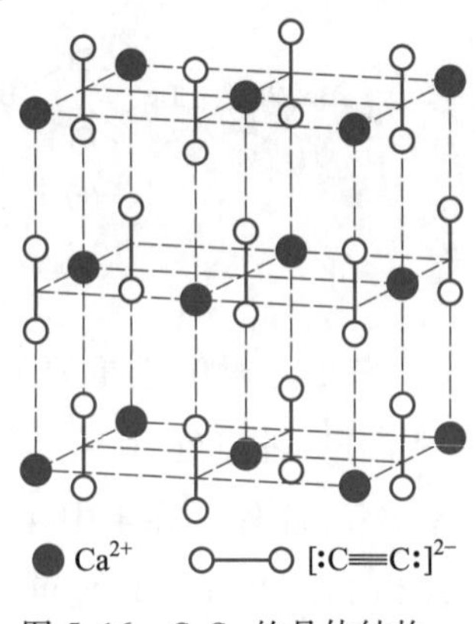

图5.16　CaC_2的晶体结构

M_2C_2和MC_2都是碱金属或碱土金属的离子型碳化物。

CaC_2有强还原性,甚至可以把MgO还原:

$$MgO + CaC_2 \xrightarrow[Ar]{1200\ ℃} Mg + CaO + 2C$$

Mg在500 ℃时可与C反应生成乙炔类碳化物MgC_2,但在500~700 ℃时用过量C作用生成Mg_2C_3。Mg_2C_3在水中水解生成$Mg(OH)_2$和丙炔:

$$Mg_2C_3 + 4H_2O \longrightarrow 2Mg(OH)_2 + CH{\equiv}C{-}CH_3$$

说明在Mg_2C_3中存在C_3^{4-}阴离子,Mg_2C_3是离子型化合物,可表示为$(Mg^{2+})_2(C_3^{4-})$。

5.7　碱金属、碱土金属的配合物

5.7.1　碱金属、碱土金属的普通配合物

由于s区金属的配合物是以金属阳离子与体积小的硬的电子给予体原子(如O、N等)的配体以库仑静电作用形成的,因此,传统上认为碱金属离子生成配合物的数量极少而且稳定性也较低。按照这种理解,碱金属配合物的稳定性应按Li > Na > K > Rb > Cs的次序降低。然而,在实际上也有相反次序,如硫酸盐、过硫酸盐、硫代硫酸盐及六氰合铁酸盐就是这样,这些大阴离子同大阳离子生成的配合物更加稳定。除此之外,碱金属的水合物、氨配合物如$LiI \cdot 4NH_3$及一些加合物,如$LiX \cdot 5OPPh_3$、$LiX \cdot 4OPPh_3$、$NaX \cdot 5OPPh_3$(其中X为I^-、NO_3^-、ClO_4^-、$[BPh_4]^-$、$[SbF_6]^-$、$[AuCl_4]^-$等大阴离子),它们对空气及水都极为稳定,在200~315 ℃范围内熔化而不分解。X射线晶体衍射表明,在化合物$LiI \cdot 5OPPh_3$中存在稳定的四面体结构的阳离子$[Li(OPPh_3)_4]^+$,第五个$OPPh_3$是未配位的。在$LiCl \cdot 2en$及$LiBr \cdot 2en$中,Li原子的配位数为4,即Li^+被四个氮原子以四面体包围,但这四个氮原子来自三个en分子,其中一个en分子与Li原子螯合,另两个en分子各提供一个N原子与Li配位,余下两个氮原子分别配位于不同的Li原子,形成无限链状结构:

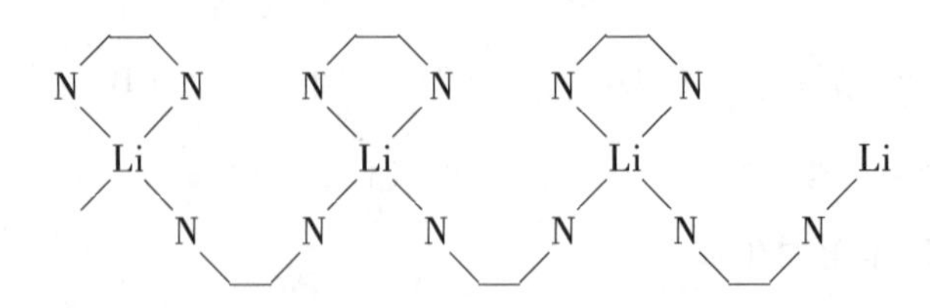

比Li大的碱金属通常具有较高的配位数。例如,Na、K和Rb的碘化物形成含六个NH_3分子的比较稳定的氨合物$MI \cdot 6NH_3$;乙酰丙酮钠[acac,乙酰丙酮烯醇$CH_3COCHC(OH)CH_3$的盐]的

四水合物[$Na(acac)(H_2O)_4$]是由氧原子呈八面体包围的六配位的化合物[图5.17(a)],而相应的锂配合物[$Li(acac)(H_2O)_2$]为四配位的二水合物[图5.17(b)]。

水杨醛是酸性的,它和较重的碱金属K、Rb、Cs形成金属为氧原子八面体配位的化合物,如图5.18所示。这些化合物的分子式可能是$M(OC_6H_4CHO)(HOC_6H_4CHO)_2$,其中一个水杨醛分子已转变成阴离子,其他两个水杨醛分子仍以分子形式存在。

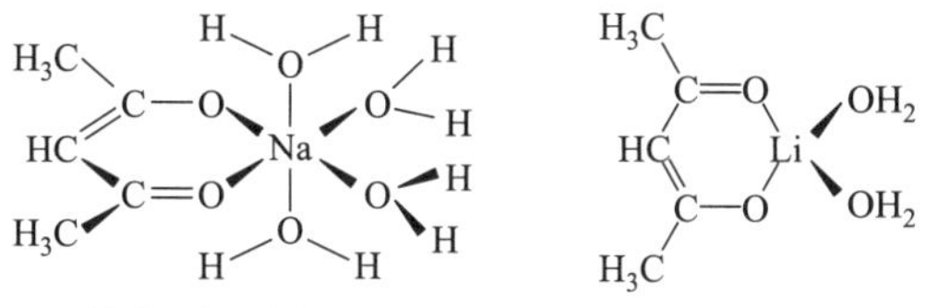

(a) [$Na(acac)(H_2O)_4$]　　(b) [$Li(acac)(H_2O)_2$]

图5.17　[$Na(acac)(H_2O)_4$]和[$Li(acac)(H_2O)_2$]的结构

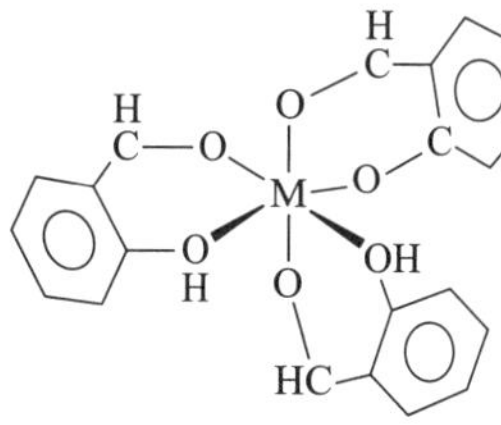

图5.18　较重的碱金属与水杨醛的配合物的结构

虽然较重的碱金属形成配位数为6的结构,但并不排除能形成较低配位数的结构。例如,NaI也形成配位数为4的氨合物$NaI \cdot 4NH_3$,已证明氨分子是呈四面体排列在Na^+周围;水杨醛也可以同所有碱金属离子形成配位数为4的结构。此外,所有的碱金属都可形成含有两个水分子的乙酰丙酮盐,并可认为这些盐含有类似图5.17(b)所示的配位数为4的配离子。这些水合物具有共价化合物的溶解性质,如$Na(acac) \cdot 2H_2O$就可溶于苯。

水杨醛、乙酰丙酮的碱金属配合物的稳定性都很低,其稳定性也按Li > Na > K顺序降低。

在碱土金属的配合物中,Be^{2+}是唯一能形成一系列稳定的、易挥发的$Be_4O(RCOO)_6$分子型碱式羧酸盐(R=H、Me、Et、Pr、Ph等)的元素。这类化合物溶于有机溶剂而不溶于水中,其结构见图5.19。

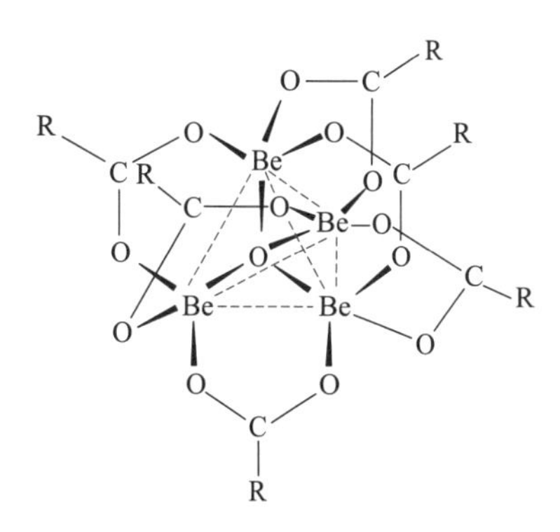

图5.19　$Be_4O(RCOO)_6$的结构

除此之外,Be^{2+}还能与一些配体形成螯合物及桥联配合物,这些配体分子包括草酸根离子、醇盐、β-二酮盐及1,3-二酮盐等阴离子。图5.20(a)和图5.20(b)分别示出Be^{2+}的醇盐二聚体及双-(2,6)-二特丁基苯酚铍。在这里,Be^{2+}的配位数分别为3和2。

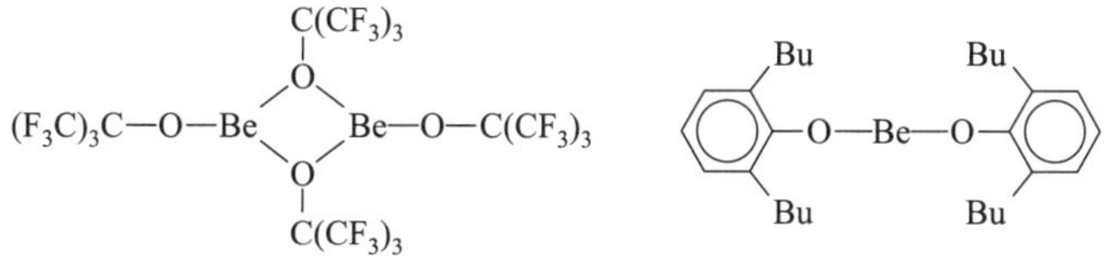

(a) Be^{2+}的醇盐二聚体　　(b) 双-(2, 6)-二特丁基苯酚铍

图5.20　配位数小于4的Be的配合物

Be^{2+}的四配位化合物一般都是采取 sp^3 杂化，四面体构型，但 $BeCl_2$ 除外。不过，在 Be^{2+} 与酞菁[1, 2-$C_6H_4(CN)_2$]形成的蓝色配合物 $Be[C_6H_4(CN)_2]_4$ 中，Be^{2+} 是平面形四配位的(图 5.21)。该化合物易形成极其稳定的二水合物。

同铍的配位性质不同，较重的碱土金属形成配位数为 6 和配位数为 4 的化合物。镁除了生成螯合物之外还被间接证明可以使用 sp^2 杂化轨道形成配位数为 3 的化合物，如 $Mg(C_2H_5)_2 \cdot (C_2H_5)_2O$。含镁、钙、锶和钡离子的配位数为 4 的化合物或者是由中性的 MX_2 化合物与醚、水或氨这样的双分子的中性 Lewis 碱缔合{如 $MgBr_2 \cdot 2(C_2H_5)_2O$，$[Mg(H_2O)_4](ClO_4)_2$ 和 $[Mg(NH_3)_4]Cl_2$}，或者是与卤阴离子碱缔合(如 K_2MgCl_4 和 K_2MgF_4)，或者与可形成螯合结构的阴离子(如乙酰丙酮盐的阴离子)所形成的化合物(图 5.22)。

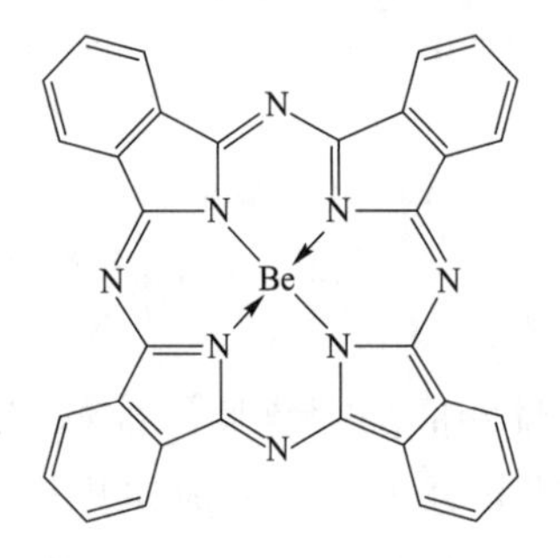

图 5.21　$Be[C_6H_4(CN)_2]_4$ 的结构

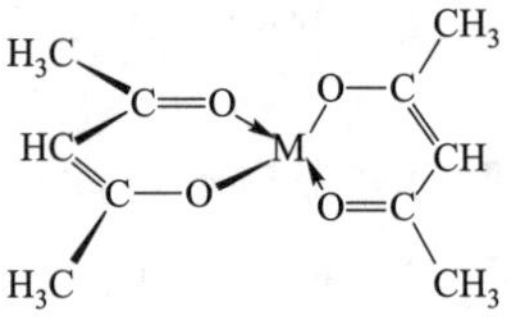

图 5.22　碱土金属的乙酰丙酮盐的结构

在配位数为 6 的化合物中，碱土金属原子被八面体排列的原子所包围，以 sp^3d^2 杂化轨道成键。在这些化合物中，Lewis 碱是中性分子 NH_3、H_2O 或 $edta^{4-}$。

在这些配合物中较重要的是 EDTA 配合物，它是在碱性条件下形成的颜色不同的稳定的配合物。例如：

$$Ca^{2+} + edta^{4-} \xlongequal{\quad} [Ca(edta)]^{2-}$$

此外，钙与多磷酸盐的络合作用，在水处理及容量法测定 Ca 含量上都有重要的应用价值。

在ⅡA 族元素的大环配合物中，叶绿素具有特殊的重要性。叶绿素是 Mg^{2+} 的卟啉配合物，它在植物的光合作用中起了重要作用(见第 11 章)。

5.7.2　碱金属、碱土金属的大环多元醚配合物

1967 年，Pederson 合成了几种大环多元醚。冠醚和穴醚统称为大环多元醚。

图 5.23 示出几种常见冠醚的结构。

(窝)穴醚(图 5.24)是另一类大环配体，它同时含有 N 和 O 配位原子。有四个氮原子的穴醚称为球形穴醚[参见图 5.28(b)]。

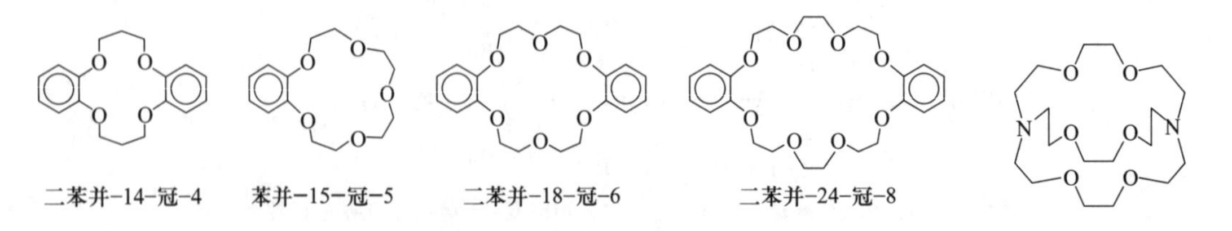

图 5.23　常见冠醚的结构

图 5.24　2,2,2-穴醚

冠醚有一个确定范围直径的孔穴。表 5.8 列出某些冠醚孔穴大小与碱金属离子大小的比较。而穴醚则有一个确定直径范围的空腔。

表 5.8 某些冠醚孔穴大小与碱金属离子大小的比较

碱金属离子	离子直径/pm	多元醚环	孔穴直径/pm
Li^+	120	14-冠-4	120~150
Na^+	190	15-冠-5	170~220
K^+	266	18-冠-6	260~320
Rb^+	296	21-冠-7	340~430
Cs^+	338		

实验证明,大环多元醚都能同碱金属、碱土金属离子形成十分稳定的配合物。

冠醚配合物的结构示意于图 5.25。可见,其配位方式常有以下四种:

(1) 金属离子的直径大于冠醚的腔径,这时,金属离子位于冠醚的孔穴之外。

如二苯并-18-冠-6 与 RbNCS 形成的配合物(图 5.26),由于 Rb^+的直径略大于冠醚的腔径,所以它位于氧原子所形成的平面(孔穴)之外,整个结构像一把翻转的伞。

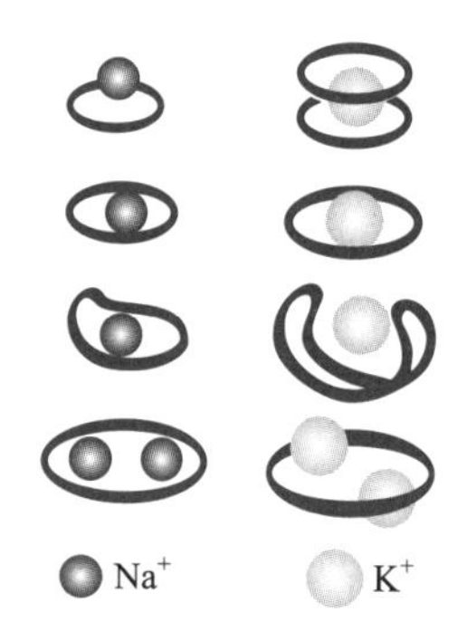

图 5.25 冠醚配合物的结构

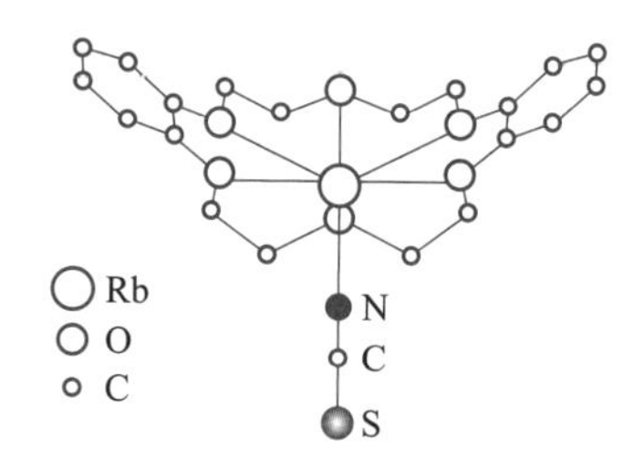

图 5.26 Rb(二苯并-18-冠-6)(NCS)的结构

再如,在 K(苯并-15-冠-5)$_2^+$ 中,由于 K^+的直径比冠醚的腔径大得多,使得 K^+与两个冠醚形成具有夹心结构的 2∶1 型配合物,两个冠醚的所有 10 个氧原子都参与了配位。

(2) 金属离子的直径正好与冠醚的腔径相当,这时金属离子刚好处在冠醚的孔穴中心。如 K(18-冠-6)(NCS)配合物(图 5.27),K^+正好位于冠醚孔穴的中心,与处在六边形顶点的氧原子配位,而 K^+与 NCS^-结合较弱。

(3) 金属离子的直径比冠醚的腔径小,这时冠醚发生畸变而将金属离子包围在中间。

如在 Na(18-冠-6)(NCS)(H_2O)中,冠醚配体发生了畸变,其中五个氧原子基本上位于同一平面,另一个氧原子微向上翘,从平面的上方去同 Na^+配位。

(4) 在 Na_2(二苯并-24-冠-8)中,由于冠醚的腔径大得多,故有两个 Na^+被包围在孔穴中。

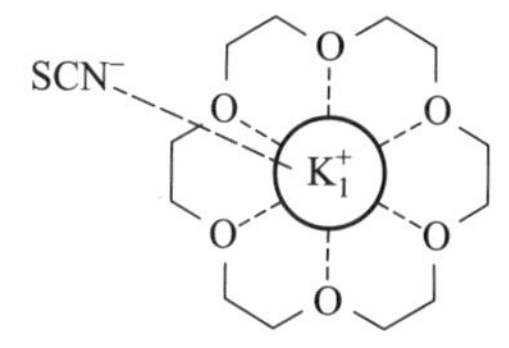

图 5.27 K(18-冠-6)(SCN)的结构

由于穴醚有类似于笼形分子的结构,可以容纳半径相当的金属离子形成比冠醚配合物更稳定的包合物。Rb^+的 C[2, 2, 2]穴醚配合物的结构如图 5.28(a)所示。球形穴醚甚至还可以同阴离子配位,生成的阴离子配合物的结构示于图 5.28(b)。

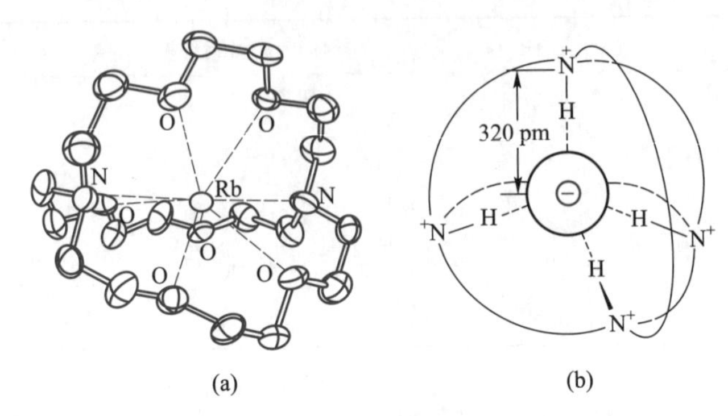

图 5.28　Rb^+的 C[2, 2, 2]穴醚配合物(a)和球形穴醚的阴离子配合物(b)的结构

冠醚是一类新型的螯合剂,在与金属离子生成配合物时,它具有以下一些特殊的配位性能。

① 在冠醚分子中,由于 O 的电负性大于 C 的,因而电子云密度在氧原子处较高,所以冠醚与金属离子的配位作用可以看作多个 C—O 偶极与金属离子之间的配位作用。显然这种配位作用是一种静电作用,这是冠醚配合物的一个非常显著的配位特点。

② 冠醚分子本身是一种有确定结构的大环,它不像一般的开链配体那样只是在形成螯合物时才成环,因此,可以预料,当形成冠醚配合物后,大环的结构效应将会使得冠醚配合物具有比相应开链配体形成的配合物更为稳定的性质。

③ 由于冠醚类的大环配体都具有一定的空腔结构,在生成配合物时,如果金属离子的大小刚好与配体的腔径相匹配,就能形成稳定的配合物。因此,冠醚对金属离子的配位作用常具有相当好的选择性。这样一来,对这种冠醚最稳定的配合物可能是 Na^+的配合物,而对另一种冠醚最稳定的配合物就可能是 K^+或 Rb^+的配合物了。即不同的冠醚配体对应不同的阳离子,这种对应是阳离子的大小与冠醚的孔穴大小相匹配。

④ 由于冠醚分子中既含有疏水性的外部骨架,又具有亲水性的可以和金属离子成键的内腔,因此,当冠醚分子的内腔和金属离子多齿配位以后,C—O 偶极不能再吸引水分子,即失去了内腔的亲水性,所以冠醚所生成的配合物在有机溶剂中的溶解度比冠醚本身在有机溶剂中的溶解度大。

由于穴醚本身含有桥头氮原子,与 N 连接的是 C,C—N 键具有极性,配合物的生成也不影响 C—N 偶极,所以穴醚及其穴醚配合物在水中的溶解度均较大。

从冠醚和穴醚的这些配位特点可以预计影响冠醚配合物的稳定性的因素:

① 冠醚配体的腔径与金属离子大小的立体匹配程度。

例如,15-冠-5 的腔孔直径为 170~220 pm,Na^+、K^+、Rb^+的直径分别为 190 pm、266 pm 和 296 pm。从金属离子的大小与冠醚腔孔大小相适应才能形成较稳定的配合物来分析,可知这三种金属离子与 15-冠-5 形成的配合物的稳定性顺序应为 $Na^+ > K^+ > Rb^+$。

② 配位原子的种类对冠醚配合物稳定性的影响。

由于氧原子与碱金属、碱土金属离子的配位能力比氮、硫原子对碱金属、碱土金属的配位能力强,但对于过渡金属离子,则是氮、硫原子的配位能力大于氧原子的。因此,当冠醚环中的氧原子被氮原子、硫原子取代后,冠醚对碱金属、碱土金属离子的配位能力减弱,而对过渡金属离子的配位能力则增强,显然这是由软硬酸碱原理所决定的。

③ 大环效应(或超螯合效应)对冠醚配合物稳定性的影响。

大环配体所形成的配合物的稳定性远远高于相应的开链配体形成的配合物的稳定性,这种效应叫大环效应或超螯合效应。

大环效应可以从焓和熵两个方面加以说明。例如,Ni^{2+}在水溶液形成配离子的反应可写成

$$[Ni(H_2O)_x]^{2+} + L(H_2O)_y \xlongequal{\quad} [NiL(H_2O)_z]^{2+} + (x+y-z)H_2O$$

其中 L 代表大环四胺和开链四胺配体。配离子的 $K^{\ominus}_{稳}$、反应的焓变和熵变为

L	$K^{\ominus}_{稳}([NiL(H_2O)_z]^{2+})$	$\Delta_r H^{\ominus}_m/(kJ \cdot mol^{-1})$	$\Delta_r S^{\ominus}_m/(J \cdot K^{-1} \cdot mol^{-1})$
大环四胺	1.5×10^{22}	−130	−8.41
开链四胺	2.5×10^{15}	−70	−58.5

从反应的焓变和熵变的数据可见,焓变对大环效应的贡献比熵变的贡献大,其原因是大环配体的溶剂合效应的影响。

大环配体(如大环四胺)和开链配体(如开链四胺)都可形成溶剂合物,但大环配体不可能像开链配体那样接纳很多以氢键连接的溶剂分子(即大环配体的溶剂化程度小,开链配体的溶剂化程度大)。在形成配合物时,从大环配体脱去的溶剂水分子比相应的从开链配体脱去的水分子少,假如脱去溶剂后的大环配体和开链配体与金属离子配位时放出的能量相等,则溶剂化程度小的大环配体比溶剂化程度大的开链配体与金属离子配位时的总能量较低(消耗少),形成配合物的稳定性就较大。

④ 金属离子的溶剂化作用对冠醚配合物稳定性的影响。

在溶液中冠醚的配位作用与金属离子的溶剂化作用同时并存,且互相竞争。金属离子的溶剂化作用越强,则它和冠醚的配位作用就越受到抑制。

例如,Na^+半径比 K^+的小,溶剂化作用较强,所以在水溶液中,冠醚与 Na^+的配合物一般都不如与 K^+的配合物稳定。

又如,在不同的溶剂中,由于溶剂化作用不同,冠醚配合物的稳定性也会有很大的差别。碱金属、碱土金属的冠醚配合物在甲醇中就比在水中稳定得多,原因就是在甲醇中金属离子的溶剂化作用比在水中要弱。因此在各种文献中都可见到,在制备稳定冠醚配合物时一般都是在有机溶剂中进行的。

⑤ 冠醚环的结构对配合物稳定性的影响。

ⅰ. 含多环的穴醚和球醚与单环冠醚相比较,由于环的数目增加及有利的空间构型,使

其与金属离子配位的选择性及生成配合物的稳定性都有较大提高，这种效应称为多环窝穴效应。

ⅱ. 冠醚环上起配位作用的杂原子，如果彼此间隔两个C原子且呈对称分布，则生成的配合物稳定性较强，如果配位O原子之间有多于两个C原子或呈不对称分布时，配位能力降低。

ⅲ. 冠醚环上取代基的影响：

(ⅰ) 冠醚环上的刚性取代基增加，减少了与金属离子配位时构型畸变的应变能力，使配合物的稳定性降低。

如K^+与下列冠醚生成配合物，稳定性顺序为：18-冠-6 > 苯并-18-冠-6 > 二苯并-18-冠-6，而四苯并-18-冠-6则根本不同K^+配位。

(ⅱ) 若环上带有斥电子取代基团时，配位原子周围的电荷密度增加，配位能力增加；带吸电子基团时，电荷密度减少，配位能力降低。如当取代基为芳环时，由于冠醚的配位原子与芳环产生p-π共轭，使配位原子周围的电荷密度降低，配位能力下降。

5.7.3 超分子化学

早在20世纪30年代，在生物学的研究中就发现了一些能够独立稳定存在的生物分子，它们的化学结构确定、配位饱和并往往缔合成多分子实体而实现其生物功能，人们把这种多分子实体称为“超分子”。但真正的超分子化学则与有机化学中的大环化学，特别是冠醚、穴醚、环糊精、杯芳烃和富勒烯等有关。

Lehn首次提出了“超分子化学”的概念。超分子化学被定义为“超越分子概念的化学”，是指研究两个或两个以上分子由分子间的弱相互作用力而聚集在一起形成的更为复杂、组织有序的具有特定结构和功能的体系的化学。

超分子化学的最重要特征是分子组件通过分子间的弱相互作用力组装成超分子化合物。化学家如同建筑师一样，将分子组装在一起来构筑成具有特定功能的化合物。

超分子体系具有化学、物理和生物的高选择性识别、转换、传输和组装等功能。而这些功能导致超分子的光电功能和分子器件的发展。超分子器件则是基于分子识别和分子组装所构筑的具有特殊结构和功能的超分子体系。

在超分子化学中通常用主体和客体或受体和底物来描述超分子体系，其含义分别对应于从不同研究领域所发展得到的类似概念，如生物中的受体和底物、锁和钥匙、主体和客体，配位化学中的(电子对)给予体和(电子对)接受体、配体和金属等术语。

目前，超分子化学体系的研究已不仅限于化学的范畴，而是与生物、物理、生命科学、材料、信息及环境等科学交织在一起，形成了“超分子科学”。

1. 超分子间的相互作用力

通过分子间的弱相互作用力将分子组装在一起形成超分子体系。可利用的弱相互作用力有许多，主要包括静电作用力(离子-离子、离子-偶极、偶极-偶极)、氢键、π-π堆积、色散力和诱导力(van der Waals作用力)、亲水和疏溶剂作用力、配位键、次级键等形式。

典型的共价单键键能一般是300~400 kJ · mol^{-1}。超分子化学涉及的大多数非共价键相互作用力的强度一般都较弱,其范围可从色散力的2 kJ · mol^{-1}、氢键的20 kJ · mol^{-1}到离子-离子相互作用力的250 kJ · mol^{-1}。超分子化学家的能力在于通过弱相互作用力的叠加和协同,在一定条件下转化为强结合力,实现对特定客体进行强有力的选择识别来达到目的。

静电相互作用力是基于两个带相反电荷微粒之间的库仑引力。有许多阳离子受体(如冠醚、穴状配体和球形配体)和阴离子受体(如质子化或烷基化多胺大双环)都可以利用来通过静电作用力与客体底物(如金属阳离子、卤素阴离子)结合。

氢键在本质上也是静电作用,具有比电荷相互作用和 van der Waals 力更明确的方向性。通过氢键构筑的配位超分子化合物中多存在羟基、氨基、羧基、含氮杂环、水等基团或小分子。

除普通意义的氢键之外,近年来,人们还发现了几种非常规氢键。例如:

(1) X—H┄π 氢键(π 键或离域 π 键体系作为质子的受体);

(2) X—H┄M 氢键(常规氢键的类似物,它在一个三中心四电子体系的相互作用下,包含一个富电子的过渡金属原子作为质子受体);

(3) X—H┄H—Y 二氢键。

π-π 堆积是指含有 π 体系的分子间的吸引作用,常常存在于含有芳环的体系之间。π-π 堆积的作用力本质也是静电作用力。

疏水效应是一种特殊的作用力,它能使水溶液中的非极性分子进入疏水空穴而缔合在一起。按这一模式,水溶液中含有内部疏水空穴的受体,如环精和环糊精可设计来封入一些非极性的客体分子。

色散力和诱导力是环绕分子的电子云因相互作用而形成的瞬间偶极所产生的分子之间的吸引力。这些 van der Waals 力为疏水客体进入疏水空穴提供了额外的热稳定焓。

配位键被认为是电子对给予体和电子对接受体或 Lewis 碱-Lewis 酸的相互作用,有分子内的配位键也有分子间的配位键。分子间的配位键能使单个的分子通过识别组装成超分子。

次级键是指原子间的距离比共价单键的长,但比 van der Waals 力的短,在晶体中则指原子间的距离比共价半径之和长,但比 van der Waals 半径之和短。这意味着次级键作用力较共价键或配位键弱,其强度和氢键相当。次级键通常存在于较重的主族元素化合物中,可发生在分子内也可发生在分子间,有时两者共存于超分子结构中。

2. 分子识别与分子组装

超分子识别是一种有目标的结合,它要求参与该过程的主体与客体在空间结构和相互作用时必须互补和匹配,包括空间的互补和匹配、能量的互补和匹配、键的互补和匹配。在超分子体系中,通常受体分子在特定部位有某些基团,与底物恰巧匹配,相互识别,并能选择性结合,将信息存储于超分子结构中,使超分子体系具有某种特定功能。

这一原理被描述为"锁"和"钥匙"原理。主体(锁)键合部位的排布,可从立体效应和电子效应两方面与客体(钥匙)互补。

从能量因素看，分子间的相互作用使体系的能量降低，即吉布斯自由能变 ΔG 减小，氢键和配位键的形成使体系的焓变 ΔH 减小，而螯合效应、大环效应和疏水作用又使体系的熵变 ΔS 增加。

结构上的锁-钥匙匹配，能量上的吉布斯自由能（包括焓效应和熵效应）的配合，是分子识别并组装成稳定超分子体系的基础。

生物的奥秘和神奇不是由于特殊的结合力、特殊的分子与分子体系，而是存在于特殊的组装（如双分子膜、胶束、DNA 双螺旋等）之中。

（1）分子识别

目前，分子识别的研究按人工合成受体所键合的客体的类型主要分为阳离子识别、阴离子识别、阴离子和阳离子同时识别、中性分子识别四类。

冠醚化合物对碱金属离子发生选择性配位是阳离子识别的典型实例。

冠醚孔的尺寸、阳离子的半径和配合物的稳定性之间存在一定关系，阳离子与冠醚孔的尺寸越匹配，形成的配合物越稳定。

穴醚具有较冠醚更强的配位能力和更高的配位选择性，穴醚与碱金属和碱土金属离子形成的配合物的稳定常数高于相应的冠醚配合物。

杯芳烃是人工合成的继冠醚、穴醚后的第三代大环受体，是由亚甲基在邻位连接苯酚形成的一类环状低聚物，改变反应物的浓度会产生不同尺寸的杯芳烃。

在杯芳烃的"桶"的上、下缘的功能基团，以及它所具有的 π 体系洞穴和多羟基（或其取代基）基团，均可以与金属离子配位形成配合物。π-阳离子作用可以看作富电子芳环与缺电子的金属离子之间的静电作用的结果。

最简单、最常见的阴离子识别是利用离子之间正、负电荷的强静电作用。

由于任何阴离子都可作为电子对给予体去同一个合适的电子对受体作用。因此，最简单的电子对受体是显正电荷的氢原子，显然，利用氢键作用也可以识别阴离子客体。

Lewis 酸也能接受电子对，因此也可用来识别阴离子。

静电和氢键的协同作用可以提高阴离子客体的结合能力。

通过疏水和静电协同作用也可对不同类型阴离子客体进行选择性识别。

目前，实现受体对阳离子和阴离子同时识别有两种方法。

第一种是合成一种在某部位能与多个金属阳离子键合的受体。然后使用这些被修饰的金属离子与阴离子客体相互作用，在空腔内相互识别结合[图 5.29(a)]。

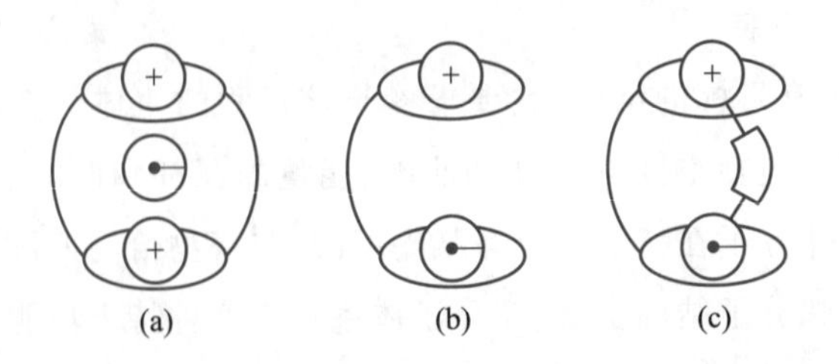

图 5.29　具有识别阴、阳离子的受体形成的配合物

第二种是设计合成同时具有独立的阳离子识别单元和阴离子识别单元的受体[图 5.29(b)]。许多重要的生物底物携有正电荷和负电荷基团,如氨基酸,它包括酸性和碱性基团,为两性离子。受体可以对两性离子进行有效识别[图 5.29(c)]。

中性客体分子的识别,是利用不同的弱作用力,包括氢键、π-π 堆积、疏水效应及电子转移等一系列非共价键相互作用,特别是氢键相互作用来达到强的选择性识别的。

(2) 分子组装

超分子自组装是指一种或多种分子依靠分子间的相互作用,自发结合成超分子体系。

分子的组装过程及组装得到的超分子体系是超分子化学的核心问题。通过分子组装形成超分子的功能体系,可以仿效自然去开发与创造新的、功能可与天然体系媲美甚至优于天然体系的人工体系;通过分子组装可以研究开发超分子功能材料及智能分子器件与分子机器、DNA 芯片、靶向药物、程控药物释放、高选择性催化剂等。

分子组装一般是通过模板效应、自组装、自组织来实现的。

冠醚、穴醚、环糊精和杯芳烃等受体是一些重要的分子组装体。如在苯并-15-冠-5 的苯环上连接上多肽链,发现 Na^+、K^+可以调控多肽链的结构。Na^+与苯并-15-冠-5 孔穴尺寸匹配形成 1∶1 型配合物,故在 Na^+存在下可得到单螺旋链;而 K^+与苯并-15-冠-5 形成 1∶2 夹心式结构,故 K^+可以使两个冠醚环上的多肽链相互接近并发生相互作用而形成双螺旋链。

索烃是由 n 个连锁环组成的分子(图 5.30 中 n 等于 2)。这类分子的环与环之间没有直接的化学键连接,然而,如果不断裂化学键又不能将这些环彻底地分开。

轮烷(图 5.31)是由两端具有较大立体位阻的基团的线性分子穿入环状分子或离子后形成的化合物,由于轮烷环可以以线性分子为轴发生旋转或平动,从而在分子机器和器件方面具有潜在的应用价值。能用于构筑轮烷分子的代表性的化合物是环糊精和瓜环。

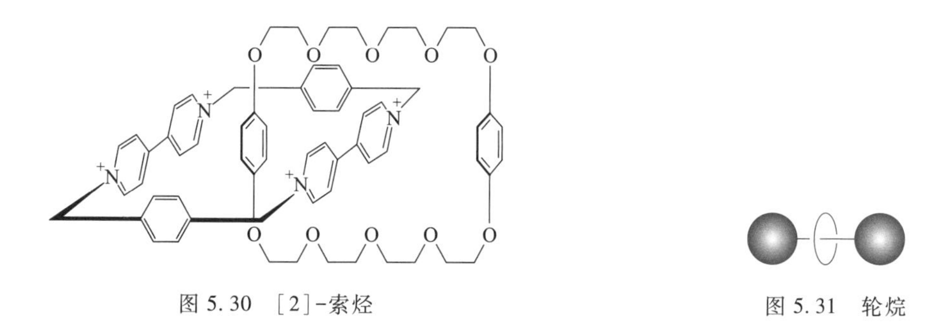

图 5.30 [2]-索烃

图 5.31 轮烷

常见的 α-环糊精、β-环糊精和 γ-环糊精,分别含有 6、7 和 8 个葡萄糖单元(图 5.32),具有大小不同的内部空腔。由于环糊精分子的空腔内部疏水和外壁亲水,因此环糊精是很好的分子受体。

瓜环(图 5.33)是由甘脲聚合而成的。

通过有机配体与金属离子的自组装也可以形成结构确定的超分子结构。例如,广泛存在于生物大分子(如蛋白质核酸)中的螺旋结构在材料科学领域中可用于光学装置、手性拆分、手性合成和选择催化。通过金属离子的自组装可以得到多种单螺旋、双螺旋和三螺旋结构的寡聚物及配位聚合物。

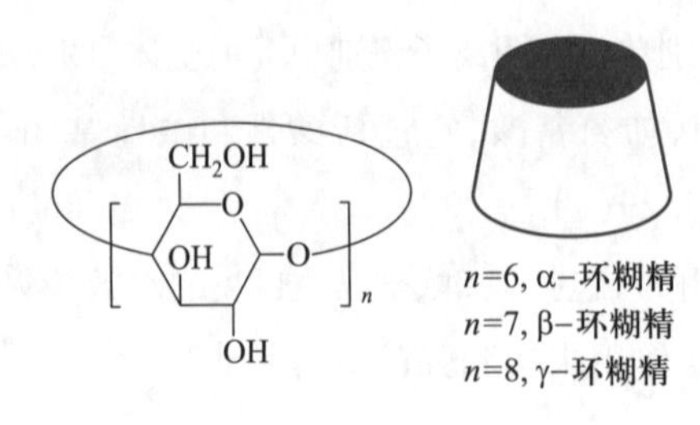

图 5.32　环糊精(CD)

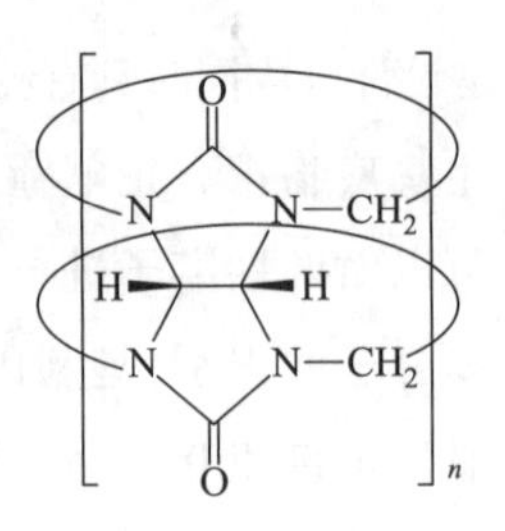

图 5.33　瓜环(CB)

氢键的方向性使其特别适合于复杂超分子体系的组装。如三聚氰胺的氢键给体和受体与氰尿酸的氢键受体和给体是一个互补排布,当这两种物质在溶液中混合时,可以通过毗邻杂环间的多重氢键结成一体,形成一种不溶性高聚物沉淀。

一些阴离子因具有小的电荷半径比、pH 灵敏度和较多类型的几何构型,在自组装中将起到重要的促进作用。

3. 超分子的一些应用实例

相转换剂　冠醚在非极性溶剂中可以溶解金属盐,因此冠醚可以作为相转换剂,这已在大量的有机反应中得到了应用。例如,在氯代甲苯和 KF 的乙腈溶液中加入 18-冠-6,18-冠-6选择了 K^+,留在溶液中的 F^- 表现出了很强的亲核性。

混合物的分离　在合成新化合物时,最重要的一步是从复杂混合物中将新化合物分离出来。例如,从水中除掉有毒金属污染物,该过程也包括分子识别,因此可划归到超分子化学领域。

将受体负于载体上就获得了一个改性的材料,它可用来从含有目标底物的混合物中识别出目标底物,通过过滤附着底物的载体以达到分离出目标底物的目的。这种改性载体可以用来作色谱的分离介质。将改性载体填入色谱柱,然后让含有目标底物的混合物流过色谱柱,通过不同底物与载体之间作用的差异来实现分离。

例如,使用 18-冠-6 对硅胶进行改性,这类硅胶对金属离子的选择性与冠醚相似。当含有混合阳离子的水溶液流经这种材料时,该材料对 Ba^{2+} 的吸附性是 Sr^{2+} 的 10 倍和 Ca^{2+} 的 339 倍。因此,当含有这些阳离子的混合物流经用冠醚改性的硅胶色谱时,Ca^{2+} 首先流出,Ba^{2+} 最后从柱子中流出,金属离子得以被分离。

又如,已制备出可以从水溶液中提取贵重和/或有毒金属的类似材料,材料对 Cu^{2+}、Fe^{2+} 等常见金属的配位常数至少比贵金属 Au^{3+} 和 Ag^+ 及有毒金属 Pd^{2+} 和 Hg^{2+} 的少 10 个数量级。

研究发现,*p*-叔丁基杯[8]芳烃能从含有 C_{70} 的混合物中分离出 C_{60}。在甲苯中,C_{60} 选择进入 *p*-叔丁基杯[8]芳烃的杯状孔穴生成不溶性配合物,而 C_{70} 及其他杂质不与杯芳烃反应,留在溶液中,过滤分离可得 C_{60} 的杯芳烃化合物。随后,因杯芳烃溶于氯仿而 C_{60} 不溶,再次过滤得到 C_{60}。

分子传感器　如果受体通过物理手段能感应到客体的存在,则该受体可用作传感器。理想的传感器应对特殊客体具有很好的选择性,不仅仅只是能报告客体的存在,而是可以让化学家监测其浓度。

如在可用于检测生理水平的钠离子浓度的传感器中,当受体的冠醚基团与客体阳离子结合后,荧光的波长和强度都发生改变,因而可用于钠离子的测定。

再如,将具有氧化还原性质的基团键合于受体而制得的被称为电化学传感器的分子传感器,通过电化学循环伏安法可以检测受体的氧化还原性质的变化,进而可以检测客体分子的存在。

分子开关和分子器件 随着计算机技术趋向复杂化和小型化的发展,科学家已开始看到现有技术在获取更小更有效的器件上的局限。因此,希望找到硅片的替代物,下一次科技革命可能是分子水平的革命。这种分子尺寸的器件已引起了人们的极大关注,并有许多分子具有可控和可标记的物理性质的例子。

如图 5.34 所示,化合物 a 在没有质子存在时,因光诱导电子从胺的氮原子转移(PET)到芳香环而使蒽的荧光淬灭。在质子存在时,氮原子质子化,阻止了光诱导电子的转移使芳香环基团发射荧光,因而这个分子可以根据质子浓度的不同得到两种响应——开与关——有荧光就是开,无荧光就是关。

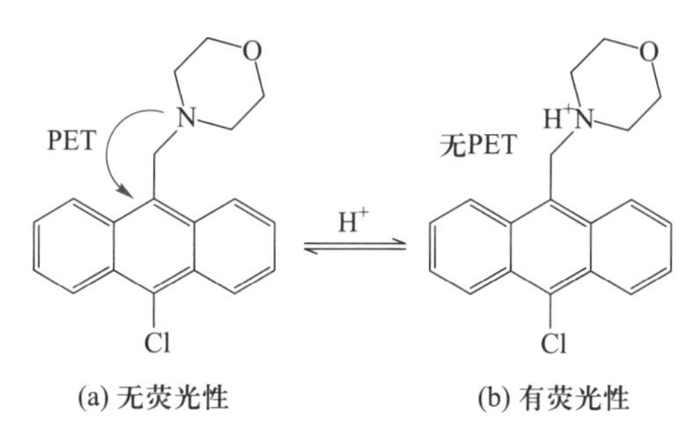

图 5.34 分子开关转换

超分子催化 超分子催化剂可以因诱发反应基团而发生化学变化,也可以因稳定过渡态而改变反应的机理。

超分子药物 发现一些超分子顺磁性镧系元素的配合物可作为核磁共振成像的造影剂而用于诊断学。造影剂积累于身体的某特定部位(如心血管系统、肝或者肿瘤),可以提高核磁共振成像扫描的清晰度,使许多不易观察到的现象被观察到。

还发现钆与卟啉衍生物的超分子配合物 Gd-Tex 可以在癌组织中累积。当对患者进行放射治疗时,体内的 Gd-Tex 分子俘获一个电子成 π-阳离子。Gd-Tex 及其 π-阳离子可用于抑制多种修复酶的活性,包括那些与 DNA 修复有关的酶。已有患者使用 Gd-Tex 的放射治疗后脑肿瘤消失的例子。

此外,还发现乙基化的环糊精能用作药物的稳定剂和药物的传送剂。药物在水中的溶解性往往较差,但可与环糊精形成可溶性的夹杂配合物(药物键合在环糊精的疏水孔穴中)而使溶解度增加。环糊精能缓慢释放它们结合的客体分子,而缓慢释放使得血液中的药物浓度能维持很长时间。而且,当药物被包裹在环糊精孔穴中时,在物理或化学上不稳定的药物能屏蔽于环境之外,增加了药物的稳定性。

5.8 碱金属、碱土金属的有机金属化合物

5.8.1 有机金属化合物的概念及分类

严格地讲,只有分子中形成金属-碳键的化合物才称为有机金属化合物。但广义地,金属原子和有机分子中电负性较小的准金属 B、As、Si 等,甚至某些非金属 S、P、N 等原子成键

也属有机金属化学范围。

由于有机金属化合物的特征是形成 M—C 键。根据该键的特性,可以把有机金属化合物分为下列六种类型:

(1) 离子型有机金属化合物

大多数 Na、K、Rb、Cs 和 Ca、Sr、Ba 等电正性高的金属的有机金属化合物属于这类。它们通常是无色盐状固体,不溶于非极性溶剂,对空气中的氧及水等极性溶剂极其敏感。这类化合物的稳定性与碳阴离子的稳定性有关,碳阴离子越稳定,相应的有机金属化合物的反应活性越低。例如, H—C≡C—M 和 CH_2═CH—CH_2M 等特别稳定,前者存在三键,sp 杂化的碳原子有很强的电负性,后者分子中则有非定域的 π 键。

(2) 含有 M—C σ 键的共价化合物

这类化合物包括电正性较小的金属及准金属元素的有机金属化合物。其中大多数是挥发性的。这些金属的大多数卤化物或氢氧化物均可被有机基团逐个地取代。例如,$SnCl_4$→$(CH_3)SnCl_3$→$(CH_3)_2SnCl_2$→$(CH_3)_3SnCl$→$(CH_3)_4Sn$。

(3) 缺电子有机金属化合物

B、Al 等可形成含有多中心键的有机金属化合物。从 M—C 键的离子性来看,这类化合物介于碱金属的离子化合物和 Si、Sn 和 Pb 的共价化合物之间。

(4) 非经典化学键类型的有机金属化合物

在这类化合物中,M—C 键是不能简单地以离子键或共价键加以区分或解释的。例如,$[Be(CH_3)_2]_n$ 含有烷基桥键(图 5.35),其中的—CH_3—是三中心二电子桥键。

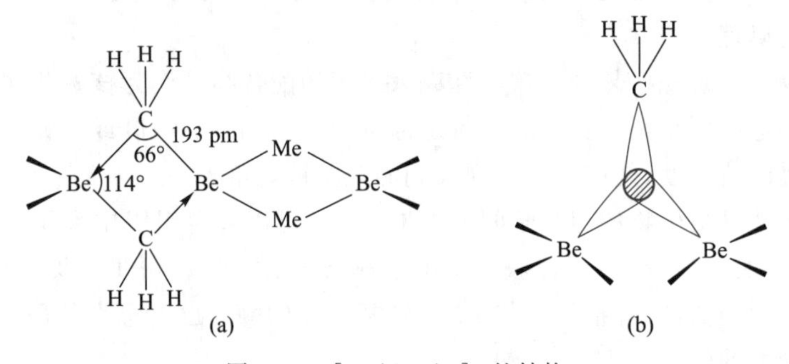

图 5.35　$[Be(CH_3)_2]_n$ 的结构

(5) 内鎓盐式化合物

这类化合物的特征是含有金属-碳双键。例如:

Ph
C═M(CO)$_5$
MeO

其中的 M 为一些过渡金属元素如 Cr、Mo、W、Mn、Fe 等。

(6) π 键化合物

π 键化合物指金属原子的空轨道接受有机分子中的非定域 π 电子所形成的化合物。其最好的例子是二茂铁(见第 9 章)。

近几十年来,有机金属化合物研究领域不断扩大。有机金属化合物的特殊结构和新的键型,不但具有重要的理论意义,而且还有很多实际用途。如用 $Ni(CO)_4$ 可以方便地精炼

Ni，$Cd(CH_3)_2$ 已成功地用于 Cd 半导体的制备，铑的三苯基膦卤化物对于均相加氢反应有很高的催化活性，著名的 Ziegler-Natta 催化剂 $Al(C_2H_5)_3$-$TiCl_4$ 已高效地用于烯烃的立体选择性聚合，其发明者也因此而被授予诺贝尔化学奖。有机金属化学在生命科学的未来发展中也将起巨大的桥梁作用。

5.8.2 主族元素有机金属化合物的合成方法

主族元素有机金属化合物的合成方法很多，较重要的方法有如下几种。

(1) 直接由金属制备

如格氏试剂（一种有机金属化合物）的制备，它是用卤代烷或卤代芳烃与 Mg 在乙醚中反应得到的：

$$Mg + CH_3I \xrightarrow{\text{乙醚}} CH_3MgI$$

Li、Na、K、Ca 等均可发生以上反应。

(2) 以金属或非金属卤化物与烷基化试剂反应制备

大部分金属或非金属卤化物及其衍生物可在有机溶剂中烷基化。例如：

$$PCl_3 + 3C_6H_5MgCl \longrightarrow P(C_6H_5)_3 + 3MgCl_2$$

这一方法可以用于由一种有机金属卤化物来制备另一种有机金属化合物，其中用得最广的烷基化试剂是格氏试剂，如 Li 的格氏试剂及烷基铝、烷基汞等。

(3) 插入反应

例如，以 C≡C 插入金属卤化物 M—X 键中：

$$SbCl_5 + 2CH{\equiv}CH \longrightarrow Cl_3Sb(CH{=}CHCl)_2$$

5.8.3 碱金属的有机金属化合物

锂的有机金属化合物在碱金属有机化合物中是共价性最强、最稳定、基团的活泼性最小的化合物，它可由金属 Li 与卤代烷（或芳烃）在石油醚、环己烷、苯或醚中直接反应得到：

$$2Li + RX \xrightarrow{\text{有机溶剂}} LiR + LiX$$

由于 Li 及 LiR 都相当活泼，故反应需在惰性气氛中进行，并要求严格地清除空气及水分。

锂的有机金属化合物在热力学上是不稳定的，大部分化合物在室温或高于室温条件下分解为 LiH 和烯烃。

按照价键理论，这些化合物的 M—C 键类似于金属原子取代了烃碳原子上的氢原子。但从分子轨道原理看，金属原子所有可能的成键分子轨道并不能完全被金属原子和碳原子的成键电子所填充。因此，这些化合物很像缺电子化合物，势必通过桥键或金属-金属键形成簇状或多聚分子。例如，甲基锂形成四聚分子 $Li_4(CH_3)_4$ 的晶体，四个金属原子形成四面体原子簇插在四个甲基所成的四面体的四个面上，如图 5.36 所示。其中的桥

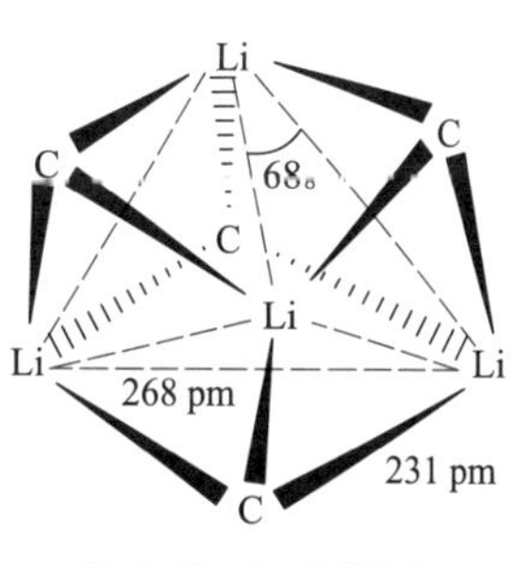

图 5.36 $Li_4(CH_3)_4$ 的结构

键可认为是四中心二电子的。乙基锂也有类似的结构,只是它们溶于非极性溶剂时形成一种六聚体。

锂的烷基化合物是共价型化合物,LiMe 熔融时是非导体。

碱金属的有机金属化合物(尤其是 LiMe 及 LiBu)是常用的有机合成试剂。广泛用作聚合催化剂、烷基化试剂、金属化有机试剂的母体及许多类似于格氏试剂的合成反应中。

卤素使烷基(或芳基)锂重新变为原来的卤代物,而质子给予体则使其成为相应的碳氢化合物:

$$LiR + X_2 = LiX + RX$$

$$LiR + H^+ = Li^+ + RH$$

碘代烷与烷基锂作用可以得到新的烷烃化合物:

$$LiR + R'I = LiI + R'R$$

钠及钾的有机金属化合物基本上是属于离子型的化合物。因而它们不溶于任何烃类,性质极端活泼,对空气特别敏感,遇水则强烈水解。

最重要的离子型有机钠的阴离子是芳香烃阴离子,如环戊二烯基 $C_5H_5^-$ 及茚阴离子 $C_9H_7^-$等。这些化合物可由烃与金属 Na 在 THF 或 DMF 溶剂下制备。

$$C_5H_6 + Na \xrightarrow{DMF} Na^{+-}C_5H_5 + \frac{1}{2}H_2$$

5.8.4　碱土金属的有机金属化合物

碱土金属中,Ca、Sr、Ba 的有机金属化合物是离子型化合物,反应活性大,实际应用较少。Mg 的有机金属化合物有 RMgX(格氏试剂)及 MgR_2 两类。格氏试剂在有机合成中应用最广泛,它是用金属 Mg 与有机卤化物 RX 在适当的溶剂如乙醚或四氢呋喃中直接相互作用制取的。MgR_2 可用干法反应制备:

$$RX + Mg \longrightarrow RMgX$$

$$HgR_2 + Mg(\text{过量}) \longrightarrow Hg + MgR_2$$

MgR_2 也有较大的反应活性,易被空气中的氧所氧化及被水解。

在溶液中,格氏试剂的性质很复杂,它主要取决于烷基和卤素原子的性质、溶液的浓度及反应温度等因素,涉及的平衡有以下类型:

$$RMg(\mu\text{-}X)_2MgR(1) \rightleftharpoons 2RMgX(2) \rightleftharpoons R_2Mg(3) + MgX_2 \rightleftharpoons R_2Mg(\mu\text{-}X)_2Mg(4)$$

格氏试剂的缔合物(1)主要由卤原子桥联,而非由碳原子桥联,不过,甲基化合物例外。在稀溶液和强电子给予体溶剂中以非缔合的单体 RMgX (2)为主。在浓度大于 0.1 mol · L^{-1}的乙醚溶液中将缔合为直线形($R_2Mg+MgX_2$) (3)或环状聚合物 (4)。

同时还存在着溶剂化作用,如 RMgX 可与溶剂分子生成缔合物 RMgX · nS (S 为溶剂分子)。

由于铍电正性小,因而铍的有机金属化合物共价性更明显,如甲基铍具有无限链状的结构(图 5.35)。其中存在三中心二电子甲基桥键。

$Be(Bu)_2$ 是直线形分子,这是 R 太大,不利于聚合之故。

拓展学习资源

资源内容	二维码
◇ 碱金属离子电池	
◇ 大大-小小规则	

习 题

1. 氘代试剂广泛用作 NMR 分析用溶剂,试写出由重水制备下列化合物的方程式:

(1) DCl (2) D_2O_2 (3) $Ca(OD)_2$ (4) SiD_4

2. 试指出下列物质最可能的几何构型:

(1) $[Mg(CH_3)_2]_2$ (2) $BeCl_4^{2-}$

(3) $Li[Mg(C_6H_5)_3]$ (4) $[Be(OR)_2]\cdot N(CH_3)_3$

3. 写出下列物质添加到钠-氨溶液中所发生的净反应的方程式:

(1) 甲基锗烷 (2) 碘

4. 你将如何去稳定 Na^-?

5. 假定"CuF"是拟合成的"新"化合物,试通过热化学计算其生成焓。指出哪些参数可从文献中得到,哪些参数需要通过计算求出。

6. 有人推测,可制备出化学组成为 Xe^+F^- 的稀有气体化合物。试估算这种假想化合物的晶格能和生成焓,指出制备这种化合物的可能性。

7. 假定 LiH 是一种离子型化合物,使用适当的能量循环,导出 H 的电子亲和焓的表达式。

8. 当 I A 族金属在氧气中燃烧时,生成什么样的产物?这些产物同水如何反应?用分子轨道理论描述由 Na 和 K 生成的氧化物的结构。

9. $BeCl_2$ 在气态和在固态中的结构是什么样的?为什么 $BeCl_2$ 溶于水时呈酸性?

10. 试述 BeH_2 和 CaH_2 的差别。

11. Be^{2+}和 Mg^{2+}的常见配位数是多少？产生这种差别的原因是什么？

12. 试述怎么从 Mg 制备格氏试剂？列举制得的这个格氏试剂在其他制备反应中的三种不同应用。

13. 为什么 Be 的卤化物和氢化物会聚合？

第 6 章

p 区元素

p 区元素包括元素周期表中ⅢA～0 族元素，若算上 He 共 37 种。其中 113～118 号元素，人们对它们的了解不多。除 He 外，p 区元素的价层电子结构为 $ns^2np^{1\sim6}$，最后一个电子填充在 p 轨道上，所以称为 p 区元素。若在这个区的左上角 B 至右下角 At 画一条线，它大致就是金属和非金属元素的交界线。

p 区元素化学内容十分丰富，既有较强的规律性，也有许多特殊性。

本章将重点介绍硼烷及其衍生物、单质碳及其衍生物、p 区元素的二元化合物、卤族元素化合物、稀有气体元素化学、无机高分子化合物和有机金属化合物等。

6.1 硼烷及其衍生物

6.1.1 硼烷的合成、性质及命名

硼氢化合物统称为硼烷，早在 1912—1930 年，Stock 就用盐酸或磷酸与硼化镁（MgB_2）作用，合成了除乙硼烷外的 B_4H_{10}、B_5H_9、B_5H_{11}、B_6H_{10}及 $B_{10}H_{14}$等一系列硼烷。

现在，通过 B_2H_6的热解来制备较高级的硼烷。

$$2B_2H_6 \xrightarrow[100\ \text{MPa}]{100\ ℃} B_4H_{10} + H_2$$

$$5B_4H_{10} \xrightarrow{120\ ℃} 4B_5H_{11} + 3H_2$$

$$5B_2H_6 \xrightarrow{180\ ℃} 2B_5H_9 + 6H_2$$

$$5B_2H_6 \xrightarrow[\text{二甲醚}]{150\ ℃} B_{10}H_{14} + 8H_2$$

而乙硼烷本身是采用 $NaBH_4$或 $LiAlH_4$和 BF_3反应来制备的：

$$3NaBH_4 + 4BF_3 \xrightarrow{\text{二甘醇二甲基醚}} 2B_2H_6 + 3NaBF_4$$

$$3LiAlH_4 + 4BF_3 \xrightarrow{(C_2H_5)_2O} 2B_2H_6 + 3LiF + 3AlF_3$$

当然,也可以通过一些高级硼烷的热分解得到:

$$2B_4H_{10} \xrightarrow{\triangle} B_2H_6 + 2B_3H_7$$

此外,不少高级硼烷还可以用其他的一些方法来制备。

例如,硼烷阴离子盐与氯化氢反应:

$$K[B_5H_{11}] + HCl \xrightarrow{-110\ ℃} B_5H_{10} + H_2 + KCl$$

$$K[B_6H_{11}] + HCl \xrightarrow{-110\ ℃} B_6H_{12} + KCl$$

硼烷阴离子的合成主要有两种方法:

(1) BH 缩聚法

用乙硼烷或其他来源的 BH 基团去处理低级硼烷使其缩合,并把 BH 基团有效地添加到硼烷中。例如:

$$2BH_4^- + 2B_2H_6 \xrightarrow{373\ K} B_6H_6^{2-} + 7H_2$$

(2) 低级硼烷阴离子盐的热解法

热解产物强烈地依赖于温度、阳离子和溶剂。以 $B_3H_8^-$盐的热解为例:

$$[(CH_3)_4N][B_3H_8] \xrightarrow{\triangle} (CH_3)_3NBH_3 + [(CH_3)_4N]_2[B_{10}H_{10}] + [(CH_3)_4N]_2[B_{12}H_{12}]$$

$$CsB_3H_8 \xrightarrow{\triangle} Cs_2B_9H_9 + Cs_2B_{10}H_{10} + Cs_2B_{12}H_{12}$$

$$CsB_3H_8 \xrightarrow{\triangle,\text{微量乙醚}} Cs_2B_{12}H_{12}$$

$$(C_2H_5)_4BH_4 \xrightarrow{\triangle} [(C_2H_5)_4]_2[B_{10}H_{10}]$$

表 6.1 列出一些硼烷的重要性质。

在常温、常压下,硼烷大多数为液体或固体,只有少数是气体,如 B_2H_6、B_4H_{10}等。硼烷一般都有毒。

根据组成可分为多氢的硼烷 B_nH_{n+6}和少氢的硼烷 B_nH_{n+4}两大类。多氢的硼烷 B_nH_{n+6}热稳定性很低,如 B_4H_{10}和 B_5H_{11}在室温下自发分解。少氢的硼烷 B_nH_{n+4}对热相对较为稳定,其中以 B_5H_9和 $B_{10}H_{14}$为最稳定。如 B_5H_9在 150 ℃分解仍很慢,室温下经几年才有少量分解;$B_{10}H_{14}$在 150 ℃长期加热也无明显变化,170 ℃以上时分解才较明显。但也有例外,如 $B_{10}H_{16}$虽为多氢的硼烷,但很稳定,加热到 250 ℃时仍不分解。

几乎所有的硼烷对氧化剂都极敏感。B_2H_6和 B_5H_9在室温下遇空气即激烈燃烧,温度高时可发生爆炸;只有相对分子质量较大的 $B_{10}H_{14}$等在空气中稳定。

$B_nH_n^{2-}$ 阴离子的化学性质比相应的中性硼烷稳定。

表 6.1 一些硼烷的重要性质

化学式	名称	$\frac{\Delta_f H_m^\ominus}{kJ \cdot mol^{-1}}$	$\frac{mp}{K}$	$\frac{bp}{K}$	与空气的反应(298K)	热稳定性	与水的反应
B_2H_6	乙硼烷	35.5	108.3	108.41	自燃	298 K时十分稳定	立刻水解
B_4H_{10}	丁硼烷(10)	66.3	153	291	纯时不自燃	198 K时快速分解	在24 h内水解
B_5H_9	戊硼烷(9)	77.5	226.4	333	自燃	298 K时稳定 423 K时缓慢分解	加热时水解
B_5H_{11}	戊硼烷(11)	103.7	150	336	自燃	298 K时快速分解	迅速水解
B_6H_{10}	己硼烷(10)	94.9	210.9	381	稳定	298 K时缓慢分解	加热时水解
B_6H_{12}	己硼烷(12)	—	190.9	353~363	—	298 K时液态稳定几小时	全部水解
B_8H_{12}	辛硼烷(12)	—	253	—	—	> 253 K时分解	—
B_8H_{14}	辛硼烷(14)	—	—	—	—	极不稳定	—
B_9H_{15}	壬硼烷(15)	—	275.8	—	稳定	—	—
$B_{10}H_{14}$	癸硼烷(14)	—	372.9	483(外推)	很稳定	432 K时稳定	—
$B_{10}H_{16}$	癸硼烷(16)	—	—	—	稳定	523 K时稳定	—
$B_{18}H_{22}$	十八硼烷(22)	—	—	—	—	—	一种质子酸
$B_{20}H_{16}$	二十硼烷(16)	—	469~472	—	稳定	298 K时稳定	不可逆地产生H^+和$[B_{20}H_{16}(OH)_2]^{2-}$

除 $B_{10}H_{14}$不溶于水且几乎不与水作用外,几乎所有其他硼烷在室温下都与水反应产生硼酸和氢。

由于硼烷易与空气、水反应,因此,硼烷制备、性质研究等通常都需要在真空体系中进行。

简单硼烷的命名遵守以下规则:

① 硼原子数在10个之内的,用甲、乙、丙……10个天干来表示硼原子数;超过10个时,则用中文数字来标明硼原子数。

② 分子中的氢原子数用阿拉伯数字加圆括号直接写在化合物名称的后面。如 B_4H_{10}的名称为丁硼烷(10)。如只有一种化合物时,括号内的数字可以省去。如 B_2H_6就叫乙硼烷。

③ 用前缀表明结构类型,简单的常见硼烷可以将前缀省略。如 $B_{10}H_{14}$称为巢式癸硼烷(14),而 B_5H_9常简称为戊硼烷(9)。

④ 对于硼烷阴离子,应在其母体后括号中指明离子所带的电荷。如 $B_{12}H_{12}^{2-}$ 称为闭式十二硼烷阴离子(2-)。如需指明氢原子数,亦可命名为闭式十二氢十二硼酸根离子(-2)。

6.1.2　硼烷的结构模型及成键理论

1. 硼烷的结构模型

绝大多数硼烷的结构已被确定,这些分子的几何构型都是以三角形面为基础构成的多面体。按硼烷结构的闭合度来说,可分为闭式、开(巢)式、蛛网式(也可简称为网式)和敞网式四类。

闭式(closo-)硼烷阴离子可用通式 $B_nH_n^{2-}$(n 通常为 6~12)表示,其结构见图 6.1。由图可见,闭式硼烷阴离子的结构是由三角面构成的、封闭的、完整的多面体,硼原子占据多面体的各个顶点,这些硼原子被称为骨架原子。每个硼原子都有一端梢的氢原子(图中略去)与之键合生成 B—H 键。这种端梢的 B—H 键与多面体外接球面垂直,向四周散开,故又称为外向 B—H 键。

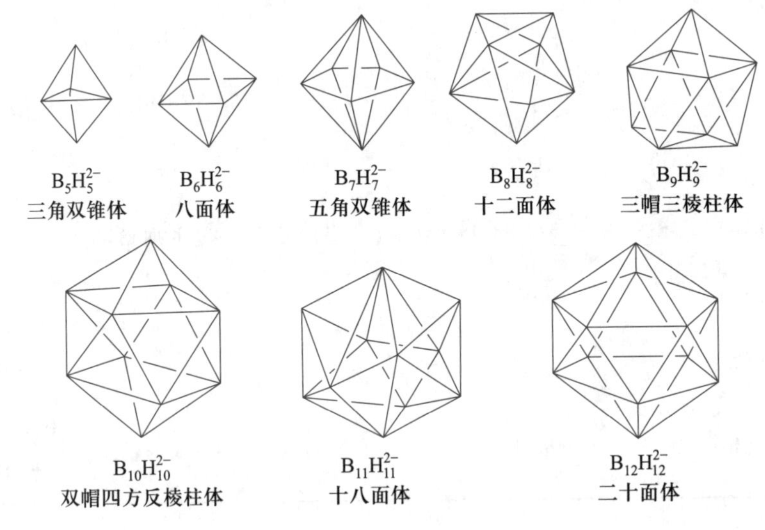

图 6.1　八种闭式硼烷分子的结构

开(巢)式(nido-)硼烷通式为 B_nH_{n+4},其结构见图 6.2。“nido”来源于希腊文,原意是“巢”。开式硼烷可看成由有 n+1 个顶点的闭式硼烷阴离子的多面体骨架去掉一个顶衍生而来的。它们是开口的、不完全的或缺顶的多面体。由于这种结构的形状好似鸟窝,故又称为巢式硼烷。

在开(巢)式硼烷 B_nH_{n+4} 中,n+4 个氢原子在结构上分成了两类:其中 n 个为端梢的外向氢原子,剩下的为桥式氢原子,称为桥氢。

蛛网式(arachno-)硼烷的通式为 B_nH_{n+6},其结构如图 6.3 所示。“arachno”来源于希腊文,原意就是“蜘蛛网”。其骨架可看成是由有 n+2 个顶点的闭式硼烷阴离子多面体骨架去掉两个相邻的顶衍生而来的[也可看成由开(巢)式硼烷的骨架去掉一个与其口相邻的顶所衍生]。其“口”张得比开(巢)式硼烷更大,是一种不完全的或缺两个顶的多面体。

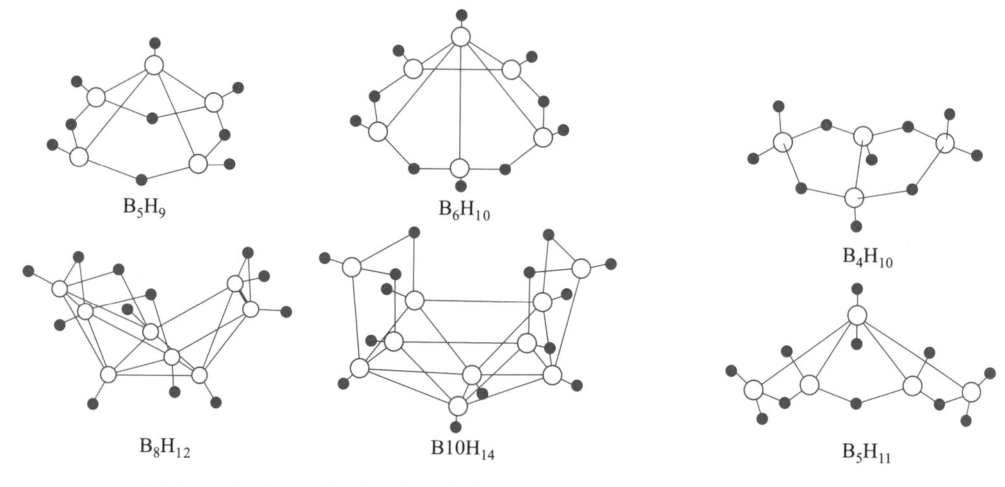

图 6.2 几种开(巢)式硼烷的结构

图 6.3 蛛网式硼烷的结构

在蛛网式硼烷 B_nH_{n+6}中,有三种结构不同的氢原子,除外向的端梢氢和桥氢以外,还有另一种也是端梢的氢原子,只是后者和硼原子形成的 B—H 键,指向假想的基础多面体或完整多面体外接球面的切线方向,因此,这种氢原子又称切向氢原子。它们和处于不完全的边或面上的顶点的硼原子键合。总之,在蛛网式硼烷 B_nH_{n+6}中,除 n 个外向端梢氢以外,剩下的六个 H 原子或者是桥氢或者是切向氢。

除上述三种主要的硼烷以外,还有一种硼烷,其“口”开得更大,“网”敞得更开,几乎成了一种平面形的结构,称为敞网式硼烷。其骨架可看成由有 $n+3$ 个顶点的闭式硼烷阴离子多面体骨架去掉三个相邻的顶衍生而来的。这类化合物为数较少,图 6.4 示出两例。

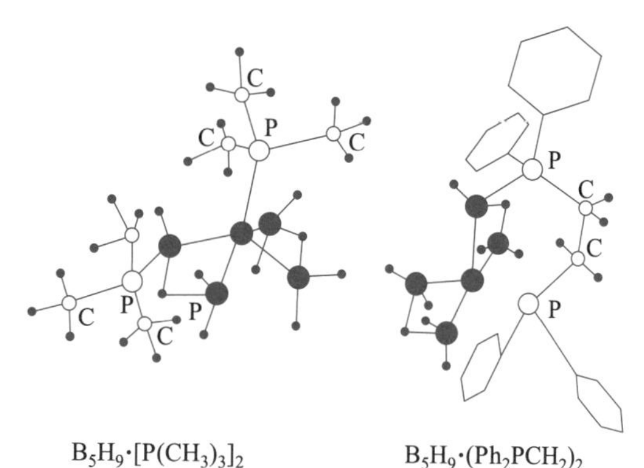

图 6.4 敞网式硼烷的结构

2. 三中心二电子键理论

硼烷的结构不仅独特,而且为缺电子分子。就是说,在硼烷分子中所有相邻原子对之间,如果都形成普通的二中心二电子键(2c-2e),则“成键电子不足”。例如,在 B_2H_6分子中有 12 个价电子,如果相邻两原子之间都以二中心二电子键相结合的话,则需要生成一条 B—B 键和六条 B—H 键,这共需 14 个价电子,故缺少 2 个电子。

对于 B_2H_6分子为乙烷式构型还是为乙烯桥式构型,曾经有过较长时间的争论,直到后来采用电子衍射和 X 射线衍射分别对气体和晶体中的 B_2H_6进行测定,才确定了 B_2H_6分子的立体结构,如图 6.5 所示。对于 B_2H_6分子中的化学键,目前普遍接受的是桥式三中心二电子(3c-2e)键模型。按照这个模型,B_2H_6分子中的 B 原子以两条不等性 sp^3杂化轨道分别与另一个 B 原子的两条不等性的杂化轨道及两个 H 原子的各一条 1s 轨道相重叠生成两条

三中心二电子的 $B\overset{H}{\frown}B$ 氢桥键(图 6.6);每个 B 原子的另外两条 sp^3 杂化轨道则分别与另两个 H 原子形成两条二中心二电子的 B—H σ 键。

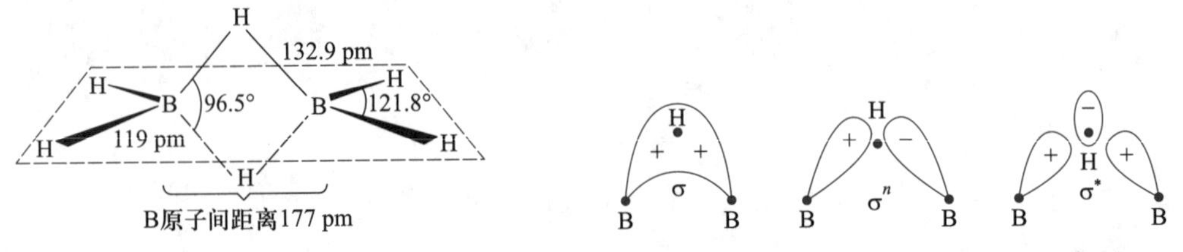

图 6.5　B_2H_6 分子的立体结构

图 6.6　B_2H_6 分子的桥式三中心二电子键模型

Lipscomb 采用三中心二电子键的概念,指出在较高级硼烷的分子 B_nH_{n+m} 中,除 n 个硼原子与 n 个端梢氢原子形成普通的二中心二电子 B—H 端基键外,还可以有下列四种类型的键:三中心二电子的氢桥键 $B\overset{H}{\frown}B$(键数为 s),三中心二电子闭式硼桥键 $B\overset{B}{\curlywedge}B$(键数为 t)和开式 $B\overset{B}{\frown}B$ 硼桥键(但根据 MO 处理理论,这种开式硼桥键可以不予考虑),二中心二电子 B—B 键(键数为 y)和 B 与切向氢生成的二中心二电子的切向的 B—H 端基键(键数为 x),即

$B\overset{H}{\frown}B$	$B\overset{B}{\curlywedge}B$	B—B	(切向)B—H
s	t	y	x

对于通式为 B_nH_{n+m} 的硼烷分子,根据不同类型键的键数 s、t、y、x 可推测其结构。

n、m 与 s、t、y、x 的关系如下:

(1) 三中心二电子键数

在硼烷 B_nH_{n+m} 分子中,每个硼原子有 4 条轨道、3 个价电子,如果硼原子和相连原子都形成二中心二电子键,则缺少 1 个电子,但若每个硼原子形成 1 条三中心二电子键,即可消除硼烷中的“成键电子不足”现象。所以硼原子数 n 必定等于三中心二电子键的总键数。即

$$n = s + t \qquad ①$$

(2) 额外氢原子数

由于 n 个硼原子与 n 个氢原子形成 n 条外向的 B—H 端基键,则多余的 m 个氢原子必等于 $B\overset{H}{\frown}B$ 氢桥键和切向的端基 B—H 键的键数之和。即

$$m = s + x \qquad ②$$

(3) 电子对数

B_nH_{n+m} 分子共有 $(3n+n+m=4n+m)$ 个价电子,总键数为 $[n+(s+t+y+x)]$,因为每种键

均包含 2 个电子，成键所需电子总数为 $2[n+(s+t+y+x)]$，所以，$4n+m=2[n+(s+t+y+x)]$。即

$$n + m/2 = s + t + y + x \quad ③$$

将③式减去②式得

$$n - m/2 = t + y \quad ④$$

由①、②和④式可组成联立方程组，由于方程组由三个方程组成，包含了四个未知数，所以其解不是唯一的。使用试验法，根据 s、t、y 和 x 只能是零或正整数，可得到有限组 $styx$ 组合。举例如下：

例 1 $B_2H_6(n=2, m=4)$

由①、②和④式可得一组唯一的解：

$$y=0, t=0, s=2, x=2; styx=2002$$

此解与实验测得的结构符合，即 B_2H_6 分子包含 2 条三中心二电子 $B\overset{H}{\frown}B$ 键和 4 条（即 $n+x$）二中心二电子 B—H 键，不包含 $B\overset{B}{\wedge}B$ 键、B—B 键。

例 2 $B_4H_{10}(n=4, m=6)$

因为 y 只可能是零或正整数，故由①、②和④式可得两组解：

$$y=0, t=1, s=3, x=3; styx=3103$$

$$y=1, t=0, s=4, x=2; styx=4012$$

两组解所推测的分子结构如图 6.7 所示，其中 $styx=4012$ 与实验符合，即 B_4H_{10} 分子中含有 4 条 $B\overset{H}{\frown}B$ 键，1 条 B—B 键和 2 条外向型 B—H 键、2 条切向型 B—H 键。

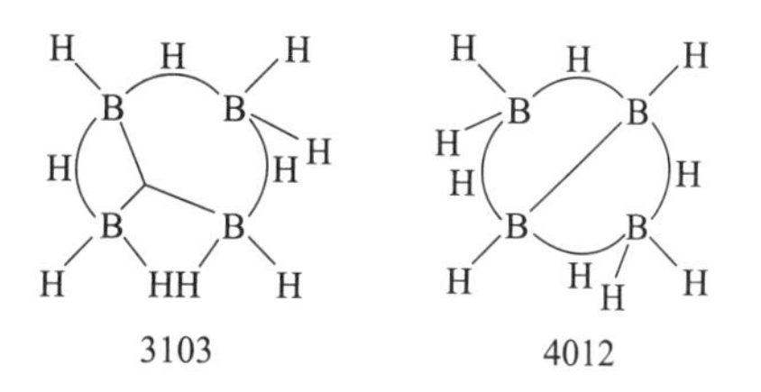

图 6.7 B_4H_{10} 分子的两种可能结构

当硼烷有一组以上有物理意义的 $styx$ 解时，可根据一些经验规则来挑选出最可能存在的结构。这些规则是：

对于任何一个 B，都必须有四条键从它连出，这些键可以是 3c-2e 的氢桥键、3c-2e 的硼桥键、2c-2e 的 B—B 键和 2c-2e 的 B—H 键（包括外向型和切向型端梢 B—H 键）；

相邻的两个 B 原子之间，至少应有一条 B—B 键、氢桥键或硼桥键相连接；如果其间已连有 B—B 键，则不能再连氢桥键、硼桥键和 B—B 等骨架键（缺电子化合物不允许生成多重键）；

在一个 B 上最多只能连两条 B—H 键（一条端梢外向型 B—H 键和一条切向型 B—H 键）；

所得的结构应该是由骨架键连接起来的由三角面构成的、完整的多面体或缺顶的多面体。

此外,合理的结构应有最高的对称性,低的对称性将提供活性反应中心,因而是不能稳定存在的,已知的硼烷,至少有一个对称面。

这样,对 B_4H_{10}应选择 $styx=4012$。实际测定证明这种选择是正确的。

对于一个硼烷阴离子 $B_nH_{n+m-c}^{c-}$(可看作 B_nH_{n+m}失去了 c 个 H^+所形成的阴离子——额外氢减少了 c 个,给体系留下了 c 个电子),三中心二电子键数方程变为

$$n-c=s+t \tag{①}$$

额外氢原子数方程变为

$$m-c=s+x \tag{②}$$

电子对数方程变为

$$\begin{aligned} n+(m-c)/2+c/2 &= s+t+y+x \\ &= (s+x)+(t+y) \\ &= (m-c)+t+y \end{aligned}$$

移项合并得

$$n-m/2+c=t+y \tag{③}$$

方程组仍由三个方程组成,包含四个未知数,使用试验法求解。

三中心二电子键理论对许多开(巢)式硼烷分子的结构进行了满意的解释,在近代硼烷化学发展中起了重要的作用。但它基本上属于定域的价键理论,对于价电子离域性大的硼烷适用得就不太好,所以必然会被其他理论所代替。

3. 硼烷成键的分子轨道(MO)处理

现以闭式 $B_6H_6^{2-}$ 为例来介绍硼烷中成键离域电子的 MO 处理方法。

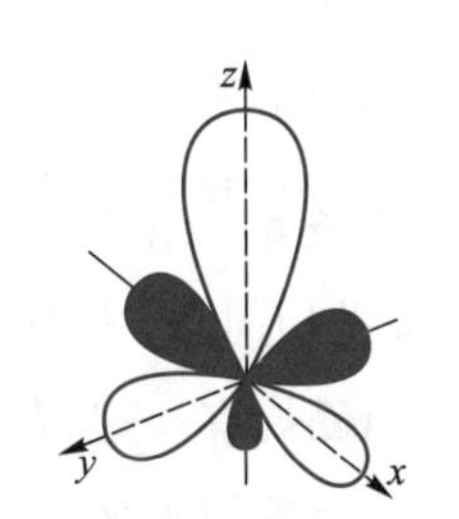

图 6.8　B 原子的 sp_z σ 杂化轨道和 p_x、p_y 轨道

$B_6H_6^{2-}$具有八面体的闭式结构,处于每个顶点的硼原子以它的 2s 和 $2p_z$轨道进行杂化生成两条 sp_z σ 杂化轨道(图 6.8),这两条杂化轨道一条朝向八面体之外与端梢氢进行 σ 键合生成外向型端梢 B—H 键,$B_6H_6^{2-}$一共有 6 条这样的 B—H 键(图 6.9);另一条朝向八面体的内部用于参与骨架成键。在硼上还有两条未参与杂化的 p_x和 p_y轨道(图 6.8),它们处于与 sp_z σ 杂化轨道垂直的平面上,并与假想的八面体表面正切(常称为正切取向),它们是 π 轨道,也参与骨架成键。

这样一来,六个硼原子就有了 18 条可参与骨架成键的原子轨道。其中 6 条 sp_z σ AO 组合成 6 条 σ MO,按照对称性,这 6 条 σ MO 可以分为三组,分别为 a_{1g}、t_{1u}^*和 e_g^*。能级次序为 $a_{1g}<t_{1u}^*<e_g^*$,其中 a_{1g}为单重的强成键轨道,t_{1u}^*为三重简并的反键 MO,e_g^*为二重简并的强反键 MO。12 条 pπ AO 则组合成四组 π MO,各为 t_{2g}、t_{1u}、t_{2u}^*和 t_{1u}^*,均为三重简并,能级次序为 $t_{2g}<t_{1u}<t_{2u}^*<t_{1u}^*$。其中 t_{2g}和 t_{1u}为成键 MO,t_{2u}^*和 t_{1u}^*为反键 MO。

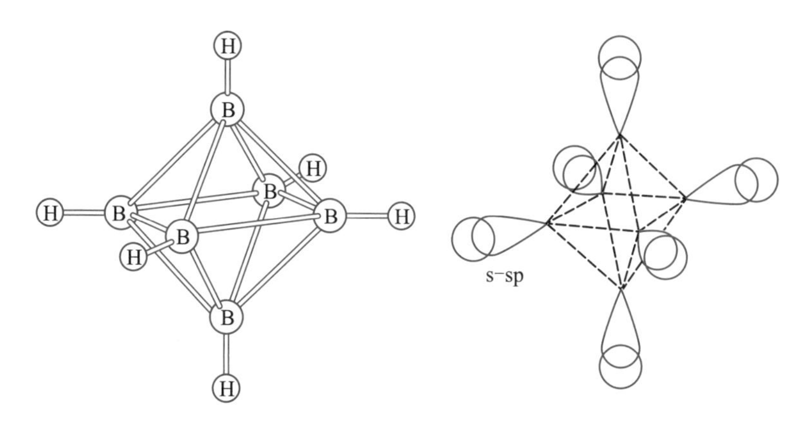

图 6.9 $B_6H_6^{2-}$ 的八面体结构及其 6 条端梢 B—H 键

图 6.10 示出由 sp_z 杂化轨道，pπ AO 构成的 $B_6H_6^{2-}$ 八面体分子的 MO 组合。图 6.11 为 $B_6H_6^{2-}$ 的骨架 MO 能级图。需注意的是，由 pπ AO 组合得到的 t_{1u}^* 与由 sp_z AO 组合得到的 t_{1u} 有相同的对称性，它们的相互作用引起 σ 和 π 轨道的混合，从而使 $t_{1u}(\pi/\sigma^*)$ 能级降低，$t_{1u}^*(\sigma^*/\pi)$ 能级上升。

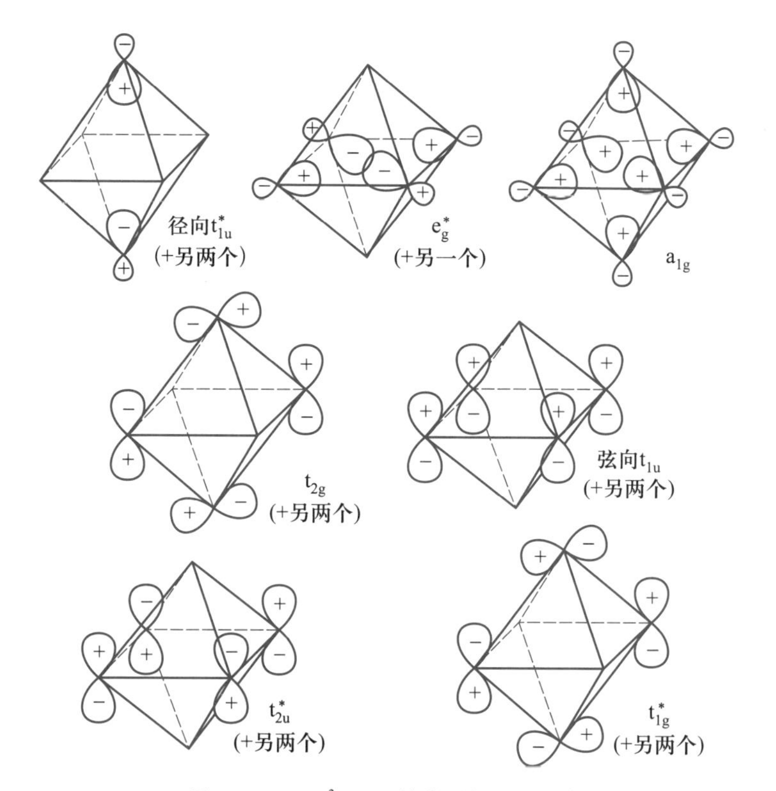

图 6.10 $B_6H_6^{2-}$ 八面体分子的 MO 组合

$B_6H_6^{2-}$ 的价电子总数为 3×6+6+2=26，6 条 B—H 端梢键用去 12 个价电子，余下 14 个价电子全部用于骨架键合，价电子构型为 $(a_{1g})^2(t_{2g})^6(t_{1u})^6$，即有 7 对（$=n+1$）骨架键对。

由于所有骨架电子都进入了成键轨道且高度离域，且最高占据轨道与最低未占据轨道 t_{1u}^* 能级又相差较大，所以无论是在热力学上还是在动力学上 $B_6H_6^{2-}$ 都是比较稳定的。

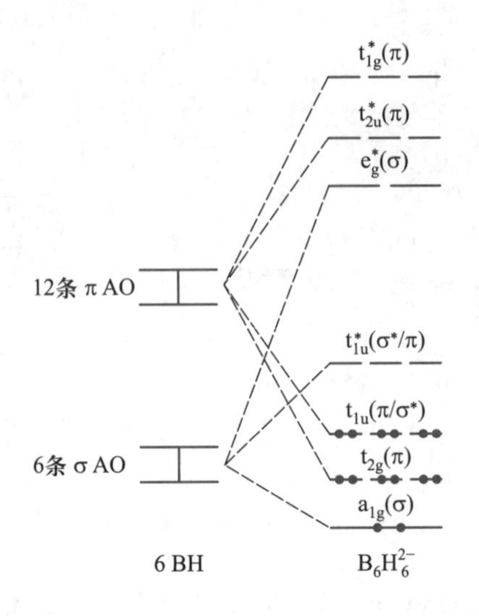

图 6.11　$B_6H_6^{2-}$ 的骨架 MO 能级图

由于 $B_6H_6^{2-}$ 中骨架电子的离域性与芳烃很相似，因而预期它的性质也应有一定的“芳香性”。

倘若从 $B_6H_6^{2-}$ 移去 1 个 BH 单元并加上 1 对电子则得有 5 个 BH 单元和 7 对电子的 $B_5H_5^{4-}$。此时五个 BH 单元将占据八面体 6 个顶点中的 5 个，得到四方锥的巢式结构。$B_5H_5^{4-}$ 的分子轨道和 $B_6H_6^{2-}$ 的不同之处是所有的三重简并轨道都要产生分裂。在 $B_5H_5^{4-}$ 中总共有 $3\times5+5+4=24$ 个电子，5 条 B—H 键用去 10 个电子，余下的 7 对(5+2)电子也填充在 7 条成键分子轨道上。换言之，巢式化合物有 n 个 BH 单元和 $n+2$ 对电子，其分子轨道可提供 $n+2$ 条稳定的成键轨道用于填充电子。

4. Wade 规则

1971 年，英国的结构化学家 Wade 在分子轨道法的基础上提出了一种预言硼烷、硼烷衍生物及其他原子簇化合物的结构的规则，通常称为 Wade 规则。该规则也有人将其称为骨架成键电子对理论。规则为：硼烷、硼烷衍生物及其他原子簇化合物的结构取决于其骨架成键电子对数。

硼烷、硼烷衍生物及其他原子簇化合物分子是以三角形面为基本结构单元的多面体结构。如果多面体的全部 n 个顶点都有骨架硼原子就是闭式结构，如果多面体有一个顶点无骨架硼原子就是巢式结构，如果多面体有两个相邻的顶点无骨架硼原子就是蛛网式结构。

在硼烷分子中，每个骨架硼原子都用一个电子与一个氢原子形成定域的外向型的端基 B—H 键，整个硼烷分子中剩余的 b 对电子就是骨架成键电子，如果以 n 表示骨架硼原子数，则

① 闭式硼烷阴离子 $B_nH_n^{2-}$ 的骨架成键电子对数 b 等于 $n+1$，为具有 n 个顶点的多面体；

② 巢式硼烷 B_nH_{n+4} 或阴离子 $B_nH_n^{4-}$ 的骨架成键电子对数 b 等于 $n+2$，为 $n+1$ 个顶点的多面体缺了一个顶；

③ 蛛网式硼烷 B_nH_{n+6} 或阴离子 $B_nH_n^{6-}$ 的骨架成键电子对数 b 等于 $n+3$，为 $n+2$ 个顶点

的多面体缺了两个相邻的顶；

④ 敞网式硼烷 B_nH_{n+8} 或阴离子 $B_nH_n^{8-}$ 的骨架成键电子对数 b 等于 $n+4$，为 $n+3$ 个顶点的多面体缺了三个相邻的顶。

图 6.12 形象地示出闭式、巢式、蛛网式硼烷的结构关系。图中斜线联系者表示骨架成键电子对数相等的闭式-巢式-蛛网式系列。图中横行表示硼烷在氧化还原反应等过程中，由于骨架成键电子对数变化而引起的构型变化：

$$B_nH_n^{2-} \underset{-2e^-}{\overset{+2e^-}{\rightleftharpoons}} B_nH_n^{4-} \underset{-2e^-}{\overset{+2e^-}{\rightleftharpoons}} B_nH_n^{6-}$$

结构类型	闭式	巢式	蛛网式
骨架成键电子对数	$n+1$	$n+2$	$n+3$

对中性硼烷、硼烷阴离子和碳硼烷等其骨架成键电子对数都可用下述通式表示：

$$[(CH)_a(BH)_pH_q]^{c-}$$

其中 q 代表除去了端梢外向 B—H 和 C—H 键上的氢以后的额外氢的数目，为处于 $B\overset{H}{\frown}B$ 氢桥键中的氢和切向端梢 B—H 键的氢的总和，c 代表多面体所带的电荷数。式中硼原子和碳原子是构成多面体骨架的原子，多面体的顶点数 n 等于硼原子和碳原子之和（$n=a+p$）。

其中，每个 BH 基团给骨架贡献 2 个电子，每个 CH 基团贡献 3 个电子，每个额外氢贡献 1 个电子（如果 N、S 和 P 参与形成骨架，则各贡献 3 个、4 个和 3 个电子——显然可以认为在这些原子上还各保留一对孤电子对）。于是，多面体骨架成键电子对数 b 可由下式计算：

$$b = (3a + 2p + q + c)/2$$

表 6.2 列出硼烷分子多面体的顶点数（亦即骨架成键电子对数）与多面体的构型及其对称性的关系，而硼烷阴离子和碳硼烷的实际结构视其结构类型而确定。

表 6.2　硼烷分子多面体的顶点数与多面体的构型及其对称性的关系

多面体的顶点数	多面体的构型	多面体的对称性
4	四面体	T_d
5	三角双锥体	D_{3h}
6	正八面体	O_h
7	五角双锥体	D_{5h}
8	十二面体	D_{2d}
9	三帽三棱柱体	D_{3h}
10	双帽四方反棱柱体	D_{4d}
11	十八面体	C_{2v}
12	二十面体	I_h

下面以 $B_{10}H_{15}^-$、$B_3C_2H_7$ 和 $B_{10}CPH_{11}$ 的结构的推导为例来说明 Wade 规则的应用。

可将 $\mathbf{B_{10}H_{15}^-}$ 写成 $(BH)_{10}H_5^-$，于是，有

$$a=0,p=10,q=5,c=1$$

$$n = a + p = 0 + 10 = 10$$

$$b = (2 \times 10 + 5 + 1)/2 = 13 = 10 + 3 = n + 3$$

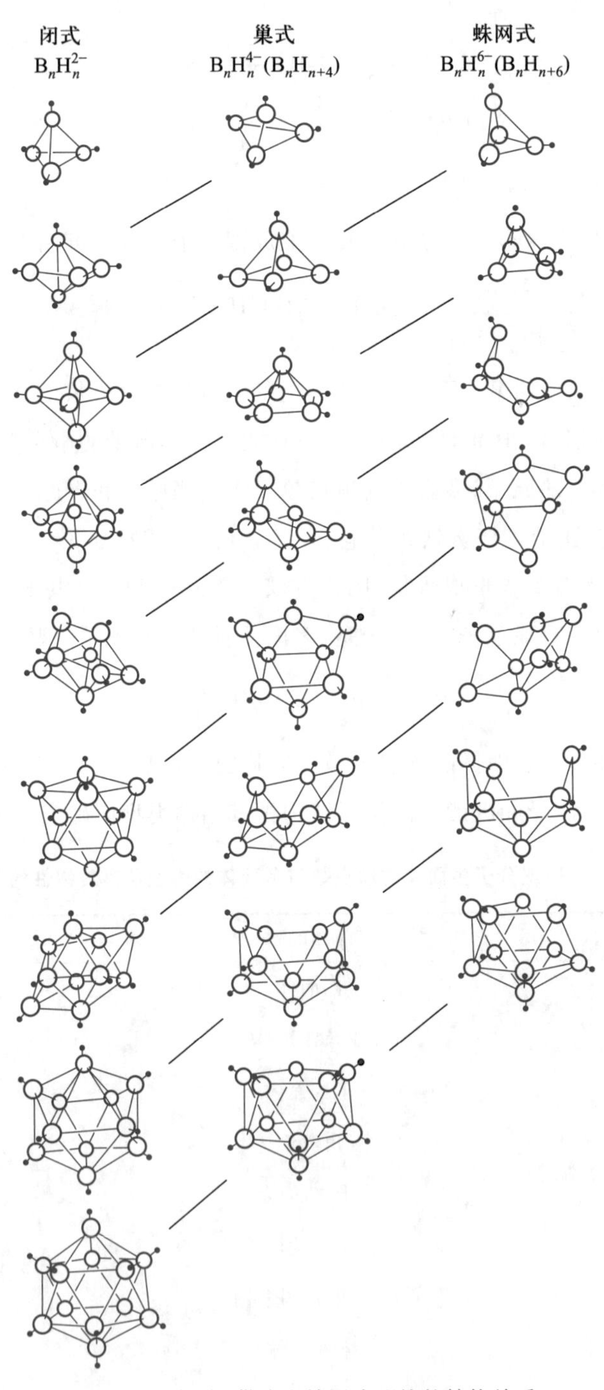

图 6.12　闭式、巢式和蛛网式硼烷的结构关系

所以,$B_{10}H_{15}^-$为蛛网式结构,是具有 12 个顶点的二十面体缺了两个相邻的顶的一种结构。

而 $\mathbf{B_3C_2H_7}$可写成$(CH)_2(BH)_3H_2$。于是,有

$$a=2, p=3, q=2, c=0$$
$$n = a + p = 2 + 3 = 5$$
$$b = (3 \times 2 + 2 \times 3 + 2)/2 = 7 = 5 + 2 = n + 2$$

$B_3C_2H_7$为巢式结构,是一种具有 6 个顶点的八面体缺了一个顶的结构。

$\mathbf{B_{10}CPH_{11}}$可写成$(CH)_1(BH)_{10}P$,其中 P 参与形成骨架并贡献出 3 个电子。于是,有

$$a=1, p=10, q=0, c=0$$
$$n = a + p + 1(\text{磷原子数}) = 1 + 10 + 1 = 12$$
$$b = (3 \times 1 + 2 \times 10 + 3)/2 = 13 = 12 + 1 = n + 1$$

$B_{10}CPH_{11}$为闭式结构,其结构是一种具有 12 个顶点的二十面体。

除了硼烷、硼烷阴离子和碳硼烷之外,Wade 规则还广泛地应用于各种原子簇多面体,包括后面将要讨论的硼烷衍生物及金属原子簇化合物。

6.1.3 硼烷的反应

1. 与 Lewis 碱的反应

毋庸置疑,具有缺电子性质的硼烷能同含有孤电子对的试剂——Lewis 碱反应。根据碱及反应条件的不同,与 Lewis 碱的反应还可分成以下不同类型:

(1) 碱裂解反应

硼烷在多种反应中,开始时都是与 Lewis 碱加成得到不稳定的加合物,然后再发生对称的或不对称的裂解。以乙硼烷为例:

$$H_2B(\mu\text{-}H)_2BH_2 + 2L \longrightarrow 2LBH_3 \qquad (\text{对称裂解})$$

$$H_2B(\mu\text{-}H)_2BH_2 + 2L \longrightarrow [L_2BH_2]^+ + [BH_4]^- \qquad (\text{不对称裂解})$$

一般说来,较大的 Lewis 碱可使硼烷发生对称裂解。而较小的 Lewis 碱,如 NH_3、OH^-等常使硼烷产生不对称裂解而裂解出包括 BH_2^+的物种和 BH_4^-等硼氢阴离子。例如:

$$B_2H_6 + 2NaH \longrightarrow 2NaBH_4$$
$$B_2H_6 + 2(CH_3)_2O \longrightarrow 2(CH_3)_2OBH_3$$
$$B_2H_6 + 2(C_2H_5)_2S \longrightarrow 2(C_2H_5)_2SBH_3$$
$$B_4H_{10} + 2(CH_3)_3N \longrightarrow BH_3N(CH_3)_3 + B_3H_7N(CH_3)_3$$
$$B_5H_{11} + 2CO \longrightarrow BH_3CO + B_4H_8CO$$
$$B_6H_{12} + (CH_3)_3P \longrightarrow BH_3P(CH_3)_3 + B_5H_9$$
$$B_2H_6 + 2NH_3 \longrightarrow [BH_2(NH_3)_2]^+ + BH_4^-$$

$$B_4H_{10} + 2NH_3 \longrightarrow [BH_2(NH_3)_2]^+ + B_3H_8^-$$

$$B_4H_{10} + 2OH^- \longrightarrow [BH_2(OH)_2]^- + B_3H_8^-$$

对于 B_2H_6 的裂解机理认为分两步进行。

第一步,一个配体 L 进行亲核进攻,使 B_2H_6 中有一氢桥断裂:

$$H_2B(\mu\text{-}H)_2BH_2 + L \longrightarrow L\text{—}H_2B(\mu\text{-}H)BH_3$$

第二步,取决于第二个配体的进攻位置:

$$L\text{—}H_2B(\mu\text{-}H)BH_3 + L \longrightarrow 2BH_3L \quad \text{(对称裂解)}$$

$$L\text{—}H_2B(\mu\text{-}H)BH_3 + L \longrightarrow [BH_2L_2]^+[BH_4]^- \quad \text{(不对称裂解)}$$

显然,L 较大的 Lewis 碱有利于对称裂解的进行。

除此之外,如果反应在溶剂中进行,则溶剂碱性增加,对称裂解趋势增大。

(2) 碱加成反应

并不是所有的 Lewis 碱都能使硼烷裂解,有些只能与硼烷反应生成加合物。例如:

$$B_5H_9 + 2(CH_3)_3P \longrightarrow B_5H_9[P(CH_3)_3]_2$$

(3) 去桥氢反应

巢式和蛛网式硼烷中的桥氢可被强碱除去得到硼烷阴离子。例如:

$$B_{10}H_{14} + NaOH \longrightarrow NaB_{10}H_{13} + H_2O$$

$$B_{10}H_{14} + NaH \longrightarrow NaB_{10}H_{13} + H_2$$

$$B_{10}H_{14} + NH_3 \longrightarrow [NH_4]^+[B_{10}H_{13}]^-$$

上述反应说明桥氢具有质子酸的性质。桥氢的相对酸性可用如

$$B_4H_9^- + B_{10}H_{14} \longrightarrow B_4H_{10} + B_{10}H_{13}^-$$

的竞争反应来估计。已知有如下酸强度顺序:

巢式　　$B_5H_9 < B_6H_{10} < B_{10}H_{14} < B_{16}H_{20}$

蛛网式　　$B_4H_{10} < B_5H_{11} < B_6H_{12}$

即,一般地,同类硼烷桥氢的酸性随骨架体积的增大而增大。

而对于大小相近的硼烷则是蛛网式的酸性强于巢式。如 B_4H_{10} 的酸性介于 B_6H_{10} 和 $B_{10}H_{14}$ 之间。

2. 亲电取代反应

由于硼烷多面体的角顶带有较多的负电荷,因而所有硼烷的端梢氢原子(带部分正电

荷)均可被亲电试剂所取代,其中最典型的是卤代。如 $B_{10}H_{10}^{2-}$ 和 $B_{12}H_{12}^{2-}$ 中的氢,都可完全地被卤原子取代,生成 $B_{10}X_{10}^{2-}$ 和 $B_{12}X_{12}^{2-}$($X = Cl$、Br、I),其取代反应性为 $B_{10}H_{10}^{2-} > B_{12}H_{12}^{2-}$ 及 $Cl_2 > Br_2 > I_2$。

在 Friedel-Crafts 型催化剂(如 $AlCl_3$)存在下,B_5H_9 与卤素单质反应生成 1-XB_5H_8;当不存在催化剂时,则生成的是 1-XB_3H_8 和 2-XB_5H_8。$B_{10}H_{14}$ 卤化时生成 1-$XB_{10}H_{13}$ 和 2-$XB_{10}H_{13}$,但后者居多。当长时间用 Br_2 或 I_2 处理时也可得到 2,4-二取代产物和 1,2-二取代产物。

3. 硼氢化反应

硼氢化反应通常是指乙硼烷对烯烃的加成反应,因而也叫烯烃的硼氢化反应。反应是分步进行的:

$$\frac{1}{2}B_2H_6 + RHC{=}CH_2 \longrightarrow H_2B{-}CH_2{-}CHRH \xrightarrow{RHC=CH_2} (RCH_2CH_2)_2BH \xrightarrow{RHC=CH_2} (RCH_2CH_2)_3B$$

与 Markovnikov 规则相反,在加成时,H 不是加在氢较多的双键碳原子上,而是加在氢较少的碳原子上,硼则加在氢较多的碳原子上。当 R 位阻小时,可得三烷基硼,这是一个很重要的反应,是美国化学家 Brown 于 1957 年发现并加以发展的反应。因为此,他在 1979 年获得了诺贝尔化学奖。

6.1.4 硼烷衍生物

硼烷衍生物很多,常见的主要有以下三类:

1. 硼烷阴离子及阴离子衍生物

最简单的硼烷阴离子就是 BH_4^-。由 Lewis 酸 BH_3 结合氢阴离子 H^- 便得 BH_4^-。它具有四面体结构,其衍生物如 $[BH_3CN]^-$、$[BH(OMe)_3]^-$ 等已为人所知。BH_4^- 及其衍生物 $[BH_3CN]^-$ 或 $[BH(OMe)_3]^-$ 等在无机和有机化学中被广泛地用作还原剂和 H^- 的来源。

$NaBH_4$ 是最常见最具代表性的碱金属四氢硼化物。它是一种白色的晶态物质,在干燥空气中稳定、不挥发、不溶于乙醚,但溶于水、四氢呋喃、吡啶,更易溶于甘醇二甲醚($CH_3OCH_2CH_2OCH_3$)、二甘醇二甲醚[$CH_3O(CH_2CH_2O)_2CH_3$]。BH_4^- 在水溶液中缓慢水解($2NaBH_4 + 2H_2O \longrightarrow 2NaOH + B_2H_6 + 2H_2$)。

$B_nH_n^{2-}$($n = 6 \sim 12$)是另一类重要的硼烷阴离子。属于这类阴离子的例子有 $B_7H_7^{2-}$、

$B_8H_8^{2-}$、$B_9H_9^{2-}$、$B_{10}H_{10}^{2-}$、$B_{12}H_{12}^{2-}$等。

其中，$B_{12}H_{12}^{2-}$是所有 $B_nH_n^{2-}$ 中对称性最高的，也是稳定性最好的结构。它是由 20 个相等三角面构成的规则二十面体。所有的氢原子都是通过端梢 B—H 键与硼原子结合。

与芳香烃化合物类似，硼烷阴离子能发生许多取代反应。与亲电试剂 RCO^+、CO^+、$C_6H_5N_2^+$ 等的反应是最重要的一类反应。这些反应在强酸性介质中最容易进行。

2. 碳硼烷

利用等电子原理可以帮助理解多面体硼烷衍生物的结构。碳原子 C 和硼阴离子 B^- 是等电子体，CH 和 BH^- 单元也是等电子体。因此，硼烷中部分 BH^- 可被 CH 基团取代，形成碳硼烷。

碳硼烷的合成也是以硼烷为基础的。例如：

$$B_5H_9 + C_2H_2 \xrightarrow{773\sim873\ K} 2,4-C_2B_5H_7 + 1,6-C_2B_4H_6 + 1,5-C_2B_3H_5$$

$$B_8H_{12} + MeC \equiv CMe \longrightarrow (MeC)_2B_7H_9$$

$$B_{10}H_{14} + C_2H_2 \longrightarrow 1,2-C_2B_{10}H_{12}$$

$$1,2-C_2B_{10}H_{12} + OEt^- + 2EtOH \xrightarrow{358\ K} 1,2-C_2B_9H_{12} + H_2 + B(OEt)_3$$

碳硼烷的命名原则：从最高次对称轴上最高位置的硼原子或碳原子开始编号，然后自上而下，绕轴依顺时针方向为各平面上的硼原子或碳原子编号；杂原子的号数应尽可能低，如图 6.13 所示。在化学式前用阿拉伯数字标出碳原子的位置，并在最前面标出碳硼烷的结构类型如闭式、巢式或蛛网式等。如闭式-1,2-$C_2B_4H_6$、蛛网式-1,3,7,8-$C_4B_5H_{11}$等。

碳硼烷有如下的化学特性：

（1）立体异构现象和异构重排反应

由于碳原子在分子结构中位置不同而产生各种异构体，如闭式二碳代十二硼烷 $C_2B_{10}H_{12}$ 有三种异构体（见图 6.13），分别为邻位的 1,2-$C_2B_{10}H_{12}$、间位的 1,7-$C_2B_{10}H_{12}$和对位的 1,12-$C_2B_{10}H_{12}$。其稳定性次序为

$$对位 > 间位 > 邻位$$

说明两个碳原子间距离越远越稳定。

由于稳定性不同，加热不稳定的异构体往往由于异构重排而得到各种异构体的混合物。例如：

$$闭式-4,5-C_2B_4H_6(100\%) \xrightarrow{723\ K} 闭式-C_2B_3H_5(40\%) +$$
$$闭式-C_2B_5H_7(40\%) + 闭式-C_2B_4H_6(20\%)$$

$$1,2-C_2B_{10}H_{12} \xrightarrow{723\ K} 1,7-C_2B_{10}H_{12} \xrightarrow{893\ K} 1,12-C_2B_{10}H_{12}$$

（2）碳上的反应

由于碳硼烷骨架具有强烈的吸电子能力，使得 CH 基上的 H 呈弱酸性能，可发生一系列反应。如 $C_2B_{10}H_{12}$与 C_4H_9Li 反应生成 $Li_2C_2B_{10}H_{10}$，后者与 CO_2、卤素、NOCl、CH_2O 等继续反应生成各种取代的碳硼烷（图 6.14）。正是由于这样的反应，碳硼烷衍生物的种类有上千种。

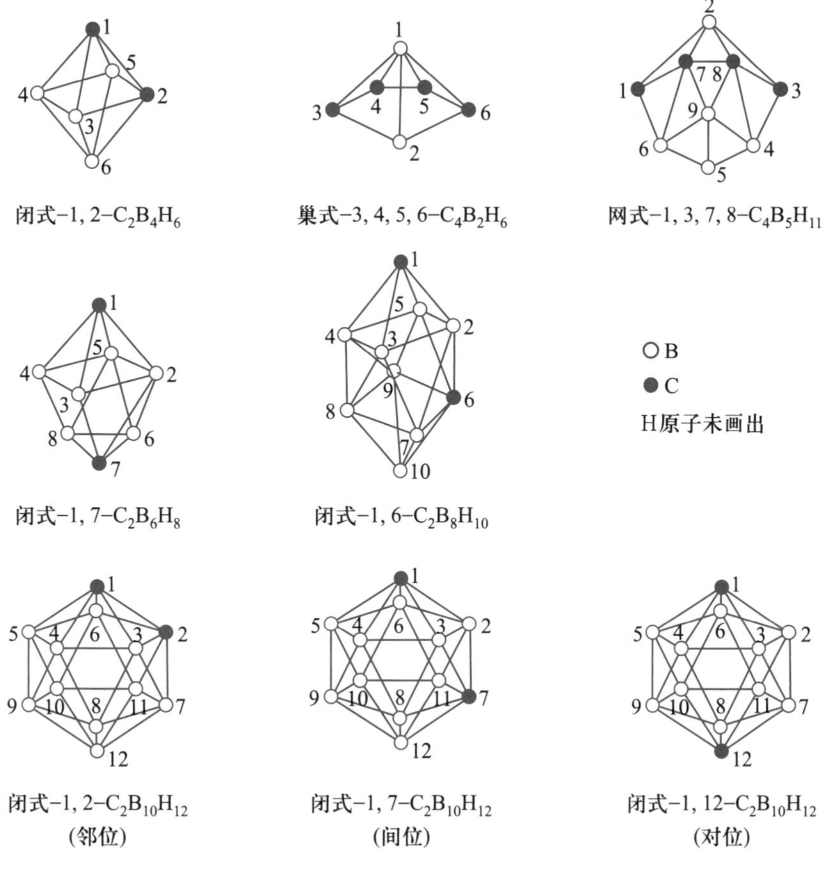

图 6.13 一些中性碳硼烷的结构和命名

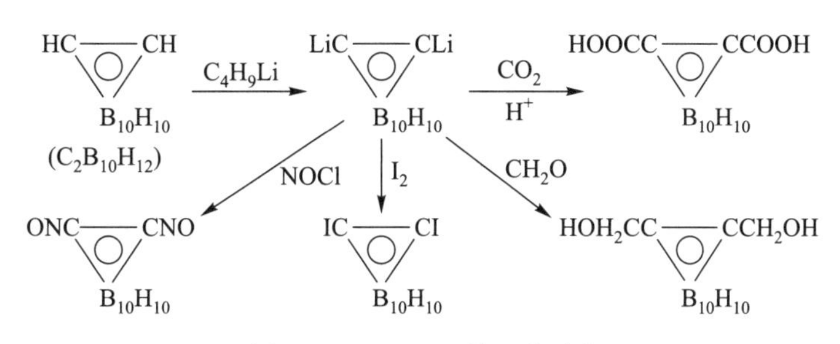

图 6.14 $C_2B_{10}H_{12}$的一些反应

(3) 硼上的反应

由于碳原子的电负性比硼的大,因而处于碳附近的硼略带正电荷,容易发生亲核进攻(即亲电子反应),所以碳硼烷的亲电反应性比相应的硼烷阴离子的大。如 $C_2B_{10}H_{12}$ 比 $B_{12}H_{12}^{2-}$ 更容易与 Lewis 碱发生反应,尤其是当两个碳处于邻位时,它们的协同吸电子效应使附近的硼上更容易发生亲核进攻。因此,当与乙醇钾或乙醇钠在醇溶液中发生反应时,1,2-异构体比 1,7-异构体的活性大。

$$1,2-C_2B_{10}H_{12} + C_2H_5O^- + 2C_2H_5OH \xrightarrow[\text{快}]{358\ K} H_2 + B(OC_2H_5)_3 + 1,2-C_2B_9H_{12}^-$$

$$1,7-C_2B_{10}H_{12} + C_2H_5O^- + 2C_2H_5OH \xrightarrow[\text{慢}]{358\ K} H_2 + B(OC_2H_5)_3 + 1,7-C_2B_9H_{12}^-$$

3. 金属碳硼烷

金属碳硼烷是由金属原子、硼原子及碳原子组成骨架多面体的原子簇化合物。

制得的第一个金属碳硼烷的母体是碳硼烷 1,2-$C_2B_{10}H_{12}$,它与强碱作用失去一个 BH 顶,产生相应的 7,8-$C_2B_9H_{12}^-$阴离子。再用很强的碱如 NaH 处理,则可去掉桥氢原子,得到 7,8-$C_2B_9H_{11}^{2-}$阴离子:

$$7,8-C_2B_9H_{12}^- + NaH \xrightarrow{THF} 7,8-C_2B_9H_{11}^{2-} + Na^+ + H_2$$

7,8-$C_2B_9H_{11}^{2-}$的结构如图 6.15(a)所示。在该阴离子开口的面上,3 个硼原子和 2 个碳原子各提供 1 条 sp^3杂化轨道。都指向假想多面体的第 12 个顶点。这 5 条轨道总共包括 6 个离域电子。这种情况与环戊二烯基 $C_5H_5^-$由 p 轨道组成的 π 体系极其类似。因而很有可能与铁形成类似于二茂铁那样的化合物。果然,Hawthore 及其合作者在 1965 年合成了 $[Fe(C_2B_9H_{11})_2]^{2-}$,这是第一种金属硼烷化合物[如图 6.15(b)所示]。

图 6.15 还给出了一些其他过渡金属碳硼烷的结构。

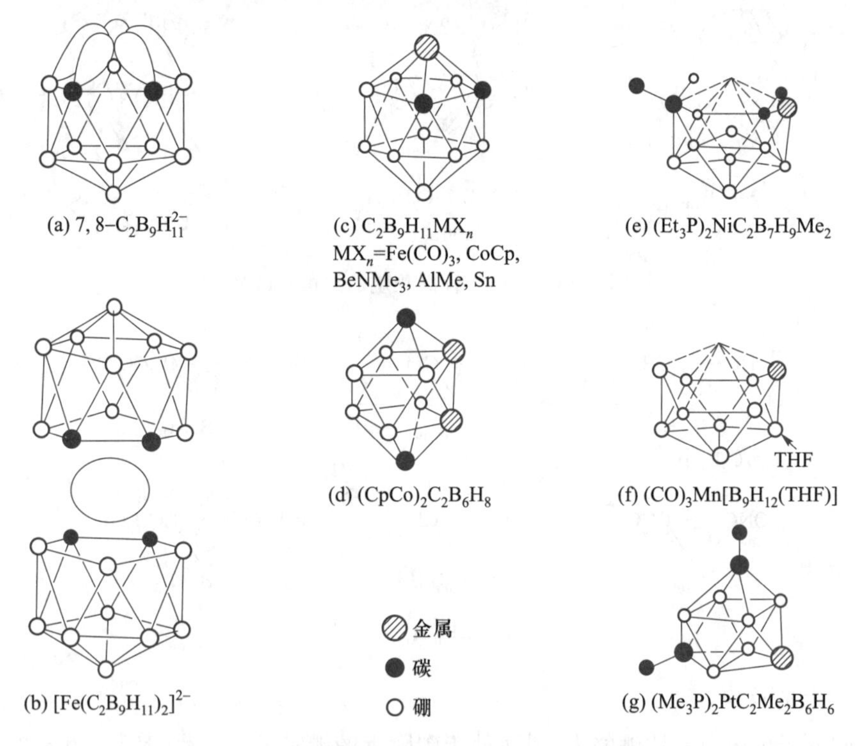

图 6.15　一些金属碳硼烷、金属硼原子簇化合物的结构

过渡金属碳硼烷的合成方法比较特殊,一般有以下几种:

(1) 多面体扩张法

先使碳硼烷加合电子,还原为阴离子,再加过渡金属离子或过渡金属离子和环戊二烯,得到比原来的多面体增加一到两个顶点的产物。例如,1,7-$C_2B_6H_8$用钠还原,再用过量的 $CoCl_2$和C_5H_6处理,得到顶点数为 9 的 $C_2B_6H_8Co^{Ⅲ}(C_5H_5)$和顶点数为 10 的 $C_2B_6H_8[Co^{Ⅲ}(C_2H_5)]_2$多面体产物,其立体化学如图 6.16 所示。

（2）多面体收缩法

使一种过渡金属碳硼烷配合物发生降解作用，即在碳硼烷多面体上脱去一个 BH^{2+} 单元，随后进行氧化反应，可以得到顶点比原多面体少的多面体产物。如由 $(1,2\text{-}C_2B_9H_{11})Co^{III}(C_5H_5)$（连 Co 在内的多面体顶点等于 12）脱去一个 BH^{2+}，再减去两个电子可得到角顶点数（连 Co 在内）为 11 的 $(2,4\text{-}C_2B_8H_{10})Co^{III}(C_5H_5)$，该配合物有两种不同的配体（图 6.17）。

$$(1,2\text{-}C_2B_9H_{11})Co^{III}(C_5H_5)\xrightarrow[2.\ -2e^-]{1.\ -BH^{2+}}(2,\ 4\text{-}C_2B_8H_{10})Co^{III}(C_5H_5)$$

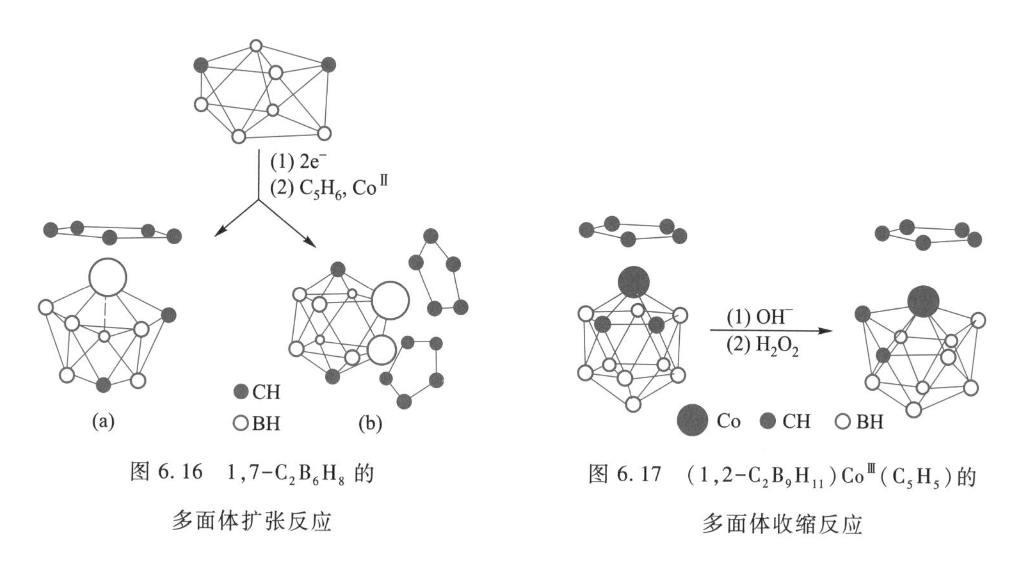

图 6.16　$1,7\text{-}C_2B_6H_8$ 的多面体扩张反应

图 6.17　$(1,2\text{-}C_2B_9H_{11})Co^{III}(C_5H_5)$ 的多面体收缩反应

（3）金属直接插入法

由较小的碳硼烷与过渡金属羰基或环戊二烯基衍生物在加热下发生多面体的扩张反应，生成一个或两个金属插入多面体的金属簇碳硼烷。硼烷也可发生这样的反应，生成金属硼烷。例如，在 473 K 以上时 $1,5\text{-}C_2B_3H_5$（5 个顶点的闭式多面体）与 $Fe(CO)_5$ 或 $(\eta^5\text{-}C_5H_5)Co(CO)_2$ 反应，产生具有一个或两个金属插入骨架的碳硼烷，并使原来 5 个顶点的三角双锥闭式多面体扩张为八面体（6 个顶点中有 1 个顶点是金属）或五角双锥（7 个顶点中有 2 个是金属），该反应示意在图 6.18 中。

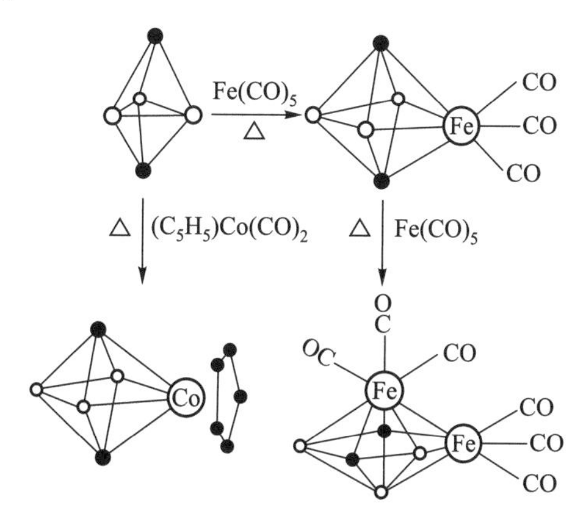

图 6.18　金属簇碳硼烷的金属插入合成反应

6.2　单质碳及其衍生物

金刚石的人工合成、石墨层间化合物的研究、碳纤维的开发应用、富勒烯(碳笼原子簇)、线型碳的发现及研究都取得了令人瞩目的进展。这些以单质碳为基础的无机碳化学给人们展现了无限的想象空间。

在学术界,一般认为金刚石、石墨、富勒烯(碳笼原子簇)、线型碳是单质碳的几种同素异形体。四者的稳定性次序为:线型碳 > 石墨 > 金刚石 > 富勒烯。

6.2.1　金刚石的人工合成

金刚石为原子晶体,碳原子间以 sp^3 杂化成键。

在常温常压下由石墨转化为金刚石是非自发的:

$$\text{C(石墨)} \longrightarrow \text{C(金刚石)}$$

$$\Delta_r H_m^\ominus = 1.897\ \text{kJ} \cdot \text{mol}^{-1}, \Delta_r S_m^\ominus = -3.36\ \text{kJ} \cdot \text{mol}^{-1}, \Delta_r G_m^\ominus = 2.900\ \text{kJ} \cdot \text{mol}^{-1}$$

但是,根据石墨的密度($2.260\ \text{g} \cdot \text{cm}^{-3}$)和金刚石的密度($3.515\ \text{g} \cdot \text{cm}^{-3}$)来看,由石墨转化为金刚石是由疏松到致密,在高温和高压下可能实现这种转化,转化的温度和压力条件因催化剂的种类不同而不同。

首先估算一下在恒定温度下(如 298 K),压力对石墨转化为金刚石的影响。

在恒温下计算压力变化对 ΔG 的影响的公式为

$$\Delta G(p_2) - \Delta G(p_1) = \Delta V(p_2 - p_1)$$

在 $p_1 = 1.0 \times 10^5$ Pa 下,$\Delta G(p_1) = 2.900\ \text{kJ} \cdot \text{mol}^{-1}$,在 p_2 压力下,要石墨转变成金刚石的反应可以自发进行,则 $\Delta G(p_2) \leqslant 0$,故有

$$p_2 = -\Delta G(p_1)/\Delta V + p_1$$

将数据代入算得 $p_2 = 1.5 \times 10^9$ Pa。

这一估算表明,只有压力在大于 1.5 GPa 的条件下,才有可能使上述反应得以进行。但假定的条件是反应在 298 K 下进行,在这样低的温度下反应速率几乎为零。而石墨转化为金刚石是吸热的,故从热力学角度来看高温有利于转化。在实际生产中转化反应是在很高温度和比理论压力高得多的条件下进行。在由石墨合成金刚石时的实际操作压力为 5~10 GPa,温度为 1200~2500 ℃,并在金属催化剂的催化下进行(参见 3.1.3 高压合成)。当然,必须设计能满足这些条件的反应装置。

6.2.2　石墨及其石墨层间化合物

1. 石墨

石墨为混合键型或过渡型晶体,有层状的晶体结构。无定形碳和炭黑实际上都是微晶

或是有缺陷的石墨。

在晶体中,C 原子采用 sp^2 杂化轨道成键,彼此间以 σ 键连接成层状结构,同时在同一层上还有一个大 π 键。同层的 C—C 键键长 143 pm,层与层之间的距离为 335 pm。

2. 石墨烯

石墨烯(图 6.19)就是单层石墨,是一种由碳原子以 sp^2 杂化轨道组成的六角形似蜂巢晶格的平面薄膜二维材料,只有一个碳原子厚度。碳原子垂直于层平面的未参与杂化的 p_z 轨道形成贯穿全层的多原子的大 π 键,因而具有优良的导电和光学性能。

2004 年,英国曼彻斯特大学物理学家 Geim 和 Novoselov 成功地在实验室分离出了石墨烯,两人也因“二维石墨烯材料的开创性实验”而共同获得 2010 年诺贝尔物理学奖。

3. 石墨炔

2010 年,我国中国科学院化学研究所的研究人员首次利用六炔基苯在铜片的催化作用下发生偶联反应,成功地在铜片表面通过化学方法合成了大面积(3.61 cm^2)的碳的新同素异形体——石墨炔(图 6.20)。

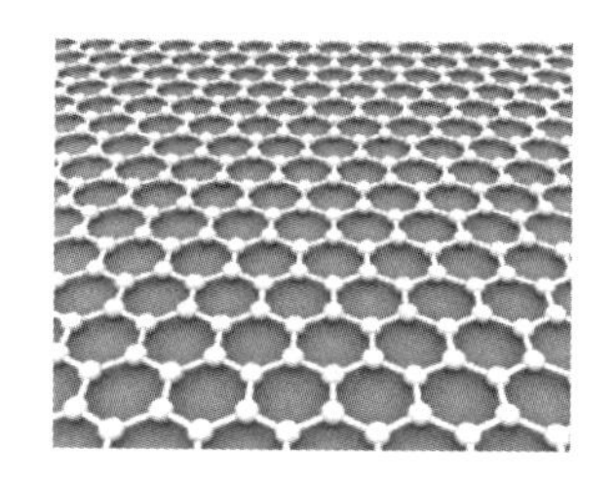

图 6.19　石墨烯

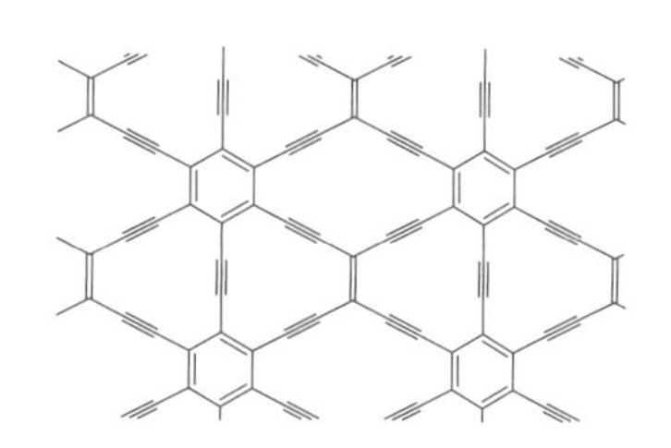

图 6.20　石墨炔

石墨炔是由 sp 和 sp^2 杂化形成的一种新型碳的同素异形体,是由 1,3-二炔键将苯环共轭连接形成的具有二维平面网络结构的全碳材料,具有丰富的碳化学键、大的共轭体系、优良的化学稳定性,被誉为最稳定的一种人工合成的炔碳的同素异形体。因其特殊的电子结构及类似硅的优异半导体性能,石墨炔有望广泛应用于电子、半导体及新能源领域。

4. 石墨层间化合物

石墨的碳原子层间有较大的空隙,容易插入电离能小的碱金属和电子亲和能大的卤素、卤化物及酸等,形成石墨层间化合物。

按基质-嵌入物间的化学键的差异可将石墨层间化合物分为离子型和共价型两大类。

在离子型化合物中,碱金属之类的插入物形成向石墨提供电子的层间化合物,称为施主型化合物;插入物为卤素、卤化物时,形成从石墨得到电子的层间化合物,称为受主型化合物。

1926 年报道了第一个碱金属离子型石墨化合物,它是用钾蒸气在 300 ℃下直接与石墨反应制取的青铜色的 C_8K。Rb 和 Cs 也有类似的反应。当在 360 ℃下减压加热时,将分阶段地得到一系列间隙化合物:C_8M(青铜色)、$C_{24}M$(铜青色)、$C_{36}M$(深蓝色)、$C_{48}M$(黑色)和 $C_{60}M$(黑色)。这一类化合物还可用石墨为电极借熔盐电解来制备;也可以在液氨介质中，使石墨和碱金属反应来制取。Li 及 Na 的插入稍难。但用高纯石墨在 500 ℃时直接反应也可以制取 C_6Li（青铜色）、$C_{12}Li$（铜色）、$C_{18}Li$（铜色）；石墨和熔融钠在 350 ℃时发生相似反应得到 $C_{64}Na$（深紫色）。

石墨层间化合物 C_8K 的晶格示于图 6.21(a)。同一层内 C 的排列与石墨保持原样，C—C 距离与石墨本身相同。但层与层之间的排列不再按照 α-石墨中的…ABAB…顺序，而是按…AKAKA…的形式排布[图 6.21(a)]，每一石墨层间隔间有一层对应晶格的 K 原子[图 6.21(b)]。石墨层间的距离（540 pm）因 K 原子的存在而比石墨中的距离（335 pm）大得多。对于 C_8Rb 和 C_8Cs，层间距离增加得更多，分别为 561 pm 和 595 pm。

如果缺掉了图 6.21(b) 中心那个金属原子则成为 $C_{12n}M$ 系列的石墨层间化合物。$C_{12}M$ 是每两层石墨之间夹一个 M 层，$C_{24}M$ 是每三层石墨之间夹一个 M 层，以此类推。

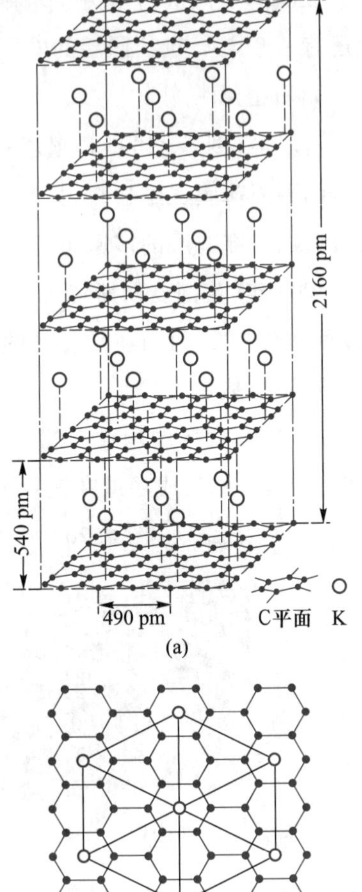

(a)

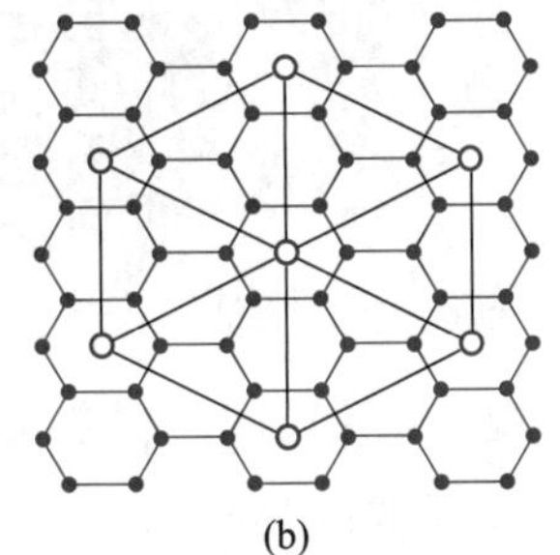
(b)

图 6.21　C_8K 的晶格(a)和 K 原子的三角形位置(b)

石墨层间化合物的电阻比石墨本身低，在垂直方向约降低至 1/10，沿石墨层水平方向约降低至 1/100。且石墨层间化合物具有与真正的金属一样的电阻，即电阻率 ρ 随温度升高而升高。如 C_8K 在 90 K 时，$\rho = 0.768\ \Omega \cdot cm^{-1}$，在 285 K 时，$\rho = 1.02\ \Omega \cdot cm^{-1}$。

石墨层间化合物的成键是通过从碱金属原子提供电子转移到基质石墨的导带而形成的。因此，该作用只应在电正性大的元素如ⅠA 族碱金属元素及ⅡA 族中的 Ba 金属时发生。Ba 生成的是 C_nM 类化合物，如 C_6Ba。

碱金属石墨化合物在空气中极为活泼，遇水可能发生爆炸，反应性随 M 的电离能的减小而降低，即 Li > Na > K > Rb > Cs。在一定条件下，碱金属石墨化合物遇水或醇反应只生成 H_2、MOH 及石墨，而不似 M_2C_2 那样，生成乙炔。

$$2C_6K + 2H_2O = H_2 + 2KOH + 12C$$

还发现了 C_8K 的一个重要反应是在室温下，以四氢呋喃作为溶剂，C_8K 与过渡金属的盐平稳地反应，得到相应的过渡金属的层状化合物：

$$nC_8K + MX_n \xrightarrow{THF} C_{8n}M + nKX$$

MX_n 可以是 $MnCl_2 \cdot 4H_2O$、$FeCl_3$，$CoCl_2 \cdot 6H_2O$、$CuCl_2 \cdot 2H_2O$ 及 $ZnCl_2$ 等。

由高温直接氟化反应得到的氟化石墨及由 $HClO_4$ 等强氧化剂在 100 ℃以下的低温合成

的氧化石墨(含 O 及 OH),基质-嵌入物间形成共价键,称为共价型石墨层间化合物。

共价型石墨层间化合物中的石墨层平面发生了变形。如氟化石墨,其碳原子层是褶皱的,褶皱面内各碳原子以 sp^3杂化轨道与其他 3 个碳原子及 1 个氟原子成键,C—C 键键长同一般的 C—C 单键,层间距为 730 pm,比未插入层增大一倍还多。

石墨层间化合物的性质因嵌入物及插入层数的不同而不同,因而其功能及应用是多方面的,主要用作电极材料、轻型高导电材料、贮氢及同位素分离材料、新型催化剂、防水防油剂和石墨复合磁粉等。

6.2.3 碳纤维

碳纤维是由有机纤维经炭化及石墨化处理而得到的微晶石墨材料,属乱层石墨结构。

碳纤维具有模量高、强度大、密度小、耐高温、抗疲劳、抗腐蚀、自润滑等优异性能,在航天、航空、航海等高技术产业到汽车、建筑、轻工等民用工业的各个领域正逐渐得到越来越广泛的应用。

将碳纤维进行活化处理得到的活性炭纤维,具有很大的比表面积,高达 2500 $m^2 \cdot g^{-1}$,被称为第 3 代活性炭,作为新型吸附剂具有重要的应用前景。

在医学上,碳纤维增强型塑料是一种理想的人工心肺管道材料,也可作人工关节、假肢、假牙等。

6.2.4 富勒烯

尽管金属和非金属簇合物的发现都有数十年历史,但 1986 年发现足球状 C_{60}簇的报道仍使科学界兴奋不已。这种状况无疑与碳是一种普通元素的事实有关,人们本不指望这种普通元素还存在发现新结构的可能性。

两个碳电极在惰性气氛中电弧放电时形成的大量烟炱中混杂着一定量的 C_{60}和含量相对少得多的 C_{70}、C_{76}、C_{84}等其他碳原子簇化合物。这些碳原子簇化合物能溶于烃类溶剂并能从氧化铝柱上进行色谱分离。

可以借助图 6.1 所示的正二十面体去理解 C_{60}的结构,正二十面体(双顶五方反棱柱体)有 12 个顶点和 20 个面,每个面都是正三角形,每一个顶点都和另五个顶点相连产生 12 个五面角。如果将十二个顶点都削去,削口处产生 12 个正五边形,原来的每一个正三角形都变成了正六边形。C_{60}的结构就是这种削角正二十面体,共有 12 个五边形和 20 个六边形。每个五边形均被 5 个六边形包围,而每个六边形则邻接着 3 个五边形和 3 个六边形。形成一个直径为 0.7 nm 的接近球面体的三十二面体结构,像一个足球(图 6.22),球体大小为 1.87×10^{-22} cm^3,外径 1.34 nm。每个碳原子以 $s^{0.915}p^{2.085}$(也有人认为是 $sp^{2.28}$,介于 sp^2与 sp^3之间)杂化方式与相邻的碳原子彼此 σ 成键,每个 C 原子和周围 3 个 C 原子形成的 3 条 σ 键键角总和为 348°,∠CCC 键角平均为

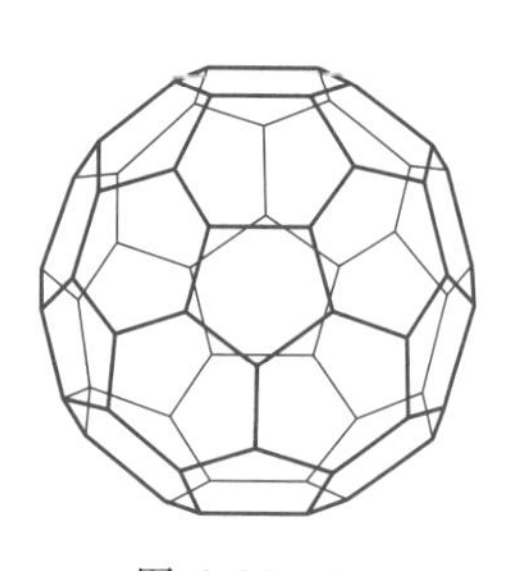

图 6.22 C_{60}

116°。相邻两个六元环的 C—C 键长为 138.8 pm(比 C—C 单键键长短,有烯键的性质),五元环与六元环共用的 C—C 键长为 143.2 pm。每个碳原子上剩余的 $s^{0.085}p^{0.915}$(或 $p^{0.72}$)在 C_{60}球壳的外围和内腔形成球面大 π 键。

C_{60}的晶体属分子晶体,晶体结构因晶体获得的方式不同而异,但均系最紧密堆积所成。用超真空升华法制得的 C_{60}单晶为面心立方结构。

C_{60}分子,表现出许多奇特的功能,如分子特别稳定,可以抗辐射、抗化学腐蚀等。人们在 C_{60}的大量合成方法建立之后的两年内发现了它的数十个反应,其中许多与烯烃的金属有机化学相类似。C_{60}可以像乙烯配体那样在富电子铂配合物中以两个碳原子与金属键合,如图 6.23 所示。OsO_4与 C_{60}中 C_2单元的结合也显示这种模型(图 6.24)。

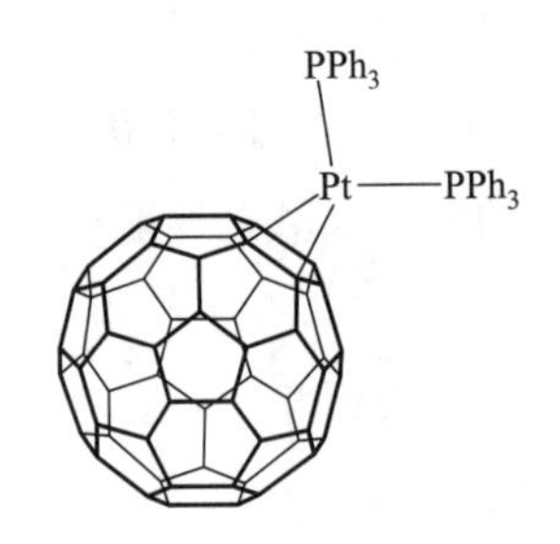

图 6.23　$[Pt(PPh_3)_2(C_{60})]$

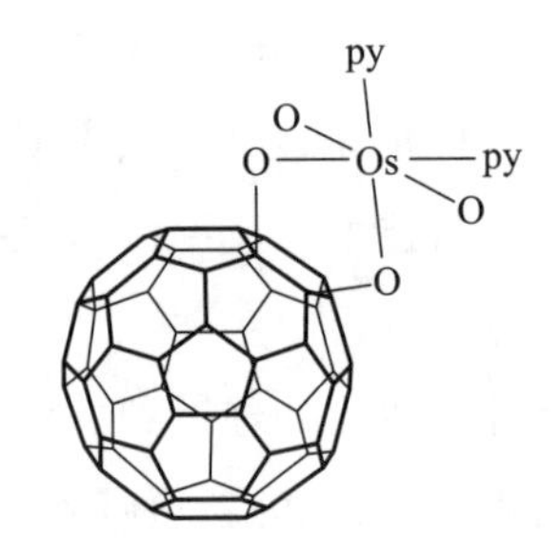

图 6.24　$[Os(O)_2(py)_2(OC_{60}O)]$

掺钾的 K_3C_{60}的固体化合物的结构涉及 C_{60}簇的 fcc 排列,K^+占据一个八面体孔穴和两个四面体孔穴,见图 6.25 所示。该化合物在 18 K 以下为超导体。

由于 C_{60}是一个内径为 0.7 nm 的空心球,其内腔可以容纳直径为 0.5 nm 的原子,如 K、Na、Cs、La、Ca、Ba、Sr 和 O 等,生成富勒烯包合物。

C_{60}分子具有良好的线性光学和非线性光学性能。C_{70}能把普通光转化成强偏振光,因此 C_{70}有可能作为三维光学计算机开关而用于光纤通信。

某些水溶性 C_{60}衍生物具有生物活性。据报道,二氨基二酸二苯基 C_{60}具有抑制人类免疫缺陷病毒蛋白酶 HIVP 的功效,因此有可能从富勒烯衍生物中开发出一种治疗艾滋病的新药。

还有报道,一种水溶性 C_{60}脂质体包结物,与体外培养的人子宫颈癌细胞融合后以卤素灯照射,对癌细胞有很强的杀伤能力。

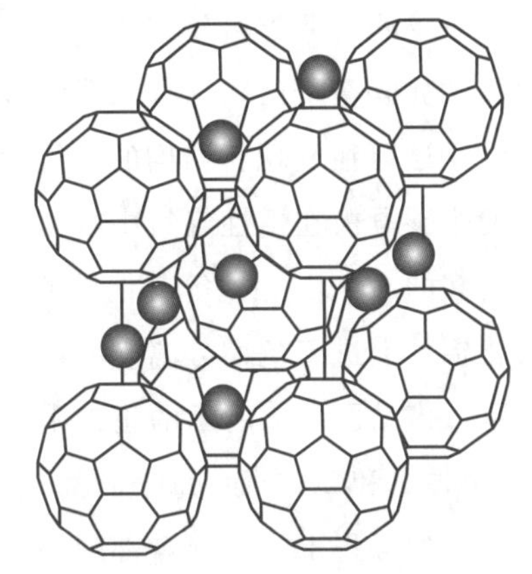

图 6.25　K_3C_{60}的 fcc 排列
(这里只给出整个单元晶胞的一个碎片)

此外,C_{60}能承受 20 GPa 的静压,可用于承受巨大压力的火箭助推器;C_{60}的球形结构,可望成为超级润滑剂;根据 C_{60}的磁性和光学性质,C_{60}有可能作光电子计算机信息存储的元器件材料。

1996 年,Curl、Kroto 和 Smalley 因在 C_{60}研究中的贡献而获得诺贝尔化学奖。

除了 C_{60}以外,具有这种封闭笼状结构的还有 C_{28}、C_{32}、C_{70}、C_{76}、C_{78}、C_{84}、C_{120}、C_{180}、C_{240}等。

6.2.5 线型碳

线型碳是碳原子以 sp 杂化轨道彼此键联而成的线型碳分子，是单质碳的另一种新型同素异形体。线型碳有两种不同的键联结构，一种含有共轭三键$\text{+C}\equiv\text{C—C}\text{+}_n$，另一种含有累积双键$\text{+C}=\text{C}\text{+}_n$，前者称为 α-线型碳，后者称为 β-线型碳。

在 2600 K 和低于 6×10^9 Pa 的压力下，石墨变得不稳定。如果单键断裂，并转移 1 个电子到邻近的双键上，同时诱发另一个单键断裂，在双键处形成三键，重复此过程就可得到α-线型碳；如果单键断裂转移 1 个电子至邻近的单键上，在该单键形成了双键，则形成 β-线型碳（图 6.26）。

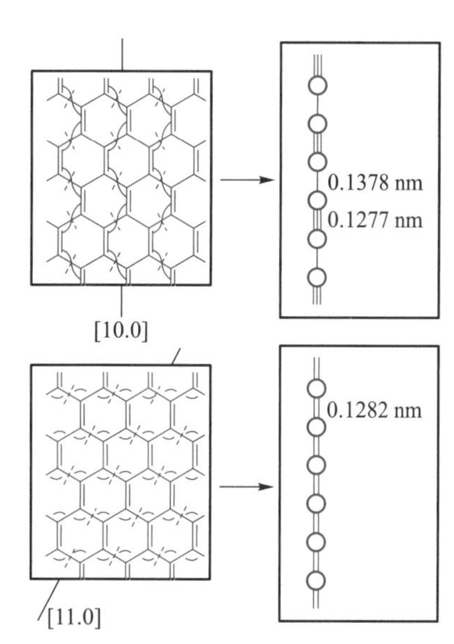

图 6.26 由石墨转化为线型碳

据报道，天然的线型碳为六方晶系，有 7 种晶格。合成的线型碳多为黑色的无定形态，不溶于任何已知的有机及无机溶剂。结晶线型碳的硬度比石墨的大。

在紫外光照射下线型碳与 Cl_2反应，每 41 个碳原子吸收 1 个 Cl 原子；用 N_2O_4氧化线型碳，在碳链上出现了羰基及硝基，且每 15 个碳原子吸收 1 个硝基。这些迹象都表明了线型碳的化学惰性。

线型碳的化学惰性及结构特征使其有可能成为优于碳纤维的超强纤维。线型碳对生物体的亲和性优于高分子材料，有可能成为性能优异的生物医学材料。

在线型碳的链端引入金属离子或有机基团，可以改善其溶解性。而且，因链端原子的活性还可衍生出一类新物质。

6.2.6 纳米碳管

纳米碳管即管状的纳米级石墨晶体，是单层或多层石墨片围绕中心轴，按一定的螺旋角卷曲形成的无缝纳米级管，管端基本上都封口。每层纳米管是一个由碳原子通过 sp^2杂化与周围 3 个碳原子完全键合后所构成的六边形平面组成的圆柱面。其平面六角晶胞边长为 246 pm，最短的 C—C 键长 142 pm。

根据制备方法和条件的不同，纳米碳管存在多壁纳米碳管和单壁纳米碳管两种型式。多壁纳米碳管的层间接近 ABAB…堆垛，其层数从 2～50 不等，层间距大致与石墨的层间距（0.34 nm）相当。单壁纳米碳管典型的直径大致为 0.75 nm。纳米碳管的长度从几十纳米到 1 μm 不等（图 6.27）。无论是多壁纳米碳管还是单壁纳米碳管都具有很高的长径比，一般为 100～1000，最高可达 1000～10000，完全可以认为是一维分子。

纳米碳管有许多特异的物理性能。如纳米碳管的抗张强度比钢的高 100 倍，但质量只有钢的六分之一。

如将纳米碳管在空气中加热,其管端封口会因氧化而破坏,从而形成开口的管子。碳纳米管壁也能被某些化学反应所“溶解”,因此,它们可以作为易于处理的模具。将金属熔体用电子束蒸发后凝聚于开口的纳米碳管上,由于虹吸作用,熔体便进入中空的纳米管芯部,然后把碳层腐蚀掉,即可得到纳米尺度的金属丝或金属棒。研究人员还发现碳纳米管本身就具有比普通石墨材料更好的导电性,因此碳纳米管不仅可用于制造纳米导线的模具,而且还能够用来制造导线本身。

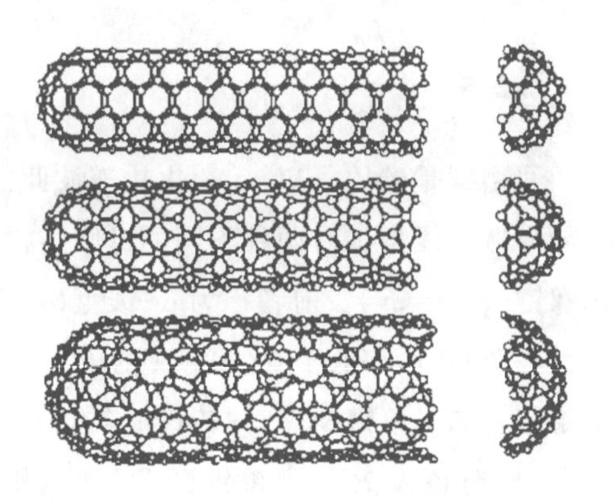

图 6.27　纳米碳管

纳米碳管作为高强度碳纤维、复合材料、纳米电子器件、催化剂的载体,以及在膜工业上的应用研究正处于探索之中。

6.3　p 区元素的二元化合物

由两种元素组成的化合物称为二元化合物,根据组成元素电负性的大小,p 区元素可能生成具有不同类型化学键和结构的二元化合物。若两元素的电负性都很大(大于 2),则形成典型的共价键;反之,其化学键近于金属键。如果二者电负性差较大(一般大于 1.7),则可认为该二元化合物为离子型化合物。

如果以($\chi_M-\chi_E$)为横坐标,以($\chi_M+\chi_E$)为纵坐标可以作出图 6.28。在图中,共价型化合物大体上处于图的上方,离子型化合物大致在图的右下方,金属型化合物在图的左下方。卤化物有离子型和共价型两种,过渡金属的磷化物、硅化物和硼化物则和金属互化物类似,主要是金属型的。

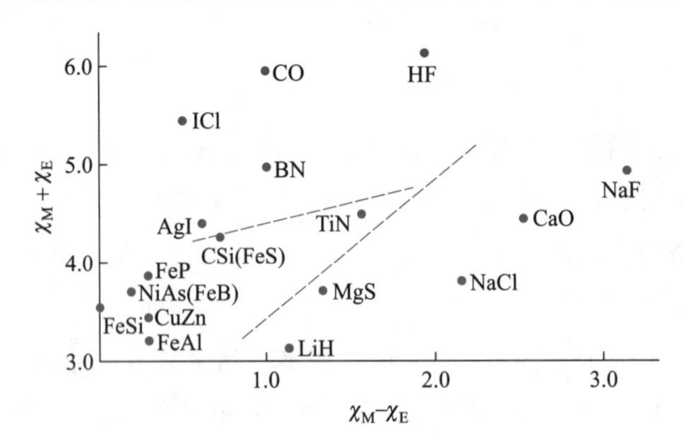

图 6.28　ME 型二元化合物键的类型

6.3.1　低价氧化物和非整比氧化物

氧气是一种极活泼的气体,在室温或较高温度下,它可剧烈地直接氧化多种元素。在适当的条件下,许多无机物及所有的有机物均可直接与氧作用。因此,绝大多数元素都有氧化物而且不少元素能生成多种形式的氧化物。在 5.6 节中对碱金属、碱土金属的普通氧化物、过氧化物、超氧化物、臭氧化物、倍半氧化物都作过介绍，下面仅介绍低价态氧化物，同时引入非整比氧化物的概念。

1. 低价态氧化物

除了以上+1 氧化态的碱金属氧化物(M_2O、M_2O_2、MO_2、MO_3)外，Rb 及 Cs 还会生成一些氧化数小于+1 的低价态的氧化物(又称为富金属氧化物)。如 Rb_6O 和 Rb_9O_2、Cs_4O 和 Cs_7O 等。在低温下，Rb 不完全氧化得到 Rb_6O，在 265.85 K 以上 Rb_6O 分解为颜色类似于铜的金属晶体 Rb_9O_2：

$$2Rb_6O \xrightarrow{265.85\ K} Rb_9O_2 + 3Rb$$

X 射线单晶分析表明，Rb_9O_2的结构是两个共面的 Rb_6O 八面体(见图 6.29)。每个八面体中有三个 Rb 原子分属于两侧的 O 原子，所以每个氧原子平均结合 3+3×1/2=4.5 个 Rb 原子，组成为 Rb_9O_2。各个 Rb_9O_2基团再通过 Rb 原子连接起来组成晶体，Rb_9O_2-Rb_9O_2基团间 Rb—Rb 最近距离为 511 pm。

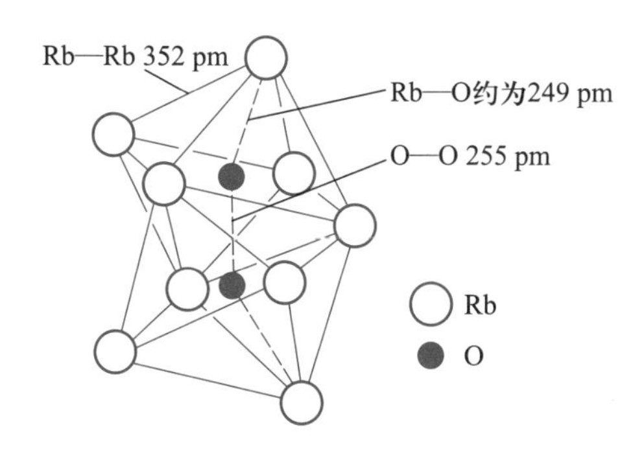

图 6.29 Rb_9O_2 中的两个共面的 Rb_6O 八面体

在 Rb_9O_2的结构单元中，Rb—Rb 的距离仅为 352 pm(而在金属 Rb 中 Rb—Rb 的距离为 485 pm)，Rb—O 的距离约为 249 pm，比通常的 Rb、O 离子半径之和(289 pm)小了 40 pm。Rb_9O_2之所以具有类似金属铜的颜色和金属性是源于晶体中还有五个过剩的电子。

Rb_9O_2遇 H_2O 燃烧，在 313.35 K 熔化并分解为 Rb_2O 和 Rb。

Cs 形成一个范围更广泛的低氧化物系列：Cs_7O，青铜色，熔点为 277.45 K；Cs_4O，红紫色，温度高于 283.65 K 时分解；$Cs_{11}O_3$，紫色晶体，熔点为 325.65 K；Cs_3O 是暗绿色具有金属光泽的物质。

这类低氧化物中的金属原子间的化学键为“金属-金属”键。

2. 非整比氧化物

在以分子形式存在的化合物中，分子内各元素的原子的个数互成简单整数比并且不会改变，在某些不具有分子结构的固态化合物中，各元素原子的个数有可能不是互成简单整数比，并且在晶体结构基本不变的条件下，组成可以在一定范围内变动，这就是非整比化合物。

除氧化物之外，硫化物、碳化物、氮化物等都有这种非整比的现象。

例如，MoO_3是由“MoO_6”八面体通过共用顶点连接起来的三维骨架式晶格（参见后文中图 8.15），Mo 周围有六个 O，而每个 O 又都被两个 Mo 所共用，所以其组成符合 MoO_3化学式。如果这种结构发生切变，则有一部分八面体的棱也被共用。被共用的棱上有一部分 O 原子同时为三个八面体所共用，这样一来每个八面体内的 Mo 能够分配到的 O 原子数将不是三个，化合物的组成将变为 Mo_nO_{3n-1}和 Mo_nO_{3n-2}。W 的氧化物也有这类情况。这些化合物的例子有 Mo_5O_{14}、Mo_8O_{23}、Mo_9O_{26}、$Mo_{18}O_{53}$和 $W_{20}O_{58}$、$W_{25}O_{74}$、$W_{50}O_{148}$等。

再如，常温时 ZnO 为白色固体，受热则变黄并同时失去一部分氧。到 1073 K 时，其组成变为 $Zn_{1.00007}O$。常温时为棕色的 CdO，在受热时颜色渐变直到近于黑色，同时也失去部分氧使晶格中的阴离子减少从而出现阴离子空位，且伴有部分阳离子转化为原子，在 923 K 时其组成可表示为 $CdO_{0.9995}$。

氧化亚铁在 848 K 以上时可以稳定存在。在不同温度下其组成可以从 $Fe_{0.95}O$ 变到 $Fe_{0.84}O$。

所谓“一氧化钛”的组成实际可以从 $TiO_{0.64}$变到 $TiO_{1.65}$。“一氧化钒”的组成实际可以从 $VO_{0.80}$变到 $VO_{1.30}$。在上述组成范围内的这些晶体的结构都是 NaCl 型，只是阴离子或阳离子分别出现空位。正是这些空位的出现才使得阴、阳离子的比例不符合整比性。

室温下的 NaCl 在每 10^{15}个晶格中才有一个空位；但在 773 K 时，每 10^6个晶格中就可能有一个空位。温度升高有利于产生非整比化合物。

显然，晶格中出现空位置对晶格能不利。在典型的离子化合物中，如果阴、阳离子的氧化态不易改变，则组成偏离理想的化学式就会使化合物的吉布斯自由能迅速升高，因此这些化合物不易出现非整比现象。各副族金属元素易改变其氧化态，它们的氧化物、硫化物、氮化物、碳化物等都常有非整比化合物，在金属互化物中这种情况更常见。

6.3.2 聚阳离子

p 区元素的链状、环状和簇状聚阳离子化合物中大多含有硫、硒或碲。由于这些阳离子是氧化剂和 Lewis 酸，其制备条件与合成高还原性的聚阴离子全然不同。如 S_8在液态 SO_2中被 AsF_5氧化得 S_8^{2+}：

$$S_8 + 3AsF_5 \xrightarrow{SO_2} [S_8][AsF_6]_2 + AsF_3$$

在强酸（如氟磺酸）介质中用强氧化性的过氧化物 FO_2SOOSO_2F（即 $S_2O_6F_2$）作氧化剂可将 Se 氧化至 Se_4^{2+}：

$$4Se + S_2O_6F_2 \xrightarrow{HSO_3F} [Se_4][SO_3F]_2$$

聚阳离子 Se_4^{2+}和 S_8^{2+}的结构如图 6.30 所示。Se_4^{2+}为平面正方形结构，该正方形阳离子的分子轨道模型具有闭壳层构型，离域的 π 成键 a_{1g}轨道与非键 e_g轨道是满轨道，较高能级的非键轨道则空着。相反，大多数的环体系可用定域的 2c−2e 键解释。从大环中除去 2 个电子时形成一个附加的 2c-2e 键,从而维持每个元素原子上的局部电子计数不变。这一点不难从 S_8氧化成 S_8^{2+}得到证实,单晶 X 射线晶体结构表明 S_8^{2+}中的跨环键(图中的虚线)长于其他键。长跨环键在这类化合物中十分常见。

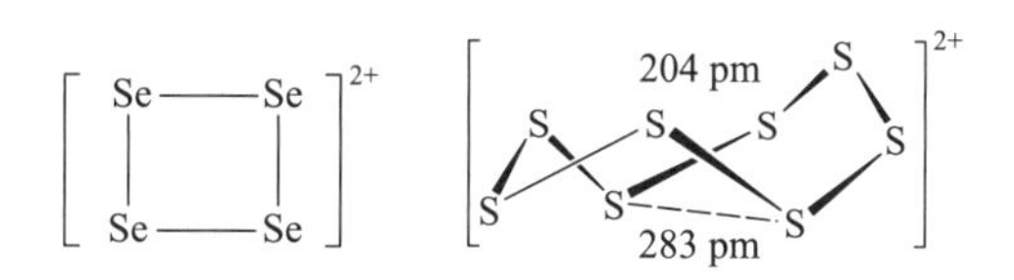

图 6.30 聚阳离子 Se_4^{2+} 和 S_8^{2+} 的结构

6.3.3 碳化物和氮化物

碳和氮与一些电负性比它们小的元素形成碳化物和氮化物。这些二元化合物中有一些是熔点高、硬度大、高温下强度好和耐化学腐蚀的物质,它们已成为当今新型材料中的重要组成部分,大有取代部分金属材料的趋势。

这些化合物按结构可分为三大类:

1. 似盐的碳化物和氮化物

氮的电负性虽然比较大,但是 N_2却不易形成 N^{3-},因为此过程需要很大的能量。据计算,仅由气态 N 原子变成气态 N^{3-}就要消耗 2148 $kJ \cdot mol^{-1}$的能量,此外再加上氮的原子化焓,所需能量就更高,这在一般化学反应中难以得到充分的补偿,因此氮不易形成典型的离子型氮化物。碳的电负性较小,也不易生成 C^{4-}或典型的离子型碳化物。所以,即使是活泼金属的碳(氮)化物也只能称为“似盐的碳(氮)化物”。

(1) 似盐的碳化物

电负性低的金属或它们的氧化物与碳一起强热便可得到似盐的碳化物。似盐的碳化物又可进一步分为两类:

第一类是乙炔化物。除第 5 章已经介绍过的碱金属和碱土金属的乙炔化物之外,货币金属、Zn 和 Cd 及一些镧系元素也能生成乙炔化物。其中,镧系金属的乙炔化物(LnC_2)是有金属光泽和金属导电性的黄色物质。其晶体结构与 CaC_2相似。但 LnC_2中 C_2^{2-}中的键长都大于 120 pm(CaC_2中 C_2^{2-}键长为 120 pm,等于乙炔分子内 C≡C 键的键长),如在 LaC_2中的碳-碳键的键长是 130.3 pm,这说明此种碳-碳键不是正规的 C≡C 键。

第二类是甲烷化合物,如 Al_4C_3。Al_4C_3是浅黄色晶体,其中最短的碳原子间距离也有 316 pm,这比 C—C 单键还要长些,故可认为在 Al_4C_3中的碳原子间没有成键。Al_4C_3与 H_2O的反应为

$$Al_4C_3(s) + 12H_2O(l) \longrightarrow 4Al(OH)_3(s) + 3CH_4(g)$$

(2) 似盐的氮化物

ⅠA、ⅡA 族元素的氮化物属于似盐的氮化物,可以在高温时由金属与 N_2或 NH_3直接反应得到,也可用加热氨基化物的方法来制备:

$$3Mg + N_2 \xrightarrow{1053\ K} Mg_3N_2$$

$$3Mg + 2NH_3 \xrightarrow{973\ K} Mg_3N_2 + 3H_2$$

$$3Ba(NH_2)_2 \longrightarrow Ba_3N_2 + 4NH_3$$

这类氮化物大多是固体，化学活性大，遇水即分解为氨与相应的碱：

$$Li_3N + 3H_2O \longrightarrow 3LiOH + NH_3$$

Li_3N 是红色晶体，在高温时有离子导电性。其晶体结构如图 6.31 所示。在 Li_3N 晶体中，2/3 的 Li 结合成由平面六角形构成的层，N 原子位于各六角形的中心，Li—N 距离是 211 pm，此平面层的组成是 $[Li_2N]$；另外 1/3 的 Li 在层外，与 N 的距离是 194 pm。所以 Li_3N 应该表示为 $Li[Li_2N]$。

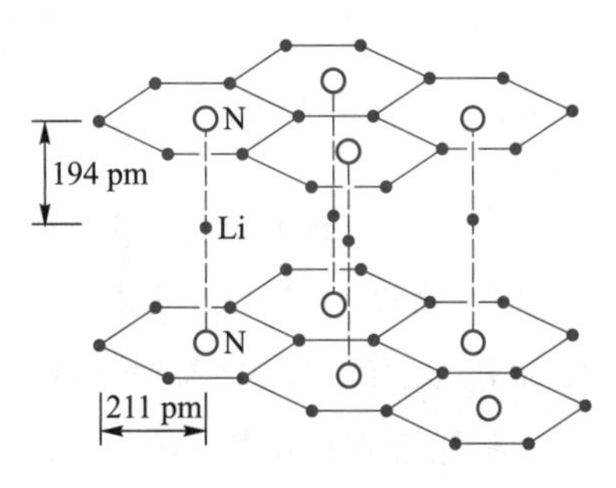

图 6.31　Li_3N 的晶体结构

Na_3N 也是红色固体。将 NaN_3 加热到 150 ℃以上分解制得 Na_3N。Na_3N 易水解，还可以在氧中燃烧。

2. 金属型碳化物和氮化物

ⅣB、ⅤB、ⅥB、ⅦB、第Ⅷ族的 d 区过渡元素的碳化物均为金属型化合物，碳原子嵌在金属原子密堆积晶格中的多面体孔穴内。即金属原子的排列方式与原来的单质基本上相同，只在部分原子间的空隙内溶入了碳原子。所以，这种碳化物也叫做“间隙化合物”。根据 4.2.2 节已经介绍过的观点，只有 r_C/r_M 值小于 0.59 才能够生成典型的间隙化合物。所以，当金属的原子半径大于 130 pm 时，C 原子就能进入多面体孔穴中。

在金属型碳化物中，不仅金属原子与碳原子间有化学键，金属原子间也有化学键。例如，在 TiC 中，Ti 的 d 轨道可以相互重叠使晶体有金属导电性。此外，Ti—C 间还有一定程度的共价成键作用，Ti 的 d_{z^2} 轨道与 C 的 $2p_z$ 形成 σ 键，同时 Ti 的轨道 d_{xy} 与 C 的 $2p_y$ 形成 π 键，以此类推。这些共价性的键决定了 TiC 有硬而脆的性质。

金属型碳化物按组成又可分为 MC（TiC、ZrC、HfC 等），M_2C（Mo_2C、W_2C）及 M_3C（Mo_3C、Fe_3C）三类。它们的导电性好、熔点高（有的熔点甚至超过原来的金属的熔点，如 TiC、TaC、HfC 的熔点均在 3400 K 以上）、硬度大、热膨胀系数小、导热性好，可作高温材料，已用作火箭的芯板和喷嘴材料。用 20% 的 HfC 和 80% 的 TaC 制得的合金是已知物质中熔点最高的。MC 及 M_2C 型碳化物除了难熔以外，还抗腐蚀。但 M_3C 对热和化学作用都不稳定，能为稀酸分解放出烃，如 Fe_3C 与盐酸作用生成 $FeCl_2$、甲烷、丙烷、氢气等。

过渡金属氮化物的性质与碳化物相似，如 TiN、ZrN、Mn_5N_2、W_2N_3 等均属于“间隙化合物”，氮原子填充在金属结构的间隙中。这类氮化物化学性质稳定，一般不易与水、酸起反应，不被空气中的氧所氧化，具有金属的外形，热稳定性高，能导电并具有高熔点（见表 6.3）和高硬度（为 9~10）。由于它们具有这些特性，因此适合用作高强度的材料。

表 6.3 一些过渡金属及其氮化物的熔点

金 属	Ti	Zr	Hf	V	Nb	Ta
熔点/K	1941	2128	2493	2173	2743	3288
氮化物	TiN	ZrN	HfN	VN	NbN	TaN
熔点/K	3493	3223	3255	2323	2846	3363

有些过渡金属如 Cr、Mn、Fe、Co、Ni 的半径小于 130 pm，C 原子进入这些金属晶格时，使晶体发生了变形，所生成的碳化物的性质介于似盐的碳化物和金属型碳化物之间。它们能被水和酸所水解，生成烃类和氢气的混合物。

3. 共价型碳化物和氮化物

共价型碳化物和氮化物数目繁多，此处仅介绍具有三维原子晶体的化合物。

(1) 碳化硅

纯的碳化硅(SiC)为无色晶体，又名金刚砂。在它的晶体中每个硅原子以四条共价键连接四个碳原子，每个碳原子又以四条共价键连接四个硅原子。由于原子层的堆积次序的细节不同而有许多同质多晶体，因此，尽管 SiC 化学式很简单，但它却存在着以六方 α-SiC 型(ZnS 纤维锌矿型)或立方 β-SiC 型(金刚石或闪锌矿型)为基础的至少 70 种变异晶型。此外也有无定形的碳化硅。

工业上采用稍过量的焦炭或无烟煤，在 2273～2773 K 的电炉中还原高品位的石英砂而制得 α-SiC，为呈黑墨绿的或红紫色的晶体。

$$SiO_2 + 2C \longrightarrow Si + 2CO$$

$$Si + C \longrightarrow SiC$$

制备 β-SiC 则需要更高的温度和真空条件。

碳化硅不溶于常见的各种酸，具有化学惰性。在红热的温度条件下，碳化硅可以被熔融的碱分解，生成硅酸盐及 CO_2。反应为

$$SiC + Na_2CO_3 + 2O_2 \longrightarrow Na_2SiO_3 + 2CO_2$$

在 1623～2173 K 的环境中，SiC 仍具有钢一样的强度。用金属制造的涡轮机或发动机，能够承受的最高温度为 1273 K，还需要用水冷却，燃料的有效利用率只有 28%～38%；而用 SiC 或 Si_3N_4 陶瓷制成的发动机等部件，则可承受 1600 K 以上的高温而无须冷却，可节省 30%的燃料且能将热效率提高到 50%。将它们同纤维、树脂或金属一起制成复合材料，可以用在飞机、汽车、船舰、空间飞行器和导弹等方面。使用碳化硅晶须(一种几乎没有晶体缺陷的细长单晶体)增强的细粒 Al_2O_3 复合材料可以用来作为刀具，其切削速度可达到 10 $m \cdot s^{-1}$。碳化硅作研磨剂(如作砂轮)，几乎占了它总消耗量的 1/3。因此，可以说，碳化硅是一类大有发展前途的非氧化物系无机材料。

此外，碳化硅还可以用来作加热元件、压敏电阻等。

（2）氮化硼

氮化硼与石墨、金刚石等是等电子的，因此在结构上相近。氮化硼有 α-BN（六方，见图 6.32）、β-BN（立方，即立方 ZnS 型）、γ-BN（六方，畸变的纤锌矿即六方 ZnS 型）三种变体。

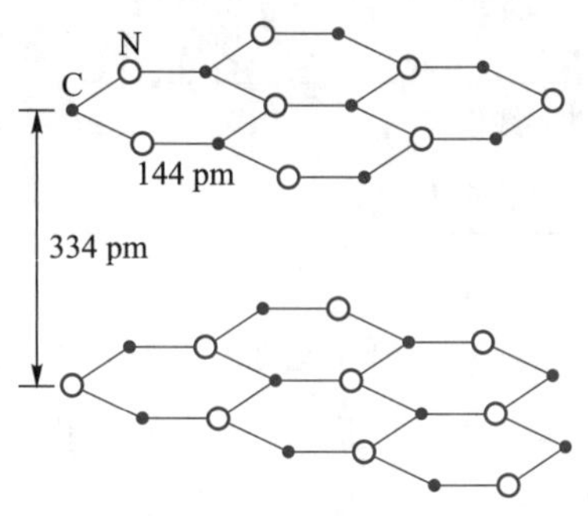

图 6.32　α-BN 的晶体结构

α-BN 的结构类似于石墨。由 B 和 N 原子交替连接成六角网的平面层。上层的 B 原子正好位于下层的 N 原子的上方，上层的 N 原子则位于下层 B 原子的上方。α-BN 的层间结合力较弱，莫式硬度 2 级，比石墨稍硬，为绝缘体。由于它是白色物质，故有白石墨之称，被广泛用作润滑剂等。在 N_2中测得其熔点为 3173 K。

工业上制造 BN 的方法之一是用硼砂（$Na_2B_4O_7$）和尿素在 1073～1273 K 时反应，得到 α-BN 及其他元素的氧化物。

$$n\mathrm{Na_2B_4O_7} + 2n\mathrm{CO(NH_2)_2} \longrightarrow 4(\mathrm{BN})_n + n\mathrm{Na_2O} + 4n\mathrm{H_2O} + 2n\mathrm{CO_2}$$

在一定条件下（1473～3273 K，4～9 GPa，Fe、Co、Ni 等作催化剂），α-BN 可转变为β-BN。这与石墨在高温、高压时转化为金刚石的过程相似。β-BN 结构类似于金刚石，其硬度稍次于金刚石，耐火度约达 2000 ℃，可用作研磨材料。用它研磨高速钢等材料时虽然温度相当高，但也不会和铁系金属反应，在这方面它比金刚石优越。

纯 BN 晶体不易水解，非晶态的 BN 粉在沸水中完全水解。工业纯 BN 晶体与稀盐酸反应。BN 在碱溶液中稳定，但与 Na_2CO_3共熔时完全分解。

（3）氮化硅

将石英粉在电炉中氮化得到一种灰色固体氮化硅（Si_3N_4），也可通过硅粉与氨在 1673 K 下反应而制得：

$$3\mathrm{Si} + 4\mathrm{NH_3} \longrightarrow \mathrm{Si_3N_4} + 6\mathrm{H_2}$$

Si_3N_4属于原子晶体，在每个 Si 原子周围有 4 个 N 原子，每个 N 原子周围有 3 个 Si 原子。其化学稳定性与它的纯度、粒度等有关，因之与制备方法也有关系。Si_3N_4与 HCl、H_2SO_4或浓、稀 HNO_3均不发生反应。在 1773 K 以上与金属氧化物反应时生成金属硅化物。与过渡金属反应时可生成硅化物或硅化物与氮化物。但与锰反应则生成 $MnSiN_2$。

Si_3N_4的密度小、硬度大、强度高，是很有发展前途的材料。特别是最近几年来 Si_3N_4作为陶瓷材料引起了人们的很大兴趣，这种材料具有非常令人满意的性质，如高强度、耐磨损、分解温度高、抗氧化、极好的热冲击（急冷急热）性、耐腐蚀性、低的摩擦系数等。此外，它与Al_2O_3的固溶体含有 Si、Al、O、N 四元素，被称为 Sialon（赛隆），也是一种很有发展前途的材料。

6.3.4　磷化物、硅化物和硼化物

P、Si 和 B 与电负性小的元素（通常是金属元素）形成的二元化合物叫磷化物、硅化物和

硼化物。

在这些化合物中，除了金属原子与非金属原子之间的化学键之外，金属原子与金属原子或非金属原子与非金属原子之间的相互作用也常常是重要的。化合物中的两元素的原子个数之比可以有多种变化，且与元素的常见的氧化数不相符合。如 Y 的硼化物有 YB_2、YB_4、YB_{12}和 YB_{66}等多种。

1. 结构

（1）磷化物

Na_3P 中的全部 P 原子与 1/3 的 Na 原子交替地连接组成六角网的平面层，另外 2/3 的 Na 原子位于该层的上方和下方，从而把各个层联系起来。P 原子与 11 个 Na 原子配位，这种高配位数是金属晶体的特征。在该化合物中最短的 Na 与 Na 之间的距离是 293 pm，稍长的距离是 330 pm，都小于单质中 Na 与 Na 之间的距离（371.6 pm），这说明在 Na 原子间存在有化学键。

在 Mg_3P_2中最短的 Mg 与 Mg 之间的距离是 320 pm，与金属单质 Mg 中的距离相当，Mg 原子间存在相当于金属单质原子之间的相互作用。

BP、AlP、GaP、InP 等ⅢA～ⅤA 族化合物具有立方 ZnS 型晶体结构。过渡金属的 MP 型化合物的晶体结构常和对应的 MN 化合物不同。

FeP_2、NiP_2、PtP_2等都含有 P_2基团，其晶体结构是黄铁矿型或白铁矿型。

在 PdP_2、BaP_2晶体中，P 原子连接成链，金属原子穿插在各链之间。

在 CdP_4晶体中，P 原子连接成层，Cd 原子在层间。

由此可见，在 M_xP_y化合物中，y/x 值小则金属原子易自相结合；反之，则 P 原子易自相结合。

（2）硅化物

在 NaSi、KSi 晶体中，Si 原子自相结合成 Si_4四面体单元，然后与 Na 或 K 原子组成晶体。

在 CaSi、SrSi、BaSi、USi 晶体中，Si 原子自相连接成链。在单体硅中，Si 与 Si 之间的距离是 235 pm，在 CaSi 晶体中 Si 与 Si 之间的距离是 247 pm，在 USi 晶体中 Si 与 Si 之间的距离是 236 pm，这些数值都很接近。Zr、Hf、Re、Rh 等的 MSi 有 NiAs 型晶体的结构。

在 $CaSi_2$晶体中，Si 原子自相连接成由褶皱的六角形组成的层，再由 Ca 原子把这些层联系成晶体；层内的 Si 与 Si 之间的最短距离是 248 pm。β-USi_2晶体含有由 Si 原子组成的六角网平面层。α-USi_2和 $SrSi_2$晶体里的 Si 原子自相结合成三维骨架。

Ti、Cr、Mo 等的硅化物的晶体中都含有由金属原子和 Si 原子共同组成的“MSi_2”层（图 6.33）。由于金属原子半径与 Si 原子半径有差别，这种层只近似于紧密堆积。许多这样的层可以按不同的非紧密堆积方式堆积成结构不同的晶体。

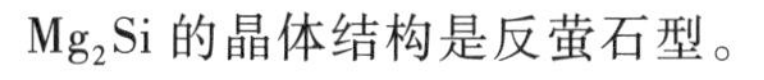

图 6.33　“MSi_2”层

Mg_2Si 的晶体结构是反萤石型。

（3）硼化物

在 M_xB_y硼化物中，y/x 值有 1/4、1/3、1/2、2/3、1、4/3、2、4、6 等多种情况。比值越大，B 原子自相结合的程度就越大，晶体结构也越复杂。

在 B 单质中,最短的 B 与 B 之间的距离是 173 pm。在 Fe_2B 中,最短的 B 与 B 之间的距离是 212 pm,故可认为其中的 B 原子间没有明显的化学键。M_3B(M = Co、Ni)和 M_2B(M = Ti、Cr、Mn、Co、Ni、Ta、Mo、W)的情况与 Fe_2B 类似。但在 FeB 晶体中,B 与 B 之间的最短距离是 177 pm,故可认为 B 原子间有化学键,实际上是 B 原子连成链状,与此类似的还有 MB(M = Ti、V、Mn、Co、Hf、Ta、W)。

AlB_2的晶体结构如图 6.34 所示。B 原子组成六角网平面层位于 Al 原子组成的层之间。最短的 B 与 B 之间的距离是 173 pm。每个 B 原子除了与本层内的三个 B 原子相邻之外,还和上方及下方的三个 Al 原子相邻,这六个 Al 原子构成三棱柱体,其中心是一个 B 原子。

CaB_6的晶体结构如图 6.35 所示。Ca 原子位于立方晶胞的八个顶点上,六个 B 原子组成"B_6"八面体位于立方晶胞的面心处。这个"B_6"基团又以共价键和其他六个相邻晶胞中的"B_6"基团连接成三维骨架。如果把"B_6"合成一个整体,则八个"B_6"构成一个以 Ca 原子为体心的立方体,这和 CsCl 型晶体结构相似。在"B_6"中的 B 与 B 之间的距离是 170 pm,Ca 与 B 之间的距离是 305 pm。

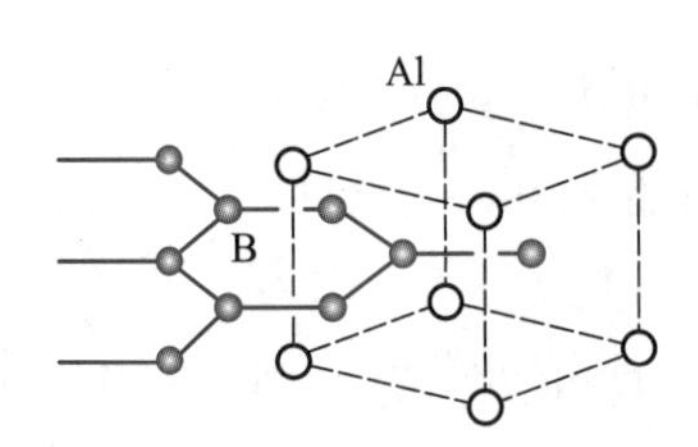

图 6.34 AlB_2 的晶体结构

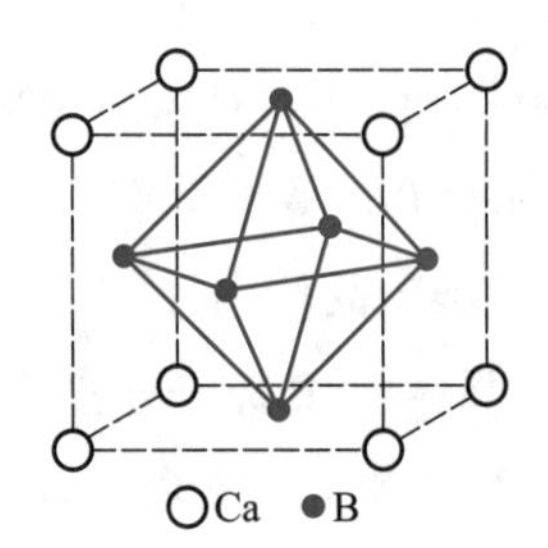

图 6.35 CaB_6 的晶体结构

2. 性质及用途

金属的磷化物、硅化物和硼化物一般都是有金属光泽的固体。许多金属磷化物、硅化物和硼化物在室温时的导电能力与金属的导电能力相近。另有不少金属磷化物、硅化物和硼化物是半导体。如 MP(M = B、Al、Ga、In),MP_2(M = Fe、Co、Ni、Cu、Zn、Ru、Rh、Pd、Ag、Os、Ir、Pt),MP_3(M = Co、Pd、Ir),Mg_2Si、Ca_2Si、MSi_2(M = Ba、Cr、Mn、Fe、Re)和 MB_6(M = Ca、Sr、Ba)等。它们的电阻率比金属的电阻率大几个数量级并且温度升高时其电阻率降低。V_3Si 在 17 K 以下、NbB 在 8.25 K 以下有超导性。

碱金属和碱土金属的磷化物、硅化物及含硼量较高的硼化物在潮湿的空气中不稳定,它们都可以和水或稀酸反应,分别生成磷化氢、硅烷或硼烷。

过渡金属的磷化物、硅化物和硼化物不受稀酸侵蚀,有些还能抵抗热浓酸的作用,它们也不与稀碱溶液反应,只有在熔碱或氯气中加热等方法才能使之分解。

BP、AlP、GaP、InP 作为ⅢA ~ VA 族化合物的一个系列,它们的半导体性能依次递变,可以根据不同用途的要求来选用。例如,GaP 和 InP 可用于激光或隧道二极管,其使用温度比硅和锗的高。

过渡金属磷化物受热时较易分解。

过渡金属硅化物细粉在空气中可以燃烧,但块状物由于在表面上有 SiO_2 或硅酸盐保护膜,所以相当稳定。$MoSi_2$ 在空气中直到 1700 ℃时仍很稳定,可作电发热体。有 $MoSi_2$ 保护层的金属可以制造飞船燃烧室等。有些 MSi_2 可以作热电偶用于腐蚀性介质中,有些 MSi_2 有半导体性能而且抗氧化,可用于太阳能设备中。

过渡金属硼化物因其熔点高、高温时强度和耐腐蚀性都好,且仍保持高的硬度,因之是理想的高温耐磨材料。其中,将 TiB_2、CrB_2 等做成的喷嘴或轴承可在 2000 ℃以上使用。一些金属硼化物还具有吸收中子的能力,故可用作核屏蔽材料。

6.3.5　硫化物

硫化物是一类重要的无机化合物。在自然界中,有许多金属元素的重要矿物是硫化物,有一些金属硫化物在自然界虽然并不存在,但能应用多种方法制得。在工业生产中常常应用到硫化物的许多重要物理或化学性质。此外,金属硫化物在水溶液中的溶解性是构成元素定性分析的基础。

1. 金属硫化物的结构类型

硫的电负性不是很大,金属硫化物大多数不是典型的离子化合物,其晶体结构常和相应的氧化物不同,而且比较复杂。例如,SiO_2 是三维骨架晶格,SiS_2 则是链状结构;Ti、Zr、Hf、Sn、Pb、Mo 的二氧化物 MO_2 是三维骨架晶格,它们的二硫化物 MS_2 却是层状结构。不过,硫化物亦有三维骨架型晶格、层状或链状晶格和分子型晶格等结构形式。

某些硫化物的晶体结构列于表 6.4。

表 6.4　某些硫化物的晶体结构

(a) M_2S 型

结构类型	三维骨架型		层状	链状	分子型
	反萤石型	特殊			
示例	M_2S(M=Li,Na,K,Rb)	Cu_2S,Ag_2S	Tl_2S(反 CdI_2 型)	—	H_2S

(b) MS 型

结构类型	三维骨架型				层状	链状
	NaCl 型	NiAs 型	ZnS 型	PtS 型		
示例	MS(M=Mg,Ca,Ba,Mn,Pb,La)	MS(M=Fe,Ni,Ti,V)	MS(M=Be,Zn,Cd,Hg)	PtS	GeS SnS	HgS

(c) M_2S_3 型

结构类型	三维骨架型			层状	链状
	α-Al_2O_3 型	缺位 NaCl 型	缺位 ZnS 型		
示例	Al_2S_3	Sc_2S_3	α-Ga_2S_3	As_2S_3	Sb_2S_3

续表

(d) MS_2型

结构类型	三维骨架型				链状	分子型
	黄(或白)铁矿型	$CdCl_2$型	CdI_2型	MoS_2型		
示例	MS_2(M=Mn,Fe,Co,Ni,Cu,Ru)	TaS_2	TiS_2,ZrS_2,SnS_2	MoS_2,WS_2	SiS_2	CS_2

一硫化物 MS 的结构见图 6.36。在这种结构中,每个 S 原子被呈三棱柱形的 6 个 M 原子所包围;同时每个 M 为 8 配位——由构成八面体型的 6 个 S 原子及另两个 M 原子(它们和上述 6 个 S 原子中的 4 个共处于一平面上)共同包围着中心原子 M。一种有意义的结构是 M 原子以封闭形的链状结构垂直于 *c* 轴。这种结构可认为是 6∶6 NaCl 型和具有更高配位型的过渡态。第一过渡系金属的一硫化物 MS 均有这种结构,其 Se、Te 化合物也具有这种结构。

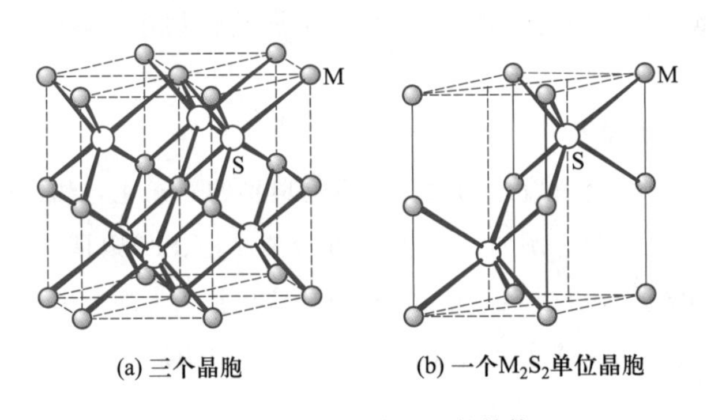

(a) 三个晶胞　(b) 一个M_2S_2单位晶胞

图 6.36　一硫化物 MS 的结构

如果将 MS 中每隔一层上的 M 移去使成为空位,即得化学计量为MS_2的结构(图 6.37)。

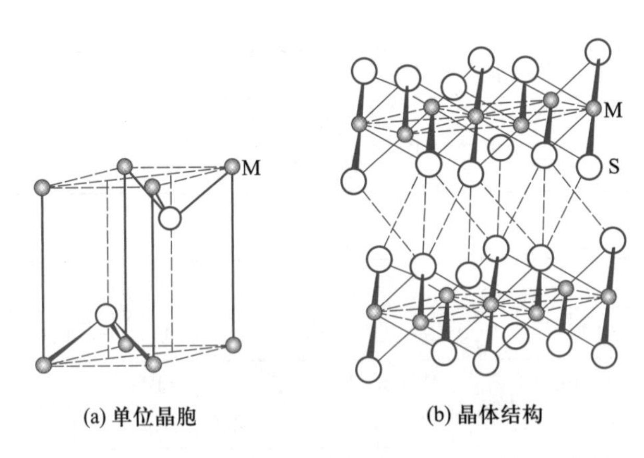

(a) 单位晶胞　(b) 晶体结构

图 6.37　MS_2 层状晶格的单位晶胞和 MS_2 型晶体结构

黄铁矿(FeS_2)是由 Fe 与"S_2"基团组成,其晶体结构见图 6.38,属立方晶系。从形式上看,它和 NaCl 型结构相似,只是用 Fe 代替了 Na^+同时用"S_2"代替了 Cl^-。在 S_2基团中,S 与 S 之间的距离是 217 pm,Fe 与 S 之间的最短距离是 226 pm,这两个键长都小于相应离子半径之和，且都接近于相应共价半径之和，说明其结合力主要是共价型的。具有此结构的化合物也常常呈现金属外貌，黄铁矿本身由于有黄铜色的金属光泽而被称为“愚人金”。白铁矿虽与其组成相同，但白铁矿为正交晶系，二者结构不同。

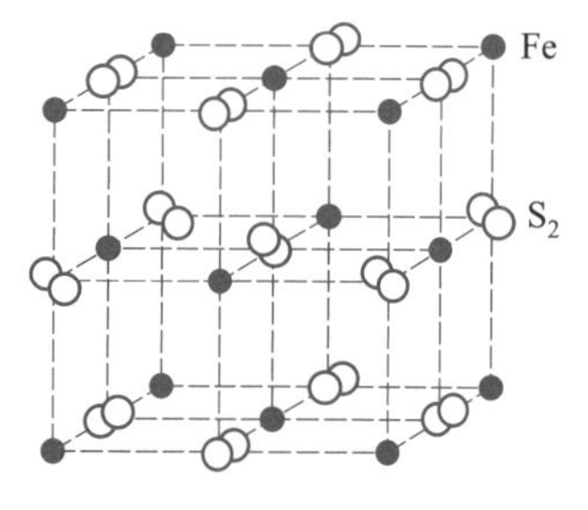

图 6.38 FeS_2 的晶体结构

辉钼矿(MoS_2)是层型结构，由一层 Mo 和在它上下两侧的 S 组成复合层。其中，上层的 S 原子正好对准下层的 S 原子。Mo 原子则位于上下方六个 S 原子构成的三方棱柱体的中心。

而有些硫化物的化学式虽然简单，晶体结构却相当复杂。例如，辉铜矿(Cu_2S)的晶胞中竟含有 48 个“Cu_2S”单元。它是铅灰色，稍有延展性，又是半导体，这说明此晶体中的键并非典型的离子键或共价键。

2. 金属硫化物的性质

许多金属硫化物具有重要的物理性质，可以经由绝缘体、半导体到金属导体，有的甚至是超导体[如 NbS_2(T_c< 6.2 K)，TaS(T_c< 2.1 K)，$Rb_{17}S_{15}$(T_c< 5.8 K)，CuS(T_c< 1.62 K)和 CuS_2(T_c< 1.56 K)等]。此外，它们还可能具有抗磁性、顺磁性、铁磁性、反铁磁性或铁氧体磁性等性能。

(1) 熔点

总体说来，大多数硫化物的熔点低于相应氧化物的熔点。如 Al_2S_3(1370 K) < Al_2O_3(2327 K)，SiS_2(1363 K) < SiO_2(1996 K)。但 As_2S_3(585 K) > As_4O_6(463 K)，这是 As_2S_3 为层状结构的晶体而 As_4O_6为分子晶体之故。

对硫化物而言，熔点高低顺序为

具有三维骨架型的晶格 > 层状或链状结构的晶格 > 分子型晶格

例如：　Al_2S_3(1370 K) > As_2S_3(585 K) > CS_2(161 K)

(2) 导电性

硫化物的导电性与其晶体结构有关。化学键近于典型的离子键，且具有三维骨架型结构的硫化物，在固态时不导电。

离子性较差的具有三维骨架型结构的晶体(如 ZnS、FeS、CdS、PbS 等)和具有链状、层状结构的许多硫化物等都是半导体。

ScS、YS、LaS、CeS、ThS 等硫化物具有类似于金属的导电性。

(3) 稳定性

硫化物的稳定性一般都比较大，不能直接用 C 或 H_2还原金属硫化物以制取金属，必须首先把硫化物转化为氧化物然后再用 C 或 H_2还原才能得到金属，这是因为 CS_2和 H_2S 的 $\Delta_f G_m^\ominus$比 CO_2和 H_2O 正值大得多。

一般情况下，硫化物的稳定性较相应的氧化物稳定性差，如 CaS < CaO。不过，对长周期后半部分的许多元素而言，硫化物与氧化物的 $\Delta_f G_m^\ominus$间的差别比较小。实际上，Fe、Co、Ni 和

在它们右方的ⅠB、ⅡB 族及ⅢA～ⅥA 族许多元素都存在于硫化矿中，属于地球化学中的"亲硫元素"类。这是因为这些元素都有较多的 d 电子。它们在硫化物中除了生成 M—S 间的 σ 键外，金属元素的 t_{2g}轨道还可以和硫原子的空 3d 轨道形成反馈 π 键。由于硫的 3d 轨道（即配体 π 轨道）高于金属原子的 t_{2g}轨道，且又是空轨道，所以，它们组成的 π 分子轨道可以用图 6.39（a）表示。金属原子的 t_{2g}电子占据低能量的分子轨道，增强了稳定作用。第Ⅷ族元素右侧的 Zn、Cu、Hg 等金属元素在 t_{2g}轨道中的电子数更多，形成这种反馈 π 键的能力更强，所以它们的硫化物更加稳定。

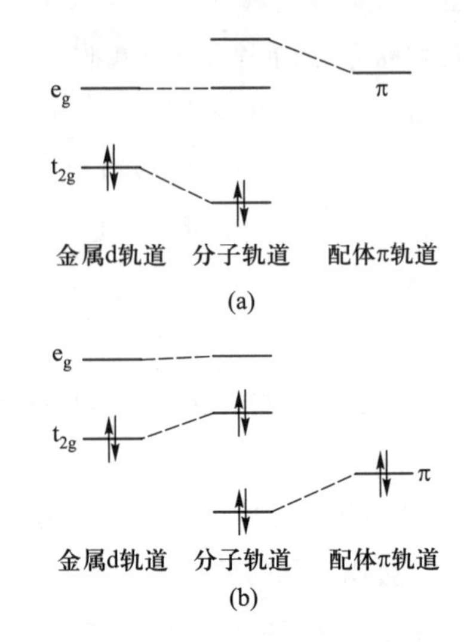

图 6.39　形成 π 键时分子轨道的能级

硒化物等与硫化物相似。

相反，在长周期后半部分许多元素的氧化物中，氧的 2p 轨道是有电子的，其能级低于金属原子的 t_{2g}轨道，在形成分子轨道后，氧的 p 电子将占据低能量的分子轨道，而金属原子的 t_{2g}电子只能占据能量较高的反键分子轨道[图 6.39（b）]。因此不能靠金属原子 t_{2g}轨道与氧的 2p 轨道形成 π 键使氧化物变得更稳定，所以，长周期后半部分许多元素并不亲氧。

氟化物的情况与氧化物相似。

3. 金属硫化物的应用

在工业上金属硫化物有广泛的用途，是非常重要的化工原料。如黄铁矿用于制硫酸，硫化钠用于生产硫化染料、制革和造纸工业，P_4S_3用于制火柴及硫化橡胶，CS_2是非常重要的有机溶剂等。许多金属硫化物具有特征的颜色，因之可用作涂料，如 HgS（红）、CdS（橘黄）、ZnS（白）、As_2S_3（黄）等。ZnS 和 CdS 等在加入某些激活剂后有发光性能，因之可作为发光材料。许多难熔硫化物可作为耐高温材料被广泛应用，如 CeS 坩埚可以熔炼除 Pt 以外的其他熔点低于 1800 ℃的金属。

4. 金属硫化物的制备

制备金属硫化物的方法很多，概括如下：

（1）由单质直接合成，如 $Fe + S \longrightarrow FeS$。

（2）用 C 还原硫酸盐，如 $Na_2SO_4 + 4C \longrightarrow Na_2S + 4CO$。

（3）水溶液中析出硫化物沉淀。

对于铂系金属及 Cu、Ag、Au、Cd、Hg、Ge、Sn、Pb、As、Sb、Bi、Se、Te 等的硫化物的制取，须用经过酸化的 H_2S 水处理这些可溶性金属的盐水溶液。对于 Mn、Fe、Co、Ni、Zn、In、Tl 则用 $(NH_4)_2S$ 碱性溶液处理。

（4）可溶性硫化物可用下述方法制备。例如：

$$KOH + H_2S \longrightarrow KHS + H_2O$$

$$KHS + KOH \longrightarrow K_2S + H_2O$$

6.4 卤族元素化合物

6.4.1 互卤化物、卤素的氧化物

1. 互卤化物

不同卤素原子之间以共价键相结合形成的化合物称为卤素互化物(又称互卤化物)。这类化合物可用通式 XX'_n表示($n=1$、3、5、7;X 的电负性小于 X′的),n 的数值随 $r_X/r_{X'}$增加和中心卤原子 X 的氧化数的增大而增大。

由于卤素原子只有一个未成对的电子,所以多原子互卤化物成键时还要把 p 轨道上的成对的电子激发到空的 d 轨道,然后再进行杂化成键。XX'_3的杂化轨道的类型为 sp^3d,而 XX'_5、XX'_7的杂化轨道则分别为 sp^3d^2和 sp^3d^3。它们的结构可用价层电子对互斥理论来判断。例如,ClF_3为 T 形,IF_5为四方锥形,IF_7为五角双锥形。

互卤化物的化学活泼性比卤素的大(除 F_2外),绝大多数不稳定,都是强氧化剂,反应类型与卤素单质相似。它们和大多数金属、非金属生成相应的卤化物,水解时产生卤离子和卤含氧酸根离子,卤含氧酸根离子由分子中半径较大的卤原子生成。

$$XX' + H_2O \longrightarrow H^+ + X'^- + HXO$$

$$BrF_5 + 3H_2O \longrightarrow 5HF + HBrO_3$$

$$IF_5 + 3H_2O \longrightarrow 5HF + HIO_3$$

IF_7在水中比其他氟卤化物稳定,缓慢水解生成高碘酸和氟化氢。

氟的互卤化物如 ClF_3、ClF_5、BrF_3通常都作为氟化剂,使金属、金属的氧化物及金属的氯化物、溴化物和碘化物转变为氟化物。

互卤化物可由卤素单质在一定条件下直接合成。例如:

$$Cl_2 + F_2 \xrightarrow{470\ K} 2ClF$$

$$Cl_2 + 3F_2 \xrightarrow{550\ K} 2ClF_3$$

2. 卤素的氧化物

卤素(除氟之外)与电负性比其更大的氧化合时,能形成氧化数都是正值的氧化物、含氧酸和含氧酸盐。由于 F 具有最大的电负性,在与氧生成的化合物(如 OF_2和 O_2F_2)中其氧化数均为-1。

常见的 Cl、Br、I 的氧化物列于表 6.5 中。

表 6.5　常见的 Cl、Br、I 的氧化物

Cl	Br	I
Cl_2O	Br_2O	I_2O_4
ClO_2	BrO_2	I_4O_9
Cl_2O_6	Br_3O_8	I_2O_5
Cl_2O_7		

卤素的氧化物大多数是不稳定的，Cl 和 Br 的氧化物在室温下全部分解，价态越低越不稳定。在这些氧化物中比较重要的是 ClO_2 和 I_2O_5。

（1）二氟化氧

二氟化氧（OF_2）的熔点为 49 K，沸点为 128 K。这个最稳定的氟氧二元化合物可由 F_2 与稀碱水溶液反应制备：

$$2F_2(g) + 2OH^-(aq) \longrightarrow OF_2(g) + 2F^-(aq) + H_2O$$

高于室温时气相纯 OF_2 不但稳定而且不与玻璃起反应。这个强氟化试剂的氟化能力弱于 F_2。正如价层电子对互斥（VSEPR）理论所判断的那样，OF_2 为角形分子。

（2）二氟化二氧

二氟化二氧（O_2F_2）的熔点为 119 K，沸点为 216 K。O_2F_2 甚至是比 ClF_3 更强的氟化试剂，能在 ClF_3 不能完成的反应中将金属钚和钚的化合物氧化为 PuF_6：

$$Pu(s) + 3O_2F_2(g) \longrightarrow PuF_6(g) + 3O_2(g)$$

人们对该反应的兴趣在于从用过的核燃料中以挥发性六氟化物的形式除去钚。

（3）二氧化氯

二氧化氯（ClO_2）是唯一大量生产的卤素氧化物。使浓 H_2SO_4 与氯酸盐接触即可得到 ClO_2。

$$3KClO_3 + 2H_2SO_4 \longrightarrow KClO_4 + 2KHSO_4 + 2ClO_2 + H_2O$$

比较安全的制备 ClO_2 的方法，是用稀 H_2SO_4 与 SO_2 来处理 $NaClO_3$。

$$2NaClO_3 + SO_2 + H_2SO_4 \xrightarrow{\text{痕量 NaCl}} 2ClO_2 + 2NaHSO_4$$

ClO_2 的生成吉布斯自由能很高（$\Delta_f G_m^\ominus = 121\ kJ \cdot mol^{-1}$），无论是气态或液态的 ClO_2 均极易爆炸，只能保持在稀释状态，而且要在产地现场使用。

ClO_2 的熔点为 214 K，沸点为 283 K。气态时为黄色，液态时是红色。ClO_2 气体分子中含有奇数电子，因此具有顺磁性和很高的化学活性。ClO_2 分子的结构是 V 形（118°）结构，Cl—O 间距为 147 pm。

ClO_2是一种强氧化剂和氯化剂，可用于污水杀菌和饮用水的净化和纸浆、纺织品的漂白。它当漂白剂时，效果比 Cl_2的效果约高 30 倍。围绕这些应用存在的争论是，氯（或其水解产物 HClO）和 ClO_2与有机物反应生成低浓度的碳氯化合物可能致癌，而另一方面通过对水消毒而挽救的生命肯定比致癌副产物夺去的生命多。

ClO_2的另一用途是用来制取亚氯酸盐：

$$2ClO_2 + 2NaOH + H_2O_2 \longrightarrow 2\ NaClO_2 + O_2 + 2H_2O$$

ClO_2和碱反应生成亚氯酸盐和氯酸盐：

$$2ClO_2 + 2NaOH \longrightarrow NaClO_2 + NaClO_3 + H_2O$$

（4）五氧化二碘

五氧化二碘（I_2O_5）是白色粉状固体，它是碘酸的酸酐。将 HIO_3热至 473 K 即得 I_2O_5：

$$2HIO_3 \longrightarrow I_2O_5 + H_2O$$

I_2O_5的结构式为

$$\begin{matrix} O \nwarrow & & & & \nearrow O \\ & I - & O & - I & \\ O \swarrow & & & & \searrow O \end{matrix}$$

I_2O_5可用作氧化剂使 H_2S、CO、HCl 等氧化，因此，常用来检出或测定 CO 的含量：

$$I_2O_5 + 5CO \longrightarrow 5CO_2 + I_2$$

该反应可定量进行，放出的 I_2用 $Na_2S_2O_3$溶液滴定。

加热到 573 K 时 I_2O_5分解成为单质：

$$2I_2O_5 \xrightarrow{573\ K} 2I_2 + 5O_2$$

在实验室中可用此法来制取少量的 O_2。

6.4.2 含卤配合物、多卤化物与多卤阳离子

1. 含卤配合物

所有卤离子都能作为配体与不同的金属离子或共价卤化物生成配合物，或者与其他配体一起生成混合配合物。如 SiF_6^{2-}，$FeCl_4^-$，HgI_4^{2-}，…，$[Co(NH_3)_4Cl_2]^+$等。

有一个重要的共同问题是涉及几个卤离子对某个金属离子的相对亲和力的问题，但对这个问题没有一个简单的答案。对于结晶物质，很明显，晶格能起着重要的作用。但在考虑配离子在溶液中的稳定性时，必须认识到，配离子的稳定性不仅包含 M—X 键的绝对稳定性，而且还包含相对于离子-溶剂的溶剂合作用。

从第 2 章已经知道，M 与 X 的亲和力，有完全不同的两类顺序，它取决于酸 M 的软、硬情况：对于硬酸，$F \gg Cl > Br > I$；对于软酸，$F \ll Cl < Br < I$。因此，M 的电子构型、电荷与半径比例、极化力、变形性等显然是决定性的因素。此外，与能采用空的外层 d 轨道生成反馈键的能力也是一种重要的因素。

对于小体积、高电荷阳离子生成含氟配合物的一个不利因素是竞争水解，即使在高浓度下，很多含氟配合物的水解也是不可忽略的，在高氧化态时尤其如此。

有些现象显然与空间效应有关。如 $FeCl_4^-$是 Fe^{3+}与 Cl^-的最高配位数配离子，而 FeF_6^{3-}却更稳定，类似的情况还有 $CoCl_4^{2-}$、SCl_4、$SiCl_4$和对应的 CoF_6^{4-}、SF_6、SiF_6^{2-}。

最后应该指出的是，卤离子配位被用来与阴离子交换树脂相配合可以分离金属离子。一个典型的例子是 Co^{2+}和 Ni^{2+}，这两个离子采用经典的方法是不易分离的，但将它们的浓盐酸溶液通过一个阴离子交换柱则能有效地分离。Co^{2+}相当容易生成配阴离子 $CoCl_3^-$和 $CoCl_4^{2-}$，但即使在所能达到的最高 Cl^-的活度下，在水溶液中似乎也没有任何 Ni^{2+}的氯配阴离子生成。更一般的分离方法是依赖于：虽然两种阳离子都具有某种程度生成卤配阴离子的倾向但形成的配合物的稳定性却有差别。

2. 多卤化物

金属卤化物与卤素单质或卤素互化物加合所生成的化合物称为多卤化物。多卤化物可以是一种卤素，也可以是多种卤素。多卤化物的形成，可看作卤化物和可极化的卤素分子相互反应的结果，只有当分子的极化能超过卤化物的晶格能，反应才能进行。氟化物的晶格能一般较高，不易形成多卤化物，含氯、含溴、含碘的多卤化物依次增多。且在碱金属卤化物中，以 Cs 的多碘化物为最稳定。

（1）多碘化物

加 I_2于 I^-溶液中得到的深棕色溶液是多碘离子 I_3^-和 I_5^-所特有的颜色。这些多碘离子都是 Lewis 酸碱配合物，作为碱的是 I^-和 I_3^-，作为酸的则是 I_2分子。I_3^-的 3 对孤电子对和 2 对键电子对分别排在中心 I 原子周围的平伏位置和轴向位置上，整个离子为一种线性结构。不过，与其他多碘离子一样，I_3^-的结构随相反电荷离子不同而有所变化。例如，与大体积阳离子（如$[N(CH_3)_4]^+$）配对时 I_3^-为对称线形离子，I 与 I 之间的距离大于 I_2分子中 I—I 键长。当相反电荷离子为 Cs^+（体积小于四甲铵离子）时 I_3^-发生畸变导致两个 I—I 键键长不等（一个为 282 pm，另一个为 310 pm）。这一事实说明这种仅能将几个原子维系在一起的离域键比较弱。一个典型的例子是水溶液中形成的 NaI_3，在水分蒸发之后即发生分解。

$$Na^+(aq) + I_3^-(aq) \xrightarrow{\text{蒸发}} NaI(s) + I_2(s)$$

I_3^-进一步与 I_2分子反应生成通式为$[(I^-)(I_2)_n]$的多碘离子。

在各种多碘离子中，以 I_3^-最稳定。原子数较多的多碘离子的稳定性和结构同样受相反电荷离子的影响。在固态，为了稳定多碘离子必须要有大体积阳离子。多碘离子与各种不同大体积阳离子结合时可以显示全然不同的形状。

由图 6.40 多碘离子中的键长不难看出，多碘离子可被看作以 I^-、I_2、I_3^-（有时还有 I_4^{2-}）为单元缔合而成的键。

含多碘离子的固体具有导电性。这种导电性可能产生于电子（或空穴）沿多碘离子链的迁移，也可能产生于离子沿多碘离子链而发生的接力式移动（图 6.41）。

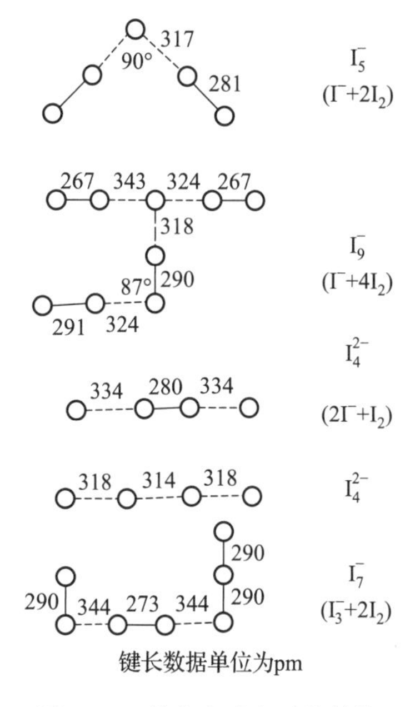

图 6.40 某些多碘离子的结构

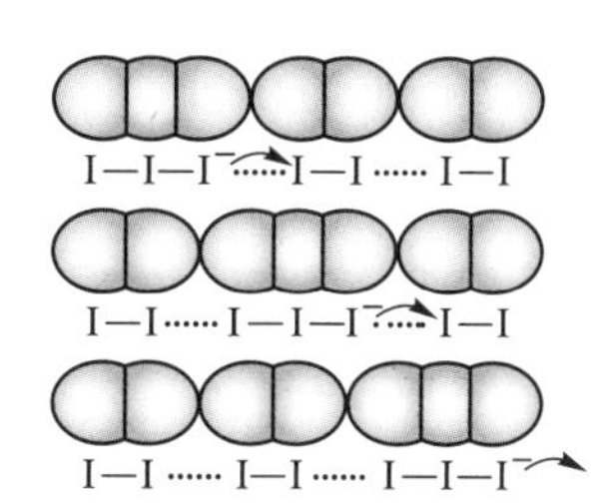

图 6.41 离子沿多碘离子链的接力式移动

(2) 其他多卤化物

除多碘离子外,Cl_3^-、Br_3^-、BrI_2^-等多卤离子也能存在于溶液中,有大阳离子配对的情况下也能存在于固态。某些卤素互化物可作为 Lewis 酸与卤离子相结合。反应形成的多卤离子与链状多碘离子的不同之处是中心形成体卤素原子处于高氧化态。如 BrF_3与 CsF 反应形成 $CsBrF_4$,该化合物中含有平面四方形的 BrF_4^-阴离子。

新近合成了许多这样的卤素互化物阴离子,如 IF_8^-(四方反棱柱体),ClF_6^-和 BrF_6^-(八面体),IF_6^-(三方畸变八面体)等,其中许多物种的形状与 VSEPR 理论判断相一致。但也出现了一些例外,如 ClF_6^-和 BrF_6^-的中心原子上都有一对孤电子对,但结构却为正八面体。

3. 多卤阳离子

在强氧化性条件下(如发烟硫酸中)I_2可被氧化为蓝色的顺磁性二碘阳离子 I_2^+,相应的 Br_2^+也是已知的,原子数较多的多卤素阳离子还有 Br_5^+、I_3^+和 I_5^+等。

I_3^+的结构符合 VSEPR 理论的判断,I_5^+为折线形:

I 94° +
I—I—I 268 pm
290 pm I

这些阳离子中的键长均短于相应中性卤素分子中的键长,这是因为如 I_2^+是 I_2分子的 π^* 轨道上失去了一个电子形成的,从而使键级从 1 增至 1.5。

强 Lewis 酸(如 SbF_5)与卤素氟化物反应时夺取一个 F^-得到另一类通式为 XF_n^+的多卤素阳离子:

$$ClF_3 + SbF_5 \longrightarrow ClF_2^+ + SbF_6^-$$

对含有这些离子的固体化合物进行的 X 射线衍射研究表明阴离子和阳离子仍然是通过

氟桥较弱地缔合在一起,电子并未完全脱离[ClF_2]基团。

F_5Sb　　SbF_5
F　F
Cl　243 pm　158 pm
F　F

6.4.3　氟化物

由于 F^-的半径与 O^{2-}的半径相近,因此,很多氟化物与氧化物都是具有类似化学式和晶体结构的离子化合物,如 CaO 和 KF。但是,具有相同化学式的其他卤化物通常具有完全不同的晶格。如 CdF_2和 SrF_2是离子型的,有 CaF_2萤石型的结构,但 $CdCl_2$和 $MgCl_2$具有层状格子,其金属离子被 Cl 原子八面体包围;AlF_3基本上是离子型的,而 $AlCl_3$具有层状结构,$AlBr_3$和 AlI_3则以共价二聚体存在。

当 Cl^-和 Br^-作为桥原子连接两个金属时,可得到特征的折形的桥,但氟桥却既可是折形也可是直线形。直线形 M—F—M 桥的一个突出的例子存在于 K[$(C_2H_5)_3Al—F—Al(C_2H_5)_3$]中,这个 Al—F—Al 链之所以呈直线形,可能是由于氟的已充满电子的 $2p_z$轨道与铝原子的空 $3d_{z^2}$轨道重叠的结果,也可能是氟的已充满电子的 2p 轨道与铝原子的空 3d 轨道部分 π 重叠的结果。这样,Al—F 键将包含某些 π 键的特性。

由于氟的高电负性,因而分子氟化物中的键总是倾向极强的极性键。

氟的高电负性还对含几个氟原子的分子的性质产生明显的影响。其典型表现有这样一些事实:① CF_3COOH 是强酸;② $N(CF_3)_3$和 NF_3不具碱性;③ NF_3不水解;④ 与 CH_3的化合物相比,在阴离子取代反应中 CF_3的衍生物被亲电试剂进攻要难得多;⑤ CF_3可看作一种体积较大的、电负性大约和 Cl 相当的假卤素。

因 F_2的低解离能和很多与 F 形成的键具有相当高的能量(如 C—F,486 kJ · mol^{-1};N—F,272 kJ · mol^{-1};P—F,490 kJ · mol^{-1}),使得在生成分子氟化物时常放出大量热。这点刚好和氮的情形相反,在氮那里,N_2中的键很强使氮化物绝大部分是吸热的。有趣的是,当这两种效应发生直接对抗时氟呈现的放热倾向总是占优势。例如:

$$(1/2)N_2(g) + (3/2)F_2(g) \xlongequal{} NF_3(g) \qquad \Delta_r H_m^\ominus = -109\ \mathrm{kJ \cdot mol^{-1}}$$

无论是金属还是非金属的分子氟化物通常都是气体或挥发性液体。分子氟化物的挥发性是由于氟很难被极化,以及没有对其他类型的引力适宜的外层轨道从而使得除了 van der Waals 力外不存在其他分子间成键作用。

氟与贫电子的金属或处于高价的金属或非金属形成的化合物比较稳定,而与那些富电子金属或低价金属离子形成的键的稳定性较低。对于含氯配合物则发生相反的情况。这是因为氟作为一种双给配体(参见 8.1.2 节),当中心原子具有适当的可用的空轨道时,能与中心原子生成方向相同的 σ-π 共价键从而能使中心原子的高氧化态稳定。而对于氯,除了正常的 Cl—M 的 σ 键外,还容易与富电子金属或低价金属离子生成 dπ(M)→pπ*(Cl)反馈 π 键。

高氧化态的氟化物常常水解,因此在通过加热脱水方法制备无水氟化物时,除一价金属氟化物外,都需要有 HF 气氛以抑制水解。

不过,当达到最大共价数时,像在 CCl_4或 SF_6中那样,卤化物对水可以是完全惰性的。但是这仅是动力学的因素而不是热力学因素的结果。例如,对于 CF_4的水解反应:

$$CF_4 + 2H_2O(l) \longrightarrow CO_2(g) + 4HF(g)$$

是放热的,但因为中心原子 C 的价轨道已经全部使用且又没有孤电子对,水分子的亲核取代或亲电取代都找不到进攻点,所以上述水解反应事实上是很难发生的。

绝大多数离子型卤化物溶于水生成水合金属离子和水合卤离子,但+3 和+4 氧化态的镧系和锕系元素生成不溶于水的氟化物。Li、Ca、Sr 和 Ba 的氟化物也是难溶的,Pb 生成难溶盐 PbClF,可用于 F^-的重量分析。

1. 氟化物的特殊性

(1) 键能大

卤素和其他元素所形成的共价化合物中,氟化物的键能最大。从表 6.6 列出的一些卤化物的平均键能可以看到这一点。

表 6.6 一些卤化物的平均键能 单位:$kJ \cdot mol^{-1}$

卤化物	HX	BX_3	AlX_3	CX_4	SiX_4	AsX_3
F	565	613	583	485	565	484
Cl	428	456	420	327	381	321
Br	362	377	—	285	310	258
I	295	—	—	213	234	200

氟化物的键能不仅是在卤素同类化合物中最大的,而且还大得多。这说明氟化作用一旦发生,就将比其他卤素的卤化作用进行得彻底,放出的能量也最多。事实上有些卤化反应只有氟化反应才能进行,这在有机合成上具有特殊的意义。

(2) 离子化合物的晶格能高

从晶格能的理论计算公式已经知道,决定离子化合物晶格能大小的主要因素是阴、阳离子的半径、电荷和晶型。对选定的阳离子和同一晶型的卤素离子化合物来说,晶格能由 X^-半径所决定。F^-半径最小,因此氟化物的晶格能最大。从表 6.7 列出的具有 NaCl 型结构的几种金属卤化物的晶格能值就可以看到这一点。

表 6.7 具有 NaCl 型结构的几种金属卤化物的晶格能 单位:$kJ \cdot mol^{-1}$

元素	F	Cl	Br	I
Na	902	771	733	684
K	801	701	670	629
Rb	767	675	647	609

（3）溶解性特殊

AgX中只有AgF相对较易溶于水，这主要是因为它是离子化合物，而其他则是以共价键为主的化合物。在离子化合物CaX_2中，因CaF_2的晶格能特别大，水分子难以把它拉开，故CaF_2是难溶化合物，而其他卤化钙则易溶。

（4）毒性大

氟化物均有毒，误食0.15 g的NaF就会造成严重疾病，若误食量更多，则会引起死亡。

氟化物是弱酸盐，水解生成氢氟酸。氢氟酸尽管是弱酸，但它有很强的腐蚀性，它对细胞组织、骨骼都有严重的破坏作用；对皮肤有难以治愈的创伤，并往骨骼中渗透。加上氢氟酸具有麻痹作用，使中毒者当时没有什么反应，待1~2 h才感到疼痛，后果更加严重。因此，在酸化氟化物或使用氢氟酸时，一定要戴好防护手套。若不慎接触氢氟酸，应立即用大量清水冲洗，并送医院治疗。值得注意的是，随着工业生产的发展，排放出的废气中氟化氢的含量日趋增大，对人类已逐渐形成公害。有的地区蚕不吐丝，据查是因为大气中的氟化氢侵蚀桑叶，蚕吃了这种桑叶而引起中毒。然而少量氟离子（如在食用水中含量为$1\sim2\ mg\cdot L^{-1}$）能防治儿童牙龋，市售氟化锶牙膏有防治牙龋作用就是一例。

2. 几种重要的氟化物

（1）六氟化铀

六氟化铀（UF_6）是一种无色分子晶体，熔点为337.25 K，298 K时的蒸气压为1.53×10^4 Pa，是唯一具挥发性的铀化合物。气态时，UF_6的结构是正八面体。它是一种强氟化剂，能使许多物质转变成氟化物，如使CS_2转变成SF_4、$(CF_3)_2S_3$等，并能迅速水解。它的重要用途在于分离铀的同位素，即从天然铀中提取含量为0.715%的^{235}U。

UF_6可通过下面方法制备：

方法一 $2UCl_5 + 5F_2 \longrightarrow 5Cl_2 + UF_4 + UF_6$

方法二 $UCl_5 + (5+x)HF \longrightarrow 5HCl + UF_5 \cdot xHF$

$2(UF_5 \cdot xHF) \longrightarrow 2xHF + UF_4 + UF_6$

方法三 $U + 3F_2 \longrightarrow UF_6$（$Cl_2$作催化剂）

（2）六氟化硫

六氟化硫（SF_6）是十分惰性的化合物。它所表现出的惰性比N_2还高。已知它在红热以下的任何情况下均无反应，既不侵蚀玻璃，又不分解，也不与H_2、NH_3、O_2或其他许多活泼物质作用。SF_6能抵抗熔融的KOH或500 ℃的水蒸气作用。它和O_2只有在通电铂丝引爆的情况下才进行反应，在液氨中能和某些红热的金属和碱金属作用。

正因为SF_6有极大的化学惰性、相当高的相对分子质量和对称性，因此对高电压装置是一种有用的绝缘气。它对α粒子的遏止能力很强，因而能应用在放射化学中。

将F_2通过含有S的铜管或玻璃管即可容易地产生出无色气体SF_6，反应是自发的，且放出极大量的热。

（3）四氟铵盐

在20世纪60年代以前还没有关于四氟铵阳离子NF_4^+存在的任何理论和实验报道。1963

年的文献第一次提出了 NF_4^+，但有评论说不可能得到 NF_4^+的盐。1966 年，Wilson 认为 NF_4^+的氟化物、高氯酸盐、硫酸盐对其分解的产物来说可能很不稳定，故不能存在，但其四氟硼酸盐在温度低于 120 K 则可能是稳定的；还设想氟锑酸盐和氟砷酸盐可能更稳定些。恰在同年，有两篇文献同时报道合成了四氟铵的氟砷酸盐和氟锑酸盐。1970 年，报道了四氟硼酸四氟铵的合成及性质，其热稳定性远远超过 Wilson 所预言的。后来又找到了合成 NF_4BF_4、NF_4AsF_4、NF_4SbF_4及其他 NF_4^+盐的各种新方法。1980 年，报道合成了NF_4ClO_4，该盐在 273 K 缓慢分解。

合成四氟铵的氟锑酸盐的方法为

$$NF_3 + 2F_2 + SbF_3 \xrightarrow[(nd)]{523\ K,(30.4\sim70.9)\times10^5\ Pa} NF_4SbF_6$$

现在已经合成了 30 多种 NF_4^+ 盐，如 $NF_4HF_2 \cdot nHF$、$(NF_4)_3BeF_5$、$(NF_4)_2SiF_6$、$(NF_4)_2NiF_6$、NF_4GeF_5、$(NF_4)_2MnF_6$、NF_4XeF_7等。在这 30 多种盐中，除了$(NF_4)_2NiF_6$是红色的和$(NF_4)_2MnF_6$、NF_4XeF_7、NF_4UF_7及 NF_4UOF_7是黄色的外，其他的盐都是无色的。

NF_4^+像其他含氟阳离子一样，在化学上是很活泼的，它能激烈地与水、醇、烃等反应；在干燥条件下，能长期保存于石英、钢容器中，如果不和还原性物质接触，它对碰击也是不敏感的。

NF_4^+遇水水解：

$$NF_4^+ + OH^- \longrightarrow NF_3 + HOF$$

$$HOF + H_2O \longrightarrow HF + H_2O_2$$

$$2HOF \longrightarrow 2HF + O_2$$

NF_4^+及其盐的化学是氟化学的一个新进展。

由 NF_4^+ 的水解预示了 HOF 的存在，在与次氯酸类似的“次氟酸”HOF 中，存在+1 价的 F^+，这对氟的基本化学提出了一个新的课题。

NF_4^+的盐，就氮原子而言，是关于+5 价氮的含氟配离子的盐，是氮化学的新内容。

NF_4^+的盐遇热分解为 F_2+NF_3，释放出“可用氟”，这种氟是活性氟($2F \rightarrow F_2$)，从这个意义上讲，NF_4^+的盐可以看作活性氟的“固体氟源”，因此，可以把 NF_4^+的盐称为“储氟材料”。

NF_4^+的盐有可能作为固体火箭燃料的组分和气体发生器，因而备受关注，它也可以用来增加有机爆炸物的起爆压。

6.4.4 类卤素和类卤化物

由两个或两个以上电负性较大元素的原子组成的原子团，因在自由状态时与卤素单质性质相似而被称为类卤素。它们的阴离子性质则与卤素阴离子性质相似，故称为类卤离子。目前已经分离出的类卤素有氰$(CN)_2$、氧氰$(OCN)_2$、硫氰$(SCN)_2$和硒氰$(SeCN)_2$。常见的类卤离子有氰根(CN^-)、氰酸根(OCN^-)、异氰酸根(ONC^-)、硫氰根(SCN^-)、硒氰根($SeCN^-$)、碲氰根($TeCN^-$)和叠氮酸根(N_3^-)等。但 $TeCN^-$和 N_3^-虽也有与卤离子相似的性质，但没有与单位卤素相应的母体。

1. 类卤素、类卤化物与卤素、卤化物性质的对比

类卤素、类卤化物与卤素、卤化物在性质上有很多相似的地方，主要有以下几点：

(1) 在游离状态时皆是二聚体，通常具有挥发性，且具有特殊的刺激性气味。二聚体类卤素不稳定，许多二聚体类卤素还会发生聚合作用。例如：

$$x(SCN)_2 \xrightarrow{\text{室温}} (SCN)_{2x}$$

$$x(CN)_2 \xrightarrow{673\ K} (CN)_{2x}$$

(2) 氢化物的水溶液都是氢酸，不过，类卤素的氢酸一般都比氢卤酸弱。它们的$K_a^\ominus$值分别如下：

氢氰酸(HCN)	氧氰酸(HOCN)	硫氰酸(HSCN)	氢叠氮酸(HN_3)
4.93×10^{-10}	1.2×10^{-4}	1.4×10^{-1}	1.9×10^{-5}

(3) 与金属反应生成-1 价阴离子的盐。例如：

$$2Fe + 3(SCN)_2 = 2Fe(SCN)_3 \qquad (\text{对比 } 2Fe + 3Cl_2 = 2FeCl_3)$$

类卤素所形成的盐常与卤化物共晶。

Ag(Ⅰ)、Hg(Ⅰ)和 Pb(Ⅱ)的类卤素盐皆不溶于水。

(4) 形成和卤素形式类似的配离子。例如：

卤配离子 $[HgI_4]^{2-}$ $[CoCl_6]^{3-}$ $[FeF_6]^{3-}$

类卤配离子 $[Hg(CN)_4]^{2-}$ $[Co(CN)_6]^{3-}$ $[Fe(SCN)_6]^{3-}$

(5) 形成多种互化物。如 CNCl、CN(SCN)、CN(SeCN)及 ClN_3、BrN_3、IN_3等都已制得。

(6) 许多化学性质相似。例如：

① 单质具有氧化性，阴离子具有还原性：

$(SCN)_2 + 2S_2O_3^{2-} \longrightarrow 2SCN^- + S_4O_6^{2-}$ (对比 $I_2 + 2S_2O_3^{2-} \longrightarrow 2I^- + S_4O_6^{2-}$)

$(SCN)_2 + H_2S \longrightarrow 2H^+ + 2SCN^- + S$ (对比 $Cl_2 + H_2S \longrightarrow 2H^+ + 2Cl^- + S$)

$Cl_2 + 2SCN^- \longrightarrow (SCN)_2 + 2Cl^-$ (对比 $Cl_2 + 2Br^- \longrightarrow Br_2 + 2Cl^-$)

$2SCN^- + MnO_2 + 4H^+ \longrightarrow Mn^{2+} + (SCN)_2 + 2H_2O$

(对比 $2Cl^- + MnO_2 + 4H^+ \longrightarrow Mn^{2+} + Cl_2 + 2H_2O$)

② 单质与碱作用：

$(CN)_2 + 2OH^- \longrightarrow OCN^- + CN^- + H_2O$ (对比 $Cl_2 + 2OH^- \longrightarrow ClO^- + Cl^- + H_2O$)

③ 单质和不饱和烃起加成反应：

$(SCN)_2 + CH_2{=}CH_2 \longrightarrow H_2C(CNS){-}CH_2(SCN)$ (对比 $Cl_2 + CH_2{=}CH_2 \longrightarrow H_2C(Cl){-}CH_2(Cl)$)

2. 几种类卤素和类卤化物

(1) 氰和氰化物

氰$(CN)_2$是无色气体，苦杏仁味，剧毒，熔点为 245 K，沸点为 253 K。其性质和氯气相

似。在 273 K 时,1 体积水可溶解 4 体积$(CN)_2$。氰可用下列方法制取:

$$2AgCN \xrightarrow{\triangle} 2Ag + (CN)_2\uparrow$$

$$Hg(CN)_2 + HgCl_2 \xrightarrow{\triangle} Hg_2Cl_2 + (CN)_2\uparrow$$

氰的结构经研究证明是直线形的:

$$:N\equiv C-C\equiv N: \qquad r_{C-N} = 113\ pm,\ r_{C-C} = 137\ pm$$

常温时氰化氢为无色液体,苦杏仁味,剧毒,凝固点为 260 K,沸点为 299 K。因液态氰化氢分子间有强烈的缔合作用,所以它有很高的相对介电常数(298 K 时,相对介电常数为 107)。

氰化氢的水溶液称为氢氰酸,它是一种比碳酸和次氯酸还要弱的一元酸。

氢氰酸的盐称为氰化物。氰化物的许多性质和氯化物相似。碱金属和碱土金属的氰化物易溶于水,水溶液因水解而显碱性,重金属氰化物难溶于水。

氰根离子的结构如下:

$$:C\equiv N:^-$$

可见,氰根离子与 CO 是等电子体,很容易和过渡金属,特别是 Cu^+、Ag^+、Au^+等离子形成稳定的配离子:

$$AgCN + CN^- \longrightarrow [Ag(CN)_2]^-$$

$$CuCN + 3CN^- \longrightarrow [Cu(CN)_4]^{3-}$$

$$4Au + 8NaCN + 2H_2O + O_2 \longrightarrow 4Na[Au(CN)_2] + 4NaOH$$

这些稳定配离子在提纯金、银和电镀工业中都得到广泛的应用。但因 CN^-毒性太大,为改善工人劳动条件,确保安全,在电镀工业中近年来已逐步被无氰电镀所代替。

最常见的氰化物是氰化钠,它可以用下列方法制得:

$$CaC_2N_2 \xrightarrow{1373\ K} CaCN_2 + C$$

$$CaCN_2 + C + Na_2CO_3 \xrightarrow{共熔} 2NaCN + CaCO_3$$

氰化物及其衍生物均属剧毒物品,致死量为 0.05 g(几秒钟内立即死亡)。中毒之所以如此迅速,是因为它使中枢神经系统瘫痪,血红蛋白失去输氧能力(强配位能力的 CN^-取代了 O_2)。因此,在空气中氰化氢的含量必须控制在 0.3 $mg \cdot m^{-3}$以下,在水中其含量不得超过 0.01 $mg \cdot L^{-1}$。然而,氰化物是合成某些药物的不可缺少的原料,因此在使用时须特别小心,切记注意安全!

利用氰化物的强配位性和还原性,可以对含氰离子的毒水进行处理:

$$FeSO_4 + 6CN^- \longrightarrow [Fe(CN)_6]^{4-} + SO_4^{2-}$$

$$CN^- + 2OH^- + Cl_2 \longrightarrow CNO^- + 2Cl^- + H_2O$$

(Cl_2可用 H_2O_2、O_3等代替)

$$2CNO^- + 4OH^- + 3Cl_2 \longrightarrow 2CO_2 + N_2 + 6Cl^- + 2H_2O$$

$$NaClO + CN^- \longrightarrow Na^+ + Cl^- + CNO^-$$

其中$[Fe(CN)_6]^{4-}$、CNO^-都是低毒物质。

(2) 硫氰和硫氰酸盐

硫氰$(SCN)_2$在常温下是黄色油状液体，凝固点为 271～276 K，不稳定，逐渐聚合为不溶性砖红色固体。它在 CCl_4和 CH_3COOH 中能稳定存在。它的氧化能力和 Br_2相似：

$$(SCN)_2 + 2I^- \longrightarrow 2SCN^- + I_2$$

硫氰的结构如下：

$$:N\equiv C—S—S—C\equiv N:$$

硫氰的氢酸是硫氰酸(HSCN)，在 273 K 以下为固体，易溶于水，水溶液为一元强酸。

硫氰酸有两种互变异构体：

$$\underset{\text{硫氰酸}}{H—S—C\equiv N} \rightleftharpoons \underset{\text{异硫氰酸}}{H—N=C=S}$$

其中异硫氰酸可存在于 CCl_4中。

硫氰酸盐很易制备，如将氰化钾和硫黄共熔即可得到硫氰酸钾：

$$KCN + S \xrightarrow{\text{共熔}} KSCN$$

硫氰酸根结构如下：

$$:\ddot{\underset{..}{S}}—C\equiv N:^-$$

它是一种两可配体，既可以用 N($:NCS^-$，异硫氰酸根)也可以用 S($:SCN^-$，硫氰酸根)作为配位原子。在与第一过渡系元素或较硬的酸配位时，通常是以 N 作为配位原子去配位，其中一个重要而灵敏的反应是和铁(Ⅲ)生成血红色的配位离子，利用此反应来检验 Fe^{3+}是否存在：

$$Fe^{3+} + xNCS^- \longrightarrow [Fe(NCS)_x]^{(3-x)+}$$

在同第二、第三过渡系元素或较软的酸如 Ag^+、Hg^{2+}作用时，则常以 S 作为配位原子去配位，这是因为 S 比 N 软。

6.5　稀有气体元素化学

若包括 He，稀有气体包括七种元素：He、Ne、Ar、Kr、Xe、Rn、Og。对 Og 了解甚少。其他六种元素是在 1894—1900 年间陆续在大气和某些铀矿中发现的。当这些元素被发现以后，用多种化学试剂对其进行试验，均不发生化学反应，于是认为它们的性质不活泼，化合价为零，因而将这些元素称为“惰性元素”“0族元素”。由于这些元素在常况下均呈气态，故又称为“惰性气体”。

1962年6月，在加拿大工作的英国年轻化学家Bartlett发表了合成$XePtF_6$的简报，使科学界大为震惊，从此打破了这个人为划定的禁区。至今已合成了数百种“惰性元素”的化合物，从氙的低价(XeF_2)到高价(XeO_4)的化合物均已制得，于是有的文献已将“0族元素”改称为ⅧA族元素。

鉴于ⅦA族元素称为卤素的原因是它们都能从海盐中制得，而0族的七种元素绝大多数都可以从空气中获得，因此，在1963年有人建议将其命名为“大气元素”。

在现行的元素周期表中，0族元素是以He为首，故也有人称之为“氦族元素”。但为什么没有p轨道当然也没有p电子的He要放到p区、放到这族之首，是基于什么样的理由，作者查不到相关文献。推测其主要原因可能是在现代原子结构建立之前，根据其性质相似性而进行的分类。从1963年到1965年，一些人根据这些元素在地壳中的含量稀少，主张称之为“稀有气体”，这个建议已被普遍采用。

6.5.1　稀有气体化合物的制备与反应

早在1933年，美国化学家Pauling根据离子半径的计算，预言可制成Xe的某些化合物，但到1961年他又否定了自己的预言。1962年，Bartlett发现O_2同PtF_6反应生成了一种深红色固体，经X射线衍射和其他实验研究，确定此化合物的化学式为$O_2^+[PtF_6]^-$。他从这一事实得到启发，联想到稀有气体Xe的第一电离能($1170.43\ kJ \cdot mol^{-1}$)同$O_2$的第一电离能($1177.18\ kJ \cdot mol^{-1}$)很接近，认为Xe也应当同$O_2$一样能与$PtF_6$反应生成类似的化合物。他按这种设想进行了实验，把深红色PtF_6蒸气和Xe按等物质的量比混合的气体在室温下进行反应，果然很容易地得到了一种不溶于CCl_4的橙红色固体，当时认为是$Xe^+[PtF_6]^-$。实际上，红色固体是一混合物，其中还存在其他氟和氙的化合物。

随后在不多的几年内就合成了Xe的氟化物、氟氧化合物及含氧化合物。迄今为止，Kr和Rn的个别化合物也已制得。但从理论和教学的角度来看，最基本和最重要的还是Xe的氟化物。

1. Xe的化合物

(1) 氟化物

Xe的氟化物可在加热、紫外光照射和电子放电等条件下，由Xe直接氟化而制得。在Xe和F_2体系的加热反应中只得到了XeF_2、XeF_4、XeF_6。各种Xe的氟化物的制备条件列于表6.8中。关于XeF_8的报道至今未被证实。除XeF外，其他含奇数氟原子的氟化氙尚未被确证。XeF是一种不稳定的游离基，将XeF_4于77 K时以γ射线照射可制得XeF。

表6.8　各种Xe的氟化物的制备条件

欲制备的化合物	反应物物质的量比 $n(Xe):n(F_2)$	温度/K	反应时间/h	压力/Pa
XeF_2	7.5 : 1	673	16	7.5×10^6
XeF_4	1 : 5	673	1	6×10^5
XeF_6	1 : 20	523	16	5×10^6

三种 Xe 的氟化物都是无色固体，均为共价化合物，熔点分别为 129 ℃、170 ℃、49.5 ℃，都是强氧化剂，且其氧化能力随氧化数增高而增强。Xe 的氟化物能将许多物质如 H_2、HCl、KI 甚至 BrO_3^-等氧化，例如：

$$XeF_2 + H_2 \xrightarrow{400\ ℃} Xe + 2HF$$

$$XeF_2 + 2HCl = Xe + Cl_2 + 2HF$$

$$XeF_2 + 2KI = Xe + I_2 + 2KF$$

XeF_4、XeF_6与这些物质反应的产物与 XeF_2相同。

XeF_6可与 SiO_2逐步反应，最终生成危险的 XeO_3（室温下，XeF_2、XeF_4不与 SiO_2反应）。所以 XeF_6不宜贮放在玻璃或石英容器内，应放在镍或钢的容器中。

$$2XeF_6 + 3SiO_2 = 2XeO_3 + 3SiF_4$$

XeF_2、XeF_4、XeF_6都能和水发生水解反应：

$$2XeF_2 + 2H_2O = 2Xe + O_2 + 4HF$$

$$6XeF_4 + 12H_2O = 4Xe + 2XeO_3 + 3O_2 + 24HF$$

$$XeF_6 + H_2O = XeOF_4 + 2HF \qquad \text{（部分水解）}$$

$$XeF_6 + 3H_2O = XeO_3 + 6HF \qquad \text{（大量水，完全水解）}$$

XeF_2是一种温和的氟化剂，能使烯烃二氟化。XeF_4、XeF_6的氟化能力更强：

$$2Hg + XeF_4 = Xe + 2HgF_2$$

$$Pt + XeF_4 = Xe + PtF_4$$

$$2SF_4 + XeF_4 = Xe + 2SF_6$$

（2）氟化氙的配合物

XeF_2与共价五氟化物如 PF_5、AsF_5、SbF_5及 NbF_5、TaF_5、RuF_5、OsF_5、RhF_5、IrF_5、PtF_5生成配合物 $XeF_2 \cdot MF_5$、$XeF_2 \cdot 2MF_5$、$2XeF_2 \cdot MF_5$。有人认为它们的结构分别是$[XeF]^+[MF_6]^-$、$[XeF]^+[M_2F_{11}]^-$、$[Xe_2F_3]^+[MF_6]^-$。

一些 XeF_2配合物在固体状态下的结构已被测定。如在配合物 $XeF_2 \cdot 2SbF_5$的结构中（图 6.42），两种 Xe—F 距离有很大的差异（184 pm 和 235 pm），表明 $XeF_2 \cdot 2SbF_5$的化学式应为$[XeF]^+[Sb_2F_{11}]^-$。不过，Xe—F 距离 235 pm 要比 van der Waals 半径之和 350 pm 小得多，表明有一个氟原子在 Xe 和 Sb 之间生成了一个氟桥。事实上，此化合物的结构是介于预期的离子型结构和完全共价的成桥结构之间。

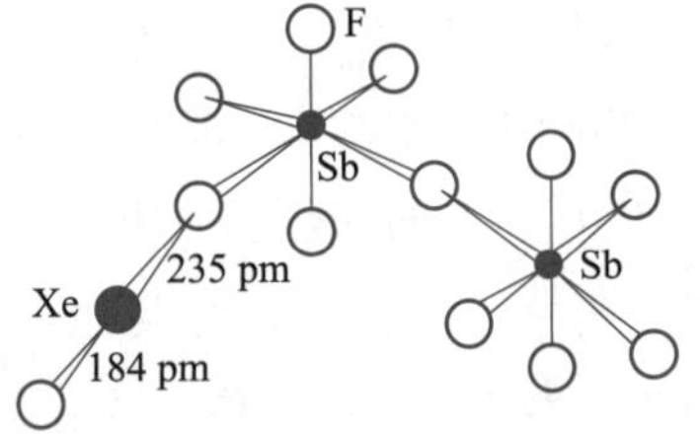

图 6.42　$XeF_2 \cdot 2SbF_5$ 的结构

XeF_4仅同 PF_5、AsF_5和 SbF_5生成少数配合物。

XeF_6既可以起氟给予体的作用与一些 Lewis 酸反应生成配合物，如 $XeF_6 \cdot BF_3$、$XeF_6 \cdot GeF_4$、$XeF_6 \cdot 2GeF_4$、$XeF_6 \cdot 4SnF_4$、$XeF_6 \cdot AsF_5$和 $XeF_6 \cdot SbF_5$，又可以起氟接受体的作用同 RbF 和

CsF 反应生成$[XeF_7]^-$。例如：

$$XeF_6 + CsF \longrightarrow Cs^+[XeF_7]^-$$

$[XeF_7]^-$不稳定，加热到 323 K 时，$[XeF_7]^-$就分解了：

$$2Cs^+[XeF_7]^- \xrightarrow{323\ K} XeF_6 + Cs_2[XeF_8]$$

（3）含氧化合物

Xe 的含氧化合物包括 Xe(Ⅵ)和 Xe(Ⅷ)的氧化物、含氧酸及其盐。

（a）XeO_3和 XeO_4

XeO_3可由 XeF_4水解得到，XeO_4可由浓 H_2SO_4与 Na_4XeO_6作用制备：

$$Na_4XeO_6 + 2H_2SO_4(浓) = XeO_4 + 2Na_2SO_4 + 2H_2O$$

XeO_3在水中以分子形式存在，稳定、不导电，是强氧化剂，可将 NH_3氧化为 N_2和将 Mn^{2+}氧化到 MnO_4^-。

$$XeO_3 + 2NH_3 = Xe + N_2 + 3H_2O$$

$$5XeO_3 + 6MnSO_4 + 9H_2O \xrightarrow{H^+} 6HMnO_4 + 5Xe + 6H_2SO_4$$

固态 XeO_3经摩擦、挤压都将发生爆炸性分解：

$$2XeO_3 = 2Xe + 3O_2$$

因此，使用 XeO_3时要特别小心。

XeO_4不稳定。其固态甚至在 233 K 时也会发生爆炸性分解：

$$XeO_4 = Xe + 2O_2$$

XeO_4的氧化性比 XeO_3的强。XeO_3在酸性介质中反应快，在碱性介质中反应缓慢，而 XeO_4无论在酸性介质中还是在碱性介质中反应都既迅速又彻底。

（b）H_2XeO_4和 H_4XeO_6及其盐

XeO_3溶于水得 H_2XeO_4，用 O_3氧化 XeO_3可得 H_4XeO_6：

$$XeO_3 + H_2O = H_2XeO_4$$

$$XeO_3 + O_3 + 2H_2O = H_4XeO_6 + O_2$$

$$XeO_3 + 4NaOH + O_3 + 6H_2O = Na_4XeO_6 \cdot 8H_2O \downarrow + O_2$$

Na_4XeO_6是比 Na_2XeO_4更强的氧化剂，因此更容易把 HCl、KBr、KI、$MnSO_4$等氧化。

$$5Na_4XeO_6 + 2MnSO_4 + 7H_2O = 5NaHXeO_4 + 2NaMnO_4 + 2Na_2SO_4 + 9NaOH$$

由前面出现过的反应可以看到：Xe(Ⅱ)、Xe(Ⅳ)、Xe(Ⅵ)或 Xe(Ⅷ)的化合物都是氧化剂，而且价态越高氧化性越强。这是由于稀有气体原子有力求恢复原来稳定结构倾向的缘故。而且大多数的情况下都被还原为 Xe。

Xe 的标准电极电势如下：

$$E_A^\ominus/V \quad H_4XeO_6 \xrightarrow{2.36} XeO_3 \xrightarrow{1.7} XeF_2 \xrightarrow{2.6} Xe \quad (XeO_3 \to Xe: 1.8\sim2.1)$$

$$E_B^\ominus/V \quad HXeO_6^{3-} \xrightarrow{0.9} HXeO_4^- \xrightarrow{0.7} XeF_2 \xrightarrow{1.3} Xe \quad (HXeO_4^- \to Xe: 0.9\sim1.3)$$

显然，电极电势显著受溶液 pH 的影响，在酸性溶液中的氧化能力要比在碱性溶液中强得多。

2. 其他稀有气体化合物

目前已制得的稀有气体化合物都是原子序数较大的重稀有气体（Kr、Xe、Rn）元素的化合物，对于原子序数较小的轻稀有气体（He、Ne、Ar），尽管预测它们也可能形成化合物，然而至今没有实现，仍有待于化学家进一步探索。

Kr 的原子序数比 Xe 的小，第一电离能比 Xe 的大，可以预料要获得 Kr 的化合物的困难性要比 Xe 大得多。事实也证明了这点，至今仅制得 KrF_2，其他 Kr 的化合物尚未得到。

$$Kr + F_2 \xrightarrow{77\ K，紫外光照射\ 48\ h} KrF_2$$

KrF_2属四方晶系，与 XeF_2的晶体结构相似，具有挥发性，在 243 K 以下稳定，低于 200 K 可长期存放，室温时分解为 Kr 和 F_2。其性质比 XeF_2活泼，无论在酸性溶液中还是在碱性溶液中都迅速水解（而 XeF_2在酸中稳定），水解产物为 Kr 和 F_2。

KrF_2的标准生成焓为正值（60 $kJ \cdot mol^{-1}$），是至今所知由单质 F_2合成的氟化物中唯一的吸热化合物。它是一种比单质 F_2的氧化能力更强的物质。据报道，它能将 AgCl 中的 Cl^-氧化成 ClF_3和 ClF_5。

对 Rn 的化合物的种类和性质，研究得也远不如 Xe 的化合物深入，主要原因是 Rn 的所有同位素都有很强的放射性，半衰期又短，即使是微量的 Rn，放射性也相当强。经放射性衰变，Rn 变成其他物质，这就增加了研究 Rn 化合物性质的难度。判断 Rn 是否生成化合物，主要是根据单质 Rn 和 Rn 的化合物的挥发性的差异。在低温（如 200 K）时，Rn 的化合物是不挥发的。

Rn 的二氟化物可通过下述方法制取：

$$3Rn + F_2(l) + 2ClF_2(s) \xrightarrow{78\ K} 3RnF_2(s) + Cl_2(g)$$

$$Rn + O_2F_2 \xrightarrow{113\sim233\ K} RnF_2 + O_2$$

同时生成少量的 RnF_4：

$$Rn + 2O_2F_2 \xrightarrow[Rn:F_2\ 为\ 1:1000(体积比)]{113\sim233\ K} RnF_4 + 2O_2$$

生成 RnF_6的条件较为苛刻：

$$Rn + 3F_2 \xrightarrow{233\ K,10\ MPa} RnF_6$$

由于 Rn 的原子序数比 Xe 的大，第一电离能比 Xe 的小，所以 Rn 与氟的反应产物比相应的氟与 Xe 的反应产物稳定性高，如氟化氡只有在 773 K 时才能被 H_2还原成单质 Rn。氟化氡水解，全部放出氡气，这和氟化氙的水解产物不同。

Rn 的其他化合物尽管从理论上预测一定能存在，且进行过合成尝试，但至今皆未成功。

3. 稀有气体包笼化合物

稀有气体的包笼化合物是指稀有气体被捕集在其他化合物的晶格的孔穴中所得到的包合物。不过，虽然这些气体被捕集，但其间并没有成键作用发生。

如果在$(10\sim40)\times10^5$ Pa 压力的较重稀有气体的存在下结晶对氢醌(1,4-二羟基苯)，这时，该气体将被捕集到由 β-对氢醌构成的直径约为 400 pm 的晶体结构的孔穴中。不过，在正常情况下并不是所有的孔穴都被充占。这些包合物的组成相当于 3 个对氢醌∶1 个被俘分子。当这种包合物溶解时，通过氢键结合起来的 β-对氢醌排布破裂了，稀有气体就逃逸出来。

轻稀有气体 He 和 Ne 生成的包合物因 He 和 Ne 太小而能从孔穴中逃逸，所以它们的包合物不稳定。

当水冻成冰时也一样能把 Ar、Kr 和 Xe 捕集在冻冰的孔穴中。所谓的稀有气体的水合物其化学式近似于 1 个稀有气体分子带 6 个 H_2O($8Xe\cdot46H_2O$)。

6.5.2 稀有气体化合物的结构及成键

自从稀有气体化合物合成成功并测定了它们的结构之后，这些化合物的结构怎样从理论上加以叙述，一直是化学家关心和探索的问题。目前已有几种说明稀有气体化合物结构的理论模型，但这些模型也都有一些缺陷。总的来说，稀有气体化合物结构的理论解释，尚未完全解决，下面介绍几种常用的理论模型对稀有气体化合物结构的确定。

1. 价层电子对互斥(VSEPR)理论

如 XeF_4，在 XeF_4中成键电子对(BP)为 4 对，孤电子对(LP)为$(8-4\times1)/2=2$ 对，价层电子对(VP)共 6 对。这些价层电子对在空间应为八面体排布，八面体排布中电子对间的角度均为 90°。在 LP 和 BP 的所有可能的排布中，以两对孤电子对对顶排布斥力最小，所以 XeF_4 分子应为平面正方形构型，与实验测定的结果一致。

而 XeF_2的 BP 为 2 对，LP 为$(8-2\times1)/2=3$ 对，VP 共 5 对。5 对价层电子对在空间应按三角双锥排布，在三角双锥构型中，电子对间有 90°和 120°两种键角，最小角度是 90°。在 LP 和 BP 的所有可能的排布中，以两对成键电子对对顶排布和三对孤电子对分布在平伏键位置斥力最小，所以 XeF_2分子应有直线形的构型。这与实验测定的结果也一致。

$[XeOF_3]^+$的 BP 为 4 对，LP 为$[(8-2-3\times1)-1]/2=1$ 对，VP 共 5 对。5 对价层电子对在空间应为三角双锥排布。不过，4 对成键电子对实际上包含了 3 条单键和 1 条双键。由于双键的斥力介于孤电子对和单键之间。因此在所有可能的排布中，只有两条单键对顶排布和孤电子对、双键及另一条单键分布在平伏键位置斥力最小,所以$[XeOF_3]^+$应为扭曲的四面体构型。

VSEPR 理论对于预测稀有气体化合物分子的构型是很有用的,但 VSEPR 理论不能解释已有 8 个电子的满壳层的原子为什么还能形成化学键的问题。

2. 价键理论

仍以 Xe 的几种氟化物分子中化学键的形成为例来说明。

对于XeF_2,价键理论认为,XeF_2分子中 Xe 原子的基态电子受激发后形成 sp^3d 杂化轨道,五条 sp^3d 杂化轨道在空间按三角双锥分布,其中三条轨道为孤电子对所占据(在同一平面上,互成 120°角),另两条各含一个电子的杂化轨道分别和两个 F 原子中含一个电子的 p 轨道重叠,形成两条共价单键,构成直线形的 XeF_2分子。

而 XeF_4分子中 Xe 原子的基态电子受激发后形成的是 sp^3d^2杂化轨道,六条 sp^3d^2杂化轨道在空间分布为八面体,其中两条被孤电子对所占据,位置相对。另四条各含一个电子的杂化轨道分别和四个 F 原子中含一个电子的 p 轨道重叠,形成四条共价单键,构成平面正方形的 XeF_4分子。

XeF_6的 BP 为 6 对,LP 为$(8-6\times1)/2=1$ 对,VP 共 7 对。XeF_6分子中 Xe 原子的基态电子受激发后形成 sp^3d^3杂化轨道。七条轨道中有一条被孤电子对所占据,剩下的六条各含一个电子的杂化轨道分别和六个 F 原子含一个电子的 p 轨道重叠,形成六条共价单键。所以 XeF_6分子构成了一个畸变的八面体。孤电子对或伸向一个棱的中点,或伸向一个面的中心。

价键理论对稀有气体化合物分子的结构推测和它们的实验结果基本相符。然而,像XeF_6分子具有不止一种的畸变八面体构型,价键理论就难以区分了。价键理论能说明稀有气体原子外层尽管含有 8 个电子,但仍能形成化学键的道理,这比 VSEPR 理论又深入了一步,然而要对几种可能的构型中谁最稳定作出判断,价键理论又显得不足。这两个理论共同的优点是简单、明了,容易理解和掌握,且都基本反映了事实,因此,是当前应用比较普遍的模型。不过,由于电子激发所需能量很高(如在 XeF_6中,Xe 原子要激发 3 个电子),有人对价键理论提出了异议。

3. 分子轨道理论

使用分子轨道理论来说明稀有气体化合物分子的结构,是当前最新而又较好的模式。

讨论稀有气体化合物的成键问题,也可应用分子轨道理论,三中心四电子键的概念可以较好地说明 XeF_2、XeF_4和 XeF_6的化学成键和结构问题。例如,对于直线形 F—Xe—F 分子,可以认为 Xe 原子上的一条 5p 轨道跟两个氟原子的各一条轨道(可以是一条纯的 p 轨道,或是一条杂化轨道)相互重叠形成 3 条三中心轨道:成键分子轨道、反键分子轨道和非键分子轨道(见图 6.43)。填入的四个价电子($Xe_{5p^2}+F_{2p^1}+F_{2p^1}$)构成了一条填充的成键分子轨道,一条填充的非键分子轨道,其中的成键分子轨道(单键)离域于整个 F—Xe—F 体系。

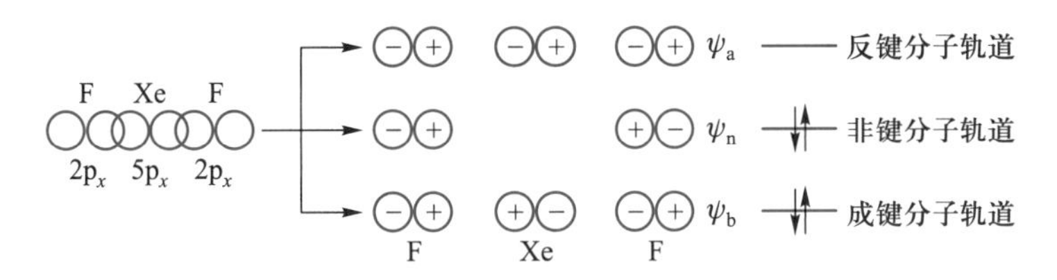

图 6.43　F—Xe—F 三中心四电子键的分子轨道图

与第一条 5p 轨道垂直的 Xe 原子上的第二条 5p 轨道与第三、第四个 F 原子构成第二条三中心四电子 F—Xe—F 键（XeF_4）。Xe 原子上的第三条 5p 轨道也可以同第五、第六个 F 原子形成第三条三中心四电子 F—Xe—F 键（XeF_6）。基于这种成键模型，可以预言 XeF_2是直线形的，XeF_4是平面正方形的，XeF_6是八面体形的。实验证明，前两个结构的预言是正确的，而 XeF_6的结构经实验测定为畸变的八面体。

从以上讨论可以看出，三种理论在解释稀有气体化合物分子的结构和性质上各有千秋，互为补充。VSEPR 理论对确定稀有气体化合物的最稳定结构很有效，但不能说明其成键本质和化合物的性质；价键理论和分子轨道理论都能说明化合物中化学键的形成过程和化合物的一些性质。尤其是分子轨道理论不仅能说明成键的本质，还能说明分子的稳定性、磁性、光学性质等不少性质，可是它的近似能级的计算很复杂，一时难以推广。另外，在预测最稳定的分子构型上分子轨道理论也无能为力，因此也有待进一步改进。

6.6　无机高分子物质

20 世纪 20 年代以来，有机高分子合成材料发展迅速，得到了广泛应用。但它们的某些性能（如耐高温能力）仍不能满足某些方面的要求，而无机高分子物质在这些方面却有其优越性，所以近年来，无机高分子物质的开发研究越来越受到人们的重视，已经形成了独立的学科。本节叙述无机高分子化学的一些基本概念并介绍部分无机高分子物质。

6.6.1　无机高分子物质概述

1. 无机高分子物质的特点

无机高分子物质也称为无机大分子物质，它与一般低分子无机物质相比具有如下特点：

（1）由多个“结构单元”组成

无机高分子物质的分子都是由一种（或数种）原子（或基团）多次重复连接起来的。这种重复出现并且相互连接起来的原子或基团叫做“结构单元”。例如，链状硫是一种无机高分子物质，它的分子是由许多个 S 原子靠共价键连成的长链。“—S—”就是其中的结构单元。无机高分子物质的化学式可以写成

$$A\!\left[M\right]_n\!B$$

其中 M 就是结构单元,A 和 B 是此分子的端基,其组成可以和 M 相同也可以不同。

(2) 相对分子质量大

无机高分子物质中所含结构单元的个数即 $A\!-\!\!\left[M\right]\!\!-_n B$ 式中的 n 叫聚合度。此值通常很大,所以无机高分子物质的相对分子质量可达到几千甚至几万。

因为聚合度 n 值很大,即使端基的组成与 M 不同,它们在整个分子中所占地位也不重要,所以整个分子的组成可以用$\left[M\right]_n$ 或[M]$_n$、(M)$_n$表示。

(3) 相对分子质量有“多分散性”

无机高分子物质常由聚合度不同的分子组成。这些分子的 n 值都很大但不一定相等。例如,聚磷酸盐就含有 n 等于几十到几千的各种分子。它们又不易按其 n 值分离开来,所以无机高分子物质的相对分子质量只是一个平均值。这种相对分子质量的多样性就是“多分散性”。

(4) 分子链的几何形状复杂

无机高分子物质的分子中有很多个结构单元,它们相互连接的方式当然很难一致,因此同一种物质中也会有几何形状不同的分子链。如聚磷酸盐就有长链状、支链状、环状等多种形状的分子。

2. 构成无机高分子物质的元素

在有机高分子中主要是由碳原子构成主链。无机高分子物质的分子则可由其他多种元素的原子构成主链。这些原子间主要靠共价键(包括配位键)互相结合。完全由同一种元素的原子构成的主链叫做“均链”,如链状硫的链只由硫原子构成。由不同种元素的原子构成的主链叫做杂链,如聚磷酸盐是由磷原子和氧原子构成主链。

从表 6.9 中的键能数据可以看出各元素的原子形成均链或杂链的能力。键能越大,形成的键就越稳定,靠这种键就有可能形成长链的分子。C—C 键键能的数值大,所以碳原子与碳原子可以连接成长链。Si—Si 键键能的数值小,所以单纯由硅原子组成的链较短。Si—O 键可以连接成多种链状、层状、骨架状的硅酸盐。表 6.9 中的数据对于无机高分子物质的合成可以有所启示。

表 6.9　某些键的键能

键	键能/($kJ\cdot mol^{-1}$)	键	键能/($kJ\cdot mol^{-1}$)
C—C	345.6	B—O	535.6
S—S	225.9	B—N	447.7
Si—Si	221.8	Si—O	443.5
P—P	220.8	C—B	372.4
Ge—Ge	188.3	P—O	334.7
Sn—Sn	163.2	C—Si	326.4
As—As	163.2	C—Sb	309.6
Sb—Sb	177.0	Si—S	292.9
N—N	163.2	C—S	272.0
O—P	146.4	As—O	272.0

元素的电负性之和是判断元素之间能否生成均链和杂链无机高分子物质的重要依据之一。一般来说,两元素电负性之和为 5~6 可以发生聚合,电负性之和小于 5,不能发生聚合。表 6.10 列出能生成无机高分子物质的元素及其在元素周期表中的位置(表中未列出氢)。表中所有的元素都能生成杂链无机高分子物质,有下划线的元素能生成均链无机高分子物质。

表 6.10 能生成无机高分子物质的元素及其在元素周期表中的位置

B	C	N	O	F
Al	Si	P	S	Cl
	Ge	As	Se	
	Sn	Sb	Te	

3. 无机高分子物质的分类

无机高分子物质的种类繁多,而且还在不断合成出新的品种,为了便于了解和研究,正确合理地将其进行分类是很有必要的。现将两种较常用的分类方法简述如下:

(1) 按照主链结构分类

均链无机高分子物质:由同一种元素的原子构成其主链。例如:

链状硫　　…—S—S—S—…

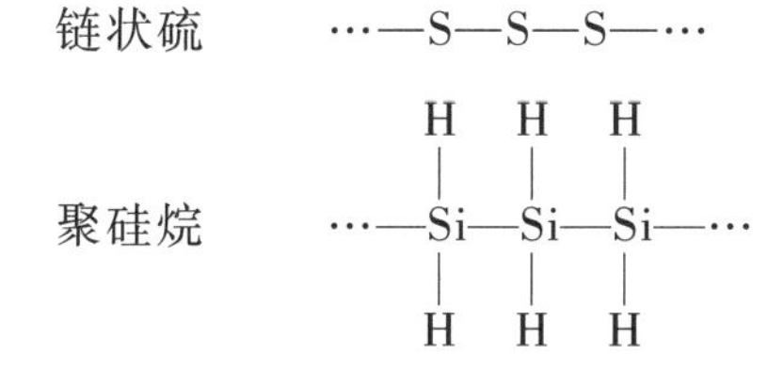

杂链无机高分子物质:主链由不同种元素的原子构成。例如:

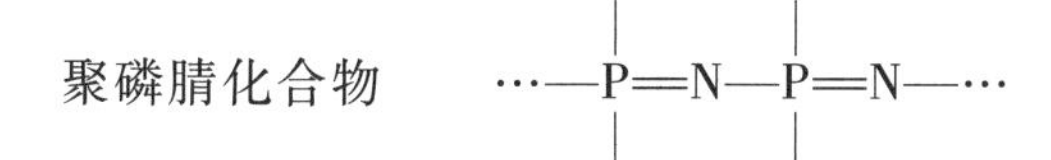

(2) 按照无机高分子物质的空间因次分类

按照无机高分子物质的空间因次可分为一维、二维和三维,即链状、层状和骨架型(或网络型)无机高分子物质。

一维无机高分子物质:因结构单元是按线形连接的,所以称为链状无机高分子物质。

二维无机高分子物质:结构单元是在平面上连接的,形成平面形高分子。平面分子相互按一定规律重叠构成晶体,所以称为层状无机高分子物质。

三维无机高分子物质:结构单元是在三维空间方向上连接的,所以称为骨架型(或网络型)无机高分子物质。

4. 无机高分子物质的命名

无机高分子物质有两种命名法,其中 IUPAC 发布的高分子化合物命名方法,虽比较严谨但一般过于烦琐,故不常为人们所采用,通常多使用习惯名称或商品名。举例如下:

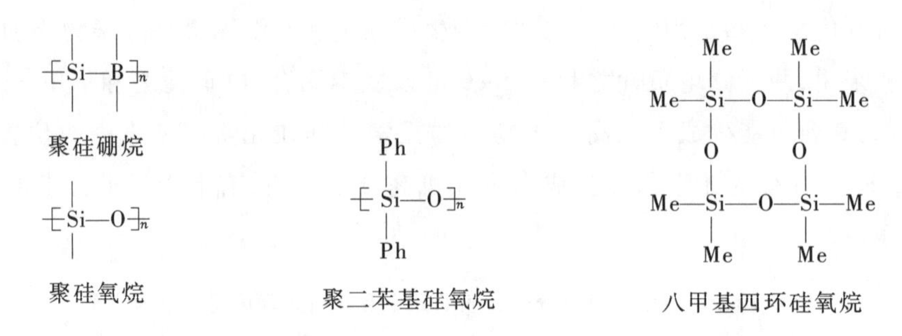

聚硅硼烷

聚硅氧烷

聚二苯基硅氧烷

八甲基四环硅氧烷

在卤化物、硫化物和氧化物中，均有部分是无机高分子化合物。对这部分无机高分子化合物，其化学式在习惯上仍以单个分子的化学式表示，并按单个分子命名。如 NbI_4、SeO_2 均为链状高分子，但其化学式一般不写成 $(NbI_4)_n$ 和 $(SeO_2)_n$，通常仍以 NbI_4 和 SeO_2 表示，故称为四碘化铌和二氧化硒。

6.6.2 链状无机高分子物质

链状无机高分子物质的种类众多，本节只介绍其中几个例子。

1. 均链无机高分子物质

(1) 链状硫

在氮气或其他惰性气体中，将硫于 300 ℃下加热 5 min，然后倾入冰水中，即生成纤维状的弹性硫，它是由螺旋状长链硫 $(S)_n$ 所组成。链状硫不溶于 CS_2，在室温下放置则硬化而失去弹性，慢慢解聚变成 S_8，光照可促进解聚。若在硫的熔融体中加入磷、卤素单质或碱金属，可提高链状硫的稳定性。这是因为它们与硫链末端的硫反应形成了端基，从而能够稳定硫链的末端。例如，多硫化钾 $(K[S]_nK)$、多硫化碘 $(I[S]_nI)$ 等都比较稳定。

(2) 聚硅烷

已熟知硅与同族的碳相似，可生成一系列由低相对分子质量到高相对分子质量的硅烷。硅烷有还原性，在空气中能自燃，对热不稳定，500 ℃以上分解出氢和硅。

将硅化钙与含有冰醋酸或盐酸的醇溶液作用，则生成高相对分子质量的链状聚硅烷 $[SiH_2]_n$，其结构类似于聚乙烯；用惰性气体稀释的四氯化硅或四溴化硅通入 1000~1100 ℃的反应器内，反应生成了与 $[SiH_2]_n$ 类似的聚卤代硅烷 $[SiX_2]_n$。将 $(CH_3)_2SiCl_2$ 与熔融的金属钠反应，可生成聚二甲基硅烷：

$$n(CH_3)_2SiCl_2 + 2nNa \longrightarrow [(CH_3)_2Si]_n + 2nNaCl$$

在空气中把聚二甲基硅烷于 200 ℃下加热 16 h 即得固化的聚二甲基硅烷。它对水十分稳定，在其他化学试剂中也有良好的稳定性，如在 NaOH 水溶液中可长时间浸渍，性质和形状均不发生变化。

2. 杂链无机高分子物质

(1) 硫氮化合物

已知有多种硫氮化合物，其中最重要的是 S_4N_4 和由它聚合而成的长链状聚合物 $(SN)_n$。$(SN)_n$ 是迄今唯一已知具有超导性质的链状无机高分子物质。

二氯化硫(SCl_2)或二氯化二硫(S_2Cl_2)在苯或四氯化碳溶剂中与NH_3反应能制得S_4N_4。反应如下：

$$6SCl_2 + 16NH_3 \xrightarrow{\text{苯或 } CCl_4} S_4N_4 + 12NH_4Cl + 2S$$

$$6S_2Cl_2 + 16NH_3 \xrightarrow{\text{苯或 } CCl_4} S_4N_4 + 12NH_4Cl + 8S$$

另一种方法是将NH_4Cl和S_2Cl_2在 160 ℃下一同加热：

$$6S_2Cl_2 + 4NH_4Cl \longrightarrow S_4N_4 + 16HCl + 8S$$

S_4N_4也可由硫和无水液氨按以下可逆平衡反应制得：

$$10S + 4NH_3 \rightleftharpoons S_4N_4 + 6H_2S$$

当然，H_2S与NH_3会进一步反应生成$(NH_4)_2S$。不过，若往体系中加入 AgI，反应则继续按正方向进行，沉淀出Ag_2S并生成NH_4I。

S_4N_4具有热色性，-190 ℃时几近无色，25 ℃时为橙色，100 ℃时为血红色。S_4N_4橙色晶体在空气中是稳定的。将S_4N_4小心加热到 178 ℃即熔融。但当S_4N_4受到撞击或迅速加热时会发生爆炸，这是由于单质硫更加稳定，同时产物N_2分子内的强大键能又远远大于S_4N_4分子内弱的 S—N 键的缘故。S_4N_4不溶于水，可溶于二硫化碳。

S_4N_4的结构示于图 6.44 中，是一种摇篮形的结构，为八元杂环，具有D_{2d}对称，四个氮原子组成平面四方形，四个硫原子组成四面体，氮原子四方平面正好平分硫原子的四面体，两个硫原子在平面的上方，另外两个在平面的下方。分子中各 S—N 的距离均为 162 pm，较它们的共价半径之和(176 pm)短，键级为 1.65，这是在分子的杂环中存在的 12 个不定域 π 电子的作用所造成的。跨环的 S┄S 的距离(258 pm)介于 S—S 键(208 pm)和未键合的 van der Waals 距离(330 pm)之间，说明在跨环 S 原子之间存在虽然很弱但仍很明显的键合作用。

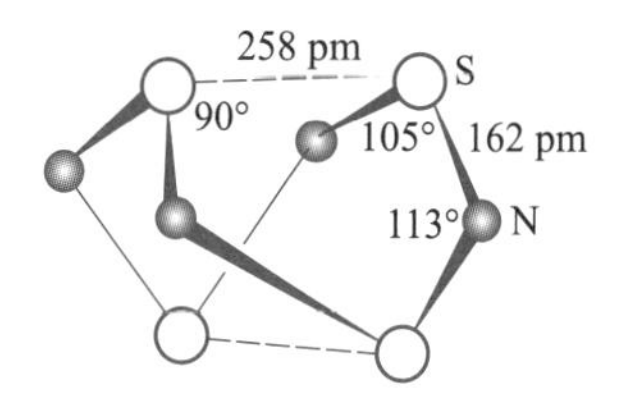

图 6.44　S_4N_4的结构

As_4S_4的结构与S_4N_4的结构类似，但其中ⅤA 族元素和ⅥA 族元素互相交换了位置。

把S_4N_4蒸气加热到 300 ℃，生成S_2N_2。S_2N_2非常不稳定，在室温即聚合成$(SN)_n$。$(SN)_n$为长链状结构，各链彼此平行地排列在晶体中，相邻分子链之间以 van der Waals 力相结合。$(SN)_n$晶体在电学性质等方面具有各向异性。例如，$(SN)_n$晶体在室温下，沿键方向的电导率数量级在10^5 S·m^{-1}，而垂直于键方向的电导率仅为 1000 S·m^{-1}。且$(SN)_n$晶体沿键方向的电导率随温度的降低而增大，室温下其电导率与 Hg 等金属相近，在 5 K 时可达5×10^7 S·m^{-1}，在 0.26 K 以下成为超导体。超导体$(SN)_n$的获得，首次证明不含金属原子的体系也可能具有超导性。$(SN)_n$也是在合成和研究具有超导性的一维各向异性化合物中所取得的第一个成果。

(2) 磷氮化合物

磷腈化合物(偶磷氮烯)是由相互交错的磷原子和氮原子结合而成的，在每个磷原子上有两个取代基，其通式可写成[PNX_2]$_n$。

① 低聚合度的氯代磷腈化合物

低聚合度的氯代磷腈化合物具有环状结构，通式中的 $n=3\sim8$，其中以三聚体[$PNCl_2$]$_3$和四聚体[$PNCl_2$]$_4$最为重要，它们是合成高聚合度链状磷腈化合物的关键中间体，已经商品化。可利用下面反应制备：

$$n\mathrm{PCl_5} + n\mathrm{NH_4Cl} \xrightarrow{\text{四氯乙烯}} [\mathrm{PNCl_2}]_n + 4n\mathrm{HCl}$$

反应产物是 $n=3$、4、5 等的混合物，在适当条件下分离，可得到 $n=3$ 或 $n=4$ 型的分子。

在制备反应中，用 NH_4Br 代替 NH_4Cl 时，可制得溴代物[$PNBr_2$]$_3$和[$PNBr_2$]$_4$；类似的氟代物可在 400 K 下以氟亚硫酸钾和[$PNCl_2$]$_3$作用制得。

$$[\mathrm{PNCl_2}]_3 + 6\mathrm{KSO_2F} \xrightarrow{400\ \mathrm{K}} [\mathrm{PNF_2}]_3 + 6\mathrm{KCl} + 6\mathrm{SO_2}$$

[$PNCl_2$]$_3$和[$PNCl_2$]$_4$的结构如图 6.45 所示，前者为平面形，后者存在“椅型”和“船型”两种构象。[$PNCl_2$]$_3$ 和[$PNCl_2$]$_4$ 中 P—N 键的键长及各种键角见表 6.11。

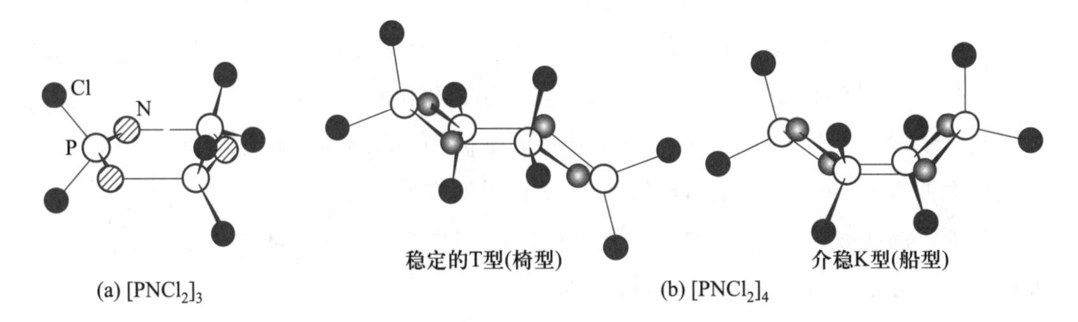

图 6.45　[$PNCl_2$]$_3$ 和[$PNCl_2$]$_4$ 的结构

表 6.11　[$PNCl_2$]$_3$和[$PNCl_2$]$_4$中 P—N 键的键长及各种键角

[$PNCl_2$]$_n$	P—N 的键长/pm	∠NPN/(°)	∠PNP/(°)	∠ClPCl/(°)
[$PNCl_2$]$_3$	156	118.5	121.4	101.4
[$PNCl_2$]$_4$	157	121.2	131.3	102.8

在氯代磷腈中，氮原子被认为进行了 sp^2杂化，三条杂化轨道被四个电子占据，其中一条被孤电子对占据，各有一个电子的另两条 sp^2杂化轨道与 P 的 sp^3杂化轨道生成 P—N 键；N 原子上余下的被第五个电子占据的 p_z轨道用于形成 π 键。磷原子的处于 sp^3杂化轨道的四个电子近似地按四面体排列在 σ 键中，这些键分别是两条 P—Cl 键，两条 P—N 键，余下的处于 d 轨道上的第五个电子用于形成 π 键。所以在氯代磷腈中的 π 键是 d(P)-p(N)π 键。

由于 d-p π 键的共轭作用，所以磷腈化合物的骨架稳定，具有较高的热稳定性。又由于磷腈化合物中存在活泼的 P—Cl 键，所以容易进行化学反应。其中亲核取代反应是磷腈化合物的主要反应，当亲核试剂进攻磷原子时，可部分地或全部地取代磷原子上的 Cl 原子，生成相应的取代物。例如：

$$[PNCl_2]_3 + 6NaOR \longrightarrow [PN(OR)_2]_3 + 6NaCl$$

$$[PNCl_2]_3 + 6NaSCN \longrightarrow [PN(SCN)_2]_3 + 6NaCl$$

$$[PNF_2]_3 + 6PhLi \longrightarrow [PN(Ph)_2]_3 + 6LiF$$

对这些反应的机理至今还了解得不充分，但一般认为它们是属于 S_N2 取代反应。

② 高聚合度的磷腈化合物

将环状 $[PNCl_2]_3$ 于密闭容器中加热到 250～350 ℃，即开环生成长链状聚二氯偶磷氮烯（以下简称氯代磷腈）：

$$n[PNCl_2]_3 \xrightarrow{250\sim350\ ℃} [PNCl_2]_{3n}$$

目前较普遍地认为 $[PNCl_2]_3$ 的聚合是（阳）离子聚合反应。即 $[PNCl_2]_3$ 首先产生一个 Cl^- 和含磷阳离子，其聚合反应机理如图 6.46 所示。

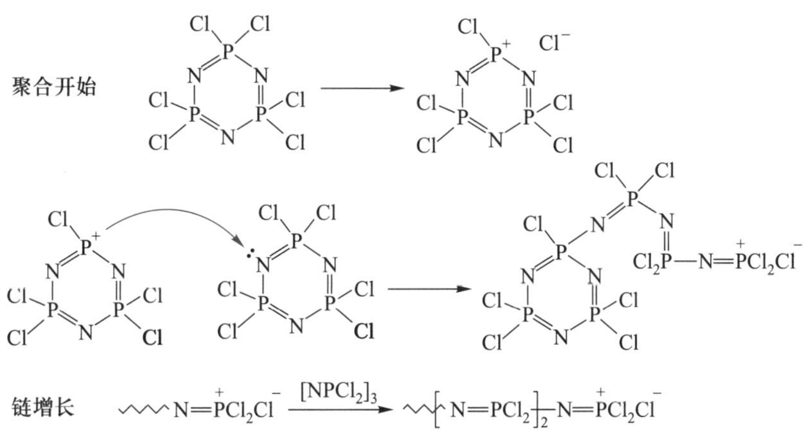

图 6.46 $[PNCl_2]_3$ 的聚合反应机理

聚氯代磷腈的相对分子质量可达两万以上。它是无色透明的不溶于任何有机溶剂的弹性体，故有无机橡胶之称。其玻璃化温度约为 -63 ℃，可塑性界限温度为 -30～30 ℃，抗张强度达 18 $kg \cdot cm^{-2}$，伸长率为 150%～300%，具有良好的热稳定性，400 ℃以上才解聚。由于含有活性较高的 P—Cl 键，聚氯代磷腈易于水解：

$$[PNCl_2]_n \xrightarrow{H_2O} [PN(OH)_2]_n + 2nHCl \xrightarrow{H_2O} nH_3PO_4 + nNH_3$$

因而难以实用。近年来，烷氧基和其他基团的引入消除了聚氯代磷腈对水的不稳定性，使聚氯代磷腈及其应用有了进一步发展的希望。

③ 聚氯代磷腈的有机衍生物及其应用

利用多种类型的反应，可在磷原子上引入不同的有机基团，生成种类繁多的有机衍生物。现以烷氧基取代物为例。

在 57 ℃时聚氯代磷腈的苯溶液与三氟乙醇钠反应可制得相应的烷氧基取代物：

$$\left[\begin{matrix}Cl\\|\\P{=}N\\|\\Cl\end{matrix}\right]_n + 2nNaOCH_2CF_3 \xrightarrow[\text{苯}]{57\ ℃} \left[\begin{matrix}OCH_2CF_3\\|\\P{=}N\\|\\OCH_2CF_3\end{matrix}\right]_n + 2nNaCl$$

也可以取代部分卤素原子或在同一磷原子上连接不同取代基。

$$\left[\begin{matrix}Cl\\|\\P{=}N\\|\\Cl\end{matrix}\right]_n \xrightarrow[R_2Mg]{RLi\ 或} \left[\begin{matrix}Cl\\|\\P{=}N\\|\\R\end{matrix}\right]_n \xrightarrow{nNaOCH_2CF_3} \left[\begin{matrix}OCH_2CF_3\\|\\P{=}N\\|\\R\end{matrix}\right]_n$$

取代基不同,所得取代物的性质也不同。部分烷氧基取代物的性质见表 6.12。

表 6.12　部分烷氧基取代物的性质

化合物	相对分子质量	玻璃化温度/℃	熔点/℃	T_{10}^*/℃
$[PN(OEt)_2]_n$	1.7×10^6	-84	—	—
$[PN(OCH_2CF_3)_2]_n$	—	-66	242	435
$[PN(OCH_2CF_3)(OCH_2C_3F_7)]_n$	6.8×10^6	-77	—	—
$[PN(OPh)_2]_n$	3.7×10^6	-8	—	480
$[PN(OC_6H_4CF_3)_2]_n$	—	-35	330	380

* T_{10}为质量减少 10%时的温度。

聚氯代磷腈的烷氧基取代物具有玻璃化温度低、热稳定性好和不燃烧等特性,因而引起了人们极大的重视,已成为新型材料开发的重点。如$\{PN(OCH_2CF_3)[OCH_2(CF_2)_3CF_2H]\}_n$已经商品化,商品名为 PNF。PNF 具有优良的低温特性(玻璃化温度为-68 ℃),经加入硫等处理后,在相当低的温度下也具有良好的柔韧性;加入适量的 SiO_2、MgO 等氧化物,可迅速固化形成 PNF 橡胶。PNF 橡胶具有耐油、耐高温、抗老化、低温弹性好和不燃烧等优良性质。可制成耐低温或高温及耐火阻燃材料。

聚磷腈中的有机取代基含活性氨时能够经重氮化反应制备成高分子染料。它们有耐高温、不燃烧等特性,为其他染料所不及。

目前正研究用聚氯代磷腈衍生物作为医用高分子材料、高分子药物及高效催化剂等。这些方面有诱人的前景。

6.6.3　无机环状化合物——环硼氮烷及其衍生物

B 原子和 N 原子相连形成的 B—N 基团在结构上同 C—C 基团是等电子体,它们之间的类似性主要是由于在 $^-B{=}N^+$双键中,π 键的极性恰好同 σ 键的极性相反而互相抵消,致使 B═N 键总体基本上不呈现极性,因而和 C═C 键很相近。正是由于 B═N 键和 C═C 键的类似性,致使硼氮六环 $B_3N_3H_6$(无机苯)在电子结构和几何形状上与苯 C_6H_6完全相似。

$B_3N_3H_6$也具有芳香烃的性质,可以参加各种芳香取代反应和加成反应。它们的取代衍生物都有一定的稳定性。就加成反应而言，硼氮环比苯环更活泼，因为缺电子的 B 更倾向于接受外来电子。如 $B_3N_3H_6$能与 HX（X = Cl、OH、OR 等）迅速进行加成反应而苯则不是这样：

$$B_3N_3H_6 + 3HX \longrightarrow [H_2N—BHX]_3$$

硼氮六环可借助下列方法合成：

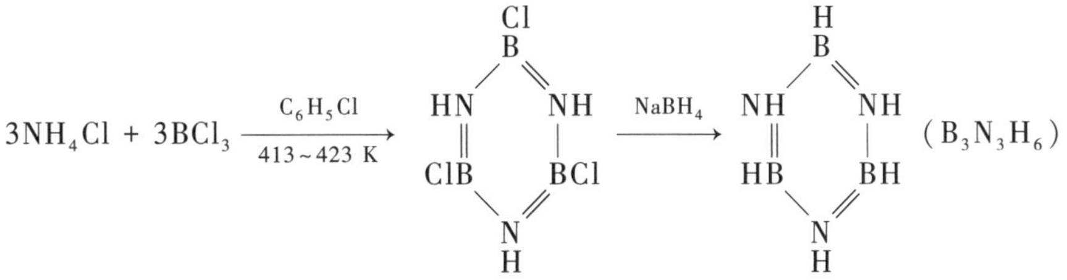

$$3NH_4Cl + 3BCl_3 \xrightarrow[413\sim423\ K]{C_6H_5Cl}$$

```
          Cl                         H
          B                          B
        /   \\                     /   \\
     HN       NH    NaBH4       NH       NH
     ||       |   -------->     ||       |     (B3N3H6)
     ClB      BCl               HB       BH
        \\   /                     \\   /
          N                          N
          H                          H
```

硼氮六环在贮藏时徐徐分解，在高温时它水解为 NH_3和 $B(OH)_3$。

硼和氮也能形成八元环的硼氮八环（$B_4N_4H_8$）化合物及其衍生物：

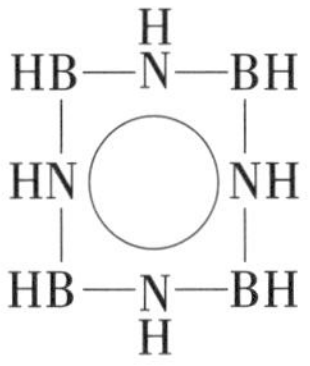

```
        H
   HB—N—BH
   |       |
   HN  ( )  NH
   |       |
   HB—N—BH
        H
```

它们也能生成稠环化合物。例如，同萘（$C_{10}H_8$）相类似的硼氮萘（$B_5N_5H_8$）：

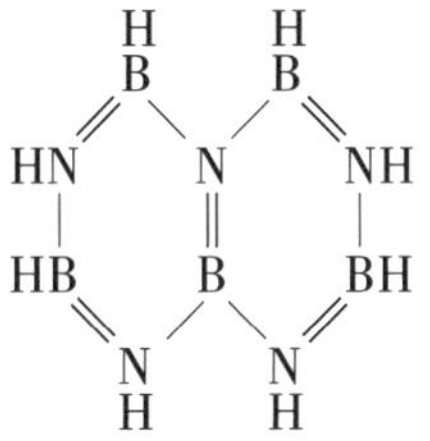

```
      H       H
      B       B
    //  \   /  \\
  HN      N      NH
  |       ||      |
  HB      B      BH
    \\  /   \  //
      N       N
      H       H
```

6.6.4 无机笼状化合物——分子筛

无机笼状化合物种类繁多，如在前面已经叙述过的窝穴醚、球形穴醚、硼烷及其硼烷衍生物、碳的簇合物等都是无机笼状化合物的典型实例。在这些笼状化合物中，有的属于原子簇化合物研究的范畴。由于原子簇化合物成键特殊，且许多化合物有很好的催化性能及生物化学活性，故形成了一个崭新的领域——原子簇化学。过渡金属大都能形成原子簇化合物，而主族元素则很少，仅有 B、C、Si、Be、S 等元素能形成原子簇化合物。关于过渡金属原子簇化合物的一些详细内容待第 9 章介绍，本节仅介绍涉及主族元素的具有典型笼状骨架结构的化合物——分子筛。

（1）沸石型分子筛

分子筛是一种微孔型的具有骨架结构的晶体，它的骨架中有大量的水，使其失水后，其晶体内部就形成了许许多多大小相同的空穴，空穴之间又有许多直径相同的孔道相连，有时，在空穴和孔道中还存在有阳离子。空穴和孔道的大小由晶体结构所规定,可根据制造方法的不同,以及用不同的阳离子进行离子交换来加以控制。脱水的分子筛具有很强的吸附能力,能将比孔径小的物质的分子通过孔吸到空穴内部,而把比孔径大的物质的分子拒于空穴之外,从而把分子大小不同的物质分开,正因为它具有这种筛分分子的能力,所以称它为分子筛。

不过,应该指出,分子筛的选择吸附性能不仅取决于其孔径大小,还与被吸附分子的结构和极性有关。不同分子即使大小相仿,如果结构和极性相异,吸附能力的大小就不一样,也能被分子筛筛分——吸附能力大的留下,吸附能力小的通过。

分子筛有确定的孔径、比表面积、空穴体积,且由于空穴多、比表面积大(A 型分子筛的测定值为 800 $m^2 \cdot g^{-1}$),具有很大的吸附容量。

之所以称为沸石型分子筛,是因为分子筛的一个亚类叫沸石,沸石的基本结构单元是硅氧四面体和铝氧四面体按一定的方式连接而形成的基本骨架。

图 6.47 示出由硅氧四面体和铝氧四面体连接成的四元环和六元环。四元环和六元环再以不同方式连接成立体的网格状骨架。骨架的中空部分(即分子筛的空穴)称为笼。其中,由于铝是+3 价的,所以铝氧四面体中有一个氧原子的负电荷没有得到中和,这就使得整个铝氧四面体带有负电荷。为了保持电中性,在铝氧四面体附近必须有带正电荷的金属阳离子来抵消它的负电荷,在合成分子筛时,金属阳离子一般为钠离子。钠离子可被其他阳离子交换。

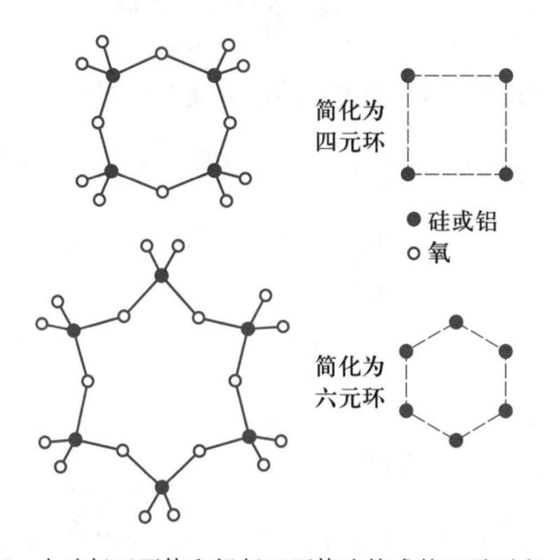

图 6.47　由硅氧四面体和铝氧四面体连接成的四元环和六元环

人工合成了大量沸石型分子筛品种。沸石型分子筛的合成可在常压下进行,但更多的情况下则使用高压下的水热体系,反应混合物中往往需要引入其他大体积阳离子(如 NR_4^+)作为模板剂。例如,将胶态 SiO_2、Al_2O_3 与四丙基铵的氢氧化物水溶液于高压釜中加热至 100~200 ℃,再将所得的微晶产物在空气中加热至 500 ℃烧掉季铵阳离子中的 C、H 和 N 即成为铝硅酸盐沸石。

铝硅酸盐沸石因其结构不同和组成硅铝比的差异而有 A、X、Y 等型号;又根据其孔径大小可分别称为 3A、4A、5A、10X、13X 型等。

A 型分子筛的结构见图 6.48,在立方体的八个顶点被称为 β 笼的小笼所占据。β 笼的骨架是一个削去全部6个顶点的八面体(图6.49),原来的八面体的顶点被正方形面所代替,原来的三角形面变成了正六角形面,因此,β笼有8个六元环和6个四元环。8个β笼通过24个四元环相互连接。8个β笼围成的中间的大笼叫做α笼,它由6个八元环、8个六元环和12个四元环所构成。外界分子可以通过八元环"窗口"(孔径420 pm)进入α笼(六元环和四元环的孔径仅为220 pm和140 pm,所以一般分子不能通过六元环和四元环的孔进入β笼)。这样,小于"窗口"孔径的分子可进入分子筛内部α笼而被吸附,大于孔径的分子进不去,只得从晶粒间的空隙通过。于是分子筛就"过大留小",起到筛分分子的作用。

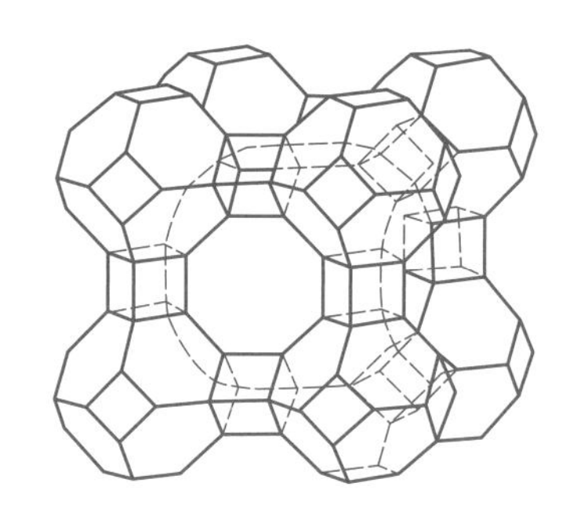

图6.48 A型分子筛的结构

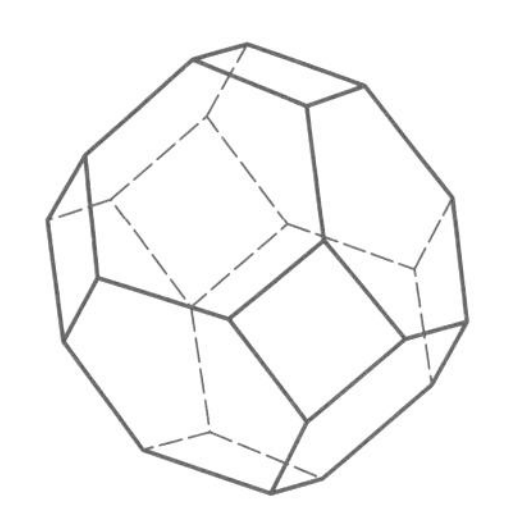

图6.49 削顶八面体

Na式A型分子筛单元晶胞化学式为$Na_{12}[(AlO_2)_{12}(SiO_2)_{12}]\cdot 29H_2O$,它就是通常所说的4A分子筛,其有效孔径为420 pm。当用Ca^{2+}交换了晶胞中的Na^+,分子筛的有效孔径增大,变为500 pm左右,Ca式A型分子筛就是5A分子筛。当用K^+交换了Na^+,分子筛的孔径变为300 pm左右,所谓3A型分子筛就是K式A型分子筛。

此外,属于A型分子筛的在国内尚有变色分子筛和105催化剂。前者是在Na式A型分子筛上交换上少量可作为吸水的显色剂的Co^{2+},其性质与Na式A型分子筛基本相似,只是它同变色硅胶一样,吸水后有由蓝色变为粉红色的显著特点。后者则是在Na式A型分子筛或Ca式A型分子筛上担载上少量的金属Pd而成,它是一种高效脱氧催化剂。

金刚石和X型、Y型分子筛具有相同的硅(铝)氧骨架结构(图6.50),只是人工合成时使用了不同的硅铝比例而分别得到了X型和Y型分子筛。理想的X型分子筛的晶胞组成为$Na_{86}[(AlO_2)_{86}(SiO_2)_{106}]\cdot 264H_2O$,理想的Y型分子筛的晶胞组成为$Na_{56}[(AlO_2)_{56}(SiO_2)_{136}]\cdot 264H_2O$。从晶胞化学式可以看出,虽然它们的硅铝比例不一样,但总数192却不变。Na的数目与Al的数目一样。

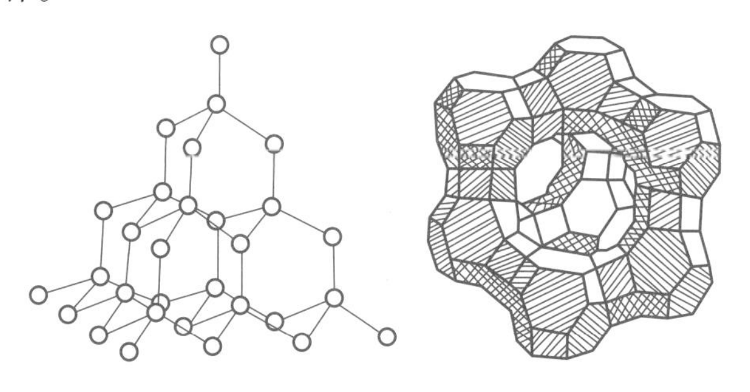

图6.50 金刚石和X型、Y型分子筛的结构

X 型分子筛和 Y 型分子筛也被称为八面沸石，其结构单元和 A 型分子筛一样也是 β 笼。β 笼的排列情况和金刚石的结构有类似之处，只是金刚石的结构单元是碳原子。β 笼通过 8 个六元环中的 4 个，按四面体的方向与其他 β 笼连接。由 β 笼围成的中间的大笼称为八面沸石笼。在 X 型分子筛和 Y 型分子筛中八面沸石笼的比体积分别为 0.36 $cm^3 \cdot g^{-1}$ 和 0.35 $cm^3 \cdot g^{-1}$。其孔径为 900～1000 pm。

根据分子筛所含阳离子类型不同，X 型分子筛又有两种不同的名称，NaX 型一般称为 13X 型分子筛，CaX 型称为 10X 型分子筛。

Y 型分子筛所含 Si/Al 值比 X 型分子筛的大。而硅氧四面体比铝氧四面体稍小，所以 Y 型分子筛的晶胞比 X 型分子筛的小，因此热稳定性和耐酸性比 X 型分子筛的有所增加。Y 型分子筛的催化性能具有特殊的意义，它对于许多反应能起催化作用。

丝光沸石的骨架结构见图 6.51，其晶胞化学式为

$$Na_8[(AlO_2)_8(SiO_2)_{40}] \cdot 24H_2O$$

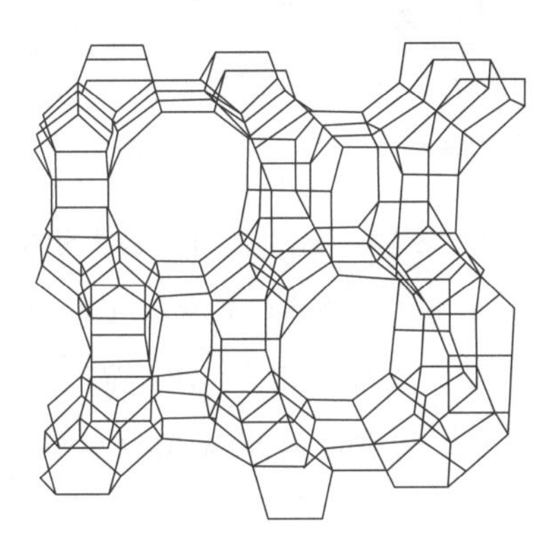

图 6.51　丝光沸石的骨架结构

它的孔道截面呈椭圆形，其长轴直径为 700 pm，短轴直径为 580 pm，平均为 660 pm。实际上，因孔道发生了一定程度的扭曲，使孔径降到约 400 pm，空穴比体积约为 0.14 $cm^3 \cdot g^{-1}$。丝光沸石硅铝比例高，故热稳定性好，耐酸性强，可在高温和强酸性介质中使用。

各种沸石型分子筛或因骨架、硅铝比不同，或因空隙中的金属离子不同（如 K^+、Na^+、Ca^{2+} 等），性能差别很大。目前，利用分子筛的离子交换能力而将其作为洗涤剂用水的软化剂；利用分子筛的吸附能力而将其应用于工业过程、气相色谱及实验室进行的日常性气体选择分离、干燥、吸收、净化、富氧、脱蜡；利用分子筛的固体酸性将其应用于石油产品的催化裂化、催化加氢及催化其他有机反应。

（2）新型分子筛

从分子筛的结构特征看，具这些功能的并不仅限于沸石型或铝硅酸盐沸石型分子筛。近年已研制出不少非沸石型分子筛，由于其组成及表面酸性等不同，它们具有一些沸石型分子筛没有的特殊功能。

磷酸铝系分子筛　磷酸铝（$AlPO_4$）系分子筛是由磷氧四面体和铝氧四面体构成骨架而形成的一类新型分子筛。通常采用水热法合成得到。根据合成条件，可得到多种结构不同

的结晶生成物,用[$AlPO_4$]$_n$表示。其中 AlO_4和 PO_4严格交替排列。

磷酸铝系分子筛一般表现出弱酸催化性能。由于其独特的表面选择性和新型的晶体结构,可以广泛用作催化剂和催化剂基质;掺入某些具催化活性的金属制成的催化剂,可用于烃类转化(如裂解、芳烃烷基化等)及烃类氧化反应。

属于磷酸铝系分子筛的还有磷酸硅铝(SAPO)分子筛和结晶金属磷酸铝(MAPO)分子筛,如磷酸钛铝(TAPO)分子筛。这些分子筛改变了磷酸铝分子筛的中性骨架,具有阳离子交换性能,更有利于催化方面的应用。

磷酸硅铝分子筛是甲醇、乙醇、二甲醚、二乙醚及其混合物转化为轻烯烃的优良催化剂。磷酸钛铝分子筛可用作选择吸附剂,以分离直径大小不同和极性不同的吸附质分子。在烃类转化中它比磷酸铝分子筛具更高的催化活性。

磷酸锆(ZrP)分子筛 结晶磷酸锆具有层状的结构,Zr 原子基本上处于同一平面,通过层上下的 PO_4四面体连接成 $Zr_n(PO_4)_{2n}^{2n-}$。每个 PO_4四面体中的三个氧原子分别与三个 Zr 相结合,第四个氧原子带有一个负电荷,可与质子结合形成 P—OH 基团,因而 ZrP 具有离子交换的功能。可作为无机离子交换剂。值得一提的是,ZrP 对高价阳离子如 Th(Ⅳ)、U(Ⅳ)等表现出了高的选择性,可用于从核废料中回收 Cs 等裂变产物和超钚元素及处理反应堆的冷却水。ZrP 具有固体酸催化性能,可作为乙烯聚合、异丙醇和丁醇脱水反应的催化剂,也可作为助催化剂或催化剂载体。

杂多酸盐分子筛 杂多酸盐的空间骨架结构使之具有分子筛功能及离子交换功能。例如,磷钼酸铵可用于碱金属离子的混合溶液中(如卤水)分离 Rb 和 Cs。杂多酸及其盐的酸性及氧化还原性使它们成为很有前景的新型催化剂。

碳质分子筛 碳质分子筛是一种孔径分布均一,含有接近分子大小的超微孔结构的特种活性炭。与一般活性炭比较,碳质分子筛的主要区别在于孔径分布和空隙不同。活性炭的孔径分布宽、空隙率高,碳质分子筛的孔径分布较窄,集中在 0.4~0.5 μm。与沸石型分子筛比较,碳质分子筛是非线性吸附剂,对原料气干燥要求不高,孔形状多样,不太规则。空气分离时碳质分子筛优先吸附氧,而沸石型分子筛首先吸附氮。

6.7 有机金属化合物

6.7.1 B 和 Al 的有机金属化合物

B 和 Al 形成经典的共价有机金属化合物如 BR_3、AlR_3。其制备方法和基本反应如下。

(1) 制备方法

$$BF_3 + 3EtMgBr \longrightarrow B(Et)_3 + 3MgFBr$$

$$3R_2Hg + 2Al \longrightarrow 2AlR_3 + 3Hg$$

$$Al + \frac{3}{2}H_2 + 2Al(Et)_3 \longrightarrow 3Al(Et)_2H \xrightarrow{C_2H_4} 3Al(Et)_3$$

(2) 基本反应

$$Al(Et)_3 + LiEt \longrightarrow LiAl(Et)_4$$

$$Al(Et)_3 + C_2H_4 \longrightarrow Al(Et)_2(CH_2CH_2Et)$$

$$R—C\equiv N + Al(i\text{-}Bu)_3 \longrightarrow RCH=N—Al(Bu)_2 \xrightarrow{H_3O^+} RCHO + NH_4^+ + Al^{3+} + \text{异丁烷}$$

大多数烷基铝都是二聚体的,但体积较小的 B 原子只能形成平面状单分子体 BR_3,只有当桥联基团像氢原子那样小才形成桥联硼的化合物。

6.7.2 其他ⅢA 族和ⅣA 族元素的有机金属化合物

其他ⅢA 族和ⅣA 族中的金属所形成的有机金属化合物部分已应用在有机合成方面。它们的制备及反应如下。

对ⅢA 族元素的有机金属化合物:

(1) 制备方法

$$GaCl_3 + 3RMgBr \longrightarrow GaR_3 + 3MgBrCl$$

$$GaCl_3 + Al(Et)_3 \longrightarrow Ga(Et)_3 + AlCl_3$$

$$6CH_3Br + 3Mg + 2In \longrightarrow 2In(CH_3)_3 + 3MgBr_2$$

$$2LiCH_3 + CH_3I + TlI \longrightarrow Tl(CH_3)_3 + 2LiI$$

$$TlOH + C_5H_6 \longrightarrow Tl(C_5H_5) + H_2O$$

(2) 基本反应

$$GaPh_3 + HCl \longrightarrow Ph_2GaCl + C_6H_6$$

$$GaCl_3 + Sn(CH_3)_4 \longrightarrow CH_3GaCl_2 + (CH_3)_3SnCl$$

$$In(Et)_3 + EtOH \longrightarrow (Et)_2InOEt + C_2H_6$$

$$CH_3\overset{\overset{\displaystyle O}{\|}}{C}CH_2\overset{\overset{\displaystyle O}{\|}}{C}CH_3 + TlOEt \longrightarrow H_2C\begin{matrix} H_3C \\ \diagdown C{=}O\diagdown \\ \\ \diagup C{-}O\diagup \\ H_3C \end{matrix}Tl \xrightarrow{CH_3I} CH_3\overset{\overset{\displaystyle O}{\|}}{C}CH(CH_3)\overset{\overset{\displaystyle O}{\|}}{C}CH_3 + TlI$$

对ⅣA 族元素的有机金属化合物:

(1) 制备方法

$$GeCl_4 + nRMgCl \longrightarrow R_nGeCl_{4-n} + nMgCl_2$$

$$Ge + 2CH_3Cl \xrightarrow{Cu} (CH_3)_2GeCl_2$$

$$Ph_3GeLi + RCH=CH_2 \longrightarrow Ph_3GeCH_2CHLiR \xrightarrow{H_2O} Ph_3GeCH_2CH_2R + LiOH$$

$$CH_3Cl + Sn \xrightarrow{448\ K} CH_3SnCl_3 + (CH_3)_2SnCl_2 + (CH_3)_3SnCl$$

$$4EtCl + 4Na/Pb \longrightarrow Pb(Et)_4 + 3Pb + 4NaCl$$

（2）基本反应

$$R_4Ge + Br_2 \longrightarrow R_3GeBr + RBr$$

$$nR_4Sn + (4-n)SnX_4 \longrightarrow 4R_nSnX_{4-n}$$

$$R_4Sn + BCl_3 \longrightarrow RBCl_2 + R_3SnCl$$

$$n(CH_3)_2SnCl_2 + 2nNa \xrightarrow{NH_3} [Sn(CH_3)_2]_n + 2nNaCl$$

Ga、In 的有机金属化合物的性质很像 Al 的化合物，也有 Lewis 酸性，与 Lewis 碱发生加合作用。形成的配合物常为离子型，在溶液中有导电性。

ⅣA 族元素的有机金属化合物极为广泛，其中特别重要的是硅氧聚合物、烷基锡和烷基铅。

Si—C 键解离能为 318 $kJ\cdot mol^{-1}$，比 C—C 键的解离能（345.6 $kJ\cdot mol^{-1}$）稍小，因而 Si—C 键的化学活泼性要大。且 Si 的电负性（1.8）比 C 的电负性（2.5）小，所以 Si—C 键有极性，易在 Si 原子受亲核试剂进攻和在 C 原子受亲电试剂进攻。此外，作为第三周期元素，还可利用空的 3d 轨道成键，因而在 Si 原子上容易进行置换反应。

$SiCl_4$ 与格氏试剂反应是实验室里最常用的合成有机硅的方法：

$$nRMgX + SiCl_4 \longrightarrow R_nSiCl_{4-n} + nMgXCl$$

也可用硅粉与卤代烃（主要是氯甲烷或氯苯）在高温及 Cu 或 Ag 的催化下反应来直接合成：

$$nCH_3Cl + Si \xrightarrow[573\ K]{Cu 或 Ag} (CH_3)_nSiCl_{4-n}$$

此法是在 1954 年由 Rochow 研制成功的，所以称为 Rochow 法，它奠定了有机硅橡胶的工业基础。

烷基硅卤化物水解时，发生缩聚生成线型硅氧烷。例如：

$$(CH_3)_2SiCl_2 + 2H_2O \longrightarrow (CH_3)_2Si(OH)_2 + 2HCl$$

$$n(CH_3)_2Si(OH)_2 \longrightarrow HO-\underset{CH_3}{\overset{CH_3}{\underset{|}{\overset{|}{Si}}}}-[O-\underset{CH_3}{\overset{CH_3}{\underset{|}{\overset{|}{Si}}}}-]_{n-2}O-\underset{CH_3}{\overset{CH_3}{\underset{|}{\overset{|}{Si}}}}-OH + (n-1)H_2O$$

若水解时配以少量 $(CH_3)_3SiCl$，得到的产物末端为三甲基硅的结构，当 $n\approx 10$ 时称为硅油，为无色油状稠液，具有疏水性，黏度系数小，工业上用作优质润滑油、高级变压器油、脱模剂、高真空扩散泵油及密封脂等，也用作防潮剂。

相对分子质量高达几十万甚至百万的线型聚二甲基硅氧烷称为硅橡胶。

$$-\underset{CH_3}{\overset{CH_3}{\underset{|}{\overset{|}{Si}}}}-[O-\underset{CH_3}{\overset{CH_3}{\underset{|}{\overset{|}{Si}}}}-]_{n-2}O-\underset{CH_3}{\overset{CH_3}{\underset{|}{\overset{|}{Si}}}}-O-$$

硅橡胶必须配合填料和硫化剂，经高温"硫化"，由线型高分子转为网状结构高分子，才显示出优良的物理机械性质，由于其化学上的惰性、耐高温、电绝缘性好，可用于制造人造心瓣膜、人造心血管及制造火箭等上天材料的零件。

硅树脂系由$(CH_3)_2SiCl_2$与一定量的$(CH_3)SiCl_3$进行水解缩聚而制得，可制胶带、强韧性的电气绝缘用树脂、耐高温绝缘材料的黏合剂等。

四甲基硅$(CH_3)_4Si$通常用作核磁共振波谱的参比试剂。

有机锡化合物中的 Sn—C 键很弱，具有显著极性。与 Si 和 Ge 的化合物性质上的差异主要表现在 Sn(Ⅳ)呈现出配位数大于 4 和会解离出阳离子如$[(CH_3)_3Sn(H_2O)]^+$的趋向。

在三烷基锡卤化物中，Sn(Ⅳ)通过阴离子的桥进行连接。例如：

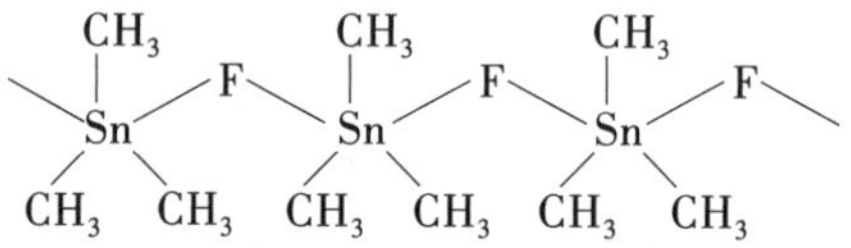

```
        CH3            CH3            CH3
        |              |              |
   ╲    |    F    ╲    |    F    ╲    |    F
    ╲   Sn  ╱      ╲   Sn  ╱      ╲   Sn  ╱      ╲
       ╱  ╲           ╱  ╲           ╱  ╲
    CH3    CH3     CH3    CH3     CH3    CH3
```

有机锡化合物可用于防污涂料、杀菌剂、木材保护剂，也可作为熟化聚硅树脂和环氧树脂的催化剂。

四甲基铅$(CH_3)_4Pb$和四乙基铅$(C_2H_5)_4Pb$是已大量生产的汽油抗爆剂。工业上是用钠-铅合金与CH_3Cl或C_2H_5Cl在高压釜中 360～370 K 下反应合成的，如以CH_3Cl为原料，则需在甲苯溶剂和较高温度下进行。

拓展学习资源

资源内容	二维码
◇ 硒与健康	
◇ 生物圈的碳循环	
◇ 生物圈的氮循环	
◇ 碳中和误区及实现路径	

习　题

1. 选择题

(1) 1985 年，科学家发现了一种新的单质碳笼，其中最丰富的是 C_{60}，根据其结构特点，科学家称之为“足球烯”，它是一种分子晶体，据此推测下列说法不正确的是(　　)。

① 在一定条件下，足球烯可以发生加成反应；

② 金刚石、石墨、足球烯都是碳的同素异形体；

③ 石墨、足球烯均可作为生产耐高温的润滑剂材料；

④ 足球烯在苯中的溶解度比在乙醇中的溶解度大。

(2) 据报道，科研人员最近用计算模拟出类似 C_{60} 的新物质 N_{60}，下列对 N_{60} 的有关叙述，不正确的是(　　)。

① N_{60} 属于原子晶体；

② N_{60} 的稳定性比 N_2 的差；

③ 分解 1 mol N_{60} 所消耗的能量比分解 1 mol N_2 所消耗的能量多；

④ N_{60} 的熔点比 N_2 的低。

(3) 溴化碘的化学式为 IBr，它的化学性质活泼，能跟大多数金属反应，也能跟某些非金属单质反应，它跟水反应的方程式为 $IBr+H_2O \xlongequal{} HBr+HIO$，下列关于 IBr 的叙述中不正确的是(　　)。

① 固态 IBr 是分子晶体；

② 把 0.1 mol IBr 加入水中配成 500 mL 溶液，所得溶液中 I^- 和 Br^- 的浓度均为 0.2 $mol \cdot L^{-1}$；

③ IBr 与水的反应是一个氧化还原反应；

④ 在某些化学反应中，IBr 可以作为氧化剂。

(4) 仅由硼氢两种元素组成的化合物称硼烷，它的物理性质与碳烷相似，下列说法中正确的是(　　)。

① 乙硼烷(B_2H_6)、丁硼烷(B_4H_{10})的密度分别比乙烷、丁烷的密度小(均为气态)；

② 乙硼烷的熔点、沸点分别比丁硼烷的熔点、沸点高；

③ 硼烷容易燃烧；

④ 与乙烷、丁烷相比，乙硼烷、丁硼烷的热稳定性更高。

2. 制备含 O_2^-、O_2^{2-} 甚至 O_2^+ 的化合物是可能的，通常它们是在氧分子进行下列各种反应时生成的：

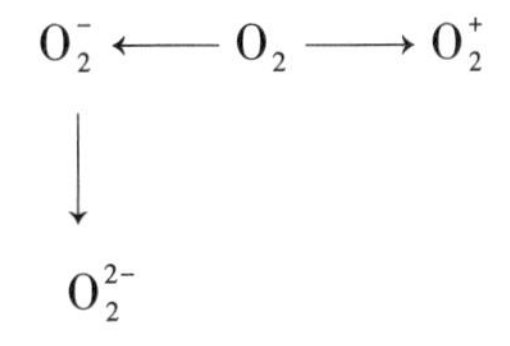

（1）明确指出上述反应中哪些相当于氧分子的氧化，哪些相当于氧分子的还原。

（2）对上述每一种离子，给出含该离子的一种化合物的化学式。

（3）已知上述型体中有一种是反磁性的，指出是哪一种。

（4）对应下表，已知上述四种型体中 O—O 原子间距离为 112 pm、121 pm、132 pm 和约 149 pm，把这四种数值填在表中合适的空格中。

型体	键级	原子距离	键能
O_2			
O_2^+			
O_2^-			
O_2^{2-}			

（5）有三种型体的键能约为 200 $kJ \cdot mol^{-1}$、490 $kJ \cdot mol^{-1}$和 625 $kJ \cdot mol^{-1}$，另一种因数值不定未给出，把这些数值填在上表中合适的位置。

（6）确定每一种型体的键级，把结果填入上表中。

（7）按你设想有没有可能制备含 F_2^{2-} 的化合物？理由是什么？

3. 什么叫多卤化物？与 I_3^- 比较，形成 Br_3^-、Cl_3^-的趋势怎样？

4. 什么是卤素互化物？写出 ClF_3、BrF_5和 IF_7等卤素互化物中心原子杂化轨道类型及分子构型。这些化合物的主要用途是什么？

5. 为什么卤素互化物常是反磁性、共价型，而且比卤素化学活泼性大？

6. ClF_3是有效的氟化试剂，大规模生产的 ClF_3用以制备 UF_6及富集^{235}U 同位素，试写出相关的反应方程式。

7. 比较氧族元素和卤族元素氢化物在酸性、还原性、热稳定性方面的递变规律。

8. 比较硫和氯的含氧酸，在酸性、氧化性、热稳定性等方面的递变规律。

9.（1）用 Xe 和你选用的其他试剂为起始物设计高氙酸的合成步骤。

（2）用 VSEPR 理论推断高氙酸根离子可能具有的结构。

10. 1991 年，Langmuir 提出：凡原子数与总电子数相等的物质，则结构相同，物理性质相近。这称为等电子原理，相应的物质互称为等电子体。$(BN)_n$是一种新的无机合成材料，它与某物种互为等电子体。

工业上制造$(BN)_n$的方法之一是用硼砂（$Na_2B_4O_7$）和尿素在 1073～1273 K 时反应，得到 α-$(BN)_n$及其他元素的氧化物。α-$(BN)_n$可作高温润滑剂、电器材料和耐热的涂层材料等。如在高温高压条件下反应，可制得 β-$(BN)_n$、β-$(BN)_n$硬度特高，是作超高温耐热陶瓷材料、磨料、精密刃具的好材质。试问：

（1）它与什么物种互为等电子体？

（2）写出硼砂和尿素的反应方程式。

（3）根据等电子原理画出 α-$(BN)_n$和 β-$(BN)_n$的构型。

11. 硼是第二周期元素，和其他第二周期元素一样，与同族其他周期元素相比具有特殊性。

(1) 溴甲酚绿指示剂的 pH 变色范围为 3.8~5.4,由黄色变为蓝色。该指示剂在饱和硼酸溶液中是黄蓝过渡色,写出有关反应方程式。

(2) 硼可与氮形成一种类似于苯的化合物,俗称无机苯,是一种无色液体(沸点 55 ℃),具有芳香气味,许多物理性质都与苯相似,但其化学性质较苯活泼得多,如冷时会缓慢水解,易与 Br_2、HCl 发生加成反应等。

① 写出其化学式,画出其结构式并标出形式电荷。

② 写出无机苯与 HCl 加成反应的方程式。

③ 无机苯的三甲基取代物与水会发生水解反应,试写出方程式并以此判断取代物的结构。

(3) 画出四硼酸钠(俗称硼砂)$Na_2B_4O_7 \cdot 10H_2O$ 中聚硼阴离子单元$[H_4B_4O_9]^{2-}$的结构示意图,标明负电荷的可能位置。

12. 环硼氮烷 $B_3N_3H_6$是苯的等电子体,具有与苯相似的结构。Al 与 B 同族,有形成与环硼氮烷类似的环铝氮烷的可能。这种可能性长期以来一直引起化学家的兴趣,近期报道了用三甲基铝$[Al(CH_3)_3]_2$(A)和 2,6-二异丙基苯胺(B)为原料,通过两步反应,得到一种环铝氮烷的衍生物(D)。

第一步:$A + 2B \xlongequal{} C + 2CH_4$

第二步:$3C \xrightarrow{1700\ ℃} 2D + 6CH_4$

请回答下列问题:

(1) 分别写出两步反应配平的化学方程式(A、B、C 要用结构简式表示)。

(2) 写出 D 的结构式。

13. 写出用 NH_4Cl 和你选择的其他试剂合成硼氮苯的反应方程式。

14. 写出由 PCl_5、NH_4Cl 和 $NaOCH_3$制备$[NP(OCH_3)_2]_4$的反应方程式。

15. 无机高分子物质的基本特征是什么? 它们有哪些主要特征?

16. 试指出能够生成无机高分子物质的元素在元素周期表中的位置。在其中,哪些元素可以生成均链无机高分子物质? 哪些可以生成杂链无机高分子物质?

17. 指出下列化合物分子中的几何构型及主链中元素间的构型:

$$[PdCl_2]_n \qquad [SiO_2]_n \qquad [PNCl_2]_n \qquad [SN]_n$$

18. 利用三中心二电子键理论判断 B_5H_{11}的结构,指出分子中所包含的化学键的类型和数目。

19. 以 $B_{10}C_2H_{12}$和你选择的其他试剂为原料写出合成 1,2-$B_{10}C_2H_{10}[Si(CH_3)_3]_2$的反应方程式。

第 7 章

d区元素（Ⅰ）——配位化合物

近几十年，配位化学发展迅速。除了基于20世纪50年代的金属元素分离技术、60年代的配位催化及70年代的生物化学发展的推动外，配位化学的蓬勃发展还归因于群论、价键理论、配位场理论及分子轨道理论等一系列理论的发展和应用，使得配位化合物（简称配合物）的性能、反应与结构的关系得到科学的说明，这些理论已成为说明和预见配合物的结构与性能的有力工具。同时，近代物理方法应用于配合物的研究，使研究工作由宏观深入微观，把配合物的性质、反应同结构联系起来，形成了现代配位化学。

过渡元素具有强的形成配合物的趋向。这是因为：

(1) 过渡元素有能量相近的同一个能级组的$(n-1)$d、ns、np共九条价轨道。按照价键理论，这些能量相近的轨道可以进行杂化，形成成键能力较强的杂化轨道，接受配体提供的电子对，形成配合物。

(2) 过渡金属离子是形成配合物很好的中心形成体。首先，过渡金属离子的有效核电荷大；其次，具有9~18构型的过渡金属离子其极化力和变形性都较强，因而可以和配体产生很强的结合力。

按照价键理论，当过渡金属离子的d轨道未充满时，易生成内轨型的配合物；如果d电子较多，还易与配体生成附加的反馈π键，从而增加配合物的稳定性。

本章主要介绍过渡元素配合物的立体结构和异构现象、成键理论、电子光谱、磁性及反应动力学和反应机理。

研究配合物的几何构型和异构现象，对于深入了解配合物中的化学键性质，探讨具有特定功能配合物的定向合成，研究溶液中的平衡，揭示配合物的反应机理、催化作用都具有十分重要的意义。

研究配合物的反应动力学，可以了解在反应过程中的途径、步骤、键的断裂、键的形成等，从而找出决定反应速率的关键所在。同时，反应机理的研究对于预测配合物的反应性，指导配合物的合成，探讨一些催化反应的机理都有着十分重要的理论和实际意义。

7.1　配合物的几何构型

配合物的几何构型在配合物的立体化学中占有十分重要的地位。过渡金属配合物的配位数一般为 2~12。

7.1.1　低配位化合物

配位数二到七配位的配合物是低配位化合物。

1. 二配位化合物

二配位化合物的中心金属离子大都具有 d^0 或 d^{10} 电子组态。如 Cu^+、Ag^+、Au^+、Hg^{2+} 等是 d^{10} 电子组态离子的代表，而 $[MoO_2]^{2+}$ 和 $[UO_2]^{2+}$ 中的 Mo^{VI} 和 U^{VI} 则是 d^0 电子组态离子的代表，通常由这些离子形成的配合物或配离子都是直线形的。

例如，配阴离子 $[M(CN)_2]^-$ ($M=Ag^+$、Au^+) 为直线形构型 $[N\equiv C—M—C\equiv N]^-$，中心金属离子 M^+ 的 sp 杂化轨道接受 CN^- 碳原子上的孤电子对形成配位键，同时有 $d\pi - p\pi^*$ 反馈键形成。Ag^+ 和 Au^+ 典型的其他线形二配位化合物还有 AgSCN、$[Ag(NH_3)_2]_2SO_4$ 和 AuI 等。

在上述配合物中，AgCN、AgSCN、AuCN 和 AuI 均以聚合体形式存在单晶，图 7.1 给出了 AgCN、AgSCN 和 AuI 的一维链结构。

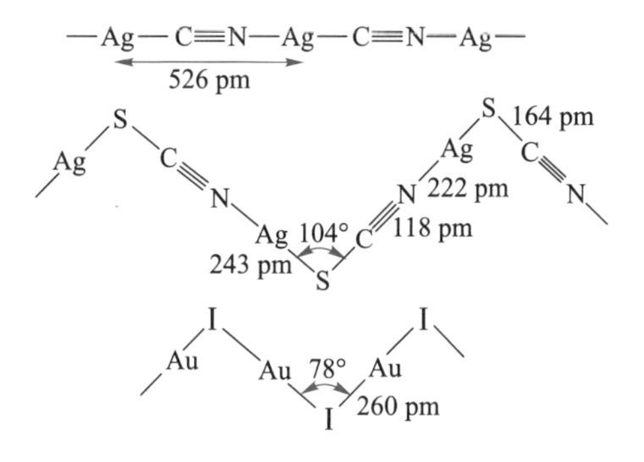

图 7.1　AgCN、AgSCN 和 AuI 的一维链结构

值得注意的是，同族的 Cu^+ 的二配位化合物却十分罕见，目前已知的只有 Cu_2O。$K[Cu(CN)_2]$ 虽然形式上和 Ag^+、Au^+ 相应的化合物类似，但 $[Cu(CN)_2]^-$ 中的 Cu^+ 是三配位的而不是二配位的。

Hg^{2+} 的线形二配位化合物有 HgX_2 ($X=Cl$、Br、I)，$Hg(SCN)X$ ($X=Cl$、Br)，RHgX ($X=Cl$、Br) 等。但是，同族的 Zn^{2+} 和 Cd^{2+} 则形成稳定的四配位四面体化合物。

在 $[MoO_2]^{2+}$ 和 $[UO_2]^{2+}$ 中，金属离子均为 d^0 电子组态。其中 Mo^{VI} 的电子组态和成键轨道可表示如下：

Mo^{VI}　　4d ○○○○○　5s ○　5p ○○○

（4d 中后三个轨道为 π 键；4d 最后一个轨道与 5s 为 σ 键）

π 键　σ 键

配体沿 z 轴与金属的 d_{z^2}-s 杂化轨道形成 σ 键，同时金属的 d_{xy} 和 d_{yz} 原子轨道分别和配体 O 原子的 p_x 和 p_y 在 x 和 y 方向形成两条 d-p π 键。

2. 三配位化合物

三配位化合物为数较少，已确定的有 Cu^+、Hg^{2+} 和 Pt(0) 的一些化合物。如 $K[Cu(CN)_2]$、$(Ph_3P)_2Cu_2Cl_2$、$\{Cu[SC(NH_2)_2]_3\}Cl$、$[Cu(SPPh_3)_3]ClO_4$、$[Cu(SPMe_3)Cl]_3$ 和 $Pt(PPh_3)_3$ 等。在这些配合物中，每个金属原子与三个配体结合，形成平面三角形的构型。

$K[Cu(CN)_2]$ 有一个螺旋形的聚合阴离子(图 7.2)，其中每个 Cu^+ 与两个 C 原子和一个 N 原子配位。

$[Cu(SPMe_3)Cl]_3$(图 7.3)是 $CuCl \cdot SPMe_3$ 的三聚体形式，每个铜原子为平面三角形配位，与硫原子共同组成一个六元环。

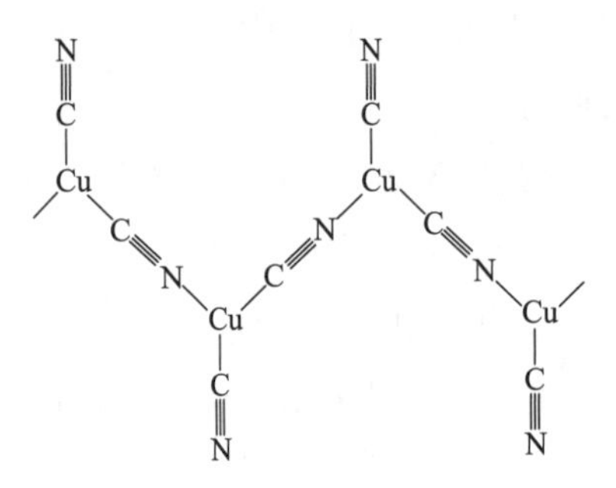

图 7.2 $K[Cu(CN)_2]$ 的螺旋形的聚合阴离子结构

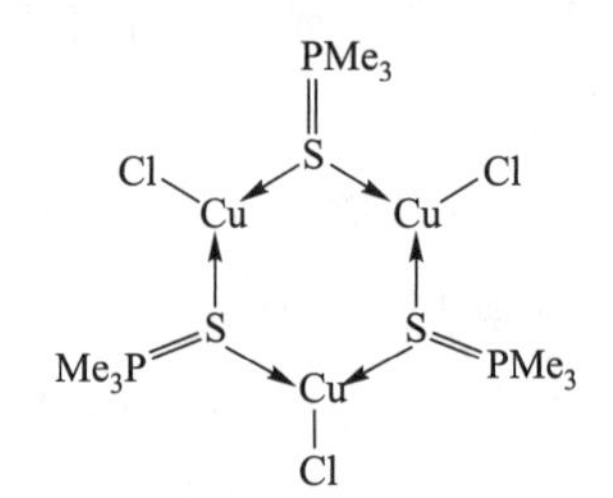

图 7.3 $[Cu(SPMe_3)Cl]_3$ 的结构

需要指出的是，化学式为 MX_3 的化合物并不一定都是三配位的。如 $CrCl_3$ 是层状结构，$Cr^{Ⅲ}$ 的周围有六个 Cl^- 配位。而在 $CsCuCl_3$ 中，由于氯桥键的存在，$Cu^{Ⅱ}$ 的周围有四个 Cl^- 配位，呈链状结构—Cl—$CuCl_2$—Cl—$CuCl_2$—。$AuCl_3$ 中的 $Au^{Ⅲ}$ 也是四配位的，确切的化学式应为 Au_2Cl_6。

3. 四配位化合物

四配位是最常见且又十分重要的一种配位，它主要有两种几何构型：四面体和平面正方形。

一般非过渡元素的四配位化合物绝大多数是四面体构型的。如 $BeCl_4^{2-}$、BF_4^-、AlF_4^- 和 $SnCl_4$ 等。这是因为采取四面体空间排列方式，配体间能尽量远离，配体间的静电斥力作用最小，能量最低。但若除了成键的四对电子外还多余两对电子时，也能形成平面正方形构型，此时，两对电子分别位于平面的上下方，如 XeF_4 就是这样。

过渡元素的四配位化合物既有四面体形，也有平面正方形。一般地，当 4 个配体与非 d^8 电子组态的过渡金属离子或原子配位时可形成四面体构型配合物。而 d^8 电子组态的过渡金属离子或原子一般是形成平面正方形配合物，但具有 d^8 电子组态的金属若因原子太小，或配体原子太大，以致不可能形成平面正方形时，也可能形成四面体的构型。

4. 五配位化合物

这是一类虽然少见然而却是特别重要的配合物。人们在研究配合物的反应动力学时发现，无论在四配位化合物还是在六配位化合物的取代反应历程中，都可形成不稳定的五配位化合物中间产物，类似的现象也出现在许多重要催化反应及生物体内的某些生化反应中。

目前，不仅合成了许多主族元素的五配位化合物，如 $P(C_6H_5)_5$、$Sb(C_6H_5)_5$等，而且所有第一过渡系金属的五配位化合物也已经被发现。同时还发现了不少混合配体及双齿配体的五配位化合物。从总的情况来看，这类化合物中 $d^1\sim d^5$组态的金属离子较少，而 d^8组态的离子为数最多。

五配位化合物有两种常见的几何构型，即三角双锥形（TBP）和四方锥形（SP），分别具有 D_{3h}和 C_{4v}对称群。二者中以前者为主。若干 ML_5配合物及其几何构型列于表 7.1。

表 7.1 若干 ML_5配合物及其几何构型

化合物	d^n电子组态	几何构型
VF_5	d^0	TBP
$[TiF_5]^{2-}$	d^1	SP
$[Cr(C_6H_5)_5]^{2-}$	d^3	畸变 TBP
$[MnCl_5]^{2-}$	d^4（高自旋）	SP
$[Fe(N_3)_5]^{2-}$	d^5（高自旋）	TBP
$[Co(CN)_5]^{3-}$	d^7（低自旋）	SP
$[Ni(CN)_5]^{3-}$	d^8	SP 或畸变 TBP
$Fe(CO)_5$	d^8	TBP
$[Co(CNCH_3)_5]^+$	d^8	TBP
$[Pt(SnCl_3)_5]^{3-}$	d^8	TBP
$[Mn(CO)_5]^-$	d^8	TBP
$[CuCl_5]^{3-}$	d^9	TBP
$[CdCl_5]^{3-}$	d^{10}	TBP
$[InCl_5]^{2-}$	d^{10}	SP
$Sb(C_6H_5)_5$	d^{10}	畸变 SP

$Fe(CO)_5$是具有正常三角双锥几何构型的典型化合物，其结构见图 7.4。在它的轴向和水平方向，Fe—C 键键长几乎没有什么差别。类似的化合物还有$[CdCl_5]^{3-}$等。当然，轴向和水平方向键长差别较大者也是存在的，如$[CuCl_5]^{3-}$，其轴向 Cu—Cl 键键长（229.6 pm）比水平方向键长（239.1 pm）约短 10 pm。其原因在于 d^9电子组态的 Cu^{2+}的 d_{z^2}轨道只有一个电

子，而其他 d 轨道均有一对电子。加之配体又恰好指向 d_{z^2}轨道，故水平方向 d 电子和键电子对的斥力相对较强，因而键长较长。

$VO(acac)_2$具有四方锥形几何构型。如图 7.5 所示，在 $VO(acac)_2$的结构中，顶点 V═O 键键长为 157 pm，锥底 V—O 键键长为 197 pm，前者是双键比后者单键短得多。V 与锥底的四个氧原子并不在一个平面上，而是位于锥底平面上方约 55 pm 处。

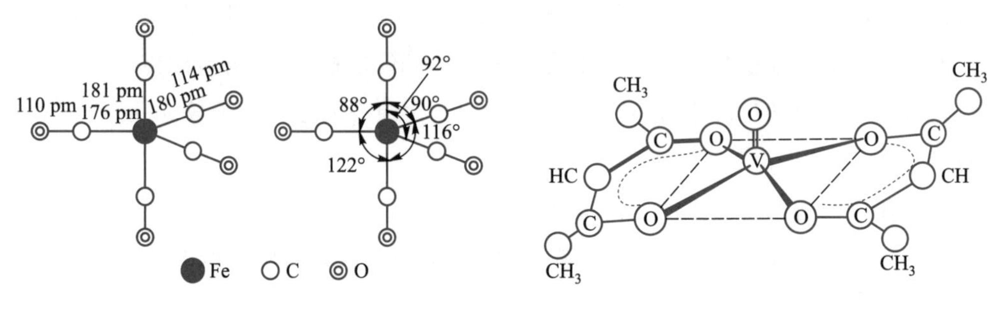

图 7.4　$Fe(CO)_5$的结构　　　　图 7.5　$VO(acac)_2$的结构

需要指出的是，三角双锥和四方锥这两种结构形式，无论从几何外形，还是从能量关系来看，二者都没有显著的差别，热力学稳定性相近，可以通过变形从一种形式转变到另一种形式（图 7.6）。如在$[Ni(CN)_5]^{3-}$的结晶化合物中，两种构型共存。这是两种构型具有相近能量的有力证明。

在三角双锥和四方锥两种极端构型之间因变形而形成的一些畸变中间构型的 ML_5配合物有 $P(C_6H_5)_5$、$Sb(C_6H_5)_5$、$Nb[N(CH_3)_3]_5$、$[Co(C_6H_7NO)_5]^{2+}$、$[Ni\{P(OC_2H_5)_3\}_5]^{2+}$和$[Pt(GeCl_5)_5]^{3-}$等。

图 7.7 示出了 $Sb(C_6H_5)_5$的结构。在 $Sb(C_6H_5)_5$中，尽管 Sb—C 键键长符合一般四方锥的构型，但是各个 C（顶点）—Sb—C（锥底）键角却偏离它们的平均值约±4°。

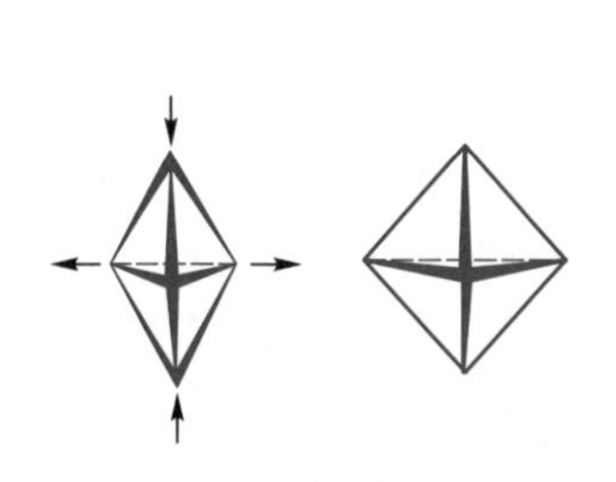

图 7.6　三角双锥和四方锥几何构型之间的转换

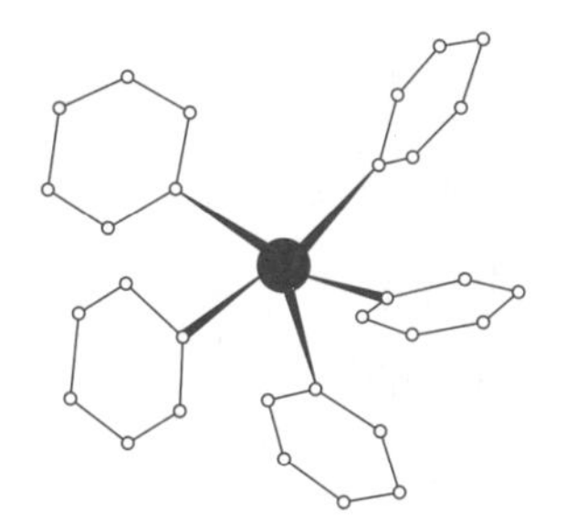

图 7.7　$Sb(C_6H_5)_5$的结构

最后需要指出的是，化学式为 ML_5的化合物并不一定都是五配位的。如$[AlF_5]^{2-}$中就含有六配位的 AlF_6单元，整个配合物为一链状的—F—AlF_4—F—AlF_4—结构。

5. 六配位化合物

六配位化合物是最常见、最重要的一类配合物，经典配位化学就是从这里产生和发展起来的。

六配位化合物一般为正八面体几何构型。人们对正八面体配合物早已熟知,此处无须赘述。

正八面体通常有两种畸变方式,一种是沿四重轴拉长或者压扁的四角畸变,形成拉长或者是压扁的八面体,仍保持四重轴对称性,属 D_{4h}点群,如图 7.8(a)所示。另一种是沿三重轴拉长或者压缩的三角畸变,形成三角反棱柱体,保持三重轴的对称性,属 D_{3d}点群,如图 7.8(b)所示。

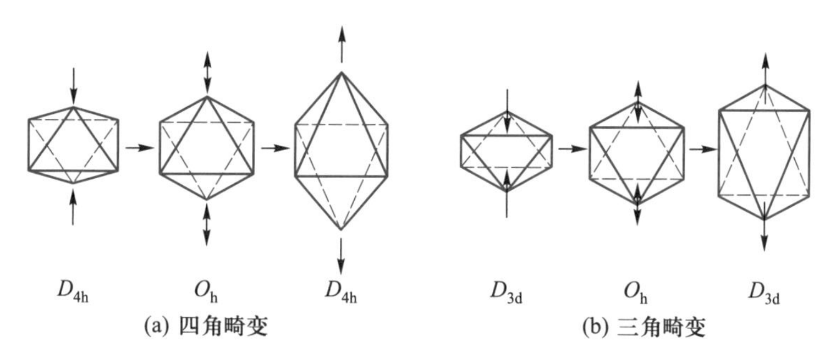

图 7.8 正八面体的两种畸变方式

CuF_2、$CuCl_2$、$CsCuCl_3$、CrF_2及 $Cu(NH_3)_6Cl_2$等都是拉长的八面体几何构型。如在 CuF_2结构中,水平面上的四条 Cu—F 键较短(193 pm),而四重轴方向上的两条 Cu—F 键则较长(227 pm)。呈压扁的八面体构型的化合物比较少,具体的例子有 K_2CuF_4、$KCuF_3$和 $KCrF_3$等。如在 K_2CuF_4中,水平面的四条 Cu—F 键较长(208 pm),而轴向两条 Cu—F 键较短(195 pm)。

上述四角畸变,一般都和 Jahn-Teller 效应有关。

ThI_2是八面体三角畸变形成反三棱柱体构型的实例之一。在 ThI_2的晶体中,存在着由反三棱柱体和三棱柱体构成的层状结构。二者中的 Th 原子周围都有六个 I^-配位。

采用三棱柱体构型的配合物比较少。如 Re 及 Mo、W、V、Zr 等与 $S_2C_2R_2$(R = Ph 等)配体形成的六配位化合物都是三棱柱体构型的典型实例。图 7.9 给出了 $Re(S_2C_2Ph_2)_3$的结构。显然,其中 ReS_6的结构部分属于 D_{3h}点群,而整个分子接近于 C_3对称。

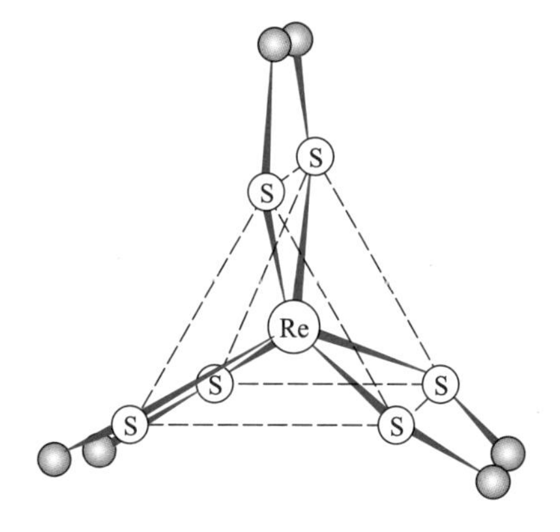

图 7.9 $Re(S_2C_2Ph_2)_3$的结构(Ph 基未画出)

6. 七配位化合物

七配位化合物也比较少见，而且也不如六配位化合物稳定，不稳定的原因之一是由于第七个配键的存在，使得配体与配体之间的排斥力增强，键强削弱。

七配位化合物一般具有三种几何构型：五角双锥，如$[UO_2F_5]^{3-}$；单帽八面体，第七个配体加在八面体的一个三角面上，如$[NbOF_6]^{3-}$；单帽三棱柱体，第七个配体加在三棱柱的矩形柱面上，如$[TaF_7]^{2-}$。这三种结构形式示于图 7.10 中。

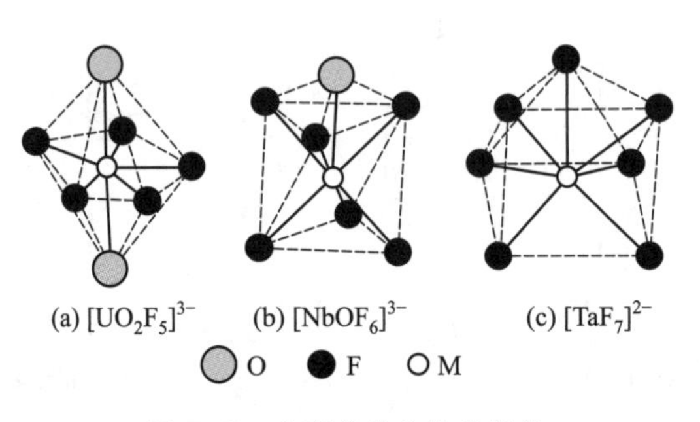

图 7.10　七配位化合物的结构

虽然七配位化合物比较少，但是大多数过渡金属却都能形成七配位化合物，特别是具有$d^0\sim d^4$电子组态的过渡金属离子。若干七配位化合物及其几何构型示于表 7.2。

表 7.2　若干七配位化合物及其几何构型

五角双锥	单帽八面体	单帽三棱柱体
$Cs[Ti(C_2O_4)_2(H_2O)_3]$	$TaMe_3(bipy)Cl_2$	K_2NbF_7
$(NH_4)_3[ZrF_7]$	$Mo(CO)_3(PEt_3)_2Cl_2$	$[Mo(CNR)_6I]I$
$K_2[V(CN)_7]\cdot 2H_2O$	$Mo(CO)_2(PMe_2Ph)_3Br_2$	$[Mo(CNR)_7](PF_6)_2$
$K_3[VO(O_2)_2(C_2O_4)]$	$Mo(PMe_2Ph)_3Br_4$	$Li[Mn(H_2O)(EDTA)]\cdot 4H_2O$
$Cs[NbO(C_2O_4)_2(H_2O)_2]\cdot 2H_2O$	$(NEt_4)[W(CO)_4Br_3]$	
$K[Cr(O_2)_2(CN)_3]$		
$K_5[Mo(CN)_7]\cdot H_2O$		
ReF_7		
$Li[Fe(H_2O)(EDTA)]\cdot 2H_2O$		
$M(NO_3)_2(py)_3(M=Co,Cu,Zn,Cd)$		

除了上述三种常见的结构形式外，少数七配位化合物还具有 4∶3 形式的正方形底-三角形帽的结构，其投影图示于图 7.11。具体的实例有$Fe(CO)_3(CPh)_4$和$(t\text{-}C_4H_9)_3W(CO)_2I_2$等（图 7.12）。

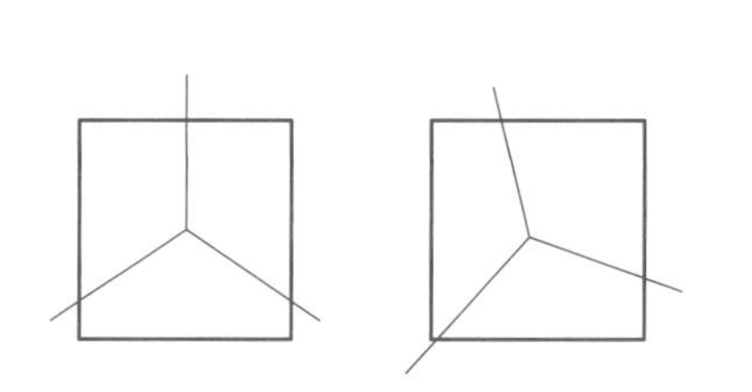

图 7.11 两种 4∶3 形式的正方形底-三角形帽的结构的投影图

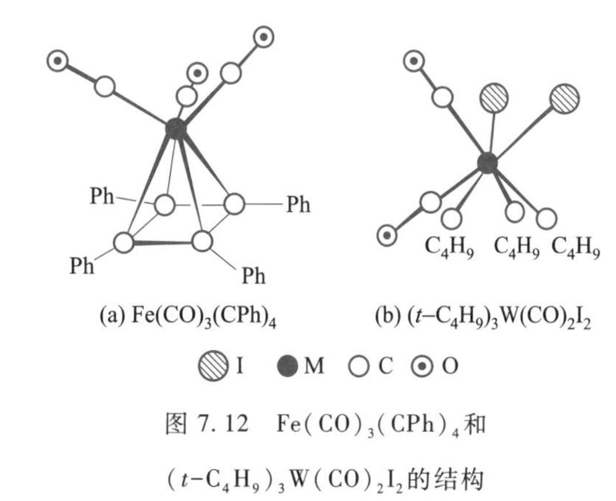

图 7.12 $Fe(CO)_3(CPh)_4$和 $(t\text{-}C_4H_9)_3W(CO)_2I_2$的结构

由上述几何构型可见,在中心离子周围排布七个配位原子所构成的几何体的对称性远比其他配位的几何体要差,因而这些低对称性结构的几何体都易发生畸变,在溶液中它们极易发生分子内重排。由前面的例子还可见到,含七个相同单齿配体的配合物数量极少,含两个或两个以上的不同配位原子将使配合物趋于稳定。但其结果是又加剧了配位多面体的畸变。

7.1.2 高配位化合物

八配位和八配位以上的化合物都是高配位化合物。

一般而言,形成高配位化合物,需要具备以下四个条件:

① 中心金属离子体积较大,而配体体积较小,以便减少配体间的空间位阻;

② 中心金属离子的 d 电子数较少,以获得较多的配位场稳定化能(LFSE),并减少 d 电子和配体电子间的相互排斥作用;

③ 中心金属离子的氧化态较高;

④ 配体的电负性大,但极化变形性小。否则,中心离子较高的正电荷将会使配体明显地极化变形而增强配体间的相互排斥作用。

综合考虑上述四个方面的因素,高配位化合物的中心离子通常是具有 $d^0 \sim d^2$电子组态的第二、三过渡系及镧系和锕系元素的离子,而且它们的氧化态一般都大于+3。常见的配体则主要是 F^-、O^{2-}、CN^-、NO_3^-、NCS^-、H_2O 和一些螯合间距较小的双齿配体,如$C_2O_4^{2-}$等。

八配位化合物常见的几何构型有五种基本方式:四方反棱柱体、十二面体、立方体、双帽三棱柱体及六角双锥,以前两种为主。图 7.13 示出这五种基本方式的结构情况。

作为示例,图 7.14、图 7.15 分别给出 $Cs_4[U(NCS)_8]$ 中 $[U(NCS)_8]^{4-}$ 和 $K_4[Mo(CN)_8]\cdot 2H_2O$ 中 $[Mo(CN)_8]^{4-}$ 的结构,前者为四方反棱柱体,后者为十二面体。

其他构型,如 Na_3PaF_8 中的 $[PaF_8]^{3-}$ 具有立方体构型,$(NH_4)_4[VO_2(C_2O_4)_3]$ 中的 $[VO_2(C_2O_4)_3]^{4-}$ 具有六角双锥构型,以及 Li_4UF_8 中的 $[UF_8]^{4-}$ 为双帽三棱柱体构型等,此处不再详述。

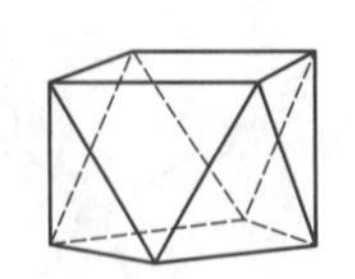

(a) 四方反棱柱体(D_{4d})

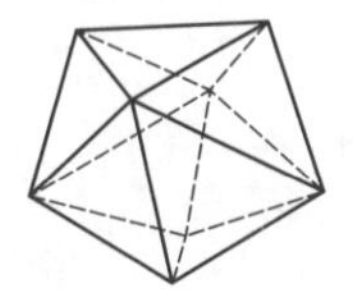

(b) 十二面体(C_{2v})

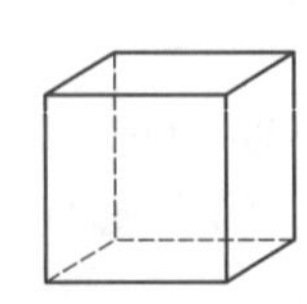

(c) 立方体(O_h)

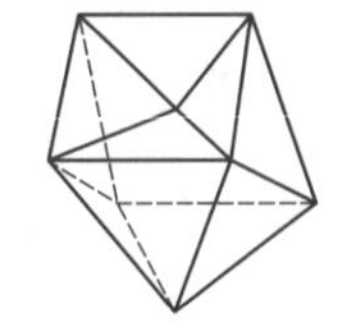

(d) 双帽三角棱柱体(C_{2v})

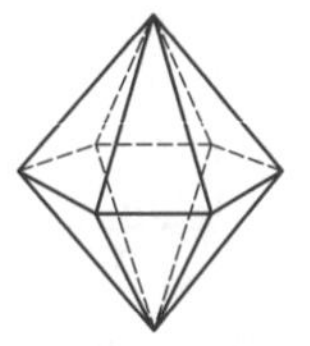

(e) 六角双锥(D_{6h})

图 7.13　几种八配位化合物的理想多面体

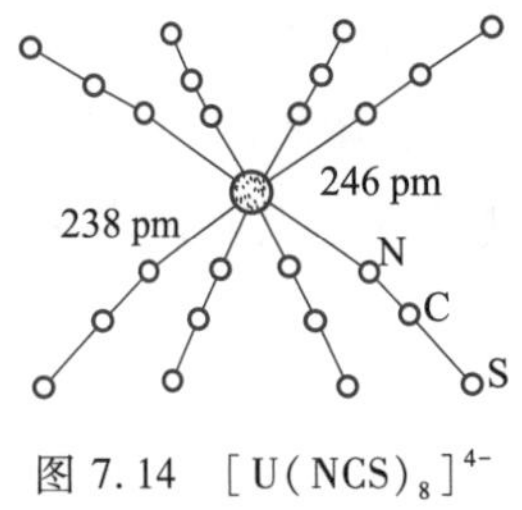

图 7.14　$[U(NCS)_8]^{4-}$的四方反棱柱体结构

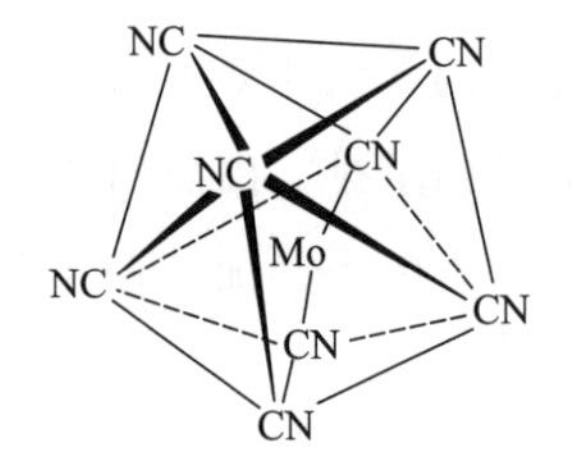

图 7.15　$[Mo(CN)_8]^{4-}$的十二面体结构

配位数为九、十、十一、十二的高配位化合物比较少见。

九配位化合物的典型几何构型之一是三帽三棱柱体，属 D_{3h}点群。在三棱柱体的三个矩形柱面中心的垂线上，分别加有一个配体，如$[ReH_9]^{2-}$（图 7.16）、$[TcH_9]^{2-}$及$[Ln(H_2O)_9]^{3+}$（Ln=Pr,Nd）等。另外一种构型是单帽四方反棱柱体，属 C_{4v}点群，如$[Pr(NCS)_3(H_2O)_6]$。

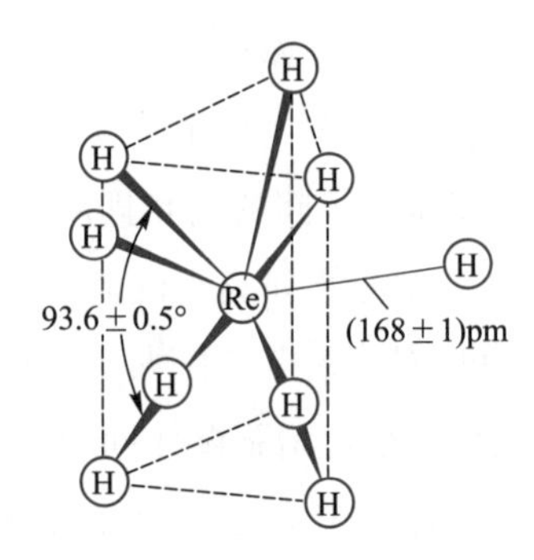

图 7.16　$[ReH_9]^{2-}$的结构

配位数为十的配位多面体是复杂的。通常有双帽四方反棱柱体（D_{4d}），如$[Th(C_2O_4)_5]^{4-}$；双帽十二面体（D_2），如$[La(NO_3)_3(bipy)_2]$；十四面体（C_{2v}），如$[Ho(NO_3)_5]^{2-}$。从能量计算考虑，双帽四方反棱柱几何构型最稳定。

十一配位化合物极为罕见，迄今为止，仅发现个别化合物，$Th(NO_3)_4(H_2O)_3$是一例。由于此类化合物实在太少，无从讨论它们的一般构型。理论计算表明，配位数为十一的配合物很难具有某个理想的配位多面体构型，可能为单帽五棱柱体或单帽五角反棱柱体，常见于由大环配体和体积很小的双齿硝酸根构筑的配合物中。

十二配位化合物最稳定的几何构型是二十面体，属于 I_h点群。化合物$(NH_4)_2[Ce(NO_3)_6]$和$[Mg(H_2O)_6]_3[Ce(NO_3)_6]_2 \cdot 6H_2O$ 中的$[Ce(NO_3)_6]^{3-}$和 $Mg[Th(NO_3)_6] \cdot 8H_2O$ 中的$[Th(NO_3)_6]^{2-}$就属于这种构型，其中的NO_3^-都是双齿配位。

十四配位化合物是目前所发现的配位数最高的化合物，而且多与 U(Ⅳ)有关。例如，

$U(BH_4)_4$中的 U(Ⅳ)为十四配位，其几何构型是双帽六角反棱柱体。类似的还有$U(BH_4)_4OMe$和$U(BH_4)_4 \cdot 2(C_4H_8O)$等。

7.1.3 立体化学非刚性和流变分子

通常，物质的分子在固态时都具有一定的空间结构，虽然其原子核在平衡位置附近振动，但这个振幅一般不大，故仍然可以把它们看作是刚性的。

然而在溶液中的分子或离子却可以存在多种激发态。原子的位置能相互交换，分子的构型发生变化，这种分子构型变化或分子内重排的动力学性质称为立体化学的非刚性。如果重排后得到两种或两种以上的不等价的构型称为异构化作用；如果重排后得到化学上和结构上等价的两种或两种以上的构型，则称为流变作用。具有流变作用的分子称为流变分子。图 7.17 给出了流变分子的位能曲线。

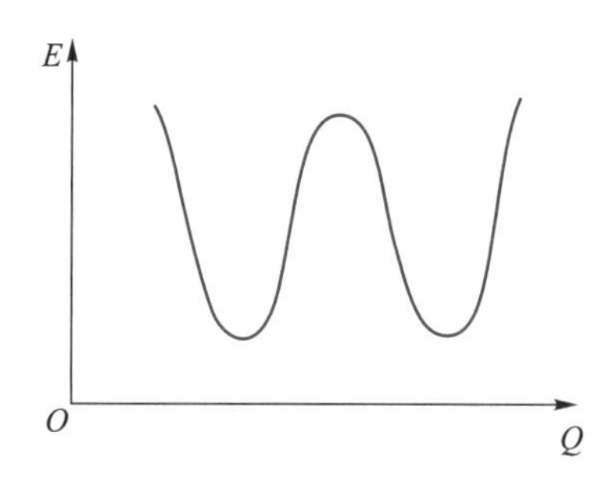

图 7.17 流变分子的位能曲线（Q 代表原子核间距）

显然，流变分子的位能曲线与一般分子的位能曲线不同，存在一个以上的最低点。这些最低点代表了不同构型的最小能量。而曲线的最高点则代表了过渡状态。流变分子构型之间转变的活化能通常都比较小，约为几十千焦每摩尔。通过热激发就能克服这个能垒，使一种构型转变为另一种构型。

分子内重排需要一定时间，当活化能等于 25～100 $kJ \cdot mol^{-1}$时，在 123～423 K 重排速率为 10^{-2}～$10^{-5} s^{-1}$。研究流变作用时，要求所用实验技术的时间标度必须和分子内重排速率相对应，核磁共振技术恰好能满足这一要求（其时间标度一般为10^{-2}～10^{-5} s），是目前研究立体化学非刚性最有价值的方法。通过改变温度，控制重排反应速率，使反应进行得足够“缓慢”，就能够检测分子内部原子的配置情况，观察分子构型的转变过程。当温度升高时重排作用加快，分子内不同环境的原子变为等价。

下面介绍配位化合物的流变作用。

五配位化合物一般采取三角双锥几何构型，而三角双锥形分子流变性的实验资料又相对较多，如 PF_5的^{19}F NMR 谱在 76～333 K 的温度范围内，都只出现一组双重峰（P—F 自旋耦合），这表明所有的 F 都是等价的。如果磷上出现负电性取代基时，则 F 一般位于三角双锥的轴向位置。例如，在 PF_3L_2（L=Cl、CF_3、CH_3等）中，有一个 F 在赤道平面，而另外两个 F 则在轴向位置。此时，它们的^{19}F NMR 谱出现了两组信号，强度为 2：1（代表 2 个轴向和 1 个赤道平面的 F）。但在温度高于 373 K 时，其 NMR 谱只出现一组信号，这说明轴向和水平方向的 F 迅速交换，成为等价。

这种分子内重排作用的一种解释是 Berry 的成对交换机理。该机理认为，PF_5三角双锥分子的两个轴向和两个赤道平面的 F 原子通过协同的弯曲运动进行交换。如图 7.18 所示。由于是 2 对 2 交换，所以叫做成对交换，位于赤道平面的 F^* 基本不动（仍在原位置附近振动），可以看作一个支点。赤道平面的 F 原子在平面 A 中向支点 F^* 原子移动，∠FPF 从 120°增大到 180°，而轴向 F′原子在平面 B 内则向离开支点原子 F^* 的方向移动，∠F′PF′从 180°减小为 120°，最后形成一个等价的三角双锥。显然，在重排过程中经历了一个四方锥中间体。

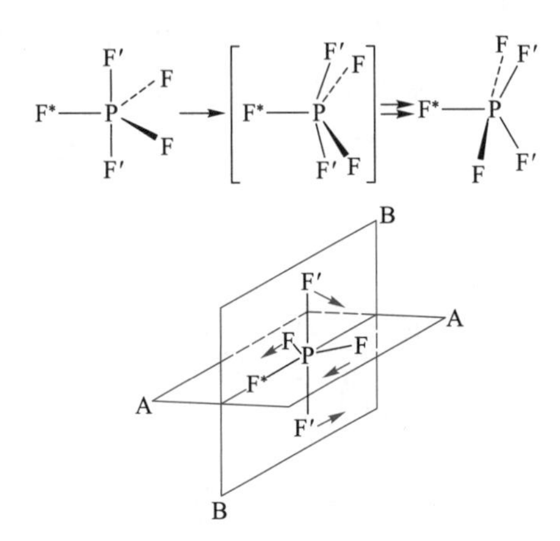

图 7.18　Berry 机理示意图

六配位化合物的正八面体结构一般是刚性的，但化合物 $M(PR_3)_4H_2$（M = Fe，Rh）是例外，它们具有流变性。

配位数为七或者七以上的配合物的流变性较为普遍。例如，NMR 谱证明七配位化合物 ReF_7和 IF_7的配位原子都是等价的。

八配位化合物$[Mo(CN)_8]^{4-}$和$[W(CN)_8]^{4-}$的^{13}C NMR 谱证明它们在 113 K 温度以下是立体化学非刚性的。已经知道，$[Mo(CN)_8]^{4-}$在固体中具有十二面体结构，此结构中有两类不等价的配体，分别用 A 和 B 表示，见图 7.19。在每个 A 的周围有 4 个相邻原子，而每个 B 的周围却有 5 个相邻原子。A 和 B 可以通过如下途径相互交换：即 B_1B_2和 B_3B_4伸长，使得 $A_1B_1A_2B_2$和 $A_3B_3A_4B_4$变成四方形，形成一个四方反棱柱的中间体。这个四方反棱往中间体既可以重新再变回到原来的十二面体，也可以通过 A_1A_2、A_3A_4彼此接近，变为与原来十二面体等价的构型，但此时配体 A 和 B 的位置已经相互交换。

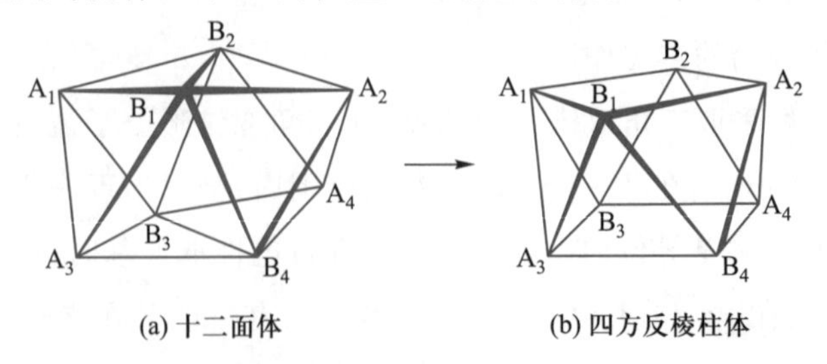

(a) 十二面体　　(b) 四方反棱柱体

图 7.19　配位数为八的十二面体和四方反棱柱体之间的转变

d-(+)-$[Co(en)_3]^{3+}$　d-(−)-$[Co(en)_3]^{3+}$

九配位化合物$[ReH_9]^{2-}$也是流变分子，在^1H NMR 谱中所有的 H 都是等价的。$[ReH_9]^{2-}$具有三帽三棱柱结构，有两类不同价的氢，它的重排作用可能按(图 7.20)所示方式进行。

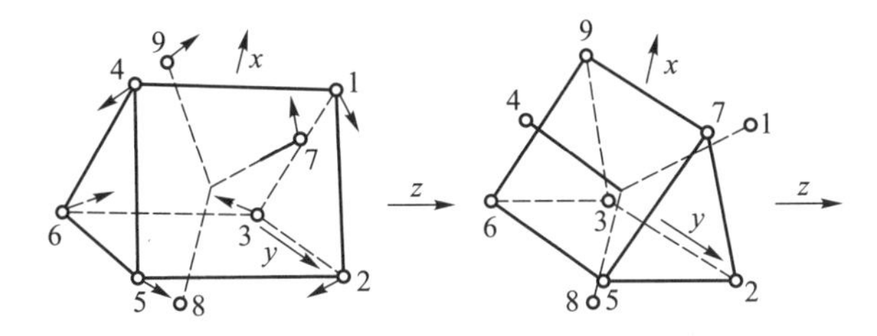

图 7.20 配位数为九的三帽三棱柱结构中配体的重排方式

类似的化合物还有$[ReH_8(PR_3)]^-$、$ReH_7(PR_3)_2$等。

值得提到的是，除上述配位化合物以外，许多具有锥形和三角双锥形结构的主族元素化合物，以及含有一氧化碳、氢阴离子、亚硝酰基和环多烯等配体的有机金属化合物都具有流变性。另外，碳硼烷和过渡金属簇中骨架原子的重排和配体在簇中的迁移已经引起了人们高度的重视，因为这与金属簇的化学吸附及催化作用密切相关。

7.2 配合物的异构现象

如前所述，配合物可以具有不同配位数和复杂多样的几何构型，因而造成了多种多样的异构现象。异构现象不仅影响着配合物的物理和化学性质，而且与配合物的稳定性和键型也有密切关系。本节主要讨论几何异构和旋光异构现象，对其他异构现象只作简单介绍。

7.2.1 几何异构现象

几何异构现象主要发生在配位数为 4 的平面正方形构型和配位数为 6 的八面体构型的配合物中。在这类配合物中，依照配体相对于中心离子的不同位置，通常分为顺式(*cis*)和反式(*trans*)两种异构体。显然，配位数为 2 和 3 的配合物及配位数为 4 的四面体配合物都不存在几何异构体，因为在这些构型中所有的配位位置都彼此相邻或相反(配位数 2)。

1. 平面正方形配合物

MA_2B_2型平面正方形配合物的几何异构现象是大家非常熟悉的，其中最著名的化合物是 $Pt(NH_3)_2Cl_2$，它有顺式和反式两种异构体：

Cl------NH_3　　　　H_3N------Cl
　　Pt　　　　　　　　　Pt
Cl------NH_3　　　　Cl------NH_3

二者的溶解度相差较大，前者为 0.25 g/100 g 水，后者为 0.0366 g/100 g 水。

而 MA_4、MA_3B 型平面正方形配合物无几何异构现象。

Pt(Ⅱ)的配位化学已被广泛研究过，许多顺式和反式的$[PtA_2X_2]$、$[PtABX_2]$及

[PtA_2XY]配合物都是已知的（A 和 B 代表中性配体如 NH_3、py、$P(CH_3)_3$ 和 $S(CH_3)_2$ 等，X 和 Y 代表阴离子配体如 Cl^-、Br^-、I^-、SCN^- 和 NO_2^- 等）。利用 X 射线衍射技术可以很方便地区分这些异构体。

MABCD 型配合物如[$Pt(NO_2)(NH_3)(NH_2OH)(py)$]$^+$、[$Pt(NH_3)(py)BrCl$]等具有三种异构体。其中[$Pt(NO_2)(NH_3)(NH_2OH)(py)$]$^+$的三种异构体表示如下：

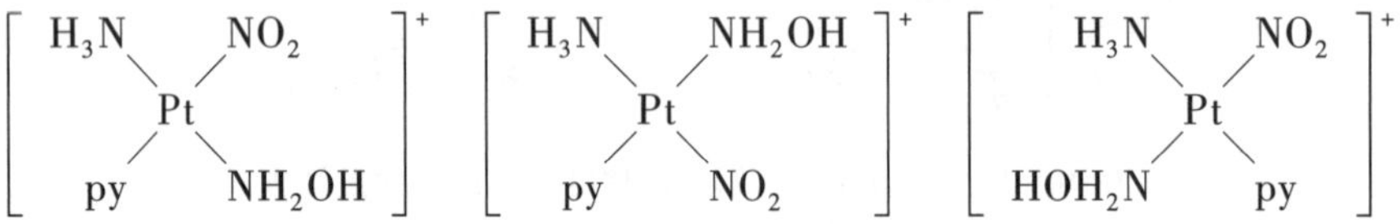

```
[ H3N    NO2  ]+   [ H3N    NH2OH ]+   [ H3N     NO2 ]+
[    Pt       ]    [    Pt        ]    [     Pt      ]
[ py     NH2OH]    [ py     NO2   ]    [ HOH2N   py  ]
```

具有不对称双齿配体的平面正方形配合物[$M(AB)_2$]也有几何异构现象。如甘氨酸（Gly）根阴离子 $NH_2CH_2COO^-$ 就是这样的配体，它与 Pt（Ⅱ）生成的 *cis*-和 *trans*-[$Pt(Gly)_2$]具有如下结构：

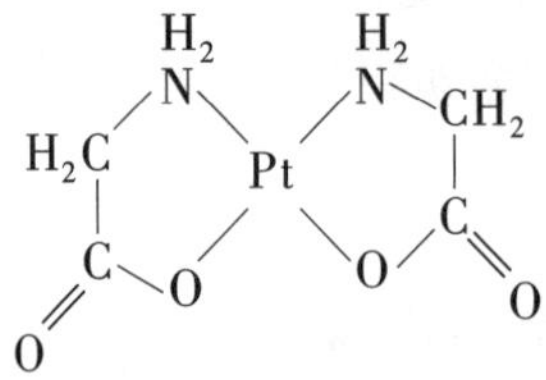

cis-[$Pt(Gly)_2$] 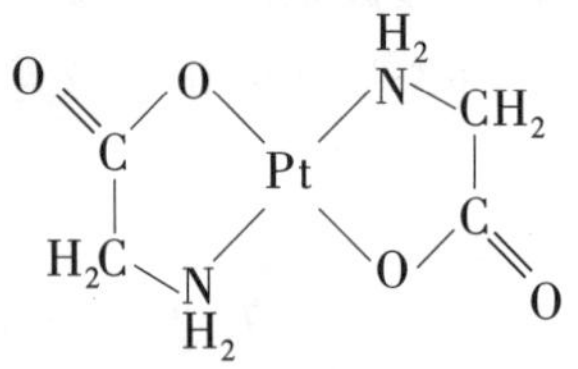　　　　*trans*-[$Pt(Gly)_2$]

多核配合物中也存在着几何异构现象。双核配合物[$Pt_2(Pr_3P)_2(SEt)_2Cl_2$]就是典型的实例：

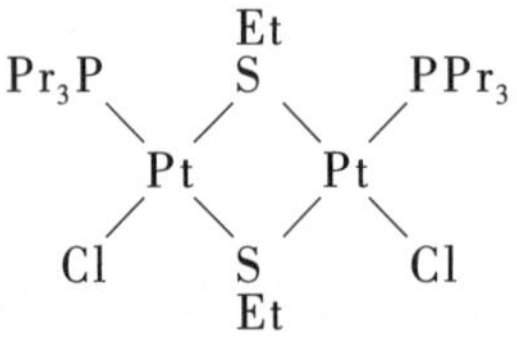

cis-[$Pt_2(Pr_3P)_2(SEt)_2Cl_2$] 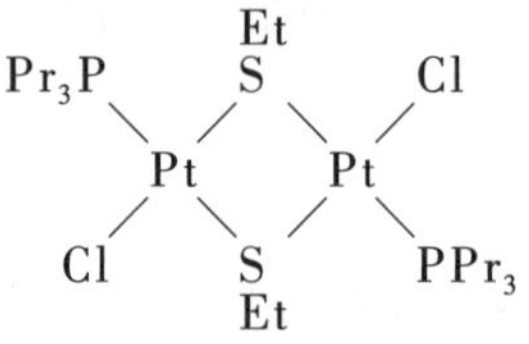　　　　*trans*-[$Pt_2(Pr_3P)_2(SEt)_2Cl_2$]

2. 八面体配合物

MA_6 和 MA_5B 型的八面体配合物不可能存在几何异构体。MA_4B_2 型配合物具有顺式和反式两种异构体：

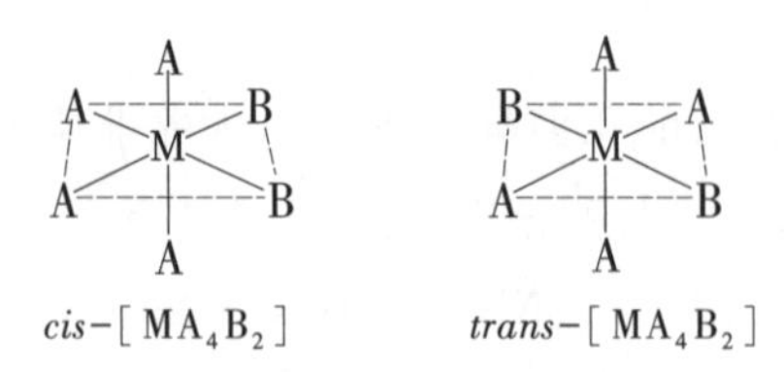

cis-[MA_4B_2]　　　　*trans*-[MA_4B_2]

这类配合物很多，如[$Cr(NH_3)_4Cl_2$]$^+$、[$Cr(NH_3)_4(NO_2)_2$]$^+$、[$Ru(PMe_3)_4Cl_2$]和[$Pt(NH_3)_4Cl_2$]$^{2+}$就是其中的几例。此外，[MA_4XY]、[$M(AA)_2X_2$]和[$M(AA)_2XY$]型配合物[其中 M = Co（Ⅲ）、Cr（Ⅲ）、Rh（Ⅲ）、Ir（Ⅲ）、Pt（Ⅳ）、Ru（Ⅱ）和 Os（Ⅱ）]也都有顺式和反式两种异构体。作为示例，将[$M(AA)_2X_2$]型的两种异构体如下：

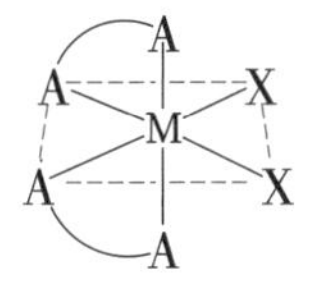

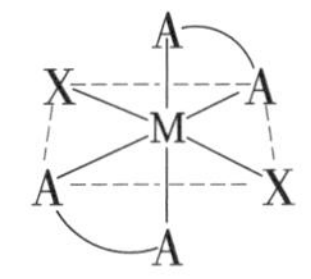

cis – $[M(AA)_2X_2]$　　*trans* – $[M(AA)_2X_2]$

$[MA_3B_3]$型配合物也有两种几何异构体：一种是三个 A 占据八面体的一个三角面的三个顶点，称为面式（*facial* 或 *fac*-）；另一种是三个 A 位于对半剖开八面体的正方平面（子午面）的三个顶点上，称为经式或子午式（*meridonal* 或 *mer*-）。同样，$[M(AB)_3]$型也有这两种异构体：

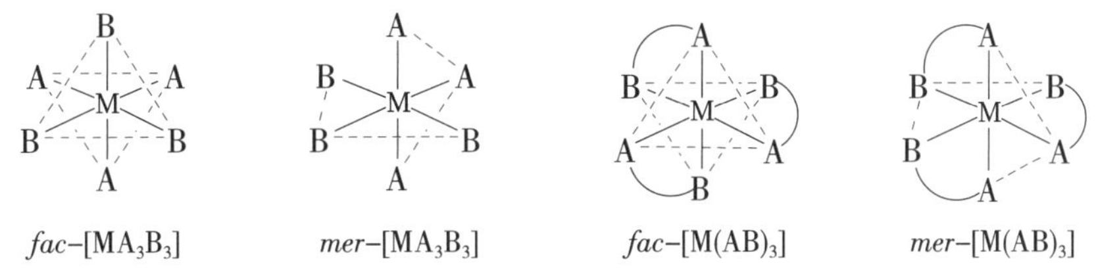
fac–$[MA_3B_3]$　　*mer*–$[MA_3B_3]$　　*fac*–$[M(AB)_3]$　　*mer*–$[M(AB)_3]$

总的来说，具有面式、经式异构体的配合物的数目不多。已知的有$[Co(NH_3)_3(CN)_3]$、$[Co(NH_3)_3(NO_2)_3]$、$[Ru(H_2O)_3Cl_3]$、$[RhCl_3(CH_3CN)_3]$、$[Ir(H_2O)_3Cl_3]$、$[Cr(Gly)_3]$和$[Co(Gly)_3]$等。可以想见，$[MA_3(BB)C]$也有面式（三个 A 处于一个三角面的三个顶点）和经式（三个 A 在一个四方平面的三个顶点之上）的区别。$Co(NH_3)_3(C_2O_4)(NO_2)]$就是一例。

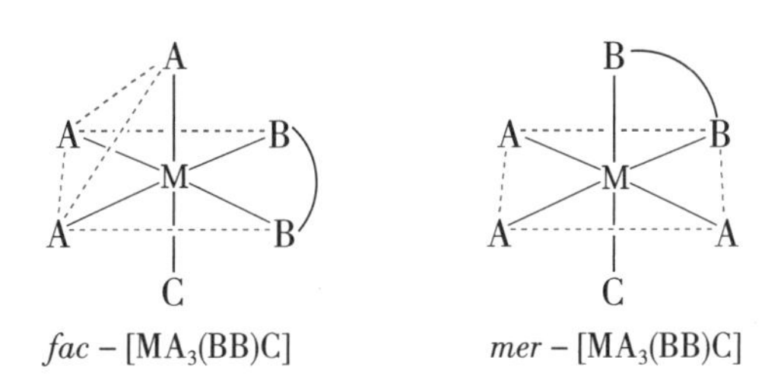
fac – $[MA_3(BB)C]$　　*mer* – $[MA_3(BB)C]$

$[M(ABA)_2]$（ABA 为三齿配体）型配合物有三种异构体，分别为经式、对称面式和不对称面式。

$[MABCDEF]$型配合物应该有 15 种几何异构体，目前唯一已知的实例是$[Pt(py)(NH_3)(NO_2)ClBrI]$，已分离出 7 种几何异构体。

其他配位数配合物的几何异构现象比较少见。

7.2.2 旋光异构现象

旋光异构又称光学异构。旋光异构是由于分子中没有对称面和对称中心而引起的旋光性相反的两种不同的空间排布。例如，当分子中存在一个不对称的碳原子时，就可能出现两种旋光异构体。旋光异构体能使偏振光左旋或右旋，而它们的空间结构是实物和镜像不能重合，犹如左手和右手的关系，所以彼此互为对映异构体。具有旋光性的分子称为手性分子。

许多旋光活性配合物常表现出旋光不稳定性。它们在溶液中进行转化，左旋异构体转化为右旋异构体，右旋异构体转化为左旋异构体。当左旋异构体和右旋异构体达等量时，即得一无旋光活性的外消旋体，这种现象称为外消旋作用。

数学上已经严格证明，手性分子的必要和充分条件是不具备任意次的旋转反映轴 S_n。因此，平面正方形的四配位化合物通常没有旋光性（除非配体本身具有旋光性），而四面体构型的配合物则常有旋光活性。在配合物中，最重要的具有旋光性的配合物是含双齿配体的六配位螯合物。

含双齿配体的六配位螯合物有很多旋光异构体，最常见的是 $[M(AA)_3]$ 型螯合物。一个典型的实例是 $[Co(en)_3]^{3+}$。早在 1912 年，Werner 对它就进行过研究，它有一对对映异构体（图 7.21）。类似的还有 $[Cr(C_2O_4)_3]^{3-}$ 等。

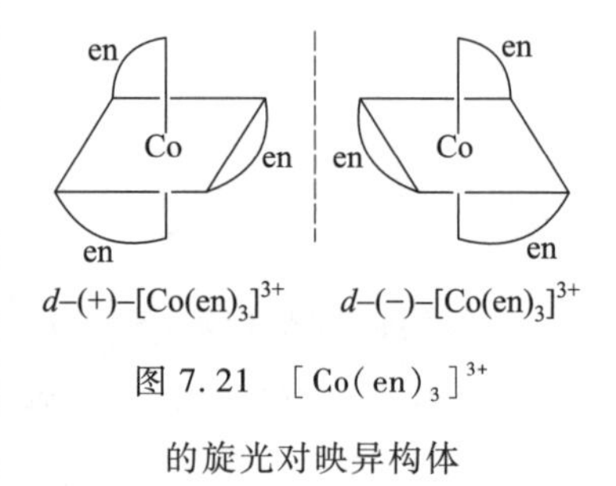

图 7.21　$[Co(en)_3]^{3+}$ 的旋光对映异构体

旋光异构现象通常和几何异构现象密切相关。如 $[M(AA)_2X_2]$、$[M(AA)_2XY]$、$[M(AA)X_2Y_2]$ 及 $[M(AA)(BB)X_2]$ 等类型的螯合物，它们的顺式异构体都可分离出一对旋光活性异构体，而反式异构体则往往没有旋光活性。如图 7.22 中所示 $[Co(en)_2(NO_2)_2]^+$ 的三种异构体：

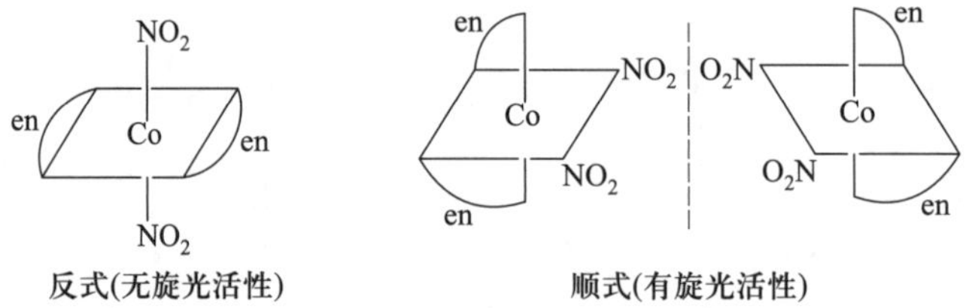

反式(无旋光活性)　　顺式(有旋光活性)

图 7.22　$[Co(en)_2(NO_2)_2]^+$ 的旋光活性与几何异构体的关系

不难想象，如果配体本身具有旋光活性，本来是非旋光性的配合物也会出现旋光性，因而异构体的数目将会大大增加，情况变得非常复杂。

例如，$[Co(en)(pn)(NO_2)_2]^+$，其中 pn 代表 1,2-丙二胺：

$$H_2N—CH_2—\overset{\displaystyle H}{\underset{\displaystyle NH_2}{C^*}}—CH_3$$

它有一个手性碳原子，本身具有旋光活性，一般用 d-pn 和 l-pn 代表这一对对映异构体，配合物的旋光异构体有反式异构体和顺式异构体。

① 反式异构体　反式异构体的情况比较简单，它有两种形态（图 7.23）。

② 顺式异构体　如果用 d-Co 和 l-Co 表示由于配合物分子的不对称性引起的旋光性，那么它们与 d-pn、l-pn 可以有四种组合形式：(l-Co,l-pn)；(l-Co,d-pn)；(d-Co,l-pn)；(d-Co,d-pn)。

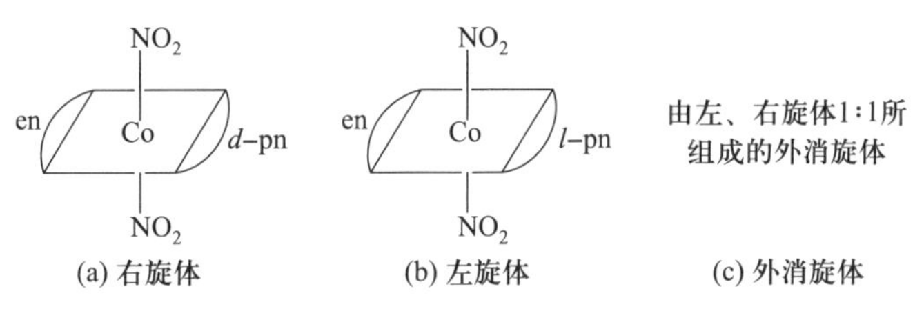

图 7.23　*trans*-$[Co(en)(Pn)(NO_2)_2]^+$的旋光活性

同时,它们还可形成两种外消旋体:(*d*-Co,*d*-pn)与(*l*-Co,*l*-pn);(*l*-Co,*d*-pn)与(*d*-Co,*l*-pn)。

此外,还有四种部分外消旋体:(*d*-Co,*d*-pn)与(*d*-Co,*l*-pn);(*d*-Co,*d*-pn)与(*l*-Co,*d*-pn);(*l*-Co,*l*-pn)与(*l*-Co,*d*-pn);(*l*-Co,*l*-pn)与(*d*-Co,*l*-pn)。这样就有 10 种可能形态。

不仅如此,由于 1,2-丙二胺是手性分子,它的两个$-NH_2$基团是不等同的,其中的氨基的对位可能是 en 的氨基,也可能是硝基,这样就使得上述每种情况都有相应的几何异构体。如(*l*-Co,*d*-pn)的两种几何异构体如图 7.24 所示。这样,对于上述 10 种形态,每一种形态都有两种相应的几何异构体,分别称为 α-顺式和 β-顺式。

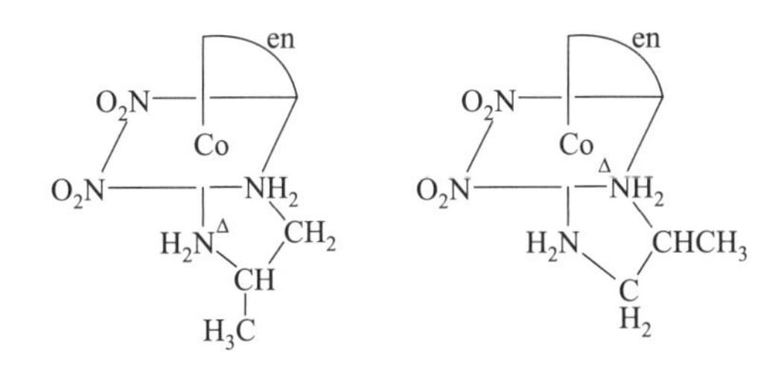

图 7.24　(*l*-Co,*d*-pn)的两种几何异构体

因此,总的说来,$[Co(en)(pn)(NO_2)_2]^+$共有 23 种形态。其中有 α-顺式、β-顺式各 10 种,反式形态 3 种。这些旋光异构体在实验中已经全部得到。

组成更复杂的配合物其旋光异构体数量更多。

7.2.3　其他异构现象

1. 键合异构现象

含有两个或两个以上不同配位原子的配体,可以通过不同的配位原子与中心金属离子配位形成配合物,这些配合物彼此称为键合异构体。如$[Co(NH_3)_5(NO_2)]^{2+}$和$[Co(NH_3)_5(ONO)]^{2+}$就是一对键合异构体,前者为硝基配合物(氮原子配位),后者为亚硝酸根配合物(氧原子配位),二者的结构示于图 7.25。

从理论上说,生成键合异构的必要条件是配体的不同原子都含有孤电子对。因此,硫氰酸根和氰根等也是形成键合异构体的常见配体。

典型的键合异构体有$[Pd(bipy)(SCN)_2]$和$[Pd(bipy)(NCS)_2]$,$[Co(en)_2(NO_2)_2]^+$和

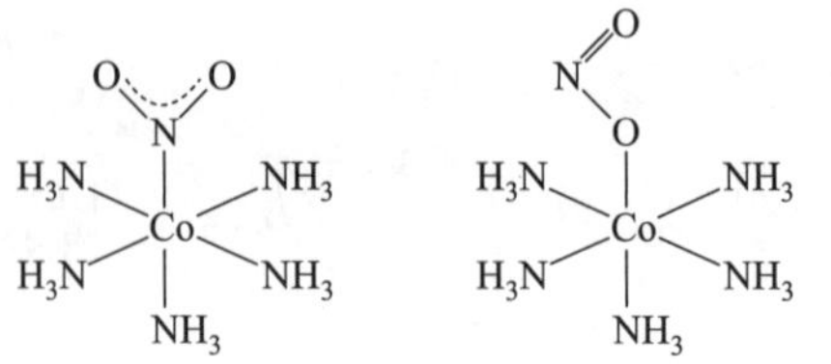

(a) $[Co(NH_3)_5(NO_2)]^{2+}$　(b) $[Co(NH_3)_5(ONO)]^{2+}$

图 7.25　$[Co(NH_3)_5(NO_2)]^{2+}$和$[Co(NH_3)_5(ONO)]^{2+}$的结构

$[Co(en)_2(ONO)_2]^+$，*cis*-$[Co(trien)(CN)_2]^+$和 *cis*-$[Co(trien)(NC)_2]^+$等。

2. 配位异构现象

当配合物由配阳离子和配阴离子组成时，由于配体在配阳离子和配阴离子中的分布不同而造成的异构现象叫做配位异构现象。例如，$[Co(NH_3)_6][Cr(CN)_6]$和$[Cr(NH_3)_6][Co(CN)_6]$，$[Pt(NH_3)_4][CuCl_4]$和$[Cu(NH_3)_4][PtCl_4]$。

其中也可以形成一系列包括中间形式的配位异构体。如$[Co(en)_3][Cr(C_2O_4)_3]$、$[Co(en)_2(C_2O_4)][Cr(en)(C_2O_4)_2]$、$[Co(en)(C_2O_4)_2][Cr(en)_2(C_2O_4)]$和$[Co(C_2O_4)_3][Cr(en)_3]$、$[Cr(NH_3)_6][Cr(SCN)_6]$和$[Cr(NH_3)_4(SCN)_2][Cr(NH_3)_2(SCN)_4]$等。

对于同一种中心金属离子形成的阴、阳配离子，也能形成配位异构体，其中金属离子的氧化态可以相同，也可以不同。例如，$[Pt^{II}(NH_3)_4][Pt^{II}Cl_4]$和$[Pt^{II}(NH_3)_3Cl][Pt^{II}(NH_3)Cl_3]$，$[Pt^{II}(NH_3)_4][Pt^{IV}Cl_6]$和$[Pt^{IV}(NH_3)_4Cl_2][Pt^{II}Cl_4]$等。

3. 配体异构现象

如果配体本身有异构体，那么由它们形成的配合物当然也就成为异构体，这样的异构现象叫做配体异构现象。如由 1,2-二氨基丙烷$[H_2N—CH_2—CH(NH_2)—CH_3]$和 1,3-二氨基丙烷$(H_2N—CH_2—CH_2—CH_2—NH_2)$形成的配合物$[Co(H_2N—CH_2—CH(NH_2)—CH_3)_2Cl_2]$及$[Co(H_2N—CH_2—CH_2—CH_2—NH_2)_2Cl_2]$就互为配位异构体。

4. 构型异构现象

当一个配合物可以采取两种或两种以上的空间构型时，则会产生构型异构现象。如$[NiCl_2(Ph_2PCH_2Ph)_2]$就有两种空间构型，一种为四面体构型，另一种为平面四边形构型，其构型转变见图 7.26。可以产生这种异构现象的还有配位数为五的三角双锥配合物和四方锥配合物，配位数为八的十二面体配合物和四方反棱柱配合物。

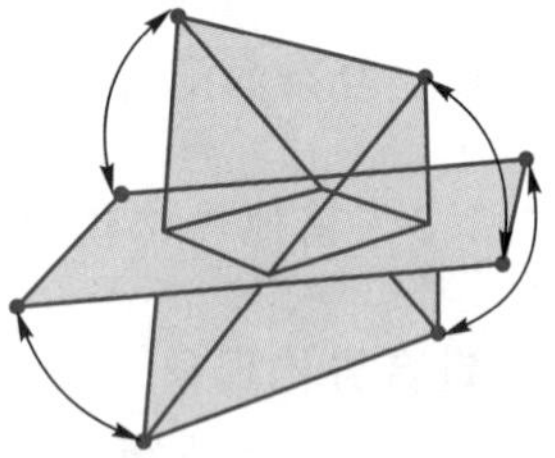

图 7.26　四面体和平面四边形构型之间的构型转变

总的说来，这种异构现象比较少见。

5. 解离异构现象

由于配合物内、外界离子的分布不同而造成的异构现象叫做解离异构现象。如$[Co(NH_3)_5Br]SO_4$和$[Co(NH_3)_5(SO_4)]Br$就是一例。它们在水溶液中解离出不同的离子，因而发生不同的化学反应：

$$[Co(NH_3)_5Br]SO_4 \xrightarrow{Ba^{2+}} BaSO_4\downarrow + [Co(NH_3)_5Br]^{2-}$$

$$[Co(NH_3)_5(SO_4)]Br \xrightarrow{Ba^{2+}} \text{无反应}$$

6. 溶剂合异构现象

在某些配合物中,溶剂分子可部分或者全部进入内界,形成溶剂配位异构体。这种现象叫做溶剂合异构现象。例如:

$[Cr(H_2O)_4Cl_2]Cl\cdot 2H_2O$(绿色),$[Cr(H_2O)_5Cl]Cl_2\cdot H_2O$(蓝绿色),$[Cr(H_2O)_6]Cl_3$(蓝紫色)。

溶剂合异构体的物理性质、化学性质及稳定性都有很大的差别。例如:

$$[Cr(H_2O)_6]Cl_3 \xrightarrow[\text{浓 } H_2SO_4]{\text{脱水}} \text{无变化}$$

$$[Cr(H_2O)_5Cl]Cl_2\cdot H_2O \xrightarrow[\text{浓 } H_2SO_4]{\text{脱水}} [Cr(H_2O)_5Cl]Cl_2 + H_2O$$

$$[Cr(H_2O)_4Cl_2]Cl\cdot 2H_2O \xrightarrow[\text{浓 } H_2SO_4]{\text{脱水}} [Cr(H_2O)_4Cl_2]Cl + 2H_2O$$

再如:

$$[Cr(H_2O)_6]Cl_3 \xrightarrow{Ag^+} 3AgCl\downarrow + [Cr(H_2O)_6]^{3+}$$

$$[Cr(H_2O)_5Cl]Cl_2 \xrightarrow{Ag^+} 2AgCl\downarrow + [Cr(H_2O)_5Cl]^{2+}$$

$$[Cr(H_2O)_4Cl_2]Cl \xrightarrow{Ag^+} AgCl\downarrow + [Cr(H_2O)_4Cl_2]^{+}$$

7. 聚合异构现象

配合物聚合时,由于聚合度不同或者同一聚合度但聚合方式不同所造成的异构现象称为聚合异构现象。聚合异构是配位异构的一个特例。需指出的是,与有机化合物的单纯聚合现象不同,配合物的聚合异构现象是既“聚合”又“异构”。例如,$[Pt(NH_3)_4][PtCl_4]$不是$[Pt(NH_3)_2Cl_2]$的单纯聚合体,而是它的聚合异构体(二聚异构体)。而$[Pt(NH_3)_4][Pt(NH_3)Cl_3]_2$则是$[Pt(NH_3)_2Cl_2]$的三聚异构体。又如,$[Co(NH_3)_6][Co(NH_3)_2(NO_2)_4]$和$[Co(NH_3)_4(NO_2)_2][Co(NH_3)_2(NO_2)_4]$都是$[Co(NH_3)_3(NO_2)_3]$的二聚异构体但二者的聚合方式不相同。

7.3 过渡元素配合物的成键理论

虽然可以用价键理论来说明配离子的空间结构、中心离子的配位数、一些配合物的稳定性等,但由于该理论没有充分考虑到配体对中心离子的影响,因而在解释配合物的性质时常常会遇到困难。事实上,在配合物中配体对中心离子的 d 电子的影响是十分大的,它不仅影响电子云的分布,而且也影响 d 轨道能量的变化。而这种变化又与配合物的性质密切相关。

7.3.1　晶体场理论和配位场理论

1. 晶体场理论和配位场理论概述

1929 年，Bethe 和 Vleck 从静电场作用出发，认为配体的作用引起了中心离子的 d 轨道的分裂，从而解释了过渡金属化合物的一些性质。这就是晶体场理论（CFT）。

晶体场理论认为：① 中心离子具有电子结构，配体可看作无电子结构的离子（或偶极子）的点电荷，中心离子与配体之间的作用完全是静电作用，如同离子晶体中的正负电荷相互作用一样（离子键），不交换电子，即不形成任何共价键。② 在配体静电场作用下，中心离子原来简并的五条 d 轨道能级发生分裂，分裂能 Δ 的大小与空间构型及配体、中心离子的性质有关。③ 配合物中心离子能级分裂的结果，使配合物得到一个额外的稳定化能。该稳定化能称为晶体场稳定化能（CFSE），其大小与分裂能及中心离子的 d 轨道电子构型有关。

显然，晶体场理论纯粹是一种静电作用理论，它完全忽略了配体与中心离子间的共价作用，也忽略了配合物中的某些 π 成键行为，因而有着明显的缺陷。

对晶体场理论的修正是配位场理论（LFT）。

配位场理论认为：① 配体不是无结构的点电荷，而是有一定的电荷分布。② 成键作用既包括静电作用，也包括共价作用。

共价作用的主要后果就是轨道重叠，从而导致 d 轨道的离域，d 电子运动范围增大，也即电子云扩展，这种现象叫做电子云扩展效应。电子云扩展效应的直接结果就是 d 电子间的排斥作用减小。一般地，配合物的中心离子的价电子间的排斥能比自由离子的小约 20%。G. Racah 引入了一个 B 值作为衡量电子相互作用的参量，称为 Racah 互斥参数。B 值不仅与金属离子的种类、电荷有关，而且还与配体的种类有关。

自由金属离子的 B 值可通过发射光谱测定，而配合物中的中心金属离子的 B' 值（记作 B' 是与自由金属离子的 B 值进行区别）可由吸收光谱求出。表 7.3 列出了常见金属离子在自由状态的 B 值和在八面体配合物（ML_6）中的 B' 值。通过比较 B 和 B' 值可以估算晶体场理论忽略了的共价相互作用。

表 7.3　常见金属离子在自由状态的 B 值和在八面体配合物（ML_6）中的 B' 值　单位：cm^{-1}*

金属离子	自由金属离子的 B 值	不同配体八面体配合物中的中心金属离子的 B' 值							
		Br^-	Cl^-	$C_2O_4^{2-}$	H_2O	EDTA	NH_3	en	CN^-
Cr^{3+}	950	—	510	640	750	720	670	620	520
Mn^{2+}	850	—	—	—	790	760	—	750	—
Fe^{3+}	1000	—	—	—	770	—	—	—	—
Co^{3+}	1000	—	—	560	720	660	660	620	440
Rh^{3+}	800	300	400	—	500	—	460	460	—
Ir^{3+}	660	250	300	—	—	—	—	—	—
Co^{2+}	1030	—	—	—	~970	~940	—	—	—
Ni^{2+}	1130	760	780	—	940	870	890	840	—

* 10^3 cm^{-1} 相当于 11.962 kJ · mol^{-1}。

C. K. Jørgensen 引入一个参数 β 用以表示 B' 相对于 B 减小的程度：

$$\beta=\frac{\text{配合物中中心金属离子的 } B' \text{ 值}}{\text{自由金属离子的 } B \text{ 值}} \tag{7.1}$$

按 β 值的减小将若干配体排成了一个系列，称为“电子云扩展序列”：

$$F^- > H_2O > C\underline{O}(NH_2)_2 > \underline{N}H_3 > C_2\underline{O}_4^{2-} \approx en > \underline{N}CS^- > Cl^- \approx \underline{C}N^- > Br^- >$$
$$(C_2H_5O)_2P\underline{S}_2^- \approx S^{2-} \approx I^- > (C_2H_5O)_2P\underline{Se}_2^-$$（画线处为与金属离子配位的原子）

可见，电子云扩展效应变化趋势基本上与配位原子的电负性相符，即

$$F > O > N > Cl > Br > S > I > Se$$

电子云扩展序列相当好地表征了中心金属离子和配体之间形成共价键的趋势。在序列的左端，F^- 和 H_2O 的 β 值接近 1，其共价作用不明显，随着 β 值的减小，电子云扩展效应增加，共价性变得较为明显。例如，其 β 值比 1 小得多的 Br^- 和 I^- 处于序列的中间或更靠近于右端，由它们生成的配位键含有较多共价成分。

β 值除用实验确定外，还可用公式计算：

$$1-\beta = h_X \cdot h_M \tag{7.2}$$

式中，h_X、h_M 分别为配体和金属离子的电子云扩展参数。

表 7.4 列出一些常用的配体和金属离子的 h_X 和 h_M 值。由于它们是按由小到大的顺序排列的，所以，在事实上，该顺序即分别为配体和金属离子的电子云扩展序列。

表 7.4　一些常用的配体和金属离子的 h_X 和 h_M 值

配体	h_X	金属	h_M	配体	h_X	金属	h_M	配体	h_X	金属	h_M
F^-	0.8	Mn(Ⅱ)	0.07	en	1.5	Cr(Ⅲ)	0.20	Br^-	2.3	Mn(Ⅳ)	0.50
H_2O	1.0	V(Ⅱ)	0.10	$C_2O_4^{2-}$	1.5	Fe(Ⅲ)	0.24	I^-	2.7	Pt(Ⅳ)	0.60
$CO(NH_2)_2$	1.2	Ni(Ⅱ)	0.12	Cl^-	2.0	Rh(Ⅲ)	0.28	$(C_2H_5O)PS_2^-$	2.8	Pd(Ⅳ)	0.70
NH_3	1.4	Mo(Ⅲ)	0.15	CN^-	2.1	Co(Ⅲ)	0.33	$(C_2H_5O)PSe_2^-$	3.0	Ni(Ⅳ)	0.80

2. d 轨道能级在配位场中的分裂

（1）八面体场

不管是晶体场理论还是配位场理论，它们的核心都认为自由金属离子的 5 条简并 d 轨道在配体的微扰作用下，即在配位场的作用下，能级发生分裂，失去简并性。

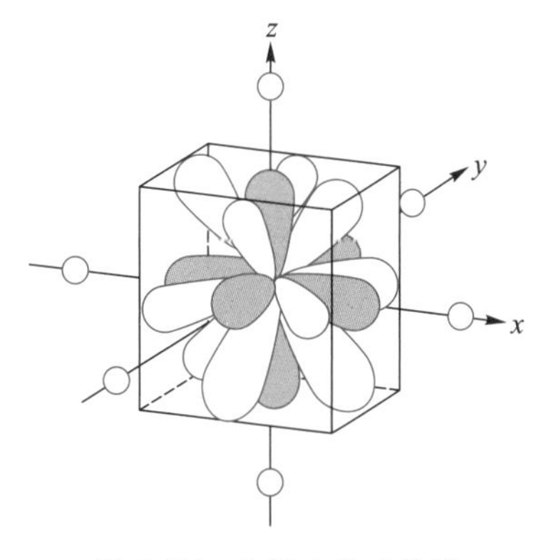

图 7.27　O_h 场中的 d 轨道

倘若在金属离子周围，有一球形对称的负电荷场，则由于 d 电子和负电荷的相互排斥，会使所有 d 轨道能量升高，然而 5 条 d 轨道的能量仍保持其简并态。但当 d 轨道处于八面体场（O_h，图 7.27）时，即有六个配体分别

从 x、$-x$、y、$-y$ 及 z、$-z$ 方向上接近中心金属离子，形成八面体配合物，此时，配体必然和沿着 x、y 和 z 轴方向上的 d_{z^2} 和 $d_{x^2-y^2}$ 轨道强烈作用，使它们的能量升高，剩下 3 条 d 轨道 d_{xy}、d_{xz} 和 d_{yz} 则由于夹在配体进攻方向之间，它们所受排斥作用较小。结果，在 O_h 场中，本来能量简并的 5 条 d 轨道分裂成了两组。一组是能量较高的 e_g 轨道，包括 d_{z^2} 和 $d_{x^2-y^2}$，另一组是能量较低的 t_{2g} 轨道，包括 d_{xy}、d_{xz} 和 d_{yz}。这两组轨道间的能量差称为分裂能，通常用符号 Δ_o 或 10Dq 来表示。Δ_o 值可以通过电子光谱由实验求得。

量子力学证明，一组简并轨道因纯静电性质的微扰而引起分裂，则被微扰的能级，其平均能量不变（称为能量重心不变原理）。按照这种能量重心不变原理，三重简并的 t_{2g} 能级减少的能量等于二重简并的 e_g 能级增加的能量。这表明 d_{xy}，d_{xz} 和 d_{yz} 轨道的能量都比未分裂的 d 轨道能量低 $(2/5)\Delta_o$，而 d_{z^2} 和 $d_{x^2-y^2}$ 则比未分裂的 d 轨道的能量高 $(3/5)\Delta_o$（图 7.28）。

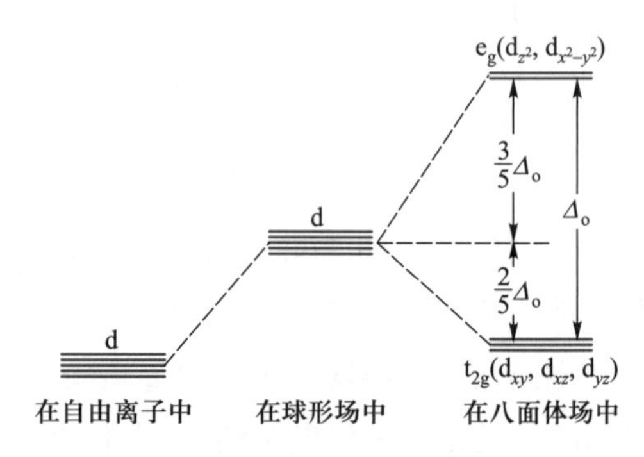

图 7.28　d 轨道能级在八面体场中的分裂

（2）拉长八面体场和平面正方形场

如果八面体配合物发生了畸变，沿 z 轴方向上的两个配体逐渐远离中心金属离子，形成拉长的八面体。与此同时，为保持总静电能量不变，x、$-x$ 和 y、$-y$ 方向上的配体必然向中心金属离子靠拢。这样 e_g 轨道的能级会因 $d_{x^2-y^2}$ 轨道的能量上升和 d_{z^2} 轨道的能量下降而发生分裂，t_{2g} 轨道的能级也会因 d_{xy} 轨道的能量升高和 d_{xz}、d_{yz} 轨道的能量下降而分裂，结果，简并度下降。

在极端的情况下，由于 z 和 $-z$ 方向上的配体远离，最终完全脱离和中心金属离子的相互作用，以至于六配位的八面体配合物转变成四配位的平面正方形（S_q）配合物。

上述两种情况下的 d 轨道能级在不同的配位场中的分裂示于图 7.29 右侧。

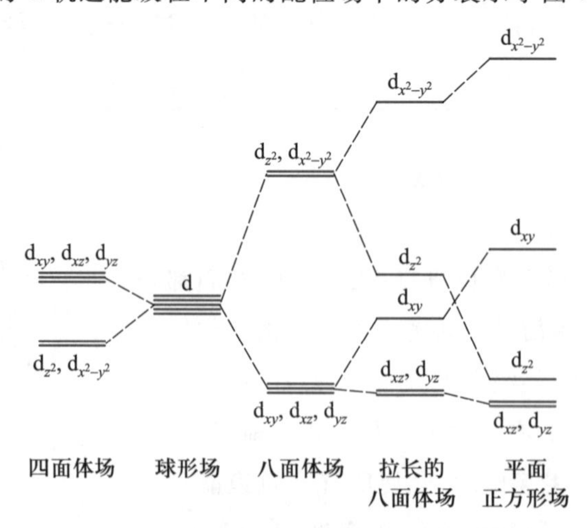

图 7.29　d 轨道能级在不同的配位场中的分裂

（3）四面体场

在四面体场（T_d）中，四个配体沿立方体的四个顶角朝中心金属离子靠拢（图7.30）。

由于配位场的微扰作用，原来能量简并的5条d轨道也分裂为两组。但在这种条件下，和八面体场的分裂情况恰好相反，能量较高的一组是t_2轨道，包括d_{xy}、d_{xz}和d_{yz}；能量较低的一组是e轨道，包括d_{z^2}和$d_{x^2-y^2}$。四面体场的分裂能Δ_t，在数值上大约相当于$(4/9)\Delta_o$。

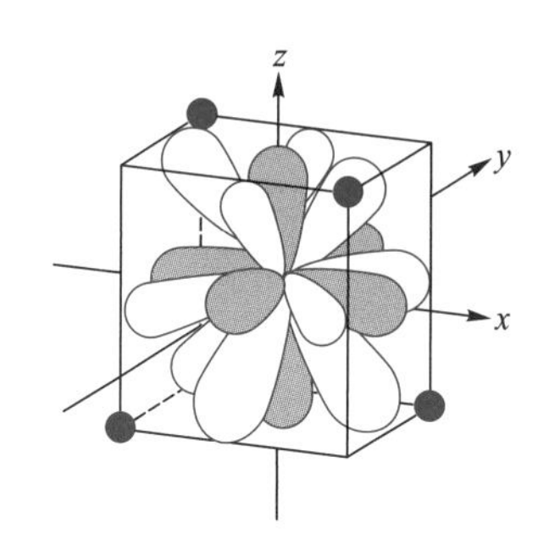

图7.30　T_d场中的d轨道

d轨道在T_d场中的分裂情况示于图7.29左侧。

d轨道在不同对称性的环境中的能级分裂汇总于表7.5中。

表7.5　d轨道在不同对称性的环境中的能级分裂

配位数	几何构型	d_{z^2}	$d_{x^2-y^2}$	d_{xy}	d_{xz}	d_{yz}
1	直线形[b]	5.14[a]	-3.14	-3.14	0.57	0.57
2	直线形[b]	10.28	-6.28	-6.28	1.14	1.14
3	正三角形[c]	-3.21	5.46	5.46	-3.86	-3.86
4	正四面体	-2.67	-2.67	1.78	1.78	1.78
4	正方形[c]	-4.28	12.28	2.28	-5.14	-5.14
5	三角双锥形[d]	7.07	-0.82	-0.82	-2.72	-2.72
5	四方锥形[d]	0.86	9.14	-0.86	-4.57	-4.57
6	正八面体形	6.00	6.00	-4.00	-4.00	-4.00
6	三棱柱形	0.96	-5.84	-5.84	5.36	5.36
7	五角双锥形	4.93	2.82	2.82	-5.28	-5.28
8	立方体形	-5.34	-5.34	3.56	3.56	3.56
8	四方反棱柱形	-5.34	-0.89	-0.89	3.56	3.56
9	ReH_9结构	-2.25	-0.38	-0.38	1.51	1.51
12	正二十面体形	0.00	0.00	0.00	0.00	0.00

注：a—能量均以正八面体场的Dq为单位；b—配体位于z轴；c—配体位于xy平面；d—锥体底面位于xy平面。

3. 分裂能和光谱化学序列

前已提及，分裂能Δ是中心离子的d轨道简并能级因配位场的影响而分裂成不同组能级之间的能量差。根据理论计算，在O_h场中Δ_o可由式（7.3）和式（7.4）计算。

对点电荷模型：

$$\Delta_o = \frac{5eq}{3\bar{R}^5}\langle \bar{r}^4 \rangle \tag{7.3}$$

对点偶极模型：

$$\Delta_o = \frac{25e\mu}{3\bar{R}^6}\langle \bar{r}^4 \rangle \tag{7.4}$$

式中，e 为电子电荷，q 为配体电荷，μ 为配体偶极矩，$\bar{R}$ 为中心离子和配体的中心间距，$\bar{r}$ 为金属 d 电子轨道半径的平均值。

配合物的 Δ_o 值也可通过光谱实验来测定。表 7.6 列出一些常见配体的八面体配合物的 Δ_o 实验值。

Jørgensen 还提出八面体场的分裂能 Δ_o 可粗略地用下列经验公式估算：

$$\Delta_o = 10Dq = f \cdot g \tag{7.5}$$

式中，f 为配体的特性参数，g 为金属离子的特性参数。

表 7.6　一些常见配体的八面体配合物的 Δ_o 实验值　　单位：cm^{-1}

d 电子	离子	$6Br^-$	$6Cl^-$	$3C_2O_4^{2-}$	$6H_2O$	EDTA	$6NH_3$	3en	$6CN^-$
$3d^1$	Ti(Ⅲ)	—	—	—	20000	13400	—	—	—
$3d^2$	V(Ⅲ)	—	—	16500	17700	—	—	—	—
$3d^3$	V(Ⅱ)	—	—	—	12600	—	—	—	—
	Cr(Ⅲ)	—	13600	17400	17400	18400	21600	21000	26300
$4d^3$	Mo(Ⅲ)	—	19200	—	—	—	—	—	—
$3d^4$	Cr(Ⅱ)	—	—	—	13900	—	—	—	—
	Mn(Ⅲ)	—	—	20100	21000	—	—	—	—
$3d^5$	Mn(Ⅱ)	—	—	—	7800	6800	9100	—	—
	Fe(Ⅲ)	—	—	—	13700	—	—	—	—
$3d^6$	Fe(Ⅱ)	—	—	—	10400	9700	—	—	33000
	Co(Ⅲ)	—	—	18000	18600	20400	23000	23300	34000
$4d^6$	Rh(Ⅲ)	18900	20300	26300	27000	—	33900	34400	—
$5d^6$	Ir(Ⅲ)	23100	24900	—	—	—	—	41200	—
	Pt(Ⅳ)	24000	29000	—	—	—	—	—	—
$3d^7$	Co(Ⅱ)	—	—	—	9300	10200	10100	11000	—
$3d^8$	Ni(Ⅱ)	7000	7300	—	8500	10100	10800	11600	—
$3d^9$	Cu(Ⅱ)	—	—	—	12600	13600	15100	16400	—

表 7.7 列出了一些常见配体和金属离子的 f 值和 g 值。

关于分裂能，有下面四条一般规律：

① 配位场类型不同，Δ 值不同。在相同金属离子和相同配体的情况下，$\Delta_t = (4/9)\Delta_o$。

② 对于同一配体构成的相同类型的配位场，中心金属离子正电荷越高，拉引配体越紧，配体对 d 轨道的微扰作用越强。因而随着中心离子氧化态的增加，Δ 值增大。一般地，+3 价离子的 Δ 值比+2 价离子的要大 40%～60%。中心离子的半径越大，d 轨道离核越远，越容易在配位场的作用下改变其能量，所以分裂能 Δ 也越大。

表 7.7 一些常见配体和金属离子的 f 值和 g 值

配体	f	配体	f	配体	f	离子	$g/(10^3\ cm^{-1})$	离子	$g/(10^3\ cm^{-1})$
Br^-	0.72	CH_3COOH	0.94	CH_3CN	1.22	Mn^{2+}	8.0	Mn^{4+}	24
SCN^-	0.75	C_2H_5OH	0.97	py	1.23	Ni^{2+}	8.7	Mo^{5+}	24.6
Cl^-	0.78	$(CH_3)_2NCHO$	0.98	NH_3	1.25	Co^{2+}	9.3	Rh^{3+}	27
$(C_2H_5O)_2PSe_2^-$	0.80	$C_2O_4^{2-}$	0.99	en	1.28	V^{2+}	12.0	Pd^{4+}	29
$OPCl_3$	0.82	H_2O	1.00	dien	1.29	Fe^{3+}	14.0	Tc^{4+}	31
N_3^-	0.83	$CS(NH_2)_2$	1.01	SO_3^{2-}	1.30	Cu^{2+}	15.7	Ir^{3+}	32
$(C_2H_5O)_2PS_2^-$	0.85	NCS^-	1.02	dipy	1.33	Cr^{3+}	17.4	Pt^{4+}	36
F^-	0.90	$NCSe^-$	1.03	NO_2^-	1.40	Co^{3+}	18.2		
$(C_2H_5)_2NCS_2^-$	0.90	NC^-	1.15	CN^-	1.70	Ru^{2+}	20		
$(CH_3)_2SO$	0.91	CH_3NH_2	1.17			Ag^{3+}	20.4		
$CO(NH_2)_2$	0.92	$NH_2CH_2CO_2^-$	1.18			Ni^{4+}	22		

③ 同族同氧化态的过渡金属离子，随着主量子数的增加，d 轨道半径增大，d 轨道比较扩展，受到配位场的作用就较为强烈，从而 Δ 将增加。所以，由 3d→4d，Δ_o 增大 40%～50%；由 4d→5d，Δ_o 增大 20%～25%。结果是第二、第三过渡系金属离子几乎只形成低自旋的配合物。

④ 对同一金属离子，配体不同，d 轨道的分裂程度不同，Δ_o 也就不同。例如，对 CrL_6 型配合物，配体中的配位原子对 Δ_o 的影响按 O<S<P<N<C 的顺序增大。根据电子光谱实验测得的 Δ_o 值的大小排列配体，有下列的顺序：

$$
\begin{gathered}
I^- < Br^- < \underline{O}CrO_3^{2-} < Cl^- \approx \underline{S}CN^- < N_3^- < (EtO)_2P\underline{S}_2^- < F^- < \underline{S}SO_3^{2-} < (NH_2)_2C\underline{O} < \\
\underline{O}CO_2^{2-} < \underline{O}CO_2R^- < ONO^- \approx OH^- < \underline{O}SO_3^{2-} < ONO_2^- < O_2CCO_2^{2-} < H_2O < \\
\underline{N}CS^- < H_2NCH_2COO^- \approx edta^{4-} < py \approx NH_3 \approx \underline{P}R_3 < en < SO_3^{2-} < \underline{N}H_2OH < \\
NO_2^- \approx bipy \approx phen < H^- < CH_3^- \approx C_6H_5^- < cp(\text{环戊二烯}) < CN^- \approx CO < \underline{P}(OR)_3
\end{gathered}
$$

该顺序称为光谱化学序列，它代表配位场的强度顺序。排在左边的配体为弱场配体，排在右边的是强场配体。

当配合物中的配体被序列中右边的配体所取代，光谱吸收带向短波方向移动。如 $[Cu(H_2O)_6]^{2+}$ 呈浅蓝色，吸收带在 12600 cm^{-1} 处；加入氨转变成 $[Cu(NH_3)_6]^{2+}$，即其中的 H_2O 被 NH_3 所取代，呈深蓝紫色，吸收极大值在 13100 cm^{-1} 处；无水 $CuSO_4$ 呈无色，这是因为 SO_4^{2-} 的配位场强度很弱，使吸收谱带移到近红外区去了。

须指出的是，上述配位场强度顺序是纯静电理论所不能完全解释的。例如，OH^- 比 H_2O 强度弱，按静电的观点 OH^- 带了一个负电荷，H_2O 不带电荷，因而 OH^- 应该对中心金属离子的 d 轨道中的电子产生较大的影响作用，但实际上是 OH^- 的场强度反而低，显然这就很难纯粹用静电效应进行解释。说明 d 轨道的分裂并非纯粹的静电效应，其中的共价因素也不可忽略。

4. 电子成对能和配合物高低自旋的预言

当轨道已被一个电子占据之后，若要再填入电子，势必要克服与原有电子之间的排斥作用。电子成对能就是两个电子在占有同一轨道自旋成对时所需要的能量，以符号 P 表示。

$$P = P_{\text{库仑}} + P_{\text{交换}} \tag{7.6}$$

式中，$P_{\text{库仑}}$ 与静电作用有关，$P_{\text{交换}}$ 与电子自旋有关。二者都是金属离子的 Racah 电子排斥参数 B 和 C 的函数。

气态自由金属离子的成对能可由光谱数据得到的 B 和 C 值计算。其中，$C \approx 4B$。例如：

$$P(d^4) = 6B + 5C$$

$$P(d^5) = 7.5B + 5C$$

$$P(d^6) = 2.5B + 4C$$

$$P(d^7) = 4B + 4C$$

表明 P 与 d 电子的数目有关。

在配离子中，由于电子云的伸展效应，P 值将降低 15%～20%。故配离子的 P 值，可由自由金属离子的 P 值乘以 0.80～0.85 求得。表 7.8 列出了常见金属配离子的 P 值和 Δ_o 值，其中金属配离子的 P 值是按自由金属离子的 P 值乘 0.85 计算得到的。

表 7.8　常见金属配离子的 P 值和 Δ_o 值

d^n	金属离子	P/cm^{-1}	Δ_o/cm^{-1}				
			$6F^-$	$6H_2O$	$6NH_3$	3en	$6CN^-$
$3d^4$	Cr^{2+}	20000		13900			
	Mn^{3+}	23800		21000			
$3d^5$	Mn^{2+}	21700		7800	9100		
	Fe^{3+}	25500		13700			
$3d^6$	Fe^{2+}	15000		10400			33000
	Co^{3+}	17800	13000	18600	23000	23300	34000
$3d^7$	Co^{2+}	19100		9300	10100	11000	

在配合物中，由于在配位场的存在下中心离子的 d 轨道的能级已经发生了分裂，这时若将电子填入 d 轨道，则分裂能要求电子尽先填入能量最低的轨道，而成对能则要求电子尽可能分占不同的 d 轨道并保持自旋平行。因此，当 $\Delta > P$ 时，则电子尽可能填入能量较低轨道，由于同一轨道中的两个电子的自旋必须反平行，这就造成配合物的低自旋状态（LS）；反之，当 $\Delta < P$，则电子尽可能分占不同 d 轨道并保持自旋平行，这就造成配合物的高自旋状

态(HS)。

由于分裂能同配位场的强弱、配位场的类型、中心离子的性质及 d 轨道的主量子数有关:

① 在弱场时,由于 Δ 值较小,配合物将采取高自旋构型;反之,在强场下,由于 Δ 值较大,配合物将采取低自旋构型。因此,所有的 F^-配合物都是高自旋的而所有的 CN^-配合物都是低自旋的,因为它们分别位于光谱化学序列的左端(Δ 小)和右端(Δ 大)。而 H_2O 的配合物,除$[Co(H_2O)_6]^{3+}$之外,其余金属皆为高自旋的。

② 对于四面体配合物,因为 $\Delta_t=(4/9)\Delta_o$,这样小的 Δ_t通常都不能超过 P 而构成低自旋所要求的 $\Delta_t>P$,所以,四面体配合物平常只有高自旋而无低自旋型。

③ 第二、第三过渡系金属配合物几乎都是低自旋型的,这是 d 轨道半径增大,Δ 增大之故。

④ 除此之外,我们还可看到,如果各种金属离子的 Racah 参数 B、C 值近似相等,且一般 $C\approx 4B$,则有

$$P(d^5)>P(d^4)>P(d^7)>P(d^6)$$

所以,对 d^6组态的离子,由于其成对能最小,容易被 Δ 值所超过,相反,d^5组态的离子,由于其成对能最大,不太容易被 Δ 值超过,所以在八面体场中,多数 d^6组态的离子常呈低自旋型,d^5组态的离子常呈高自旋型。事实上,d^6构型的 Co^{3+},除 CoF_6^{3-}外全是低自旋的;Fe^{2+}的配离子也大多数是低自旋型的。而 d^5组态的离子,除非配体的场特别强(如 CN^-,phen),否则都是高自旋的。

5. 配位场稳定化能和配合物的热力学性质

(1) 配位场稳定化能

根据前述,过渡金属离子的 d 轨道,在八面体场中将分裂为两组——t_{2g}和 e_g(其他场的分裂见图 7.29)。由于 t_{2g}轨道的能量较 e_g低,d 轨道的平均能量不变,所以每一个在 t_{2g}轨道上的电子,其能量降低$(2/5)\Delta_o$,而在 e_g轨道上的每一个电子,其能量将升高$(3/5)\Delta_o$。除此之外,当电子成对时,还必须克服成对能。这样一来,过渡金属离子的 d 电子因进入分裂的 d 轨道后相对于它们处在未分裂 d 轨道时总能量下降,使体系更稳定。这部分能量称为配位场稳定化能(LFSE)。

根据各种组态 d 电子在八面体配合物中 d 轨道的占据情况(图 7.31),可以算出各种组态的配位场稳定化能。

对于在配位场中电子成对情况相对于气态离子没有改变的体系,包括 d^1、d^2、d^3、d^8、d^9、d^{10}及在弱场情况下的 d^4、d^5、d^6、d^7构型。设电子的排布为 $t_{2g}^p e_g^q$,则

$$\text{LFSE}=(-2p/5+3q/5)\Delta_o \tag{7.7}$$

例如,对于 d^8组态的离子,$\text{LFSE}=(-6\times 2/5+2\times 3/5)\Delta_o=-1.2\Delta_o$;又如,弱场中的 d^7组态(高自旋),$\text{LFSE}=(-5\times 2/5+2\times 3/5)\Delta_o=-0.8\Delta_o$。

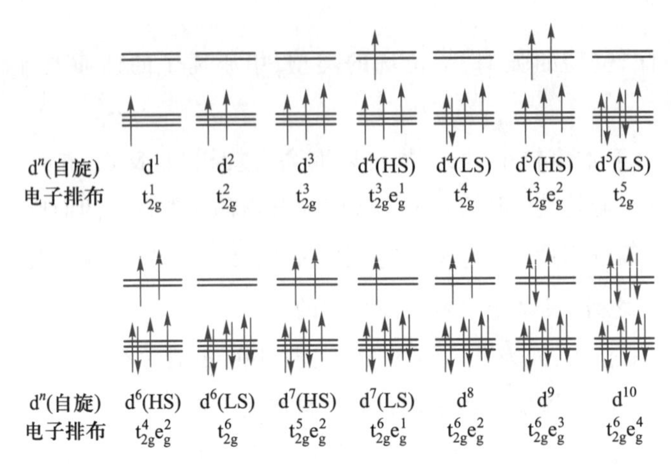

图 7.31　d 电子在八面体配合物中 d 轨道的占据情况

对于电子自旋与自由离子相比发生了变化的体系，如在强场中的 d^4、d^5、d^6、d^7 组态，由于 $\Delta_o > P$，电子排布不再与球形场相同，在球形场中为自旋平行的电子，到八面体场中可能变成自旋反平行，电子成对了，即发生了自旋状态的改变，此时则需考虑电子成对能的变化，即

$$\mathrm{LFSE} = (-2p/5 + 3q/5)\Delta_o + nP \tag{7.8}$$

例如，d^6 组态的 Co^{3+} 自由离子中有一对配对电子，在配离子 $[Co(NH_3)_6]^{3+}$（强场低自旋）中，配对电子变为 3 对，故 $n = 3 - 1 = 2$，于是，$\mathrm{LFSE} = (-6 \times 2/5 + 0 \times 3/5)\Delta_o + 2P = -2.4\Delta_o + 2P$。

在图 7.32(a) 中展示各种 d 组态在八面体场中（略去了成对能变化）的 LFSE 值。

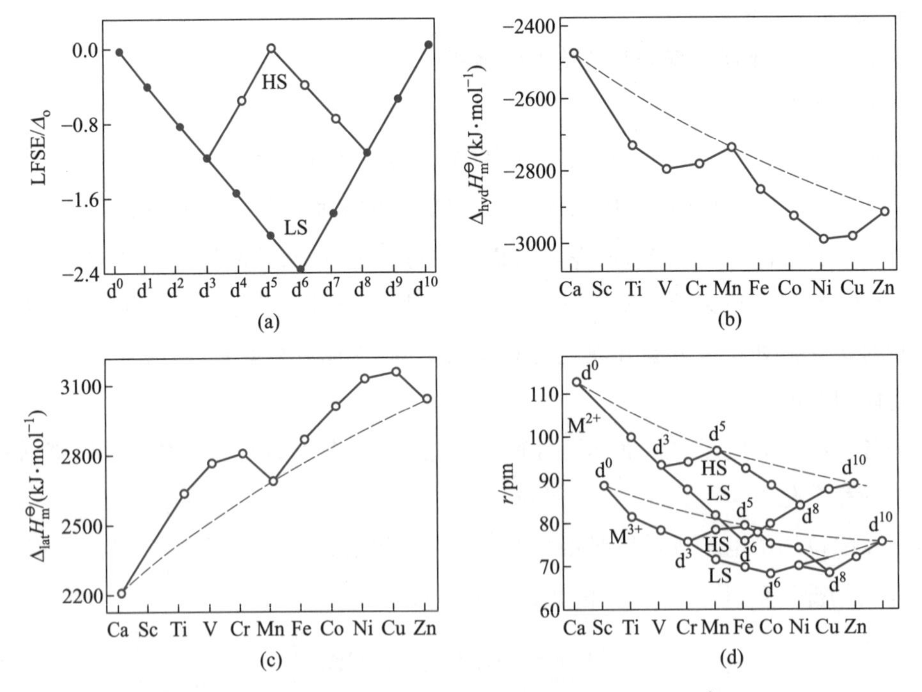

图 7.32　过渡系金属离子各种 d 组态在八面体场中的 LFSE 值(a)，M^{2+} 的离子水合焓(b)，MCl_2 的晶格焓(c)，M^{2+} 和 M^{3+} 离子半径(d)随原子序数（d^n 组态）的变化

(2) 配位场稳定化能对配合物性质的影响

比较 LFSE 的相对大小,则可在一定条件下得出配合物的稳定性与所含 d 电子数的关系,尽管 LFSE 的绝对值并不大,通常只占配合物生成焓的百分之几,但它却明显地影响着过渡金属配合物的热力学性质。

由图 7.32(a) O_h 场中 LFSE 对 d^n 所作的图可见,在 O_h 弱场中,曲线呈"反双峰状",称为反双峰效应,特点是曲线有三个极大值和两个极小值。最高点为 d^0(如 Ca^{2+})、d^5(如 Mn^{2+} 和 Fe^{3+})和 d^{10}(如 Zn^{2+})组态,它们的 LFSE 均为零。最低点为 d^3(如 V^{2+} 和 Cr^{3+})和 d^8(如 Ni^{2+})组态,其 LFSE 为 $-1.2\Delta_o$。在 O_h 强场中,曲线呈"V"形,最低点位于 d^6 组态(如 Fe^{2+} 和 Co^{3+}),其 LFSE 为 $-2.4\Delta_o+2P$。

下面将看到 LFSE 随 d 电子数的变化规律在离子水合焓、晶格焓及离子半径方面的反映。

① 离子水合焓　气态金属离子溶于水形成水合离子过程的焓变称为离子水合焓:

$$M^{n+}(g) + mH_2O \longrightarrow [M(H_2O)_m]^{n+} \qquad \Delta_{hyd}H_m^{\ominus}(M^{n+},g) \tag{7.9}$$

从 Ca^{2+} 到 Zn^{2+} 各金属离子与水形成八面体高自旋型水合离子($m=6$),其 d 电子数依次恰好是从 0→10。若以 $\Delta_{hyd}H_m^{\ominus}(M^{n+},g)$ 对 M^{2+} 的原子序数(也即对 d^n)作图,得到一条相似的反双峰曲线[图 7.32(b)],极小值出现在 V^{2+} 和 Ni^{2+} 处,极大值出现在 Ca^{2+}、Mn^{2+}、Zn^{2+} 处,显然,反双峰的出现正是由 LFSE 所引起的。如果从每一 M^{2+} 的 $\Delta_{hyd}H_m^{\ominus}$ 中扣除去 LFSE,则可得到一条近似于 Ca^{2+}、Mn^{2+}、Zn^{2+} 连线的平滑曲线,该曲线代表 M^{2+} 在水溶剂中形成的球形场水合焓。

② 晶格焓　第四周期由 $CaCl_2$ 到 $ZnCl_2$ 的晶格焓与 d^n 组态之间的关系[图 7.32(c)]与 M^{2+} 的离子水合焓的情况一样,也是由于 d 轨道分裂造成的 LFSE 不同的影响的结果,所以曲线也呈双峰状。只是 MCl_2 的晶格焓的定义是过程 $MCl_2(s) \longrightarrow M^{2+}(g)+2Cl^-(g)$ 的焓变。

③ 离子半径　以 M^{2+},M^{3+} 的离子半径对 d^n 作图[图 7.32(d)],在高自旋的情况下可观察到"反双峰"曲线,在低自旋的情况下观察到"V"形曲线。这也是由 LFSE 造成的,因为在稳定化能大的配离子中,d 电子优先占据 t_{2g} 轨道,t_{2g} 轨道不指向配体 L,因而 L 受到的排斥作用小,L 更靠近中心离子,所以测得的 r_c 小于 $r_{球}$,只有当 LFSE 等于零时 r_c 才等于 $r_{球}$(如 Ca^{2+}、Sc^{3+}、Mn^{2+}、Fe^{3+}、Zn^{2+}、Ga^{3+})。

④ 标准电极电势　以 Co(Ⅲ)为例。在水溶液中,Co(Ⅲ)是不稳定的,容易被还原成 Co(Ⅱ),但当水溶液中存在强场配体时,Co(Ⅲ)则被稳定,这可从下列标准电极电势看出:

$$[Co(H_2O)_6]^{3+} + e^- \rightleftharpoons [Co(H_2O)_6]^{2+} \qquad E^{\ominus}=1.84\ V$$

$$[Co(edta)]^- + e^- \rightleftharpoons [Co(edta)]^{2-} \qquad E^{\ominus}=0.60\ V$$

$$[Co(C_2O_4)_3]^{3-} + e^- \rightleftharpoons [Co(C_2O_4)_3]^{4-} \qquad E^{\ominus}=0.57\ V$$

$$[Co(phen)_3]^{3+} + e^- \rightleftharpoons [Co(phen)_3]^{2+} \qquad E^{\ominus}=0.42\ V$$

$$[Co(NH_3)_6]^{3+} + e^- \rightleftharpoons [Co(NH_3)_6]^{2+} \qquad E^{\ominus}=0.10\ V$$

$$[Co(en)_3]^{3+} + e^- \rightleftharpoons [Co(en)_3]^{2+} \qquad E^\ominus = -0.26\ V$$

$$[Co(CN)_6]^{3-} + e^- \rightleftharpoons [Co(CN)_6]^{4-} \qquad E^\ominus = -0.83\ V$$

上述 Co^{3+} 与不同配体形成的配离子的电极电势下降次序基本上是配体的光谱化学序列,也就是配位场稳定化能增加的次序。

⑤ 配合物标准生成常数的 Irving-Williams 序列　当 Mn^{2+} 到 Zn^{2+} 与氮配位原子的配体生成配合物时[如 $[M(en)_3]^{2+}$],它们的标准生成常数可观察到下述顺序:

	$Mn^{2+}(d^5)$ <	$Fe^{2+}(d^6)$ <	$Co^{2+}(d^7)$ <	$Ni^{2+}(d^8)$ <	$Cu^{2+}(d^9)$ >	$Zn^{2+}(d^{10})$
$\lg\beta$	5.67	9.52	13.82	18.06	18.60	12.09

这一顺序大致与 LFSE 的变化一致,类似于前述反双峰曲线趋势中的右半段。只是峰值不是在 d^8 的 Ni^{2+} 而是在 d^9 的 Cu^{2+} 的配合物,这个差异被认为同 Jahn-Teller 畸变有关。上述次序称为 Irving-Williams 序列。

6. Jahn-Teller 效应和配合物立体构型的选择

(1) Jahn-Teller 效应

简并轨道的不对称占据必然会导致分子的几何构型发生畸变,结果是降低分子的对称性和轨道的简并度,使体系能量进一步降低。这一现象称为 Jahn-Teller 效应。

以 d^9 的 Cu^{2+} 为例,在 O_h 场中,二重简并的 e_g 轨道上有三个电子。假定它采取 $d_{z^2}^2 d_{x^2-y^2}^1$ 的结构,即 $d_{x^2-y^2}$ 轨道上比 d_{z^2} 轨道上少一个电子,结果,在 xy 平面上的电子云密度将小于全满时球形对称状态下的电子云密度,则 xy 平面上的四个配体对来自 Cu^{2+} 的静电引力所受到的屏蔽要比 z 轴上的两个配体少些。因此 xy 平面上的四个配体应比 z 轴上的两个配体更靠金属近一些,于是正八面体变成了拉长的八面体或四角双锥体;若相反,在 d_{z^2} 轨道上有一个电子而在 $d_{x^2-y^2}$ 轨道上有两个电子($d_{z^2}^1 d_{x^2-y^2}^2$),则 xy 平面上的四个配体将比 z 轴上的两个配体离金属远一些,结果将得到一个压扁的八面体。实验表明,Cu^{2+} 的大多数配合物属于前者。

图 7.33 示出 $d^9(t_{2g}^6 d_{z^2}^2 d_{x^2-y^2}^1)$ 组态 O_h 配合物和 D_{4h} 畸变配合物的 d 轨道能级,根据能量重心不变原理,t_{2g} 电子没有净能量变化,但对于 e_g 电子,出现了净稳定化作用,即畸变结果获得了 1/2 个分裂参数 δ_1 的稳定化能。

对于 d^8 组态($t_{2g}^6 e_g^2$),e_g 上的两个电子分占两条轨道,简并轨道对称占据因而不产生畸变。同样,对其他 t_{2g} 或 e_g 的全满或半满占据方式的 t_{2g}^3、t_{2g}^6、$t_{2g}^3 e_g^2$、$t_{2g}^6 e_g^2$ 构型的配离子也不会发生 Jahn-Teller 畸变。相反,在碰到 t_{2g} 或 e_g 轨道的不对称占据的配离子如 d^1、d^2、$t_{2g}^3 e_g^1$、$t_{2g}^4 e_g^2$、$t_{2g}^5 e_g^2$、$t_{2g}^6 e_g^1$、$t_{2g}^6 e_g^3$ 等时,则必须考虑由 Jahn-Teller 畸变带来的稳定化作用。

平面正方形配合物可以看作八面体配合物发生拉长畸变的极端产物。例如,Cu^{2+} 配合物畸变显著时,z 轴上的两个配体外移很远,则 d_{z^2} 的能级下降到 d_{xy} 的能级之下(图 7.29),这时已接近平面正方形构型。如 $[Cu(NH_3)_4(H_2O)_2]^{2+}$ 为拉长的八面体,经常用 $[Cu(NH_3)_4]^{2+}$ 来表示四个 NH_3 分子以短键与 Cu^{2+} 结合,所以这个配离子也可用平面正方形结构描述。再如,d^8 构型的 Ni^{2+}、Pd^{2+}、Pt^{2+} 易生成低自旋的平面正方形配合物,可由因 d^8 采

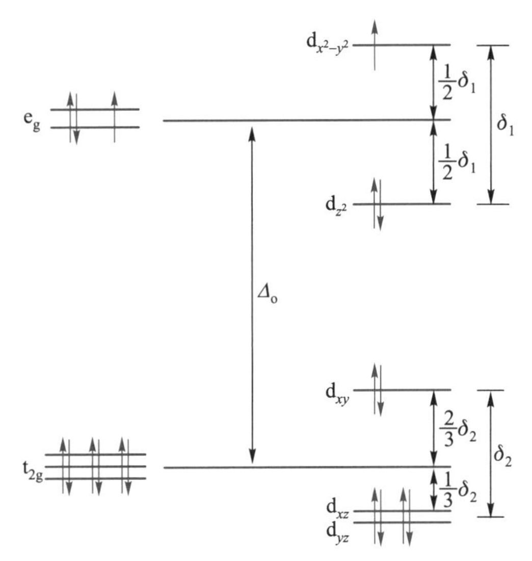

图 7.33 d^9组态 O_h 配合物和 D_{4h}畸变配合物的 d 轨道能级

用$t_{2g}^6 d_{z^2}^2 d_{x^2-y^2}^0$的电子分布结构,所以 z 轴上配体所受斥力比 x、y 方向大得多来解释。

表 7.9 举出一些 d^n 组态八面体配合物的 Jahn-Teller 效应和实例。

表 7.9 一些 d^n组态八面体配合物的 Jahn-Teller 效应和实例

	d 电子数	d 电子的分布	畸变情况	实例
强的畸变	d^9	$t_{2g}^6 d_{z^2}^2 d_{x^2-y^2}^1$	z 轴上键显著增长	$CsCuCl_3$, $K_2CuCl_4 \cdot 2H_2O$
	d^7(低自旋)	$t_{2g}^6 d_{z^2}^1 d_{x^2-y^2}^0$	z 轴上键显著增长	$NaNiO_2$
	d^4(高自旋)	$t_{2g}^3 d_{z^2}^1 d_{x^2-y^2}^0$	z 轴上键显著增长	MnF_6^{3-}, CrF_2
弱的畸变	d^1	d_{xy}^1	x,y 轴上键略增长	$[Ti(H_2O)_6]^{3+}$
	d^2	$d_{xy}^1 d_{xz}^1$	x,y 轴上键略增长	$[Ti(H_2O)_6]^{2+}$
	d^4(低自旋)	$d_{xy}^2 d_{xz}^1 d_{yz}^1$	z 轴上键略缩短	$[Cr(CN)_6]^{3-}$
	d^5(低自旋)	$d_{xy}^2 d_{xz}^2 d_{yz}^1$	yz 平面上键略缩短	$[Fe(CN)_6]^{3-}$
	d^6(高自旋)	$d_{xy}^2 d_{xz}^1 d_{yz}^1 e_g^2$	xy 平面上键略增长	$[Fe(H_2O)_6]^{2+}$
	d^7(高自旋)	$d_{xy}^2 d_{xz}^2 d_{yz}^1 e_g^2$	yz 平面上键略缩短	$[Co(H_2O)_6]^{2+}$

(2) 配合物立体构型的选择

配合物的空间构型主要取决于配位场稳定化能和配体间的排斥作用。

表 7.10 示出了各种 d^n 组态离子在几种对称配位场下的配位场稳定化能,为简化起见,其中忽略了成对能的影响。由表中数据可见,除了 d^0、d^5、d^{10}在弱场中的 LFSE 为零外,在所有其他情况下(不管是弱场还是强场)都是 LFSE(S_q)>LFSE(O_h)>LFSE(T_d)。在弱场中,平面正方形配合物与正八面体配合物稳定化能的差值以 d^4、d^9组态为最大,而在强场中,则以 d^8组态为最大。还可看到,在弱场中相差 5 个 d 电子的各对组态(如 d^1与 d^6,…,d^4与 d^9等)的

表7.10　d^n组态离子的配位场稳定化能　　单位:Dq

d^n	弱场						强场					
	平面正方形(1)	正八面体(2)	正四面体(3)	(1)减(2)	(2)减(3)	(1)减(3)	平面正方形(1)	正八面体(2)	正四面体(3)	(1)减(2)	(2)减(3)	(1)减(3)
d^0	0	0	0	0	0	0	0	0	0	0	0	0
d^1	5.14	4	2.67	1.14	1.33	2.47	5.14	4	2.67	1.14	1.33	2.47
d^2	10.28	8	5.34	2.28	2.66	4.94	10.28	8	5.34	2.28	2.66	4.94
d^3	14.56	12	3.56	2.56	8.44	11.00	14.56	12	8.01	2.56	3.99	6.55
d^4	12.28	6	1.78	6.28	4.22	10.50	19.70	16	10.68	3.70	5.32	9.02
d^5	0	0	0	0	0	0	24.84	20	8.90	4.84	11.10	15.94
d^6	5.14	4	2.67	1.14	1.33	2.47	29.12	24	6.12	5.12	17.88	23.00
d^7	10.28	8	5.34	2.28	2.66	4.94	26.84	18	5.34	8.84	12.66	21.50
d^8	14.56	12	3.56	2.56	8.44	11.00	24.56	12	3.56	12.56	8.44	21.00
d^9	12.28	6	1.78	6.28	4.22	10.50	12.28	6	1.78	6.28	4.22	10.50
d^{10}	0	0	0	0	0	0	0	0	0	0	0	0

稳定化能值相等。这是因为在弱场中，无论是何种几何构型的场，多出的5个d电子，根据重心不变原理，对稳定化能没有贡献。

对于配体间的排斥作用，很显然，配体电荷越高，配位数越大，配体间的排斥作用越大，配体越趋向于远离。

① O_h或T_d构型的选择　除d^0、d^5、d^{10}弱场外，由于其他情况下的正四面体配合物的稳定化能总小于正八面体配合物的稳定化能，而且在正四面体配合物中四条配位键的总键能小于正八面体配合物中六条键的总键能，所以只有d^0、d^5、d^{10}构型的离子在条件合适时才形成T_d配合物。如d^0的$TiCl_4$、$ZrCl_4$、$HfCl_4$和d^5的$[FeCl_4]^-$；d^{10}的$[Zn(NH_3)_4]^{2+}$、$[Cd(CN)_4]^{2-}$、$[CdCl_4]^{2-}$、$[Hg(SCN)_4]^{2-}$。而其他情况下多为O_h配合物。

但是，从配体间的排斥作用看，T_d构型应比O_h构型有利，因而庞大的配体易生成T_d配合物。

② O_h或S_q构型的选择　从LFSE看，LFSE(S_q)>LFSE(O_h)，但O_h可形成六条配位键，而S_q只形成四条配位键，总键能是$O_h>S_q$，但由于配位场稳定化能数值毕竟较小，所以常易形成O_h配合物，只有在LFSE(S_q)-LFSE(O_h)值很大[如d^8强场的二(丁二肟)合镍(Ⅱ)]时才能形成S_q配合物。而对d^9组态的Cu(Ⅱ)配合物，如$[Cu(H_2O)_4]^{2+}$和$[Cu(NH_3)_4]^{2+}$，尽管LFSE(S_q)-LFSE(O_h)值不是很大，但由于有Jahn-Teller效应所带来的稳定化能，因而也常形成S_q配合物。

③ S_q或T_d构型的选择　过渡金属的四配位化合物既有正四面体形的，也有平面正方形的，究竟采用哪种构型主要考虑下面两种因素的影响，即配体相互间的静电排斥作用和

配位场稳定化能的影响。

在弱场中，d^0、d^5和d^{10}组态的LFSE值无论在平面正方形场还是在正四面体场中均为0，由于采取正四面体的空间排列，配体间的排斥力最小，配合物最稳定。例如，$TiCl_4(d^0)$、$[FeCl_4]^-(d^5)$及$[ZnCl_4]^{2-}(d^{10})$等均为正四面体构型。

d^1和d^6组态离子S_q和T_d构型的LFSE之差非常小，配体间的排斥因素较为重要，故$VCl_4(d^1)$、$[FeCl_4]^{2-}(d^6)$也是正四面体形的。

d^2和d^7组态离子的两种构型LFSE差值也较小，它们的四配位的化合物既有正四面体形的，也有平面正方形的。以$Co^{2+}(d^7)$为例，$[CoX_4]^{2-}(X=Cl、Br、I)$、$[Co(SCN)_4]^{2-}$和$[Co(N_3)_4]^{2-}$等均为正四面体，而它的一些螯合物却为平面正方形构型。例如：

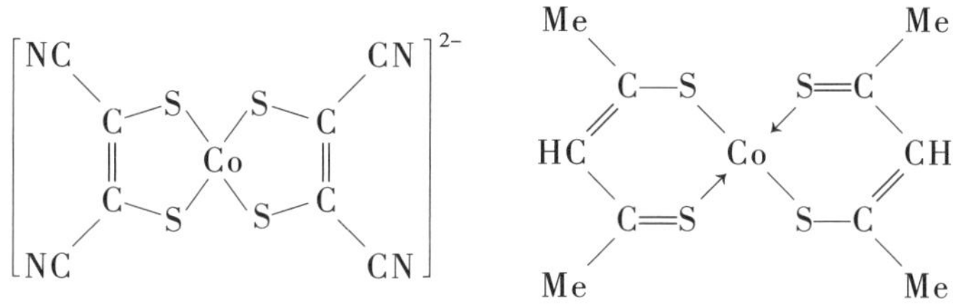

对于d^3和d^4组态的离子，平面正方形场和正四面体场的LFSE差值较大（大于10 Dq），其四配位化合物似应是平面正方形，但目前实验上得到的平面正方形构型配合物并不多，这可能是除了LFSE外，还有其他的影响因素，如静电排斥、空间位阻、Jahn-Teller效应等的影响。

d^8组态离子的四配位化合物则以平面正方形为主，因为采取这种构型可以获得更多的LFSE。对第二和第三过渡系金属，如Au_2Cl_6、$[Rh(CO)_2Cl_2]$、$[PdCl_4]^{2-}$、$[Pd(CN)_4]^{2-}$、$[PtCl_4]^{2-}$、$[Pt(NH_3)_4]^{2+}$等均采用了该构型。而第一过渡系金属，由于离子半径小，当与电负性高或体积大的配体结合时，则需考虑静电排斥、空间效应等因素，通常平面正方形和正四面体形两种构型都会出现。例如，$[Ni(CN)_4]^{2-}$为黄棕色、反磁性的平面正方形构型，而蓝绿色、顺磁性的$[NiX_4]^{2-}(X=Cl、Br、I)$则为正四面体形。

d^9组态Cu^{2+}的四配位化合物具有独特之处，从配位场稳定化能考虑它倾向于形成平面正方形构型，如$Na[Cu^{II}(NH_3)_4][Cu^{I}(S_2O_3)_2]$中，$[Cu^{II}(NH_3)_4]^{2+}$配离子就是平面正方形。但从排斥力等因素考虑，正四面体形能量较低。不过，迄今为止，尚未发现Cu^{2+}的正四面体形配合物，而只有畸变的几何构型，如$[CuCl_4]^{2-}$就是压扁了的四面体形，它的键角为100°，介于平面正方形的90°和正四面体形的109.5°之间，显然，Jahn-Teller效应等因素也在影响着d^9组态离子配合物的立体构型。

一般说来，在强场中，若LFSE差值较大（大于10 Dq），且配体体积又不太大时，则配合物将取平面正方形构型，此时，LFSE是决定性的因素。

7.3.2 分子轨道理论

1. 理论要点

配合物的分子轨道理论认为：

① 中心金属离子的价电子轨道与由配体的 σ 和 π 轨道（有时是配体的 d 轨道、p 轨道）组成的群轨道，按照形成分子轨道的三原则组合成若干成键的、非键的和反键的分子轨道。配合物中的电子也像其他分子中的电子一样，在整个分子范围内运动。

② 对于第一过渡系元素，中心原子的价电子轨道是五条 3d 轨道、一条 4s 轨道和三条 4p 轨道。在 O_h 场中，上述九条轨道中有六条轨道的波瓣在 x、y 和 z 轴上分布，分别是 4s、$4p_x$、$4p_y$、$4p_z$、$3d_{z^2}$ 和 $3d_{x^2-y^2}$，它们可参与形成 σ 键；另外三条轨道，$3d_{xy}$、$3d_{xz}$ 和 $3d_{yz}$，因其波瓣在 x，y 和 z 轴之间分布，在 O_h 场中其对称性不适于形成 σ 键，但可参与形成 π 键。因此根据对称性，可以将上述轨道分成以下四类：

a_{1g}：4s

t_{1u}：$4p_x$，$4p_y$，$4p_z$

e_g：$3d_{z^2}$，$3d_{x^2-y^2}$

t_{2g}：$3d_{xy}$，$3d_{xz}$，$3d_{yz}$

前三类参与形成 σ 键，最后一类参与形成 π 键。

2. 八面体配合物的分子轨道理论分析

（1）σ 成键

以八面体配离子$[Co(NH_3)_6]^{3+}$为例，六个 NH_3 配体沿 x，y 和 z 轴方向接近中心原子。每个 NH_3 配体都有一条由孤电子对占据的 σ 轨道，这种 σ 轨道实际上是由 σ_x、σ_{-x}、σ_y、σ_{-y}、σ_z 和 σ_{-z}（它们分别代表 x、y、z 轴正、负两个方向上的配体的 σ 轨道）六条轨道进行适当组合获得的对称性与中心原子的原子轨道相匹配的群轨道。这些组合及其归一化常数列于表 7.11“配体群轨道”列中。

表 7.11　σ 键合的正八面体配合物的金属原子轨道和配体群轨道组合

对称性	金属原子轨道	配体群轨道	分子轨道
a_{1g}	s	$\Sigma s=-(\sigma_x+\sigma_{-x}+\sigma_y+\sigma_{-y}+\sigma_z+\sigma_{-z})$	a_{1g}，a_{1g}^*
e_g	d_{z^2}	$\Sigma z^2=-(2\sigma_z+2\sigma_{-z}-\sigma_x-\sigma_{-x}-\sigma_y-\sigma_{-y})$	e_g，e_g^*
	$d_{x^2-y^2}$	$\Sigma(x^2-y^2)=-(\sigma_x+\sigma_{-x}-\sigma_y-\sigma_{-y})$	
t_{1u}	p_x	$\Sigma x=-(\sigma_x-\sigma_{-x})$	t_{1u}，t_{1u}^*
	p_y	$\Sigma y=-(\sigma_y-\sigma_{-y})$	
	p_z	$\Sigma z=-(\sigma_z-\sigma_{-z})$	
t_{2g}	d_{xy}	在 O_h 场中无与金属原子的 t_{2g} 轨道对应的 σ 配体群轨道	t_{2g}
	d_{xz}		
	d_{yz}		

中心原子的 s 轨道与配体群轨道中的 Σs 组合成一条成键的 a_{1g} 和一条反键的 a_{1g}^* 分子轨道；d_{z^2} 与 Σz^2，$d_{x^2-y^2}$ 与 $\Sigma(x^2-y^2)$ 也各组成一条成键轨道 e_g、一条反键轨道 e_g^*。由于 d_{z^2} 与 $d_{x^2-y^2}$，Σz^2 与 $\Sigma(x^2-y^2)$ 均为二重简并的，因而组成的分子轨道 e_g 和 e_g^* 也是二重简并的。

p_x、p_y、p_z及 Σx、Σy、Σz 均为三重简并的，因而组成的分子轨道也是三重简并的，成键的记作 t_{1u}，反键的记作 t_{1u}^*。

在正八面体场中仅 σ 成键（无 π 相互作用）时，原子轨道 d_{xy}、d_{xz}与 d_{yz}无对应的配体群轨道，所以 t_{2g}在这里是非键轨道。

根据能量高低画出的 σ 键合的 O_h配合物 ML_6中分子轨道能级图如图 7.34 所示，而金属的原子轨道与配体群轨道的 σ 重叠情况示于图 7.35。

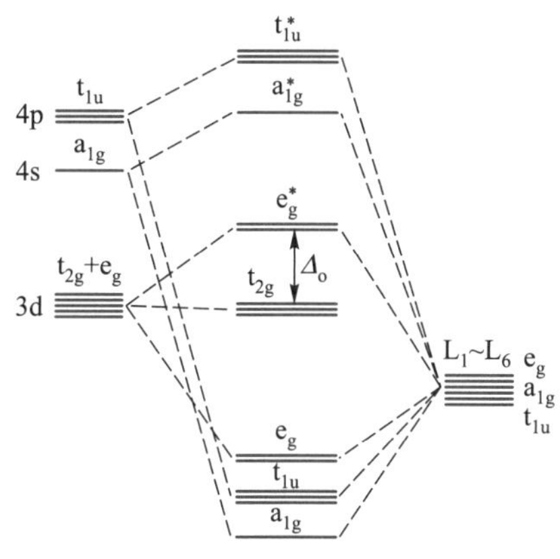

图 7.34 σ 键合的 O_h配合物 ML_6中分子轨道能级图

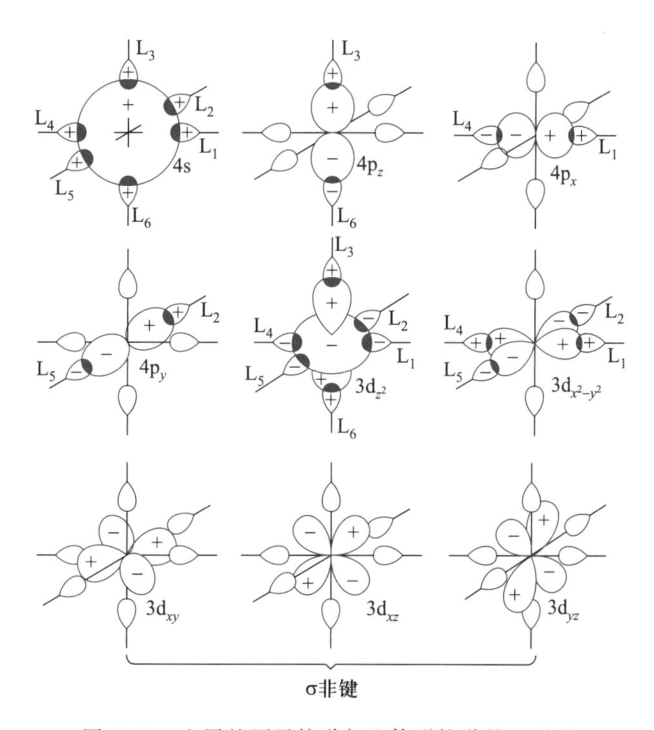

图 7.35 金属的原子轨道与配体群轨道的 σ 重叠

由图 7.34 和图 7.35 可见，金属的 s 和 p 轨道与配体群轨道重叠较大，所以产生的 a_{1g}和 a_{1g}^*，t_{1u}和 t_{1u}^*分子轨道能级差也就大。金属的 d_{z^2}、$d_{x^2-y^2}$与配体群轨道作用较弱，所以 e_g与 e_g^*能级差较小。t_{2g}轨道以下为成键轨道，以上为反键轨道。

如果配体是强 σ 电子给予体时，e_g能量下降大，e_g^*能量上升多，可能使得 t_{2g}与 e_g^*的能量差亦即分裂能 Δ_o增大，导致 $\Delta_o>P$，得到低自旋排布。如果配体是弱的 σ 电子给予体，e_g能量下降少，e_g^*能量上升少，显然，Δ_o小，可能使得 $\Delta_o<P$，将得到高自旋的排布。

在$[Co(NH_3)_6]^{3+}$配离子中，全部 18 个电子占据着 a_{1g}、t_{1u}、e_g和 t_{2g}九条轨道，因而是一低自旋配离子。其中 6 个 NH_3配体的 6 对 σ 孤电子对占据的是成键轨道，成 L→M 的 σ 配位方式。t_{2g}轨道则由金属的 6 个 d 电子所占据。

而在$[CoF_6]^{3-}$中，只有 4 个 d 电子占据 t_{2g}轨道，另 2 个电子占据 e_g^*轨道，一共有 4 个未成对电子，为高自旋配离子。

很明显，配离子采取高自旋还是低自旋取决于 t_{2g}与 e_g^*的能级差 Δ_o及成对能 P 的相对大小。

由上可见，用分子轨道方法获得了与配位场方法相同的结果。

（2）π 成键

上面的讨论未涉及 π 成键作用，如果配体中含有 π 轨道，则必须考虑它们与具有 π 成键能力的金属 t_{2g}轨道的作用。此时，配体的 π 轨道与金属的 t_{2g}轨道重叠并形成 π 键。配体所提供的 π 轨道，可以是配位原子的 pπ 原子轨道（如在 F^-、Cl^-中）、dπ 原子轨道（如在膦、胂中），或配位基团中的 π^*分子轨道（如在多原子配体 CO、CN^-、py 中）。金属 t_{2g}轨道与配体轨道的一些适当组合如图 7.36 中所示。

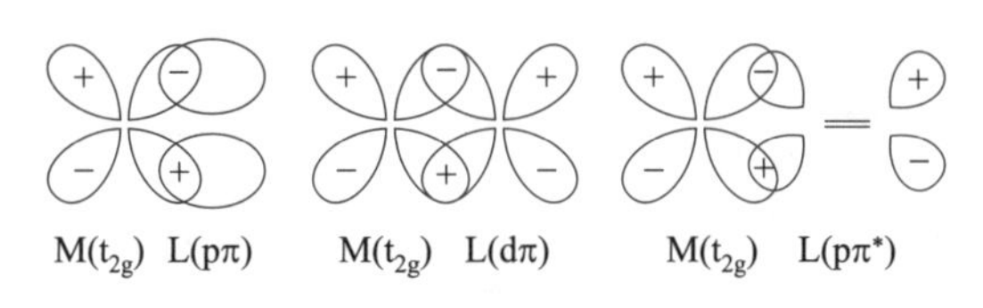

图 7.36　金属 t_{2g}轨道与配体轨道的一些适当组合

中心离子 t_{2g}轨道与配体 π 轨道重叠形成 π 键之后，分裂能 Δ_o将发生较大变化，以正八面体配合物为例：

① 当配体的 π_L轨道的能量高于中心离子的 d 轨道且 π_L轨道是空的，其组成的 π 分子轨道如图 7.37(a) 所示，这时由 t_{2g}轨道和 π_L组合得到的低能量 π 成键分子轨道（t_{2g}）和高能量的反键分子轨道（t_{2g}^*）。结果，原来定域在金属离子的 d 电子进入 π（t_{2g}）成键分子轨道，电子密度从金属离子移向配体。这时金属离子是提供 π 电子的给予体，配体成为 π 电子的接受体，得到了 M（t_{2g}）→L 的反馈键。这时，Δ_o增加，配合物的稳定性加强。毋庸置疑，这类配合物大部分倾向于采取低自旋的构型，配体能按这种方式形成配合物的包括含 P、As、S 等配位原子的给予体（有空 dπ 轨道）和含有多重键的多原子基团如 C≡O、$C≡N^-$、NO_2^-、CN^-、$H_2C═CH_2$等（有空的 π^*分子轨道）。

由于生成 π 键使 Δ_o值增大，故上述配体为强场配体，位于光谱化学序列的右端。

② 当配体 π_L轨道能量低于中心离子的 t_{2g}，且 π_L轨道已填满电子。由于由 t_{2g}轨道和 π_L组合得到的低能量 π 成键分子轨道 π（t_{2g}）的能量更接近于 π_L轨道的能量，因而配体上

(a) 有高能量的空π轨道的配体　　(b) 有低能量的已填满π轨道的配体

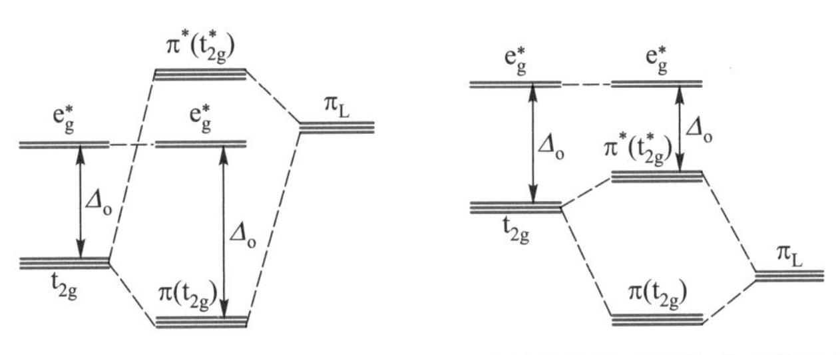

图 7.37　π 键合作用对 Δ_o 的影响

的电子将优先占据成键分子轨道 $\pi(t_{2g})$。而中心离子的 t_{2g} 轨道上的 d 电子只能占据高能量的反键 $\pi^*(t_{2g}^*)$ 分子轨道。结果可得到 $L(p\pi)\rightarrow M(t_{2g})$ 类型的 π 键。由于中心离子的 t_{2g} 能级上升为 t_{2g}^* 能级，结果是分裂能 Δ_o 降低，如图 7.37(b)所示。由于分裂能降低，所以此类配合物多属高自旋构型。能形成这类配合物的配体有 F^-、Cl^-、Br^-、I^-、H_2O、OH^- 等。

将配体的 π 成键作用对配位场的场强影响归纳可得到如下顺序：

强的 π 电子给予体 < 弱的 π 电子给予体 < 很小或无 π 相互作用 < 弱的 π 接受体 < 强的 π 接受体。

充分理解 π 成键的作用，可以进一步解释光谱化学序列。

I^-、Br^-、Cl^-、SCN^- 等离子，为强的 π 电子给予体，与金属形成 $L(p\pi)\rightarrow M(t_{2g})$ 类型的 π 键，使 t_{2g}^* 轨道能量升高，分裂能减小，故这些配体位于光谱化学序列的左端。紧接着的 F^- 和 OH^- 是弱的 π 电子给予体。

H_2O、NH_3 或胺等或是虽具有 pπ 孤电子对但 π 相互作用很弱；或是不具 pπ 孤电子对因而无 π 相互作用的配体，它们与金属生成的 π 键很弱或不生成 π 键，Δ_o 减小很少或不减小，它们位于序列的中间。

与 OH^- 相比，H_2O 含有一对 pπ 孤电子对（另一对孤电子对参加 σ 配位），而 OH^- 含两对 pπ 孤电子对，因而 H_2O 与金属的 π 相互作用比 OH^- 的要弱，因而 H_2O 排在 OH^- 之后。H_2O 之后是弱的 π 接受体，如联吡啶。

最后是 CN^-、CO 等强的 π 电子接受体，金属与这些配体生成 $M(t_{2g})\rightarrow L(\pi^*)$ π 键，使 t_{2g} 轨道能量下降，分裂能增加，因而这些配体位于光谱化学序列的右端。

综上，按照 MO，配体为弱的 σ 电子给予体和强的 π 电子给予体时将产生小的分裂能；配体为强的 σ 电子给予体和强的 π 电子接受体相结合产生大的分裂能，这样便可以合理地说明整个光谱化学序列。

图 7.38 画出了第一过渡系金属的羰基配合物 $M(CO)_6$ 及卤素配合物 ML_6 的定性分子轨道能级图，从中可看到 σ 和 π 相互作用对分裂能的影响。

CO 和卤原子相比，CO 为强的 σ 电子给予体和强的 π 电子接受体，分裂能大；卤原子是较弱的 σ 电子给予体（卤原子的电负性大）和强的 π 电子给予体，分裂能小。

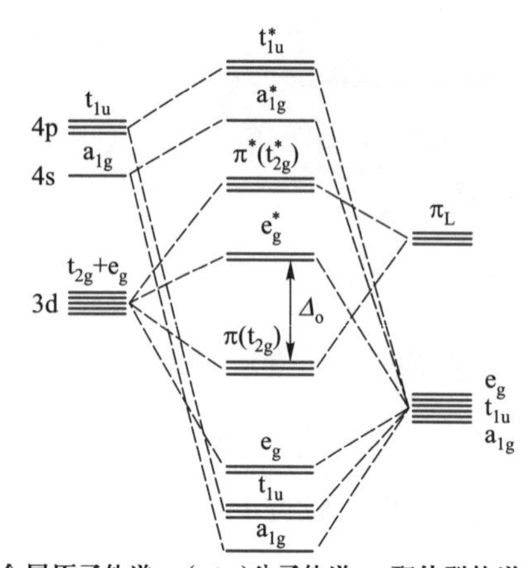

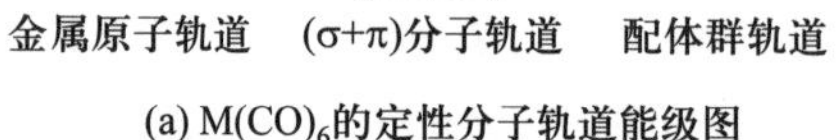

(a) $M(CO)_6$的定性分子轨道能级图

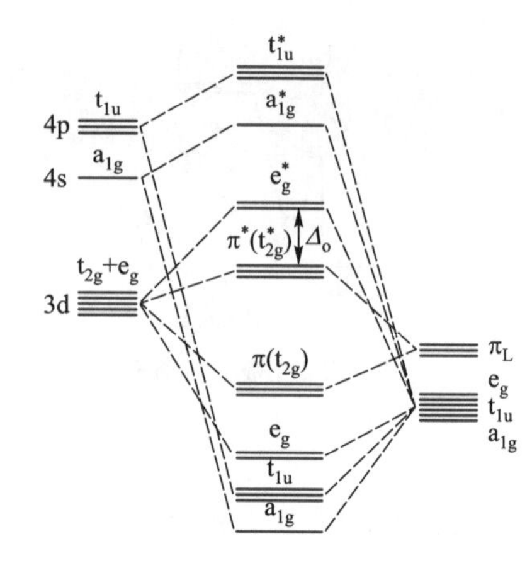

(b) ML_6的定性分子轨道能级图

图 7.38　第一过渡系金属羰基配合物 $M(CO)_6$
及卤素配合物 ML_6的定性分子轨道能级图

3. 四面体配合物的分子轨道理论分析

（1）σ 成键

用分子轨道理论处理正四面体配合物中的成键问题，其方法和原理与处理正八面体配合物相同，主要区别在于这两种配合物的对称性不同。在正四面体配合物中，第一过渡系金属元素中心原子的价轨道仍是 9 条，其中 4s 轨道具有 a_1对称性，p_x、p_y、p_z和 d_{xy}、d_{xz}、d_{yz}这两组轨道都具有 t_2的对称性，$d_{x^2-y^2}$和 d_{z^2}具有 e 对称性。当形成 4 条 σ 键时，中心原子可以采用 s 和 p_x、p_y、p_z轨道，也可采用 s 和 d_{xy}、d_{xz}、d_{yz}轨道进行组合。若配位原子为第二周期元素，则配体的价轨道是 2s 和 2p，与中心原子的 s 轨道对称性匹配的 σ 配体群轨道为

$$\Sigma s = \frac{1}{2}(\sigma_1 + \sigma_2 + \sigma_3 + \sigma_4)$$

式中 σ 的下标为 1、2、3 和 4 而不像在组成正八面体配合物的配体群轨道时直接使用 x、y、z，这是因为配体原子的坐标系与中心原子的坐标系互相不匹配。

图 7.39 示出正四面体配合物中 4 个配位原子的空间分布和配体原子编号。

与 p_x（或 d_{yz}）轨道对称性匹配的 σ 配体群轨道为

$$\Sigma x(\text{或 } yz) = \frac{1}{2}(\sigma_1 - \sigma_2 - \sigma_3 + \sigma_4)$$

与 p_y（或 d_{xz}）轨道对称性匹配的 σ 配体群轨道为

$$\Sigma y(\text{或 } xz) = \frac{1}{2}(\sigma_1 - \sigma_2 + \sigma_3 - \sigma_4)$$

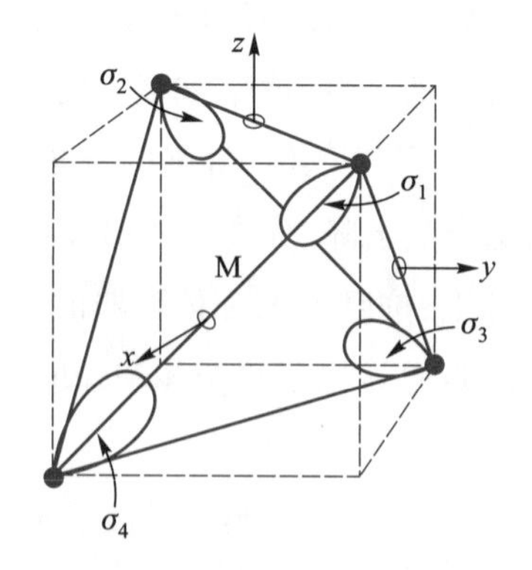

图 7.39　正四面体配合物中 4 个配位原子的空间分布和配体原子编号

·与 p_z(或 d_{xy})轨道对称性匹配的 σ 配体群轨道为

$$\Sigma z(\text{或 } xy) = \frac{1}{2}(\sigma_1 + \sigma_2 - \sigma_3 - \sigma_4)$$

由图 7.40 可看出正四面体配合物 ML_4 中 σ 对称性的金属原子轨道与 σ 配体群轨道的重叠,而正四面体分子轨道能级图则见图 7.41。

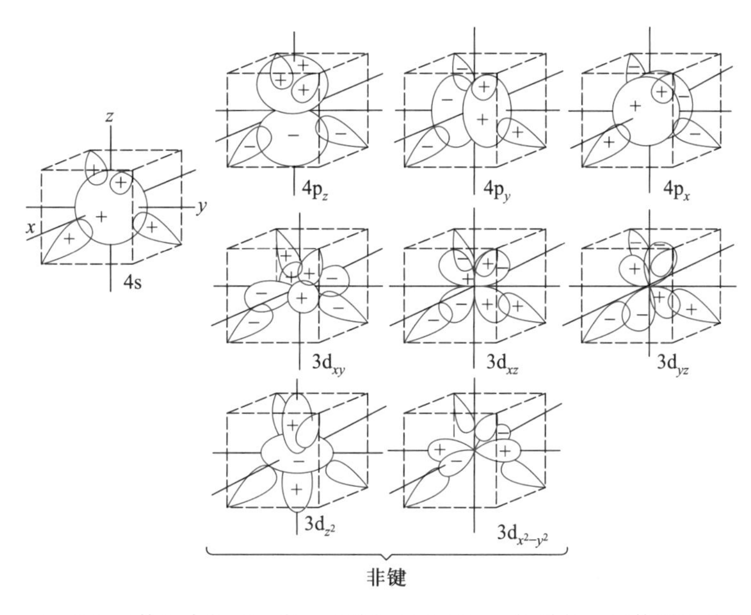

图 7.40　正四面体配合物 ML_4 中 σ 对称性的金属原子轨道与 σ 配体群轨道的重叠

由于没有考虑 π 键合,中心原子的轨道 e 为非键轨道。t_2^* 与 e 轨道间的能量差相当于晶体场理论中 t_2 和 e 轨道间的能量差 Δ_t。由于中心原子 d_{xy}、d_{xz}、d_{yz} 轨道不直接指向配体,中心原子轨道与配体轨道重叠程度较小,从而形成较弱的 σ 键,t_2^* 轨道在能级上升高并不太多。

(2) π 成键

图 7.42 示出正四面体配合物中四个配体上的八条 π 轨道在正四面体场中的位置和取向。八条 π 轨道组合成三组,分别是 e、t_1、t_2。其中 t_1 组 π 轨道因中心原子上没有与其对称性相同的轨道,故为非键轨道。对称性为 e 和 t_2 的配体 π 轨道则能与中心原子上的 e 和 t_2 对称性的原子轨道相互作用形成 π 键,其 π 重叠见图 7.43[图 7.43 仅画出 d_{z^2}、$d_{x^2-y^2}$ 和 p_z 轨道与配体群轨道的重叠,事实上还有另外三条 d 轨道(d_{xy}、d_{xz}、d_{yz})和两条 p 轨道(p_x、p_y)的 π 重叠]。包含有 π 键的正四面体配合物的完整 σ+π 分子轨道能级图如图 7.44 所示。

由图 7.44 可见,在配体的 σ 和 π 群轨道中都有 t_2 对称类型的轨道,因此,中心金属原子具有 t_2 对称类型的 p 轨道和 d 轨道既能参与 σ 成键又能参与 π 成键,只有具有 e 对称类型的 d_{z^2} 和 $d_{x^2-y^2}$ 轨道才只形成 π 键。即在正四面体配合物中,π 成键涉及金属的所有 d 轨道(而在正八面体配合物中,π 成键只涉及金属的 t_{2g} 轨道)。此外,由于 t_2^* 反键分子轨道是 σ 和 π 键的混合轨道,而 e^* 反键分子轨道是纯的 π 键分子轨道,因此很难像正八面体配合物那样根据金属和配体的 σ 和 π 成键作用来解释分裂能 Δ_t 的变化。

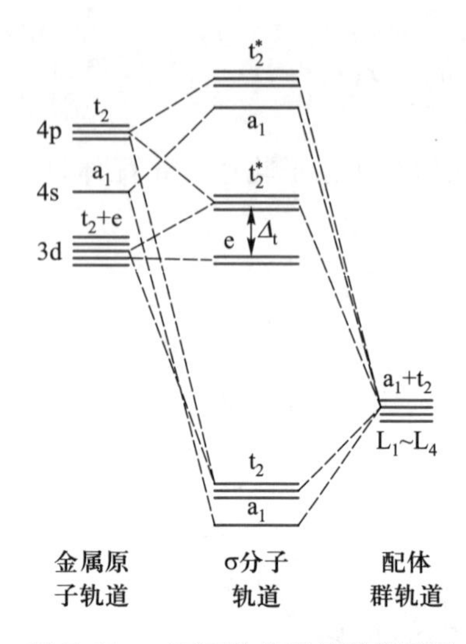

图 7.41　正四面体分子轨道能级图

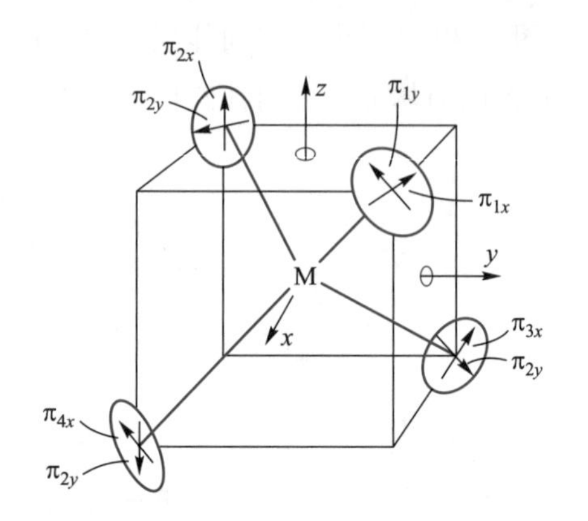

图 7.42　正四面体配合物中的四个配体上的八条 π 轨道在正四面体场中的位置和取向

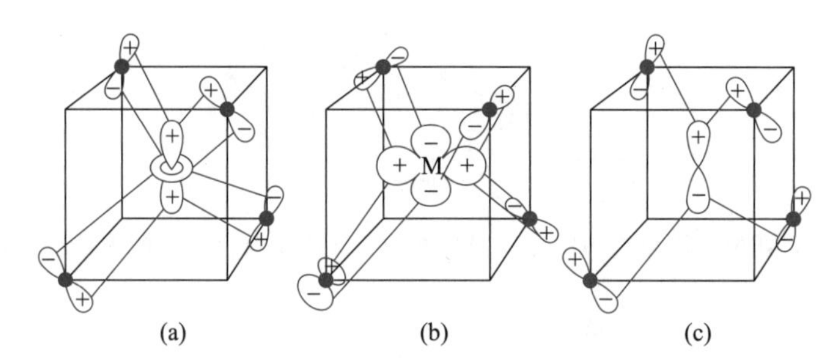

图 7.43　对称性为 e 和 t_2 的配体 π 轨道与中心原子上的 e 和 t_2 对称性的原子轨道的 π 重叠

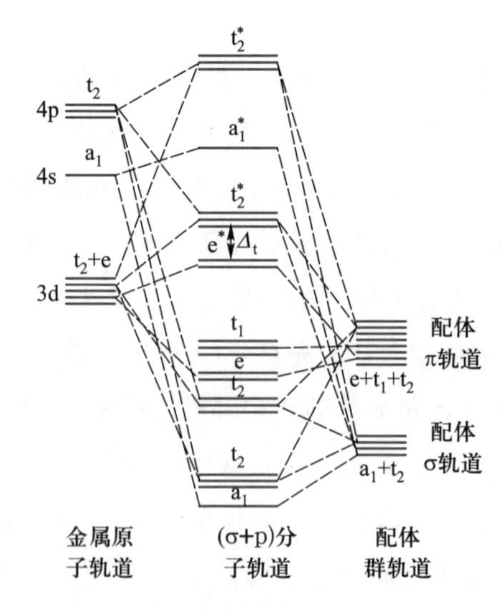

图 7.44　正四面体配合物的完整 σ+π 分子轨道能级图

在MnO_4^-中,中心原子为+7 氧化态,d^0组态,4 个配体O^{2-}各提供 6 个电子,共 24 个电子。其中 8 个电子占据 σ 成键轨道 a_1及 t_2,另外 16 个电子分布在 π 成键轨道 t_2、e 及非键轨道 t_1中,而 π 反键轨道全空着,体系有最大的 σ 及 π 成键效应。

7.3.3 晶体场理论、配位场理论及分子轨道理论的比较

通过上面的介绍可见,晶体场(CFT)或配位场(LFT)把注意力放在中心离子上,集中考察 d 轨道分裂的根源和结果,说明了配合物的空间构型、热力学稳定性等问题。CFT 忽略成键时的共价作用,因而有一定的局限。改进的 CFT 或 LFT 引入了新的参量,考虑了共价作用,有了改进。分子轨道理论将配合物看成由中心原子和配体构成的分子整体,因而能作更为全面、更能进一步的定量处理。

7.3.4 配合物几何构型的理论预测——角重叠模型简介

在第 1 章介绍的价层电子对互斥理论(VSEPR)对于解释和预测主族元素化合物的几何构型是相当成功的。但将它推广运用到结构更复杂的过渡金属配合物时,就远不能令人满意。这是由于价层电子对互斥理论只把电子对之间的排斥作为决定几何构型的唯一因素而完全忽略了成键电子和 d 电子的相互作用、配位场稳定化能的影响和配位的空间位阻效应等因素的影响。

晶体场理论和配位场理论,在处理配合物时方法简单,且十分管用,但这种静电模型并不真实且不能对金属和配体间的 σ 和 π 成键进行分类。为了克服这种缺陷,同时又保留晶体场理论和配位场理论主要考虑金属离子的 d 轨道使处理较简单的优点,从而发展了角重叠模型(简称 AOM)。该模型着重考虑金属离子的 d 轨道与配体的 σ 和 π 成键作用,是一种半定量的分子轨道模型。本节将简单介绍角重叠模型在过渡金属配合物几何构型上的应用。

1. 角重叠模型的基本原理

角重叠模型是一种半定量的分子轨道模型,它使用某些算得的参数表示出 d 轨道能级的分裂,根据反键分子轨道中电子的填充情况计算结构稳定化能,能较好地描述过渡金属配合物的成键作用,解释它们的几何构型、光谱及各种性质。

按照分子轨道理论,金属离子的 d 轨道和配体的群轨道相互作用生成成键和反键的分子轨道。

如图 7.45 所示,如果配体轨道的能量低于金属轨道的能量,那么成键分子轨道的能量则更接近于配体的能量(即有较多配体的特征),而反键分子轨道的能量则更接近于金属的能量(有较多金属的特征)。

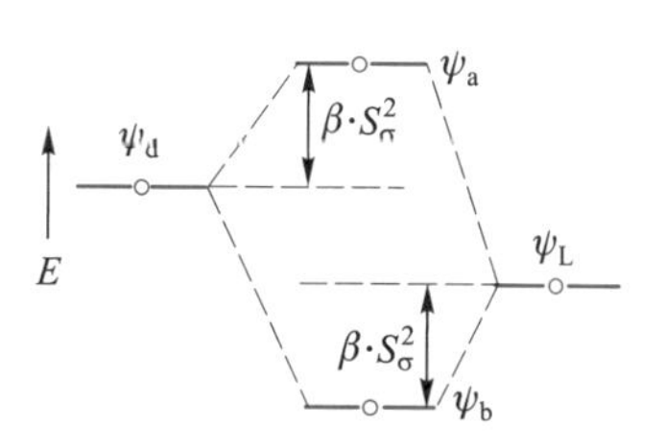

图 7.45 金属 d 轨道和配体群轨道重叠形成分子轨道示意图

讨论过渡金属配合物一般着重于金属 d 轨道能量的升高,或者分子轨道的反键性质。若以 ΔE 表示形成分子轨道后金属 d 轨道能量的升高,或者配体群轨道能量的下降,则

通过量子力学微扰理论可以推导出如下关系式：

$$\Delta E = \beta \cdot S^2 \tag{7.10}$$

式中，参数 β 是轨道间相互作用强度的量度，S 是金属的 ψ_d 轨道和配体的 ψ_L 轨道的重叠积分。式(7.10)表明，ΔE 与重叠积分的平方成正比，这就是角重叠模型名称的由来。

重叠积分 S 包括 d 轨道波函数径向和角度两部分与配体波函数的重叠积分，即

$$S = S_{径向} \cdot S_{角度} \tag{7.11}$$

对指定的中心金属离子，d 轨道的径向波函数与配体波函数的重叠积分 $S_{径向}$ 是固定值。因此

$$\Delta E = \beta \cdot S_{径向}^2 \cdot S_{角度}^2 = k \cdot S_{角度}^2 \tag{7.12}$$

$S_{角度}$ 与配体对于 d 轨道指定坐标轴的相对位置有关。例如，中心金属离子的 d_{z^2} 轨道与配体的 σ 杂化轨道重叠时（如图 7.46 所示），如果配体位于 z 轴方向，$S_{角度}$ 值最大，用 S_σ 表示；如果配体偏离 z 轴，那么 $S_{角度}$ 的值必然减小，只相当于最大重叠积分 S_σ 的一个分数，这个分数称为角重叠因子，用 $F_\sigma(\theta,\varphi)$ 表示。因此，角重叠因子的物理意义是配体偏离 z 轴 θ（度）和偏离 x 轴 φ（度）时的重叠积分。于是，有

$$S_{角度} = S_\sigma \cdot F_\sigma(\theta,\varphi) \tag{7.13}$$

显然，$F_\sigma(\theta,\varphi) = 1$ 时，$S_{角度} = S_\sigma$。一般情况下，$F_\sigma(\theta,\varphi)$ 小于 1。

角重叠因子 $F_\sigma(\theta,\varphi)$ 和 d 轨道波函数的形式有关，换句话说，不同的 d 轨道具有不同的角重叠因子（见表 7.12）。

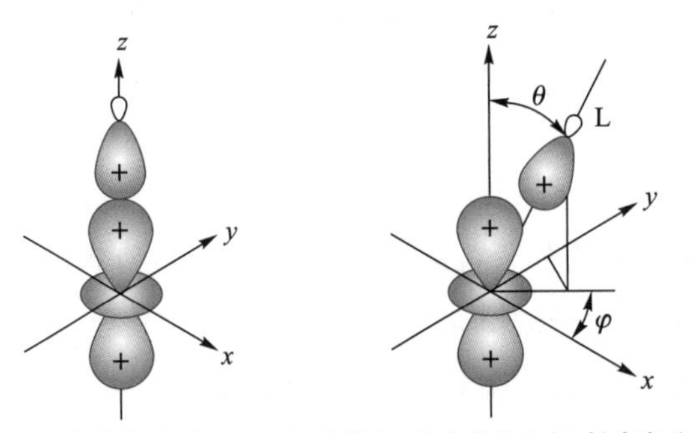

图 7.46　配体 σ 轨道与金属 d_{z^2} 轨道的重叠

表 7.12　不同 d 轨道的 $F_\sigma(\theta,\varphi)$

d 轨道	$F_\sigma(\theta,\varphi)$
d_{z^2}	$(1/2)(3\cos^2\theta-1)$
$d_{x^2-y^2}$	$(\sqrt{3}/2)\cos(2\varphi)\cdot\sin^2\theta$
d_{xz}	$(\sqrt{3}/2)\cos\varphi\cdot\sin(2\theta)$
d_{yz}	$(\sqrt{3}/2)\sin\varphi\cdot\sin(2\theta)$
d_{xy}	$(\sqrt{3}/2)\sin(2\varphi)\cdot\sin^2\theta$

将式(7.13)代入式(7.12),有

$$\Delta E = kS_{\sigma}^{2} \cdot F_{\sigma}^{2}(\theta,\varphi) \tag{7.14}$$

令 $kS_{\sigma}^{2}=e_{\sigma}$,则

$$\Delta E = e_{\sigma} \cdot F_{\sigma}^{2}(\theta,\varphi) \tag{7.15}$$

参数 e_{σ}叫做角重叠参数,其物理意义是,当 $F_{\sigma}^{2}(\theta,\varphi)=1$,d 轨道能量的升高值。

同样,当配体的 p_x、p_y轨道与中心金属离子的 d_{xz}、d_{yz}轨道重叠(见图 7.47),形成 π 分子轨道,可以得到

$$\Delta E = e_{\pi} \cdot F_{\pi}^{2}(\theta,\varphi) \tag{7.16}$$

式中 e_{π}为角重叠参数,$F_{\pi}(\theta,\varphi)$为角重叠因子。

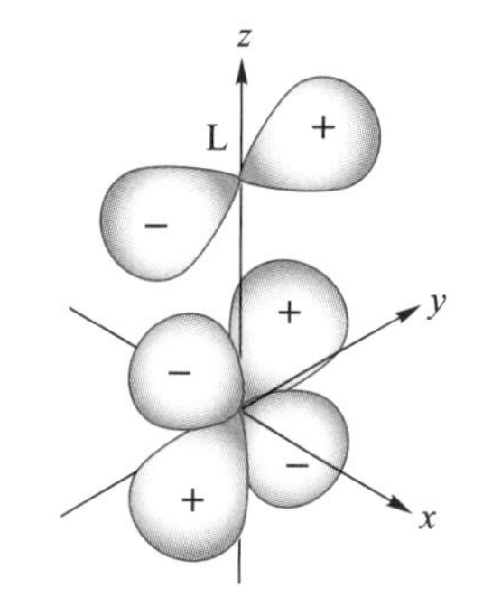

图 7.47 配体 p_y轨道与中心金属离子 d_{yz}轨道的重叠

角重叠参数 e_{σ}和 e_{π}由光谱数据算出。对 Cr(Ⅲ)的 D_{4h}体系进行的相当充分的研究表明,配体的 e_{σ}值大于 e_{π}值。且 e_{σ}均为正值,而 e_{π}却有正有负。e_{π}的正值表示配体为 π 给予体,如 F^-,I^-等;负值为 π 接受体,如 C_5H_5N;当$e_{\pi}=0$时,表示配体与金属离子没有 π 成键作用。

根据 e_{σ}和 e_{π}的数值可列出 Cr(Ⅲ)的两个光谱化学序列:

e_{σ}: $I^- < Br^- < Cl^- < C_5H_5N < RNH_2 < NH_3 < H_2O \approx F^- \approx en < OH^-$

e_{π}: $C_5H_5 < NH_3 \approx en < I^- < Br^- < Cl^- < H_2O < F^- < OH^-$

这两个序列反映了 σ 和 π 两种成键作用对金属离子的 d 轨道能量的影响,所以比配位场理论中的光谱化学序列得出的信息更多。

在通常情况下,金属 d 轨道与配体之间的 π 成键作用弱于 σ 成键作用,故 $e_{\pi}<e_{\sigma}$。

在表 7.13 中列出了当配体处于不同位置时,金属离子 d 轨道的 F_{σ}^{2}和 F_{π}^{2}值(以 e_{σ}和 e_{π}为单位)。由此就可以计算出配体在不同位置时金属离子 d 轨道能量的改变值。需要指出的是,利用表 7.13 计算时,各种结构中配体的位置为:正八面体形:1~6;正四面体形:9~12;四方锥形:1~5;平面正方形:2~5;三角双锥形:1、2、7、8、6;平面三角形:2、7、8;直线形:1、6;四配位的 C_{2v}结构:1、2、5、6。

计算金属离子的 d 轨道因与配体轨道重叠而引起的能量改变是非常简单的,只要将表 7.13 中每一纵行相应的 σ 或 π 的 F_{σ}^{2}或 F_{π}^{2}的值相加就可以了。例如,计算八面体形配合物的 d_{z^2}轨道能量的升高,查出表 7.13 中 d_{z^2}这一纵行 1~6 位置相应的 F_{σ}^{2}数值并加在一起即可得到:

表7.13 配体在不同位置时，金属离子d轨道的 F_σ^2 和 F_π^2 值

配体位置

金属原子d轨道

配体位置		d_{z^2}	$d_{x^2-y^2}$	d_{xz}	d_{yz}	d_{xy}
1	σ	1	0	0	0	0
	π	0	0	1	1	0
2	σ	1/4	3/4	0	0	0
	π	0	0	1	0	1
3	σ	1/4	3/4	0	0	0
	π	0	0	0	1	1
4	σ	1/4	3/4	0	0	0
	π	0	0	1	0	1
5	σ	1/4	3/4	0	0	0
	π	0	0	0	1	1
6	σ	1	0	0	0	0
	π	0	0	1	1	0
7	σ	1/4	3/16	0	0	9/16
	π	0	3/4	1/4	3/4	1/4
8	σ	1/4	3/16	0	0	9/16
	π	0	3/4	1/4	3/4	1/4
9	σ	0	0	1/3	1/3	1/3
	π	2/3	2/3	2/9	2/9	2/9
10	σ	0	0	1/3	1/3	1/3
	π	2/3	2/3	2/9	2/9	2/9
11	σ	0	0	1/3	1/3	1/3
	π	2/3	2/3	2/9	2/9	2/9
12	σ	0	0	1/3	1/3	1/3
	π	2/3	2/3	2/9	2/9	2/9

$$\Delta E = (1 + 1/4 + 1/4 + 1/4 + 1/4 + 1)e_\sigma = 3e_\sigma$$

因为对应的是σ重叠，故单位为 e_σ。

相应的 π 重叠的 F_π^2 均为 0(意味着无 π 相互作用)。

由此得到 d_{z^2} 轨道的能量为 $3e_\sigma$。

同理可得 $d_{x^2-y^2}$ 轨道的 $\Delta E=3e_\sigma$;d_{xz}、d_{yz}、d_{xy} 轨道的 ΔE 分别等于 $4e_\pi$。显然,对于 O_h 配合物,中心离子的 d 轨道分裂成两组简并的轨道。第一组包括 d_{z^2}、$d_{x^2-y^2}$;第二组包括 d_{xz}、d_{yz}、d_{xy}。两组之间的能量差(分裂能)为 $3e_\sigma-4e_\pi$。

类似地,也可以得到正四面体构型配合物中金属离子 d 轨道的能量:

对 d_{xz}、d_{yz}、d_{xy},$\Delta E=\frac{4}{3}e_\sigma+\frac{8}{9}e_\pi$;对 d_{z^2}、$d_{x^2-y^2}$,$\Delta E=\frac{8}{3}e_\pi$。两组轨道的分裂能 Δ_t 为

$$\Delta_t=\frac{4}{3}e_\sigma+\frac{8}{9}e_\pi-\frac{8}{3}e_\pi=\frac{4}{9}(3e_\sigma-4e_\pi)$$

显然,$\Delta_t=\frac{4}{9}\Delta_o$。

这表明,对于 d 轨道的分裂及分裂能的大小,角重叠模型所得到的结果和配位场理论得到的结果是一致的。

对于平面正方形配合物,中心金属离子 d 轨道的能量分别为

$$d_{x^2-y^2},\Delta E=3e_\sigma$$

$$d_{z^2},\Delta E=e_\sigma$$

$$d_{xy},\Delta E=4e_\pi$$

$$d_{xz}\text{和 }d_{yz},\Delta E=2e_\pi$$

其中 d_{z^2} 和 d_{xy} 轨道的相对位置取决于 e_σ 和 $4e_\pi$ 的相对大小,若 $e_\sigma<4e_\pi$,则 d_{z^2} 轨道位于 d_{xy} 轨道的下面,反之则 d_{xy} 轨道位于 d_{z^2} 轨道的上面。

2. 四配位配合物几何构型的预测

根据上述角重叠模型计算所得 d 轨道分裂的能级及金属离子的 d 电子组态可以解释和预测配合物的几何构型。

按照角重叠模型假设,配体的电子填充在成键分子轨道,金属的 d 电子填充在反键分子轨道,显然,成键分子轨道中填充的电子越多,配合物越稳定,反键分子轨道中填充的电子越多,配合物的稳定性就越小。如果不考虑轨道间的排斥作用,配合物分子(或离子)的总能量就等于所有成键分子轨道中电子的能量与所有反键分子轨道中电子的能量的代数和。由于这个能量与配合物的结构有关,所以称它为结构稳定化能。配合物中,具有最大结构稳定化能的结构是最合理的结构。

过渡金属的四配位化合物主要有两种典型的几何构型,即正四面体和平面正方形。如 $Ni(CO)_4$ 是正四面体结构(T_d),$[Ni(CN)_4]^{2-}$ 是平面正方形(D_{4h})。另外,还有"顺-双空位"正八面体(C_{2v})结构[如 $Cr(CO)_4$]和畸变四面体(D_{2d})结构[如 $Co(CO)_4$]等。如果运用 VSEPR 模型,只考虑价层电子对之间的排斥,那么上述这些 ML_4 型配合物只可能产生 T_d 结构,显然这与实验事实不符。然而角重叠模型对此可以作出满意的解释。

图 7.48 是根据表 7.12 计算并忽略 π 成键作用所得到的四配位的 T_d、D_{4h} 和 C_{2v} 构型配合物的能级图,这种忽略意味着分子的角向几何形状仅由 σ 成键作用所决定。

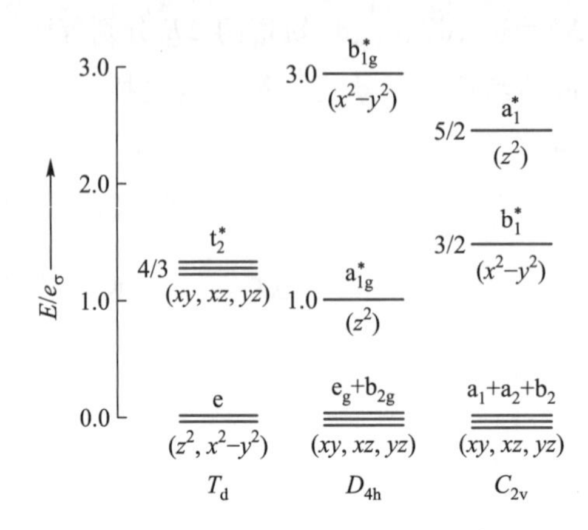

图 7.48　四配位的 T_d、D_{4h} 和 C_{2v} 构型配合物的能级图

上述三种构型中,按角重叠模型的假设,成键分子轨道一般都填满了来自配体的 σ 电子,这些 σ 成键电子贡献的稳定化能均为 $-8e_\sigma$。只要把反键分子轨道中的 n 个来自金属的 d 电子的能量与 $-8e_\sigma$ 加和起来,就可以得到形成 T_d、D_{4h} 或 C_{2v} 结构配合物时的能量变化。

以正四面体为例,轨道 t_2 的能量,即 d_{xy}、d_{xz} 和 d_{yz} 轨道的能量在忽略了成键作用时为 $\frac{4}{3}e_\sigma$。而轨道 $e(d_{z^2}, d_{x^2-y^2})$ 的能量为 0。这样,$\Delta_t=\frac{4}{3}e_\sigma$。所以,在不考虑 π 成键的情况下,对于正四面体结构,其能量为

$$E(T_d)=\left(\frac{4}{3}n_{xz,yz,xy}-8\right)e_\sigma \tag{7.17}$$

对于平面正方形(D_{4h})结构,其能量为

$$E(D_{4h})=(n_{z^2}+3n_{x^2-y^2}-8)e_\sigma \tag{7.18}$$

顺-双空位八面体(C_{2v})结构的总能量为

$$E(C_{2v})=(2.5n_{z^2}+1.5n_{x^2-y^2}-8)e_\sigma \tag{7.19}$$

式中 $n_{xz,yz,xy}$、n_{z^2}、$n_{x^2-y^2}$ 分别表示为 d_{xz}、d_{yz} 和 d_{xy}、d_{z^2}、$d_{x^2-y^2}$ 轨道中的电子数。式(7.17)未列入 n_{z^2} 和 $n_{x^2-y^2}$,因为在忽略 π 作用的情况下,其轨道的能量为 0。同样式(7.18)和式(7.19)也未列入 $n_{xz,yz,xy}$(参看图 7.48)。

需要注意的是,在填充反键分子轨道电子时,① 对于 T_d 结构,由于 Δ_t 太小,d 电子数为 3~6 时,不可能有低自旋的排列,结果正四面体配合物的低自旋组态与高自旋组态的电子排布相同;② D_{4h} 结构的 $d_{z^2}^*$ 轨道能量升高仅为 e_σ,一般都比电子成对能 P 小,因此它的低自旋组态是在电子填充 $d_{x^2-y^2}^*$ 轨道之前,先半充满再全充满各条轨道;③ C_{2v} 结构的低自旋组态是电子充满 d_{xz}^*、d_{yz}^*、d_{xy}^* 轨道后再填充 $d_{x^2-y^2}^*$ 轨道。

根据式(7.17)至式(7.19)计算得到的四配位化合物各结构的稳定化能列于表7.14中(取绝对值)。其值越大结构越稳定。

表7.14 四配位化合物各结构的稳定化能 单位:e_σ

组 态	C_{2v}	D_{4h}	T_d
d^{10}	0	0	0
d^9	2.5	3	1.33
d^8(低自旋)	5	6	2.67
d^8(高自旋)	4	4	2.67
d^7(低自旋)	6.5	7	4
d^6(低自旋)	8	7	4

计算结果表明,对于d^{10}组态,由于成键和反键分子轨道都被充满,因此d电子对配合物结构的稳定性不起作用,无论是T_d、D_{4h}还是C_{2v}构型,它们的稳定化能均为零,在这种情况下,应主要考虑配体电子对之间的排斥。斥力越大,结构越稳定,故采取T_d构型最为有利。例如,$Ni(CO)_4$就是四面体构型。

d^6(低自旋)组态,C_{2v}构型稳定化能最高,故$Cr(CO)_4$具有这种结构。

d^7(低自旋)和d^8(低自旋)组态都是D_{4h}构型,具有最高的稳定化能。如$[Ni(CN)_4]^{2-}$(d^8)及低自旋的Co^{2+}(d^7)四配位化合物都是平面正方形构型。对于d^9组态,从稳定化能考虑,应当采取D_{4h}构型,但由于$E(D_{4h})$和$E(T_d)$相差并不太大(只有$1.67e_\sigma$),所以d^9组态的配合物有时会以介于T_d和D_{4h}之间的一种中间构型——D_{2d}——变形四面体存在(如图7.49所示),D_{2d}的能量更接近D_{4h}。一个典型的例子是$[CuCl_4]^{2-}$,在$(NH_4)_2CuCl_4$晶体中是D_{4h}构型,而在Cs_2CuCl_4中则是D_{2d},但增大压力就可以使Cs_2CuCl_4中的$[CuCl_4]^{2-}$由D_{2d}可逆地变为D_{4h}构型。

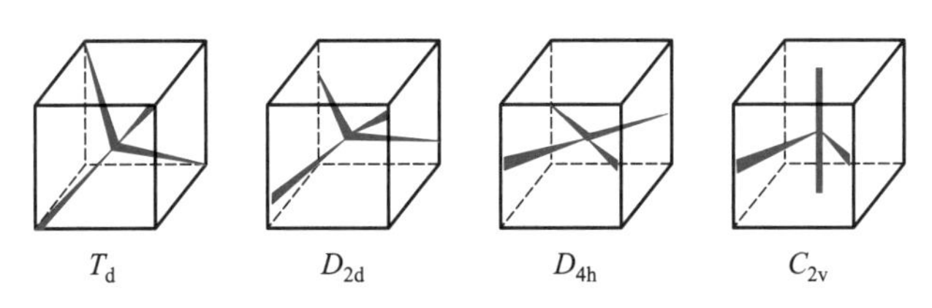

图7.49 在立方体中表示T_d、D_{2d}、D_{4h}、C_{2v}四种构型

总的说来,对于d^0、d^5(高自旋)、d^{10}组态,由于中心金属离子的电荷呈球对称分布,符合VSEPR模型的假定,一般只考虑配体间的相互排斥,配合物总是采取T_d构型;当d电子较少,如d^1、d^2组态,电子没有填入能量较高的反键轨道,它们对结构稳定化能不产生不利影响,此时,大多数配合物仍具有T_d构型;但当d电子数多于2时,除了考虑配体间的相互排斥外,还必须考虑配体与金属的相互作用及反键分子轨道对结构稳定化能的影响。如果配体和金属的相互作用较弱(即e_σ小,高自旋),或者配体的位阻较大,一般采取T_d或者D_{2d}构型。其中d^3、d^4、d^8、d^9组态趋向形成D_{2d}构型,而d^5、d^6、d^7组态则趋向形成T_d构型。反之,若配体

和金属的相互作用较强（即 e_σ 大，低自旋），而且配体的给电子作用较小或者位阻较小，一般容易形成 D_{4h} 构型。

从以上讨论可以看出，运用角重叠模型预测和解释配合物的构型时所遵循的基本原则是：当一种配合物可能采取几种不同构型时，具有最大结构稳定化能的构型是最合理的。如果几种构型的结构稳定化能差别不大或者相同时，则配体电子对之间排斥最小的构型最稳定。

有必要指出的是，虽然角重叠模型概念清楚、计算简便，在解释配合物的结构、光谱及各种其他性质方面获得了广泛应用，但是，正如其他预示过渡金属配合物的理论和模型一样，它也有自身的适应范围和局限性。由于影响配合物构型的因素十分复杂多样，因此在具体运用时必须综合考虑各种因素的影响。

7.4　过渡金属化合物的电子光谱

7.4.1　电子吸收光谱

当分子吸收一定能量的电磁辐射之后，便能由较低的能态跃迁到较高的能态，当辐射能量和两个能态间的能量差满足式（7.20）时，该能量才能被物质分子吸收。

$$\Delta E = h\nu = hc/\lambda \tag{7.20}$$

式中 h 为 Planck 常量，ν 为辐射的频率，λ 为辐射的波长，c 为真空中的光速。

物质电子能态之间的跃迁发生在可见和紫外区。故紫外或可见光谱又称电子光谱。

当一束白光通过物质，物质分子吸收其中某一波段的辐射发生电子跃迁，则物质呈现出透过光的颜色，即和吸收光互补的颜色（表 7.15）。若物质有反射光时，则呈现出透过光与反射光的复合色。

表 7.15　可见光的吸收及物质的颜色

吸收波段/nm	吸收掉的颜色	观察到的颜色
<380		
380～435	紫	绿黄
435～480	蓝	黄
480～490	绿蓝	橙
490～500	蓝绿	红
500～560	绿	红紫
560～580	黄绿	紫
580～595	黄	蓝
595～650	橙	蓝绿
650～780	红	绿蓝
>780	近红外	

在过渡金属的化合物中，由于金属离子的 d 轨道能级发生分裂。当它吸收可见区或紫外区某一波段的光时，d 电子便可从较低的能态跃迁到较高的能态，这种 d 轨道能级间的电子跃迁通常称为 d-d 跃迁。当 d-d 跃迁发生在可见区时，过渡金属化合物便呈现出肉眼能观察到的颜色。

d-d 跃迁光谱其实就是过渡元素的配位场光谱。因此，研究 d 区元素化合物的电子光谱实际上就是研究 d 区元素配合物的电子光谱。在 d 区元素配合物的电子光谱中，除配位场光谱外，还有配体至金属离子（L→M）或金属离子至配体（M→L）的电荷迁移光谱和配体本身的电子光谱。

过渡金属配合物的电子光谱有两个特点：

其一是电子光谱通常不是线状光谱而是带状光谱，这是因为电子在从基态能级向激发态能级跃迁时伴随有不同的振动精细结构能级间的跃迁；

其二是配合物在可见区有吸收但强度不大，通常其摩尔吸收系数 $\kappa<10^2\ L\cdot cm^{-1}\cdot mol^{-1}$，而在紫外区却常有强度很大的（$\kappa=10^4\sim10^5\ L\cdot cm^{-1}\cdot mol^{-1}$）配体本身的吸收带。

7.4.2 配体光谱

配体的电子吸收光谱只有少数出现在可见区，但几乎所有的配体在紫外区都有吸收。这些光谱包括了下列三种类型：

① 配体（同时还包括溶剂分子）的孤电子对到 σ 反键轨道的跃迁（$n\rightarrow\sigma^*$，n 表示非键电子能级），通常出现在紫外区。这种类型的跃迁常发生在水、醇、烷基卤化物等具有孤电子对的分子中。这些物质的紫外吸收特性限制了它们被用作测量光谱的溶剂。如水在小于 200 nm、氯仿小于 245 nm 时就变得不透明，此时，用这些溶剂去平衡光谱测定池就存在问题。溶剂的这种临界波长叫该溶剂的紫外截止波长（表 7.16）。

表 7.16 一些溶剂的紫外截止波长

溶　剂	紫外截止波长/nm	溶　剂	紫外截止波长/nm
水	<200	二氯甲烷	234
乙醚	205	氯仿	245
乙醇	205	四氯化碳	265
甲醇	210	苯	280
环己烷	210	吡啶	305
异辛烷	215	丙酮	330
乙腈	220	二硫化碳	375

② 配体的孤电子对到 π^* 反键轨道的跃迁（$n\rightarrow\pi^*$）。例如，在含有 >C=O 基团的醛和酮类的分子中，孤电子对所占据的非键轨道是最高占据轨道，而 π^* 反键轨道是最低未占轨道。其间的跃迁吸收出现在紫外区，强度一般很弱，这是因为非键轨道与 π^* 反键轨道通

常是正交的。

③ 若配体分子存在双键或三键但不含孤电子对时，最高占据轨道为 π 成键轨道，最低未占轨道是 π^* 反键轨道。这时可在紫外区发生 $\pi\to\pi^*$ 跃迁，这类跃迁出现在烯、双烯和芳香体系中。

发生在配体内部的跃迁，可以具有上述一种，也可同时具有几种。但它们同配位场光谱的区别较为显著，应该说识别它们并不太难。

7.4.3　配位场光谱

由于过渡金属配合物中 d 电子在分裂的 d 轨道间的跃迁对应于电子在光谱项之间的跃迁，因而在讨论配位场光谱之前需要重温关于光谱项的知识，然后再介绍光谱项在配位场中的分裂。

1. 电子的光谱项

所谓光谱项即电子的不同能级状态。以 d^2 组态为例，由于 d 轨道的角量子数 $l=2$，因而角动量在磁场方向的分量有 $2\times2+1=5$ 个取向，即磁量子数 $m_l=0,\pm1,\pm2$。而自旋角动量在磁场方向上的分量有两个取向，即自旋量子数 $m_s=\pm1/2$，若以"↑"代表 $m_s=+1/2$，"↓"代表 $m_s=-1/2$，则 d^2 组态的两个 d 电子在 5 条 d 轨道中有 45 种可能的电子排布方式（表 7.17）。表中"×"代表一个电子，其自旋量子数可以是↑，也可以是↓。以表中第 6 行两个电子为例，代表了(2,1/2)(1,1/2)、(2,1/2)(1,−1/2)、(2,−1/2)(1,1/2)和(2,−1/2)(1,−1/2)四种可能的排布方式（每种排布方式称为一种微态）。分别记作 $M_L=\Sigma m_l=3$，$M_S=\Sigma m_s=1$；$M_L=3$，$M_S=0$；$M_L=3$，$M_S=0$；$M_L=3$，$M_S=-1$。

表 7.17　d^2 组态的 45 种可能的电子排布方式

m_l					$M_L=\Sigma m_l$	$M_S=\Sigma m_s$
2	1	0	−1	−2		
××					4	0
	××				2	0
		××			0	0
			××		−2	0
				××	−4	0
×	×				3	1,0,0,−1
×		×			2	1,0,0,−1
×			×		1	1,0,0,−1
×				×	0	1,0,0,−1
	×	×			1	1,0,0,−1
	×		×		0	1,0,0,−1
	×			×	−1	1,0,0,−1
		×	×		−1	1,0,0,−1
		×		×	−2	1,0,0,−1
			×	×	−3	1,0,0,−1

上述 45 种微态可分为若干个多重简并的能级状态,而每一多重简并能级状态又可用一个光谱项来表示。

光谱项的一般形式为

$$^{2S+1}L$$

其中 L 用大写字母 S,P,…表示。例如:

$L=$	0	1	2	3	4	5	6	…
大写字母:	S	P	D	F	G	H	I	…

光谱项左上角的 $2S+1$ 表示自旋多重态。$2S+1=1$,表示单重态,意味着无自旋未成对电子;$2S+1=2$,表示二重态,有一个未成对电子;$2S+1=3$,表示三重态,有两个未成对电子,等等。

将表 7.17 所表示的 45 种可能的排布方式重新整理以后,按每组(即一组多重简并态)M_L 和 M_S 所包含的微态的数目列出表格,使用"逐级消去法"或"行列波函数法"从中找出相应的光谱项及其简并度。

具体步骤见图 7.50,其结果同次序无关。

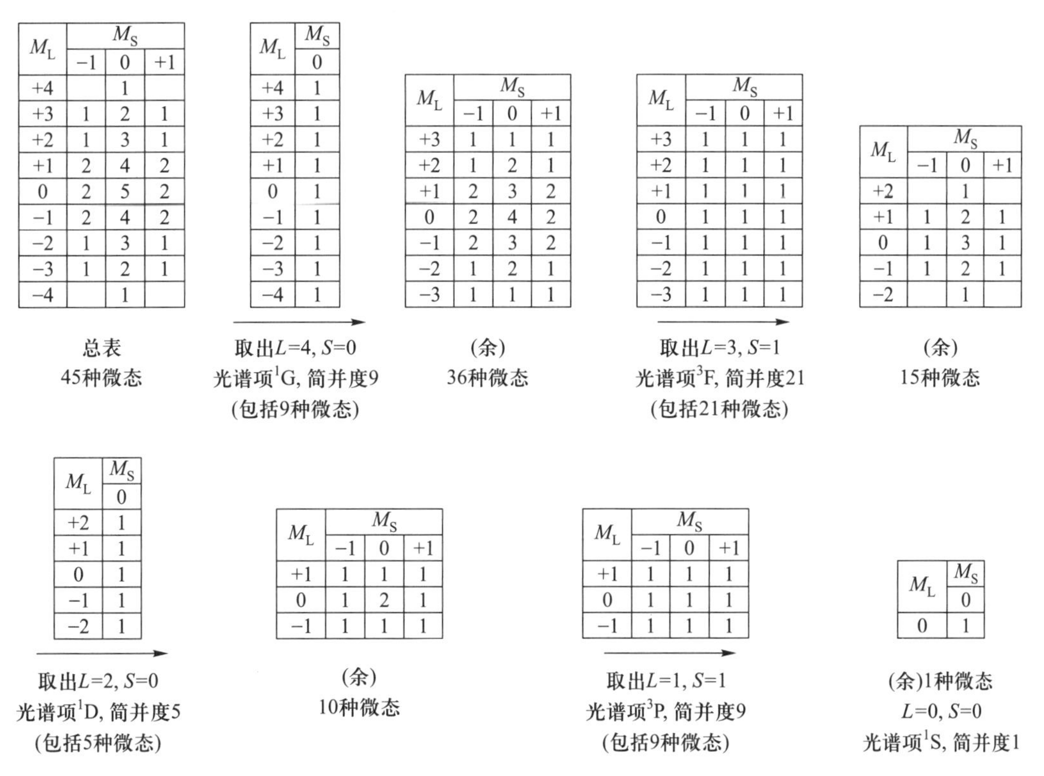

M_L	M_S −1	0	+1
+4		1	
+3	1	2	1
+2	1	3	1
+1	2	4	2
0	2	5	2
−1	2	4	2
−2	1	3	1
−3	1	2	1
−4		1	

总表
45种微态

M_L	M_S 0
+4	1
+3	1
+2	1
+1	1
0	1
−1	1
−2	1
−3	1
−4	1

取出L=4, S=0
光谱项^{1}G, 简并度9
(包括9种微态)

M_L	M_S −1	0	+1
+3	1	1	1
+2	1	2	1
+1	2	3	2
0	2	4	2
−1	2	3	2
−2	1	2	1
−3	1	1	1

(余)
36种微态

M_L	M_S −1	0	+1
+3	1	1	1
+2	1	1	1
+1	1	1	1
0	1	1	1
−1	1	1	1
−2	1	1	1
−3	1	1	1

取出L=3, S=1
光谱项^{3}F, 简并度21
(包括21种微态)

M_L	M_S −1	0	+1
+2		1	
+1	1	2	1
0	1	3	1
−1	1	2	1
−2		1	

(余)
15种微态

M_L	M_S 0
+2	1
+1	1
0	1
−1	1
−2	1

取出L=2, S=0
光谱项^{1}D, 简并度5
(包括5种微态)

M_L	M_S −1	0	+1
+1	1	1	1
0	1	2	1
−1	1	1	1

(余)
10种微态

M_L	M_S −1	0	+1
+1	1	1	1
0	1	1	1
−1	1	1	1

取出L=1, S=1
光谱项^{3}P, 简并度9
(包括9种微态)

M_L	M_S 0
0	1

(余)1种微态
L=0, S=0
光谱项^{1}S, 简并度1

图 7.50 用"逐级消去法"求 d^2 组态的光谱项和简并度

即 d^2 组态的能级状态可用光谱项 ^1G、^3F、^1D、^3P 和 ^1S 表示。各光谱项的简并度用 $(2L+1)(2S+1)$ 计算。因此,^1G 简并度 $(2\times4+1)(2\times0+1)=9$,$^3F$ 为 $(2\times3+1)(2\times1+1)=21$,等等。

将各光谱项的简并度,即各光谱项所包含的微态加和起来,则总共为 45 种。

按照计算，d^1组态有 10 个微态，d^3组态有 120 个微态，d^4组态有 210 个微态和 d^5组态有 252 个微态。

表 7.18 列出了 $d^1 \sim d^{10}$电子组态的光谱项。

表 7.18　$d^1 \sim d^{10}$电子组态的光谱项

电子组态	光谱项
d^{10}	^1S
d^1，d^9	^2D
d^2，d^8	^3F，^3P，^1G，^1D，^1S
d^3，d^7	^4F，^4P，^2H，^2G，^2F，2^2D，^2P
d^4，d^6	^5D，^3H，^3G，2^3F，^3D，2^3P，^1I，2^1G，^1F，2^1D，2^1S
d^5	^6S，^4G，^4F，^4D，^4P，^2I，^2H，2^2G，2^2F，3^2D，^2P，^2S

由表 7.18 可见，d^{10-n}组态与 d^n 组态具有相同的谱项。这可通过“空穴规则”来解释：在多于半满的层中，根据静电观点，“空穴”可理解正电子，正电子也像电子那样会相互排斥。

显然 p^{6-n} 与 p^n、f^{14-n} 与 f^n 也会遵循同样的对应关系。

在各电子组态的光谱项中，通常最关心的是基态的光谱项。

按 Hund 规则和 Pauli 不相容原理，能量最低的光谱项应为

① 具有最高的自旋多重态（即未成对电子数尽可能多）；

② 当几个光谱项都具有最高的自旋多重态时，则 L 值最大的光谱项能量最低（即轨道角动量要最大）。

据此可直接确定基态光谱项。方法如下：

① 尽可能在每个轨道上排布一个电子，且自旋平行。S 值为 m_s之和，等于单电子占据的轨道数的一半；

② 尽可能将电子安排在 m_l最大的那些轨道上。L 值等于各 m_l值之和。

由此求得的基态光谱项列于表 7.19 中。

表 7.19　d^n组态基态光谱项的推算

d^n	m_l					L	S	基态光谱项
	+2	+1	0	−1	−2			
d^1	↑					2	1/2	^2D
d^2	↑	↑				3	1	^3F
d^3	↑	↑	↑			3	3/2	^4F
d^4	↑	↑	↑	↑		2	2	^5D
d^5	↑	↑	↑	↑	↑	0	5/2	^6S
d^6	↑↓	↑	↑	↑	↑	2	2	^5D
d^7	↑↓	↑↓	↑	↑	↑	3	3/2	^4F
d^8	↑↓	↑↓	↑↓	↑	↑	3	1	^3F
d^9	↑↓	↑↓	↑↓	↑↓	↑	2	1/2	^2D
d^{10}	↑↓	↑↓	↑↓	↑↓	↑↓	0	0	^1S

至于激发态与光谱项能量高低的顺序则无法用简单方法预示,只能通过量子力学计算确定。

例如,对于 d^2 组态,量子力学计算结果为 ^3F:$A-8B$;^3P:$A+7B$;^1G:$A+2B+2C$;^1D:$A-3B+2C$;^1S:$A+14B+7C$。式中 A,B,C 为 Racah 参数,它们表示电子间排斥作用的大小,其数值可由发射光谱求得。对于第一过渡系元素 $C\approx4B$。

由以上计算可知 d^2组态光谱项的能级次序为 $^3F<^1D<^3P<^1G<^1S$。

上面的讨论都忽略了轨道-自旋的耦合作用。因此,在忽略了轨道-自旋的耦合作用时,体系的能量可用光谱项 ^{2S+1}L 表征。

轨道-自旋相互作用将引起能级分裂,如果考虑轨道-自旋的相互作用,体系的能量就必须用光谱支项 $^{2S+1}L_J$ 来标记。

由光谱项推求光谱支项的步骤如下:

① 由特定的谱项的 L、S 值按下法直接结合成 J 的值:

$$J=\underset{\text{(最大)}}{L+S},\ \underbrace{L+S-1,L+S-2,\cdots}_{\text{(相邻两个间差1)}},\ \underset{\text{(最小)}}{|L-S|}$$

当 $S\leqslant L$ 时,J 共有 $2S+1$ 个值;当 $S\geqslant L$ 时,J 共有 $2L+1$ 个值。如 d^2组态的基态光谱项为 ^3F,^3F 的 $L=3,S=1,S<L$,于是,J 有 3 个值,分别等于 3+1、3+1-1、3-1,即 4、3、2。

② 在光谱项符号的右下角标记上 J 值,就构成了光谱支项的符号,如对于前述 ^3F,其光谱支项分别为 $^3F_4$、$^3F_3$、$^3F_2$。

对于 L 和 S 相同而 J 不同的各个光谱支项的能级高低顺序可以根据 Hund 规则确定。规则是:当组态的电子数少于壳层半充满时,L 和 S 相同的光谱项中以 J 值小的能级为低;当组态的电子数多于壳层半充满时,以其中 J 值大的能级为低;当组态的电子数等于壳层半充满时,$L=0,S\geqslant L,J$ 只有 1 个值。

如 d^4 和 d^6 组态的基态光谱项都是 ^5D,有五个光谱支项,即 $^5D_0$、$^5D_1$、$^5D_2$、$^5D_3$、$^5D_4$。但二者的光谱支项的能级高低顺序不同。d^4 组态 d 电子数少于壳层半充满,其光谱支项的能级顺序为 $^5D_4>^5D_3>^5D_2>^5D_1>^5D_0$;而 d^6 组态 d 电子数多于壳层半充满,其光谱支项的能级顺序为 $^5D_4<^5D_3<^5D_2<^5D_1<^5D_0$。

光谱支项在外磁场的作用下还能发生分裂。不过它已超出了本书讨论的范围,此处不再叙述。

2. 自由离子光谱项在配位场中的分裂

如果在一个配位场中有一个离了,显然存在两种作用:

一种是配体的配位场作用,另一种是电子间的相互排斥。二者大体上处于同一数量级,故必须同时考虑。

可采用两种方法估算二者的综合影响。

第一种方法认为电子间的相互排斥是最重要的效应,因而此法首先考虑电子间的相互排斥作用,换句话说先确定电子组态的光谱项,然后再研究配位场作用对每个光谱项的影响，这叫“弱场方法”。

第二种方法则叫“强场方法”，它首先考虑配位场的作用，然后再研究电子间的相互排斥作用对由配位场分裂所得能级的影响。

两种方法如果处理得当，就应得到同样的结果。

下面只简单介绍一下弱场方法。

弱场方法的第一步即首先定出给定 d^n组态产生的光谱项，已在前面讨论，下面要讨论的是在配位场的影响下每个光谱项产生的分谱项的数目和能量顺序。

由表 7.19 可见，d^1、d^4、d^6和 d^9组态的基态光谱项都是 D 谱项（只是自旋多重态不同），可以一并讨论，已知 D 谱项是五重简并的。可以参照 d 轨道的对称性来想象 D 谱项的五个分量，在 O_h场中，d 轨道可分裂为 e_g和 t_{2g}两组轨道，D 谱项能分裂为 E_g和 T_{2g}两个分谱项。

在这里，有一点需要指出，就是在忽略化学环境对电子自旋的作用时，一个特定光谱项被配位场分裂所得到的所有分谱项都与母谱项具有同样的自旋多重性。

如果来自 d^1和 d^6（d^6可认为是在 d^5上增加一个电子，犹如往 d^0上增加一个电子一样）组态的 D 谱项的一个电子处于分谱项 T_{2g}时，则受到配体电子的排斥比处于 E_g的要小（因 T_{2g}处于 *xy*、*xz*、*yz* 平面轴间 45°的方向上，而 E_g是处于轴的方向上），因此，对 d^1和 d^6组态，能量为 $T_{2g}<E_g$。其中，对 d^1组态（^2D），$^2T_{2g}<^2E_g$；对 d^6组态（^5D），$^5T_{2g}<^5E_g$。

对于 d^4和 d^9组态，则要用到前面介绍的“空穴规则”。空穴（正电子）的静电行为正好与一个电子的静电行为相反，电子最不稳定的地方，空穴就最稳定。因此由 d^9组态产生的^2D谱项分裂的能级顺序与 d^1组态的正相反：$^2E_g<^2T_{2g}$；由 d^4组态产生的^5D 谱项分裂的能级顺序与 d^6组态的顺序也相反：$^5E_g<^5T_{2g}$（事实上，所有 d^n和 d^{10-n}组态的能级分裂的情况均相反）。

已知在正四面体场 T_d中，能级的次序和在正八面体场 O_h中的次序也相反。因而在 T_d场中，d^4和 d^9组态的情况应同 O_h场中 d^1和 d^6组态一样，而 T_d场中的 d^1和 d^6组态则与 O_h场中 d^4和 d^9组态一样（事实上，所有正八面体 d^n组态和正四面体 d^{10-n}组态的能级分裂情况均相同）。

表示光谱项在配位场中的分裂的图形叫 Orgel 图。图 7.51 示出 d^1、d^9和高自旋 d^4、d^6组态的 Orgel 图。图中纵坐标是光谱项的能量，横坐标为配位场分裂能。由图中可看到在同一种场中 d^n同 d^{10-n}的关系及正八面体配合物同 d^{10-n}正四面体配合物的类同性。

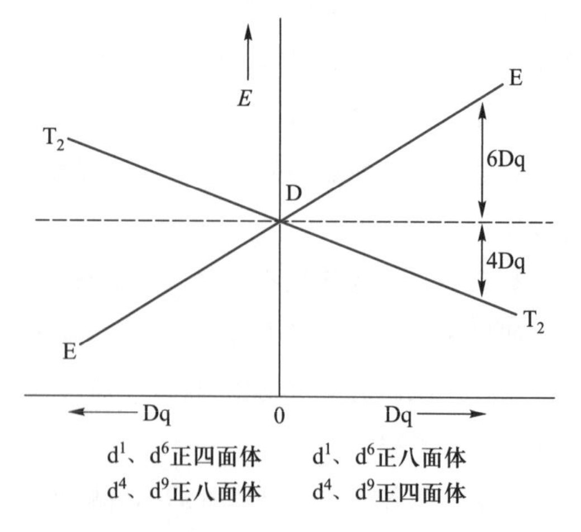

图 7.51　d^1、d^9和高自旋 d^4、d^6组态的 Orgel 图

d^2组态的能级图比 d^1组态的要复杂一些。这是因为除配位场的影响之外，还有电子之间的相互作用。

d^2组态的光谱项为^3F、^1D、^3P、^1G和^1S。^3F和^3P具有最高自旋多重度。在O_h场中,^3P谱项变成了$^3T_{1g}$但不分裂,^3F谱项分裂成$^3T_{1g}$,$^3T_{2g}$和$^3A_{2g}$。图7.52(a)是d^2组态具有自旋多重态为3的光谱项在正八面体场中的Orgel图。如同d^1、d^9和d^4、d^6组态可用一张Orgel图表示光谱项的分裂一样,d^2、d^8和d^3、d^7组态也可用同一张Orgel图来表示光谱项的分裂情况[图7.52(b)]。由图可见,d^2与d^8、d^3与d^7组态在图像上也是互为倒反关系的。此外,也能看到T_d场中的d^3、d^8组态与O_h场中的d^2、d^7组态和O_h场中的d^3、d^8组态与T_d场中的d^2、d^7组态的一致性。

在图7.52(b)的左边,可以发现,如果$T_1(F)$线的能量随Dq的增加而增加,而$T_1(P)$线却不随Dq而变化,则两线外延势必会相交。

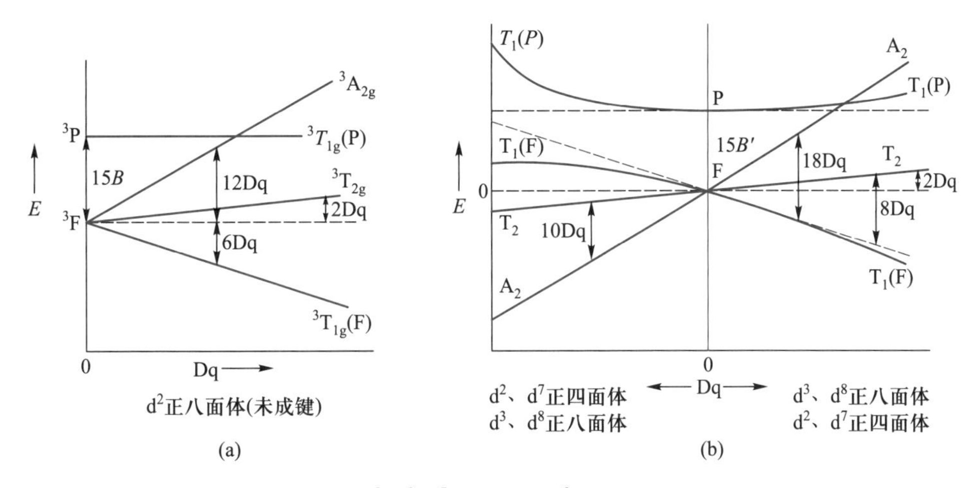

图7.52 d^2、d^3、d^7(弱场)和d^8组态的Orgel图

然而,相同对称类型的线由于构型相互作用的原因是禁止相交的,因而它们发生弯曲,彼此互相回避。同样,在图7.52(b)的右边,两条线在高强场中也变弯曲,相互远离。

其余高能量光谱项的分裂将会在后面介绍。

d^5组态的基态光谱项^6S(在配位场中变为$^6A_1$),它不被配位场分裂。

表7.20汇列了d^n组态各光谱项在配位场中的分裂情况。

表7.20 d^n组态各光谱项在配位场中的分裂情况

光谱项	O_h	T_d	D_{4h}
S	A_{1g}	A_1	A_{1g}
P	T_{1g}	T_2	A_{2g},E_g
D	E_g,T_{2g}	E,T_2	A_{1g},B_{1g},B_{2g},E_g
F	A_{2g},T_{1g},T_{2g}	A_2,T_1,T_2	A_{2g},B_{1g},B_{2g},$2E_g$
G	A_{2g},E_g,T_{1g},T_{2g}	A_1,E,T_1,T_2	$2A_{1g}$,A_{2g},B_{1g},B_{2g},$2E_g$
H	E_g,$2T_{1g}$,T_{2g}	E,$2T_1$,T_2	A_{1g},$2A_{2g}$,B_{1g},B_{2g},$3E_g$
I	A_{1g},A_{2g},E_g,T_{1g},$2T_{2g}$	A_1,A_2,E,T_1,$2T_2$	$2A_{1g}$,A_{2g},$2B_{1g}$,$2B_{2g}$,$3E_g$

上述 Orgel 图只包括弱场、高自旋的情况,而对于强场情况下光谱项的能量变化在图上没有反映,因而 Orgel 图对 $d^4 \sim d^7$组态的低自旋正八面体配合物不适用。此外,Orgel 图的基态的能量随场强的增加而减小,而且由于状态能量 E 及 Dq 值都是以绝对单位表示,这样,Orgel 图就不能通用于同一电子组态的不同离子和不同配体构成的体系,因为各种情况的 Dq 值都不相同。

为了克服上述缺点,Tanabe 和 Sugano 将光谱项能量 E 和 Racah 参数 B'之比(E/B')作纵坐标,以 Δ/B'或 Dq/B'作横坐标,并以基态光谱项的能量取作 0 和作为横坐标轴(基线)构成能级图,称为 Tanabe-Sugano 图,简称 T-S 图。一个 T-S 图对应于一个特定的 d^n组态。图中各条线分别代表一个激发态,其斜率反映出它们的 Dq 值随场强的变化。由于坐标轴所表示的能量均是以 B'为单位,因而是量纲为 1 的,这样就可以适用于相同的组态 d^n的不同离子和配体所构成的体系,因为改变离子或配体,也改变着 B'值。此外,在 $d^4 \sim d^7$组态的情况下,T-S 图中还包括低自旋多重度的状态,因而用起来就十分方便。

图 7.53 示出的是在正八面体场中 $d^2 \sim d^8$组态的 T-S 图[d^1、d^9组态因无电子(或空穴)的相互作用,只有一个光谱项,无 T-S 图。d^{10}组态不产生 d-d 跃迁光谱],其中 d^2、d^3和 d^8组态的配合物,因无高低自旋之分,故 T-S 图仅由一个象限组成。以 d^2组态的 T-S 图为例,图中除画出了与基态光谱项多重度相同的三重态光谱项外,还画出了与基态光谱项多重度不同的单重态光谱项,也画出了部分高能量光谱项的分裂情况。对于 $d^4 \sim d^7$组态的离子可形成高、低自旋两种配合物,因而 T-S 图由两部分组成,分别代表高、低自旋两种配合物,其左边适用于高自旋构型,它相当于 Orgel 图,右边适用于低自旋构型。因而实际上是两个分立的图,二者所包含的能量状态相同,只是能级次序不同(但在 10 Dq 等于成对能 P 时能级次序也相同,此时称为临界场强)。如 d^6组态,基态光谱项为^5D,在分裂能小于 P(Dq/B' = 2)的弱场中,^5D 分裂为$^5T_2$和^5E,其中$^5T_2$为基态,^5E 为唯一五重激发态;而在分裂能 10 Dq 大于 P 时,产生电子自旋成对,由^1I 分裂来的$^1A_1$变成了基态。说明强场对低自旋多重态有利,弱场则对高自旋多重态有利。从某一 Dq/B'值开始,基态光谱项由高自旋多重态变成低自旋多重态。

3. 配位场光谱

配合物中心离子的 d-d 跃迁产生的紫外-可见吸收光谱,即为配位场光谱。

(1) d-d 跃迁产生的吸收峰的强度

电子在能级间跃迁要服从一定的规则,这些规则称为光谱选择规则或简称选律,满足光谱选律的跃迁概率比较大,称为允许跃迁;不满足光谱选律的跃迁概率很小,称为禁阻跃迁。

d-d 跃迁应服从的光谱选律有两条:

① 自旋选律($\Delta S=0$) 自旋选律是说,电子只能在自旋多重度相同的能级间跃迁。电子在不同的自旋多重度($\Delta S \neq 0$)的能级间的跃迁称为系间窜跃,是禁阻的。换句话说,电子只能允许在未成对电子数不变化的能级间跃迁。

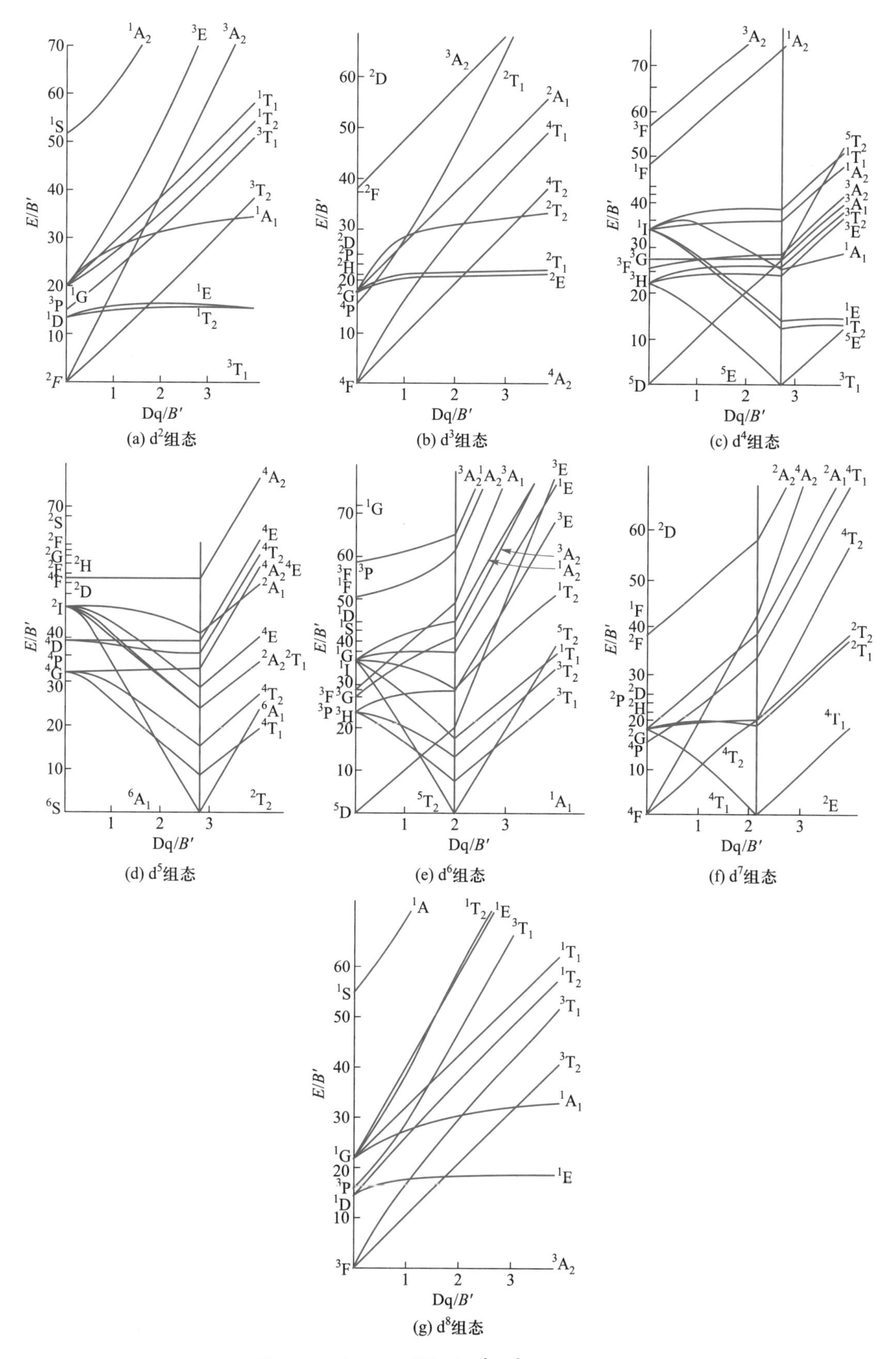

(a) d²组态 (b) d³组态 (c) d⁴组态

(d) d⁵组态 (e) d⁶组态 (f) d⁷组态

(g) d⁸组态

图 7.53 在正八面体场中 $d^2 \sim d^8$ 组态的 T-S 图

② 对称性选律（$\Delta L=1$）　该选律又称为 Laporte 选择定则、轨道选律或宇称选律。该选律说，对于具有对称中心的分子，允许的跃迁是 g→u 或 u→g，而 g→g、u→u 的跃迁是禁阻的。由于 s 和 d 轨道等角量子数为偶数的轨道的对称为 g，而 p 和 f 轨道等角量子数为奇数的轨道的对称为 u，因此对于不同轨道间的跃迁，即 $\Delta L=1,3,\cdots$ 是允许的，而 $\Delta L=0,2,\cdots$ 是禁阻的。因而 s→p、p→d、d→f 等跃迁是允许的。而 s→s、p→p、d→d、s→d、p→f 等跃迁都是禁阻的。

对于过渡金属配合物，由于 d-d 跃迁是禁阻的，所以 d-d 跃迁的吸收强度都不太大。

上述两条选律以自旋选律最严格，对光谱的强度影响最大，其次才是对称性选律。

如果严格按照选律，将看不到 d-d 跃迁产生的光谱。然而，事实却相反，这是因为选律只严格适用于选律所依据的理想化模型。在下列情况下，选律可以产生松动，从而产生部分允许跃迁：

① d-p 混合使宇称选律松动　d 轨道和 p 轨道的混合可使轨道选律的禁阻状态遭部分解除。

② 电子-振动耦合　某些振动方式使配合物暂时失去对称中心，因而在该瞬间 d-d 跃迁成为宇称选律所允许。

③ 自旋-轨道耦合　自旋和轨道的耦合使自旋禁阻得到部分开放，从而使自旋选律不再严格遵守。

根据选律及其松动的讨论，可对各种跃迁的强度作如下归纳：

自旋允许、轨道允许，其摩尔吸收系数 κ 为 $10^4\sim10^5\ \mathrm{L\cdot cm^{-1}\cdot mol^{-1}}$；

自旋允许、轨道禁阻，其摩尔吸收系数 κ 为 $1\sim10^2\ \mathrm{L\cdot cm^{-1}\cdot mol^{-1}}$；

自旋禁阻、轨道禁阻，其摩尔吸收系数 κ 为 $10^{-2}\sim1\ \mathrm{L\cdot cm^{-1}\cdot mol^{-1}}$；

自旋允许、轨道禁阻，但有 d-p 混合的跃迁，κ 约为 $5\times10^2\ \mathrm{L\cdot cm^{-1}\cdot mol^{-1}}$。

（2）d-d 跃迁产生的吸收峰的波长

电子跃迁吸收光子的能量等于终态和始态的能级差。即 $E_e-E_i=h\nu=hc/\lambda$。

因此，只要测得了配合物的紫外-可见光谱以后，就可根据该配合物中心离子的配位场能级公式算出配位场参数并对光谱进行跃迁指派。相反，也可通过配位场参数去预计其光谱。光谱的指派和配位场参数的计算，以及光谱的预计，其实质都是 Orgel 图和 T-S 图的应用。

举三个例子来说明。

例 1　$[\mathrm{Cr(H_2O)_6}]^{3+}$ 在可见区有三个吸收峰，$\sigma_1=17400\ \mathrm{cm^{-1}}$（$\kappa=13\ \mathrm{L\cdot cm^{-1}\cdot mol^{-1}}$），$\sigma_2=24600\ \mathrm{cm^{-1}}$（$\kappa=15\ \mathrm{L\cdot cm^{-1}\cdot mol^{-1}}$），$\sigma_3=37800\ \mathrm{cm^{-1}}$（$\kappa=14\ \mathrm{L\cdot cm^{-1}\cdot mol^{-1}}$），指派各吸收峰的跃迁，计算 Dq、B'、β 和弯曲参数 c。

由于在配离子 $[\mathrm{Cr(H_2O)_6}]^{3+}$ 中，H_2O 是弱配体，用弱场方法处理，可使用 Orgel 图。配离子中有六个配体，属 O_h 场，Cr(Ⅲ) 是 d^3 组态。根据图 7.52 d^3 的能级图，其基态为 ${}^4A_{2g}$，自旋允许的跃迁有 ${}^4A_{2g}\rightarrow{}^4T_{2g}$，${}^4A_{2g}\rightarrow{}^4T_{1g}({}^4F)$ 及 ${}^4A_{2g}\rightarrow{}^4T_{1g}({}^4P)$。自旋禁阻的能量最低的跃迁

是$^4A_{2g}\rightarrow{}^2E_g$(见图 7.53)。现在我们用图 7.52(b)左半部分计算各跃迁的频率和一些参数。

其中$^4A_{2g}\rightarrow{}^4T_{2g}$,$\sigma_1=17400\ cm^{-1}$($\kappa=13\ L\cdot cm^{-1}\cdot mol^{-1}$),相应于$O_h$场的分裂能$\Delta_o$(或 10 Dq),于是由 10 Dq = 17400 cm^{-1}得 Dq = 1740 cm^{-1}。

而$^4A_{2g}\rightarrow{}^4T_{1g}$,$\sigma_2=24600\ cm^{-1}$($\kappa=15\ L\cdot cm^{-1}\cdot mol^{-1}$) = 18 Dq$-c$,$c=18\times1740\ cm^{-1}-24600\ cm^{-1}=6720\ cm^{-1}$。

$^4A_{2g}\rightarrow{}^4T_{1g}(^4P)$,$\sigma_3=37800\ cm^{-1}$($\kappa=14\ L\cdot cm^{-1}\cdot mol^{-1}$) = 12 Dq$+15B'+c$,$B'=(37800-12\times1740-6720)\ cm^{-1}/15=680\ cm^{-1}$。

由表 7.3 查得,Cr(Ⅲ)$B=950\ cm^{-1}$,所以$\beta=B'/B=0.72$。

上述均为自旋允许但宇称禁阻的跃迁,故κ一般不太大。

本例还有$^4A_{2g}\rightarrow{}^2E_g$的自旋禁阻跃迁峰,$\sigma_4=42000\ cm^{-1}$,吸收较弱且被强的荷移峰所掩蔽。

例 2 $[Fe(H_2O)_6]^{2+}$和$[Co(H_2O)_6]^{3+}$都是 d^6组态。前者有一个宽的吸收带。该吸收带由一主峰 10400 cm^{-1}和一个肩峰 8300 cm^{-1}构成,后者有两个对称分布的强峰 16500 cm^{-1}和 24700 cm^{-1}及两个弱峰 8000 cm^{-1}和 12500 cm^{-1},指派与这些峰相应的跃迁。

由于 H_2O 作配体,$[Fe(H_2O)_6]^{2+}$为高自旋配离子,使用 d^6组态O_h场的 Orgel 图。^5D_g简单地分裂为$^5T_{2g}$和^5E_g,由于$^5T_{2g}\rightarrow{}^5E_g$的跃迁相应于配位场分裂能,表现为主峰为 10400 cm^{-1}的吸收带,肩峰是由于 d^6组态的 Jahn-Teller 畸变使^5E_g有一点分裂。

在以 H_2O 为配体的配合物中,$[Co(H_2O)_6]^{3+}$是低自旋八面体配位离子,使用 T-S 图。在图 7.53 中 d^6组态 T-S 图的右边为低自旋部分,其基态为$^1A_{1g}$;自旋允许的跃迁是$^1A_{1g}\rightarrow{}^1T_{1g}$,$^1A_{1g}\rightarrow{}^1T_{2g}$,再往上能量太高,而能量较低的自旋禁阻跃迁有$^1A_{1g}\rightarrow{}^3T_{1g}$,$^1A_{1g}\rightarrow{}^3T_{2g}$。由表 7.3 查得,Co(Ⅲ)的$B'=720\ cm^{-1}$。由此,对$^1A_{1g}\rightarrow{}^1T_{1g}$,$\sigma_1=16500\ cm^{-1}$,$E/B'=16500\ cm^{-1}/720\ cm^{-1}=22.9$。在纵坐标上找到 22.9 的点并作一横线与$^1T_{1g}$线相交,交点的横坐标$Dq/B'=2.42$,由 2.42 作一垂线,该垂线与诸光谱项线的交点对应的纵坐标E/B'表示了以B'为单位在场强 $Dq=2.42B'$时的能量为$(E/B')\times B'$,结果是

$$^1T_{2g}:\quad E/B'=34.2,E=34.2\times720\ cm^{-1}\approx24600\ cm^{-1}$$

$$^1T_{1g}:\quad E/B'=22.9,E=22.9\times720\ cm^{-1}\approx16500\ cm^{-1}$$

$$^3T_{2g}:\quad E/B'=17.8,E=17.8\times720\ cm^{-1}\approx12800\ cm^{-1}$$

$$^3T_{1g}:\quad E/B'=11.2,E=11.2\times720\ cm^{-1}\approx8100\ cm^{-1}$$

根据这些数据可作如下指认:

$^1A_{1g}\rightarrow{}^1T_{1g}$,$\sigma_1=16500\ cm^{-1}$　　$^1A_{1g}\rightarrow{}^1T_{2g}$,$\sigma_2=24700\ cm^{-1}$

$^1A_{1g}\rightarrow{}^3T_{1g}$,$\sigma_3=8000\ cm^{-1}$　　$^1A_{1g}\rightarrow{}^3T_{2g}$,$\sigma_4=12500\ cm^{-1}$

例 3 根据 Jørgensen 的f、g、h_X和h_M预测$[Cr(NH_3)_6]^{3+}$的自旋允许的电子吸收光谱。

Cr^{3+}为 d^3组态,从表 7.4 查得$h_M=0.20$,$h_X=1.4$,从表 7.7 查得$f=1.25$,$g=17.4\times$

$10^3\ cm^{-1}$，从表7.3查得$B=950\ cm^{-1}$。

$$1-\beta=h_X\cdot h_M=1.4\times0.20=0.28，得\ \beta=0.72$$

$$\Delta_o=10\ Dq=f\cdot g=1.25\times17.4\times10^3\ cm^{-1}=21750\ cm^{-1}，得\ Dq=2\ 175\ cm^{-1}$$

$$B'=\beta\cdot B=0.72\times950\ cm^{-1}=684\ cm^{-1}$$

$$E/B'=21750\ cm^{-1}/(684\ cm^{-1})=31.8$$

利用图7.53中d^3组态的T-S图，在纵坐标上量出31.8，由该点作一平行于横坐标的直线与$^4T_{2g}(F)$相交，再由交点作垂直于横坐标的直线，分别交$^4T_{1g}(F)$和$^4T_{1g}(P)$，各自的纵坐标约为43和68，于是

$$^4A_{2g}\rightarrow{}^4T_{2g}(F)，\sigma_1=21750\ cm^{-1}$$

$$^4A_{2g}\rightarrow{}^4T_{1g}(F)，\sigma_2=43\times684\ cm^{-1}\approx29400\ cm^{-1}$$

$$^4A_{2g}\rightarrow{}^4T_{1g}(P)，\sigma_3=68\times684\ cm^{-1}\approx46500\ cm^{-1}$$

即$[Cr(NH_3)_6]^{3+}$应该有3个吸收峰，分别出现在$21750\ cm^{-1}$、$29400\ cm^{-1}$和$46\ 500\ cm^{-1}$处。

本例不能使用d^3组态的Orgel图进行预测，因为弯曲系数不能预计。

(3) d-d跃迁产生的吸收峰的半宽度

吸收峰的半宽度是吸收峰在$\kappa=\frac{1}{2}\kappa_{max}$处的宽度。由于配合物本身在不停地振动，金属离子与配体间的键长不停地变化，从而分裂能将随键长的增加而减小。而分裂能的变化将导致配位场光谱项之间的能量间隔发生变化，并维持在一定的范围。除此之外，Jahn-Teller效应导致轨道能级进一步分裂，这种分裂常使吸收峰谱带加宽；轨道-自旋耦合可使光谱项进一步分裂，也可使谱带加宽。所以d-d跃迁吸收峰的半宽度都较大，d-d跃迁光谱都是带状光谱。

7.4.4　电荷迁移光谱

电荷迁移光谱也常简称为荷移光谱(CT)，它是由配体轨道与金属轨道之间的电子跃迁产生的。已知主要有两种形式的电荷迁移：一种是配体向金属的电荷迁移，另一种是金属向配体的电荷迁移。除此之外还有一种金属向金属的电荷迁移。

通常，电荷迁移跃迁比d-d跃迁需要较高的能量，因而吸收峰一般出现在近紫外和紫外区，且吸收强度亦很大，因为既是宇称允许，又是自旋允许的跃迁。

配体向金属的电荷迁移(L→M)一般发生在含有pπ给予电子的配体和有空轨道的金属离子之间。这种跃迁相当于金属被还原，配体被氧化，但一般并不实现电子的完全转移。

以MnO_4^-为例，Mn(Ⅶ)为d^0组态，电子可从氧的弱成键σ轨道和pπ轨道分别向金属的e_g轨道和t_{2g}轨道跃迁，因而MnO_4^-在可见区有很强的吸收。另一个例子是Fe^{3+}的颜色，在pH<0时，$[Fe(H_2O)_6]^{3+}$的颜色是淡紫色的，但大多数Fe^{3+}化合物如$FeCl_3$、$FeBr_3$、$Fe(OH)_3$、Fe_2O_3等却显示出棕色或黄褐色，这是由于Cl^-、Br^-、OH^-、O^{2-}等阴离子上原来带有的负电荷有一部分分布到了Fe^{3+}上，即发生了由阴离子到Fe^{3+}的部分电荷转移，产生电荷迁移吸收造

成的。

可以预料,金属离子越容易被还原,或金属的氧化性越强和配体越容易被氧化或配体的还原性越强,则这种跃迁的能量越低,产生的电荷迁移光谱的波长越短,观察到的颜色对应的波长越短。

如在 O^{2-}、SCN^-、Cl^-、Br^-、I^-所形成的配合物中,碘化物的颜色对应的波长最短;在 VO_4^{3-}、CrO_4^{2-}、MnO_4^-系列中,中心金属离子氧化性逐渐增强,电荷迁移所需能量逐渐降低,所以含氧酸根离子颜色对应的波长逐渐变短。

金属向配体的电荷迁移 M→L 相当于金属离子的氧化和配体的还原,因而金属离子越易被氧化,配体越易被还原,这类跃迁就越易发生。通常发生在金属离子具有充满的或接近充满的 t_{2g}轨道,而配体具有空的能量低的 π^* 轨道的配合物中。例如,Fe^{2+}与邻二氮菲形成的配合物$[Fe(phen)_3]^{2+}$显很深的红色就是发生了 M→L 的电荷迁移跃迁,d 电子由 Fe^{2+}部分地转移到邻二氮菲的共轭 π^* 轨道之中。

金属向金属的电荷迁移发生在一种金属离子以不同价态同时存在于一个体系中时,常呈强吸收的光谱。这是由于发生了不同价态之间的电荷迁移,故其光谱也常称为混合价光谱。

例如,在深蓝色的普鲁士蓝 $KFe^{Ⅲ}[Fe^{Ⅱ}(CN)_6]$中就发生了 $Fe^{2+}\to Fe^{3+}$的电荷迁移过程。在钼蓝中,存在 $Mo^{Ⅳ}\to Mo^{Ⅴ}$ 的电荷迁移。又如,在一种叫做“黑金”的化合物$[Cs_2Au^{Ⅰ}Au^{Ⅲ}Cl_6]$中也存在$[Au^{Ⅰ}Cl_2]^-\to[Au^{Ⅲ}Cl_4]^-$的电荷迁移过程。

假如混合价分子中同种元素的两种价态的原子是 A 和 B,其氧化态分别为+2 和+3。当这种分子的基态 A(Ⅱ)B(Ⅲ)和激发态 A(Ⅲ)B(Ⅱ)的能量相差不大时,在 A 和 B 之间会有少量的电荷迁移,产生两种状态的混合,若用 α 来表示价离域的参数(可从光谱数据算得),则根据 α 的值可将混合价化合物分为三类:

第一类,$\alpha\approx0$。A 和 B 处在很不同的环境中,基态和激发态不发生混合。电子从 A(Ⅱ)B(Ⅲ)到 A(Ⅲ)B(Ⅱ)需较高的能量从而不出现可见区的光谱,化合物的性质基本上是A(Ⅱ)和B(Ⅲ)两种单核体系的叠加。它们大多是绝缘体。典型的例子是尖晶石 Co_3O_4,其中 Co^{2+}以高自旋态处在四面体间隙中,而 Co^{3+}则以低自旋态处在八面体间隙中。

第二类,α 不大但不等于 0。A 和 B 所处的环境差别不大并常有一个桥配体连接,普鲁士蓝就是一个实例。

第三类,α 很大,电子有很大的离域作用,要分出 A 和 B 已不可能。可分为单个分子内的离域(如 I_3^-)及整个晶体内的离域(如非化学计量的氧化镍中,Ni^{2+}和 Ni^{3+}所处的环境完全相同)。后者常表现出金属的导电性和强的磁交换性能。

混合价化合物常表现出不同于单核体系的某些性能,如导电性、磁性和光学性质,因而在化学、固体物理学、地质学和生物学领域中起着重要的作用,已引起人们的广泛兴趣。因此对混合价光谱的研究有着十分重要的意义。

7.5 过渡元素的磁性

物质的磁性主要分为顺磁性、抗磁性两类。更复杂的形式有铁磁性、反铁磁性和亚铁磁性、纳米磁性等。后者更具有实际的意义,而作为磁性材料的基础还是顺磁性、抗磁性的问题。

7.5.1 磁矩的计算

1. 纯自旋磁矩

对于过渡金属的离子,由于只有未成对电子才能产生自旋磁矩,故纯自旋磁矩可根据总自旋量子数进行计算:

$$\mu_S = g\sqrt{S(S+1)} \tag{7.21}$$

其中 g 为朗德因子[见式(3.5)]。

对于自由电子,g 通常取 2.00,S 为总自旋量子数,$S=\Sigma m_s=n/2$(其中 n 为未成对电子数),故式(7.21)可改为

$$\mu_S = \sqrt{n(n+2)} \tag{7.22}$$

此式表明,在忽略轨道运动对磁矩的贡献的情况下,根据磁矩的测定,可以计算出某种离子的未成对电子数 n。

表 7.21 列出第一过渡系金属离子八面体配合物的磁矩。从中发现,不少实验值与由式(7.22)的计算值发生了偏离,如高自旋 Co^{2+} 和低自旋的 Fe^{3+}。这是由于在这些金属离子配合物中未成对电子的轨道角动量对分子磁矩产生贡献的结果。

表 7.21 第一过渡系金属离子八面体配合物的磁矩 单位:B.M.

组态		金属离子	基态光谱项	L	S	未成对电子	μ_S	μ_{S+L}	μ(实测)
	d^1	Ti^{3+}	^2D	2	1/2	1	1.73	3.00	1.65~1.79
	d^2	Y^{3+}	^3F	3	1	2	2.83	4.47	2.75~2.85
	d^3	Cr^{3+}	^4F	3	3/2	3	3.87	5.20	3.70~3.90
高自旋	d^4	Cr^{2+}	^5D	2	2	4	4.90	5.48	4.75~4.90
	d^5	Fe^{3+}	^6S	0	5/2	5	5.92	5.92	5.70~6.0
	d^6	Co^{3+}	^5D	2	2	4	4.90	5.48	4.3
	d^7	Co^{2+}	^4F	3	3/2	3	3.87	5.20	4.30~5.20
低自旋	d^4	Cr^{2+}	^3F	3	1	2	2.83	4.47	3.20~3.30
	d^5	Fe^{3+}	^2D	2	1/2	1	1.73	3.00	2.00~2.50
	d^6	Co^{3+}	^1S	0	0	0	0	0	抗磁的
	d^7	Co^{2+}	^2D	2	1/2	1	1.73	3.00	1.8
	d^8	Ni^{2+}	^3F	3	1	2	2.83	4.47	2.80~3.50
	d^9	Cu^{2+}	^2D	2	1/2	1	1.73	3.00	1.70~3.20

2. 轨道磁性对磁矩的贡献

未成对电子绕核的轨道运动产生轨道角动量，对分子会产生轨道的磁矩贡献，此时磁矩的计算公式应为

$$\mu_{S+L}=\sqrt{4S(S+1)+L(L+1)} \tag{7.23}$$

式中 L 为总轨道角动量量子数。

然而正如表 7.21 中所看到的，大多数第一系列过渡金属离子的实测磁矩与纯自旋公式的计算值一致，少数虽高于计算值，但很少高到由式(7.23)计算出来的值。这表明在大多数情况下轨道角动量对分子磁矩的贡献很小或没有贡献。这是因为表 7.21 中所列第一过渡系金属离子，其原子序数 $Z<30$，电子间的排斥作用已大大超过个别电子的轨道和自旋运动的相互耦合作用。且 3d 电子处于价层电子轨道，直接与配体相接触，所以 3d 电子受配体离子的强电场影响很大，尤以未成对电子受这种影响更大。因此电子的轨道运动受这种配体离子的强电场影响而使轨道角动量"猝灭"(或"冻结")，故第一过渡系金属离子配合物中轨道角动量对分子磁矩的贡献很小或全部"猝灭"。与此相反，电子的自旋运动受原子核的影响较小，它不受电场的影响，只受外磁场所作用，因此自旋磁矩易在外磁场中取向，所以自旋对磁矩贡献较大。

衡量轨道角动量是否对磁矩作出贡献可以通过考察外磁场改变时电子能否自旋平行地在不同轨道之间再分配来作出判断。这种再分配必须在对称性相同、形状相同的轨道之间进行。

在 O_h 及 T_d 场中，d 轨道能级分裂成两组，即 $t_{2g}(t_2)$(包括 d_{xy}、d_{xz}、d_{yz})和 $e_g(e)$(包括 d_{z^2}、$d_{x^2-y^2}$)。由于 $t_{2g}(t_2)$ 和 $e_g(e)$ 两组轨道的空间形状不同，因而外磁场改变时电子不能在 $t_{2g}(t_2)$ 和 $e_g(e)$ 两组轨道之间再分配。对于 $e_g(e)$ 能级所包含的 d_{z^2}、$d_{x^2-y^2}$ 两条简并轨道，由于其形状不相同，对磁矩也不作贡献。但是，对 $t_{2g}(t_2)$ 能级所包含的 d_{xy}、d_{xz}、d_{yz}，由于轨道的对称性和形状均相同，当磁场改变时，电子能自旋平行地在这些轨道中进行再分配，所以它们能对磁矩作出贡献。如 t_{2g}^4 组态的离子，由于对处于某自旋方向的那个单电子来说还有两条空轨道，所以能对轨道角动量作出贡献。同样，t_{2g}^1、t_{2g}^2、t_{2g}^4、t_{2g}^5 组态的离子都会产生轨道磁矩。但当三条轨道各有一个和两个电子时，由于轨道已被占据，电子不能进行自旋平行再分配，轨道磁矩被"冻结"。所以半满和全满的 t_{2g}^3、t_{2g}^6 不能对磁矩产生贡献。

研究表明，在正八面体或正四面体场中，凡是能对轨道磁矩产生贡献的都是具有三重简并基态光谱项(T 谱项)的金属离子的配合物；若是 A 或 E(单重或二重简并)谱项则轨道角动量完全猝灭，没有轨道磁矩的贡献。例如，具有 d^4 组态的 Cr^{2+} 配合物，在弱 O_h 场中有四个未成对电子，基态光谱项为 ^5E_g，预期应无轨道磁矩的贡献，而在强 O_h 场中，Cr^{2+} 是低自旋的，即只有两个未成对电子，其基态光谱项变为 $^3T_{1g}$，应有轨道磁矩的贡献，这些都由实验测定所证实。

表 7.22 列出在正八面体和正四面体配合物中轨道磁性对磁矩产生的贡献情况。

表 7.22　在正八面体和正四面体配合物中轨道磁性对磁矩产生的贡献

组　态	正八面体		正四面体	
	基态	轨道贡献	基态	轨道贡献
d^1	$^2T_{2g}$	+	^2E	−
d^2	$^3T_{1g}$	+	$^3A_2$	−
d^3	$^4A_{2g}$	−	$^4T_1$	+
d^4 高自旋	^5E_g	−	$^5T_2$	+
d^4 低自旋	$^3T_{1g}$	+		
d^5 高自旋	$^6A_{1g}$	−	$^6A_1$	−
d^5 低自旋	$^2T_{2g}$	+		
d^6 高自旋	$^5T_{2g}$	+	^5E	−
d^6 低自旋	$^1A_{1g}$	−		
d^7 高自旋	$^4T_{1g}$	+	$^4A_2$	−
d^7 低自旋	^2E_g	−		
d^8	$^3A_{2g}$	−	$^3T_1$	+
d^9	^2E_g	−	$^2T_2$	+

3. 自旋-轨道耦合对磁性的影响

存在一些其他因素引起磁矩与“单纯自旋公式”的偏离。例如，有三个未成对电子和一个$^4A_2$基态光谱项的四面体 Co^{2+} 配合物，应当没有轨道磁性的贡献，然而测到的磁矩为 4.4～4.8 B.M.，而不是只考虑自旋的 3.87 B.M.。有人已经证明，这是由于自旋-轨道相互作用使得一定量的第一激发态$^4T_2$混进了基态之中，从而引进了轨道角动量的贡献。

一般说来，对于第一过渡系的金属离子，由于自旋-轨道相互作用较小，可以不予考虑，但在另外一些情况下，自旋-轨道相互作用变得十分重要。如重过渡系离子和 f 区过渡系离子，尤其是后者，由于 f 轨道处于内层，受排在外面的电子所屏蔽，所以配合物中金属离子的 f 电子不受外界环境（配体或溶剂分子）的干扰，因而自旋-轨道耦合作用显著，必须加以考虑。

自旋-轨道耦合使光谱项分裂为 $2S+1$（当 $S\leqslant L$ 时）或 $2L+1$（当 $S\geqslant L$ 时）个支谱项。如果支谱项之间的能量间距足够大（$>kT$），则只有处于最低能级的支谱项占据电子因而变成为基态光谱项。在此特定场合，“有效磁矩 μ_{eff}”由式(7.24)计算：

$$\mu_{\text{eff}}=g\sqrt{J(J+1)} \tag{7.24}$$

$J=L+S, L+S-1, L+S-2, \cdots, |L-S|$。当 $L=0$ 时，有 $J=S$，可得 $g=2$，式(7.24)就成了式(7.22)，磁矩完全由自旋运动所决定。

自由金属离子的自旋-轨道耦合作用可用单电子自旋-轨道耦合常数 ζ_{nd}（表 7.23）或多电子自旋-轨道耦合常数 λ 来表示，它们之间的关系为

$$\lambda = \pm\zeta_{nd}/n \tag{7.25}$$

式中 n 为未成对电子数。当 d 电子数小于 5 时取正号,大于 5 时取负号,等于 5 时,$\lambda=0$。

表 7.23 过渡金属离子的单电子自旋-轨道耦合常数 ζ_{nd}^{*} 单位:cm^{-1}

	Ti	V	Cr	Mn	Fe	Co	Ni	Cu
中性原子	70	95	135	190	275	390		
电荷+1	90	135	185	255	335	455	565	
电荷+2	123	170	230	300	400	515	630	830
电荷+3	155	210	275	355	460	580	705	890
电荷+4		250	355	415	520	650	790	960
	Zr	Nb	Mo	Tc	Ru	Rh	Pd	Ag
电荷+1	(300)	(420)					(1300)	
电荷+2	(400)	(610)	(670)	(950)			(1600)	(1800)
电荷+3	(500)	(800)	800	(1200)	(1250)			
电荷+4			(850)	(1300)	(1400)	(1700)		
电荷+5			(900)	(1500)	(1500)	(1850)		
	Hf	Ta	W	Re	Os	Ir	Pt	Au
电荷+1							(3400)	
电荷+2			(1500)	(2100)				(5000)
电荷+3		(1400)	(1800)	(2500)	(3000)			
电荷+4			(2300)	(3300)	(4000)	(5000)		
电荷+5			(2700)	(3700)	(4500)	(5500)		

注:括号内的值为计算值。如以 $J\cdot mol^{-1}$ 为单位,其数值等于表中数值乘以 11.962。

对于基态光谱项为 A 或 E 对称性的配合物,情形较为简单。由自旋-轨道耦合作用引起分子磁矩的变化可按下式计算:

$$\mu_{eff}=\mu_{S}\left(1-\alpha\frac{\lambda}{10Dq}\right)\ \text{B.M.} \tag{7.26}$$

其中基态光谱项为 A_2 时,$\alpha=4$;为 E 时,$\alpha=2$。利用式(7.26)就可计算 μ_{eff} 或 10 Dq 的值。

如有四面体结构的 VCl_4,其中 V^{IV} 有一个 d 电子,基态光谱项为 E,由表 7.23 可知 V^{IV} 的 $\zeta_{3d}=250\ cm^{-1}$,由于 $n=1$,故 $\lambda=\zeta_{3d}=+250\ cm^{-1}$,从 VCl_4 的电子光谱得 $10\ Dq=8000\ cm^{-1}$,故 VCl_4 的有效磁矩:

$$\mu_{eff}=1.73\times\left(1-2\times\frac{250\ cm^{-1}}{8000\ cm^{-1}}\right)\ \text{B.M.}=1.62\ \text{B.M.}$$

实验值为 1.69 B.M.,两者接近。

由式(7.25)和式(7.26)可见,当 d 电子少于半满时,分子的磁矩小于 μ_S,超过半满时,

由于 λ 取负值而出现相反的情况。

对于基态为 T 谱项的分子,由于自旋-轨道耦合使基态光谱项分裂,情况变得复杂。特别是还与温度有关。此时,式(7.26)已不适用。图 7.54 示出 d^1 组态的八面体配合物分子的有效磁矩与温度、耦合常数之间的关系。在室温时,$kT \approx 200\ cm^{-1}$。

由图 7.54 可见,对于第一过渡系金属,其自旋-轨道耦合作用小(ζ 值小),kT/ζ 值大,处于图的右边部分,分子磁矩数值接近于纯自旋磁矩;而对于第二、第三过渡系金属,耦合作用大(ζ 值大),kT/ζ 值小,处于图的左边部分,分子磁矩有反常低的值且与温度有明显依赖关系。因此,若用简单的纯自旋公式来讨论这些金属离子的配合物的磁性是很不可靠的。

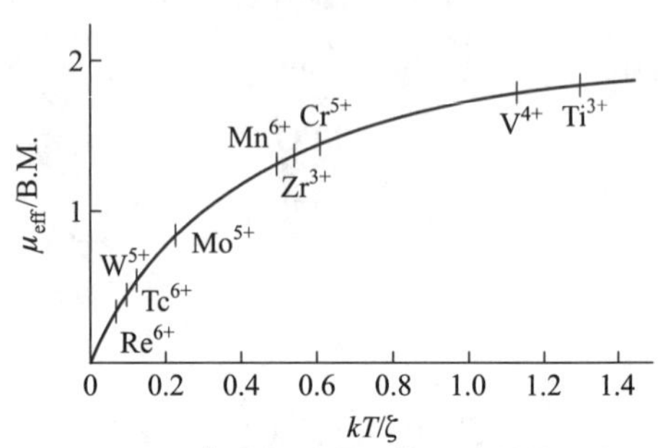

图 7.54　d^1 组态的八面体配合物分子的有效磁矩与温度、耦合常数之间的关系

7.5.2　磁矩的实验确定

磁矩不能直接测定,必须测定出物质的磁化率之后才能计算出磁矩。

将物质置于强度为 H 的磁场中,物质被磁化,其内部的磁场强度 B(称为磁感应强度)为

$$B = H + H' = H + 4\pi I \tag{7.27}$$

式中 H' 是物质磁化所引起的附加磁场强度,I 为磁化强度。对于非铁磁性物质,I 与 H 成正比:

$$I = kH \tag{7.28}$$

式中,比例常数 k 称为单位体积磁化率,其物理意义是物质在单位外磁场强度的作用下所产生磁化强度的大小和方向。对顺磁性物质,$k>0$,I 和 H 的方向相同,对反磁性物质,$k<0$,I 与 H 的方向相反。

但在表示物质的磁性时常用比磁化率 χ(或称单位质量磁化率)和摩尔磁化率 χ_m,即

$$\chi = k/\rho \tag{7.29}$$

式中,ρ 为物质的密度,χ 的单位为 $cm^3 \cdot g^{-1}$。

$$\chi_m = \chi \cdot M = kM/\rho \tag{7.30}$$

式中,M 为物质的摩尔质量,χ_m 的单位为 $cm^3 \cdot mol^{-1}$。而物质的摩尔磁化率是物质的顺磁磁化率 χ_m^P 和反磁磁化率 χ_m^d 之和:

$$\chi_m = \chi_m^P + \chi_m^d \tag{7.31}$$

其中的反磁磁化率近似等于分子中每一个原子的摩尔磁化率和结构磁化率(如双键、三键等)的加和,这些数值通常称为 Pascal 常数,可以从有关专著中查得。

Curie(居里)曾证明顺磁磁化率与温度成反比,而与场强无关。

$$\chi_{\mathrm{m}}^{\mathrm{P}} = C/T \tag{7.32}$$

式中,C 为物质的特性常数,称为居里常数。式(7.32)称为居里定律。磁场倾向于使放在其中的物质的顺磁性原子或离子的磁矩平行排列成行,而热运动却力图打乱这些磁矩的取向。

图 7.55 示出顺磁性、铁磁性和反铁磁性物质的磁化率与温度的关系。在铁磁性物质的曲线上可看到在温度 T_{C}(称为居里点)时,图形变得不连续,温度高于 T_{C},分子的热运动能搅乱磁矩的定向排列,使物质表现出正常的顺磁性。在反铁磁性物质的曲线上也可看到一个特征温度 T_{N}(称为 Neel 温度),在高于 T_{N} 温度时分子的热运动有效地破坏磁矩的反向排列,使物质表现出正常的顺磁性行为。

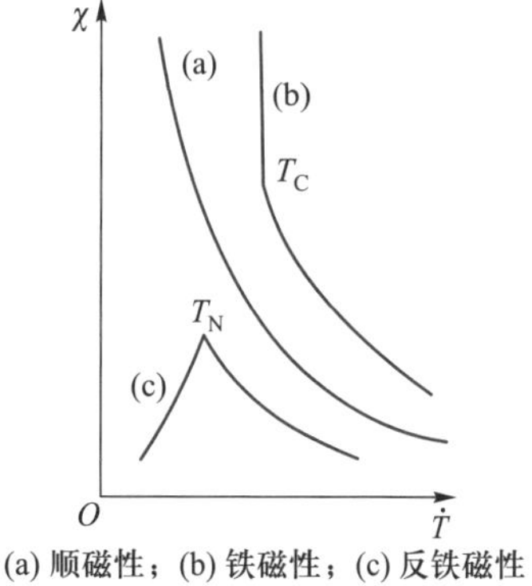

(a) 顺磁性;(b) 铁磁性;(c) 反铁磁性

图 7.55 磁化率与温度的关系

$\chi_{\mathrm{m}}^{\mathrm{P}}$ 与分子的有效磁矩的关系为

$$\chi_{\mathrm{m}}^{\mathrm{P}} = \frac{N_{\mathrm{A}}\mu_{\mathrm{eff}}^{2}}{3kT} \tag{7.33}$$

式中,N_{A} 为阿伏加德罗常数,k 为玻耳兹曼常数[$k=(1.380662\pm0.000044)\times10^{-23}\ \mathrm{J\cdot K^{-1}}$]。于是,在任何指定温度下:

$$\mu_{\mathrm{eff}} = \sqrt{3k/N_{\mathrm{A}}} \cdot \sqrt{\chi_{\mathrm{m}}^{\mathrm{P}}\mathrm{T}}\ \mathrm{B.M.} \tag{7.34}$$

$$\mu_{\mathrm{eff}} = 2.84\sqrt{\chi_{\mathrm{m}}^{\mathrm{P}}T}\ \mathrm{B.M.} \tag{7.35}$$

磁化率测定通常是用古埃(Gouy)磁天平法进行的。

7.6 配位化合物的反应

7.6.1 配体取代反应

在配合物的各类反应中,配体取代反应研究得最充分,本节重点讨论八面体和平面正方形配合物的取代反应,其中涉及的一些基本概念和术语也适用于其他类型的反应。

1. 基本概念

(1) 取代反应的机理

取代反应发生在配体之间,这种取代反应称为亲核取代反应。

$$\mathrm{ML}_n + \mathrm{Y} \longrightarrow \mathrm{ML}_{n-1}\mathrm{Y} + \mathrm{L}$$

其中 Y 为进入配体，L 为离去配体。

如果取代反应发生的是金属离子间的取代，则称为亲电取代反应。

$$ML_n + M' \longrightarrow M'L_n + M$$

一般地，在配合物的取代反应中，较为常见的且也是本书所要讨论的是亲核取代反应。

任何一个反应都必然涉及旧键断裂和新键生成，然而这两个过程发生的时间可以不同。以六配位的八面体配合物 ML_6 与另一个配体 Y 的取代反应为例：

$$ML_6 + Y \rightleftharpoons ML_5Y + L$$

假设这一取代反应可以通过下面几种方式进行：

① 八面体配合物 ML_6 和进入配体 Y 发生碰撞并一起扩散进入由溶剂分子构成的“笼”内，形成相互间作用力较弱的外层配合物 $ML_6\cdots Y$（点线表示 Y 还未进入 ML_6 的内配位层），如果这一步是整个反应中最慢的一步，那么这种反应就称为受扩散控制反应。

② 如果 ML_6 和 Y 形成外层配合物的速率很快，但 Y 从外层进入内配位层形成具有七配位中间体的反应很慢，是决定反应速率的控制步骤，其后很快解离出一个配体 L 完成取代过程，即

$$ML_6+Y \xrightarrow{\text{快}} \underset{\text{（外层配合物）}}{ML_6\cdots Y} \xrightarrow{\text{慢}} \underset{\text{（中间体）}}{ML_6Y} \xrightarrow{\text{快}} \underset{\text{（外层配合物）}}{ML_5Y\cdots L} \xrightarrow{\text{快}} ML_5Y+L$$

这种反应的机理称为缔合机理（或 A 机理）。可见缔合机理的特点是：首先是 Y 进攻反应物，生成较高配位数的配合物中间体，然后 L 基团迅速离去，形成产物。其速率方程为

$$v = k[ML_6][Y] \tag{7.36}$$

决定反应速率的步骤是配位数增加的活化配合物的形成的快慢，它与配合物 ML_6 的浓度和进入配体 Y 的浓度均有关，故称为双分子缔合机理，属二级反应。某些二价铂配合物在有机溶剂中的取代反应可作为缔合机理的例子。

③ 与上述情况相反，如果配合物 ML_6 首先解离出一个配体 Y 形成五配体的活性中间体 ML_5（一般认为它为四方锥构型，但也不排除三角双锥构型的可能性），而且这一步很慢，是决定反应的控制步骤。然后，中间体 ML_5 既可以重新结合配体 L 形成原配合物 ML_6 或 ML_6 的另一种几何异构体，也可以迅速结合配体 Y 形成产物 ML_5Y，即

$$ML_6 + Y \xrightarrow{\text{快}} ML_5\cdots L + Y \xrightarrow{\text{慢}} ML_5 + L + Y \xrightarrow{\text{快}} ML_5\cdots Y + Y \xrightarrow{\text{快}} ML_5Y + L$$

这种反应机理叫做解离机理（或 D 机理）。可见，解离机理的特点是：首先是旧键断裂，腾出配位空位，然后 Y 占据空位，形成新键。其中，决定反应速率的步骤是解离，即 M—L 键的断裂，总反应速率只取决于 ML_n 的浓度，与配体 Y 的浓度无关，因此，此类反应为一级反应。故也称为单分子解离机理。解离机理的速率方程为

$$v = k[ML_6] \tag{7.37}$$

水溶液中的水合金属离子的配位水被 $S_2O_3^{2-}$、SO_4^{2-}、$edta^{4-}$ 等配体取代的反应，均属于这一类反应。

④ 事实上，在大多数的取代反应中，进入配体的结合与离去配体的解离几乎是同时进行的，而且相互影响，这种机理称为交换机理（或 I 机理）。

交换机理又可以进一步分为两种情况：

一种是进入配体的键合稍优先于离去配体的键的减弱，反应机理倾向于缔合，这种反应机理叫做交换缔合机理，用 I_a 表示。

另外一种情况则是离去配体的键的减弱稍优先于进入配体的键合，反应机理倾向于解离，这种机理称为交换解离机理，用 I_d 表示。

需要指出的是，在过去的文献中常用单分子亲核取代机理 S_N1（或称解离机理）和双分子亲核取代机理 S_N2（或称缔合机理）对取代反应进行分类。但从上述讨论可知，A、D、I 分类比 S_N1、S_N2 分类更能反映客观情况，真正的 S_N1 和 S_N2（即 D 机理和 A 机理）只是反应的极限情况，一般很少发生，大多数的取代反应都可归之于 I_a 机理和 I_d 机理。因此目前一般倾向于应用 A 机理、D 机理、I 机理进行描述。

（2）过渡态理论

过渡态理论认为在通常的化学反应过程中，当反应物变为产物时必须吸收一定的能量形成一个不稳定的能量较高的称为过渡态或活化配合物的物种，再由过渡态生成产物。过渡态和反应物之间的能量差就是反应的活化能，如图 7.56 所示。

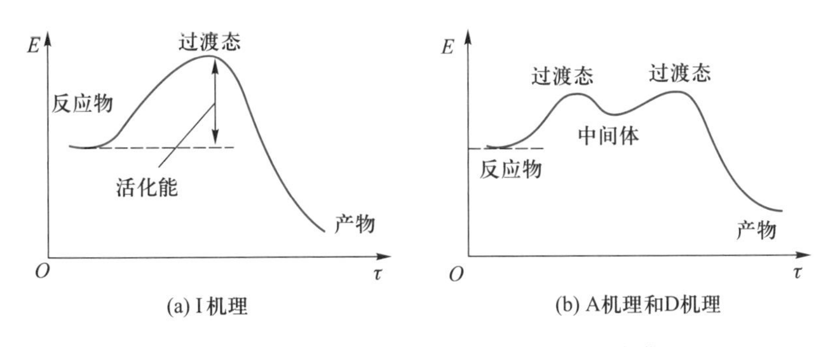

图 7.56 反应体系沿反应坐标的反应能量变化

图 7.56(a)表示一个具有 I 机理的取代反应能量变化曲线，反应物分子被活化达到能量的最高点形成过渡态，这时分子中的各种键发生伸长或缩短，以利于反应物转变为产物。图 7.56(b)则是具有 A 机理或者 D 机理的取代反应的能量变化情况。图中出现两个过渡态和一个能量高于反应物和产物的中间体，对于 A 机理而言，第一个能量高的过渡态是缔合的活化模式，这时反应物分子多了一条新键，生成配位数增加的中间体，接着经过第二个过渡态生成产物，但此时需要的活化能却小得多。D 机理的取代反应能量变化与 A 机理的相类似，只不过 D 机理的第一个过渡态是解离的活化模式，这时反应物分子发生键的断裂，生成配位数减少的中间体，其后的变化也只需要较小的活化能。

过渡态理论还认为在反应物和过渡态之间存在着一个热力学平衡，可以用下面的公式来表示：

$$RT\ln K^{\neq} = -\Delta G^{\neq} = -\Delta H^{\neq} + T\Delta S^{\neq} \tag{7.38}$$

式中,$K^{\neq}$,$\Delta G^{\neq}$等为活化热力学参数。其中的活化焓($\Delta H^{\neq}$)、活化熵($\Delta S^{\neq}$)及后面[见式(7.40)]将介绍的活化体积$\Delta V^{\neq}$(形成过渡态时的体积变化)的数值常常可以为活化的一步是解离模式或是缔合模式提供有用信息。

按照过渡态理论,反应物通过活化位垒的速率常数为

$$\ln k_{速率} = \ln(kT/h) - \Delta H^{\neq}/(RT) + \Delta S^{\neq}/R \tag{7.39}$$

式中的$k_{速率}$为速率常数,等号右边的k为玻耳兹曼常数。显然,以$\ln k_{速率}$对T^{-1}作图可得一直线,其斜率为$(-\Delta H^{\neq}/R)$,截距为$[\ln(kT/h)+\Delta S^{\neq}/R]$,由于$\ln(kT/h)$随$T^{-1}$变化很小,在$(-\Delta H^{\neq}/R)$的误差范围内,因而可将$\ln(kT/h)$看作常量。对于气相反应和在溶液中由反应物形成过渡态时溶剂化能的变化可以忽略的反应,当$\Delta H^{\neq}$和$\Delta S^{\neq}$为较大的正值时,则意味着过渡态为解离的活化模式,反应机理为 D 机理或I_d机理;当$\Delta H^{\neq}$为较小的正值而$\Delta S^{\neq}$为负值时,一般为缔合的活化模式,其机理为 A 机理或I_a机理。

另外,利用速率常数与压力的关系:

$$\left(\frac{\partial \ln k_{速率}}{\partial p}\right)^{T} = \frac{\Delta V^{\neq}}{RT} \tag{7.40}$$

可以求得活化体积$\Delta V^{\neq}$。当$\Delta V^{\neq}$为大的正值时,反应一般具有解离的活化模式;反之,当$\Delta V^{\neq}$为负值时则一般为缔合模式。

(3) 活性取代配合物和惰性取代配合物

配合物取代反应速率的差别常常很大,一些快反应瞬间即可完成,如有的只需10^{-10}s 左右,而一些慢反应经数天,甚至数月变化也不明显。

通常,应用配合物中一个或多个配体被其他配体取代的反应速率来衡量配合物的动力学活性,凡能迅速地进行配体取代反应的配合物称为活性取代配合物;反之,取代反应进行得很慢,甚至几乎不进行的称为惰性取代配合物。不过,活性和惰性取代配合物之间并不存在明显的界限。因此,H.Taube 建议,在 298 K 时 0.1 $mol \cdot L^{-1}$溶液能在 1 min 内完成反应的,可认为是活性取代配合物,大于 1 min 的则是惰性取代配合物。

应该注意的是,动力学上的活性或惰性与热力学上的稳定或不稳定是两个不同范畴的概念,必须严格区分开来。配合物的热力学稳定性取决于反应物和产物的能量差,而配合物的活性、惰性则取决于反应物与活化配合物之间的能量差。

例如,$[Co(NH_3)_6]^{3+}$在动力学上是惰性的,室温时,它可以在酸性水溶液中存在数日,然而,它在热力学上却是极不稳定的:

$$[Co(NH_3)_6]^{3+} + 6H_2O \rightleftharpoons [Co(H_2O)_6]^{3+} + 6NH_3 \qquad K = 10^{25}$$

相反,$[Ni(CN)_4]^{2-}$配离子虽然在热力学上十分稳定:

$$[N(CN)_4]^{2-} + 4H_2O \rightleftharpoons [Ni(H_2O)_4]^{2+} + 4CN^- \qquad K = 10^{-22}$$

但是,它的配体 CN^- 和用同位素 ^{14}C 标记的 $^{14}CN^-$ 之间的交换速率却极其迅速,甚至无法用一般的实验技术来测定。

迄今,对于配合物动力学稳定性的差异还没有完全定量的理论,但有一些经验的理论解释:

① 简单静电理论认为,取代反应的主要影响因素是中心离子和进入配体及离去配体的电荷和半径的大小。

对解离机理,中心离子或离去配体的半径越小,电荷越高,则金属-配体键越牢固,不容易断裂,意味着配合物的惰性越大。

对缔合机理,进入配体的半径越小,负电荷越大,越有利于缔合机理的反应,意味着配合物的活性越大。中心离子半径增加使得缔合机理反应易于进行,但中心离子的电荷增加有着相反的影响,一方面使 M—L 键不容易断裂,另一方面又使 M—Y 键更易形成,究竟怎样影响要看两种因素的相对大小。

② 电子排布理论认为,过渡金属配合物的取代活性或惰性与金属的电子构型有关。

若配合物中心离子的 e_g 轨道上有电子,则中心离子和配体之间的键较弱,易于断裂,必然使配体易被取代;另外,若配合物中心离子有一条空 t_{2g} 轨道(即 d 电子数少于 3),进入基团若是沿此方向进入,则受到的静电排斥就较小,因而易形成新键,故配体也易于被取代。

因此,中心离子含有一个或更多的 e_g 电子,或者 d 电子数少于 3 的配合物是活性取代配合物,中心离子不具备上述电子构型的配合物则是惰性取代配合物。

对于第一过渡系的金属离子,当具有 d^0、d^1、d^2 及 d^7、d^8、d^9 构型时,生成的配合物应是活性的,d^3 及 $d^4 \sim d^6$ 低自旋配合物是惰性的;而 $d^4 \sim d^6$ 的高自旋的配合物,在取代反应中仍显示出活性。

事实上也是如此,除 d^3 及少数有 d^4、d^5、d^6 低自旋构型的配合物以外,第一过渡系金属离子所形成的八面体配合物一般都是活性的,测定它们的反应速率相当困难。而 Cr(Ⅲ)和 Co(Ⅲ)配合物的配体取代反应的半衰期 $t_{1/2}$(样品分解一半所需的时间)通常为数小时甚至数星期,因此它们是详细研究反应机理和动力学的合适体系,现在的研究结果大部分是从这两种离子的配合物中得到的。

在下面还会看到配位场理论对配合物的活性和惰性的解释。

2. 八面体配合物的配体取代反应

(1) 水交换反应

在八面体配合物的配体取代反应中,一种较简单的情况是水合金属离子的配位水分子和溶剂水分子之间的相互交换,这类反应称为水交换反应。

$$[M(H_2O)_m]^{n+} + H_2O^* \rightleftharpoons [M(H_2O)_{m-1}(H_2O^*)]^{n+} + H_2O$$

式中 H_2O^* 表示溶剂水分子。

图 7.57 给出了若干水合金属离子水交换反应的特征速率常数。由图可见,大多数金属

离子的水交换反应速率都很快。但是，也有少数金属离子，如 Cr^{3+}、Co^{3+}、Rh^{3+} 和 Ir^{3+} 等的水交换反应进行得很慢，其特征速率常数在 10^{-6}～10^{-3}（图中未示出）。

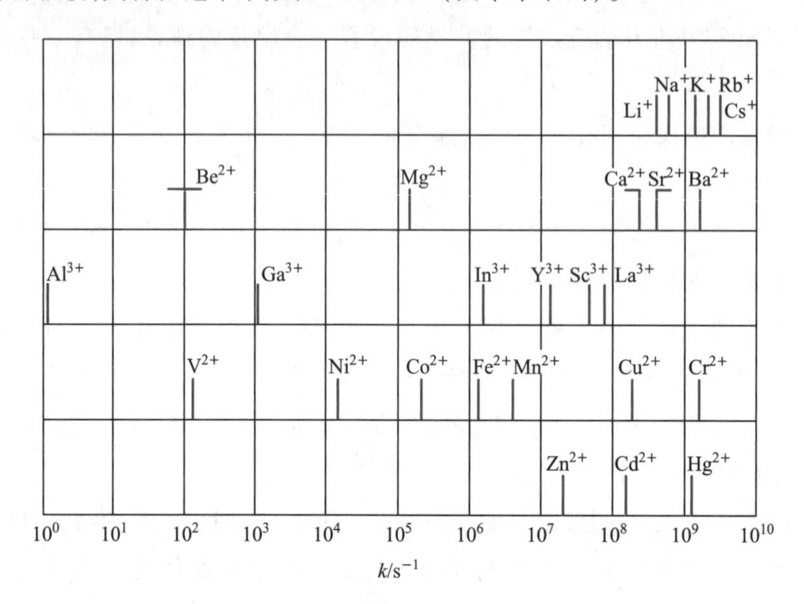

图 7.57　若干水合金属离子水交换反应的特征速率常数

在水交换反应中，由于水合金属离子的配体都是水，这就为讨论不同金属离子对取代反应速率的影响提供了方便。比较图 7.57 中的特征速率常数可以发现：对于碱金属和碱土金属离子，在同一族元素中，随着离子半径的递增，水交换反应速率依次增大，而对于离子半径大小类似的 M^+ 和 M^{2+}，则电荷低的 M^+ 反应快。显然，这是由于水合金属离子的 $M \leftarrow OH_2$ 键强随着离子电荷的增加和半径的减小而增加的缘故。键越强，反应越慢。这意味着在水交换反应中，断裂原来的 $M \leftarrow OH_2$ 键是反应的关键，也就是说，反应机理应当是解离机理。此外，其他系列的金属离子如 Al^{3+}、Ga^{3+}、In^{3+} 和 Zn^{2+}、Hg^{2+} 等也遵从上述规律。

对于过渡金属离子，除半径和电荷对反应速率的影响之外，d 电子结构也会对反应速率产生很大的影响。这主要是从反应物的八面体构型转变为活性中间体的四方锥构型或五角双锥构型时，d 电子的能量发生变化，从而导致配位场稳定化能的变化之故。

作为示例，图 7.58 示出了一些金属离子水交换反应速率常数与 d 电子数的关系。

可以根据配位场理论来解释图 7.58 中的这种关系。前已述及，对于解离机理，八面体配合物的活性中间体是四方锥构型，而缔合机理的活性中间体则是五角双锥构型（或单帽八面体）。不同对称性配位场中 d 轨道能级的分裂状况示于图 7.59（其中以八面体场的分裂能 Δ_o 为单位）。对于不同 d 电子数的过渡金属水合离子，可以根据图 7.59 分别计算出在强场或弱场中当它们的内界配位层由八面体转变为四方锥或五角双锥时配位场稳定化能（LFSE）的变化。LFSE 的变化可看作对活化能的贡献，因此称为配位场活性能（LFAE）。计算得到的 LFAE 值（$LFAE = LFSE_{活化配合物} - LFSE_{八面体}$）列于表 7.24 中，如果 LFAE 值为负值，就表示由八面体构型转变到四方锥构型或五角双锥构型（或单帽八面体）时，能量降低，反应物容易变为活性中间体，换言之，即八面体配合物是动力学活性的。反之，若 LFAE 值为正值，则是动力学惰性的。

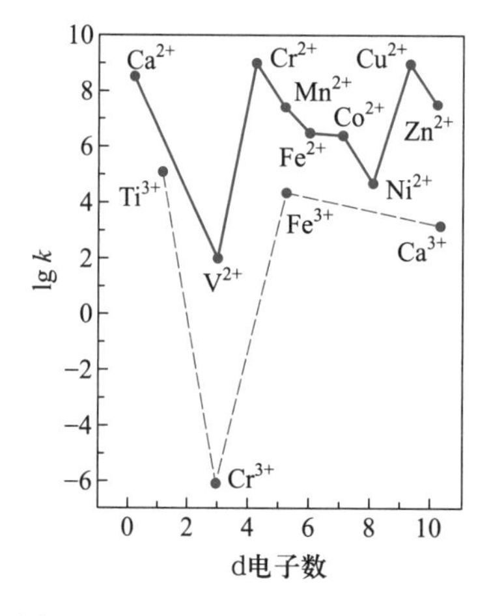

图 7.58 一些金属离子水交换反应速率常数与 d 电子数的关系

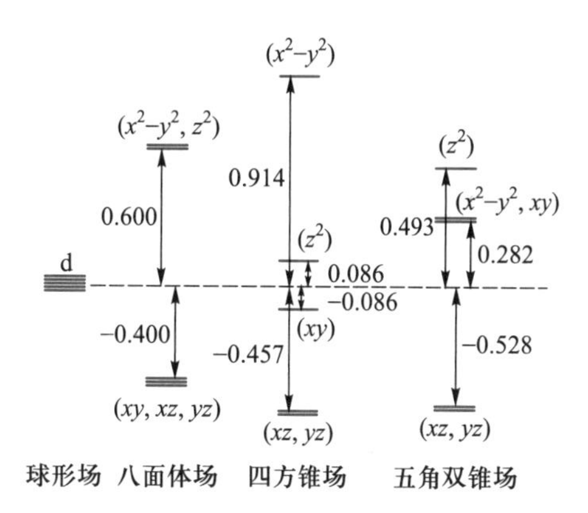

图 7.59 不同对称性配位场中 d 轨道能级的分裂状况

从表 7.24 可以看到：

① d^0、d^1、d^2、d^{10}组态离子及高自旋 d^5、d^6、d^7组态离子的八面体配合物，无论取代反应是按解离机理或缔合机理进行，其 LFAE 值均为零或负值，这类配合物是活性的。

表 7.24 解离机理（八面体→四方锥）和缔合机理（八面体→五角双锥）的 LFAE 值 单位：Δ_o

组态	解离机理						缔合机理					
	强场			弱场			强场			弱场		
	$LFSE_{八面体}$	$LFSE_{四方锥}$	LFAE	$LFSE_{八面体}$	$LFSE_{四方锥}$	LFAE	$LFSE_{八面体}$	$LFSE_{五角双锥}$	LFAE	$LFSE_{八面体}$	$LFSE_{五角双锥}$	LFAE
d^0	0	0	0	0	0	0	0	0	0	0	0	0
d^1	−0.400	−0.457	−0.057	−0.400	−0.457	−0.057	−0.400	−0.528	−0.128	−0.400	−0.528	−0.128
d^2	−0.800	−0.914	−0.114	−0.800	−0.914	−0.114	−0.800	−1.056	−0.256	−0.800	−1.056	−0.256
d^3	−1.20	−1.00	0.20	−1.20	−1.00	0.20	−1.20	−0.774	0.426	−1.20	−0.774	0.426
d^4	−1.60	−1.457	0.143	−0.600	−0.914	−0.314	−1.60	−1.302	0.298	−0.600	−0.493	0.107
d^5	−2.00	−1.914	0.086	0	0	0	−2.00	−1.83	0.170	0	0	0
d^6	−2.40	−2.00	0.40	−0.400	−0.457	−0.057	−2.40	−1.548	0.852	−0.400	−0.528	−0.128
d^7	−1.80	−1.914	−0.114	−0.800	−0.914	−0.114	−1.80	−1.266	0.534	−0.800	−1.056	−0.256
d^8	−1.20	−1.00	0.20	−1.20	−1.00	0.20	−1.20	−0.774	0.426	−1.20	−0.774	0.426
d^9	−0.600	−0.914	−0.314	−0.600	−0.914	−0.314	−0.600	−0.493	0.107	−0.600	−0.493	0.107
d^{10}	0	0	0	0	0	0	0	0	0	0	0	0

d^4（高自旋）、d^7（低自旋）和 d^9组态离子的八面体配合物，当按解离机理进行取代反应时，其 LFAE 也为负值，这类配合物同样是活性的。

② d^3组态，低自旋的 d^4、d^5、d^6组态离子的八面体配合物，不管取代机理是按缔合机理

或是按解离机理进行，它们的 LFAE 值均为正值，这些配合物均是惰性的，且取代速率按 $d^5>d^4>d^3>d^6$ 依次变慢。

d^8 组态离子，其八面体配合物无论是按解离机理还是按缔合机理进行取代反应，LFAE 值均为正值，因而 d^8 组态离子的八面体配合物是惰性的。

d^4（高自旋）、d^9 组态离子的八面体配合物，当按缔合机理进行取代反应时，LFAE 值为正值，属惰性配合物。

同前面按金属离子的电子构型所作的判断相比较，发现二者在很大程度是一致的，矛盾之处表现在 d^8 组态离子的八面体配合物上，按中心离子的电子构型的观点来看，因其在 e_g^* 轨道上有电子所以应是活性的，但按配位场理论的观点则是惰性的。由图 7.58 中金属离子水交换反应速率常数同 d 电子数的关系可见到具有 d^8 构型的 $[Ni(H_2O)_6]^{2+}$ 的取代反应速率常数比具有 d^3 构型的 $[V(H_2O)_6]^{2+}$ 要大，但又比其他活性配合物的速率常数要小，这正说明了配位场理论的正确性。图形证实了在上面所作的判断。例如，d^3（V^{2+}、Cr^{3+}）和 d^8（Ni^{2+}）组态离子的水交换反应比较慢，而 d^0（Ca^{2+}）、d^1（Ti^{3+}）、d^5（Fe^{3+}、Mn^{2+}）和 d^{10}（Zn^{2+}、Ga^{3+}）组态离子的水交换反应速率都是比较快的。

值得注意的是，对于 d^4（Cr^{2+}）和 d^9（Cu^{2+}）组态的离子，反应速率常数特别大，这除了 LFAE 值的较大影响外，Jahn-Teller 效应也起了重要的作用，该效应使得它们的配位多面体发生畸变，偏离了正八面体，轴向的两个 $M\leftarrow OH_2$ 键较其他的四个键长而且弱，因而加速了水交换反应的速率。

诚如前述，还可以运用反应的活化参数来判断水交换反应的机理。表 7.25 列出了一些 +3 价金属离子的水交换反应的活化参数。

表 7.25　一些+3 价金属离子的水交换反应的活化参数

M^{3+}	$\Delta H^{\neq}/(kJ\cdot mol^{-1})$	$\Delta S^{\neq}/(J\cdot K^{-1}\cdot mol^{-1})$
Al^{3+}	112.9	117
Ga^{3+}	26.3	-92
In^{3+}	16.7	
Ti^{3+}	25.9	-62.7
Cr^{3+}	108.7	0
Fe^{3+}	37.2	-54.3
Ru^{3+}	133.8	58.5

从表中所列数据可知，Al^{3+} 和 Ga^{3+} 的水交换反应的 $\Delta H^{\neq}$ 分别为 112.9 $kJ\cdot mol^{-1}$ 和 26.3 $kJ\cdot mol^{-1}$，这样大的差值意味着二者的水交换反应有不同的机理，即 Al^{3+} 应当是解离机理，Ga^{3+} 为缔合机理。同时，$\Delta S^{\neq}$ 值也进一步证实了这一判断，Al^{3+} 的 $\Delta S^{\neq}$ 为 117 $J\cdot K^{-1}\cdot mol^{-1}$，数值大而正，强烈地表示反应是通过解离活化模式进行的；而 Ga^{3+} 的 $\Delta S^{\neq}$ 为 -92 $J\cdot K^{-1}\cdot mol^{-1}$，应

为缔合活化模式。事实上,上述判断也和金属离子的结构相吻合,因为 Ga^{3+} 的体积比 Al^{3+} 的大,因而形成配位数增加的过渡态比较容易。

水交换反应机理同样也可以根据活化体积 $\Delta V^{\neq}$ 的符号来判断,在水交换反应中,反应物和产物是完全相同的,没有发生净的化学变化,因此,$\Delta V^{\neq}$ 就是过渡态和反应物的体积之差。若 $\Delta V^{\neq}>0$,则表示形成过渡态时体积膨胀,反应具有解离活化模式;反之,若 $\Delta V^{\neq}<0$,则表示形成过渡态时体积收缩,相应于缔合活化模式(见图 7.60)。

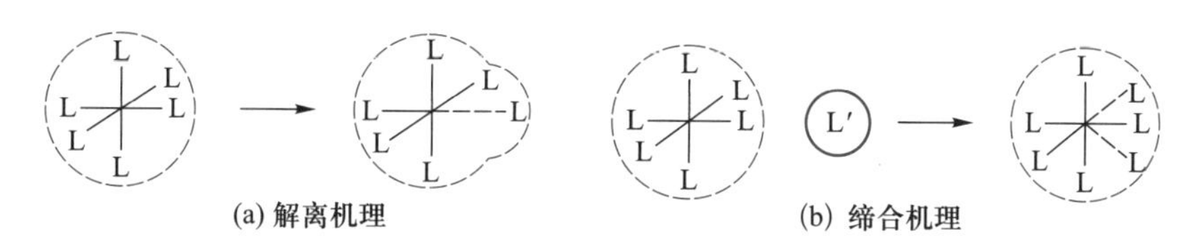

图 7.60 形成过渡态时体积变化示意图

表 7.26 列出了一些配合物水交换反应的 $\Delta V^{\neq}$ 值。由表可见,前三种配合物的 $\Delta V^{\neq}>0$,相应于解离活化模式,后三种的 $\Delta V^{\neq}<0$,为缔合活化模式。

最后需要指出的是,许多水合金属离子的配位水分子被其他配体取代形成取代配合物的反应与上述水交换反应基本类似,而且从反应速率和活化参数的研究发现,对于某给定的金属离子,不同的配体取代反应的机理通常是相同的。

表 7.26 一些配合物水交换反应的 $\Delta V^{\neq}$ 值

配合物	$\Delta V^{\neq}/(dm^3\cdot mol^{-1})$
$[Co(H_2O)(NH_3)_5]^{3+}$	1.2(298 K)
trans-$[Co(H_2O)_2(en)_2]^{3+}$	14(298 K)
trans-$[Co(H_2O)(en)_2(SeO_3)]^{+}$	~8(298 K)
$[Cr(H_2O)(NH_3)_5]^{3+}$	−5.8(298 K)
$[Rh(H_2O)(NH_3)_5]^{3+}$	−4.1(308 K)
$[Ir(H_2O)(NH_3)_5]^{3+}$	−3.2(343.7 K)

(2) 水解反应

八面体配合物中,研究得比较多的另一类配体取代反应是水解反应。所谓水解反应,实际上包括水化和水解两类反应:

$$[ML_5X]^{n+} + H_2O \longrightarrow [ML_5(H_2O)]^{(n+1)+} + X^-$$

$$[ML_5X]^{n+} + OH^- \longrightarrow [ML_5(OH)]^{n+} + X^-$$

由于二者都是配离子和水的反应,故均称为水解反应。不过,一般把前式所表示的反应称为酸式水解,把后式表示的反应称为碱式水解。水解反应以哪种形式进行,仅取决于水溶液的 pH。对于这类反应,研究最多的是 Co^{3+} 的一些配合物。

① 酸水解　当pH<3，$[Co(NH_3)_5X]^{2+}$的酸水解反应可表示为

$$[Co(NH_3)_5X]^{2+} + H_2O \rightleftharpoons [Co(NH_3)_5(H_2O)]^{3+} + X^- \qquad v=k[Co(NH_3)_5X^{2+}]$$

关于此反应的机理是解离还是缔合，单从速率方程并不能确定，因为溶液中的水是大量的（约为55.5 $mol \cdot L^{-1}$）。所以，无论是解离机理还是缔合机理，形式上都表现为一级反应：

解离机理：$[Co(NH_3)_5X]^{2+} \longrightarrow [Co(NH_3)_5]^{3+} + X^-$

$$[Co(NH_3)_5]^{3+} + H_2O \xrightarrow{快} [Co(NH_3)_5(H_2O)]^{3+}$$

缔合机理：$[Co(NH_3)_5X]^{2+} + H_2O \longrightarrow [Co(NH_3)_5X(H_2O)]^{2+}$

$$[Co(NH_3)_5X(H_2O)]^{2+} \xrightarrow{快} [Co(NH_3)_5(H_2O)]^{3+} + X^-$$

即二者的反应速率都只和配离子的浓度有关，速率方程有相同的形式，因此，对反应机理的确定，必须借助于其他证明。

对Co^{3+}配合物的大量研究表明，大多数情况下它们的水解反应是按解离机理或交换解离机理进行的。例如：

a. 水解反应的速率一般随离去配体X^-的变化而变化，且和Co—X的键强成反比关系。这就是说，反应的活化一步是Co—X的断裂，因此可以说是具有解离的活化模式。

b. 一些含二齿胺配体（用L—L表示）的配合物的水解反应，例如：

$$[Co(L—L)_2Cl_2]^+ + H_2O \longrightarrow [Co(L—L)_2Cl(H_2O)]^{2+} + Cl^-$$

该反应的水解速率随L—L配体体积增大而加速，这与解离机理相吻合。因为配体体积增大，空间排斥作用增强，有利于离去配体的解离。

c. 配合物中未取代配体的碱性对水解反应速率也有影响。例如，反应：

$$[Co(en)_2(X—py)Cl]^{2+} + H_2O \longrightarrow [Co(en)_2(X—py)(H_2O)]^{3+} + Cl^-$$

当吡啶环上斥电子基X的碱性增强时，反应速率加快。这表明，未取代配体的碱性越强，Co^{3+}上的电荷密度就越大，导致Co—Cl键减弱。有利于Cl^-的离去，也与解离机理相一致。

此外，某些中间体的检测，配合物立体构型的变化，都为解离机理提供了有力的证据。

除Co^{3+}以外，Cr^{3+}、Ni^{3+}、Ru^{3+}和Rh^{3+}配合物的酸水解大多也是按解离机理进行的。

不过，酸水解反应有时也可能按照酸催化机理进行。例如，反应：

$$[Co(NH_3)_5F]^{2+} + H_2O \xrightarrow{H^+} [Co(NH_3)_5(H_2O)]^{3+} + F^-$$

实验测得其速率方程为

$$v=k[Co(NH_3)_5F^{2+}][H^+]$$

按照酸催化机理，首先是H^+加合到配体F^-上，导致Co—F键减弱，然后F以HF的形式

离去,留下的空位则被水分子占据。即

$$[(NH_3)_5Co—F]^{2+} + H^+ \xrightarrow[快]{K} [(NH_3)_5Co—FH]^{3+}$$

其中,K 为平衡常数。

$$[(NH_3)_5Co—FH]^{3+} + H_2O \xrightarrow{k_3} [(NH_3)_5Co(H_2O)]^{3+} + HF$$

如果后一步是速率控制步骤,那么

$$\begin{aligned} v &= k_3[Co(NH_3)_5FH^{3+}] \\ &= k_3K[Co(NH_3)_5F^{2+}][H^+] \\ &= k_a[Co(NH_3)_5F^{2+}][H^+] \end{aligned}$$

② 碱水解　在碱性溶液中,配合物的水解反应主要是碱水解。如$[Co(NH_3)_5X]^{2+}$的碱水解反应可表示如下:

$$[Co(NH_3)_5X]^{2+} + OH^- \longrightarrow [Co(NH_3)_5(OH)]^{2+} + X^-$$

其速率方程为

$$v = k[Co(NH_3)_5X^{2+}][OH^-]$$

表面看来,这一反应好像是OH^-直接取代配位层中的X^-,但研究结果表明,实际情况并非如此简单。

一般认为,$[Co(NH_3)_5X]^{2+}$的碱水解按下列步骤进行:

$$[Co(NH_3)_5X]^{2+} + OH^- \xrightarrow[快]{K} [(NH_3)_4Co(NH_2)X]^+ + H_2O$$

$$[(NH_3)_4Co(NH_2)X]^+ \xrightarrow[慢]{k} [(NH_3)_4Co(NH_2)]^{2+} + X^-$$

$$[(NH_3)_4Co(NH_2)]^{2+} + H_2O \xrightarrow{快} [(NH_3)_5Co(OH)]^{2+}$$

$$\begin{aligned} v &= k[(NH_3)_4Co(NH_2)X^+] \\ &= kK[Co(NH_3)_5X^{2+}][OH^-] \\ &= k_b[Co(NH_3)_5X^{2+}][OH^-] \end{aligned}$$

即在反应的第一步,由于OH^-的作用,配离子$[Co(NH_3)_5X]^{2+}$很快失去质子而生成共轭碱$[(NH_3)_4Co(NH_2)X]^+$。然后,共轭碱解离出X^-,形成五配位的中间体$[(NH_3)_4Co(NH_2)]^{2+}$,这一步反应很慢,是反应速率的控制步骤。最后,五配位中间体与H_2O迅速反应,生成产物。这种机理称为共轭碱解离机理(或 D-CB 机理,过去常用 S_N1-CB 机理表示)。

在 D-CB 机理中,为什么共轭碱易解离出X^-形成五配位的中间体,目前认为是共轭碱电荷较低、比原配合物少一个正电荷,从而有利于X^-的离去;更重要的是,由于NH_2^-配体可

将它的 π 孤电子对给予缺电子的中心金属离子 Co^{3+} 形成 π 键，从而使得五配位中间体趋于稳定，结果是削弱了 Co—X 键，增加了离去配体 X^- 的活性：

$$H_2\ddot{N}—Co—X \longrightarrow H_2\overset{+}{N}=Co + X^-$$

Co^{3+} 配合物碱水解按 D-CB 机理进行的另外一个例子是 $[Co(NH_3)_5(NO_3)]^{2+}$ 在 SCN^- 存在下的碱水解反应，其机理如下：

首先，$[Co(NH_3)_5(NO_3)]^{2+}$ 在 OH^- 作用下生成共轭碱，再失去 NO_3^-，形成五配位中间体 $[Co(NH_3)_4(NH_2)]^{2+}$，由于溶液中存在着 SCN^-，因此该中间体除可以和水反应生成产物 $[Co(NH_3)_5(OH)]^{2+}$ 之外，还可以和 SCN^- 结合生成另一配合物 $[Co(NH_3)_5(SCN)]^{2+}$，此配合物可继续按照 D-CB 机理反应，最终得到相同水解产物。由于 $[Co(NH_3)_5(SCN)]^{2+}$ 的水解速率比 $[Co(NH_3)_5(NO_3)]^{2+}$ 慢，因此在水解产物中能发现 $[Co(NH_3)_5(SCN)]^{2+}$ 的存在。

虽然大多数 Co^{3+} 配合物是按 D-CB 机理水解，但也有少数例外。如 $[Co(edta)]^-$ 的碱水解，反应中形成一个七配位的中间体 $[Co(edta)(OH)]^{2-}$，一般认为是缔合机理，目前已经成功地分离出若干第一过渡系金属离子的这种七配位配合物。

在较广的 pH 范围内，八面体配合物水解反应的速率方程可表示为

$$v=k_a[Co(NH_3)_5X^{2+}]+k_b[Co(NH_3)_5X^{2+}][OH^-]$$

第一项对应于酸性水解，第二项对应于碱性水解。如果 $k_a>k_b[OH^-]$，酸性水解是主要的；反之则碱性水解是主要的。通常 $k_b=10^6k_a$。因此，当 pH<8（即 $[OH^-]<10^{-6}\ mol\cdot L^{-1}$）时，酸性水解是主要的，当 pH>8 时，则碱性水解占主要。

（3）异构化和外消旋反应

就配合物的配体所处的位置来讲，配合物的异构化反应和外消旋反应也涉及配体的取代或交换过程，尽管它们的反应机理与上述取代反应明显不同，但也可归入取代反应这一类来进行讨论。

① 异构化反应　目前对配合物异构化机理研究较多的是顺-反异构和键合异构。

a. 顺-反异构

cis-$[Co(en)_2Cl_2]^+$ 的异构化反应为

$$cis\text{-}[Co(en)_2Cl_2]^+(\text{紫色}) \rightleftharpoons trans\text{-}[Co(en)_2Cl_2]^+(\text{绿色})$$

同位素示踪研究指出，在异构化过程中已配位的 Cl^- 和同位素 $^*Cl^-$ 有交换作用，但没有发生螯合环的断裂，因此认为该过程是

$$[Cl_2Co(en)_2]^+ \underset{}{\overset{-Cl^-}{\rightleftharpoons}} [Cl—Co(en)_2]^{2+} \overset{+Cl^-}{\rightleftharpoons} [Cl—Co(en)_2—Cl]^+$$

其间生成了一个五配位的三角双锥中间体 $[Co(en)_2Cl]^{2+}$。

另外一个典型的例子是，在 *trans*-$[Co(en)_2(NH_3)(OH)]^{2+}$的异构化过程中，并没有发生$NH_3$或者$OH^-$与游离配体的交换，同时乙二胺的完全解离也是不可能的（如果可能，引起的结果将是配合物的分解而不是异构化），所以认为反应很可能是在配合物内部进行的，配体乙二胺只断裂一个配位键，形成单齿配体，反应机理为

$$[H_3N\text{—}Co(en)\text{—}OH]^{2+} \rightleftharpoons [H_3N\text{—}Co(en)(H_2NCH_2CH_2NH_2)\text{—}OH]^{2+} \rightleftharpoons [(H_3N)(HO)Co(en)]^{2+}$$

b. 键合异构

这类反应的典型实例是$[(NH_3)_5Co(ONO)]^{2+}$的异构化：

$$[(NH_3)_5Co(ONO)]^{2+} \rightleftharpoons [(NH_3)_5Co(NO_2)]^{2+}$$

同位素实验表明，在异构化过程中，已配位的ONO^-并没有和水溶液中含有^{18}O的NO_2^-发生交换。因此认为是配合物内的取代：

$$[(NH_3)_5Co(ONO)]^{2+} \longrightarrow \left[(NH_3)_5Co\begin{matrix}\cdot\cdot O \\ | \\ \cdot\cdot N—O\end{matrix}\right]^{2+} \longrightarrow [(NH_3)_5Co(NO_2)]^{2+}$$

② 外消旋反应　大量研究结果表明，旋光性配合物的外消旋反应一般都很快，外消旋通常经过先解离后缔合的分子间过程或者通过配体交换位置的分子内机理进行。

分子间过程以配体解离作为速率控制步骤，因此要求配体的交换速率不低于外消旋速率。例如，在甲醇中，已配位的Cl^-与游离同位素$^*Cl^-$的交换速率和其外消旋速率相等，外消旋首先是解离一个Cl^-形成五配位的中间体，其后再加上一个Cl^-，得到大约70%的反式异构体和30%的外消旋顺式异构体（即两种顺式的旋光异构体各占15%）。

分子内机理有两种情况：一种是螯合配体一端断开形成单齿配体，然后再配位形成旋光异构体，如$[Cr(C_2O_4)_3]^{3-}$，此时外消旋速率大于$C_2O_4^{2-}$的交换速率。第二种是扭变机理或者键弯曲机理，配合物可以经过三角形扭变，或者斜方形扭变，得到它们的旋光异构体。

3. 平面正方形配合物的配体取代反应

平面正方形配合物的配体取代反应的动力学研究大多是围绕Pt(Ⅱ)的一些配合物展开的，这主要是因为Pt(Ⅱ)配合物比较稳定，它的四配位化合物总是采取平面正方形构型，而且其取代反应速率也比较适合实验室的研究。

(1) 反应机理

平面正方形配合物的配位数比八面体配合物的少，配体间的排斥作用和空间位阻效应都较小，取代基由配合物分子平面的上方或下方进攻将无障碍，这些因素都有利于加合配体，使得平面正方形配合物的取代反应一般都按缔合机理进行。

平面正方形配合物的取代反应可用下式表示：

$$ML_3X + Y \longrightarrow ML_3Y + X \qquad v = k_S[ML_3X] + k_Y[ML_3X][Y]$$

上式表明，取代反应包括两种不同的过程。一种是由速率方程中的第一项所描述的溶剂化过程：首先是溶剂分子 S（如 H_2O）进入配合物，形成五配位的三角双锥过渡态（缔合机理），这是决定反应速率的步骤，而溶剂分子又是大量的，故 k_S 为一级反应速率常数，其后失去 X，进入配体 Y 再取代溶剂分子（见图 7.61）。

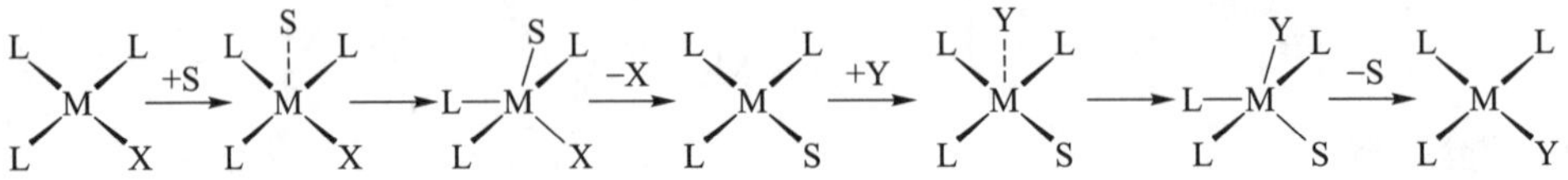

图 7.61　溶剂过程示意图

另一种是由速率方程中第二项所表示的直接的双分子取代过程：进入配体 Y 先与配合物 ML_3X 形成五配位的三角双锥过渡态中间体 ML_3XY，再失去 X 生成产物，反应按缔合机理进行（见图 7.62）。

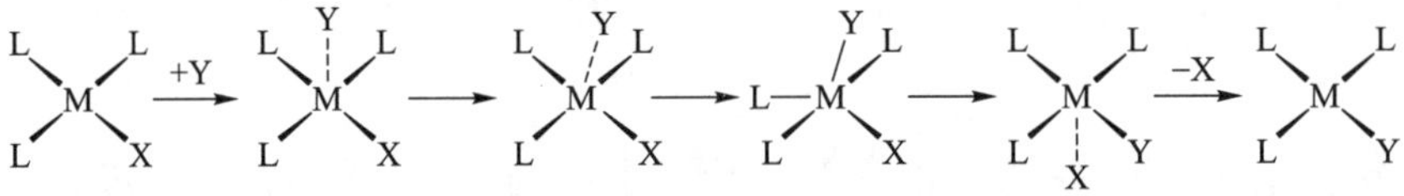

图 7.62　直接的双分子取代过程示意图

一般说来，平面正方形配合物的取代反应同时包含上述两种过程，只不过两种过程中有时以某一种为主罢了。

对于配位能力很差的溶剂，如苯，观察到的速率方程完全不包括任何 k_S 项。在这些溶剂中，全部取代反应的速率依赖于 Y 对配合物的进攻而发生。例如，对 Pt（Ⅱ）而言，由于 Pt（Ⅱ）为典型的软酸，因此与以硫作为配位原子的软碱配体的结合力远大于以氧为配位原子的溶剂水分子。此时，就观察不到溶剂过程。

对于配位能力较大的溶剂，速率方程则为 k_S 项所控制，k_S 值随溶剂的配位能力的增大而增加。

（2）影响因素

影响平面正方形配合物取代反应速率的因素是多种多样的，如进入配体的影响、离去配体的影响及反位效应等。

① 进入配体的影响　对缔合机理的取代反应而言，进入配体的亲核性或者取代能力的大小对取代反应速率常常会有较大的影响，为了比较各种进入配体的亲核性，人为地规定了一个相对标准，即298 K 时，通过它们和 *trans*-$[Pt(py)_2Cl_2]$在甲醇中的反应：

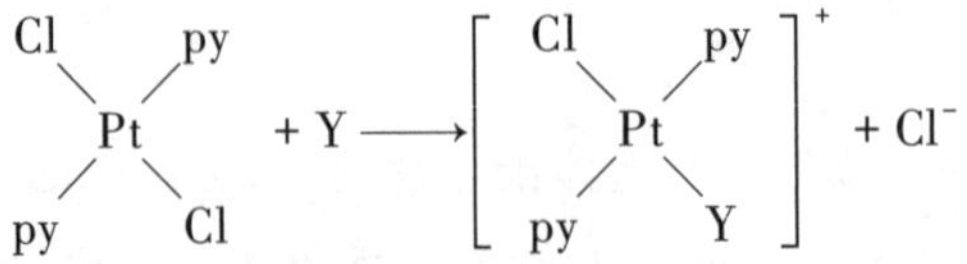

$$trans\text{-}[Pt(py)_2Cl_2] + Y \longrightarrow [Pt(py)_2ClY]^+ + Cl^-$$

测得各自的直接双分子取代过程的二级速率常数 k_Y 和溶剂化过程的假一级速率常数 k_S（此处溶剂为甲醇），再根据下式求出亲核反应活性常数 $n^0_{Pt(Ⅱ)}$：

$$n^0_{Pt(II)} = \lg(k_Y/k_S) \tag{7.41}$$

$n^0_{Pt(II)}$反映了进入配体的亲核性的大小，表 7.27 列出了各种亲核试剂对 *trans*-[Pt(py)$_2$Cl$_2$]的亲核反应活性常数 $n^0_{Pt(II)}$。

表 7.27 各种亲核试剂对 *trans*-[Pt(py)$_2$Cl$_2$]的亲核常数

亲核试剂	$n^0_{Pt(II)}$	pK_a
CH_3O^-	0.0	-1.7
F^-	<2.2	3.45
Cl^-	3.04	-5.7
NH_3	3.07	9.25
$C_5H_{11}N$	3.13	11.21
C_5H_5N	3.19	5.23
NO_2^-	3.22	3.37
N_3^-	3.58	4.74
Br^-	4.18	-7.7
$(CH_2)_4S$	5.14	-4.8
I^-	5.46	-10.7
SCN^-	5.75	—
$SbPh_3$	6.79	
$AsPh_3$	6.89	—
CN^-	7.14	9.3
PPh_3	8.93	2.73

由表 7.27 可见，亲核性从上到下依次增强，软碱比硬碱的取代反应迅速，其中，CH_3O^-亲核性最弱（亲核反应活性常数指定为零），PPh_3亲核性最强，对于卤素和拟卤素离子，其亲核性顺序为

$$F^- < Cl^- \approx py \approx NO_2^- < N_3^- < Br^- < I^- < SCN^- < CN^-$$

其他碱的亲核性顺序是

胺 <<䏲 < 胂 < 膦　　　　氧 < 硫

在表 7.27 中，同时还给出了若干进入配体的 pK_a值以同它们的 $n^0_{Pt(II)}$值相比较。显然，进入配体的碱性和亲核性并不一致。实际上，这确实是两个不同范畴的概念，碱性是热力学概念，表示配体加合质子的趋势，而亲核性是动力学概念，它表示当 Lewis 碱作为进入配体时对取代反应速率的影响。

上述亲核反应活性常数仅适用于 *trans*-[Pt(py)$_2$Cl$_2$]的取代反应，对于其他中性 Pt(Ⅱ)配合物，则可以通过下式计算：

$$S \cdot n^0_{Pt(II)} = \lg(k_Y/k_S) \tag{7.42}$$

式中 S 为亲核区别因子，其值随 Pt(Ⅱ)配合物的不同而不同。例如，对 *trans*-$[Pt(py)_2Cl_2]$，$S=1$；对$[Pt(bipy)Cl_2]$，$S=0.75$。

表 7.28 列出了一些 Pt(Ⅱ)配合物在甲醇溶液中的 S 值。

表 7.28　一些 Pt(Ⅱ)配合物在甲醇溶液中的 S 值

配合物	T/K	S
trans-$[Pt(PEt_3)_2Cl_2]$	303	1.43
$[Pt(bipy)(SCN)Cl]$	298	1.3
trans-$[Pt(AsEt_3)_2Cl_2]$	303	1.25
trans-$[Pt(py)_2Cl_2]$	303	1.00
trans-$[Pt(pip)_2Cl_2]$	303	0.91
$[Pt(bipy)(NO_2)Cl]$	298	0.87
$[Pt(bipy)Cl_2]$	298	0.75
$[Pt(en)Cl_2]$（在水中）	308	0.64

比较表 7.28 中的数据可以发现，各种中性 Pt(Ⅱ)配合物的 S 值差别并不太大。

② 离去配体的影响　离去配体的性质对取代反应速率也有影响。例如：

$$[Pt(dien)X]^+ + py \longrightarrow [Pt(dien)(py)]^{2+} + X^-$$

当 X^- 为不同配体时，取代反应速率也不相同。

表 7.29 给出了 298 K 时上述反应不同 X^- 时的二级速率常数 k_Y。

表 7.29　298K 时上述反应不同 X^- 时的二级速率常数 k_Y 值

X^-	$k_Y/(L \cdot mol^{-1} \cdot s^{-1})$	X^-	$k_Y/(L \cdot mol^{-1} \cdot s^{-1})$
Cl^-	3.48×10^{-5}	SCN^-	3.20×10^{-7}
Br^-	2.30×10^{-5}	NO_2^-	5.00×10^{-8}
I^-	1.00×10^{-5}	CN^-	1.67×10^{-8}
N_3^-	8.33×10^{-7}		

由表 7.29 可见，取代反应的速率变化顺序为

$$Cl^- > Br^- > I^- > N_3^- > SCN^- > NO_2^- > CN^-$$

类似的实验结果也证明了这一点。

不过，与进入配体相比，离去配体对取代反应速率的影响一般都比较小。

③ 反位效应　平面正方形配合物配体取代反应的一个重要特点是反位效应，即配合物中一个配体被取代的反应速率，主要取决于和它成反位的那个配体的性质，而与邻位配体及进入配体的性质关系不大，一个典型实例是

$$\left[\begin{array}{ccc} H_3N & & NH_3 \\ & Pt & \\ H_3N & & NH_3 \end{array}\right]^{2+} \xrightarrow[-NH_3]{+Cl^-} \left[\begin{array}{ccc} H_3N & & NH_3 \\ & Pt & \\ H_3N & & Cl \end{array}\right]^{+} \xrightarrow[-NH_3]{+Cl^-} \begin{array}{ccc} Cl & & NH_3 \\ & Pt & \\ H_3N & & Cl \end{array}$$

反应的第一步,Cl^-取代任何 NH_3都生成同样的产物,但在第二步中,由于已配位的 Cl^-的反位效应,使得与它呈对位的 NH_3容易被取代,结果生成反式产物。

不同的配体,反位效应大不相同,对 Pt(Ⅱ)配合物的研究结果表明,一些常见配体的反位效应顺序是

$$CN^- \approx CO \approx C_2H_4 > PR_3 \approx H^- \approx NO > CH_3^- \approx SC(NH_2)_2 > C_6H_5^- \approx NO_2^- \approx I^-$$
$$\approx SCN^- > Br^- > Cl^- > py > NH_3 \approx RNH_2 \approx F^- > OH^- > H_2O$$

反位效应在指导合成预定几何构型配合物时具有很大作用。例如,以 K_2PtCl_4为原料合成 $Pt(NO_2)(NH_3)Cl_2$的顺反异构体的反应为

顺式:$$\left[\begin{array}{ccc} Cl & & Cl \\ & Pt & \\ Cl & & Cl \end{array}\right]^{2-} \xrightarrow[-Cl^-]{+NH_3} \left[\begin{array}{ccc} Cl & & NH_3 \\ & Pt & \\ Cl & & Cl \end{array}\right]^{-} \xrightarrow[-Cl^-]{+NO_2^-} \left[\begin{array}{ccc} Cl & & NH_3 \\ & Pt & \\ Cl & & NO_2 \end{array}\right]^{-}$$

反式:$$\left[\begin{array}{ccc} Cl & & Cl \\ & Pt & \\ Cl & & Cl \end{array}\right]^{2-} \xrightarrow[-Cl^-]{+NO_2^-} \left[\begin{array}{ccc} Cl & & NO_2 \\ & Pt & \\ Cl & & Cl \end{array}\right]^{2-} \xrightarrow[-Cl^-]{+NH_3} \left[\begin{array}{ccc} Cl & & NO_2 \\ & Pt & \\ H_3N & & Cl \end{array}\right]^{-}$$

显然,这是利用了反位效应 $NO_2^- > Cl^- > NII_3$的规律。由此可见,在无机合成中,选用试剂的先后次序有时是很重要的。

类似的例子还很多。

必须指出,不要将反位效应和反位影响两个不同的概念混为一谈。反位效应是指配合物内界配体对它反位上配体取代速率的影响,是一种动力学现象。而反位影响则是指在平衡状态下,内界配体对其反位上配体与中心金属离子之间的化学键的削弱程度,是一种热力学现象。反位影响可以影响到键长、振动频率、力常数、核磁共振耦合常数及其他一些参数。反位效应与反位影响之间有一定的联系,一些配体,既有强的反位影响,又有强的反位效应。然而,由于取代反应过渡态的外加作用,反位效应与反位影响并不总是平行的。例如,C_2H_4有强的反位效应,然而研究表明它的反位影响却较弱。

目前已提出多种理论来解释反位效应,其中以极化理论和 π 键理论较为流行。

极化理论认为,在一个完全对称的平面正方形配合物 MX_4中,如$[Pt(NH_3)_4]^{2+}$,中心金属离子和每个配体的极化作用都相同且彼此抵消,金属离子并不产生偶极,但当配合物中存在一个可极化性(或变形性)较强的配体 L(如 I^-)时,中心金属离子的正电荷就使配体 L 产生一个诱导偶极,反过来它又诱导中心金属离子产生偶极(见图 7.63),结果,对反位上的配体 X 将

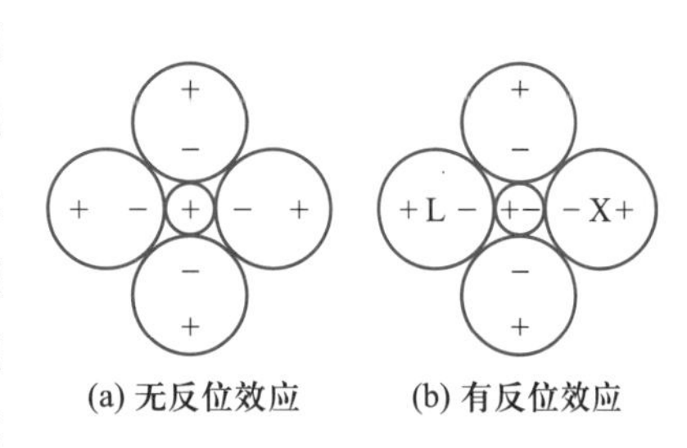

图 7.63 极化理论示意图

产生排斥作用,削弱了 M—X 键,导致取代反应速率增加。

极化理论成功地解释了反位效应 $I^- > Br^- > Cl^- > F^-$ 等事实,因为这些离子的可极化性越来越小,故反位效应就越来越弱。同样,根据金属离子的大小、极化力和变形性的强弱可以预言同一配体在不同金属离子配合物中的反位效应顺序,如 $Pt^{2+} > Pd^{2+} > Ni^{2+}$,Pt(Ⅱ)配合物的反位效应最显著,事实证明确实如此。

π 键理论认为,对于平面正方形配合物的取代反应,在形成五配位三角双锥形活性中间体时(此时与离去配体呈反位的配体、离去配体及进入配体分别占据三角双锥形的赤道平面的三个位置),处于赤道三角平面上具有空的反键 π 轨道的配体 L 和金属离子形成反馈键(见图 7.64),使得一部分负电荷从金属离子转移到配体 L 上,降低了 M—X 和 M—Y 方向上的电子密度,有利于三角双锥形中间体或缔合过渡态的形成和稳定,从而加快了取代反应的速率。因此,一些强的 π 成键配体,如 CN^-、CO、C_2H_4 和 PR_3 等的反位效应都很强,出现在反位效应顺序的前端。

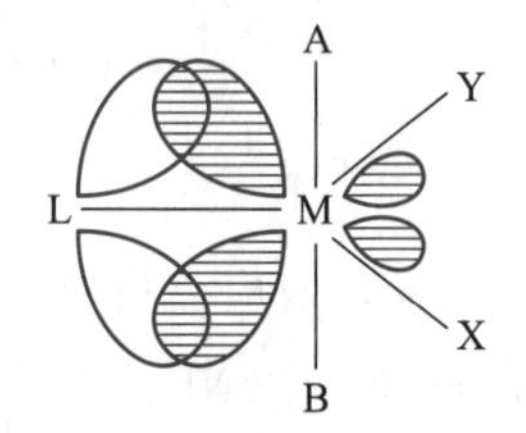

图 7.64 五配位活性中间体的反馈键

应当指出的是,反位效应的顺序也不是绝对的,例外的情况也会发生。如下列反应:

$$\left[\begin{array}{ccc} Cl & & Cl \\ & Pt & \\ Cl & & Cl \end{array}\right]^{2-} \xrightarrow{+2NH_3} \begin{array}{ccc} H_3N & & Cl \\ & Pt & \\ H_3N & & Cl \end{array} \xrightarrow{+2py} \begin{array}{ccc} H_3N & & py \\ & Pt & \\ H_3N & & py \end{array}$$

其中的第二步就不符合 Cl^- 反位效应大于 NH_3 的规律,结果是 py 取代了 Cl^- 而不是 NH_3。这是因为对 Pt(Ⅱ)配合物而言,Pt—X 键比 Pt—N 键更活泼,因而卤离子更易被取代。

配合物配体间的相互影响并不仅限于反位效应,也存在着所谓的顺位效应;即相邻(顺位)配体的性质也会影响取代反应的速率。不过,它的作用一般比反位效应弱得多。

除此之外,中心离子的电子构型、配合物中的惰性配体的空间位阻及进入基团的体积和空间构型等都会影响平面正方形配合物的取代反应。

显然,在其他条件相同的情况下,易形成五配位配合物的电子构型的金属离子,有利于配体缔合过渡态的生成,从而取代反应速率提高。

当配合物中配体体积较大,此时,如为缔合机理,显然其空间位阻增加从而取代反应速率会降低。同样,进入基团的体积越大,构型越复杂,当然空间位阻就越大,取代反应速率就越低。

7.6.2 电子转移反应

配合物的电子转移反应是一类相当复杂的反应,许多问题还有待于进一步研究和探索。下面仅就人们普遍接受的两种机理,即外球机理和内球机理,作一些简单介绍。

1. 外球机理

如果把 $[Fe(CN)_6]^{4-}$ 溶液加到有同位素标记的 $[^*Fe(CN)_6]^{3-}$ 溶液中,就会发生如下的反应：

$$[Fe(CN)_6]^{4-} + [{}^*Fe(CN)_6]^{3-} \longrightarrow [Fe(CN)_6]^{3-} + [{}^*Fe(CN)_6]^{4-}$$

即$[Fe(CN)_6]^{4-}$失去一个电子，$[{}^*Fe(CN)_6]^{3-}$得到一个电子，二者之间发生了电子转移反应。像这种配合物的内界保持完整不变，反应过程中没有键的断裂和生成，电子仅在还原剂和氧化剂之间通过配位界发生简单传递的反应，就称为具有外球机理（外配位界传递机理）的电子转移反应。

具有外球机理的电子转移反应一般包括两大类。

一类是虽然有电子转移，但没有净的化学变化，上述反应即属于此。再如：

$$[IrCl_6]^{3-} + [{}^*IrCl_6]^{2-} \longrightarrow [IrCl_6]^{2-} + [{}^*IrCl_6]^{3-}$$

这类反应又称为自交换反应。

另二类是既有电子转移，又有净的化学变化。例如：

$$[Fe(H_2O)_6]^{2+} + [IrCl_6]^{2-} \longrightarrow [Fe(H_2O)_6]^{3+} + [IrCl_6]^{3-}$$

这类反应就是通常的氧化还原反应。

一般说来，有净化学变化的外球电子传递反应，其反应速率比相应的自交换反应快。

外球机理的反应历程为

$$\underset{\text{反应前}}{Ox + Red} \longrightarrow \underset{\text{前驱配合物}}{Ox \parallel Red} \longrightarrow \underset{\text{活化配合物}}{Ox^{\pm} \parallel Red} \longrightarrow \underset{\text{后继配合物}}{{}^{-}Ox \parallel Red^{+}} \longrightarrow \underset{\text{产物}}{Ox^{-} + Red^{+}}$$

它包括了三个基本步骤：

① 由反应物形成前驱配合物；

② 前驱配合物的化学活化，电子转移生成后继配合物；

③ 后继配合物解离成产物。

以上三个步骤中，第二步最慢，是决定速率的主要步骤。

当氧化剂和还原剂靠近，形成前驱配合物时，并不立即发生电子转移，这是因为配合物中心金属离子的氧化态不同，金属和配体间的键长不同。例如，反应：

$$[Fe(CN)_6]^{4-} + [IrCl_6]^{2-} \longrightarrow [Fe(CN)_6]^{3-} + [IrCl_6]^{3-}$$

当一个电子从$[Fe(CN)_6]^{4-}$转移到$[IrCl_6]^{2-}$时，应当生成有较短 Fe—CN 键的$[Fe(CN)_6]^{3-}$。但是，一般地，原子核运动要比电子运动慢得多（大约慢两个数量级），因此在电子转移期间实现原子重排即调整原子核间的距离是不可能的，这样就使得$[Fe(CN)]_6]^{3-}$处于一个振动的激发状态。同样道理，对于$[IrCl_6]^{3-}$来说，Ir—Cl 键又显得不够长，使它也处于振动激发状态，这样的状态对电子转移阻力很大。但是在电子转移之前，反应物分子可以发生重排（重排所需要的活化能称为重排能），一些键伸长，一些键缩短，调整到某种合适状态，然后再进行电子转移。根据这一点可以预料，在尺寸相似的配合物之间的电子传递反应比大小相差很大的配合物之间的电子传递反应进行得快。

另外，在外球机理中，反应物的配位层都维持不变，因而转移的电子必须穿透由于溶剂和配体所产生的能垒，为了降低能垒，必须调整反应配合物中金属离子的自旋状态及轨道的空间取向。

表 7.30 列出若干属于外球机理的反应的速率常数。对照表中的实例可以发现，某些含 CN^-、联吡啶 bipy 或邻二氮菲（phen）等 π 配体的配合物，它们的反应速率比含 H_2O、NH_3 等的配合物快得多。其原因是这些配体能够有效地使中心金属离子的价电子离域而在整个配合物中运动，使氧化剂和还原剂的 π 分子轨道容易重叠，从而降低了电子转移时所需克服的能垒，因而加快了反应速率。

表 7.30　若干属于外球机理的反应的速率常数（298 K）

反　应	$k/(L \cdot mol^{-1} \cdot s^{-1})$
$[Cr(H_2O)_6]^{2+} \longrightarrow [Cr(H_2O)_6]^{3+}$	5.1×10^{-10}
$[Co(NH_3)_6]^{2+} \longrightarrow [Co(NH_3)_6]^{3+}$	$<10^{-9}$
$[Co(en)_3]^{2+} \longrightarrow [Co(en)_3]^{3+}$	5.1×10^{-10}
$[Fe(H_2O)_6]^{2+} \longrightarrow [Fe(H_2O)_6]^{3+}$	4
$[Co(H_2O)_6]^{2+} \longrightarrow [Co(H_2O)_6]^{3+}$	~5
$[Fe(CN)_6]^{4-} \longrightarrow [Fe(CN)_6]^{3-}$	7.4×10^{2}
$[Ru(NH_3)_6]^{2+} \longrightarrow [Ru(NH_3)_6]^{3+}$	8×10^{2}
$[Os(bipy)_3]^{2+} \longrightarrow [Os(bipy)_3]^{3+}$	5×10^{4}
$[IrCl_6]^{3-} \longrightarrow [IrCl_6]^{2-}$	2.3×10^{5}
$[Fe(phen)_3]^{2+} \longrightarrow [Fe(phen)_3]^{3+}$	$>10^{8}$

此外，对电子自旋状态发生改变（意味着离子的对称性发生变化）的反应，一般都需要较大的重排能，因此反应速率特别慢。如 $[Co(NH_3)_6]^{2+}$ 和 $[Co(NH_3)_6]^{3+}$ 的反应就是这样[从高自旋 Co(Ⅱ)转变到低自旋 Co(Ⅲ)，在 298 K 时，其速率常数小于 $10^{-9}\ L \cdot mol^{-1} \cdot s^{-1}$]。

还应当注意，对于某些反应，它们的电子转移反应速率比配体取代反应快得多。例如，反应：

$$[Fe(CN)_6]^{4-} + [IrCl_6]^{2-} \longrightarrow [Fe(CN)_6]^{3-} + [IrCl_6]^{3-}$$

两反应物 $[Fe(CN)_6]^{4-}$ 和 $[IrCl_6]^{2-}$ 均为惰性，它们在 $0.1\ mol \cdot L^{-1}$ 溶液中的水化作用半衰期 $t_{1/2}$ 都大于 1 min，但电子转移反应的速率常数却为 $3.8 \times 10^5\ L \cdot mol^{-1} \cdot s^{-1}$。

2. 内球机理

同外球机理不同，内球机理的基本特征是在氧化剂和还原剂之间首先发生取代，通过桥联两个金属离子间的配体，形成一个双核的过渡态，电子则通过桥配体进行转移，反应过程中伴随有键的断裂和形成，金属离子的配位层发生了变化。

具有内球机理电子转移反应的一个典型实例是

$$[Co^{III}(NH_3)_5Cl]^{2+} + [Cr^{II}(H_2O)_6]^{2+} + 5H^+ + 5H_2O \longrightarrow [Co^{II}(H_2O)_6]^{2+} + [Cr^{III}(H_2O)_5Cl]^{2+} + 5NH_4^+$$

其中$[Co^{III}(NH_3)_5Cl]^{2+}$是惰性的，而$[Cr^{II}(H_2O)_6]^{2+}$是活性的，可以发生$[Co^{III}(NH_3)_5Cl]^{2+}$对$[Cr^{II}(H_2O)_6]^{2+}$中水的取代，并通过$Cl^-$与$Cr^{2+}$配位，形成双核过渡态$[(NH_3)_5Co^{III}ClCr^{II}(H_2O)_5]^{4+}$，然后电子通过桥Cl配体发生转移。

考虑到生成的$Cr^{3+}(d^3)$配合物是惰性的，而$Co^{2+}(d^7)$配合物是活性的，故电子转移后，双核过渡态必然是在Co^{II}—Cl键处断裂，Cl^-转移到Cr^{3+}上，上述机理可用反应式表示如下：

$$[(NH_3)_5Co^{III}Cl]^{2+} + [Cr^{II}(H_2O)_6]^{2+} \longrightarrow [(NH_3)_5Co^{III}ClCr^{II}(H_2O)_5]^{4+} + H_2O$$

$$[(NH_3)_5Co^{III}ClCr^{II}(H_2O)_5]^{4+} \longrightarrow [(NH_3)_5Co^{II}ClCr^{III}(H_2O)_5]^{4+}$$

$$[(NH_3)_5Co^{II}ClCr^{III}(H_2O)_5]^{4+} + 5H^+ + 6H_2O \longrightarrow [Co^{II}(H_2O)_6]^{2+} + [Cr^{III}(H_2O)_5Cl]^{2+} + 5NH_4^+$$

同位素示踪实验进一步证实了上述机理，当反应在含同位素$^*Cl^-$的溶液中进行时，没有发现$^*Cl^-$进入产物$[Cr^{III}(H_2O)_5Cl]^{2+}$中，这表明$Cl^-$是直接从$Co^{III}$转移到$Cr^{II}$上去的。

在水溶液中，内球机理的基本步骤为

① 形成前驱配合物：$Ox—X + Red(H_2O) \longrightarrow Ox—X\cdots Red + H_2O$

② 前驱配合物的活化、电子转移形成后继配合物：$Ox—X\cdots Red \longrightarrow {}^-Ox\cdots X - Red^+$

③ 后继配合物解离为产物：${}^-Ox\cdots X—Red^+ + H_2O \longrightarrow {}^-Ox(H_2O) + Red—X^+$

其中，决定速率的步骤为第一步或第二步。

如果生成桥式配合物（前驱配合物）是决定反应速率的步骤，则氧化还原反应速率与反应物的取代活性有关。

如果电子转移反应速率是反应速率的决定步骤，则氧化还原反应速率与还原剂的最高占据轨道和氧化剂的最低未占据轨道之间的匹配有关。

下面再从电子结构和能量关系来进一步讨论内球机理。

按照八面体配合物$[ML_6]^{n+}$的近似分子轨道能级图，六个配体所提供的12个σ电子填充在六条成键分子轨道（a_{1g}，t_{1u}，e_g），而金属离子的d电子则填充在非键的t_{2g}和弱反键的e_g^*轨道上。当反应物形成双核过渡态时，随着Cl^-从Co（Ⅲ）转移到Cr（Ⅱ），电子则从Cr（Ⅱ）转移到Co（Ⅲ）上，其间金属离子d轨道能量的变化如图7.65所示。

在Cl^-未移向Cr（Ⅱ）时，Cr（Ⅱ）的σ^*轨道能量低于Co（Ⅲ）的σ^*轨道［图7.65(a)］；随着Cl^-逐步移向Cr（Ⅱ），Co（Ⅲ）的σ^*轨道能级发生分裂，Cr（Ⅱ）的σ^*轨道相应升高；当Co（Ⅲ）的能量较低的σ^*轨道几乎接近Cr（Ⅱ）的能量较低σ^*轨道时，电子由Cr（Ⅱ）的σ^*轨道转移到Co（Ⅲ）的σ^*轨道［图7.65(b)］，之后，Cl^-进一步移向Cr（Ⅲ），直到完成转移为止。与此同时，对于Co（Ⅱ）来说，也有可能先生成一个活泼的低自旋中间产物，然后再转变为高自旋构型［图7.65(c)］。

需要强调指出的是，对于内球机理，具有合适的桥配体是至关重要的。由上述反应可以

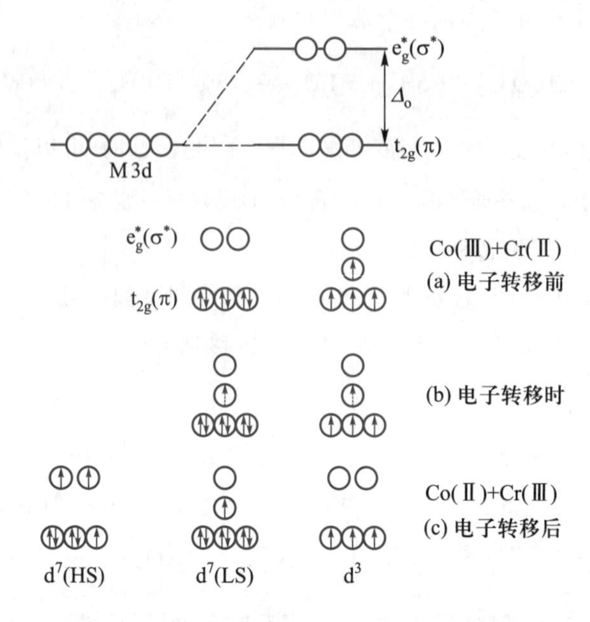

图 7.65　Cl^-由 Cr(Ⅱ)移向 Co(Ⅲ)时 d 轨道的能量变化。

看到，桥配体至少应当有两对孤电子对才能同时键合两个金属离子。X^-、OH^-、N_3^-、NCS^-、PO_4^{3-}、SO_4^{2-}及 CH_3COO^-等都是常见的桥配体，而 NH_3等则不是。当然，成桥配体并不仅限于上述那些简单配体，也可以是一些多原子组成的基团或者有机分子，特别是具有离域 π 电子的有机配体，传导电子效果更好。同时，内球机理中的双核过渡态，不仅可以是单重桥，有时也会出现多重桥。

此外，不带桥配体的反应物必须是活性配合物才有可能与带有桥配体的反应物形成双核过渡态。

综上，对那些取代反应为惰性，又不存在成桥配体且具有较低重排能的配合物，电子转移反应通常按外球机理进行；相反，含有成桥配体、取代反应是活性的配合物则主要按内球机理进行。

但是，前已述及，电子转移反应是一类很复杂的反应，在有些情况下，反应可以同时以多种历程进行。如以$[Cr(H_2O)_6]^{2+}$还原$[Co(tn)(acac)_2]^{3+}$（tn 为三甲基二胺，acac 为乙酰丙酮）的反应，就可以同时以三种历程进行，得到三种不同产物：

$[Cr(H_2O)_6]^{2+}$ + [tn–Co(acac)₂]$^{+}$

- 单桥过渡态 → $[Cr(H_2O)_4(acac)]^{2+}$　38%
- 双桥过渡态 → [tn–Co(O–O)₂–Cr(H₂O)₄]$^{3+}$ → $[Cr(H_2O)_2(acac)_2]^{+}$　31%
- 外球机理 → $[Cr(H_2O)_6]^{3+}$　31%

再如，在 273 K 时，$[Cr(H_2O)_6]^{2+}$和$[IrCl_6]^{2-}$反应：

$$[Cr(H_2O)_6]^{2+} + [IrCl_6]^{2-} \begin{cases} \xrightarrow[71\%]{\text{外球机理}} [Cr(H_2O)_6]^{3+} + [IrCl_6]^{3-} \\ \xrightarrow[29\%]{\text{内球机理}} [(H_2O)_6CrClIrCl_5] \end{cases}$$

$$[(H_2O)_6CrClIrCl_5] \begin{cases} \xrightarrow{\text{Cr—Cl 键断裂(39\%)}} [Cr(H_2O)_6]^{3+} + [IrCl_6]^{3-} \\ \xrightarrow{\text{Ir—Cl 键断裂(61\%)}} [Cr(H_2O)_5Cl]^{2+} + [IrCl_5(H_2O)]^{2-} \end{cases}$$

实验表明,此反应是平行地通过外球机理和内球机理发生电子转移,其中 71% 为外球机理,29% 是内球机理。而且有意思的是,在内球机理中,电子转移后的双核过渡态,39% 是 Cr—Cl 键断裂,61% 是 Ir—Cl 键断裂。由此可见,内球机理也并不一定伴随着成桥配体的转移,变化是多种多样的,许多问题尚待进一步研究。

3. 双电子转移反应

前面讨论的都是单电子转移反应,但实际上双电子转移反应也是存在的,不过,这类反应比较少见。此处仅就 $[Pt^{II}(en)_2]^{2+}$ 催化 *trans*-$[Pt^{IV}(en)_2Cl_2]^{2+}$ 中的 Cl^- 和游离 $^*Cl^-$ 的交换反应作一扼要介绍。其反应如下:

$$trans\text{-}[Pt^{IV}(en)_2Cl_2]^{2+} + {}^*Cl^- \xrightarrow{[Pt^{II}(en)_2]^{2+}} trans\text{-}[Pt^{IV}(en)_2^*ClCl]^{2+} + Cl^-$$

反应机理为,$[Pt^{II}(en)_2]^{2+}$ 首先和 $^*Cl^-$ 迅速反应生成一个五配位化合物 $[Pt^{II}(en)_2^*Cl]^+$,然后按内球机理再和 *trans*-$[Pt^{IV}(en)_2Cl_2]^{2+}$ 形成桥式配合物,Pt(Ⅱ)通过桥 Cl 将两个电子转移给 Pt(Ⅳ),即

$$[Pt^{II}(en)_2]^{2+} + {}^*Cl^- + trans\text{-}[Pt^{IV}(en)_2Cl_2]^{2+} \underset{\text{快}}{\overset{\text{快}}{\rightleftharpoons}} [{}^*Cl\text{-}Pt^{II}(N\text{-}N)_2]^+ + [Cl\text{-}Pt^{IV}(N\text{-}N)_2\text{-}Cl]^{2+} \xrightleftharpoons{\text{内球机理}}$$

$$[{}^*Cl\text{-}Pt^{II}(N\text{-}N)_2 \cdots Cl\text{-}Pt^{IV}(N\text{-}N)_2\text{-}Cl]^{3+} \rightleftharpoons [{}^*Cl\text{-}Pt^{IV}(N\text{-}N)_2\text{-}Cl \cdots Pt^{II}(N\text{-}N)_2\text{-}Cl]^{3+} \rightleftharpoons [{}^*Cl\text{-}Pt^{IV}(N\text{-}N)_2\text{-}Cl]^{2+} + [Pt^{II}(N\text{-}N)_2\text{-}Cl]^+ \rightleftharpoons$$

$$trans\text{-}[Pt^{IV}(en)_2{}^*ClCl]^{2+} + [Pt^{II}(en)_2]^{2+} + Cl^-$$

一般说来,溶液中双电子转移反应的重排能都相当大,故大多采取内球机理。

最后还需要提到的是,以上所讨论的电子转移反应,无论是单电子转移反应还是双电子转移反应,氧化剂和还原剂的氧化态都改变相同的数值,这样的反应称为补偿反应。如果氧化剂和还原剂的氧化态变化不是等量的,那么,就称为非补偿反应。例如:

$$2Fe(\text{II}) + Tl(\text{III}) \longrightarrow 2Fe(\text{III}) + Tl(\text{I})$$

式中 Fe(Ⅱ)、Fe(Ⅲ)、Tl(Ⅰ)和 Tl(Ⅲ)分别代表具有氧化态为+2、+3 的 Fe 和氧化态为+1、+3 的 Tl 的配合物。非补偿反应的反应机理更为复杂,在反应过程中可能还会涉及处于不寻常的Tl(Ⅱ)氧化态的中间产物,此处不再讨论。有兴趣的读者可阅读有关的专门文献。

拓展学习资源

资源内容	二维码
◇ 一些配位化合物的构型	八面体
◇ 配位化学常用概念及用语	单帽八面体
◇ 一些常见简单配体常用的前缀	单帽三角棱柱体
◇ 一些具有代表性的配位体的名称和化学式	四面体
◇ 配合物电对的电极电势	五角双锥体

习　　题

1. 试用点群符号表示下列配合物中金属和配位原子部分的对称性：

① $Mn(CO)_4(NO)$　　② $Co(PPh_2Me)_2(NO)Cl_2$　　③ $Ni(PPh_2Me)_2Br_3$

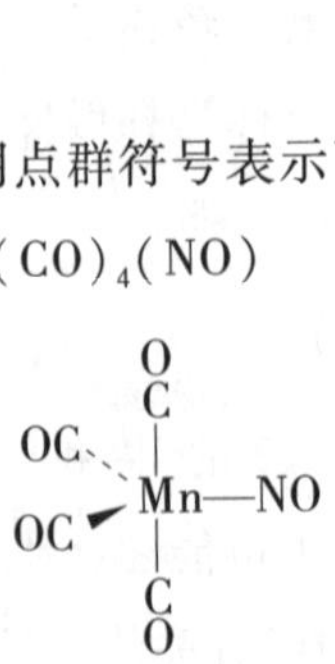

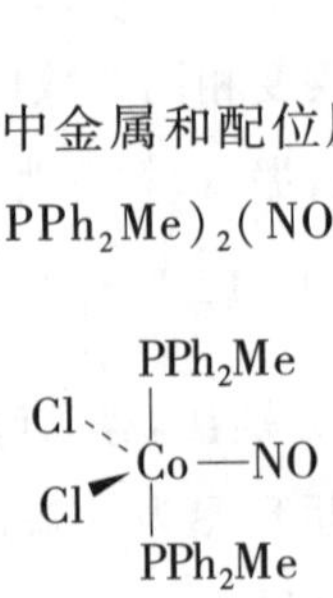

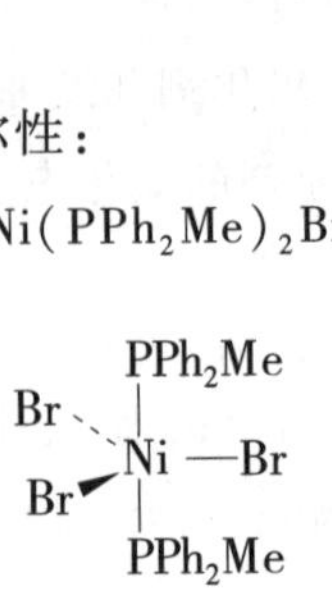

O C, OC, OC, Mn—NO, C O　　PPh_2Me, Cl, Cl, Co—NO, PPh_2Me　　PPh_2Me, Br, Br, Ni—Br, PPh_2Me

2. 试用图形表示下列配合物所有可能的异构体，并指明它们各属哪一类异构体。

① $[Co(en)_2(H_2O)Cl]^{2+}$　② $[Co(NH_3)_3(H_2O)ClBr]^{+}$　③ $[Rh(en)_2Br_2]^{+}$

④ $Pt(en)_2Cl_2Br_2$　⑤ $Pt(Gly)_3$　⑥ $[Cr(en)_3][Cr(CN)_6]$

3. 配合物$[Pt(py)(NH_3)(NO_2)ClBrI]$共有多少种几何异构体？

4. 试举出一种非直接测定结构的实验方法区别以下各对同分异构体：

(1) $[Cr(H_2O)_6]Cl_3$和$[Cr(H_2O)_5Cl]Cl_2 \cdot H_2O$

(2) $[Co(NH_3)_5Br](C_2O_4)$和$[Co(NH_3)_5(C_2O_4)]Br$

(3) $[Co(NH_3)_5(ONO)]Cl_2$和$[Co(NH_3)_5(NO_2)]Cl_2$

5. 解释下列事实：

(1) $[ZnCl_4]^{2-}$为四面体构型，而$[PdCl_4]^{2-}$却为平面正方形构型。

(2) Ni(Ⅱ)的四配位化合物既可以有四面体构型也可以有平面正方形构型；但同族的Pd(Ⅱ)和Pt(Ⅱ)却没有已知的四面体配合物。

6. 根据$[Fe(CN)_6]^{4-}$水溶液的^{13}C核磁共振谱只显示一个峰的事实，讨论它的结构。

7. 主族元素和过渡元素四配位化合物的几何构型有何异同？为什么？

8. 形成高配位化合物一般需要具备什么条件？哪些金属离子和配体可以满足这些条件？试举出配位数为八、九、十的配合物各一例，并说明其几何构型和所属点群。

9. 何谓立体化学非刚性和流变作用？试举一例说明。

10. 阐述晶位场理论要点，指出其成功与不足，配位场理论有何可改进之处？

11. 何谓分裂能？分裂能的大小有何规律？分裂能与周期数有什么关系？

12. 为什么 T_d场的分裂能比 O_h场的小？如何理解四面体配合物大多数是高自旋的？

13. d^n离子哪些无高、低自旋的可能？哪些有高、低自旋之分？确定高、低自旋的实验方法是什么？用什么参数可以判断高、低自旋？

14. 根据 LFT 绘出 d 轨道在 O_h场和 T_d场中的能级分裂图，标出分裂后 d 轨道的符号。

15. 什么叫光化学序列？如何理解电子云伸展效应？

16. 指出下列配离子哪些是高自旋的？哪些是低自旋的？并说明理由。

① $[FeF_6]^{3-}$　② $[CoF_6]^{3-}$　③ $[Co(H_2O)_6]^{3+}$　④ $[Fe(CN)_6]^{3-}$

⑤ $[Mn(CN)_6]^{4-}$　⑥ $[Cr(CN)_6]^{3-}$　⑦ $[Co(NO_2)_6]^{3-}$　⑧ $[Co(NH_3)_6]^{3+}$

17. LFSE 的意义是什么？在 ML_6配合物中，LFSE 随 d 电子数的变化有何特征？

18. 什么叫 Irving-Williams 规则？

19. 什么叫 Jahn-Teller 效应？d 轨道哪些构型易发生畸变？哪些不易畸变？为什么？指出下列离子中易发生畸变者(ML_6为 O_h，ML_4为 T_d或 D_{4h})。

① $[Co(H_2O)_6]^{3+}$　② $[Ti(H_2O)_6]^{3+}$　③ $[Fe(CN)_6]^{4-}$　④ $[CoCl_4]^{2-}$

⑤ $[Pt(CN)_4]^{2-}$　⑥ $[ZnCl_4]^{2-}$　⑦ $[Cu(en)_3]^{2+}$　⑧ $[FeCl_4]^{-}$

⑨ $[Mn(H_2O)_6]^{2+}$

20. 试从 Jahn-Teller 效应解释 Cu^{2+}化合物的构型常常是四条短键、两条长键，即近似为平面正方形四配位的结构。

21. 第一过渡系金属离子 M^{2+} 水合焓和晶格能曲线有何特征？极大值、极小值是哪些元素？为什么？

22. 已知第一过渡系金属离子 M^{2+} 半径如下表，写出它们在 O_h 弱场中的 d 电子构型，解释离子半径变化的规律。

离子	Ca^{2+}	Ti^{2+}	V^{2+}	Cr^{2+}	Mn^{2+}	Fe^{2+}	Co^{2+}	Ni^{2+}	Cu^{2+}	Zn^{2+}
半径/pm	99	80	73	80	90	85	80	76	80	83

23. 配合物的分子轨道理论的基本要点是什么？试绘出 $[Co(NH_3)_6]^{3+}$ 配离子的 MO 能级图，指出配离子生成前后的电子排布，标明分裂能 Δ_o 的位置。

24. 分子轨道理论对光化学序列的说明与配位场理论比较有何优点？

25. 试判断下述离子的几何构型。

① $[Co(CN)_6]^{3-}$（反磁性的）　② $[NiF_6]^{4-}$（两个成单电子）　③ $[CrF_6]^{4-}$（四个成单电子）

④ $[AuCl_4]^-$（反磁性的）　⑤ $[FeF_4]^-$（五个成单电子）⑥ $[NiF_6]^{2-}$（反磁性的）

26. 根据 LFT 并用下列配离子性质写出 d 电子的构型并计算出磁矩。

配离子	成对能 P/cm^{-1}	Δ_o/cm^{-1}	d 电子构型	μ_S/B.M.
$[Co(NH_3)_6]^{3+}$	19100	22900		
$[Fe(H_2O)_6]^{3+}$	30000	13700		

27. 下列化合物中哪些有轨道磁矩的贡献？

① $[FeCl_6]^{4-}$　② $[Cr(NH_3)_6]^{3+}$　③ $[Fe(H_2O)_6]^{2+}$　④ $[Fe(CN)_6]^{3-}$

28. $[Cu(en)_2(H_2O)_2]^{2+}$ 具有畸变的八面体结构，在光谱图上 17800 cm^{-1} 处出现一个吸收峰，如果考虑自旋-轨道耦合，计算该离子的磁矩。

29. d^n 组态离子的光谱项在 O_h 场中如何分裂？

30. 正确认识 Orgel 图和 T-S 图，以 d^7 组态配离子为例，说明它们的区别。

31. 光谱项之间的电子跃迁需遵守什么样的规律？

32. 在用紫外分光光度法测定配离子的吸收光谱时应如何选择溶剂？在配制配离子的溶液时常使用高氯酸而不用盐酸和硫酸，你能说明为什么吗？

33. d^1 与 d^9 组态配离子的光谱项和 Orgel 图有什么关系？它们的吸收光谱有什么异同？为什么？

34. 讨论配离子 $[CoF_6]^{3-}$、$[Fe(H_2O)_6]^{2+}$、$[NiCl_4]^{2-}$ 的吸收光谱。

35. 说明 $[Cu(H_2O)_4]^{2+}$ 和 $[Cu(NH_3)_4]^{2+}$ 的颜色差异，并指出产生这些差异的原因。

36. 指出 $[Mn(H_2O)_6]^{2+}$ 和 $[Fe(H_2O)_6]^{2+}$ 的颜色的特征，说明原因。

37. 为什么四面体配合物中的 d-d 跃迁吸收带比相应的八面体配合物中的强？

38. 讨论 Fe^{3+} 在高自旋 O_h 配合物和低自旋 O_h 配合物中的吸收的差别。

39. 在 $[V(H_2O)_6]^{3+}$ 的吸收光谱中，可观察到两个 d-d 跃迁吸收带，分别为 17000 cm^{-1}

和26000 cm^{-1}，请进行指认。

40. 在$[Ni(H_2O)_6]^{2+}$的光谱图上可观察到9000 cm^{-1}、14000 cm^{-1}和25000 cm^{-1}的吸收带，指出它们对应于何种光谱项间的跃迁？计算Δ_o和B'值。

41. 在$CoBr_2$的晶体中，Co^{2+}近似地处于O_h场中，其吸收发生在5700 cm^{-1}、11800 cm^{-1}和16000 cm^{-1}处，计算Co^{2+}的Dq和B'值。

42. 根据Jørgensen的f、g、h_X和h_M预测$[Cr(NH_3)_6]^{3+}$的自旋允许的电子吸收光谱出现的位置。

43. $[Ni(dmso)_6]^{2+}$(dmso为二甲亚砜)近似地为八面体配离子，在7730 cm^{-1}、12970 cm^{-1}和24040 cm^{-1}处有吸收峰，计算Ni^{2+}的Dq和B'值。

44. 指出下列跃迁吸收强度较弱者，并说明原因。

(1) 对$[Ni(NH_3)_6]^{2+}$：${}^3A_{2g} \to {}^3T_{1g}$和${}^3A_{2g} \to {}^1T_{1g}$；

(2) 对$[Co(H_2O)_6]^{2+}$：${}^4A_{2g} \to {}^4T_{1g}$和$[CoCl_4]^{2-}$：${}^4T_1 \to {}^4A_2$；

(3) 对$[Cr(NH_3)_6]^{3+}$和$[Cr(NH_3)_5Cl]^{2+}$中的${}^4A_{2g} \to {}^4T_{1g}$。

45. MnO_4^-的吸收光谱与配位场光谱有何不同？CrO_4^{2-}有颜色，阐明其原因；预言它的跃迁能量比MnO_4^-的高还是低。

46. $[(CN)_5Fe—CN—Fe(CN)_5]^{6-}$属哪一类混合价化合物？在光谱性质上有何特征？试给予理论上的解释。

47. $Pt(NH_3)_2Cl_2$有两种几何异构体A和B。当A用硫脲(用tu表示)处理时，生成$[Pt(tu)_4]^{2+}$；当B用硫脲处理时则生成$[Pt(NH_3)_2(tu)_2]^{2+}$。解释上述实验事实，并写出A和B的结构式。

48. 试以$K_2[PtCl_4]$为主要原料合成下列配合物，并用图示给出反应的可能途径：

```
Cl      Br        Br      Cl        Br      NH3
  \    /            \    /            \    /
   Pt                Pt                Pt
  /    \            /    \            /    \
py      NH3       py      NH3       py      Cl
```

49. 写出下列取代反应的机理：

```
Cl       NHEt2                          Cl       *NHEt2
  \     /                 甲醇             \     /
    Pt        + *NHEt2 ———————→              Pt          + NHEt2
  /     \                                 /     \
pr3p     Cl                            pr3p     Cl
```

50. 实验表明，$Ni(CO)_4$在甲苯溶液中与${}^{14}CO$交换配体的反应速率与${}^{14}CO$无关，试推测此反应的反应机理。

51. 在323 K时，实验测得$[Cr(NH_3)_5X]^{2+}$的酸式水解的反应速率常数为

X^-	CN^-	Cl^-	Br^-	I^-
k/s^{-1}	0.11×10^{-4}	1.75×10^{-4}	12.5×10^{-4}	10.2×10^{-4}

试说明这些反应的机理。

52. $[Au(dien)Cl]^{2+}$和放射性氯离子$^*Cl^-$的交换反应非常迅速：

$$[Au(dien)Cl]^{2+} + {}^*Cl^- \longrightarrow [Au(dien){}^*Cl]^{2+} + Cl^-$$

其速率方程为 $v=k_1[Au(dien)Cl^{2+}]+k_2[Au(dien)Cl^{2+}][{}^*Cl^-]$，问此反应属于哪种机理？

53. 实验测得下列配合物的水交换反应的活化体积（单位 $cm^3 \cdot mol^{-1}$）为

$[Co(NH_3)_5(H_2O)]^{3+}$	+1.2(298 K)
$[Cr(NH_3)_5(H_2O)]^{3+}$	-5.8(298 K)
$[Rh(NH_3)_5(H_2O)]^{3+}$	-4.1(308 K)

解释这些反应的机理。

54. 一个常以外球机理反应的氧化剂与$[V(H_2O)_6]^{2+}$的反应比与$[Cr(H_2O)_6]^{2+}$的反应慢，为什么？

55. 下列反应按哪种电子转移机理进行？为什么？

(1) $[Co(NH_3)_6]^{3+} + [Cr(H_2O)_6]^{2+} \longrightarrow$

(2) $[Cr(NH_3)_5Cl]^{2+} + [{}^*Cr(H_2O)_6]^{2+} \longrightarrow$

第 8 章

d区元素（Ⅱ）——元素化学

d 区元素是指ⅢB～Ⅷ族元素，但常被说成为过渡元素。

但实际上，过渡元素与 d 区元素在概念上是有区别的。

最早的过渡元素是指第Ⅷ族元素。这是因为过去多使用短式周期表，在短表中，第 4、5、6 长周期各占两个横行，第Ⅷ族处于由第一个横行向第二个横行的“过渡”区域。而现在，人们对过渡元素的认识大体上有三种：第一种是过渡元素包括了所有副族元素，“过渡”的含义是指从金属元素到非金属元素的过渡或由周期表 s 区到 p 区的过渡；第二种是除锌分族以外的所有副族元素，原子的电子结构特征是原子及其重要的氧化态有未充满的电子亚层；第三种是除铜分族和锌分族以外的所有副族元素，电子结构特征是有未充满的 d 电子亚层。第一种立足于由金属到非金属过渡的变化规律，强调了元素性质的变化；第二种抓住了元素的化学性质的共同特征的本质；第三种立足于 d 轨道的电子充填。应该说，这些对“过渡元素”定义的理解都各有道理。因此，对“过渡元素”的定义，最好不要局限于什么形式，而是看你讨论问题的需要而定。

鉴于人们对过渡元素的不定认识，加之为了与 s 区、p 区、f 区元素相对应，所以本书以 d 区元素（严格地说，还包括了 ds 区元素）为题对元素的配位化合物、元素化学和有机金属化合物进行讨论，列出的性质中包括了ⅠB、ⅡB 族元素的性质。

8.1　d 区元素通论

d 区元素化学内容丰富多彩且变化错综复杂，如果追究其丰富的实质和变化的根源，在许多方面都与其价层电子中的 d 电子密切相关，可以认为 d 区元素的化学在某种程度上就是 d 电子的化学。

8.1.1　d 轨道的特性与电子构型

1. d 轨道的特点

（1）d 轨道比 s，p 轨道数目多，成键可能性大。

（2）d 区元素$(n-1)$d 与 ns 轨道间［甚至$(n-1)$d 与 np 间］的能量差较主族元素的 ns、np 的能量差小得多，从而使 d 轨道成为能参与成键的价轨道。

如 Fe 原子基态的 3d 与 4s 能量差约为 117 kJ · mol^{-1}，而 3d 与 4p 能量差约为 134 kJ · mol^{-1}；但 C 原子基态的 2s 与 2p 能量差却大到约 850 kJ · mol^{-1}。

（3）五条 d 轨道的角度部分函数按其极大值的分布可分为两组：一组极大值在坐标轴上，包括 d_{z^2}，$d_{x^2-y^2}$；另一组极大值在轴间 45°分角线上，包括 d_{xy}、d_{yz}和 d_{xz}。d 轨道对反演操作是对称的，是偶的，对称性标识为 g。

（4）d 电子概率径向分布函数 D_r曲线峰的数目比同层的 s、p 电子相应峰的数目少，钻到原子核附近的概率小，能量较高，导致某些元素不同主量子数轨道的能级发生交错。

2. $(n-1)$d 与 ns 轨道能级的高低

对于氢原子，主量子数相同的各原子轨道能量都是相等的，而多电子原子中各原子轨道的能量随原子序数不同则有所变化。由 Cotton 能级图（图 8.1）可以看出：$Z=1\sim14$ 的元素是 $E_{3d}<E_{4s}$，$Z=15\sim20$ 的元素是 $E_{3d}>E_{4s}$，$Z=21$ 以后的元素都是 $E_{3d}<E_{4s}$。

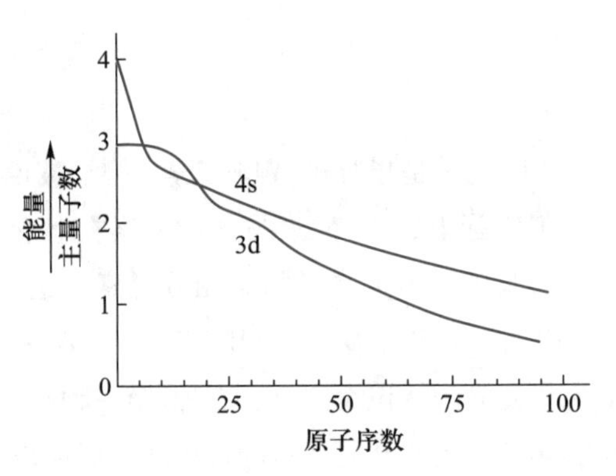

图 8.1　3d 和 4s 电子的 Cotton 能级图

为什么 3d 和 4s 的能量随原子序数的增加会发生这样的变化？这是因为多电子原子中电子的能量不仅和 n 有关，而且和 l 有关。根据北京大学徐光宪教授 1956 年改进的 Slater 经验规则，利用公式：

$$E=-1312.13\times(Z^*/n^*)^2\ \text{kJ}\cdot\text{mol}^{-1}$$

可求出原子中某个电子的能量。式中 Z^* 和 n^* 的含义见第 1 章。

例如，对 K 原子：$E_{4s}=-245.4$ kJ · mol^{-1}，$E_{3d}=-145.8$ kJ · mol^{-1}，$E_{3d}>E_{4s}$。

对 Sc 原子：$E_{4s}=-538.4$ kJ · mol^{-1}，$E_{3d}=-1312.1$ kJ · mol^{-1}，$E_{3d}<E_{4s}$。

结果说明，当 3d 轨道无电子时，$E_{3d}>E_{4s}$，电子先填充 4s 轨道；当 3d 轨道填充电子之后，其能量下降，$E_{3d}<E_{4s}$。对第五周期的 5s 和 4d，在 40 号元素之后能量非常接近，甚至比 E_{4s}和 E_{3d}之间的差别还小。但在第六周期，由于 4f 电子的屏蔽作用，使 E_{6s}和 E_{5d}的差值又增大了。

而气态离子的能级顺序基本由主量子数决定。如 3d < 4s < 4p；4d < 5s < 5p；4f < 5d < 6s < 6p；5f < 6d < 7s。某元素的原子失去电子变为离子，失电子的次序取决于离子中电子的能级（终态）而不是原子中电子能级（始态）的高低。

3. d 轨道的稳定性

以 Cu 副族元素为例，由电子的松紧规律得到其 d 轨道的稳定性为 3d < 4d > 5d。4d 轨道的稳定性比较大，这还可从第五周期 d 区元素外围电子构型看到：

元素符号	Y	Zr	Nb	Mo	Tc	Ru	Rh	Pd	Ag	Cd
原子序数	39	40	41	42	43	44	45	46	47	48
外围电子构型	d^1s^2	d^2s^2	d^4s^1	d^5s^1	d^6s^1	d^7s^1	d^8s^1	$d^{10}s^0$	$d^{10}s^1$	$d^{10}s^2$

从 Nb 到 Ag,连续七个元素其外围电子中无 $5s^2$结构,甚至在两处出现不同寻常的特殊结构,一处是 Tc 的外围电子 $4d^65s^1$,不惜打破半满稳定的规则,另一处是 Pd 的外围电子 $4d^{10}5s^0$,不惜违背外层必有电子的规则。

4. d 区元素的价电子构型

电子的构型取决于体系的总能量,按照 Hartree-Fock 自洽场的方法,体系总能量等于轨道能之和减去电子之间的相互作用能。

电子之间的相互作用能分为两个部分,其一是传统的或经典的带负电荷电子之间的库仑排斥力,它近似地同电子对的数目成正比;其二是已在 1.1.2 节中提到过的属于非经典性的被称为交换能的力,它是 Hund 规则的能量来源。交换能的大小大致与自旋平行的电子对的数目成正比,交换能作用的结果是减小静电互斥能,使电子的稳定性增加。

作为一种近似,忽略不同 n、l 轨道中电子之间的交换能的差别,则自旋平行电子之间的交换能可按下式计算其相对值:

$$E_{交换} = [n_{\alpha}(n_{\alpha} - 1)/2 + n_{\beta}(n_{\beta} - 1)/2]K \tag{8.1}$$

$$\bar{E}_{交换} = E_{交换}/(n_{\alpha} + n_{\beta}) \tag{8.2}$$

其中 $E_{交换}$为交换能,$\bar{E}_{交换}$为平均交换能。n_{α}为自旋等于 α(如+1/2)的电子数,n_{β}为自旋等于 β(如-1/2)的电子数。

按照以上公式,可计算出第一过渡系元素原子的 $E_{交换}$和 $\bar{E}_{交换}$,计算结果如下:

电子构型	d^1	d^2	d^3	d^4	d^5	d^6	d^7	d^8	d^9	d^{10}
$E_{交换}/K$	0	1	3	6	10	10	11	13	16	20
$\bar{E}_{交换}/K$	0	1/2	1	6/4	2	10/6	11/7	13/8	16/9	2

平均交换能的数值以 d^5 和 d^{10} 为最大。交换能中的 K 值随原子不同而异,也和配体有关,根据光谱测定和计算,第一过渡系元素 K 值为$-48 \sim -19$ kJ · mol^{-1}。

下面以 Cr 原子为例,通过讨论其采用哪种电子排布更有利来理解引入交换能的意义。

	V	Cr	Cr	Mn
4s	2	2	1	2
3d	3	4	5	5

已知轨道能级差:$E_{3d}-E_{4s} = 117$ kJ · mol^{-1}。

Cr($3d^44s^2$):$E_{交换} = 6K$;$3d^54s^1$:$E_{交换} = 10K$。$\Delta E = 4K$,若按 $K = -33.5$ kJ · mol^{-1}计算,则

$4K = -134\ \text{kJ}\cdot\text{mol}^{-1}$。

估算结果说明，Cr 取 $3d^5 4s^1$ 构型时，交换能值较大，增加的交换能可以补偿电子进入 3d 轨道造成的能量升高。依据同样的估算，可以说明 Cu 提前达到全满的原因。

8.1.2　金属单质提取的热力学依据

1. 方法

（1）以天然状态存在的单质的物理分离法

如淘金。

（2）热分解法

例如：

$$2HgO \xrightarrow{\triangle} 2Hg + O_2$$

$$2Ag_2O \xrightarrow{\triangle} 4Ag + O_2$$

（3）热还原法

① 以 C 作还原剂　　$ZnO + C \xrightarrow{\triangle} Zn + CO$

② 用氢作还原剂　　$WO_3 + 3H_2 \xrightarrow{1473\ K} W + 3H_2O$

③ 用比较活泼的金属作还原剂

$$Cr_2O_3 + 2Al \xrightarrow{\triangle} 2Cr + Al_2O_3$$

$$TiCl_4 + 2Mg \xrightarrow{\triangle} Ti + 2MgCl_2$$

（4）电解法

$$NaCl \xrightarrow{电解} Na + (1/2)Cl_2$$

2. 还原过程的热力学

应用反应的自由能变 $\Delta_r G_m^\ominus$ 可以判断某一金属从其化合物中被还原的难易及如何选择还原剂等问题。

金属氧化物越稳定，则还原成金属就越困难。各种不同金属氧化物还原的难易可通过定量地比较它们的生成自由能来确定。

氧化物的生成自由能越负，则氧化物越稳定，金属亦就越难被还原。

Ellingham（艾林罕姆）在 1944 年首先将氧化物的标准生成自由能（更普遍的是生成某氧化物的标准反应自由能变）对温度作图（以后又对硫化物、氯化物、氟化物等作类似的图形），这种图形可以帮助人们：

① 判断哪种氧化物更稳定；

② 比较还原剂的强弱；

③ 估计还原反应进行的温度条件；

④ 选择还原方法。

这种图现在称为自由能-温度图或艾林罕姆图(图 8.2)。图中的线称为某某的氧化线,表示某某与 1 mol O_2作用生成氧化物的过程。

$$(2x/y)\mathrm{M(s)} + \mathrm{O_2(g)} \longrightarrow (2/y)\mathrm{M}_x\mathrm{O}_y\mathrm{(s)}$$

例如,对用 Ag_2O 标记的 Ag 的氧化线,表示 $4Ag + O_2 \longrightarrow 2Ag_2O$,记作 $Ag \rightarrow Ag_2O$ 或 $Ag-Ag_2O$。同样,对 Al_2O_3,表示 $(4/3)Al + O_2 \longrightarrow (2/3)Al_2O_3$,记作 $Al \rightarrow Al_2O_3$;对 $CO \rightarrow CO_2$,表示 $2CO + O_2 \longrightarrow 2CO_2$。

这种图在冶金学上具有特别重要的意义。

这种以消耗 1 mol O_2生成氧化物的过程的自由能变作为标准来对温度进行作图是为了比较的方便。显然,如果氧化物的化学式不同,生成氧化物消耗 O_2的量也不同。如果按照生成 1 mol 产物的习惯,则

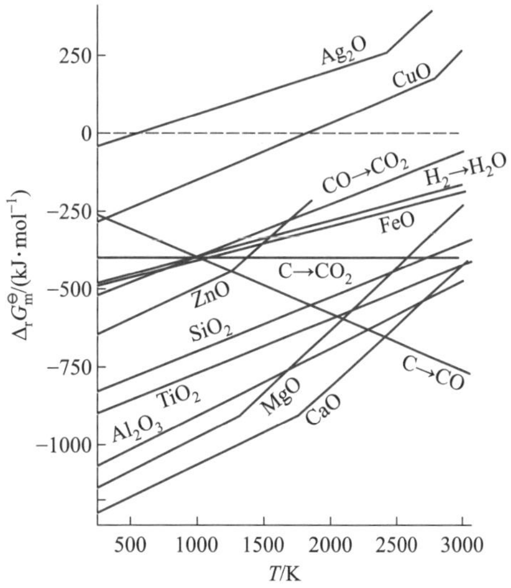

图 8.2 金属氧化物形成的自由能-温度图

$$2Al + (3/2)O_2 \longrightarrow Al_2O_3 \qquad 耗(3/2)\,mol\ O_2$$

而

$$2Na + (1/2)O_2 \longrightarrow Na_2O \qquad 耗(1/2)\,mol\ O_2$$

这显然不好进行比较。因此艾林罕姆图规定以消耗 1 mol O_2生成氧化物的过程的自由能变作为标准来进行作图和比较。

下面对这种图作一些分析。

① 表示 $\Delta_r G_m^\ominus/T$ 间变化关系的公式 $\Delta_r G_m^\ominus = \Delta_r H_m^\ominus - T\Delta_r S_m^\ominus$ 显然是一个直线方程。当 $T = 0$ K,$\Delta_r G_m^\ominus = \Delta_r H_m^\ominus$,即对金属的氧化来说,直线的截距近似地等于氧化物的标准生成焓;而直线的斜率为$-\Delta_r S_m^\ominus$,它等于金属的氧化反应的熵变的负值。如果反应物或生成物发生了相变,如熔化、汽化、相转变等,必将引起熵的改变,此时直线的斜率发生变化,如图上最下两条用 CaO、MgO 来标记的线就是如此,这是由于 Ca、Mg 的熔化所引起熵的变化所致。

② 在艾林罕姆图上,生成某金属氧化物的自由能负值越大,则金属-氧化物的线在图中的位置就越靠下。相反,金属氧化物生成自由能负值越小,则其金属-氧化物线在图中的位置就越靠上。这就是说,根据图中各种线的位置的高低就可判断出这些氧化物稳定性的相对大小。

显然,金属-氧化物的线位置越低,氧化物越稳定。

③ 若一个还原反应能够发生,必须是艾林罕姆图上位于下面的金属与位于上面的金属氧化物之间相互作用的结果。反之,位于上面的金属与位于下面的金属氧化物之间的反应将不发生。

这表明位于下面的金属的还原性强。

根据这个原则,从艾林罕姆图就可以排列出常见还原剂如在 1073 K 时的相对强弱次序为

$$Ca > Mg > Al > Ti > Si > \cdots$$

同理,常见氧化剂在 1073 K 时的强弱次序为

$$Ag_2O > CuO > FeO > ZnO > SiO_2 > \cdots$$

④ 对大多数金属氧化物的生成来说，如 $2M(s)+O_2(g) \longrightarrow 2MO(s)$，由于消耗氧气的反应是熵减少的反应，因而直线有正的斜率，但对反应 $2C(s)+O_2(g) \longrightarrow 2CO(g)$ 来说，气体分子数增加，是熵增加的反应，故 C→CO 线有负的斜率。这样，C→CO 线将与许多金属-氧化物线会在某一温度时相交，这意味着在低于该温度时，CO 不如金属氧化物稳定；但在高于该温度时，CO 的稳定性大于该金属氧化物的稳定性，因而在高于该温度时，C 可以将该金属从其氧化物中还原出来。

以 C 还原 Al_2O_3 为例。从图 8.2 中可以发现，在低于 2250 K 的温度时，C→CO 线位于 Al_2O_3 线之上，表明 Al_2O_3 的生成自由能比 CO 的有更大的负值，C 不能用作 Al_2O_3 的还原剂。但当温度超过 2250 K 时 CO 的生成自由能比 Al_2O_3 的有更大的负值，即在高于 2250 K 时 C 能从 Al_2O_3 中夺取氧而使 Al_2O_3 还原。

艾林罕姆图的最大用途是选择金属氧化物的还原方法，亦即在本节开始时提到的一些金属提取的一般方法的依据。

① 金属氧化物的热分解法　位于艾林罕姆图上端的 Ag_2O 和 HgO（没有画出）线，在 298 K 时位于 $\Delta_r G_m^\ominus = 0$ 线的下方，即在 298 K 时，生成这些氧化物的标准自由能变是负值。但温度升高，如升到698 K 以上时，这时两条线均越过 $\Delta_r G_m^\ominus = 0$ 的线，即在 698 K 时，$\Delta_r G_m^\ominus > 0$。这一变化意味着 Ag_2O、HgO 在温度升高时会自发分解。所以对这些不活泼的金属氧化物就可以采用氧化物的热分解法来获得金属。

② 金属氧化物的 C 还原法　在较低温度时由 C 生成 CO 的标准自由能变的负值不是太大，但由于 C →CO 线是负斜率（且斜率负值较大）的线，因而增加了与金属-氧化物线相交的可能性，即很多金属氧化物都可在高温下被 C 还原，这在冶金上有十分重要的意义。

以 C 作为还原剂，在低于 1000 K 时其氧化产物是 CO_2，高于 1000 K 时氧化产物为 CO。

CO 也是一种还原剂（$CO \rightarrow CO_2$）。由艾林罕姆图可见，与 C 相比，在大约 1000 K 以下 CO 还原能力比 C 强，大于 1000 K 则是 C 的还原能力比 CO 强。因为在 1000 K 以上时，C 的氧化线已位于 CO 的氧化线之下。

③ 活泼金属还原法　位于艾林罕姆图中下方的金属氧化物具有很低的标准生成自由能，这些金属可以作为还原剂将其上方的金属氧化物中的金属还原出来，常用的金属还原剂有 Mg、Al、Na、Ca 等。

④ 氢还原法　在艾林罕姆图中，$H_2 \rightarrow H_2O$ 线的位置较高，由 H_2 生成 H_2O 的 $\Delta_r G_m^\ominus$ 负值不太大，位于 $H_2 \rightarrow H_2O$ 线上方的 M-MO 线也不是很多，由于 $\Delta_r G_m^\ominus$ 比 H_2O 的低的氧化物显然不能用 H_2 将其还原，而且，$H_2 \rightarrow H_2O$ 线斜率为正，与 M-MO 线相交的可能性也不大。这些都说明，H_2 并不是好的还原剂。只有少数几种氧化物如 Cu_2O、CoO、NiO 等可被 H_2 还原。

⑤ 电解还原法　在艾林罕姆图下方的金属氧化物有很低的标准生成自由能值，这些金属氧化物的还原必须通过电解的方法才能实现。如 Na、Mg、Al、Ca 等都是通过电解还原法来制取的。

3. 金属硫化物的艾林罕姆图

在自然界，许多 d 区元素是以硫化物的形式存在的，由于 H_2S 和 CS_2 的 $\Delta_r G_m^{\ominus}$ 的值都相当高(参见图 8.3)，所以不能直接用 C 或 H_2 还原金属硫化物以制取金属，而是首先把硫化物转变为氧化物然后再用 C 或 H_2 还原。

图 8.3 是硫化物的艾林罕姆图。它依据的反应是

$$(x/y)M(s) + (1/2)S_2(g) \longrightarrow (1/y)M_xS_y(s)$$

亦即，它是按照消耗 0.5 mol $S_2(g)$ 为标准来计算的 $\Delta_r G_m^{\ominus}$ 值。

硫化物的艾林罕姆图与氧化物的艾林罕姆图十分相近。事实上，像 CaS 比 Na_2S 稳定就与 CaO 比 Na_2O 稳定是一致的。

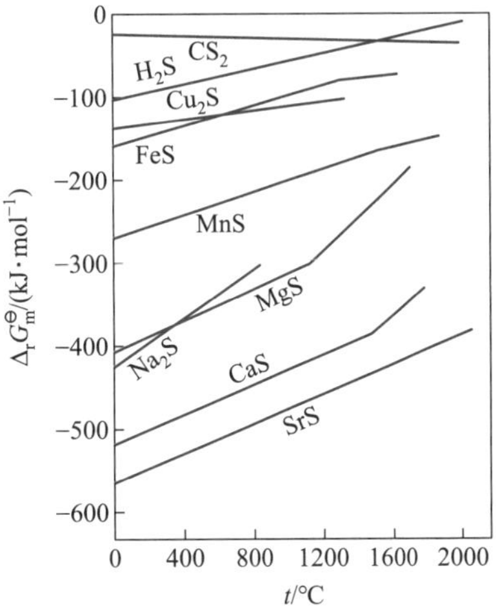

图 8.3　金属硫化物的艾林罕姆图

8.1.3　d 区元素的氧化态及其稳定性

氧化态是某元素一个原子的荷电数，这种荷电数由假设把每个键中的电子指定给电负性更大的原子而求得。元素的氧化态取决于原子的电子层结构，特别是价电子层结构。它影响 d 区元素的性质，特别是哪些与离子半径和电荷相关的性质。例如，晶体结构、溶解性、水化能和沉淀反应的趋势等。氧化态的高低还在一定程度上决定了化合物的成键方式和物种的特征。

1. 物种的分布特征与氧化态的关系

d 区元素最显著的特点之一是它们呈现多种氧化态。

研究发现，第一过渡系元素的典型的氧化态的分布是过渡系两端元素的氧化态数目少而且低，中间元素的氧化态数目多而且高。这是因为，过渡系列前面的元素 d 电子数少，而后面的元素虽然 d 电子数不少，但由于有效核电荷增加，d 轨道能量降低，不易参加成键所致。

两端元素几乎无变价，中间的锰从−3 价到+7 价多达 11 种。钛的+4 价比+3 价稳定，+3 价又比+2 价稳定，而镍的+2 价比+3 价稳定。从钛到锰的最高氧化态等于 s 和 d 电子的总数，然而从铁开始，高氧化态的稳定性减小，以致相继的典型物种的常见氧化态为+2 和+3(铜是+2和+1)。

第二、三过渡系元素的氧化态变化趋势与第一过渡系元素的基本一致。

总之，d 区元素呈现多种氧化态。归纳起来有以下几点：

① d 区元素相邻氧化态间的差值为 1 或 2，而 p 区元素相邻氧化态间的差值常为 2。前者如 Mn，它有−3、−2、−1、0、1、2、3、4、5、6、7 等氧化态；后者如 S，它有−2、0、2、4、6 等氧化态。

② ⅢB～ⅦB 族元素的最高氧化态和族数一致，但Ⅷ族元素的氧化态能达到+8 的只有 Ru 和 Os 两种元素(如在 RuO_4 和 OsO_4 中)。

③ 第一过渡系元素最高氧化态的化合物一般不稳定(Sc、Ti、V 除外)，而第二、三过渡系

元素最高氧化态的化合物则比较稳定。如ⅥB 族中 Cr 在氧气中燃烧得 Cr_2O_3，而 Mo、W 在氧气中燃烧得 MoO_3、WO_3。

2. 自由能-氧化态图

自由能-氧化态图由 Frost 于 1950 年提出，后经 Ebsworth 所发展，因此也有 Frost 图和 Ebsworth 图之称。

自由能-氧化态图是用图解的方式表示元素的不同氧化态氧化还原反应自发进行的方向和趋势的大小和自由能与电极电势的关系。原则上，氧化还原反应都可以设计成原电池，在半电池反应中：

$$M^{n+} + ne^- \longrightarrow M \qquad \Delta_r G_m^\ominus = -nFE^\ominus$$

或

$$M \longrightarrow M^{n+} + ne^- \qquad \Delta_r G_m^\ominus = nFE^\ominus$$

其中 F 是法拉第常数，其值为 96.485 $kJ \cdot V^{-1} \cdot mol^{-1}$。若 $\Delta_r G_m^\ominus$ 的单位取 $kJ \cdot mol^{-1}$，则 $\Delta_r G_m^\ominus = 96.485\ n(E^\ominus/V)\ kJ \cdot mol^{-1}$；如 $\Delta_r G_m^\ominus$ 单位用 eV 表示，因 $1\ eV = 96.485\ kJ \cdot mol^{-1}$，于是 $\Delta_r G_m^\ominus = n(E^\ominus/V)\ eV$。

显然，如果以 $\Delta_r G_m^\ominus$ 对 n 作图，得到的应是一条直线，直线的斜率为电对 M^{n+}/M 的电极电势。

同样，若：

$$M^{n+} \longrightarrow M^{m+} + (m-n)e^- \quad (m>n) \qquad \Delta_r G_m^\ominus = (m-n)(E^\ominus/V)\ eV$$

以 $\Delta_r G_m^\ominus$ 对 $(m-n)$ 作图，得到的也是一条直线，直线的斜率为电对 M^{m+}/M^{n+} 的电极电势。将各电对物种的直线组合起来，即得到自由能-氧化态图。

下面以 Mn 的自由能-氧化态图的制作为例。已知 Mn 的电极电势图为

$$E_a^\ominus/V \quad MnO_4^- \xrightarrow{0.564} MnO_4^{2-} \xrightarrow{2.26} MnO_2 \xrightarrow{0.95} Mn^{3+} \xrightarrow{1.51} Mn^{2+} \xrightarrow{-1.18} Mn$$

按照由已知电对的电极电势求未知电对电极电势的方法可以求出下列各电对的电极电势和对应电极反应的自由能变化（对由 Mn 生成某氧化态物种来说，这种变化实质上就是该物种的生成自由能）：

$Mn \rightarrow MnO_4^-$　$E_a^\ominus(MnO_4^-/Mn) = 0.74\ V$　$\Delta_r G_m^\ominus = n\times(E_a^\ominus/V)\ eV = 7\times0.74\ eV = 5.18\ eV$

$Mn \rightarrow MnO_4^{2-}$　$E_a^\ominus(MnO_4^{2-}/Mn) = 0.77\ V$　$\Delta_r G_m^\ominus = 6\times0.77\ eV = 4.62\ eV$

$Mn \rightarrow MnO_2$　$E_a^\ominus(MnO_2/Mn) = 0.025\ V$　$\Delta_r G_m^\ominus = 4\times0.025\ eV = 0.1\ eV$

$Mn \rightarrow Mn^{3+}$　$E_a^\ominus(Mn^{3+}/Mn) = -0.283\ V$　$\Delta_r G_m^\ominus = 3\times(-0.283)\ eV = -0.849\ eV$

$Mn \rightarrow Mn^{2+}$　$E_a^\ominus(Mn^{2+}/Mn) = -1.18\ V$　$\Delta_r G_m^\ominus = 2\times(-1.18)\ eV = -2.36\ eV$

以 $\Delta_r G_m^\ominus$ 为纵坐标、n 为横坐标描出代表各氧化态物种的坐标点（$\Delta_r G_m^\ominus$，n），以直线连接相邻的点便得到如图 8.4 所示的 Mn 元素在酸性介质中的自由能-氧化态图。由图可见：

① 由图中较高位置的状态向较低位置的状态变化是自由能降低的变化，因而这种变化能自发进行。

② 最稳定的物种处于图中的最低点。

③ 两个物种连线的斜率代表该物种电对的电极电势。斜率为正，意味着从高氧化态物种到低氧化态物种自由能降低，表明高氧化态物种（电对的氧化型）不稳定；反之，斜率为负，则表明低氧化态物种（电对的还原型）不稳定。

④ 如果某个物种处于连接两个相邻物种连线的上方，表明它是热力学不稳定状态，能发生歧化反应生成两相邻的物种。相反，如果某物种处于两相邻物种连线的下方，则两相邻物种将发生逆歧化反应生成该物种。

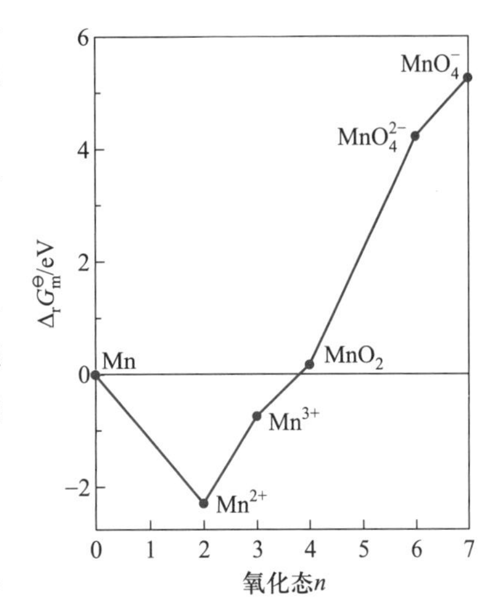

图 8.4 Mn 元素在酸性介质中的自由能-氧化态图

自由能-氧化态图的应用很广。

用途之一是判别同一元素的不同氧化态在水溶液中的相对稳定性（最稳定的氧化态处于图中的最低点）；用途之二是预测发生歧化反应的可能性；用途之三是判断氧化还原反应自发进行的方向和趋势（图中斜率大的电对的氧化型与斜率小的电对的还原型物种间可以自发进行反应，两斜率的差值越大，反应的趋势越大）；用途之四是用来说明 d 区元素氧化还原性的变化规律。

以第一过渡系元素为例。图 8.5 是第一过渡系元素的自由能-氧化态图，其中的锰线分别对应于 pH=0、7 和 14，其余元素的 pH 均为 0。由图 8.5 可以看出：

① 因 Ni^{2+}、Co^{2+}、Fe^{2+}、Mn^{2+}、Cr^{3+}、V^{3+}、Ti^{3+}、Sc^{3+}分别位于各条曲线的最低点，所以在酸性溶液中，该系列元素的最稳定氧化态为+2 或+3。

② 从 Sc 到 Ni 随着原子序数增加，由于从金属 M 到各相应 M^{2+}或 M^{3+}的连线均为负斜率，表明这些金属在酸性溶液中可以置换出 H_2；由金属 Sc 到 Sc^{3+}的连线最陡，到 Ni^{2+}的连线近于平坦，表明斜率的负值减小，所以随着原子序数增加，由金属 M 变为 M^{2+}或 M^{3+}的趋势逐渐减小，即金属的还原能力逐渐减弱。

③ Ti^{3+}、V^{3+}、Cr^{3+}分别位于曲线的最低点，它们与相应的 Ti^{2+}、V^{2+}、Cr^{2+}的连线为负斜率，所以 Ti^{2+}、V^{2+}、Cr^{2+}是较强的还原剂。

④ 从 Cu 到 Cu^+的连线为正斜率，表明 Cu 不易变为 Cu^+。

⑤ 除 Cu、Sc 外，图中各元素的最高氧化态与其最稳定氧化态的连线均为正斜率，因而这些高氧化态都倾向于形成低氧化态 M^{2+}或 M^{3+}。在酸性溶液中，高氧化态的 Co^{3+}、FeO_4^{2-}、MnO_4^-、$Cr_2O_7^{2-}$ 等都是较强的氧化剂。

⑥ Cu^+，酸性介质 Mn^{3+}和 MnO_4^{2-}，碱性介质 $Mn(OH)_3$和 MnO_3^-均位于其两侧较高氧化态与较低氧化态连线的上方，故都能歧化，而其余各氧化态均在连线的下方，均无歧化的可能。

对于其他过渡系或同族元素氧化还原性的变化规律，根据相应的自由能-氧化态图，同样可以方便直观地作出判断，这里不再赘述。

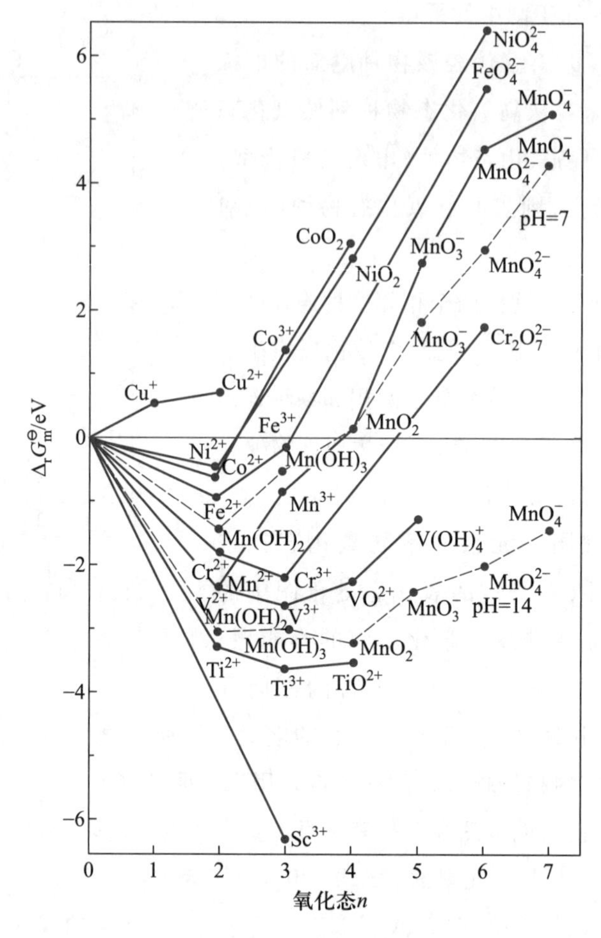

图 8.5　第一过渡系元素的自由能-氧化态图

3. 低氧化态物种

在羰基、类羰基、亚硝基等 π 酸配体配合物中，含有机共轭 π 键的配合物和有机金属化合物及金属原子簇的化合物中，常可见到 d 区元素的低氧化态（-3～-1、0、+1、+2）物种。如 $Ni(CO)_4$、$Fe(CO)_5$、$HMn(CO)_5$、$Fe(C_5H_5)_2$、$Cr(C_6H_6)_2$、$[Mo_2Cl_8]^{4-}$等。这类低氧化态化合物或者涉及 σ+π 的协同成键，或者涉及金属-金属成键，因而具有特殊的稳定性。

4. 中等氧化态物种

中等氧化态常指+2 和+3 氧化态。这些氧化态的物种多为简单水合离子，其化合物常为离子性化合物或由这些简单离子形成的配合物。考察这些氧化态在水溶液中的标准电极电势和水的 E-pH 关系通常可以说明它们在水溶液中的稳定性。

当 $c(H^+)=1\ mol\cdot L^{-1}$时　　$2H_2O \xlongequal{} O_2 + 4H^+ + 4e^-$　　$E^{\ominus}=1.229\ V$

当 $c(H^+)=10^{-7}\ mol\cdot L^{-1}$时　　$2H_2O \xlongequal{} O_2 + 4H^+ + 4e^-$　　$E^{\ominus}=0.815\ V$

当 $c(H^+)=1\ mol\cdot L^{-1}$时　　$H_2 \xlongequal{} 2H^+ + 2e^-$　　$E^{\ominus}=0\ V$

当 $c(H^+)=10^{-7}\ mol\cdot L^{-1}$时　　$H_2 \xlongequal{} 2H^+ + 2e^-$　　$E^{\ominus}=-0.414\ V$

根据这些数据，可以给出 d 区元素中间氧化态物种在水溶液中与 O_2、H^+及 H_2O 反应的大致情况。

① 当金属的某两个氧化态电对的 $E^{\ominus}>1.229\ V$ 时,则该电对的氧化型在 $1\ mol\cdot L^{-1}$ 酸中能氧化水而放出氧气;当 $E^{\ominus}<1.229\ V$ 时,在 $1\ mol\cdot L^{-1}$ 酸性水溶液中的氧气可以氧化电对的还原型。

② 当电对的 $E^{\ominus}<0\ V$ 时,其还原型可置换 $1\ mol\cdot L^{-1}$ 酸中的 H^+ 而析出氢气。当 $E^{\ominus}<-0.414\ V$ 时,其还原型可置换中性水中的 H^+ 析出氢气。

然而,由于大气中的氧气和氢气的分压均小于 $1.00\times10^5\ Pa$,以及超电势、动力学等诸因素,一般要在电极电势差分别大于 0.5 V 和小于 0.5 V 才可能析出氧气和氢气。

5. 高氧化态物种的稳定性

锰及锰前元素均可达到与族号相同的最高氧化态。如 $TiCl_4$、VO_4^{3-}、CrO_4^{2-}、MnO_4^- 等。而锰后元素则不能,如 Fe 的最高氧化态只能达到+6;Co、Ni 最高氧化态只能达到+4。而且这些物种都不稳定,常为很强的氧化剂。例如,FeO_4^{2-} 在酸性($1\ mol\cdot L^{-1}$)水溶液中不稳定,可发生下述反应:

$$4\ FeO_4^{2-}+20\ H^+ \xlongequal{\quad} 4Fe^{3+}+3O_2\uparrow+10\ H_2O$$

通常在讨论最高氧化态的稳定性时,必须要考虑三方面的因素:

能量因素　形成最高氧化态时需要失去较多的价电子,这需要很大的电离能,虽然形成化学键可以获得一定的能量,然而,化学键的键能一般只有几百千焦每摩尔,而电离能一般都较大,如铁原子的 $I_7=12061\ kJ\cdot mol^{-1}$,$I_8=14569\ kJ\cdot mol^{-1}$,所以首先应考虑由形成化学键所获得的总能量能否补偿电离所需的总能量。

电中性原理　Pauling 电中性原理指出,分子中的电子总是按照某种特定方式分布,以使每个原子上的残余电荷等于零或近似等于零。处于高氧化态的中心离子,通常都具有很强的氧化能力。为了减小该原子上所带的电荷,可以通过转移电子云密度的途径来实现。

如 MnO_4^-,其中的 $Mn^{Ⅶ}$ 集中了太多的正电荷,因而很不稳定,它只有与能分散这些正电荷的原子结合才能稳定存在。能符合这一要求的通常只有 O^{2-} 或 F^-。一方面 O^{2-} 能向 $Mn^{Ⅶ}$ 提供 σ 电子,另一方面又能提供 pπ 电子,所以,作为一种双给配体,能有效中和掉 $Mn^{Ⅶ}$ 原子上的过多正电荷从而能使 $Mn^{Ⅶ}$ 稳定。F^- 也是双给配体,不过,由于氟的电负性比氧的大,在稳定高价离子方面不如氧有效。因此,处于高氧化态的 d 区元素的化合物通常是含氧化合物(氧化物或含氧酸根离子)或氟化物。而且含氧化合物比氟化物更普遍,如 MnO_4^-、CrO_4^{2-}、FeO_4^{2-} 等。

如果某种氧化态的氧化性太强,O^{2-} 已不能使之稳定,它也就不能稳定存在。

成键方式　从化合物的成键方式来看:

① 当配位原子与中心原子之间以 σ 单键结合,则中心原子通常呈普通的中等氧化态,如 $[Cu(NH_3)_6]^{2+}$、$[Fe(H_2O)_6]^{3+}$ 等。

$$L\xrightarrow{\sigma}M$$

② 配位原子与中心原子之间以多重键结合，且 σ 和 π 方向相同，则中心原子通常呈现高氧化态，如 MnO_4^-、CrO_4^{2-} 等。

$$L \underset{\pi}{\overset{\sigma}{\rightrightarrows}} M$$

③ 配位原子与中心原子之间以多重键结合，而 σ 和 π 方向相反，则中心原子通常呈现低氧化态，如 $Ni(CO)_4$、$Fe(CO)_5$ 等。

$$L \underset{\pi}{\overset{\sigma}{\rightleftarrows}} M$$

8.1.4　d 区元素氧化还原反应的热力学

1. 第一过渡系元素电对 M^{2+}/M 的电极电势

在水溶液中，过渡金属电对的电极电势 $E^\ominus(M^{2+}/M)$ 可由反应：

$$M^{2+}(aq) + H_2(g) \xlongequal{} M(s) + 2H^+(aq)$$

的标准自由能变求算。例如：

	$Cu^{2+}(aq)$ +	$H_2(g)$ ═══	$Cu(s)$ +	$2H^+(aq)$
已知 $\Delta_f G_m^\ominus/(kJ\cdot mol^{-1})$	65.22	0	0	0
$\Delta_f H_m^\ominus/(kJ\cdot mol^{-1})$	64.77	0	0	0

所以反应的 $\Delta_r G_m^\ominus = -65.22\ kJ\cdot mol^{-1}$，$\Delta_r H_m^\ominus = -64.77\ kJ\cdot mol^{-1}$。

根据 Gibbs-Helmholtz 公式可以求出反应的熵变项：

$$\Delta_r G_m^\ominus = \Delta_r H_m^\ominus - T\Delta_r S_m^\ominus$$

$$T\Delta_r S_m^\ominus = -64.77\ kJ\cdot mol^{-1} + 65.22\ kJ\cdot mol^{-1} = 0.45\ kJ\cdot mol^{-1}$$

从焓变和熵变项的数值比较，可知该反应的熵变项要小得多。对于同一类型的反应，由于熵变项相近，因此，有可能只从焓变来分析 $E^\ominus$ 的差别。而标准状态下电极反应焓变的决定因素又可以通过分析下述热力学循环找到：

$$\begin{array}{ccccccc}
M^{2+}(aq) & + & H_2(g) & \xrightarrow{\Delta_r H_m^\ominus} & 2H^+(aq) & + & M(s) \\
\downarrow {\scriptstyle -\Delta_{hyd}H_m^\ominus(M^{2+})} & & \downarrow {\scriptstyle 2\Delta_{at}H_m^\ominus(H)} & & \uparrow {\scriptstyle 2\Delta_{hyd}H_m^\ominus(H^+)} & & \uparrow {\scriptstyle -\Delta_{at}H_m^\ominus(M)} \\
M^{2+}(g) & + & 2H(g) & \xrightarrow[2\Delta_I H_m^\ominus(H)]{-\Delta_{I_1+I_2}H_m^\ominus(M)} & 2H^+(g) & + & M(g)
\end{array}$$

$$\Delta_r H_m^\ominus = 2(\Delta_{at}H_m^\ominus + \Delta_I H_m^\ominus + \Delta_{hyd}H_m^\ominus)_H - (\Delta_{at}H_m^\ominus + \Delta_{I_1+I_2}H_m^\ominus + \Delta_{hyd}H_m^\ominus)_M \tag{8.3}$$

对于上述反应，有

$$\begin{aligned}\Delta_r H_m^\ominus \approx \Delta_r G_m^\ominus &= -2FE^\ominus \\ &= -2F[E^\ominus(M^{2+}/M) - E^\ominus(H^+/H_2)] \\ &= -2FE^\ominus(M^{2+}/M)\end{aligned}$$

在比较第一过渡系元素的焓变时，上式中与氢有关的焓变可作为常数求出。

已知，$\Delta_{at}H_m^\ominus(H) = 216\ kJ\cdot mol^{-1}$，$\Delta_I H_m^\ominus(H) = 1312\ kJ\cdot mol^{-1}$，$\Delta_{hyd}H_m^\ominus(H^+) = -1090\ kJ\cdot mol^{-1}$。这样，$2(\Delta_{at}H_m^\ominus + \Delta_I H_m^\ominus + \Delta_{hyd}H_m^\ominus)_H = 2\times(216+1312-1090)\ kJ\cdot mol^{-1} = 876\ kJ\cdot mol^{-1}$。

因此，d 区元素电对的标准电极电势的差异，取决于金属单质的原子化焓，第一、第二电离能之和及水合焓。

由于水合焓包含着配位场稳定化能的贡献，因而配位场稳定化能对电对的电极电势也起着一定的影响作用。

例如，钒的原子化焓、第一和第二电离能之和、水合焓（未考虑配位场稳定化能的影响）分别为 $515\ kJ\cdot mol^{-1}$、$2063\ kJ\cdot mol^{-1}$ 和 $-1714.8\ kJ\cdot mol^{-1}$。而锰的相应值分别为 $279\ kJ\cdot mol^{-1}$、$2226\ kJ\cdot mol^{-1}$ 和 $-1867.7\ kJ\cdot mol^{-1}$。它们的 $\Delta_r H_m^\ominus$ 各为 $12.8\ kJ\cdot mol^{-1}$ 和 $238.7\ kJ\cdot mol^{-1}$，二者相差甚大。据此，$E^\ominus(V^{2+}/V)$ 应比 $E^\ominus(Mn^{2+}/Mn)$ 高得多。但是，二者的标准电极电势数值在实际上很接近，其原因就在于 $[V(H_2O)_6]^{2+}$ 的配位场稳定化能 LFSE 对电对的电极电势的贡献，其 LFSE 值为 $180.6\ kJ\cdot mol^{-1}$，而 $[Mn(H_2O)_6]^{2+}$ 无配位场稳定化能贡献。这样一来，二者的 $\Delta_r H_m^\ominus$ 值就相差不大了。可见，配位场稳定化能对电极电势有重要的意义。

表 8.1 列出第一过渡系元素的热力学数据及电极电势，如 $\Delta_{at}H_m^\ominus$、$\Delta_{I_1+I_2}H_m^\ominus$、$\Delta_{I_3}H_m^\ominus$、$\Delta_{hyd}H_m^\ominus$ 及 $E^\ominus(M^{2+}/M)$、$E^\ominus(M^{3+}/M^{2+})$ 和 $E^\ominus([M(CN)_6]^{3-}/[M(CN)_6]^{4-})$ 的数值。图 8.6 图示出第一过渡系元素的一些热力学数据，给出其中 $\Delta_{at}H_m^\ominus$、$\Delta_{I_1+I_2}H_m^\ominus$、$\Delta_{hyd}H_m^\ominus$，按式（8.3）算得的 $\Delta_r H_m^\ominus$ 值，$E^\ominus(M^{2+}/M)$ 及 LFSE 随原子序数的变化。

表 8.1 第一过渡系元素的热力学数据及电极电势

元素		Ca	Sc	Ti	V	Cr	Mn	Fe	Co	Ni	Cu	Zn
$\Delta_{I_1+I_2}H_m^\ominus/(kJ\cdot mol^{-1})$		1735	1866	1968	2063	2245	2226	2320	2404	2490	2703	2639
$\Delta_{I_3}H_m^\ominus/(kJ\cdot mol^{-1})$		4912	2389	2652	2828	2987	3248	2957	3232	3393	3554	3833
$\Delta_{at}H_m^\ominus/(kJ\cdot mol^{-1})$		178	378	470	515	397	279	417	425	430	339	131
$\dfrac{-\Delta_{hyd}H_m^\ominus}{kJ\cdot mol^{-1}}$	实验值	1586.6	—	1866.1	1895.4	1949.7	1867.7	1954.3	2037.6	2076.9	2119.2	2060.6
	扣除 LFSE 后的值				1714.8	1850.1	1867.7	1904.9	1948.8	1932.8		
$\dfrac{\Delta_r H_m^\ominus 值[按式(8.3)]}{kJ\cdot mol^{-1}}$		-549.6	—	-304.1	-193.4	-183.7	-238.7	-93.3	-84	-32.9	+42.8	-166.6
$E^\ominus(M^{2+}/M)/V$		-2.87	—	-1.63	-1.18	-0.91	-1.18	-0.44	-0.277	-0.23	+0.34	-0.763
$E^\ominus(M^{3+}/M^{2+})/V$		—	—	-0.37	-0.256	-0.41	+1.51	+0.77	+1.81	—	—	—
$E^\ominus([M(CN)_6]^{3-}/[M(CN)_6]^{4-})/V$						-1.13	-0.22	+0.36	-0.83			

从图 8.6 可见，$\Delta_{at}H_m^\ominus$曲线（曲线④）呈双峰状。金属原子化需要破坏金属键，而金属键的强度与成单 d 电子的数目有关，由 Ca 的 0 到 Mn 的 5 再到 Zn 的 0，破坏金属键需要消耗的能量应有近似抛物线形状的变化规律；但另一方面，金属原子化使具有正常键合的相邻原子的自旋-自旋耦合解体，使自旋平行的电子对数目增多，释放出交换能。根据交换能的概念，未成对的电子数越多释放出的交换能越多，因而这部分能量应有近似反抛物线的形状。将二者加和将得到曲线④。

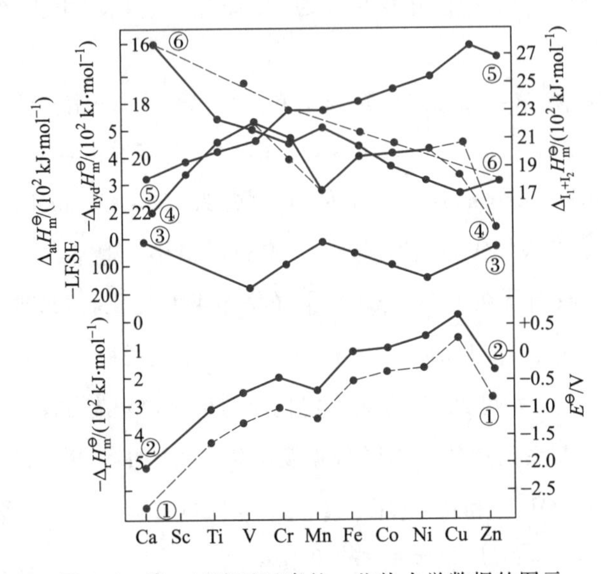

图 8.6　第一过渡系元素的一些热力学数据的图示

$\Delta_{I_1+I_2}H_m^\ominus$曲线（曲线⑤）总的说来是增加的，但在 Cr 和 Cu 处出现了凸起。其总趋势归因于有效核电荷的增加，凸起则是因其余元素都是 $3d^n4s^2$，失去的是两个 s 电子，而 Cr 却为 $3d^54s^1$，Cu 为 $3d^{10}4s^1$，失去的是一个 s 电子、一个 d 电子。

$\Delta_{hyd}H_m^\ominus$曲线（曲线⑥）呈反双峰状。反双峰状变化归因于配位场稳定化能（曲线③）的贡献，在第 7 章已经介绍过了。

将 $\Delta_{at}H_m^\ominus$、$\Delta_{I_1+I_2}H_m^\ominus$、$\Delta_{hyd}H_m^\ominus$三条曲线加起来，然后再加上关于氢的各项就得到图中表示$\Delta_rH_m^\ominus$的曲线②。该曲线从左到右向上倾斜，很明显，这是由$\Delta_{I_1+I_2}H_m^\ominus$所控制的。曲线的不规则性归于 $\Delta_{at}H_m^\ominus$和 $\Delta_{hyd}H_m^\ominus$的变化，前者呈双峰状，后者呈反双峰状，只是后者变化的幅度比前者小（这是因为配位场稳定化能的贡献不是太大的缘故），二者叠加到一块再加到$\Delta_{I_1+I_2}H_m^\ominus$之上就得到 $\Delta_rH_m^\ominus$（曲线②）的变化趋势。可以看到，除个别地方外，整个 $\Delta_rH_m^\ominus$的变化都与$\Delta_{at}H_m^\ominus$的变化一致，只是幅度稍小一些而已。

曲线①为 $E^\ominus(M^{2+}/M)$的变化曲线，它与 $\Delta_rH_m^\ominus$的曲线基本平行。从这条曲线可以看到，Fe、Co、Ni 及 Cu 的还原性均不如 Zn，这是由于这四种元素的成单 d 电子对强化金属键作出了贡献，Zn 没有成单 d 电子，没有这种贡献，所以 Zn 的还原性强。

2. 第一过渡系电对 M^{3+}/M^{2+}的电极电势

第一过渡系的 $E^\ominus(M^{3+}/M^{2+})$可由下列热化学循环进行计算：

$$
\begin{array}{ccccccccc}
M^{3+}(aq) & + & (1/2)H_2(g) & \xrightarrow{\Delta_r H_m^{\ominus}} & H^+(aq) & + & M^{2+}(aq) \\
\downarrow -\Delta_{hyd}H_m^{\ominus}(M^{3+}) & & \downarrow \Delta_{at}H_m^{\ominus}(H) & & \uparrow \Delta_{hyd}H_m^{\ominus}(H^+) & & \uparrow \Delta_{hyd}H_m^{\ominus}(H^{2+}) \\
M^{3+}(g) & + & H(g) & \xrightarrow[\Delta_I H_m^{\ominus}(H)]{-\Delta_{I_3}H_m^{\ominus}(M)} & H^+(g) & + & M^{2+}(g)
\end{array}
$$

$$\Delta_r H_m^{\ominus} = (\Delta_{at}H_m^{\ominus} + \Delta_I H_m^{\ominus} + \Delta_{hyd}H_m^{\ominus})_H - [\Delta_{hyd}H_m^{\ominus}(M^{3+}) + \Delta_{I_3}H_m^{\ominus}(M) - \Delta_{hyd}H_m^{\ominus}(M^{2+})]_M \quad (8.4)$$

式中与氢有关的各项仍可看作常数，由于 $M^{3+}(aq)+e^- \xlongequal{} M^{2+}(aq)$ 的过程与单质无关，$\Delta_r H_m^{\ominus}$ 不受 $\Delta_{at}H_m^{\ominus}$ 所影响，只取决于 $\Delta_{I_3}H_m^{\ominus}$，$\Delta_{hyd}H_m^{\ominus}(M^{3+})$ 及 $\Delta_{hyd}H_m^{\ominus}(M^{2+})$。第一过渡系的 $E^{\ominus}(M^{3+}/M^{2+})$ 数值见表 8.1。由表中数据不难看出，$E^{\ominus}(Cr^{3+}/Cr^{2+})$ 突出地低，对此反常情况可做如下解释：已知金属离子的水合焓包括了配位场稳定化能的贡献，如果将离子的水合焓分解为扣除了 LFSE 贡献的部分[记作 $\Delta_{hyd}H_m^{\ominus}$(球，$M^{N+}$)]和 LFSE 贡献部分。即

$$\Delta_{hyd}H_m^{\ominus}(M^{N+}) = \Delta_{hyd}H_m^{\ominus}(\text{球}, M^{N+}) + LFSE_N \quad (8.5)$$

则式(8.4)变为

$$\Delta_r H_m^{\ominus} = (\Delta_{at}H_m^{\ominus} + \Delta_I H_m^{\ominus} + \Delta_{hyd}H_m^{\ominus})_H - [\Delta_{I_3}H_m^{\ominus}(M) + \Delta_{hyd}H_m^{\ominus}(\text{球}, M^{3+}) - \Delta_{hyd}H_m^{\ominus}(\text{球}, M^{2+})] - (LFSE_3 - LFSE_2) \quad (8.6)$$

由于 $\Delta_{hyd}H_m^{\ominus}$(球，$M^{N+}$)是平滑地变化，因而式(8.6)中 M^{3+} 和 M^{2+} 的水合焓之差也应是平滑地变化。这样，$\Delta_r H_m^{\ominus}$ 亦即 $E^{\ominus}(M^{3+}/M^{2+})$ 的变化就与 M^{3+} 和 M^{2+} 的 LFSE 的差值相关。对于 $E^{\ominus}(Cr^{3+}/Cr^{2+})$ 来说，在八面体场中由 $Cr^{2+}(t_{2g}^3e_g^1)$ 转变为 $Cr^{3+}(t_{2g}^3e_g^0)$ 时，伴随着配位场稳定化能的增加，有额外的能量放出。而 $Ti^{2+}(t_{2g}^2)$、$V^{2+}(t_{2g}^3)$ 转变成 $Ti^{3+}(t_{2g}^1)$ 和 $V^{3+}(t_{2g}^2)$ 时都有配位场稳定化能的损失。

3. 配位场强对电对电极电势的影响

往 Co^{2+} 溶液中加入氨水得红棕色溶液，很快变为深紫红色。

$$[Co(H_2O)_6]^{2+}(\text{粉红}) \longrightarrow [Co(NH_3)_6]^{2+}(\text{红棕}) \longrightarrow [Co(NH_3)_6]^{3+}(\text{深紫红})$$

$$4[Co(NH_3)_6]^{2+} + O_2 + 2H_2O \xlongequal{} 4[Co(NH_3)_6]^{3+} + 4OH^-$$

水合离子和氨合离子的氧化还原稳定性的变化如下所示：

$$[Co(H_2O)_6]^{3+} + e^- \longrightarrow [Co(H_2O)_6]^{2+} \qquad E^{\ominus} = +1.84\ V$$

$$[Co(NH_3)_6]^{3+} + e^- \longrightarrow [Co(NH_3)_6]^{2+} \qquad E^{\ominus} = +0.108\ V$$

可见，由 H_2O 到 NH_3，配位场强度增加，$Co^{Ⅲ}$ 的配离子的氧化性减弱，$Co^{Ⅱ}$ 的配离子的还原性增强。$[Co(H_2O)_6]^{3+}$ 是强氧化剂，水就可以将它还原成 $[Co(H_2O)_6]^{2+}$；相反，$[Co(NH_3)_6]^{2+}$ 在水溶液中就不能稳定存在，因为空气中的氧能把它氧化成 $[Co(NH_3)_6]^{3+}$。

$[Co(CN)_6]^{4-}$ 除易被空气中的氧氧化外，还能被水氧化放出 H_2。

$$4[Co(CN)_6]^{4-} + O_2 + 2H_2O = 4[Co(CN)_6]^{3-} + 4OH^-$$

$$2[Co(CN)_6]^{4-} + 2H_2O = 2[Co(CN)_6]^{3-} + H_2 + 2OH^-$$

为什么 Co^{2+} 的水、氨、氰根配离子的稳定性有如此大的不同？

一般地，在 Co^{2+} 的氧化过程中往往伴有自旋状态的变化：

$$Co^{2+}(t_{2g}^5e_g^2,\text{高自旋})\xrightarrow{\text{I}}Co^{2+}(t_{2g}^6e_g^1,\text{低自旋})\xrightarrow{\text{II}}Co^{3+}(t_{2g}^6e_g^0,\text{低自旋})$$

LFSE	−8 Dq	−18 Dq	−24 Dq
ΔLFSE	−10 Dq		−6 Dq
Δ*P*	1 *P*		0 *P*

第一步，LFSE 增加了 10 Dq，成对能增加 1 *P*，但对于强场配体，10 Dq>*P*，显然，配位场强度越强，越有利于过程的进行。

第二步，在氧化剂的作用下 Co^{2+} 转变成 Co^{3+}，此过程消耗电离能并得到 6 Dq 的 LFSE。配体的场越强，Dq 值越大，就越有利于此过程的进行。

所以，随着配位场强度的增强，分裂能增加，配位场稳定化能贡献增大，使 Co^{2+} 向 Co^{3+} 转化的自发趋势越来越大，可以预期 Co^{2+} 的还原能力将随配位场的增加而增强，而 Co^{3+} 的氧化能力将会下降。

根据光谱化学序列，$H_2O < NH_3 \ll CN^-$。CN^- 是最强的配体，最有利于上述两步过程的进行，所以 $[Co(CN)_6]^{4-}$ 极不稳定，易被氧化。相反，H_2O 是一种配位场相对较弱的配体，上述两步过程都不易进行，故 $[Co(H_2O)_6]^{2+}$ 稳定，不易被氧化。NH_3 的配位场的强度介于二者之间，因此，可以预料 $[Co(NH_3)_6]^{2+}$ 的稳定性应比 $[Co(H_2O)_6]^{2+}$ 弱、比 $[Co(CN)_6]^{4-}$ 强。

上述例子表明配位离子的氧化还原性受电子排布所影响，事实上，若低自旋排布对低价态中心金属离子（如 Fe^{2+}）的稳定性有利，则配位离子电对的标准电极电势就会上升。例如：

$[Fe(H_2O)_6]^{3+} + e^- \longrightarrow [Fe(H_2O)_6]^{2+}$ $E^\ominus([Fe(H_2O)_6]^{3+}/[Fe(H_2O)_6]^{2+}) = 0.771\ V$

$[Fe(phen)_3]^{3+} + e^- \longrightarrow [Fe(phen)_3]^{2+}$ $E^\ominus([Fe(phen)_3]^{3+}/[Fe(phen)_3]^{2+}) = 1.14\ V$

由于 d^6 组态的成对能小、d^5 组态的成对能大，因此，Fe^{2+} 的氧化有可能伴随自旋的升高：

$$Fe^{2+}(t_{2g}^6e_g^0,\text{低自旋})\xrightarrow{\text{I}}Fe^{2+}(t_{2g}^4e_g^2,\text{高自旋})\xrightarrow{\text{II}}Fe^{3+}(t_{2g}^3e_g^2,\text{高自旋})$$

LFSE	−24 Dq	−4 Dq	0 Dq
ΔLFSE	20 Dq		4 Dq
Δ*P*	−2 *P*		−1 *P*

第一步，LFSE 减少了 20 Dq，成对能减少 2 *P*，但对于强场配体，10 Dq>*P*，显然，配位场强度越强，越不利于过程的进行。

第二步，在氧化剂的作用下 Fe^{2+} 转变成 Fe^{3+}，此过程消耗电离能和成对能减少 1 *P*，LFSE 减少 4 Dq。显然，配位场的影响是，场越强，Dq 值越大，就越不利于此过程的进行。

所以，随着配位场强度的增强，分裂能增加，配位场稳定化能增大，使 Fe^{2+} 向 Fe^{3+} 转化的自发趋势越来越小，可以预期 Fe^{2+} 的还原能力将随配位场强的增加而减小，相反，Fe^{3+} 的氧化能力将会增加。

根据光谱化学序列，H_2O < phen。相比之下，H_2O 是一种配位场相对较弱的配体，上述两步过程都较易进行，phen 是配位场比 H_2O 强的配体，较不利于上述两步过程的进行，所以 $[Fe(phen)_3]^{2+}$ 较 $[Fe(H_2O)_6]^{2+}$ 稳定，不易被氧化。

在表 8.1 的最后一行中列出了一些 $E^\ominus([M(CN)_6]^{3-}/[M(CN)_6]^{4-})$ 值。由于 CN^- 属最强场配体，各氧化态物种的 CN^- 配合物都是低自旋配合物。由表中数据可见，相对于 $E^\ominus([M(H_2O)_6]^{3+}/[M(H_2O)_6]^{2+})$，电极电势 $E^\ominus([M(CN)_6]^{3-}/[M(CN)_6]^{4-})$ 明显下降。其中，$E^\ominus([Co(CN)_6]^{3-}/[Co(CN)_6]^{4-})$ 比同系列相同电对的电极电势下降强烈，这是由于除钴以外的配合物从 M^{2+} 转变到 M^{3+} 时，都有配位场稳定化能的损失，而 $Co^{2+}(t_{2g}^6e_g^1)$ 转变为 $Co^{3+}(t_{2g}^6e_g^0)$ 时却有6 Dq 的配位场稳定化能的获得。

8.2 轻过渡系元素

8.2.1 锰

锰(Mn)是比较丰富的元素，在地壳丰度表中居第 14 位，在自然界多以氧化物、氢氧化物或碳酸盐的形式存在。锰矿中最重要的是软锰矿。从这些化合物或从它们煅烧所得的 Mn_3O_4 出发用铝来还原，可以得到金属锰。

在一些地方的海洋底部的表层，发现有大量的像马铃薯大小不等的团块含有多种金属，其中以锰含量较大，一般可达到 25%～35%，所以称为锰结核，海洋底部锰结核的世界储量为 3×10^{13} t。

在轻过渡系元素中，锰处于中间位置，它的氧化态种类从-3 至+7 多达 11 种。下面将这些氧化态合并成三类进行讨论。

1. 高氧化态

高氧化态包括 Mn(Ⅶ)(d^0)、Mn(Ⅵ)(d^1)、Mn(Ⅴ)(d^2)三种氧化态。在锰的高氧化态化合物中，以 $KMnO_4$ 为最稳定也最为重要。

工业上制备 $KMnO_4$ 虽可采取多种方法，但多半是用 MnO_2 为原料。反应包括两步，第一步是在碱性介质中使 MnO_2 氧化成 MnO_4^{2-}；第二步是在酸性介质中使 MnO_4^{2-} 歧化生成 MnO_4^-。

$KMnO_4$ 是暗紫色晶体，常况下还是比较稳定的，因此在分析化学上用作标准溶液，它也是一种很好的消毒杀菌剂和治疗烫伤药。在一定条件下，$KMnO_4$ 可以转变成其他氧化态的锰化合物。$KMnO_4$ 晶体加热放出氧气，所以在实验室中制备少量氧气时，可以用 $KMnO_4$。$KMnO_4$ 溶液受光照后会分解，因之应把它装在棕色瓶中；$KMnO_4$ 标准溶液要定期标定，因为它的浓度在放置中会不断变化。

$KMnO_4$ 是实验室中常用的强氧化剂，介质对它的氧化性有很大影响，不同介质还原产物也不同（在碱性介质中，MnO_4^- 的还原产物是 MnO_4^{2-}，中性介质中的还原产物是 MnO_2，酸性介质中的还原产物是 Mn^{2+}）。

$KMnO_4$ 与浓 H_2SO_4 作用生成 $HMnO_4$，在低温下能制得 $HMnO_4$ 和 $HMnO_4 \cdot 2H_2O$ 的紫色晶体，温度大于 276 K 时立即爆炸分解。反应式为

$$2HMnO_4 = Mn_2O_7(\text{红棕色油状物}) + H_2O$$
$$2Mn_2O_7(l) = 4MnO_2 + 3O_2\uparrow$$

在结构和性质上，$HMnO_4$ 类似于 $HClO_4$，Mn_2O_7 类似于 Cl_2O_7，都是不稳定的化合物。

2. 中等氧化态

中等氧化态包括 Mn(Ⅳ)(d^3)、Mn(Ⅲ)(d^4)和 Mn(Ⅱ)(d^5)三种氧化态，其中 Mn(Ⅱ)具有 d^5 结构，由于半满是稳定结构，因之在锰的氧化态中 Mn(Ⅱ)是最稳定的氧化态。在本章的前面已经给出过锰的标准电势图和锰的自由能-氧化态图，从图上可以看出，MnO_2 和 Mn^{3+} 都是强氧化剂，而金属锰是强还原剂，它们的反应产物都是 Mn^{2+}。在自由能-氧化态图中，Mn^{3+} 处于相邻两个物种连线的上方，因而 Mn^{3+} 可以发生歧化反应生成 Mn^{2+} 和 MnO_2。

Mn(Ⅱ)的配合物多是八面体结构，配位数为 6。如在水溶液中，Mn(Ⅱ)以 $[Mn(H_2O)_6]^{2+}$ 的形式存在，此水合离子显粉红色。大多数 Mn(Ⅱ)的配合物为高自旋排布，仅少数为低自旋。由于 Mn(Ⅱ)是 d^5 结构，成对能最大，所以具有 d^5 排布的金属离子的配合物常常是高自旋的。

Mn(Ⅱ)的低自旋配合物一般具有较强的反应活性，以 $[Mn(CN)_6]^{4-}$ 为例，它既容易被氧化生成 Mn(Ⅲ)(d^4)的配合物，也容易被还原生成 Mn(Ⅰ)(d^6)的配合物：

$$[Mn^{I}(CN)_6]^{5-} \xleftarrow[\text{还原}]{Zn} [Mn^{II}(CN)_6]^{4-} \xrightarrow[\text{氧化}]{\text{空气}} [Mn^{III}(CN)_6]^{3-}$$

为什么它既容易被氧化也容易被还原？这是由于在低自旋配合物 $[Mn^{II}(CN)_6]^{4-}$ 中，失去一个电子使中心离子的氧化态升高将导致分裂能增大，得到一个电子又可使 t_{2g} 轨道对称地充填起来达到全满（t_{2g}^6）并使 LFSE 增加。

由于 Mn(Ⅱ)是锰的一种稳定氧化态，所以 Mn(Ⅱ)的稳定化合物比较多，相应地 Mn(Ⅲ)和Mn(Ⅳ)的稳定化合物就比较少。其中，Mn(Ⅳ)的最稳定的化合物是黑色的 MnO_2，Mn(Ⅲ)的最稳定的化合物是紫红色的 MnF_3。在碱性介质中，Mn(Ⅱ)易氧化转变成 Mn(Ⅲ)或 Mn(Ⅳ)的产物。如向 Mn(Ⅱ)的盐溶液中加入强碱，能析出白色的 $Mn(OH)_2$，它与空气接触即形成棕色的 $MnO(OH)_2$：

$$Mn^{2+} + 2OH^- = Mn(OH)_2\downarrow$$
$$2Mn(OH)_2 + O_2 = 2MnO(OH)_2\downarrow$$

将 Mn(Ⅱ)盐与强氧化剂作用生成 MnO_2：

$$3MnCl_2 + 2KMnO_4 + 2H_2O = 5MnO_2\downarrow + 2KCl + 4HCl$$

3. 低氧化态

低氧化态包括 Mn(Ⅰ)、Mn(0)和 Mn(-Ⅰ、-Ⅱ、-Ⅲ)五种。低氧化态化合物多为不常见的配合物，尤其以羰基配合物更为典型，将留在第 9 章中讨论。

4. 与周围元素比较

锰在 d 区第一过渡元素系列中位于中间，也是ⅦB 族的首元素。在外围电子总数和最高氧化态等性质上，应与同族元素 Tc、Re 相近，有垂直相似性；而在外围电子构型和电负性等性质上，锰和邻近元素 Cr、Fe 又相近，因而也有水平相似性。对锰元素来说，究竟哪一种相似性是主要的呢？通过对它们的丰度、单质的性质及最高氧化态的氧化性等性质比较不难看出其水平相似性变得比垂直相似性突出。这也是 d 区元素普遍具有的共同特征。

8.2.2 锰前 d 区元素

锰前 d 区元素包括钪、钛(Ti)、钒(V)和铬(Cr)。它们的单质的有些物理性质(如熔点、沸点)和化学性质(如抗腐蚀性)是比较接近的，这些元素的铁合金都是重要的特种钢。其中钛最为重要，它具有质量轻(密度 4.5 $g\cdot cm^{-3}$，比钢轻 43%)、强度大(其比强度是金属中最高的)、耐腐蚀(对大多数酸、碱和盐等化学试剂具有很强的抗腐蚀性)等特点，因而具有广泛的用途。如飞机的发动机、坦克、军舰等国防工业上大量用到金属钛，化学工业上钛可代替不锈钢。金属钛还有一种性质，即可以代替损坏的骨头，因而在医学上称为“亲生物金属”而具有独特的用途。因之钛被誉为“21 世纪金属”当之无愧。

对锰前元素的一般化学性质应着重掌握下面几个方面：

① 最高氧化态化合物(如 V_2O_5、$K_2Cr_2O_7$)的氧化性。例如：

$$Cr_2O_7^{2-} + 14H^+ + 6e^- \rightleftharpoons 2Cr^{3+} + 7H_2O \qquad E^\ominus(Cr_2O_7^{2-}/Cr^{3+}) = 1.33\ V$$

② V_2O_5 的两性。

V_2O_5 主要呈酸性，因此易溶于碱溶液而生成钒酸盐：

$$V_2O_5 + 6NaOH = 2Na_3VO_4 + 3H_2O$$

同时，V_2O_5 也具有微弱的碱性，它能溶解在强酸中生成 VO_2^+。

③ 钒酸盐的缩合性。

正钒酸根 VO_4^{3-} 是四面体的构型。由于钒氧之间的结合并不十分牢固，其中 O^{2-} 可被 H^+ 结合成水，故简单的 VO_4^{3-} 只存在于强碱溶液中，若向钒酸盐溶液中加酸，则随着溶液 pH 的逐渐下降，溶液中钒的存在形式将会有一系列的复杂变化：

$$\underset{(\text{无色或浅黄色})}{VO_4^{3-}} \xrightarrow{pH\approx 12} HVO_4^{2-} \xrightarrow{pH\approx 10} HV_2O_7^{3-} \xrightarrow{pH\approx 9} \underset{(\text{红棕色})}{V_5O_{14}^{3-}} \xrightarrow{pH\approx 6.5}$$

$$\underset{(\text{砖红色})}{V_2O_5 \cdot xH_2O} \xrightarrow{pH\approx 2.2} \underset{(\text{黄色})}{V_{10}O_{28}^{6-}} \xrightarrow{pH<1} \underset{(\text{浅黄色})}{VO_2^+}$$

④ Ti(Ⅳ)、V(Ⅴ)、Cr(Ⅵ)与过氧化氢的显色反应。

Ti(Ⅳ)、V(Ⅴ)和 Cr(Ⅵ)与过氧化氢的显色反应是锰前 d 区元素的一个共同化学特征。这些反应可用作这些元素的定性鉴定，有的还可用于定量分析。

$$TiO^{2+} + H_2O_2 \xlongequal{\text{酸}} \underset{(\text{橙黄色})}{[Ti(O_2)]^{2+}} + H_2O$$

$$VO_2^+ + H_2O_2 + 2H^+ \xlongequal{\text{酸}} \underset{(\text{深红色})}{[V(O_2)]^{3+}} + 2H_2O$$

$$VO_4^{3-} + 4H_2O_2 \xlongequal{\text{碱}} \underset{(\text{黄色})}{[V(O_2)_4]^{3-}} + 4H_2O$$

$$Cr_2O_7^{2-} + 4H_2O_2 + 2H^+ + 2(C_2H_5)_2O \xlongequal{} 2\underset{(\text{乙醚层蓝色})}{[(C_2H_5)_2O \cdot CrO(O_2)_2]} + 5H_2O$$

CrO_4^{2-} 在碱性溶液中与 H_2O_2 作用生成红棕色铬的过氧酸盐 M_3CrO_8。

⑤ M(Ⅲ)氧化态的稳定性。

由图 8.2 金属氧化物自由能-温度图可以看出，锰前元素+3 氧化态的物种均处于该图的最下边，因之它们是最稳定的氧化态。与本系列其他元素(如 Mn)的+3 氧化态不同，锰前元素的+3 氧化态氧化性极弱，相反，其 M(Ⅱ)都是中等强度的还原剂。表 8.2 列出了 $[M(H_2O)_6]^{3+}$的一些性质，从该表可看出锰前元素同锰的性质的差别。

表 8.2　$[M(H_2O)_6]^{3+}$的一些性质

离　子	$[Ti(H_2O)_6]^{3+}$	$[V(H_2O)_6]^{3+}$	$[Cr(H_2O)_6]^{3+}$	$[Mn(H_2O)_6]^{3+}$
颜　色	紫色	绿色	紫色	棕色
电子结构	d^1	d^2	d^3	d^4
电子排布	$t_{2g}^1e_g^0$	$t_{2g}^2e_g^0$	$t_{2g}^3e_g^0$	$t_{2g}^3e_g^1$
离子半径/pm	81	78	76	79
$E^\ominus(M^{3+}/M^{2+})/V$	-0.37	-0.26	-0.41	+1.51
钾矾颜色	浅蓝色	紫蓝色	蓝紫色	棕色

8.2.3　锰后 d 区元素

锰后 d 区元素包括铁(Fe)、钴(Co)、镍(Ni)、铜(Cu)和锌(Zn)。铁、钴、镍是Ⅷ族元素，它们都有多种氧化态，不少性质随原子序数的增加而有规律的变化，如密度循序增加、离子半径循序减小、二价化合物稳定性循序增加等。与铁系元素和锌对比，铜比较特殊，如铁系元素和锌都可以溶解在稀盐酸中生成二价化合物并释放氢，而铜在稀盐酸中是不溶解的；铁系元素达不到与族数相等的氧化数，而铜的氧化数却超过了族数。锌的活泼性来源于 d 亚层的全充满从而处于较稳定的状态，对核的屏蔽较大，所以 4s 电子比较活泼。

1. 铁

铁的重要氧化态是+2 和+3。在酸性介质中 Fe^{3+} 是较强的氧化剂[$E^\ominus(Fe^{3+}/Fe^{2+})=0.771\ V$]，在碱性介质中 Fe^{2+} 的还原性较强{$E^\ominus[Fe(OH)_3/Fe(OH)_2]=-0.56\ V$}。

由图 8.7 所示的 $Fe-H_2O$ 体系的 E-pH 图可以看到电对的氧化还原性与溶液 pH 的关系。

图中各线所代表的反应及相应电对的氧化还原性与溶液 pH 的关系为

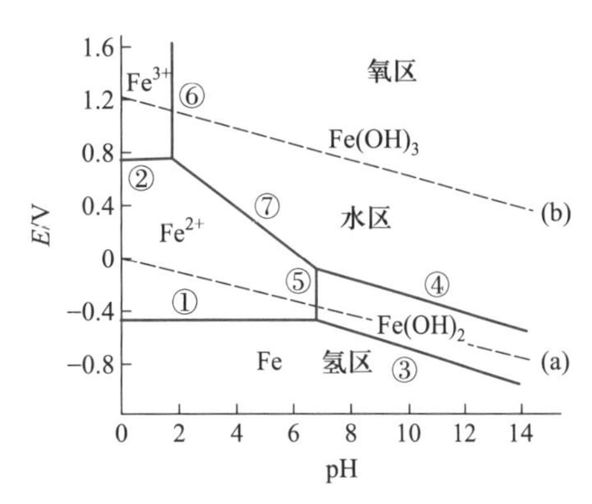

图 8.7 $Fe-H_2O$ 体系的 E-pH 图

a 线： $2H^+ + 2e^- = H_2(g)$

$E(H^+/H_2)=E^\ominus(H^+/H_2)+(0.0592\ V/2)\lg\{c^2(H^+)/[p(H_2)/p^\ominus]\}$，令 $p(H_2)=100\ kPa$，则

$$E(H^+/H_2)=-(0.0592\ V)pH$$

b 线： $O_2(g) + 4H^+ + 4e^- = 2H_2O$

$E(O_2/H_2O)=E^\ominus(O_2/H_2O)+(0.0592\ V/4)\lg\{[p(O_2)/p^\ominus]\cdot c^4(H^+)\}$，令 $p(O_2)=100\ kPa$，则

$$E(O_2/H_2O)=1.23\ V-(0.0592\ V)pH$$

① 线： $Fe^{2+} + 2e^- = Fe$

$E(Fe^{2+}/Fe)=E^\ominus(Fe^{2+}/Fe)+(0.0592\ V/2)\lg c(Fe^{2+})$，显然它不受 pH 的影响，令 $c(Fe^{2+})=0.01\ mol\cdot L^{-1}$，则

$$E(Fe^{2+}/Fe)=-0.44\ V-0.0592\ V=-0.50\ V$$

② 线： $Fe^{3+} + e^- = Fe^{2+}$

$E(Fe^{3+}/Fe^{2+})=E^\ominus(Fe^{3+}/Fe^{2+})+(0.0592\ V)\lg[c(Fe^{3+})/c(Fe^{2+})]$，它也不受 pH 的影响，令 $c(Fe^{3+})=c(Fe^{2+})=0.01\ mol\cdot L^{-1}$，则

$$E(Fe^{3+}/Fe^{2+})=0.771\ V$$

③ 线： $Fe(OH)_2 + 2e^- = Fe + 2OH^-$

$$\begin{aligned}E[Fe(OH)_2/Fe]&=E^\ominus[Fe(OH)_2/Fe]+(0.0592\ V/2)\lg[1/c^2(OH^-)]\\&=E^\ominus[Fe(OH)_2/Fe]+(0.0592\ V/2)\lg[c^2(H^+)/K_w^2]\\&=-0.05\ V-(0.0592\ V)pH\end{aligned}$$

④ 线： $Fe(OH)_3 + e^- = Fe(OH)_2 + OH^-$

$$E[Fe(OH)_3/Fe(OH)_2]=0.27\ V-(0.0592\ V)pH$$

⑤ 线： $Fe(OH)_2 \rightleftharpoons Fe^{2+} + 2OH^-$

根据 $K_{sp}^{\Theta}=c(Fe^{2+})\cdot c^2(OH^-)$，则 $c(OH^-)=[K_{sp}^{\Theta}/c(Fe^{2+})]^{1/2}=K_w/c(H^+)$

$$c(H^+)=K_w/c(OH^-)=K_w\times[c(Fe^{2+})/K_{sp}^{\Theta}]^{1/2}$$

$$pH=-\lg K_w-(1/2)\lg c(Fe^{2+})+(1/2)\lg K_{sp}^{\Theta}$$

$$=14-(1/2)[\lg 0.01-\lg(8.0\times10^{-16})]=7.45$$

⑥ 线： $Fe(OH)_3 \rightleftharpoons Fe^{3+} + 3OH^-$

$$pH=-\lg K_w-(1/3)[\lg c(Fe^{3+})-\lg K_{sp}^{\Theta}]$$

$$=14-(1/3)[\lg 0.01-\lg(4.0\times10^{-38})]=2.20$$

⑦ 线： $Fe(OH)_3 + 3H^+ + e^- \rightleftharpoons Fe^{2+} + 3H_2O$

$$E[Fe(OH)_3/Fe^{2+}]=1.18\ V-(0.18\ V)pH$$

取 pH 为 0~14 的值，分别代入上述方程进行计算，便得到对应电对的电极电势值。然后以电极电势为纵坐标，以 pH 为横坐标作图便可得到图 8.7 所示的 $Fe-H_2O$ 体系的 E-pH 图。在以上九条直线中，①、②是没有 H^+ 参加的电化学平衡体系，在不生成 $Fe(OH)_2$、$Fe(OH)_3$ 的范围内与溶液的 pH 无关，是两条水平线；⑤、⑥是没有电子得失的化学平衡体系，只和溶液的 pH 有关，是两条垂直线；(a)、(b)、③、④、⑦是既有 H^+ 参加，又有电子得失的电化学平衡体系，为有一定斜率的直线。

在 E-pH 图中，每条直线之上的区域为氧化型的稳定区，直线之下的区域为还原型的稳定区。上线的氧化型可以和下线的还原型自发进行氧化还原反应。这样，(a)、(b) 两线（由于过电势的存在，两条直线分别比计算的线向下和向上扩展 0.5 V）之间为水的稳定区，(a) 线之下和 (b) 线之上都是水的不稳定区，处于 (a) 线之下的还原剂可将水中的 H^+ 还原为 H_2，处于 (b) 线之上的氧化剂可将 H_2O 氧化为 O_2。因此，(a) 线之下是 H_2 稳定存在的区域，被称为氢区；(b) 线之上是 O_2 稳定存在的区域，被称为氧区。

就 Fe 的七个方程与水的 (a)、(b) 两条线一并综合考虑，可以得到以下结论：

① 只有 Fe 处于 (a) 线之下，即 Fe 处于 H_2 稳定存在的区域，因而 Fe 能自发地将水中的 H^+ 还原为 H_2，而其他各物种都处于水的稳定区，因而能在水中稳定存在。

② 若向 Fe^{2+} 的溶液中加入 OH^-，当 pH≥7.45 时，则生成 $Fe(OH)_2$ 沉淀；而在 Fe^{3+} 的溶液中加入 OH^-，当 pH≥2.2 时，则生成 $Fe(OH)_3$ 沉淀。

③ 由于 $E(Fe^{3+}/Fe^{2+})$ 低于 (b) 线进入 H_2O 的稳定区，因而 Fe^{2+} 可把空气中的 O_2 还原为 H_2O，而自己被氧化为 Fe^{3+}，或换个说法是空气中的 O_2 可以把 Fe^{2+} 氧化为 Fe^{3+}。

④ $Fe(OH)_2$ 的氧化线在 (b) 线下面很多，所以空气中的 O_2 能完全氧化 $Fe(OH)_2$。实际上，当向 Fe^{2+} 中加入 OH^-，就先生成白色的 $Fe(OH)_2$ 沉淀，随后迅速变为暗绿色的 $Fe(OH)_2\cdot 2Fe(OH)_3$，最后转变成为红棕色的 $Fe(OH)_3$。

⑤ 在酸性溶液中，Fe^{3+} 是较强的氧化剂，随着 pH 的增加，Fe^{3+} 的氧化性下降，而在碱性

溶液中 Fe^{2+} 的还原性占优势。

Fe^{2+} 与 Fe^{3+} 氧化态的稳定性,也受到配位场强性质的影响。例如:

$$E^{\ominus}([Fe(H_2O)_6]^{3+}/[Fe(H_2O)_6]^{2+}) = 0.771\ V$$

$$E^{\ominus}([Fe(phen)_3]^{3+}/[Fe(phen)_3]^{2+}) = 1.12\ V$$

这在前面已经介绍过了。

铁有两种重要的含氰酸盐,一种是黄色晶体亚铁氰化钾 $K_4[Fe(CN)_6]\cdot 3H_2O$,俗称黄血盐。将亚铁盐与过量的氰化钾作用,即可从溶液中析出 $K_4[Fe(CN)_6]\cdot 3H_2O$ 晶体:

$$Fe^{2+} + 2CN^- = Fe(CN)_2\downarrow$$

$$Fe(CN)_2 + 4KCN + 3H_2O = K_4[Fe(CN)_6]\cdot 3H_2O$$

另一种是深红色晶体铁氰化钾 $K_3[Fe(CN)_6]$,俗称赤血盐。在亚铁氰化钾溶液中通入氯气氧化,就可以得到铁氰化钾:

$$2K_4[Fe(CN)_6] + Cl_2 = 2K_3[Fe(CN)_6] + 2KCl$$

黄血盐与过量的 Fe^{3+} 反应,可以得到普鲁士蓝沉淀;而赤血盐与 Fe^{2+} 反应则得到滕氏蓝沉淀。已发现这两种化合物具有相同的 X 射线粉末衍射图和相同的穆斯堡尔谱。所谓滕氏蓝和普鲁士蓝实际是同一化合物,可用 $K[Fe^{II}(CN)_6Fe^{III}]$ 表示。按软硬酸碱关系高自旋的 Fe^{3+} 被 N 原子按八面体配位,而低自旋的 Fe^{2+} 则被 C 原子按八面体配位。

Fe^{3+} 的水解作用具有实际意义。利用加热使 Fe^{3+} 水解生成 $Fe(OH)_3$ 以除去铁,是各类无机试剂制备中的重要中间步骤:

$$Fe^{3+} + H_2O = Fe(OH)^{2+} + H^+$$

$$Fe(OH)^{2+} + H_2O = Fe(OH)_2^+ + H^+$$

水解过程中同时还发生多种缩合反应(见 4.5.2 节)。

若 $c(Fe^{3+}) = 0.1\ mol\cdot L^{-1}$ 时,pH = 1 就开始水解,随着溶液酸度的降低,水解加剧,缩合度增加,产生凝胶沉淀。

2. 钴和镍

+2 氧化态是钴和镍的重要氧化态。$Co^{2+}(d^7)$ 和 $Ni^{2+}(d^8)$ 及其化合物都有颜色,无水 Co^{2+} 为蓝色,Ni^{2+} 为黄色。卤化物的颜色随 X^- 变形性增加而加深。由 F^- 到 I^-,CoX_2 从浅红到黑,NiX_2 由黄到黑。水合离子的颜色与无水离子不同,$[Co(H_2O)_6]^{2+}$ 为淡红色,$[Ni(H_2O)_6]^{2+}$ 为亮绿色。从水溶液中析出的结晶多为水合盐,水合盐的颜色与结晶水的数目有关。以 $CoCl_2$ 为例:

$$\underset{(粉红色)}{CoCl_2\cdot 6H_2O} \xrightleftharpoons{323\ K} \underset{(粉红色)}{CoCl_2\cdot 4H_2O} \xrightleftharpoons{331\ K} \underset{(紫红色)}{CoCl_2\cdot 2H_2O} \xrightleftharpoons{413\ K} \underset{(蓝色)}{CoCl_2}$$

上述四种化合物的晶体中的 Co^{2+} 的配位数皆为 6,都是八面体构型。其中 $CoCl_2\cdot$

$6H_2O$ 和 $CoCl_2 \cdot 4H_2O$ 属简单分子，其晶体属分子晶格，晶格的基本质点为 $Co(H_2O)_4Cl_2$。$CoCl_2 \cdot 6H_2O$ 的另两个水分子填充在晶格空隙中。$CoCl_2 \cdot 2H_2O$ 具有链状的结构，其配位情况可表示为 $[Co(H_2O)_2Cl_4]^{2-}$，其中的 Cl^- 为 2 个 Co^{2+} 所共用。而 $CoCl_2$ 中的 Co^{2+} 被 6 个 Cl^- 配位，其中的 Cl^- 为 3 个 Co^{2+} 所共用，因而其配位情况为 $[CoCl_6]^{4-}$，化学式为 $CoCl_{6\times1/3} = CoCl_2$。

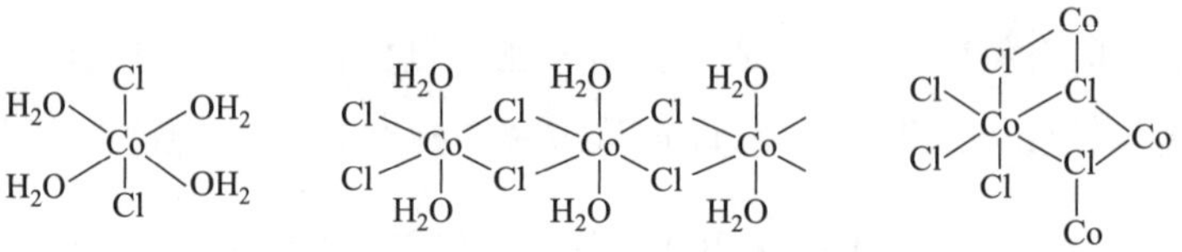

上述化合物的颜色可以根据配体光谱化学序列作出判断。由于在光谱化学序列中，H_2O 的场强大于 Cl^-，因此，参与配位的 Cl^- 越多，其 Δ_o 应该越小。实验测定上述化合物的 Δ_o 依次为 104 $kJ \cdot mol^{-1}$、104 $kJ \cdot mol^{-1}$、96 $kJ \cdot mol^{-1}$、86 $kJ \cdot mol^{-1}$。Δ_o 减小，被吸收光的波长逐渐向长波方向移动，因而化合物呈现的颜色向短波方向移动，即由粉红色变为蓝色。

作干燥剂用的硅胶常含有 $CoCl_2$，利用它在吸水或脱水时发生的颜色变化，可表示硅胶的吸湿情况，当干燥剂吸水后，硅胶逐渐由蓝色变为粉红色，吸水硅胶加热处理，又可脱水由粉红色变为蓝色。

在粉红色的水合 Co^{2+} 中加入过量氯离子则发生下面平衡：

$$\underset{\text{八面体形}}{[Co(H_2O)_6]^{2+}}(\text{粉红色}) \underset{H_2O}{\overset{Cl^-}{\rightleftharpoons}} \underset{\text{四面体形}}{[CoCl_4]^{2-}}(\text{蓝色})$$

由于四面体中的分裂能小于八面体中的分裂能，而且 Cl^- 在光谱化学序列中的场强度又比 H_2O 的弱，电子跃迁吸收的能量自然在四面体场中要较八面体场中小，从而呈现出较深的颜色。

铁系元素的氢氧化物，无论是 $M(OH)_2$ 或者是 $M(OH)_3$ 都难溶于水，由于 M^{3+} 极化作用大于 M^{2+}，所以铁系元素的氢氧化物的颜色也是 $M(OH)_3$ 比 $M(OH)_2$ 深。这些氢氧化物的性质归纳如下：

碱性增强，还原性增强（←）

$Fe(OH)_2$（白色）	$Co(OH)_2$（粉红色）	$Ni(OH)_2$（绿色）
$Fe(OH)_3$（棕褐色）	$Co(OH)_3$（棕色）	$Ni(OH)_3$（黑色）

（→）酸性增强，氧化性增强

$Co(OH)_3$ 和 $Ni(OH)_3$ 都是强氧化剂，它们与盐酸反应时，能将 Cl^- 氧化成 Cl_2，而 $Fe(OH)_3$ 与盐酸仅发生中和反应。

在铁系元素中，钴和镍性质的相似性更为明显，因此它们的分离成了无机化学中的一个重要实际问题。要除去 Co^{2+} 盐中的杂质 Ni^{2+}，常用的方法是加入氨水。控制氨水的加入量，

使溶液中的大量 Co^{2+} 沉淀为 $Co(OH)_2$，而 Ni^{2+} 则生成 $[Ni(NH_3)_6]^{2+}$，仍留在溶液中，将沉淀过滤出来用酸溶解，就得到纯的 Co^{2+} 盐而将杂质 Ni^{2+} 分离除去。生产中常用萃取法来分离钴和镍，其依据是在盐酸中 Co^{2+} 易形成稳定的 $[CoCl_4]^{2-}$ 而溶于有机相辛醇，Ni^{2+} 却难以形成类似的配离子而仍留于盐酸中。

如果是在金属镍中含有少量金属钴，可以利用羰基配合物生成的难易来分离它们。室温下 Ni 与 CO 缓慢反应生成 $Ni(CO)_4$，如果加热到 373 K 反应更加迅速。在此温度下，Co 不与 CO 发生反应。其后在 423 K 时加热，使 $Ni(CO)_4$ 分解并制得纯镍粉。

3. 铜

铜是人类历史上最早使用的金属，我国是最早使用铜器的国家之一，并且是一些重要的铜合金的首创者，如青铜、黄铜和白铜等。

Cu^+ 的气态离子及以固体（沉淀）或配离子的形式存在的 Cu^+ 的化合物很稳定，但在水溶液中，它却不稳定易发生歧化反应。

为什么 d^{10} 构型的离子在水溶液中反而不如 d^9 构型的离子稳定呢？考虑下列两个循环：

在气相时 ①

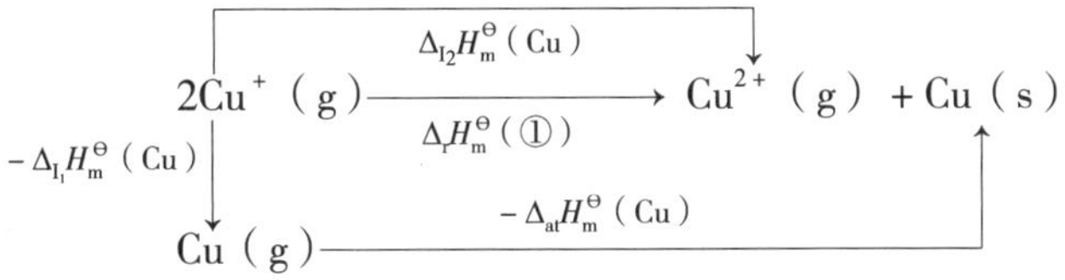

$$2Cu^+(g) \xrightarrow{\Delta_r H_m^\ominus(①)} Cu^{2+}(g) + Cu(s)$$

（$2Cu^+(g) \xrightarrow{\Delta_{I_2} H_m^\ominus(Cu)} Cu^{2+}(g)$；$Cu^+(g) \xrightarrow{-\Delta_{I_1} H_m^\ominus(Cu)} Cu(g)$；$Cu(g) \xrightarrow{-\Delta_{at} H_m^\ominus(Cu)} Cu(s)$）

$$\begin{aligned}\Delta_r H_m^\ominus(①) &= (\Delta_{I_2} H_m^\ominus - \Delta_{I_1} H_m^\ominus - \Delta_{at} H_m^\ominus)_{Cu} \\ &= (1957-745.6-339.3)\ kJ \cdot mol^{-1} \\ &= 872.1\ kJ \cdot mol^{-1}\end{aligned}$$

在液相时 ②

$$2Cu^+(aq) \xrightarrow{\Delta_r H_m^\ominus(②)} Cu^{2+}(aq) + Cu(s)$$

（$Cu^+(aq) \xrightarrow{-\Delta_{hyd} H_m^\ominus(Cu^+)} Cu^+(g) \xrightarrow{\Delta_{I_2} H_m^\ominus(Cu)} Cu^{2+}(g) \xrightarrow{\Delta_{hyd} H_m^\ominus(Cu^{2+})} Cu^{2+}(aq)$；$Cu^+(aq) \xrightarrow{-\Delta_{hyd} H^\ominus(Cu^+)} Cu^+(g) \xrightarrow{-\Delta_{I_1} H_m^\ominus(Cu)} Cu(g) \xrightarrow{-\Delta_{at} H_m^\ominus(Cu)} Cu(s)$）

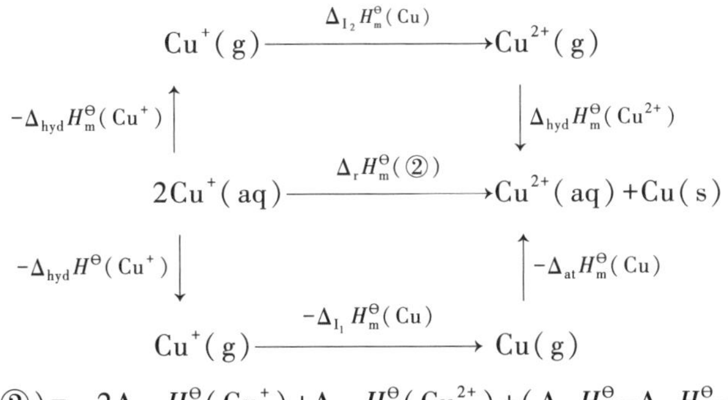

$$\begin{aligned}\Delta_r H_m^\ominus(②) &= -2\Delta_{hyd} H_m^\ominus(Cu^+) + \Delta_{hyd} H_m^\ominus(Cu^{2+}) + (\Delta_{I_2} H_m^\ominus - \Delta_{I_1} H_m^\ominus - \Delta_{at} H_m^\ominus)_{Cu} \\ &= \Delta_{hyd} H_m^\ominus(Cu^{2+}) - 2\Delta_{hyd} H_m^\ominus(Cu^+) + \Delta_r H_m^\ominus(①) \\ &= [-2100-2\times(-592.9)+872.1]\ kJ \cdot mol^{-1} \\ &= -42.1\ kJ \cdot mol^{-1}\end{aligned}$$

由 $\Delta_r H_m^\ominus(①)$ 可见，铜的第二电离焓比第一电离焓和金属的原子化焓之和大得多，这是气态 Cu^+ 稳定的决定性因素。在 $\Delta_r H_m^\ominus(②)$ 中，由于 Cu^{2+} 的水合焓很大，它补偿了 Cu^+ 气态歧化反应焓变的正值和 $Cu^+(aq)$ 的脱水焓变，以至于改变了反应自发进行的方向。

Cu^{2+}的水合焓比 Cu^{+}的水合焓大，如何从离子的构型找到内在根据呢？

覃超[①]等人对水合焓进行了能量分解：

① Cu^{n+}与 H_2O 从相距无限远到离子处于球形对称的静电场中焓变总和为 $\Delta_r H_m^\ominus$(球)。

② 将离子的环境进一步改变为配体的正八面体场(O_h)，焓变为 $\Delta_r H_m^\ominus(O_h)$（如果考虑 Cu^{2+}的 Jahn-Teller 效应，还应将离子置于畸变的八面体场中）。

③ 最后还应考虑离子与水分子之间存在的共价相互作用 $\Delta_r H_m^\ominus$(共价)[粗略地，将扣除了 $\Delta_r H_m^\ominus$(球)和 $\Delta_r H_m^\ominus(O_h)$后的剩余部分都归为 $\Delta_r H_m^\ominus$(共价)]。

按照金属离子与水分子之间作用的本质特征，上述①、②项归为静电作用能，第③项为共价作用能。于是

$$\begin{aligned}\Delta_{hyd} H_m^\ominus &= \Delta_r H_m^\ominus(\text{球}) + \Delta_r H_m^\ominus(O_h) + \Delta_r H_m^\ominus(\text{共价}) \\ &= \Delta_r H_m^\ominus(\text{静}) + \Delta_r H_m^\ominus(\text{共价})\end{aligned}$$

图 8.8 示意地示出 Cu^{n+}的离子水合焓能量分解。表 8.3 列出 Cu^{+}和 Cu^{2+}水合焓能量分解结果。

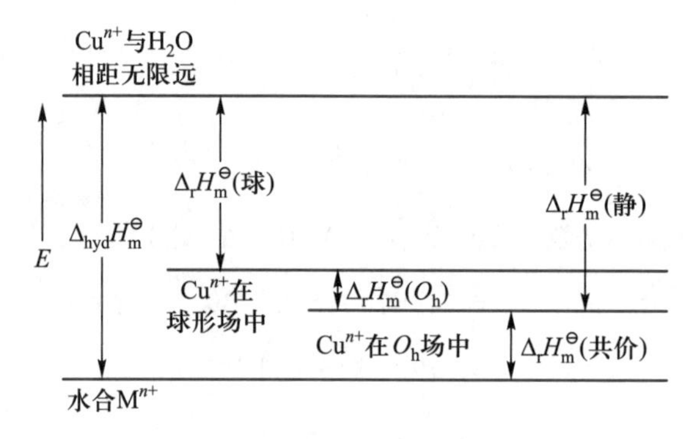

图 8.8　Cu^{n+}的离子水合焓能量分解示意图

表 8.3　Cu^{+}和 Cu^{2+}水合焓能量分解结果

能量	Cu^{+}		Cu^{2+}	
	分解能量/($kJ\cdot mol^{-1}$)	占水合焓百分数/%	分解能量/($kJ\cdot mol^{-1}$)	占水合焓百分数/%
$\Delta_{hyd}H_m^\ominus$	-592.9	—	-2100	—
$\Delta_r H_m^\ominus$(球)	-479.1	80.81	-1858	88.48
$\Delta_r H_m^\ominus(O_h)$	0	0	-90.43	4.31
$\Delta_r H_m^\ominus$(静)	-479.1	80.81	-1948.43	92.79
$\Delta_r H_m^\ominus$(共价)	-113.8	19.19	-151.57	7.21

① 覃超，刘鲁美，“第一系列过渡金属 M^{2+}和 Fe^{3+}水化能量分解的探讨”（1983 年无机化学年会论文摘要）。

由表 8.3 的数据可以看出：

① 在铜离子的水合焓中，铜离子与水分子之间的静电作用是主要的，Cu^{2+} 中占 92.79%，Cu^{+} 中占 80.81%；

② 共价作用在 Cu^{+} 的水合焓中占有重要地位（接近 20%），而 Cu^{2+} 的共价作用相对小得多（只占 7.21%）；

③ Cu^{2+} 的配位场作用能占 4.31%，而 Cu^{+} 则没有这一项。

由此可见，在水中 $Cu^{2+}(aq)$ 比 $Cu^{+}(aq)$ 稳定的原因，主要是 Cu^{2+} 与水的静电作用远大于 Cu^{+} 的。其根源在于 Cu^{2+} 比 Cu^{+} 的电荷大一倍，离子半径又小于 Cu^{+}，因而 Z^2/r 便大得多。其次，Cu^{2+} 为 d^9 构型，在水分子配位场作用下，还会发生 d 轨道能级分裂（$\Delta_o = 12600\ cm^{-1}$），得到配位场稳定化能和 Jahn-Teller 畸变稳定化能。基于上述因素，使得在强极性溶剂水中 Cu^{2+} 的水合焓远比 Cu^{+} 的大。Cu^{2+} 的水合焓大到足以能破坏 Cu^{+} 的 d^{10} 相对稳定的电子构型，使之向 d^9 电子构型的 Cu^{2+} 转变。

溶剂化能对铜氧化态稳定性的影响，还可从非水、非配位的溶剂如乙腈中 Cu^{2+} 的稳定性远小于 Cu^{+} 的稳定性得到进一步的证明。

已知在乙腈中 Cu^{2+}、Cu^{+} 的电极电势图为

$$Cu^{2+} \xrightarrow{+1.242\ V} Cu^{+} \xrightarrow{-0.118\ V} Cu \qquad (Cu^{2+} \xrightarrow{+0.562\ V} Cu)$$

可见，在乙腈中，$E^{\ominus}_{左} > E^{\ominus}_{右}$，$Cu^{+}$ 已经不能歧化。这是因为在乙腈及丙醇、丙酮、硝基苯等极性较水弱的溶剂中，离子与溶剂间的静电作用比在水中时明显减弱，因而 Cu^{2+} 溶剂化所放出的能量不足以补偿 Cu^{+} 的去溶剂化能和电离能，以至于 Cu^{+} 可以稳定存在。

当水溶液中有其他配体存在时，铜离子的稳定性差异在很大程度上就取决于 M—L 之间作用本质的变化。当配体皆为负一价离子，并忽略离子半径的差异，则离子电荷引起的静电作用相同，如果配体与铜离子之间所形成的键共价成分大，则 Cu^{+} 就比 Cu^{2+} 稳定。例如，在 Cl^-、I^-、SCN^-、CN^- 等配体的溶液中，CuCl、CuI、CuSCN、CuCN 能稳定存在，而 Cu^{2+} 的相应化合物是不稳定的。

下面是有关铜的一些熟悉的电极电势图：

$$Cu^{2+} \xrightarrow{+0.538\ V} CuCl \xrightarrow{+0.137\ V} Cu \qquad Cu^{2+} \xrightarrow{+0.86\ V} CuI \xrightarrow{-0.185\ V} Cu$$

$$Cu^{2+} \xrightarrow{+1.12\ V} [Cu(CN)_2]^- \xrightarrow{-0.43\ V} Cu$$

也都是 $E^{\ominus}_{左} > E^{\ominus}_{右}$，$Cu^{+}$ 的物种皆不能歧化。

相反，如果是配体与铜离子之间的静电作用大，Cu^{2+} 就可以稳定存在，如在 F^- 配体的溶液中就是如此。

综上所述，在气态和溶剂极性小及铜离子与配体间形成的键的共价成分大时，Cu^{+} 稳定。相反，在强极性溶剂中和离子与配体间形成的键的静电作用大时，Cu^{2+} 稳定。

Cu^{2+}和 Cu^{+}的相对稳定性不同的内在原因是 Cu^{+}只有一个正电荷，为 d^{10}电子构型，而 Cu^{2+}具有两个正电荷，为 d^{9} 电子构型，因而当条件发生变化时，由于 Cu^{+}与 Cu^{2+}内在不同的特点就会表现出相对不同的稳定性，甚至向相反的方向转化。因此，在判断某种价态的稳定性时，除了要考虑电子构型的因素外，还应重视离子电荷、离子半径及外界条件改变的影响。

8.3　d 区重元素

d 区重元素是指第二、三过渡系元素。一般说来，一方面，同一副族的第二、第三两个过渡系元素与第一过渡系的元素，在化学性质上是有相似性的；但另一方面，两种较重元素与其同族较轻的第一种元素又有所区别。如同族的两种重元素相同价态离子半径很接近、高氧化态稳定、易形成低自旋配合物及金属原子簇化合物等，而在这些方面，同族轻元素差别就大一些。此外，

① Co^{2+}可形成相当数目的四面体和八面体配合物，Co^{2+}是水溶液中的特征价态；但 Rh^{2+}仅能形成少许配合物，对于 Ir^{2+}则还不清楚。

② Mn^{2+}很稳定，Tc^{2+}和 Re^{2+}仅存在于少数配合物中。

③ Cr^{3+}形成许多胺配阳离子，Mo^{3+}、W^{3+}只生成几种这样的配合物，且无一个是特别稳定的。

④ Cr^{VI}化合物是强氧化剂，而 Mo^{VI}和 W^{VI}都十分稳定，且能生成较多的多核含氧阴离子。

8.3.1　d 区重元素的特点

1. 电子构型

在第一过渡系元素有 $Cr(3d^{5}4s^{1})$和 $Cu(3d^{10}4s^{1})$提前达到半满和全满。而在第二过渡系元素中，Nb、Mo、Ru、Rh、Pd、Ag（即除 Zr、Tc 外的所有元素），第三过渡系元素中的 Pt 和 Au 都具有特殊的电子结构。这是由于第二过渡系元素中的 5s 和 4d 的能级较接近，交换能对电子构型的影响较显著，所以大多数元素的电子结构呈特殊状态；而对于大多数的第三过渡系元素，由于 4f 电子的屏蔽作用，6s 和 5d 的能量差较大，放出的交换能不能抵偿电子激发所需的能量，所以只有少数元素的电子结构呈特殊状态。

2. 金属的原子化焓

重过渡元素通常比第一过渡系元素具有大得多的原子化焓。如具有同样电子构型 $[(n-1)d^{5}ns^{2}]$的 Mn、Tc、Re 三种元素：

Mn　279 $kJ \cdot mol^{-1}$　　Tc　649 $kJ \cdot mol^{-1}$　　Re　791 $kJ \cdot mol^{-1}$

其原因是，随着主量子数增大，d 轨道在空间伸展范围变大，参与形成金属键的能力增强，原子能够紧密结合在一起，不容易分开，原子化焓大。因此，由这些原子形成的金属的熔、沸点高，硬度大。

3. 电离能

对应于 s 电子电离的第一、第二电离能，三个过渡系的差别都不是太大。但对应于 d 电子电离的第三电离能，往往是第一过渡系的成员最高。例如：

	Ti	Zr	Hf
$I_1/(kJ \cdot mol^{-1})$	658	660	642
$I_2/(kJ \cdot mol^{-1})$	1310	1267	1438
$I_3/(kJ \cdot mol^{-1})$	2652(最大)	2218	2248

造成这种差别的原因在于 3d 与 4s 能级的级差比 4d 与 5s 或 5d 与 6s 能级的级差大。

4. 半径

第三过渡系元素的原子和离子的半径，由于镧系收缩的影响而与第二过渡系同族元素原子和同价态离子的半径相接近，与较轻的第一过渡系元素的原子和离子的半径有较大区别。

第二、第三过渡系半径接近，决定了它们在性质上的相似性。对于那些由半径决定的性质特别明显，如晶格能、溶剂化能、配合物的生成常数、配位数等。甚至还影响到它们在自然界的存在，第二、第三过渡系的元素通常是伴生存在的，且彼此难以分离。

5. 氧化态

对于第二、第三过渡系的较重元素来说，高氧化态一般较第一过渡系元素的稳定得多。例如，Mo 和 W、Tc 和 Re 可形成高价态含氧阴离子，它们不易被还原，而第一过渡系元素的类似化合物如果存在，也都是强氧化剂。

与此相反，较低价态，特别是+2、+3 氧化态的配合物和水合离子的化学，在轻元素的化学中很广泛，但对大多数重元素来说，都是相当不重要的。

图 8.9 示出第二、三过渡系元素的自由能-氧化态图，将此图与第一过渡系的图(图 8.5)进行比较，可以发现：

① 第二、三过渡系元素的自由能-氧化态图彼此特别相似(这种相似归因于镧系收缩对第三过渡系元素的影响)，而与第一过渡系元素相应图形有明显区别。

② 第一过渡系元素比第二、三过渡系同族元素显示较强的金属活泼性，容易出现低氧化态，它们的 $E^\ominus(M^{2+}/M)$ 均为负值，一般都能从非氧化性酸中置换出氢，而第二、三过渡系元素金属活泼性较差，除少数之外，$E^\ominus(M^{2+}/M)$ 一般为正值。

③ 尽管第二、三过渡系元素金属活泼性较差，但在强氧化剂的作用和苛刻条件下，却可呈现稳定的高氧化态直到与族数相同。

④ 同一过渡系元素的最高氧化态氧化物的 $E^\ominus(M^{n+}/M)$ 随原子序数的递增而增大，即氧化性随原子序数的递增而增强。例如：

	Ta_2O_5	WO_3	Re_2O_7
$E^\ominus(M^{n+}/M)/V$	−0.81	−0.09	+0.37

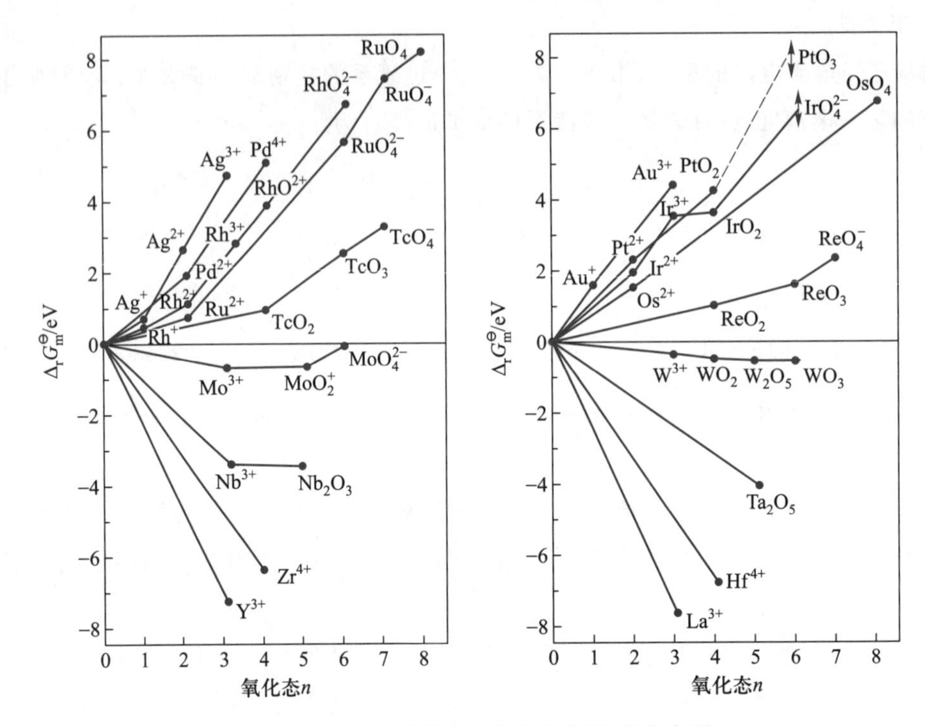

图 8.9　第二、三过渡系元素的自由能-氧化态图

⑤ 同一族过渡元素最高氧化态含氧酸的电极电势随周期数的增加而略有下降。例如：

	MnO_4^-	TcO_4^-	ReO_4^-
$E^\ominus(MO_4^-/M)/V$	+0.741	+0.47	+0.37

表明它们的氧化性随周期数的增加而逐渐减弱，趋向于稳定。

6. 磁性

物质磁性主要是由成单电子的自旋运动和电子绕核运动的轨道运动所产生的。量子力学论证表明，第一过渡系元素的配合物中，由于中心金属原子的半径较小，中心原子的 d 轨道受配位场的影响较大，轨道运动对磁矩的贡献被周围配位原子的电场所抑制，发生冻结，几乎完全消失，但自旋运动不受电场影响而只受磁场影响，故可以认为，磁矩主要是由电子的自旋运动所确定的。因而对于第一过渡系：

$$\mu_S=\sqrt{4S(S+1)}\ \text{B.M.}\quad 或\quad \mu_S=\sqrt{n(n+2)}\ \text{B.M.}$$

因此，由第一过渡系元素的配合物的磁化率就能得出不成对的电子数目，并由此推导各氧化态离子的 d 轨道的电子排列情况。

但对于第二、第三过渡系元素的配合物，轨道运动未被阻止或抑制，从而存在较明显的自旋-轨道耦合作用，纯自旋关系不再适用，因而磁矩计算需采用较复杂的公式：

$$\mu_{S+L}=\sqrt{4S(S+1)+L(L+1)}\ \text{B.M.}$$

7. 自旋性

d 区重元素的一个重要特性是具有 $d^{4\sim7}$ 电子组态的离子在 O_h 场中倾向于只生成低自旋

配合物,而第一过渡系元素既可形成低自旋配合物也可形成高自旋配合物。

造成这种自旋成对倾向的原因主要有两种:

① 从空间看,4d 和 5d 轨道大于 3d 轨道,因而在一个轨道中被两个电子占据所产生的电子之间的排斥作用在 4d 和 5d 的情况下比 3d 要显著减小,换句话说就是它们的成对能 P 较小。

② 从分裂能看,5d 轨道产生的分裂能要比 4d 轨道大,而 4d 轨道产生的分裂能又比 3d 轨道大。由电子光谱数据可知,对于同族、同氧化态的同一配体的正八面体配合物的分裂能,从第一过渡系到第二、第三过渡系是按 1~1.5~1.8 的比例增加的。如对 $[M(NH_3)_6]^{3+}$ 配离子,当M=Co、Rh、Ir 时,Δ_o 各为 23000 cm^{-1}、34000 cm^{-1} 和 41000 cm^{-1}。

8. 金属-金属键合作用

一般说,较重的过渡元素比第一过渡系元素更易形成强的金属-金属键,若将含有金属-金属键的化合物看作金属的碎片,则不难应用前面介绍的原子化焓和金属键的强度得到解释。

8.3.2 ⅣB~ⅦB 族 d 区重元素

1. 高熔点稀有金属

在 d 区重元素中,除铼(Re)以外,锆(Zr)和铪(Hf)、铌(Nb)和钽(Ta)、钼(Mo)和钨(W)三对元素都属于高熔点的稀有金属。由于镧系收缩的影响,这些成对元素的原子半径或离子半径十分相近,因而性质极为相似,它们的相互分离成为无机化学中的难题之一。

(1) Zr 和 Hf

目前还未发现 Hf 的独立矿物,它总存在于 Zr 的矿物中,其含量大约是 Zr 含量的 2%。

重要的 Zr 的矿物是锆英石($ZrSiO_4$),此矿物有很高的化学稳定性和热稳定性。

金属 Zr 有一个特殊的性能,即热中子俘获截面非常小,可作原子能反应堆中的结构材料。而 Hf 的性质正相反,热中子俘获截面却很大,可用作中子减速剂,用于制造原子能反应堆的控制棒。对于普通的用途,2%的 Hf 的存在无关紧要,但欲将 Zr 用在原子能反应堆中,就必须将其中所含的 Hf 除去。

Zr 和 Hf 分离的方法有多种。

早期分离方法是分步结晶或分步沉淀,利用的原理如下:

① MF_4 或 K_2MF_6 型配合物在 HF 酸中的溶解度的差异。

K_2HfF_6 在 HF 酸中的溶解度大,而 K_2ZrF_6 溶解度小,当进行反复的多次溶解-结晶操作可分离开 Zr 和 Hf。

② $MOCl_2 \cdot 8H_2O$ 在盐酸中的溶解度的差异。

当 HCl 浓度小于 9 $mol \cdot L^{-1}$时,$HfOCl_2 \cdot 8H_2O$ 和 $ZrOCl_2 \cdot 8H_2O$ 的溶解度差不多,但当酸的浓度更高时,铪盐的溶解度比锆盐的小,因此在浓 HCl 中反复进行重结晶时,Hf 就富集于固相之中。

③ 在 673~723 K 条件下,Zr 有如下反应:

$$3ZrCl_4(\text{挥发性的}) + Zr \xlongequal{\quad} 4ZrCl_3(\text{难挥发的})$$

而 Hf 无此反应。利用这种差异，可将两元素分离。

目前分离 Zr、Hf 的方法是离子交换法或溶剂萃取法。

利用强碱型酚醛树脂阴离子交换剂可将 Zr、Hf 分离。

溶剂萃取法是利用 Zr、Hf 的硝酸溶液以磷酸三丁酯或三辛胺 N_{235} 的甲基异丁基酮溶液萃取，Zr 较易进入有机溶剂相而 Hf 则留在水溶液中。

（2）Nb 和 Ta

Nb 和 Ta 的最重要矿物是铁和锰的铌酸盐和钽酸盐，可以用通式 $(Fe,Mn)(Nb,Ta)_2O_6$ 来表示。Nb 和 Ta 不仅矿物类型相同，而且常共生在一起，当矿物中以 Nb 为主就称铌铁矿，若以 Ta 为主就称钽铁矿。

用碱熔融矿物得到多铌酸盐或多钽酸盐，再用稀酸处理得 Nb 或 Ta 的氧化物 M_2O_5，然后用活泼金属（Na 或 Al）或碳还原可得金属 Nb 和 Ta。

$$\text{矿石} + \text{碱} \xrightarrow{\text{熔融}} \text{多铌(钽)酸盐} \xrightarrow{\text{稀酸}} Nb_2O_5(Ta_2O_5) \xrightarrow{\text{Na(Al)或C}} Nb(Ta)$$

当 Nb 和 Ta 的氧化物溶于 HF 时，可生成 Nb 和 Ta 的含氟配位酸：

$$M_2O_5 + 14HF \xlongequal{\quad} 2H_2MF_7 + 5H_2O$$

含氟配位酸的盐以钾盐最重要。其中七氟合铌酸钾（K_2NbF_7）易水解：

$$K_2NbF_7 + H_2O \xlongequal{\quad} K_2NbOF_5 + 2HF$$

HF 的存在可抑制水解的发生。而 K_2TaF_7 则不水解。

Nb 和 Ta 的分离可利用其氟配合物在 HF 酸中溶解度的差别。当 HF 的浓度在 5%～7% 时，K_2NbF_7 的溶解度比 K_2TaF_7 的大很多。因此，采用分级结晶法可将 Nb 和 Ta 分开。

Nb 是某些硬合金钢的组分元素，特别适合于制造耐高温钢。Ta 具有一系列特殊的性能，如它的化学稳定性特别高，除 HF 酸外可抗许多酸的腐蚀，抗王水的侵蚀甚至超过 Pt，因而可用来制作化工设备和实验室器皿。其次是 Ta 及钽合金具有超高温的高强度性能，如火箭喷嘴温度超过 3588 K，但碳化钽的熔点可达 4153 K，因而，在 Ta-W 合金上涂上碳化钽就可制作火箭喷嘴。最后，由于 Ta 的低反应性不会被人体排斥，因而被用来制作修复骨折所需的金属板、螺钉和金属丝等。

在 Nb 和 Ta 的化合物中，最重要的是它们的氟化物和氧配合物。

Nb 和 Ta 的五氟化物（MF_5）都是挥发性的白色固体，易吸水也易水解，它们都具有四聚体的结构。固体的结构单元是 MF_6 八面体，八面体通过共用赤道平面的两个相邻顶点而连接起来（图 8.10）。$(NbF_5)_4$ 的端基 Nb—F 键键长 177 pm，桥基 Nb—F 键键长 206 pm。而 NbF_4 却是层状多聚体结构（图 8.11），它是通过 NbF_6 八面体在赤道平面内共用四个顶角而构成的。TaF_4 还未制得。

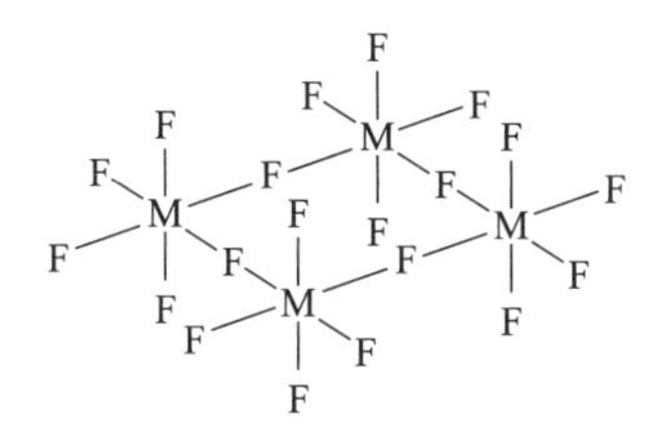

图 8.10 MF_5 的四聚体结构

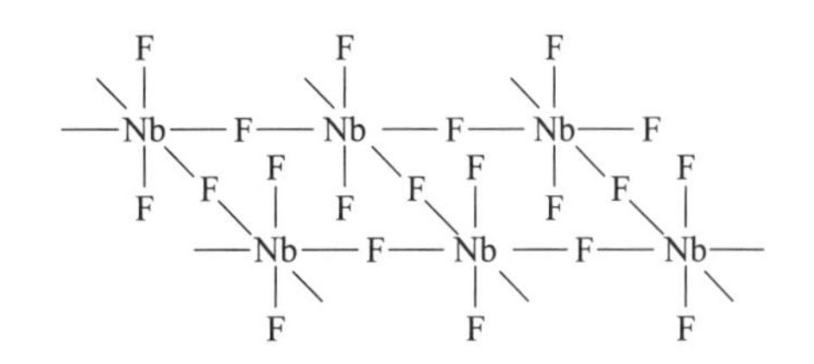

图 8.11 NbF_4 的层状多聚体结构

除上述氟配合物外，还有 MF_6^-、$NbOF_6^{3-}$、TaF_8^{3-} 等离子，其结构分别为八面体、单帽三棱柱、对顶四方锥。

已发现的其他卤化物包括：

MCl_5 气态时为单分子三角双锥，固态时为二聚体，两个 MCl_6 八面体通过一条棱边而连接起来(图 8.12)。

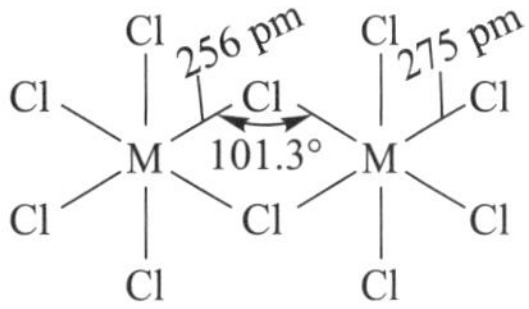

Cl 256 pm Cl 275 pm Cl Cl 101.3° M M Cl Cl

图 8.12 (Nb,Ta)Cl_5 的二聚体结构

MCl_4 与 NbI_4(TaI_4 未发现)为异质同晶体，都是线形多聚体，其结构是许多八面体通过棱边而连接成的长链(图 8.13)。在这些化合物中，金属原子并不处于八面体的正中心位置，而是发生了偏离，并且两两成对，构成弱的 M—M 金属键。这样，原来成单的电子就相互配对，从而化合物显示出反磁性。

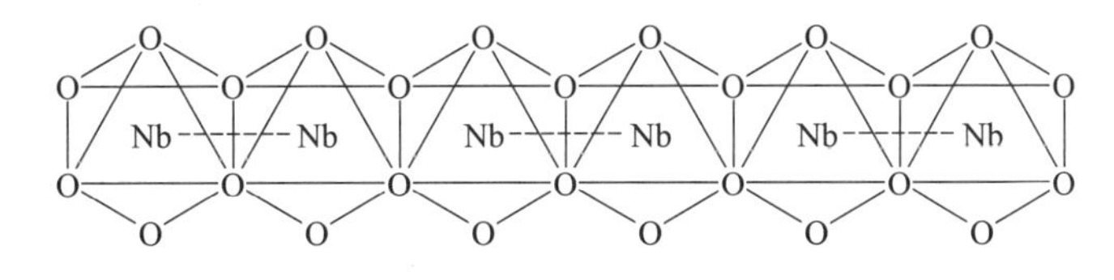

图 8.13 $NbCl_4$ 的线形多聚体结构

(3) Mo 和 W

Mo 和 W 在自然界可形成独立的矿物，它们的提取和分离要容易得多。主要矿物有辉钼矿(MoS_2)、钨锰铁矿[(Fe,Mn)WO_4,(黑钨矿)]和钨酸钙矿($CaWO_4$,白钨矿)。由辉钼矿和钨锰铁矿提炼 Mo、W 的过程为

$$MoS_2 \xrightarrow[873\ K]{焙烧} MoO_3 \xrightarrow[纯化]{NH_3 \cdot H_2O} (NH_4)_2MoO_4 \xrightarrow{加热} MoO_3 \xrightarrow[873\ K]{H_2} Mo$$

$$(Fe,Mn)WO_4 \xrightarrow[熔融]{NaOH} Na_2WO_4 \xrightarrow{H_2O} Na_2WO_4(aq) \xrightarrow{HCl} WO_3 \cdot nH_2O \xrightarrow{加热} WO_3 \xrightarrow[873\ K]{H_2} W$$

Mo 和 W 的化学，主要特征有两个：

① 氧化态为+6 的化合物比同族元素铬的要稳定。

② 它们的含氧酸及其盐比同族铬的更为复杂。

i. 氧化物

MoO_3 和 WO_3 是 Mo 和 W 的稳定氧化物。MoO_3 为白色的，熔点 1068 K，受热时，由于固体中产生了缺陷，颜色变黄。WO_3 是柠檬黄色，熔点 1746 K。这两种化合物都是 O^{2-} 按八面体结构围绕金属离子配位。MoO_3 具有复杂的层状结构，而 WO_3 为立方结构。MoO_3 微溶于

水，WO_3 非常难溶于水。它们均不与酸作用，但都易溶于碱生成各种含氧酸盐。例如：

$$MoO_3(WO_3) + 2NaOH \longrightarrow Na_2MoO_4(Na_2WO_4) + H_2O$$

ⅱ. 简单钼、钨酸

用酸酸化钼酸盐溶液，实验条件不同，可以制得组成和结构不同的四种简单钼酸（图 8.14）。

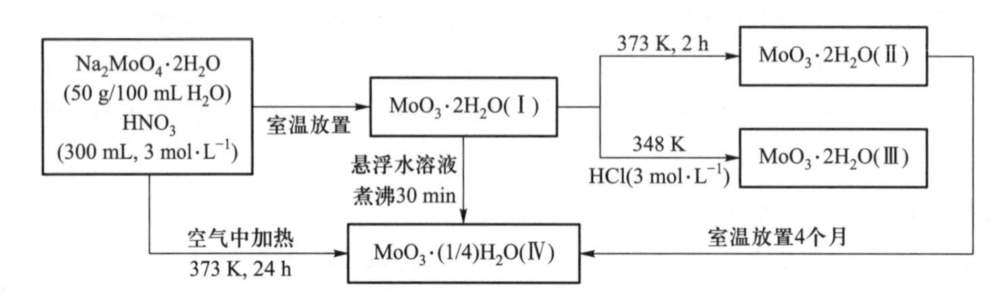

图 8.14 简单钼酸的制备

根据核磁共振研究表明，在所谓“钼酸”中的 H 完全存在于 H_2O 分子中而不是在 Mo—O—H 中，所以实际上的钼酸并不是传统意义上的酸而是 MoO_3 的水合物。

用盐酸酸化钨酸钠溶液，室温下得到的白色沉淀组成是 $WO_3 \cdot 2H_2O$，习惯上也叫白钨酸。将溶液在煮沸条件下得到的是黄色沉淀，组成为 $WO_3 \cdot H_2O$，习惯上叫黄钨酸。简单钨酸和简单钼酸类似，实际上不是酸而是 WO_3 的水合物。

ⅲ. 钨青铜

早在 1824 年，Wohler 就发现，用 H_2 还原红热的钨酸钠，得到外表像青铜的化学惰性物质。随后，又找到了各种制备相似物质的方法。例如：

在 H_2 中加热 Na、K 或碱土金属的钨酸盐或多钨酸盐；

熔融钨酸盐的电解还原；

用 Na、W 或 Zn 还原钨酸钠。

这些反应的产物都称为钨青铜。钨青铜是一种非化学计量物，通式为 M_xWO_3（当 M = Na 时，$0<x<1$）。

钨青铜的颜色随组成的不同而有很大变化。例如：

$x\approx0.9$ 时为金黄色，$x\approx0.6$ 时为橙红色，$x\approx0.45$ 时为红紫色，$x\approx0.3$ 时为暗蓝色。

在化学上，钨青铜都极为惰性，具有半金属性，有金属光泽和导电性，其导电性也与 x 值有关，电导率却是随温度的升高而增大。

它们的化学惰性表现在不溶于水和能抵抗除 HF 酸以外的一切酸的侵蚀，但却能在碱存在下被氧化。

$$Na_xWO_3 + NaOH + O_2 \longrightarrow Na_2WO_4 + H_2O$$

也能还原硝酸银的氨水溶液为金属银。

从结构上看，在 Na_xWO_3 中，每去掉一个 Na^+，则有一个 W 原子从 W（Ⅴ）变为 W（Ⅵ）。所以在这种有缺陷的 Na_xWO_3 中，有 $(1-x)$ 个 Na^+ 的空位和 $(1-x)$ 个 W（Ⅵ）。完全纯的

$NaWO_3$(即 Na 原子数的最大极限,$x=1$)还未制得,只是一种理想化合物。完全纯的 WO_3(Na 原子数的最小极限,$x=0$)是稍微畸变的一种 WO_6 八面体按立方晶体的结构排布(图 8.15)。实际上的钨青铜的组成近于 $Na_{0.3}WO_3 \sim Na_{0.9}WO_3$。

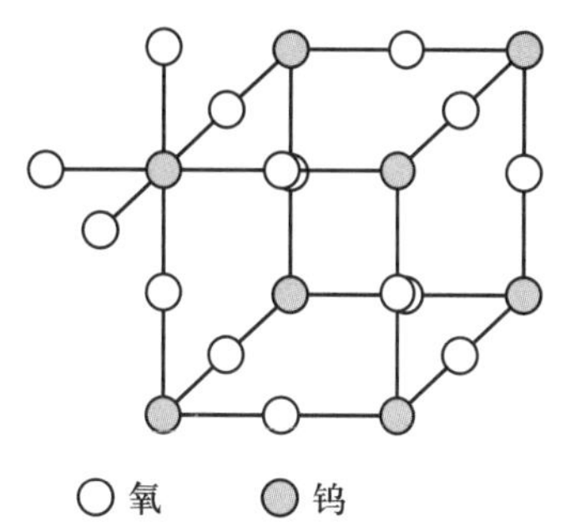

图 8.15 WO_3 的立方晶体结构

钨青铜的导电性,可认为是其中一切钨原子都是 W(Ⅵ),Na 为 Na(0),钠的价电子像在金属 Na 中一样,在 WO_3 的晶格中自由运动。

锂也可形成钨青铜,但无导电性。

ⅳ. 同多酸、杂多酸及其盐

Mo 和 W 的重要的、特征的性质之一是能生成多种多聚钼酸、多聚钨酸及其盐。在元素周期表中的元素可形成多酸的还有 V^{V}、Nb^{V}、Ta^{V} 和 U^{VI},不过,它们生成多聚酸和多聚酸盐的能力有限得多。

a. 同多钼酸盐

当酸化钼(Ⅵ)酸盐溶液时,则钼酸根离子逐步缩合成为多聚钼酸根离子,缩合的全过程可以认为开始于 MoO_4^{2-} 的部分中和,随后去水生成氧桥键。

$$[MoO_4]^{2-} + H^+ = [MoO_3(OH)]^-$$

……

$$2[MoO_3(OH)]^- = [O_3Mo—O—MoO_3]^{2-} + H_2O$$

$$2[MoO_2(OH)_3]^- = [(OH)_2O_2Mo—O—MoO_2(OH)_2]^{2-} + H_2O$$

……

缩合的步骤、过程和机理都很复杂。当强碱性钼酸盐溶液的 pH 下降到约为 6 时,聚合作用就可检测出来。此时检测出的多聚离子为$[Mo_7O_{24}]^{6-}$:

$$8H^+ + 7[MoO_4]^{2-} = [Mo_7O_{24}]^{6-}(\text{仲钼酸根}) + 4H_2O$$

在更强的酸性溶液中,则生成八钼酸根离子$[Mo_8O_{26}]^{4-}$。酸性更大时,又会发生$[Mo_8O_{26}]^{4-}$的解聚:

$$\underset{\text{正钼酸盐}}{[MoO_4]^{2-}} \xrightarrow{pH=6} \underset{\text{仲钼酸盐}}{[Mo_7O_{24}]^{6-}} \xrightarrow{pH=1.5\sim2.9} \underset{\text{八钼酸盐}}{[Mo_8O_{26}]^{4-}} \xrightarrow{pH<1} \underset{\text{水合三氧化钼}}{MoO_3 \cdot 2H_2O}$$

b. 同多钨酸盐

钨酸盐体系的一般行为十分相似于钼酸盐体系。同样,在溶液中的聚集过程随溶液 pH 下降而增大。

$$\underset{\text{正钨酸盐}}{[WO_4]^{2-}(aq)} \underset{\text{煮沸},OH^-}{\overset{pH=6\sim7,\text{快}}{\rightleftharpoons}} \underset{\text{仲钨酸盐A}}{[W_6O_{19}]^{2-}} \xrightarrow{H_2O,\text{慢}} \underset{\text{仲钨酸盐B}}{[W_{12}O_{41}]^{10-}\text{或}[H_2W_{12}O_{42}]^{10-}}$$

正钨酸盐 $\overset{OH^-}{\underset{pH=1}{\rightleftharpoons}}$ $WO_3 \cdot 2H_2O$;仲钨酸盐A $\xrightarrow{pH=3.3}$ $[H_3W_6O_{21}]^{3-}$;仲钨酸盐B $\xrightarrow{H^+}$ $[H_2W_{12}O_{40}]^{6-}$

$$\underset{\text{水合三氧化钨}}{WO_3 \cdot 2H_2O} \xleftarrow{pH<1} \underset{\psi\text{-偏钨酸盐}}{[H_3W_6O_{21}]^{3-}} \rightleftharpoons \underset{\text{偏钨酸盐}}{[H_2W_{12}O_{40}]^{6-}}$$

c. 杂多酸及其盐

Mo、W 的杂多酸是由含有其他含氧阴离子如 PO_4^{3-}、SiO_4^{4-} 或钼酸盐和钨酸盐的混合溶液经酸化而生成的。在杂多酸根离子中，其他含氧阴离子提供中心，MoO_6 和 WO_6 八面体通过共用氧原子顶点而与其他 MoO_6 和 WO_6 八面体连接而聚集在中心的周围。中心基团经常是含氧阴离子，如 PO_4^{3-}、SiO_4^{4-} 等，但包括 Al、Ge、Sn、As、Pb、Se、Te、I 及许多过渡元素在内的其他元素也可作为中心。MoO_6 或 WO_6 八面体对 P，Si，Bi 或其他中心原子的比经常为 1∶12，1∶9 或 1∶6，其他比例虽然也有，但很少出现。

		杂多酸阴离子的化学式
1∶12	A 组：P^{V}，As^{V}，Si^{IV}，Ge^{IV}，Ti^{IV}，Zr^{IV}	$[XMo_{12}O_{40}]^{(8-n)-}$（$n$ 为杂原子的氧化数）
	B 组：Ce^{IV}，Th^{IV}	$[XMo_{12}O_{42}]^{(12-n)-}$
1∶9	Mn^{IV}，Ni^{IV}	$[XMo_9O_{32}]^{(10-n)-}$
1∶6	Te^{VI}，I^{VII}，Co^{III}，Al^{III}，Cr^{III}，Fe^{III}，Rh^{III}	$[XMo_6O_{24}]^{(12-n)-}$

最熟悉的杂多酸盐是检验磷酸盐时将磷酸盐与钼酸铵和硝酸共热所析出的黄色磷钼酸铵 $(NH_4)_3[PMo_{12}O_{40}]$ 沉淀。

杂多酸有以下特性：

① 与同多酸不同，它们在强酸中稳定，不发生解聚。

② 能被强碱分解。例如：

$$34OH^- + [P_2Mo_{18}O_{62}]^{6-} = 18MoO_4^{2-} + 2HPO_4^{2-} + 16H_2O$$

③ 小阳离子的杂多钼酸盐或钨酸盐在水中易溶解，但较大阳离子的盐往往是不溶性的。

X 射线衍射研究表明，在一切情况下，钨和钼原子都是位于由氧原子构成的八面体的中心，八面体通过共用顶角和棱而构成同多酸或杂多酸的结构。

如 $[Mo_6O_{19}]^{2-}$ 是由六个 MoO_6 八面体单元构成的一个大的正八面体的结构，这种大的正八面体被称为超八面体。在 MoO_6 的六个氧中有四个氧是由两个 MoO_6 正八面体共用，一个氧为六个正八面体共用，剩下一个氧不与别的八面体共用（图 8.16），所以总起来：

$$Mo 和 O 的个数比 = 1 : [1+(4\times1/2)+(1\times1/6)] = 6 : 19$$

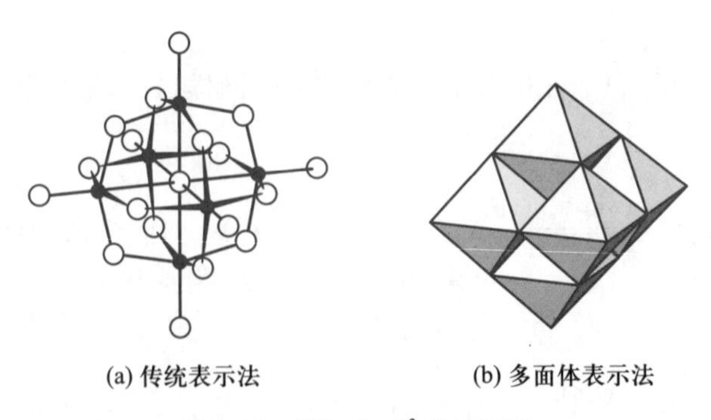

(a) 传统表示法　　(b) 多面体表示法

图 8.16　$[Mo_6O_{19}]^{2-}$ 的表示法

由两个超八面体通过共用两个小 MoO_6 八面体而连接起来，就成为 $Mo_{10}O_{28}$ 的结构。再由 $Mo_{10}O_{28}$ 结构移去2个、3个或4个八面体，就可得到 $[Mo_8O_{26}]^{4-}$、$[Mo_7O_{24}]^{6-}$ 或 $[Mo_6O_{19}]^{2-}$ 的结构，图8.17为其示意图。

A组杂多酸如 $[P(Mo_3O_{10})_4]^{3-}$ 可认为是三个共边 MoO_6 八面体组成一组，再由这样的四组八面体按四面体方式围绕 PO_4 四面体分布，组成一个超四面体的结构（图8.18）。

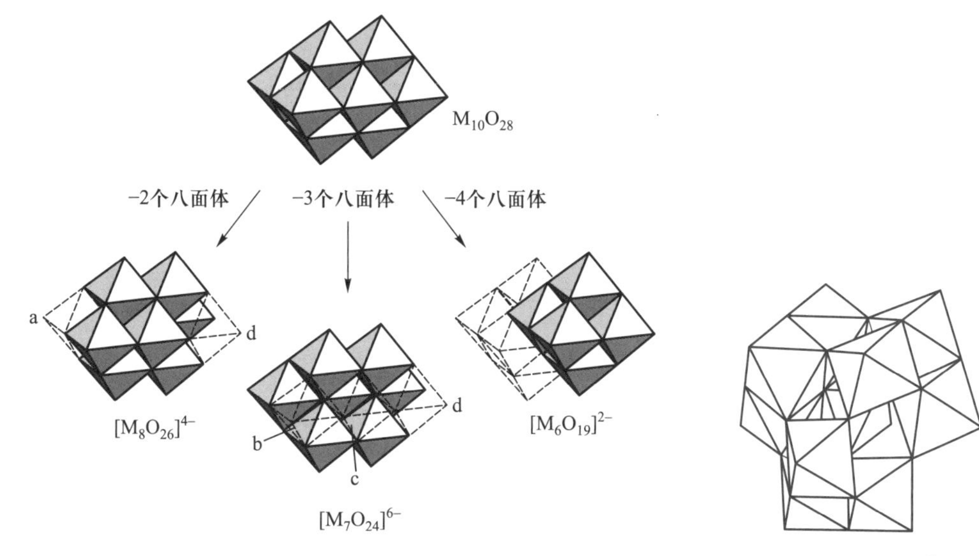

图8.17 某些同多酸阴离子的结构

图8.18 $[P(Mo_3O_{10})_4]^{3-}$ 的结构

B组杂多酸的结构还不太清楚。

另一类杂多酸是由几个共边的 MoO_6 八面体组成一组（这些组不一定完全一样），然后，六个这样的组按八面体方式围绕一个杂原子分布。再从这样的结构中移去一些 MoO_6 八面体便可演变成其他类型结构的杂多酸。

图8.19示出了三个杂多酸阴离子的结构。其中间是由6个 MoO_6 八面体围绕一个杂原子所构成的环形结构，其上方和下方各加了三个共边的八面体，就得到1∶12型的另一种结构。从这种1∶12型结构中交错地移去环上的三个八面体便得到1∶9型结构，若移去的是上方和下方的六个 MoO_6 八面体便得到1∶6型环形结构的阴离子。

（4）Tc和Re

锝（Tc）和铼（Re）是Mn的同族元素。

Tc和Re发现得很晚，前者在1937年，后者在1925年，这说明在自然界找到它们的困难性。它们在自然界含量极少，又无集中形成的独立矿物。Re是在自然界发现的最后一种稳定元素，辉钼矿中含有Re。Tc是放射性元素，由人工核反应制得，事实上Tc是第一个人工制得的新元素，用中子轰击钼靶可得到：

$$^{98}_{42}Mo + ^{1}_{0}n \longrightarrow ^{99}_{42}Mo \xrightarrow{-\beta} ^{99}_{43}Tc$$

现在主要从铀裂变产物（含Tc 6%）分离得到Tc，Tc经氧化变成 Tc_2O_7，再经蒸馏可得纯 Tc_2O_7，由 Tc_2O_7 经化学还原或电解制取纯Tc。

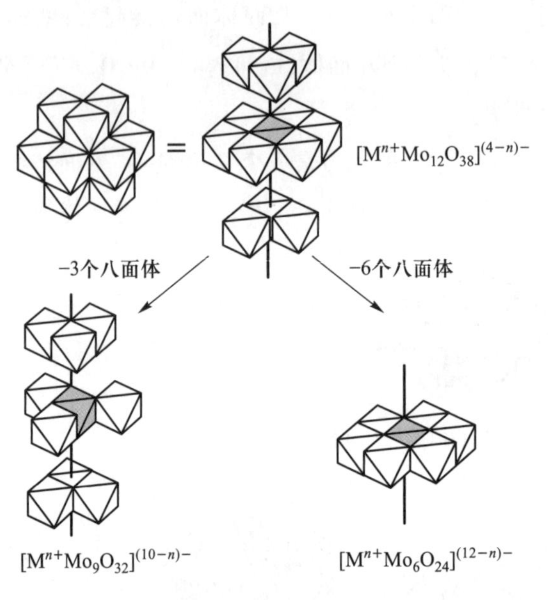

图 8.19 三个杂多酸阴离子的结构

$$Tc_2O_7 \xrightarrow{NH_3 \cdot H_2O} NH_4TcO_4 \xrightarrow{H_2,\text{加热},\text{还原}} Tc$$

$$Tc_2O_7 \xrightarrow[\text{电解}]{H_2SO_4(1\ mol \cdot L^{-1})} Tc$$

Re 主要由焙烧辉钼矿 MoS_2（含少量 ReS_2）来制取或由铜矿的烟道灰中提取。在焙烧辉钼矿时，Re 转变为挥发性的 Re_2O_7 进入烟灰，黄色的高铼酸酐（Re_2O_7）易溶于水，溶于水后生成无色的高铼酸（$HReO_4$）溶液，然后用水浸取，将浸取液浓缩再加入 KCl，就可将 $KReO_4$ 沉淀出来。

在 1073 K 左右用 H_2 还原 $KReO_4$ 可制得金属铼：

$$2KReO_4 + 7H_2 = 2Re + 2KOH + 6H_2O$$

然后用水和盐酸除去 KOH，得到 Re 的粉末，再经过压紧和焙烧，就可制得块状的金属 Re。

金属 Re 具有高熔点、高强度和耐腐蚀的优良性能，它的可塑性也很好，可以进行冷加工，尤其是 Re 合金在高温下仍能保持足够的强度，且不太容易被空气所氧化。在火箭导弹和宇宙飞船上使用的仪器和高温部件，采用的就是金属 Re 及 Re 合金。如 Re 与 W 和 Mo 所组成的合金等。

同 Mn 元素相比，Tc 和 Re 有两点比较特殊：

① Mn^{2+} 盐无论对氧化或还原都非常稳定，而对应的 Tc^{2+} 盐和 Re^{2+} 盐还未发现。

② $KMnO_4$ 是强氧化剂，而 $KTcO_4$ 和 $KReO_4$ 的氧化性都弱得多。

8.3.3 铂系金属

铂系元素包括钌（Ru）、铑（Rh）、钯（Pd）、锇（Os）、铱（Ir）、铂（Pt）六种元素，它们是元素周期表中的第Ⅷ族元素，属于第二、三过渡系。通常将第Ⅷ族中的第二过渡系中的 Ru、Rh、Pd 称为轻铂系元素，第三过渡系中 Os、Ir、Pt 的称为重铂系元素。

1. 铂系金属的特点

(1) 铂系金属都是稀有的，它们在自然界存在很少，其各自相对丰度为

Ru	$(1.0\times10^{-7})\%$	Rh	$(1.0\times10^{-7})\%$	Pd	$(1.0\times10^{-6})\%$
Os	$(1.0\times10^{-7})\%$	Ir	$(1.0\times10^{-7})\%$	Pt	$(5.0\times10^{-7})\%$

它们能以游离态形式存在于自然界中。

(2) 铂系金属单质的一些性质如表 8.4 所示。

表 8.4 铂系金属单质的一些性质

元素	密度/($g\cdot cm^{-3}$)	熔点/K	硬度	最佳溶剂
Ru	12.41	2583	6.5	碱性氧化熔融物
Os	22.57	3318	7.0	碱性氧化熔融物
Rh	12.41	2239	—	热浓 HCl 和 NaOCl
Ir	22.42	2683	6.5	热浓 HCl 和 NaOCl
Pd	12.02	1825	4.8	浓 HNO_3
Pt	21.45	2045	4.5	王水

比较铂系金属的熔点和化学活泼性可以发现以下规律：

其中金属 Os 熔点最高，化学活泼性最小，而金属 Pd 的熔点最低，化学活泼性最大。这种曲折顺序反映了铂系金属对角变化规律，体现着铂系金属性质变化的复杂性。

(3) 铂系金属不活泼，常况下不与非金属作用，但在加热时能与 O_2、S、F_2 和 Cl_2 反应。Ru 和 Os 能溶于熔融的 KOH 和 K_2O_2 生成 K_2MO_4 盐。Rh、Ir 可溶于热的浓 HCl 和 NaClO、Pt 能溶于王水，Pd 能溶于浓 HNO_3 生成 $Pd(NO_3)_4$。

(4) 铂系金属的化学主要是配合物化学，与铁系元素不同，铂系元素的简单水合阳离子不常见。

(5) 由于铂系金属离子是富 d 电子离子，故易形成反馈 π 键，因此能跟 π 酸配体如 CO、NO、CN^-、PMe_3、PPh_3 等形成许多配合物，也易形成有机金属化合物。

2. 铂系元素的重要化合物

铂系元素的重要化合物有氧化物、卤化物、卤配合物、氨配合物及有机金属配合物等。

PtF_6 是最强的氧化剂之一，它对于稀有气体的化学起了决定性的作用。第一个稀有气

体化合物就是用 PtF_6 与稀有气体 Xe 作用而制得的。

氯钯酸（H_2PdCl_6）、氯铂酸（H_2PtCl_6）中的金属中心都具有 d^2sp^3 杂化态，八面体构型，具有氧化性，用 SO_2，$H_2C_2O_4$ 还原剂与它们作用可得到黄色的亚酸：

$$H_2PtCl_6 + SO_2 + 2H_2O \longequal H_2PtCl_4 + H_2SO_4 + 2HCl$$

亚酸的中心原子以 dsp^2 杂化态成键呈平面正方形结构。

配位场理论表明，在 d^8 电子构型时，强场下平面正方形获得的稳定化能 LFSE 最大。因此，$[Pt(NH_3)_4]^{2+}$、$[Pt(NH_3)_2Cl_2]$、$[Pt(C_2H_4)Cl_3]^-$ 及 $[PtCl_4]^{2-}$ 都具有平面正方形的构型。

据报道，Pd 和 Pt 的有些配合物可能是很有希望的各向异性的半导体材料。如 $K_2[Pt(CN)_4]Br_{0.3} \cdot 3H_2O$，Pt 以 dsp^2 杂化轨道与 CN^- 形成的平面正方形的 $[Pt(CN)_4]^{2-}$ 单元互相堆积在彼此的顶部上形成链状结构（图 8.20）。由于具有 d^8 电子构型的 Pt^{II} 的 d_{z^2} 上都充填有电子，这些充填有电子的 d_{z^2} 轨道重叠起来而沿着 Pt 链产生了一个不定域的能带。在没有 Br 原子的情况下，这个能带是充满了电子的，但 Br 原子起了电子接受体的作用，从每一个 $[Pt(CN)_4]^{2-}$ 单元上平均取走 0.3 个电子，结果是这个 d_{z^2} 能带仅被部分充满，从而出现金属的导电性。

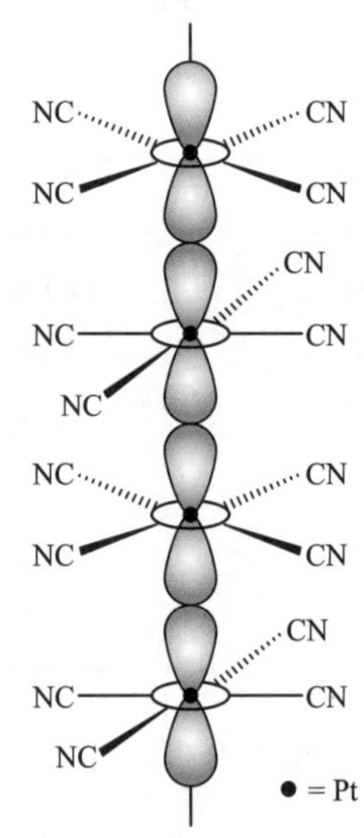

图 8.20 $K_2[Pt(CN)_4]Br_{0.3} \cdot 3H_2O$ 的结构

$[Pd^{II}(NH_3)_2Cl_2][Pd^{IV}(NH_3)_2Cl_4]$ 也具有链状的结构，平面正方形的 $[Pd^{II}(NH_3)_2Cl_2]$ 和 $[Pd^{IV}(NH_3)_2Cl_2]^{2+}$ 单元通过 Cl^- 而互相堆积在一起。

H_3N Cl H_3N Cl H_3N Cl H_3N Cl

----Cl—Pd—Cl----Pd----Cl—Pd—Cl----Pd----

Cl NH_3 Cl NH_3 Cl NH_3 Cl NH_3

实验发现，其中沿 Pd—Cl----Pd 链的方向上表现出最大的导电性，其电导率是垂直链方向电导率的 300 倍。造成这一性质的原因是填有电子的 Pd^{II} 的 d_{z^2} 轨道和空的 Pd^{IV} 的 d_{z^2} 轨道与氯原子的 p_z 轨道相互重叠而成键。

具有各向异性导电性能的化合物还有：$[Pt^{II}(en)Cl_2]$、$[Pt^{II}(NH_3)_4][Pt^{II}Cl_4]$、$[Pt^{II}(NH_3)_4][Pt^{II}(SCN)_4]$、$[Cu^{II}(NH_3)_4][Pt^{II}Cl_4]$ 等。

“顺铂”是铂的顺式配合物，如 *cis*-$[Pt(NH_3)_2Cl_2]$ 与 *cis*-$[Pt(en)Cl_2]$ 等。对它们的研究发现，发现顺铂具有抑制细胞分裂特别是抑制癌细胞增生的作用。服用顺铂药物可以程度不同地缓解病情或延长患者的生命。

顺式构象具有抗癌活性，是由于顺铂能与 DNA 键合，处于顺式位置的两个 Cl 配体被取代，生成一种中间化合物，从而破坏了 DNA 的复制，抑制肿瘤细胞的分裂。

$$\begin{array}{ccc} H_3N & & N- \\ & Pt & \\ H_3N & & N- \end{array} \boxed{\begin{array}{c} D \\ N \\ A \end{array}}$$

8.3.4 ⅠB 和 ⅡB 重金属元素

ⅠB 族元素，虽然中性原子的 d 轨道已填满，但 Cu^{2+} 具有 d^9 构型，Au^{3+} 具有 d^8 构型。ⅡB 族元素，无论是中性原子还是 M^{2+} 都具有 d^{10} 封闭壳层结构。对于后者，一些人认为它们不属于过渡元素，不过就其性质而言，它们与过渡元素的相似性胜过与碱土金属的相似性。因此，将它们作为过渡元素来讨论还是有道理的。

1. 存在与提取

银(Ag)、金(Au)在自然界广泛地以游离态、硫化物和砷化物存在，银也以 AgCl 形式产出。银常常在冶炼铜矿和铅矿的过程中回收得到。这两种金属的冶炼是在空气存在下先用氰化物溶液处理矿石，随后再加入 Zn，得到银和金。纯金属尚需经过电解处理。

$$4M(Ag,Au) + 8CN^- + O_2 + 2H_2O \xlongequal{} 4[M(CN)_2]^- + 4OH^-$$

$$Ag_2S + 4CN^- \xlongequal{} 2[Ag(CN)_2]^- + S^{2-}$$

$$2[M(CN)_2]^- + Zn \xlongequal{} 2M + [Zn(CN)_4]^{2-}$$

镉极少单独形成矿物，一般以 CdS 形式存在于闪锌矿中。汞的主要矿物是辰砂（又名朱砂，HgS），辰砂是提取汞的主要原料。HgS 和 Fe 反应或在空气中灼烧（873~973 K），或和 CaO 作用都可得到汞。工业上一般用蒸馏方法提纯汞，纯度可达 99.9%。

2. 单质的性质和用途

银是白色、有光泽、软而富延展性的金属（熔点 1234 K），它是已知的电和热的最佳导体。在化学性质上活泼性不如铜，但 S 和 H_2S 能迅速侵蚀银的表面。在氧气或过氧化物存在时，银可以溶于氧化性酸类和氰化物溶液。

金是软的、黄色金属（熔点 1336 K），有最大的延展性。化学性质不活泼，不被氧或硫所侵蚀，易溶于王水。在空气或过氧化物存在时，金也易溶于氰化物溶液。

较高的熔点意味着有较高的原子化焓，较大的有效核电荷致使有较高的电离能，这些都是导致金和银的性质与过渡元素的相似性胜过与碱金属、碱土金属的相似性的原因。

金、银是贵金属，常用作装饰品和货币。在电子工业上用作导电材料，在实验室中用作特殊的耐酸器皿。

镉是白色金属，比锌软，有展性，易挥发。它不如锌活泼，但比金和汞活泼，能缓慢溶解于盐酸和硫酸，在潮湿空气中缓慢氧化。在高温下与卤素作用剧烈，也能与硫直接化合。

汞的熔点为 234.28 K，室温下为银白色的液体，这是唯一的在室温为液体的金属。这是由于汞有很高的电离能致使它的电子很难参与形成金属键。汞的密度大、蒸气压大、易挥发,在 293 K 时生成单原子蒸气,蒸气压可达 1.7×10^{-5} Pa。汞能溶解许多金属形成汞齐。汞很不活泼,室温下不被空气氧化,加热至沸腾才慢慢与氧作用。汞不与稀酸作用,只溶于热的浓 H_2SO_4 和浓 HNO_3 中,卤素和硫可直接与汞化合。

一般的 d 区元素第二行和第三行元素在化学性质上相似并和第一行元素有差别,但在ⅡB 族中 Zn 和 Cd 却很相似而同 Hg 有较大差别。例如,Zn、Cd 的 $E^\ominus(M^{2+}/M)$ 为负值,而 $E^\ominus(Hg^{2+}/Hg)$ 却为正值,Hg 是惰性的;Zn、Cd 的氯化物是离子型的,但 $HgCl_2$ 却是共价型的;在生成配合物时 Zn、Cd 的配位数可以是 4、5、6,但 Hg 达到这些配位数是困难的,对 Hg 来说最常见的配位数是 2。

镉与其他金属形成的合金具有多方面的应用,如铜中加入少量镉能增加铜的韧性,但不降低铜的导电性。镉在原子能反应堆中用作控制棒。汞可用于制造温度计和压力计,其蒸气在电弧中能导电,故可用于制造日光灯。汞用作液体电极,在氯碱工业和极谱分析中作汞阴极用。

3. 银、金、镉、汞的化学

下面列出银和金的电极电势图,为了比较同时也列出了铜的电极电势图。

$$Cu^{2+}\xrightarrow{+0.153\ V}Cu^{+}\xrightarrow{+0.521\ V}Cu$$

$$Ag^{2+}\xrightarrow{+1.98\ V}Ag^{+}\xrightarrow{+0.799\ V}Ag$$

$$Au^{3+}\xrightarrow{+1.41\ V}Au^{+}\xrightarrow{+1.68\ V}Au$$

可以见到,与 Cu^{2+}、Cu^{+}相比,Ag^{2+}的氧化性很强和 Ag^{+}不能歧化。Ag(Ⅰ)是银的重要氧化态,许多简单离子型化合物中含有 Ag^{+}。Ag(Ⅰ)的盐类一般不溶于水,但 $AgNO_3$、AgF 和 $AgClO_3$ 是例外。AgX 对光敏感,在照相术上有重要应用。Ag^{+}能生成许多配合物,同简单配体生成的配合物大多具有直线形的结构,如 $[Ag(NH_3)_2]^{+}$ 和结构相似的烷基胺和吡啶配合物。也能形成组成为 $[AgX_n]^{(n-1)-}$ 的卤配阴离子和 $[Ag_nX]^{(n-1)+}$ 卤配阳离子,这些离子的稳定性一般有 I>Br>Cl 的顺序。F_2 作用于 Ag 或 AgCl 可以制得 AgF_2,它是强氧化剂和很有效的氟化剂。用过二硫酸盐氧化含有配体的 Ag^{+}溶液可得 Ag(Ⅱ)的配合物,如 $[Ag(py)_4]^{2+}$、$[Ag(dipy)_2]^{2+}$、$[Ag(phen)_2]^{2+}$,这些配合物的磁矩为 1.75~2.2 B.M.,这同 d^9 组态相符,电子光谱研究表明它们有平面四边形的结构。

Au^{+}在水溶液中基本不能存在,从它的歧化常数就能看到这一点:

$$3Au^{+} \rightleftharpoons Au^{3+} + 2Au \qquad K^\ominus = \frac{c(Au^{3+})}{c^3(Au^{+})} = 1.37\times10^9$$

对水稳定的 Au^{+}的化合物是配合物或难溶盐。二配位的 $[AuCl_2]^-$ 和 $[Au(CN)_2]^-$ 都具有直线形的结构。Au(Ⅰ)的有机金属化合物有 RAuL 型,其中 L = SR_2、PR_3 或 RNC,它们都是用相应的卤化物与烃基锂或格氏试剂制得的。也得到了乙炔配合物 $[(R_3P)Au(C\equiv CR')]_n$ 和杂核羰基配合物 $(Ph_3P)AuCo(CO)_4$。以 $NaBH_4$ 还原 $(Ar_3P)AuX$ 得到了多核金簇化合物,

如 $Au_{11}I_3[P(p\text{-}ClC_6H_4)_3]_7$，它是由三个 Au(Ⅰ)和八个 Au(0)原子组成的。

目前，所有的 AuX_3 都已制得。在 470 K 时由金直接氯化或金溶于王水然后蒸发可得到 $AuCl_3$，不论在固态还是气态，$AuCl_3$ 都含有二聚体的 Au_2Cl_6 平面分子，溶于碱生成盐如 $K[AuO_2]\cdot 3H_2O$(黄色)，溶于强酸生成 $H[AuCl_4]$、$H[Au(NO_3)_4]$和 $H[Au(SO_4)_2]$。溴化物亦由单质制备，而碘化物是由溴化物来制得的，Au 与强氟化剂 BrF_3 加热到 573 K 得到 AuF_3。$Au(OH)_3$ 具有两性，但酸性大于碱性，故称为金酸。它溶于碱生成金酸盐，如 $Ba[AuO_2]_2\cdot 5H_2O$(绿色)。

Au(Ⅲ)的配合物比较普遍，包括很多配阳离子，如$[Au(py)_2Cl_2]^+$、$[Au(phen)X_2]^+$，以及配阴离子，如$[AuCl_4]^-$、$[Au(CN)_4]^-$、$[Au(SO_4)_2]^-$、$[AuCl_3(OH)]^-$等。由于 Au(Ⅲ)与 Pt(Ⅱ)的电子结构相同，因而可预料 Au(Ⅲ)的配合物会在结构及其他方面与 Pt(Ⅱ)配合物类似。

经常是当有其他配体如三苯基膦存在时 Au(Ⅲ)的烃基化物才能稳定，如$(CH_3)_3Au(PPh_3)$。不过，$Au(C_6H_6)_3$ 在醚中却是稳定的。二烃基化物 R_2AuX($X=Cl^-$、Br^-、CN^-、SO_4^{2-})是稳定的有机金属化合物，其中的 Au—C 键相当强。其中，卤化物在溶液中是具有卤桥的二聚体结构，而氰化物却是具有直线形桥 Au—CN—Au 的四聚体结构(图 8.21)。

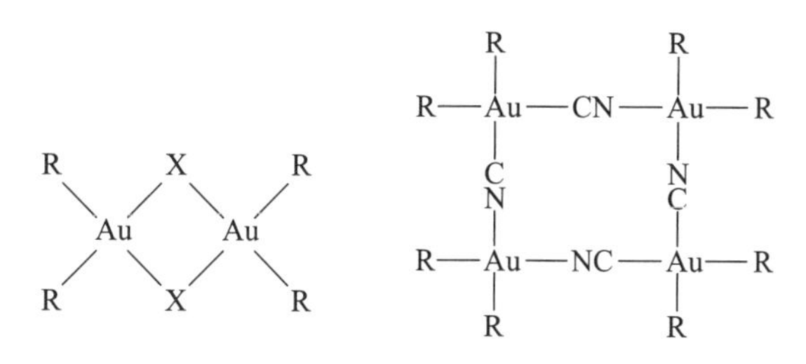

图 8.21　R_2AuX 的二聚体和 $R_2Au(CN)$的四聚体结构

二烃基化物还可衍生出许多配离子，如$[Me_2Au(OH)_2]^-$、$[Me_2AuBr_2]^-$和$[Me_2Au(H_2O)_2]^+$。氢氧化物虽与氰化物一样都是四聚体，但前者的 Au—OH—Au 是角形而后者的 Au—CN—Au 是直线形。

由 Zn、Cd、Hg 元素的电极电势图：

$$Zn^{2+}\xrightarrow{-0.763\ V}Zn \qquad Cd^{2+}\xrightarrow{-0.403\ V}Cd \qquad Hg^{2+}\xrightarrow{+0.920\ V}Hg_2^{2+}\xrightarrow{+0.789\ V}Hg \quad (Hg^{2+}\xrightarrow{+0.854\ V}Hg)$$

可见，在电极电势为 0.79~0.85 V 的氧化剂只能将 Hg 氧化为 Hg_2^{2+}，且 Hg_2^{2+} 也不能自发发生歧化，然而，能满足这种要求的普通氧化剂太少，所以，当汞被过量的氧化剂处理时，它完全转化为 Hg^{2+}。可是，当氧化剂的量不足，即汞过量超过 50%时，就只能得到 Hg_2^{2+}。因为，根据：

$$Hg^{2+}+Hg \rightleftharpoons Hg_2^{2+} \qquad K^{\ominus}=1.65\times10^2$$

Hg 会立刻将 Hg^{2+} 还原为 Hg_2^{2+}。

上式表明，Hg_2^{2+} 可以歧化，但程度很小，若加入能降低 Hg^{2+} 的活度（如沉淀作用或配位作用）比降低 Hg_2^{2+} 的活度强的任何试剂，使上述反应逆转得到 Hg^{2+}。这样的试剂并不少。例如，将 OH^- 加于 Hg_2^{2+} 溶液会析出 Hg 和 HgO 的黑色沉淀；将 S^{2-} 加于 Hg_2^{2+} 溶液会生成 Hg 和 HgS 的不溶性的混合物；同理，$Hg_2(CN)_2$ 也不存在。

Hg_2^{2+} 的硫酸盐、卤化物、溴化物和碘化物及有机酸盐比相应的 Hg^{2+} 盐溶解度小，而 Hg_2^{2+} 的氯酸盐、硝酸盐和高氯酸盐是易溶的。所有 Hg_2^{2+} 盐都含有 M—M 金属键，因此，它们都可看作最简单的原子簇化合物。

Hg_2^{2+} 可形成不多的配合物，这是因为 Hg_2^{2+} 形成配位键的趋向小，以及 Hg^{2+} 容易与很多配体形成更稳定的配合物导致 Hg_2^{2+} 歧化。低碱度的含氮配体（如苯胺、邻二氮菲等）有利于 Hg_2^{2+} 配合物的生成。在溶液中，Hg_2^{2+} 也能与草酸根、焦磷酸根、三聚磷酸根离子迅速生成配合物。

镉和汞的+2 氧化态卤化物都很稳定。常见的 CdX_2 除 CdF_2 微溶于水外（部分是因为它有较高的晶格能，部分是由于它不生成卤配合物），其余均易溶于水，这与 AgX 完全不同，但溶于水时并不能完全解离，且能发生自配位作用，如 CdI_2 在溶液中可生成一种混合物，包括水合的 Cd^{2+}、CdI^+、CdI_2、$[CdI_3]^-$ 和 $[CdI_4]^{2-}$，混合的比例取决于浓度。

需指出的是，HgX_2 也有类似情形，如在 $HgCl_2$ 水溶液中，当 Cl^- 的浓度为 $0.1\ mol \cdot L^{-1}$ 时，$HgCl_2$、$[HgCl_3]^-$、$[HgCl_4]^{4-}$ 的浓度大致相等，而在 Cl^- 的浓度为 $1\ mol \cdot L^{-1}$ 时，则主要是 $[HgCl_4]^{4-}$。HgX_2 有不同的晶体结构，HgF_2 为萤石形，$HgCl_2$ 晶体是由分立的线形分子构成的，$HgBr_2$ 和红色的 HgI_2 都有层状结构，红色的 HgI_2 在 399 K 时转化为与 $HgCl_2$ 有相同晶格的黄色 HgI_2。

大部分 Cd 的配合物类似于 Zn 的配合物，即易形成四配位的四面体配合物。但 Zn^{2+} 趋于跟 F 和 O 等配位原子形成较强的键，而 Cd^{2+} 却易跟 Cl 和 S、P 等配位原子形成稳定的配合物，Hg^{2+} 也能形成各种各样的配合物，其特征配位数和立体构型有二配位的线形分子和四配位的四面体结构。六配位的八面体结构较为鲜见。此外还有少量的三配位和五配位的配合物。在汞的配合物中，配位键具有较显著的共价特征，尤其是二配位的配合物更为显著。Hg 与含 C、N、P、S 配位原子的配体所形成的配合物较为稳定。

$HgCl_2$ 与 NH_3 的反应产物有两种，其比例取决于反应条件。在浓 NH_4Cl 溶液中析出的是 $Hg(NH_3)_2Cl_2$。

$$HgCl_2 + 2NH_3 \rightleftharpoons Hg(NH_3)_2Cl_2(s)$$

当 NH_3 浓度小和 NH_4^+ 不过量时得到的是 $HgNH_2Cl$，$HgNH_2Cl$ 含—Hg—NH_2—Hg—NH_2—的无限长链。

$$HgCl_2 + 2NH_3 \rightleftharpoons HgNH_2Cl(s) + NH_4^+ + Cl^-$$

用氨水处理 Hg_2Cl_2 也可得到 $HgNH_2Cl$，正是由于 $HgNH_2Cl$ 的不溶性导致 Hg_2^{2+} 发生歧化：

$$Hg_2Cl_2 + 2NH_3 = Hg + HgNH_2Cl(s) + NH_4^+ + Cl^-$$

若用氨水处理 HgO 可得到 $Hg_2N(OH)\cdot H_2O$，再用盐酸处理 $Hg_2N(OH)\cdot H_2O$ 得到 $Hg_2NCl\cdot H_2O$：

$$2HgO(s)+NH_3 \rightleftharpoons Hg_2N(OH)\cdot H_2O(s)$$

$$Hg_2N(OH)\cdot H_2O(s)+HCl \rightleftharpoons Hg_2NCl\cdot H_2O(s)+H_2O$$

镉的有机金属化合物可方便地通过格氏试剂或烷基锂来制备：

$$CdCl_2+2RMgCl = CdR_2+2MgCl_2$$

$$CdCl_2+2RLi = CdR_2+2LiCl$$

已知有许多汞的有机金属化合物是属于 HgR_2 和 RHgX 形式的。它们也是通过格氏反应来制备的：

$$HgCl_2+2RMgCl = HgR_2+2MgCl_2$$

$$HgCl_2+RMgCl = RHgCl+MgCl_2$$

可利用汞的有机金属化合物来进一步制备ⅠA、ⅡA、Al、Ga、Sn、Pb、Sb、Bi、Se、Te、Zn 和 Cd 的有机金属化合物。例如：

$$HgR_2+2Na = 2NaR+Hg$$

$$HgR_2+Zn = ZnR_2+Hg$$

4. 汞的毒性

汞蒸气有毒，吸入汞蒸气会引起头晕、震颤、肺部损伤和脑损伤。汞在极性和非极性液体中都有一定的溶解度。例如，在室温下，在水中的汞的饱和溶液的浓度约为 $10^{-7}\ mol\cdot L^{-1}$。由于汞的挥发性和毒性，所以在实验室中汞应用油或甲苯覆盖起来，溅洒的汞应用硫黄予以处理。无机化合物如 $HgCl_2$、Hg_2Cl_2 和 HgO 等如误服也是有毒的。这些化合物曾用于控制纸浆中及造纸中霉菌的繁殖、作防污油漆、用作杀菌剂以处理种子和植物等。二甲基汞具有较大的危险性，它能使脑损伤，造成麻木失去知觉、耳聋、疯狂和死亡。因此，现在已经有一些国家明令禁止使用二甲基汞。以 Hg_2^{2+} 及 Hg^{2+} 形式存在的无机汞能被河流中、湖泊中和海洋中的细菌甲基化。水藻、软体动物及鱼类能将存在的少量汞富集，它们被其他生物吃掉而再次被富集起来。因此，努力防止工业废水中汞化合物的流失是一件十分重要的工作。

拓展学习资源

资源内容	二维码
◇ 过渡金属离子及其化合物的颜色	

续表

资源内容	二维码
◇ 青铜和钨青铜	
◇ 无机化学常用图形介绍（元素电势图）	
◇ 无机化学常用图形介（电势-pH 图）	
◇ 无机化学常用图形介（溶解度-pH 图）	
◇ 无机化学常用图形介（自由能-温度图）	
◇ 无机化学常用图形介（自由能-氧化态图）	
◇ 第一过渡系金属配合物的 d-d 跃迁光谱	

习　题

1. 回答下列问题：

（1）指出下列离子中，哪些能发生歧化反应：Ti^{3+}、V^{3+}、Cr^{3+}、Mn^{3+}。

（2）Cr^{3+}与 Al^{3+}有何相似及相异之处？若有一含 Cr^{3+}及 Al^{3+}的溶液，怎样将它们分离？

（3）为什么氧化 CrO_2^- 只需 H_2O_2 或 Na_2O_2，而氧化 Cr^{3+}则需强氧化剂？

（4）铁、钴、镍氯化物中只见到 $FeCl_3$ 而不曾见到 $CoCl_3$、$NiCl_3$；铁的卤化物常见的有

$FeCl_3$ 而不曾见到 FeI_3。为什么？

（5）为什么往 $CuSO_4$ 水溶液中加入 I^- 和 CN^- 时能得到 Cu(Ⅰ)盐的沉淀，但是 Cu_2SO_4 在水溶液中却立即转化为 $CuSO_4$ 和 Cu？

（6）为什么 d 区元素容易形成配合物？而且大多具有一定的颜色。

（7）设计一种从铬铁矿制取红矾钠的工艺流程。

（8）指出第一过渡系与第二、三过渡系元素的主要差别。

（9）为什么锆和铪的化合物的化学性质、物理性质如此相似，但 HfO_2 的相对密度(9.68)却比 ZrO_2 的(5.73)大得多？

（10）画出 $TaCl_5$ 和 NbF_5、NbF_4 和 $TaCl_4$ 的结构。

（11）什么叫同多酸？什么叫杂多酸？简述 $[Mo_7O_{24}]^{6-}$ 的结构。

（12）什么样的元素在低氧化态时特别容易形成原子簇化合物？为什么？

2. 有一金属 M 溶于稀 HCl 生成 MCl_2，其磁矩为 5.0 B.M.；在无氧条件下操作，MCl_2 遇 NaOH 溶液产生白色沉淀 A；A 接触空气就逐渐变绿，最后变为棕色沉淀 B；灼烧时，B 变为红棕色粉末 C，C 经不彻底还原，生成黑色的磁性物质 D，B 溶于稀 HCl 生成溶液 E；E 能使 KI 溶液氧化析出 I_2，但若在加入 KI 之前，先加入 NaF 或 $(NH_4)_2C_2O_4$，则无 I_2 析出；若向 B 的浓 NaOH 悬浮液中通入 Cl_2，可得紫红色溶液 F；加入 $BaCl_2$ 时就析出红棕色固体 G；G 是一种很强的氧化剂。试确认 M 及 A～G 所代表的物质，写出所发生的化学反应，画出一张这些物质之间的转化图。

3. 以软锰矿为原料制备：

（1）K_2MnO_4　（2）$KMnO_4$　（3）MnO_2　（4）Mn

4. 由配合物的晶体场理论说明 Co^{2+} 水合盐的颜色变化。

$$\underset{\text{粉红色}}{CoCl_2\cdot 6H_2O}\xrightarrow{323\ K}\underset{\text{粉红色}}{CoCl_2\cdot 4H_2O}\xrightarrow{331\ K}\underset{\text{紫红色}}{CoCl_2\cdot 2H_2O}\xrightarrow{413\ K}\underset{\text{蓝色}}{CoCl_2}$$

$$\underset{\text{八面体形}}{[Co(H_2O)_6]^{2+}(\text{粉红色})}\underset{H_2O}{\overset{Cl^-}{\rightleftharpoons}}\underset{\text{四面体形}}{[CoCl_4]^{2-}(\text{蓝色})}$$

5. 完成并配平下列反应方程式：

（1）$MnO_4^{2-} + H^+ \longrightarrow$　（2）$MnO_4^- + H_2O_2 + H^+ \longrightarrow$

（3）$NH_3(aq) + NiSO_4 \longrightarrow$　（4）$Mn^{2+} + NaBiO_3 + H^+ \longrightarrow$

（5）$TiO^{2+} + Zn + H^+ \longrightarrow$　（6）$V_2O_5 + H^+ \longrightarrow$

（7）$VO^{2+} + MnO_4^- + H_2O \longrightarrow$　（8）$Cr(OH)_3 + OH^- + ClO^- \longrightarrow$

6. 选择最合适的方法实现下列反应：

（1）溶解金属钽　（2）从含有铝的水溶液中沉淀出锆

（3）制备氯化铼　（4）溶解 WO_3

7. 二氧化钛在现代社会中有广泛的用途，它的产量是一个国家国民经济发展程度的标志。我国至今产量不足，尚需进口二氧化钛，硫酸法生产二氧化钛的简化流程图如下：

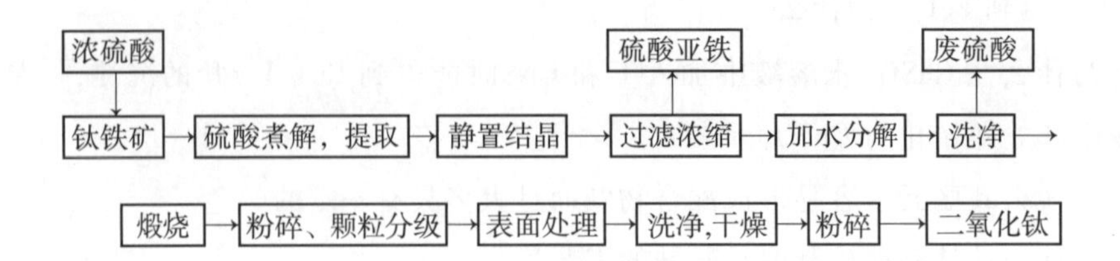

（1）指出在上面的框图的何处发生了化学反应，并写出配平的化学反应方程式；

（2）硫酸法生产二氧化钛排出的废液直接排放对环境有哪些不利的影响？

（3）提出一种处理上述流程中的废水的方法。

（4）氯化法生产二氧化钛是以金红石（TiO_2）为原料，氯气可以回收循环使用。你能写出有关的化学反应方程式吗？请对比硫酸法和氯化法的优缺点。

8. 某白色固体 A，经加热分解生成深红色固体 B、NH_3 和 H_2O，B 与 HCl 反应产生蓝色溶液 C 并放出黄绿色气体 D。若酸化 A 的溶液则呈现黄色溶液 E，给 E 加入锌粉后，溶液颜色逐渐变为蓝色（C），再变为绿色（F），最后变为紫色（G）。于 G 溶液中加入 $KMnO_4$ 溶液后，溶液颜色又依次变绿（F）、变蓝（C），最终又变为黄色溶液（E）。试问 A ~ G 各为何物？

9. 钼是我国丰产元素，探明贮量居世界之首。辉钼矿（MoS_2）是最重要的钼矿，它在 130 ℃，200 kPa 氧压下跟苛性碱溶液反应时，钼便以 MoO_4^{2-} 型体进入溶液。

（1）在上述反应中硫也氧化而进入溶液，试写出上述配平的反应方程式。

（2）在密闭容器里用硝酸来分解辉钼矿，氧化过程的条件为 150 ~ 250 ℃，（1.115 ~ 1.824）$\times 10^3$ kPa 氧压，反应结果钼以钼酸形态沉淀，而硝酸的实际消耗量很低（相当于催化剂的作用），为什么？通过化学反应方程式（配平）来解释。

10. 照相时若曝光不足，则已显影和定影的黑白底片图像淡薄，需对其进行“加厚”，若曝光过度，则需对图像进行“减薄”。

（1）加厚的一种方法是把底片放入由硝酸铅、赤血盐溶于水配成的溶液，取出、洗净，再用 Na_2S 溶液处理，写出底片图像加厚的化学反应方程式。

（2）减薄的一种方法是按一定比例混合硫代硫酸钠和赤血盐溶液，把欲减薄的底片用水充分润湿浸入，适当减薄后，取出冲洗干净，写出底片图像减薄的化学反应方程式。

（3）如底片经过“加厚”处理后，图像仍不够明显，能否再次用上述方法继续加厚？又经减薄后的底片，能否再次用上述方法减薄？

11. 化合物 A 是能溶于水的白色固体，将 A 加热时生成白色固体 B 和气体 C，C 能使 KI_3 稀溶液褪色，生成溶液 D，用 $BaCl_2$ 溶液处理 D 时，生成白色沉淀 E，沉淀 E 不溶于 H_2SO_4，固体 B 溶于热盐酸中，生成溶液 F，F 与过量的 NaOH 或氨水溶液作用不生成沉淀，但若与 NH_4HS 溶液反应时，生成白色沉淀 G，在空气中灼烧 G 变成 B 和 C，用盐酸酸化 A 时生成 F 和 C。试判断各字母所代表的物质。

12. 在回收废定影液时，可使银沉淀为 Ag_2S，接着将硫化物转化为金属银，反应为

$$2Ag_2S + 8CN^- + O_2 + 2H_2O \longrightarrow 4[Ag(CN)_2]^- + 2S + 4OH^-$$

$$2[Ag(CN)_2]^- + Zn \longrightarrow 2Ag + [Zn(CN)_4]^{2-}$$

已知 $K_{sp}^{\ominus}(Ag_2S) = 6.69\times10^{-50}$，$K_{稳}^{\ominus}([Ag(CN)_2]^-) = 1.3\times10^{21}$，$E^{\ominus}(S/S^{2-}) = -0.48\ V$，$E^{\ominus}(O_2/OH^-) = 0.40\ V$。试计算第一个反应的平衡常数（第二个反应可认为实际上进行完全）。

13. 向 $[Cu(NH_3)_4]SO_4$ 水溶液通入 SO_2 至呈微酸性，有白色沉淀 A 生成，元素分析表明 A 含 Cu、N、S、H、O 五种元素且物质的量比为 $n(Cu):n(N):n(S)=1:1:1$；激光拉曼光谱和红外光谱显示 A 的晶体中有一种呈三角锥形的阴离子，一种正四面体形的阳离子；磁性实验指出 A 呈抗磁性。

① 写出 A 的化学式。

② 写出生成 A 的配平的化学反应方程式。

③ 将 A 和足量的 $10\ mol\cdot L^{-1}H_2SO_4$ 溶液混合并微热，生成沉淀 B、气体 C 和溶液 D，B 是本反应所期望的主要产品，尽管它是常见的物质，但由于本法制得的 B 呈超细粉末态，有十分重要的用途。写出制造 B 的配平的化学反应方程式。

④ 按③操作得到的 B 的最大理论产率有多大？

14. 已知 $E^{\ominus}(O_2/H_2O) = 1.229\ V$，$E^{\ominus}(Au^+/Au) = 1.69\ V$，$\beta_2([Au(CN)_2]^-) = 10^{38.3}$，$K_a^{\ominus}(HCN) = 10^{-9.4}$，求在 $c(CN^-) = 1\ mol\cdot L^{-1}$ 的氰化物水溶液中，O_2（令 $p_{O_2} = 100\ kPa$）对 Au 的溶解情况。试通过计算说明。

15. 长期以来，人们使用氰化物湿法提取金，反应是利用了 O_2 的氧化性和 CN^- 的配位性的共同作用。然而，由于 CN^- 有剧毒，此工艺必须改变。受氰化物提取金的启发，人们发展了用 O_3 和 HCl 提取金的方法，尽管 Cl^- 的配位能力不如 CN^-，但 O_3 的氧化能力却比 O_2 的强，互补的结果，使得反应能自发进行。试写出用 O_3 和 HCl 提取金的化学反应方程式，并计算在标准态时反应的 $\Delta_r G_m^{\ominus}$ 和 $E^{\ominus}$。

已知 $O_3 + 2H^+ + 2e^- \longrightarrow O_2 + H_2O$，$E^{\ominus} = 2.07\ V$；$\beta_4([AuCl_4]^-) = 1\times10^{26}$。

16. 将 $FeCl_3$ 溶液和 KI 溶液混合，溶液出现棕红色，在上述溶液中加入 $(NH_4)_2C_2O_4$，棕红色褪去，溶液呈黄色，试通过计算说明上述过程发生的原因。

已知 $K_{稳}^{\ominus}([Fe(C_2O_4)_3]^{3-}) = 10^{20.10}$，$K_{稳}^{\ominus}([Fe(C_2O_4)_3]^{4-}) = 10^{5.22}$。

17. 配位场的强弱可以强烈地影响元素的某种价态物种的氧化还原性。例如：

$E^{\ominus}([Fe(H_2O)_6]^{3+}/[Fe(H_2O)_6]^{2+}) = 0.771\ V$

$E^{\ominus}([Fe(phen)_3]^{3+}/[Fe(phen)_3]^{2+}) = 1.12\ V$

$E^{\ominus}([Co(H_2O)_6]^{3+}/[Co(H_2O)_6]^{2+}) = 1.84\ V$

$E^{\ominus}([Co(CN)_6]^{3-}/[Co(CN)_6]^{4-}) = -0.81\ V$

随着场强的增加，前者电极电势增加，后者电极电势减少，试就此现象作出解释。

第9章

d区元素(Ⅲ)——有机金属化合物　簇合物

一般而言,有机金属化合物泛指由金属原子与有机基团中的碳原子,一些电负性较小的准金属如B,As和Si,以及某些非金属原子S、P、N等直接成键的化合物。簇合物通常是指3个或3个以上的金属原子直接键合形成的具有多面体结构的化合物。不过,近些年来,簇合物的概念也扩大到了非金属原子。有机金属化合物和簇合物是当今化学的前沿领域之一,是有机化学与无机化学相互渗透中发展起来的交叉领域,与配位化学、结构化学、生物化学等密切相关。本章主要讨论有机过渡金属化合物和过渡元素的簇合物。

9.1　有效原子序数规则

9.1.1　有效原子序数规则的概念

20世纪30年代,人们在研究CO与金属原子成键时总结出一条18电子规则。即过渡金属在形成稳定的羰基配合物时,每个金属原子的价电子数与其配体提供的电子数相加等于18或等于该金属所在周期的稀有气体原子的原子序数。

18电子规则实际上是金属原子与配体成键时倾向于尽可能完全使用它的9条价轨道(5条d轨道、1条s轨道、3条p轨道)的表现。当中心金属原子的九条价轨道都充填有电子时,该金属原子周围的电子总数当然也等于该金属所在周期中的稀有气体原子的原子序数。所以18电子规则又被称为有效原子序数规则(effective atomic number rule,EAN规则)。

如$Ni(CO)_4$,按18电子规则,$10+2\times4=18$。

$Fe(CO)_5$:$8+2\times5=18$。

$Cr(CO)_6$:$6+2\times6=18$。

由于配体CO中的C原子用孤电子对配位于中心的金属原子,所以金属原子的价电子数和配体提供的电子数之和都等于 18。

18 电子规则也适用于其他一些有机金属化合物。例如：

$Fe(\eta^5\text{-}C_5H_5)_2$	$Mn(CO)_3(\eta^5\text{-}C_5H_5)$	$Cr(\eta^6\text{-}C_6H_6)_2$
Fe^{2+}:6	Mn^+:6	Cr:6
+) $2(\eta^5\text{-}C_5H_5^-)$: $2\times6=12$	$\eta^5\text{-}C_5H_5^-$:6	+) $2(\eta^6\text{-}C_6H_6)$: $2\times6=12$
18	+) 3CO:6	18
	18	

需要指出的是，有些时候，金属原子的价电子数和配体提供的电子数加在一起不是 18 而是 16。这是因为 18 电子意味着全部 $(n-1)d$、ns、np 价轨道都被利用，电子过多，负电荷累积，此时假定能以反馈键 M→L 的形式将负电荷转移至配体，则 18 电子结构配合物稳定性较强；如果配体生成反馈键的能力较弱，不能从金属原子移去很多的电子云密度时，则形成 16 电子结构配合物。

而且，有些有机过渡金属化合物，其金属原子周围仅有 16 个电子也同样稳定，甚至稳定性更高。如具有 16 电子的 $[Pt(PEt_3)_2RCl]$ 在反应过程中生成了三角双锥结构的 18 电子中间体，最终又生成平面正方形的 16 电子产物。

$Pt(Et_3P)(Cl)(R)(PEt_3)$ + py ⟶ $[Pt(PEt_3)(py)(R)(PEt_3)(Cl)]$ ⟶ $[Pt(Et_3P)(py)(R)(PEt_3)]^+$ + Cl^-

16 电子(D_{4h})　　18 电子(D_{3h})　　16 电子(D_{4h})

鉴于此，人们有时也把有效原子序数规则称为 18 和 16 电子规则。

可以按照下列规则确定电子数：

① 把配合物看成给予体-受体的加合物，配体给予电子，金属接受电子。

② 一些经典的单齿配体，如胺、膦、卤离子、CO、H^-、烷基阴离子 R^- 和芳基阴离子 Ar^-，它们都是二电子给予体。

③ NO 为单电子或三电子配体。

④ η^n 是键合到金属的一个配体上的配位原子数为 n 的速记符号。η 表示 hapto，源于希腊字 haptein，是固定的意思。η^n 型给予体，如 $\eta^1\text{-}C_5H_5^-$ 为 σ 给予体，而 $\eta^5\text{-}C_5H_5^-$、$\eta^6\text{-}C_6H_6$ 等为 π 给予体。其中，对电中性给予体，n 也就是给予的电子数，对阴离子给予体，如 $\eta^1\text{-}C_5H_5$ 和 $\eta^5\text{-}C_5H_5^-$，则给予的电子数分别为 2 和 6。但在计算总电子数时，为简化起见，有时则将其当作电中性，此时，n 为给予的电子数，当然，这时的中心金属离子的电荷相应地也要减少。

⑤ 含 M—M 和桥连基团如 M—CO—M。其中的化学键表示共用电子对，规定一条化学键给一个金属贡献一个电子。

⑥ 在配位阴离子或配位阳离子的情况下,可以把离子的电荷算在金属上,负电荷增加电子,正电荷减去电子。

9.1.2 有效原子序数规则的应用

1. 估计化合物的稳定性

因为稳定的化合物是有16或18电子的结构,奇数电子的羰基配合物或有机金属化合物可通过下列三种方式而得到稳定:

① 从还原剂夺得电子成为阴离子或将电子给予氧化剂而成为阳离子。如17电子的$V(CO)_6$易被还原为$[V(CO)_6]^-$,而19电子的$Co(\eta^5\text{-}C_5H_5)_2$在合适的溶剂中是一种强还原剂,易被氧化为$[Co(\eta^5\text{-}C_5H_5)_2]^+$。

② 与其他含有一个未成对电子的原子或基团以共价键结合成如$HM(CO)_n$或$M(CO)_nX$。

③ 彼此结合成为二聚体。

2. 估计反应的产物

如在$Cr(CO)_6$与C_6H_6的反应中,由于苯分子是一个6电子给予体,可取代出三个CO分子,因此预期其产物为$[Cr(C_6H_6)(CO)_3]$和CO。

$$Cr(CO)_6 + C_6H_6 \longrightarrow [Cr(C_6H_6)(CO)_3] + 3CO$$

又如在$Mn_2(CO)_{10}$同Na的反应中,由于$Mn_2(CO)_{10}$的总价电子数等于34,平均一个Mn为17个电子,为奇电子体系,因而预期可从Na夺得一个电子成为阴离子,即产物为$[Mn(CO)_5]^-$和Na^+。

$$Mn_2(CO)_{10} + 2Na \longrightarrow 2\ Mn(CO)_5^- + 2Na^+$$

3. 估算分子中存在的M—M键,并进而推测其结构

如$Ir_4(CO)_{12}$中,4Ir:$4\times9=36$,12CO:$12\times2=24$,电子总数等于60,平均每个Ir周围有15个电子。按有效原子序数规则,每个Ir还缺三个电子,因而每个Ir必须同另三个金属原子形成三条M—M键方能达到18电子的要求,显然通过形成四面体原子簇的结构,就可达到此目的。

4. 预测化合物的稳定性

如二茂铁鎓离子$[Fe(\eta^5\text{-}C_5H_5)_2]^+$为17电子结构、二茂钴$Co(\eta^5\text{-}C_5H_5)_2$为19电子结构,可以预料它们分别可以得到一个电子和失去一个电子成为18电子结构,故前者是一种强氧化剂,后者是一种强还原剂。

需要指出的是,有些配合物并不符合有效原子序数规则。事实上,18电子规则对键合的复杂情况、金属的价态、配体的性质、浓度、溶剂等因素未加考虑,只将中心原子的电子构型作为影响配合物稳定性的决定因素。

以$V(CO)_6$为例,V原子周围只有17个价电子,按照18电子规则它须形成二聚体才能

稳定,然而实际上 $V_2(CO)_{12}$ 还不如 $V(CO)_6$ 稳定。这是因为形成 $V_2(CO)_{12}$ 时,V 的配位数变为 7,配体过于拥挤,相互之间的排斥作用影响了二聚体中 V—V 的成键,故最终稳定的是 $V(CO)_6$ 而不是二聚体。

9.2 过渡金属羰基配合物

9.2.1 概述

金属羰基配合物(简称羰合物)是金属特别是过渡金属与中性配体 CO 分子形成的一类化合物。虽然 CO 不是有机化合物,但因羰基配合物中的 M 与 CO 之间形成的是 M—C 键,所以习惯上也把它们归属于有机金属化合物。

最早发现的羰基配合物是 $Ni(CO)_4$,它是在 1890 年由 Mond 发现的。将 CO 气体通过还原镍丝,燃烧时发出绿色的光亮火焰(纯净的 CO 燃烧时发出蓝色火焰);若将气体冷却,则得到一种无色液体 $Ni(CO)_4$(熔点-25 ℃);加热这种气体,则分解出 Ni 和 CO。

1891 年,Mond 还发现 CO 在 493 K 和 2×10^7 Pa 压力下通过还原 Fe 粉也能比较容易地制得 $Fe(CO)_5$。此后又陆续制得了许多其他过渡金属的羰基配合物。

由于 Fe、Co、Ni 的相似性,三者常常共存。金属 Fe、Co、Ni 同 CO 的反应条件不同(Co 必须在高压下才能与 CO 化合),利用反应条件的差别可以将 Ni 同 Fe 和 Co 分离,从而制取高纯度 Ni。

根据金属羰基配合物中金属的原子数,羰基配合物有单核、双核和多核之分,还有异核羰基配合物如 $[(CO)_5MnCo(CO)_4]$、混配型羰基配合物如 $Mn(CO)_3(\eta^5\text{-}C_5H_5)$、羰基配阴离子如 $[Co(CO)_4]^-$、羰基配阳离子如 $[Mn(CO)_6]^+$、羰基氢化物如 $MnH(CO)_5$、羰基卤化物如 $M(CO)_4X_2$(M = W、Mo;X = Br、I)等。

金属羰基配合物有下列三个显著特点:

① 金属与 CO 之间的化学键很强。如在 $Ni(CO)_4$ 中,Ni—C 键键能 147 $kJ\cdot mol^{-1}$,该键能值与 I—I 键键能(150 $kJ\cdot mol^{-1}$)和 C—O 单键键能(142 $kJ\cdot mol^{-1}$)值相差不多。

② 在这类配合物中,中心原子总是呈现出较低的氧化态,通常为 0,有时也为较低的正值或负值。氧化态低使得电子有可能占满 dπ 分子轨道,从而使 M→L 的 π 电子转移成为可能。

③ 这些配合物大多服从有效原子序数规则。

9.2.2 CO 的性质

CO 是有机金属化学中最常见的 π 接受体(或 π 酸)配体,主要通过 C 原子与金属原子成键。

由 CO 的分子轨道能级、形状和电子排布(图 9.1)可见,在四组被电子占据的轨道中,4σ

轨道由于电子云大部分集中在C和O两个原子核之间,不能参与同其他原子成键,因此,能给予中心金属原子电子对的只有3σ、1π和5σ的电子。其中3σ电子是属于O的孤电子对,5σ是C的孤电子对。由于O的电负性比C原子大,除少数情况之外,O很难将3σ电子对给予中心金属原子,因此能与中心金属原子形成σ配键的分子轨道只有1π和5σ。通常,CO将5σ电子给予中心金属原子的空杂化轨道形成σ配键[图9.2(a)],而1π电子参与的是侧基配位[图9.4(e)]。

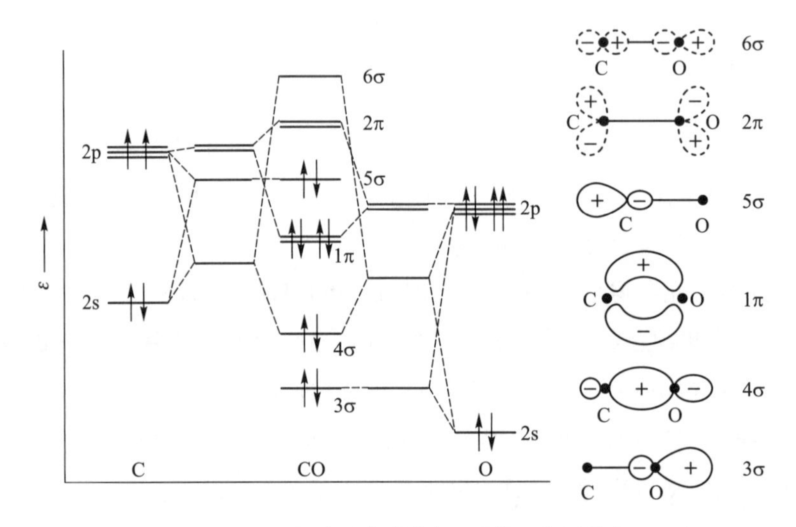

图9.1 CO的分子轨道能级、形状和电子排布

表面看来,羰基配合物中的金属原子处于低价或零价状态,难以接受配体提供的较多电子,似乎不能形成稳定的羰基配合物。然而金属原子已填有电子的d轨道,从对称性和能量近似原则来看,能与CO空的反键轨道(2π)重叠,形成反馈π键(金属原子提供电子给予体CO),如图9.2(b)所示。

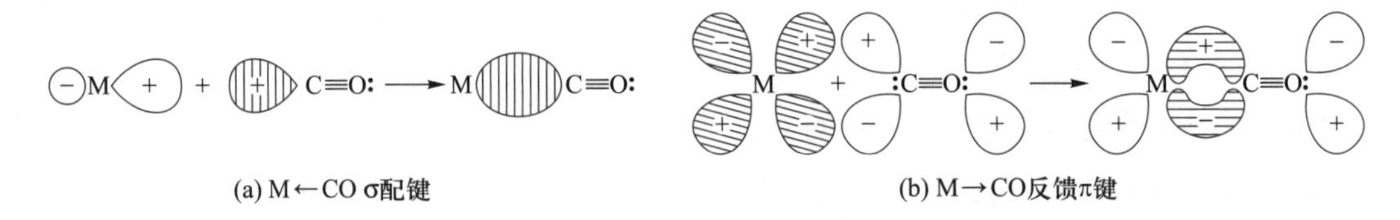

图9.2 CO与金属原子的σ配键和反馈π键

这两个方面的键合称为σ-π配键,σ-π配键的存在解释了CO虽然不是强Lewis碱但却能够与金属原子形成强化学键的原因。

反馈π键的形成,电子从金属原子转移(反馈)到CO反键π^*轨道,减少了由于生成σ配键引起的金属原子上增多的负电荷,更有利于σ配键的形成;而σ配键的加强,使金属原子周围积累更多的负电荷,又促使反馈π键的形成。这两种成键作用相互配合、相互促进的协同作用增强了σ-π配键的成键效应,增加了羰基配合物的稳定性。

在羰基配合物中,σ配键的形成,电子从CO转移至中心金属原子,而反馈π键的形成,电子又从中心金属原子转移至CO的反键π^*轨道,这种σ-π配键等价于CO的5σ电子转入了反键π^*轨道,其结果是金属-配体间的键增强和C≡O的内部键键级减小及键强度的削弱。表现在 M—C 键长的缩短和 C≡O 键长的增加(由自由 CO 的 112.8 pm 增大到约 115 pm),CO 的伸缩振动频率下降。

作为一种多功能配体,CO 还可桥连两个[图 9.3(a)]或三个金属原子[图 9.3(b)]。这些情况下的成键作用将在 9.2.3 中描述。

羰基配合物中 CO 的伸缩振动频率一般遵循下列顺序:MCO > M_2CO > M_3CO。

该顺序表明,反键 π^* 轨道电子密度随着 CO 键合金属原子数增加而增加。

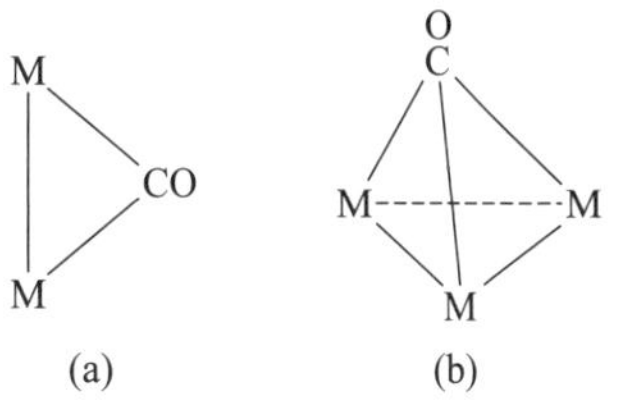

图 9.3 羰基桥连

9.2.3 羰基配合物的结构

在金属羰基配合物中,CO 分子通常有五种配位方式,即端基、边桥基、半桥基、面桥基和侧基配位(见图 9.4)。其中最常见的是端基配位,其次是边桥基配位。

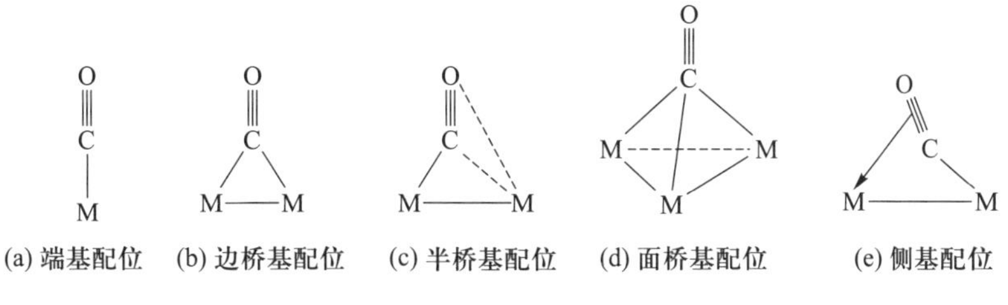

图 9.4 CO 和金属原子的几种配位方式

1. 端基配位

CO 分子以碳原子端的 5σ 电子与一个金属原子配位并生成反馈 π 键的配位方式称为端基配位[图 9.4(a)],其结构单元 M—C≡O 为线形或接近线形,而且 M—C 键长比金属烷烃间的 M—C 单键短。如在配合物(C_5H_5)Mo$(CO)_3$(C_2H_5)中,Mo—CO 键键长为 197 pm,而 Mo—C_2H_5键键长则为 238 pm。

2. 边桥基配位

在双核或多核的金属羰基配合物中,CO 分子和两个金属原子键合时就形成边桥基。边桥基一般用"μ_2-CO"来表示。作为两电子配体,CO 的 5σ 电子同时和 M—M 键中的两个金属原子的空轨道重叠[图 9.5(a)],与此同时,两个金属原子的充满电子的轨道也能和 CO 分子空的反键 π^* 轨道相互作用,形成反馈键[图 9.5(b)]。μ_2-CO 中的碳原子通过两条 M—C 单键和两个金属原子键合[图 9.4(b)]。

需要指出的是,边桥基配位有对称和不对称之分。对称的边桥基,其 C—O 键轴近乎垂直于 M—M 键轴,两条 M—C 键键长无显著区别,M—C—M 键角一般为 77°~90°。而不对称的边桥基,虽然它的 C—O 键接近垂直于 M—M 键,但是两条 M—C 键键长却有较

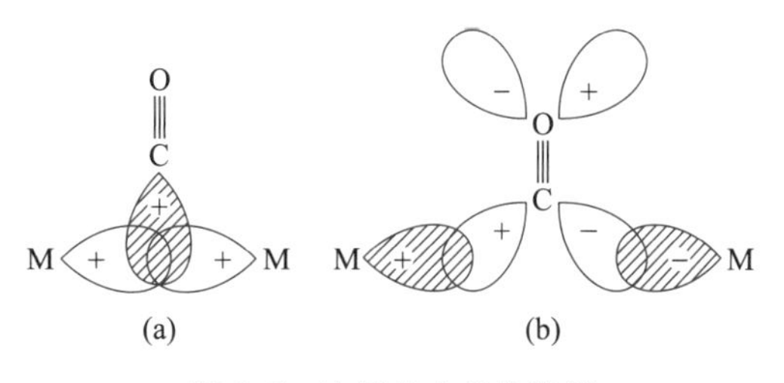

图 9.5 边桥基中的化学键

大的差别,可以看作对称的边桥基和端基的中间状态。

由图 9.6 可见,*cis*-$(\eta^5\text{-}C_5H_5)_2Fe_2(\mu_2\text{-}CO)_2(CO)_2$含有两个对称的$\mu_2$-CO,$\mu_2$-CO 同 Fe 形成的两条 C—Fe 键大致相等,而$(\eta^4\text{-}C_7H_8)Co_2(\mu_2\text{-}CO)_2(CO)_4$含有两个不对称的$\mu_2$-CO,$\mu_2$-CO 同 Co 形成的两条 C—Co 键键长差别较大。

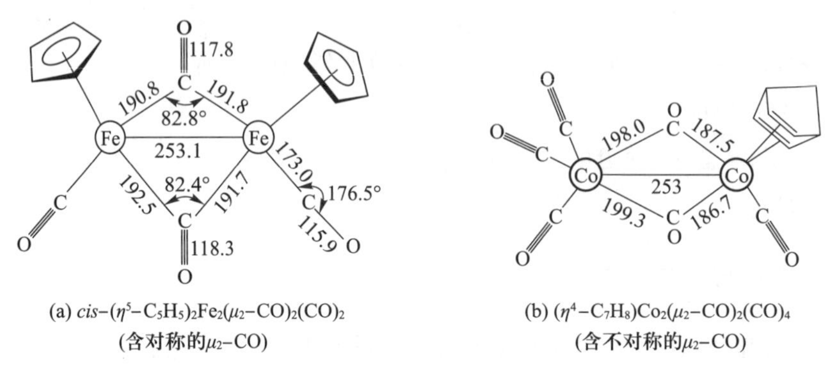

图 9.6 含边桥的双核金属羰基配合物

(图中键长单位为 pm)

红外光谱分析可以区别端基和边桥基 CO。如室温下 $Co_2(CO)_8$在正己烷溶液中的红外光谱,在 2050 cm^{-1}附近有一组强吸收峰,1858 cm^{-1}处也有一个强吸收峰,它们分别对应于端基和边桥基的 C—O 键伸缩振动频率。通常,边桥基配位 CO 的红外光谱伸缩振动频率为$(1800\pm75)\ cm^{-1}$(与丙酮中的羰基的伸缩振动频率 1750 cm^{-1}接近),略低于端基配位 CO 的伸缩振动频率$(2000\pm100)\ cm^{-1}$。

需要注意的是,在金属羰基配合物中,端基和边桥基并非一成不变的,它们处在不断互换或重排中,这种现象已经被核磁共振实验所证实。在低温下,顺式、反式的同分异构化,或端基、边桥基的转换,都进行得很慢,它们的速率都在核磁共振可测定的时间范围内,因此可以在谱图上观测到两个分立的信号。但是,随着温度的升高,顺式、反式的同分异构化,以及端基、边桥基的转换速率都不断加快,以至于可能超出核磁共振可测定的时间范围,从而只能在谱图上观测到一个峰,其位置在顺式、反式,或端基、边桥基信号的平均值处。

3. 半桥基配位

半桥基实际上是高度不对称的边桥基,它的两条 M—C 键键长差别更大(一般大于25 pm),C≡O 键轴也不在 M—M 键轴的垂直方向上,两个 M—C≡O 键角的差别也较大[图 9.4(c)]。

形成半桥基的原因之一是它可以消除分子内不对称环境所产生的电荷分布的不平衡,此外,半桥基的出现还和空间位阻有关。

以 $C_4(CH_3)_2(OH)_2Fe_2(CO)_6$(图 9.7)为例,其主体结构明显不对称,两个铁原子(分别以 Fe 和 Fe′表示)所处的化学环境不同。其半桥基(图中圈出者)的 Fe—C≡O 键角为 168°,呈弯曲状。Fe—C 距离为 173.6 pm,接近正常端基的数值,Fe′—C 距离为 248.4 pm。

假如不考虑 Fe—Fe′键,而把上述半桥基看作 Fe 的端基,则 Fe 的价电子数是 18,Fe′的价电子数仅为 16。但结构测定表明存在 Fe—Fe′键,因此,可用配键 Fe→Fe′来描述,于是两个铁原子均满足 18 电子规则。Fe→Fe′配键的形成导致电荷分布的极性,即$^{\delta+}$Fe—$^{\delta-}$Fe′。这种电荷分布不均衡可用半桥基来调整，由于半桥基可用空的反键轨道从 Fe′原子接受电子，和 Fe 原子则保持 σ-π 配键结合（见图 9.8）。

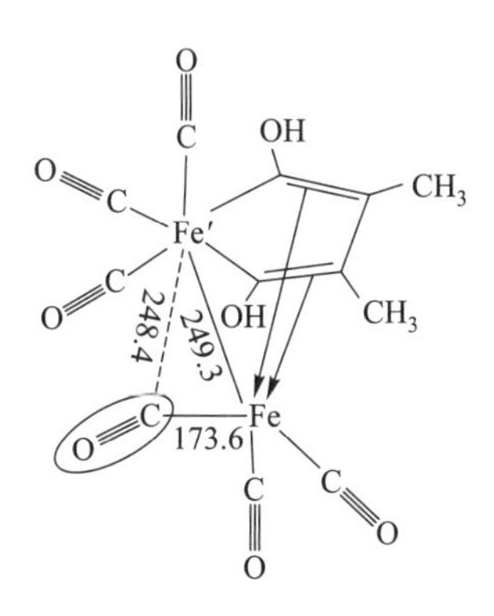

图 9.7 $C_4(CH_3)_2(OH)_2Fe_2(CO)_6$ 的结构（图中键长单位为 pm）

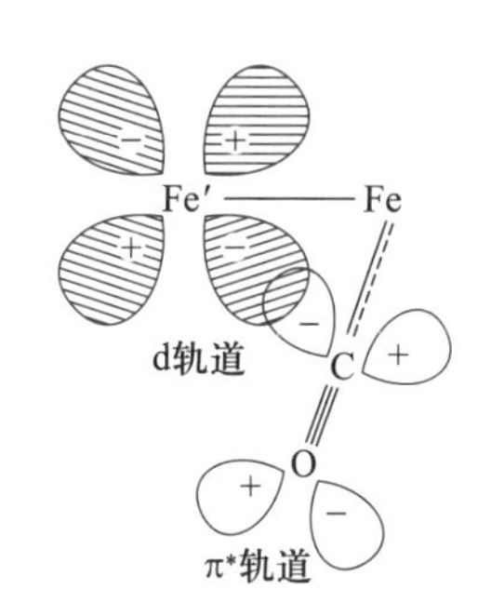

图 9.8 半桥基化学键图示

其他含有半桥基的羰基配合物还有 $(\eta^5-C_5H_5)_2V_2(CO)_5$、$Fe_2(CO)_7(bipy)$ 和 $[FeCo(CO)_8]^-$ 等。

4. 面桥基配位

在多核羰基配合物中，一个 CO 可以和三个金属原子结合，形成面桥基[图 9.4(d)]。

面桥基一般用“μ_3-”表示，μ_3-CO 基团中碳原子上含孤电子对的轨道可以和符号相同的三个金属原子的组合轨道[图 9.9(a)]相重叠，而 CO 的两条空的反键 π^* 轨道又能从对称性匹配的金属原子的组合轨道[图 9.9(b)和(c)]接受电子，故 μ_3-CO 间的键仍然是 σ-π 协同成键，但包含了三对电子。红外光谱数据表明 μ_3-CO 的伸缩振动频率（约 1625 cm^{-1}）低于边桥基的数值。

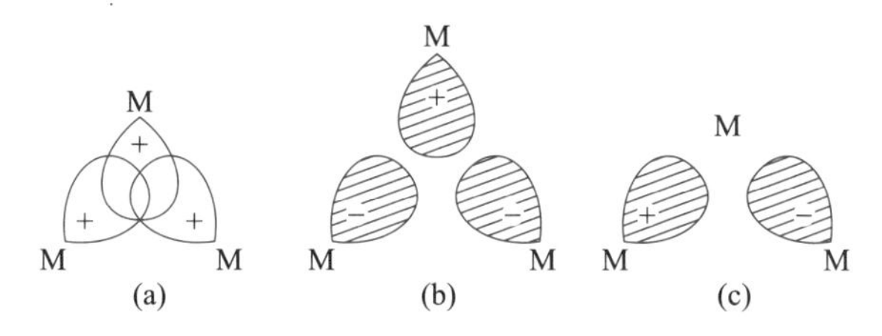

图 9.9 能和 μ_3-CO 的孤电子对轨道和 π^* 轨道作用的金属原子轨道组合

图 9.10 示出两个含 μ_3-CO 的金属羰基配合物$(\eta^5-C_5H_5)_3Ni_3(CO)_2$和$[(\eta^5-C_5H_5)_2Rh_3(CO)_4]^-$的结构。

在$(\eta^5-C_5H_5)_3Ni_3(CO)_2$分子中，三个 Ni 原子构成一个等边三角形，边长为 239 pm，两个面桥基位于 Ni_3平面的上下方[图 9.10(a)]。

在$[(\eta^5-C_5H_5)_2Rh_3(CO)_4]^-$阴离子中，三个 Rh 原子构成三角形骨架。在 Rh—Rh 底边上有两个 μ_2-CO，这两个 μ_2-CO 都朝向第三个 Rh 原子，致使 Rh—C 距离很短，只有 240 pm，故二者也可以看作“半面桥基”[图 9.10(b)]。

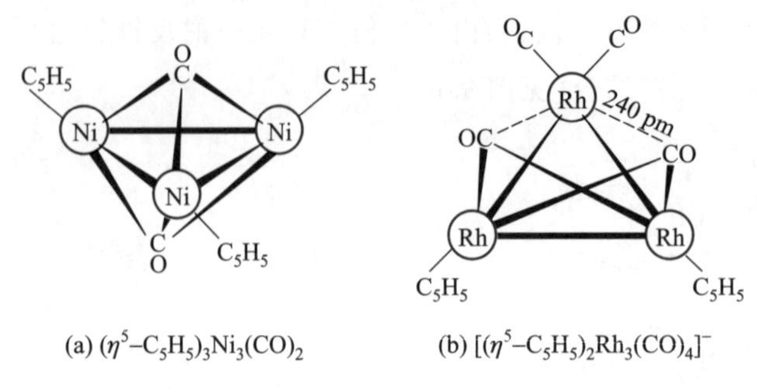

(a) $(\eta^5-C_5H_5)_3Ni_3(CO)_2$　　(b) $[(\eta^5-C_5H_5)_2Rh_3(CO)_4]^-$

图 9.10　含面桥基的金属羰基配合物

5. 侧基配位

侧基配位的情况比较少见，一个典型的例子是 $Mn_2(CO)_5(Ph_2PCH_2PPh_2)_2$，如图 9.11 所示。在侧基配位中 CO 是四电子给予体，它对每个 Mn 原子都提供两个电子。其中，一个 Mn 得到的是 3σ 电子，而另一个 Mn 得到的是 1π 电子。

上述侧基中 C—O 键的红外光谱伸缩振动频率为 1645 cm^{-1}。

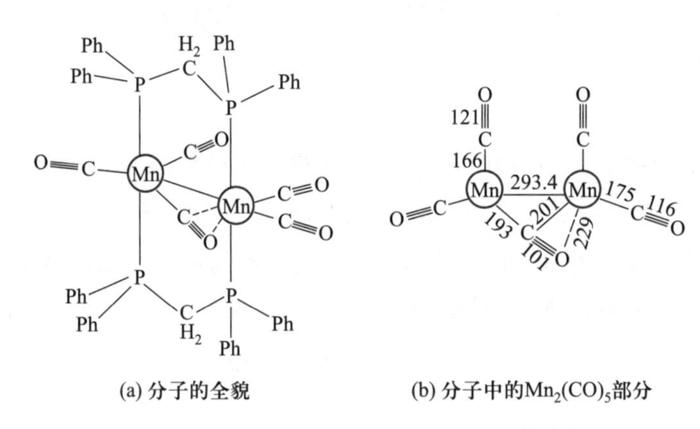

(a) 分子的全貌　　(b) 分子中的 $Mn_2(CO)_5$ 部分

图 9.11　$Mn_2(CO)_5(Ph_2PCH_2PPh_2)_2$ 的结构

（图中键长单位为 pm）

9.2.4　羰基配合物的合成

1. 电中性金属羰基配合物

（1）金属与 CO 直接反应

在温和条件下能与 CO 直接反应的金属只有 Ni。Ni 粉在室温下就能与 CO 反应：

$$Ni + 4CO \xrightarrow[100\ kPa]{303\ K} Ni(CO)_4$$

铁粉需要提高温度和压力才能有一定的反应速率：

$$Fe + 5CO \xrightarrow[20\ MPa]{493\ K} Fe(CO)_5$$

（2）还原反应

一般是把金属卤化物悬浮在有机溶剂（如 THF）中，在一定的温度、压力和还原剂（如

Na、Al、Mg、H_2、LiR、C_2H_5MgBr 等)存在下与 CO 反应来制备。例如:

$$VCl_3+CO+Na(\text{过量})\xrightarrow[120\ ^\circ C,20\ MPa]{\text{二甘醇二甲醚}}[Na(\text{二甘醇二甲醚})_2][V(CO)_6]\xrightarrow[50\ ^\circ C\text{升华}]{H_3PO_4}V(CO)_6$$

$$CrCl_3+6CO+Al\xrightarrow[30\ MPa]{C_6H_6,AlCl_3}[Cr(CO)_6]+AlCl_3$$

某些金属的羰基配合物可用它们的相应氧化物与 CO 在高温和高压下反应制备。例如:

$$Re_2O_7+17CO\xrightarrow{250\ ^\circ C,3.5\times10^4\ kPa}Re_2(CO)_{10}+7CO_2$$

在这一反应中,CO 既是配体,又是还原剂。

(3) 歧化反应:

$$2NiCN+4CO\longrightarrow Ni(CN)_2+Ni(CO)_4$$

(4) 利用其他羰基配合物来合成

$$MCl_5\xrightarrow{Fe(CO)_5}M(CO)_6\qquad(M=Mo、W)$$

2. 金属羰基阴离子

(1) 碱金属还原金属羰基配合物

当中心金属离子具有奇数原子序数时,其金属羰基配合物易接受电子形成羰基阴离子。例如:

$$Mn_2(CO)_{10}+2Li\xrightarrow{THF}2Li^+[Mn(CO_5)]^-$$

$$Co_2(CO)_8+2Na-Hg\xrightarrow{THF}2Na^+[Co(CO)_4]^-+2Hg$$

$$V(CO)_6+Na\longrightarrow Na^+[V(CO)_6]^-$$

(2) 金属羰基配合物与碱作用

$$Fe_2(CO)_9+4OH^-\longrightarrow[Fe_2(CO)_8]^{2-}+CO_3^{2-}+2H_2O$$

(3) 阴离子配体取代羰基

$$Mo(CO)_6+KC_5H_5\longrightarrow K^+[(\eta^5-C_5H_5)Mo(CO)_3]^-+3CO$$

(4) 歧化反应

$$3Mn_2(CO)_{10}+12py\longrightarrow 2[Mn(py)_6]^{2+}+4[Mn(CO)_5]^-+10CO$$

3. 金属羰基阳离子

金属羰基阳离子可以通过去掉金属羰基配合物中的氢或使金属羰基配合物歧化等方法来制备。例如:

$$(C_7H_8)Mo(CO)_3+(Ph_3C)[BF_4]\longrightarrow[(C_7H_7)Mo(CO)_3][BF_4]+Ph_3CH$$

$$Co_2(CO)_8+2PPh_3\longrightarrow[(Ph_3P)_2Co(CO)_3]^+[Co(CO)_4]^-+CO$$

9.2.5　羰基配合物的性质与反应

迄今为止，几乎所有过渡金属的羰基配合物都已制得。表 9.1 列举了一些羰基配合物的物理性质。由表可见，大多数羰基配合物都是挥发性固体或者憎水液体，它们能不同程度地溶解于非极性溶剂。羰基配合物具有熔点低、易升华等特点，是典型的共价化合物。除 $V(CO)_6$ 和钴的羰基配合物以外，其他羰基配合物都可以在空气中稳定存在，但受热会分解。在使用液态的 $Fe(CO)_5$ 和 $Ni(CO)_4$ 时更应小心，它们不仅有毒，而且与空气混合时会发生爆炸。

表 9.1　一些羰基配合物的物理性质

配合物	颜色及状态	熔点/K	点群	其他性质
$V(CO)_6$	黑色固体	（分解）343	O_h	真空中升华；顺磁性 V—C 键键长 201 pm
$Cr(CO)_6$	白色晶体	（分解）403	O_h	易升华，Cr—C 键键长 191 pm
$Mo(CO)_6$	白色晶体	—	O_h	易升华，Mo—C 键键长 206 pm
$W(CO)_6$	白色晶体	—	O_h	易升华，W—C 键键长 206 pm
$Fe(CO)_5$	淡黄色液体	253	D_{3h}	沸点 403 K
$Ru(CO)_5$	无色液体	251	D_{3h}	挥发性强
$Os(CO)_5$	无色液体	258	D_{3h}	挥发性强，难制得纯净物
$Ni(CO)_4$	无色液体	258	T_d	沸点 316 K，易燃，剧毒 Ni—C 键键长 184 pm
$Mn_2(CO)_{10}$	黄色固体	427	D_{4d}	易升华，Mn—Mn 键键长 293 pm
$Tc_2(CO)_{10}$	白色固体	432	D_{4d}	
$Re_2(CO)_{10}$	白色固体	450	D_{4d}	
$Fe_2(CO)_9$	金黄色固体	（分解）373	D_{3h}	Fe—Fe 键键长 246 pm
$Os_2(CO)_9$	橙黄色固体	337-340		
$Co_2(CO)_8$	橙红色固体	（分解）324	C_{2v} 或 D_{3d}	D_{3d}，Co—Co 键键长 254 pm
$Rh_2(CO)_8$	橙色固体	440		低温和高 CO 压力下稳定
$Ir_2(CO)_8$	黄绿色固体			低温和高 CO 压力下稳定

羰基配合物的反应种类繁多，主要有下列几种类型：

1. 取代反应

羰基配合物中的羰基易被其他 π 酸配体如 PPh_3、PX_3、$P(OR)_3$、SR_2、NR_3 等取代，这是羰基配合物最重要、最普遍的反应。例如：

$$Cr(CO)_6 + C_6H_6 \longrightarrow Cr(CO)_3(C_6H_6) + 3CO$$

$$Fe(CO)_5 + PPh_3 \longrightarrow (Ph_3P)Fe(CO)_4 + CO$$

$$Ni(CO)_4 + PPh_3 \longrightarrow (Ph_3P)Ni(CO)_3 + CO$$

同 CO 相比,如果取代用的 π 酸配体是较强的 σ 电子给予体和较弱的 π 电子接受体,那么该 π 酸配体的取代将导致金属原子与 CO 间的 M—C(σ-π)键强度增大,从而导致金属羰基配合物中的 CO 难以被该类型的 π 酸配体全部取代。只有个别 π 酸配体如 PF_3 与众不同,其作为 π 电子接受体的能力与 CO 基本相同,因而可以将金属羰基配合物中的 CO 配体全部取代,其四种配合物通式为 $Ni(CO)_{4-n}(PF_3)_n$(n=1、2、3、4)。

除了 π 酸配体外,一些不饱和的有机化合物如 $C_{10}H_{12}$、C_6H_6 等也可作为配体取代羰基配合物中的 CO,发生取代反应。例如:

$$2Fe(CO)_5 + C_{10}H_{12} \longrightarrow [C_5H_5Fe(CO)_2]_2 + 6CO + H_2$$

$$Cr(CO)_6 + C_6H_6 \longrightarrow [Cr(CO)_3(C_6H_6)] + 3CO$$

取代反应完全符合 18 电子规则,所有这些配体或配位原子都具有空轨道,能够接受过渡金属原子的 d 电子形成反馈 π 键。

2. 氧化还原反应

金属羰基配合物既可以被还原为羰基阴离子,也可以被氧化为羰基阳离子。

$$Mn_2(CO)_{10} + 2Na \longrightarrow 2Na[Mn(CO)_5]$$

$$Fe(CO)_5 + 3OH^- \longrightarrow [HFe(CO)_4]^- + CO_3^{2-} + H_2O$$

$$Co_2(CO)_8 + H_2 \longrightarrow 2HCo(CO)_4$$

$$Re(CO)_5Br + [Mn(CO)_5]^- \longrightarrow (CO)_5MnRe(CO)_5 + Br^-$$

$$Mn(CO)_5Br + [Mn(CO)_5]^- \longrightarrow Mn_2(CO)_{10} + Br^-$$

3. 亲核反应

由于金属羰基配合物中 CO 碳原子上带正电荷,因而亲核物种如 py、NR_2^-、Me^-、H^- 都可以进攻金属羰基配合物中的 CO 而发生亲核反应。例如,在四氢呋喃溶液中,$NaBH_4$ 可提供 H^- 对金属羰基配合物中的 CO 进行亲核进攻,使 M—CO 转化为 M—CHO、M—CH_2OH 或 M—CH_3。

$$(\eta^5-C_5H_5)(PPh_3)W(CO)_3^+ \xrightarrow[THF/H_2O]{NaBH_4} (\eta^5-C_5H_5)(PPh_3)(CO)_2W(CH_3)$$

图 9.12 给出了 $Fe(CO)_5$ 的一些典型反应。

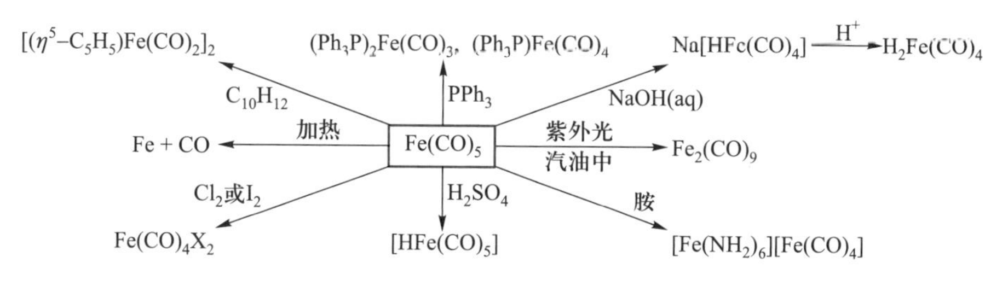

图 9.12 $Fe(CO)_5$ 的一些典型反应

9.3　过渡金属类羰基配合物

CS、N_2、NO^+、CN^-,还有 CNR 及 Ⅴ A 族的+3 价化合物 AR_3 等与 CO 分子是等电子体,它们与过渡金属成键时与 CO 类似,同样可以既作为 σ 电子给予体(Lewis 碱),又作为 π 电子接受体(Lewis 酸)。由这些配体生成的金属配合物,虽然并不一定都含 M—C 键,但它们的结构和性质在一定程度上与金属羰基配合物类似,故将它们统称为类羰基配合物。

9.3.1　亚硝酰基配合物

含有 NO 配体的配合物叫亚硝酰基配合物。单纯的亚硝酰基配合物比较少见,混配型化合物则为数较多,如 $V(CO)_5(NO)$、$(\eta^5-C_5H_5)Cr(NO)_2Cl$、$(\eta^5-C_5H_5)Mo(CO)_2(NO)$、$(\eta^5-C_5H_5)_3Mn_3(NO)_4$、$[(\eta^5-C_5H_5)Fe(NO)]_2$、$Fe(CO)_2(NO)_2$、$Co(CO)_3(NO)$、$Ni(\eta^5-C_5H_5)(NO)$、$Mn(CO)_4(NO)$ 等。

1. 亚硝酰基配合物的结构

NO 分子轨道的电子排布为 $(1\sigma)^2(2\sigma)^2(3\sigma)^2(4\sigma)^2(1\pi)^4(5\sigma)^2(2\pi)^1$,与 CO 相比仅多一个电子,该电子分布在 2π(或 π^*)分子轨道上。

气体 NO 键长为 115.1 pm,自由 NO 的伸缩振动频率为 1904 cm^{-1}。NO 失去 π^* 电子后,生成反磁性的亚硝酰基阳离子 NO^+。NO^+ 是 CO 的等电子体,键长为 106.3 pm,伸缩振动频率增加到 2376 cm^{-1}。

基于 NO(特别是 NO^+)与 CO 电子结构的相似性,人们推测 NO 与 CO 应有类似的配位结构。与 CO 不同的是,NO 既可作单电子给予体又可作三电子给予体。

NO 与金属原子常见的配位方式包括线性端基配位、μ_2-NO 边桥基配位和 μ_3—NO 面桥基配位(图 9.13)。

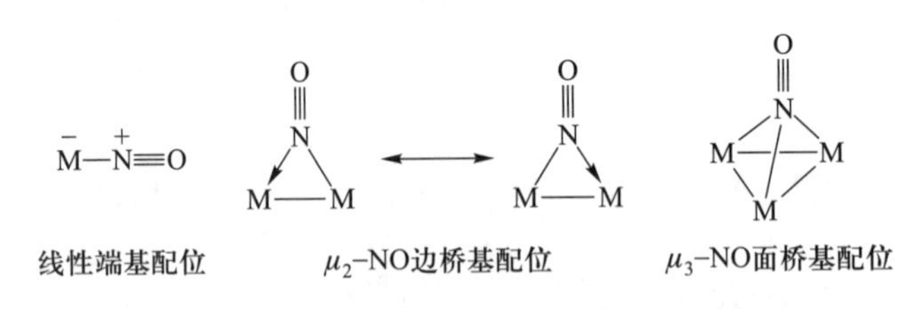

图 9.13　NO 与金属原子常见的配位方式

端基配位的 NO 伸缩振动频率一般在 1800~1900 cm^{-1},有时会低至 1645 cm^{-1},这取决于金属原子上其他辅助配体的类型和电荷分布情况。在价键表示中,边桥基配位的 NO 配体向其中一个金属原子提供 2 个电子,向另一个金属原子提供 1 个电子。边桥基配位方式中,NO 伸缩振动频率通常在 1400~1550 cm^{-1}。面桥基配位极为少见,对每个金属原子而言 NO 都是单电子给予体,NO 伸缩振动频率在 1320 cm^{-1}附近。

端基配位时,NO 可以形成直线形和弯曲形两种结构。

一般说来,对于贫电子体系,M—NO 为直线形,NO 作为三电子给予体进行配位。此时,可认为是 NO 将其 π^* 电子给予金属原子生成 M^- 和 NO^+,然后 NO^+ 和 M^- 进行 σ-π 协同配位。

在富电子体系中,M—NO 为弯曲形,NO 是单电子给予体。NO 和金属原子形成 σ 单键,其 N 原子上还有一对孤电子对[图 9.14(a)]。这种配位结构类似于亚硝酰卤[图 9.14(b)]或亚硝基化合物[图 9.14(c)],其中的 N 原子采取 sp^2 杂化,M—N≡O 键角接近 120°。典型的弯曲形亚硝酰基配合物有 $[Co(en)_2Cl(NO)]^+$、$[IrCl(CO)(PPh_3)(NO)]^+$、$[Ir(CH_3)(PPh_3)_2(NO)]$ 等。

在[Co(二胂)(NO)]$^{2+}$中,Co—NO 键呈直线形,NO 是 3 电子给予体,整个离子满足 18 电子规则。但是当和 SCN^- 反应后,Co 的价层又增加了一对电子(SCN^- 为 2 电子给予体),此时 NO 变为单电子给予体,结果,[Co(二胂)(NO)(NCS)]$^+$ 仍然遵从 18 电子规则,不过,Co—NO 键变为弯曲形,Co—N≡O 键角为 135°。

一般说来,在弯曲形时 M—N 键的键长比直线形时稍长,弯曲形时的 NO 的伸缩振动频率(1526~1690 cm^{-1})比直线形的(1800~1900 cm^{-1})低。

$RuCl(PPh_3)_2(NO)_2$ 是具有两类 NO 基团的典型例子,Ru—N 键键长在弯曲形中比在直线形中约长 12 pm(图 9.15)。

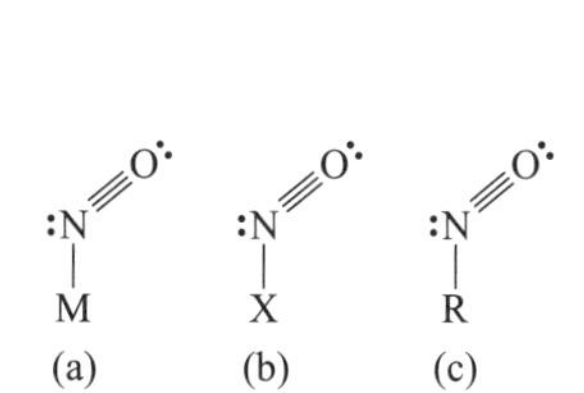

图 9.14 NO 的端基配位的弯曲结构

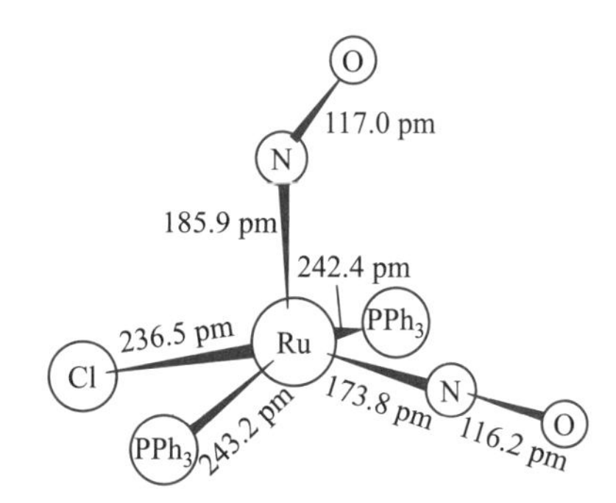

图 9.15 $RuCl(PPh_3)_2(NO)_2$ 的结构

2. 亚硝酰基配合物的制备

(1) 用 NO 气体制备

$$V(CO)_6 + NO(g) \xrightarrow[0\ ℃]{C_6H_{12}} V(CO)_5(NO) + CO$$

$$Cr(CO)_6 + 4NO(g) \xrightarrow[h\nu]{C_5H_{12}} Cr(NO)_4 + 6CO$$

$$Co_2(CO)_8 + NO(g) \xrightarrow[\triangle]{密封管} Co(CO)_3(NO) \xrightarrow[\triangle 或 h\nu]{NO(g)} Co(NO)_3$$

(2) 用亚硝酰盐制备

$$Ir(CO)(PPh_3)_2Cl + (NO)BF_4 \xrightarrow[\triangle]{C_6H_6} [Ir(CO)(NO)(PPh_3)Cl]BF_4$$

(3) 用亚硝酰氯制备

$$Et_4N[HB(3,5-Me_2-Pz)_3Mo(CO)_3] + ClNO \xrightarrow{CH_2Cl_2} HB(3,5-Me_2-Pz)_3Mo(CO)_2(NO) + CO + [Et_4N]Cl$$

式中 Pz 为吡唑基($C_3H_3N_2$—)。

(4) 用 *N*-亚硝酰胺制备

$$HMn(CO)_5 + p-tolyl-SO_2N(Me)(NO) \xrightarrow{Et_2O} Mn(CO)_4(NO) + CO + p-tolyl-SO_2NHMe$$

式中 *p*-tolyl-SO_2N(Me)(NO)为 *N*-亚硝基-*N*-甲基对甲苯磺酰胺,其构造式为

$$CH_3-C_6H_4-SO_2N(Me)(NO)$$

(5) 用亚硝酸盐制备

$$NaCo(CO)_4 + NaNO_2 + 2HAc \longrightarrow Co(CO)_3(NO) + CO + 2NaAc + H_2O$$

(6) 用亚硝鎓(NO_2^+)盐制备

$$(\eta^5-C_5H_5)Re(CO)_3 + (NO_2)PF_6 \xrightarrow{CH_3CN} \{(\eta^5-C_5H_5)Re(CO)_2(NO)\}PF_6 + CO_2$$

9.3.2 分子氮配合物

含有氮分子配体的配合物称为分子氮配合物或双氮配合物。在1965年 Allen 和 Senoff 用水合肼还原 $RuCl_3$ 水溶液制得第一个分子氮配合物$[Ru(N_2)(NH_3)_5]Cl_2$,1968年确定其结构。以后又陆续发现可以直接从气体 N_2 制得分子氮配合物。现在已知能形成分子氮配合物的过渡金属有 Ru、Re、Rh、Pd、Pt、Mo、W、Cr、Co、Ni、Fe、V、Nb、Ti、Zr、Os、Ir 等。迄今为止,尚未得到类似二元金属羰基配合物的二元双氮配合物,所得的双氮配合物,除配体 N_2 外,均含有其他配体。

研究双氮配合物对于实现温和条件下化学模拟生物固氮来说有非常重大的意义。

1. 分子氮配合物的化学键

N_2 和 CO 是等电子体,由于结构的相似性,N_2 分子也会和 CO 一样同过渡金属形成 M—N≡N 键的配合物。

N_2 的分子轨道能级、形状和电子排布示于图 9.16。两个 N 原子由一条 σ 键、两条 π 键连接。当 N_2 分子与过渡金属原子形成配合物时氮原子上的孤电子对填入过渡金属原子空的价电子轨道形成 σ 键,与此同时,金属原子的 d 电子反馈到 N_2 分子的 π^* 轨道,形成反馈 π 键。

然而,N_2 和 CO 在成键能力上是有差别的。将 N_2 和 CO 的分子轨道能级进行比较发现,最高占据轨道 N_2 的 $3\sigma_g$ 能级(−15.59 eV)低于 CO 的 5σ 轨道能级(−14.00 eV),说明 N_2 分

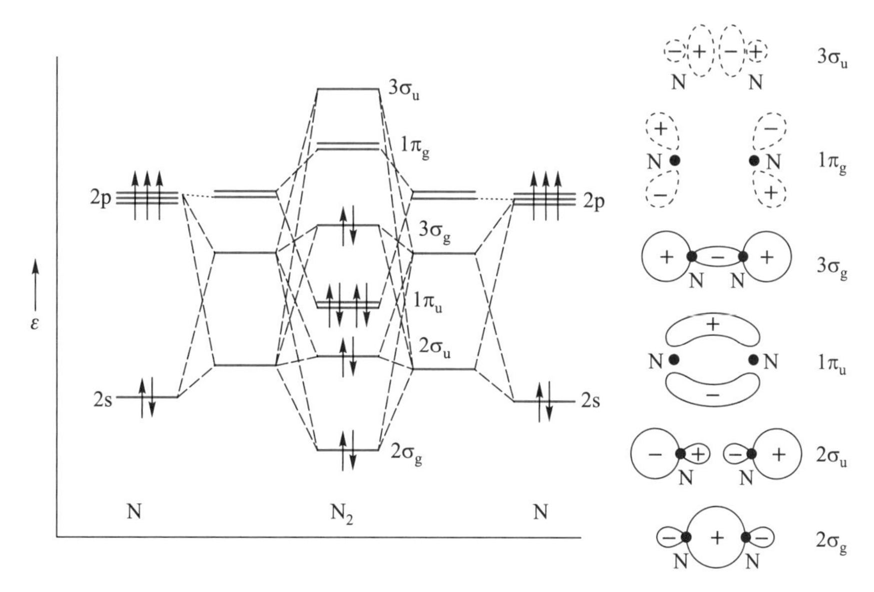

图 9.16 N_2 的分子轨道能级、形状和电子排布

子不容易给出电子形成 σ 配键，它是比 CO 弱的 σ 给予体。而次高占据轨道 N_2的 $1\pi_u$ 轨道能级(−16.73 eV)也略低于 CO 的 $1\pi_u$ 轨道能级(−16.66 eV)，说明 N_2的 π 电子也较 CO 难以给出；最低未占轨道 N_2的 $1\pi_g$轨道能级(7.42 eV)却高于 CO 的 2π 轨道能级(6.03 eV)，说明 N_2分子不容易接受电子形成反馈 π 键，它是比 CO 弱的 π 接受体。因此，N_2的 σ 给予能力和 π 接受能力都不如 CO，故分子氮配合物没有羰基配合物容易形成。

N_2分子的配位方式主要有端基配位、侧基配位和桥基配位。

(1) 端基配位

N_2的最高占据轨道的 $3\sigma_g$电子，其电子云分布主要集中在 N≡N 骨架的两端，在和金属原子配位形成 σ 键时，$3\sigma_g$电子填入金属原子的空轨道。与此同时，N_2的最低未占轨道 $1\pi_g$ 接受金属原子的 d 轨道电子，形成反馈 π 键，这种 σ−π 配键的协同作用使得分子氮配合物趋于稳定[图 9.17(a)]。

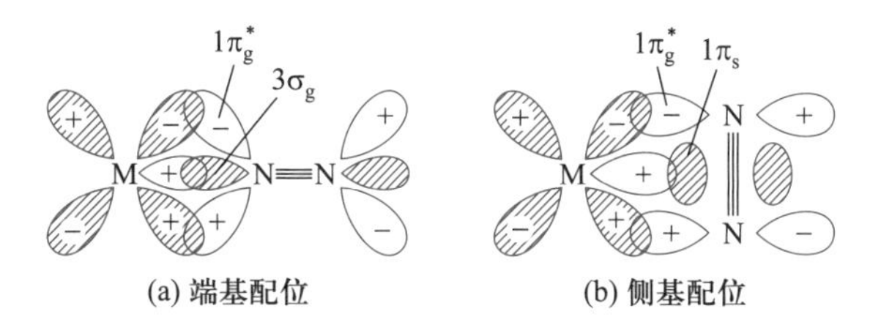

图 9.17 N_2 与过渡金属原子的成键作用

如同羰基配合物一样，这种 σ−π 配键相当于 N_2分子将其 $3\sigma_g$电子转移到 $1\pi_g$反键轨道，其结果是 N≡N 之间的键级减小，键强削弱，N≡N 键增长，伸缩振动频率下降，N_2分子被活化。如自由 N_2的键长为 97 pm，伸缩振动频率为 2330 cm^{-1}，而在$[Ru(NH_3)_5(N_2)]Cl_2$配合物中 N_2的键长为 112 pm，伸缩振动频率变为 2114 cm^{-1}。

一般地，端基配位的单核分子氮配合物的伸缩振动频率比自由 N_2分子降低约几百个波数。

（2）侧基配位和桥基配位

N_2分子进行侧基配位时，其次高占据轨道 $1\pi_u$提供电子给金属原子的空轨道，形成 σ 给予型的三中心配位键，而金属原子充满的 d 轨道同时又和 N_2分子的 $1\pi_g$空轨道形成 π 型的三中心反馈键，其 σ-π 协同作用[图 9.17(b)]和端基配位的情况基本类似。不过，侧基配位时 N_2分子的内层 $1\pi_u$轨道与金属原子空轨道重叠不好，因而这类配合物较不稳定。目前唯一确定的具有侧基配位的单核分子氮配合物是 $[RhCl(N_2)(PR_3)_2]$，N_2的伸缩振动频率是 2100 cm^{-1}，分子 N_2同样被活化。

氮分子作为桥基配体可以和过渡金属形成双核配合物，其中两个氮原子分别和两个金属原子相连接。其键合方式可以是端桥基配位[图 9.18(a)]、端侧桥基配位[图 9.18(b)]和侧桥基配位[图 9.18(c)]。

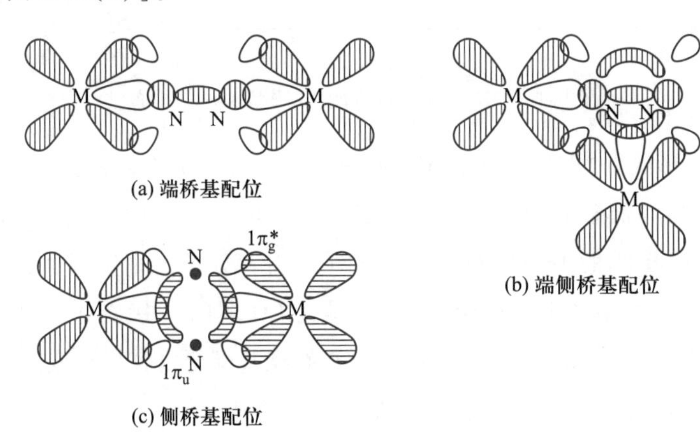

图 9.18　双核分子氮配合物的成键作用

2. 分子氮配合物的合成方法

（1）直接合成法

① 在还原剂存在下，由气体 N_2与相应的配合物直接反应。例如：

$$MoCl_4(PPhMe_2)_2 + N_2 + 2PPhMe_2 \xrightarrow[\text{甲苯}]{Na-Hg} Mo(N_2)(PPhMe_2)_4$$

② 用分子氮取代过渡金属配合物中不稳定的配体。例如：

$$CoH_3(PPh_3)_3 + N_2 \xrightarrow{C_2H_5OH} CoH(N_2)(PPh_3)_3 + H_2$$

$$[Ru(NH_3)_5(H_2O)]^{2+} + N_2 \longrightarrow [Ru(NH_3)_5(N_2)]^{2+} + H_2O$$

$$[Ru(NH_3)_5(H_2O)]^{2+} + [Ru(NH_3)_5(N_2)]^{2+} \longrightarrow [(NH_3)_5Ru(N_2)Ru(NH_3)_5]^{4+} + H_2O$$

（2）间接法

由含氮化合物合成分子氮配合物。

（3）置换法

由一种分子氮配合物制备另一种分子氮配合物。不过，由于双氮配合物中配位的氮分子很不稳定，所以这种方法有一定的局限性。

9.4 过渡金属烷基配合物

金属烷基配合物是有机金属化合物中较为简单,也是发展较早的一类配合物,元素周期表上 s 区和 p 区主族金属元素形成的有机金属化合物,大多属于金属烷基或金属芳基化合物。σ 键合的烷基是单电子配体,金属-碳(M—C)键一般为正常的二中心二电子(2c-2e)σ 键,但在某些缺电子体系中,也可形成烷基桥的多中心键。现已制得的过渡金属与甲基形成的二元 σ 键合物有 $Ti(CH_3)_4$、$Cr(CH_3)_4$、$W(CH_3)_6$、$Re(CH_3)_6$等。这些化合物一般都不如过渡后金属元素的烷基配合物稳定。过渡金属与其他烷基构成的二元有机金属化合物更不稳定,因而大部分未能制备出来或仅作为不稳定的中间体存在。

1. 烷基配合物的制备

(1) 亲核加成反应

烷基卤化物加合到配位不饱和的过渡金属化合物上,形成 M—C 键。

$$Na[(\eta^5\text{-}C_5H_5)M(CO)_3] + CH_3I \xrightarrow{THF} (\eta^5\text{-}C_5H_5)M(CO)_3(CH_3) + NaI$$

(2) 碳阴离子与金属卤化物反应

$$(\eta^5-C_5H_5)_2TiCl_2 + 2LiCH_3 \longrightarrow (\eta^5-C_5H_5)_2Ti(CH_3)_2 + 2LiCl$$

$$Et_4N[W(CO)_5Br] + LiCH_3 \xrightarrow{THF} Et_4N[W(CO)_5(CH_3)] + LiBr$$

(3) M—H 或 M—C 对烯烃的加成反应

$$HCo(CO)_4 + C_2F_4 \longrightarrow HCF_2CF_2Co(CO)_4$$

(4) 烯烃配体的还原

$$[(\eta^2-C_2H_4)Mn(CO)_5]^+ \xrightarrow{NaBH_4} (C_2H_5)Mn(CO)_5$$

$$[(\eta^5-C_5H_5)Fe(CO)_2(\eta^2-C_2H_4)]^+ \xrightarrow{NaBH_4} (\eta^5-C_5H_5)Fe(CO)_2(C_2H_5)$$

(5) 插入反应

$$HMn(CO)_5 \xrightarrow{CH_2N_2} CH_3Mn(CO)_5$$

$$(\eta^5-C_5H_5)Fe(CO)_2H \xrightarrow{CH_2N_2} (\eta^5-C_5H_5)Fe(CO)_2(CH_3)$$

(6) 氧化加成反应

$$(\eta^5-C_5H_5)Co(CO)_2 + CF_3I \xrightarrow{C_6H_6} (\eta^5-C_5H_5)Co(CO)(CF_3)I + CO$$

$$(\eta^2-C_2H_4)Pt(PPh_3)_2 + CH_2I_2 \xrightarrow[25\ ℃]{C_6H_6} \underset{Ph_3P\quad\ PPh_3}{\overset{I\quad\ CH_2I}{Pt}} + C_2H_4$$

$$nM^0(g) + nR—X \longrightarrow (R—M—X)_n$$

最后一个反应是近些年发展起来的一类氧化加成反应，它是金属蒸气与卤代烷烃的共缩合反应。

2. 烷基配合物的结构

在烷基配合物中过渡金属原子和 sp^3 杂化的碳原子有两种成键类型。

一种是通常的金属-烷基配位（$M—CH_2R$），烷基配合物的 M—C 键中的碳原子为 sp^3 杂化，M—C 键缺少 π 键成分。

另一种是烷基配位作桥配体，其实例见图 9.19。

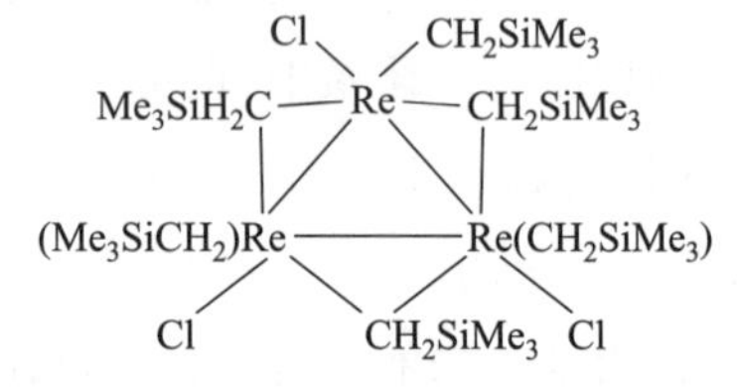

图 9.19　$Re_3Cl_3(\mu_2\text{-}CH_2SiMe_3)_3(CH_2SiMe_3)_3$ 结构示意图

9.5　过渡金属不饱和链烃配合物

过渡金属不饱和链烃配合物是以链状的烯烃、炔烃等 π 配体与过渡金属元素形成的一类重要的有机金属化合物。同 π 酸配合物相比，其成键特征是配体的 π 电子填入中心金属离子的空轨道，因此称为 π 配合物。这类配合物的形成是有机过渡金属化学在工业催化和有机合成中的应用基础，研究它们的结构、化学键和成键规律，对探讨许多有机反应的催化机理具有重要的指导意义。

9.5.1　链烯烃配合物

1. 链烯烃配合物的合成

（1）直接配位法

烯烃直接与配位不饱和的金属原子反应生成 η^2-烯烃配合物。

$$2PdCl_2 + 2C_2H_4 \longrightarrow [Pd(\eta^2-C_2H_4)Cl_2]_2$$

$$IrCl(CO)(PPh_3)_2 + R_2C═CR_2 \longrightarrow IrCl(CO)(PPh_3)_2(R_2C═CR_2)$$

（2）还原配位法

高价的金属配合物被还原成低价的金属配合物。

$$Ni(acac)_2 + 2PPh_3 + C_2H_4 + AlEt_3 \xrightarrow{Et_2O} (\eta^2-C_2H_4)Ni(PPh_3)_2$$

$$4PtCl_4 + 2C_2H_4(过量) \xrightarrow[\triangle]{C_6H_6} [Pt(\eta^2-C_2H_4)Cl_2]_2 + 2PtCl_6$$

$$\downarrow KCl, H_2O$$

$$2K[Pt(\eta^2-C_2H_4)Cl_3]\cdot H_2O$$

后一反应中形成的 $PtCl_6$ 可被过量乙烯还原为 Pt(Ⅱ)。生成物 $K[Pt(\eta^2\text{-}C_2H_4)Cl_3]\cdot H_2O$ 为黄色固体，这就是人们所熟知的 Zeise 盐。

(3) 配位取代法

以不饱和烃置换其他配体，这是合成烯烃配合物最常用的方法。

$$Fe(CO)_5 + C_4H_6 \xrightarrow[2\ MPa]{\text{密封管}} (\eta^4 - C_4H_6)Fe(CO)_3 + 2CO$$

$$K_2PtCl_4 + C_2H_4 + H_2O \longrightarrow K[Pt(C_2H_4)Cl_3]\cdot H_2O\downarrow + KCl$$

$$(\eta^5 - C_5H_5)Mn(CO)_3 + C_2H_4 \xrightarrow{h\nu} (\eta^5 - C_5H_5)Mn(CO)_2(\eta^2 - C_2H_4) + CO$$

由于在光和热的作用下，烯烃有时会发生聚合反应，并会引起烯烃配合物的分解，所以配体取代反应必须在温和的加热条件下进行，反应时烯烃通常是过量的。

(4) 烷基配体的 β-阴离子抽提

这是制备乙烯和丙烯配合物的常用方法。一般用 $(CPh_3)BF_4$ 消除烷基配体中的 β-氢阴离子来生成阳离子烯烃配合物。

$$(\eta^5 - C_5H_5)Fe(CO)_2(\overset{\alpha}{C}H_2\overset{\beta}{C}H_3) + (Ph_3C)BF_4 \xrightarrow{CH_2Cl_2} [(\eta^5 - C_5H_5)Fe(CO)_2(\eta^2 - C_2H_4)]^+BF_4^- + Ph_3CH$$

$$(\eta^5 - C_5H_5)Mo(CO)_3(\overset{\alpha}{C}H_2\overset{\beta}{C}H_3) + (Ph_3C)BF_4 \xrightarrow{CHCl_3} [(\eta^5 - C_5H_5)Mo(CO)_3(\eta^2 - C_2H_4)]^+BF_4^- + Ph_3CH$$

(5) β,γ-不饱和配体的 γ-质子化作用

单齿丙烯基配体的 γ-C 原子上加合一个质子形成 η^2-烯烃配合物，这是把单齿配体转化为双齿配体的有效方法。

$$(\eta^5 - C_5H_5)(CO)_xM—CH_2CR═\overset{\gamma}{C}HR \xrightarrow{HX} [(\eta^5 - C_5H_5)(CO)_xM(\eta^2 - CH_2═CRCH_2R)]X$$

其中，M = Fe，$x = 2$；M = Mo 或 W，$x = 3$；R = H 或烷基。

2. 链烯烃配合物的结构

以乙烯配合物为例，其结构有三个主要特征：

(1) 乙烯的两个碳原子到中心金属原子的距离基本相等。

(2) 配位后，原来平面形的乙烯分子变成非平面形，乙烯分子中的氢原子远离中心金属原子而向后弯折。

(3) 如果把乙烯分子看成单齿配体，则三配位、四配位及五配位化合物的几何构型基本上分别为三角形、平面正方形和三角双锥形(图 9.20)。

属于三角形构型的乙烯配合物有 $Ni(PPh_3)_2(\eta^2\text{-}C_2H_4)$ 和 $Pt(PPh_3)_2(\eta^2\text{-}C_2H_4)$ 等。图 9.21 示出 $Ni(PPh_3)_2(\eta^2\text{-}C_2H_4)$ 分子中心部分的结构，乙烯的 C═C 键与两个 P 原子基本上在一个三角形平面内，P—Ni—P 平面和 C—Ni—C 平面的夹角为 5.0°，P—Ni—P 夹角为 110.5°。

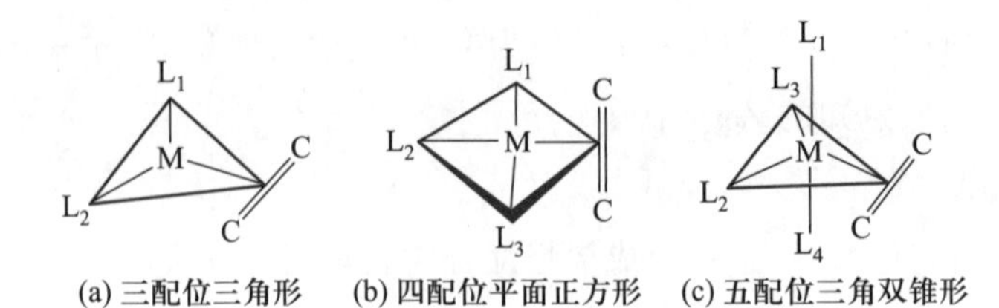

(a) 三配位三角形 (b) 四配位平面正方形 (c) 五配位三角双锥形

图 9.20 乙烯配合物的几何构型

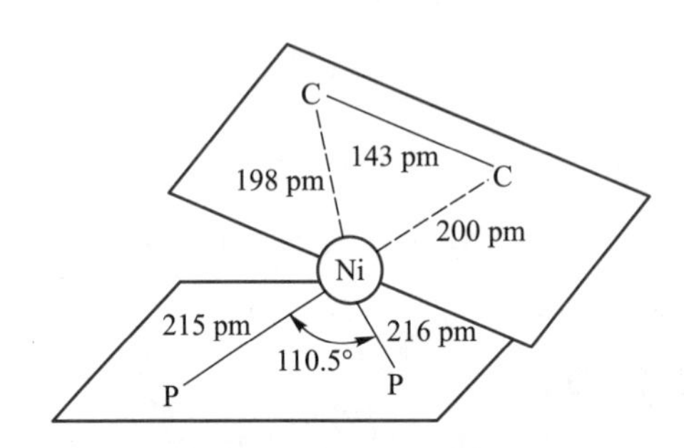

图 9.21 $Ni(PPh_3)_2(\eta^2-C_2H_4)$分子中心部分的结构

著名的 Zeise 盐 $K[Pt(\eta^2-C_2H_4)Cl_3] \cdot H_2O$ 是四配位正方形乙烯配合物的典型实例。虽然 Zeise 盐早在 1825 年就已经合成，但它的结构直到 1954 年才最后确定。X 射线衍射和中子衍射测定表明，Zeise 盐的$[Pt(\eta^2-C_2H_4)Cl_3]^-$阴离子部分具有平面正方形的几何构型，3 个 Cl 和 Pt 在同一平面内，乙烯分子位于正方形的第四个顶点。两个 C 原子与 Pt（Ⅱ）等距离，由于乙烯的影响，使与乙烯成反位的 Pt—Cl 键稍长，平面正方形略有变形。C ═C 键和正方形平面呈 84°角，乙烯配体中的 4 个 H 原子对称地远离 Pt（Ⅱ）离子而向后弯折，致使乙烯分子不再是一个平面形分子（图 9.22）。

典型的三角双锥形结构的乙烯配合物为 $Fe(CO)_4(\eta^2-C_2H_4)$，图 9.23 示出其分子的结构，C ═C键接近在水平方向的平面内。

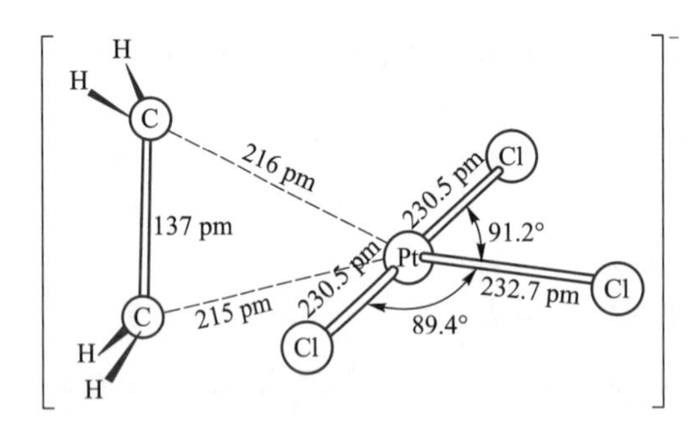

图 9.22 $[Pt(\eta^2-C_2H_4)Cl_3]^-$阴离子的结构

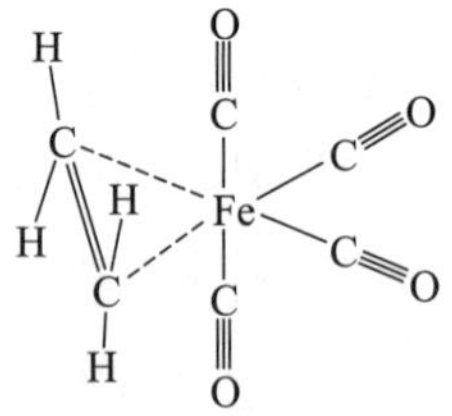

图 9.23 $Fe(CO)_4(\eta^2-C_2H_4)$分子的结构

Chatt 和 Duncanson（1953 年）在 Dewar（1951 年）对 Ag(Ⅰ)烯烃配合物研究的基础上提出了用于定性解释 Pt(Ⅱ)—C_2H_4化学键的 Dewar-Chatt-Duncanson（DCD）模型。DCD 模型认为：当乙烯分子和Pt(Ⅱ)成键时，乙烯分子充满电子的 π 轨道和 Pt(Ⅱ)离子的 dsp^2杂化轨道重叠，形成三中心 σ 配键 $Pt \leftarrow \overset{C}{\underset{C}{\|}}$，其中 Pt（Ⅱ）是电子对的接受体，乙烯分子是电子对给予体。

同时 Pt(Ⅱ)离子充满电子的 d 轨道和乙烯分子的反键 π^* 轨道重叠形成另一个三中心反馈 π 键，$Pt \rightarrow \overset{C}{\underset{C}{\|}}$ ，此时，Pt(Ⅱ)是电子对的给予体，乙烯分子是电子对的接受体。因此，Pt(Ⅱ)—C_2H_4化学键为 σ-π 配键(图 9.24)。这种 σ 配键和反馈 π 键协同作用的结果，使得 Zeise 盐相当稳定。

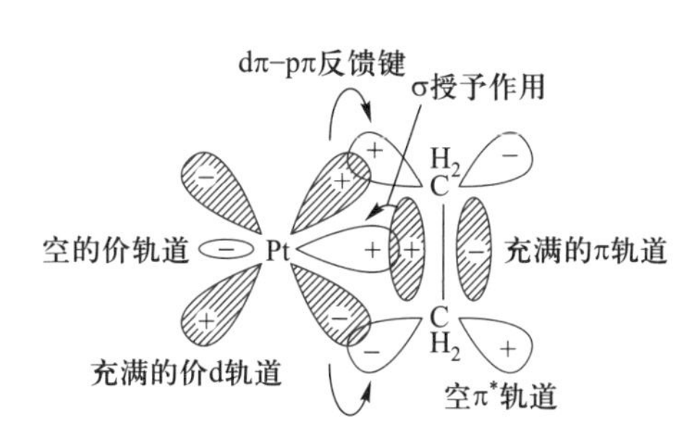

图 9.24 Pt(Ⅱ)—C_2H_4 的 σ-π 配键

需要指出的是，DCD 模型同样适用于其他烯烃和过渡金属的成键作用。如果配体含有一个以上的双键时，那么配体分子就可以提供一对以上的 π 电子来形成多根 σ-π 配键，起到多齿配体的作用。

乙烯分子成键 π 轨道的给电子能力并不强，但由于反馈 π 键的作用，促使乙烯分子的 π 键电子向中心金属原子的 σ 空轨道上转移，从而加强了 σ 配键。这就是某些过渡金属(如 d^{10} 构型的 Cu(Ⅰ)、Ag(Ⅰ)、Hg(Ⅱ)、Pd(0)、Pt(0)和 d^8 构型的 Pt(Ⅱ)、Pd(Ⅱ)、Ir(Ⅰ)、Ni(Ⅱ)等)，由于价态低、d 电子多、易反馈电子形成反馈 π 键，所以能与乙烯分子形成稳定化合物。

Pt(Ⅱ)和乙烯分子间 σ-π 配键的形成削弱了乙烯分子 C═C 键的强度，在 Zeise 盐晶体中，乙烯分子中 C═C 键键长从自由乙烯分子的 133.7 pm 增加到 137 pm，C═C 键的伸缩振动频率则从自由乙烯分子的 1623 cm^{-1}降低到 1526 cm^{-1}。这意味着乙烯分子活化，容易进行化学反应。事实上，烯烃分子和过渡金属配位后，确实容易发生加氢反应。因此，许多过渡金属化合物都是烯烃氢化的良好催化剂。

除乙烯外，其他烯烃或含 C═C 键的不饱和分子也能和过渡金属形成配合物。

9.5.2 炔烃配合物

和烯烃配体类似，炔烃配体也用 π 电子对与金属原子配位。与烯烃不同的是炔烃有两条充满的互相垂直的 π 分子轨道，因而炔烃可以用一条 π 键也可以用两条 π 键去同金属原子配位。在一些 M-炔键很强的单核配合物中，两条 π 键可以同时参与同一个金属原子的成键。此外，炔烃也可以用两条 π 键与两个、三个或四个金属原子配位。在这些多核配合物中，炔烃是桥基配体。

1. 炔烃配合物的合成和反应

较高的反应活性使得炔烃易发生齐聚或聚合反应，一些过渡金属对这些反应有催化作用，因此必须采用温和的配位反应条件，以避免这类副反应的发生。

(1) 配体取代反应

这是合成炔烃配合物最常用的方法。羰基的取代反应可用光化学活化或热活化引发。

$$(\eta^5-C_5H_5)Mn(CO)_3 + C_2Ph_2 \xrightarrow[h\nu]{C_6H_{14}} (\eta^5-C_5H_5)Mn(CO)_2(\eta^2-C_2Ph_2) + CO$$

烯烃配体也可被炔烃取代：

$$Rh(acac)(\eta^2\text{-}C_2H_4)_2+C_2(CF_3)_2 \xrightarrow[-78\ ℃,2\ h]{Et_2O} Rh(acac)(\eta^2\text{-}C_2H_4)[\eta^2\text{-}C_2(CF_3)_2]+C_2H_4$$

(2) 还原配位法

$$(\eta^5-C_5H_5)_2MoCl_2 + C_2H_2 \xrightarrow[18\ h]{Na\text{-}Hg,C_6H_5CH_3} (\eta^5-C_5H_5)_2Mo(\eta^2-C_2H_2) + 2NaCl$$

$$Mo(TTP)Cl_2 + LiAlH_4 + C_2Ph_2(\text{过量}) \xrightarrow{THF} (\eta^2-C_2Ph_2)Mo(TTP)$$

其中,TTP 为内消旋四对甲苯基卟啉。随着炔烃的配位,Mo(Ⅳ)被还原为 Mo(Ⅱ)。

(3) 炔烃与配位不饱和金属原子的配位作用

炔烃与配位不饱和金属原子配位存在两种情况：

① 与能独立存在的试剂反应

$$[(\eta^5\text{-}C_5H_5)_2Mo(CO)_2]_2+C_2H_2 \xrightarrow[4\ h]{C_6H_5CH_3} [(\eta^5\text{-}C_5H_5)_2Mo(CO)_2]_2(\mu_2\text{-}\eta^2\text{-}C_2H_2)$$

乙炔直接加成到配位不饱和的 Mo—Mo 键上,形成桥基四电子配体。

② 与瞬间存在的金属配合物反应

$$(\eta^5\text{-}C_5H_5)Fe(CO)_2I+AgBF_4+C_2R_2 \xrightarrow{CH_2Cl_2} [(\eta^5\text{-}C_5H_5)Fe(CO)_2(\eta^2\text{-}C_2R_2)]^+BF_4^-+AgI$$

用 $AgBF_4$除去反应中的 I^-以形成被溶剂稳定的$[(\eta^5\text{-}C_5H_5)Fe(CO)_2]^+$阳离子,然后再与炔烃配位,生成炔烃配合物。

(4) 炔烃和金属羰基配合物的反应

炔烃与金属羰基配合物反应,使炔烃成环,产生许多新的有机配体与金属配位。例如：

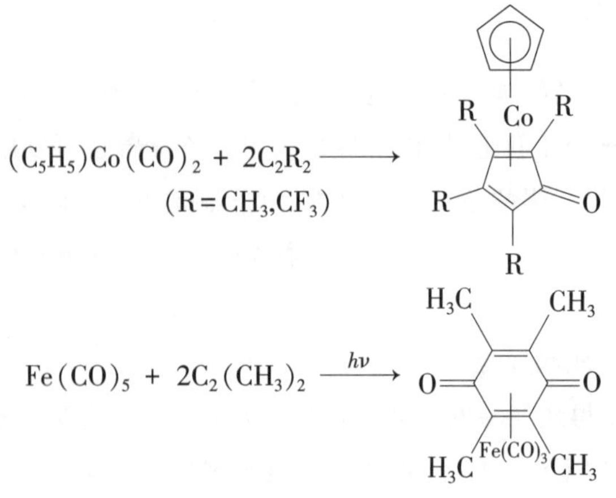

$$(C_5H_5)Co(CO)_2 + 2C_2R_2 \longrightarrow$$
$(R=CH_3,CF_3)$

R　Co　R　R　O　R

$$Fe(CO)_5 + 2C_2(CH_3)_2 \xrightarrow{h\nu}$$

H_3C　CH_3　O　O　$Fe(CO)_3$　H_3C　CH_3

2. 炔烃配合物的结构

炔烃配合物与烯烃配合物有许多相似之处。例如，乙炔可以代替 Zeise 盐中的乙烯形成 $[Pt(C_2H_2)Cl_3]^-$阴离子。其中的 Pt(Ⅱ)—C_2H_2化学键也可以用 DCD 模型来描述，此时，乙炔仅作为二电子配体。只不过乙炔分子有两组相互垂直的 π 和 $π^*$ 轨道，这两组轨道都可以和对称性匹配的金属原子 d 轨道发生重叠，因而加强了 M—C_2H_2的相互作用。但是，一般来说，C≡C 键键长的增长比较小。炔烃配位后的 C≡C 键键长从原来的 120 pm 增至 124~140 pm。

图 9.25 所示的价键结构可以阐明炔烃和单个金属原子的配位方式。图 9.25(a)和(b)分别表示炔烃作为二电子给予体时 σ 和 π 配位的极限结构形式，这两种结构形式类似于 DCD 模型中 M—(μ_2-烯烃)成键作用形式。文献中常用图 9.25(b)表示金属-炔烃配位方式，其原因是这样表示出的 M—C 和 C≡C 键键长及 R—C≡C 键角与实验事实一致，符合金属环丙烯结构。图 9.25(c)所示缺电子金属原子中两条 π 分子轨道有很强的作用。这种 σ、π 结构与图 9.25(b)所示结构的化合物相比，具有较短的 M—C 键和较长的 C≡C 键。炔烃在此处是四电子给予体。

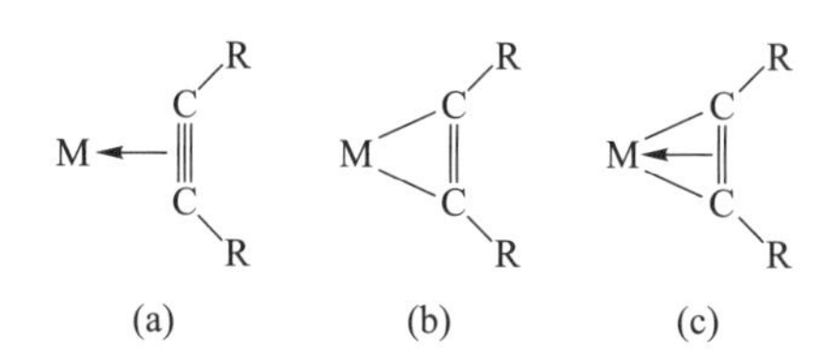

图 9.25 炔烃和单个金属原子的配位方式

图 9.26 给出的四种炔烃配合物的 C≡C 键键长为 127~129 pm。配位后 C≡C 键拉长了约 8 pm。这些配合物中的炔烃配体都是二电子给予体，其中(a)和(c)是 16 电子配合物，(b)为 14 电子配合物，(d)为 18 电子配合物。在(b)中，两个炔烃配体构成了一个近似四面体构型，这种配位状况稳定了缺电子的 Pt^0原子，与平面结构的 16 电子配合物(c)比较，它们的 C≡C 键和 Pt—C 键键长几乎相等。

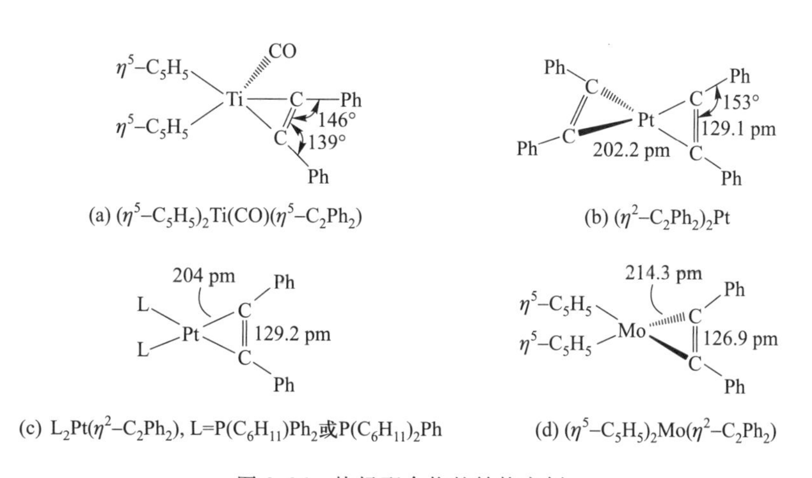

图 9.26 炔烃配合物的结构实例

两个金属原子与一个乙炔分子的相互作用可以呈现两种结构形式（图 9.27），两种结构中的炔烃都是 μ_2-桥基配体。配合物（a）是一种结构形式，其中炔键平行于 Rh—Rh 键，炔键键长为 127 pm，表明炔烃配体是二电子给予体，称为 σ-桥基炔烃配体，两个 Rh 原子都服从 EAN 规则。配合物（b）是另一种结构形式，是最常见的 μ_2-桥基炔烃配体结构。此处的炔烃是四电子给予体。两个相互垂直的 π 键各向一个 Mo 提供两个电子，C≡C 键近似地垂直于 Mo—Mo 键，Mo—C 键（乙炔碳）键长平均为 217 pm。

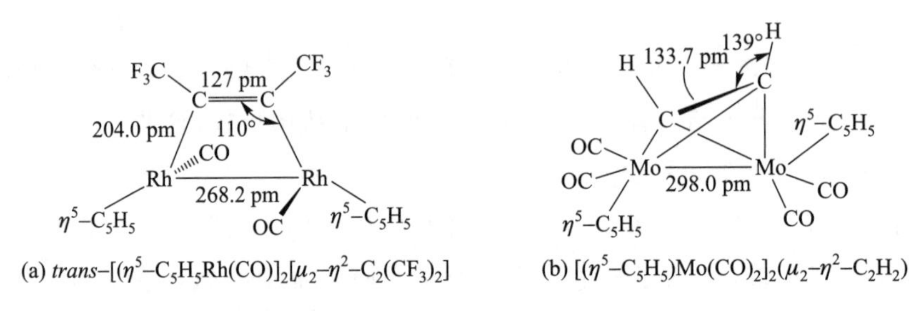

图 9.27　双核炔烃配合物的结构实例

三个金属原子与一个炔烃分子的配位方式如图 9.28 所示，其中（a）和（b）是等价结构。

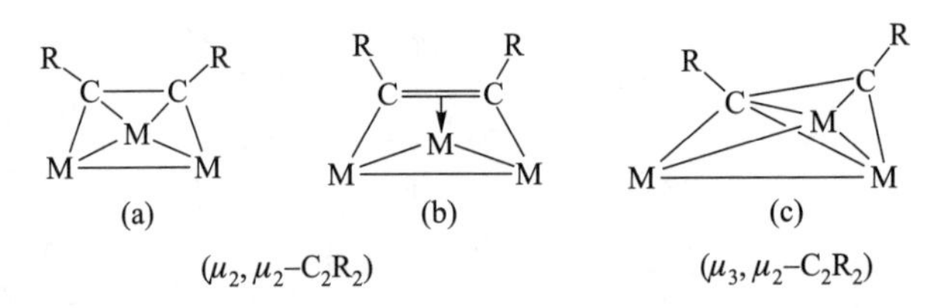

图 9.28　三个金属原子与一个炔烃分子的配位方式

四个金属原子-炔烃配合物具有“μ_4”结构（图 9.29），四个金属原子形成蝶式簇合物，C≡C 炔键平行于 M^2—M^3键，而与 M^1—M^4间的连线垂直。

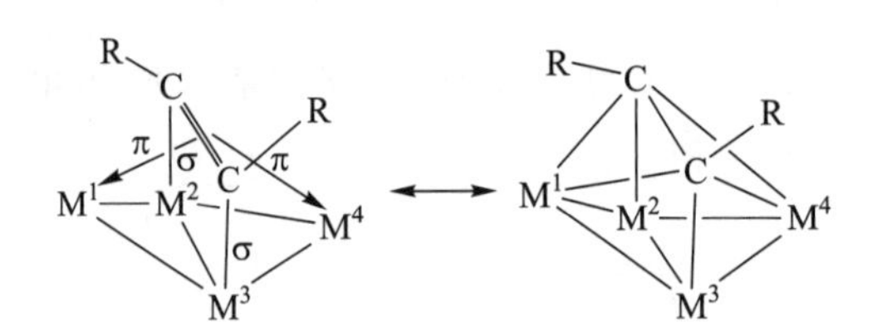

图 9.29　炔烃和四个金属原子的配位方式

9.6　金属-卡宾和金属-卡拜配合物

有机金属化合物中，金属和烷基（alkyl）形成的化合物含 M—C 单键，而和卡宾（carbene）或卡拜（carbyne）形成的配合物则含 M═C 双键或 M≡C 三键。表 9.2 比较了这三类化合物。

表 9.2　烷基、卡宾和卡拜配合物

配体	通式	实例
烷基	$—CR_3$	$H_3C—Zn—CH_3$
卡宾	$=CR_2$	$(CO)_5Cr=C(OCH_3)Ph$
卡拜	$\equiv CR$	$Br(CO)_4Cr\equiv CPh$

在个别化合物中,同时含有 M—C 间的单键、双键和三键,如图 9.30 所示。

在这三类有机金属化合物中,金属-烷基化合物已在 9.4 节作过介绍。本节将讨论后两类,即金属-卡宾和金属-卡拜配合物。

W—C　225.8 pm
W═C　225.8 pm
W≡C　225.8 pm

图 9.30　同时含有 M—C,M═C 和 M≡C 的化合物

9.6.1　金属-卡宾配合物

自由状态的卡宾($=CR_2$)其碳原子的形式氧化态为+2,因而异常活泼,寿命很短,是许多有机反应的中间体。但卡宾能和其他有机基团结合形成有机化合物,或者和金属结合形成配合物而稳定。不仅过渡金属,甚至锂等碱金属及碱土金属等主族元素金属也能形成金属-卡宾配合物。某些稳定的金属-卡宾配合物具有良好的催化性能,是有机合成中常用的催化剂。

金属-卡宾配合物可用通式 $L_nM=CR_2$ 表示,它们在形式上含 M═C 双键。最简单的 CR_2基团为亚甲基(CH_2),碳原子上尚有两个未参与成键的价电子,它们或配对地占据 sp^2杂化轨道,或自旋平行地分占 sp^2和 p 轨道(图 9.31),前者为单重态,后者为三重态。三重态有 2 个未成对电子,可视为游离基,极不稳定。

金属-卡宾配合物 $L_nM=CR_2$有两种不同的键合方式,通常称为 Fischer 型和 Schrock 型金属-卡宾配合物。

Fischer 型的特征是:金属的氧化态低,含 π-接受体配体 L,卡宾碳原子含 π-给予体 R 取代基,这类卡宾碳原子带 δ^+电荷,因而具有亲电性。

Schrock 型的特征是:金属的氧化态高,无 π-接受体配体 L,无 π-给予体 R 取代基,这类卡宾碳原子带 δ^-电荷,因而具有亲核性。Schrock 型金属-卡宾配合物又称亚烷基化合物。

表 9.3 比较了这两类金属-卡宾配合物的差异。

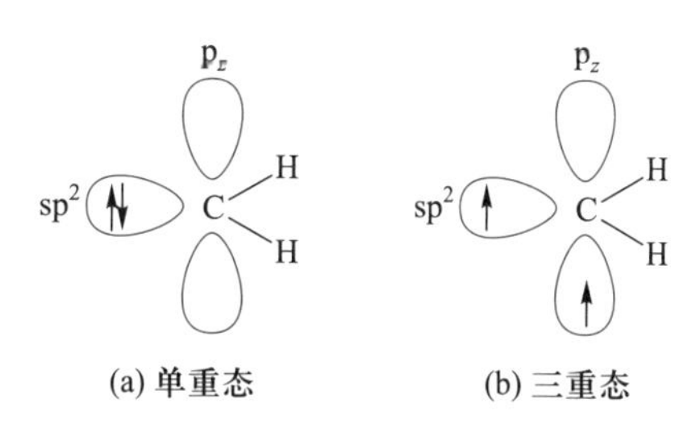

图 9.31　金属-卡宾配合物的两种电子结构

表 9.3 Fischer 型和 Schrock 型金属-卡宾配合物的比较

配合物	Fischer 型	Schrock 型
典型金属	d 区中至后过渡金属,如 Cr(0)、W(0)、Fe(0)	d 区前过渡金属,如 Ti(Ⅳ)、Ta(Ⅴ)
典型的其他配体 L	强 π-接受体配体,如 CO	强 σ-或 π-给予体,如烷基、Cp、Cl
卡宾取代基 R	至少含一电负性大的杂原子 O 或 N	H、烷基或芳基
电子总数	18 电子	10~18 电子
典型的化学行为	卡宾碳原子易受亲核进攻	卡宾碳原子易受亲电进攻
实例	$(CO)_5\overset{\delta-}{W}{=}\overset{\delta+}{C}(OMe)R$	$cp_2(Me)\overset{\delta+}{Ta}{=}\overset{\delta-}{C}H_2$

过渡金属-卡宾配合物除在卡宾碳原子部位的亲电或亲核反应外,与其他配合物类似,也可发生配体取代反应和氧化还原等一系列反应。

9.6.2 金属-卡拜配合物

金属-卡拜配合物可用通式 $L_nM{\equiv}CR$ 表示,在形式上含有 $M{\equiv}C$ 三键。已知的 R 有 H、烷基、芳基、$SiMe_3$、NEt_2、PMe_2、SPh 和 Cl 等。

与金属-卡宾配合物类似,金属-卡拜配合物也有 Fischer 和 Schrock 两种类型。

在 Fischer 型金属-卡拜配合物中,金属的形式氧化态低,有 CO 类 π-接受体配体;在 Schrock 型中,金属的形式氧化态高,有电子给予体配体。Fischer 型卡宾碳通常和杂原子 O 或 N 相连,Schrock 型卡宾碳则和 H 或 C 原子相连。

Schrock 型金属-卡拜配合物又称次烷基配合物。

金属-卡拜配合物中的 $M{\equiv}C$ 三键可描述为一条 σ 键和两条 π 键,但在两种不同类型的金属-卡拜配合物中,成键方式有所不同。卡拜配体在 C 原子的 sp 杂化轨道上有一对孤电子对,另一个电子则位于两条简并的 p 轨道上。与金属-卡宾配合物类似,在形成 Fischer 型金属-卡拜配合物时,C 原子是 σ 给予体和 π 接受体;而 Schrock 型卡拜配体可视为 CR_3^- 阴离子,因此,它既是 σ 给予体又是 π 给予体。

典型的金属-卡拜配合物如 $X(CO)_4M{\equiv}CR$(Fischer 型,M = Cr、Mo;X = Cl、Br、I;R = Me、Et、Ph)和 $(Me)_3W{\equiv}CMe$(Schrock 型)。

与金属-卡宾配合物类似,金属-卡拜配合物也可发生一系列的亲核或亲电反应,但分子轨道法的计算表明,无论是 Fischer 型还是 Schrock 型的中性金属-卡拜配合物,三键的极性方向均可表示为 $^{\delta+}M{\equiv}C^{\delta-}$,因此,可以预示,亲核试剂总是向金属原子进攻,而亲电试剂总向卡拜碳原子进攻。

金属-卡拜配合物可通过加成反应转变为金属-卡宾配合物。

9.7 金属环多烯化合物

正如链烯烃和炔烃等不饱和烃分子充满电子的 π 轨道能与金属的空轨道作用一样，环多烯分子充满电子的离域 π 轨道也能和金属的空轨道作用生成金属-环多烯化合物，这是有机金属化学中非常重要而且有趣的一类化合物。这类化合物具有夹心结构，即过渡金属原子夹在两个环烯烃之间，因此又称为夹心型化合物。

生成夹心型化合物的金属元素主要是过渡元素中的ⅣB～ⅦB 族和除 Pt 外的第Ⅷ族元素。镧系和锕系元素也能生成夹心型化合物，但其结构和键型与 d 区元素有所不同。

夹心型化合物的配体一般是平面芳香性环多烯，根据 Hückel 规则，由三角形杂化原子构成的单环共平面体系，当 π 电子数为 $4m+2$［m 为共轭（可理解为离域）π 电子数］时具有芳香性，它们都能生成夹心型化合物（图 9.32）。其中以 π 电子数为 6 的环戊二烯基（$C_5H_5^-$）和苯最为重要，下面主要介绍这两类化合物。

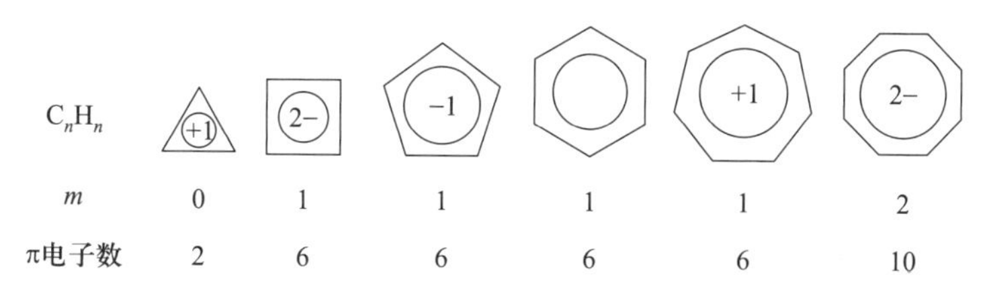

图 9.32　具有 2、6、10 个 π 电子体系的环多烯

9.7.1　茂夹心型化合物

环戊二烯基是环戊二烯的阴离子 $C_5H_5^-$，简称茂（cp）。

环戊二烯基配体主要以两种结构方式与过渡金属原子配位（图 9.33）。一种是 $C_5H_5^-$ 作为一个对称的 π 配体（含 6 个 π 电子）与金属原子配位，5 个环碳原子与金属原子等距离，C—C 键长相等，这种成键方式表示为 η^5-$C_5H_5^-$，为五齿配体［图 9.33(a)］。另一种是 $C_5H_5^-$ 作为一个单齿配体，M—C 为 σ 键，环中的烯键不参与配位，这种键合方式表示为 σ-$C_5H_5^-$ 或 η^1-$C_5H_5^-$［图 9.33(b)］。茂夹心型化合物是按第一种配位方式生成的化合物。

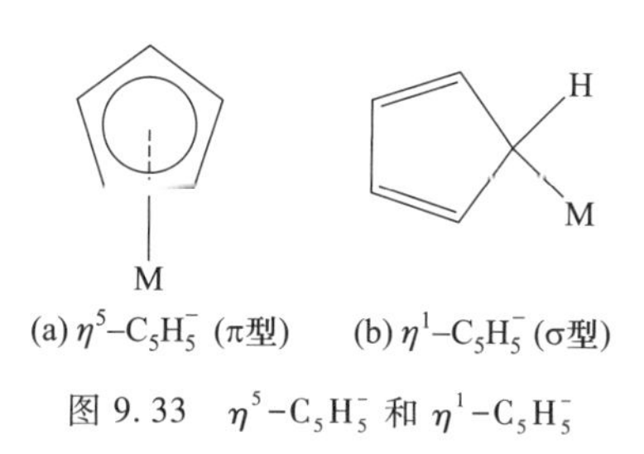

图 9.33　η^5-$C_5H_5^-$ 和 η^1-$C_5H_5^-$

环戊二烯基可直接从环戊二烯（C_5H_6）或从含有环戊二烯阴离子的金属盐或共价化合物制备。最常用的试剂是环戊二烯钠（NaC_5H_5），它可直接由环戊二烯制得：

$$C_{10}H_{12} \xrightarrow{\triangle} C_5H_6 \xrightarrow[\text{THF}]{\text{Na 砂}} 2NaC_5H_5 + H_2$$

环戊二烯通常以二聚体 $C_{10}H_{12}$(双环戊二烯)存在,使用时加热裂解,收集 42 ℃馏分,即为单体环戊二烯(C_5H_6)。反应中使用的 Na 砂是在强烈搅拌下将金属钠溶化于甲苯而制得。环戊二烯是弱酸,其 $pK_a \approx 20$,与强碱(常用金属钠或氢化钠)作用生成含环戊二烯阴离子($C_5H_5^-$)的盐。环戊二烯与钠的反应是定量的,产物 NaC_5H_5溶液对空气非常敏感,因而制备后应立即使用或在 N_2气氛下保存。

环戊二烯基($C_5H_5^-$)与金属离子形成的 cp_2M 夹心型化合物常称为金属茂化合物或茂夹心型化合物,习惯上也简称为金属茂。

1. 茂夹心型化合物的合成

(1) 碱金属盐法

这是制备茂夹心型化合物最常用的方法。通常使用环戊二烯钠和无水金属卤化物或羰基配合物在 THF 中反应来制备:

$$MX_2 + 2\ NaC_5H_5 \xrightarrow{\text{THF}} (\eta^5-C_5H_5)_2M + 2NaX$$

$$W(CO)_6 + NaC_5H_5 \longrightarrow Na[(\eta^5-C_5H_5)W(CO)_3] + 3CO$$

(2) 铵盐法

工业上用铁粉和乙铵盐熔融,产生无水 $FeCl_2$,然后在碱性试剂有机碱(如 Et_2NH)存在下与环戊二烯作用制备金属茂:

$$Fe + 2Et_2NH \cdot HCl \longrightarrow FeCl_2 + H_2 + 2Et_2NH$$

$$FeCl_2 + 2C_5H_6 + 2Et_2NH \longrightarrow (\eta^5-C_5H_5)_2Fe + 2Et_2NH_2Cl$$

其中有机胺 Et_2NH 能移去环戊二烯上的 H 原子和除去反应中生成的 HCl,使反应在较低温度下进行。本法原料为铁粉,价格便宜,且铵盐能循环使用。

(3) 格氏试剂法

1951 年,Kealy 和 Pauson 用格氏试剂 C_5H_5MgBr 为原料,以 $FeCl_3$作催化剂合成富瓦烯没有成功,却意外地制得了橙黄色的化合物二茂铁。原来的 Fe^{3+}被格氏试剂还原为 Fe^{2+},再与 C_5H_5MgBr 反应生成了$(\eta^5\text{-}C_5H_5)_2Fe$:

$$FeCl_2 + 2C_5H_5MgBr \xrightarrow{\text{乙醚-苯}} (\eta^5-C_5H_5)_2Fe + MgBr_2 + MgCl_2$$

这种方法不适用于镍茂、钴茂的合成,因为它们的卤化物在有机溶剂中溶解度小,而 Ti、Zr、V 的卤化物有较高的溶解度,可以用来制备相应的金属茂。

(4) 高温直接反应法

在某些情况下,直接通过环戊二烯或双环戊二烯和金属或金属羰基配合物反应也能够得到环戊二烯化合物。如 1952 年 Miller 等人用环戊二烯和铁在高温下反应制取二茂铁使用的就是这种方法。

$$2C_5H_6 + Fe \xrightarrow[N_2]{573\ K} (\eta^5-C_5H_5)_2Fe + H_2$$

环戊二烯和金属 Mg 在高温下直接作用可制得 $Mg(C_5H_5)_2$,镁茂为白色固体,可用它来产生 $C_5H_5^-$以制备其他金属茂。

$$2C_5H_6 + Mg \xrightarrow{773\sim873\ K} (\eta^5-C_5H_5)_2Mg + H_2$$

(5) 羰基化合物反应法

一些金属羰基化合物与环戊二烯发生配体置换反应,也可以生成相应的金属茂:

$$Cr(CO)_6 + 2C_5H_6 \xrightarrow{573\ K} (\eta^5-C_5H_5)_2Cr + 6CO + H_2$$

$$Fe(CO)_5 + 2C_5H_6 \xrightarrow{\triangle,回流} (\eta^5-C_5H_5)_2Fe + 5CO + H_2$$

$$Co_2(CO)_8 + 2C_5H_6 \xrightarrow[h\nu]{C_5H_6} 2(\eta^5-C_5H_5)Co(CO)_2 + 4CO + H_2$$

2. 茂夹心型化合物的结构

(1) 平行双环$(\eta^5-C_5H_5)_2M$ 型化合物

大多数$(\eta^5-C_5H_5)_2M$ 型化合物具有两个平行的环戊二烯基环(茂环),在理想情况下,这两个茂环或者采取重叠结构(D_{5h}),或者采取交错结构(D_{5d}),即其中的一个环相对转动36°(图 9.34)。D_{5d}的$(\eta^5-C_5H_5)_2M$ 具有对称中心。通常认为在固态时采取交错结构,在气态时采取重叠结构。但两种结构的能量比较接近,其旋转势垒只有(3.8±1.3) kJ · mol^{-1},远远低于它的升华热(68.16 kJ · mol^{-1}),因此,在气相中仍有相当一部分分子是或者接近是交错结构。

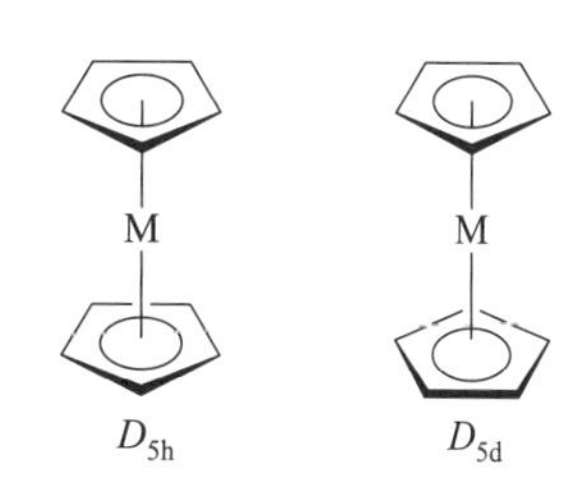

图 9.34 $(\eta^5-C_5H_5)_2M$ 型化合物的重叠结构与交错结构

橙色的$(\eta^5-C_5H_5)_2Fe$ 固体是同类化合物中最稳定的,它不受空气或水分的影响,加热到 500 ℃或者在浓盐酸中煮沸也不分解。早期 X 射线结构分析测定表明,在二茂铁中,Fe 原子对称地夹在两个茂环平面之间,二环之间的距离为 332 pm,所有的 C—C 键键长(140.3 pm)及 Fe—C 键键长(204.5 pm)都相等。但是以后的一系列实验表明,在室温下,$(\eta^5-C_5H_5)_2Fe$ 的晶体结构实际上是不规则的,特别是热容数据表明在 164 K 存在一个相变点,它和茂环开始发生的不规则转动联系在一起,相变点以下的晶体结构是规则的。X 射线结构分析测定表明,室温下两个茂环从重叠的位置相对转动了约 9°,C—H 键也朝着 Fe 原子倾斜一定的角度,这表明它既不是重叠结构也不是交错结构的,但比较接近重叠结构。在低温下,$(\eta^5-C_5H_5)_2Fe$ 分子实际上具有 D_5对称性。

(2) 倾斜双环$(\eta^5-C_5H_5)_2ML_n$型化合物

虽然大多数情况下$(\eta^5-C_5H_5)_2M$ 型化合物的两个茂环是相互平行的,但气相电子衍射测定的结果表明,在$(\eta^5-C_5H_5)_2Pd$,$(\eta^5-C_5H_5)_2Ge$ 中,两个茂环却是不平行的,图 9.35 示出$(\eta^5-C_5H_5)_2Pd$ 的结构。

这类不对称化合物的两个茂环不平行而发生倾斜的原因往往是因为其他配体的空间位阻效应。图9.36示出四个实例,其中$(\eta^5\text{-}C_5H_5)_2TiCl_2$可用作链烃聚合反应的均相催化剂。

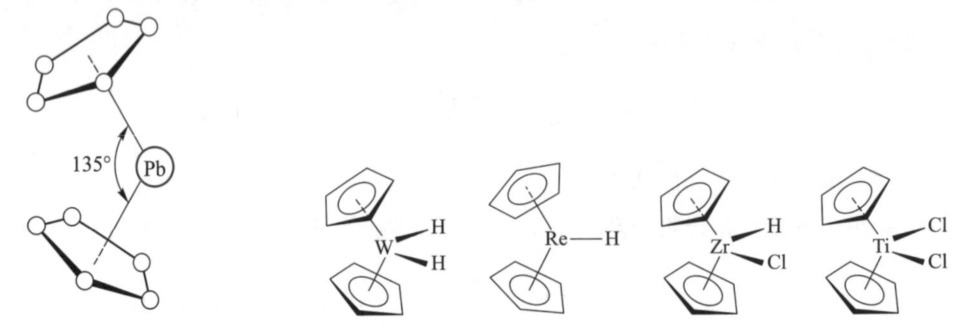

图9.35 $(\eta^5\text{-}C_5H_5)_2Pd$的结构

图9.36 倾斜双环$(\eta^5\text{-}C_5H_5)_2ML_n$型化合物的结构

(3) $(C_5H_5)_4M$型化合物

钛和铪等过渡金属能形成$(\eta^5\text{-}C_5H_5)_2(\eta^1\text{-}C_5H_5)_2M$(M=Ti、Hf)型化合物。图9.37示出了Hf的化合物的结构,η^1环有两种可能的位置,图中分别用粗线和细线加以区分(分别表示η^1环的位置)。锆的相应化合物有$(\eta^5\text{-}C_5H_5)_3(\eta^1\text{-}C_5H_5)Zr$的结构。

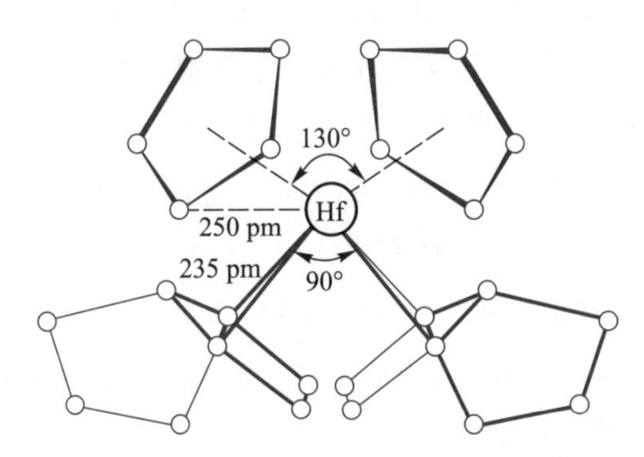

图9.37 $(\eta^5\text{-}C_5H_5)_2(\eta^1\text{-}C_5H_5)_2Hf$的结构

(4) 单环$(\eta^5\text{-}C_5H_5)ML_n$型化合物

此类化合物只有一个茂环配位,余下的配位点被其他配体所占据,故又称为单茂基化合物。图9.38给出了一些单环$(\eta^5\text{-}C_5H_5)ML_n$型化合物的实例。

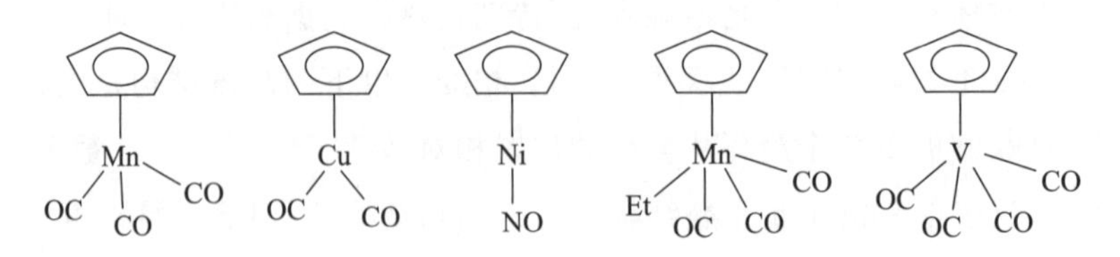

图9.38 单环$(\eta^5\text{-}C_5H_5)ML_n$型化合物的结构

(5) 多层夹心$(\eta^5\text{-}C_5H_5)_mM_n$($m=n+1$)型化合物

两个以上的$C_5H_5^-$也可以和金属元素形成多层夹心结构。如$(\eta^5\text{-}C_5H_5)_2Ni$与$BF_3$类Lewis酸反应形成稳定的$[(\eta^5\text{-}C_5H_5)_3Ni_2]^+$阳离子,图9.39表示的是$[Ni_2cp_3]^+$的三层夹心

结构。稀土元素也能形成三层夹心型化合物,如$(\eta^5\text{-}C_5H_5)_3Eu_2$、$(\eta^5\text{-}C_5H_5)_3Yb_2$等。

(6) 聚合物

环戊二烯化合物还能以聚合体的形式存在于晶体中。在这些聚合体中,环戊二烯常以桥基的形式存在,如$\mu_2\text{-}(\eta^5:\eta^5\text{-}C_5H_4)$或$\mu_2\text{-}(\eta^1:\eta^5\text{-}C_5H_4)$等。例如,二茂钛非常活泼,不能以$(\eta^5\text{-}C_5H_5)_2Ti$的形式分离出来,它的14电子结构不稳定,与另一个分子反应生成一个16电子的双环戊二烯桥-双氢桥二聚体结构的化合物[图9.40(a)],这种结构的化合物的形成显然是环上氢原子向金属转移的结果。铌和钽也形成二聚体$[(\eta^5\text{-}C_5H_5)(\eta^1:\eta^5\text{-}C_5H_4)NbH]_2$[图9.40(b)],不过,其中两个茂环上各有一个C—H键与邻近的Nb原子发生氧化加成反应,形成Nb—H和Nb—C(σ)键。为满足18电子结构,Nb原子之间以单键相连。

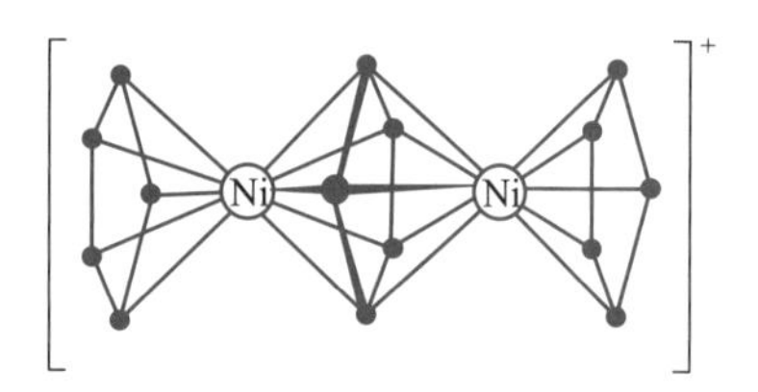

图 9.39 $[(\eta^5\text{-}C_5H_5)_3Ni_2]^+$的结构

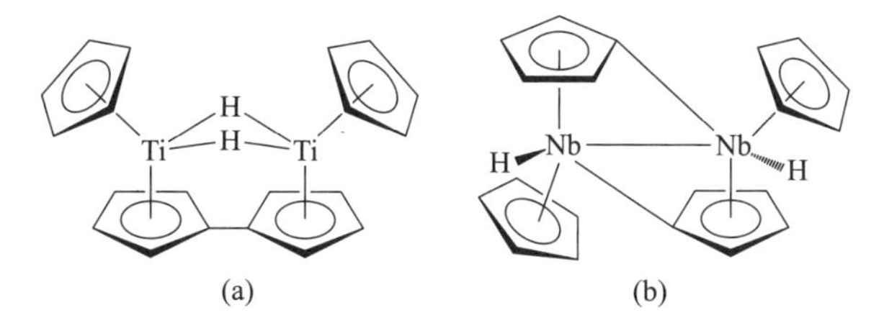

图 9.40 环戊二烯化合物聚合体

环戊二烯化合物除了上述结构类型外,还有很多其他形式。例如,整个二茂铁基可作为一个基团参与形成化合物等,此处不再一一介绍。

3. 茂夹心型化合物的化学键

图9.41示出由一组茂环的pπ轨道形成的π分子群轨道,其中每个茂环都可以看作正五角形,具有5条π分子轨道。它们构成一组强成键、一组二重简并的弱成键和另一组二重简并的强反键分子轨道,两个茂环共组成10条配体群π轨道,分别具有a、e_1和e_2对称性。

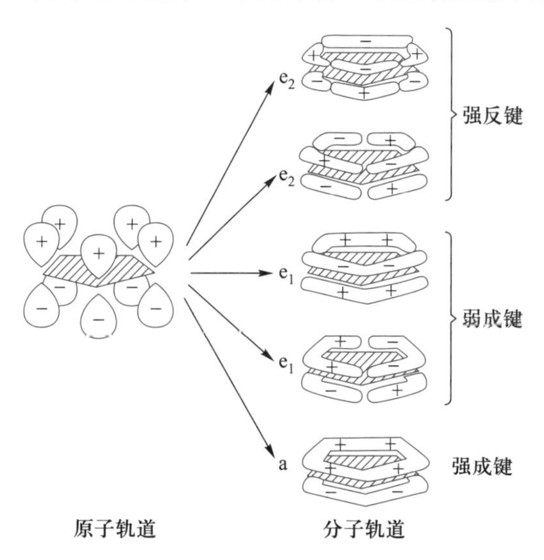

图 9.41 由一组茂环的pπ轨道形成的π分子群轨道

由环戊二烯基的配体群轨道与 Fe 原子的价电子轨道按对称性相当原则匹配成的二茂铁的分子轨道示于图 9.42 中。由图可见,配体 e_{2u}轨道在 Fe 原子中找不到对称性与之相当的原子轨道,因而仍保留原来轨道的能级成为非键轨道。

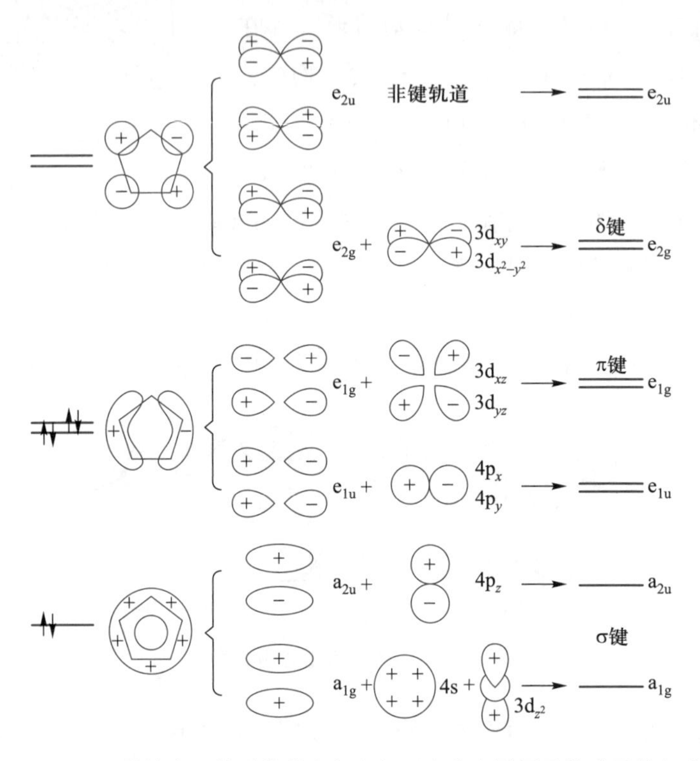

图 9.42 二茂铁中配体群轨道和与之相匹配的金属原子轨道及其组合

金属茂[$(\eta^5\text{-}C_5H_5)_2M$]的定性分子轨道能级图示于图 9.43。图的左边是配体两个茂环的 10 条 π 轨道,右边是第一过渡系元素的 9 条价轨道(3d、4s、4p),中间是两个茂环的 π 轨道和金属价电子轨道组成的 19 条分子轨道,其中有 9 条成键和非键分子轨道,以及 10 条反键分子轨道(能量较高的反键轨道在图中未全部画出),图中虚线框里表示的是前线轨道。

根据图 9.43 金属茂的分子轨道能级图,配体的 a_{1g}、a_{2u}、e_{1u}虽然与 Fe 原子的相应轨道对称性相当,但由于能级差太大,所以不能成键,分别成为非键轨道。只有配体的 e_{1g}与铁原子的 e_{1g}轨道不仅对称性相当,而且能级也最接近,故能形成两条强的 π 键。因此,Fe^{2+}的 6 个价电子和两个茂环的 12 个电子共 18 个电子,分别填入 a_{1g}、a_{2u}、e_{1g}、e_{1u}、e_{2g}和 a_{1g}共 9 条成键和非键分子轨道中(符合有效原子序数规则),10 条反键轨道全空,所以二茂铁分子是十分稳定的。分子中不存在单电子,因而二茂铁具有抗磁性。另外,由于填充的轨道或者是 a,或者是成对的 e_1和 e_2,所以它们是主轴对称的,可以推测不存在高的转动势垒,所有这些都与实验事实相符。

过渡金属 Ti(Ⅱ)、V(Ⅱ)、Cr(Ⅱ)、Mn(Ⅱ)、Co(Ⅱ)、Ni(Ⅱ)等与环戊二烯基也能形成类似二茂铁的夹心型化合物,如$(\eta^5\text{-}C_5H_5)_2V$、$(\eta^5\text{-}C_5H_5)_2Cr$、$(\eta^5\text{-}C_5H_5)_2Co$、$(\eta^5\text{-}C_5H_5)_2Ni$ 等。它们也可以用上述分子轨道能级图予以定性说明。不过,$(\eta^5\text{-}C_5H_5)_2Co$ 的价电子数为 19,

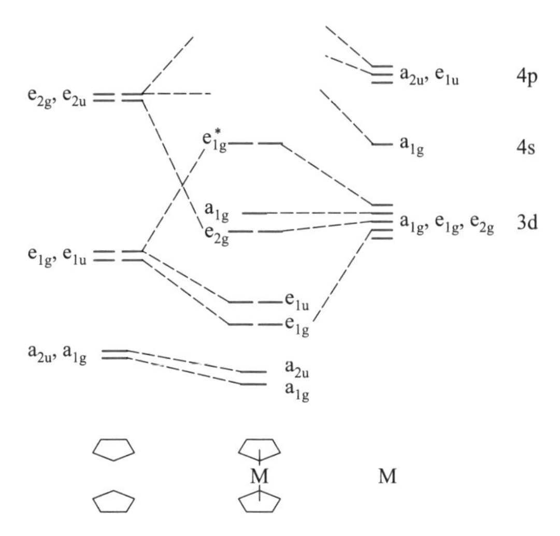

图 9.43 金属茂的定性分子轨道能级图

（单虚线连接为非键式弱作用，双虚线为强作用）

$(\eta^5-C_5H_5)_2Ni$ 的价电子数为 20，都超过 18，必然有一个或者两个电子进入能量较高的反键轨道，所以二者不如二茂铁稳定，容易氧化失去电子。例如，紫黑色的 $(\eta^5-C_5H_5)_2Co$ 很容易被氧化，生成黄色的 $[(\eta^5-C_5H_5)_2Co]^+$，后者和 $(C_5H_5)_2Fe$ 互为等电子体，在空气中可稳定存在。与此相反，$(\eta^5-C_5H_5)_2V$ 的价电子数为 15，$(\eta^5-C_5H_5)_2Cr$ 的价电子数为 16，二者都是缺电子体系，这时 3 条分子轨道（2 条简并的 e_{2g} 轨道和 1 条 a_{1g} 轨道）只能部分充满。为了尽可能达到 18 电子构型，它们容易加合其他给电子的配体。在这种情况下，由于其他配体的空间位阻效应，茂环发生倾斜，不再保持平行，生成倾斜 $(\eta^5-C_5H_5)_2ML_n$ 型化合物。

金属茂化合物具有丰富的有机化学反应性，典型的反应有傅氏酰基化反应、丁基锂金属化及磺化反应等，在此不拟详述。

9.7.2 苯夹心型化合物

早在 1919 年 Hein 就成功地用 $CrCl_3$ 和 PhMgBr 反应制备出铬的 π-芳烃配合物，然而这些配合物的正确结构直到 1954 年才得以确定。C_6H_6 和 $C_5H_5^-$ 都是 6 电子配体，Cr(0) 与 Fe(Ⅱ) 都是 d^6 构型，因此二苯铬的键合方式与结构都和二茂铁相似。除 Hf 外，ⅣB～Ⅷ族元素都可以和苯及其衍生物形成夹心型化合物。苯夹心型化合物的重要性仅次于茂夹心型化合物，表 9.4 列出一些苯夹心型化合物的性质。

表 9.4 一些苯夹心型化合物的性质

化 合 物	颜 色	熔点/K	实验磁矩/B.M.	性 质
$(\eta^6-C_6H_6)_2V$	黑色	500	1.68±0.08	在空气中迅速氧化为红棕色的 $(\eta^6-C_6H_6)_2V^+$
$(\eta^6-C_6H_5F)_2V$	红色	—	0	易升华，对空气敏感
$(\eta^6-C_6H_6)_2Cr$	棕黑色	557	0	易氧化为黄绿色的 $(\eta^6-C_6H_6)_2Cr^+$

续表

化合物	颜色	熔点/K	实验磁矩 B.M.	性质
$(\eta^6-C_6H_5Cl)_2Cr$	橄榄绿色	353-363	0	易升华,在空气中稳定
$(\eta^6-C_6H_5F)_2Cr$	黄色	369-371	0	易升华,在空气中稳定
$(\eta^6-C_6H_6)_2Mo$	绿色	388		对空气很敏感
$(\eta^6-C_6H_6)_2W$	黄绿色	分解 433		在空气中的稳定性比$(\eta^6-C_6H_6)_2Mo$的大
$[\eta^6-C_6(CH_3)_6]_2Mn^+$	粉白色	—	0	
$[\eta^6-C_6(CH_3)_6]_2Fe^{2+}$	橙色	—	1.89	可被连二亚硫酸钠盐还原为深紫色的Fe^+化合物和对空气极敏感的黑色Fe^0的化合物
$[\eta^6-C_6(CH_3)_6]_2Co^+$	黄色	—	2.95±0.08	

1. 苯夹心型化合物的合成

（1）Fischer-Hafner 法

Fischer 和他的学生 Hafner 发现在苯和 $AlCl_3$存在下,在封管内 150 ℃时,用铝粉还原可得到二苯铬（Ⅰ）阳离子的化合物。

$$3CrCl_3 + 2Al + AlCl_3 + 6C_6H_6 \longrightarrow 3[(\eta^6-C_6H_6)_2Cr][AlCl_4]$$

黄绿色的$[(\eta^6-C_6H_6)_2Cr][AlCl_4]$可用连二亚硫酸钠还原成二苯铬。

$$2[(\eta^6-C_6H_6)_2Cr]^+ + S_2O_4^{2-} + 4OH^- \longrightarrow 2(\eta^6-C_6H_6)_2Cr + 2SO_3^{2-} + 2H_2O$$

此法简单,原料易得。利用此法还可制得 V、Mo、W、Fe、Co、Ni、Tc、Re、Ru、Os、Ir、Au 等的二苯夹心型化合物。

（2）格氏试剂法

用 $CrCl_3$和 C_6H_5MgBr 在乙醚或四氢呋喃中反应,回流,水解,得到二苯铬（Ⅰ）阳离子,另有少量苯、联苯铬（Ⅰ）等的副产物。

$$(C_6H_5)MgBr + CrCl_3 \xrightarrow{Et_2O,H_2O} [Cr(C_6H_6)_2]^+ + \text{副产物}$$

用连二亚硫酸钠还原二苯铬（Ⅰ）阳离子得到二苯铬。

（3）金属蒸气合成(MVS)法

把金属蒸气通入盛有低压芳烃蒸气的容器中,用液氮冷却反应容器,可制得第一过渡系元素的芳烃夹心型化合物:

$$M(g) + \text{芳烃}(g) \xrightarrow{\text{冷阱}} (\eta^6-\text{芳烃})_2M$$

MVS 法可用于无法用 Fischer-Hafner 法制备的各种芳烃配合物。如$(\eta^6-C_6H_6)_2Ti$和$(\eta^6-C_6H_6)Cr(\eta^6-C_6F_6)$等就可用气态金属和芳烃反应来制备。

(4) 配体取代法

金属羰基化合物中的一个(或两个、三个)羰基可以被苯及其衍生物($C_6H_5CH_3$、C_6H_5F、C_6H_5Cl)所取代生成相应的芳烃配合物。

$$M(CO)_6 + \text{芳烃} \xrightarrow{\triangle} (\eta^6 - \text{芳烃})M(CO)_3 + 3CO$$

式中 M=Cr、Mo、W。芳烃为取代芳烃或稠环芳烃。

当用苯时,即使长时间加热,反应的产率也很低,但在 2-甲基吡啶存在下,几乎能定量地得到$(\eta^6-C_6H_6)Cr(CO)_3$。

2. 苯夹心型化合物的性质和结构

二苯铬是反磁性的棕黑色固体,熔点 557~558 K,在 573 K 分解,微溶于有机溶剂,在空气中缓慢氧化成黄色顺磁性的$[(\eta^6-C_6H_6)_2Cr]^+$阳离子,阳离子在空气中稳定,但对光敏感。

二苯铬易发生芳香性取代反应。

二苯铬和二茂铁是等电子体。二者的主要差别是二苯铬失电子的能力大于二茂铁。前者可被空气氧化,后者在空气中稳定,只有受到化学氧化或电化学氧化时才生成与二苯铬(Ⅰ)阳离子类似的$[(C_5H_5)_2Fe]^+$,这是由于Fe(Ⅱ)的有效核电荷比 Cr(0)的有效核电荷大,使得它周围的电子难以失去。

X 射线研究表明,二苯铬也具有夹心型结构,Cr 原子夹在两个平行的苯环之间,所有的 C—C 键键长(142 pm)及 Cr—C 键键长(215 pm)都相等,整个分子呈 D_{6h} 对称性(图 9.44)。

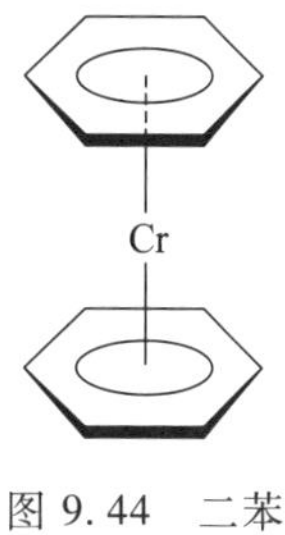

图 9.44 二苯铬的重叠结构

二苯铬的分子轨道组成基本上类似于二茂铬,18 个价电子(Cr 提供 6 个电子,两个 C_6H_6 提供 12 个电子)全部填入成键或非键分子轨道。由此推测该化合物具有抗磁性,这与实验事实相符。

9.7.3 环辛四烯夹心型化合物

环辛四烯(COT)是非芳香性化合物,但它在活泼金属(Na 或 K)作用下能够形成平面形二价阴离子 COT^{2-},COT^{2-}有 10 个电子,符合 Hückel 规则,因而具有芳香性。

COT^{2-}能够和镧系或锕系元素形成类似于$(\eta^5-C_5H_5)_2Fe$式的夹心型的化合物,如 $U(COT)_2$、$Np(COT)_2$、$Pu(COT)_2$等,其中对 $U(COT)_2$研究得较充分。

结构分析表明,在 $U(COT)_2$分子中,COT 环为平面结构,U^{4+}对称地夹在两个 COT 环之间,整个分子具有对称夹心型结构,属 D_{8h} 群。$U(COT)_2$是一种稳定的绿色晶体,甚至到 200 ℃也不分解。

$U(COT)_2$等化合物的合成,为 f 轨道参加成键提供了证据(见第 10 章)。

9.8 过渡金属簇合物

金属簇合物化学的研究始于 20 世纪 60 年代,近年来,不仅合成了大量不同类型的金属簇合物,而且还提出了多种结构规则,探索了金属簇合物的应用,尤其是在催化方面的应用,使之成为非常活跃的研究领域。

金属簇合物通常是指 3 个或 3 个以上的金属原子直接键合,具有多面体结构的配合物。过渡金属簇合物有很多类型,若按配体的种类可分为羰基簇、卤素簇等;若按成簇金属元素的异同可分为同核簇合物和异核簇合物;若按成簇金属原子数分类,则有三核簇、四核簇、五核簇等。

同经典的单核配合物相比,簇合物具有以下的结构特点:

(1) 簇合物是以成簇的金属原子所构成的金属骨架为核心,周围再通过多种形式的化学键与配体结合而形成的化合物。骨架中的金属原子以多角形或多面体的形式彼此抱成一团相互成簇,骨架结构中的“边”并不代表价键理论中的共用电子对,骨架金属原子之间的成键作用是以离域的多中心键为主要特征的。

(2) 占据骨架结构顶点的可以是同种也可以是异种过渡金属原子,也可杂以主族金属原子,甚至非金属原子,如 C、B、P 等。簇的结构中心多数是空的,中心有原子的只是极少数。

(3) 簇合物中的配体与金属原子有三种结合状态,分别是与一个金属原子、两个金属原子和三个金属原子结合。各称为端基、边桥基和面桥基配体。若有多个配体与金属原子桥式结合,则该簇合物就比较稳定。

9.8.1 金属-金属键

按照金属簇合物的定义,在簇合物中,金属原子之间是直接键合的。即含金属-金属键是簇合物的重要标志。金属原子间不仅能形成金属-金属单键,还能形成包括二重键(双键)、三重键(三键)和四重键在内的多重键及多中心键等,与普通金属单质的金属键不同,这种金属键具有共价键的性质。

为了讨论方便,下面举几个双核配合物中的金属键的例子,尽管按照定义它们并不属于簇合物。

(1) $Mn_2(CO)_{10}$

$Mn_2(CO)_{10}$中每个 Mn 配位单元都是八面体形的,Mn 原子除了和五个羰基连接以外,彼此还形成 Mn—Mn 键,OC—Mn—Mn—CO 链呈直线形,两个含羰基的平面以正方形交错排列。图 9.45 示出其结构。

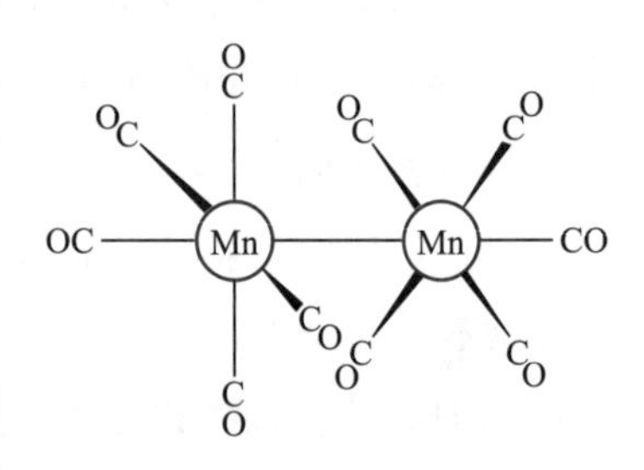

图 9.45 $Mn_2(CO)_{10}$的结构

可以用下面的方式理解 $Mn_2(CO)_{10}$的成键情况。

氧化数为 0 的 Mn 原子有 7 个价电子,其中 6 个占据了 3 条 d 轨道,以 d^2sp^3杂化轨道成键,使用 5 条空的 d^2sp^3

杂化轨道容纳来自五个羰基的孤电子对，含有 Mn 的第七个电子的第六条 d^2sp^3 轨道则与另一个 Mn 原子的同样的轨道重叠形成 Mn—Mn 键。

(2) $Co_2(CO)_8$

$Co_2(CO)_8$有三种互变异构体，图 9.46 所示结构是其中之一。在该结构中，两个 μ_2-CO 分别桥连两个钴原子，除此之外，每个钴原子还和三个端羰基相连，所以该结构可表示为$Co_2(\mu_2\text{-}CO)_2(CO)_6$。由于两个钴原子之间还形成 Co—Co 金属键，所以钴的配位数也是 6。

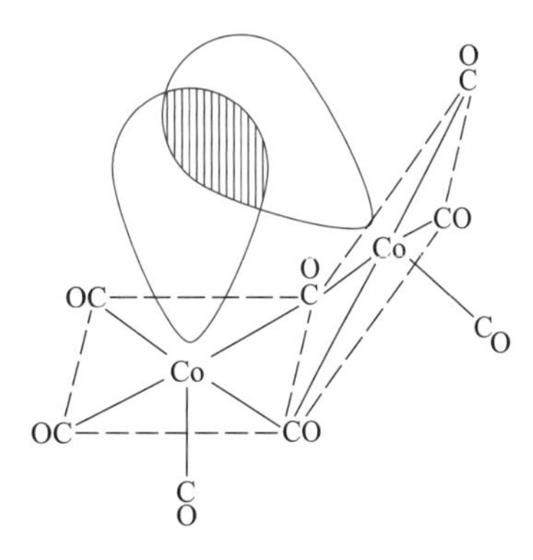

图 9.46 $Co_2(CO)_8$ 的结构

$Co_2(\mu_2\text{-}CO)_2(CO)_6$的成键情况可以这样理解：

氧化数为 0 的 Co 原子有 9 个价电子，其中 6 个占据了 3 条 d 轨道，剩下的 3 个电子以单电子的形式填入 3 条 d^2sp^3杂化轨道中并分别与两个 μ_2-CO 和另一个 Co 的轨道重叠生成 σ 键，余下 3 条空的 d^2sp^3杂化轨道容纳来自三个端羰基的孤电子对。不过，由于 d^2sp^3杂化轨道之间的夹角为 90°，可以预料，要满足两个边桥羰基桥连两个钴原子，则两个金属原子必须以弯曲的方式才能进行 d^2sp^3-d^2sp^3轨道的重叠。

上述 $Mn_2(CO)_{10}$和 $Co_2(CO)_8$中的金属-金属都是单键，在下面的双核卤化物中将看到金属-金属多重键的情形。

(3) $[Re_2Cl_8]^{2-}$

含金属-金属多重键的双核化合物中，最典型的实例是$[Re_2Cl_8]^{2-}$。$[Re_2Cl_8]^{2-}$具有 D_{4h} 对称性，Re—Re 键为 C_4轴，4 个 Cl 原子在 Re 周围形成近似平面正方形的排列(图 9.47)。

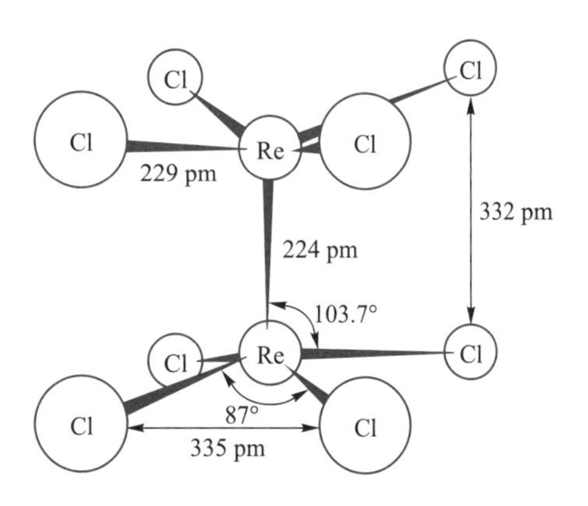

图 9.47 $[Re_2Cl_8]^{2-}$的结构

该离子具有两个重要特点：

① Re—Re 键特别短，约为 224 pm，而在金属铼中，Re 与 Re 之间的距离为 271.4 pm。

② 两组 Cl 原子为重叠型，这种排列使 Re—Cl 键处于排斥最大的位置，从能量上讲显然不利，但这种排列使金属-金属键增强，可以补偿 Cl 的这种排列所引起的能量损失。

对此分子轨道理论解释如下：

定性的分子轨道理论认为，Re 的 $d_{x^2-y^2}$轨道用来同 Cl 形成金属-配体 σ 键($d_{x^2-y^2}$与 s、p_x、p_y轨道杂化，产生 4 条 dsp^2杂化轨道，用来接受四个 Cl^-配体的孤电子对，形成 4 条正常的 σ 键)，其余的 d 轨道相互重叠形成 Re—Re 金属键。分子轨道分为 σ(d_{z^2}-d_{z^2})、π(d_{xz}-d_{xz}、d_{yz}-d_{yz})和δ(d_{xy}-d_{xy})三类，它们分别属于 D_{4h}群的 a_{1g}、e_u和 b_{2g}对称类别。Re—Re 分子轨道的形成和定性的分子轨道能级图如图 9.48 所示。

$[Re_2Cl_8]^{2-}$共有24个价电子。8条Re—Cl键用去16个,剩下8个价电子用来构成Re—Re键。它们填充在1条σ,2条π和1条δ分子轨道中,共得到4条成键分子轨道,相当于一条四重键。如此高的键级可说明金属-金属键的缩短。Re—Re四重键能为300~500 kJ·mol^{-1},比一般单键或双键键能都高,故含四重键的$[Re_2Cl_8]^{2-}$能够稳定存在。

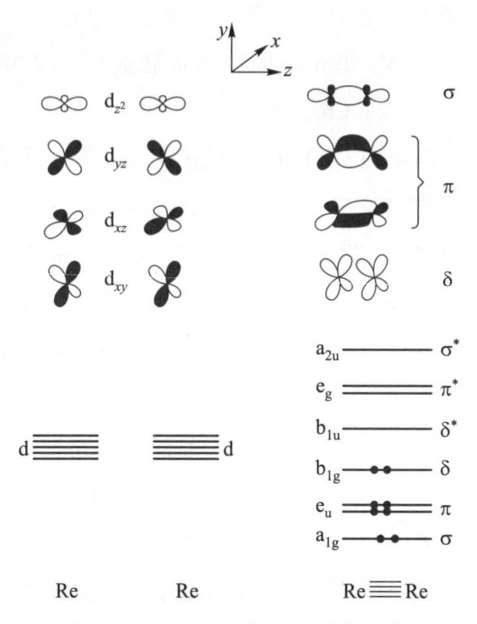

图9.48 Re—Re分子轨道的形成和定性的分子轨道能级图

假如把$[Re_2Cl_8]^{2-}$中的某一个Re—Cl平面旋转45°使之成交错型(图9.49),这时,虽然降低了Re—Cl键的排斥能,但两个Re原子的d_{xy}轨道不再重叠,δ键因此而遭破坏,键级降低,键能减小,这就是为什么$[Re_2Cl_8]^{2-}$不采取交错型而采取重叠型的原因。不过,由于d_{z^2}轨道重叠最大,d_{xz}和d_{yz}其次,d_{xy}最小,所以Re—Re四重键中δ成分对总键能的贡献并不太大。

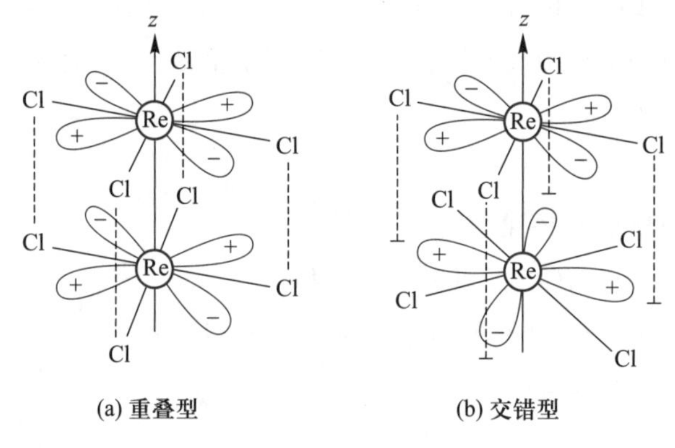

图9.49 Re—Re键中d_{xy}的重叠

在重叠型结构中,Cl、Cl之间的距离分别为332 pm和335 pm,小于其范德华半径之和(约为350 pm),表明Cl、Cl之间有部分键合。

Mo、W也能生成四重键的化合物,如$[Mo_2Cl_8]^{4-}$具有类似于$[Re_2Cl_8]^{2-}$的键合结构。

9.8.2 金属簇合物的结构规则

1. 18电子规则在簇合物中的应用

18电子规则也适用于讨论多核原子簇合物的成键作用。也就是说,低氧化态过渡金属多核原子簇合物的稳定性是由于金属原子的价层有18个电子,如果价电子数不是18,则由生成金属-金属键来补足。

例如,Fe、Ru、Os的三核羰基簇合物$M_3(CO)_{12}$的总价电子数为48(3×8+12×2),如果没有M—M键,则平均每个金属原子只有16个电子。为了达到18电子,每个金属原子可以与相邻的两个 M 各形成 1 条双中心双电子（2c-2e）M—M 键。这样，$M_3(CO)_{12}$中的 3 个 M 必然形成三角形排列，共有 3 条 M—M 键，实验证明它们确实为平面三角形骨架。

Co、Rh、Ir 的四核羰基簇合物 $M_4(CO)_{12}$的总价电子数为 60（4×9+12×2），平均每个金属原子有 15 个电子，要满足 18 电子规则，每个金属原子需要与相邻金属形成 3 条 M—M 键，即具有四面体骨架结构。

假定配合物有 M_nL_m，其中 L 为配体，这些配体可以是单电子给予体、双电子给予体……或五电子给予体等。再假定每个金属原子的价电子数为 V，一个配体 L 提供的电子数为 W，则总的价电子数为 $Vn+Wm\pm d$。其中，d 为配合物的电荷（阴离子取+，阳离子取-）。

为了满足 18 电子规则，需要的电子数为 $18n$，其间的差额为：$18n-(Vn+Wm\pm d)$，这就是两中心金属键所需要的电子数。因此：

M—M 键的数目 = $[18n-(Vn+Wm\pm d)]/2$

=[满足 18 电子规则所需电子数-（金属的总价电子数+配体提供的总电子数±离子的电荷数）]/2

本式为 18 电子规则在簇合物中的应用公式，此公式除能计算 M—M 键的数目，从而推测羰基簇合物的骨架结构之外，还可以预测某些簇合物中存在的多重键的数目。

如通式为 $M_n(CO)_m$的羰基簇合物，每个金属原子的价电子数为 V，CO 提供 2 个电子，则 $M_n(CO)_m$羰基簇合物的实际总价电子数等于 $Vn+2m$。因此羰基簇合物中的 M—M 键的数目等于$[18n-(Vn+2m)]/2$。

再如 $Os_3(\mu_2-H)_2(CO)_{10}$，配体提供的价电子数 = 10×2+2×2 = 24，金属原子（Os_3^{2+}）的总价电子数 = 3×8-2 = 22，总电子数等于 46，M—M 键数 =（18×3-46）/2 = 4。

三个金属原子形成 4 条金属键，可以有 Os ═Os ═Os 和 Os（三角形，其中 Os═Os）的排布，结构分析表明配合物具有类似环丙烯的结构，结构中的氢桥原子与形成二重键的两个 Os 原子连接（图 9.50）。

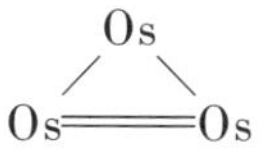

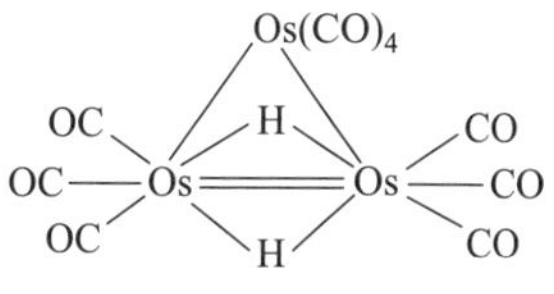

图 9.50 $Os_3(\mu_2-H)_2(CO)_{10}$的结构

需要指出的是，18 电子规则对三核、四核羰基簇合物的应用是成功的，但对多核羰基簇合物来说有时和实际情况严重不符，其原因是 18 电子规则不适用于骨架电子高度离域的体系。

2. Wade 规则

在第 6 章已经介绍过 Wade 规则，Wade 规则不是把 M—M 键看成简单的 2c-2e 键，而是从多面体骨架的几何形状和多面体骨架电子数之间的关系上来阐明 M—M 键的特征。因此 Wade 规则实际上是一种多面体骨架电子对理论（polyhedral skeletal pair theory，简称 PSEPT），一种从骨架键的总电子数来推断骨架的几何形状的理论。

如果金属簇合物的金属原子数为 n，即有 n 个骨架原子，或换句话说是多面体的顶点数为 n，那么，金属簇合物的构型与骨架成键电子对数 b 的关系如下：

$b = n + 1$，为封闭型；

$b = n + 2$，为巢穴型；

$b = n + 3$，为网兜型。

过渡金属每个原子共有 9 条价层轨道：5 条 $(n-1)$d 轨道，1 条 ns 轨道和 3 条 np 轨道，根据 Wade 规则，每个过渡金属原子只提供 3 条价层轨道给骨架作簇成键，其余的 6 条价层轨道可与配体键合。对于过渡金属簇合物，每个簇单位 ML_n 提供给骨架作簇成键用的电子数 $f=V+W-12$。式中 V 是簇金属原子的价电子数，W 为配体 L 提供的电子数，12 为不参与骨架成键的电子数。

表 9.5 列出一些过渡金属元素各种可能的簇单位 ML_n 提供的骨架成键电子数。

表 9.5　一些过渡金属元素各种可能的簇单位 ML_n 提供的骨架成键电子数

V	过渡金属元素 M	$M(CO)_2$ ($W=4$)	$M^+(\eta^5-C_5H_5)^-$ ($W=6$)	$M(CO)_3$ ($W=6$)	$M(CO)_4$ ($W=8$)
6	Cr　Mo　W			0	2
7	Mn　Tc　Re			1	3
8	Fe　Ru　Os	0	1	2	4
9	Co　Rh　Ir	1	2	3	5
10	Ni　Pd　Pt	2	3	4	6
11	Cu　Ag　Au	3	4	5	7

利用表 9.5 的数据可以算出如 $Ru_6(CO)_{17}C$ 和 $Co_4(CO)_{12}$ 等簇合物的骨架成键电子对数，进而确定它们的分子构型。

对于 $Ru_6(CO)_{17}C$，$Ru_6(CO)_{17}C=[Ru(CO)_3]_5Ru(CO)_2C$。

$$f_{Ru(CO)_3} = V + W - 12 = 8 + 6 - 12 = 2$$

$$f_{Ru(CO)_2} = 8 + 4 - 12 = 0$$

除各簇单位提供的电子外还有 C 原子提供的 4 个价电子，所以骨架成键电子对数 $b=[(5\times2)+(1\times0)+4]/2=7$。因为 $n=6$，所以 $b=n+1$，可以确定它是封闭型八面体构型。由 6 个 Ru 原子簇单位构成一个封闭的八面体。

对 $Co_4(CO)_{12}$，$Co_4(CO)_{12}=[Co(CO)_3]_4$，$f_{Co(CO)_3}=9+6-12=3$，每个 Co 原子簇单位提供 3 个电子供簇成键用，共有 4 个簇原子，所以，$b=(4\times3)/2=6$。因为 $n=4$，故 $b=n+2=4+2$，它是巢穴型，为三角双锥缺了一个顶的巢式结构，或一个畸变的四面体结构。

Wade 规则也有许多例外，对于三棱柱体、立方体等非三角形多面体的金属簇合物的结构并不适用。我国学者对于金属簇合物的键合和结构问题进行了许多卓有成效的研究。唐

敖庆教授提出的 $9N-L$ 规则（“N”为金属簇合物骨架的定点数，“L”为骨架的棱数）、徐光宪教授提出的使用 4 个数字来描述金属簇的结构类型的 $nxc\pi$ 规则都十分简便且应用更加广泛，有兴趣的读者可参考有关书籍。

9.8.3 过渡金属羰基簇合物

1. 三核羰基簇

三核羰基簇中的金属骨架通常为三角形，如 $Ru_3(CO)_{12}$、$Fe_3(CO)_{12}$等，少数为直线形，如 $[Mn_3(CO)_{14}]^{3-}$等，间或也有 V 形，如 $(CH_3N_2)[Mn(CO)_4]_3$。图 9.51 表示了一些三核羰基簇的结构。

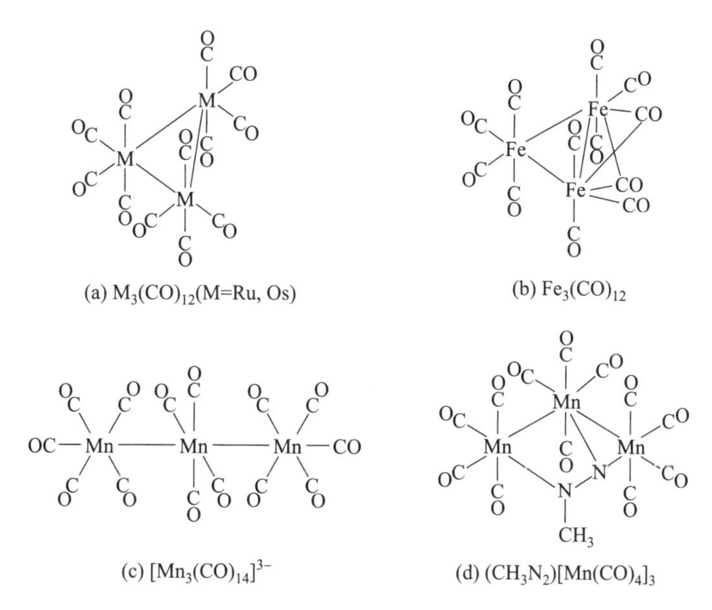

(a) $M_3(CO)_{12}$(M=Ru, Os)　(b) $Fe_3(CO)_{12}$

(c) $[Mn_3(CO)_{14}]^{3-}$　(d) $(CH_3N_2)[Mn(CO)_4]_3$

图 9.51 三核羰基簇的结构

三核羰基簇中研究较系统的是 Fe、Ru、Os 的中性 $M_3(CO)_{12}$簇。对于 $Ru_3(CO)_{12}$和 $Os_3(CO)_{12}$，其 CO 全部为端基配位［图 9.51(a)］；而 $Fe_3(CO)_{12}$，其中有两个 μ_2-CO［图 9.51(b)］。它们的颜色由 $Fe_3(CO)_{12}$的墨绿色到 $Ru_3(CO)_{12}$的橙色，再到 $Os_3(CO)_{12}$的黄色，逐渐由深到浅；稳定性则由弱变强。因此，在取代反应中 $Fe_3(CO)_{12}$的骨架容易被破坏，而 $Ru_3(CO)_{12}$、$Os_3(CO)_{12}$只发生配体取代反应，骨架不被破坏：

$$Fe_3(CO)_{12} + 6L \longrightarrow 3\,OC\text{—}Fe(L)_2(CO)_2 + 3CO$$

(Fe 上下各连 L，右侧连两个 CO)

$$Ru_3(CO)_{12} + 3L \xrightarrow[\triangle]{MeOH} Ru_3(CO)_9L_3 + 3CO$$

(产物中三个 Ru 组成三角形，每个 Ru 连一个 L 和三个 CO)

其中,L=PPh_3、PEt_3。

从 M—M 键键能数值来看,$Fe_3(CO)_{12}$的为 79.8 kJ·mol^{-1},$Ru_2(CO)_{12}$的为 117 kJ·mol^{-1},$Os_3(CO)_{12}$的为 130.1 kJ·mol^{-1},也是从上到下依次增大,这些事实说明同族元素随着原子序数的递增,金属-金属键越来越强。上述递变规则对过渡金属簇合物来说具有普遍意义。

Co 和 Rh 的单纯羰基簇合物不稳定,一般还需要 η^5-C_5H_5、CH_3C 等作配体。例如,$(\mu_3$-$CCH_3)Co_3(CO)_9$[图 9.52(a)]、μ_3-CCH_3位于 Co_3平面之上,实际上是一个含杂原子的四面体结构。此外,两个 $Co_3(CO)_9$还可以通过 C—C 键相连形成双连四面体结构的$[CCo_3(CO)_9]_2$[图 9.52(b)]。

Ni 和 Pt 也能生成三角形的三核簇,如$[Ni_3(CO)_6]^{2-}$和$[Pt_3(CO)_6]^{2-}$,其中有 3 个端基 CO,3 个 μ_2-CO。

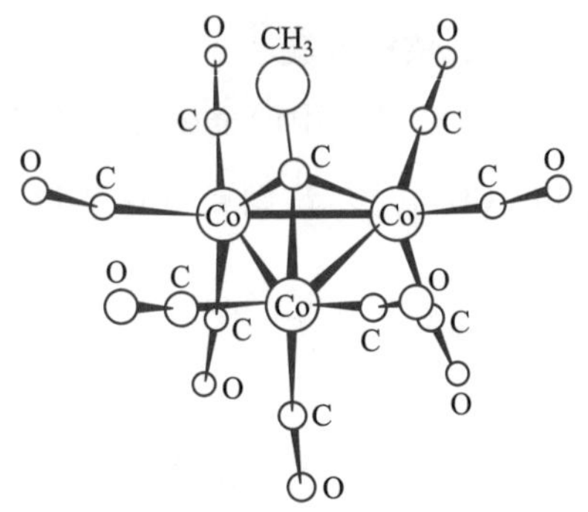

(a) $(\mu_3$-$CCH_3)Co_3(CO)_9$

(b) $[CCo_3(CO)_9]_2$

图 9.52　$(\mu_3$-$CCH_3)Co_3(CO)_9$和$[CCo_3(CO)_9]_2$的结构

2. 四核羰基簇

四核羰基簇的金属骨架多数呈四面体结构,一些常见实例示于图 9.53。Co、Rh、Ir 生成纯羰基簇合物 $M_4(CO)_{12}$,其中只有 $Ir_4(CO)_{12}$全部是端基配位,而 Co、Rh 的四核羰基簇中有 3 个μ_2-CO,9 个端基 CO;Fe、Ru、Os 的四核羰基簇大多含有氢。

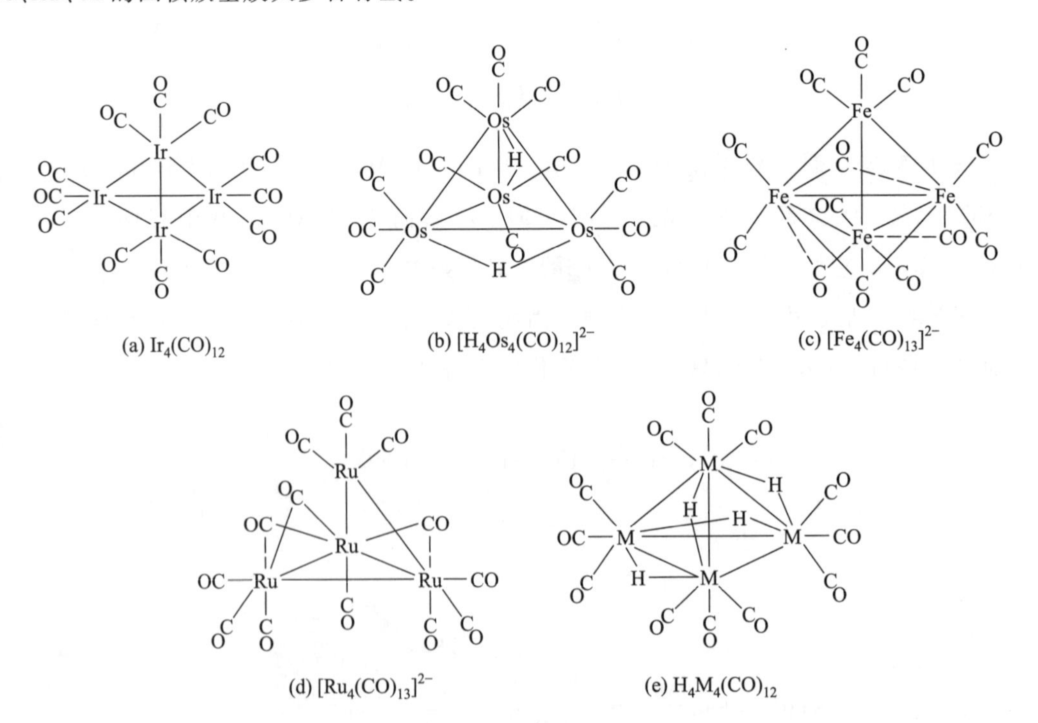

(a) $Ir_4(CO)_{12}$　(b) $[H_4Os_4(CO)_{12}]^{2-}$　(c) $[Fe_4(CO)_{13}]^{2-}$

(d) $[Ru_4(CO)_{13}]^{2-}$　(e) $H_4M_4(CO)_{12}$

图 9.53　一些常见四面体四核羰基簇的结构

非四面体结构的四核羰基簇比较少见，具体实例有$[Re_4(CO)_{16}]^{2-}$和$[H_4Re_4(CO)_{15}]^{2-}$（图9.54）。$[Re_4(CO)_{16}]^{2-}$的金属骨架为平行四边形，较短的对角线上有Re—Re键相连，每个Re连接4个端基CO，其中两个取垂直方向，两个取水平方向[图9.54(a)]。如果$[Re_4(CO)_{16}]^{2-}$失去一个CO，并加上4个H^-，则可生成$[H_4Re_4(CO)_{15}]^{2-}$，原平行四边形一个边上的Re—Re键断裂，形成三角形端连一个Re的特殊结构，两个μ_2-H桥连三角形的两个边，第三个氢桥连端Re—Re键，第4个氢可能只与端Re相连[图9.54(b)]。

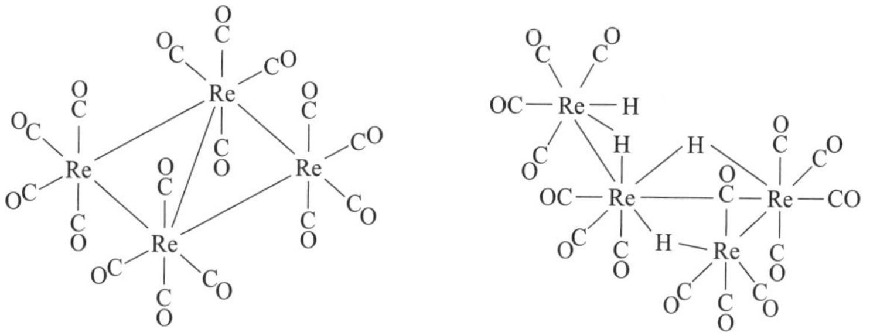

(a) $[Re_2(CO)_{16}]^{2-}$　　(b) $[H_4Re_4(CO)_{15}]^{2-}$

图9.54　$[Re_4(CO)_{16}]^{2-}$和$[H_4Re_4(CO)_{15}]^{2-}$的结构

此外，Fe、Ru、Os、Co的四核羰基簇的骨架原子还常有所说的"蝴蝶形结构"。如$[HFe_4(CO)_{13}]^-$、$Ru(CO)_{12}(C_2Ph_2)$、$Ru(CO)_{11}(C_8H_{10})$、$H_3Os_4(CO)_{12}I$等。图9.55是$[HFe_4(CO)_{13}]^-$和$H_3Os_4(CO)_{12}I$的结构。在这些结构中，两个三角形共用一条M—M边形成一个二面角，共用边上的两个M称为蝶铰原子，另外两个称为翼梢原了。一般说来，M—M键不相等，但$[HFe_4(CO)_{13}]^-$的5条Fe—Fe键却相等。该四核羰基簇中有12个端基配体CO，而第13个CO的配位方式较特殊，它的C与3个Fe形成μ_3-面桥基配位，而C和O又同时和第4个Fe以μ_2-边桥基配位，故它为一个4电子给体。在$H_3Os_4(CO)_{12}I$中，可以看作3电子配体I原子取代了$H_3Os_4(CO)_{13}$中的一个CO，I与两个翼梢Os形成σ键[图9.55(b)]。

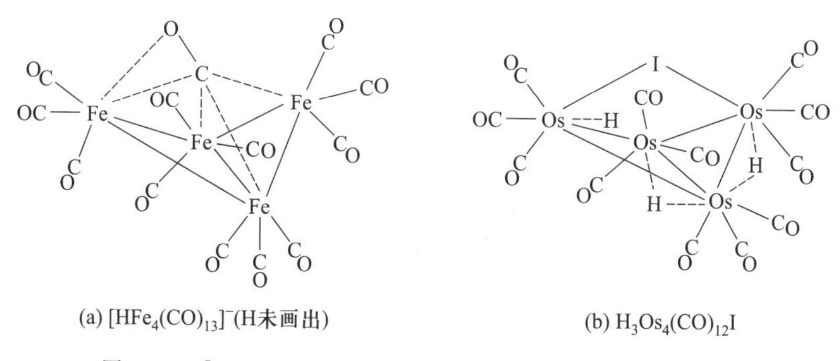

(a) $[HFe_4(CO)_{13}]^-$(H未画出)　　(b) $H_3Os_4(CO)_{12}I$

图9.55　$[HFe_4(CO)_{13}]^-$(H未画出)和$H_3Os_4(CO)_{12}I$的结构

3. 五核以上的羰基簇

五核羰基簇一般采用三角双锥和四方锥结构。这类羰基簇比较少，具体实例有$[Ni_5(CO)_{12}]^{2-}$、$[Mo_2Ni_3(CO)_{15}]^{2-}$和$Fe_5(CO)_{15}C$等，前两种阴离子具有沿三重轴方向伸长的三角双锥结构，后者为四方锥结构，在底面的中心配位着一个碳原子。图9.56示出$[Ni_5(CO)_{12}]^{2-}$和$Fe_5(CO)_{15}C$的结构。

六核羰基簇的结构较复杂，常见的是八面体，此外还有正三棱柱、反三棱柱、加冠四方锥、双冠四面体等。如$[Co_6(CO)_9(\mu_2\text{-}CO)_3(\mu_3\text{-}CO)_3]^{2-}$（八面体）、$Os_6(CO)_{18}$（双冠四面体），$[Pt_6(CO)_6(\mu_2\text{-}CO)_6]^{2-}$（正三棱柱），$[Ni_6(CO)_6(\mu_2\text{-}CO)_6]^{2-}$（反三棱柱）等。它们的结构示于图 9.57。其中 CO 的配位方式(μ_2-或μ_3-CO)在分子式中已表示清楚，不再予以说明。

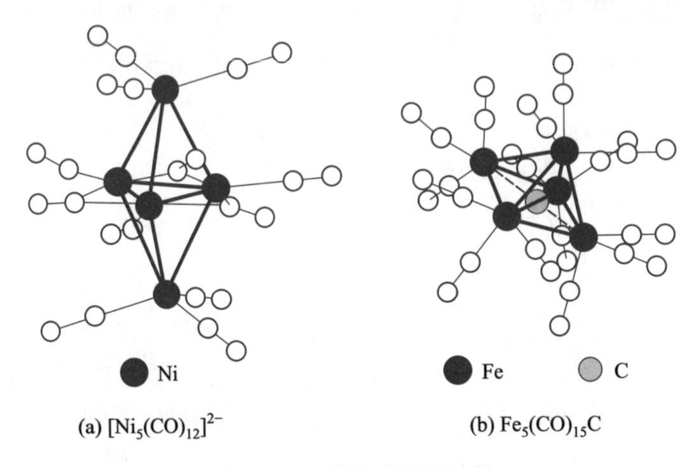

(a) $[Ni_5(CO)_{12}]^{2-}$　(b) $Fe_5(CO)_{15}C$

图 9.56　五核羰基簇的结构

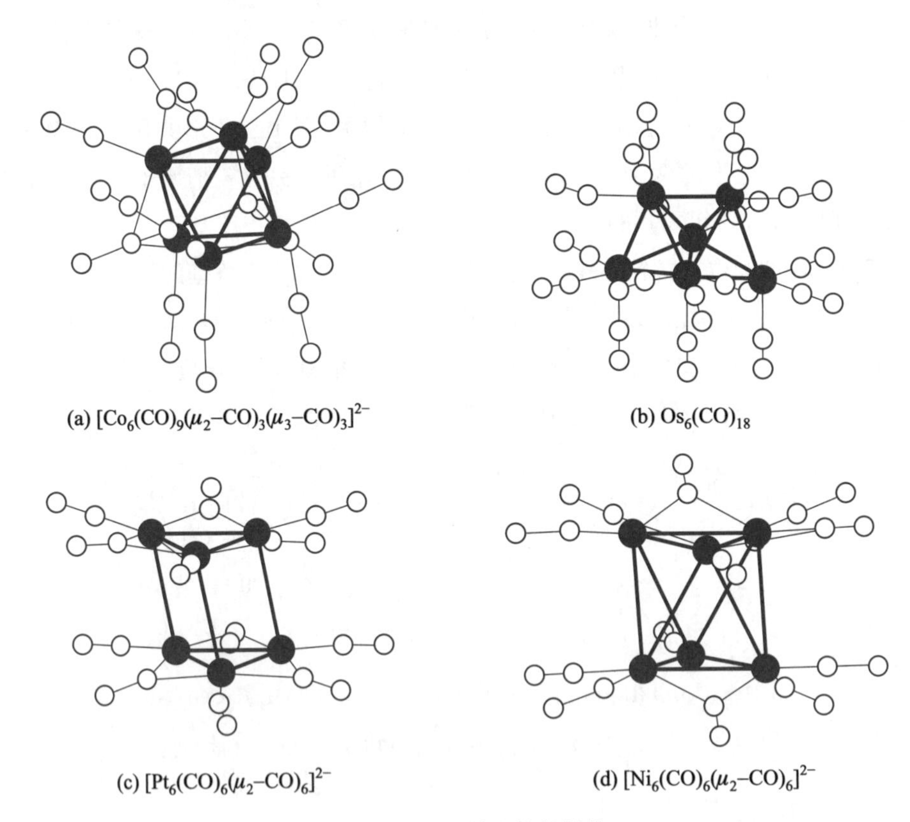

(a) $[Co_6(CO)_9(\mu_2\text{-}CO)_3(\mu_3\text{-}CO)_3]^{2-}$　(b) $Os_6(CO)_{18}$

(c) $[Pt_6(CO)_6(\mu_2\text{-}CO)_6]^{2-}$　(d) $[Ni_6(CO)_6(\mu_2\text{-}CO)_6]^{2-}$

图 9.57　六核羰基簇的结构

七核羰基簇一般有加冠八面体结构，如$[Rh_7(CO)_{16}]^{3-}$、$[Rh_7(CO)_{16}I]^-$、$Os_7(CO)_{21}$等，前两种的结构如图 9.58 所示。

八核及八核以上的高核羰基簇数量很多，结构形式复杂多样，此处不拟作更多介绍。

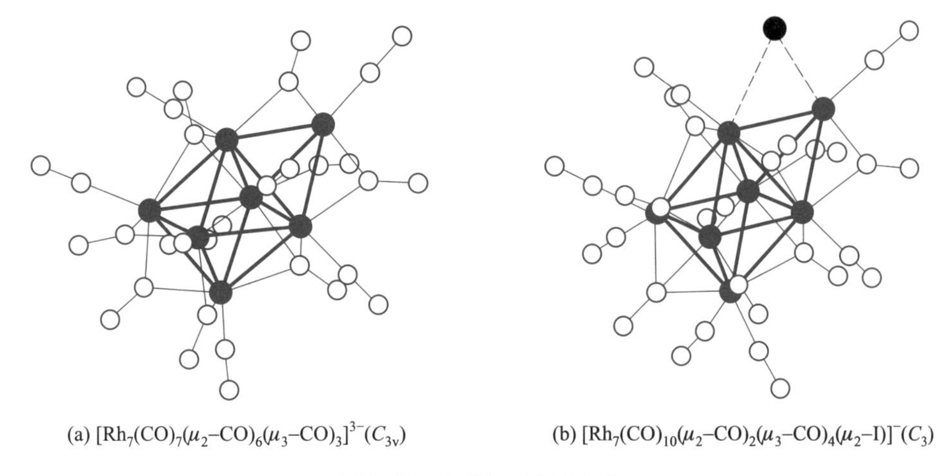

图 9.58 七核羰基簇的结构

9.8.4 过渡金属卤素簇合物

过渡金属卤素簇合物在数量上远不及羰基簇合物那样多，而且 Nb、Ta、Mo、W、Re(低氧化态)卤素簇合物的成键特点也与羰基簇合物不同。

由卤素簇合物的特点可以很好地理解这一点。

① 卤素的电负性较大，不是好的 σ 电子给予体，且配体相互间排斥力大，导致骨架不稳定。

② 卤素的反键 π^* 轨道能级太高，不易同金属生成 $d\pi\rightarrow\pi^*$ 反馈键，即分散中心金属离子的负电荷累积能力不强。

③ 在羰基簇合物中，金属原子的 d 轨道大多参与形成 $d\pi\rightarrow\pi$ 反馈键，因而羰基簇合物的金属原子与金属原子之间大多为单键，多重键较少。而在卤素簇合物中，金属原子的 d 轨道多用来形成金属原子之间的多重键，只有少数用来与配体形成 σ 键，如在 $[Re_2Cl_8]^{2-}$ 中所见。

④ 中心原子的氧化态一般比羰基簇合物高，d 轨道紧缩(如果氧化数低，则卤素阴离子的 σ 配位将使负电荷累积；相反，如果氧化数高，则可中和这些负电荷)，不易参与生成 $d\pi\rightarrow\pi^*$ 反馈键。

⑤ 由于卤素不易用 π^* 轨道从金属移走负电荷，所以中心金属离子的负电荷累积造成大多数卤素簇合物不遵守 18 电子规则。

下面仅扼要讨论其中研究得较多的三核卤素簇和六核卤素簇。

1. 三核卤素簇

形成三角形排列的 Re 的三核卤素簇有 $[Re_3X_{12}]^{3-}$、$[Re_3X_{11}]^{2-}$、$[Re_3X_{10}]^-$、Re_3X_9、$Re_3X_9L_3$、$Re_3X_9L_2$ 等，式中 X = 卤素，L = 水、膦、吡啶等，其中以 $[Re_3X_{12}]^{3-}$，Re_3X_9 研究得较多。

$[Re_3Cl_{12}]^{3-}$ 的结构如图 9.59 所示。Re—Re 键长为 247 pm，介于四重键和单键之间，簇中的 Cl^- 可分为三类：① 3 个位于三角形平面内，桥连三边的 μ_2-Cl；② 6 个在平面外的端基

Cl；③ 3 个在平面内的端基 Cl。每个 Re 都有 5 个 Cl 配位，该阴离子属 D_{3h}点群。

$[Re_3Cl_{12}]^{3-}$可以发生配体取代反应，但 Re_3三角形骨架结构不变，如其平面内的 3 个端基 Cl 被二乙基苯基膦取代可得到 $Re_3Cl_9(PPhEt_2)_3$，Re—Re 键长都是 249 pm。取代反应发生在端基 Cl 的位置，这是因为 μ_2-Cl 比端基 Cl 稳定。

Re_3X_9也是较重要的三核卤素簇，X 可以是 Cl 或 I，Re_3X_9的 Re—Re 键长为 249 pm，除三角形平面内有 3 个 μ_2-Cl，3 个端基 Cl 外，还有 3 个平面外端基 Cl 桥连其他 Re_3X_9分子，产生二聚或多聚的片状结构，其结构单元如图 9.60 所示。

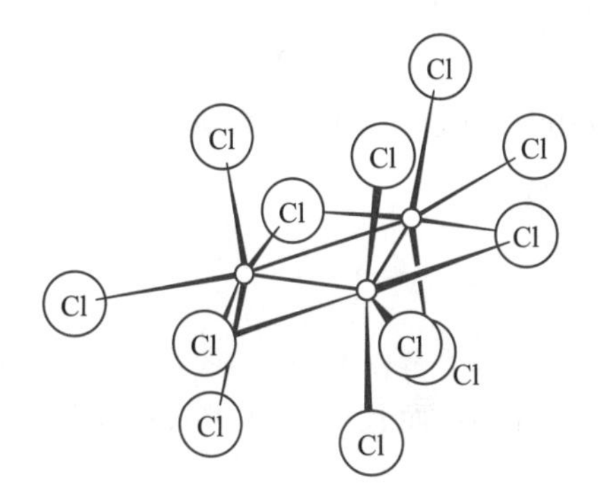

图 9.59　$[Re_3Cl_{12}]^{3-}$的结构

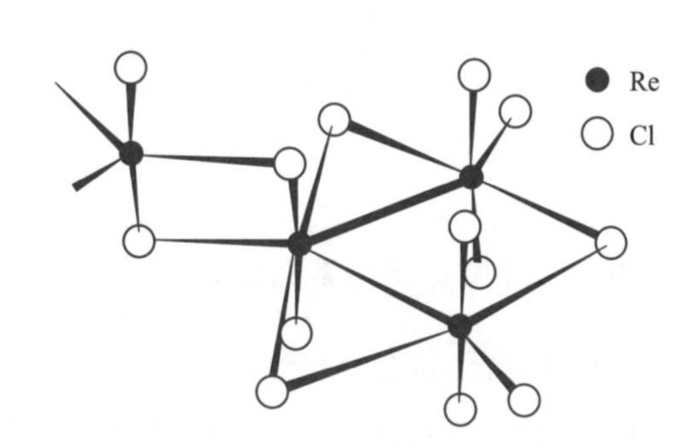

图 9.60　Re_3X_9 的结构（未画完）

2. 六核卤素簇

Nb，Ta，Mo，W 都能形成两种类型的六核卤素簇，即 M_6X_8和 M_6X_{12}。

$[Mo_6X_8]^{4+}$可以作为 M_6X_8的例子，其结构见图 9.61（a）。$[Mo_6X_8]^{4+}$的价电子总数 = 6×6－12+16=40，平均每个 Mo 为 40/6 个电子，显然，这很难用 18 或 16 电子来描述。

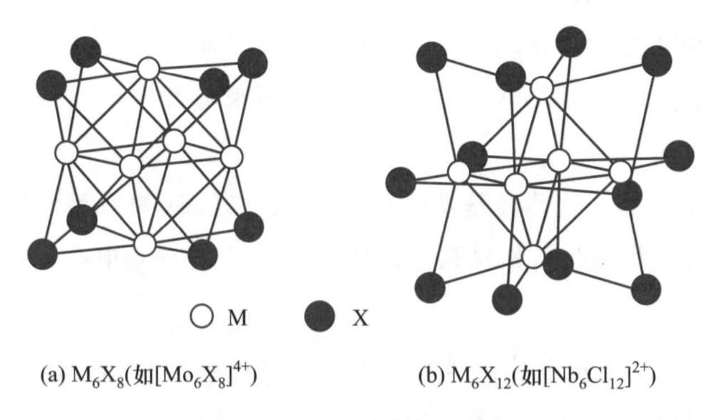

图 9.61　六核卤素簇的结构

在$[Mo_6X_8]^{4+}$中，六个 Mo 原子构成一个八面体，8 个 Cl 连接在八面体各个面的中心。因此，Cl^-应为面桥基配位，所以$[Mo_6Cl_8]^{4+}$应写作$[Mo_6(\mu_3\text{-}Cl)_8]^{4+}$。如果把 8 个 Cl^-取掉，则剩下 Mo_6^{12+}，其价电子数为 6×6－12=24，共 12 对，而八面体有 12 条棱，正好足够沿着八面体的每条棱形成一条二中心二电子（2c－2e）的 Mo—Mo 键。

$[Nb_6Cl_{12}]^{2+}$可以作为 M_6X_{12}的例子，其结构见图 9.61（b）。在$[Nb_6Cl_{12}]^{2+}$中，六个 Nb 也形成一个八面体，12 个 Cl 连接在八面体各条棱上为边桥基配位，因此，$[Nb_6Cl_{12}]^{2+}$实际为

$[Nb_6(\mu_2-Cl)_{12}]^{2+}$。总价电子数 = (6×5 − 14) + 24 = 40，与 $[Mo_6X_8]^{4+}$ 一样，每个金属原子也为 40/6 个电子。如果也把 12 个 Cl^- 取掉，则 Nb_6^{14+} 还剩下 16 个价电子。即平均只有两个电子把处于八面体的一个面上的三个 Nb 维系在一起，换句话说生成了三中心二电子(3c−2e)的金属键。

其他六核卤素簇的实例有 $(pyH)_2[(Nb_6Cl_{12})Cl_6]$、$(Me_4N)_2[(Nb_6Cl_{12})Cl_6]$、$K_4[(Nb_6Cl_{12})Cl_6]\cdot 6H_2O$、$(Ta_6Cl_{12})Cl_2\cdot 7H_2O$、$Os_2[(W_6Cl_8)Br_6]$ 等，其中圆括号内与金属原子在一起的是(μ_2-或 μ_3-)桥卤，圆括号外的是端卤。

9.8.5　过渡金属簇合物的合成和反应

1. 合成

影响形成 M—M 键的主要因素有三个：

① 要有低的氧化态。

② 要有适宜的价轨道。

这两个影响因素都涉及 d 轨道的大小。由于 M—M 键的形成主要依靠 d 轨道的重叠，当金属处于高氧化态时，d 轨道收缩，不利于互相重叠。相反，当金属呈低氧化态时，其价层轨道得以扩张，有利于金属之间的价层轨道的充分重叠，而同时金属中心之间的排斥作用又不至于过大。因此，M—M 键通常出现在金属原子处于低氧化态的化合物中。同时，由于 3d 轨道在空间的伸展范围小于 4d 和 5d 轨道，因而只有第二、三过渡系的元素才更易形成簇合物。因此，任何一族过渡元素的第二、三过渡系比第一过渡系都更易形成 M—M 键。

③ 要有适宜的配体。

由于价层中太多的电子会相互排斥而妨碍 M—M 键的形成。因此，只有当存在能够从反键中拉走电子的 π 酸配体如 CO、NO、PPh_3、cp 等时，金属簇合物才能广泛形成。这也从另一角度解释了为什么低价卤化物和硫、硒、碲化物中只有过渡金属的前面几族的元素，如 Nb、Ta、Mo、W、Tc 和 Re 的 M—M 键的化合物是常见的，而对于 Fe 系和 Pt 系的金属则是不常见的现象。其原因就是前几族元素价电子较少，排斥较弱。

总之，当金属原子具有较低的氧化态和适宜的价轨道，并存在适宜的配体时，才有可能形成含 M—M 键的金属簇合物。

金属簇合物的合成方法很多，这里主要介绍三种常用的基本方法。

① 氧化还原法　这是形成 M—M 键最普通的方法，用此法可制备很多羰基簇合物。

$$6RuCl_3 + 9Zn + 24CO \longrightarrow 2Rh_3(CO)_{12} + 9ZnCl_2$$

$$2Rh_2(CO)_4Cl_2 + 4Cu + 4CO \longrightarrow Rh_4(CO)_{12} + 4CuCl$$

$$3Fe(CO)_5 + 3OH^- + 3MnO_2 \longrightarrow Fe_3(CO)_{12} + 3HCO_3^- + 3MnO$$

② 氧化还原缩合法　通过氧化还原缩合反应，可以一步接一步地使金属簇合物逐渐变大。例如：

$$Rh_4(CO)_{12} + [Rh(CO)_4]^- \longrightarrow [Rh_5(CO)_{15}]^- + CO$$

$$[Rh_5(CO)_{15}]^- + [Rh(CO)_4]^- \longrightarrow [Rh_6(CO)_{15}]^{2-} + 4CO$$

$$[Rh_6(CO)_{15}]^{2-} + [Rh(CO)_4]^- \longrightarrow [Rh_7(CO)_{16}]^{3-} + 3CO$$

上述缩合反应释放出CO，同时形成新的M—M键。除Rh外，类似的例子也很多。例如：

$$[Fe_3(CO)_{11}]^{2-} + Fe(CO)_5 \longrightarrow [Fe_4(CO)_{13}]^{2-} + 3CO$$

③ 热缩合法　反应前驱体在热作用下失去一部分配体而发生缩合反应。例如：

$$3Rh_4(CO)_{12} \longrightarrow 2Rh_6(CO)_{16} + 4CO$$

$$2Os_3(CO)_{12} \longrightarrow Os_6(CO)_{18} + 6CO$$

除上述三种基本合成方法外，还有许多其他方法，这里不再一一介绍。

2. 反应

单核配合物发生的所有反应，如氧化还原反应、配位取代反应、简单加成反应及氧化加成反应等，在金属簇合物中也会发生。但是，金属簇合物由于其结构的多样性，所涉及的反应是千变万化的。除了与单核配合物相同的反应类型外，簇合物还有它本身特殊的反应，主要是由于多核金属簇合物必须作为一个整体来考虑，它们的反应很少，仅在单个的金属中心上发生，并且不能忽视电子效应和立体效应。此外有些如面桥基类配体只存在于金属簇合物中，它们需要通过和几个金属原子键合才能稳定，若金属簇合物骨架遭破坏，则面桥基也就不复存在。下面仅讨论涉及簇合物骨架的一些特殊簇合物反应。

（1）金属簇合物骨架不变的反应

第二、三过渡系元素形成的羰基簇合物由于其M—M键较强，在取代反应中骨架结构不全发生断裂。如$Ru_3(CO)_{12}$、$Os_3(CO)_{12}$与各种膦的衍生物反应，膦配体取代CO，而金属簇合物的三角形骨架保持不变。

$$Ru_3(CO)_{12} + 3L \longrightarrow Ru_3(CO)_9L_3 + 3CO \qquad (L=PPh_3, PEt_3)$$

$$Os_3(CO)_{12} + nPPh_3 \longrightarrow Os_3(CO)_{12-n}(PPh_3)_n + nCO \qquad (n=1,2,3)$$

稳定的六核簇也能发生这类取代反应。例如：

$$Rh_6(CO)_{16} + MX \longrightarrow M[Rh_6(CO)_{15}X] + CO \qquad (MX=NaI、NBu_4I、KCN\text{等})$$

（2）金属簇合物骨架改变的反应

① 取代反应中核数减少的反应　在这类反应中，多面体骨架受到影响，由较大的簇合物转变成较小的簇合物。

$$Rh_6(CO)_{16} + 12PPh_3 \longrightarrow 3[Rh(CO)_2(PPh_3)_2]_2 + 4CO$$

$$[Pt_9(CO)_{18}]^{2-} + 9PPh_3 \longrightarrow [Pt_6(CO)_{12}]^{2-} + 3Pt(CO)(PPh_3)_3 + 3CO$$

对于第一过渡系元素的羰基簇合物，由于其M—M键不强，取代反应中M—M键容易断裂，常转变为单核配合物。例如：

$$Fe_3(CO)_{12} + 6PPh_3 \longrightarrow 3Fe(CO)_4(PPh_3)_2$$

② 骨架转移反应　这是多核金属簇合物本身特殊的反应。

$$\underset{\text{(四面体)}}{[Fe_4(CO)_{13}]^{2-}} + H^+ \longrightarrow \underset{\text{(蝶形)}}{[Fe_4(CO)_{13}H]^-}$$

$$Os_6(CO)_{18}H_2 \longrightarrow [Os_6(CO)_{18}H]^- + H^+$$

（单帽四方锥体）　　　　（八面体）

$$Co_4(CO)_{12} + RC{\equiv}CR \longrightarrow Co_4(CO)_{10}(RC{\equiv}CR) + 2CO$$

（四面体）　　　　（蝶形）

9.9 应用有机金属化合物和簇合物的一些催化反应

许多有机过渡金属化合物和簇合物具有显著的催化活性，目前已经成为重要的工业催化剂，本节就它们的各类催化反应作一些扼要介绍。

9.9.1 有机过渡金属化合物的催化反应

有机过渡金属化合物的催化作用主要表现在如下几类重要反应中。

1. 烯烃加氢反应

烯烃在低价有机过渡金属化合物存在下加氢生成烷烃。在这个催化反应中，金属具有三种作用：

① 金属为 H_2提供了一条使 H—H 键裂解的低能量途径；

② 烯烃配位到金属原子上从而削弱了烯烃 C═C 的结合力；

③ 金属提供了一种把两个 H 原子传递到烯烃碳原子上从而得到烷烃的途径。

例如，乙烯在 $Rh(PPh_3)_3Cl$(Wilkinson 催化剂)催化下与 H_2反应生成乙烷时，首先是催化剂解离出一个 PPh_3生成 $Rh(PPh_3)_2Cl$，接着发生 H_2的氧化加成，生成两条 Rh—H 键，然后乙烯配位，再经插入反应，生成烷基金属化合物，最后还原消去，得产物乙烷(图 9.62)。

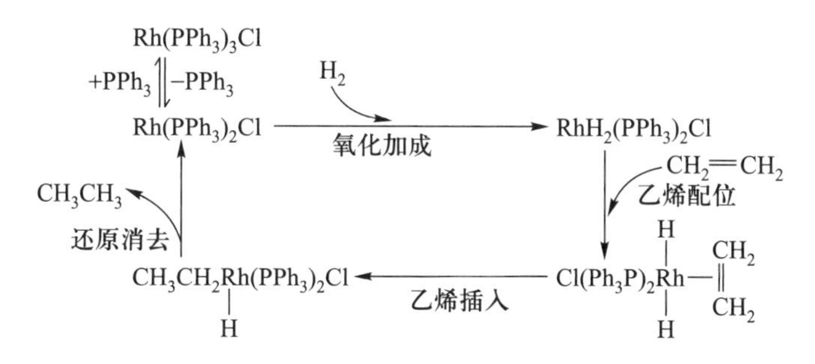

图 9.62　乙烯加氢的催化循环

2. 烯烃氧化成醛的反应

乙烯通入 Pd^{2+}和 Cu^{2+}的溶液中，被 O_2氧化生成醛。

$$CH_2{=}CH_2 + \frac{1}{2}O_2 \xrightarrow[393\ K,0.4\ MPa]{PdCl_2,CuCl_2} CH_3CHO$$

其催化过程如图 9.63 所示。

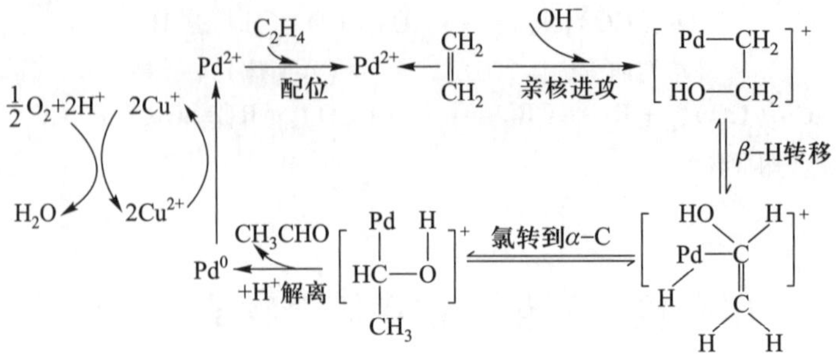

图 9.63　乙烯制备乙醛的催化循环

首先，C_2H_4和 H_2O 相继取代$[PdCl_4]^{2-}$中的 Cl^-，与 Pd^{2+}配位生成 $Pd(C_2H_4)(H_2O)Cl_2$，接着配位 H_2O 解离一个 H^+，生成的 OH^-对配位的 C_2H_4进行亲核进攻，同时它的配位位置又被溶剂 H_2O 配位，生成$[Pd(CH_2CH_2OH)(H_2O)Cl_2]^-$，再经 β-H 转移，H 取代了水分子而形成 $Pd(CH_2CHOH)HCl_2$，最后键合在 Pd^{2+}上的 H 转移到 α-C 上，配位的 CH_3CHOH—中的—OH上的 H 还原 Pd^{2+}到 Pd^0，生成产物乙醛。

3. 聚合反应

著名的实例是乙烯在有机铝-钛化合物（即 Ziegler-Natta 催化剂）作用下聚合生成聚乙烯的反应。典型的有机铝-钛化合物是用 $Al(C_2H_5)_3$和 $TiCl_4$或 $TiCl_3$制备的。若用 $TiCl_4$，第一步反应是 Ti(Ⅳ)还原为 Ti(Ⅲ)，并在 $TiCl_3$晶体中 Ti 原子上产生配位空位（该空位也可能被溶剂分子占有）：

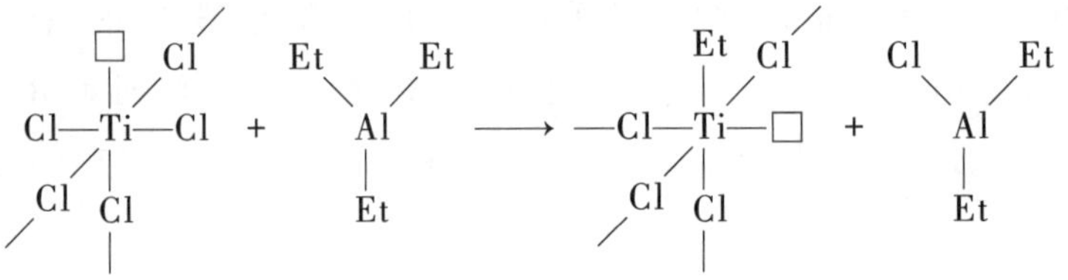

（其中□表示空位）

乙烯分子在空位配位，且经插入反应，形成四中心的过渡态，烷基迁移到乙烯上，得到一种新的 Ti-烷基配合物。在 Ti 离子重新出现的空位上再被乙烯分子配位，接着又进行烷基的迁移，如此循环不断，最后得到聚乙烯。即

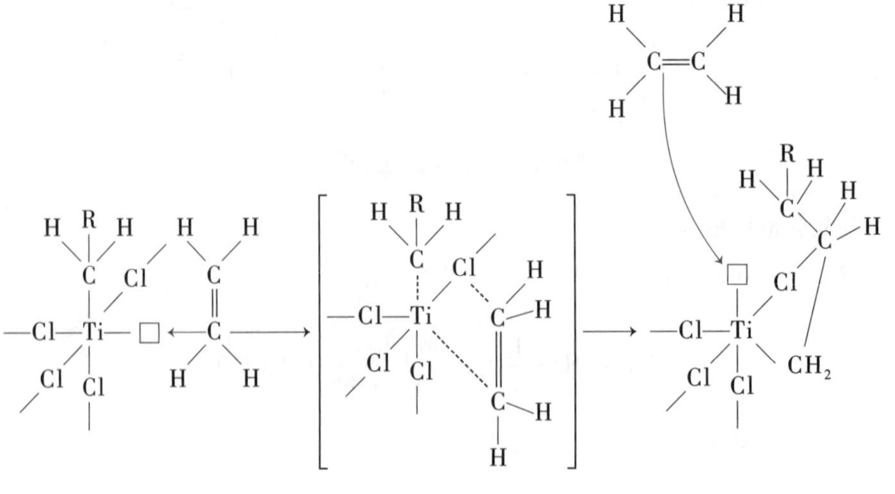

这一聚合反应的重要特点是由于受到配位在 Ti 离子上的 R 和 Cl^-配体空间位阻的影响，使得乙烯的配位和烷基的迁移只能以一定的方式进行，从而得到立体定向的聚合物。

9.9.2 金属羰基配合物的催化反应

金属羰基配合物的催化实例很多，这里仅举几个典型例子。

1. 烯烃的氢醛基化反应

烯烃的氢醛基化反应是指烯烃和氢气、一氧化碳混合气体作用生成醛的反应，即

$$R—CH=CH_2 + H_2 + CO \xrightarrow[10\sim30\ MPa]{钴催化剂,423\sim473\ K} RCH_2CH_2CHO$$

几乎所有形式的钴盐都可以作为这一反应的催化剂。这是因为在反应条件下，Co(Ⅱ)被 H_2还原为 Co(0)，再和 CO 反应生成 $Co_2(CO)_8$，此时钴仍保持它的氧化态为 0，在高温、高压及 H_2存在的条件下，$Co_2(CO)_8$进一步转化为 $Co(CO)_4H$ 或 $Co(CO)_3H$，它们才是真正起催化作用的物质。

$$Co_2(CO)_8 + H_2 \rightleftharpoons 2Co(CO)_4H$$

$$Co(CO)_4H \rightleftharpoons Co(CO)_3H + CO$$

氢醛基化反应机理很复杂，一种可能的机理如图 9.64 所示。

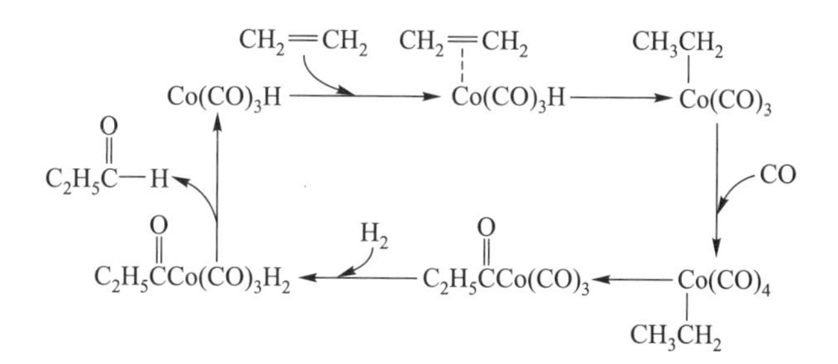

图 9.64 乙烯氢醛基化反应的催化循环

烯烃的氢醛基化反应是用金属羰基配合物催化剂实现工业生产的范例。

2. 异构化反应

许多过渡金属羰基配合物能够催化烯烃双键位置移动而进行异构化反应，过程中包括可逆地将 H 原子从过渡金属原子转移到配位的烯烃上，形成以 σ 键相连的烷基。例如，$Co(CO)_3H$可通过如图 9.65 所示的历程将丙烯醇转化为丙醛。

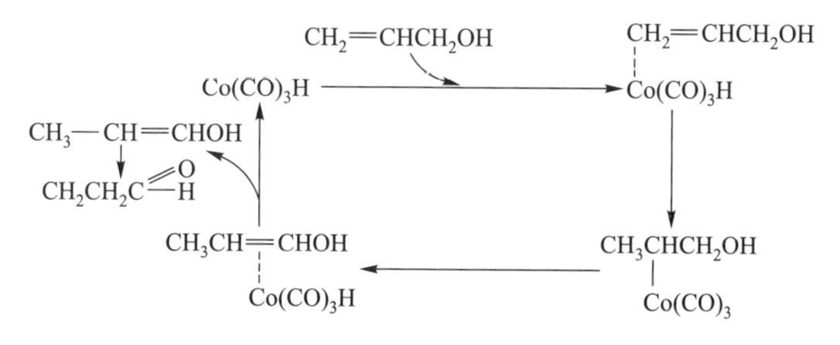

图 9.65 丙烯醇转化为丙醛的催化机理

3. 氧化加成反应

此类反应的一个典型实例是甲醇在铑羰基配合物的催化作用下转化为醋酸：

$$CH_3OH + CO \xrightarrow[\text{HI 活化剂}]{\text{铑羰基配合物催化剂}} CH_3COOH$$

所用催化剂为$[Rh(CO)_2I_2]^-$[或$Rh(CO)(PPh_3)_2Cl$]。此外，还需有HI作活化剂。当用$[Rh(CO)_2I_2]^-$为催化剂时，其氧化加成反应的过程如图9.66所示。

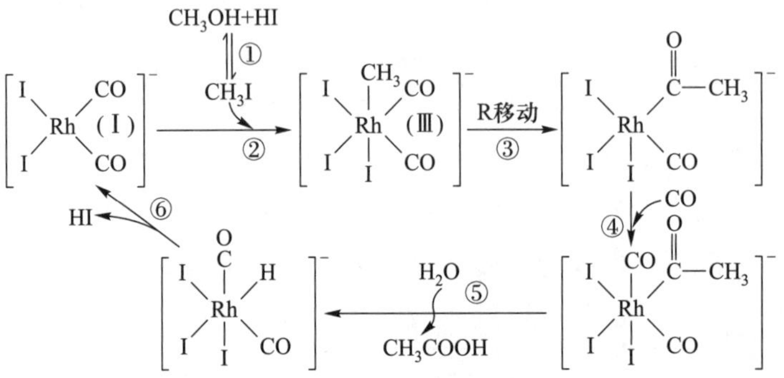

图9.66　由甲醇制备醋酸的催化机理

其催化作用机理包括：① 甲醇与碘化氢作用生成碘甲烷；② 碘甲烷与$[RhI_2(CO)_2]^-$作用生成六配位铑的甲基配合物；③ 甲基移动变为五配位的甲酰基配合物；④ 五配位的甲酰基配合物加合CO变为六配位的化合物；⑤ 六配位的化合物水解生成醋酸合铑的氢配合物；⑥ 铑的氢配合物脱去碘化氢变为$[RhI_2(CO)_2]^-$。

其中第②步为氧化加成，第④步为插入反应，第⑤步为还原消除等反应，而Rh的氧化态则在+1和+3之间来回变化。

9.9.3　金属簇合物的催化反应

1. 金属簇合物的均相催化

正如单核和双核金属羰基配合物可以催化许多类型的化学反应一样，金属簇合物也可以催化很多化学反应。如加氢，环化，烯烃、炔烃的氧化还原，烯烃的醛基化和同分异构化，水煤气的变换等。用作催化剂的金属簇合物大多是第Ⅷ族元素的化合物。

相对于单核、双核羰基配合物来说，金属簇合物的催化作用有很多可贵之处。例如，催化氢化炔烃到顺式烯烃的选择性、环化反应的活性等都是单核、双核羰基配合物所不具备的。

关于金属簇合物均相催化的动力学有很多研究报道，以$Ru_3(CO)_{12}$催化水煤气变换的反应为例：

$$CO + H_2O \xrightarrow{Ru_3(CO)_{12}} H_2 + CO_2$$

研究结果表明，三核钌的簇合物阴离子$[Ru_3(CO)_{11}H]^-$是反应中的催化活性体，它和CO及H_2O反应，生成$Ru_3(CO)_{12}$及H_2，其反应机理及催化循环过程示于图9.67。

$$Ru_3(CO)_{12} + OH^- \longrightarrow [Ru_3(CO)_{11}H]^- + CO_2$$

$$[Ru_3(CO)_{11}H]^- + CO \longrightarrow [Ru_3(CO)_{12}H]^-$$

$$[Ru_3(CO)_{12}H]^- + H_2O \longrightarrow Ru_3(CO)_{12} + H_2 + OH^-$$

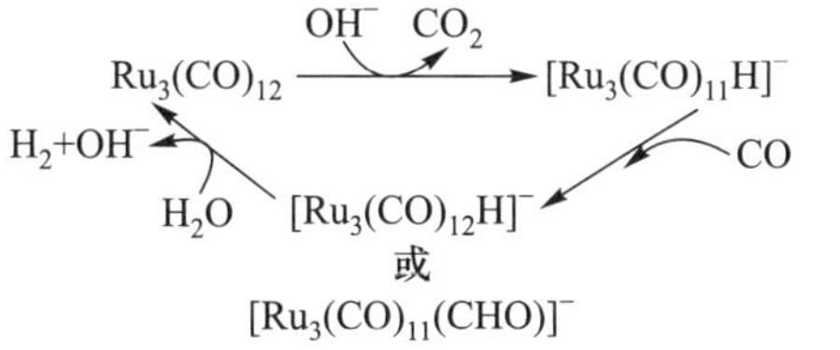

OH^- CO_2
$Ru_3(CO)_{12}$ $\longrightarrow$ $[Ru_3(CO)_{11}H]^-$
H_2+OH^- CO
H_2O $[Ru_3(CO)_{12}H]^-$
或
$[Ru_3(CO)_{11}(CHO)]^-$

图 9.67 $Ru_3(CO)_{12}$催化水煤气变换的反应机理及催化循环过程

2. 金属簇合物的多相催化

上面介绍的金属簇合物的均相催化反应虽然有较高的选择性等优点,但由于它们大多是 18 电子的稳定结构,催化活性较低。金属簇合物的多相催化不但具有金属簇合物均相反应的一般优点,而且进一步提高了催化活性。

金属簇合物多相催化,在使用上一般有两种方式:

第一种是把金属簇合物通过膦或胺键合在高聚物或者无机氧化物载体上,形成所谓的均相化的多相催化剂。这类新型催化剂兼备均相和多相催化剂的优点,是十分重要的发展方向。例如,将 $Rh_6(CO)_{16}$负载在一种以 PPh_2为官能团的聚乙烯-二乙烯基苯膜上,形成三取代的 $Rh_6(CO)_{13}$的衍生物,可用作环己烯、乙烯和苯的加氢催化剂。此外,以分子筛为载体的 Rh 羰基簇合物对烯烃的醛基化及异构化显示出很高的活性,且由于分子筛比高聚物有更好的耐高温能力,故这类催化剂有潜在的应用前景。

另一种金属簇合物多相催化方式类似于高分散的负载金属催化剂,即金属簇合物作为前体负载后再进行热分解,除去部分或者全部配体,得到具有特定原子数的高分散金属集合体催化剂。例如,把负载在 SiO_2上的 $Ru_3(CO)_{12}$加热到 423 K 得到 $Ru_3(CO)_{12}/SiO_2$,它可以催化 1-丁烯的异构化和加氢反应。在 CO 和 H_2的反应中,热分解 $Ru_4(CO)_{12}/La_2O_3$得到的物质对产物乙醇表现出较高的选择性,产物中的乙醇含量为 61%,CO 转化率为 36%,而金属 Rh 催化剂在同样条件下,得到的乙醇含量仅为 17%,CO 的转化率为 5%。由此可见,负载的金属簇合物催化剂具有不同于一般金属催化剂的催化活性和选择性。因而有可能成为新一代的多相催化剂。

此外,使用混合金属簇合物的催化剂,由于含有一种以上的金属,能够产生协同效应,因而比单金属簇合物催化剂的效果更好。如作为烯烃醛基化催化剂,$[Pt_2Co_2(\mu_2\text{-}CO)_3(CO)_5(PPh_3)_2]$的活性高于 Pt 和 Co 相应的单金属簇合物。因此,近年来混合金属簇合物受到了人们的足够重视。

尽管目前对金属簇合物的催化研究还处在初级研究阶段,但从它的前景和发展看,它必将为催化领域的技术革命提供新的源泉。

拓展学习资源

资源内容	二维码
◇ 诺贝尔化学奖之“不对称金属催化”	
◇ 诺贝尔化学奖之“生物酶催化”	
◇ 诺贝尔化学奖之“不对称有机催化”	
◇ 催化过程及催化反应	
◇ 手性及手性分子	
◇ 超分子化学	

习　题

1. 计算下列化合物的价电子数,指出哪些符合有效原子序数规则。

(1) $V(CO)_6$　(2) $W(CO)_6$　(3) $Ru(CO)_4H$

(4) $Ir(CO)(PPh_3)_2Cl$　(5) $Ni(\eta^5\text{-}C_5H_5)(NO)$　(6) $[Pt(\eta^2\text{-}C_2H_4)Cl_3]^-$

2. 下列金属簇合物中哪些具有 M═M 双键？为什么？

(1) $Fe_3(CO)_{12}$　(2) $H_2Os_3(CO)_{10}$　(3) $H_4Re_4(CO)_{12}$　(4) $[Re_4(CO)_{16}]^{2-}$

3. $[HFe_4(CO)_{13}]^-$和 $H_2Os_4(CO)_{12}I$ 具有怎样的结构？画图说明之。

4. 金属羰基配合物中，CO 和金属原子的配位方式有几种？各是什么？举例说明。

5. 简述$[Re_2Cl_8]^{2-}$的成键过程，说明它的构象，为什么它是重叠型的？

6. 回答下列问题：

(1) 为什么羰基配合物中过渡金属元素可以是零价[如 $Fe(CO)_5$]或者是负价{如$[Co(CO)_4]^-$}？

(2) 为什么金属 Mn、Tc、Re、Co、Rh、Ir 容易形成多核羰基配合物？

(3) 为什么 CO，RNC 和 PF_3能形成类似的有机金属配合物？

7. CO 是一种很不活泼的化合物，为什么它能同过渡金属原子形成很强的配位键？CO 配位时配位原子是 C 还是 O？为什么？

8. 解释下列事实：

(1) $V(CO)_6$容易还原为$[V(CO)_6]^-$，但 $V_2(CO)_{12}$还不如 $V(CO)_6$稳定；

(2) 通常 Ni 不容易氧化为 Ni^{3+}，但 $Ni(\eta^5-C_5H_5)_2$中的 Ni^{2+}却容易氧化为 Ni^{3+}[假定 $Ni(\eta^5-C_5H_5)_2$的分子轨道类似于二茂铁]；

(3) $W(\eta^5-C_5H_5)_2H_2$和 $Re(\eta^5-C_5H_5)_2H$ 具有倾斜夹心型结构。

9. 研究双氮配合物有什么意义？

10. 如何制备二茂铁和 Zeise 盐？比较二者成键方式的异同点。

11. 写出下面反应的产物：

(1) $Cr(CO)_6 + CH_2{=\!=}CH{-}CH{=\!=}CH_2 \longrightarrow$

(2) $Mo(CO)_6 + CH_3CN \longrightarrow$

(3) $Co(CO)_3(NO) + PPh_3 \longrightarrow$

(4) $(\eta^5-C_5H_5)Co(CO)_2$ + 双烯$\longrightarrow$

(5) $(\eta^5-C_5H_5)Fe(CO)_2Cl + NaC_5H_5 \longrightarrow$

12. 试写出：

(1) 乙烯在有机铝-钛存在下聚合的催化机理。

(2) $Ru_3(CO)_{12}$催化水煤气变换反应的机理。

13. 试说明为什么第二、三过渡系金属元素比第一过渡系金属元素更容易形成簇合物。

14. 解释什么是协同成键作用。

15. 举例说明 π 酸配体与 π 配体的成键特征和 π 酸配合物和 π 配合物的异同，下列配体，哪些是 π 酸配体？哪些是 π 配体？

CO，$C_5H_5^-$，N_2，CN^-，PR_3，AsR_3，C_6H_6，C_2H_4，C_4H_6(丁二烯)，bipy，phen

第 10 章

f区元素

f区元素是指具有$(n-2)f^{0\sim14}(n-1)d^{0\sim2}ns^2$电子组态的元素。在一些教材中f区元素被定义为最后一个电子填入$(n-2)$f亚层的元素。这样一来,由于La和Ac两个原子的基态电子组态中不含f电子,因而有人认为,这两种元素应属于过渡元素,由Ce到Lu的14种元素称为镧系元素(镧系不含镧),由Tu到Lr的14种元素称为锕系元素(锕系不含锕)。但又有人认为,La没有f电子,是因其$5d^16s^2$电子排布(f^0)比$4f^16s^2$电子排布更加稳定,且Lu的电子结构$(4f^{14}5d^16s^2)$和物理性质、化学性质与第六周期过渡元素更为相似,因而Lu应属于过渡元素,La到Yb的14种元素才属于镧系元素(镧系含镧),同时把镧系元素称为第一内过渡系。类似地,把Ac到No的14种元素称为锕系元素(锕系含锕),并称为第二内过渡系。同样,Lr居于过渡元素。然而,由于La到Lu的15种元素在物理性质、化学性质上的相似性和连续性,人们在习惯上又把从La$(4f^0)$到Lu$(4f^{14})$的15种元素统称为镧系元素(简写为Ln);同样地,把从Ac$(5f^0)$到Lr$(5f^{14})$的15种元素统称为锕系元素(简写为An)。作者认为,"f区元素"的定义涉及电子组态,且f轨道仅有7条,只能与14种元素对应,所以必须严格。而"镧系、锕系"的定义与电子组态无关,可以尊重人们的习惯。

习惯上,人们把镧系元素与ⅢB族的钪和钇共17种元素总称为稀土元素(简写为RE)。其中的"土"是指其性质与碱土金属元素相似,其氧化物既难熔融又难溶解。但稀土元素并不"稀",之所以称为"稀",是因为这些元素在地壳中分布分散,提取、分离都较困难,人们对它们的系统研究开始较晚。

在这17种稀土元素中,Y^{3+}的离子半径(89.3 pm)与Ho^{3+}的离子半径(89.4 pm)接近,它在物理性质和化学性质上都非常类似于镧系元素,在自然界钇常和镧系元素共生于同一矿物中。而Sc^{3+}的离子半径小,性质与镧系元素相差甚远,在自然界有自己的矿物而不和镧系元素共生,因而严格地讲,钪并不属于稀土元素。

10.1 稀土元素概论

10.1.1 稀土元素的物理性质和化学性质

1. 物理性质

稀土元素的物理性质列于表10.1。

表10.1 稀土元素的物理性质

原子序数	元素名称	元素符号	熔点/K	沸点/K	密度(298 K)/($g\cdot cm^{-3}$)	金属中的导电电子数	汽化焓/($kJ\cdot mol^{-1}$)	晶格结构*
21	钪	Sc	1814	3104	2.9890	3	376.1	hcp
39	钇	Y	1795	3611	4.4689	3	423.8	hcp
57	镧	La	1194	3730	6.1453	3	431.0	hcp
58	铈	Ce	1072	3699	6.672	3(3.1)	423.0	fcc
59	镨	Pr	1204	3785	6.773	3	336.9	hcp
60	钕	Nd	1294	3341	7.007	3	328.4	hcp
61	钷	Pm	1441	2973	—	3	318.0	—
62	钐	Sm	1350	2064	7.520	3	205.9	rhomp
63	铕	Eu	1095	1870	5.2484	3	(175.3)	bcc
64	钆	Gd	1586	3539	7.9004	3	398.7	hcp
65	铽	Tb	1629	3396	8.2294	3	390.8	hcp
66	镝	Dy	1685	2835	8.5500	3	292.9	hcp
67	钬	Ho	1747	2968	8.7947	3	302.5	hcp
68	铒	Er	1802	3136	9.066	3	318.4	hcp
69	铥	Tm	1818	2220	9.3208	3	233.5	hcp
70	镱	Yb	1092	1467	6.9654	3	152.7	fcc
71	镥	Lu	1936	3668	9.8404	3	427.6	hcp

*:hcp,密堆六方;fcc,面心立方;bcc,体心立方;rhomp,菱形。

由表10.1中的数据可见,稀土元素的某些物理性质的变化有一定的规律性。如稀土金属具有银白、灰色或微黄色的金属光泽,质软,有延展性(但氧、硫、碳等杂质的存在会减小金属的延展性)。它们的密度和熔点随原子序数增加而增大,但Ce、Eu、Yb有异常现象。这与它们固态时采取的电子组态、实际参加形成金属键的电子数有关。稀土金属的导电性能良好(但纯度降低会使金属从导体变为不良导体)。稀土金属及化合物在常温下是顺磁性物质，具有很高的磁化率，Sm、Y、Dy 还具有铁磁性。稀土金属结构一般是六方晶格或面心立方晶格，但 Sm 为菱面体晶格，Eu 为体心立方晶格结构。

2. 化学性质

表 10.2 列出稀土元素的主要化学性质。稀土金属是化学性质活泼的金属，是强还原剂，它们的金属活泼性仅次于碱金属和碱土金属，活泼性随原子序数增加而递减。能与元素周期表中绝大多数元素作用形成非金属的化合物和金属间化合物。稀土金属分解水放出氢气，与酸反应更激烈，但与碱不作用。

表 10.2　稀土元素的主要化学性质

反应	说　明
$4RE + 3O_2 \xlongequal{} 2RE_2O_3$	加热时镧系金属可以燃烧，并放出大量的热。Ce、Pr、Tb 燃烧生成高价态氧化物 CeO_2、Pr_6O_{11}、Tb_4O_7
$2RE + 3X_2 \xlongequal{} 2REX_3$	常温下反应慢，加热到 573 K 以上燃烧
$2RE + 3S \xlongequal{} RE_2S_3$	在硫的沸点时反应，Se，Te 有类似反应
$2RE + N_2 \xlongequal{} 2REN$	在 1273 K 以上发生反应
$RE + 2C \xlongequal{} REC_2$（或 RE_2C_3）	高温发生反应
$2RE + 6H_2O \xlongequal{} 2RE(OH)_3$（或 $RE_2O_3 \cdot xH_2O$）$+ 3H_2$	室温反应慢，较高温度时反应很快
$2RE + 6H^+ \xlongequal{} 2RE^{3+} + 3H_2$	与稀酸即使在室温下作用也很快
$2RE + 3H_2 \xlongequal{} 2REH_3$（或 REH_2）	573 K 以上反应快，但生成的并不都是 REH_3，氢原子数常常少于 3

10.1.2　稀土元素的分组

根据元素的物理性质和化学性质的相似性和差异性，以 Gd 为界，将 La 到 Eu 的元素称为轻稀土或铈组稀土，将 Gd 以后至 Lu（及 Sc）、Y 称为重稀土或钇组稀土。若从地球化学和矿物化学角度来划分，一般将 Eu、Gd、Tb、Dy、Ho、Er、Tm、Yb、Lu、（Sc）、Y 称为钇组稀土。根据分离工艺的需要，往往又把稀土元素分为轻、中、重三组，其组间界线随工艺的不同而变化。

10.1.3　稀土元素在自然界中的存在和分布

稀土元素在自然界中广泛存在，整个稀土元素在地壳中的丰度比一些常见元素还要多。就单一元素来说，Ce 的丰度接近于 Zn；Y、Nd 和 La 的丰度接近于 Co 和 Pb；甚至丰度最低的 Tm 也与 I 接近。总的来说，在地壳中铈组元素的丰度比钇组元素要大。

稀土元素的分布是不均匀的，在地壳中，它们的丰度遵循 Oddo-HarKins 规则，即原子序数为偶数的元素的丰度比相邻的原子序数为奇数的元素的丰度要大一些，如图 10.1 所示。丰度的奇偶变化源于具有偶数的质子数能满足质子自旋相反成对，从而使能量降低，使原子核稳定。原子核越稳定,该元素在地壳中的丰度就越大。

除了放射性元素 Pm 以外,稀土以化合物状态存在于自然界的各种稀土矿物中,且彼此共生。矿物的种类多至 250 余种。例如,含铈组元素的矿物有独居石[(Ce,La)PO_4]、氟碳铈矿[(Ce,La)F(CO_3)],含钇组元素的矿物有钇铌矿($YNbO_4$)、磷钇矿(YPO_4)、硅铍钇矿($Y_2FeBe_2Si_2O_{10}$)等。其中最重要的是碳酸盐和磷酸盐矿物。碳酸盐矿床主要分布在美国的加利福尼亚、南非和我国的内蒙古自治区,磷酸盐矿床则主要分布在澳大利亚、巴西、印度、南非和美国等。

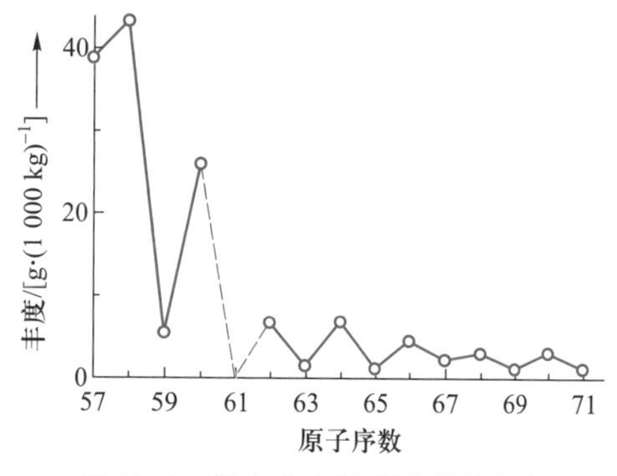

图 10.1 稀土矿中镧系元素的丰度

我国的稀土储量占世界首位,约占$\frac{1}{3}$。主要有三大矿:内蒙古包头白云鄂博轻稀土矿,主要为(Ce)F(CO_3)和(Ce)PO_4;江西离子吸附型矿,是以稀土离子 RE^{3+}吸附在高岭土表面而形成的矿;湘粤一带的独居石矿,含有一定量的 Th 和 U,从而具有放射性。

10.1.4 稀土元素的用途

目前,稀土元素主要应用于冶金工业、石油化工、玻璃、陶瓷、电子工业等领域。可以预料,今后稀土新材料的研究和开发会使稀土金属和化合物的应用深入到各个现代尖端高科技领域中。

在冶金上,由于稀土元素对氧、硫、氢、砷等非金属元素有强亲和力,在炼钢中能净化钢液、细化晶粒、去除有害杂质,从而改善钢的机械性能,提高抗氧化、耐磨、耐腐蚀性能。

在石油化工中,稀土元素主要用作催化剂。用于石油裂化,提高石油裂化的汽油产率、降低煤油成本。稀土催化剂也可用于催化许多其他有机反应,如氢化、氧化、聚合、脱氢等反应。

在玻璃、陶瓷工业中,稀土元素可作为抛光剂、脱色剂和添加剂。如 CeO_2是良好的玻璃抛光剂,可用于照相机镜头、望远镜、眼镜、光学镜头及电视显像管等物件的抛光上。CeO_2的氧化作用可使玻璃中少量 FeO 氧化为+3 价化合物而起到脱色作用,使玻璃具有良好的透明度。Pr 和 Nd 的化合物也可作为玻璃的脱色剂。在玻璃中加入稀土氧化物还可以提高其性能,如含有 La_2O_3的玻璃具有高折射及低色散性能。此外,若在玻璃中加入 Pr_2O_3、Nd_2O_3、Eu_2O_3、Er_2O_3等可使玻璃呈现黄绿、紫红、橙红、粉红等鲜艳的颜色,这些稀土氧化物也是陶瓷着色剂的原料。

稀土元素还可用于制备发光材料、电光源材料和激光材料。例如,在钇的硫氧化物中加入铕(Y_2O_2S:Eu)制成彩色电视显像管的红色荧光粉,使电视画面明亮度提高了 40%,并增加了色彩的鲜艳度。稀土卤化物是制备新型电光源的重要材料,添加有稀土材料的汞-弧光灯能发出很强的不带蓝色而近乎日光的光线。Nd 和 Y 的化合物是固体激光器的重要工作物质,在国防工业中得到广泛应用。

稀土金属和过渡金属的合金可作为超导材料、磁性材料、磁光材料、磁制冷材料、激光材料和储氢材料等。如 $SmCo_5$、Sm_2Co_{17}等磁性能优良的材料已广泛应用于微波通信和一些精密仪器中。另外,Sm、Eu、Gd、La 等稀土金属具有较高的热中子俘获截面,用于核反应堆的控制材料。

10.2　电子结构及镧系收缩

10.2.1　镧系元素的价电子层结构

表 10.3 列出 17 种稀土元素原子和离子的基态电子排布。从表中可见,15 种镧系元素原子的电子层结构的显著特点是许多元素在固态和气态时的电子构型不同。

表 10.3　稀土元素原子和离子的基态电子排布

原子序数	元素名称	元素符号	原子实	电子排布				
				原子的价电子排布		离子的电子排布		
				气态原子	固态原子	RE^{2+}	RE^{3+}	RE^{4+}
57	镧	La	[Xe]	$5d^16s^2$	$5d^16s^2$	$5d^1$	[Xe]	—
58	铈	Ce	[Xe]	$4f^15d^16s^2$	$4f^15d^16s^2$	$4f^2$	$4f^1$	[Xe]
59	镨	Pr	[Xe]	$4f^3\ 6s^2$	$4f^25d^1s^2$	$4f^3$	$4f^2$	$4f^1$
60	钕	Nd	[Xe]	$4f^4\ 6s^2$	$4f^35d^16s^2$	$4f^4$	$4f^3$	$4f^2$
61	钷	Pm	[Xe]	$4f^5\ 6s^2$	$4f^45d^16s^2$	—	$4f^4$	—
62	钐	Sm	[Xe]	$4f^6\ 6s^2$	$4f^55d^16s^2$	$4f^6$	$4f^5$	—
63	铕	Eu	[Xe]	$4f^7\ 6s^2$	$4f^7\ 6s^2$	$4f^7$	$4f^6$	—
64	钆	Gd	[Xe]	$4f^75d^16s^2$	$4f^75d^16s^2$	$4f^75d^1$	$4f^7$	—
65	铽	Tb	[Xe]	$4f^9\ 6s^2$	$4f^85d^16s^2$	$4f^9$	$4f^8$	$4f^7$
66	镝	Dy	[Xe]	$4f^{10}\ 6s^2$	$4f^95d^16s^2$	$4f^{10}$	$4f^9$	$4f^8$
67	钬	Ho	[Xe]	$4f^{11}\ 6s^2$	$4f^{10}5d^16s^2$	$4f^{11}$	$4f^{10}$	—
68	铒	Er	[Xe]	$4f^{12}\ 6s^2$	$4f^{11}5d^16s^2$	$4f^{12}$	$4f^{11}$	—
69	铥	Tm	[Xe]	$4f^{13}\ 6s^2$	$4f^{12}5d^16s^2$	$4f^{13}$	$4f^{12}$	—
70	镱	Yb	[Xe]	$4f^{14}\ 6s^2$	$4f^{14}\ 6s^2$	$4f^{14}$	$4f^{13}$	—
71	镥	Lu	[Xe]	$4f^{14}5d^16s^2$	$4f^{14}5d^16s^2$	$4f^{14}5d^1$	$4f^{14}$	—
21	钪	Sc	[Ar]	$3d^14s^2$	$3d^14s^2$	$3d^1$	[Ar]	—
39	钇	Y	[Kr]	$4d^15s^2$	$4d^15s^2$	$4d^1$	[Kr]	—

由表可见,在气态时,属于 f 区的 14 种元素原子的价电子组态有两种类型:$4f^n6s^2$ 和 $4f^{n-1}5d^16s^2$,其中 $n=1\sim14$。La、Ce、Gd 原子的基组态属于 $4f^{n-1}5d^16s^2$ 类型,其余元素都是 $4f^n6s^2$ 类型。

各 f 区元素的原子采取何种构型与组态具有的能量有关。图 10.2 示出 f 区元素气态原子采取 $4f^{n-1}5d^16s^2$ 和 $4f^n6s^2$ 的价电子组态时体系能量的相对数值。

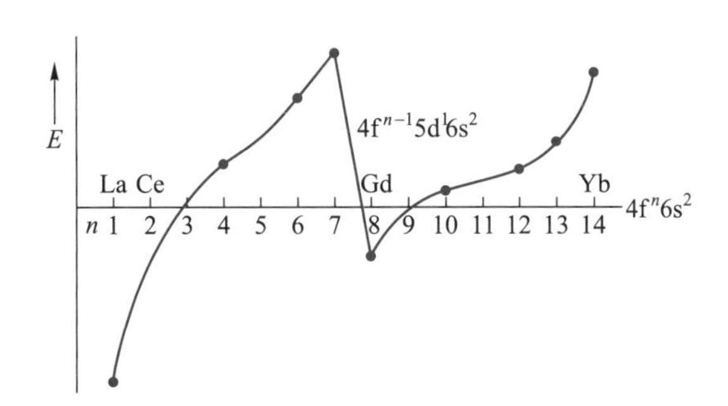

图 10.2 f 区元素气态原子采取 $4f^{n-1}5d^16s^2$ 和 $4f^n6s^2$ 的价电子组态时体系能量的相对数值

由图可见,La、Ce、Gd 的价电子组态 $4f^{n-1}5d^16s^2$ 的能量低于相应的 $4f^n6s^2$ 组态(La 取 4f 轨道全空;Gd 取 4f 轨道半充满;Ce 特殊,有人认为是 4f 轨道接近全空),所以它们采取了前一种排布方式。由于 Yb 的 $4f^96s^2$ 组态的能量与 $4f^85d^16s^2$ 组态能量接近,一般认为,在气态时 Yb 的价电子组态为 $4f^96s^2$。

在固态,除 Eu 和 Yb 元素原子保持 $4f^n6s^2$ 构型外,其余均为 $4f^{n-1}5d^16s^2$ 构型,说明 f 区元素(除 Eu、Yb、La、Ce、Gd 外)从气态转变为固态时,有一个电子从 4f 轨道跃迁到 5d 轨道。金属由气态变成固态,其实质是原子间通过金属键的形式结合成为金属晶体。这个过程可看作原子的价层轨道产生一定的重叠的过程。对于 f 区元素的金属原子,由于 4f 轨道不易参与成键,因而在形成金属键时,主要是 5d 和 6s 轨道的重叠。4f 轨道上的电子跃迁至 5d 轨道需要吸收能量(激发能),但跃迁后增加了一个成键电子,若释放出的成键能大于激发能,就可使 4f 电子向 5d 轨道跃迁。对于大多数 f 区元素的原子,成键能是大于激发能的,但是对于 Eu 和 Yb 两个原子,它们的气态原子的价电子组态分别为 $4f^76s^2$ 和 $4f^{14}6s^2$,4f 轨道处于半充满和全充满的稳定状态,若产生 4f 轨道上的电子激发就会破坏这种稳定结构,使激发能大于成键能,因而 4f 轨道上的电子不能跃迁,使它们保持气态时的 $4f^n6s^2$ 构型。

从 La 到 Lu 的+3 价镧系离子的基态电子构型为 $4f^n(n=0\sim14)$,+2 价和+4 价镧系离子的基态电子组态各为 $4f^{n+1}$(Gd^{2+} 为 $4f^75d^1$,Lu^{2+} 为 $4f^{14}5d^1$)和 $4f^{n-1}$。

10.2.2 镧系收缩

镧系 15 种元素的原子半径或相同价态的离子半径,从 La 到 Lu 随原子序数增加而减小的现象,称为镧系收缩。由表 10.4 列出的稀土元素的原子半径和离子半径,以及图 10.3 和图 10.4 可以直观地看出这种变化规律。

随着镧系元素原子序数的增加,增加的电子填入 4f 轨道,而外层 5s、5p、6s 轨道保持不变,由于 4f 电子云的弥散作用使其不是全部分布在 5s、5p、6s 壳层的内部,所以,4f 电子不能完全屏蔽增加的核电荷。对原子而言,4f 电子对外层电子的屏蔽系数稍大一些,而在离子中 4f 电子只能屏蔽核电荷的 85%。因而当原子序数增加时,有效核电荷逐渐增加(参见表 10.4),外层电子受到有效核电荷的引力相应增加,使电子云更靠近核,引起原子半径或离子半径缩小。而且,离子半径的收缩比原子半径的收缩更加明显(见图 10.3 和图 10.4)。此外,相对论性效应也是影响半径的原因,重元素的相对论性收缩更为显著。

表 10.4　稀土元素的原子半径和离子半径

原子序数	元素符号	金属原子半径/pm	离子半径/pm			有效核电荷	
			RE^{2+}	RE^{3+}	RE^{4+}	RE(固)	RE^{3+}
21	Sc	164.0		73.2			
39	Y	180.1		89.3			
57	La	187.7		106.1		2.37	9.01
58	Ce	182.4		103.4	92	2.39	9.11
59	Pr	182.8		101.3	90	2.41	9.21
60	Nd	182.1		99.5		2.43	9.31
61	Pm	181.0		97.9		2.45	9.41
62	Sm	180.2	111	96.4		2.47	9.51
63	Eu	204.2	109	95.0		2.44	9.61
64	Gd	180.2		93.8		2.51	9.7
65	Tb	178.2		92.3	84	2.53	9.81
66	Dy	177.3		90.8		2.55	9.91
67	Ho	176.6		89.4		2.57	10.01
68	Er	175.7		88.1		2.59	10.11
69	Tm	174.6	94	86.9		2.61	10.21
70	Yb	194.0	93	85.8		2.58	10.31
71	Lu	173.4		84.8		2.65	10.41

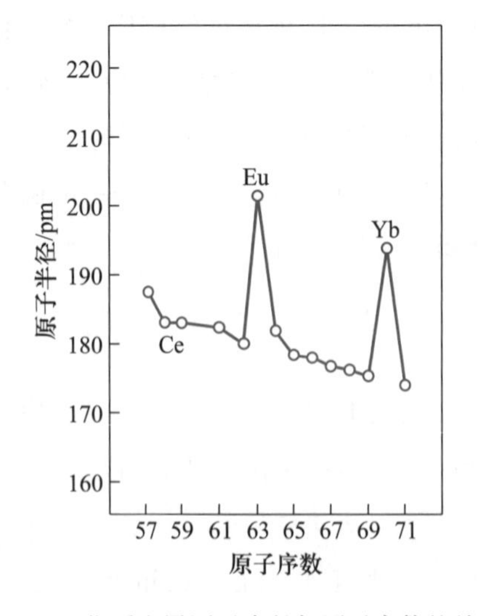

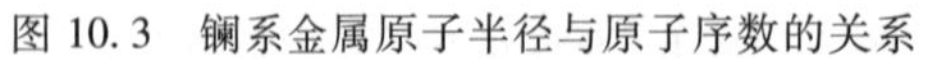
图 10.3　镧系金属原子半径与原子序数的关系

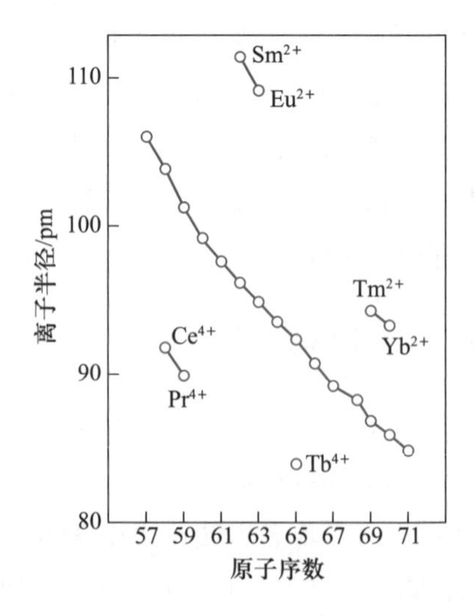

图 10.4　镧系金属离子半径与原子序数的关系

镧系金属原子半径的收缩趋势存在不规则的两峰一谷的“峰谷效应”现象，Ce、Eu、Yb的原子半径表现“反常”，这是由于金属的原子半径与相邻原子之间的电子云相互重叠程度有关。在固态，镧系元素除 Eu 和 Yb 保持 $4f^{n}6s^{2}$（$n=0\sim14$），Lu 为 $4f^{14}5d^{1}6s^{2}$ 外，其余均为 $4f^{n-1}5d^{1}6s^{2}$ 构型。在一般情况下，除 Eu 和 Yb 外的其他元素，有 3 个电子（$5d^{1}6s^{2}$）可以离域，而 Eu 和 Yb，为了保持 $4f^{7}$ 和 $4f^{14}$ 的半充满和全充满的电子组态，倾向于提供 2 个电子成为离域电子，这样，在相邻原子之间的电子云相互重叠较少，有效半径就明显增大。Ce 的 4f 轨道中只有 1 个电子，能量较高，因而倾向于平均提供 3.1 个离域电子从而使相邻原子间电子云重叠较多，使得 Ce 的原子半径较相邻元素 La 和 Pr 要小。

镧系金属离子半径收缩呈现“单向变化”的规律。单向变化是因为离子的电子结构的单向变化所致。从 La^{3+} 到 Lu^{3+}，+3 价离子的电子构型是 $4f^{0}\rightarrow4f^{14}$，由于 4f 电子对核的屏蔽不完全，使有效核电荷单向增加，核对外面的引力逐渐增加从而使得镧系金属离子半径逐渐减小。

属于单向变化的还有标准电极电势、配合物的稳定常数、一些化合物的密度和熔点、溶解度、氢氧化物沉淀的 pH、离子势、离子的有效核电荷、以水溶液体系为主的化学中与离子状态有关的物理和化学性质等。此时，镧系元素的相似性大于相异性，性质递变是以单调渐变为主。

不过，从镧系金属的离子半径的单调渐变的变化中，在具有 f^{7} 的中点 $_{64}Gd^{3+}$ 处出现微小的不连续性，由其相邻离子半径的差值的大小可以看出：

	Pm^{3+}		Sm^{3+}		Eu^{3+}		Gd^{3+}		Tb^{3+}		Dy^{3+}
r/pm	97.9		96.4		95.0		93.8		92.3		90.8
Δ/pm		1.5		1.4		1.2		1.5		1.5	

这种现象被称为“Gd 断效应”。

这是由于 Gd 位于 La 到 Lu 15 种镧系元素构成的序列的正中央，其+3 价离子有半充满的 f^{7} 稳定结构，这种结构的电子屏蔽效应大，有效核电荷相对较小，从而使半径收缩幅度减小，碱度增加，从而出现 Gd 断效应。

类似的现象还出现在镧系元素的配合物的稳定常数中。

由于镧系收缩，导致了镧系元素在性质上随原子序数有规律地变化。如随原子序数的递增、镧系离子配位能力逐渐递增、金属的碱度逐渐减弱、氢氧化物开始沉淀的 pH 递降等。

镧系收缩还导致镧系元素后的第三过渡系元素的离子半径接近于第二过渡系同族元素，造成了这两个过渡系的化学性质相似，特别是 Zr-Hf、Nb-Ta、Mo-W 三对元素常常共生，分离极其困难。

镧系收缩的结果，也使得与镧系元素处于同族的前一周期元素钇的离子 Y^{3+} 的半径与镧系 Ho^{3+}、Er^{3+} 的半径接近，Sc^{3+} 的半径与 Lu^{3+} 的半径接近，从而使 Sc 和 Y 的化学性质与镧系元素相似，故将其统归属为稀土元素的成员。

10.3　镧系元素重要化合物

10.3.1　氧化态

镧系元素离子的主要氧化态有+2、+3 和+4。下面示出镧系元素氧化态变化的规律。

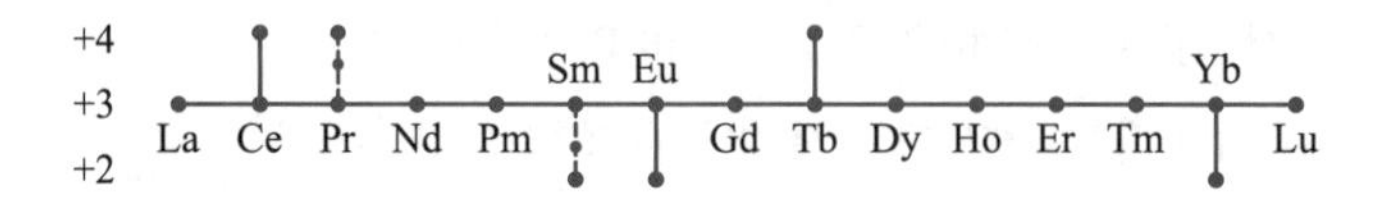

可以看到:镧系元素的特征氧化态是+3。这是由于镧系元素的原子的第一、第二、第三电离能之和不是很大,成键时释放出来的能量足以弥补原子在电离时能量的消耗,因此,它们的+3 氧化态都是稳定的。除特征氧化态+3 之外,Ce、Tb 及 Pr 等还可显+4 氧化态,Eu、Yb 及 Sm 等可显+2 氧化态。

这些显示非+3 价氧化态的诸元素有规律地分布在 La、Gd、Lu 附近。这种情况可由原子结构的规律变化得到解释:La^{3+}、Gd^{3+}、Lu^{3+}分别具有 4f 轨道全空、半满、全满的稳定电子层结构,因而比稳定结构多一个 f 电子的 Ce^{3+}和 Tb^{3+}有可能再多失去 1 个 4f 电子而呈现+4 氧化态,而比稳定结构少一个 f 电子的 Eu^{3+}和 Yb^{3+}有可能少失去一个电子而呈现+2 氧化态。显然镧系离子在氧化态变化的周期性规律正是镧系元素电子层排布呈现周期性规律的反映。除此之外,还可从热力学的角度对氧化态变化进行分析。

1. 镧系元素+2 氧化态的稳定性

可以通过下列反应讨论+2 氧化态的稳定性:

$$LnX_2(s) + (1/2)X_2(\text{参考态}) \longrightarrow LnX_3(s) \qquad \Delta_r H_m^\ominus$$

显然,反应的 $\Delta_r H_m^\ominus$的绝对值越大,Ln^{2+}越稳定。

写出这个反应的热化学循环:

$$\begin{array}{ccccc}
LnX_2(s) & + & (1/2)\ X_2(\text{参考态}) & \xrightarrow{\Delta_r H_m^\ominus} & LnX_3(s) \\
\downarrow L_2 & & \downarrow \Delta_f H_m^\ominus(X^-,g) & & \downarrow L_3 \\
Ln^{2+}(g)+2X^-(g) & + & X^-(g) & \xrightarrow{I_3} & Ln^{3+}(g)+3X^-(g)
\end{array}$$

忽略能与焓之间的差别,有 $\Delta_r H_m^\ominus = I_3 + L_2 - L_3 + \Delta_f H_m^\ominus(X^-,g)$

$$\Delta_r G_m^\ominus = \Delta_r H_m^\ominus - T\Delta_r S_m^\ominus$$

式中,I_3为镧系元素的第三电离能;L_2、L_3分别是 $LnX_2(s)$、$LnX_3(s)$的晶格能。对于同一类型的反应,$\Delta_f H_m^\ominus(X^-,g)$为常数,熵变也可认为是常数,因此,反应的吉布斯自由能变可写为

$$\Delta_r G_m^\ominus = \Delta_r H_m^\ominus - T\Delta_r S_m^\ominus = I_3 + L_2 - L_3 + 常数$$

根据卡普斯钦斯基(капустиский)晶格能公式:

$$L = \frac{1.079 \times 10^5 \times \nu \times Z_+ \times Z_-}{r_+ + r_-}$$

对于同一类型阴离子的化合物,其晶格能的变化只取决于离子半径 r_+ 的变化。由于镧系元素的 Ln^{2+},Ln^{3+} 的离子半径随原子序数的变化基本上是平滑的,因而晶格能的变化也应基本上是平滑的,所以上述 $\Delta_r H_m^\ominus$ 的变化将取决于相应的 I_3 的变化。根据电离能数值可以得到镧系元素+2 价离子 Ln^{2+} 对于氧化反应的稳定性次序为

$$La^{2+} < Ce^{2+} < Pr^{2+} < Nd^{2+} < Pm^{2+} < Sm^{2+} < Eu^{2+} \gg Gd^{2+} < Tb^{2+} <$$
$$Dy^{2+} > Ho^{2+} > Er^{2+} < Tm^{2+} < Yb^{2+} > Lu^{2+}$$

其中最稳定的是 Eu^{2+} 和 Yb^{2+}。

也可以通过 LnX_2 的歧化反应来讨论+2 氧化态的稳定性:

$$\begin{array}{ccccc}
3LnX_2(s) & \xrightarrow{\Delta_r H_m^\ominus} & 2LnX_3(s) & + & Ln(s) \\
\downarrow 3L_2 & & \downarrow 2L_3 & & \downarrow \Delta_{at} H_m^\ominus(Ln,s) \\
3Ln^{2+}(g) + 6X^-(g) & \xrightarrow{2I_3 - I_1 - I_2} & 2Ln^{3+}(g) + 6X^-(g) & + & Ln(g)
\end{array}$$

由此有 $\Delta_r H_m^\ominus = 3L_2 - 2L_3 + (2I_3 - I_1 - I_2) - \Delta_{at} H_m^\ominus(Ln,s)$

$$\Delta_r G_m^\ominus = \Delta_r H_m^\ominus - T\Delta_r S_m^\ominus = 3L_2 - 2L_3 + 2I_3 - I_1 - I_2 - \Delta_{at} H_m^\ominus(Ln,s) + 常数$$

由于 L_2、L_3 有平滑的变化(原因同上),将各镧系元素的 I_1、I_2、$\Delta_{at} H_m^\ominus(Ln,s)$ 三项加起来,发现[$\Delta_{at} H_m^\ominus(Ln,s) + I_1 + I_2$]与 I_3 的变化明显地互相平行,这意味着 $2I_3 - [\Delta_{at} H_m^\ominus(Ln,s) + I_1 + I_2]$ 的变化与 I_3 的变化相似,所以,LnX_2 对于歧化反应的稳定性按照 I_3 的变化而变化,其中最稳定的仍是 Eu 和 Yb 的二卤化物。

通过对 Ln^{3+}/Ln^{2+} 电对的电极电势的比较也可以看出 Eu^{2+} 和 Yb^{2+} 的稳定性。

设计一个能包括 Ln^{3+}/Ln^{2+} 电对的电极电势的反应:

$$\begin{array}{ccccccc}
Ln^{2+}(aq) & + & H^+(aq) & \xrightarrow{\Delta_r H_m^\ominus} & Ln^{3+}(aq) & + & (1/2)\ H_2(g) \\
\downarrow -\Delta_{hyd} H_m^\ominus(Ln^{2+},g) & & \downarrow -\Delta_{hyd} H_m^\ominus(H^+,g) & & \uparrow \Delta_{hyd} H_m^\ominus(Ln^{3+},g) & & \uparrow -\Delta_f H_m^\ominus(H,g) \\
Ln^{2+}(g) & + & H^+(g) & \xrightarrow{I_3(Ln) - I(H)} & Ln^{3+}(g) & + & H(g)
\end{array}$$

由此有

$$\Delta_r H_m^\ominus = I_3(Ln) + \Delta_{hyd} H_m^\ominus(Ln^{3+},g) - \Delta_{hyd} H_m^\ominus(Ln^{2+},g) - [\Delta_{hyd} H_m^\ominus(H^+,g) + I(H) + \Delta_f H_m^\ominus(H,g)]$$

对于镧系元素的同一类型反应,上式关于 H 的三项不变,熵变也可以认为是常数。

于是,有

$$\Delta_r G_m^\ominus \approx \Delta_r H_m^\ominus = I_3(\text{Ln}) + \Delta_{hyd} H_m^\ominus(\text{Ln}^{3+},\text{g}) - \Delta_{hyd} H_m^\ominus(\text{Ln}^{2+},\text{g}) + 常数$$

由于镧系收缩的原因,水合焓的数据随原子序数的增加应是平滑地变化,因此,可以认为,镧系元素的 Ln^{3+}/Ln^{2+} 电对的电极电势的变化主要由 I_3 所决定。这也正是前面所推得的结论。Eu^{2+} 还原能力最弱,其次是 Yb^{2+}、Sm^{2+} 和 Tm^{2+}。

2. 镧系元素+4 氧化态的稳定性

镧系元素+4 氧化态稳定性可以用前面+2 氧化态稳定性的讨论方法进行类似的讨论。

$$\begin{array}{ccccc}
\text{LnX}_4(\text{s}) & \xrightarrow{\Delta_r H_m^\ominus} & \text{LnX}_3(\text{s}) & + & (1/2)\text{X}_2(参考态) \\
\downarrow L_4 & & \downarrow L_3 & & \downarrow \Delta_f H_m^\ominus(\text{X}^-,\text{g}) \\
\text{Ln}^{4+}(\text{g}) + 4\text{X}^-(\text{g}) & \xrightarrow{-I_4} & \text{Ln}^{3+}(\text{g}) + 3\text{X}^-(\text{g}) & + & \text{X}^-(\text{g})
\end{array}$$

由此有

$$\Delta_r H_m^\ominus = L_4 - I_4 - L_3 - \Delta_f H_m^\ominus(\text{X}^-,\text{g})$$

$$\Delta_r G_m^\ominus = \Delta_r H_m^\ominus - T\Delta_r S_m^\ominus = -I_4 + L_4 - L_3 + 常数$$

式中,I_4 为镧系元素的第四电离能;L_3、L_4 分别是 $LnX_3(s)$、$LnX_4(s)$ 的晶格能。$\Delta_r G_m^\ominus$ 的变化将由 I_4 所决定,I_4 值越大,上述反应的自发趋势就越大,意味着 LnX_4 越不稳定。因此,根据镧系元素的第四电离能数据可以得到+4 氧化态稳定性的次序:

$$La^{4+} \ll Ce^{4+} > Pr^{4+} > Nd^{4+} > Pm^{4+} > Sm^{4+} > Eu^{4+} > Gd^{4+} \ll Tb^{4+} > Dy^{4+} >$$
$$Ho^{4+} \approx Er^{4+} \approx Tm^{4+} > Yb^{4+} > Lu^{4+}$$

其中 Ce 的 I_4 最小,其次是 Pr 和 Tb,说明这些元素的+4 氧化态相对比较稳定。

综上,镧系元素有+2、+3 和+4 三种价态的化合物,其中以+3 氧化态的化合物最稳定,数目也最多,而+2、+4 非常见氧化态的化合物虽然数量不多,但却因性能独特,用处最大。

10.3.2　氢氧化物和氧化物

Ln^{3+} 的盐溶液中加入氨水或 NaOH 等碱溶液,可以沉淀出胶状物 $Ln(OH)_3$,在热溶液中可使沉淀聚沉。但若温度高于 200 ℃时,可能发生脱水反应生成氢氧化物 LnO(OH),更高温度时,进一步脱水生成氧化物。用水热法,在 193~420 ℃和 $1.2\times10^6 \sim 7\times10^7$ Pa 的条件下,可以从 NaOH 溶液中生长出晶状的 $Ln(OH)_3$,晶形的氢氧化物属于六方晶系。

三价铈的氢氧化物不稳定,它是一种强还原剂,在空气中能被氧化成黄色的四价铈的氢氧化物,所以只能在真空条件下制备三价铈的氢氧化物。

$Ln(OH)_3$ 的碱性与碱土金属的氢氧化物接近,但溶解度却比碱土金属氢氧化物小得多。其碱性随着原子序数的增加而逐渐减弱。$Ln(OH)_3$ 一般不溶于水,但能溶于酸生成相应的盐。镧系元素的氢氧化物[无 $Pm(OH)_3$ 的数据]开始沉淀时的 pH 随原子序数的增大而降低，这是镧系收缩中三价镧系离子的离子势 Z/r 随原子序数的增大而增大的缘故。另外，在不同的盐溶液中$Ln(OH)_3$开始沉淀的 pH 也略有不同(表 10.5)。

表 10.5 $Ln(OH)_3$的物理、化学性质

氢氧化物	颜色	$\phi=Z/r$	$K_{sp}^{\ominus}$	溶解度	Ln(OH)₃开始沉淀的 pH				
				10^{-6} mol · L^{-1}	硝酸盐	氯化物	硫酸盐	乙酸盐	高氯酸盐
$La(OH)_3$	白	2.83	1.0×10^{-19}	7.8	7.82	8.03	7.41	7.93	8.10
$Ce(OH)_3$	白	2.84	1.5×10^{-20}	4.8	7.60	7.41	7.35	7.77	—
$Pr(OH)_3$	浅绿	2.96	2.7×10^{-20}	5.4	7.35	7.05	7.17	7.66	7.40
$Nd(OH)_3$	紫红	3.02	1.9×10^{-21}	2.7	7.31	7.02	6.95	7.59	7.30
$Sm(OH)_3$	黄	3.11	6.8×10^{-22}	2.0	6.92	6.83	6.70	7.40	7.13
$Eu(OH)_3$	白	3.16	3.4×10^{-22}	1.4	6.82	—	6.68	7.18	6.91
$Gd(OH)_3$	白	3.20	2.1×10^{-22}	1.4	6.83	—	6.75	7.10	6.81
$Tb(OH)_3$	白	3.25	2.0×10^{-22}						
$Dy(OH)_3$	浅黄	3.30	1.4×10^{-22}						
$Ho(OH)_3$	浅黄	3.36	5.0×10^{-23}						
$Er(OH)_3$	浅红	3.41	1.3×10^{-23}	0.8	6.76	—	6.50	6.59	—
$Tm(OH)_3$	浅绿	3.45	2.3×10^{-24}	0.6	6.40	—	6.21	6.53	—
$Yb(OH)_3$	白	3.50	2.9×10^{-24}	0.5	6.30	—	6.18	6.50	6.45
$Lu(OH)_3$	白	3.54	2.5×10^{-24}	0.5	6.30	—	6.18	6.46	6.45

除 Ce、Pr、Tb 外的镧系元素的氧化物 Ln_2O_3可由镧系金属在空气中燃烧或灼烧氢氧化物、含氧酸盐(碳酸盐、草酸盐、硫酸盐等)来制备。在空气中灼烧 Ce、Pr、Tb 的氢氧化物和含氧酸盐分别得到 CeO_2、Pr_6O_{11}、Tb_4O_7，欲制备 Ce_2O_3、Pr_2O_3、Tb_2O_3需在氢气气氛下加热它们的氢氧化物或+3 价盐类。

Ln_2O_3(特别是轻镧系元素的氧化物)的性质类似于碱土金属氧化物。Ln_2O_3能与 H_2O 结合生成氢氧化物、能吸收空气中的 CO_2生成碱式碳酸盐、不溶于水和碱溶液中，但能溶于除 HF 和 H_3PO_4外的无机酸生成相应的盐。

Ln_2O_3的反应活性取决于制备时加热的程度，在低温下灼烧可以得到较高活性的氧化物，氧化物在加热时可以发生以下两个变化过程：

$$Ln_2O_3 \longrightarrow 2LnO + (1/2)O_2$$

$$Ln_2O_3 \longrightarrow 2Ln + (3/2)O_2$$

若反应物为轻元素氧化物，一般分解为一氧化物；反应物若是重镧系元素的氧化物，则分解为金属。Ln_2O_3在生成时放出大量的热[$\Delta_f H_m^{\ominus}(Ln_2O_3)$一般都小于$-1800$ kJ · mol^{-1}],它们的热稳定性和 CaO、MgO 相当,熔点都很高,均在 2273 K 以上。Ln_2O_3的颜色基本上与相应的Ln^{3+}颜色一致,磁矩也与相应的三价离子的磁矩相近。

10.3.3　氢化物

镧系元素氢化物可由镧系金属与H_2直接反应来制备,产物是组成不定的类合金型氢化物 $LnH_x(0<x\ll3)$,镧系元素氢化物的存在范围见表 10.6。

表 10.6　镧系元素氢化物的存在范围

第一组	第二组氟化钙型	第二组六方形	第三组正交型
$LaH_{1.95\sim3}$	$SmH_{1.92\sim2.55}$	$SmH_{2.59\sim3}$	$EuH_{1.86\sim2}$
$CeH_{1.8\sim3}$	$GdH_{1.8\sim2.3}$	$GdH_{2.85\sim3}$	$YbH_{1.80\sim2}$
$PrH_{1.9\sim3}$	$TbH_{1.90\sim2.15}$	$TbH_{2.81\sim3}$	
$NdH_{1.9\sim3}$	$DyH_{1.95\sim2.08}$	$DyH_{2.86\sim3}$	
	$HoH_{1.95\sim2.24}$	$HoH_{2.95\sim3}$	
	$ErH_{1.86\sim2.13}$	$ErH_{2.97\sim3}$	
	$TmH_{1.99\sim2.41}$	$TmH_{2.76\sim3}$	
	$LuH_{1.85\sim2.23}$	$LuH_{2.78\sim3}$	

除 YbH_2 和 EuH_2 外的 LnH_2 都是金属导体,这是由于 LnH_2 的实际组成可表示为 $Ln^{3+}(e^-)(H^-)_2$,在导带中存在着自由电子。随着 x 值增加,LnH_x的导电能力减弱,组成接近于 LnH_3的氢化物变成半导体。LnH_3不再具有金属导电性,它的性质更像盐类,组成可表示为 $Ln^{3+}(H^-)_3$。

镧系金属与过渡金属或碱金属形成的金属化合物与氢气作用生成镧系合金氢化物,它们是良好的贮氢材料,能可逆地吸收和释放出氢气。例如,$LaNi_5$在 23 ℃和 1.3172×10^7 Pa 下吸收氢生成 $LaNi_5H_7$,其含氢量达 1.37 %(质量分数),贮氢密度为 0.089 g · cm^{-3}。目前,镧系合金氢化物作为贮氢材料已有广泛的研究。

10.3.4　镧系盐

1. 卤化物

(1) 三价卤化物

① 无水卤化物　无水卤化物最好采用金属直接卤化的方法制备:

$$2Ln + 3X_2 \xlongequal{\quad} 2LnX_3$$

$$2Ln + 3HgX_2 \xlongequal{\quad} 2LnX_3 + 3Hg$$

将结晶水合物加热脱水,会有水解副反应发生,得到的无水卤化物中含有碱式盐。若在 HX 气氛下脱水,则可以抑制水解,得到无水卤化物。如在 6.7×10^3 Pa 的 HCl 气氛中,于

400 ℃下将水合氯化物加热 36 h 可得 $LnCl_3$纯产物。

也可以通过将 Ln_2O_3与过量 NH_4Cl 加热脱水，将 Ln_2O_3和碳粉在 Cl_2条件下加热，在 CCl_4或光气 $COCl_2$的热蒸气下加热 Ln_2O_3等方法都可得到无水氯化物。

$$Ln_2O_3 + 6NH_4Cl \xrightarrow{\triangle} 2LnCl_3 + 3H_2O + 6NH_3$$

$$Ln_2O_3 + 3Cl_2 + 3C \xrightarrow{\triangle} 2LnCl_3 + 3CO$$

$$Ln_2O_3 + 3CCl_4 \xrightarrow{\triangle} 2LnCl_3 + 3COCl_2$$

$$Ln_2O_3 + 3COCl_2 \xrightarrow{\triangle} 2LnCl_3 + 3CO_2$$

无水卤化物有较高的熔点和沸点。熔融状态所具有的良好导电性说明它们是离子键型的。

无水卤化物易吸收湿气而潮解，且能吸收氨生成氨化物 $LnX_3 \cdot nNH_3$。

无水卤化物的结构类型随阴离子 X^-不同而不同。氟化物有六方（La～Tb）和正交（Dy～Lu）两种晶型；氯化物有六方（La～Gd）和单斜（Dy～Lu）两种晶型；碘化物有正交（La～Sm）和六方（Gd～Lu）两种晶型。

② 水合三价卤化物　将氧化物或碳酸盐直接溶解在 HX 酸中或将无水卤化物溶解于水中，都可得到卤化物的水溶液。在 HX 气氛下蒸发、浓缩，可析出结晶水合卤化物，但这种方法用来制备碘化物，效果较差。

水合卤化物的水合分子数是不同的：水合氟化物的组成一般为 $LnF_3 \cdot H_2O$；水合氯化物一般为 $LnCl_3 \cdot 6H_2O$（半径较大的 La^{3+}、Ce^{3+}、Pr^{3+}的氯化物带 7 分子结晶水）；溴化物的一般组成也是$LnBr_3 \cdot 6H_2O$；在碘化物中，$(La～Eu)I_3$带 9 分子结晶水，$(Dy～Lu)I_3$带 8 分子结晶水。

氟化物既不溶于水，也不溶于酸，因此可以利用在 Ln^{3+}酸性溶液中加入 F^-析出 LnF_3沉淀来检验 Ln^{3+}的存在。其余卤化物在水中均有较大的溶解度。它们的溶解焓都是负值（见表 10.7），故溶解度随温度升高而增大。卤化物在非水极性溶剂（如醇类）中也有一定的溶解度，并随溶剂碳链的增长而下降。但在醚、二氧六环、四氢呋喃等溶剂中的溶解度较小。

表 10.7　稀土氯化物 25 ℃时在水中的溶解焓　　单位：$kJ \cdot mol^{-1}$

元素	无水氯化物	水合氯化物		无水碘化物
		$6H_2O$	$7H_2O$	
La	-137.7	-44.60	-28.00	201
Ce	-143.9		-28.90	-205
Pr	-149.4	-38.06	-23.91	-209
Nd	-156.9	-38.21		-216
Pm	-161.9			

续表

元素	无水氯化物	水合氯化物		无水碘化物
		$6H_2O$	$7H_2O$	
Sm	−166.9	−36.04		−233
Eu	−170.3	−36.46		
Gd	−181.6	−38.15		−252
Tb	−192.5	−39.97		
Dy	−209	−41.73		−253
Ho	−213.4	−43.58		−256
Er	−215.1	−44.95		−257
Tm	−215.9	−46.53		−262
Yb	−215.9	−48.18		
Lu	−218.4	−49.62		−276
Y	−224.7	−46.24		−268
Sc		−31.8		

如果把无水氯化物、水合氯化物的标准溶解焓对原子序数作图可以得到三条直线(图 10.5),从而把镧系元素分成了铈组(包括 La、Ce、Pr、Nd、Pm、Sm 六种元素)、铽组(包括 Eu、Gd、Tb、Dy 四种元素)和镱组(包括 Ho、Er、Tm、Yb、Lu 五种元素)。这就是将镧系或稀土元素分为轻、中、重三组的分组法的热力学依据。不过,对这种“三分组效应”的电子结构解释还有待进一步的认识。

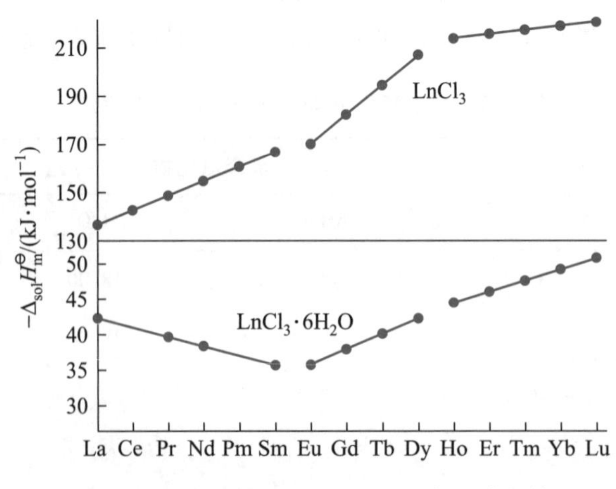

图 10.5　$LnCl_3$ 和 $LnCl_3\cdot 6H_2O$ 的标准溶解焓

③ $LnCl_3 \cdot nH_2O$ 的脱水过程　水合氯化物的脱水过程比较复杂，随着温度升高，在不同阶段，失去不同的水分子数，当完全脱去 H_2O 分子后，继续升温，无水氯化物开始水解。如 $CeCl_3 \cdot 7H_2O$ 的脱水和水解过程为

$$CeCl_3 \cdot 7H_2O \xrightarrow[-4H_2O]{323\sim375\ K} CeCl_3 \cdot 3H_2O \xrightarrow[-H_2O]{394\sim400\ K} CeCl_3 \cdot 2H_2O$$

$$\xrightarrow[-H_2O]{415\sim421\ K} CeCl_3 \cdot H_2O \xrightarrow[-H_2O]{426\sim484\ K} CeCl_3 \xrightarrow[+H_2O]{>657\ K} CeOCl$$

表 10.8 列出了除钷以外的水合镧系（稀土）氯化物的各脱水阶段的温度和无水氯化物开始气相水解温度。

表 10.8　水合镧系（稀土）氯化物的各脱水阶段的温度和无水氯化物开始气相水解温度

$RECl_3 \cdot nH_2O$	各脱水阶段的温度/K				各阶段脱去水的分子数				水合氯化物完全脱水温度/K	无水氯化物开始气相水解温度/K
	阶段 1	阶段 2	阶段 3	阶段 4	阶段 1	阶段 2	阶段 3	阶段 4		
$LaCl_3 \cdot 7H_2O$	324~373	390~413	440~465		4	2	1		465	670
$CeCl_3 \cdot 7H_2O$	323~375	394~400	415~421	426~484	4	1	1	1	484	657
$PrCl_3 \cdot 6H_2O$	324~370	388~400	410~420	450~500	3	1	1	1	500	643
$NdCl_3 \cdot 6H_2O$	340~370	384~390	414~424	430~490	3	1	1	1	490	623
$SmCl_3 \cdot 6H_2O$	350~390	403~410	428~436	444~477	3	1	1	1	477	613
$EuCl_3 \cdot 6H_2O$	357~398	407~416	436~443	448~476	3	1	1	1	476	608
$GdCl_3 \cdot 6H_2O$	341~403	410~436	436~473		3	1.5	1.5		473	600
$TbCl_3 \cdot 6H_2O$	360~413	415~435	441~471		3	2	1		471	593
$DyCl_3 \cdot 6H_2O$	363~403	420~431	453~470		3	2	1		470	585
$YCl_3 \cdot 6H_2O$	353~423	423~473			5	1			473	593
$HoCl_3 \cdot 6H_2O$	345~390	395~420	442~463		3	2	1		463	573
$ErCl_3 \cdot 6H_2O$	345~375	383~420	435~462		3	2	1		462	553
$TmCl_3 \cdot 6H_2O$	355~400	418~440	453~463		3	2	1		463	533
$YbCl_3 \cdot 6H_2O$	343~383	390~417	425~472		3	2	1		472	517
$LuCl_3 \cdot 6H_2O$	353~407	410~453	453~483		3	2	1		483	490

由表 10.8 可见，各水合氯化物完全脱水的温度为 460~500 K。而无水氯化物开始气相水解的温度却随原子序数的增加而显著地下降。例如，$LaCl_3 \cdot 7H_2O$ 的完全脱水温度和开始气相水解的温度相差 205 K，而 $LuCl_3 \cdot 6H_2O$ 相应的温度差仅为 7 K。这就说明，通过控制温度可以由水合氯化物脱水制得大多数镧系无水氯化物，但用此法制备 Tm、Yb、Lu 等重镧系元素的无水氯化物就比较困难，产品中易有水解副产物镧系的氯氧化物存在。

（2）低价卤化物

可将二卤化物分成两种类型，它是以离子价态上的差别来划分的：

① 盐型　表示为 $Ln^{2+}(X^-)_2$，它们的磁矩等于 Ln^{2+} 的基态理论磁矩。SmX_2、EuX_2、$NdCl_2$、NdI_2等属于此类。

② 金属型　表示为 $Ln^{3+}(e^-)(X^-)_2$，其中镧系离子为+3 价，有一个电子处于导带中，它们表现出类似金属的导电性，其磁矩与 Ln^{3+}的基态理论磁矩相近。LaI_2、CeI_2、PrI_2、GdI_2等属于此类。

二卤化物一般是以三卤化物为原料，用 H_2、$LiBH_4$、镧系金属、Zn 或 Mg 等还原剂，在一定温度下还原来制备。其中以镧系金属还原相应 LnX_3的方法最常用。反应方程式如下：

$$2LnX_3 + Ln \xrightarrow{\triangle} 3LnX_2$$

另外，也可用三卤化物热分解或镧系金属与卤化汞反应来制取二卤化物。例如：

$$2SmI_3 \xrightarrow{700\ ℃} 2SmI_2 + I_2(g)$$

$$Ln + HgX_2 \xrightarrow{300 \sim 400\ ℃} LnX_2 + Hg$$

LnX_2呈现不同的颜色，熔点较高，但很不稳定，在空气中和水中能迅速地被氧化生成相应三价化合物，并放出氢气。例如：

$$2NdCl_2 + 6H_2O = 2Nb(OH)_3 + 4HCl + H_2$$

（3）高价卤化物

在四卤化物中，仅得到四氟化物，即 CeF_4、PrF_4、TbF_4等。在一定温度下，用金属或它们的低价化合物与氟化剂（如 F_2、ClF_3、XeF_2等）反应可得到四氟化物。但 PrF_4的制备较为困难，一般是通过以下反应得到纯度仅为 40%的 PrF_4。

$$Na_2PrF_6 + 2HF = 2NaHF_2 + PrF_4$$

四氟化物易被还原，金属离子在溶液中被还原为+3 价离子，放出氧气。在一定压力和温度下，四氟化物可分解失氟。

2. 硝酸盐

镧系氧化物、氢氧化物、碳酸盐或金属与硝酸反应都生成相应的硝酸盐溶液，将溶液结晶可得到其水合物 $Ln(NO_3)_3 \cdot nH_2O(n=4、5、6)$，其中六水合物最常见。水合硝酸盐加热脱水可得无水盐，进一步灼烧，先分解为碱式盐，再转变为氧化物。分解温度随原子序数的增加而降低，分解速率则逐渐加快。

$$Ln(NO_3)_3 = LnO(NO_3) + 2NO_2 + (1/2)O_2$$

$$2LnO(NO_3) = Ln_2O_3 + 2NO_2 + (1/2)O_2$$

镧系硝酸盐易溶于水，且溶解度随温度升高而增大，它们还易溶于乙醇、无水胺、乙腈等极性溶剂中，可用磷酸三丁酯及其他萃取剂萃取。

铈组硝酸盐能与铵、碱金属硝酸盐形成 $Ln(NO_3)_3 \cdot 2MNO_3 \cdot nH_2O$ 类型的水合复盐，与碱土金属硝酸盐则形成 $2Ln(NO_3)_3 \cdot 2M(NO_3)_2 \cdot 24H_2O$ 类型的水合复盐。随镧系离子半径减小，这些复盐的溶解度增大，稳定性减小。因此，重镧系元素几乎不形成硝酸复盐。利用这种性质，可分级结晶来分离出铈组元素。

3. 硫酸盐

将 Ln_2O_3、$Ln(OH)_3$或 $Ln_2(CO_3)_3$溶于稀硫酸可得水合硫酸盐，通式为 $Ln_2(SO_4)_3 \cdot nH_2O$，$n=3$、4、5、6、8 和 9。其中以 Ln = La、Ce，$n=9$ 和 Ln = Pr ~ Lu，$n=8$ 最为常见。加热时，水合硫酸盐首先脱水生成无水盐，继续升温则进一步分解成氧基硫酸盐，最后变为氧化物。

无水硫酸盐可由氧化物与略过量的浓硫酸反应、水合硫酸盐高温下脱水、酸式硫酸盐热分解来制备。无水硫酸盐易吸水，溶于水时放热，其溶解度随温度升高而显著下降，因此易于重结晶。在 20 ℃时，镧系硫酸盐在水中的溶解度从 Ce→Eu 依次下降，而从 Gd→Lu 又依次上升，见图 10.6 示。

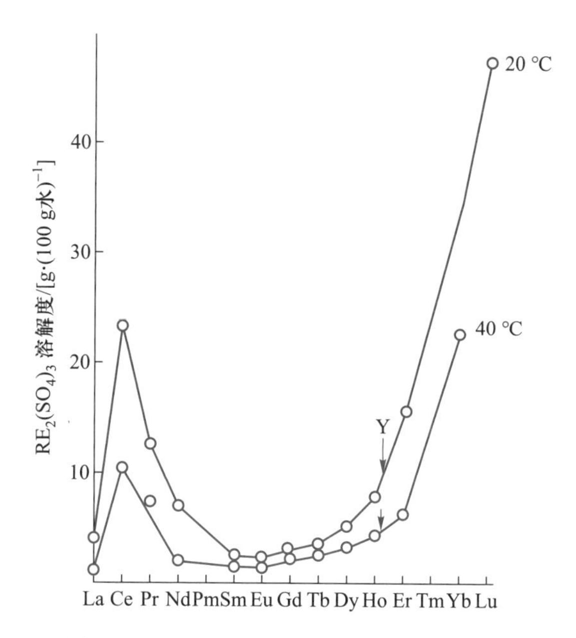

图 10.6 镧系硫酸盐在水中的溶解度等温线

镧系（稀土）硫酸盐能与碱金属或碱土金属的硫酸盐形成复盐。例如，$RE_2(SO_4)_3 \cdot 3M_2SO_4 \cdot 12H_2O$。根据稀土硫酸复盐在水中溶解度的差异性，工业上常把稀土元素分成三组：

难溶性的铈组　La、Ce、Pr、Nd、Sm

微溶性的铽组　Eu、Gd、Tb、Dy

可溶性的钇组　Ho、Er、Tm、Yb、Lu、Y

利用这种差异，可以进行稀土元素的分离。

4. 碳酸盐

可溶性的 RE^{3+}盐溶液中加入过量碳酸铵生成碳酸盐沉淀。而往 RE^{3+}溶液中加入碱金属碳酸盐得到的是碱式盐。RE^{3+}溶液只有与碱金属酸式碳酸盐反应才生成碳酸盐。此外，稀土的三氯乙酸盐水解也可得到碳酸盐沉淀。反应如下：

$$2RE(Cl_3CCOO)_3 + 3H_2O \longrightarrow RE_2(CO_3)_3\downarrow + 3CO_2\uparrow + 6HCCl_3$$

从水溶液中沉淀出的稀土碳酸盐通常都是水合盐,其中水合分子数随金属离子和制备方法的不同而不同。水合碳酸盐均属斜方晶系,它们能和大多数酸反应生成相应的盐而放出 CO_2,稀土碳酸盐受热发生分解,在 350~550 ℃时生成 $RE_2O(CO_3)_2$,800~900 ℃时则分解生成 $RE_2O_2CO_3$,最后的分解产物是相应的氧化物。

稀土碳酸盐与碱金属碳酸盐可以生成碳酸复盐,碳酸复盐的溶解度随原子序数的递增而增大,据此可进行稀土分离。

5. 草酸盐

稀土草酸盐一般难溶于水和稀酸,因此在 RE^{3+} 盐溶液中加入草酸,立即生成草酸盐沉淀：

$$2RE^{3+} + 3H_2C_2O_4 + nH_2O = RE_2(C_2O_4)_3\cdot nH_2O\downarrow + 6H^+$$

用这种方法得到的草酸盐一般带有结晶水,其中 RE = La ~ Er、Y,$n = 10$;RE = Tm ~ Lu、Sc,$n=6$。利用草酸盐难溶于水和稀酸的性质,可以将 RE^{3+} 以草酸盐形式定量沉淀下来而同其余金属离子分开。在一定酸度下,草酸盐的溶解度随镧系原子序数的增大而增加,而且轻、重稀土在碱金属草酸盐溶液中的溶解度有明显的差别,铈组草酸盐不溶于过量 $C_2O_4^{2-}$ 溶液,而铽组和钇组的草酸盐能溶于过量的 $C_2O_4^{2-}$ 溶液。

稀土草酸盐受热分解过程比较复杂,不同的草酸盐分解方式也不相同。一般地,受热时首先脱水,然后分解生成碱式碳酸盐和氧化物,完全转化为氧化物需在 1073 K 温度下加热 30~40 min。灼烧草酸盐应在铂皿中进行,因为稀土氧化物在高温下易和含 SiO_2 的容器壁反应生成硅酸盐。

6. 磷酸盐

在 pH 约为 4.5 的 RE^{3+} 盐溶液中加入 Na_3PO_4、Na_2HPO_4、NaH_2PO_4、H_3PO_4 都可以得到磷酸盐沉淀。磷酸盐的组成为 $REPO_4\cdot nH_2O$(n=0.5~4),在中性或弱酸性的溶液中稀土磷酸盐的溶解度较小,数量级多为 10^{-23},但它们可溶于热的浓强酸中,遇强碱则会转化成相应的氧化物,溶于磷酸钠可生成配合物。

用类似于磷酸盐的制备方法也可得到焦磷酸盐。如高铈盐与焦磷酸钠作用生成焦磷酸的配合物。在 pH 为 4.5 时,生成 $[Ce(H_2P_2O_7)_3]^{2-}$,pH 等于 7.5 时则生成 $[Ce(HP_2O_7)_2]^{2-}$。

7. 高氯酸盐

稀土氧化物与 $HClO_4$ 的水溶液反应得到高氯酸盐,其固态时组成为 $RE(ClO_4)_3\cdot nH_2O$(RE = La ~ Nd、Y,$n = 8$;RE = Sm、Gd,$n = 9$)。稀土的高氯酸盐在水中的溶解度较大,在空气中易吸水。在 250~300 ℃开始分解,除 $Ce(ClO_4)_3$ 的分解产物为 CeO_2 之外,其他高氯酸盐的热分解产物为 REOCl。

10.3.5 其他稀土化合物

1. 硼化物

现已制备得到多种稀土硼化物 REB_n(n=2、3、4、5、6 和 12),研究较多的是 REB_4和 REB_6。

稀土六硼化物属于立方晶系,CsCl 型,金属原子占据立方体的每一角顶,硼原子则位于立方体的中心,高的电导率说明它们是金属键型的。REB_6不溶于水或稀酸,但能被王水、浓硫酸和硝酸或熔融碱所分解。

稀土硼化物中存在自由电子,可作为阴极发射材料,其中由于 REB_6具有熔点高、硬度大、不易变形等特点而作为回旋加速器离子源中的阴极和高温冶金炉中的电子枪。

2. 碳化物和硅化物

稀土元素能生成三种主要类型的碳化物:RE_3C、RE_2C_3和 REC_2。所有的稀土碳化物在室温下遇水都要水解,生成稀土氢氧化物和气体产物(甲烷、乙烷、乙炔等)。稀土碳化物的熔点一般高于 2000 ℃。

稀土元素的硅化物有 RESi、$RESi_2$、RE_5Si、RE_3Si_5和 RE_3Si_2等类型。它们容易与 HCl、HF 作用,并与 Na_2CO_3/K_2CO_3的低共熔物作用而被分解。

3. 氮化物、磷化物和砷化物

稀土可与氮、磷、砷形成 REN,REP,REAs 等化合物,它们的熔点都相当高,性质稳定,具有半导体的性质。REN 在潮湿空气中会水解、放出氨,它能溶于酸。与碱作用时,生成氢氧化物并放出氨。

4. 硫属化合物

稀土元素与硫、硒、碲生成 REX、REX_2、REX_3、RE_3X_4(X=S、Se、Te)等多种化合物,其中以硫化物最普遍。稀土硫化物的熔点较高,耐热性能好,可作为熔炼金属的坩埚材料。

稀土硫化物不溶于水,容易与酸反应放出 H_2S;它在干燥空气中是稳定的,在潮湿空气中略微水解;它在空气中加热到 200~300 ℃时,氧化为碱式硫酸盐;与 N_2、CO_2不发生反应。

10.4 镧系元素的光谱和磁性

10.4.1 镧系元素的光谱

1. +3 价镧系离子的电子能级

镧系元素具有未充满的 4f 亚层,由于 4f 电子的不同排布产生了不同的能级。通常以光谱项表示与电子排布相关联的能级。镧系离子的基态光谱项可直接由电子的排布写出。以 Gd^{3+}为例,它有 7 个 4f 电子,根据洪特规则,这 7 个电子自旋平行,分布在 7 条 4f 轨道中,自

旋角动量量子数 $S=\sum m_s=7\times 1/2=7/2$。又因 f 电子 $l=3$，磁量子数 $m=0$、± 1、± 2、± 3。轨道角动量量子数 $L=\sum m_l=3+2+1+0-1-2-3=0$。对于总角动量量子数 J 的取值，当 4f 电子数大于和等于 7 时，$J=L+S$；当 4f 电子数小于 7 时，$J=L-S$。故 Gd^{3+} 的 $J=L+S=0+7/2=7/2$，按照光谱项 $^{2S+1}L_J$ 写出 Gd^{3+} 的基态光谱项为 $^8S_{7/2}$，以同样的方法可写出其他 Ln^{3+} 的基态光谱项，列于表 10.9 中。至于镧系离子的其他激发态光谱项及其能量顺序则无法用简单方法预示，必须通过量子力学计算确定。

表 10.9　Ln^{3+} 的基态电子分布、光谱项及磁矩

离子	4f 电子数	4f 轨道的磁量子数及其电子排布							$L=\sum m_l$	$S=\sum m_s$	$J=L\pm S$	基态光谱项	朗德因子 g	磁矩/B.M.	
		3	2	1	0	−1	−2	−3						理论	实验
											$J=L-S$				
La^{3+}	0								0	0	0	$^1S_0$	0	0.0	0.0
Ce^{3+}	1	↑							3	1/2	5/2	$^2F_{5/2}$	6/7	2.54	2.40
Pr^{3+}	2	↑	↑						5	1	4	$^3H_4$	4/5	3.58	3.60
Nd^{3+}	3	↑	↑	↑					6	3/2	9/2	$^4I_{9/2}$	8/11	3.62	3.62
Pm^{3+}	4	↑	↑	↑	↑				6	2	4	$^5I_4$	3/5	2.68	—
Sm^{3+}	5	↑	↑	↑	↑	↑			5	5/2	5/2	$^6H_{5/2}$	2/7	0.85	1.54
Eu^{3+}	6	↑	↑	↑	↑	↑	↑		3	3	0	$^7F_0$	1	0.0	3.61
											$J=L+S$				
Gd^{3+}	7	↑	↑	↑	↑	↑	↑	↑	0	7/2	7/2	$^8S_{7/2}$	2	7.94	8.2
Tb^{3+}	8	↓↑	↑	↑	↑	↑	↑	↑	3	3	6	$^7F_6$	3/2	9.72	9.6
Dy^{3+}	9	↓↑	↓↑	↑	↑	↑	↑	↑	5	5/2	15/2	$^6H_{15/2}$	4/3	10.68	10.5
Ho^{3+}	10	↓↑	↓↑	↓↑	↑	↑	↑	↑	6	2	8	$^5I_8$	5/4	10.61	10.5
Er^{3+}	11	↓↑	↓↑	↓↑	↓↑	↑	↑	↑	6	3/2	15/2	$^4I_{15/2}$	6/5	9.58	9.5
Tm^{3+}	12	↓↑	↓↑	↓↑	↓↑	↓↑	↑	↑	5	1	6	$^3H_6$	7/6	7.56	7.2
Yb^{3+}	13	↓↑	↓↑	↓↑	↓↑	↓↑	↓↑	↑	3	1/2	7/2	$^2F_{7/2}$	8/7	4.54	4.4
Lu^{3+}	14	↓↑	↓↑	↓↑	↓↑	↓↑	↓↑	↓↑	0	0	0	$^1S_0$	0	0.0	0.0

由表 10.9 可见，Gd^{3+} 的 4f 轨道上未成对电子数为 7，达到最大，而 Gd^{3+} 两边的离子，4f 轨道上的未成对电子数目以 Gd^{3+} 为中心等数目递减，L 值相同，基态光谱项对称分布。除 La^{3+}、Lu^{3+} 的 4f 电子层是全空（$4f^0$）和全满（$4f^{14}$）之外，其余 Ln^{3+} 的 4f 轨道上的电子数由 1 到 13，这些电子可以在 7 条 4f 简并轨道上排布，这样就会产生各种光谱项和能级。4f 电子在不同能级间跃迁可以吸收或发射从紫外经可见直至红外区的各种波长的电磁辐射。

通常，具有未充满的 4f 电子壳层的原子或离子，可以观察到的光谱谱线大约有 30000 条，而具有未充满 d 电子壳层的过渡金属元素的谱线约有 7000 条，主族元素的谱线就更简单了。

2. 镧系离子的吸收光谱

镧系离子吸收光谱的产生可能来自三种情况：f^n组态内能级间的跃迁（f→f 跃迁），f→d 组态间的能级跃迁，配体同金属离子中间的电荷跃迁。

（1）f→f 跃迁光谱

f→f 跃迁光谱指 f^n组态内不同 J 能级间的跃迁。f→f 跃迁是光谱选律所禁阻的，因此在理论上不能观察到气态镧系离子的 f→f 跃迁光谱。但在溶液或者固体化合物中，由于中心离子与配体的电子振动耦合，晶格振动及镧系元素所具有的较强自旋-轨道耦合，从而使光谱选律禁阻解除，f→f 跃迁得以实现，因而能观察到相应的光谱。

在理论上，f→f 跃迁产生的谱线强度不大。但是某些 f→f 跃迁的吸收带的强度，随镧系离子周围环境的变化而明显增大，这种跃迁称为超灵敏跃迁。产生超灵敏跃迁的可能原因是：由于配体的碱性、溶剂的极性、配合物的对称性及配位数等多种因素的影响，亦即离子周围环境的变化，再加上镧系离子本身的性质等诸因素的综合作用，使镧系离子的某些 f→f 跃迁吸收带的强度明显增大，远远超过其他的跃迁。

表 10.10 列出一些 Ln^{3+}的超灵敏跃迁的实例。

表 10.10 一些 Ln^{3+}的超灵敏跃迁

离子	跃迁	波长/nm
Pr^{3+}	$^3H_4 \to {}^3P_2$	444
Nd^{3+}	$^4I_{9/2} \to {}^4G_{5/2}, {}^2G_{7/2}$	578
Pm^{3+}	$^5I_4 \to {}^5G_2, {}^5G_3$	565,548
Sm^{3+}	$^6H_{5/2} \to {}^4F_{9/2}, {}^6F_{1/2}$	578,1612
Eu^{3+}	$^7F_0 \to {}^5D_2$	465
Dy^{3+}	$^6H_{15/2} \to {}^6F_{11/2}$	1298
Ho^{3+}	$^5I_8 \to {}^5G_6, {}^3G_6$	452,361
Er^{3+}	$^4I_{15/2} \to {}^2H_{11/2}, {}^6G_{11/2}$	521,377
Tm^{3+}	$^3H_6 \to {}^3H_4$	794

（2）f→d 跃迁光谱

f→d 跃迁光谱不同于 f→f 跃迁光谱，f→d 组态间的跃迁是光谱选律所允许的，因而该跃迁较强，摩尔消光系数一般在 50~800 $L \cdot mol^{-1} \cdot cm^{-1}$内，$Ln^{3+}$的 f→d 跃迁吸收带一般在紫外区出现，由于 5d 能级易受周围配位场的影响，f→d 跃迁谱带变宽。

一般来说，具有比全空或半充满的 f 壳层多一个或两个电子的离子，易出现 f→d 跃迁。如 $Ce^{3+}(4f^1)$、$Pr^{3+}(4f^2)$和 $Tb^{3+}(4f^8)$等离子。另外，由于+2 价镧系离子较+3 价镧系离子的有效核电荷少，能级差较小，因而+2 价镧系离子在可见光区有很强的 f→d 跃迁光谱吸收带。

（3）电荷跃迁光谱

电荷跃迁光谱是指配体向金属发生电荷跃迁而产生的光谱，是电荷密度从配体的分子轨道向金属离子轨道进行重新分配的结果。谱带的特点是较强的强度和较宽的宽度。谱带能否出现及谱带的位置取决于配体和金属离子的氧化还原性，一般在易氧化的配体和易被还原为低价镧系离子的化合物光谱中才易见到电荷跃迁带。

镧系离子的吸收谱带范围较广。在紫外区、可见区和近红外区内都能得到 Ln^{3+} 的光谱。具有封闭电子构型的 $La^{3+}(4f^0)$ 和 $Lu^{3+}(4f^{14})$，从基态跃迁至激发态需要较高的能量，它们在可见区和紫外区无吸收，因而是无色的。$Ce^{3+}(4f^1)$、$Tb^{3+}(4f^8)$、$Gd^{3+}(4f^7)$、$Eu^{3+}(4f^6)$ 的吸收带大部或全部在紫外区。$Yb^{3+}(4f^{13})$ 的吸收带在近红外区内出现。所以这些离子是无色或近红色的。Pr^{3+}、Nd^{3+}、Pm^{3+}、Sm^{3+}、Dy^{3+}、Ho^{3+}、Er^{3+}、Tm^{3+} 的吸收带出现在可见区内，因而它们是有色的。

表 10.11 列出了 Ln^{3+} 在 200~1000 nm 的吸收谱线及颜色。

表 10.11　Ln^{3+} 在 200~1000 nm 的吸收谱线及颜色

离子	4f 电子数	基态光谱项	主要吸收谱线 / nm	颜色	主要吸收谱线 / nm	基态光谱项	4f 电子数	离子
La^{3+}	0	$^1S_0$	无	无色	无	$^1S_0$	14	Lu^{3+}
Ce^{3+}	1	$^2F_{5/2}$	210.5，222.0，238.0，252.0	无色	975.0	$^2F_{7/2}$	13	Yb^{3+}
Pr^{3+}	2	$^3H_4$	440.5，469.0，482.2，588.5	绿	360.0，682.5，780.0	$^3H_6$	12	Tm^{3+}
Nd^{3+}	3	$^4I_{9/2}$	345.0，521.8，574.5，739.5，742.0，797.5，803.0，868.0	淡紫	364.2，379.2，487.0，522.8，652.5	$^4I_{15/2}$	11	Er^{3+}
Pm^{3+}	4	$^5I_4$	548.5，568.0，702.5，735.5	浅红，黄	287.0，361.1，416.1，450.8，537.0，641.0	$^5I_8$	10	Ho^{3+}
Sm^{3+}	5	$^6H_{5/2}$	362.5，374.5，402.0	黄	350.4，365.0，910.0	$^6H_{15/2}$	9	Dy^{3+}
Eu^{3+}	6	$^7F_0$	375.0，394.1	无色*	284.4，350.3，367.7，487.2	$^7F_6$	8	Tb^{3+}
Gd^{3+}	7	$^8S_{7/2}$	272.9，273.3，275.4，275.6	无色	272.9，273.3，275.4，275.6	$^8S_{7/2}$	7	Gd^{3+}

* 也可能是极浅的红色。

由表 10.11 可见，Ln^{3+} 的颜色呈现出周期性变化的规律：

① 具有电子组态为全空、半满、全满的 f^0、f^7、f^{14} 和接近这些状态的 f^1、f^6、f^8、f^{13} 的镧系离子均为无色或接近无色，其余离子均显色。

② 从 $La^{3+}(4f^0)$ 到 $Gd^{3+}(4f^7)$ 的序列与从 $Lu^{3+}(4f^{14})$ 到 $Gd^{3+}(4f^7)$ 的逆序列离子有相同颜色。或者说 f^n 和 f^{14-n} 组态的离子有相同或相近的颜色，这意味着最大吸收与未成对 f 电子数呈简单关系。

Ln^{3+} 的颜色（以及镧系元素的第一电离势、非常态氧化态等）呈周期性变化的规律是和离子（或原子）的电子层结构密切相关的，随着原子序数的增加，电子依次充填周期性地组成了相似的结构体系。因此，凡是与电子结构有关的性质，都应该呈现周期性变化，上述具有 f^n 与 f^{14-n} 结构的离子颜色相同，就是因为未成对 f 电子数相同，电子跃迁需要的能量相近，故颜色相近。半满的 $4f^7$ 结构的 Gd 把镧系其余 14 种元素分成了两个小周期。

图 10.7 示出 f^2 组态的 Pr^{3+}(aq) 的电子吸收光谱图。Pr^{3+} 基态光谱项为 $^3H_4$，其余各谱项为 $^3H_5$、$^3H_6$、$^3F_2$、$^3F_3$、$^3F_4$、$^1G_4$、$^1D_2$ 和 $^3P_0$、$^3P_1$、$^3P_2$。实验观察到的 5 条谱带相应于电子从基态跃迁到不同高能级相应谱项而产生的。因而谱带用相应的自由离子谱项符号作标记。

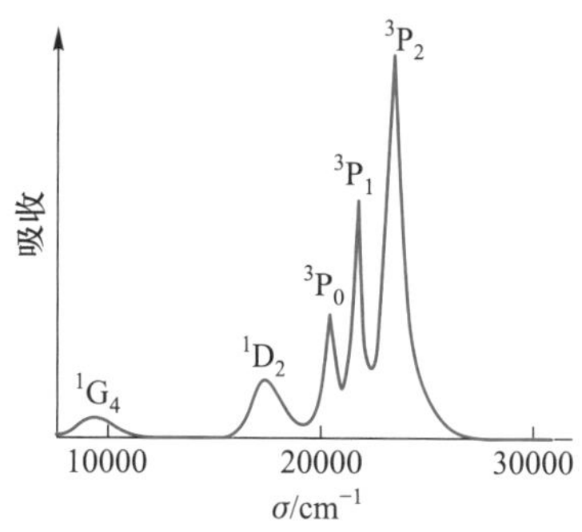

图 10.7　f^2 组态的 Pr^{3+}(aq) 的电子吸收光谱图

镧系离子光谱的一个特征是谱带狭窄，表明电子跃迁时并不显示激发分子振动，狭窄的谱带意味着电子受激发时分子势能面几乎没有变化，这与 f 电子与配体只存在弱相互作用相一致。

镧系离子的电子能级中某些激发态的非辐射寿命比较长，一般原子或离子的激发态平均寿命只有 10^{-10} ~ 10^{-8} s，而 Ln^{3+} 的平均寿命长达 10^{-7} ~ 10^{-6} s。这样就为镧系元素可以作为激光和荧光材料提供了依据。

镧系离子光谱还有一个特征是化合物的吸收光谱和自由离子的吸收光谱基本一样，都是线光谱，这是由于 4f 亚层外面的 $5s^2$、$5p^6$ 电子层的保护作用，使 4f 亚层受化合物中其他元素或基团的势场（晶体场或配位场）影响较小的缘故，而 d 区过渡元素化合物的光谱，由于受势场影响，吸收光谱由气态自由离子的线状光谱变为化合物和溶液中的带状光谱。

3. 镧系（稀土）离子的荧光性质

现已发现一些镧系离子（处于系列中间的一些离子）具有荧光性能，尤其是 Sm^{3+}、Eu^{3+}、Tb^{3+}、Dy^{3+} 能产生强的荧光，因而它们的化合物可作为荧光材料。

在第 3 章已经介绍过电视荧光粉 Y_2O_2S:Eu 的制备，这里将说明荧光产生的过程和机理。

首先，阴极射线激发基质 Y_2O_2S，被激发的基质把能量传递给 Eu^{3+}，使它激发，从基态 $^7F_0$ 跃迁到激发态 $^5D_1$ 和 $^5D_0$（见图 10.8），然后由 $^5D_1$ 和 $^5D_0$ 激发态返回到能量较低的能态 ^7F_J（J = 0、1、2、3、4 和 5）时，发出波长为 530 ~ 710 nm 的各种线状光谱。以 616 nm 附近的发射谱线为主，因而显示为红色荧光。

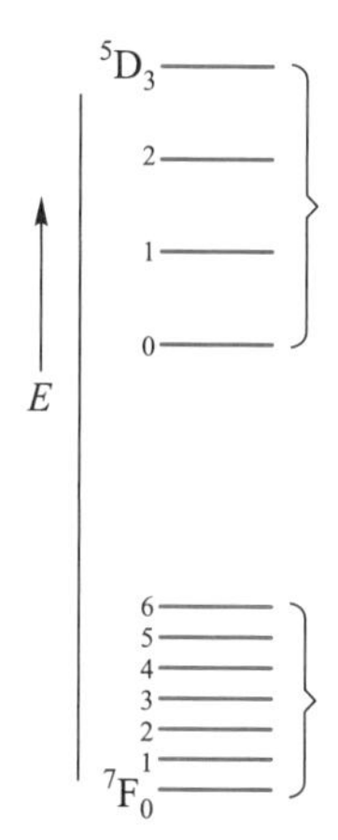

图 10.8　电视荧光粉中 Eu^{3+} 的能级图

稀土离子的荧光光谱同吸收光谱一样均来自 f→f、d→f 和电荷迁移三方面的跃迁，但主要是发生在 f→f 能级之间的跃迁。根据这些跃迁机制，稀土离子 RE^{3+} 的荧光性能可分为三类：

（1）Sc^{3+}、Y^{3+}、La^{3+}、Lu^{3+}、Gd^{3+} 没有 f→f 跃迁，所以它们没有荧光；

（2）Sm^{3+}、Eu^{3+}、Tb^{3+}、Dy^{3+} 能产生强的荧光；

（3）Pr^{3+}、Nd^{3+}、Ho^{3+}、Er^{3+}、Tm^{3+}、Yb^{3+} 产生弱荧光。

稀土化合物作为荧光材料已广泛应用于彩色电视显像管、荧光灯、X 射线增感屏等器件。在荧光材料中，稀土离子可作为基质的组成部分，如 Y^{3+}、La^{3+}、Lu^{3+}，因为它们比较稳定，激发态和基态能量相差大，不易激发，因而在可见区、紫外区无吸收，不会带来影响。而 Eu^{3+}、Tb^{3+} 等离子具有强的荧光性质，可作为激活离子。

4. 镧系（稀土）的激光性能

第 4 章已经介绍过 Nd^{3+} 的激光产生的机理。稀土离子作为激光介质是由于在稀土离子的 4f 电子组态中具有较长寿命的激发态能级-亚稳态。

大多数稀土离子作为激活离子，其激光光谱为 500～3000 nm，其中波长最短的激活离子是 Nd^{3+}（312.5 nm），最长的是 Dy^{3+}（2360 nm）。这些激活离子的固态、液态和气态都可进行激光发射。应用稀土离子产生的激光在实验室、光学光谱、全息摄影和激光熔融及医疗上都得到了应用，也可用于材料加工、通信和军事中。

10.4.2　镧系元素的磁性

从第 7 章已经知道，物质的磁性来自物质内部的电子和核的磁效应。由于核的磁效应约比电子的磁效应小三个数量级，因而在讨论中可忽略不计。所以，原子、离子或分子的电子磁效应来源于电子的轨道运动和自旋运动，因此它们的磁性是轨道磁性和自旋磁性的某种组合，轨道磁性由轨道角动量 L 所决定，自旋磁性由自旋角动量 S 产生。

对于一些 d 区过渡元素来说，由于轨道运动对磁性的贡献往往被配体的电场相互作用猝灭，其磁矩表现为纯自旋磁矩。而镧系元素的原子或离子的自旋-轨道耦合较大，总磁矩是二者耦合的结果。计算磁矩时应考虑电子自旋和轨道运动两方面对磁矩的影响，应该由式（7.25）进行计算。

例 1　计算 Pm^{3+} 的磁矩。

解：Pm^{3+} 的 $L=6, S=2, J=4$（查表 10.9），于是根据式（3.5）和式（7.24）：

$$g = 1+\frac{S(S+1)+J(J+1)-L(L+1)}{2J(J+1)} = 1+\frac{2\times(2+1)+4\times(4+1)-6\times(6+1)}{2\times4\times(4+1)}$$

$$= 3/5$$

$$\mu_{eff}/\text{B.M.} = g[J(J+1)]^{1/2} = \frac{3}{5}[4\times(4+1)]^{1/2} = 2.68$$

例 2　计算 Ho^{3+} 的磁矩。

解：查表 10.9 知 Ho^{3+} 的的 $L=6, S=2, J=8$，则

$$g=1+\frac{2\times(2+1)+8\times(8+1)-6\times(6+1)}{2\times8\times(8+1)}$$

$$=5/4$$

$$\mu_{\mathrm{eff}}/\mathrm{B.M.}=\frac{5}{4}[8\times(8+1)]^{1/2}=10.61$$

镧系离子 Ln^{3+} 基态的朗德因子 g 及磁矩的理论值和实验值列于表 10.9 中后三列。除 Sm^{3+},Eu^{3+} 外,其余离子的实验磁矩与理论值接近,这是由于镧系离子的成单电子处在内层的 4f 轨道中,受到 $5s^2$、$5p^6$ 壳层的屏蔽,因此受环境的影响较小,所以镧系化合物的磁矩与镧系离子的理论磁矩基本一致。Sm^{3+}、Eu^{3+} 的实验值大于它们的理论值,其原因是部分电子占据了激发态(能差变小)。

除 La^{3+} 和 Lu^{3+} 外,其余镧系离子都含有成单电子,因此它们都有顺磁性。Ln^{3+} 的磁矩随基态 J 的变化而变化,磁矩与原子序数的关系中出现两个峰(图 10.9),最大磁矩出现在 Tb^{3+}、Dy^{3+}、Ho^{3+}、Er^{3+} 处,这是由于它们的轨道磁矩和自旋磁矩方向一致,因而总角动量量子数 J 的值最大。Sm^{3+} 处的最小值是因为它的轨道磁矩和自旋磁矩方向刚好相反。

此外,非+3 价镧系离子的磁矩与等电子的+3 价镧系离子的磁矩基本接近。

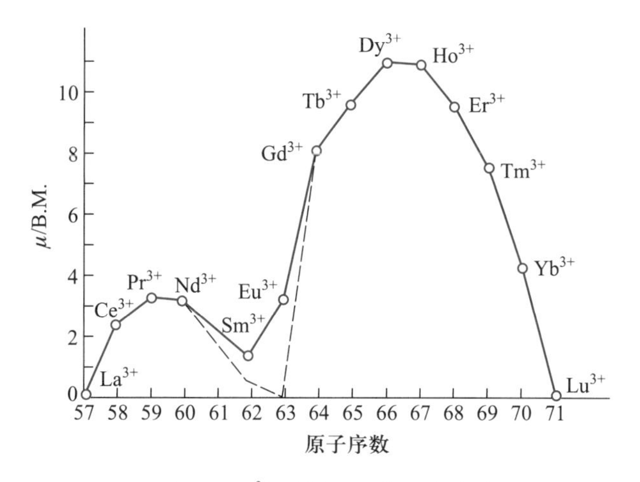

图 10.9 Ln^{3+} 的磁矩(虚线是理论值)

10.5 镧系元素的配位化合物

10.5.1 f 轨道在对称配位场中的分裂

在自由离子体系中,f 轨道是七重简并的,能量相同,图 10.10 给出了 f 轨道的角度分布图。

在不同对称配位场中,f 轨道不再等价,发生分裂。在八面体场和四面体场中,七重简并的 f 轨道分裂成三组,它们分别是

f_δ:八面体场 t_{1u},四面体场 t_1,三重简并。

f_ε：八面体场 t_{2u}，四面体场 t_2，三重简并。

f_β：八面体场 a_{2u}，四面体场 a_2，非简并。

根据量子力学原理进行线性组合得到的新轨道的角度分布图如图 10.11 所示。

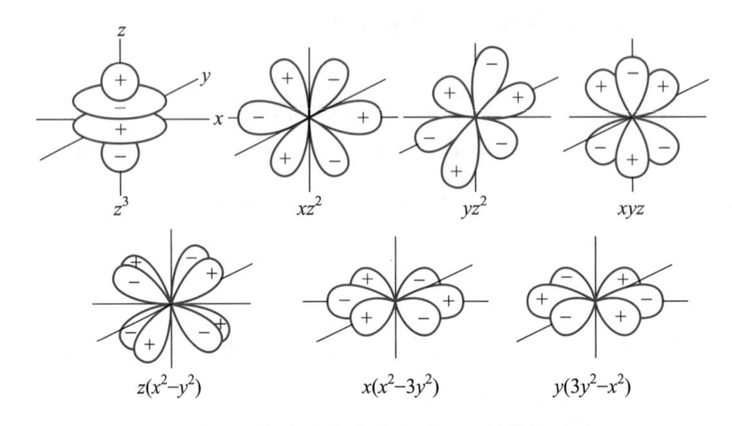

图 10.10　f 轨道的角度分布图（还有其他画法）

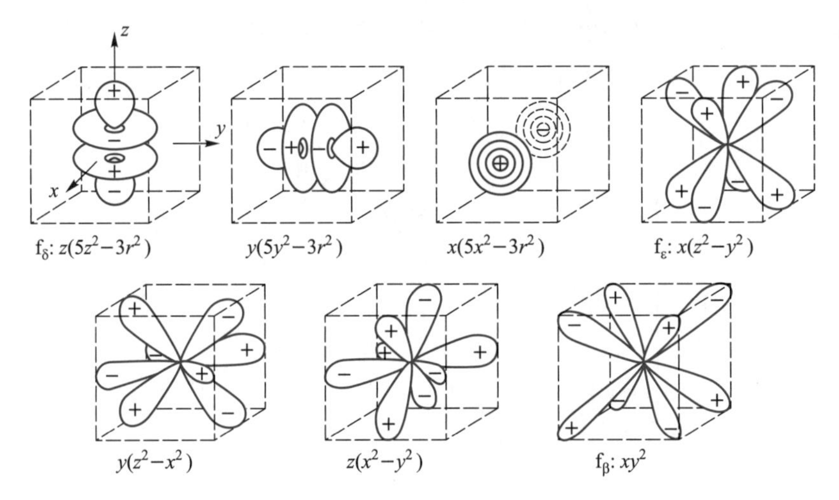

图 10.11　八面体场中 f 轨道的角度分布图

在八面体场中 f 轨道分裂后的能级顺序如图 10.12 所示，f_δ 能量较高，f_ε 能量次之，f_β 的能量最低。在四面体场中，能量分裂的高低顺序恰好相反，f_β 能量最高，f_ε 次之，f_δ 能量最低。

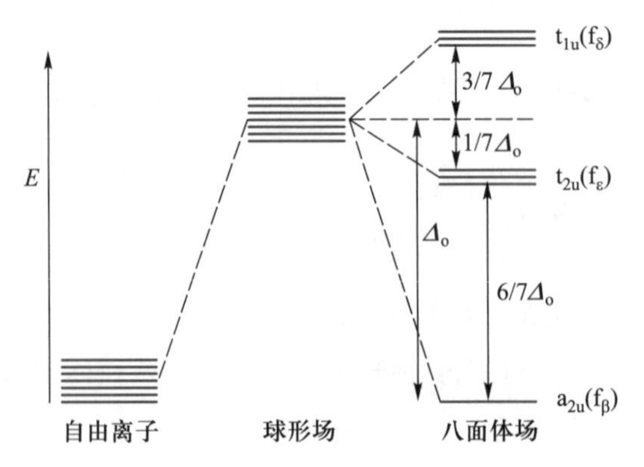

图 10.12　八面体场中 f 轨道能级的分裂

由于4f轨道受$5s^2$和$5p^6$轨道的屏蔽，f轨道的能级分裂较小。在八面体场中，其分裂能Δ_o约1 kJ·mol^{-1}，在四面体场中的分裂能Δ_t则更小，因而f电子总是尽可能排列在七条轨道上，然后再按能级高低顺序配对。

根据八面体场中f轨道分裂的情况，可以计算Ln^{3+}的4f电子在八面体场中的稳定化作用。

$$稳定化作用 = \frac{1}{7}[6n(a_{2u}) + n(t_{2u}) - 3n(t_{1u})]\Delta_o$$

式中n是分裂后f电子在三组轨道中的数目。表10.12列出其计算结果并在图10.13中示出。

表 10.12 Ln^{3+}的4f电子在八面体场中的稳定化作用

离子	4f电子数	4f电子在轨道上的分布			稳定化作用单位
		$n(a_{2u})$	$n(t_{2u})$	$n(t_{1u})$	$\left(\frac{1}{7}\Delta_o\right)$
La^{3+}	0	0	0	0	0
Ce^{3+}	1	1	0	0	6
Pr^{3+}	2	1	1	0	7
Nd^{3+}	3	1	2	0	8
Pm^{3+}	4	1	3	0	9
Sm^{3+}	5	1	3	1	6
Eu^{3+}	6	1	3	2	3
Gd^{3+}	7	1	3	3	0
Tb^{3+}	8	2	3	3	6
Dy^{3+}	9	2	4	3	7
Ho^{3+}	10	2	5	3	8
Er^{3+}	11	2	6	3	9
Tm^{3+}	12	2	6	4	6
Yb^{3+}	13	2	6	5	3
Lu^{3+}	14	2	6	6	0

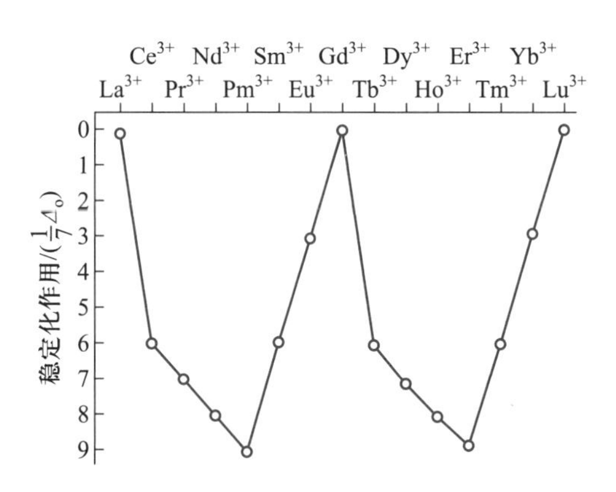

图 10.13 Ln^{3+}的4f电子在八面体场中的稳定化作用

10.5.2　镧系元素配合物的特点

1. 镧系元素的配位性能

镧系离子的外层电子组态对应于稀有气体电子组态，它的 4f 电子被 $5s^2$ 和 $5p^6$ 外层电子所屏蔽，一般不易参与成键，这就使得镧系离子的配位性能和 d 区过渡元素离子的差别较大。但是，由于镧系离子具有较高的正电荷，因而它们的配位能力又比 Ca^{2+}、Ba^{2+} 稍大。

镧系离子半径大、离子势小、极化能力小，镧系离子与配位原子主要以静电引力相结合，故配位键主要是离子键型的。但对那些强螯合剂（如 EDTA）中的胺基氮原子、酸性膦型萃取剂中磷酰基上的氧原子配位时，配位场作用强，引起 4f 轨道电子离域，使配合物表现出部分共价键的性质。

由于镧系离子与配位基团的静电引力小，因而配位基团的活动性较大。在溶液中，镧系离子与配体的反应快，易发生配体取代反应。

2. 配位原子

从软硬酸碱的观点看，镧系离子属于硬酸，因而它们易与含硬碱的原子形成化学键。配体的电负性越大，配位能力就越强。因而氟、氧有最强的配位能力，氮原子次之，与卤素、硫（硒、碲）、磷等原子的配位能力较弱。一般单齿配体的配位能力有这样的顺序：

$$F^- > OH^- > H_2O > NO_3^- > Cl^-$$

3. 配位数

镧系离子在形成配位键时，键的方向性不强，空间因素对配位数起着主要作用，在配体与金属离子相对大小许可的条件下，配位数可在 3～12 变动，参见图 10.14。镧系离子最常见的配位数是 8 和 9，而过渡金属离子的最常见配位数是 4 和 6。因此不同于过渡金属，镧系元素能生成高配位数的配合物。

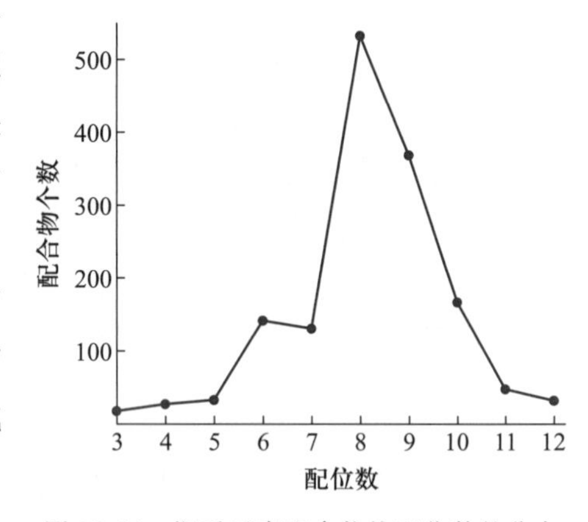

图 10.14　镧系元素配合物按配位数的分布

随镧系离子半径的减小，配位数有降低的倾向，如半径较小的 Yb^{3+} 形成七配位配合物 $[Yb(acac)_3(H_2O)]^{3+}$，而半径较大的 La^{3+} 则形成十一配位的配合物 $[La(acac)_3(H_2O)_5]^{3+}$。

配体的体积和电荷对配位数也有影响。配体体积增大会使配位数变小，配体电荷增大时，金属的配位数有降低的倾向。

10.5.3　镧系元素配合物的热力学性质

1. 镧系元素配合物的稳定性递变规律

从理论上预期镧系元素配合物的稳定性应随半径的递减而线性变化，但大量实验数据表明，在轻镧系元素部分（La～Sm），配合物稳定性随原子序数的递增和离子半径的递减而递增，而中、重镧系元素配合物的稳定性变化没有这种线性规律，随原子序数递增和离子半径递减，表现出稳定性递增、稳定性基本不变和稳定性减小三种类型。

在镧系元素配合物的稳定性与原子序数的变化关系中，有一个"钆断"现象，即几乎所有配体与钆形成的配合物的稳定性都比相邻元素要小，这是由于 Gd^{3+} 的 4f 电子处于半充满的稳定状态，屏蔽效应大，有效核电荷相对减小，从而使离子半径收缩幅度减小，导致配合物稳定常数降低，从而出现"钆断"现象。"钆断"现象不仅反映在配合物的稳定性上，在其他的热力学性质、离子半径、氧化还原电势等性质上也都有表现。

按照镧系元素配合物中的配位场效应，即稳定化作用应使配合物的解离焓变曲线出现"双峰效应"。然而，由于 4f 电子的配位场效应比较小，这种"双峰效应"很难观察到。为了观察这种配位场效应，必须避开其他因素的影响。为此，设计了以下反应：

① $[Ln(dtpa)]^{2-}(aq) \longrightarrow Ln^{3+}(aq) + dtpa^{5-}(aq)$（dtpa = 二乙烯三胺五乙酸）

② $Ln(EtSO_4)_3 \cdot 9H_2O(s) \longrightarrow Ln^{3+}(aq) + 3EtSO_4^-(aq) + 9H_2O(l)$

二者耦合（①式减②式）得到一个假设的反应：

③ $[Ln(dtpa)]^{2-}(aq) + 3EtSO_4^-(aq) + 9H_2O(l) \longrightarrow Ln(EtSO_4)_3 \cdot 9H_2O(s) + dtpa^{5-}(aq)$

$$\Delta_r H_m^\ominus(③) = \Delta_r H_m^\ominus(①) - \Delta_r H_m^\ominus(②)$$

反应③是一个相当于水分子取代配体的过程，但避开了可能遇到的不同镧系离子有不同水合度因而难以比较的情况，其中含 Ln 的项都存在配位场稳定化作用。研究发现，从 La→Lu，配合物的稳定性增大的趋势被认为是半径递减所造成的。对于 La、Gd、Lu，因不存在配位场稳定化作用，故三点位于一条平滑的线上，余下各点显示了"双峰效应"。不过，这种稳定化作用仅在 1~3 $kJ \cdot mol^{-1}$ 的幅度变化。

如上所述，镧系元素配合物的稳定性并不与离子半径的变化有平行的关系，影响配合物稳定性的因素除离子半径外，还应考虑配合物中金属配位数的改变、配体的位阻效应、水合程度及价键成分等对配合物稳定性的影响。

2. 镧系元素配合物性质的递变规律

由于 4f 电子的依次填充，使镧系元素配合物的许多性质都随原子序数的递增，呈现规律性变化，其中四分组效应、双-双效应和斜 W 效应最为特征。

"四分组效应"是在 1969 年由 Pepard 等人在研究酸性磷酸酯对镧系元素的萃取规律时总结提出的。所谓"四分组效应"是指"在 15 种镧系元素的液液萃取体系中，以萃取分配比（D）的对数 lg D 对原子序数作图，能用四条平滑的曲线将图上示出的 15 个点分成四个四元组。钆的那个点为第二组和第三组共用；第一组和第二组的曲线延长线在 Nd、Pm 之间相交，第三组与第四组的曲线延长线在 Ho、Er 之间相交"。

图 10.15 示出在 HCl-苯体系中以磷酸二辛酯（H[DOP]）作为萃取剂的 lg D(H[DOP]) 对原子序数所作的图，四分组效应十分明显。萃取过程，实质上是配合物形成的过程，因而从萃取过程得到的四分组效应就是镧系元素配合物性质的反映。

"四分组效应"实质上是镧系元素 4f 电子组态变化的一种表达。在 4f 轨道中，除了全空

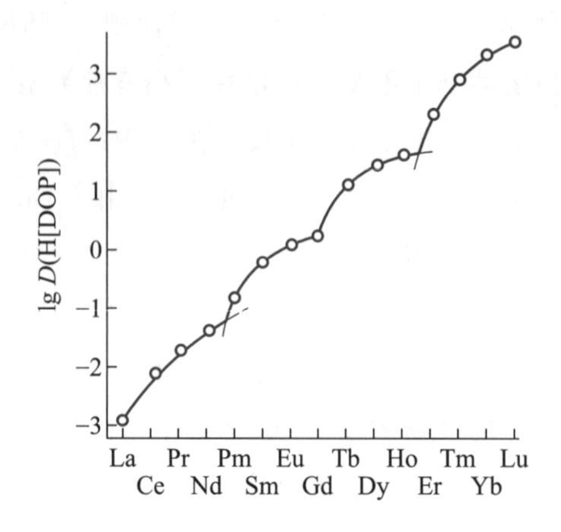

图 10.15　镧系元素萃取分配比的对数与原子序数的关系

($4f^0$)、半满($4f^7$)、全满($4f^{14}$)是稳定结构外,它的 1/4 满($4f^{3.5}$,Nd～Pm)和 3/4 满($4f^{10.5}$,Ho～Er)也是一种稳定结构。据认为这是电子云收缩比率在小数点后第三位上的变化所引起的。一般说来,1/4 满和 3/4 满的稳定化能量只有半满稳定化能的 1/6。既然是稳定结构,屏蔽就大,有效核电荷就小,配合物的稳定性就差一些。

“双双效应”是在 1964 年由 Fidelis 等人在用萃取色层研究镧系元素的分离时所发现的。“双双效应”是指镧系元素的萃取分离系数(β)与原子序数的关系中分为 La～Gd 和 Gd～Lu 两组,每一组中出现两个最大和最小值,如图 10.16 所示。图 10.16(a)、(b)分别是以磷酸二(2-乙基己基)酯(HDEHP)和磷酸三丁酯(TBP)作为萃取剂的结果。

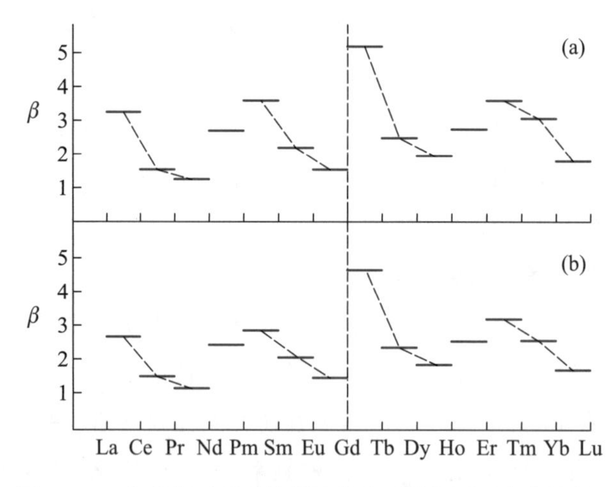

图 10.16　相邻镧系元素的萃取分离系数与原子序数的关系

“双双效应”源于 f^0、$f^{3.5}$、f^7、$f^{10.5}$、f^{14}结构的稳定性,事实上,“双双效应”的图形是由四组相似的图形所构成的,也就是说,“双双效应”和“四分组效应”反映的都是镧系元素性质递变的规律性,它们在本质上是相同的,只是表示方法不同而已。

1975 年 Sinha 将镧系元素的某些性质与对应元素的总轨道角动量 L 作图时,发现了“斜 W 效应”。图 10.17 示出的是镧系离子 EDTA 配合物的 $\lg K^{\ominus}_{稳}$ 与总轨道角动量 L 的关系。图形呈现斜 W 形,得到四条线段。

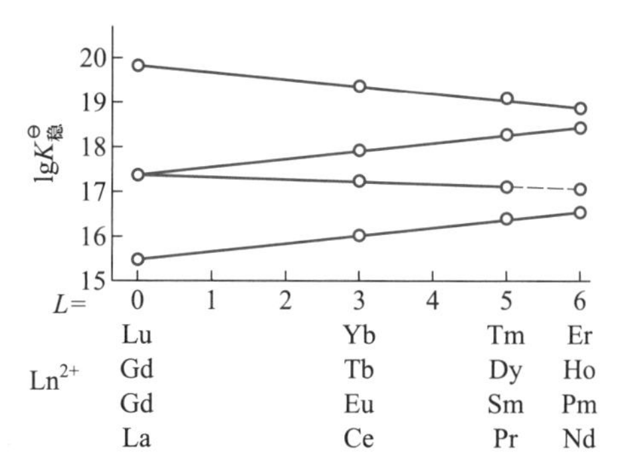

图 10.17 镧系离子 EDTA 配合物的 $\lg K^{\ominus}_{稳}$ 与总轨道角动量 L 的关系

“斜 W 效应”实际上也是“四分组效应”的另一种表达形式,之所以出现这样的图形是因为使用镧系元素配合物的热力学性质对原子序数作图时,原子序数是单调上升的,而当用总轨道角动量 L 对热力学性质作图时,L 是周期性变化的。

10.5.4 镧系元素的主要配合物

1. 含 Ln—O 键的配合物

含 Ln—O 键的配合物数量很多,如水合阳离子$[Ln(H_2O)_n]^{3+}$($n=8$ 或 9),混合配体离子$[GdCl_2(H_2O)_6]^+$、$[NdCl_2(H_2O)_6]^+$、$[Pr(NO_3)_3(H_2O)_4]$等,除此之外的常见的配体还有 β-二酮、有机羧酸、氨基酸、冠醚及其他中性含氧有机配体等。

(1) β-二酮

β-二酮是 Ln^{3+}的很好的螯合剂。常见的螯合物有$[Ln(RCOCHCOR)_3(H_2O)_n]$($n=1$ 或 2)、$[Ln(RCOCHCOR)_4]^-$和$[Ln(RCOCHCOR)_3L]$等。其中 R 代表烷基、芳基和氟化烷基等,L 代表任一中性配体,如 H_2O、吡啶、联吡啶、邻菲咯啉等。

β-二酮镧系螯合物对热、水化、氧化都很稳定,在非极性有机溶剂中溶解度大。具有广泛的用途。如用于气相色谱分离镧系元素、作合成橡胶定向聚合的催化剂、作发光材料、作萃取剂、作分析试剂等。其中部分氟化的 β-二酮配体与 Ln^{3+}形成的配合物因具有挥发性可用作核磁共振位移试剂用以辨认有机化合物及生物体系中的化合物的结构。

(2) 有机羧酸

一元、二元或多元有机羧酸都可与镧系离子生成稳定的配合物。羧酸解离出质子后以阴离子的形式与镧系离子配位,羧基具有多种配位方式。例如:

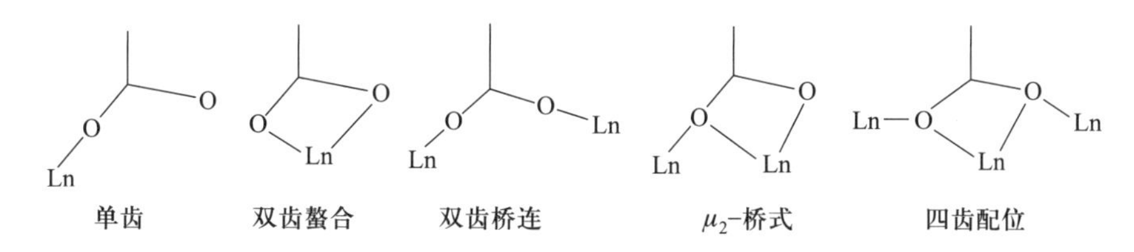

羧基的多种配位方式,导致配合物的形式多种多样,如单核、双核、多聚分子,使得配合

物的结构化学丰富多彩。具有一维、二维和三维网状结构的镧系羧酸配合物是众多研究者的研究热点。

（3）氨基酸

氨基酸是含氧、氮等配位原子的配体。由于氮原子的配位能力较弱，所以氨基酸多数是以羧基氧原子与镧系离子配位的，因此氨基酸与镧系离子的配位方式与有机羧酸相同。

对于镧系离子和各种氨基酸在水溶液中的配位作用已经有了比较系统的研究。已测定了 9 种氨基酸（甘氨酸、α-丙氨酸、谷氨酸、脯氨酸、胱氨酸、苯丙氨酸、缬氨酸、丝氨酸和蛋氨酸）与镧系离子形成的固体配合物的结构，尚有少数天然氨基酸镧系元素配合物的结构还未能确定。由镧系元素氨基酸配合物的结构数据可以获得镧系元素与蛋白质相互作用的有用信息，所以，这些课题是生物无机化学的研究热点之一。

（4）冠醚

作为一种新型的萃取剂，冠醚具有较高的选择性，可望在镧系元素分离中得到应用。对于不同取代基的冠醚，其萃取能力不一样，对于同一冠醚，如苯并-15-冠-5 和 18-冠-6 对镧系元素的分配比由 La→Sm 逐渐上升，Sm 呈现最大值，然后由 Sm→Lu 依次降低。

镧系元素冠醚配合物主要是 1∶1 型的，如 18-冠-6 与 $Ln(NO_3)_3$ 生成 1∶1 型的 $Ln(NO_3)_3 \cdot (CH_2CH_2O)_6 \cdot nH_2O$ 配合物。在该配合物中，Ln^{3+} 的配位数是 12，由冠醚中的 6 个 O 原子及三个双齿配体 NO_3^- 的 6 个 O 原子配位。除此之外，还有 4∶3、3∶2、2∶1、1∶2 等类型。

影响镧系离子与冠醚物质的量比的主要因素有冠醚空腔内径与镧系离子半径的相对大小、阳离子的配位能力、配体的柔软性、配体的配位原子数目等。

（5）其他中性含氧有机配体

其他中性含氧有机配体可用通式 $R_nX{=}O$（X = C、S、N、P、As）表示，它们的配位能力按下列次序依次增加：

$$R_3NO \sim R_3PO < R_2SO < R_2CO$$

这些配体可以以单齿或双齿的形式配位形成结构不同的配合物，如 $[Nd(PMSO)_4(NO_3)_3]$、$[RE(C_5H_5NO)_3]^{3+}$（RE = La、Nd）等。

2. 含 Ln—N 键的配合物

典型的以 N 配位的配体有脂肪胺类、酰胺类、吡啶类和希夫碱类。

脂肪胺类配体在含氮配体中具有最强的碱性，它们和镧系离子形成配合物时必须严格除水，否则镧系离子会立即水解。与脂肪胺类相比，酰胺类的碱性要弱一些，这类配体通过 $\rangle C{=}O$ 的氧和 $—NH_2$ 的氮配位。

吡啶类配体的镧系元素配合物的研究较多，常见的吡啶类配体有二齿配体 2,2′-联吡啶（bipy）和 1,10-二氮菲（phen）、三齿配体三联吡啶（tripy）等，这类配体在镧系元素混合配体配合物中经常出现,可以增大配合物的稳定性和提高配合物的发光性。吡啶类配体对镧系离子的较强配位作用,在很大程度上是由于吡啶环上氮原子周围较大的 π 电子云密度与镧系离子的 5d 轨道产生的 π-d 作用造成的。

希夫碱因 $\rangle C{=}N-$ 对镧系离子的配位能力较弱,所以在合成的配合物中,配体都是含多个螯合原子的大环或多齿链状的配体。

此外,酞菁、卟啉等含氮大环芳香胺类镧系元素配合物也是研究得比较多的。

3. 含 Ln—C 键的配合物

含有金属-碳键的化合物属于有机金属化合物。第一种镧系有机金属化合物——稀土环戊二烯化合物是在 1954 年由 Wilkinson 合成的。有机镧系金属化合物不仅在结构和化学键方面具有特点,而且在催化剂和制备高科技材料方面它们也有广泛的应用前景。

有机镧系金属化合物由于 Ln—C 键的不稳定性,在合成和表征上都较为困难,但轻、中、重镧系的有机金属化合物却已合成出来,其中以 Sm、Yb 和 Lu 的化合物研究得最多。在新合成的配合物中含有环戊二烯及其衍生物者最多,大约占总数的 85%,如 $C_5H_5CeCl_3 \cdot nTHF$(n=1、2和 3)、$(C_5H_5)_2LnX$(Ln=Sm~Lu,X=Cl、I),$(C_5H_5)_3La(NCCH_3)_2$等。此外还有以下一些有机金属化合物:

环辛四烯配合物,如 $Eu(C_8H_8)_2$、$Ce(C_8H_7Me)_2$、$K[Ce(C_8H_8)_2]$、$[(C_8H_8)Lu(C_5Me_5)]$等。

芳环类配合物,如$(C_6H_5)Gd(THF)_4Cl_2$、$(C_6H_5CH_2)Ce(C_5Me_5)$、$(C_6H_5Me)Sm(AlCl_4)_3$等。

茚基配合物,如 $Sm(\eta^5\text{-}C_9H_7)_3$、$(\eta^5\text{-}C_9H_7)_3Nd(THF)$等。

羰基配合物,如 $Ln(CO)_n$等。

有机稀土金属化合物的合成方法主要有下面几种:

① 置换反应:$LnCl_3 + 3NaC_5H_5 \xrightarrow{THF} Ln(C_5H_5)_3 + 3NaCl$

② 氧化反应:$Ln + 3C_5H_6 \longrightarrow Ln(C_5H_5)_2 + C_5H_8$

③ 还原反应:$Yb + 2Yb(C_5H_5)_2Cl \xrightarrow{THF} 2Yb(C_5H_5)_2 \cdot THF + YbCl_2$

④ 金属热原子法:$Ln + C_8H_8 \longrightarrow Ln(C_8H_8)$ (Ln=Eu、Yb)

有机镧系金属化合物一般具有特征的颜色,热稳定性不大,保持自由离子的磁矩。表 10.13 列出一些镧系元素的环戊二烯、环辛四烯化合物的性质,这类化合物对氧和潮湿的空气十分敏感,易被水和 $FeCl_2$分解,可以与醇钠、烷基锂及硼氢化钠等试剂反应:

$$(C_5H_5)_2SmCl + 3H_2O \longrightarrow Sm(OH)_3 + 2C_5H_6 + HCl$$

$$(C_5H_5)_2SmCl + FeCl_2 \longrightarrow Fe(C_5H_5)_2 + SmCl_3$$

$$Ln(C_5H_5)_2Cl + NaOR \xrightarrow{THF} Ln(C_5H_5)_2OR + NaCl$$

$$Ln(C_5H_5)_2Cl + LiR \xrightarrow{THF} Ln(C_5H_5)_2R + LiCl$$

表 10.13　一些镧系元素的环戊二烯、环辛四烯化合物的性质

化 合 物	颜色	熔点/K	升华温度/K	有效磁矩/B.M.
$La(C_5H_5)_3$	无色	668	523	反磁
$Pr(C_5H_5)_3$	浅绿色	668	493	3.61
$Pm(C_5H_5)_3$	橙色	稳定到 523	418~533	
$Eu(C_5H_5)_3$	褐色		分解	3.74
$Tb(C_5H_5)_3$	无色	589	503	8.9
$Ho(C_5H_5)_3$	黄色	568	503	10.2
$Tm(C_5H_5)_3$	黄绿色	551	493	7.1
$Lu(C_5H_5)_3$	无色	537	453~483	反磁
$Eu(C_8H_8)$	橙色	773		
$Yb(C_8H_8)$	粉色	773		反磁
$K[La(C_8H_8)_2]$	绿色	433		反磁
$K[Pr(C_8H_8)_2]$	金黄色	433		2.84
$K[Sm(C_8H_8)_2]$	褐色	433		1.42
$K[Tb(C_8H_8)_2]$	褐黄色	433		9.86
$[Pr(C_8H_8)(THF)_2Cl]$	浅绿色	>323		3.39
$[Sm(C_8H_8)(THF)_2Cl]$	紫色	>323		1.36

镧系有机金属化合物的化学键有以下类型：

① 配体以 π 电子与镧系离子成键；

② 镧系离子与碳原子形成 σ 键；

③ 镧系离子既是 σ 电子的接受体，又是 π 电子的给予体。

除此之外，在镧系有机金属化合物中还可能存在金属-金属键。

4. 含其他配体的配合物

镧系离子除了可以与氧、碳、氮等硬碱原子配位外，还可以和含有硫、碲、磷、砷、硅、锡、卤素和氢等配位原子的配体形成稳定性较差的配合物。

以硫原子和镧系配位的有机配体有 β-二酮的硫代衍生物、硫脲及其衍生物、硫化羧酸及硫代磷酸等。在硫族元素中，Se 和 Te 也能与镧系离子配位形成配合物，但配合物数目较少。

在通常情况下，含 Ln—P 和 Ln—As 键的配合物是不能稳定存在的，需要在无水无氧条件下合成，且形成的 Ln—P 和 Ln—As 键很弱。

与含 Ln—C 键的配合物相比，Ln—Si、Ln—Sn 键的镧系配合物数目很少，其中含 Ln—Si 键的镧系配合物 $(Ph_3Si)_2Yb(THF)_4$ 是 1994 年首次报道的。

含 Ln—H 键的镧系配合物可分为两类：一类是同时含有 Ln—C 和 Ln—H 键的配合物，其中氢作为桥式配位原子与镧系离子产生 Ln—H 桥键，如 $(\eta^5\text{-}C_5Me_5)_2Sm\langle{}^{H}_{H}\rangle Sm(\eta^5\text{-}C_5Me_5)_2$；另一类是含硼的镧系配合物，如 $Y(BH_4)_4(THF)$。

10.6 稀土金属的提炼

稀土矿物大约有250多种,其中重要的稀土矿物有独居石、氟碳铈矿、磷钇矿、硅铍钇矿等十几种,它们是提取稀土金属的重要工业原料。

根据矿物的基本物理、化学性质,矿物的组成和工业产品的要求,从矿物提取稀土元素的工艺有所差异,但主要包括三个阶段:① 精矿的分解;② 化合物的分离和净化;③ 稀土金属的制备。

10.6.1 精矿的分解

精矿的分解是利用化学试剂与精矿作用,将矿物的化学结构破坏,使稀土元素和伴生元素得到初步分离。常用的方法有碱分解法、酸分解法、氯化法和焙烧法等。例如:

(1) 独居石的氢氧化钠溶液分解

$$REPO_4 + 3NaOH \xrightarrow{\triangle} RE(OH)_3 \downarrow + Na_3PO_4$$

(2) 独居石的硫酸分解

$$2REPO_4 + 3H_2SO_4 \xrightarrow{\triangle} RE_2(SO_4)_3 + 2H_3PO_4$$

(3) 氟碳铈矿(或独居石)的氯化法

$$RE_2O_3 + 3C + 3Cl_2 \xrightarrow{\triangle} 2RECl_3 + 3CO$$

$$2CeO_2 + 4C + 3Cl_2 \xrightarrow{\triangle} 2CeCl_3 + 4CO$$

(4) 氟碳铈矿的碳酸钠焙烧法

$$2RE(CO_3)F + Na_2CO_3 \xrightarrow{\triangle} RE_2(CO_3)_3 + 2NaF$$

$$RE_2(CO_3)_3 \xrightarrow{\triangle} RE_2O_3 + 3CO_2$$

10.6.2 稀土元素的分离和净化

该过程主要是将稀土与非稀土杂质的分离和稀土元素间相互的分离,由于稀土元素及其+3价态的化合物性质的相似性,给分离和提纯带来很大困难。

目前,稀土分离方法有化学分离法、离子交换法和溶剂萃取法等。

1. 化学分离法

(1) 分级结晶法

这种方法是根据稀土化合物的溶解度随原子序数递变的性质进行分离的。此法通常要经过晶体溶解、溶液蒸发、浓缩和结晶等反复操作,才能得到较好的分离效果。

使用硝酸铵复盐分级结晶方法可以分离铈组稀土元素。形成硝酸铵复盐的反应为

$$Ln(NO_3)_3 + 2NH_4NO_3 + 4H_2O \xlongequal{} Ln(NO_3)_3 \cdot 2NH_4NO_3 \cdot 4H_2O$$

生成的硝酸铵复盐在 293 K 时的溶解度差异为

La^{3+}	Ce^{3+}	Pr^{3+}	Nd^{3+}	Sm^{3+}
1	1.5	1.7	2.2	4.6

镧的硝酸铵复盐因其溶解度最小,在结晶时首先析出。用这种方法制备得到的产品纯度可达 99.9%。

(2) 分级沉淀法

此法与分级结晶法的原理和操作过程相似,是在稀土元素混合液中加入一定量的沉淀剂,通过控制沉淀剂的加入量,使稀土元素逐个析出以达到分离的目的。

分级沉淀法可采用硫酸复盐沉淀法。根据稀土硫酸复盐的溶解度的差异可把稀土化合物分成三组:难溶性的铈组元素(La、Ce、Pr、Nd、Sm)、微溶性的铽组元素(Eu、Gd、Td、Dy)和可溶性的钇组元素(Ho、Er、Tm、Yb、Lu、Y)。

可利用的难溶化合物还有氢氧化物、草酸盐、铬酸盐和亚铁氰化物。

也可以应用乙酸、氮三乙酸、乙二胺四乙酸等配位剂和稀土元素生成不同稳定性的配合物,使稀土元素分离。

(3) 氧化还原法

此法是采用选择性氧化或还原的方法,使具有非正常氧化态的元素与+3 价相邻元素间的性质差别增大,从而达到分离的目的,包括 Ce 的氧化分离和 Sm、Eu、Yb 的还原分离。

把含有 Ce^{3+} 的混合稀土氢氧化物悬浮于水中,通入 Cl_2 作为氧化剂,使+3 价铈氧化为+4 价铈。

$$2Ce(OH)_3 + Cl_2 + 2OH^- \xlongequal{} 2Ce(OH)_4 + 2Cl^-$$

由于 $Ce(OH)_4$ 的碱性很弱,在 $pH<3$ 时即能存在于沉淀中。而其余+3 价稀土氢氧化物在 $pH>6$ 时才能生成,并与 Cl_2 发生如下反应:

$$2Ln(OH)_3 + 3Cl_2 \xlongequal{} LnCl_3 + Ln(ClO)_3 + 3H_2O$$

生成的盐溶于水而进入溶液,这样就可分离出 Ce。

利用选择还原法可分离 Sm、Eu、Yb。用锌粉碱度法提取 Eu 时,锌粉首先将 Eu(Ⅲ)还原:

$$2EuCl_3 + Zn \xlongequal{} 2EuCl_2 + ZnCl_2$$

再用氨水沉淀未被还原的其他 RE(Ⅲ),而 Eu(Ⅱ)不形成沉淀,仍留在溶液中,从而可将 Eu 分离并提取。

2. 离子交换法

分离稀土元素一般用强酸型阳离子交换树脂,分离的过程通常分为以下两个步骤:

(1) 将含有稀土离子的溶液从顶部注入阳离子交换柱,此时会发生如下交换反应:

$$3RH(s) + Ln^{3+}(aq) \underset{解析}{\overset{吸附}{\rightleftharpoons}} LnR_3(s) + 3H^+(aq)$$

Ln^{3+}置换 H^+后被吸附在离子交换树脂上。

(2) 用含有阴离子配体的溶液作淋洗剂冲洗交换柱。

如酒石酸根、乳酸根和2-羟基异丁酸根等阴离子配体在淋洗过程中能与 Ln^{3+}生成配合物而进入溶液,且离子半径较小的 Lu^{3+}与淋洗剂形成较稳定的配合物。形成配合物后液相中的 Ln^{3+}浓度降低,致使上述平衡向左移动。这样,交换柱上端的被吸附的 Ln^{3+}将随淋洗剂而进入溶液,但 Ln^{3+}随着淋洗剂流下时又会遇到新的交换树脂而被吸附,使得上述平衡向右移动。这样一来,随着淋洗剂由上而下流动,吸附和解析过程交换进行,总的效果相当于 Ln^{3+}在交换柱上从上而下移动。但对于不同半径的 Ln^{3+},由于形成配合物的稳定性不同,离子移动速度不同,因而通过淋洗剂冲洗,就可以将 Ln^{3+}按照形成配合物稳定性的不同而从 $Lu^{3+} \rightarrow La^{3+}$的顺序逐个被洗脱下来,从而将 Ln^{3+}分离。

图 10.18 示出的是用2-羟基异丁酸作淋洗剂从离子交换柱上淋洗重镧系离子时的出峰顺序。

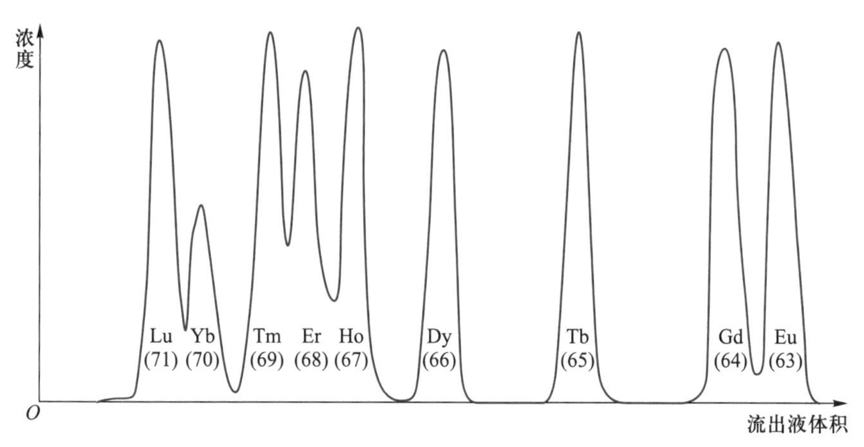

图 10.18 用2-羟基异丁酸作淋洗剂从离子交换柱上淋洗重镧系离子时的出峰顺序

3. 溶剂萃取法

溶剂萃取法是稀土分离的重要手段。主要用于稀土元素的分组、单一稀土的分离、稀土与非稀土的分离。它是利用稀土元素的盐在水相和有机相的分配比不同而将稀土元素分离的方法。

用于萃取稀土的常用萃取剂有以下几类:

含氧萃取剂,如酮、醚、酯类化合物;

中性磷萃取剂,如磷酸三丁基酯、三丁基氧化膦、三辛基氧化膦等;

酸性磷萃取剂,如磷酸二(2-乙基己基)酯(HDEHP, P_{204})、磷酸二丁基酯、2-乙基己基磷酸单2-乙基酯(P_{507});

螯合萃取剂,如β-二酮类;

胺型萃取剂,如伯、仲、叔胺类;

烃及取代烃是常用的稀释剂。

在萃取过程中,萃取剂和稀土离子发生了化学反应,根据反应机理的不同,可将萃取反应分为四类:中性配位萃取、酸性配位萃取、离子缔合萃取和协同萃取。

下面以萃取剂 P_{204} 与 Ln^{3+} 的反应说明酸性配位萃取的机理和过程。

P_{204} 溶于煤油后形成二聚体,并可以解离出一个氢离子。稀土离子 Ln^{3+} 通过和 P_{204} 的 H^+ 交换,形成螯合物后因失去亲水性而被萃取。

$$(HDEHP)_2 \rightleftharpoons H^+ + H(DEHP)_2^-$$

$$Ln^{3+}(aq) + 3(HDEHP)_2(org) \rightleftharpoons Ln[H(DEHP)_2]_3(org) + 3H^+(aq)$$

$$K_{萃} = \frac{c\{Ln[H(DEHP)_2]_3(org)\} \cdot c^3[H^+(aq)]}{c[Ln^{3+}(aq)] \cdot c^3[(HDEHP)_2(org)]}$$

$$D = \frac{c\{Ln[H(DEHP)_2]_3(org)\}}{c[Ln^{3+}(aq)]}$$

$$= K_{萃} \cdot \frac{c^3[(HDEHP)_2(org)]}{c^3[H^+(aq)]}$$

$$\lg D = \lg K_{萃} + 3\lg c[(HDEHP)_2(org)] - 3\lg c[H^+(aq)]$$

该式说明,萃取的分配比与萃取平衡常数、萃取剂的浓度和水相的酸度等因素有关。提高萃取剂的浓度,有利于金属离子的萃取。形成的螯合物越稳定,即 $K_{萃}$ 越大,越易于萃取。在给定萃取剂和金属离子浓度的条件下,$\lg D$ 与 $\lg c[H^+(aq)]$ 成直线关系,这就预示着当选择适当酸度时,可以把稀土元素分组及最后分离。

由于 Ln^{3+} 与 P_{204} 的反应是 H^+ 的交换反应,因而随着萃取的进行,体系中 H^+ 浓度升高,当萃取到一定程度后,萃取将受到抑制。在实际操作中,有机相中含有一定组成的 P_{204} 的钠盐以保证萃取过程中酸度变化较小或基本不变。

下面是用 P_{204} 萃取分组稀土的简要工艺流程:

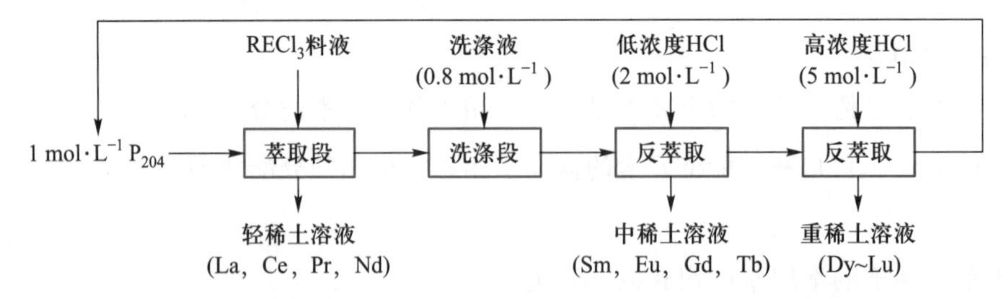

萃取后的有机相用适当的酸进行反萃取,使有机相中的被萃取物又加回到水相。工业生产上就是利用以上工艺流程中的萃取—反萃取—萃取多次反复以提高分离效果的。

10.6.3　稀土金属的制备

由稀土化合物制备稀土金属的常用方法有电解法和金属热还原法。镧、铈等轻稀土金属常用熔盐电解法来制备,其他重稀土金属以金属热还原法制备。

1. 电解法

电解法制取稀土金属是在熔盐体系中进行的,将无水稀土氯化物和氯化钠或氯化钾混合作为电解质,用石墨坩埚作电解槽,在 1273~1275 K 的温度下电解,RE^{3+} 在阴极得到电子而被还原为金属。另外,也可以把稀土氧化物溶解在氟化物的熔盐体系中进行电解,此法能制备高质量的稀土金属,优于氯化物电解法。

2. 金属热还原法

热还原法的原料是无水金属卤化物(氟化物、氯化物)和氧化物。采用的还原剂有钙、锂、钾、镁和轻稀土金属。

钙、镁用于氟化物的还原:

$$3Ca + 2LnF_3 \xrightarrow{1770\ K} 2Ln + 3CaF_2$$

锂、钾用于氯化物的还原:

$$3Li + LnCl_3 \xrightarrow{1270\ K} Ln + 3LiCl$$

轻稀土金属用于氧化物的热还原:

$$Ln_2O_3 + 2La \longrightarrow 2Ln + La_2O_3 \qquad (Ln = Sm、Eu、Yb 和 Tm)$$

用以上两种方法得到的稀土金属会含有不同成分和不同浓度的杂质。需要用真空熔炼、蒸馏或升华等方法进一步纯化才能得到纯金属。

10.7 锕系理论

原子序数为 89~103 的 15 种锕系元素只有前 6 种元素(Ac~Pu)存在于自然界中,铀以后的元素都是人工合成的,称为超铀元素。

在还未了解超铀元素以前,人们把 Ac、Th、Pa、U 分别作为周期表中ⅢB、ⅣB、ⅤB 和ⅥB族的最后一种元素,因为它们所呈现的氧化态和某些化学性质与相应的副族元素有相似之处。

直到 1944 年,在人工合成得到了 Cm 以后,U 和 Cm 之间的元素相继被发现,而这些元素都有+3 价的化合物,更值得注意的是它们的+3 价离子的吸收光谱与对应的镧系离子的吸收光谱特别相似,也出现了同镧系收缩类似的锕系收缩现象。由此,美国的核物理学家 G.T.Seaberg 提出了锕系理论,他认为$_{90}$Th 并不是过去认为的ⅣB 元素,$_{92}$U 也不是ⅥB 元素,而是同镧系元素相似,Ac、Th、Pa、U 及 Np、Pu、Am、Cm 等一起组成了锕系元素。锕系元素依次增加的电子是填充在 5f 轨道中。

锕系理论是无机化学领域的一个重大发现,它的发现再一次肯定了元素周期系理论的伟大指导意义。

10.7.1　锕系元素的电子组态和氧化态

与镧系元素的价电子层结构 $4f^{0\sim14}5d^{0\sim1}6s^2$ 相似，锕系元素的价电子层结构多为 $5f^{0\sim14}6d^{0\sim1}7s^2$。但是锕系的前几种元素在电子结构中有的保留了 1~2 个 6d 电子，这是由于 5f 轨道在空间伸展的范围大，5f 跃迁到了 6d 轨道。锕系元素的后半部分，在结构上类似于镧系。

锕系的价特征仍为+3 价，但比镧系更易出现变价，尚有+2、+4、+5、+6、+7 等价态。

以相应于 $Gd(4f^7)$ 的锕系元素的 $Cm(5f^7)$ 为中点，前一半容易出现大于+3 的高价态，从 Ac 到 U 最稳定的价态依次为+3、+4、+5、+6 递增，从 U 到 Am 依次为+6、+5、+4、+3 递减。这是由于和镧系的 4f→5d 的激发能相比时，锕系的前一半元素从 5f→6d 的激发能较小（即 5f 和 6d 的能量更接近），易于失去更多的 f 电子而呈现高价态。

在后一半的锕系元素中，除了主要的+3 价外，从 Cf→No 的一些元素出现了+2 价，且随原子序数的增加，+2 价的稳定性趋于增大，事实上，No 的+2 价态是最稳定的价态。这是由于随着有效核电荷的增加，5f 轨道在空间伸展的范围逐渐变小，从 5f→6d 的激发能较大，5f 电子参与成键变得越来越困难。

10.7.2　锕系元素的原子半径和离子半径

锕系元素的原子半径和离子半径也是随着原子序数的递增而逐渐减小，其原因是 5f 电子的屏蔽效应小，从 Ac 到 Lr 的有效核电荷逐渐增加，导致了类似于镧系收缩的锕系收缩现象，但锕系收缩的程度小一些。

表 10.14 列出了锕系元素的价电子层结构、原子半径、离子半径和氧化态。

表 10.14　锕系元素的价电子层结构、原子半径、离子半径和氧化态

原子序数	符号	名称	价电子层结构	原子半径/pm	离子半径/pm					氧化态
					+2	+3	+4	+5	+6	
89	Ac	锕	$6d^17s^2$	189.8		111				3
90	Th	钍	$6d^27s^2$	179.8		108	99			(3),4
91	Pa	镤	$5f^26d^17s^2$ 或 $5f^16d^27s^2$	164.2		105	96	90	83	3,4,5
92	U	铀	$5f^36d^17s^2$	154.2		103	93	89	82	3,4,5,6
93	Np	镎	$5f^46d^17s^2$	150.3		101	92	88	81	3,4,5,6,7
94	Pu	钚	$5f^67s^2$	152.3		100	90	87	80	3,4,5,6,(7)
95	Am	镅	$5f^77s^2$	173.0		99	89	86		(2),3,4,5,6
96	Cm	锔	$5f^76d^17s^2$	174.3		98.6	88			3,4
97	Bk	锫	$5f^86d^17s^2$ 或 $5f^97s^2$	170.4		98.1	87			3,4
98	Cf	锎	$5f^{10}7s^2$	169.4		97.6				3

续表

原子序数	符号	名称	价电子层结构	原子半径/pm	离子半径/pm					氧化态
					+2	+3	+4	+5	+6	
99	Es	锿	$5f^{11}7s^2$	169		97				$\underline{3}$
100	Fm	镄	$5f^{12}7s^2$	164		97				$\underline{3}$
101	Md	钔	$5f^{13}7s^2$	194		96				2,$\underline{3}$
102	No	锘	$5f^{14}7s^2$	194	113	95				$\underline{2}$,3
103	Lr	铹	$5f^{14}6d^17s^2$	171	112	94				3

注:括号内数字仅存在于固体中,画“-”底线者为最稳定的氧化态。

10.7.3 锕系元素的离子颜色和电子光谱

锕系元素的离子的颜色部分是 f-f 跃迁所产生的吸收光谱,部分是电荷迁移所产生的吸收光谱。

锕系与镧系相似,即 f 轨道全空、半满或与此接近的离子的颜色均为无色,其他组态的离子均显色,见表 10.15。

表 10.15 一些锕系元素的离子在水溶液中的颜色

元素	An^{3+}	An^{4+}	AnO_2^+	AnO_2^{2+}
Ac	无色	—	—	—
Th	—	无色	—	—
Pa	—	无色	无色	—
U	粉红	绿	—	黄
Np	紫	黄绿	绿	粉红
Pu	深蓝	黄褐	红紫	橙
Am	粉红	粉红	黄	棕
Cm	无色	—	—	—

锕系元素的离子在水溶液中的电子光谱可分为两种情况:Pu^{3+} 及 Pu^{3+} 以前的较轻的锕系离子在一定程度上类似于 d 区过渡元素的离子的光谱,即吸收带较宽,为带状光谱;Am^{3+} 及 Am^{3+} 以后的较重的锕系离子类似于镧系离子的光谱,即吸收带很窄,类似于线状光谱。

这种差异可以用 5f 轨道的伸展程度不同来解释。

对于 Pu^{3+} 及轻锕系元素,5f 轨道伸展较远,受核的影响相对较弱,而与配体轨道相互作用显著,受配体振动的影响使吸收带变宽因而就光谱的形状而言有点类似于 d 区过渡元素的 d-d 跃迁吸收光谱。而 Am^{3+} 及重锕系离子,由于核电荷的增加,5f 轨道因受核的吸引而不断收缩,f-f 跃迁受配体的影响较小,因而使这些离子的 f-f 跃迁吸收光谱类似于镧系离子的电子光谱。

U、Np、Pu、Am 的高价离子电荷高、水解倾向大，在水溶液中多以含氧离子如 UO_2^+、NpO_2^+、PuO_2^+、AmO_2^+及 UO_2^{2+}、NpO_2^{2+}、PuO_2^{2+}、AmO_2^{2+}的形式存在。因此，除 f-f 跃迁外，还有电荷迁移所产生的吸收光谱。

10.7.4　锕系元素的磁性

锕系元素，由于电子很多，相互间的影响很复杂，因而很难从理论上进行预测，人工合成又因放射性而受到限制。现在只初步知道具有未成对 f 电子的锕系元素显示出顺磁性，且与 f 单电子数相同的镧系元素具有平行关系（图 10.19），但实验值比理论值要低，这可能是由于 5f 电子受配体一定程度的影响所造成的，因为配位场在一定的程度上可以消灭或削弱轨道对磁矩的贡献。

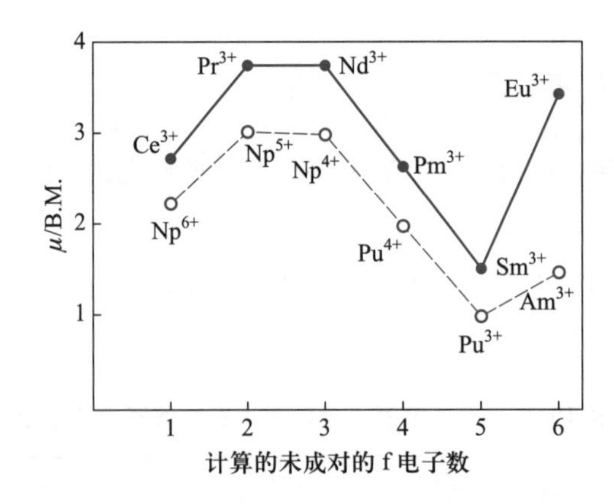

图 10.19　超铀元素离子和镧系元素离子的顺磁性

10.7.5　锕系元素的标准电极电势

下面列出几种有代表性的锕系元素的标准电极电势图：

$$NpO_2^{2+} \xrightarrow{+1.137\ V} NpO_2^{+} \xrightarrow{+0.739\ V} Np^{4+} \xrightarrow{+0.155\ V} Np^{3+} \xrightarrow{-1.83\ V} Np$$

（NpO_2^{2+}—Np^{4+}：+0.938 V；NpO_2^{2+}—Np^{3+}：+0.677 V；NpO_2^{+}—Np^{3+}：+0.447 V）

$$PuO_2^{2+} \xrightarrow{+0.9164\ V} PuO_2^{+} \xrightarrow{+1.1702\ V} Pu^{4+} \xrightarrow{+0.9819\ V} Pu^{3+} \xrightarrow{-2.03\ V} Pu$$

（PuO_2^{2+}—Pu^{4+}：+1.0433 V；PuO_2^{2+}—Pu^{3+}：+1.0228 V）

$$AmO_2^{2+} \xrightarrow{+1.60\ V} AmO_2^{+} \xrightarrow{+1.14\ V} Am^{4+} \xrightarrow{+2.34\ V} Am^{3+} \xrightarrow{-2.3\ V} Am^{2+} \xrightarrow{-2.0\ V} Am$$

（AmO_2^{2+}—Am^{3+}：+1.69 V；AmO_2^{+}—Am^{3+}：+1.74 V；Am^{3+}—Am：−2.06 V）

可见，锕系元素的金属都是和镧系元素的金属具有差不多的强还原剂（氧化为+3 价），其中锕的还原性最强；+6 价离子的氧化性则是 AmO_2^{2+}最强；+2 价离子也有很强的还原性。

10.7.6　锕系元素形成配合物的能力

锕系元素的 5f 轨道在空间伸展的范围超过了 6s 和 6p 轨道，一般认为可以参与共价成键（这与镧系元素不同，在镧系元素中，4f 轨道因受 $5s^25p^6$的屏蔽不参与形成共价键，与配体主要是用静电引力结合)。所以锕系元素形成配合物的能力远大于镧系元素,与 X^-、NO_3^-、SO_4^{2-}、PO_4^{3-}、$C_2O_4^{2-}$ 等都能形成配合物。

对同一元素而言,锕系离子形成配合物的能力一般为

$$M^{4+} > M^{3+} > MO_2^{2+} > MO_2^+$$

对配体而言,与同一离子形成配合物的能力是

$$F^- > NO_3^-(\text{双齿}) > Cl^- > ClO_4^-$$

$$CO_3^{2-} > C_2O_4^{2-} > SO_4^{2-}$$

锕系元素也能生成有机金属化合物,二环辛四烯与铀生成的茂形夹心化合物就是典型的例子。

10.7.7 锕系元素的放射性

镧系元素中只有 Pm 是放射性元素,而锕系所有元素都有放射性。放射性是指某些元素不稳定原子核自发地放出射线的性质,是原子核进行蜕变的特性。锕系元素的原子核中所含的质子数量多,斥力很大,因而原子核变得不稳定,自发地放射出射线转变为其他核素(参见第 12 章)。

10.8 锕系元素的存在和制备

除了钍、铀在自然界中存在矿物外,其余锕系元素是人工合成或是由铀自然衰变而得到的。

钍矿主要有钍石($ThO_2 \cdot SiO_2$)、方钍石($ThO_2 \cdot UO_2$)和独居石,其中独居石分布最广,可从中提取和制备金属钍。用浓碱液处理独居石,将得到的镧系和钍的氢氧化物溶于酸后,用磷酸三丁酯进行萃取分离,从溶液中析出的 $ThO_2 \cdot UO_2$ 按下列步骤提取金属 Th。

$$ThO_2 \xrightarrow[873\ K]{HF(g)} ThF_4 \xrightarrow{Ca} Th + CaF_2$$

铀在自然界中主要存在于沥青铀矿(主要成分为 U_3O_8)。从沥青铀矿提取铀的方法很复杂,但是最后的提取过程类似于钍,是用萃取剂[如三丁基磷酸 $(C_4H_9)_3PO_4$ 的烃溶液]将硝酸铀酰[$UO_2(NO_3)_2(H_2O)_4$]配合物从水相提取到有机相,硝酸铀酰用 CO 还原,再溶于 HF 形成 UF_4,最后用 Mg 还原。

$$UO_2(NO_3)_2 \xrightarrow[\triangle]{CO} UO_2 \xrightarrow{HF} UF_4 \xrightarrow[\triangle]{Mg} U + MgF_2$$

原子序数由 93 开始的元素,它们都是用人工合成的,这些元素的合成方法见第 12 章。

10.9　锕系元素的重要化合物

10.9.1　钍及钍的化合物

钍是性质活泼的金属，可以和大部分非金属发生化学反应。如下所示：

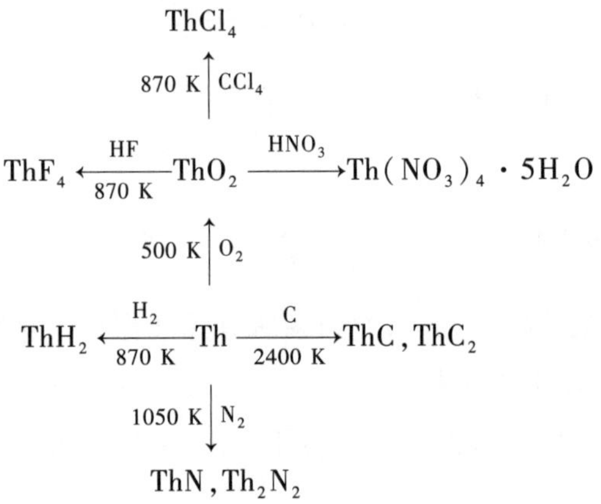

$$\begin{array}{ccccc} & & ThCl_4 & & \\ & & \uparrow{\scriptstyle 870\ K\ |\ CCl_4} & & \\ ThF_4 & \xleftarrow[870\ K]{HF} & ThO_2 & \xrightarrow{HNO_3} & Th(NO_3)_4 \cdot 5H_2O \\ & & \uparrow{\scriptstyle 500\ K\ |\ O_2} & & \\ ThH_2 & \xleftarrow[870\ K]{H_2} & Th & \xrightarrow[2400\ K]{C} & ThC, ThC_2 \\ & & \downarrow{\scriptstyle 1050\ K\ |\ N_2} & & \\ & & ThN, Th_2N_2 & & \end{array}$$

钍的特征氧化态为+4。Th^{4+}在水溶液中和固态下都是稳定的，能形成各种无水的和水合的盐，并能和含有 O、N 和卤素等配位原子的多种配体形成配合物。

钍有以下一些重要化合物。

（1）ThO_2

ThO_2是白色粉末状的物质，它的结构类似于萤石，配位数为 8，即钍原子处于立方体中心，8 个顶角被 O^{2-}占据。ThO_2的化学活泼性与制备时灼烧的温度有关。强烈高温灼烧后得到的 ThO_2呈化学惰性，只能溶于 HNO_3/HF 混合酸，而在 800 K 时灼烧草酸钍得到的 ThO_2比较疏松，可以溶于稀盐酸中。

含 1%CeO_2的 ThO_2因加热时会发射出强光而广泛用于制造白炽灯罩。另外，在氧化钴中加入 80%的 ThO_2可作为由水煤气合成汽油的催化剂。

（2）氢氧化物

将碱溶液或氨水加入钍盐溶液中即可析出白色胶状钍的氢氧化物，它可看作 ThO_2的水合物。钍的氢氧化物能溶于酸而不溶于碱，但能溶于 Na_2CO_3或 K_2CO_3形成配合物，也能吸收空气中的 CO_2。

（3）硝酸钍

硝酸钍易溶于水、醇、酮和酯中。从 ThO_2溶于稀 HNO_3的溶液中可以析出水合硝酸钍 $Th(NO_3)_4 \cdot 5H_2O$。在 $Th(NO_3)_4 \cdot 5H_2O$ 晶体中，Th^{4+}的配位数是 11。4 个 NO_3^-以双齿配位，3 个 H_2O 分子参与配位，另外 2 个 H_2O 分子没有参与配位，在晶格中通过氢键而相连。

在硝酸钍的水溶液中加入不同的沉淀剂,可以得到氢氧化物、氟化物、草酸盐、磷酸盐等沉淀。这些难溶于强酸溶液的沉淀可用于分离钍和其他阳离子。

(4) 卤化钍

卤化钍(ThX_4)是高熔点的白色固体,易升华。ThX_4中 Th^{4+}的配位数一般为8,具有12面体结构(参见图10.20)。除 ThF_4难溶于水外,其余卤化钍都能溶于水,并部分水解生成 $ThOX_2$型卤氧化物。一般采用单质直接反应或者用氧化物与 HX、CCl_4、CCl_2F_2反应来制备 ThX_4。例如:

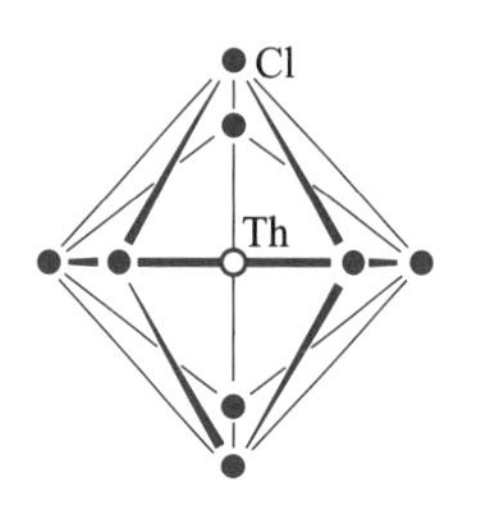

图 10.20 $ThCl_4$ 的结构

$$ThO_2 + CCl_4 \xrightarrow{870\ K} ThCl_4 + CO_2$$

$$Th + 2I_2 \xrightarrow{670\ K} ThI_4$$

(5) 钍的配合物

Th^{4+}能跟卤素(F、Cl、Br、I)形成多种配合物,如 Na_2ThF_6、$KThF_5$、$RbThCl_5$、$(C_5H_5NH)_2ThBr_6$、$(NBu_4)_2ThI_6$等。Th^{4+}的高电荷决定了它是较强的 Lewis 酸,能同氨、胺、酮、醇、OPR_3、NCS^-、CO_3^{2-}、$C_2O_4^{2-}$等电子给予体分子或离子形成配合物。如$[Rb_4Th(NCS)_8]\cdot 2H_2O$、$Th(acac)_4$、$Ca[Th(NO_3)_6]$、$K_4[Th(C_2O_4)_4(H_2O_2)_2]\cdot 2H_2O$、$[Th(NO_3)_4(OPPh_3)_2]$等。

图 10.21 示出$[Th(NO_3)_4(OPPh_3)_2]$的结构。Th 的配位数是10,金属周围双齿配位的4个 NO_3^-和两个三苯基膦氧化物按八面体方式排布。

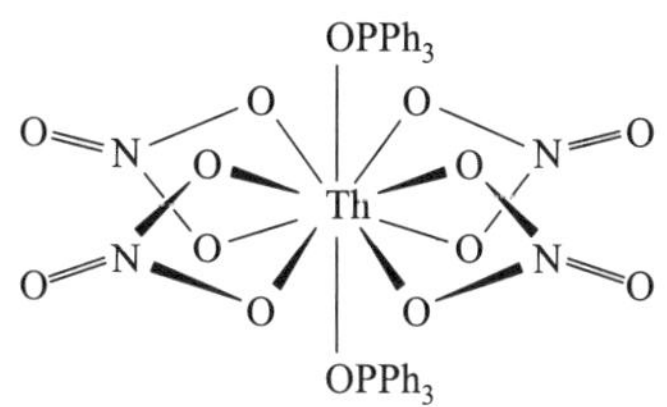

图 10.21 $[Th(NO_3)_4(OPPh_3)_2]$的结构

10.9.2 铀及铀的化合物

铀的化学性质比钍更丰富。在空气中银白色的金属铀会很快变黄,继而变黑,生成各种氧化物的复杂混合物,而不形成保护性氧化膜。

粉末状的铀在空气中可自燃,铀的主要化学反应如下:

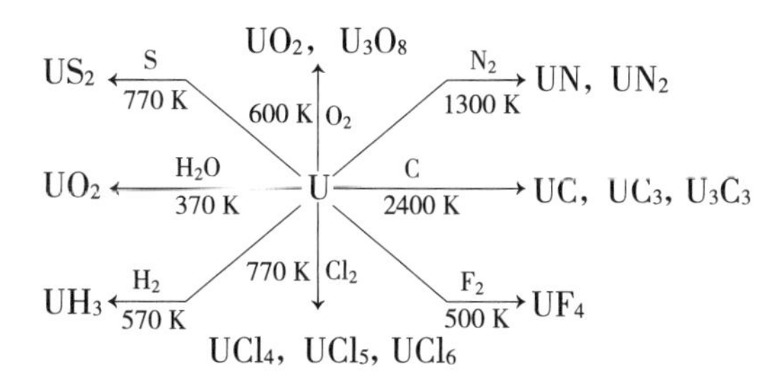

^{235}U 可作核反应堆的原料,^{235}U 受热中子(低速度运动的中子)轰击产生两个中等质量的核素并释放出大量能量,铀核裂变的产物都是具有放射性的不稳定核素,所以分离、贮存、

封存这类有害裂变产物是很棘手的一项任务。

铀可以形成+3 至+6 的全部氧化态，其中以+4 和+6 最常见，铀在水溶液中的标准电极电势图为

$$UO_2^{2+} \xrightarrow{+0.17\ V} UO_2^{+} \xrightarrow{+0.38\ V} U^{4+} \xrightarrow{-0.613\ V} U^{3+} \xrightarrow{-1.80\ V} U$$

$$UO_2^{2+} \xrightarrow{+0.27\ V} U^{4+}$$

从元素标准电极电势图可知：U^{4+}和 UO_2^{2+}都是稳定的，U^{3+}是较强的还原剂，UO_2^{+}不稳定，易歧化成 UO_2^{2+}和 U^{4+}，但当 U(Ⅴ)与 F^-形成配离子后则变得相当稳定而不再发生歧化反应。

(1) UO_2^{2+}的化合物

UO_2^{2+}铀酰离子是+6 价铀的稳定物种。在水中，这个闪亮光的黄色离子能与 NO_3^-、SO_4^{2-}、Ac^-等许多阴离子形成配合物。如 $UO_2(NO_3)_2 \cdot 2H_2O$、UO_2X_2、$UO_2(CH_3COO)_2 \cdot 2H_2O$ 和 UO_2SO_4等。

$UO_2(NO_3)_2$易溶于水、醇和醚，在其溶液中加入碱可析出黄色重铀酸盐。

$$2UO_2(NO_3)_2 + 6NaOH = Na_2U_2O_7 + 4NaNO_3 + 3H_2O$$

无水 $Na_2U_2O_7$称为“铀黄”，可作为黄色颜料添加入玻璃和陶瓷釉中。

通过下述方法可制得卤化铀酰：

$$UX_4 + O_2 \longrightarrow UO_2X_2 + X_2 \qquad (X = Cl、Br)$$

$$UO_2Cl_2 + 2HF \longrightarrow UO_2F_2 + 2HCl$$

UO_2Cl_2是易吸水的亮黄色固体，受热易分解。

$$UO_2Cl_2 \longrightarrow UO_2 + Cl_2$$

将 UO_3溶于醋酸后，从溶液中可结晶出 $UO_2(CH_3COO)_2 \cdot 2H_2O$，醋酸铀酰可以和醋酸根加合生成配合物。

$$UO_2(CH_3COO)_2 + CH_3COONa \longrightarrow Na[UO_2(CH_3COO)_3]\downarrow(黄色)$$

$$Na^+ + Zn(CH_3COO)_2 + 3UO_2(CH_3COO)_2 + CH_3COOH + 9H_2O \longrightarrow NaZn[UO_2(CH_3COO)_3]_3 \cdot 9H_2O\downarrow(金黄色) + H^+$$

在定性分析中常利用上面的反应来检验 Na^+的存在。

在 UO_2^{2+}与阴离子及中性分子(如 H_2O、$OPPh_3$、$OAsPh_3$、$OP(BuO)_3$、C_5H_5N 等)形成的配合物中，配位数可以是 2+4、2+5、2+6，其中 UO_2^{2+}保持其线形结构，其余 4、5、6 个配位原子处于垂直于 O—U—O 轴的一个平面内，其空间结构常为八面体形、五角双锥形和六角双锥形等。

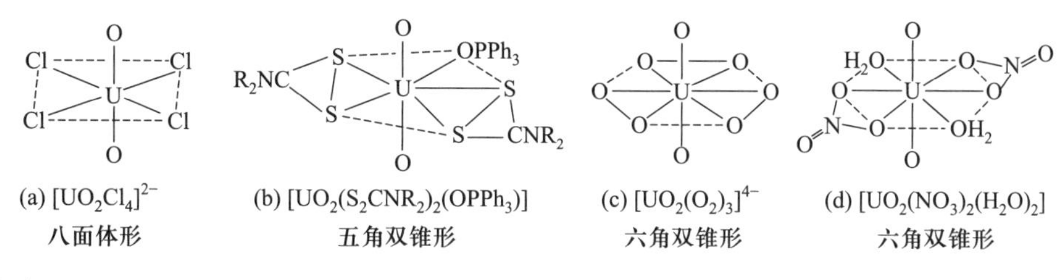

(a) $[UO_2Cl_4]^{2-}$ 八面体形　(b) $[UO_2(S_2CNR_2)_2(OPPh_3)]$ 五角双锥形　(c) $[UO_2(O_2)_3]^{4-}$ 六角双锥形　(d) $[UO_2(NO_3)_2(H_2O)_2]$ 六角双锥形

(2) UO_3

UO_3是 U 的重要氧化物,它溶于酸形成 UO_2^{2+},溶于碱生成重铀酸根 $U_2O_7^{2-}$。

$$UO_3 + 2H^+ \longrightarrow UO_2^{2+} + H_2O$$

$$2UO_3 + 2OH^- \longrightarrow U_2O_7^{2-} + H_2O$$

UO_3受热变成 U_3O_8:

$$3UO_3 \xrightarrow{990\ K} U_3O_8 + (1/2)O_2$$

(3) U(Ⅵ)的卤化物

UF_6可由低价氟化物或氧化物氟化得到:

$$UF_4 + F_2 \xrightarrow{490\ K} UF_6$$

$$UO_2F_2 + 2F_2 \xrightarrow{540\ K} UF_6 + O_2$$

纯的 UF_6为无色晶体,若含杂质会略带黄色,易挥发,借此可用扩散法分离^{235}U和^{238}U。UF_6在干燥的空气中稳定,遇潮湿的空气会立即分解:

$$UF_6 + 2H_2O \longrightarrow UO_2F_2 + 4HF$$

UCl_6为墨绿色固体,稍具挥发性,能溶于 CCl_4,遇水也会分解。

(4) U(Ⅴ)的卤化物

UX_5的制备比较容易。例如:

$$UF_6 + HBr \xrightarrow{338\ K} UF_5 + HF + (1/2)Br_2$$

$$2UO_3 + 3SiCl_4 \xrightarrow{773\ K} 2UCl_5 + 3SiO_2 + Cl_2$$

但所有的 UX_5都不稳定,易分解,也易发生歧化。

$$2UF_5 + 2H_2O \longrightarrow UF_4 + UO_2F_2 + 4HF \qquad (歧化)$$

$$2UCl_5 \xrightarrow{真空} 2UCl_4 + Cl_2 \qquad (分解)$$

UX_5和某些有机物发生加成作用形成加合物,UX_5L($L=OPPh_3$、PPh_3、py)和 UX_5L_2($L=$phen、py),能稳定存在,既不分解,也不歧化。

(5) U(Ⅳ)的化合物

已制备得到卤化物 UX_4($X=F$、Cl、Br、I)。UF_4为绿色固体,在空气中稳定存在,不溶于水。UCl_4为墨绿色固体,易被空气氧化成 UO_2Cl_2,易吸潮,溶于水和丙酮,但不溶于乙醚。UBr_4为棕色固体,与 UCl_4类似,它也易吸潮。UI_4为黑色针状晶体,易被空气氧化成 UO_2I_2,同时放出 I_2。

UX_4可以和多种中性配体形成配合物,组成为 $UX_4 \cdot nL(n=1\sim7)$,其中 $L=OPR_3$、$OSMe_2$、CH_3CONMe_2、py 等。

U(Ⅳ)的氧化物 UO_2可以在 570~580 K 温度下用 H_2还原 UO_3或 U_3O_8得到。UO_2为棕黑色固体,在常温空气中是稳定的,但加热会逐渐氧化为 U_4O_9。如果继续氧化,则最后生成 U_3O_8。

U(Ⅳ)还能形成多种配离子和螯合物。如$[UX_6]^{2-}$、$[UF_7]^{3-}$、$[UF_8]^{4-}$、$[U(NCS)_8]^{4-}$、$[U(edta)(H_2O)_2]$和$[U(acac)_4]$等。

(6) U(Ⅲ)的化合物

U^{3+}非常不稳定,易被空气和水氧化。

$$2U^{3+} + 2H_2O \longrightarrow 2U^{4+} + 2OH^- + H_2$$

但 U^{3+}能以复盐的形式存在于固相中,如 $U_2(SO_4)_3 \cdot xH_2O(x=8、5$ 和 $2)$和 $MUCl_4 \cdot xH_2O$ $(M=Rb^+、NH_4^+, x=5$ 和 $6; M=K^+, x=5)$。

UH_3是黑色粉末固体,UH_3可以用金属铀与 H_2在 570 K 反应得到,UH_3与 HCl 气体反应生成 UCl_3。

$$UH_3 + 3HCl(g) \longrightarrow UCl_3 + 3H_2$$

10.9.3 镎、钚、镅的化合物

镎、钚、镅的化学性质类似于铀,可以和许多非金属单质如 O_2、H_2、X_2反应,能溶于酸。有可变氧化态,从+3 到+6 或+7,溶液中能稳定存在的形式有 An^{3+}、An^{4+}、AnO_2^+和 AnO_2^{2+}。从 U→Am,+6 氧化态氧化能力增强。AmO_2^{2+}的氧化能力接近于 $KMnO_4$。NpO_2^+和 PuO_2^{2+}的碱性溶液与 O_3或 HIO_4反应,可生成+7 氧化态的 NpO_6^{5-} 和 PuO_6^{5-}。但+7 氧化态具有极强的氧化性,酸化时,立即还原为+6 氧化态。

它们的氧化物中以二氧化物最为重要,但还可以制备得到其他氧化物。如 Np_3O_8、$NpO_3 \cdot 2H_2O$、$NpO_3 \cdot H_2O$、$NpO_3 \cdot 0.8H_2O$、Np_2O_5和 Am_2O_3等。

它们的卤化物,在结构、性质和制备方面都与铀类似,随着氧化态的增加卤化物变得不稳定。

它们也能形成多种配合物,如 Cs_2PuCl_6、$NaPuF_5$、$KPuO_2F_3$、$NaPu(SO_4)_2 \cdot 7H_2O$、$CsNp(NO_3)_6$、$[AmF_6]^{2-}$等。

10.9.4 超镅元素

超镅元素是指镅以后的锕系元素,即从原子序数为 96 的锔到 103 号的铹。这些元素的

性质变得与镧系元素相似,+3 价是它们在溶液中的常见价态。锔的位置相当于钆,其 f 壳层中电子刚好半充满,锫的位置相当于铽,有+3 和+4 价,差别在于+4 价的铽在溶液中不存在,而+4 价的锫却能存在。锎、锿、镄、钔、铹的最稳定价态为+3,而锘最稳定价态为+2,因为失去 2 个电子后,f 壳层达到全满稳定状态。

现已制备得到一些锔的固态化合物,如 CmF_3、CmF_4、$CmCl_3$、$CmBr_3$、Cm_2O_3、CmO_2 等,但 Cm^{4+}不能存在于溶液中。

Cm^{3+}在溶液中的行为类似于 Ln^{3+},它的氟化物、草酸盐、磷酸盐、碘酸盐和氢氧化物都不溶于水。Cm^{3+}形成配合物的能力较弱。

锫的+4 价在固态和溶液中都能稳定存在。已制备得到锫的固态化合物有 BkF_3,$BkCl_3$,$BkOCl$、BkF_4、Bk_2O_3、BkO_2、Cs_2BkCl_6和水合物$[BkCl_2(H_2O)_6]Cl$。

锎的+3 价固态化合物有 Cf_2O_3、$CfCl_3$、$CfOCl$ 和 Cf_2S_3等,+2 价的锎只存在于溶液中。

锿的+3 价固态化合物有 $EsCl_3$和 $EsOCl$ 等,+2 价的锿也只存在于溶液中。

由于强放射性和难以得到大量样品,超镄元素的大多数化学性质是在对微量样品进行实验研究的基础上确定的。更重、更不稳定的元素半衰期很短,不能用化学分离而只能根据元素放出的射线性质作识别。

10.9.5 有机锕系金属化合物

现已合成了锕系元素与环戊二烯、环辛四烯(C_8H_8,COT)的有机金属化合物,其中 $An(C_5H_5)_3$是离子型的化合物,$U(C_8H_8)_2$、$Th(C_8H_8)_2$和 $Pu(C_8H_8)_2$等则是共价型夹心化合物。

$U(C_8H_8)_2$是典型的锕系环辛四烯化合物,可用以下方法制备:

$$C_8H_8(COT) + 2K \xrightarrow{THF} 2K^+ + C_8H_8^{2-}(COT^{2-})$$
$$UCl_4 + 2K_2COT \longrightarrow U(COT)_2 + 4KCl$$

结构分析表明,在 $U(COT)_2$分子中,COT 环为平面结构,U^{4+}对称地夹在两个 COT 环之间,如图 10.22 所示。U^{4+}与 COT 之间的键是 U^{4+}的有 e_{2u}对称性的 $5f_{xyz}$或 $5f_{z(x^2-y^2)}$的空轨道与 COT^{2-}的具有 e_{2u}对称性的大 π 轨道相互重叠的结果(图 10.23)。

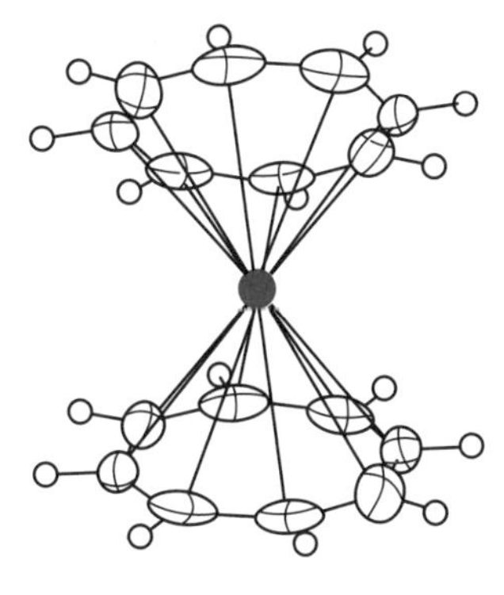

图 10.22 $U(COT)_2$ 的结构

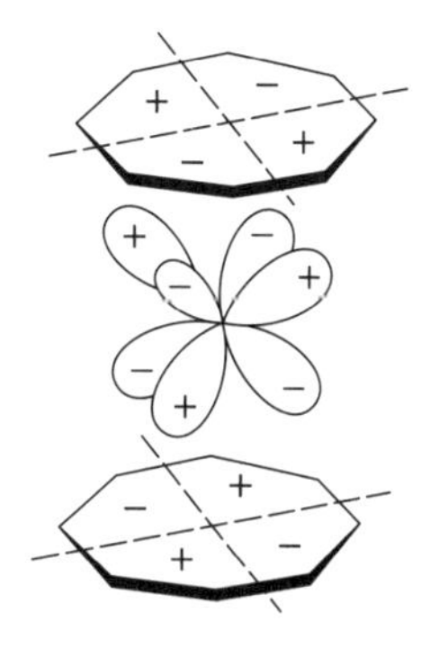

图 10.23 $U(COT)_2$ 分子轨道重叠示意图

$U(COT)_2$为绿色晶体,对热稳定,可在 450 K 和 4 Pa 压力下升华,微溶于有机溶剂,在水、醋酸和 NaOH 水溶液中稳定,暴露于空气中可自燃。

最近,又合成了一类稳定的锕系烷基化合物。

$$cp_3UCl \xrightarrow[\text{或 RMgX}]{\text{RLi}} cp_3UR$$

其中 cp 为茂基,$R = CH_3$、C_2H_5、C_3H_7、C_4H_9或苯基。

总的说来,锕系元素的有机金属化合物类似于镧系元素的有机金属化合物。但是由于锕系元素原子的 5f 轨道伸展程度大,与配体轨道有较大的重叠,因而形成的有机金属化合物是含有较大共价成分的离子型化合物。

拓展学习资源

资源内容	二维码
◇ 稀土的分离纯化技术	
◇ 稀土在下游材料中的应用	
◇ 稀土材料在催化中的应用	
◇ 我国稀土资源分布	

习　　题

1. 简要回答问题。

(1) 什么叫稀土元素?什么叫镧系元素?

(2) 什么是镧系收缩?镧系收缩的原因是什么?简述镧系收缩造成的影响。

(3) 为什么 Eu、Yb 原子半径比相邻元素的原子半径大？而 Ce 的原子半径又小？又如何影响它们金属的物理性质？

(4) 镧系元素原子的基态电子结构(气态)有哪几种类型？+3 价镧系元素离子的电子构型有何特点？哪些元素可呈现相对稳定的非正常价态(+2 和+4)？其电子构型有何特点？

(5) 镧系元素离子的电子光谱同 d 区过渡金属离子相比有何不同？为什么？

(6) 镧系化合物的化学键特点是什么？参加成键的轨道是哪些？

2. 试总结本章所介绍的镧系元素在性质上变化的规律性，并讨论其原因。

3. 结合实际情况讨论镧系元素的应用。

4. 稀土分离有哪些方法？简述用选择性氧化还原法分离铈和铕。

5. 镧系元素配合物有什么特点？列举几个实例加以说明。

6. 完成并配平下列反应方程式：

(1) $Ce^{3+} + S_2O_3^{2-} \longrightarrow$

(2) $CeO_2 + HCl$(浓) $\longrightarrow$

(3) $Eu^{3+} + Zn \longrightarrow$

(4) $Ce(OH)_3 + O_2 \longrightarrow$

(5) $Yb^{3+} + Na(-Hg) \longrightarrow$

(6) $Ce(NO_3)_3 \xrightarrow{\triangle}$

(7) $Tb_2(C_2O_4)_3 \xrightarrow{\triangle}$

(8) $LnCl_3 \cdot 6H_2O \xrightarrow{\triangle}$

7. 列举制备无水 $LnCl_3$ 的两种方法，能否用 Ln_2O_3 溶于盐酸，再经加热脱水制得？

8. 简述镧系离子磁性变化的规律性。计算 Sm^{3+} 的磁矩。

9. 总结锕系元素与镧系元素的相似性与差异性。

10. 回答问题：哪些锕系元素是自然界存在的？哪些是人工合成的？如何从沥青铀矿提取铀？如何从独居石提取钍？

11. 指出铀的：

(1) 最稳定的氧化态；

(2) 适合作核燃料的同位素；

(3) 常见的 U(Ⅵ)的卤化物；

(4) 实验室中最常见的铀盐；

(5) 环辛四烯基化合物。

12. 写出下列化合物的制备方法：

(1) ThO_2　(2) UO_2　(3) UF_6　(4) $UO_2(NO_3)_2 \cdot 6H_2O$

13. 试解释下列现象：

(1) 锕系元素形成配合物的倾向比镧系元素强。

(2) 锕系离子实测磁矩比理论值低。

(3) 镧系中有 Sm^{2+} 和 Eu^{3+} 存在，但锕系中无 Pu^{2+} 和 Am^{2+}。

(4) 从 Ac 到 Am 有 AnO_2^{2+} 和 AnO_2^{+} 含氧阳离子但 Am 后重元素却不存在该类型含氧阳离子。

第11章

无机元素的生物学效应

在生物界，从高等动植物到微生物，其组成和代谢途径都有许多共同之处，以这些共同性为研究对象的生物化学称为普通生物化学。生物无机化学则是近年来无机化学和生物学交叉所形成的一门新的学科，它是以无机化学的知识为基础，用无机化学的方法研究生物体内无机元素与蛋白质、酶和核酸等生物大分子的结合方式，以及它们在重要生命过程中的作用机制，并将研究的结果应用于实践的科学。更简单地说，生物无机化学就是与生物体有关的无机化学。无机元素的生物学效应是生物无机化学所研究的一个重要内容。

11.1 生物分子

众所周知，一个活的机体必须具有储存和传递信息、繁衍后代、调节和适应、利用从环境来的物质与能量等功能。从化学角度来看，这些功能无非是生物分子之间有组织的化学反应的表现。研究发现，无机元素的生物学效应大多是通过无机元素与生物分子的相互作用而发生的。而这种作用，在本质上都属于配位化学范畴。因此可以把那些具有生物功能的配体称为生物配体。不过，需指出的是，生物配体虽然都能同金属离子形成配合物，但在生物体内却不一定都以配合物的形式存在。生物配体大体上分为三类：

① 简单阴离子　如 F^-、Cl^-、Br^-、I^-、OH^-、SO_4^{2-}、HCO_3^-和 HPO_4^{2-}等；

② 小分子物质　如水分子、氢分子、氨分子、卟啉、核糖、碱基、核苷、核苷酸和氨基酸等；

③ 大分子物质　如蛋白质和核酸等。

其中，除简单阴离子和简单无机小分子以外的生物配体都是生物分子。

11.1.1 氨基酸、肽和蛋白质

蛋白质是生命活动的基础物质。它是由 L 型的 α-氨基酸通过肽键—CONH—缩合而成的。经过适当处理，蛋白质可降解为较小的肽，肽进一步水解成为氨基酸。自然界发现的氨

基酸大约有 20 种,另外还有两种 α-亚氨酸,即脯氨酸和羟脯氨酸。

由于氨基酸分子中酸性的羧基与碱性的氨基官能团可以充分交换质子,通常形成两性离子,以离子态形式存在。图 11.1 给出 L 型 α-氨基酸的基本构型和习惯上的简化构型(不画出向后氢基)表示。分子中的侧链 R 可以是羟甲基、巯甲基、苄基、烃基和杂环等。

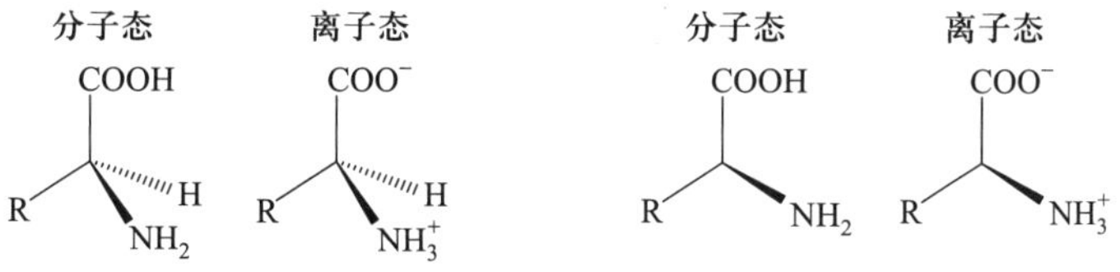

分子态 离子态 分子态 离子态

COOH R H NH_2　COO^- R H NH_3^+　COOH R NH_2　COO^- R NH_3^+

(a) 基本构型　(b) 简化构型

图 11.1 L 型 α-氨基酸的基本构型和习惯上的简化构型

正是具有不同特征侧链的氨基酸的不同排列顺序,才形成了各种各样的具有不同生物功能的蛋白质。表 11.1 给出了常见氨基酸的信息。

表 11.1 常见氨基酸的信息

类别	中文名称		英文名称		氨基酸的结构式	等电点	极性或非极性
	俗名	简称	全称	缩写			
中性氨基酸	甘氨酸	甘	glycine	Gly	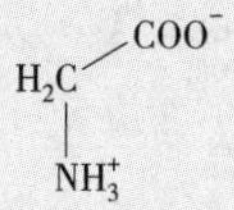 COO^- H_2C NH_3^+	5.97	极性
	丙氨酸	丙	alanine	Ala	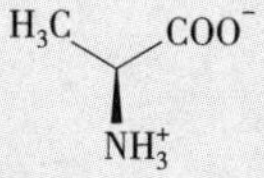 H_3C COO^- NH_3^+	6.00	非极性
	丝氨酸	丝	serine	Ser	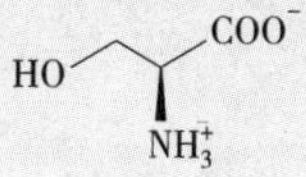 HO COO^- NH_3^+	5.68	极性
	半胱氨酸	半胱	cysteine	Cys	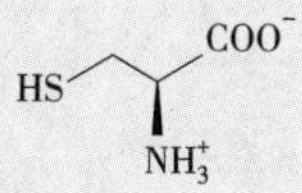 HS COO^- NH_3^+	5.07	极性
	胱氨酸	胱	cystine	Css	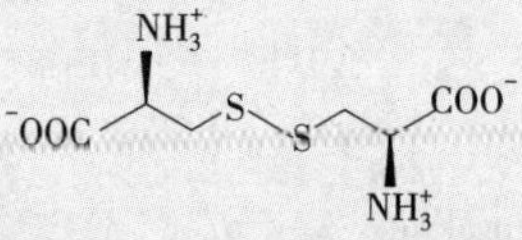 NH_3^+ ^-OOC S S COO^- NH_3^+	5.05	非极性
	苏氨酸	苏	threonine	Thr	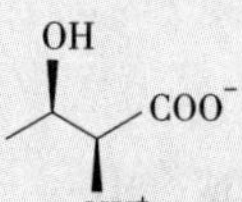 OH COO^- NH_3^+	6.16	极性

续表

类别	中文名称		英文名称		氨基酸的结构式	等电点	极性或非极性
	俗名	简称	全称	缩写			
中性氨基酸	缬氨酸	缬	valine	Val	COO^- NH_3^+	5.96	非极性
	蛋氨酸	蛋	methionine	Met	S COO^- NH_3^+	5.74	非极性
	亮氨酸	亮	leucine	Leu	COO^- NH_3^+	5.98	非极性
	异亮氨酸	异亮	isoleucine	Ile	COO^- NH_3^+	6.02	非极性
	天冬酰胺	天酰	asparagine	Asn	H_2N O COO^- NH_3^+	5.41	极性
	谷氨酰胺	谷酰	glutamine	Gln	O H_2N COO^- NH_3^+	5.65	极性
	苯丙氨酸	苯丙	phenylalanine	Phe	COO^- NH_3^+	5.48	非极性
	酪氨酸	酪	tyrosine	Tyr	HO COO^- NH_3^+	5.66	极性
	色氨酸	色	tryptophan	Trp	N H COO^- NH_3^+	5.89	非极性
	脯氨酸	脯	proline	Pro	COO^- NH_2^+	6.30	极性
	羟脯氨酸	甫	hydroxyproline	Hyp	HO COO^- NH_2^+	5.83	极性

续表

类别	中文名称		英文名称		氨基酸的结构式	等电点	极性或非极性
	俗名	简称	全称	缩写			
酸性氨基酸	天冬氨酸	天冬	aspartic acid	Asp	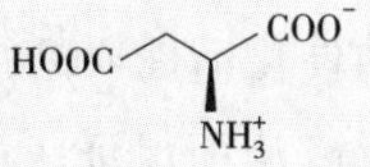 HOOC COO^- NH_3^+	2.77	极性
	谷氨酸	谷	glutamic acid	Glu	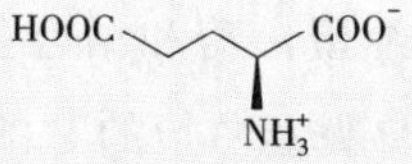 HOOC COO^- NH_3^+	3.22	极性
碱性氨基酸	精氨酸	精	arginine	Arg	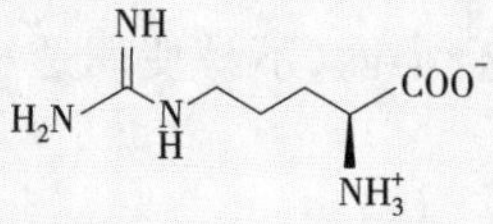 NH H_2N N H COO^- NH_3^+	10.76	极性
	赖氨酸	赖	lysine	Lys	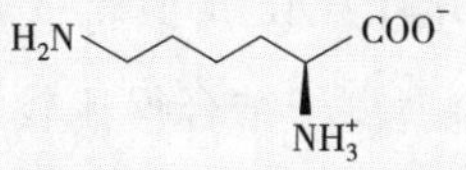 H_2N COO^- NH_3^+	9.74	极性
	组氨酸	组	histidine	His	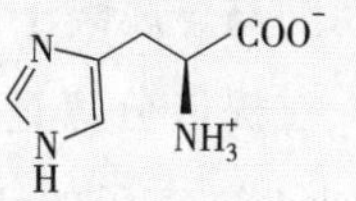 N N H COO^- NH_3^+	7.59	极性

一个氨基酸的α-羧基与另一氨基酸的α-氨基通过脱水缩合形成肽键：

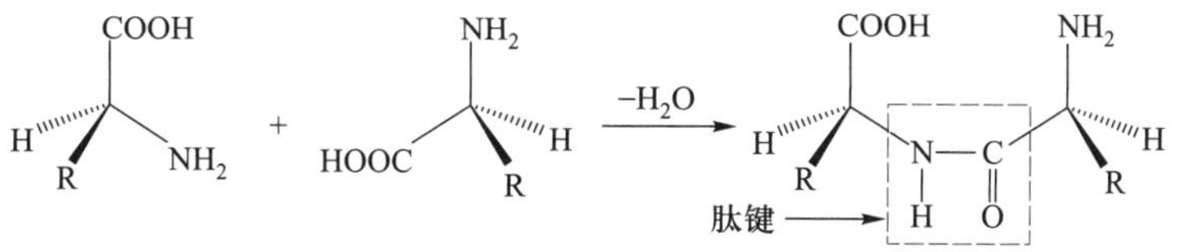

COOH H R NH_2 + NH_2 HOOC H R $\xrightarrow{-H_2O}$ COOH H R N—C H O NH_2 H R

肽键

而使两个氨基酸连接起来。由两个氨基酸缩合形成的化合物称为二肽，多个氨基酸缩合形成多肽。蛋白质就是由成百上千个氨基酸通过肽键连接起来的多肽链。多肽链中相当于氨基酸的单元结构称为氨基酸残基。

在多肽和蛋白质分子中，除相邻氨基酸残基之间所形成的肽键基团之外，还有末端—NH_3^+和—COO^-及侧链基团。这些基团都有能键合金属离子的活性。这是金属离子通过蛋白质分子发挥自身生物学效应的基础之一。

从氨基酸到肽，体现了从量变到质变的飞跃，从简单的多肽到蛋白质又是一个飞跃。蛋白质已不是一种简单的有机化合物。蛋白质的相对分子质量可达10^6，相对分子质量小的也在10^4以上。蛋白质结构十分复杂，除氨基酸组成序列这种一级结构之外，还有更高级的二级、三级及四级结构。对此，一般的生物化学教科书上都有介绍。

11.1.2　酶、金属酶和金属激活酶

酶是一类特殊的具有专一催化活性的蛋白质。通常按其所作用的底物的名称来命名，所谓底物是指与酶作用的化合物。如催化 H_2O_2分解的酶称为过氧化氢酶。

与人工催化剂相比，酶的催化活性要高得多。不同细胞内的酶系统不同，而且不同的酶系统又有不同的生物控制系统，从而保证了生物体内的反应在规定部位按规定程序和规定程度进行，确保生命活动的高度有序性。

酶可以分为两类，即单纯蛋白酶和结合蛋白酶。前者只含蛋白质，后者由酶蛋白和辅基（或辅酶）两部分所组成。酶蛋白指的是酶分子中的蛋白质部分，辅基或辅酶是酶中的非蛋白质部分，它们可以是一些小分子的有机化合物或金属离子，如维生素 B_{12}、血红素、Zn^{2+}等。辅基与酶蛋白结合牢固，不易使用透析的方法进行分离；而辅酶与酶蛋白结合疏松，易分离。

在已发现的 3000 多种酶中，有 1/4 至 1/3 需要金属离子参与才能充分发挥它们的催化功能。按照酶对金属亲和力的大小，可以将这些酶划分为金属酶和金属激活酶。

金属酶中的酶蛋白与金属离子结合得比较牢固，结合常数为金属酶浓度除以金属离子与酶蛋白浓度之积，其值一般大于 10^8 L · mol^{-1}，且金属离子处于酶的活性中心。而金属激活酶与金属离子的结合就不如金属酶与金属离子的结合牢固，结合常数一般小于10^8 L · mol^{-1}，且金属离子不在酶的活性中心处。在提取分离过程中，金属酶一般不会发生金属离子的解离丢失现象，而金属激活酶则常要发生金属离子的解离。金属离子的丢失会导致酶活性消失，不过在加入适当金属离子后，酶的活性一般又可以重新获得。

已经发现大约有 15 种金属离子可以活化各种酶。在这些酶中，金属离子的功能大致可以归结为以下几个方面：

① 固定酶蛋白的几何构型，以保证只有特定结构的底物才可与之结合；

② 通过与底物和酶蛋白形成混配化合物而使底物与酶蛋白相互靠近，从而有助于酶蛋白发生作用；

③ 在反应中作为电子传递体，使底物被氧化或被还原。

酶的作用机理十分复杂。

最早提出的酶的催化专一性机理认为酶与底物的关系如同锁和钥匙的关系一样。认为酶分子像一把锁，而底物像一把钥匙。当酶和底物的空间构象正好能相互完全弥合时，才能像钥匙将锁打开一样，产生相互作用。这种比喻一方面说明了酶催化的专一性，另一方面也说明了酶与其作用的底物之间的复杂空间关系。这种比喻颇为形象，至今仍在使用。然而，在今天看来，这种比喻将一个复杂问题简单化了。事实上，底物必须与酶的活性部位产生弥合和镶嵌才能起酶催化作用。而且底物与酶结合时往往发生了构型变化。

另一种关于酶的催化机理的学说被称为诱导契合学说。诱导契合学说认为，酶的结合部位（活性中心）的空间构象和底物的空间构象，在它们结合以前，并不是互相弥合得很好。但一旦它们以一个结合点结合后，会引起其他结合点的空间位置发生变化，使它们能与底物

的对应部分充分结合。也就是说,酶的结合部位的构象只与底物结合部位的构象大体相符,在结合的过程中酶经空间构象的调整,使之与底物完全弥合,即经过了诱导—空间构象改变—契合这样一个连续的过程。

锁钥学说与诱导契合学说的本质区别在于,前一种学说认为酶的构象是始终不变的,即活性中心被假设为预先定形的,像锁一样,具有刚性;而后一学说则认为酶的活性中心是柔性的,具有可塑性或可变性,刚中有柔。在后一学说看来,酶的活性中心在起始时可能并不完全适合于底物分子的构象,但由于其具有挠性,可以被底物诱导而发生变化,形成一种对底物结合部位完全互补的空间构象。

11.1.3 核酸及其相关化合物

核酸是生物遗传连续性及性状表达的基础,与蛋白质一起构成了生命存在的物质基础。从化学结构上讲核酸是由嘌呤和嘧啶碱基、糖及磷酸所组成的大分子化合物。根据结构中戊糖2′位有无氧原子而将核酸区分为脱氧核糖核酸(DNA)和核糖核酸(RNA)。前者由腺嘌呤、鸟嘌呤、胞嘧啶及胸腺嘧啶等碱基和脱氧核糖组成。后者则是由腺嘌呤、鸟嘌呤、胞嘧啶和尿嘧啶等碱基和核糖组成。构成核酸的各小分子的结构见表11.2。

表11.2 构成核酸的各小分子

名称	结构	名称	结构
核糖	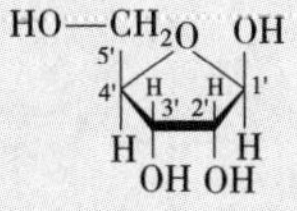	胞嘧啶	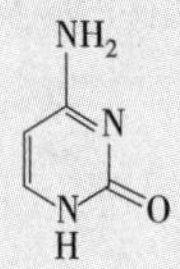
脱氧核糖	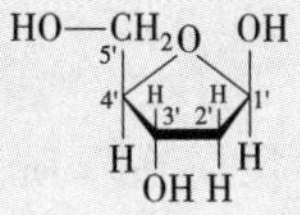	胸腺嘧啶	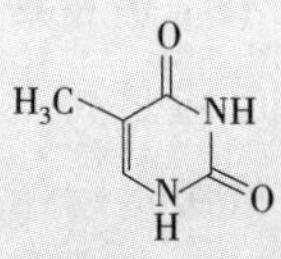
腺嘌呤	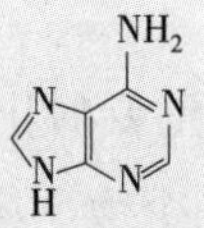	尿嘧啶	
鸟嘌呤	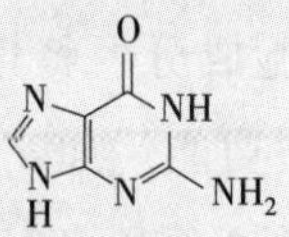		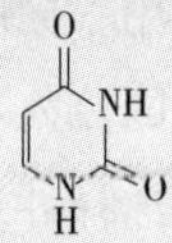

腺嘌呤和鸟嘌呤的9位N(用N(9)表示),胞嘧啶、胸腺嘧啶、尿嘧啶的N(1)与核糖(或脱氧核糖)相结合,构成核苷,核苷再与磷酸形成核苷酸。碱基为腺嘌呤时的核苷与核苷酸的结构及核酸潜在的配位位点如图11.2所示。

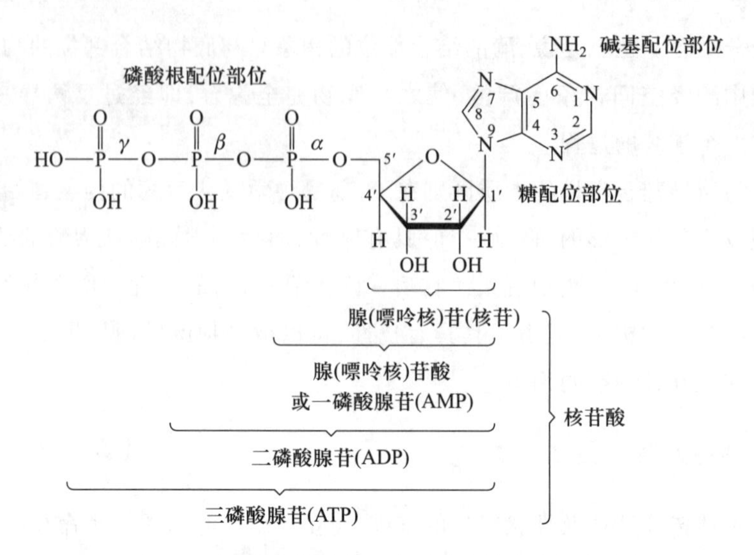

图 11.2　核苷与核苷酸的结构及核酸潜在的配位位点

核酸中,糖环上的 C(5′)羟基及相邻核苷酸 C(3′)羟基与同一磷酸分子形成磷酸酯,依次延续,形成一条长链。真正的 DNA 分子是由两条多核苷酸长链彼此互补,以双螺旋结构形成的。DNA 是遗传基因携带者。当 DNA 分子中的脱氧核糖以核糖代替,胸腺嘧啶以尿嘧啶代替,即成为 RNA。

从生物化学机能上看,RNA 有核糖体 RNA、信使 RNA 和转移 RNA 之分,在生命过程中各自都有其重要作用。应该注意到在上述生物分子中,都存在良好的配位环境,因而在体内作用过程中,往往涉及对无机离子的结合或争夺。

11.2　细　　胞

生命的本质是一系列化学反应,这些反应与其他化学反应在本质上没有区别,但是在生命过程中的反应是高度有序的组合。正是这些有序组合的化学反应才使得生命得以存在,才能实现由低级运动形式向高级运动形式的转化。

细胞在实现生命过程的有关反应的组装中发挥着极其重要的作用。

细胞一般都被胞膜包围着,从某种意义上讲,细胞就像一个微反应器,细胞膜-反应器壁起着一种间隔作用。同时,这种膜还具有选择性的通透功能。反应器的行为被细胞膜所控制。细胞中反应物的流入和生成物的流出取决于细胞膜和细胞成分的特性。对于不同的物质胞膜具有不同的选择性通透,从而决定了这些离子的分布和功能。如 s 区金属离子,由于胞膜的作用,Mg^{2+} 和 K^{+} 集中于细胞之内,参与胞内变化过程;而 Na^{+} 和 Ca^{2+} 却被排斥在胞膜之外,使得 Ca^{2+} 被利用来作为牙齿、骨骼、壳体中的结构因素及胞外酶的活化剂。一些外界的刺激,如神经冲动和某些由腺体分泌而来的特殊的化学物质,能够影响细胞膜的行为。有数种荷尔蒙对于控制金属离子和其他无机基团的浓度起着重要的作用。肾上腺类固醇皮质激素群能增加 K^{+} 的损失,却使 Na^{+} 的损失减少。

11.3 生物元素

元素周期表中有 90 多种稳定元素，它们以各种形态、方式存在于地壳之中，与生物界有着十分密切的关系。基于目前人们的认识水平和科学发展水平，只发现约 30 种与生物界的生存和发展关系密切。人们将这些元素称为生物元素。根据体内功能的不同，又可将生物元素分为必需元素、有益元素、沾污元素及有害元素。对这些元素在生物体中作用的“定位”是与生物体在自然进化过程中，遵循着某些内在因素和规律的结果。因此，生物体中元素的生物学效应与生物进化过程中元素的选择与演化密不可分。而这种选择和利用显然是与环境紧密相关的。

在古老的地质年代，地球大气是还原性的。原始大气中含有较多的水蒸气、CO_2、H_2、HCl、N_2和 SO_2，而 O_2极少。其后，原始生物出现，光合作用的发生，把大量的 O_2放出，大气由还原性变成氧化性。对于习惯于在还原性环境中生存的生物来说氧是有毒的。为了适应这一环境，在生物演化过程中，机体必须转变成用氧获得能量（由光合作用变成呼吸作用），并且建立一系列的防御体系以防止氧对细胞的损伤。为实现这两个目的，生物体选择了铁离子。因为它在当时的水中浓度大，且它可以在 Fe(Ⅲ)/Fe(Ⅱ)两种价态间转变（因此可参与电子传递），可以与 O_2分子配位结合。所以从铁硫蛋白直到血红蛋白、细胞色素 C、过氧化氢酶等全是以 Fe 为中心的。此外，也有一些生物采用了 V、Cu 或 Mn。环境选择生物，生物力图改造环境。生物界中每种元素的作用和地位都在变化之中。正是这种选择的结果，使得某些元素成为维持生命所必需，有些元素成为维持生命所有益，有些元素成为生命之有害。

所谓必需元素是指维持生命正常活动不可缺少的元素，Cotzias 认为必需元素应该符合下述几个条件：

① 存在于生物的所有健康组织中；

② 在每个物种中都有一个相对恒定的浓度范围；

③ 从体内过多排出这种元素会引起生理反常，但再补充后生理功能又可恢复。

目前已发现的必需元素大致有 18 种。

有益元素是指那些存在不足时，生物体虽可维持生命但相当孱弱的元素。已发现的有益元素大致有 8 种。

还有 20~30 种元素在生物体内也普遍存在，但存在浓度差别很大，其生物学作用还不十分清楚，通常将这些元素称为沾污元素。

有害元素是指因环境污染或饮食不洁而进入生物体内的元素，常见的有 Pb、Cd、Hg 等，它们的存在往往有害于生物体正常功能的发挥。

需要指出的是，必需元素与有益元素之间，沾污元素与有害元素之间并不存在截然的界限。相信随着人们认识水平和仪器测试水平的提高，生物元素的概念和内容还将不断修正和发展。事实上，许多元素在适当浓度范围内对生物体是有益的，但当越过某一临界浓度时就有害了。它们完全遵循从“量变”到“质变”的事物发展规律。法国科学家在研究了 Mn 元素对植物生长的影响后,提出了最适营养浓度定律。该定律的内容是,植物缺少某种必需元素时就不能成活,当该元素含量适当时,植物就能茁壮成长,但过量时又会影响植物的生长。这一定律具有广泛的适用性。如 Se 是一种重要的生命必需元素,每人每天摄取 10^{-4} g 较为适宜,若长期日摄入量低于 5×10^{-5} g 可引起癌症、心肌损害及贫血等疾患,而过多摄入又可导致腹泻和神经官能症等毒性反应。

图 11.3 是人体健康与元素浓度的关系曲线,实线表示必需元素对人体健康状况的影响,而虚线则表示有害元素对人体健康状况的影响。在人体的某个部位,如果某种必需元素明显减少或缺乏,就会出现某种病症(图中的 *AB* 段);保证人体健康的最适浓度是图中的 *BC* 段;从 *C* 到 *D* 表示元素过量或“超过需要量”,将引起人体健康状况恶化。曲线的第二个峰(从 *D* 到 *E*)表示元素能促进体内某种防护机能,如阻碍肿瘤细胞的繁殖,促进伤口愈合等。第一个峰反映了在人的一生中起重要作用的最佳营养状况;而第二个峰则表示在一个短暂的时期(如几天)内的情形(如药物作用),它表示一些元素(包括必需元素和有害元素)过量时,在一定范围内对某些疾病有治疗作用。图中右边的 *E* 点是极限浓度,表示由于元素过量将引起死亡。因而,可以把图中的 *D* 看作一个分界线,*D* 的左边是对健康人而言的,*D* 的右边是对某些患者而言的。

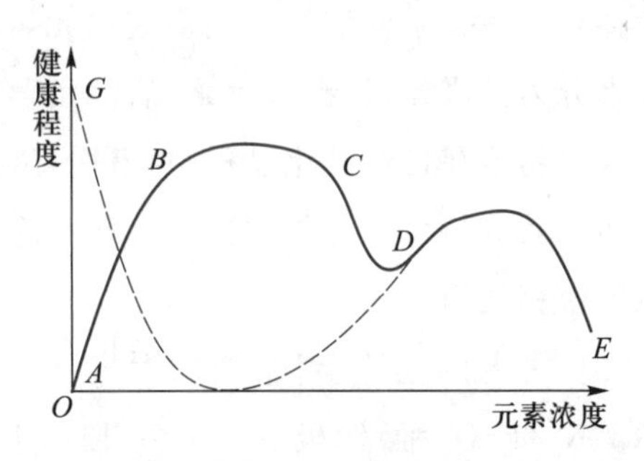

图 11.3　人体健康与元素浓度的关系曲线

根据元素在生物体内含量的差异,也可将元素分为宏量元素和微量元素两类。

宏量元素是指含量占生物体总质量 0.01%以上的元素,如 C、H、O、N、P、S、Cl、K、Na、Ca 和 Mg 这 11 种元素,它们共占人体总质量的 99.97%。其中,C、H、O、N、P 和 S 是组成生物体内蛋白质、脂肪、糖类和核糖核酸的主要元素;Na、K、Cl 是组成体液的重要成分;Ca 是骨骼的主要组成部分。

微量元素是指含量只占生物体总质量的 0.01%以下的元素。数目较多,但只占人体总质量的 0.03%左右。尽管微量元素在生物体内的含量很少,但它们对生物体正常功能的发挥影响极大。

高等动物所必需的微量元素大致有 17 种,它们分别是 Fe、I、Cu、Mn、Zn、Co、Mo、Se、Cr、Sn、V、F、Si、Ni、As、Cd、Pb。但也有人认为生命必需微量元素共 16 种,其中应包括 Ag、B 等,至于 Cd、As、Pb 等则是有害元素。这种认识上的不统一有多种原因,除了浓度效应之外,与各种元素所存在的形态也密切相关。如 Cr(Ⅲ)对生命过程有重要意义,它参与了某些酶的作用过程而且也有助于防止心血管疾病,而 Cr(Ⅵ)却有强烈的致癌作用。已证实体内 Ni(Ⅱ)有助于保护心血管的正常功能,但 $[Ni(CO)_4]$ 则是一种公认的致癌物。此外,人们对微量元素的认识也有一个过程。尽管经过了一个多世纪的研究,人们对于健康生命所必需的元素的正确数目仍不能确定。相信随着越来越准确的微量分析技术和方法的发展,新的生命必需微量元素还将不断被发现。如近年人们对 Ge 和 Ti 的必需性研究就十分活跃,这些研究的成果无疑会有助于人类预防和战胜疾病，提高人们的健康水平。

将生物元素与元素周期表联系起来分析是很有趣的，表 11.3 列出了人体必需元素及有益元素在元素周期表中的分布。

表 11.3 人体必需元素及有益元素在元素周期表中的分布

s 区		d 区										p 区					
(H)																	He
Li	Be											[B]	(C)	(N)	(O)	[F]	Ne
(Na)	(Mg)											Al	[Si]	(P)	(S)	(Cl)	Ar
(K)	(Ca)	Sc	Ti	[V]	[Cr]	[Mn]	[Fe]	[Co]	[Ni]	[Cu]	[Zn]	Ga	Ge	[As]	[Se]	Br	Kr
Rb	Sr	Y	Zr	Nb	[Mo]	Tc	Ru	Rh	Pd	Ag	[Cd]	In	[Sn]	Sb	Te	[I]	Xe
Cs	Ba	Ln*	Hf	Ta	W	Re	Os	Ir	Pt	Au	Hg	Tl	[Pb]	Bi	Po	At	Rn
Fr	Ra	An**	Rf	Db	Sg	Bh	Hs	Mt	Ds	Rg	Cn	Nh	Fl	Mc	Lv	Ts	Og
*镧系元素		La	Ce	Pr	Nd	Pm	Sm	Eu	Gd	Tb	Dy	Ho	Er	Tm	Yb	Lu	
**锕系元素		Ac	Th	Pa	U	Np	Pu	Am	Cm	Bk	Cf	Es	Fm	Md	No	Lr	

注：○常量元素；□微量元素。

构成生物体的 11 种宏量元素（C、H、O、N、S、Ca、P、K、Na、Cl、Mg）的相对原子质量都非常小，全部属于原子序数较小（≤20）的轻元素，而且都是主族元素。生命必需微量元素与这些宏量元素之间以 Ca 为分界线，只有 B、F 与 Si 例外，它们虽属必需微量元素，但原子序数却在 20 之内。原子序数大于 34（Se）的仅有 Mo、Cd、Sn、I 共 4 种必需微量元素。对于原子序数大于 53（I）的元素，至今从未发现有什么生理意义。从 V 到 Zn 这 8 种过渡金属元素对于高等动物来讲是必需元素，它们既是多种金属蛋白的组成成分，也是金属酶的组成成分。在 17 种必需微量元素中，有 8 种集中于第一过渡系。

人们不禁要发问，生物体在进化过程中为什么仅选择一部分金属元素？这种选择到底在生物进化过程中意味着什么？弄清这些问题对于揭示生命现象的发生和发展无疑具有重要意义。目前各国科学工作者对有关金属蛋白、金属酶的结构和功能及人工模拟的研究，正在为这一问题的彻底解决进行知识上和资料上的准备。

第二过渡系的 Mo 被选作必需元素，这一点很值得注意，有人认为生物以 Mo 作为必需元素，是因为生命起源于海洋，而在海洋中 Mo 的存在量较其他重金属多得多。原子序数介于 23～34 的两种元素 Ga 和 Ge 的生命必需性正在证实中，已有不少资料表明，Ge 的某些化合物对于延年益寿、防病治病具有十分神奇的功效。同样,对于原子序数为 35 的 Br 的必需性也在研究中。

周期表中 f 区的镧系元素在生命过程中的作用近年来也受到人们的高度关注。虽然镧系元素在生物体中含量甚微,对它们的生物功能了解得也很少,但大量的实验事实表明镧系离子和许多生物大分子或小分子都有不同程度的结合力,对生物体内多种酶具有激活和抑制作用,对机体许多疾病有不同程度的防治作用。考虑到镧系离子形成配合物的能力很强,且体内生物分子的多种配位基团普遍存在,因此推测稀土元素特别是其中的镧系元素在未来的生物无机化学研究中将日益受到人们的关注。

综上所述,周期表中的不同区域元素几乎都与生物体的新陈代谢、病理、生理过程有着一定的关系,有些关系正被人们所认识,相信随着生物无机化学内容的丰富和发展,人们将会更深刻地去揭示这种关系,从而利用其为人类的生存和发展服务。

11.4 生物学效应

11.4.1 金属元素的生物学作用和特点

金属元素在生命过程中发挥着重要作用,但就作用类型来讲,主要可概括为对体内生理生化过程的触发和控制作用;对蛋白质等生物大分子的结构调整,改变其反应性的作用;接纳电对作为 Lewis 酸对体内生化反应发挥催化作用;参与体内电子传递过程,促进体内有氧代谢过程的完成等。

1. 触发和控制作用

碱金属和碱土金属阳离子 Na^+、K^+、Ca^{2+}、Mg^{2+} 与机体内多种触发机理、控制机理密切相关。

以 Ca 与凝血的关系为例,血液在血管中通常处于液体状态,这是保持血液不断循环流动的必要条件之一。机体组织或血管壁受到损伤,血液流出管外时,血液凝固成块,起到止血作用。因此从某种意义上来看,血液凝固是机体自身的一种保护性生理过程。

在正常人体的心血管中有部分纤维蛋白,它们不断生成,又不断溶解,血液凝固和纤维蛋白溶解这两个过程处于动态平衡中。所以机体的血管既不会由于通透性失常而发生出血或渗血现象,也不会由于出现凝块而产生血栓堵塞血流。血液的凝固是一个复杂的生物化学过程,凡是参与这一过程的物质统称为凝血因子,凝血因子多数是在肝中合成的。

血液凝固是指血浆由溶胶状态转变为凝胶状态的过程,其最后阶段是使原来溶解于血浆中的纤维蛋白原转变为不溶性的纤维蛋白。纤维蛋白像细丝一样,互相交错重叠,并把细胞网罗其中,于是原来属于液体的血液逐渐变成胶冻状的血块,血块回缩变硬,同时析出清澈的淡黄色的称为血清的液体。血清和血浆虽然都是血液的液体部分,但内容并不全相同。血清与血浆的主要区别在于血清中已没有纤维蛋白原的存在,此外,两者中所含的凝血因子也有差异。

血液凝固过程大致可分为三个阶段,分别为凝血酶原激活物的形成,凝血酶原激活物催化凝血酶原转变为凝血酶,凝血酶催化纤维蛋白原转化为纤维蛋白形成胶冻状的血块。

上述三个过程中都有 Ca^{2+} 的参加。因此,如果能够设法除去血液中的 Ca^{2+} 就能永远防止凝血。如柠檬酸钠可与血浆中的 Ca^{2+} 形成不易解离的可溶性配合物柠檬酸钠钙,因而降低了血浆中游离态 Ca^{2+} 的浓度,故在临床上输血时常用柠檬酸钠作为抗凝剂。

2. 结构调整作用

金属离子通过与生物大分子发生化学作用而改变生物大分子的空间构型,从而影响它们的理化性质和生物活性。如在金属酶中,金属离子通过与酶蛋白上的某些功能团发生配位作用,使酶分子中相对远离的一些基团聚集起来,并由此形成一个活化部位。金属离子还可影响核酸与核苷酸的结构和功能,原因就是金属离子的介入对核酸和核苷酸分子的结构具有稳定作用,同时也直接影响到核酸双螺旋结构的展开和恢复。顺二氯·二氨合铂(Ⅱ)作为一种抗癌新药,其抗癌机理就是结构调整作用。“顺铂”与癌细胞内的 DNA 双螺旋发生链间结合,从而阻止了癌细胞的自身分裂,达到抗癌的目的。

3. Lewis 酸行为

金属离子能够接纳电子对而起 Lewis 酸的作用。各种金属离子的 Lewis 酸强度不同,其强度随着金属离子电荷的增加和离子半径的减小而增大。对于过渡金属来说,配位场强度等其他因素的影响也是重要的,因此,+2 价金属离子的配合物的稳定性也呈现 Irving-Williams序列:

$$Mn^{2+} < Fe^{2+} < Co^{2+} < Ni^{2+} < Cu^{2+} > Zn^{2+}$$

金属离子作为 Lewis 酸发挥的作用类似于酸催化,但又不同于质子催化。这是由于,首先,金属离子可同时结合几个配体,它的酸催化行为必然要受到配体的影响;其次,金属离子的酸催化 pH 范围要比质子催化宽得多。

而体内几乎所有参与磷酸盐转移的酶都需要某种金属离子,其中以 Mg 最为常见,Mg 是与磷酸盐系统密切相关的一种酶的活化剂。如三磷酸腺苷酶(ATP 酶)可催化三磷酸腺苷分裂为二磷酸腺苷(ADP)和无机磷酸盐,而 ATP 酶就是以 Mg 作为辅基的酶。己糖激酶也是一种以 Mg 作为辅基的酶,此酶催化葡萄糖的磷酸化作用:

$$\text{葡萄糖} + \text{ATP} + \text{己糖激酶} \xrightarrow{Mg^{2+}} \text{ADP} + \text{葡萄糖-6-磷酸酯}$$

Zn 是又一种与水解酶关系密切的金属离子。体内催化有关水解反应过程的磷酸酶、肽酶和脂酶及碳酸酐酶都是锌酶,在它们的催化作用过程中,锌都是作为 Lewis 酸而发挥作用的。

4. 电子传递作用

某些过渡金属离子具有可变的氧化数,它们作为酶的活性中心时可以与底物发生电子传递作用,从而催化底物的氧化与还原。

Cu 和 Fe 是两种最重要的金属元素,它们以自身所具有可变氧化态和广泛的可配位作用在生命体系中发生着十分重要的作用,两者都参与呼吸过程的反应。如血红蛋白和肌红蛋白中的 Fe、血蓝蛋白中的 Cu 都是氧载体。

Fe 是各种细胞色素体、过氧化物酶和过氧化氢酶的组成成分,它们都是含卟啉环结构的酶。另外,铁氧化还原蛋白是一种相当重要的非高铁血红素蛋白的复合体,它常存在于绿色植物的叶绿体中,且为光活化叶绿素分子的最初的电子受体。

血蓝蛋白是一种 Cu 蛋白,存在于软体动物血液中作为氧载体。血浆铜蓝蛋白也是一种 Cu 蛋白,是生物体内一种重要的氧化酶,生物体内的对苯二胺、抗坏血酸及亚铁等都可被其催化氧化。

无论是作为氧载体还是作为氧化酶,在它们发生生物学作用的过程中,肯定要在金属蛋白或金属酶与底物之间发生电子的转移。因此在变价金属蛋白或金属酶的研究中,确定活性中心上金属离子的氧化态本身就是一个很重要的工作。

Mo 也存在于多种氧化还原酶中。在自然界的氮循环中,Mo 与硝酸盐的还原密切相关。在硝酸盐的还原过程中,Mo 的氧化态由+5 上升为+6。

应当提及的是,某些没有可变氧化态的金属的金属酶也可催化生物体内降解或氢转移反应。有时没有可变氧化态的金属离子对具有可变氧化态的金属离子的催化作用具有协同作用。如 Cu-Zn 超氧化物歧化酶(Cu-Zn SOD)对超氧阴离子自由基的催化歧化作用,主要是在 Cu 结合部位进行的,但在作用过程中,锌离子起到了结构调整的作用。

11.4.2　主族元素的生物学效应

在 26 种生命必需元素(包括必需元素和有益元素)中,有 17 种为主族元素,健康的机体要求这些元素不仅要存在于机体内,而且还必须在恰当的部位、以恰当的量和氧化态同恰当的结合对象相结合。即使是最简单的 Na^+和 K^+,其浓度在机体的不同部位也有很大的差异。如在细胞内液和细胞外液中,各自的浓度分布就很不相同。

生命必需元素中的主族非金属元素是机体结构的主要成分,就人体来讲,O、C、H、N 分别占 63%、25.5%、9.5%和 1.4%,P 和 S 的含量也较高,其余 20 余种必需元素仅占人体总质量的不足 0.7%。非金属元素主要构成人体有机分子,如蛋白质、糖类、脂肪及负责能量贮存和传递的 ADP 和 ATP 等。这些非金属元素的生物功能通过这些生物分子而体现。其余主族生命必需元素主要为 Na^+、K^+、Mg^{2+}、Ca^{2+}和 Cl^-等,它们常常以自由移动的离子形式存在。由于这些离子没有光、电、磁学活性,因此对它们的研究比较困难,到目前为止,仅了解到它们的一些一般生物学功能。

概括地讲,Na^+、K^+、Mg^{2+}、Ca^{2+}、Cl^-、SO_4^{2-}、PO_4^{3-}等离子都有维持体液和细胞中电荷平衡、维持血液和其他体液系统离子强度的作用。图 11.4 说明这些离子在体内的分布不是随机的,而是高度有序的。如 K^+和 Ca^{2+}主要集中于细胞内,而 Na^+则处于细胞外血浆中,这样就少量摄入 Na^+可以使细胞抗溶剂渗透,少量摄入 Ca^{2+}可以防止在细胞内生成碳酸钙或磷酸钙沉淀,使细胞的正常功能得以发挥。

机体之所以可以实现细胞内、外离子组成的巨大差异,是通过所谓“离子泵”(图 11.5)和极为复杂的膜上多酶过程来实现的。

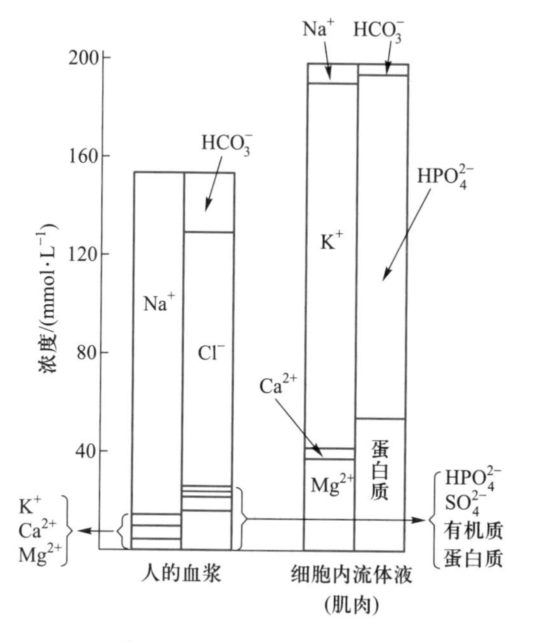

图 11.4　细胞内、外溶液中无机离子的组成

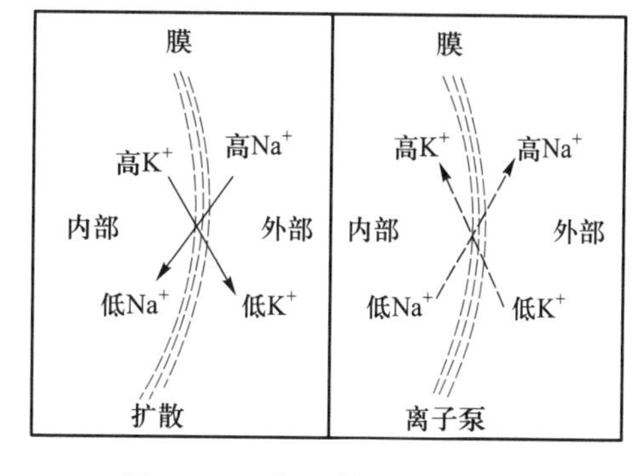

图 11.5　K^+、Na^+扩散与离子泵

关于“离子泵”作用机制的化学原理，可以通过涉及磷酸蛋白质与钾离子形成的化合物三磷酸腺苷的交互作用给出一般性的说明。磷酸蛋白质与钾形成的化合物（KP）比与钠形成的化合物稳定。KP 通过膜进入细胞内，经三磷酸腺苷（ATP）的磷酸化作用而释放出 K^+，同时 ATP 转化为 ADP（二磷酸腺苷）。

$$KP + ATP \longrightarrow PP + ADP + K^+ \quad (\text{细胞内})$$

其中 PP 代表磷酸化了的磷酸蛋白质，PP 易于同 Na^+结合，并将 Na^+带到膜外，在那里发生去磷化作用生成原来的磷酸蛋白并释放出 Na^+：

$$PP + Na^+ \longrightarrow NaPP$$

$$NaPP + ADP \longrightarrow P + ATP + Na^+$$

离子泵的能量来源于 ATP→ADP 的变化过程。在每次循环中，ATP 可搬运三个 Na^+出细胞和 2 个 K^+（或 H^+）进细胞。

伴随 3 个 Na^+的排出和 2 个 K^+的进入，一个多余的正电荷运到了胞外。这样就在膜内外，产生了一个电荷梯度，膜电位因而就形成了。膜内为负，膜外为正。已经测得红细胞的膜电位为 10 mV。

除钠泵外，生物膜中还有钙泵、钼泵等。它们和钠泵一样都是一些蛋白质载体，并同时与 ATP 的分解相关联。

生命必需主族元素各有不同的生物学作用，现仅就 Na^+和 K^+、Mg^{2+}和 Ca^{2+}及非金属元素 Se 和 I 作些介绍。

1. Na^+和 K^+

Na^+和 K^+都具有稳定的壳层结构，它们给生物体系提供电解质环境，对维持体液的酸碱平衡、参与某些物质的吸收等方面也都具有重要的作用。它们与配体之间的作用多是静电相互作用,一般不具有强的配位作用,但有强的键合需求。它们是硬阳离子,对含氧配体具有强的亲和性,大环配体或蛋白质可与之配位形成稳定的结合体。

Na^+和K^+的生物功能包括:

(1)保持神经肌肉应激性

Na^+和K^+承担着传递神经脉冲的功能。由于钠泵的作用,细胞内K^+的浓度大于细胞外K^+的浓度,Na^+的浓度则小于细胞外Na^+的浓度。在一般情况下,细胞膜的“钾通道”开启,K^+通过细胞膜到细胞外,致使膜外带正电荷,膜内带负电荷,形成膜电位。而当神经肌肉兴奋时,“钠通道”开启,对Na^+有更大通透性,Na^+通过细胞膜到细胞内,使膜外带负电荷。这样,兴奋部位的膜和未兴奋部位的膜间就产生了电位差。这种电位差称为动作电位。动作电位在神经传递信号及肌肉对刺激的反应中起着支配作用。

(2)保持一定的渗透压

保持一定的渗透压是机体正常生命活动的需要。渗透压的变化将直接影响机体对水的吸收和体内水的转移。Na^+和K^+对维持和调节体液渗透压有重要作用。当细胞外Na^+或K^+离子浓度升高时,水由细胞内转移到细胞外,引起细胞皱缩;相反,水由细胞外转移到细胞内则引起细胞肿胀。

(3)维持体液酸碱平衡

体液酸碱性的相对恒定对保证正常的物质代谢和生理机能有十分重要的意义。体液中任何一种酸性物质或碱性物质过多,都会导致酸碱平衡失调。由Na^+或K^+参与的各种缓冲体系是调节体液酸碱平衡的重要因素。血液中存在下列与Na^+或K^+有关的缓冲体系:

血浆:$NaHCO_3/H_2CO_3$;Na-蛋白质/H-蛋白质;Na_2HPO_4/NaH_2PO_4。

红细胞:$KHCO_3/H_2CO_3$;$KHbO_2/HHbO_2$(Hb:血红蛋白);KHb/HHb;K_2HPO_4/KH_2PO_4。

以$NaHCO_3/H_2CO_3$缓冲体系为例,当酸(HA)进入血液时,有

$$HA + NaHCO_3 \longrightarrow H_2CO_3 + NaA$$

$$H_2CO_3 \longrightarrow CO_2 + H_2O$$

产生的CO_2由肺部排出体外。

当碱性物质(如Na_2CO_3)过量时,有

$$Na_2CO_3 + H_2CO_3 \longrightarrow 2NaHCO_3$$

过量的$NaHCO_3$可由肾排出体外。

(4)参与某些物质的吸收过程

体液中的Na^+可参与氨基酸和糖类的吸收。氨基酸的吸收主要在小肠中进行。肠黏膜细胞上有运载氨基酸的载体蛋白,能与氨基酸和Na^+结合而将氨基酸和Na^+一起转入细胞内,再借助于钠泵将Na^+排出细胞外。小肠对单糖的吸收也有类似的情况。据测定,肠黏膜上皮细胞有一种特殊载体蛋白,它与Na^+结合而发生结构变化,使之适于与糖类(主要是葡

萄糖和乳糖)结合,并将糖转入细胞内。

上面笼统地叙述了 Na^+和 K^+的生物功能,但这并不能说明二者在生物代谢过程中的生理作用就完全一样。有时二者很不相同,甚至还起对抗作用。如 K^+是丙酮酸酶的激活剂,能加速蛋白质合成速率和肌肉组织的呼吸作用,而 Na^+对这两种过程都起阻化作用。

Na^+的主要作用在于维持渗透压和膜电位,当然细胞内 Na^+的排出也与氨基酸和糖类进入细胞的传递过程相关联。K^+的离子半径较大,电荷密度较之 Na^+、Ca^{2+}、Mg^{2+}都小,因而具有扩散通过疏水溶液的能力,如 K^+扩散通过脂质蛋白细胞膜几乎与扩散通过水一样容易。同时,K^+作为某些酶的辅基,也具有稳定细胞内部结构的作用。如糖分解所必需的丙酮酸激酶就需要高浓度的 K^+。而此酶却被 Ca^{2+}和 Na^+所抑制。在核糖体内进行蛋白质合成是最关键的生命过程,为了获得大的活性,也需要高浓度的 K^+。

2. Mg^{2+}和 Ca^{2+}

Mg^{2+}和 Ca^{2+}在整个细胞新陈代谢过程中起着各种重要的结构稳定作用和催化作用。像 Na^+和 K^+一样,Mg^{2+}和 Ca^{2+}也有助于维持膜电位并负责传递神经信息。这两种金属离子在脂蛋白质中桥联邻近羧酸根从而强化了细胞膜。事实上,在没有 Ca^{2+}的情况下细胞膜将成为多孔状。一般来讲,这两种离子在像多磷酸盐这样的弱碱中心上作为催化剂使用。

Mg^{2+}是一种细胞内部结构的稳定剂和细胞内酶的辅因子。细胞核酸以 Mg^{2+}配合物的形式存在。由于 Mg^{2+}倾向于与磷酸根结合,所以 Mg^{2+}对 DNA 复制和蛋白质生物合成是必不可少的(近年发现白血病患者体内 Mg^{2+}含量较低)。

Mg^{2+}在绿色植物的光合作用中也有着非常重要的作用。由太阳能转化为化学能的过程是极其复杂的,但就反应来讲则相当简单,即

$$nH_2O + nCO_2 \longrightarrow (CH_2O)_n + nO_2$$

该反应的实现依赖一种绿色色素即叶绿素(见图 11.6)的存在,在叶绿素分子中 Mg^{2+}扮演着结构中心和活性中心的作用。叶绿素可以利用红光(680 nm)为主的可见光,为光合作用提供能量。

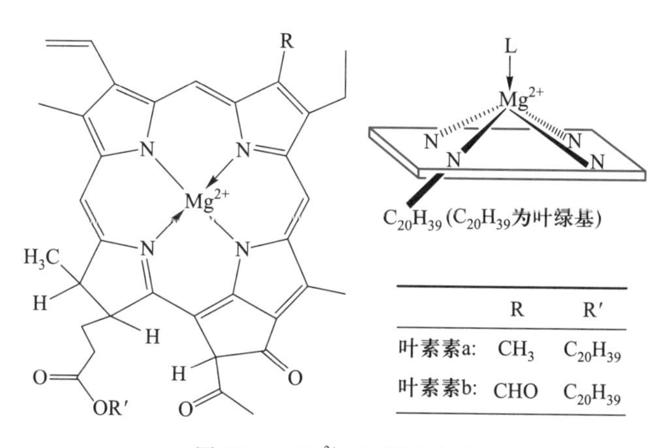

图 11.6 Mg^{2+}-叶绿素分子

Ca^{2+}具有多样性的生物功能。

首先,Ca^{2+}可作为信使,在传递神经信息、触发肌肉收缩和激素的释放、调节心律等过程中都起重要作用,其信号被 Ca^{2+}所传递。Ca^{2+}之所以能作为信使,是因为它的浓度可敏捷地对外部刺激作出响应。这种变化由肌钙蛋白 C 所控制,肌钙蛋白 C 引发 Ca^{2+}键合于其上,导致 Ca^{2+}的浓度变化。

第二,Ca^{2+}是形成多种酶所必不可少的一部分。如在胰蛋白酶中,3 个 Ca^{2+}存在于三个结构区域,其中一个 Ca^{2+}处于蛋白质表面因而具有催化作用。Ca^{2+}也作为细胞外酶的辅因子参与了体内许多重要的生理过程,如血液凝结、乳汁分泌等。

第三,参与体内凝血过程。

不过,Ca^{2+}在体内的最主要作用是作为骨头、牙齿及外壳中羟基磷灰石的组成部分。羟基磷灰石的近似组成可表示为$[Ca_3(PO_4)_2]_3 \cdot Ca(OH)_2$,在生理 pH 条件下是难溶性的。体内对钙的沉积有一个非常好的控制办法,就是将沉淀作为骨质或壳体材料通过血流转移到适当区域沉积下来。

3. Se

Se 作为一种元素是在 1818 年被发现的,常态下以亚硒酸盐或硒酸盐形式存在。长期以来人们都认为 Se 是一种毒性很大的元素。直到 1957 年,Schwazr 才从实验上证实,当 Se 以低浓度存在时,有助于防止肝坏死,并能促进人和动物的生长。由此才将其列为一种必需微量元素。近些年来,围绕 Se 已开发出多种多功能营养品。如硒化酵母、硒化卡拉胶、富硒茶叶、富硒鸡蛋等,起到抗癌,保护心脏,防治克山病、大骨节病、肝病,延缓衰老,解除重金属中毒等奇特作用。

研究表明,硒代半胱氨酸(图 11.7)是多种酶辅基的必需成分。此外,谷胱甘肽过氧化物酶在对抗体内有氧代谢过程中所产生的过氧化氢对细胞的破坏作用时,Se 更是必不可少的,因为 Se 是谷胱甘肽过氧化物酶的活性中心。血液中红细胞所含血红蛋白是一种铁蛋白,这种铁蛋白只有在所含 Fe 处于+2 价时才具有载氧活性,但这种铁蛋白与过氧化氢相遇后,很容易氧化为高铁血红蛋白,从而失去载氧活性。谷胱甘肽过氧化物酶存在时可有效防止过氧化氢对亚铁血红蛋白的破坏:

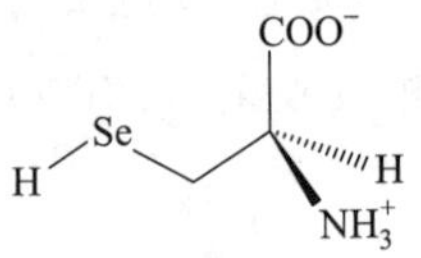

COO^- H Se H NH_3^+

图 11.7　硒代半胱氨酸

$$\underset{\text{还原型谷胱甘肽}}{2GSH} + H_2O_2 \longrightarrow \underset{\text{氧化型谷胱甘肽}}{GSSG} + 2H_2O$$

4. I

健康成人体内一般含有 15~20 mg 的碘,主要以甲状腺激素即甲状腺素和三碘甲状腺原氨酸的形式存在于甲状腺中。碘的代谢与甲状腺机能有密切关系。在甲状腺中,碘的存在形态主要是碘化物、单碘酪氨酸、二碘酪氨酸、甲状腺素、三碘甲状腺原氨酸。两个二碘酪氨酸分子结合成为一个甲状腺素分子。一个单碘酪氨酸分子与一个二碘酪氨酸分子结合成为一个三碘甲状腺原氨酸分子。甲状腺球蛋白是甲状腺中含有碘的蛋白质。在甲状腺内被蛋白水解酶分解时,甲状腺球蛋白水解释放出甲状腺激素。这种甲状腺激素与血浆蛋白结合,并以这种形态在体内循环,发挥激素的作用。

缺碘症状主要是甲状腺肿大、发育迟缓、生殖系统异常等。这些都是甲状腺激素合成不足造成的。

11.4.3 d 区过渡元素的生物学效应

作为生命必需元素的过渡金属离子在体内的浓度都很小,它们的许多确切作用还未被人们所知晓。不过从化学的角度来讲,它们的生物功能可概括为三类:

(1) 参与生物体内的氧化还原过程

具有可变氧化态的过渡金属,如 Fe(Ⅱ,Ⅲ)、Cu(Ⅰ,Ⅱ)、Co(Ⅰ,Ⅱ,Ⅲ)、Mn(Ⅱ,Ⅲ)、Mo(Ⅳ,Ⅴ,Ⅵ)等,常存在于与氧化还原过程有关的金属酶和金属蛋白的活性部位,参与生物体内的氧化还原过程。其中以 Fe 和 Cu 最为常见。

(2) 作为 Lewis 酸

过渡金属离子,由于体积小和电荷高,因而都是较强的 Lewis 酸,易接受底物的电子发生配位作用而使底物活化。

(3) 稳定核酸构型

近年来发现,核酸的合成涉及许多金属离子。除主族金属 Mg、Ca、Sr、Ba、Al 外,还包括过渡金属 Cr、Mn、Fe、Ni 和 Zn。目前认为,这些金属都与核酸构型的稳定性有关。已证明 Zn 可在 DNA 的两股间桥连,在 Zn(Ⅱ)存在时,即使 DNA 熔化,两股也不分开。但 Cu(Ⅱ)的存在则能引起 DNA 的两股分离。

现就一些比较重要的过渡金属元素的生物学效应分述如下,内容主要涉及在人和动物体内的生物学效应。

1. 铁(Fe)

正常成年人(70 kg)体内一般含有 4~5 g 铁,亦即铁在人体中的含量约为成年人体重的十万分之六七。而成长中的大白鼠体内约含铁十万分之五,哺乳期的大白鼠体内含铁则不超过十万分之四。动物体内的铁大部分以与蛋白质相结合的形式——血红蛋白、肌红蛋白、铁蛋白及转铁蛋白等存在,以自由金属离子形式存在的量极少。另外尚有不足 1%的铁以细胞色素为主的其他血红素蛋白和黄素酶的形式存在。

血液中的铁主要以血红蛋白的形式存在于红细胞中,而在血浆中的铁则以转铁蛋白形式存在。

铁的存在是血红蛋白具有载氧功能的主要原因,血红蛋白中卟啉铁配合物血红素的结构示于图 11.8。它的中心是 Fe^{2+},六个配位原子以八面体排布,其中卟啉环中的四个氮原子沿赤道方向配位,而另一个分子的血红蛋白肽链中的一个组氨酸氮原子和一个配位水分子中的氧原子则从轴向位置配位。该配位 H_2O 容易与 O_2 发生可逆的交换反应。血液中的血红蛋白在肺部摄取 O_2,而将 H_2O 替代下来,当血液流动时,结合了 O_2 的血红蛋白被输送到身体的各个部位,在需氧的地方释放出 O_2,又将 H_2O 交换上去,从而起到输送氧气的作用。

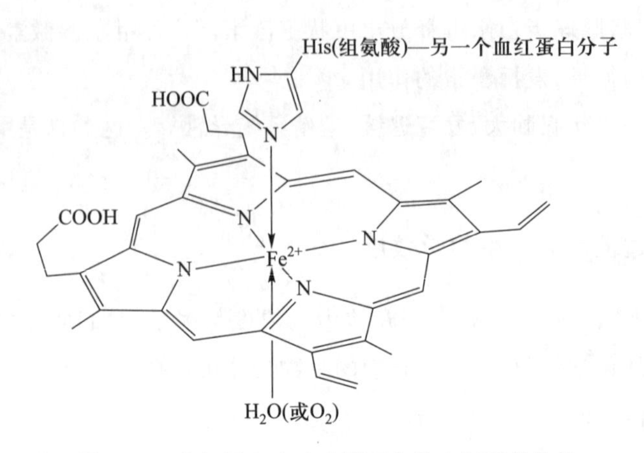

图 11.8　血红蛋白中卟啉铁配合物血红素的结构

其他配位基团(如 CN^-,CO)也可交换到 H_2O 的位置上去,因它们的配位能力较 O_2强(参见 9.2 节和 9.3 节),不易为 O_2替代,故它们是剧毒的。

转铁蛋白则是一种球蛋白,作为 Fe 的传递体循环于血液中,在 Fe 的代谢中起重要作用。

动物体内的铁蛋白和含铁血黄素具有贮存铁的功能。铁蛋白是相对分子质量约为 90 万的蛋白质,含 Fe 量最高达 20%。蓄积在铁蛋白中的 Fe,用于合成血红蛋白,当血红蛋白分解时,Fe 被铁蛋白回收,所以说铁蛋白是 Fe 的体内贮藏库。含铁血黄素是一种含 Fe 最高达 35%的不定形物质,以不溶性的颗粒状态存在于组织中。

Fe 作为体内许多含铁酶和含铁蛋白不可缺少的因子,具有极其重要的生物学作用。如细胞色素是一种参与能量代谢的含铁血红素蛋白。在细胞色素 C 中,铁离子也是处于六配位的八面体中,其平面位置也是与卟啉环中的四个氮原子配位,第五个配位点是轴向的组氨酸的咪唑环上的氮原子,第六个是蛋氨酸上的 S 原子。由于铁离子的配位位置全被占据,因此它不能进行氧合,但铁离子的氧化态能在+2 和+3 之间可逆地改变,因此它是电子传递和氧化还原过程的中间体。

2. 锌(Zn)

Zn 的原子结构中其 3d 壳层是完全充满的,不同于 Fe,它在水溶液中没有变价,但它像 Fe 一样能生成稳定配合物,且是一种强 Lewis 酸。

人体和动物体内对 Zn 的必需性是在 1934 年由 Todd 等人经实验证明的。他们发现缺 Zn 会使大白鼠的生长受到抑制或停止,会引起食欲不振,皮肤及毛发、爪等受损伤,生殖机能不全,骨病等。

成人体内一般含有 1.4~2.3 g Zn,其中的 20%存在于皮肤中。除此之外,毛发、骨及牙齿中的 Zn 含量也比较高,眼球组织、雄性动物生殖器中也富含 Zn。血液中的 Zn 分布在红细胞内及血浆中,红细胞内的 Zn 全部以碳酸酐酶的形式存在,而血浆中的 Zn 则大多与球蛋白牢固结合,也有一些 Zn 与白蛋白松散结合。

碳酸酐酶是一种相对分子质量高达 3×10^4 的锌酶。从人的红细胞中提取的碳酸酐酶由 259 个氨基酸残基组成,每个分子含有一个 Zn^{2+},这个 Zn^{2+}为三个组氨酸(His-94,His-96 和

His-119)所结合，第四个配位位置是对周围介质开放的，通常被水或羟基占据(图 11.9)。

碳酸酐酶具有一系列的生物功能，包括光合成、钙化、维持血液的 pH、离子输送和 CO_2交换等。例如，由该酶催化人体产生的 CO_2水合变为 HCO_3^-，HCO_3^-随血液循环到达肺泡，又由碳酸酐酶催化使之转化为 CO_2并排出体外。在 310 K 时，由碳酸酐酶催化的 CO_2的水合速率可达 $10^6\ mol \cdot L^{-1} \cdot s^{-1}$(而通常情况下为 $7\times10^{-4}\ mol \cdot L^{-1} \cdot s^{-1}$)，因而该酶被认为是目前所知道的催化效率最高的酶之一。其催化机制可简单描述为

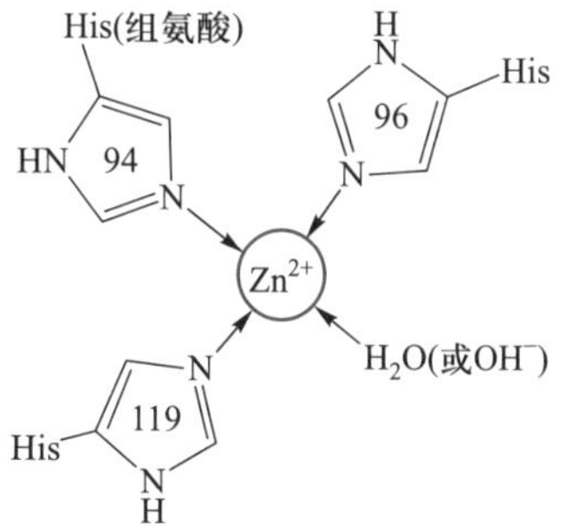

His(组氨酸)
94
96
119
His
His
Zn^{2+}
H_2O(或OH^-)

图 11.9 碳酸酐酶活性部位示意图

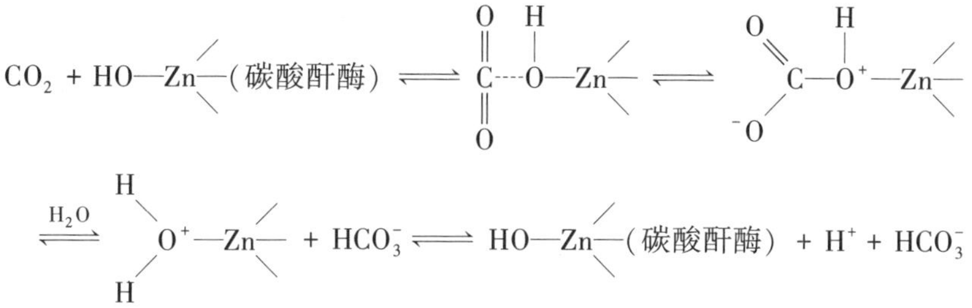

$$CO_2 + HO—Zn—(碳酸酐酶) \rightleftharpoons O{=}C{\cdots}O(H)—Zn— \rightleftharpoons O{=}C(O^-)—O^+(H)—Zn—$$

$$\xrightleftharpoons{H_2O} H_2O^+—Zn— + HCO_3^- \rightleftharpoons HO—Zn—(碳酸酐酶) + H^+ + HCO_3^-$$

人体内大约共有 18 种含锌金属酶和 14 种锌激活酶。锌与磷酸根的结合能力颇强，因此是体内促进磷脂水解的磷酸酯酶的主要活性成分。另有一些含锌酶则有助于控制从 HCO_3^-形成 CO_2的速率及消化蛋白质。此外，体内锌、铁、铜的新陈代谢还存在强烈的相互作用，如锌明显影响铁蛋白对铁的结合和释放。

锌也是合成 DNA、RNA 和蛋白质所必需的元素。缺乏锌的大白鼠 DNA、RNA 和蛋白质的合成量降低。DNA 合成时的基因活化过程需要锌。锌缺乏时，核糖核酸酶增加，受 DNA 指导的 RNA 聚合酶减少。此外，胸苷肌酶活性因缺锌而下降，这种胸苷肌酶的不足又直接影响了 DNA 合成所必需的胸腺嘧啶核苷三磷酸的形成。

羧肽酶是体内重要的肽水解酶，是一种典型的锌酶。它对体内蛋白质的水解具有重要作用。缺乏锌时该酶活性降低，但补充锌后活性又可恢复。体内许多脱氢酶，如乳酸脱氢酶、苹果酸脱氢酶等都是锌酶。

3. 铜(Cu)

健康成人体内一般含有约 80 mg 的 Cu。人体内以肝、脑、肾等脏器中的含 Cu 量最高。人血中 Cu 含量是其总质量的$(0.8\sim1.2)\times10^{-4}\%$。

体内大约有 12 种含铜酶。这些酶具有从铁的利用到皮肤的着色等多种生物学效应。在溶液中，Cu 有两种氧化态，未被配位的 Cu(Ⅰ)易氧化为 Cu(Ⅱ)。因此 Cu 在体内的主要作用是氧化还原反应。

红血球中的 Cu 60%以上以铜蛋白即血球铜蛋白的形式存在。血球铜蛋白在 1969 年被命名为超氧化物歧化酶(SOD)，该酶分子中含有两个 Cu 原子和两个 Zn 原子，相对分子质量约为 3.4×10^4。SOD 能催化超氧阴离子自由基($\cdot O_2^-$)发生歧化反应：

$$2 \cdot O_2^- + 2H^+ \xrightarrow{SOD} H_2O_2 + O_2$$

生成的 H_2O_2 再由过氧化氢酶等催化分解为无毒的水和氧。SOD 由于能清除 $\cdot O_2^-$，所以在防御超氧阴离子自由基的毒性、抗辐射损伤、预防衰老及防止肿瘤和炎症等方面起着重要作用。

血浆中的 Cu，大多以血浆铜蓝蛋白形式存在，血浆铜蓝蛋白是相对分子质量约为 1.6×10^5 的 α_2-球蛋白。它是一种与 Fe 代谢过程有关的氧化酶，对 Cu 的输送没有特别的作用。

在软体动物和甲壳类的血液中，存在含 Cu 的呼吸色素蛋白——血蓝蛋白。血蓝蛋白和脊椎动物的血红蛋白一样与分子氧相结合，发挥氧载体的作用。

Hart 等人证明 Cu 在大白鼠的血红蛋白形成中也必不可少。因此人们长期以来认为 Cu 的主要功能是造血作用。1961 年铜被证明在大动脉的弹性蛋白形成中也具有重要作用。

Cu 缺乏时，新生儿会表现出运动失调症状，毛发色素也会缺乏，羊毛的角化和骨的形成也会受到影响。

4. 钼(Mo)

在对固氮生物及植物的研究过程中，人们发现 Mo 对动植物的正常生长发育是必需的。Mo 在所有动植物组织中浓度很小但总是存在。现发现缺 Mo 会引起橘类叶片发生黄斑病和菜花发生鞭状叶症。

Mo 在动物生长中的必需性是在 1953 年被证明的。实验发现黄素酶（黄嘌呤氧化酶）是含 Mo 的金属酶，其活性受 Mo 支配。

此外，生物体内的醛氧化酶、硝酸还原酶、亚硫酸还原酶、固氮酶（图 11.10）等都是含 Mo 的金属酶。

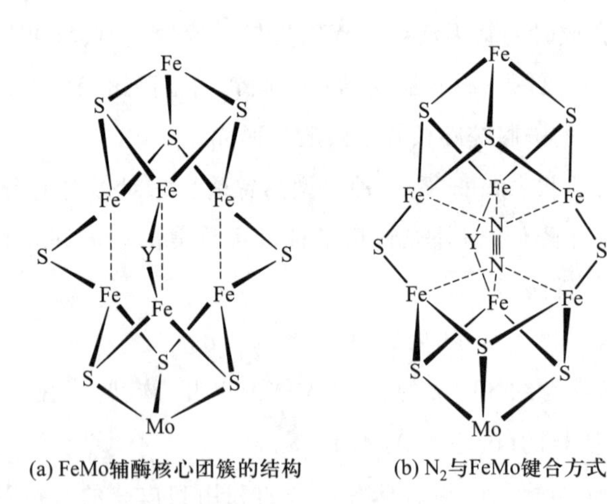

(a) FeMo辅酶核心团簇的结构　　(b) N_2与FeMo键合方式

图 11.10　固氮酶

固氮酶是由铁蛋白和钼铁蛋白构成的。在这些蛋白中，Fe、S、Mo 都是功能元素。通过模型化合物的研究发现：Fe、Mo 蛋白的结构是由组成为 MFe_3S_3 的两个开口“网斗”口对口地被 3 个原子桥连。图 11.10 中的 Y 在最先的报道中是个未知配体，现在则认为 Y 处也是 S 原子，所以有 MFe_3S_3 的组成。图中上半部口朝下的那个 MFe_3S_3 的 M 为 Fe 原子，而下半部

口朝上的那个 MFe_3S_3 的 M 则为 Mo 原子。结构中存在一个由 6 个配位不饱和的 Fe 原子组成的三棱柱体，Rees 等认为 N_2 分子是在三棱柱体空腔中与 Fe 原子形成六联 N_2 桥物种而活化并被还原的。

Mo 与 W 之间具有拮抗作用。在 Mo 浓度很低的饲料中，添加过多的 W，雏鸡的生育受到很大影响，而且组织中的含 Mo 量及黄嘌呤氧化酶的含量和活性明显降低。大白鼠实验也证实了这一结果，在大白鼠饮水中添加约其体重的万分之一的 W，大白鼠肝中的 Mo 含量、黄嘌呤氧化酶的活性、亚硫酸氧化酶的活性就减少，但这些症状都可经由加 Mo 得到预防或恢复。

5. 锰(Mn)

Mn 在体外有多种氧化态，但在体内只有 Mn(Ⅱ)和 Mn(Ⅲ)两种。+3 价的 Mn 在体外很不稳定，但在运载 Mn 的蛋白质——Mn 传递蛋白中确实是以这种形式存在的。

Mn 主要存在于细胞内的线粒体中，且为线粒体的呼吸功能所需要，据此有人认为 Mn 是体内呼吸酶的辅因子。动物体内的锰酶种类不多，主要是精氨酸酶和丙酮酸羧化酶，此外尚有一些 Mn 离子激活酶，如异柠檬酸脱氢酶、聚合酶和半乳糖转移酶等。从大肠杆菌和鸡的肝线粒体中分离出的超氧化物歧化酶也是锰酶。

就 Mn 对动物的必需性来讲，人们开展了大量的实验研究工作，发现其对维持小鼠和大白鼠卵巢的正常机能十分重要。Mn 具有防止雄性鼠的精巢异常变化的特性也被证实。Mn 与骨的发育关系也十分密切，当 Mn 摄入不足时，雏鸡患飞节症同时并发软骨发育不全。Mn 对于动物体的生长、生殖及糖类和脂肪的代谢也起重要作用。

在软骨的黏多糖类合成中，Mn 作为葡萄糖胺-丝氨酸环化的催化剂。

6. 铬(Cr)

Cr 只为动物体维持健康所必需，并且直到 1955 年才被发现。Cr 在体内的主要作用是参与葡萄糖和脂质的代谢。Cr 严重缺乏时，大白鼠会患高血糖和糖尿病，但在饮用水中添加其体重的百万分之二到百万分之五的铬盐，这种症状即可消失。人体缺 Cr 时也会发生对葡萄糖的耐受能力下降，补充 Cr 后症状也会迅速改善。Cr 对于动物的正常生长和发育及葡萄糖的体内正常代谢都是必需的。Cr 与胰岛素关系也十分密切。实验证明 Cr 不仅与糖类的利用密切相关，而且还影响脂质化合物和胆固醇的合成及氨基酸的利用。

有人提出大白鼠的葡萄糖耐受能力受损害，是由于缺乏一种叫做葡萄糖耐量因子(GTF)的新营养素而造成的。Dchwarz 和 Melz 在 1959 年用实验证明，GTF 的活性成分是+3 价的 Cr，各种各样 Cr(Ⅲ)的化合物对于解除葡萄糖耐量的阻碍都有良好的效果。从酿造酵母中分离出了活性比 $CrCl_3$ 高的 Cr(Ⅲ)的配合物 GTF。GTF 的结构虽然至今尚未揭示，但据认为它在成分上除含 Cr 外，还含有烟酸、甘氨酸、谷氨酸、半胱氨酸。

Cr 在人体中的浓度比较低，且分布不集中，机体中没有 Cr 含量特别多的组织和器官。血清中 Cr 的含量约为其体重的十亿分之七。

Cr 在组织中的含量随机体年龄增长而降低，这种浓度分布特征是其他微量元素所没有的。

Cr 在血液中是通过与血浆蛋白结合而被输送的。结合 Cr 的血浆蛋白包括转铁蛋白，在转铁蛋白上，Cr(Ⅲ)与铁争夺键合部位。

应当注意水溶液中的铬有 Cr(Ⅲ)和 Cr(Ⅵ)之分。过去一直认为，只有 Cr(Ⅲ)的化合物是人体必需的；而 Cr(Ⅵ)的化合物毒性很强，如 CrO_3 是有害的，甚至有致癌作用。然而，经过动物试验发现，不但 Cr(Ⅵ)有毒，Cr(Ⅲ)的化合物在有的情况下也会致癌。水体中 Cr 浓度高时可在鱼体内蓄积，也可造成水生生物死亡。用含 Cr 的水灌溉农作物，Cr 会富集于农作物的果实中。

有人认为，Cr 的致癌作用不但取决于其氧化态，也取决于溶解度。一些难溶于水而溶于酸的铬酸盐是最危险的，将 $CaCrO_4$ 植于动物骨内，结果引发了骨肉瘤和肺部肿瘤，而用其他铬化合物则未见阳性结果。所以在环境化学上对铬的分布及在生物圈中的浓度都有严格限制。

7. 钒(V)

实验证明 V 对人体是有益的，但具体的生物学功能尚不清楚。对于雏鸡和大白鼠来讲，V 是必需元素。1971 年发现用 V 含量不足 $10^{-3}\%$ 的饲料喂养的雏鸡，其翅膀和鸡尾的生长显著减慢，血液中的胆固醇量也显著降低。大白鼠实验表明 V 与机体的正常发育关系也十分密切，在大白鼠饮水中添加 $(2.5\sim5)\times10^{-5}\%$ 的 V 时，对促进发育效果十分明显。V 还与骨和牙齿的钙化过程密切相关。

对绿藻来讲，V 是必需元素。在黑海海底有一种海生动物，血液中 V 的含量极高。在这种动物体内，V 以+3 价存在，用于氧的运载。运载氧的分子称为血钒素。

8. 镍(Ni)

Ni 是大白鼠生长所必需的元素。大白鼠饮食中 Ni 的摄入不足时，在哺乳期就会生长速度减慢，死亡率增大，说明 Ni 与催乳激素的调节有关。缺 Ni 的大白鼠肝变小，呈暗褐色。Ni 的缺乏也明显影响大白鼠对 Fe 的吸收，会导致严重贫血。

Ni 大量存在于 DNA 和 RNA 中。作用可能是稳定核酸的结构。从人和兔子的血清中已分离出 Ni 蛋白，但这种 Ni 蛋白的生物学效应尚不清楚。

9. 钴(Co)

Co 是在 20 世纪 30 年代就被人们认识到的人体必需微量元素。Co 的生物学效应主要是它在 B_{12} 系列辅酶中的作用。血液中维生素 B_{12} 的含量很少，1 mL 血液中仅含 2×10^{-10} g 的维生素 B_{12}，因此分离提纯十分困难。在自然界，维生素 B_{12} 都是由微生物合成的，人体肠道中的微生物群落可以合成这种维生素，但不能再被人体吸收，因而人体中的维生素 B_{12} 完全要从食物中获得。维生素 B_{12} 的人工全合成也告成功。

维生素 B_{12} 的结构见图 11.11(a)。中心离子 Co^{3+} 处在一个咕啉环的中心位置。八面体形排布的六个配位原子中有 4 个为环上的氮原子，一个是侧链上的氮原子，最后一个为活性基团 R，在正常情况下，R 为 CN、OH 或有机基团。

咕啉环与血红蛋白中的卟啉环有一些类似[见图 11.11(b)]。不过，咕啉环不饱和度低，往往不在一个平面上；同时咕啉环不是一个大共轭体系。因此，咕啉环刚性小，容易发生构象的变化。咕啉类化合物与卟啉类化合物作为两类生物配体，其性质是不同的。

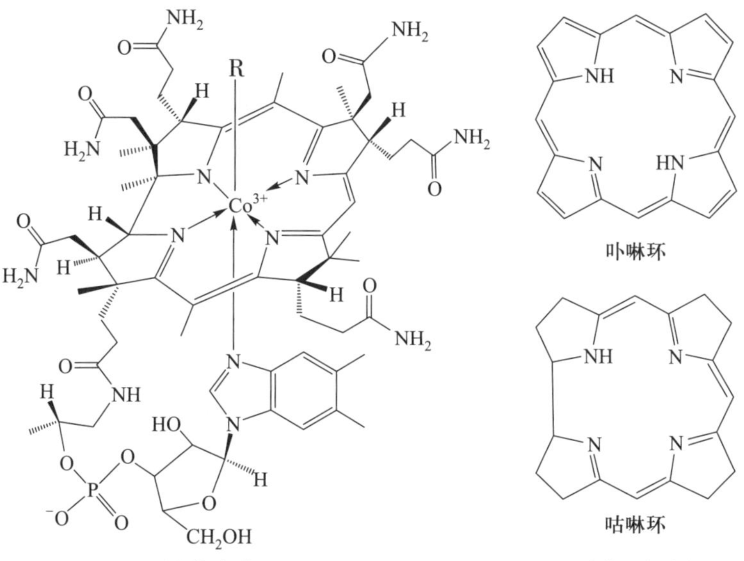

卟啉环

咕啉环

(a) 维生素B_{12}　　(b) 卟啉环和咕啉环

图 11.11　维生素 B_{12}和咕啉环、卟啉环的结构

维生素 B_{12}及其衍生物参与许多机体生化反应，主要是参与 DNA 和血红蛋白的合成、氨基酸代谢、氢和甲基的体内转移。

钴离子是某些酶必需的辅因子，但只发现其中的甘氨酰甘氨酸二肽酶存在于动物体内。

11.4.4 稀土元素的生物学效应

稀土元素在生物体内含量甚微，对它们的生物功能人们了解得还很少。到目前为止，尚未发现稀土元素参与了任何一个天然生物化学过程。但大量的实验事实表明，稀土金属离子与不同的生物分子都有一定的亲和力，对许多体内酶具有抑制或激活作用。以稀土金属离子为中心离子的许多配合物具有各式各样的药用活性。稀土制剂对某些疾病具有作用快、疗效显著、作用持久、副作用小等特点，还可作为体内肺、大脑、肾等部位病变发生诊断用扫描药剂。含稀土的某些材料在临床上也获得应用。如稀土光导纤维可用于直接窥测人的肠胃等腹腔疾病的医疗器械，稀土永磁体的磁穴疗法用于止痛，消肿，治疗关节炎、高血压和神经衰弱等疾病具有明显的疗效，稀土增感屏在 X 射线透视和拍片等方面获得广泛应用，具有曝光时间短、图像清晰度高等特点。

由于一些稀土放射性同位素对肿瘤组织具有较高的亲和性，因而在癌症的诊断和治疗中也得到广泛应用，据称应用于治疗癌症的放射性同位素几乎一半为稀土元素。除放射性同位素外，某些稀土稳定同位素也具有明显的抗肿瘤活性，预示着稀土元素在医学中的应用前景十分广阔。

近几十年来，稀土药用研究十分活跃，国内外已将稀土化合物用于烧伤、凝血性疾病、糖尿病、关节炎、肿瘤等疾病治疗的实验研究。但总的来讲，绝大多数工作仍处于实验研究或开发阶段。

1. 稀土元素的植物生理效应

实验表明稀土元素对植物的生长发育确有作用,但这种作用的机制尚不清楚。在水培条件下曾观察到可溶性稀土盐类可使豌豆增产、蚕豆生长加快。对植株的组成进行分析,发现可溶性稀土盐溶液可使植株中 N、Na、K 的含量增加。当稀土元素含量在 $5\times10^{-4}\%$时,增加的幅度最大,浓度更大时,反而使植株中的 N、Na、K 的含量降低,而 P、Ca、Mg 的变化趋势则相反。稀土元素的这种效应以混合稀土为最大,单一稀土如 La、Ce 盐的效应较小。稀土元素对植物生理的影响还因植物种类的不同而不同。例如,在含稀土的土壤中栽培蔓菁、萝卜和椰子等时,可使须根增多而肉根减少,从而影响产量。这就告诫人们,稀土微肥的使用切不可盲目。

2. 稀土化合物的药用

稀土化合物的药理作用早已被人们发现。最早应用的是 Ce 盐,简单的 Ce 盐可用作伤口消毒剂。可溶性 Ce 盐在水相中与磺胺嘧啶钠作用,可沉淀出磺胺嘧啶铈,其抑菌性能与磺胺嘧啶银相当。有人用硝酸铈作为烧伤的局部化疗药物以取代硝酸银,认为其对革兰氏阴、阳细菌都有较强的杀灭作用,特别是对革兰氏阴性大肠杆菌效果更好。

Frouin 等还在 1913 年就发现了稀土具有防止血液凝固的作用。后来围绕稀土的抗凝血作用进行了大量的药理研究,发现硝酸钕可以防止兔子血管壁受损伤所引起的血栓形成,醋酸钪可使家兔血凝时间延长,3-磺酸异烟酸钕作为抗凝血药具有活性高、毒性小的特点,已进入临床多年。临床观察表明,这些药物不但能防止人工血栓的形成,而且还可溶解新鲜血栓。有文献报道,以微量元素形式口服 Ce、La、Sc、Y 的氯化物或氧化物,可明显改善血液循环,同时保护细胞不受放射性危害。兰州大学邓汝组教授等人发现给家兔静脉注射钛铁试剂钕水溶液后,抗凝血作用迅速表现出来,而且活性比氯化稀土等稀土化合物要高。钛铁试剂与稀土形成配合物后,在水溶液中比较稳定,可以避免浓度大的稀土在人体血液 pH 下(pH=7.35)形成碱式盐或氢氧化稀土沉淀。因此钛铁试剂稀土是很有希望的抗凝血化合物。

一般认为稀土元素的抗凝血作用是稀土金属离子与钙离子拮抗所致。凝血过程没有钙的参加是无法完成的。稀土金属离子与钙离子具有许多共同的性质,它们的离子半径相近、均属硬酸、具有亲氧性,配位空间适应性较强等。这就造成了稀土金属离子对钙离子竞争性取代的可能性。稀土金属离子对钙离子的取代破坏了正常的凝血过程,达到抗凝作用的目的。

此外,稀土化合物在抗炎、降血糖、抗动脉粥样硬化等方面都有独特的药理活性。

尽管如此,但到目前为止,能作为某些疾病治疗药物的稀土化合物仍属个别,然而稀土化合物作为诊断药剂的使用已相当普遍。稀土四环素配合物可用来检查脑癌、胃癌,一些稀土螯合物可用作脑、肺、肾等体内病变的诊断扫描剂,并可进一步用于确定区域血流图和肾功能状况。如 ^{169}Yb 被广泛地用于大脑、肝、肺、骨、颈、骨盆区域的癌症诊断和治疗。

3. 稀土化合物的毒性

稀土元素及其化合物对动植物的正常生长发育有一定的影响。急性中毒症状主要表现为扭动、共济失调、呼吸困难、脚趾背面的轻度拱起等。慢性中毒症状主要表现在腹膜炎症、肝坏死等。

动物长期生存于稀土环境中会引起皮下充血、支气管炎、肺气肿等症并进而在身体的暴露部位产生肉芽肿，对此应引起足够的重视。

稀土元素的中毒可用螯合疗法来缓解或解除。

11.5 重金属元素的生物毒性

1. 半致死量

在动物急性毒性试验中，表示在规定时间内，使受试动物半数死亡的毒物剂量，称为半致死量，用 LD_{50}表示。它是衡量毒物对哺乳动物乃至人类的毒性大小的重要参数。

生命体是一个很复杂的体系，因而化学元素的毒性同元素本身的物理、化学性质的关系也比较复杂，但其中一个重要的关系是化学元素的毒性与配合物形成能力的密切关系。如第一过渡系后部元素形成的配合物的稳定性呈现 Irving-Williams 序列。对小鼠半致死量的实验发现，金属毒性的次序与这个次序基本吻合。这种形成配合物的能力与金属毒性的一致性，表明生命体内包含一些配体，金属离子与这些配体的结合力越强，金属的毒性就越大。

设配合物的生成常数为 $K^{\ominus}$，则

$$K^{\ominus}=\frac{c(\mathrm{ML})}{c(\mathrm{M})\cdot c(\mathrm{L})}$$

令 $c(\mathrm{M})\cdot c(\mathrm{L})=E$，当 E 为某一常数时，生物体就会中毒。于是金属离子半致死量 $c(\mathrm{M})$与 E 值的关系为

$$\begin{aligned}\lg LD_{50}&=\lg E-\lg K^{\ominus}\\&=C-\lg K^{\ominus}\end{aligned}$$

可见，金属离子的配合物生成常数越大，其半致死量就越小，该离子的毒性就越大。

一般地，金属离子与硫越易配位，该金属的硫化物的 $\mathrm{p}K_{\mathrm{sp}}^{\ominus}$值也越大。因此，金属离子对某些含巯基(—SH)的酶活性中心起关键作用的生命体的毒性可用金属硫化物的 $\mathrm{p}K_{\mathrm{sp}}^{\ominus}$来衡量。

但生命体内的化学行为毕竟比较复杂。如金属离子对黏菌这一原始生命形式的毒性次序为 $Li^+<Na^+<K^+<Rb^+\sim Cs^+$，这一次序与配位次序相反，却与阳离子交换次序一致。除此以外可能还应考虑生命体活性中心与金属离子的大小是否匹配和电荷是否匹配的问题。

2. 重金属元素的生物学效应

环境污染和元素的非正常摄入会引起生命体的中毒。其中尤以重金属对人体的毒害最大。

(1) 重金属在脏器中的分布

进入体内的重金属离子经血流传送到体内有关脏器组织中，某种金属离子在脏器中的浓度不仅取决于该脏器组成成分对金属离子的亲和力，而且也与体液的流动速度、金属离子在体内的化学变化及排泄速度等因素有关。重金属在动物脏器中的分布情况见表 11.4。

表 11.4　重金属在动物脏器中的分布情况

金属	高浓度蓄积部位	金属	高浓度蓄积部位	金属	高浓度蓄积部位
Rb	脑	Nb	骨	Zn	肾、骨、肝
Sr	骨	Ta	骨	Cd	肾、肝
Ba	骨	Mo	肝	Hg	肾、肝
Ra	骨	W	肾	Ga	骨
Y	骨	Mn	肝、肾、肺	Tl	肾、骨、肝
La	肝、骨	Fe	血液	Sn	肝、脾
Ti	肺、心脏、肝	Co	骨、胰腺、肝	Pb	骨、肝、肾
Zr	骨、肺	Ni	骨、肺、肾	Pu	骨
Hf	肝、骨	Cu	肝、心脏、脑	Sb	肝
V	心脏、脾	Ag	肾、肝、脾	Bi	肝、肾、脾

多种金属离子容易集中于肝、肾和骨等部位。如 Pb 主要集中于肝和骨组织中，而 Cd 则主要集中于肾和肝中。但应该注意到金属离子在体内的分布与金属化合物的种类、化学形态、投给的途径、动物的种类乃至投给的时间都有很密切的关系。几种主要重金属在人体内各组织中的分布情况见表 11.5。

表 11.5　几种主要重金属在人体内各组织中的分布情况

金属	血液	肌肉	皮肤	脑	心脏	肝	肺	肾	骨
As	0.2	0.03	0.04	—	0.04	0.05	0.05	0.07	—
Cd	0.007	—	0.3	0.12	0.17	6	0.7	50	0.1
Co	0.04	—	—	—	—	0.03	—	0.02	—
Cr	0.013	0.03	0.1	0.06	0.04	0.04	0.2	—	0.07
Cu	1.0	—	0.8	5	3.5	10	1.3	2.6	0.5
Hg	0.005	0.06	0.1	0.1	0.07	0.5	0.08	1	0.1
Mn	0.07	0.1	0.1	0.2	0.2	1.7	0.3	0.7	0.08
Mo	0.015	—	—	—	—	0.6	0.03	0.2	—
Ni	0.003	0.1	0.1	0.05	—	0.08	0.2	0.1	0.3
Pb	0.02	0.3	1.0	0.3	0.3	0.5	—	0.5	0.3
Zn	2.5	50	10	15	30	70	16	40	50

注：表中数据的单位为 mg/(kg 湿组织)。

由表 11.5 中所列结果可以看出,As 在血液中含量较高,Cd 在肾,Cu 在肝、脑、心脏、肾,Hg 在肾、肝,Mn 和 Zn 在肾和肝中含量比较高。这与动物实验结果相一致。

重金属往往集中在肝和肾中,这是被一种对金属的结合力特别强的蛋白质诱导到肝及肾所导致的,金属硫蛋白就是一种对重金属离子具有特异性结合的蛋白质,它在动物肝、肾中合成并存在于肝、肾中。

骨骼中也容易蓄积重金属。骨骼由称为羟基磷灰石的磷酸钙微小结晶及黏结这种微小结晶的蛋白质所组成。已经明确,羟基磷灰石中 Ca 的位置可与其他阳离子交换,其中特别是 Sr 极易与 Ca 交换,从而使体内 99%的 Sr 存在于骨骼中。此外,人体中的 Pb 也大多集中于骨骼中。Pb 集中在骨骼成长的活性部位,在此部位它与磷酸钙一起沉淀,然后被摄入由蛋白质组成的基质中。

(2) 重金属的毒性

重金属的毒性涉及的范围很广。但就中毒的快慢来讲有急性中毒和慢性中毒之分。两者的差别在于重金属的摄取量不同。在同一时间内大量金属侵入体内所造成的毒性作用叫急性中毒。与之相反少量金属被摄入体内,虽其毒性作用当时还表现不出来,但是金属在体内蓄积,或者说毒性作用一点点地积累,经过较长一段时间后发生的毒性作用叫慢性中毒。

急性中毒常伴随有组织损害。经口摄取而引起的急性中毒,常有呕吐、恶心、肠胃疼痛、口内有金属味、下泻等消化器官疾病,然后引起肝、肾、中枢神经系统方面的疾病。当经由呼吸道摄取大量金属时,喉咙有刺激感并引起支气管炎。

与急性中毒相比,慢性中毒的症状比较稳定而且多种多样。进入体内的少量金属在体内移动时,在各种脏器中再分配,使对该金属最敏感的脏器受害。受害脏器因金属或金属的化学形态不同而有不同的中毒症状。

如慢性 Pb 中毒会引起儿童生长、发育迟钝,行为障碍,多动,智力低下。铅逐年蓄积,加速了脑的衰老和智力减退,老年期痴呆患者与慢性 Pb 蓄积有关已得到证实。由于铅的污染无处不在,玩具、化妆品、餐具、颜料、汽车废气等都是 Pb 的污染源,因而应十分重视对 Pb 污染的防治。一般用血铅水平来标示铅中毒的程度,各国对 Pb 在血液中的含量界限规定不一,但一般来讲,血铅含量的安全范围是不超过(2×10^{-5})%,尿铅含量不超过(3×10^{-5})%,毛发含铅一般应不超过(2.4×10^{-3})%。

汞也是一种很危险的有毒重金属元素。在自然界 Hg 的污染源相当多。如以 Hg 作为电极进行电解的氯厂、烧碱厂,以及以氯脱色的纸浆和造纸厂、塑料厂和农药厂所产生的废水中都有比较高的 Hg 含量。日本水俣病事件就是由于慢性汞中毒引起的。1962 年日本确认了水俣病的原因,以无机汞为催化剂的乙醛制造厂排含甲基汞($(CH_3)_2Hg$)的废水,流入水俣海域并在那里的鱼类中蓄积,以这种鱼为食的当地居民就发生了水俣病。

有些重金属还具有致癌性和致畸性。

以重铬酸盐形式存在的 Cr(Ⅵ)具有致癌性,这是由于 Cr(Ⅵ)与核酸结合的能力较强,使正常细胞失去了固有属性而发生癌变。与 Cr(Ⅵ)属同种元素的 Cr(Ⅲ)尚未发现有这一属性。

长期从事与 Ni 有关工作的人群中，肺癌、副鼻腔癌的发病率较高，推断羰基镍等有机镍的危害性很大。

近年还有报道认为 V 与肺癌也有关。

致畸性与致癌性一样，也是一种重要的毒性表现方式。已查明 Zn、Cd、Hg 特别是甲基汞、Se、Ni 等金属具有致畸性。如给妊娠中的大鼠静脉注射硫酸锌时，有 4% 的仔鼠出现骨髓异常等畸形。

应当注意到金属的毒性与其所处化学形态关系十分密切。如无机金属盐与有机态的金属化合物毒性差别很大。一般来讲，有机金属化合物较之无机盐更易被机体吸收，并且在机体内分布时也比较容易通过细胞膜，通过血脑屏障进入脑部等，从这个方面看有机形态金属化合物应比无机形态金属化合物毒性大。但实际上的情况要复杂得多，无机盐虽然透过膜比较困难，但与核酸、蛋白质的结合能力比较强，因而细胞毒性往往也比较强，所以应两者兼顾才能讨论或理解毒性的相对大小。

（3）重金属元素的毒性作用机制

重金属的中毒作用主要表现在阻碍正常代谢机能。这种阻碍作用可分为两种类型：

一种是在正常发挥机能的系统中，由于其他金属元素的侵入而发生了置换反应从而使正常机能遭到破坏。生物体内存在许多金属酶，这些金属酶中的金属离子往往可被与其性质相似的金属离子置换，从而影响自身功能的发挥。如 Cd^{2+} 是一种有毒重金属，它与 Zn^{2+} 性质相似，进入体内后往往置换锌酶中的 Zn^{2+}，使锌酶的活性大受影响，表现为 Cd^{2+} 的毒性。此外，有人认为软骨症是由于 Cd^{2+} 取代了正常骨骼组织中的 Ca^{2+} 所致。

在元素周期表中，K 的下面是 Rb，在体内 Rb^{+} 可置换 K^{+}。因此服用 Rb^{+}，可以预防低钾症，但另一方面，过剩的 Rb^{+} 也会破坏体内的 Na^{+}、K^{+} 平衡，出现中毒症状。

另一种作用类型是由于重金属离子与酶或其他生物分子的活性基团结合而引起的。生物分子或酶分子中往往含有巯基、氨基、羧基和羟基等基团，这些基团与重金属离子可以生成牢固的共价键，从而使生物分子或酶的立体结构变形、丧失活性。如 Hg、Pb 和 Cd 都易与巯基结合，因此这些元素的化合物进入体内后与含巯基酶的巯基相结合，影响着巯基酶的活性。

重金属离子也可与体内生物分子中的磷酸根结合。如贡离子与细胞膜上的磷酸根配位而改变了膜的通透性，影响了细胞的正常功能而出现中毒症状。

重金属离子与核酸也很易形成配合物。由于核酸是遗传基因的携带者，因而不难想象，当重金属离子与核酸结合后，遗传信息的传送就会被封闭，从而引起某些遗传病。重金属离子使酵母菌发生突然变异就是由于这种原因。癌症的发生与核酸的变质密切相关，重金属离子具有致癌性和致畸性可能与其同核酸之间的作用有关。

（4）重金属中毒的解除

在西医上，重金属中毒主要通过螯合疗法来解除。这是由于重金属的毒性主要是由其与生物体内起重要作用的基团相结合而引起的。体内与软金属（如 Hg）和准金属（如 As）相结合的配位原子的先后次序为 S>N>O；而与硬金属（如 Ca 或 Mg）相结合的次序为 O>N>S。因此，可选择具有相应配位原子的螯合剂进行解毒。有些重金属介于软、硬金属之间，如 Zn 和 Pb，可供选择的螯合剂不多，所以，它们所产生的中毒症状很难消除，如儿童由于铅中毒而引起的脑损伤就很难恢复。

一般对作为药物用于治疗金属中毒的螯合剂有多方面的要求。例如，药物在口服时不应被破坏，而肽类药物在胃中可被消化掉，因而不能口服；药物对所排出的金属应有尽可能高的选择性，否则长期使用时会影响其他金属在体内的平衡；药物的相对分子质量不宜太大，否则难以通过膜，到达不了金属离子的结合部位；药物对所排出金属应有足够强的结合能力，而且所形成的螯合物应有比较好的水溶性。所以，重金属中毒的螯合疗法往往存在副作用大、安全性差、无法用于临床和重金属中毒的预防。相反，近年来国内出现的重金属中毒的中医中药疗法却具有疗程短、疗效好、安全性高等特点，为重金属中毒的治疗和预防闯出了一条新路。

表 11.6 给出了常用的治疗金属中毒的螯合剂。

表 11.6　常用的治疗重金属中毒的螯合剂

重金属	治疗重金属中毒的螯合剂
Ca	EDTA（乙二胺四乙酸）
Fe	去铁敏或 $Na_2[Ca(edta)]$
Cu	D-青霉胺或 $Na_2[Ca(edta)]$
Co，Zn	$Na_2[Ca(edta)]$
Cd，As	BAL*
Hg	BAL 或 N-乙酰基青霉胺
Pb	D-青霉胺或 $Na_2[Ca(edta)]$
Be	金精三羧酸
Ti	二苯基硫卡巴腙
Ni	二乙基二硫代氨基甲酸钠
V	$Na_2[Ca(edta)]$
Pu	$Na_2[Ca(dtpa)]$**

* BAL 为 British Anti Lewisite（二巯基丙醇，抗路易斯毒气剂）；

** dtpa 为二亚乙基三胺五乙酸。

生物体对重金属中毒有一定的耐受性和自身解毒机制。重金属摄入过多时，生物体内会诱导产生金属硫蛋白。金属硫蛋白分子中带有很多巯基，对重金属的结合能力很强，因此在生物体内重金属（特别是 Cd 和 Zn）水平升高时，它便能有效地降低重金属水平，缓和毒性症状。

利用不同金属离子间的拮抗作用也可以治疗重金属中毒。如 Zn 的摄入有助于减轻 Cd 的毒性。

拓展学习资源

资源内容	二维码
◇ PCR 聚合酶链式反应	
◇ 蛋白质结构与诺贝尔化学奖	
◇ 人类基因组学解密者	
◇ 新型冠状病毒与快速核酸检测	

习　　题

1. 将赖氨酸、谷氨酰胺、天冬氨酸和丙氨酸的混合物进行阳离子交换，用连续降低 pH 的溶液进行洗脱，试预测各氨基酸的洗脱顺序。

2. 一般将酶与底物之间的关系比喻为锁和钥匙之间的关系，借以说明酶催化作用的高度选择性。试对这种比喻进行评说。

3. 生物元素指的是什么？根据在生物体内功能的不同，可将生物元素分成哪几类？作为生命必需元素应该满足哪些条件？

4. 有的微量元素既是人体必需的，又是对人体有害的。你如何理解这种看来是矛盾的现象。

5. 试述一氧化碳和氰化物中毒的原因。

6. 金属元素的生物学效应可概括为哪几个方面？

7. 试阐述重金属元素的毒性作用机制。

8. 因对维生素 B_{12} 的研究，有多人多次曾获得诺贝尔奖。试查阅资料说明之。

第 12 章

放射性和核反应

众所周知,原子核是很小的,它的密度很大,带正电荷,除氢核(^1_1H)外都是由质子和中子组成。同一元素的所有原子都具有相同的质子数。质子数相同而中子数不同的核素互称为同位素。大多数天然存在的元素都是由不同同位素组成的混合物。

一种元素和另一种元素通过核外的电子而发生化学反应,在反应中,原子核本身不发生变化。原子核通过自发衰变或人工轰击而进行的核反应与化学反应有根本的不同:

第一,化学反应涉及核外电子的变化,但核反应的结果是原子核发生了变化。

第二,化学反应不产生新的元素,但在核反应中,一种元素嬗变为另一种元素。

第三,化学反应中各同位素的反应是相似的,而核反应中各同位素的反应不同。

第四,化学反应与化学键有关,核反应与化学键无关。

第五,化学反应吸收和放出的能量一般为 $10 \sim 10^3$ kJ·mol^{-1},而核反应的能量变化在 $10^8 \sim 10^9$ kJ·mol^{-1}。

第六,在化学反应中,反应物和生成物的质量数相等,但在核反应中会发生质量亏损。

最后,核反应与化学反应不同,它不受一般物理和化学条件的影响。例如,温度、压力的变化及反应物的化学状态(单质或化合物)都不能影响核反应的进行。

12.1 基 本 粒 子

基本粒子是泛指比原子核小的物质单元,包括电子、中子、质子、光子及在宇宙射线和高能原子核实验中所发现的一系列粒子。已经发现的基本粒子有 30 余种,连同它们的共振态(基本粒子相互碰撞时,会在短时间内形成由 2 个、3 个粒子结合在一起的粒子)共有 300 余种。此外,许多基本粒子都有对应的反粒子。

每一种基本粒子都有确定的质量、电荷、自旋和平均寿命。它们多数是不稳定的,在经历一定的平均寿命后转化为别种基本粒子。

根据基本粒子的质量大小及其他性质差异可将基本粒子分为四类：光子、轻子、介子和重子（包括超子，核子——质子和中子的总称）。表 12.1 列出一些重要的基本粒子的特征。认识这些基本粒子的特性对了解放射性衰变具有重要意义。

表 12.1　一些重要的基本粒子的特征

分类	粒子	符号	电荷（以电子电荷为单位）	质量（以电子质量为单位）	自旋	衰变	平均寿命
光子	光子	γ	0	0			稳定
轻子	中微子	ν	0	0.005	1/2		稳定
	电子	e^-,β^-	-1	1.000	1/2		稳定（$>5\times10^{21}$年）
	正电子	e^+,β^+	+1	1.000	1/2		稳定（$>5\times10^{21}$年）
	μ 子	$\mu^\pm$	±1	206	1/2	$e^\pm+2\nu$	5×10^{-6} s
介子	π	$\pi^\pm$	±1	273	0	$\mu^\pm+\nu$	25 ns
	π	π^0	0	263	0	ν	5×10^{-14} s
重子	质子	$P^+,{}^1_1H$	+1	1836	1/2		稳定（$>5\times10^{30}$年）
	反质子	P^-	-1	1836	1/2		稳定（$>5\times10^{30}$年）
	中子	n	0	1840	1/2	$P^++e^-+\nu$	918 s
	超子	$\Lambda^\pm$	±1			$n+\pi^\pm$	0.1 ns

物质是无限可分的，基本粒子的概念将随着人们对物质结构认识的进展而不断发展。事实上，“基本粒子”也有其内部结构，因而不能认为“基本粒子”就是物质最后的最简单且基本的组成单元，而且，也并非所有的基本粒子都存在于原子核中，一些基本粒子，如正电子、介子、中微子等都是核子-核子及质-能相互作用的副产物。

表 12.1 所列的基本粒子中，对于电子和质子，我们是再熟悉不过了。作为电子的反粒子的正电子的存在，最早为英国物理学家 Dirac（1930 年）在理论上所预言，1932 年由美国物理学家 Anderson 在宇宙射线实验中发现。正电子在独立存在时是稳定的，但与电子相遇时就一起转化为一对光子。

反质子 P^- 与质子具有相同的特征，只是电荷相反，不能期待反质子能在自然界稳定存在，因为它能同物质相互作用而迅速毁灭，该粒子是在 1955 年用 6.2 BeV（十亿电子伏特）质子轰击 Cu 靶时所发现的。

中微子的存在是在研究原子核的 β 辐射时从理论上首先提出来的，假定一个中子变为一个质子和一个电子（自旋均为 1/2）时，方程 $n \longrightarrow P^+ + e^-$ 的自旋显然不平衡（左边等于 1/2，右边等于 1），当生成一个中微子（静止质量极小且远小于电子的质量，电中性，自旋 1/2）时，反应就成为自旋平衡的了。在 1956 年直接由实验观察到了中微子，太阳中微子振荡在 2002 年被证实，并因此而荣获了 2015 年的诺贝尔物理学奖。

中子是 Rutherford 在 1920 年为了克服以质子-电子理论为解释基础构成核的困难时所预言的。在 1932 年被英国的 Chadwick 用 α 粒子轰击 B、Be 的实验首先发现。中子与电子有轻微的作用,其磁矩等于旋转的负电荷的磁矩,因此,可以将中子看成被等量的负电荷所围绕的质子,作为一个整体,中子是电中性的。

介子是在 1935 年由日本的物理学家 Yukawa(汤川秀树)为说明在一个小的核空间里质子和中子之间的强大核键合力所预言的。推测它的质量介于电子和质子之间,为了说明质子-质子、质子-中子、中子-中子的相互作用,预测应有带负电荷的、电中性的和带正电荷的介子,后来在宇宙射线的研究中发现了正、负 μ 介子($\mu^{\pm}$),它们有预期的质量,但不与核作用(现在正式命名 μ 为 μ 子,不归入介子而归入轻子类)。

能作为核力的媒介的是 $\pi^{\pm}$介子,它们是在 1974 年被发现的。以后,在高能加速器中使粒子相互碰撞,又发现了一系列新的介子(共振态)。如 J/ψ 粒子(丁肇中,1974 年),但在解释核的稳定性时似乎没有多大的重要性。

12.2 放射性衰变——自发核反应

12.2.1 放射性射线

部分原子核不稳定,可自发放射出粒子或电磁波,这种现象称为放射性。原子序数在 84 以上的所有核素均具有放射性。天然放射性核素在衰变时可以放出 3 种射线:

(1) α 射线$^{4}_{2}He^{2+}$

α 射线是带 2 个正电荷的氦核流,粒子的质量大约为氢原子的 4 倍,速度约为光速的 1/15,它们的电离作用强,穿透能力小,0.1 mm 厚的铝箔即可阻止或吸收 α 射线。

母核放射出 α 射线后,子体的核电荷和质量数与母体相比分别减少 2 和 4。子核在元素周期表中左移两格,如$^{226}_{88}Ra \longrightarrow ^{222}_{86}Rn^{2-} + ^{4}_{2}He^{2+}$(在本表达式及后面出现的在核素左下角标出核素所含有的质子数的表达,由于代表核素的元素符号本身就隐含质子数,所以该表达纯属多余,之所以标出,是为了强调和醒目。而在左上角标出核子数却是必要的,因同一元素的不同核素,可能含有的质子数相同,但中子数不同)。α 衰变后的产物带有电荷,但因与外界碰撞,可失去或得到两个电子成为电中性的。

α 衰变多见于质量数很大的重核中。一般认为,只有质量数大于 209 的核素才能发生 α 衰变。换句话说,209 是构成一个稳定核的最大核子数。这是因为,重核中的质子数太多,斥力太大,当放射出一个特别稳定的核碎片$^{4}_{2}He^{2+}$后,核才能变得稳定。如果放射一个 α 粒子还不能使核完全稳定下来,则可以继续放射一些 α 粒子,但这将会使核内中子数所占的比例增加,从而导致 β 放射。

(2) β 射线$^{0}_{-1}\beta$(或$^{0}_{-1}e$)

β 射线是带负电荷的电子流,在电场中偏向阳极,速度几乎与光速接近,其电离作用弱,故穿透能力稍高，约为 α 射线的 100 倍。

核素经 β 衰变后，质量数保持不变，但子核的核电荷较母核增加一个单位，在元素周期表中位置右移一格。例如：

$$^{210}_{82}Pb \longrightarrow {}^{210}_{83}Bi + {}^{0}_{-1}\beta$$

$$^{14}_{6}C \longrightarrow {}^{14}_{7}N + {}^{0}_{-1}\beta$$

众所周知，核中并不存在电子，此处的电子是中子衰变的产物：

$$^{1}_{0}n = {}^{1}_{1}P + {}^{0}_{-1}\beta + {}^{0}_{0}\nu$$

式中$^{1}_{0}n$，$^{1}_{1}P$ 和$^{0}_{0}\nu$ 分别是中子、质子和中微子。中微子的质量很小，其电荷为 0，以光速运动，几乎不被物质所吸收，穿透力极强。

β 衰变可降低核中中子所占比例而使核稳定，倘若发射一个 β 粒子还不足以完全稳定此核，则可继续进行一系列的 β 衰变。

（3）γ 射线

γ 射线是原子核由激发态回到低能态时发射出的一种射线，它是一种波长极短的电磁波（高能光子），不为电、磁场所偏转，显示电中性，比 X 射线的穿透力还强，因而有硬射线之称，可透过 200 mm 厚的铁板或 88 mm 厚的铅板，没有质量，其光谱类似于元素的原子光谱。

发射出 γ 射线后，原子核的质量数和电荷数保持不变，只是能量发生了变化。

人工放射性核素还可以有其他衰变方式，如 β^+射线、中子辐射$^{1}_{0}n$ 及 K 电子俘获等。

（1）β^+射线$^{0}_{+1}\beta$（或$^{0}_{+1}e$）

作为电子的反物质 β^+，它的质量和电子相同，电荷也相同，只是符号相反。β^+衰变可看成核中的质子转化为中子的过程：

$$^{1}_{1}P = {}^{1}_{0}n + {}^{0}_{+1}\beta + {}^{0}_{0}\nu^{-}$$

式中$^{0}_{0}\nu^{-}$是反中微子，是中微子的反物质。

当β^+粒子中和一个电子时，放出两个能量为 0.51 MeV（$1\ MeV = 1.60218\times10^{-16}\ kJ$）的 γ 光子，这种现象叫“湮没”。

$$\beta^{+} + \beta^{-} \longrightarrow 2\gamma$$

（2）中子辐射$^{1}_{0}n$

中子的质量数是 1，电中性。单独存在时，中子并不稳定，能衰变为质子和电子。其平均寿命约为 918 s。具有高中子数的核都可能发生中子衰变，但是，由于核中中子的结合能较高（约为 8 MeV），以至于中子的衰变较为稀少。

$$^{87}_{36}Kr \longrightarrow {}^{86}_{36}Kr + {}^{1}_{0}n$$

（3）K 电子俘获

人工富质子核可以从核外 K 层俘获一个轨道电子，将核中的一个质子转化为一个中子和一个中微子：

$$^{1}_{1}P + ^{0}_{-1}e \longrightarrow ^{1}_{0}n + ^{0}_{0}\nu$$

K 电子俘获不常见，但当核中中子与质子的比值 n/P 较小和核的能量较低（<2×0.51 MeV）不足以放射正电子时，就会发生 K 电子俘获。例如：

$$^{7}_{4}Be + ^{0}_{-1}e(K) \longrightarrow ^{7}_{3}Li + ^{0}_{0}\nu$$

如果母核能量大于 1.02 MeV 时，就会同时发生 β^+放射和 K 电子俘获：

$$^{48}_{23}V \longrightarrow ^{48}_{22}Ti + ^{0}_{+1}\beta \qquad \text{（此过程占 58\%）}$$

$$^{48}_{23}V + ^{0}_{-1}e(K) \longrightarrow ^{48}_{22}Ti \qquad \text{（此过程占 42\%）}$$

还须指出的是，在 K 电子俘获的同时还会伴随 X 射线的放出，这是由于处于较高能级的电子跳回 K 层，补充空缺所造成的。

12.2.2 放射性移位定律

上述一种核素放射出一个 α、β 和 β^+粒子，质量分别减少 4 个单位、不变和不变，原子序数减少 2、增大 1 和减少 1，在元素周期表中的位置左移两格、右移一格和左移一格的规律称为放射性移位定律。

12.2.3 放射性衰变系

在已知的 700 多种放射性核素中，在自然界出现的有近 50 种，除少数例外（表 12.2）外大多数天然放射性核素的原子序 $Z>81$。根据它们的衰变过程，可将天然放射性核素划分为 Th、U 和 Ac 三个系列。元素 Th、U 和 Ac 是三个系列中半衰期最长的成员。通过一系列 α 和 β 衰变，都变成原子序数为 82 的铅的同位素。在发现了人造的铀后元素之后，又增添了镎（Np）系，它的最终产物为 $^{209}_{83}Bi$。

表 12.2 一些天然出现的轻放射性核素

核　素	衰变方式	半衰期/年	衰变能量/MeV
$^{3}_{1}H$	β	12.5	0.018
$^{14}_{6}C$	β	5.72×10^3	0.016
$^{40}_{19}K$	β	1.4×10^3	1.4~1.5
$^{87}_{37}Rb$	β	6×10^{10}	0.3
$^{115}_{49}In$	β	6×10^9	0.63

Th（4n）系，由 $^{232}_{90}Th \xrightarrow{10\text{ 步衰变}} ^{208}_{82}Pb$，包括 13 种核素；

Np（4n+1）系，由 $^{241}_{94}Pu \xrightarrow{2\text{ 步衰变}} ^{237}_{93}Np \xrightarrow{11\text{ 步衰变}} ^{209}_{83}Bi$，包括 15 种核素；

U（4n+2）系，由 $^{238}_{92}U \xrightarrow{14\text{ 步衰变}} ^{206}_{82}Pb$，包括 18 种核素；

Ac(4n+3)系，由$^{235}_{92}U \xrightarrow{3步衰变} {}^{227}_{89}Ac \xrightarrow{8步衰变} {}^{207}_{82}Pb$，包括 15 种核素。

括号中的数字表示一个特定系列的所有成员其质量数都可以恰好被 4 整除，或者被 4 整除后的余数为 1、2 或 3。

系列的衰变步骤可根据系列的始末成员的质量和核电荷，以及 α、β 射线的知识所获得。例如，对 Th 系，假定放射了 a 个 α 粒子和 b 个 β 粒子，则

质量变化数为　$232-208=4a, a=6$；

核电荷变化为　$90-82=2a-b, b=4$。

即$^{232}_{90}Th$ 经过 6 次 α 衰变和 4 次 β 衰变变为$^{208}_{82}Pb$。

图 12.1 示出具体衰变模式。

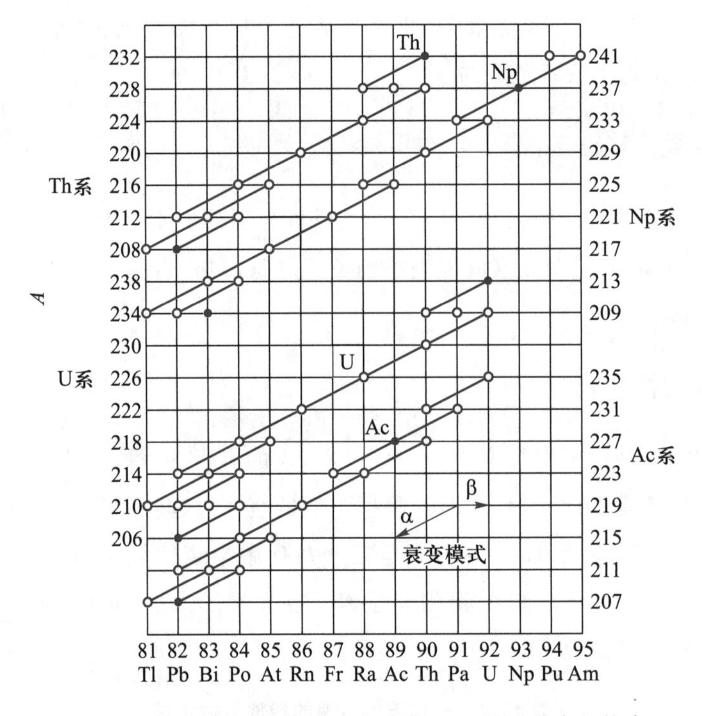

图 12.1　四个放射性衰变系的衰变模式（• 为最稳定的核素）

由图可见，① 衰变是由某放射性核素经过连续的 α 或 β 辐射所形成的一组核素。系与系间没有交错，即一序列的核不能衰变为另一序列的核。② Np 系与 Th、U、Ac 三系有明显的差别，前者的终产物为$_{83}Bi$，不含气态 Rn 的任何核素，而后三者均为$_{82}Pb$。

12.2.4　放射性的检测

由于原子、亚原子及短波长的辐射线，如 γ 射线等都是人眼所不能察觉的，所以需用间接方式进行检测。

1. 照相法

长期以来都用照相胶片和相纸来检测放射性。射线作用于照相乳胶，其方式和照相光线一样，曝光后按通常的方法显示影像。

2. 荧光法

很多物质都能接收短波辐射能,或能接受快速运动粒子的动能并将其转变为肉眼可见的荧光。在20世纪初的手表上的荧光涂料就是常见的例子,它由1份$RaSO_4$与100000份ZnS所组成,Ra的衰变放出的射线打到ZnS分子上,显现出荧光。鉴于其放射性危害,目前已不在民用产品中使用。

3. 云雾室法

云雾室的原理是把空气骤然膨胀,使其温度下降,云雾室中原有的饱和水蒸气在温度下降后变为过饱和。射线在云雾室的空气中沿着射程产生的离子对恰好成为过饱和水蒸气凝聚的核心。因此,沿着射程将形成一条细微水滴的径迹,它代表原来看不见的射线的径迹,可用强光照明而观察,也可进行摄影。

4. 气体电离计数法

当能引起电离的射线粒子穿过两个带电的电极之间的气体时,在气体中形成的离子便被吸引到电极,产生电流脉冲。盖革计数管就是利用电离现象来计数通过两个电极之间的带电粒子的数目的仪器。

12.2.5 辐射伤害和防护

放射辐射对人体的伤害主要是由其电离能力造成的。即被辐射物质发生电离变成离子和自由基,这种自由基是具有一个或多个未配对电子的分子片段,通常寿命很短而具有高度活性,对DNA、酶分子和细胞膜具有很高的破坏性。α粒子、质子及高能中子的速度较小,与物质作用的时间较长和概率较大,因而电离能力最大,对人体的危害也最大;β射线的电离能力次之而穿透能力稍强,因而危害也相对较小;γ和X射线因为波长短,穿透能力较强,尤其是γ射线同时由于不带电荷,其电离能力也较小,因而危害也较α、β射线小很多。

射线对人体的伤害作用用剂量来量度,这既和射线强度有关,又和射线的类型和被人体吸收的能量有关。显然,射线源强度越小,与人体的距离越远,被人体吸收的射线能量也越小,从而对人体的伤害也就较小。

剂量的单位一般采用Gy(戈瑞)和rem(雷姆)。1 Gy相当于1 kg人体组织吸收1 J的能量,rem为单位的剂量是表示总生物效应的量。按照不同的射线类型,将人体接受的以Gy表示的剂量乘以适当的系数n,即总生物效应的剂量(以rem表示):

$$\text{剂量(以 rem 表示)} = n \times \text{剂量(以 Gy 表示)}$$

对α粒子或高能中子,$n=1000$;β、γ和X射线,$n=100$。

对于人体,一次辐照剂量为0~25 rem时没有明显的效应,大于500 rem则可致死。人体经过一次胸部X射线透视后接受的剂量为0.2 rem,一次肠胃造影检查接受的剂量为22 rem。

目前,规定能为大多数人允许接受的辐射的最大剂量为本底辐射以上0.17 rem/年。所谓本底辐射是指各种天然放射性射线,包括人体本身所含微量^{40}K、^{14}C等衰变所产生的射线及天外飞来的宇宙射线所造成的人人都接受到的剂量。据估计,本底辐射的剂量平均为

0.08~0.2 rem/年。

防止各种辐射对人体的伤害的措施主要包括:减少人体接触辐射源的时间或增加两者间的距离,采用屏障等控制体外照射剂量,改善卫生条件,防止放射性气体或粉末污染工作场所、大气、水和食品,妥善处理放射性废弃物,严格遵守个人卫生规定和操作规程,穿戴各种个人防护用具等。

12.2.6 放射性废物的处理和处置

放射性废料的危害是其核辐射。一般来说化学处理不可能消除核辐射,但可以通过放射物提取和固化封存的手段尽量减少核辐射对生物圈的影响。

在地球上,由于宇宙射线和地球本身的放射性,生物体无时无刻不在受到放射线的辐照。这种自然条件下的放射性剂量,已包含在上节介绍过的本底辐射之中。生物体处于这种本底的环境下,即使有放射线照射,也能够在生命周期内承受其微弱的影响。国家对核设施放射性允许的排放量,即确定核设施年放射性排放量而制定的国家标准(国标)的根据就是这种"本底"的辐射量。通常在进行核设施的设计时,就要考虑每年正常运行中放射性排放量和必要的补救措施。建造的核设施要远离居民区,附近要有大的流动水源,并建造排风系统,以实现能量交换和应急冷却,并有利于尾流液体和气体的排放,而且要经得起八级大地震。

在正常运行下,这种核设施的排放一般不会超过国标要求。倘若因某种原因放射性的气体超过了排放要求,通常必须经过吸附剂对一些气态放射性核素进行吸附后才能排放。超过放射性标准的液体,可分别进行蒸发、冷凝、沉淀、离子交换和萃取等化学分离手段把放射性核素分离,达标后的液体才能排放。

但若是含氚的水(氚水),由于氚代水与普通水的理化性质几乎相同而极难完全提取氚水中的氚代水,因此对含氚废液的处理只能进行封存,以待在几十年后氚原子衰变枯竭,因为氚的半衰期只有12.5年。

根据原子能反应堆工程的要求,核电站的铀元件在反应堆内经辐照、裂变到一定程度后就得移出反应堆,此时的铀元件称为乏燃料。乏燃料中含有没有裂变掉的铀和新产生的钚(也是核燃料)以及裂变产物和超钚元素。乏燃料必须放在水池中冷却十年甚至更长时间,以衰变掉短寿命的放射性核素。

冷却后的乏燃料有两种处理方案。

一种方案,把乏燃料元件存放在不锈钢容器中,再把容器存放在远离人群的山岩石洞或废弃的矿井中,待适当时机,再处理,这是美国采取的方案,但这种方案并没有解决高放射性废物的处理和处置问题。

另一种方案,是把乏燃料元件经过一系列的化学处理(称后处理),回收乏核燃料中的铀和钚做成核燃料,再循环到反应堆中。中国、英国、法国和俄罗斯就是走这条路线。

但回收后的废液仍然是高放射性废液,它不允许排放,须存放在不锈钢大罐中。或者在高放射性废液中加入硅、磷、硼等化合物烧成稳定的玻璃体,放射性核素被固化在玻璃体中,然后放在不锈钢桶中,存放在岩石洞中。这样的处理处置,存放上千年问题不大。但是有些放射性核素的半衰期是上万年、几十万年,长时间辐照玻璃体,它们是否被析出,还是问号。因此从核电站出来的乏燃料,经过后处理的高放废物处理和处置,目前在全世界都只能说是暂时解决,还没有真正彻底解决。何况有时核电站还出现核事故,马上就会危及周围环境。

核电站减少了当前燃烧煤等化石燃料产生二氧化碳等气体引起的温室效应,但绝不是绿色能源,它的隐患一直存在。这就是世界上一些环保组织一直反对建立核电站的原因。

12.3 放射性衰变动力学

一些放射性核素如^{238}U在自然界能够找到,而另外一些核素,如^{98}Tc在自然界却不能稳定存在,其原因之一是一些放射性核素衰变得非常慢,另一些则衰变得非常快。显然,这关系到一个核素衰变的动力学,如衰变速率和半衰期、反应级数等问题。

12.3.1 衰变速率和半衰期

1. 放射性衰变定律

放射性衰变速率 R(或放射性物质的放射活性 A)正比于放射核的数量 N。由于 R 或 A 都是放射性核随时间的变化速率,所以:

$$A = R = -\mathrm{d}N/\mathrm{d}t \propto N$$

或

$$A = R = -\mathrm{d}N/\mathrm{d}t = \lambda N \tag{12.1}$$

式中 λ 为衰变常数,与核的本性有关,负号表明 N 随时间的增加而减少,整理方程有

$$\mathrm{d}N/N = -\lambda\,\mathrm{d}t$$

$$\ln N = -\lambda t + C$$

其中 C 为积分常数,当 $t=0$,$C=\ln N_0$,式中 N_0为 N 的初始值。所以,有

$$\ln N - \ln N_0 = -\lambda t$$

即

$$N = N_0 \mathrm{e}^{-\lambda t}$$

或

$$t = -\frac{2.303}{\lambda}\lg(N/N_0) \tag{12.2}$$

这就是放射性衰变定律。

可以使用两套单位来计量衰变的速率:

居(里)(Ci),定义为一个放射源每秒发生 3.700×10^{10}次衰变;

卢(瑟福)(rd),定义为每秒衰变 1×10^{6}次。显然,$1\ \mathrm{Ci}=3.70\times10^{4}\ \mathrm{rd}$。

2. 半衰期和平均寿命

放射性样品衰变掉一半所用的时间称为半衰期,记作 $t_{1/2}$,它是特定核素的一个特征性质。由于

$$N = N_0/2$$

所以

$$t_{1/2} = -\frac{2.303}{\lambda}\lg\frac{1}{2} = \frac{2.303}{\lambda}\lg 2 = 0.693/\lambda \tag{12.3}$$

以 $\lg N$ 对时间 t 作图可以间接测定半衰期：

$$\lg N = \lg N_0 - \lambda t/2.303 = \lg N_0 - 0.693\ t/(2.303\ t_{1/2})$$

直线的斜率为 $-0.693t/(2.303t_{1/2})$，由斜率可算出 $t_{1/2}$。

对于长衰变周期的核素可直接使用衰变定律计算其 $t_{1/2}$。

平均寿命是样品中放射性原子的平均寿命：

$$t_{平均} = \frac{1}{N_0}\int_{N_0}^{0} t\mathrm{d}N = \frac{1}{N_0}\int_{0}^{\infty} t(-\lambda \cdot N\mathrm{d}t) = -\frac{\lambda}{N_0}\int_{0}^{\infty} N_0 \mathrm{e}^{-\lambda t} t \cdot \mathrm{d}t = \frac{1}{\lambda} = \frac{t_{1/2}}{0.693} \tag{12.4}$$

知道了 $t_{1/2}$ 即不难计算出 $t_{平均}$。

例 1　1 g RbCl（相对分子质量 120.9）样品的放射活性为 0.478 mrd，已知样品含 27.85% 的 ^{87}Rb，求 ^{87}Rb 的 $t_{1/2}$ 和 $t_{平均}$。

解：1 g RbCl 中含 ^{87}Rb 的原子数为 N，则

$$N = \frac{6.022 \times 10^{23}}{120.9} \times 1 \times 0.2785 = 1.39 \times 10^{21}$$

由于

$$R = \lambda \cdot N = -\frac{\mathrm{d}N}{\mathrm{d}t} = 0.478\ \mathrm{mrd} = 0.478 \times 10^{-3} \times 10^{6}\ \mathrm{s}^{-1} = 478\ \mathrm{s}^{-1}$$

$$\lambda = \frac{478\ \mathrm{s}^{-1}}{N} = 478\ \mathrm{s}^{-1}/(1.39 \times 10^{21}) = 3.44 \times 10^{-19}\ \mathrm{s}^{-1}$$

$$t_{1/2} = 0.693/\lambda = [0.693/(3.44 \times 10^{-19})]\ \mathrm{s} = 6.4 \times 10^{10} 年$$

$$t_{平均}/年 = 6.4 \times 10^{10} \times \frac{1}{0.693} = 9.2 \times 10^{10}$$

3. 地球年龄及年代鉴定

根据矿物中不同核素的相对丰度 ω 和有关的 $t_{1/2}$ 还可以进行地球年龄及年代的估算。例如，有一种沥青铀矿，其中 $w(^{238}U) : w(^{206}Pb) = 22 : 1$，$n(^{238}U) : n(^{206}Pb) = (22/238) : (1/206) = 19 : 1$，假定所有的 ^{206}Pb 都是由 ^{238}U 衰变得到的，则地球诞生时 ^{238}U 为 20 mol，^{206}Pb 为 0 mol，已知 ^{238}U 的半衰期为 4.5×10^{9} 年，则

$$t_{地球}/年 = -\frac{2.303}{\lambda}\lg\frac{^{238}U 的现有量}{^{238}U 的原始量} = \frac{2.303}{0.693/(4.5 \times 10^{9})}\lg\frac{20}{19} = 3.3 \times 10^{9}$$

按照同样的原理，只要测出死亡植物中 $n(^{14}C):n(^{12}C)$ 的值即可近似地计算动、植物死亡的年代。此法的根据是大气中由于宇宙射线内的中子与 $^{14}_{7}N$ 反应不停地生成 $^{14}_{6}C$（$^{14}_{7}N+^{1}_{0}n = ^{14}_{6}C+^{1}_{1}P$），而 $^{14}_{6}C$ 也发生衰变（$^{14}_{6}C \longrightarrow ^{14}_{7}N+^{0}_{-1}e+^{0}_{0}\nu, t_{1/2}=5720$ 年），当达到平衡时，大气中 CO_2 的 $n(^{14}_{6}C):n(^{12}_{6}C)=10^{-12}$。活着的动、植物从大气中吸收 CO_2，动物和人体食取植物，因而都有同样的 $n(^{14}C):n(^{12}C)$ 的值。当动、植物死亡后，吸入 $^{14}_{6}C$ 活动停止，而 $^{14}_{6}C$ 的衰变却不间断地进行，故 $n(^{14}_{6}C):n(^{12}_{6}C)$ 的值下降。设法测得此比值并与活体中的比值 10^{-12} 比较，即可算出动、植物死亡的时间。

例 2 测得某古尸中 $n(^{14}_{6}C):n(^{12}_{6}C)$ 的值为 0.5×10^{-12}，计算古尸的年代。

解：由

$$\lg\frac{N}{N_0}=-\lambda\cdot t/2.303$$

有

$$\lambda=-\frac{2.303}{t}\lg\frac{N}{N_0}$$

又

$$\lambda=0.693/t_{1/2},\quad t_{1/2}=5720\text{ 年},\quad N_0=10^{-12},\quad N=0.5\times10^{-12}$$

所以

$$t/\text{年}=\frac{5720\times2.303}{0.693}\lg\frac{10^{-12}}{0.5\times10^{-12}}=5\,722$$

此种方法适用于死亡时间为几百年到五万年的动、植物体，更长时间的样品，因 $^{14}_{6}C$ 含量太少而无法准确测定。

12.3.2 反应级数

所有的衰变反应都是一级反应，因为衰变不依赖核外的任何因素。从图 12.2 中 $^{131}_{53}I$ 的放射性衰变可以很明显地看到这一点。

从图 12.2(a) 可见，$^{131}_{53}I$ 的活性减少一半的时间是恒定的，大约为 8 d，有恒定半衰期是一级反应的典型特征。图 12.2(b) 活性的自然对数与时间的关系是一条直线，也说明 $^{131}_{53}I$ 的放射性衰变反应为一级反应。

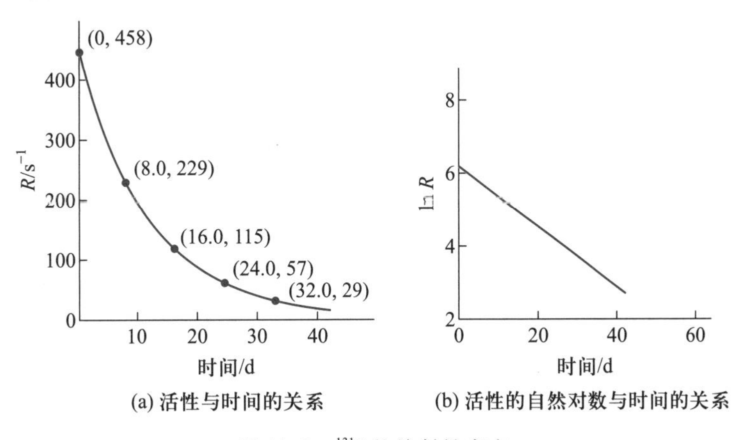

图 12.2 $^{131}_{53}I$ 的放射性衰变

$^{131}_{53}I$ 的放射性衰变反应的特征是释放出一个 β 粒子：

$$^{131}_{53}I \longrightarrow {}^{131}_{54}Xe + {}^{0}_{-1}e(\beta^-)$$

其放射性衰变反应的一级反应速率表达式已在式(12.1)中给出。

与大多数化学反应不同，自发放射性衰变的反应速率不随温度的改变而改变，但诱导核反应的速率却依赖于温度。

12.4　放射性衰变类型的预测

12.4.1　中子和质子的稳定比例

前述 β^+ 或 β 射线及 K 电子俘获都是核内质子与中子的转化过程，但究竟取何种方式显然取决于核内中子数与质子数的相对比例 N/P。对于低原子序数($Z<20$)的元素，最稳定的核是核中 $N=P$，或 $N/P=1$。质子数增加，质子-质子排斥增大，以至于需要更多的中子以降低质子间的斥力，从而形成稳定的核。因而 N/P 可以逐渐增大到约 1.6，超过这个比值，可发生自发裂变，这种变化趋势可从图 12.3 所示的稳定核的中子数-质子数图看出。

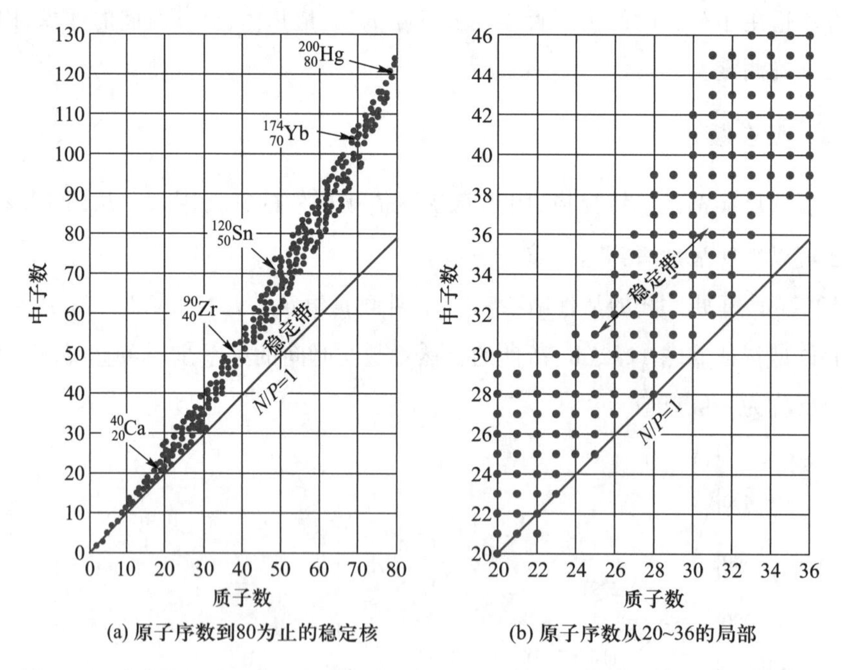

图 12.3　稳定核的中子数-质子数图(图形表明，随着原子序数增加，N/P 值增大)

稳定核处于图中稳定带内，处于该稳定带之外的核都有放射性，放射的结果使子核移向或移入稳定带，这样一来，中子数富余的核(具有高的 N/P 值)将以子核 N/P 值减小的方式衰变，这可以有以下几种方式：

(1) β 辐射

此时,一个中子转变为一个质子,*N/P* 值减小。例如:

$$^{14}_{6}C \longrightarrow ^{14}_{7}N + ^{0}_{-1}e(\beta^-)$$

$$^{141}_{56}Ba \xrightarrow{\beta} ^{141}_{57}La \xrightarrow{\beta} ^{141}_{58}Ce \xrightarrow{\beta} ^{141}_{59}Pr$$

(2) 中子辐射

例如:

$$^{87}_{36}Kr \longrightarrow ^{86}_{36}Kr + ^{1}_{0}n$$

$^{87}_{36}Kr$ 除自发辐射出中子之外,还可继续进行 β 衰变:

$$^{87}_{36}Kr \xrightarrow{\beta} ^{87}_{37}Rb \xrightarrow{\beta} ^{87}_{38}Sr$$

另一方面,如果核中质子富余(有低的 *N/P* 值),则衰变的结果是减少它的核电荷:

(1) 正电子辐射

例如:

$$^{19}_{10}Ne \longrightarrow ^{19}_{9}F + ^{0}_{+1}e$$

(2) K 电子俘获

例如:

$$^{40}_{19}K + ^{0}_{-1}e \longrightarrow ^{40}_{18}Ar$$

(3) α 辐射

例如:

$$^{238}_{92}U \longrightarrow ^{234}_{90}Th + ^{4}_{2}He$$

发生 α 辐射需要有大于 4 MeV 的能量。

12.4.2 核的奇偶性

对天然存在的稳定核素进行统计的结果表明,原子序数为偶数的元素的稳定同位素的数目远远大于原子序数为奇数的元素的稳定同位素的数目。如$_{50}$Sn 有 10 种稳定的同位素,但和 Sn 邻近的元素 In 和 Bi,却都只有两种稳定的同位素。具有奇原子序数的元素的稳定同位素数目一般不会超过两种,但偶数原子序数元素的稳定同位素却有很多。

在天然存在的核素中,具有质子数为偶数、中子数也为偶数的核素是很普遍的。具有质子、中子为偶-偶组成的核素的数目大于具有偶-奇、奇-偶、奇-奇组成核素三者的总和,具有奇-奇组成的稳定核素极少见。表 12.3 列出了天然存在的每一种类型核素的大致数目。

表 12.3　天然存在的每一种类型核素的大致数目

质子数	中子数	总数/种	百分比/%	举例
偶数	偶数	167	58	${}^{12}_{6}C$
偶数	奇数	58	20	${}^{9}_{4}Be$
奇数	偶数	54	19	${}^{7}_{3}Li$
奇数	奇数	9	3	${}^{14}_{7}N$

天然核素中,质子数和中子数均为偶数的核素占比最高。这一事实是核中核子倾向于成对的一个证据,就像核外的电子成对一样,核内的质子和中子也是成对的。

12.4.3　神奇数字

核子和电子具有相似性是质子和中子都有一些经常出现的神奇数字(被称为幻数,magic number)。图 12.4 列出了一些天然存在的具有不同中子数的核素的数目,其中横坐标是核中的中子数,纵坐标是具有此种中子数的稳定核素的数目。图中很明显地出现了 20、28、50 和 82 这四个神奇的数字。对所有的天然核素进行统计的结果表明,对质子而言,神奇数字为 2、8、20、28、50 和 82;对中子,神奇数字为 2、8、20、28、50、82 和 126。电子也有神奇数字,分别为 2、10、18、36、54 和 86,恰好是稀有气体的原子序数。

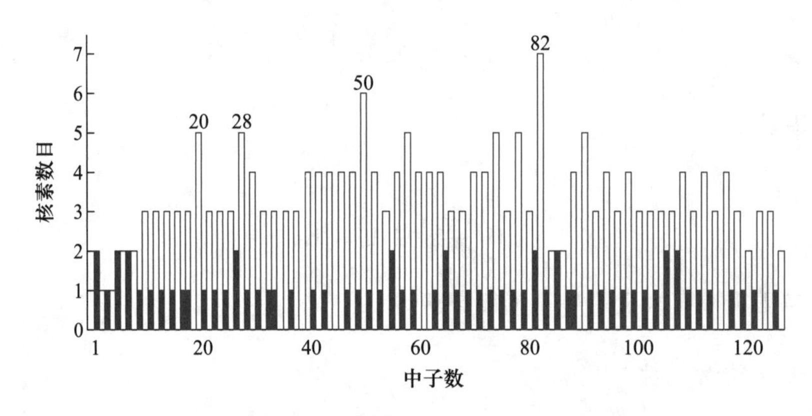

图 12.4　天然存在的具有不同中子数的核素的数目

核中神奇数字的出现表明核内的能级和核外电子的能级相似。放射性衰变经常伴随有电子辐射也表明了核有能级。每一个确定的核都具有特征的 γ 射线能量。例如,${}^{27}_{12}Mg$ 进行 β 衰变:

$$ {}^{27}_{12}Mg \longrightarrow {}^{27}_{13}Al + {}^{0}_{-1}e(\beta^-) $$

每一个衰变的 Mg 核都释放出 4.18×10^{-13} J 能量。当 Mg 释放出一个 β 粒子,产生的${}^{27}_{13}Al$ 核处于一种激发态中,当处于激发态的${}^{27}_{13}Al$ 核回到基态时,释放出具有特征波长的 γ 射线。图 12.5 示出了这一过程的能量变化。

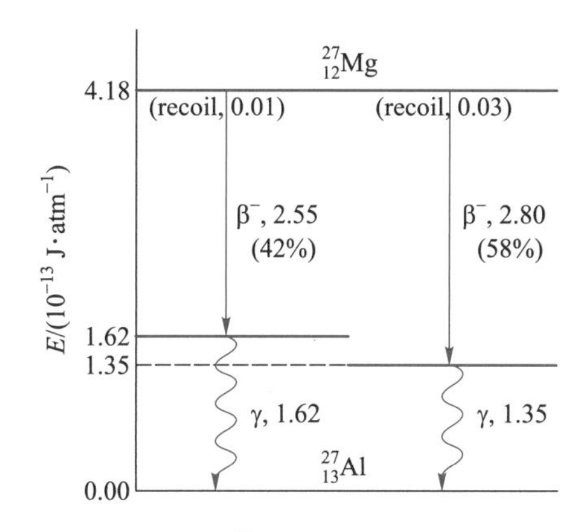

图 12.5 Mg 分别释放 β 粒子到 ^{27}Al 的两个不同激发态，激发态的 ^{27}Al 核回到基态时，释放出具有特征波长的 γ 射线

尽管从 N/P 值，偶-奇类型核和神奇数字常能正确地预测出放射性，但有时也有偏差。例如，对于核素 $^{8}_{4}$Be 和 $^{14}_{7}$N，$^{8}_{4}$Be 的 N/P 值为 1∶1，是偶-偶核，但 $^{8}_{4}$Be 是放射性的，β 衰变的半衰期只有 2×10^{-16} s。相反，$^{14}_{7}$N 的 N/P 值为 1∶1，是一个奇-奇核，但 $^{14}_{7}$N 不具有放射性（大多数奇-奇核都有放射性）。表明，有时必须计算伴随核反应的能量变化，才能正确地预测一个核会发生怎样的衰变。

12.5 核的稳定性与核结合能

12.5.1 核的性质

1. 质、荷和密度

众所周知，原子核是由中子、质子结合在一起而形成的。核没有严格的边缘，但可以粗略地将核视为球形，并将其电荷密度等于中心密度的 50% 处到中心的距离取作核的半径。实验测量表明，各原子核的半径 r 与其核子数 A 有如下的关系：

$$r=r_0A^{1/3}$$

其中 r_0 为比例常数，其值随实验方法不同而略有差异，为 $(1.2\sim1.5)\times10^{-15}$ m，因此，原子核的体积为

$$V=\frac{4}{3}\pi r^3=\frac{4}{3}\pi r_0^3A \tag{12.5}$$

即原子核的体积与核子数 A 成正比。V 亦即各种核中每个核子所占体积几乎都是 $\frac{4}{3}\pi r_0^3$，因而各种原子核的质量密度都相近，约为 10^{14} g · cm^{-3}。即 1 cm^3 竟有 10^8 吨重。

2. 自旋

原子核的角动量习惯上常称为原子核的自旋。表 12.4 列出一些原子核的自旋和磁矩，可

以见到,具有偶数质量数的原子核具有整数的自旋,具有奇数质量数的原子核具有半整数的自旋。

表 12.4　一些原子核的自旋和磁矩

原子核	${}_{1}^{2}H$	${}_{2}^{4}H$	${}_{3}^{6}Li$	${}_{3}^{7}Li$	${}_{4}^{9}Be$	${}_{7}^{14}N$	${}_{7}^{15}N$	${}_{10}^{20}Ne$	${}_{11}^{23}Na$	${}_{19}^{39}K$	${}_{19}^{40}K$	${}_{19}^{41}K$
自旋 S	1	0	1	3/2	3/2	1	1/2	0	3/2	3/2	4	3/2
磁矩 μ_N/B.M.	0.8753	0	0.8219	3.2559	-1.1774	0.4073	-0.2830	0	2.2217	0.391	-1.291	0.215

12.5.2　质量亏损和核结合能

按照 Einstein 的质能相当定律,$E=mc^2$,一定的质量必定与确定的能量相当。例如,与 1 g 的质量所相当的能量为

$$\begin{aligned}E=mc^2&=10^{-3}\ \mathrm{kg}\times(2.9979\times10^{8}\ \mathrm{m\cdot s^{-1}})^2\\&=8.987\times10^{13}\ \mathrm{m^2\cdot kg\cdot s^{-2}}\\&=8.987\times10^{10}\ \mathrm{kJ}\end{aligned}$$

约为 2 700 吨标准煤燃烧所放出的热量。

与 1 u(原子质量单位)的质量相当的能量可计算如下:(已知:1 u=1.66054×10^{-27} kg)

$$\begin{aligned}E&=[1.66054\times10^{-27}\times(2.9979\times10^{8})^2]\ \mathrm{m^2\cdot kg\cdot s^{-2}}\\&=1.49239\times10^{-13}\ \mathrm{kJ}\end{aligned}$$

由于 1 MeV=1.60218×10^{-16} kJ,所以,与 1 u 的质量相当的能量为

$$\begin{aligned}E/\mathrm{MeV}&=1.49239\times10^{-13}/(1.60218\times10^{-16})\\&\approx931.5\end{aligned}$$

质能相当定律说明,质量是能量的另一种形式。静止的粒子所具有的能量与它的静止质量成正比,运动着的粒子比静止时质量大,因为它具有静止质量和由于它的动能所增加的质量。

一个化学反应放出能量也应有相应的质量减少,只是其值太小,无法测量,因而略去不计。

在核转变过程中,质量是物质的量的量度及质量既不能创造也不能毁灭的概念已不够精确。应该将质量守恒定律和能量守恒定律结合在一起。即在任何过程中,孤立体系的总质量-能量保持不变。

一个稳定的核所具有的能量必定小于它的组元粒子的能量之和,否则它就不能生成,对应地,一个稳定核的质量必定小于组成它的各组元粒子的质量,其间的差额叫做质量亏损。质量亏损是可以计算的。

以${}_{4}^{9}Be$ 核为例,铍核含 4 个质子和 5 个中子,已知一个质子的质量等于 1.00728 u,一个中子的质量 1.00867 u,铍的原子质量为 9.01219 u,所以,质量亏损:

$$\Delta m = [(4\times1.00728+5\times1.00867)-(9.01219-4\times0.00054858)]\ \text{u}$$
$$=0.06247\ \text{u}$$

式中 0.00054858 u 为电子的质量。

根据质能相当定律可以算出由自由核子结合成$^{9}_{4}$Be 核时放出的能量——核的结合能(B)。

$$B/\text{MeV}=0.06247\times931.5$$
$$=58.2$$

核的结合能越大,核越稳定。

核的结合能因核内核子数不同而不同。因此,特定的核素有特定的结合能,为了比较各种核素核的稳定性,可以计算核素的平均结合能($\bar{B}$)。

$$\bar{B}=\text{总结合能}(B)/\text{核子数}(A) \tag{12.6}$$

因此,$^{9}_{4}$Be 核的平均结合能为 58.2 MeV/9=6.47 MeV;而$^{2}_{1}$H、$^{4}_{2}$He 和$^{56}_{26}$Fe 核的平均结合能分别为 1.075 MeV、7 MeV 和 8.79 MeV。

平均结合能小的轻核聚变成平均结合能大的重核时放出巨大的能量,这是氢弹和热核反应的基础。

质量数大于 200 的核的核子的平均结合能小于中等核,前者裂变为后者的过程中也放出巨大能量,这是原子弹爆炸和核裂变反应的基础。

12.6 诱导核反应

12.6.1 诱导核反应概述

诱导核反应是由一个运动的粒子和一个目标核发生碰撞而引发的核反应,其中运动粒子称为轰击粒子,静止的粒子称为靶核。第一个诱导核反应是 Rutherford 在 1919 年实施的,他用核衰变得到的 α 粒子作为入射粒子去轰击^{14}N 核,结果得到了一个质子和^{17}O 原子:

$$^{14}_{7}\text{N} + ^{4}_{2}\text{He} \longrightarrow ^{17}_{8}\text{O} + ^{1}_{1}\text{P}$$

诱导核反应有时又被称为粒子-粒子反应,因为一种粒子是反应物,另一种粒子是产物。诱导核反应又叫嬗变反应,即由一种元素转变为另一种元素的反应,在某些情况下可用来由轻核素合成重核素。其中 α($^{4}_{2}$He^{2+})、β^{-}($^{0}_{-1}$e)、β^{+}($^{0}_{+1}$e)、γ($^{0}_{0}$γ)、D($^{2}_{1}$H)、P($^{1}_{1}$H) 和 n($^{1}_{0}$n) 等粒子都可以用来引发诱导核反应。

12.6.2 合成核素

1933 年,Joliot-Curie 用 α 粒子轰击^{27}Al,制得了第一种在自然界不存在的放射性核素

${}^{30}_{15}P$。${}^{30}_{15}P$ 通过正电子发射和电子俘获衰变为不具有放射性的${}^{30}_{14}Si$。至今，用诱导核反应已经合成出了 2000 多种（人工）放射性核素。

当轰击粒子是带正电荷的粒子时，它必须有很高的动能才能克服它们与靶核之间的静电排斥。为使轰击粒子具有必需的能量，必须用加速器对轰击粒子加速。

加速器是应用一个电场使带电粒子速度加快的装置。常用的加速器有回旋加速器、静电加速器、电子感应加速器、直线加速器和同步稳相加速器等。1974 年，Seaberg 就用直线加速器成功地合成了 106 号元素𬭳（Sg）。

$$ {}^{249}_{98}\mathrm{Cf} + {}^{18}_{8}\mathrm{O} \longrightarrow {}^{263}_{106}\mathrm{Sg} + 4{}^{1}_{0}\mathrm{n} $$

用热能中子（慢中子）作为轰击粒子，已经合成了大量核素。因为中子不带电，带正电荷的靶核对它没有排斥作用，而且热能中子也有足够的动能与靶核反应，一个典型的例子是

$$ {}^{59}_{27}\mathrm{Co} + {}^{1}_{0}\mathrm{n} \longrightarrow {}^{60}_{27}\mathrm{Co} $$

这样的反应又叫中子俘获，用中子俘获反应能合成质量数最高为 257（Fm）的各种元素的同位素。

如果用带正电荷的粒子（如质子或 α 粒子）作为轰击粒子，则必须使其具有足够高的动能以克服靶核对它的排斥作用。粒子加速器使用电场和磁场可以将带电粒子加速到使其具有足够动能以发生核反应，用加速的多电荷“重”离子作轰击粒子的核反应已经合成出了原子序数从 99 到 118 的超铀元素，使元素周期表的第七周期填充完整（见 12.9 节）。

12.7　核裂变与核聚变

12.7.1　核裂变

原子核分裂为两个质量相近的核裂块（也有分裂为更多裂块的情形，但概率很小），同时还可能放出中子的过程叫核裂变。

核裂变有自发和感生两种：前者是重核（通常为质量数大于 200 的核素）不稳定的表现，其裂变半衰期一般很长；后者是原子核在受到其他粒子轰击时立即发生的裂变。

原子核裂变时，释放出巨大的能量。这是因为，每个核子的平均结合能以中等质量数的核素为大，重核不稳定，在分裂为两个较轻的核素时，就要释放出部分结合能。

以慢中子轰击${}^{235}U$ 为例，常见的裂变反应有

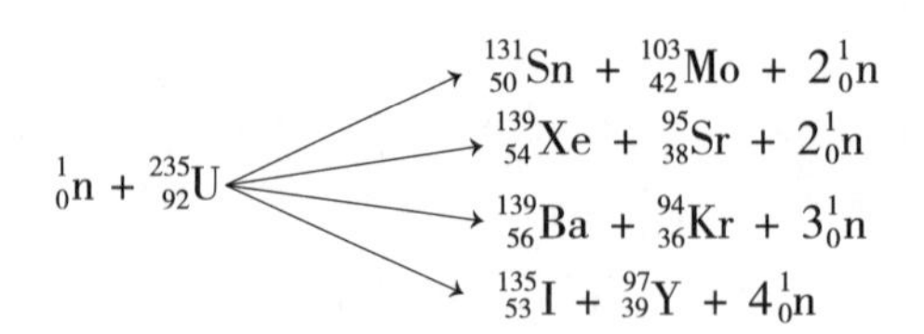

裂变产物复杂多样，已知的核裂块有从$_{30}$Zn 到$_{64}$Gd 等 30 多种元素 200 种以上的放射性核素，但质量数不小于 72 和大于 162，其中概率最大（60%）的为 $A=95$ 和 139。假定这是^{95}Sr 和^{139}Xe，则

$$
\begin{array}{lccccccc}
 & ^{235}\mathrm{U} & + & ^{1}\mathrm{n} & \longrightarrow & ^{95}\mathrm{Sr} & + & ^{139}\mathrm{Xe} & + & 2\,^{1}\mathrm{n} \\
\text{质量} & 235.0423 & & 1.0087 & & 94.9058 & & 138.9055 & & 1.0087
\end{array}
$$

$$
\begin{aligned}
\Delta m &= (235.0423+1.0087-94.9058-138.9055-2\times1.0087)\ \mathrm{u} \\
&= 0.2223\ \mathrm{u}
\end{aligned}
$$

或 $\Delta E=207\ \mathrm{MeV}$

该能量也可直接由结合能来估算。在 $A=236$ 附近的核素，其平均结合能约为 7.6 MeV，$A=118$ 附近的核素，其平均结合能约为 8.5 MeV，故^{235}U 吸收一个中子生成^{236}U 再分裂为两个质量相近的核时会放出能量：

$$
\begin{aligned}
\Delta E &= (2\times118\times8.5-236\times7.6)\ \mathrm{MeV} \\
&= 212\ \mathrm{MeV}
\end{aligned}
$$

按此估算，1 g ^{235}U 全部裂变放出的能量约为 8.5×10^{10} J，相当于 2.5 t 煤的燃烧热。

从上面的裂变反应看出，^{235}U 核裂变时不仅可以释放出大量能量，而且，一个^{235}U 核在吸收一个中子发生裂变之时还可放出 2~4 个次级中子，假定其中有两个能繁殖进一步的裂变反应，即一分为二，二分为四……，则在 n 次之后，将获得 2^n 个中子。计算表明，在 10^{-6} s 中有大约 85 个裂变，以至于约 15 kg ^{235}U 在几乎不需什么时间产生的裂变就能放出 10^8 kJ 能量，这样将引起猛烈的爆炸。

总之，只要倍增系数 $K(=N/N_0$，N_0为前一代的中子数，N 为后一代的中子数）大于 1，即使 $K=1.001$，最后必然引起不可控的核爆炸。

除了^{235}U 外，^{233}U 和^{239}Pu 也具相同的性质。第二次世界大战美国投在日本广岛、长崎的原子弹，其中一颗是铀弹，另一颗则是钚弹。

慢中子引起^{235}U 裂变的概率比快中子大，而^{235}U 裂变产生的次级中子为快中子。为了进行可控制的慢中子链式裂变反应，设计了称为核反应堆的装置。堆中置入核燃料^{235}U，开始裂变产生的快中子在与减速剂重水或石墨多次碰撞中速率被减慢成慢中子，并在铀燃料中插入可移动的能吸收多余中子的 Cd（或 Gd、B 等）控制棒，使倍增系数恰好等于 1。这样就可以让链式裂变缓慢进行并放出大量的热能。

核反应的热能如果用热交换器产生高压水蒸气，推动汽轮机带动发电机用以发电，这样得到的电通常称为核电。核电的成本低，核燃料容易运输和储备，比燃煤干净。

利用核反应堆还可以制取放射性同位素或其他核燃料，如用中子轰击^{59}Co、^{238}U 和^{232}Th 分别得到^{60}Co、^{239}U 和^{233}Th。前者用于癌症化疗，而^{239}U 和^{233}Th 分别经过两次 β 衰变变成新的核燃料^{239}Pu 和^{233}U。

12.7.2 核聚变

轻原子核在相遇时聚合为较重的原子核并放出巨大能量的过程叫核聚变。下面是几个

典型的聚变反应：

$$^{2}H + {}^{2}H \longrightarrow {}^{3}He + {}^{1}n \qquad \text{放出 3.25 MeV 的能量；}$$
$$^{2}H + {}^{2}H \longrightarrow {}^{3}H + {}^{1}H \qquad \text{放出 4.00 MeV 的能量；}$$
$$^{3}H + {}^{2}H \longrightarrow {}^{4}He + {}^{1}n \qquad \text{放出 17.60 MeV 的能量；}$$
$$^{3}He + {}^{2}H \longrightarrow {}^{4}He + {}^{1}H \qquad \text{放出 18.30 MeV 的能量；}$$
$$^{6}Li + {}^{2}H \longrightarrow 2\,{}^{4}He \qquad \text{放出 22.40 MeV 的能量；}$$
$$^{7}Li + {}^{1}H \longrightarrow 2\,{}^{4}He \qquad \text{放出 17.30 MeV 的能量。}$$

以前 4 个反应为例，这 4 个反应的总和，耗掉的只是六个^{2}H，共放出 43.15 MeV 的能量，平均每个^{2}H 放出 7.2 MeV，单位核子放出能量为 3.6 MeV。

这类聚变反应的发现的重要意义在于：

（1）储量大

海水中含有氘，氘的自然丰度为 0.015%，折算地球上氘的总储量约为 5.0×10^{15}吨，故自然界中贮存的氘量比铀多得多。

（2）能效高

单位质量^{235}U 裂变放出的能量为 0.88 MeV，只是单位质量^{2}H 聚变能量 3.6 MeV 的四分之一左右。

（3）污染小

核聚变反应不像核裂变反应那样会产生大量难以处理的放射性废物。

（4）较裂变反应可控度高

如果要停止一个聚变反应，则可以立即彻底地停止，因而比裂变反应容易控制。

然而，由于核都带正电荷，相互间受到库仑力的排斥，因而聚变反应必须在高温条件下（加热使氘核获得足够的动能以克服氘核间的斥力）才能进行。所需温度在 10^{8}℃以上，故聚变反应也称为热核反应，所谓氢弹实际上是用^{235}U 裂变产生 10^{8}℃以上的高温引发氢的同位素聚变的热核反应。当然这样的热核反应一旦引发目前是无法控制的。

作为一种最吸引人的新能源是受控热核反应，即设法把氘燃料加热到近 10^{8}℃使发生缓慢而持续的聚变反应以输出可供利用的巨大能量。全世界都在利用各种装置大力进行研究，尽管进展缓慢，但并无此路不通的迹象。但愿人们像利用裂变能一样地利用聚变能的那一天尽快到来。

太阳是一个巨大的聚变能源。太阳上有 140 亿亿立方千米体积的^{1}H，每天都在进行着聚变反应：

$$4\,{}^{1}_{1}H \longrightarrow {}^{4}_{2}He + 2\,{}^{0}_{+1}e(\beta^{+})$$

并有 6×10^{18} kJ 的能量到达地球表面养育全人类和所有生物。

最后必须指出的是，通常遇到的把裂变能与聚变能统称成“原子能”是不够正确的，正确的叫法应都是“核能”。

12.8 放射性核素的应用

12.8.1 医疗上的应用

1. 化疗

众所周知,人们在受到高能辐射可诱发产生癌症,但应用适当的辐射也可用于癌症和白血病的治疗,后者在医学上被称为化疗。

辐射之所以能用于治疗癌症和白血病是因为癌细胞对辐射的敏感性强于正常细胞。将放射性核素通过针剂或胶囊摄入体内,放射性核素衰变后放出射线可逐渐扰乱癌细胞的生长。不过,化疗的副作用是会引起眩晕和掉头发等,如果剂量不当还有可能诱发其他形式的癌症。

2. 体器官及组织的研究

放射性同位素可用于对动植物体器官及组织的研究,如^{59}Fe用于血液输送方式、^{32}P用于生命功能、^{131}I用于甲状腺作用、^{212}Pb用于作物营养、^{11}C和^{18}O用于代谢过程及生命体的稳定态动力学平衡、^{40}K和^{24}Na用于通过细胞膜的离子输送等的研究。除此之外,生物系统的蛋白质的合成和分解、Ca的代谢作用、Fe和Cu在血红蛋白及Zn和Mg在人体酶化学中的作用、元素的毒性等都可以通过适当的放射性同位素示踪进行研究。

12.8.2 反应机理和化学结构的研究

如果一种放射性同位素容易与其他同位素区别,则它可以作为标记或示踪以跟踪化学、物理或生物等变化、演变的踪迹。用于该目的的同位素叫示踪原子或标记同位素。利用放射性同位素作为标记十分有利,因为放射性的测量比较灵敏而且方便。标记同位素的应用十分广泛:

1. 反应机理的研究

酯被富^{18}O的水水解,其过程为

$$R-C(=O)\overset{①}{-}O\overset{②}{-}R' + H-{}^{18}OH \longrightarrow R-C(=O)-{}^{18}OH + R'-OH$$

表明水解涉及酯分子中键的断裂发生在①处而不是在②处。如果断裂的是在②处,则将有$R^{18}OH$产生,事实上,^{18}O仅进入酸之中。

2. 化学结构的研究

硫代硫酸盐中两个硫原子的不同位置可以用下列放射性硫的系列反应得到证明:

$$S + {}^{35}SO_3^{2-} \xrightarrow{\triangle} S^{35}SO_3^{2-} \xrightarrow{H^+} S + {}^{35}SO_3^{2-}$$

在沉淀中没有发现放射性,说明两个硫原子是处于不同的位置,而且其间也没有发生位置交换,否则,溶液和沉淀都会有放射性。

除此之外,在化学键、化学反应动力学的研究中也广泛应用放射性同位素。

12.8.3　分析测试

1. 活化分析

用中子或其他荷电粒子照射样品和标准物,使待测元素转变为放射性同位素,根据同位素的半衰期及所辐射的射线的性质和能量可以对该元素进行定性检测,同时通过测定样品和标准物的放射性可以计算该元素的含量。

2. 同位素稀释分析

在研究的体系中加入已知量的放射性同位素样品,利用放射性同位素作为指示剂,根据其比放射强度因受样品同位素的稀释而发生的变化可计算出待测元素在样品中的含量。

12.8.4　工业用途

任何控制或分析体系都可以使用合适的放射性同位素来实现。例如,在管道和贮罐的内部放置一个 γ 射线源,则其中油面的高度及其流动情况可在外面用计数器测定。

膜的厚度可用 β 辐射来控制,它是根据膜两侧的辐射强度差来自动调节滚子间距离的。活塞和轮胎的耗损、润滑油的失效等可以在磨损部分加装适当的放射性同位素来探测。

除此之外,食物的灭菌和消毒,化学反应的催化和激发等都广泛地应用到放射性同位素。

12.8.5　考古学鉴定

因为放射性衰变反应的速率是恒定的(不随温度、压力、物理状态和化学组成的改变而改变),所以它们可被用来作为时钟。例如,^{14}C 可用来确定过去存活的物质的年限,这对考古学、地质学和人类学的研究都具有重要的价值。

12.9　超重元素的合成

前面曾经提到,用加速的多电荷“重”离子作轰击粒子的核反应已经合成出了原子序数从 99 到 118 的超铀元素。表 12.5 示出了 93~118 号元素的合成反应。在合成 113 到 117 号元素的核聚变反应中,均获得了这些元素一定数目的原子,这种观测目前已经被科学界认可。

表 12.5 93~118 号元素的合成反应

原子序数	名称	元素符号	合成反应
93	镎	Np	$^{238}U(n,\beta)^{239}Np$
94	钚	Pu	$^{238}U(d, 2n)^{238}Np \xrightarrow{\beta} {}^{238}Pu$
95	镅	Am	$^{239}Pu(2n,\beta)^{241}Am$
96	锔	Cm	$^{239}Pu(\alpha,n)^{242}Cm$
97	锫	Bk	$^{241}Am(\alpha,2n)^{243}Bk$
98	锎	Cf	$^{242}Cm(\alpha,n)^{245}Cf$
99	锿	Es	$^{238}U(15n,7\beta)^{253}Es$
100	镄	Fm	$^{238}U(17n,8\beta)^{255}Fm$
101	钔	Md	$^{253}Es(\alpha,n)^{256}Md$
102	锘	No	$^{246}Cm(^{12}C,4n)^{254}No$
103	铹	Lr	$^{250}Cf(^{11}B,3n)^{258}Lr$
104	𬬻	Rf	$^{242}Pu(^{22}Ne,4n)^{260}Rf$
105	𬭊	Db	$^{249}Cf(^{15}N,4n)^{260}Db$
106	𬭳	Sg	$^{249}Cf(^{18}O,4n)^{263}Sg$
107	𬭛	Bh	$^{209}Bi(^{54}Cr,n)^{262}Bh$
108	𬭶	Hs	$^{209}Pb(^{58}Fe,n)^{267}Hs$
109	鿏	Mt	$^{209}Bi(^{58}Fe,n)^{266}Mt$
110	𫟼	Ds	$^{208}Pb(^{62}Ni,n)^{269}Ds$
111	𬬭	Rg	$^{209}Bi(^{64}Ni,n)^{272}Rg$
112	鎶	Cn	$^{208}Pb(^{70}Zn,n)^{277}Cn$
113	鿭	Nh	目前通过核聚变反应获得了可观测的 113~117 号元素一定数目的原子。其结果已被科学界认可
114	𫓧	Fl	
115	镆	Mc	
116	𫟷	Lv	
117	石田	Ts	
118	氮	Og	$^{249}Cf(^{48}Ca,3n)^{294}Og$

表中的核反应式也可以用一个简化的通式 X(x,y)Y 来表示,式中 X、x、y、Y 依次表示靶核、入射粒子、出射粒子、生成的新核。如 $^{239}Pu(\alpha,n)^{242}Cm$ 代表反应 $^{239}_{94}Pu+^{4}_{2}He \longrightarrow ^{242}_{96}Cm+^{1}_{0}n$,在通式中的符号上可以不标出原子序数,这是因为元素符号本身就代表着它。

12.9.1　超重元素稳定存在的可能性

超重元素通常是指原子序数 $Z>109$ 的元素。在前面已经讲到，具有 2、8、20、28、50 和 82 个质子或 2、8、20、28、50、82 和 126 个中子的核特别稳定。如$_{50}Sn$ 的稳定同位素比其他元素都多，$_{82}Pb$ 具有多种非放射性同位素。而一些质子数和中子数都是幻数的双幻数核如 $^{16}_{8}O$、$^{4}_{2}He$ 等都是自然界中最稳定的核素。

以中子数、质子数和核素的相对稳定性为坐标，将目前已知的 109 种元素的 1900 多种核素在一个三维立体坐标系内作图，则得到如图 12.6 所示的类似于地貌图的图形。

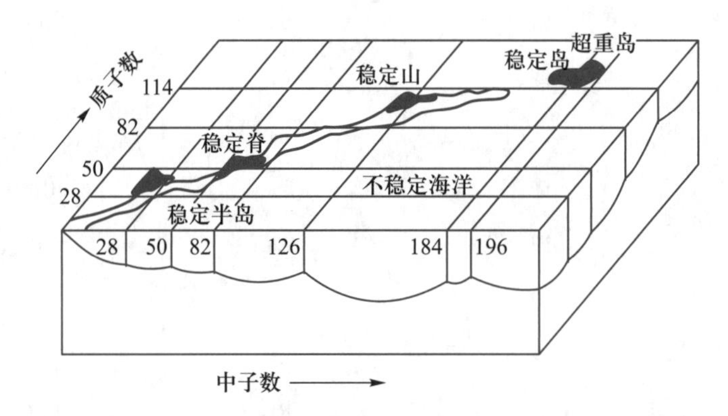

图 12.6　被“不稳定海洋”所包围的已知的和推测的核稳定区域

其中，所有已知核素形成一个形似高出“不稳定海洋”的狭长“半岛”。最稳定的核素位于半岛的山顶上(具有双幻数的核，如$^{6}_{28}Ni$、$^{208}_{82}Pb$ 等)，较稳定的核素位于山坡上，不稳定的核素位于陆地之外的海洋里。根据推算，在半岛之外，还可能存在两个“稳定岛”(因由超重元素占据，故也叫“超重岛”)。第一个岛是包括从 110 到 126 号的 17 种元素，顶峰是$^{298}_{114}Fl$ 号元素；第二个岛是包括以$^{482}_{164}$164 号元素(图 12.6 中未标出)为主心的若干元素。据此，人们预料，离 109 号元素 Mt 最接近的稳定核素是$^{294}_{110}Ds$；而预料中具有特殊稳定性的双幻数核应是$^{298}_{114}Fl$，据估计其自发裂变半衰期可达 10^{16} 年。

稳定岛理论大大地振奋了核科学家，他们兵分两路向超重元素进军，一路力图在自然界中寻找。另一路则在研究用人工进行合成，这方面的试验方案很多，以合成 114 号元素 Fl 为例，设计的方案如下：

① 增添反应　将大量中子逐个加到重元素靶的核中以增大核的质量数，然后再发生一连串的 β 衰变，使靶核的质子数增大到 114 个，这叫增添反应。

② 聚变反应　将两个中等大小的核，用重离子加速器加速后使其相碰而合成一个原子序数超过 114 的中间核。随后，中间核产生衰变，最后变为 114 号元素 Fl。例如：

$$^{232}_{90}Th + ^{86}_{36}Kr \longrightarrow ^{318}_{126}126 \xrightarrow{\nearrow \alpha} ^{314}_{124}124 \xrightarrow{\nearrow \alpha} \cdots \longrightarrow ^{294}_{114}Fl$$

方案的困难在于整个 α 衰变过程中，绝对不能发生中间核的自发裂变。

③ 重离子反应　如采用高速离子如$^{48}_{20}Ca$ 轰击 Cm，Cf 等重靶核以得到 114 号元素 Fl：

$$^{248}_{96}Cm + ^{48}_{20}Ca \longrightarrow ^{292}_{114}Fl + ^{4}_{2}He$$

$$^{251}_{98}Cf + ^{48}_{20}Ca \longrightarrow ^{290}_{114}Fl + 2^{4}_{2}He + ^{1}_{0}n$$

当然,这样得到的 114 号元素 Fl,都不是双幻数核,因而不是最稳定的。

④ 聚变-裂变反应　用两个重核相对碰击而合成一个原子序数超过 114 的中间核,然后再进行自发裂变变成原子序数为 114 号的元素和其他原子序数的元素。例如:

$$^{238}_{92}U + ^{136}_{54}Xe \longrightarrow ^{298}_{114}Fl + ^{72}_{32}Ge + 4^{1}_{0}n$$

或

$$^{238}_{92}U + ^{238}_{92}U \longrightarrow ^{298}_{114}Fl + ^{170}_{70}Yb + 8^{1}_{0}n$$

⑤ 转移过程用一个中等大小的核去轰击重靶核,使其部分地转移到重核中去。已实验成功的例子如:

$$^{208}_{82}Pb + ^{40}_{18}Ar \longrightarrow ^{228}_{90}Th + ^{20}_{10}Ne$$

该反应相当于一个$^{20}_{8}O$ 核从氩中转移到铅核中而形成一个钍核。

对于合成 114 号元素 Fl,应采用的反应是

$$^{238}_{92}U + ^{86}_{36}Kr \longrightarrow ^{296}_{114}Fl + ^{28}_{14}Si$$

或

$$^{244}_{94}Pu + ^{86}_{36}Kr \longrightarrow ^{298}_{114}Fl + ^{32}_{16}S$$

总之,设计的方案很多,其中有的方案也做过实施,但没有成功。实践表明,要合成出超重元素,困难是很大的。

12.9.2 超重元素合成的艰巨性

合成超重元素的艰巨性体现在超重元素原子核的不稳定性、合成的困难性和测试技术的局限性三个方面。

前已述及,原子核的稳定性受两个因素的制约:一是原子核的质量数,二是 N/P 值。

随着原子序数的增加,核电荷不断增加,以至于需要更多的中子以降低质子间的斥力。此时,N/P 值增加,核的质量数增加。结果是核变得太大而不稳定,可发生自发的裂变。

另一方面,人工核反应随着质量数的增加而变得更加困难。此时,若使用的轰击粒子"核弹"太轻,则会被强大的靶核电荷排斥而达不到复合的目的。如果核弹的能量太大,结合的核太"热",也会导致复合核的裂变。

然而,即使达到上述要求,由于核反应中由非平衡状态自发地趋于平衡状态的"弛豫现象",使得有效轰击率大大降低。据报道,在合成 109 号元素 Mt 的实验中,核弹粒子^{58}Fe 和靶核粒子^{209}Bi 在 10^{14} 次接触中,只有一次成功。对靶核轰击了一周之久,才鉴定到一个 109 号元素 Mt 的原子核。

最后,由于原子核越重越不稳定,半衰期也越来越短,这样,必然给测试工作带来极大的困难。因为要完成必要的鉴定工作,是需要一定的时间的。如果新核的半衰期太短[如 107 号元素 Bh 为 $(1\sim2)\times10^{-3}$ s,108 号元素 Hs 也只有 2×10^{-3} s],要在短时间内完成化学实验工作是非常困难的,而如果对一种新元素缺乏应有的化学鉴定,那就难以准确地评价该元素的

性质和地位。

目前,虽然在合成超重元素方面存在上述种种困难,但是经过科学家顽强地探索,已经发现了一系列新的元素,完成了对第 7 周期所有元素的发现,并且还在为合成更多超重元素的目标而努力着。事实上,目前世界上很多地方都在改建或新建更强大的加速器,以提高加速粒子的能量。在测试方面也发展了许多快速、有效的检测方法,以适应短寿命元素的化学鉴定工作。

我国已建成了正负电子对撞机和重离子加速器,已能加速元素周期表中钽之前的 73 种元素的离子,也就是说像下列一些合成元素的试验都有条件进行了。

$$^{238}_{92}U + ^{40}_{18}Ar \longrightarrow ^{278}_{110}Ds$$

$$^{238}_{92}U + ^{48}_{20}Ca \longrightarrow ^{286}_{112}Cn$$

$$^{238}_{92}U + ^{136}_{54}Xe \longrightarrow ^{298}_{114}Fl + ^{72}_{32}Ge + 4^{1}_{0}n$$

$$^{248}_{96}Cm + ^{48}_{20}Ca \longrightarrow ^{296}_{116}Lv \longrightarrow ^{292}_{116}Lv + 4^{1}_{0}n$$

超重元素的合成是一个艰辛而又富有挑战性的工作,随着科学技术的飞速发展,人们有理由相信,人类甚至可以发现元素周期表中第 8 周期的某些超重元素的核素。

拓展学习资源

资源内容	二维码
◇ 锕系和超重元素的发现与诺贝尔化学奖	
◇ 核化学与同位素分离	
◇ 核化学与原子核聚变	

习　　题

1. 解释下列名词术语:

核素同位素　　衰变　　　　　　放射性　　K 电子俘获　　衰变速率　　半衰期

平均寿命	放射性衰变定律	衰变系	质量数	质量亏损	结合能
平均结合能	质能相当定律	幻数	超重元素	裂变	核聚变
超重岛					

2. 区分下列概念：

α 粒子与 He 原子　　结合能与平均结合能　　α 射线与 β 射线

3. 描述 α、β 和 γ 射线的特征。

4. 计算下列顺序中各元素的质量数、原子序数及所属的周期和族：

$$^{226}_{88}Ba \xrightarrow{\alpha} X \xrightarrow{\alpha} Y \xrightarrow{\alpha} Z \xrightarrow{\beta} T$$

5. 已知 $t_{1/2}(Fr) = 4.8$ min，则 1 g Fr 在经过 24 min，30 min 后分别剩下多少？

6. 由于 β 辐射，1g ^{99}Mo 在 200 h 之后，只剩 0.125 g。求 ^{99}Mo 的半衰期及平均寿命。若仅剩 0.1000 g 需多少时间？

7. 有一放射性核素的样品，在星期一上午 9∶00 时记录每分钟计数为 1000，而星期四上午 9∶00 每分钟计数为 125，求该核素的半衰期。

8. 某洞穴中找到一块木炭，每分钟每克给出 ^{14}C 8.6 计数，已知新鲜木材的计数为 15.3，计算该木炭的年代。

9. 据测定，埃及木乃伊的毛发的放射衰变速率为 7.0 $min^{-1} \cdot g^{-1}$，已知 $t_{1/2}(^{14}C) = 5720$ 年，新碳样品的衰变速率为 14 $min^{-1} \cdot g^{-1}$，求木乃伊的年代。

10. 某铀矿样品分析表明含有 ^{206}Pb 0.28 g，^{238}U 1.7 g，若 ^{206}Pb 全由 ^{238}U 衰变而得，计算该铀矿的年代。已知 $t_{1/2}(^{238}U) = 4.5 \times 10^9$ 年。

11. ^{60}Co 广泛用于癌症治疗，其 $t_{1/2} = 5.26$ 年，计算此核素的衰变常数。某医院有 ^{60}Co 20 mg，问 10 年后还有多少剩余。

12. 实验室测定放射性 ^{24}Na 样品在不同时间的衰变速率如下：

^{24}Na 衰变时间/h	0	2	5	10	20	30
^{24}Na 衰变速率/(计数 · s^{-1})	670	610	530	421	267	168

应用所得的实验数据确定 ^{24}Na 的 $t_{1/2}$ 并计算衰变常数。

13. 求氢弹反应：$^{2}_{1}H + ^{3}_{1}H \longrightarrow ^{4}_{2}He + ^{1}_{0}n$ 所放出的能量。

14. 已知 $^{56}_{26}Fe$ 原子的质量为 55.9375 u，求 $^{56}_{26}Fe$ 的质量亏损、结合能、平均结合能。

15. 要使 1 mol ^{31}P 原子变为质子、中子和电子，其所需能量由质子、中子和电子合成 $^{4}_{2}He$ 来提供，求应合成多少摩尔 $^{4}_{2}He$ 才能提供足够的能量。已知质量：$^{4}_{2}He$ 为 4.002604 u，^{31}P 为 30.97376 u。

16. 已知反应 $2H_2 + O_2 \longrightarrow 2H_2O$ 的 $\Delta_r H_m^\ominus = -571.66\ kJ \cdot mol^{-1}$，求生成水时质量的变化。

17. 计算图 12.1 四个放射性衰变系中各物种的 N/P 值。

18. 写出并平衡下列衰变的核反应方程式：

$^{220}Rh \xrightarrow{\alpha}$；　$^{115}Cd \xrightarrow{\beta}$；　$^{75}Br \xrightarrow{\beta^+}$；　$^{62}Zn \xrightarrow{\text{K-电子俘获}}$

19. 写出并平衡下列核反应方程式：

(1) $^{23}Na(n,\gamma)$______；　(2) $^{35}Cl(n,\alpha)$______；

(3) $^{23}Na(d,P)^*$______；　(4) $^{24}Mg(d,\alpha)$______；

(5) $^{141}Pr(\alpha,n)$______；　(6) $^{238}U(d,2n)$______；

(7) $^{237}Np(\alpha,5n)$______；　(8) $^{2}H(\gamma,n)$______；

(9) $^{16}O(\gamma,2P+3n)$______；　(10) $^{39}K(n,2n)$______；

(11) $^{241}Am(\alpha,2n)$______；　(12) $^{141}Ba(P,n)$______。

注：* d 为氘核（^2_1H），P 为质子（^1_1P）。

20. 写出并平衡下列核反应方程式：

(1) $^{35}Cl(n,$______$)^{34}S$；　(2) $^{96}Mo(\alpha,$______$)^{100}Tc$；

(3) $^{56}Fe(d,2n)$______；　(4) $^{62}Cu($______,______$)^{65}Zn$；

(5) $^{227}Ac \longrightarrow {}^{4}He+$______；　(6) $^{210}Po \longrightarrow {}^{0}_{-1}e+$______；

(7) $^{23}Na($____$,n)^{23}Mg$；　(8) ____$(P,\gamma)^{28}Si$；

(9) $^{238}U(\alpha,n)$______；　(10) $^{40}K \longrightarrow$ ____ $+{}^{0}_{-1}e$；

(11) $^{6}Li+{}^{1}H \longrightarrow {}^{4}He+$______；　(12) ______ $\longrightarrow {}^{4}He+{}^{230}Th$；

(13) $^{12}C($______$,\gamma)^{13}N$；　(14) $^{224}Ra \longrightarrow$ ______ $+{}^{220}Rn$。

21. 下列核素，哪些是质子数为幻数？哪些是中子数为幻数或双幻数元素？

$$^{56}Fe, {}^{16}O, {}^{40}Ca, {}^{206}Pb, {}^{131}Xe, {}^{120}Sn, {}^{39}K, {}^{14}C$$

22. 试对核弹和氢弹加以比较。在第二次世界大战期间使用的核弹，每颗可放出约 10^{11} kJ 的热量，试计算当时每颗核弹中的 ^{235}U 的质量。

23. 试比较核裂变和核聚变，作为核能源请加以评价。

24. 你怎么估计一种特定核素的稳定性？你认为元素周期系有极限吗？为什么？

25. 比较化学反应与核反应的异同。

参考书目及重要文献

主 题 索 引